Web 开发视频点播大系

JavaScript 从入门到精通
（标准版）

未来科技　编著

·北京·

内 容 提 要

《JavaScript 从入门到精通（标准版）》系统地讲解了 JavaScript 语言的使用，并结合 HTML5 介绍了如何开发更富可用性的 Web 程序。本书分为 5 大部分，共 23 章。第 1 部分介绍 JavaScript 的基本概念和基础知识，以及如何快速上手测试 JavaScript 代码；第 2 部分介绍 JavaScript 核心部分——编程，包括变量、数据类型、表达式、运算符、语句、函数、数组、对象、正则表达式、函数式编程和面向对象编程；第 3 部分介绍了 JavaScript 客户端开发的相关知识和技术；第 4 部分讲解 JavaScript+HTML5 的应用，如本地存储、图形绘制、定位、多线程、离线应用、文件操作等；第 5 部分通过多个综合实例演示了如何使用 JavaScript 进行实战开发的过程。

《JavaScript 从入门到精通（标准版）》配备了极为丰富的学习资源，其中配套资源有：512 节教学视频（可二维码扫描）、素材源程序；附赠的拓展学习资源有：习题及面试题库、案例库、工具库、网页模板库、网页配色库、网页素材库、网页案例欣赏库等。

《JavaScript 从入门到精通（标准版）》适合作为 JavaScript 入门、JavaScript 实战、JavaScript 高级程序设计、HTML5 移动开发方面的自学用书，也可作为高等院校网页设计、网页制作、网站建设、Web 前端开发等专业的教学参考书或相关机构的培训教材。

图书在版编目（CIP）数据

JavaScript从入门到精通：标准版 / 未来科技编著
. -- 北京 ：中国水利水电出版社，2017.8（2022.9重印）
（Web开发视频点播大系）
ISBN 978-7-5170-5414-6

Ⅰ. ①J… Ⅱ. ①未… Ⅲ. ①JAVA语言－程序设计
Ⅳ. ①TP312.8

中国版本图书馆CIP数据核字(2017)第115048号

书　　名	JavaScript 从入门到精通（标准版）JavaScript CONG RUMEN DAO JINGTONG（BIAOZHUN BAN）
作　　者	未来科技　编著
出版发行	中国水利水电出版社 （北京市海淀区玉渊潭南路1号D座　100038） 网址：www.waterpub.com.cn E-mail: zhiboshangshu@163.com 电话：(010) 62572966-2205/2266/2201（营销中心）
经　　售	北京科水图书销售有限公司 电话：(010) 68545874、63202643 全国各地新华书店和相关出版物销售网点
排　　版	北京智博尚书文化传媒有限公司
印　　刷	三河市龙大印装有限公司
规　　格	203mm×260mm　16开本　49.75 印张　1400 千字
版　　次	2017 年 8 月第 1 版　2022 年 9 月第 10 次印刷
印　　数	26001—28000 册
定　　价	89.80 元

凡购买我社图书，如有缺页、倒页、脱页的，本社营销中心负责调换

版权所有·侵权必究

前 言

Preface

随着网络技术的不断进步,以及 HTML5 应用的不断拓展,其核心技术 JavaScript 越来越受到人们的关注。各种针对 JavaScript 的框架层出不穷,jQuery 就是这些框架中优秀的代表,它掀起了互联网技术的新一轮革命。

JavaScript 语言比较灵活、轻巧,兼顾函数式编程和面向对象编程的特性,备受 Web 开发人员的欢迎。本书将系统讲解 JavaScript 语言的使用,并结合 HTML5 介绍如何开发更富可用性的 Web 程序。

本书内容

本书分为 5 大部分,共 23 章,具体结构划分及内容如下。

第 1 部分:JavaScript 概述,包括第 1~3 章,主要介绍了 JavaScript 基础知识,以及如何快速上手测试 JavaScript 代码。

第 2 部分:JavaScript 核心编程,包括第 4~9 章,主要介绍 JavaScript 的核心部分——编程,包括变量、数据类型、表达式、运算符、语句、函数、数组、对象、正则表达式、函数式编程和面向对象编程。

第 3 部分:JavaScript DOM,包括第 10~16 章,主要介绍 JavaScript 客户端开发的相关知识和技术,如浏览器脚本化、网页脚本化、样式表脚本化以及事件处理。

第 4 部分:JavaScript + HTML5 应用,包括第 17~22 章,主要介绍 HTML5 应用新技术,如本地存储、图形绘制、定位、多线程、离线应用、文件操作等。

第 5 部分:综合实例,包括第 23 章,通过多个综合实例演示了使用 JavaScript 进行实战开发的过程。

本书编写特点

📖 内容全面

本书不仅全面介绍 JavaScript 语言的基础知识,还系统讲解 JavaScript 客户端的开发,以及与 HTML5 相结合进行页面开发,并关注 JavaScript 拓展技术及其应用。

📖 语言简练

本书语言通俗、简练,读起来不累、不绕。对于重难点技术和知识点,力求简洁明了,避免专业式说明,或者钻牛角尖。这对于初学者学习技术、理解和铭记一些重难点概念和知识是非常必要的。

📖 循序渐进

本书以初、中级程序员为对象,先从 JavaScript 基础讲起,然后讲解 JavaScript 的核心技术,最后讲解 JavaScript 的高级应用。讲解过程中步骤详尽、内容新颖。

📖 讲解贴心

书中每一章节均提供声图并茂的语音视频教学录像,读者可以根据书中提供的视频位置,在资源包中找到。这些视频能够引导初学者快速入门,感受编程的快乐和成就感,增强进一步学习的信心,从而快速成为编程高手。

📖 **实例丰富**

通过例子学习是最好的学习方式。本书通过一个知识点、一个例子、一个结果、一段评析、一个综合应用的模式，透彻、详尽地讲述了实际开发中所需的各类知识。

📖 **操作性强**

书中几乎每章都提供了大量案例，帮助读者实践与练习。通过反复上机练习，读者可以重新回顾、熟悉所学的知识，举一反三，为进一步学习做好充分的准备。

本书显著特色

📖 **体验好**

二维码扫一扫，随时随地看视频。书中几乎每个章节都提供了二维码，读者朋友可以通过手机微信扫一扫，随时随地看相关的教学视频（若个别手机不能播放，请参考前言中的"本书学习资源列表及获取方式"下载后在计算机上可以一样观看）。

📖 **资源多**

从配套到拓展，资源库一应俱全。本书提供了几乎覆盖全书的配套视频和素材源文件。还提供了拓展的学习资源，如习题及面试题库、案例库、工具库、网页模板库、网页配色库、网页素材库、网页案例欣赏库等，拓展视野、贴近实战，学习资源一网打尽！

📖 **案例多**

案例丰富详尽，边做边学更快捷。跟着大量的案例去学习，边学边做，从做中学，使学习更深入、更高效。

📖 **入门易**

遵循学习规律，入门与实战相结合。本书编写模式采用"基础知识+中小实例+实战案例"的形式，内容由浅入深、循序渐进，从入门中学习实战应用，从实战应用中激发学习兴趣。

📖 **服务快**

提供在线服务，随时随地可交流。本书提供QQ群、网站下载等多渠道贴心服务。

本书学习资源列表及获取方式

本书的学习资源十分丰富，全部资源分布如下：

📖 **配套资源**

（1）本书的配套同步视频，共计512节（可用二维码扫描观看或从下述的网站下载）。

（2）本书的素材及源程序，共计995项。

📖 **拓展学习资源**

（1）习题及面试题库（共计1 000题）。

（2）案例库（各类案例4 396个）。

（3）工具库（HTML参考手册11部、CSS参考手册10部、JavaScript参考手册26部）。

（4）网页模板库（各类模板1 636个）。

（5）网页素材库（17大类）。

（6）网页配色库（623项）。

（7）网页欣赏案例库（共计508例）。

📖 **以上资源的获取及联系方式**

（1）读者朋友可以加入本书微信公众号咨询关于本书的所有问题。

（2）登录网站 xue.bookln.cn，输入书名，搜索到本书后下载。

（3）加入本书学习交流专业解答 QQ 群：621135618，获取网盘下载地址和密码。

（4）读者朋友还可通过电子邮件 weilaitushu@126.com、945694286@qq.com 与我们联系。

（5）登录中国水利水电出版社的官方网站：www.waterpub.com.cn/softdown/，找到本书后，根据相关提示下载。

本书约定

运行本书示例，需要下列软件：

□ Windows 2000、Windows Server 2003、Windows XP、Windows Vista、Window7、Windows10 或 Mac OS X 。
□ IE 5.5 或更高版本。
□ Mozilla 1.0 或更高版本。
□ Opera 7.5 或更高版本。
□ Safari 1.2 或更高版本。

为了节省版面，本书所显示的示例代码都是局部的，读者需要在网页中输入<script>标签，然后尝试把书中列举的 JavaScript 脚本代码写在<script>标签内，在 Web 浏览器中试验，以验证代码运行效果。针对部分示例可能需要服务器端的配合，读者可参阅示例所在章节的说明进行操作。

本书适用对象

本书适用于 JavaScript 从入门到高级程序设计的读者，适用于网页设计、网页制作、网站建设、Web 前端开发和后台设计人员，也可以作为高等院校相关专业的教学参考书，或作为相关机构的培训教材。

关于作者

未来科技是由一群热爱 Web 开发的青年骨干教师组成的一个松散组织，主要从事 Web 开发、教学培训、教材开发等业务。该群体编写的同类图书在很多网店上的销量名列前茅，让数十万的读者轻松跨进了 Web 开发的大门，为 Web 开发的普及和应用做出了积极贡献。

参与本书编写的人员有：李德光、刘坤、吴云、赵德志、马林、刘金、邹仲、谢党华、刘望、彭方强、雷海兰、郭靖、张卫其、杨艳、顾克明、班琦、蔡霞英、曾德剑、曾锦华、曾兰香、曾世宏、曾旺新、曾伟、常星、陈娣、陈凤娟、陈凤仪、陈福妹、陈国锋、陈海兰、陈华娟、陈金清、陈马路、陈石明、陈世超、陈世敏、陈文广等。

编 者

目 录

Contents

第 1 章 JavaScript 基础 1
  示例：1 个
 1.1 JavaScript 概述 1
  1.1.1 JavaScript 发展历史 1
  1.1.2 ECMAScript 与 JavaScript 的
     关系 1
  1.1.3 ECMAScript 版本变化 2
  1.1.4 ECMAScript5 和 ECMAScript6 ... 2
 1.2 JavaScript 相关概念 3
  1.2.1 JavaScript 核心 3
  1.2.2 文档对象模型 3
  1.2.3 浏览器对象模型 5

第 2 章 初次使用 JavaScript 6
  视频讲解：9 个 示例：16 个
 2.1 在网页中嵌入 JavaScript 脚本 6
  2.1.1 编写脚本 6
  2.1.2 脚本位置 9
  2.1.3 设置延迟执行 10
  2.1.4 设置异步响应 10
 2.2 执行 JavaScript 程序 11
  2.2.1 执行过程 11
  2.2.2 预编译 12
  2.2.3 代码块 13
  2.2.4 响应事件 14
  2.2.5 设计动态脚本 15

第 3 章 代码测试和错误处理 16
  视频讲解：9 个 示例：15 个
 3.1 浏览器与 JavaScript 16
  3.1.1 浏览器内核 16
  3.1.2 浏览器错误报告 16
 3.2 JavaScript 开发工具 20
  3.2.1 JavaScript 编辑器 20

  3.2.2 JavaScript 测试和调试 20
  3.2.3 使用控制台 23
 3.3 错误处理 24
  3.3.1 认识错误类型 25
  3.3.2 使用 try-catch 26
  3.3.3 使用 finally 27
  3.3.4 使用 throw 28
  3.3.5 抛出时机 28
  3.3.6 错误事件 29

第 4 章 JavaScript 基本语法 31
  视频讲解：30 个 示例：67 个
 4.1 基本词法 31
  4.1.1 字符编码 31
  4.1.2 区分大小写 32
  4.1.3 标识符 33
  4.1.4 直接量 33
  4.1.5 关键字和保留字 33
  4.1.6 分隔符 34
  4.1.7 注释 36
  4.1.8 转义序列 36
 4.2 使用变量 36
  4.2.1 声明变量 36
  4.2.2 赋值变量 37
  4.2.3 变量的作用域 38
  4.2.4 避免变量污染 39
 4.3 数据类型 40
  4.3.1 基本数据类型 40
  4.3.2 数值 40
  4.3.3 字符串 43
  4.3.4 布尔值 45
  4.3.5 Null 45
  4.3.6 Undefined 45
 4.4 严格模式 46

| | 4.4.1 启用严格模式 46
| | 4.4.2 严格模式的执行限制 48
| 4.5 | 实战案例 52
| | 4.5.1 使用 typeof 检测类型 52
| | 4.5.2 使用 constructor 检测类型 ... 53
| | 4.5.3 封装类型检测方法：toString()
| | 54
| | 4.5.4 转换为字符串 55
| | 4.5.5 转换数字模式 57
| | 4.5.6 设置数字显示的小数位数 ... 57
| | 4.5.7 转换为数字 58
| | 4.5.8 转换为布尔值 59
| | 4.5.9 转换为对象 60
| | 4.5.10 把对象转换为值 61
| | 4.5.11 强制转换 62

第 5 章 使用运算符 64
视频讲解：26 个　示例：77 个

- 5.1 运算符概述 64
- 5.2 算术运算符 67
  - 5.2.1 加法运算 68
  - 5.2.2 减法运算 68
  - 5.2.3 乘法运算 69
  - 5.2.4 除法运算 69
  - 5.2.5 余数运算 69
  - 5.2.6 取反运算 70
  - 5.2.7 递增和递减 70
- 5.3 逻辑运算符 71
  - 5.3.1 逻辑与运算符 71
  - 5.3.2 逻辑或运算符 72
  - 5.3.3 逻辑非运算符 73
  - 5.3.4 案例：逻辑运算训练 74
- 5.4 关系运算符 75
  - 5.4.1 大小比较 75
  - 5.4.2 案例：包含检测 76
  - 5.4.3 案例：等值检测 77
- 5.5 赋值运算符 78
- 5.6 对象操作运算符 80
  - 5.6.1 new 运算符 80
  - 5.6.2 delete 运算符 81
  - 5.6.3 中括号和点号运算符 82
  - 5.6.4 小括号运算符 84
- 5.7 其他运算符 85
  - 5.7.1 条件运算符 85
  - 5.7.2 逗号运算符 85
  - 5.7.3 void 运算符 86
- 5.8 实战案例 87
  - 5.8.1 使用表达式 87
  - 5.8.2 连续运算 89
  - 5.8.3 把命令转换为表达式 91
  - 5.8.4 表达式中的函数 93

第 6 章 设计程序结构 95
视频讲解：23 个　示例：67 个

- 6.1 语句概述 95
  - 6.1.1 表达式语句 96
  - 6.1.2 复合语句 97
  - 6.1.3 声明语句 98
  - 6.1.4 空语句 98
- 6.2 分支结构 99
  - 6.2.1 if 语句 99
  - 6.2.2 条件嵌套 100
  - 6.2.3 设计分支结构 101
  - 6.2.4 switch 语句 103
  - 6.2.5 default 从句 104
  - 6.2.6 比较 if 和 switch 结构 106
  - 6.2.7 优化分支结构 107
- 6.3 循环结构 109
  - 6.3.1 while 语句 109
  - 6.3.2 do/while 语句 110
  - 6.3.3 for 语句 111
  - 6.3.4 for/in 语句 112
  - 6.3.5 比较 while 和 for 结构 114
  - 6.3.6 优化循环结构 116
- 6.4 结构跳转 118
  - 6.4.1 标签语句 118
  - 6.4.2 break 语句 118
  - 6.4.3 continue 语句 121
- 6.5 实战案例 122
  - 6.5.1 提升分支运算性能 122

| 6.5.2   提升循环运算性能 123
| 6.5.3   设计杨辉三角 125

第 7 章 使用数组 128
视频讲解：21 个   示例：71 个
- 7.1 定义数组 128
  - 7.1.1 构造数组 128
  - 7.1.2 数组直接量 129
- 7.2 使用数组 129
  - 7.2.1 存取数组元素 129
  - 7.2.2 数组长度 130
  - 7.2.3 对象与数组 131
  - 7.2.4 定义多维数组 133
- 7.3 使用数组对象 134
  - 7.3.1 检索数组 134
  - 7.3.2 操作元素 134
  - 7.3.3 操作子数组 136
  - 7.3.4 数组排序 138
  - 7.3.5 使用排序函数 139
  - 7.3.6 数组与字符串的转换 141
  - 7.3.7 定位 142
  - 7.3.8 迭代 143
  - 7.3.9 汇总 150
- 7.4 实战案例 151
  - 7.4.1 快速交换 152
  - 7.4.2 数组下标 152
  - 7.4.3 扩展数组方法 153
  - 7.4.4 设计迭代器 154
  - 7.4.5 使用迭代器 156
  - 7.4.6 使用数组维度 157

第 8 章 使用函数 159
视频讲解：37 个   示例：109 个
- 8.1 定义函数 159
  - 8.1.1 声明函数 159
  - 8.1.2 构造函数 160
  - 8.1.3 函数直接量 160
  - 8.1.4 定义嵌套函数 161
  - 8.1.5 比较定义函数的方法 162
- 8.2 使用函数 163
  - 8.2.1 函数返回值 164
  - 8.2.2 调用函数 164
  - 8.2.3 函数作用域 165
- 8.3 使用参数 166
  - 8.3.1 定义参数 166
  - 8.3.2 使用 arguments 对象 167
  - 8.3.3 使用 callee 回调函数 168
  - 8.3.4 应用 arguments 对象 169
- 8.4 使用函数对象 170
  - 8.4.1 获取函数形参个数 171
  - 8.4.2 自定义属性 171
  - 8.4.3 使用 call()和 apply() 172
  - 8.4.4 使用 bind() 175
- 8.5 使用 this 177
  - 8.5.1 this 用法 177
  - 8.5.2 this 安全策略 180
  - 8.5.3 应用 this 183
  - 8.5.4 函数调用模式 185
  - 8.5.5 函数的标识符 187
- 8.6 使用闭包函数 188
  - 8.6.1 认识闭包函数 189
  - 8.6.2 使用闭包 190
  - 8.6.3 定义闭包存储器 192
  - 8.6.4 在事件处理中应用闭包 194
- 8.7 **实战案例** **197**
  - 8.7.1 绑定函数 197
  - 8.7.2 链式语法 198
  - 8.7.3 函数节流 199
  - 8.7.4 分支函数 200
  - 8.7.5 惰性载入函数 201
  - 8.7.6 惰性求值 202
  - 8.7.7 记忆 204
  - 8.7.8 构建模块 205
  - 8.7.9 柯里化 207
  - 8.7.10 高阶函数 208
  - 8.7.11 递归运算 210
  - 8.7.12 尾递归算法 211

第 9 章 使用对象 213
视频讲解：33 个   示例：77 个
- 9.1 创建对象 213

9.1.1	使用构造函数创建对象	213
9.1.2	使用对象直接量创建对象	214
9.1.3	使用create()方法创建对象	216

9.2 操作对象 217
- 9.2.1 引用对象 217
- 9.2.2 复制对象 217
- 9.2.3 克隆对象 218
- 9.2.4 销毁对象 219

9.3 操作属性 219
- 9.3.1 定义属性 219
- 9.3.2 访问属性 221
- 9.3.3 赋值属性 224
- 9.3.4 删除属性 224
- 9.3.5 使用方法 224
- 9.3.6 配置特性 226
- 9.3.7 检测特性 227

9.4 使用方法 227
- 9.4.1 使用 toString() 227
- 9.4.2 使用 valueOf() 228
- 9.4.3 检测私有属性 229
- 9.4.4 检测枚举属性 230
- 9.4.5 检测原型对象 231
- 9.4.6 静态方法 232

9.5 使用原型 234
- 9.5.1 定义原型 234
- 9.5.2 比较原型属性和本地属性 235
- 9.5.3 应用原型 237
- 9.5.4 原型域和原型域链 240
- 9.5.5 原型继承 242
- 9.5.6 扩展原型方法 243

9.6 实战案例 **244**
- **9.6.1 设计工厂模式** **244**
- **9.6.2 设计类继承** **245**
- **9.6.3 设计构造原型模式** **248**
- **9.6.4 设计动态原型模式** **248**
- **9.6.5 设计实例继承** **249**
- **9.6.6 惰性实例化** **250**
- **9.6.7 安全构造对象** **252**

第 10 章 BOM 操作 255
视频讲解：20 个　示例：35 个

10.1 使用 window 对象 255
- 10.1.1 访问浏览器窗口 255
- 10.1.2 全局作用域 256
- 10.1.3 使用系统测试方法 256
- 10.1.4 打开和关闭窗口 258
- 10.1.5 使用框架集 260
- 10.1.6 控制窗口位置 262
- 10.1.7 控制窗口大小 263
- 10.1.8 使用定时器 264

10.2 使用 navigator 对象 267
- 10.2.1 浏览器检测方法 267
- 10.2.2 检测浏览器类型和版本号 268
- 10.2.3 检测客户操作系统 269
- 10.2.4 检测插件 270

10.3 使用 location 对象 271
10.4 使用 history 对象 273
10.5 使用 screen 对象 273
10.6 使用 document 对象 274
- 10.6.1 访问文档对象 275
- 10.6.2 动态生成文档内容 276

10.7 实战案例 **277**
- **10.7.1 使用远程脚本** **277**
- **10.7.2 设计远程交互** **279**
- **10.7.3 使用浮动框架** **281**
- **10.7.4 封装用户代理检测** **283**

第 11 章 DOM 操作 289
视频讲解：48 个　示例：99 个

11.1 DOM 基础 289
11.2 使用节点 291
- 11.2.1 节点类型 291
- 11.2.2 节点名称和值 293
- 11.2.3 节点关系 294
- 11.2.4 访问节点 295
- 11.2.5 操作节点 298

11.3 使用文档节点 300
- 11.3.1 访问文档子节点 300
- 11.3.2 访问文档信息 301

11.3.3 访问文档元素 301
11.3.4 访问文档集合 302
11.3.5 使用 HTML5 Document 302
11.4 使用元素节点 303
 11.4.1 访问元素 303
 11.4.2 遍历元素 304
 11.4.3 创建元素 306
 11.4.4 复制节点 307
 11.4.5 插入节点 308
 11.4.6 删除节点 310
 11.4.7 替换节点 312
 11.4.8 获取焦点元素 312
 11.4.9 检测包含节点 313
11.5 使用文本节点 315
 11.5.1 访问文本节点 315
 11.5.2 创建文本节点 316
 11.5.3 操作文本节点 316
 11.5.4 读取 HTML 字符串 317
 11.5.5 插入 HTML 字符串 317
 11.5.6 替换 HTML 字符串 319
 11.5.7 插入文本 321
11.6 使用文档片段节点 322
11.7 使用属性节点 323
 11.7.1 访问属性节点 323
 11.7.2 读取属性值 325
 11.7.3 设置属性值 325
 11.7.4 删除属性 327
 11.7.5 使用类选择器 328
 11.7.6 自定义属性 328
11.8 使用范围 329
 11.8.1 创建范围 329
 11.8.2 选择范围 330
 11.8.3 设置范围 334
 11.8.4 操作范围内容 336
 11.8.5 插入范围内容 338
 11.8.6 折叠范围 339
 11.8.7 比较范围 341
 11.8.8 复制和清除范围 342
11.9 使用 CSS 选择器 342

11.10 实战案例 344
 11.10.1 设计动态脚本 344
 11.10.2 使用 script 加载远程数据 ... 346
 11.10.3 使用 script 实现异步交互 ... 348
 11.10.4 使用 JSONP 351
 11.10.5 设计动态表格 355
 11.10.6 访问 DOM 集合 357
 11.10.7 在微博分享选中文本 359

第 12 章 事件处理 362
 视频讲解: 34 个 示例: 57 个
12.1 事件基础 362
 12.1.1 事件模型 362
 12.1.2 事件流 363
 12.1.3 事件类型 365
 12.1.4 绑定事件 367
 12.1.5 事件处理函数 368
 12.1.6 注册事件 370
 12.1.7 销毁事件 371
 12.1.8 使用 event 对象 373
 12.1.9 事件委托 375
12.2 使用鼠标事件 377
 12.2.1 鼠标点击 377
 12.2.2 鼠标移动 378
 12.2.3 鼠标经过 380
 12.2.4 鼠标来源 380
 12.2.5 鼠标定位 381
 12.2.6 鼠标按键 384
12.3 使用键盘事件 384
 12.3.1 键盘事件属性 385
 12.3.2 键盘响应顺序 387
12.4 使用页面事件 388
 12.4.1 页面初始化 388
 12.4.2 结构初始化 390
 12.4.3 页面卸载 391
 12.4.4 窗口重置 392
 12.4.5 页面滚动 393
 12.4.6 错误处理 393
12.5 使用 UI 事件 394
 12.5.1 焦点处理 394

12.5.2	选择文本	395
12.5.3	字段值变化监测	395
12.5.4	提交表单	397
12.5.5	重置表单	399
12.5.6	剪贴板数据	400

12.6 实战案例 ... 401
- **12.6.1** 封装事件 ... 401
- **12.6.2** 模拟事件 ... 404
- **12.6.3** 设计弹出对话框 ... 406
- **12.6.4** 设计遮罩层 ... 407
- **12.6.5** 自定义事件 ... 408
- **12.6.6** 设计事件触发模型 ... 409
- **12.6.7** 应用事件模型 ... 411

第 13 章 使用正则表达式与表单验证 ... 415
📹 视频讲解：15 个　示例：48 个

13.1 正则表达式操作基础 ... 415
- **13.1.1** 定义正则表达式 ... 415
- **13.1.2** 访问正则表达式对象 ... 417
- **13.1.3** 执行匹配操作 ... 418
- **13.1.4** 访问匹配信息 ... 419
- **13.1.5** 条件检测 ... 421

13.2 正则表达式语法基础 ... 422
- **13.2.1** 字符描述 ... 422
- **13.2.2** 字符范围 ... 423
- **13.2.3** 选择操作 ... 424
- **13.2.4** 重复类量词 ... 425
- **13.2.5** 惰性模式 ... 426
- **13.2.6** 边界量词 ... 427
- **13.2.7** 声明量词 ... 428
- **13.2.8** 表达式分组 ... 428
- **13.2.9** 子表达式引用 ... 429

13.3 实战案例 ... 431

第 14 章 字符串处理与表单开发 ... 437
📹 视频讲解：26 个　示例：48 个

14.1 字符串操作基础 ... 437
- **14.1.1** 定义字符串 ... 437
- **14.1.2** 字符串的值和字符长度 ... 439
- **14.1.3** 字符串连接 ... 441
- **14.1.4** 字符串查找 ... 441
- **14.1.5** 字符串截取 ... 444
- **14.1.6** 字符串替换 ... 446
- **14.1.7** 字符串大小转换 ... 447
- **14.1.8** 字符串比较 ... 447
- **14.1.9** 字符串与数组转换 ... 448
- **14.1.10** 字符串格式化 ... 449
- **14.1.11** 字符编码和解码 ... 449
- **14.1.12** Unicode 编码和解码 ... 451

14.2 实战案例 ... 453
- **14.2.1** 访问表单对象 ... 453
- **14.2.2** 访问表单元素 ... 454
- **14.2.3** 访问字段属性 ... 455
- **14.2.4** 访问文本框的值 ... 457
- **14.2.5** 文本框过滤 ... 459
- **14.2.6** 切换焦点 ... 461
- **14.2.7** 访问选择框的值 ... 462
- **14.2.8** 编辑选项 ... 465
- **14.2.9** 字符串替换的高级应用 ... 467
- **14.2.10** 字符串修剪 ... 469
- **14.2.11** 检测特殊字符 ... 471
- **14.2.12** 自定义加密和解密 ... 472
- **14.2.13** 表单序列化 ... 474
- **14.2.14** 设计文本编辑器 ... 478

第 15 章 CSS 脚本化与网页特效 ... 483
📹 视频讲解：26 个　示例：43 个

15.1 CSS 脚本化基础 ... 483
- **15.1.1** 访问 CSS 行内样式 ... 483
- **15.1.2** 使用 style 对象 ... 484
- **15.1.3** 使用 styleSheets 对象 ... 489
- **15.1.4** 使用 selectorText 对象 ... 492
- **15.1.5** 编辑样式 ... 493
- **15.1.6** 添加样式 ... 493
- **15.1.7** 访问计算样式 ... 495

15.2 元素大小 ... 498
- **15.2.1** 访问 CSS 宽度和高度 ... 498
- **15.2.2** 把值转换为整数 ... 500
- **15.2.3** 使用 offsetWidth 和 offsetHeight ... 501
- **15.2.4** 元素尺寸 ... 503

15.2.5 视图尺寸 506
15.2.6 窗口尺寸 507
15.3 位置偏移 508
15.3.1 窗口位置 508
15.3.2 相对位置 510
15.3.3 定位位置 511
15.3.4 设置偏移位置 511
15.3.5 设置相对位置 512
15.3.6 鼠标指针绝对位置 512
15.3.7 鼠标指针相对位置 513
15.3.8 滚动条位置 515
15.3.9 设置滚动条位置 515
15.4 显示隐藏 516
15.4.1 可见性 516
15.4.2 透明度 517
15.5 实战案例 518
15.5.1 滑动 518
15.5.2 渐隐渐显 519

第 16 章 使用 Ajax 实现异步通信 520
视频讲解：33 个　示例：51 个
16.1 使用 XML 数据 520
16.1.1 新建 XML 文档 520
16.1.2 访问 XML 数据 521
16.1.3 创建 XML DOM 对象 523
16.1.4 加载 XML 数据 524
16.1.5 显示 XML 数据 526
16.1.6 案例：在网页中显示 XML
数据 527
16.1.7 案例：异步加载 XML 数据 529
16.2 使用 JSON 数据 531
16.2.1 JSON 结构 531
16.2.2 案例：JSON 与 XML 格式
比较 533
16.2.3 案例：JSON 数据优化 535
16.2.4 案例：解析 JSON 537
16.2.5 案例：序列化 JSON 538
16.3 使用 Ajax 541
16.3.1 HTTP 头部信息 541
16.3.2 定义 XMLHttpRequest 对象 ... 543

16.3.3 建立 XMLHttpRequest 连接 .. 545
16.3.4 发送 GET 请求 546
16.3.5 发送 POST 请求 547
16.3.6 转换串行化字符串 548
16.3.7 跟踪状态 549
16.3.8 中止请求 550
16.3.9 获取 XML 数据 550
16.3.10 获取 HTML 文本 551
16.3.11 获取 JavaScript 脚本 552
16.3.12 获取 JSON 数据 552
16.3.13 获取纯文本 553
16.3.14 获取头部信息 553
16.4 实战案例 554
16.4.1 封装异步请求操作 554
16.4.2 动态显示提示信息 555
16.4.3 动态查询记录集 557
16.4.4 记录集分页显示 560
16.4.5 设计 Tab 面板 562
16.4.6 关键字匹配 565
16.4.7 使用灯标 568

第 17 章 本地数据存储 571
视频讲解：14 个　示例：16 个
17.1 使用 cookie 571
17.1.1 写入 cookie 信息 571
17.1.2 读取 cookie 信息 573
17.1.3 修改和删除 cookie 信息 574
17.1.4 附加 cookie 信息 574
17.1.5 封装 cookie 操作 576
17.1.6 案例：打字游戏 577
17.2 使用 Web Storage 579
17.2.1 基本操作 580
17.2.2 案例：设计网页皮肤 581
17.2.3 案例：跟踪 localStorage
数据 583
17.2.4 案例：设计计数器 585
17.3 使用 Web SQL 586
17.3.1 基本操作 586
17.3.2 案例：创建本地数据库 588
17.3.3 案例：批量存储本地数据 590

17.4 实战案例 592

第 18 章 JavaScript 图形设计 599
📹 视频讲解：35 个　示例：45 个
18.1 HTML5 canvas 基础 599
　　18.1.1 在页面中插入 canvas 元素 599
　　18.1.2 绘制图形的基本方法 600
　　18.1.3 使用 canvas 601
18.2 绘制图形 603
　　18.2.1 绘制直线 603
　　18.2.2 绘制矩形 605
　　18.2.3 绘制圆形 606
　　18.2.4 绘制多边形 608
　　18.2.5 绘制曲线 609
　　18.2.6 绘制二次方曲线 610
　　18.2.7 绘制三次方曲线 611
18.3 设置图形样式 613
　　18.3.1 设置线型 613
　　18.3.2 绘制线性渐变 616
　　18.3.3 绘制径向渐变 617
　　18.3.4 绘制图案 618
　　18.3.5 设置不透明度 619
　　18.3.6 设置阴影 620
18.4 操作图形 621
　　18.4.1 保存和恢复 canvas 状态 621
　　18.4.2 清除绘图 622
　　18.4.3 移动坐标 623
　　18.4.4 旋转坐标 625
　　18.4.5 缩放图形 626
　　18.4.6 变换矩阵 627
　　18.4.7 组合图形 629
　　18.4.8 裁切路径 632
18.5 绘制文字 633
　　18.5.1 绘制填充文字 633
　　18.5.2 设置文字属性 634
　　18.5.3 绘制轮廓文字 634
　　18.5.4 测量宽度 635
18.6 绘制图像 636
　　18.6.1 导入图像 636
　　18.6.2 变换图像 638
　　18.6.3 裁切图像 639
　　18.6.4 图像平铺 640
　　18.6.5 像素处理 642
18.7 实战案例 643
　　18.7.1 设计 canvas 动画 643
　　18.7.2 保存绘图 646

第 19 章 离线应用 649
📹 视频讲解：6 个　示例：8 个
19.1 HTML5 离线应用基础 649
　　19.1.1 认识 HTML5 离线应用 649
　　19.1.2 浏览器支持 650
　　19.1.3 使用 manifest 文件 651
　　19.1.4 使用离线缓存 654
　　19.1.5 监听离线存储 657
19.2 实战案例 659
　　19.2.1 缓存首页 659
　　19.2.2 离线编辑内容 661
　　19.2.3 离线跟踪 666

第 20 章 多线程处理 671
📹 视频讲解：8 个　示例：6 个
20.1 Web Workers 基础 671
　　20.1.1 认识 Web Workers 671
　　20.1.2 浏览器支持 672
　　20.1.3 创建 Web Workers 673
　　20.1.4 Web Workers 通信 674
　　20.1.5 案例：使用 Web Workers 675
20.2 实战案例 678
　　20.2.1 后台运算 678
　　20.2.2 数值过滤 680
　　20.2.3 并发处理 682
　　20.2.4 线程通信 684
　　20.2.5 Fibonacci 数列运算 686

第 21 章 文件操作 688
📹 视频讲解：23 个　示例：30 个
21.1 访问文件域 688
21.2 使用 Blob 对象 689
　　21.2.1 在文件域中访问 Blob 对象 ... 689
　　21.2.2 创建 Blob 对象 691

21.2.3 截取 Blob 对象 693
21.2.4 保存 Blob 对象 694
21.3 使用 FileReader 对象 696
21.3.1 读取并显示文件 696
21.3.2 监测读取操作 698
21.4 使用缓存对象 700
21.4.1 使用 ArrayBuffer 对象 700
21.4.2 使用 ArrayBufferView 对象 ... 700
21.4.3 使用 DataView 对象 701
21.5 使用 FileSystem 704
21.5.1 访问文件系统 704
21.5.2 申请配额 706
21.5.3 创建文件 710
21.5.4 写入文件 712
21.5.5 添加数据 713
21.5.6 读取文件 715
21.5.7 复制文件 716
21.5.8 删除文件 717
21.5.9 创建目录 718
21.5.10 读取目录 720
21.5.11 删除目录 722
21.5.12 复制目录 723
21.5.13 移动和重命名目录 724
21.5.14 使用 filesystem:URL 726
21.6 实战案例 728

第 22 章 使用 History 732
视频讲解：4 个　示例：1 个
22.1 History API 基础 732
22.1.1 History API 处理方式 732
22.1.2 浏览器兼容和扩展 733
22.1.3 操作历史记录 733
22.2 实战案例 735
22.2.1 设计无刷新页面导航 735
22.2.2 设计主题宣传网站 738
22.2.3 设计图片画廊 741
22.2.4 设计历史恢复 744

第 23 章 实战案例 748
视频讲解：6 个　示例：8 个
23.1 设计折叠面板 748
23.2 设计计算器 752
23.3 设计万年历 757
23.4 设计俄罗斯方块 765
23.4.1 设计游戏界面 766
23.4.2 设计游戏模型 767
23.4.3 实现游戏功能 769

第 1 章 JavaScript 基础

JavaScript 是面向 Web 的编程语言，并获得了所有网页浏览器的支持，是目前应用最广泛的编程语言之一，也是网页设计和 Web 应用必须掌握的基本工具。本章将简单介绍 JavaScript 的发展历史、概况以及相关基本概念，为后面的学习奠定知识基础。

【学习重点】
- 了解 JavaScript 发展历史。
- 了解 ECMAScript。
- 了解 JavaScrip 实现构成。

1.1 JavaScript 概述

1.1.1 JavaScript 发展历史

1995 年 2 月 Netscape 公司发布 Netscape Navigator 2 浏览器，并开发了一种名为 LiveScript 的脚本语言。为了搭上媒体热炒 Java 的顺风车，临时把 LiveScript 改名为 JavaScript，这也是最初的 JavaScript 1.0 版本。

由于 JavaScript 1.0 获得了巨大成功，Netscape 公司随即在 Netscape Navigator 3 中又发布了 JavaScript 1.1 版本。

在 Netscape Navigator 3 发布后不久，微软在 Internet Explorer 3 中加入 JavaScript 脚本语言。为了避免与 Netscape 的 JavaScript 产生纠纷，微软特意将其命名为 JScript。

1997 年，欧洲计算机制造商协会（ECMA）以 JavaScript 1.1 为蓝本制订了 ECMA-262 新脚本语言的标准，并命名为 ECMAScript。

1998 年，国标标准化组织和国际电工委员会（ISO/IEC）也采用了 ECMAScript 作为标准（即 ISO/IEC-16262）。自此以后，浏览器开发商就开始致力于将 ECMAScript 作为各自 JavaScript 实现的参考标准。

1.1.2 ECMAScript 与 JavaScript 的关系

1997 年，ECMA 发布 262 号标准文件（ECMA-262）的第 1 版，规定了浏览器脚本语言的标准，并将这种语言命名为 ECMAScript，这个版本就是 ECMAScript 1.0 版。之所以不叫 JavaScript，有以下两个原因。

一是商标，Java 是 Sun 公司的商标，根据授权协议，只有 Netscape 公司可以合法地使用 JavaScript 这个名字，且 JavaScript 本身也已经被 Netscape 公司注册为商标。

二是体现这门语言的制定者是 ECMA，而不是 Netscape，这样有利于保证这门语言的开放性和中立性。

因此，ECMAScript 和 JavaScript 的关系是：ECMAScript 是 JavaScript 语言的国际标准，JavaScript 是 ECMAScript 的一种实现。

但是在一般场合中，这两个词是可以互换的。

1.1.3 ECMAScript 版本变化

1998 年 6 月，ECMAScript 2.0 版发布。

1999 年 12 月，ECMAScript 3.0 版发布，成为 JavaScript 的通行标准，得到了广泛支持。

2007 年 10 月，ECMAScript 4.0 版草案发布，对 3.0 版做了大幅升级。由于 4.0 版的目标过于激进，各方对于是否通过这个标准，发生了严重分歧。

2008 年 7 月，ECMA 中止 ECMAScript 4.0 的开发，将其中涉及现有功能改善的一小部分发布为 ECMAScript 3.1。不久，ECMAScript 3.1 更名为 ECMAScript 5。

2009 年 12 月，ECMAScript 5.0 版正式发布。

2011 年 6 月，ECMAscript 5.1 版发布，并且成为 ISO 国际标准（ISO/IEC 16262:2011）。

2013 年 12 月，ECMAScript 6 草案发布。

2015 年 6 月，ECMAScript 6 发布正式版本，并更名为 ECMAScript 2015。Mozilla 在这个标准的基础上，推出 JavaScript 2.0。从此以后，JavaScript 以年份命名，新版本将按照 ECMAScript+年份的形式发布，以便更频繁地发布包含小规模增量更新的新版本。

1.1.4 ECMAScript5 和 ECMAScript6

ECMAScript 5.1（或 ECMAScript 5）是 ECMAScript 标准的最新修正。与 HTML5 规范进程本质类似，ECMAScript 5 通过对现有 JavaScript 方法添加语句和对原生 ECMAScript 对象进行合并实现了标准化。此外，ECMAScript 5 还引入了一个语法的严格变种，被称为严格模式（Strict Mode）。

读者可以查看 ECMAScript 5 完整列表官方 ECMAScript 语言规范附录 D（http://125.39.35.137/files/1119000004 CFAC44）和附录 E（www.ecma-international.org/publications/files/ECMAST/Ecma-262.pdf），或者查看 http://www.ecmascript.org/，还可以以 HTML 形式查看 Michael[tm] Smith 非官方的 HTML 版本说明（http://es5.github.io/）。

随着 Opera 11.60 的发布，五大主流浏览器都已支持 ECMAScript 5。具体信息如下：

- Opera 11.60。
- Internet Explorer 9。
- Firefox 4。
- Safari 5.1。
- Chrome 13。

📢 提示：

IE9 不支持严格模式，直到 IE10 才开始支持；Safari 5.1 仍不支持 Function.prototype.bind，尽管 Function.prototype.bind 已经被 Webkit 所支持。

对于旧版浏览器的支持信息，可以查看 Juriy Zaytsev 的 ECMAScript 5 兼容性列表（http://kangax.github.io/compat-table/es5/）。

ECMAScript 6 是继 ECMAScript 5 之后的一次重大改进，语言规范由 ECMAScript 5.1 时代的 245 页扩充至 600 页。ECMAScript 6 新增了许多必要的特性，如模块和类，以及一些实用特性，如 Maps、Sets、Promises、生成器（Generators）等。尽管 ECMAScript 6 做了大量的更新，但是它依旧完全向后兼容以前的版本（这主要是缘于标准化委员会决定避免由不兼容版本语言导致的 Web 体验破碎），因此所有老代码都可以正常运行，整个过渡也显得更为平滑，但随之而来的问题是，开发者们抱怨了多年的老问题依然存在。

由于 ECMAScript 6 还没有定案，有些语法规则还会变动，目前支持 ECMAScript 6 的软件和开发环境还不多。各大浏览器的最新版本对 ECMAScript 6 的支持情况，可以查看 http://kangax.github.io/compat-table/es6/。

1.2 JavaScript 相关概念

尽管 ECMAScript 是 JavaScript 的标准，但它并不是 JavaScript 唯一的部分，也不是唯一被标准化的部分。实际上，一个完整的 JavaScript 实现是由以下 3 个不同部分组成的，如图 1.1 所示。

- 核心（ECMAScript）。
- 文档对象模型（DOM）。
- 浏览器对象模型（BOM）。

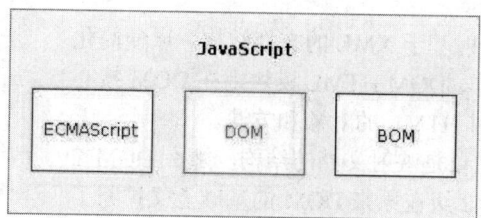

图 1.1　JavaScript 实现构成

1.2.1 JavaScript 核心

Web 浏览器只是 ECMAScript 实现的宿主环境之一。宿主环境不仅提供基本的 ECMAScript 实现，同时也会提供各种功能扩展。JavaScript 核心规定了这门语言的下列组成部分：

- 语法。
- 类型。
- 语句。
- 关键字。
- 保留字。
- 操作符。
- 对象。

直到 2008 年，五大主流 Web 浏览器（IE、Firefox、Safari、Chrome 和 Opera）全部做到了与 ECMA-262 兼容。IE8 是第一个实现 ECMA-262 第 5 版的浏览器，并在 IE9 中提供了完整的支持。Firefox 4 也紧随其后，做到了兼容。

1.2.2 文档对象模型

文档对象模型（Document Object Model，DOM）是针对 XML 但经过扩展用于 HTML 的应用程序编程接口（API）。DOM 把整个页面映射为一个多层节点结构。HTML 或 XML 页面中的每个组成部分都是某种类型的节点，这些节点又包含着不同类型的数据。

【示例】　针对下面的网页文档结构：

```
<html>
    <head>
        <title>Sample Page</title>
    </head>
    <body>
        <p>hello world!</p>
    </body>
</html>
```

这段代码可以用 DOM 绘制成一个节点层次图，如图 1.2 所示。

通过 DOM 创建的文档结构树形图，开发人员获得了控制页面内容和结构的主动权。借助 DOM 提供的 API，开发人员可以轻松自如地删除、添加、替换或修改任何节点。

DOM 1 级（DOM Level 1）于 1998 年 10 月成为 W3C 的推荐标准。DOM 1 级由两个模块组成：

- DOM 核心（DOM Core）。
- DOM HTML。

DOM 核心规定的是如何映射基于 XML 的文档结构，以便简化对文档中任意部分的访问和操作。DOM HTML 模块则在 DOM 核心的基础上加以扩展，添加了针对 HTML 的对象和方法。

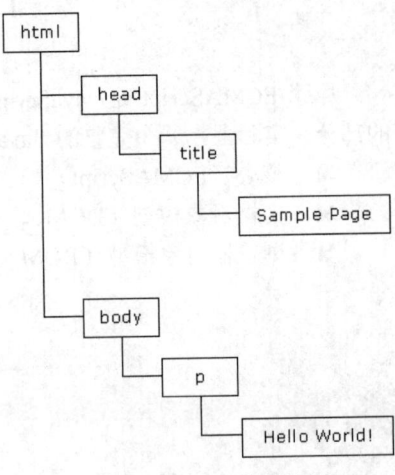

图 1.2　DOM 文档节点树

如果说 DOM 1 级的目标主要是映射文档的结构，那么 DOM 2 级的目标就要宽泛多了。DOM 2 级在原来 DOM 的基础上又扩充了鼠标和用户界面事件、范围、遍历（迭代 DOM 文档的方法）等细分模块，而且通过对象接口增加了对 CSS 的支持。DOM 1 级中的 DOM 核心模块也经过扩展开始支持 XML 命名空间。

DOM 2 级引入了下列新模块，也给出了众多新类型和新接口的定义。

- DOM 视图（DOM Views）：定义了跟踪不同文档（如应用 CSS 之前和之后的文档）视图的接口。
- DOM 事件（DOM Events）：定义了事件和事件处理的接口。
- DOM 样式（DOM Style）：定义了基于 CSS 为元素应用样式的接口。
- DOM 遍历和范围（DOM Traversal and Range）：定义了遍历和操作文档树的接口。

DOM 3 级则进一步扩展了 DOM，引入了以统一方式加载和保存文档的方法，在 DOM 加载和保存（DOM Load and Save）模块中定义；新增了验证文档的方法，在 DOM 验证（DOM Validation）模块中定义。DOM 3 级也对 DOM 核心进行了扩展，开始支持 XML 1.0 规范，涉及 XML Infoset、XPath 和 XML Base。

提示：

有时候读者会听到 DOM 0 级标准，而实际上，DOM 0 级标准是不存在的。所谓 DOM 0 级只是对 DOM 标准前的一种说法，具体表示 IE 4.0 和 Netscape Navigator 4.0 最初支持的 DHTML。

在 DOM 标准出现了一段时间之后，Web 浏览器才开始实现它。微软在 IE5 中首次尝试实现 DOM，但直到 IE5.5 才算是真正支持 DOM 1 级。在随后的 IE6 和 IE7 中，微软都没有引入新的 DOM 功能，而到了 IE8 才对以前 DOM 实现中的 Bug 进行了修复。

Firefox 3 完全支持 DOM 1 级，几乎完全支持 DOM 2 级，甚至还支持 DOM 3 级的一部分。目前，支持 DOM 已经成为浏览器开发商的首要目标，主流浏览器每次发布新版本都会改进对 DOM 的支持。

拓展：

除了 DOM 核心和 DOM HTML 接口之外，另外几种语言还发布了只针对自己的 DOM 标准。下面列出的语言都是基于 XML 的，每种语言的 DOM 标准都添加了与特定语言相关的新方法和新接口。

- SVG（Scalable Vector Graphic，可伸缩矢量图）1.0。
- MathML（Mathematical Markup Language，数学标记语言）1.0。
- SMIL（Synchronized Multimedia Integration Language，同步多媒体集成语言）。

还有一些语言也开发了自己的 DOM 实现，如 Mozilla 的 XUL（XML User Interface Language，XML

用户界面语言）。但是，只有上面列出的几种语言是 W3C 的推荐标准。

1.2.3 浏览器对象模型

　　IE 3.0 和 Netscape Navigator 3.0 提供了一种特性，即 BOM（浏览器对象模型），可以对浏览器窗口进行访问和操作。使用 BOM，开发者可以移动窗口、改变状态栏中的文本以及执行其他与页面内容不直接相关的动作。与 DOM 不同，BOM 只是 JavaScript 的一个部分，没有任何相关的标准。

　　BOM 主要处理浏览器窗口和框架，不过通常浏览器特定的 JavaScript 扩展都被看作 BOM 的一部分。这些扩展包括：
- 弹出新的浏览器窗口。
- 移动、关闭浏览器窗口以及调整窗口大小。
- 提供 Web 浏览器详细信息的定位对象。
- 提供用户屏幕分辨率详细信息的屏幕对象。
- 对 Cookie 的支持。
- IE 扩展了 BOM，加入了 ActiveXObject 类，可以通过 JavaScript 实例化 ActiveX 对象。

　　由于没有相关的 BOM 标准，每种浏览器都有自己的 BOM 实现。有一些事实上的标准，如具有一个窗口对象和一个导航对象，不过每种浏览器可以为这些对象或其他对象定义自己的属性和方法。

第 2 章　初次使用 JavaScript

与能够独立执行的 C/C++等传统语言不同，执行 JavaScript 代码需要 HTML 网页环境。在当初开发 JavaScript 的时候，Netscape 把 JavaScript 定位为嵌入式 Web 脚本语言。这种做法被保留了下来，并被正式纳入 HTML 规范中。本章将详细介绍如何在网页中编写 JavaScript 代码并执行，同时介绍如何在浏览器中进行 JavaScript 代码调试和错误处理。

【学习重点】
- 灵活使用<script>标签。
- 了解 JavaScript 脚本存放位置。
- 会用<noscript>标签。
- 了解 JavaScript 执行顺序。
- 了解 JavaScript 错误处理机制（选学）。
- 了解 JavaScript 代码调试方法（选学）。

2.1　在网页中嵌入 JavaScript 脚本

在 HTML 页面中嵌入 JavaScript 脚本，需要使用<script>标签。用户可以在<script>标签中直接编写 JavaScript 代码，或者单独编写 JavaScript 文件，然后通过<script>标签导入。

2.1.1　编写脚本

使用<script>标签有两种方式：直接在页面中嵌入 JavaScript 代码和包含外部 JavaScript 文件。下面结合示例分别介绍。

【示例 1】　直接在页面中嵌入 JavaScript 代码。

第 1 步，新建 HTML 文档，保存为 test.html。然后在<head>标签内插入一个<script>标签。

第 2 步，为<script>标签指定 type 属性其值为"text/javascript"。现代浏览器默认<script>标签的类型为 JavaScript 脚本，因此省略 type 属性，依然能够被正确执行，但是考虑到代码的兼容性，还是建议定义该属性。

第 3 步，直接在<script>标签内部输入 JavaScript 代码：

```html
<!doctype html>
<html>
<head>
<meta charset="utf-8">
<title>test</title>
<script type="text/javascript">
function hi(){
    document.write("<h1>Hello,World!</h1>");
}
hi();
</script>
```

```
</head>
<body>
</body>
</html>
```

上述 JavaScript 脚本先定义了一个 hi()函数,该函数被调用后会在页面中显示字符"Hello,World! "。document 表示 DOM 网页文档对象;document.write()表示调用 Document 对象的 write()方法,在当前网页源代码中写入 HTML 字符串 "<h1>Hello,World!</h1>"。

调用 hi()函数,浏览器将在页面中显示一级标题字符"Hello,World! "。

第 4 步,保存网页文档,在浏览器中预览,则显示效果如图 2.1 所示。

图 2.1 第一个 JavaScript 程序

📢 提示:

包含在<script>标签内的 JavaScript 代码被浏览器从上至下依次解释。

当使用<script>标签嵌入 JavaScript 代码时,不要在代码中的任何地方输出"</script>"字符串。例如,浏览器在加载如下代码时就会产生一个错误。

```
<script type="text/javascript">
function hi(){
    document.write("</script>");
}
hi();
</script>
```

错误原因:当浏览器解析到字符串"</script>"时,会结束 JavaScript 代码段的执行。

解决方法:

```
<script type="text/javascript">
function hi(){
    document.write("<\/script>");
}
hi();
</script>
```

使用转义字符把字符串"</script>"分成两部分来写,就不会造成浏览器的误解。

【示例 2】 包含外部 JavaScript 文件。

第 1 步,新建文本文件,保存为 test.js。注意,扩展名为.js,它表示该文本文件是 JavaScript 类型的文件。

📢 提示:

使用<script>标签包含外部 JavaScript 文件时,默认文件类型为 JavaScript,因此.js 扩展名不是必需的,浏览器不会检查包含 JavaScript 的文件的扩展名。在高级开发中,使用 JSP、PHP 或其他服务器端语言动态生成 JavaScript 代码时,可以使用任意扩展名。如果不使用.js 扩展名,用户应确保服务器能返回正确的 MIME 类型。

第 2 步,打开 test.js 文本文件,在其中编写如下代码,定义简单的输出函数。

```
function hi(){
```

```
    alert("Hello,World!");
}
```

在上面代码中，alert()表示 Window 对象的方法，调用该方法将弹出一个提示对话框，显示参数字符串"Hello,World!"。

第 3 步，保存 JavaScript 文件。注意与网页文件的位置关系，这里保存 JavaScript 文件的位置与调用该文件的网页文件位于相同目录下。

第 4 步，新建 HTML 文档，保存为 test1.html。然后在<head>标签内插入一个<script>标签。定义 src 属性，设置属性值为指向外部 JavaScript 文件的 URL 字符串。代码如下：

```
<script type="text/javascript" src="test.js"></script>
```

第 5 步，在上面<script>标签下一行继续插入一个<script>标签，直接在<script>标签内部输入 JavaScript 代码，调用外部 JavaScript 文件中的 hi()函数。

```
<!doctype html>
<html>
<head>
<meta charset="utf-8">
<title>test</title>
<script type="text/javascript" src="test.js"></script>
<script type="text/javascript">
hi();              //调用外部 JavaScript 文件的函数
</script>
</head>
<body>
</body>
</html>
```

第 6 步，保存网页文档，在浏览器中预览，则显示效果如图 2.2 所示。

图 2.2　调用外部函数弹出提示对话框

🔊 提示：

定义 src 属性的<script>标签不应再包含 JavaScript 代码。如果嵌入了代码，则只会下载并执行外部 JavaScript 文件，嵌入代码会被忽略。

<script>标签的 src 属性可以包含来自外部域的 JavaScript 文件。例如：

```
<script type="text/javascript" src="http://www.sothersite.com/test.js"></script>
```

这些位于外部域中的代码也会被加载和解析，因此在访问自己不能控制的服务器上的 JavaScript 文件时要小心，防止恶意代码，或者防止恶意人员随时可能替换 JavaScript 文件中的代码。

拓展：

HTML 为<script>定义了 6 个属性，简单说明如下。

- async：可选。表示应该立即下载脚本，但不应妨碍页面中其他操作，如下载其他资源或等待加载其他脚本。该功能只对外部 JavaScript 文件有效。
- charset：可选。表示通过 src 属性指定的代码的字符集。由于大多数浏览器会忽略它的值，因此很少使用。
- defer：可选。表示脚本可以延迟到文档完全被解析和显示之后再执行。该属性只对外部 JavaScript 文件有效。更早版本对嵌入的 JavaScript 代码也支持这个属性。
- language：已废弃。原来用于表示编写代码使用的脚本语言，如 JavaScript、JavaScript 1.2 或 VBScript。大多数浏览器会忽略这个属性，不建议使用。
- src：可选。表示包含要执行代码的外部文件。
- type：可选。可以看成是 language 的替代属性，表示编写代码使用的脚本语言的内容类型（也称为 MIME 类型）。虽然 text/javascript 和 text/ecmascript 已经不被推荐使用，但人们一直习惯使用 text/javascript。服务器在传送 JavaScript 文件时使用的 MIME 类型通常是 application/x-javascript，但在 type 中设置这个值可能会导致脚本被忽略。另外，在非 IE 浏览器中还可以使用 application/javascript 和 application/ecmascript。考虑到约定俗成和最大限度的浏览器兼容性，目前在客户端，type 属性值一般使用 text/javascript。不过，这个属性并不是必需的，如果没有指定这个属性，则其默认值仍为 text/javascript。

2.1.2 脚本位置

所有<script>标签都会按照它们在 HTML 中出现的先后顺序依次被解析。在不使用 defer 和 async 属性的情况下，只有在解析完前面<script>标签中的代码之后，才会开始解析后面<script>标签中的代码。

【示例 1】 在默认情况下，所有<script>标签都应该放在页面头部的<head>标签中。

```
<!doctype html>
<html>
<head>
<meta charset="utf-8">
<title>test</title>
<script type="text/javascript" src="test.js"></script>
<script type="text/javascript">
hi();
</script>
</head>
<body>
<!-- 网页内容 -->
</body>
</html>
```

这样就可以把所有外部文件（包括 CSS 文件和 JavaScript 文件）的引用都放在相同的地方。但是，在文档的<head>标签中包含所有 JavaScript 文件，意味着必须等到全部 JavaScript 代码都被下载、解析和执行完以后，才能开始呈现页面的内容。如果页面需要很多 JavaScript 代码，这样无疑会导致浏览器在呈现页面时出现明显的延迟，而延迟期间的浏览器窗口中将是一片空白。

【示例 2】 为了避免延迟问题，现代 Web 应用程序一般都会把全部 JavaScript 引用放在<body>标签中页面的内容后面。

```
<!doctype html>
<html>
<head>
<meta charset="utf-8">
<title>test</title>
```

扫一扫，看视频

```
</head>
<body>
<!-- 网页内容 -->
<script type="text/javascript" src="test.js"></script>
<script type="text/javascript">
hi();
</script>
/body>
</html>
</html>
```

这样，在解析包含的 JavaScript 代码之前，页面的内容将完全呈现在浏览器中，同时会感到打开页面的速度加快了。

2.1.3 设置延迟执行

为了避免脚本在执行时影响页面的构造，HTML 为<script>标签定义了 defer 属性。defer 属性能够迫使脚本被延迟到整个页面都解析完毕后再运行。因此，在<script>标签中设置 defer 属性，相当于告诉浏览器虽然可以立即下载 JavaScript 代码，但执行会被延迟。

【示例】 在本例中，虽然把<script>标签放在文档的<head>标签中，但其中包含的脚本将延迟到浏览器遇到</html>标签后再执行。

```
<!doctype html>
<html>
<head>
<script type="text/javascript" defer src="test1.js"></script>
<script type="text/javascript" defer src="test2.js"></script>
</head>
<body>
<!-- 网页内容 -->
</body>
</html>
```

HTML5 规范要求脚本按照它们出现的先后顺序执行，因此第 1 个延迟脚本会先于第 2 个延迟脚本执行，而这两个脚本会先于 DOMContentLoaded 事件执行。在实际应用中，延迟脚本并不一定会按照顺序执行，也不一定会在 DOMContentLoaded 事件触发前执行，因此最好只包含一个延迟脚本。

◁))提示：

defer 属性只适用于外部脚本文件。这一点在 HTML5 中已经明确规定，因此支持 HTML5 的实现会忽略给嵌入脚本设置的 defer 属性。IE4~IE7 还支持对嵌入脚本的 defer 属性，但 IE8 及之后版本则完全支持 HTML5 规定的行为。

IE4、Firefox 3.5、Safari 5 和 Chrome 是最早支持 defer 属性的浏览器，其他浏览器会忽略这个属性。因此，把延迟脚本放在页面底部仍然是最佳选择。

◁))注意：

在 XHTML 类型的文档中，defer 属性应该定义为 defer="defer"。

2.1.4 设置异步响应

HTML5 为<script>标签定义了 async 属性。这个属性与 defer 属性类似，都用于改变外部脚本的行为。同样与 defer 类似，async 只适用于外部脚本文件，并告诉浏览器立即下载文件。但与 defer 不同的是，标记为 async 的脚本并不保证按照指定它们的先后顺序执行。

【示例】　在下面代码中，第 2 个脚本文件 test2.js 可能会在第 1 个脚本文件 test1.js 之前执行。因此，用户要确保两个文件之间没有逻辑顺序的关联，互不依赖是非常重要的。

```html
<!doctype html>
<html>
<head>
<script type="text/javascript" async src="test1.js"></script>
<script type="text/javascript" async src="test2.js"></script>
</head>
<body>
<!-- 网页内容 -->
</body>
</html>
```

指定 async 属性的目的是不让页面等待两个脚本文件下载完后再执行，从而异步加载页面其他内容。

提示：

异步响应的脚本一定会在页面的 load 事件前执行，但可能会在 DOMContentLoaded 事件触发之前或之后执行。异步脚本不要在加载期间修改 DOM。

支持异步脚本的浏览器包括 Firefox 3.6+、Safari 5 和 Chrome。在 XHTML 文档中，要把 async 属性设置为 async="async"。

2.2　执行 JavaScript 程序

　　JavaScript 解释过程包括两个阶段：预处理（也称预编译）和执行。在预编译期，JavaScript 解释器将完成对 JavaScript 代码的预处理操作，把 JavaScript 代码转换成字节码；在执行期，JavaScript 解释器把字节码生成二进制机械码，并按顺序执行，完成程序设计的任务。

提示：

预编译包括词法分析和语法分析。词法分析主要对 JavaScript 脚本进行逐一分析，检查脚本是否符合 JavaScript 规范，是否存在语法错误；语法分析主要是把从程序中收集的的信息存储到数据结构中，如符号表和语法树。
- 符号表：存储程序中所有符号的一个表，包括所有的字符串、直接量、变量名和函数名等。
- 语法树：构建程序结构的一个树形表示，并将使用这个树形结构来生成中间代码。

2.2.1　执行过程

扫一扫，看视频

　　HTML 文档在浏览器中的解析过程是：按文档流从上到下逐步解析页面结构和信息。JavaScript 代码作为嵌入的脚本应该也算做 HTML 文档的组成部分，所以 JavaScript 代码在装载时的执行顺序也是根据 <script> 标签的出现顺序来确定的。

【示例 1】　浏览下面文档页面，会看到代码是从上到下逐步被解析的。

```html
<!doctype html>
<script>
alert("顶部脚本");
</script>
<html>
<head>
```

```html
<meta charset="utf-8">
<title>test</title>
<script>
alert("头部脚本");
</script>
</head>
<body>
<script>
alert("页面脚本");
</script>
</body>
<script>
alert("底部脚本");
</script>
</html>
```

对于导入外部的 JavaScript 文件脚本，那么它也将按照其<script>标签在文档中出现的顺序来执行，而且执行过程是文档装载的一部分。不会因为是外部 JavaScript 文件而延期执行。

【示例 2】 把上面文档中的头部和页面区域的脚本移到外部 JavaScript 文件中，然后通过 src 属性导入进来。继续预览页面文档，会看到相同的执行顺序。

```html
<!doctype html>
<script>
alert("顶部脚本");
</script>
<html>
<head>
<meta charset="utf-8">
<title>test</title>
<script src="head.js"></script>
</head>
<body>
<script src="body.js"></script>
</body>
<script>
alert("底部脚本");
</script>
</html>
```

扫一扫，看视频

2.2.2 预编译

当 JavaScript 引擎解析脚本时，它会在预编译期对所有声明的变量和函数预先进行处理。

【示例 1】 当 JavaScript 解释器执行下面脚本时不会报错。

```
alert(a);                  // 返回值 undefined
var a =1;
alert(a);                  // 返回值 1
```

由于变量声明是在预编译期被处理的，在执行期间对于所有代码来说，都是可见的。但是，执行上面代码，提示的值是 undefined，而不是 1。因为变量初始化过程发生在执行期，而不是预编译期。在执行期，JavaScript 解释器是按着代码先后顺序进行解析的，如果在前面代码行中没有为变量赋值，则 JavaScript 解释器会使用默认值 undefined。由于在第 2 行中为变量 a 赋值了，所以在第 3 行代码中会提示变量 a 的值为 1，而不是 undefined。

【示例 2】 本例在函数声明前调用函数也是合法的，并能够被正确解析，所以返回值为 1。

```
f();                               // 调用函数，返回值 1
function f(){
    alert(1);
}
```

【示例 3】 如果按下面方式定义函数，则 JavaScript 解释器会提示语法错误。

```
f();                               // 调用函数，返回语法错误
var f = function(){
    alert(1);
}
```

上面示例中定义的函数仅作为值赋值给变量 f。在预编译期，JavaScript 解释器只能够为声明变量 f 进行处理，而对于变量 f 的值，只能等到执行期时按顺序进行赋值，自然就会出现语法错误，提示找不到对象 f。

📢 **提示：**

声明变量和函数可以在文档任意位置，但是良好的习惯应该是在所有 JavaScript 代码之前声明全局变量和函数，并对变量进行初始化赋值。在函数内部也是先声明变量，后引用。

2.2.3 代码块

代码块就是使用<script>标签分隔的代码段。

扫一扫，看视频

【示例 1】 下面两个<script>标签分别代表两个 JavaScript 代码块。

```
<script>
// JavaScript 代码块 1
var a =1;
</script>
<script>
// JavaScript 代码块 2
function f(){
    alert(1);
}
</script>
```

JavaScript 解释器在执行脚本时，是按块来执行的。浏览器在解析 HTML 文档流时，如果遇到一个<script>标签，则 JavaScript 解释器会等到这个代码块都加载完后，先对代码块进行预编译，然后再执行。执行完毕后，浏览器会继续解析下面的 HTML 文档流，同时 JavaScript 解释器也准备好处理下一个代码块。

【示例 2】 如果在一个 JavaScript 块中调用后面块中声明的变量或函数就会提示语法错误。例如，当 JavaScript 解释器执行下面代码时就会提示语法错误，显示变量 a 未定义，对象 f 找不到，如图 2.3 所示。

```
<!doctype html>
<html>
<head>
<meta charset="utf-8">
<title>test</title>
<script>
```

```
// JavaScript 代码块1
alert(a);
f();
</script>
<script>
// JavaScript 代码块2
var a =1;
function f(){
    alert(1);
}
</script>
</head>
<body>
</body>
</html>
```

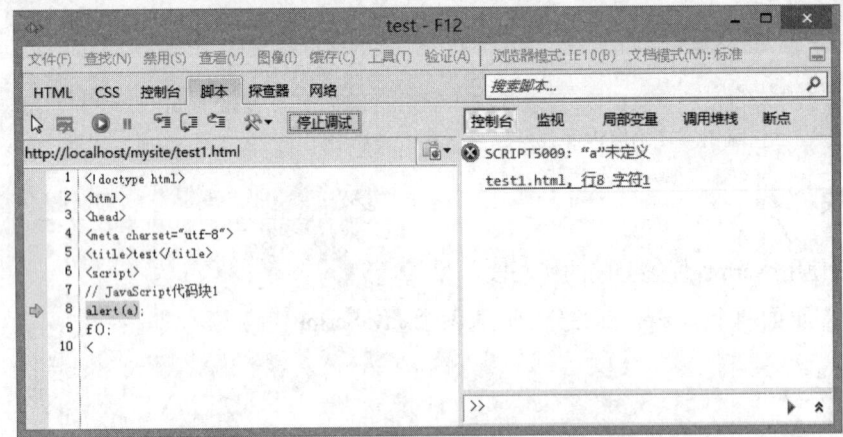

图2.3 错误的代码块顺序

扫一扫,看视频

📢 提示:

JavaScript 是按块执行的,但是不同块都属于同一个全局作用域,块之间的变量和函数是可以共享的。

2.2.4 响应事件

JavaScript 响应操作是通过事件驱动的模式来实现的,由于事件发生的不确定性,所以 JavaScript 事件响应的顺序也是不确定的。

【示例】 针对上一节第2个示例的错误响应,可以把访问第2块代码中的变量和函数的代码放在页面初始化事件函数中,这样就不会出现语法错误了。

```
<script>
// JavaScript 代码块1
window.onload = function(){        // 页面初始化事件处理函数
    alert(a);
    f();
}
</script>
<script>
// JavaScript 代码块2
var a =1;
```

```
function f(){
   alert(1);
}
</script>
```

onload 事件只有在文档加载完毕才会响应。因此为了运行安全，一般都设计在页面初始化完毕之后才允许 JavaScript 代码执行，这样就可以避免因为代码加载延迟对 JavaScript 执行的影响。同时也避开了 HTML 文档流对于 JavaScript 执行的限制。

◁» 提示：

除了页面初始化事件外，用户还可以通过各种交互事件来改变 JavaScript 代码的执行顺序，如鼠标事件、键盘事件，以及时钟触发器等方法。

2.2.5 设计动态脚本

使用 document 对象的 write()方法输出 JavaScript 脚本时，这些动态输出的脚本的执行顺序也不同。

【示例1】 JavaScript 脚本输出的代码字符串会在输出后马上被执行。

```
document.write('<script type="text/javascript">');
document.write('f();   ');
document.write('function f(){  ');
document.write('   alert(1);   ');
document.write('}   ');
document.write('<\/script> ');
```

运行代码，document.write()方法先把输出的 JavaScript 字符串写入到标签所在的文档位置，浏览器在解析完 document.write()所在文档内容后，继续解析 document.write()输出的内容，然后才按顺序解析后面的 HTML 文档。

◁» 提示：

使用 document.write()方法输出的 JavaScript 字符串必须放在同时被输出的<script>标签中，否则 JavaScript 解释器因为不能识别这些合法的 JavaScript 代码，而作为普通的字符串显示在页面文档中。

【示例2】 下面的代码就会把 JavaScript 代码显示出来，而不是执行它。

```
document.write('f();   ');
document.write('function f(){  ');
document.write('   alert(1);   ');
document.write('); ');
```

◁» 提示：

使用 document.write()方法输出脚本并执行存在一定的风险，因为不同 JavaScript 引擎对其执行顺序不同，同时不同浏览器在解析时也会出现各种 Bug。

第 3 章　代码测试和错误处理

工欲善其事，必先利其器。对于开发人员来说，考虑到开发效率，以及保证代码质量，在正式学习 JavaScript 语言之前，有必要了解各种 JavaScript 代码测试工具，以及错误处理的简单方法。

【学习重点】
- 了解浏览器。
- 掌握 JavaScript 开发工具。
- 正确处理错误。

3.1　浏览器与 JavaScript

JavaScript 主要寄生于 Web 浏览器中，学习 JavaScript 语言之前，应该先了解浏览器。目前主流浏览器包括 IE、Firefox、Opera、Safari 和 Chrome。

3.1.1　浏览器内核

浏览器内核可以分为两部分：渲染引擎和 JavaScript 引擎。它们负责取得网页内容（HTML、XML、图像等）、整理信息（如加入 CSS 等），以及计算网页的显示方式，最后输出显示。JavaScript 引擎负责解析 JavaScript 脚本，执行 JavaScript 代码实现网页的动态效果。

常见的浏览器内核包括 4 种：Trident、Gecko、Presto、Webkit。简单说明如下。

- ➢ Trident 又称 MSHTML，是微软开发的渲染引擎，包含 JavaScript 引擎的 JScript。使用浏览器：IE、Maxthon、TT、The World、360、搜狗浏览器等。
- ➢ Gecko 是开源的渲染引擎，包括 JavaScript 引擎 SpiderMonkey(Rhino)。使用浏览器：Netscape6 及以上版本、Firefox、MozillaSuite/SeaMonkey 等。
- ➢ Webkit 是苹果公司基于 KHTML 开发的。它包括 Webcore 和 JavaScriptCore（SquirrelFish、V8）两个引擎。使用浏览器：Safari 和 Chrome 等。
- ➢ Presto 由 Opera 公司开发的，用于 Opera 的渲染引擎。使用浏览器：Opera7 及以上。

扫一扫，看视频

3.1.2　浏览器错误报告

浏览器都具有某种 JavaScript 错误报告机制，但在默认情况下，都会隐藏此类信息，在基于浏览器编写 JavaScript 脚本时，用户应该启用浏览器的 JavaScript 报告功能，以便及时收集错误信息。

1. IE

在 IE 中可以通过设置让错误对话框一发生错误就显示出来。为此，要选择【工具】|【Internet 选项】命令，在弹出的【Internet 选项】对话框中选择【高级】选项卡，选中"显示每个脚本错误的通知"复选框，如图 3.1 所示。单击【确定】按钮，保存设置。

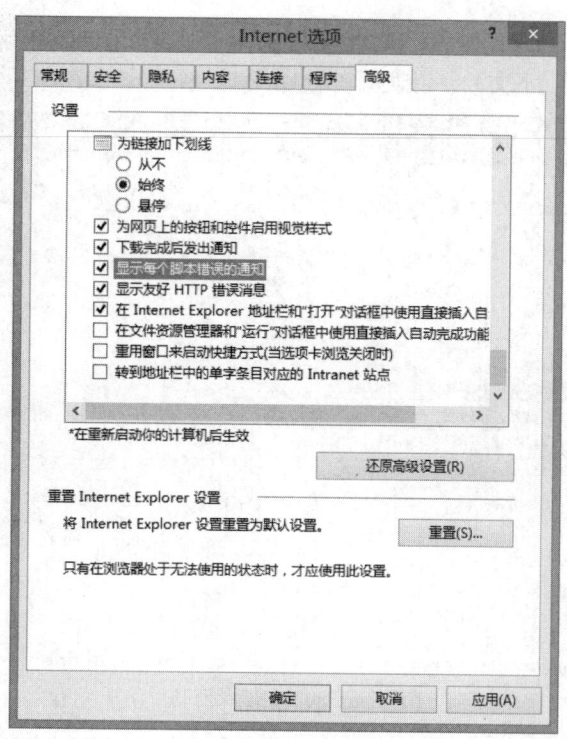

图 3.1　【Internet 选项】对话框

保存设置后，就会变成一有错误发生就会自动显示出来。另外，如果启用了脚本调试功能的话（默认是禁用的），那么在发生错误时，不仅会显示错误通知，还会弹出另一个对话框，询问是否调试错误。要启动脚本调试功能，可以在【高级】选项卡中取消选中"禁用脚本调试"复选框。

2. Firefox

在默认情况下，Firefox 在 JavaScript 发生错误时不会通过浏览器界面给出提示，但它会在后台将错误记录到错误控制台中。选择【工具】|【错误控制台】命令，可以显示错误控制台，如图 3.2 所示。错误控制台中实际上还包含与 JavaScript、CSS 和 HTML 相关的警告和信息，可以通过筛选找到错误。

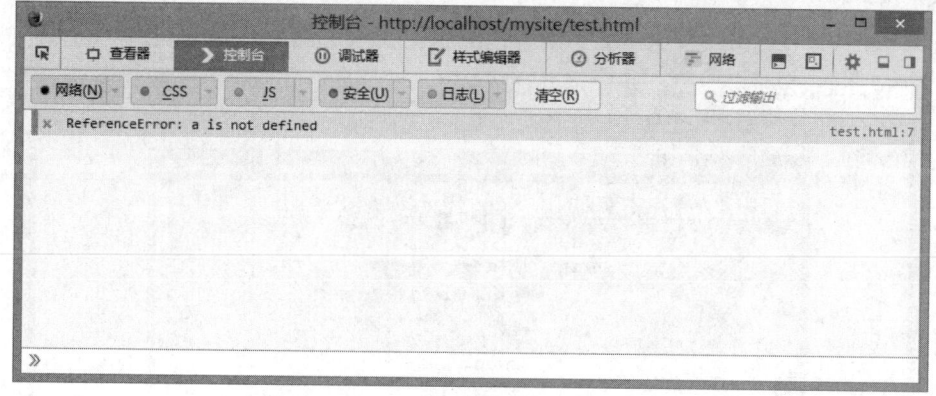

图 3.2　Firefox 错误控制台

在发生 JavaScript 错误时，Firefox 会将其记录为一个错误，包括错误消息、引发错误的 URL 和错误所在的行号等信息。单击文件名即可以只读方式打开发生错误的脚本，发生错误的代码行会突出显示。

目前，最流行的 Firefox 插件 Firebug 已经成为开发人员必备的 JavaScript 纠错工具。在发生 JavaScript

错误时，Firebug 图标会显示错误的数量。单击该图标，可以打开 Firebug 控制台，其中显示有错误消息、错误所在的代码行（不包含上下文）、错误所在的 URL 以及行号，如图 3.3 所示。

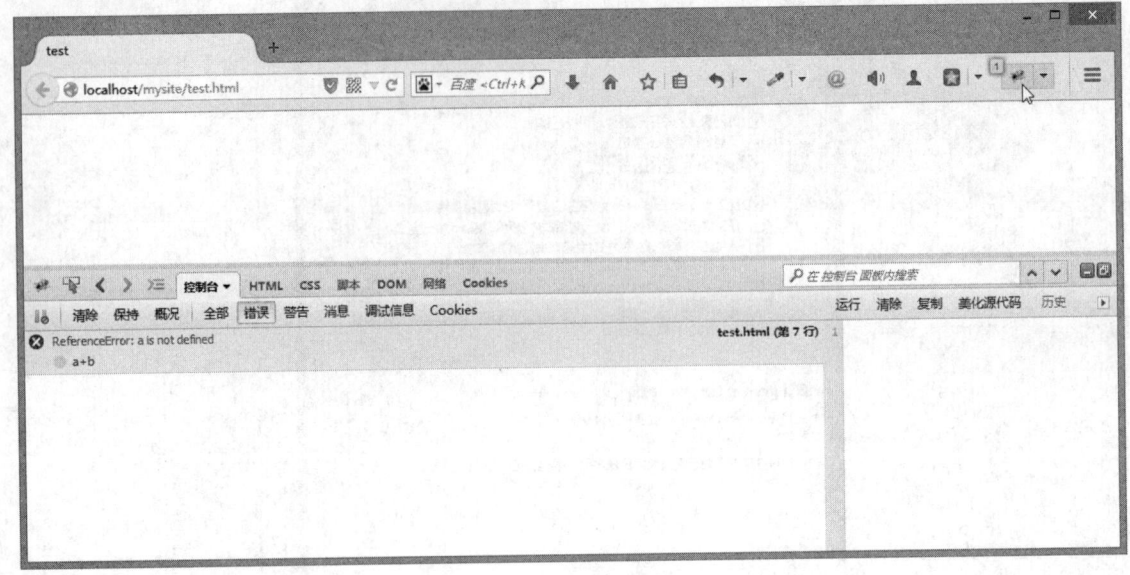

图 3.3　Firebug 错误控制台

在 Firebug 中单击导致错误的代码行，将在一个新的 Firebug 视图中打开整个脚本，该代码行在其中突出显示。

除了显示错误之外，Firebug 还有更多的用处。实际上，它还是针对 Firefox 的成熟的调试环境，为调试 JavaScript、CSS、DOM 和网络连接错误提供了诸多功能。

3. Safari

Windows 和 Mac OS 平台的 Safari 在默认情况下都会隐藏全部 JavaScript 错误。为了访问到这些信息，必须启用【开发】菜单，单击 ✿ 按钮，在打开的下拉菜单中选择【偏好设置】命令，打开【高级】对话框，从中选择【在菜单栏中显示"开发"菜单】复选框。启用此项设置之后，就会在 Safari 的菜单栏中看到一个【开发】菜单，如图 3.4 所示。

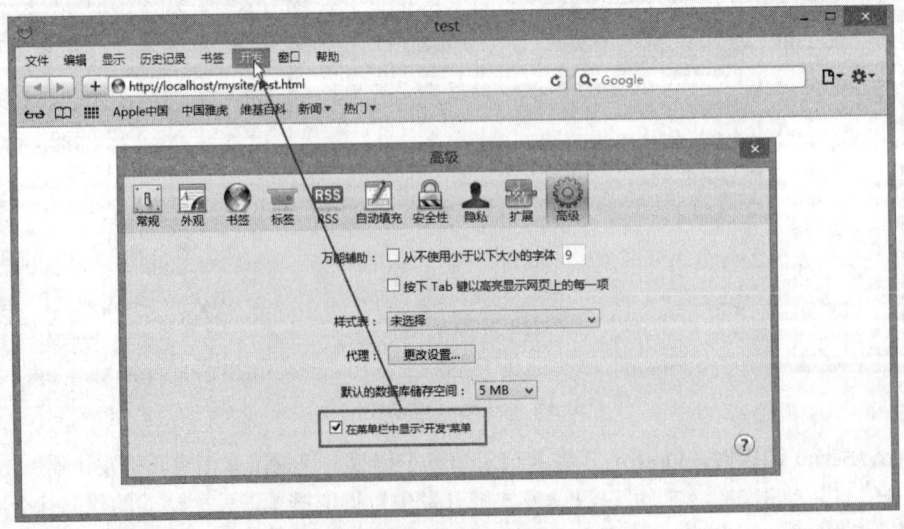

图 3.4　启动 Safari【开发】菜单

【开发】菜单中提供了一些与调试有关的命令,还有一些命令可以影响当前加载的页面。选择【显示错误控制台】命令,打开错误控制台,其中显示了一组 Javascript 及其他错误,包括错误消息、错误的 URL 及错误的行号,如图 3.5 所示。单击控制台中的错误消息,就可以打开导致错误的源代码。除了被输出到控制台之外,JavaScript 错误不会影响 Safari 窗口的外观。

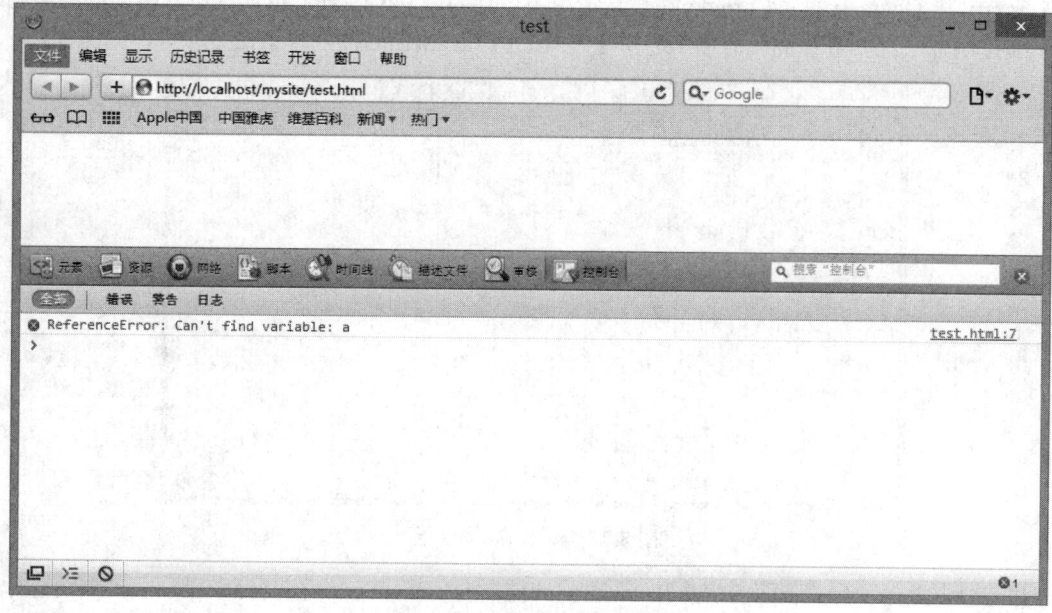

图 3.5 显示错误控制台

4. Opera

Opera 在默认情况下也会隐藏 JavaScript 错误,所有错误都会被记录到错误控制台中。要打开错误控制台,需要选择【开发者工具】|【Web 检查器】命令,打开【Web 检查器】,然后选择【Console】选项。与 Firefox 一样,Opera 的错误控制台中也包含了除 JavaScript 错误之外的很多错误,如 HTML、CSS、XML、XSLT 等的错误和报告信息。要分类查看不同来源的消息,可以使用左下角的下拉列表框,如图 3.6 所示。

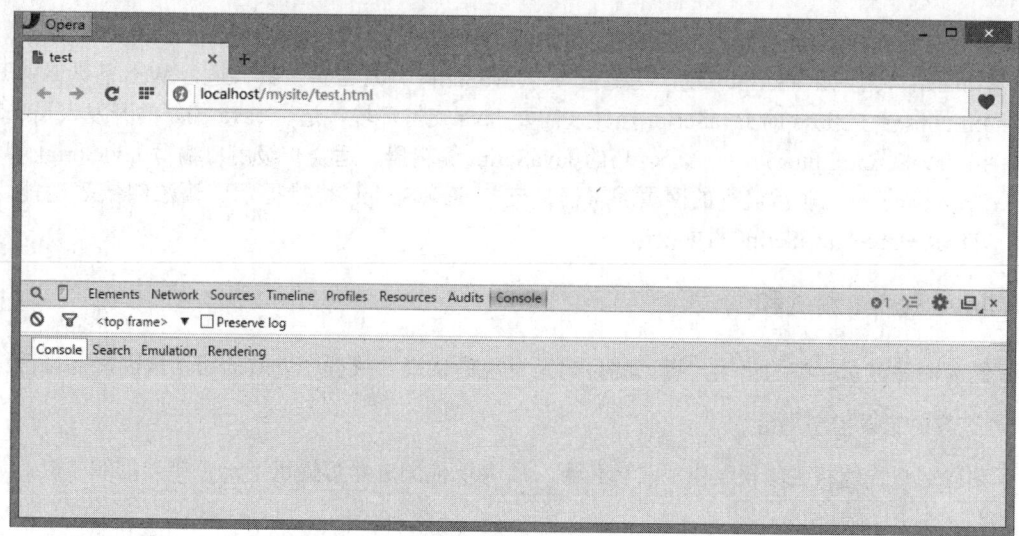

图 3.6 错误控制台

错误消息中显示了导致错误的 URL 和错误所在的线程。有时候，还会有栈跟踪信息。除了错误控制台中显示的信息之外，没有其他途径可以获得更多信息。

5. Chrome

与 Safari 和 Opera 一样，Chrome 在默认情况下也会隐藏 JavaScript 错误，所有错误都将被记录到 JavaScript 控制台中。要查看错误消息，选择【工具】|【JavaScript 控制台】命令即可，如图 3.7 所示。

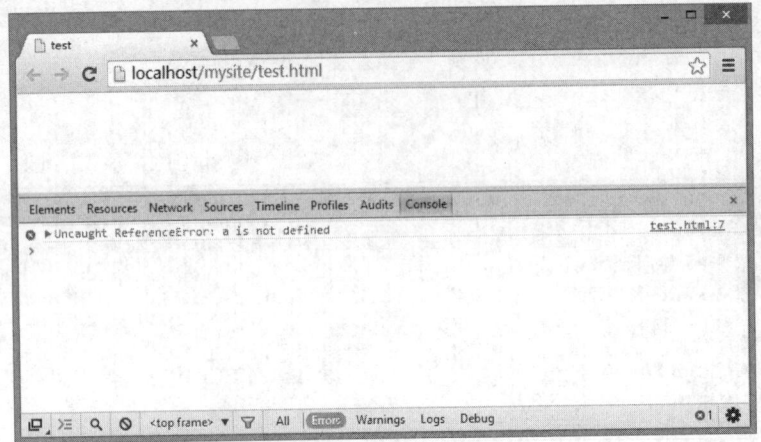

图 3.7 JavaScript 控制台

打开窗口中提供了有关页面的信息和 JavaScript 控制台。JavaScript 控制台中显示了错误消息、错误的 URL 和错误的行号。单击 JavaScript 控制台中的错误，就可以定位到导致错误的源代码行。

3.2 JavaScript 开发工具

开发 JavaScript 程序可以使用任何一种文本编辑器，如 Windows 的记事本、写字板等。

3.2.1 JavaScript 编辑器

下面推荐几款 JavaScript 编辑器，供参考选用（具体下载地址可以到网上搜索）。
- Aptana：专业 JavaScript IDE，功能强大，JavaScript 开发必备工具，适合 Web 前端专业开发。
- JSEclipse：Eclipse 的 JavaScript 插件，需要 Java 支持环境，适合 Java 偏好的开发人员选用。
- 1st JavaScript Editor Pro：一个轻巧的 JavaScript 编辑器，适合初级用户编写 JavaScript 脚本。
- Dreamweaver：非常流行的网页编辑器，支持 JavaScript 智能提示、语法纠错等功能，适合 HTML+CSS+JavaScript 网页设计。

扫一扫，看视频

3.2.2 JavaScript 测试和调试

测试的目的是显示存在的错误，调试的目的是发现错误或导致程序失效的错误原因，并修改错误。

1. 浏览器的错误控制平台

为了帮助用户快速找到错误发生的具体位置，所有现代浏览器都提供了一个错误控制平台。详细说明参见 3.2.3 "使用控制台"。

2. Firebug

Firebug 是 Firefox 浏览器的一款开发类插件，它集 HTML 查看和编辑、JavaScript 控制台、网络状况监视器于一体，是开发 JavaScript、CSS、HTML 和 Ajax 的好帮手。Firebug 能够从不同角度剖析 Web 页面的内部细节，给 Web 开发者带来了极大的便利。在 JavaScript 脚本调试方面也非常优秀，能够单步调试、设置断点、查看变量，同时还可以统计每段脚本运行的时间，查看语句执行时间，一步步排除问题，如图 3.8 所示。

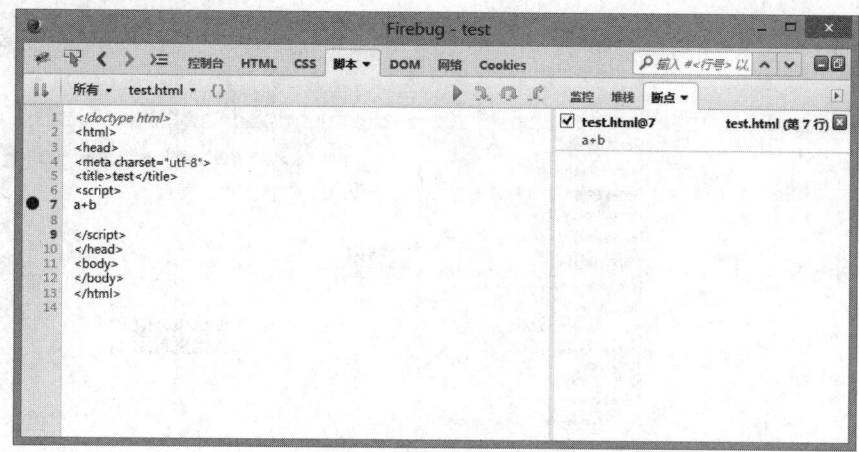

图 3.8　Firebug 插件窗口

3. HttpWatch

HttpWatch 是强大的网页数据分析工具，可以在 IE 和 Firefox 下使用，当使用 JavaScript 和 Ajax 开发异步通信程序时，该工具就显得非常重要，它提供了详细的 Cookies 管理、缓存管理、消息头请求/响应、字符查询、POST 数据和目录管理功能。能够跟踪 HTTP 传输的全过程，收集并显示网页深层信息，它不用代理服务器或一些复杂的网络监控工具，就能够在显示网页的同时显示网页请求和响应的详细信息，甚至可以显示浏览器缓存和 IE 之间的交换信息，如图 3.9 所示。这是一个值得推荐的 HTTP 底层信息查找工具。

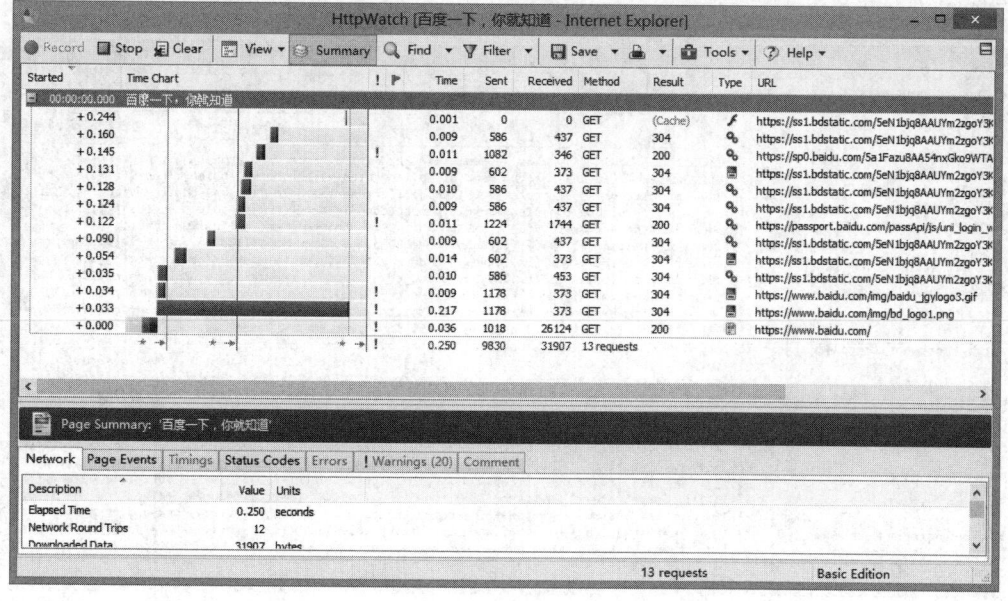

图 3.9　HttpWatch 插件窗口

4. Web Developer Toolbar

Web Developer Toolbar 是 Firefox 浏览器的一款优秀的 Web 开发工具条,作为附加插件而存在。IE 浏览器也开发了一款类似的 Web Developer Toolbar,但是功能没有 Firefox 浏览器的强大。该工具条适合查看 HTML 结构和 CSS 样式,不提供对 JavaScript 直接支持,但是作为一款非常优秀的 Web 开发工具,也是不可缺少的。因为 JavaScript 开发必须与具体的 DOM 文档结构相联系。DOM 查看是 JavaScript 开发者最重要但也是最容易被忽略的问题,使用它对我们了解页面结构和样式信息具有重要的辅助作用,如图 3.10 所示。

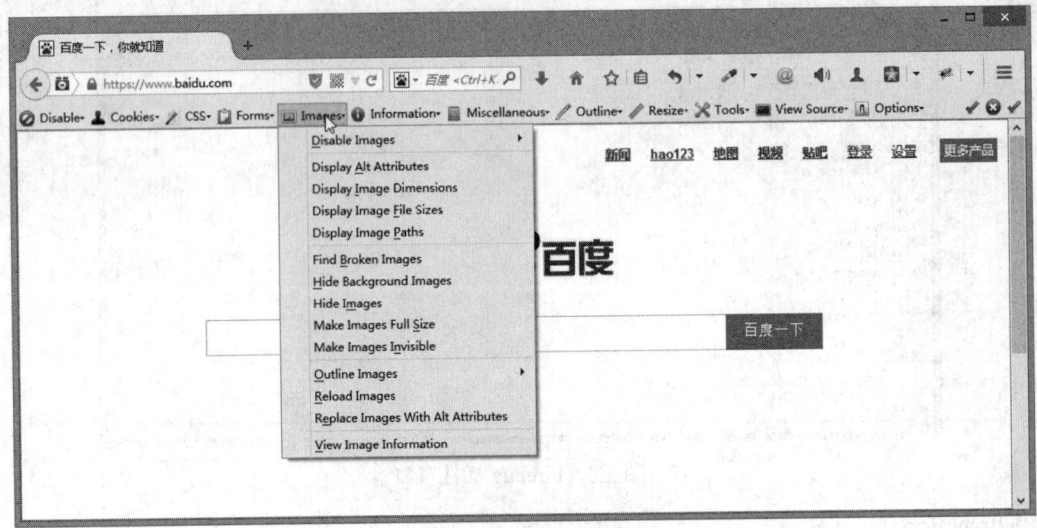

图 3.10　Web Developer Toolbar 开发工具条

5. JavaScript Debuger

JavaScript Debuger 是 Firefox 浏览器的一个内置组件,它是作为 Mozilla 浏览器的一部分开发的。JavaScript Debuger 能够与 JavaScript 引擎本身紧密集成,这样就可以对代码进行更加精确的控制。因此与 Firebug 相比,JavaScript Debuger 属于更专业的调试工具。在【开发者】菜单项中选择【调试器】命令,即可启动,如图 3.11 所示。

图 3.11　JavaScript Debuger 调试器窗口

3.2.3 使用控制台

IE、Firefox、Opera、Chrome 和 Safari 浏览器都提供了 JavaScript 控制台，用来查看 JavaScript 错误，并允许通过代码向控制台输出消息。

对 IE、Firefox、Chrome 和 Safari 来说，都可以通过 console 对象向 JavaScript 控制台写入消息，该对象包含下列方法。

- error (message)：将错误消息记录到控制台。
- info(message)：将信息性消息记录到控制台。
- log(message)：将一般消息记录到控制台。
- warn(message)：将警告消息记录到控制台。

在 IE、Firebug、Chrome 和 Safari 中，用来记录消息的方法不同，控制台中显示的错误消息也不一样。错误消息带有红色图标，警告消息带有黄色图标。

【示例 1】 以下函数展示了使用控制台输出消息的一个示例。

```
function sum(num1, num2){
    console.log("参数值分别为：" + num1 + "、" + num2);
    console.log("计算参数的和为：");
    var result = num1 + num2;
    console.log(result);
    return result;
}
sum(24, 45);
```

在浏览器中执行上面代码，则可以在控制台中看到输出信息，如图 3.12 所示。

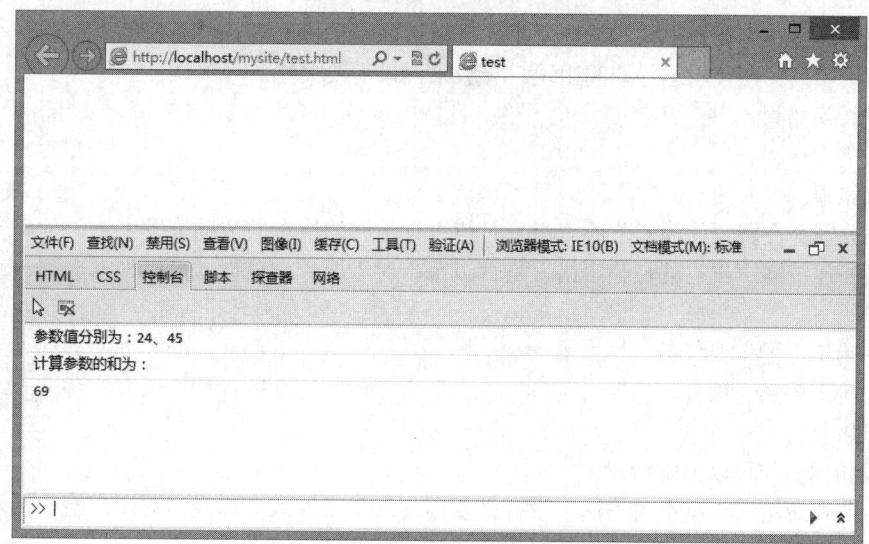

图 3.12 在 IE 控制台中写入信息

【示例 2】 不存在一种跨浏览器向 JavaScript 控制台写入消息的机制，但下面的函数可以作为统一的接口。

```
function log(message){
    if (typeof console == 'object'){
        console.log(message);
    }else if(typeof opera == 'object'){
        opera.postError(message);
```

```javascript
    }else if(typeof java == 'object' && typeof java.lang == 'object'){
        java.lang.System.out.println(message);
    }
}
```

这个 log() 函数检测了哪个 JavaScript 控制台接口可用，然后使用相应的接口。可以在任何浏览器中安全地使用这个函数，不会导致任何错误，例如：

```javascript
function sum(num1, num2){
    log("参数值分别为: " + num1 + "、" + num2);
    log("计算参数的和为: ");
    var result = num1 + num2;
    log(result);
    return result;
}
sum(24, 45);
```

向 JavaScript 控制台中写入消息可以辅助调试代码，但在发布应用程序时，还必须要移除所有消息。在部署应用程序时，可以通过手工或通过特定的代码处理步骤来自动完成清理工作。

> **提示：**
> 记录消息要比使用 alert() 函数更可取，因为警告框会阻断程序的执行，而在测定异步处理对时间的影响时，使用警告框会影响结果。

3.3 错误处理

错误处理的核心首先要知道代码里会发生什么错误。由于 JavaScript 是松散类型的，不会验证函数的参数，因此错误只会在代码运行期间出现。一般来说，需要关注 3 种错误：

- 类型转换错误。
- 数据类型错误。
- 通信错误。

以上错误分别会在特定的模式下或者没有对值进行足够的检查的情况下发生。

任何错误处理策略中重点就是确定错误是否致命。对于非致命错误，可以根据下列一或多个条件来确定：

- 不影响用户的主要任务。
- 只影响页面的一部分。
- 可以恢复。
- 重复相同操作可以消除错误。

本质上，非致命错误可以不用关注，没有必要因为发生了非致命错误而对用户给出提示，可以把页面中受到影响的区域替换掉，如替换成说明相应功能无法使用的消息。

致命错误，可以通过以下一或多个条件来确定：

- 应用程序根本无法继续运行。
- 错误明显影响到了用户的主要操作。
- 会导致其他连带错误。

要想采取适当的措施，必须要知道 JavaScript 在什么情况下会发生致命错误。在发生致命错误时，应该立即给用户发送一条消息，告诉无法再继续执行了。假如必须刷新页面才能让应用程序正常运行，就必须通知用户，同时给用户提供一个单击即可刷新页面的按钮。

3.3.1 认识错误类型

ECMA-262 定义了下列 7 种错误类型，简单说明如下：

- Error：普通异常。通常与 throw 语句和 try/catch 语句一起使用。利用属性 name 可以声明或了解异常的类型，利用 message 属性可以设置和读取异常的详细信息。
- EvalError：在不正确使用 eval()方法时抛出。
- SyntaxError：抛出语法错误。
- RangeError：在数字超出合法范围时抛出。
- ReferenceError：在读取不存在的变量时抛出。
- TypeError：当一个值的类型错误时抛出该异常。
- URIError：由 URL 的编码和解码方法抛出。

其中 Error 是基类，其他错误类型都继承自该类型。因此，所有错误类型共享了一组相同的属性，错误对象中的方法全是默认的对象方法。Error 类型的错误很少见，如果有也是浏览器抛出的，这个基类型的主要目的是供开发人员抛出自定义错误。

EvalError 类型的错误会在使用 eval()函数发生异常时被抛出。

【示例 1】 如果没有把 eval()当成函数调用，就会抛出该类型错误。

```
new eval();              //抛出 EvalError
eval=foo;                //抛出 EvalError
```

在实践中，浏览器不一定会在应该抛出错误时就抛出 EvalError。例如，Firefox 4+和 IE8 对第一种情况会抛出 TypeError，而第二种情况会成功执行，不发生错误。因此，在实际开发中极少会这样使用 eval()，所以遇到这种错误类型的可能性极小。

RangeError 类型的错误会在数值超出相应范围时触发。JavaScript 中经常会出现这种范围错误。

【示例 2】 在定义数组时，如果指定了数组不支持的项数，如-20 或 Number.MAX_VALUE，就会触发这种错误。

```
var items1 =new Array(-20);                    //抛出 RangeError
var items1 =new Array (Number.MAX_VALUE);      //抛出 RangeError
```

在找不到对象的情况下，会发生 ReferenceError。

【示例 3】 在访问不存在的变量时，就会发生这种错误。

```
var obj=x;           //在 x 并未声明的情况下抛出 ReferenceError
```

SyntaxError 表示语法类型错误，当把语法错误的 JavaScript 字符串传入 eval()函数时，就会导致此类错误。例如：

```
eval("a ++ b")       //抛出 SyntaxError
```

如果语法错误的代码出现在 eval ()函数之外，则不太可能使用 SyntaxError，因为此时的语法错误会导致 JavaScript 代码立即停止执行。

TypeError 类型在 JavaScript 中会经常用到，在变量中保存着意外的类型时，或者在访问不存在的方法时，都会导致这种错误。错误的原因虽然多种多样，但归根结底还是由于在执行特定类型的操作时，变量的类型并不符合要求所致。

【示例 4】 下面来看几个例子。

```
var o = new 10;                                //抛出 TypeError
alert("name" in true);                         //抛出 TypeError
Function.prototype.toString.call('name') ;     //抛出 TypeError
```

最常发生类型错误的情况，就是传递给函数的参数事先未经检查，结果传入类型与预期类型不相符。

在使用 encodeURL()或 decodeURL()时，如果 URL 格式不正确，就会导致 URIError 错误。这种错误也很少见，因为这两个函数的容错性非常高。

利用不同的错误类型，可以获悉更多有关异常的信息，从而有助于对错误作出恰当的处理。

【应用】 如果想知道错误的类型，可以按如下方法在 try-catch 语句的 catch 语句中使用 instanceof 操作符。

```
try{
   test();
}catch (error){
   if (error instanceof TypeError){
     //处理类型错误
   }else if (error instanceof ReferenceError){
     //处理引用类型
   }else{
     //处理其他类型错误
   }
}
```

在跨浏览器编程中，检查错误类型是确定处理方式的最简便途径，包含在 message 属性中的错误消息会因浏览器而异。

3.3.2 使用 try-catch

扫一扫，看视频

ECMA-262 第 3 版引入了 try-catch 语句，作为 JavaScript 处理异常的一种标准方式。基本语法如下所示。

```
try{
   //可能会导致错误的代码
}catch(error){
   //在错误发生时怎么处理
}
```

上面语法与 Java 中的 try-catch 语句是完全相同的。

【示例 1】 用户应把所有可能会抛出错误的代码都放在 try 语句块中，而把那些用于错误处理的代码放在 catch 块中。

```
try{
   a+b;
}catch (error){
   alert("非法的变量。");
}
```

如果 try 块中的任何代码发生了错误，就会立即退出代码执行过程，然后接着执行 catch 块。此时，catch 块会接收到一个包含错误信息的对象。与在其他语言中不同的是，即使不使用这个错误对象，也要给它起个名字。

【示例 2】 错误对象中包含的实际信息会因浏览器而异，但都有一个保存着错误消息的 message 属性。ECMA-262 还规定了一个保存错误类型的 name 属性，当前所有浏览器都支持这个属性（Opera 9 之前的版本不支持这个属性）。因此，在发生错误时，就可以像下面这样实事求是地显示浏览器给出的消息。

```
try{
   a+b;
}catch (error){
   alert(error.message);
}
```

这个例子在向用户显示错误消息时，使用了错误对象的 message 属性。

> 📢 **提示:**
> message 属性是唯一一个能够保证所有浏览器都支持的属性。除此之外，IE、Firefox、Safari、Chrome 以及 Opera 都为事件对象添加了其他相关信息。

例如，IE 添加了与 message 属性完全相同的 description 属性，还添加了保存着内部错误数量的 number 属性；Firefox 添加了 fileName、lineNumber 和 stack（包含栈跟踪信息）属性；Safari 添加了 line（表示行号）、sourceId（表示内部错误代码）和 sourceURL 属性。当然，在跨浏览器编程时，建议只使用 message 属性。

> 📖 **拓展:**
> 当 try-catch 语句中发生错误时，浏览器会认为错误已经被处理了，因而不会报告错误。对于那些不要求用户懂技术，也不需要用户理解错误的 Web 应用程序，这应该说是个理想的结果。不过 try-catch 能够让我们实现自己的错误处理机制。

使用 try-catch 最适合处理那些无法控制的错误。假设在使用一个大型 JavaScript 库中的函数，该函数可能会有意无意地抛出一些错误，由于我们不能修改这个库的源代码，所以大可将对该函数的调用放在 try-catch 语句当中，万一有什么错误发生，也好恰当地处理它们。

在明明白白地知道自己的代码会发生错误时，再使用 try-catch 语句就不太合适了。例如，如果传递给函数的参数是字符串而非数值，就会造成函数出错，那么就应该先检查参数的类型，然后再决定如何去做。在这种情况下，不应使用 try-catch 语句。

3.3.3 使用 finally

扫一扫，看视频

finally 子句在 try-catch 语句中是可选的，但如果 finally 子句已经使用，则其代码无论如何都会执行。无论 try 或 catch 语句块中包含什么代码——甚至 return 语句，都不会阻止 finally 子句的执行。

【示例】 只要代码中包含 finally 子句，那么无论 try 还是 catch 语句块中的 return 语句都将被忽略。因此，在使用 finally 子句之前，一定要非常清楚想让代码怎么样。看下面这个函数。

```
function test(){
    try{
        return 2;
    }catch(error){
        return 1;
    }finally{
        return 0;
    }
}
```

这个函数在 try-catch 语句的每一部分都放了一条 return 语句。表面上看，调用这个函数会返回 2，因为返回 2 的 return 语句位于 try 语句块中，而执行该语句又不会出错。可是，由于最后还有一个 finally 子句，结果就会导致该 return 语句被忽略，也就是说，调用这个函数只能返回 0。如果把 finally 子句去掉，这个函数将返回 2。

> 📢 **提示:**
> 如果提供 finally 子句，则 catch 子句就成了可选的，IE7 及更早版本中有一个 bug：除非有 catch 子句，否则 finally 中的代码永远不会执行。如果考虑兼容 IE 早期版本，应提供一个 catch 子句，哪怕里面什么都不写，IE8 修复了这个 bug。

3.3.4 使用 throw

与 try-catch 语句相配的还有一个 throw 操作符，用于随时抛出自定义错误。抛出错误时，必须要给 throw 操作符指定一个值，这个值是什么类型没有要求。

【示例 1】 下列代码都是有效的。

```
throw 1;
throw "hi"
throw true;
throw {name: "js"};
```

在遇到 throw 操作符时，代码会立即停止执行。仅当有 try-catch 语句捕获到被抛出的值时，代码才会继续执行。

通过使用某种内置错误类型，可以更真实地模拟浏览器错误。每种错误类型的构造函数接收一个参数，即实际的错误消息。

【示例 2】 下面是一个例子。

```
throw new Error("抛出错误");
```

这行代码抛出了一个通用错误，带有一条自定义错误消息。浏览器会像处理自己生成的错误一样，来处理这行代码抛出的错误。即浏览器会以常规方式报告这一错误，并且会显示这里的自定义错误消息。

【示例 3】 以下代码使用其他错误类型，也可以模拟出类似的浏览器错误。

```
throw new SyntaxError("SyntaxError");
throw new TypeError("TypeError");
throw new RangeError("RangeError");
throw new EvalError("EvalError");
throw new URIError("URIError");
throw new ReferenceError("ReferenceError");
```

在创建自定义错误消息时，最常用的错误类型是 Error、RangeError、ReferenceError 和 TypeError。

【应用】 利用原型链还可以通过继承 Error 来创建自定义错误类型。此时，需要为新创建的错误类型指定 name 和 message 属性。

```
function CustomError(message){
    this.name='CustomError';
    this.message = message;
}
CustomError.prototype = new Error();
throw new CustomError("My message");
```

浏览器对待继承自 Error 的自定义错误类型，就像对待其他错误类型一样。如果要捕获自己抛出的错误并且把它与浏览器错误区别对待的话，创建自定义错误是很有用的。

📢 提示：

IE 只有在抛出 Error 对象的时候才会显示自定义错误消息。对于其他类型，它都无一例外地显示 exception thrown and not caught（抛出了异常，且未被捕获）。

3.3.5 抛出时机

针对函数执行失败给出更多信息，抛出自定义错误是一种很方便的方式。应该在出现某种特定的已知错误条件，导致函数无法正常执行时抛出错误。

【示例 1】 以下函数会在参数不是数组的情况下失败。

```
function process(values){
    values.sort();
```

```
    for (var i=0, len=values.length; i < len; i++){
        if (values[i] > 100){
            return values[i];
        }
    }
    return -1;
}
```

如果执行这个函数时传给它一个字符串参数,那么调用 sort()就会失败。对此,不同浏览器会给出不同的错误消息,但都不是特别明确。

【示例 2】 在处理上面示例中的这个函数时,通过调试处理这些错误消息没有什么困难。但是,在面对包含数千行 JavaScript 代码的复杂的 Web 应用程序时,要想查找错误来源就没有那么容易了。在这种情况下,带有适当信息的自定义错误能够显著提升代码的可维护性。

```
function process(values){
    if (!(values instanceof Array)){
        throw new Error("process(): 参数必须为数组。");
    }
    values.sort();
    for (var i=0, len=values.length; i < len; i++){
        if (values[i] > 100){
            return values[i];
        }
    }
    return -1;
}
```

重写函数后,如果 values 参数不是数组,就会抛出一个错误。错误消息中包含了函数的名称。以及为什么会发生错误的明确描述。如果一个复杂的 Web 应用程序发生了这个错误,那么查找问题的根源也就容易多了。

提示:

在开发 JavaScript 代码的过程中,重点关注函数和可能导致函数执行失败的因素。良好的错误处理机制应该可以确保代码只发生自己抛出的错误。

拓展:

何时该抛出错误,而何时该使用 try-catch 来捕获错误信息?

一般来说,应用程序架构的较低层次中经常会抛出错误,但这个层次并不会影响当前执行的代码,因而错误通常得不到真正的处理。如果打算编写一个要在很多应用程序中使用的 JavaScript 库,甚至只编写一个可能会在应用程序内部多个地方使用的辅助函数,建议用户在抛出错误时提供详尽的信息。然后,即可在应用程序中捕获并适当地处理这些错误。

在程序中,应该捕获那些确切地知道该如何处理的错误。捕获错误的目的在于避免浏览器以默认方式处理它们,而抛出错误的目的在于提供错误发生具体原因的消息。

3.3.6 错误事件

任何没有通过 try-catch 处理的错误都会触发 window 对象的 error 事件。这个事件是浏览器最早支持的事件之一,IE、Firefox 和 Chrome 为保持向后兼容,并没有对这个事件作任何修改,Opera 和 Safari 不支持 error 事件。

在任何 Web 浏览器中,onerror 事件处理程序都不会创建 event 对象,但它可以接收 3 个参数:错误

扫一扫,看视频

消息、错误所在的 URL 和行号。多数情况下，只有错误消息有用，因为 URL 只是给出了文档的位置，而行号所指的代码行既可能出自嵌入的 JavaScript 代码，也可能出自外部的文件。

要指定 onerror 事件处理程序，必须使用如下所示的 DOM 0 级技术，它没有遵循 DOM 2 级事件的标准格式。

```
window.onerror = function(message,url,line){
    alert(message);
}
```

只要发生错误，无论是不是浏览器生成的，都会触发 error 事件，并执行这个事件处理程序。然后，浏览器默认的机制发挥作用，像往常一样显示出错误消息。

【示例1】 通过以下方法在事件处理程序中返回 false，可以阻止浏览器报告错误的默认行为。

```
window.onerror = function(message,url,line){
    alert(message);
    return false;
}
```

通过返回 false，这个函数实际上就充当了整个文档中的 try-catch 语句，可以捕获所有无代码处理的运行时错误。这个事件处理程序是避免浏览器报告错误的最后一道防线，理想情况下，只要可能就不应该使用它。只要能够适当地使用 try-catch 语句，就不会有错误交给浏览器，也就不会触发 error 事件。

提示：

浏览器在使用 error 事件处理错误时的方式有明显不同。在 IE 中，即使发生 error 事件，代码仍然会正常执行，所有变量和数据都将得到保留，因此能在 onerror 事件处理程序中访问它们。但在 Firefox 中，常规代码会停止执行，事件发生之前的所有变量和数据都将被销毁，因此几乎就无法判断错误了。

拓展：

图像也支持 error 事件。只要图像的 src 特性中的 URL 不能返回可以被识别的图像格式，就会触发 error 事件。此时的 error 事件遵循 DOM 格式，会返回一个以图像为目标的 event 对象。

```
var image = new Image();
EventUtil.addHandler(image, "load", function(event){
    alert("Image loaded!");
});
EventUtil.addHandler(image, "error", function(event){
    alert("Image not loaded!");
});
image.src = "smilex.gif";   //指定不存在该文件
```

在这个例子中，当加载图像失败时就会显示一个警告框。注意，发生 error 事件时，图像下载过程已经结束，也就是说不能再重新下载了。

第 4 章 JavaScript 基本语法

JavaScript 遵循 ECMA-262 标准,并大量借鉴了 C 语言的语法特色。目前,最新正式版是 ECMA-262 第 6 版(ECMAScript 2015),应用比较广泛的是 ECMAScript 第 5 版。本章将根据 ECMAScript 规范简单介绍 JavaScript 基本语法。

【学习重点】
- 熟悉 JavaScript 基本词法。
- 正确使用变量。
- 掌握各种基本数据类型。
- 能够正确检测数据类型。
- 能够灵活转换数据类型。

4.1 基本词法

JavaScript 语法就是指构成合法的 JavaScript 程序的所有规则和特征的集合,包括词法和句法。词法包括字符编码、命名规则、标识符、关键字、注释规则、特殊字符用法等。

4.1.1 字符编码

JavaScript 程序使用 Unicode 字符集编写。Unicode 字符集中每个字符使用两个字节来表示,这意味着用户可以使用中文来命名 JavaScript 变量。

扫一扫,看视频

【示例】 启动 Dreamweaver,新建文档,保存为 test.html。在页面中嵌入<script>标签,然后在该标签中输入以下代码,则可以正常执行,效果如图 4.1 所示。

```
<!doctype html>
<html>
<head>
<meta charset="utf-8">
<title></title>
<script>
var 人名 = "老张";
function 睡觉(谁){
    alert(谁 + ": 快睡觉!都半夜鸡叫了。");
}
睡觉(人名);
</script>
</head>
<body>
</body>
</html>
```

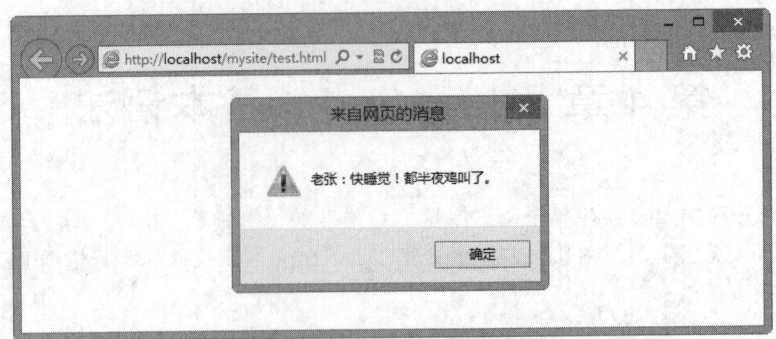

图 4.1 使用中文编写脚本运行效果

注意：

在第 1、2 版本中，ECMAScript 标准只允许 Unicode 字符出现在注释，或者引号包含的字符串中，其他地方必须使用 ASCII 字符集。考虑到 JavaScript 版本的兼容性，以及开发习惯，不建议使用汉字来命名变量或函数名。

提示：

由于 JavaScript 脚本一般都寄存在网页中，并最终由浏览器来解释，因此在考虑到 JavaScript 语言编码的同时，还要顾及嵌入页面的字符编码，以及浏览器支持的编码。一般建议保持页面字符编码与 JavaScript 编码一致，以免出现乱码。

4.1.2 区分大小写

JavaScript 严格区分大小写。为了避免输入错误，用户可以采用一致的字符大小写形式。例如，遵循习惯了所有字符都采用小写形式，这样可以有效减少输入错误。不过有两点例外。

（1）定义 JavaScript 构造函数时，可以让函数名首字母大写。

【示例 1】 以下脚本调用预定义的构造函数 Date()，创建一个时间对象，最后把时间对象转换为字符串显示出来。

```
d = new Date();                // 获取当前日期和时间
alert(d.toString());           // 显示日期
```

（2）如果变量名是多个词语连写，可以考虑部分字符大写。

例如，"骆驼命名法"就是在名称中每一个逻辑断点都有一个大写字母来标记。

```
printEmployeePaychecks();
```

如果使用"下划线命名法"，则可以按如下方式输入。

```
print_employee_paychecks();
```

提示：

在过渡型 HTML 版本中，HTML 标签名和属性名是不区分大小写的，标签属性可以任意大小写形式输入，但是 JavaScript 脚本在访问 DOM 节点时是区分大小写的，为了避免错误，应该统一标签名和属性名为小写形式。

【示例 2】 以下代码在部分早期版本浏览器中，JavaScript 有可能仅会获取第一个 div 元素的节点，而忽略掉第 2、3 个 div 元素节点。

```
<div></div>
<Div></Div>
<DIV></DIV>
<script>
var div =document.getElementsByTagName("div")
alert(div.length)
</script>
```

4.1.3 标识符

标识符(identifier)表示名称的意思。JavaScript 标识符主要包括变量名、函数名、参数名和属性名。合法的标识符命名应该注意如下几条规则,这些规则与 C 语系其他语言基本相同。

- 第一个字符必须是字母、下划线(_)或美元符号($)。
- 除了第一个字符外,其他位置的字符可以使用字母、数字、下划线、美元符号。在 ECMAScript v3 中,用户可以使用完整的 Unicode 字符集来命名标识符,但是不建议使用。
- 标识符名称不能与 JavaScript 关键字或保留字同名。
- 在 ECMAScript v3 版本中,可以在标识符中使用 Unicode 转义序列。例如,标识符 a 可以写成 "\u0061"(Unicode 转义序列),然后就可以在变量中使用这个转义序列代替字符本身。

【示例】 下面两行代码中,先定义一个变量 abc,变量 abc 中的 a 被转义序列表示,为变量 abc 初始化并在对话框中显示出来。

```
var \u0061bc = "标识符 abc(变量)中 a 字符的 Unicode 转义序列是\\u0061";
alert(\u0061bc);
```

在书写时,转义序列不是很方便,一般很少这样使用。只有在特殊情况使用转义序列来传递或显示特殊字符,如 JavaScript 关键字、程序脚本等。

4.1.4 直接量

直接量(literal)是在程序中直接显示出来的值,如字符串、数值、布尔值、正则表达式、对象初始化、数组初始化等。

【示例】 下面代码分别定义了字符串、数值、布尔值、正则表达式、特殊值、对象和数组直接量。

```
"字符串直接量"       // 字符串直接量
123456              // 数值直接量
true                // 布尔值直接量
/^ab.*/g            // 正则表达式直接量
null                // 特殊值直接量
{a:1,b:2}           // 对象初始化直接量
[1,2]               // 数组初始化
```

4.1.5 关键字和保留字

ECMA-262 描述了一组具有特定用途的关键字,这些关键字可用于表示控制语句的开始或结束,或者用于执行特定操作等。按照规则,关键字也是语言保留的,不能用作标识符。ECMAScript 的全部关键字如表 4.1 所示。

表 4.1 ECMAScript 关键字

break	delete	function	return	typeof
case	do	if	switch	var
catch	else	in	this	void
continue	false	instanceof	throw	while
debugger	finally	new	true	with
default	for	null	try	

ECMA-262 还描述了另外一组不能用作标识符的保留字。保留字就是在目前还没有任何特定的用途,但它们有可能在将来版本中被用作关键字。

（1）ECMAScript 5 保留关键字：class、const、enum、export、extends、import、super。
（2）在严格模式下，下面关键字是保留字：implements、let、private、public、yield、interface、package、protected、static。
（3）在严格模式下，严格限制以下关键字用作变量名、函数名或参数名：arguments、eval。
（4）ECMAScript 3 将 Java 的所有关键字都列为保留字，但 ECMAScript 5 放宽了限制。

如果希望代码能在基于 ECMAScript 3 实现的解释器上运行的话，应当避免使用这些关键字作为标识符，如表 4.2 所示。

表 4.2 ECMAScript 3 保留字

abstract	double	goto	native	static
boolean	enum	implements	package	super
byte	export	import	private	synchronized
char	extends	int	protected	throws
class	final	interface	public	transient
const	float	long	short	volatile

JavaScript 预定义了很多全局变量和函数，应当避免把它们的名字用作变量名和函数名，如表 4.3 所示。

表 4.3 JavaScript 预定义全局变量和函数

arguments	encodeURL	Infinity	Number	RegExp
Array	encodeURLComponent	isFinite	Object	String
Boolean	Error	isNaN	parseFloat	SyntaxError
Date	eval	JSON	parseInt	TypeError
decodeURL	EvalError	Math	RangeError	undefined
decodeURLComponent	Function	NaN	ReferenceError	URLError

JavaScript 实现可能定义独有的全局变量和函数，每一种特定的 JavaScript 运行环境（客户端、服务器端等）都有自己的一个全局属性列表，这些都需要注意。

扫一扫，看视频

4.1.6 分隔符

空格、制表符、换行符、换页符等在 JavaScript 程序中被统称为分隔符，用来分隔代码中的各种记号（如标识符、关键字、直接量、注释等信息）。在解析时，JavaScript 会忽略这些分隔符。

【示例 1】 对于以下代码块：
```
function toStr(a){return a.toString();}
```
可以使用如下任意格式进行排版：
```
function toStr(a){
    return a.toString();}
```
或者：
```
function toStr(a){
    return a.toString();
}
```
或者：
```
function toStr(a)
{
```

```
    return a.toString();
}
```
用户可以根据阅读习惯格式化代码显示。一般 JavaScript 编辑器也会提供代码格式化功能。

📖 **拓展：**

（1）分隔符虽然无实际意义，但在脚本中却不能缺少，特别是在标识符与关键字之间必须使用分隔符进行分隔，否则 JavaScript 会误认为它们是一个完整的标记而无法正确识别。

【示例 2】 在以下语句中，把关键字 function 与标识符 toStr 连在一起，以及把关键字 return 与 toString 标识符连在一起都是不正确的：

```
functiontoStr(a){returna.toString();}          // 错误写法
```

在它们之间必须使用分隔符进行分隔：

```
function toStr(a){return a.toString();}        // 正确写法
```

（2）JavaScript 解析器一般采用最长行匹配原则，并在此基础上忽略代码中的分隔符。所谓最长行匹配原则，就是在一行内如果能够正确解析，那么就在一行内进行解析，否则会继续读取下一行代码，直到能够被正确解析为止。因此，用户不能无节制地使用换行符。

【示例 3】 以下代码就会返回错误的信息。

```
function toStr(a){
    return
    a.toString();                              // 错误的换行
}
alert(toStr("abc"));                           // 返回 undefined
```

这是因为 return 作为一个独立语句，JavaScript 解析器可以正确解析它，虽然它后面没有分号来标识该句的结束，但是解析器在正确解析的前提下，会自动为其补加一个分号，以表示该句已经结束。最后解析的脚本就变成了如下样式：

```
function toStr(a){
    return;
    a.toString();
}
alert(toStr("abc"));                           // 返回 undefined
```

出现这种错误的根源是因为分号不是 JavaScript 语句结束的唯一标志。很多时候，JavaScript 会自动把换行符也看作是一句结束的标志。因此，当使用换行符时，应该防止类似错误的发生。上面代码的正确写法应该是：

```
function toStr(a){
    return a.toString();
}
alert(toStr("abc"));                           // 返回字符串 abc
```

（3）不能在标识符、关键字等名称内插入分隔符，否则 JavaScript 会误认为它们是两个独立的标记并进行解析。

【示例 4】 在以下函数中，错误地使用空格把 toString()方法分隔为两部分，则 JavaScript 会误认为它们是 to 关键字和 String()自定义函数两个实词标记。

```
function toStr(a){
    return a.to String();                      // 错误分隔符
}
```

（4）如果分隔符位于字符串或者正则表达式直接量内，则 JavaScript 会认为它们是具有一定语义的字符并进行解析。

【示例 5】 在以下代码中，变量 a 和 b 被赋予相同的字符串，但是变量 b 中间插入了空格，则比较结果发现它们是不同的。
```
var a = "空格、制表符和换行符";
var b = "空格 、 制表符 和 换行符";
alert((a==b).toString());                    // 返回 false
```

扫一扫，看视频

4.1.7 注释

注释就是不被解析的语句行或段。JavaScript 把位于"//"字符后一行内的所有字符视为注释信息，从而忽略掉。

【示例1】 以下几条注释语句可以位于代码段的不同位置，分别描述不同区域代码的功能。
```
// 代码段前注释，概述代码段的功能
function toStr(a){                           // 语句间注释，介绍函数
    //代码段中注释，区域代码功能描述
    return a.toString();                     // 语句结束后注释，语句作用描述
}
```

在使用单行注释时，在"//"符号后面的同一行内就不要再输入任何代码了，否则都会被视为注释文本而忽略掉。

【示例2】 还可以使用"/*"和"*/"符号来包含多行注释信息。例如：
```
/*
多行注释
多行注释
*/
```

在多行注释中，包含在"/*"和"*/"符号之间的任何文本都将被视为注释文本而忽略掉。

扫一扫，看视频

4.1.8 转义序列

在有些计算机硬件和软件里，无法显示或输入 Unicode 字符全集。为了支持那些使用老旧技术的程序，JavaScript 定义了一种特殊序列，使用 6 个 ASCII 字符来代表任意 16 位 Unicode 内码。

这些 Unicode 转义序列均以\u 为前缀，其后跟随 4 个十六进制数，即，使用数字以及大写或小写的字母 A~F 表示。这种 Unicode 转义写法可以用在 JavaScript 字符串直接量、正则表达式直接量和标识符中，但关键字除外。

【示例】 字符"码"的 Unicode 转义写法为\u7801，如下两个 JavaScript 字符串是完全一样的。
```
document.write("字符编码");
document.write("字符编\u7801");
```

Unicode 转义写法也可以出现在注释中，但由于 JavaScript 会将注释忽略，它们只是被当成上下文中的 ASCII 字符处理，而且并不会被解析为其对应的 Unicode 字符。

4.2 使用变量

变量与值是两个不同的概念：变量相当于容器，值相当于内容。为容器贴个标签，就是变量名。程序根据标签找到内容所在的位置，然后可以对值进行操作。

扫一扫，看视频

4.2.1 声明变量

在 JavaScript 中，声明变量使用 var 语句：
```
var a;                                       // 声明一个变量
```

```
var a, b, c;                          // 声明多个变量
```
当声明多个变量时，应使用逗号运算符分隔变量名。

【示例 1】 可以在声明中为变量赋值。未赋值的变量，则初始值为 undefined（未定义）值。
```
var a;                                // 声明但没有赋值
var b = 1;                            // 声明并赋值
alert(a);                             // 返回 undefined
alert(b);                             // 返回 1
```

【示例 2】 在 JavaScript 中，可以重复声明同一个变量，也可以反复初始化变量的值。
```
var a = 1;
var a = 2;
var a = 3;
alert(a);                             // 返回 3
```

JavaScript 允许用户不声明变量，而直接为变量赋值，这是因为 JavaScript 解释器能够自动隐式声明变量。但是隐式声明的变量总是作为全局变量而存在的。

【示例 3】 当在函数中不声明就直接为变量赋值时，JavaScript 会把它视为全局变量进行处理。由于是全局变量，函数外代码可以访问该变量的值。
```
function f(){
    a = 1;                            // 未声明直接赋值
    var b = 2;                        // 声明并赋值
}
f();                                  // 调用函数，实现变量初始化
alert(a);                             // 返回 1
alert(b);                             // 提示语法错误，找不到该变量
```

但是，如果尝试读取一个未声明的变量的值，JavaScript 会提示语法错误。为变量赋值的过程，实际上 JavaScript 也会隐式进行声明。在使用变量时，用户应养成良好习惯：先声明，后读写；先赋值，后运算。

var 语句声明的变量是 JavaScript 标准声明变量的方法，同时使用 var 语句声明的变量是永久性的，不能够使用 delete 运算符删除该变量。

【示例 4】 var 语句的使用是有限制的，它不能在循环或条件结构内条件表达式中使用。例如，以下用法都是错误的：
```
while(var i = 0, (i ++) < 10){
    alert(i);
}
```
以下用法也是错误的：
```
if(var i = false){
    alert(i);
}
```
但是，它可以在 for 或 for/in 结构的条件表达式中使用：
```
for(var i = 0; i<10;i++){
    alert(i);
}
for(var i in document){
    alert(i);
}
```

4.2.2 赋值变量

使用等号（=）运算符可以为变量赋值，等号左侧为变量，右侧为具体的值。

扫一扫，看视频

【示例1】 JavaScript在预编译期会先预处理声明的变量。但是，变量的赋值操作发生在JavaScript执行期，而不是预编译期。

```
function f(){
    a = 1;                              // 全局变量a赋值为1
    var b = 2;                          // 局部变量b赋值为2
}
try{
    alert(a);                           // 尝试读取全局变量a
}
catch(e){
    alert(e.message);                   // 显示错误信息：变量a未定义
}
f();                                    // 调用函数
alert(a);                               // 读取全局变量a，返回值为1
```

在上面示例中，函数未调用之前，函数内部定义的全局变量是无效的，这是因为在JavaScript预编译期，仅对函数名、函数内各种标识符建立索引。

只有当在JavaScript执行期时，才按顺序为变量进行赋值，并初始化。而在执行期，如果函数未被调用，则函数内代码是不被解析的，所以才有了上面看到的示例演示效果。

【示例2】 根据JavaScript解析过程，再看下面这个示例：

```
var a = 1;                              // 声明并初始化全局变量
(function f(){
    alert(a);                           // 返回undefined
    var a = 2;                          // 声明并初始化局部变量
    alert(a);                           // 返回2
})()
```

上面代码显示，由于在函数内部声明了一个同名局部变量a，所以在预编译期，JavaScript使用该变量覆盖掉全局变量对于函数内部的影响。而在执行初期，局部变量a未赋值，所以在函数第1行代码中读取局部变量a的值也就是undefined了。当执行到函数第2行代码时，则为局部变量赋值2，所以在第3行中就显示为2。

4.2.3 变量的作用域

扫一扫，看视频

变量的作用域（scope）是指变量在程序中可访问的有效范围，也称为变量的可见性。在JavaScript中，变量作用域可以分为全局作用域和局部作用域。

- 全局作用域是指变量在整个页面脚本中都是可见的，可以自由访问。
- 局部作用域是指变量仅能在声明的函数内部可见，函数外是不允许访问的。

【示例】 本例演示了如果不显式声明局部变量所带来的后果。

```
var jQuery = 1;
(function(){
    jQuery = window.jQuery = window.$ = function(){};
})()
alert(jQuery);                          // 结果读取了函数内部封装的代码
```

因此，在函数体内使用全局变量是一种很危险的行为，很可能函数就会改变程序中其他部分的使用值。为了避免此类问题的发生，应该养成在函数体内使用var语句声明局部变量的习惯。

4.2.4 避免变量污染

定义全局变量有 3 种方式：

- 在任何函数外面直接执行 var 语句。
```
var f = 'value';
```
- 直接添加一个属性到全局对象上。全局对象是所有全局变量的容器。在 Web 浏览器中，全局对象名为 window。
```
window.f = 'value';
```
- 直接使用未经声明的变量，以这种方式定义的全局变量被称为隐式的全局变量。
```
 f = 'value';
```

JavaScript 最为糟糕的就是对全局变量的依赖。由于在所有作用域中都可见，使用全局变量会降低程序的可靠性。

【示例 1】 避免使用全局变量，努力减少使用全局变量的方法：在应用程序中创建唯一一个全局变量，并定义该变量为当前应用的容器。

```
var My = {}; ,
My.name = {
    "first-name" : " first ",
    "last-name" : " last "
};
My.work = {
    number : 123,
    one : {
        name : " one ",
        time : "2015-9-14 12:55",
        city : "beijing"
    },
    two : {
        name : "two",
        time : "2015-9-12 12:42",
        city : "shanghai"
    }
};
```

只要把多个全局变量都追加在一个名称空间下，就可以降低与其他应用程序产生冲突的几率，应用程序也会变得更容易阅读，因为 My.work 指向的是顶层结构。

【示例 2】 也可以使用函数体将信息隐藏起来，它是另一种有效减少"全局污染"的方法。

```
var foo = function() {
    var a = 1, b = 2;
    var bar = function() {
        var b = 3, c = 4;      // a=1, b =3, c=4
        a += b + c;            // a=8, b =3, c=4
    };                          // a=1, b =2, c=undefined
    bar();                      // a=21, b =2, c=undefined
};
```

JavaScript 支持函数作用域，定义在函数中的参数和变量在函数外部是不可见的，且在一个函数中的任何位置定义的变量在该函数中的任何地方都可见。

4.3 数据类型

JavaScript 是弱类型语言,对于数据类型的规范比较松散。具体表现如下:
- 分类简单,且不明确细分。
- 声明变量时,不用指定数据类型。
- 使用不严格,可根据需要自动转换数据类型。
- 数据类型检查比较简单,也比较混乱。

优点:使用限制少,应用灵活。
缺点:开发复杂的程序存在瓶颈,执行效率与强类型语言相比较低。

扫一扫,看视频

4.3.1 基本数据类型

JavaScript 定义了 6 种基本数据类型,如表 4.4 所示。

表 4.4 JavaScript 6 种基本数据类型

数据类型	说明
null	空值。表示不存在,当为对象的属性赋值为 null,表示删除该属性
undefined	未定义。当声明变量,而没有赋值时会显示该值。可以为变量赋值为 undefined
number	数值。最原始的数据类型,表达式计算的载体
string	字符串。最抽象的数据类型,信息传播的载体
boolean	布尔值。最机械的数据类型,逻辑运算的载体
object	对象。面向对象的基础

【示例】 使用 typeof 运算符可以检测数据的基本类型。下面代码使用 typeof 运算符分别检测常用直接量的值的类型。

```
alert(typeof 1);              // 返回字符串"number"
alert(typeof "1");            // 返回字符串"string"
alert(typeof true);           // 返回字符串"boolean"
alert(typeof {});             // 返回字符串"object"
alert(typeof []);             // 返回字符串"object "
alert(typeof function(){});   // 返回字符串"function"
alert(typeof null);           // 返回字符串"object"
alert(typeof undefined);      // 返回字符串"undefined"
```

◀))注意:

typeof 运算符以字符串的形式返回上述 6 种基本类型之一。但是,JavaScript 把 null 归为 object 数据类型,而 function(){}归为 function 类型。把函数视为一种基本数据类型,而不是 objbect 的一种特殊类型。

◀))提示:

在 JavaScript 中,函数是一个比较复杂、特殊的数据结构,它可以是函数类型,又可以是对象类型,也可以是类(构造函数、构造器),用法比较灵活,用户应该在具体环境中灵活把握。

扫一扫,看视频

4.3.2 数值

数值(Number)也称为数字或数。JavaScript 数值类型不再细分整型、浮点型等,所有数值都属于浮点型。

1. 数值直接量

当数值直接出现在程序中时,被称为数值直接量。在 JavaScript 程序中,直接输入的任何数字都被视为数值直接量。

【示例1】 数值直接量可以细分为整型直接量和浮点型直接量。浮点数就是带有小数点的数值,而整数是不带小数点的数。

```
var int = 1;                    // 整型数值
var float = 1.0;                // 浮点型数值
```

整数一般都是32位数值,而浮点数一般都是64位数值。

【示例2】 浮点数可以使用科学计数法来表示。

```
var float = 1.2e3;
```

等价于:

```
var float = 1.2*10*10*10;
```

或:

```
var float = 1200;
```

其中e(或E)表示底数,其值为10,而e后面跟随的是10的指数。指数是一个整型数值,可以取正负值。

【示例3】 科学计数法表示的浮点数也可以转换为普通浮点数。

```
var float = 1.2e-3;
```

等价于:

```
var float = 0.0012;
```

但不等于:

```
var float = 1.2*1/10*1/10*1/10;    // 返回0.0012000000000000001
```

或:

```
var float = 1.2/10/10/10;          // 返回0.0012000000000000001
```

> **提示:**
> - 整数精度: -2^{53}~2^{53} (-9007199254740992~9007199254740992),如果超出了这个范围,整数将会失去尾数的精确度。
> - 浮点数精度: $\pm1.7976931348623157\times10^{308}$~$\pm5\times10^{-324}$,遵循 IEEE754 标准定义的64位浮点格式。

2. 八进制和十六进制数值

JavaScript 支持把十进制数值转换为八进制和十六进制数值直接量。

【示例4】 十六进制数值直接量:以"0X"或"0x"作为前缀,后面跟随十六进制的数值直接量。

```
var num = 0x1F4;                // 十六进制数值
alert(num);                     // 返回500
```

十六进制的数值是从0~9和a~f的数字或字母任意组合,用来表示0~15之间的某个字,超过这个范围则以进制进行表示。

> **提示:** 在 JavaScript 中,可以使用 Number 的 toString(16)方法把十进制整数转换为十六进制字符串的形式显示。

【示例5】 八进制数值直接量:以数字0为前缀,其后跟随一个八进制的数值直接量。

```
var num = 0764;                 // 八进制数值
alert(num);                     // 返回500
```

八进制或十六进制的数值在参与数学运算之后,返回的都是十进制数值。

考虑到安全性,不建议使用八进制数值直接量,因为 JavaScript 可能会误解析为十进制数值。

3. 数值运算

使用算术运算符,数值可以参与各种计算,如加、减、乘、除等运算操作。

【示例 6】 为了解决复杂运算，JavaScript 提供了大量的数值运算函数，这些函数作为 Math 对象的属性或方法可以直接调用，详细说明请参阅本书资源包中的 JavaScript 核心对象参考手册。例如：

```
var a = Math.floor(20.5);          // 调用数学函数，下舍入
var b = Math.round(20.5);          // 调用数学函数，四舍五入
alert(a);                          // 返回 20
alert(b);                          // 返回 21
```

【示例 7】 toString()是一个非常实用的方法，它可以根据所传递的参数把数值转换为对应进制的数值字符串。参数可以接收 2~36 之间的任意整数，也就是说，该方法可以把数值转换为 2~36 之间任意一种进制数值字符串。

```
var a = 32;
document.writeln(a.toString(2));     // 返回字符串 100000
document.writeln(a.toString(4));     // 返回字符串 200
document.writeln(a.toString(16));    // 返回字符串 20
document.writeln(a.toString(30));    // 返回字符串 12
document.writeln(a.toString(32));    // 返回字符串 10
```

提示：

但是对于数值直接量来说，不能直接调用 toString()方法，必须使用小括号强制运算数值直接量后，再调用该方法：

```
document.writeln(32.toString(16));       // 执行错误
document.writeln((32).toString(16));     // 返回 20
```

拓展 1：

使用 JavaScript 进行数值计算时，要防止浮点数溢出。例如，二进制的浮点数不能正确地处理十进制的小数，因此 0.1+0.2 不等于 0.3。

```
num = 0.1+0.2;  //0.30000000000000004
```

这是 JavaScript 中最经常报告的 Bug，并且这是遵循二进制浮点数算术标准(IEEE 754)而导致的结果。这个标准适合很多应用，但它违背了数字基本常识。

解决方法：浮点数中的整数运算是精确的，所以小数表现出来的问题可以通过指定精度来避免。例如，针对上面的相加可以这样进行处理：

```
a = (1+2)/10;   //0.3
```

这种处理经常在货币计算中用到，在计算货币时当然期望得到精确的结果。例如，元可以通过乘以 100 而全部转成分，然后就可以准确地将每项相加，求和后的结果可以除以 100 转换回元。

4. 特殊数值

JavaScript 定义了几个特殊数值常量，说明如表 4.5 所示。

表 4.5 特殊值列表

特 殊 值	说 明
Infinity	无穷大。当数值超过浮点型所能够表示的范围。反之，负无穷大为-Infinity
NaN	非数值。不等于任何数值，包括自己。如当 0 除以 0 时会返回这个怪异的值
Number.MAX_VALUE	表示最大数值
Number.MIN_VALUE	表示最小数值，一个接近 0 的数值
Number.NaN	非数值，与 NaN 常量相同
Number.POSITIVE_INFINITY	表示正无穷大的数值
Number.NEGATIVE_INFINITY	表示负无穷大的数值

拓展 2：

NaN（Not a Number，非数字值）是在 IEEE 754 中定义的一个特殊的数值。它不表示一个数字，尽管下面的表达式返回的是 true。

```
typeof NaN === 'number'    // true
```
在试图将非数字形式的字符串转换为数字时会产生 NaN，例如：
```
+ '0'        // 0
+ 'oops'     // NaN
```
如果 NaN 是数学运算中的一个运算数，那么与其他运算数的运算结果就会是 NaN。如果有一个表达式产生出 NaN 的结果，那么至少其中一个运算数是 NaN，或者在某个地方产生了 NaN。

可以对 NaN 进行检测，但是 typeof 不能辨别数字和 NaN 的区别，并且 NaN 不等同于它自己。
```
NaN === NaN    // false
NaN !== NaN    // true
```
为了方便检测 NaN 值，JavaScript 提供 isNaN 静态函数，以辨别数字与 NaN 区别。
```
isNaN(NaN)       // true
isNaN(0)         // false
isNaN('oops')    // true
isNaN('0')       // false
```
判断一个值是否可用做数字的最佳方法是使用 isFinite 函数，因为它会筛选掉 NaN 和 Infinity。Infinity 表示无穷大。当数值超过浮点型所能够表示的范围时，就要用 Infinity 表示。反之，负无穷大为 -Infinity。

使用 isFinite 函数能够检测 NaN、正负无穷大。如果是有限数值，或者可以转换为有限数值，那么将返回 true。如果只是 NaN、正负无穷大的数值，则返回 false。

isFinite 会试图把它的运算数转换为一个数字。所以，如果值不是一个数字，使用 isFinite 函数就不是一个有效的检测方法，这时不妨自定义 isNumber 函数。
```
var isNumber = function isNumber(value) {
    return typeof value === 'number' && isFinite(value);
}
```

4.3.3 字符串

字符串（String），也称为文本，JavaScript 文本不分字符串和字符。

1. 字符串直接量

字符串由 Unicode 字符、数字和各种符号组合而成，在 JavaScript 1.3 版本以前仅支持 ASCII 字符集和 Latin-1 字符集。字符串必须包含在单引号或双引号之中。

- 如果字符串包含在双引号中，则字符串内可以包含单引号。反之，可以在单引号中包含双引号。
- 字符串应在一行内显示，换行显示是不允许的。例如，以下字符串直接量的写法是错误的。
```
alert("字符串
直接量");                                    // 返回错误
```
如果需要字符串换行显示，可以在字符串中添加换行符（\n）。例如：
```
alert("字符串\n直接量");                     // 在字符串中添加换行符
```
- 在字符串中添加特殊字符，需要使用转义字符表示，如单引号、双引号等。
- 字符串中每个字符都有固定的位置。首字符的下标位置为 0，第 2 个字符的下标位置为 1，依此类推。这与数组元素的位置是一样的，最后一个字符的下标位置是字符串长度减 1。

扫一扫，看视频

2. 转义序列

转义序列，是字符的一种间接表示方式。在特殊语境中，无法直接使用字符自身。例如，在字符串中包含说话内容：

```
"子曰:"学而不思则罔，思而不学则殆。""
```

由于 JavaScript 已经赋予了双引号为字符串直接量的声明符号，如果在字符串中包含双引号，就会破坏字符串直接量。解决方法必须使用转义表示。

```
"子曰:\"学而不思则罔，思而不学则殆。\""
```

JavaScript 定义反斜杠加上字符可以表示字符自身。但是一些字符加上反斜杠后会表示特殊含义，这些特殊转义字符被称为转义序列，如表 4.6 所示。

表 4.6 JavaScript 转义序列

序 列	序列所代表的字符
\0	Null 字符（\u0000）
\b	退格符（\u0008）
\t	水平制表符（\u0009）
\n	换行符（\u000A）
\v	垂直制表符（\u000B）
\f	换页符（\u000C）
\r	回车符（\u000D）
\"	双引号（\u0022）
\'	单引号（\u0027）
\\	反斜线（\u005C）
\xXX	由两位十六进制数值 XX 指定的 Latin-1 字符
\uXXXX	由 4 位十六进制数值 XXXX 指定的 Unicode 字符
\XXX	由 1~3 位八进制数值指定的 Latin-1 字符。ECMAScript 3.0 版本不支持，一般不建议使用

由于反斜杠具有转义功能，但它仅对特殊字符有转义功能，因此当在一个正常字符前添加反斜杠时，JavaScript 会忽略该反斜杠。例如：

```
alert("子曰:\"学\而\不\思\则\罔，\思\而\不\学\则\殆\。\"")
```

等价于：

```
alert("子曰:\"学而不思则罔，思而不学则殆。\"")
```

3. 字符串操作

借助 Stringt 定义的众多属性和方法，用户可以操作字符串。如果灵活操作字符串，用户可能需要配合正则表达式，有关字符串和正则表达式使用技巧将在后面章节讲解。

加号（+）运算符用于数值相加，在 JavaScript 中也可以用来连接两个字符串。

【示例 1】 以下代码将返回 "学而不思则罔思而不学则殆" 合并后的字符串。

```
alert("学而不思则罔" + "思而不学则殆");
```

【示例 2】 确定字符串的长度可以使用 length 属性，下面代码将返回 13。

```
alert("学而不思则罔，思而不学则殆".length);// 返回 13
```

4.3.4 布尔值

布尔型（Boolean）仅包含两个固定的值（true 和 false），其中 true 代表"真"，而 false 代表"假"。

在 JavaScript 中，undefined、null、""、0、NaN 和 false 这 6 个特殊值转换为逻辑值时为 false，被称为假值。除了假值之外，其他任何类型的数据转换为逻辑值时都是 true。

【示例 1】 以下使用 Boolean 构造函数强制转换各种特殊值为布尔值。

```
alert(Boolean(0));              // 返回 false
alert(Boolean(NaN));            // 返回 false
alert(Boolean(null));           // 返回 false
alert(Boolean(""));             // 返回 false
alert(Boolean(undefined));      // 返回 false
```

【示例 2】 以下代码利用假值的特殊性，判断变量 a 是否为空，如果为空，则提示错误信息。

```
var a;
if(!a){
    alert("该变量为空，还没有赋值！");
}
```

【示例 3】 通过以下方式可以有效检测变量 b 是否初始化，并根据情况补充赋值：

```
var b;
b = b?b:"OK";                   // 如果变量 b 为空则重新为其赋值，否则采用原来的值
alert(b);
```

4.3.5 Null

Null 类型数据只有一个值，即 null，它表示空值。

使用 typeof 运算符检测 null 值，返回 Object，表明它应属于对象类型，但是 JavaScript 把它归为一类数据，主要目的是为了方便使用。

null 是 Null 型的直接量，当一个变量值为 null 时，说明它是一个空值，不是一个有效的对象。这时 JavaScript 会自动回收它，避免变量占用无效的空间。

4.3.6 Undefined

undefined 是 Undefined 类型的唯一值，它表示未定义的值。当声明变量未赋值时，或者定义属性未设置值时，默认它们的值为 undefined。

【示例 1】 null 和 undefined 都表示缺少值，都是假值，可以相等。

```
alert(null == undefined);       // 返回 true
```

但是，null 和 undefined 分别属于两种不同类型的数据，使用全等运算符（===）或 typeof 运算符可以区分检测它们的类型。

```
alert(null === undefined);      // 返回 false
alert(typeof null);             // 返回 "object"
alert(typeof undefined);        // 返回 "undefined "
```

【示例 2】 检测一个变量是否被初始化，可以借助 undefined 值进行快速检测。

```
var a;                          // 声明变量
alert(a);                       // 返回变量默认值为 undefined
(a == undefined) && (a = 0);    // 检测变量是否初始化，否则为其赋值
alert(a);                       // 返回初始值 0
```

也可以使用 typeof 运算符检测变量的类型是否为 undefined。

```
(typeof a == "undefined") && (a = 0);   // 检测变量是否初始化，否则为其赋值
```

【示例 3】 在以下代码中，声明了变量 a，而没有声明变量 b，然后使用 typeof 运算符检测它们的

类型，返回的值都是字符串"undefined"。说明不管是声明，还是未声明的变量，都可以通过 typeof 运算符检测变量是否初始化。

```
var a;
alert(typeof a);                    // 返回"undefined"
alert(typeof b);                    // 返回"undefined"
```

对于未声明的变量 b 来说，如果直接在表达式中使用，会引发异常。

```
alert(b == undefined);              // 提示未定义的错误信息
```

【示例 4】 对于函数来说，如果没有明确的返回值，则默认返回值都为 undefined。

```
function f(){
}
alert(f());                         // 返回"undefined"
```

📢 注意：

> 与 null 还不同，undefined 不是 JavaScript 保留字，在 ECMAScript v3 标准中才定义 undefined 为全局变量，初始值为 undefined。因此，在使用 undefined 值时，注意早期浏览器可能不支持 undefined。

4.4 严 格 模 式

ECMAScript 5 新增严格运行模式。顾名思义，严格模式就是使 Javascript 在更严格的条件下运行。包括 IE 10 在内的主流浏览器都已经支持它，许多大项目已经开始全面拥抱它。定义严格模式的目的：

- 消除 Javascript 语法的一些不合理、不严谨之处，减少一些怪异行为。
- 消除代码运行的一些不安全之处，保证代码运行的安全。
- 提高编译器效率，增加运行速度。
- 为未来新版本的 Javascript 做好铺垫。

📢 提示：

> 同样的代码，在严格模式中，可能会有不一样的运行结果。一些在正常模式下可以运行的语句，在严格模式下将不能运行。掌握这些内容，有助于更细致深入地理解 Javascript。

扫一扫，看视频

4.4.1 启用严格模式

启用严格模式很简单，只要在代码首部加入如下注释字符串即可：

```
"use strict"
```

不支持该模式的浏览器会把它当作一行普通字符串，加以忽略。

严格模式有两种应用场景，一种是全局模式，一种是局部模式。

1. 全局模式

将"use strict"放在脚本文件的第一行，则整个脚本都将以严格模式运行。如果这行语句不在第一行，则无效，整个脚本将以正常模式运行。如果不同模式的代码文件合并成一个文件，这一点需要特别注意。

严格地说，只要前面不是产生实际运行结果的语句，"use strict"可以不在第一行。

【示例 1】 以下代码表示，一个网页中依次有两段 Javascript 代码。前一个 script 标签是严格模式，后一个不是。

```
<script>
    "use strict";
    console.log("这是严格模式。");
</script>
```

```
<script>
    console.log("这是正常模式。");
</script>
```

2. 局部模式

【示例2】 将"use strict"放到函数内的第一行,则整个函数将以严格模式运行。

```
function strict(){
    "use strict";
    return "这是严格模式。";
}
function notStrict(){
    return "这是正常模式。";
}
```

3. 模块模式

因为全局模式不利于文件合并,所以更好的做法是,借用局部模式的方法,将整个脚本文件放在一个立即执行的匿名函数之中。

【示例3】 如果定义一个模块或者一个库,可以采用一个匿名函数自执行的方式进行设计:

```
(function (){
    "use strict";
    //在这里编写JavaScript代码
})();
```

> **提示:**
>
> "use strict"的位置比较讲究,它必须在首部。首部是指其前面没有任何有效Javascript代码。以下都是无效的,将不会触发严格模式。
>
> (1)"use strict"前有代码。
> ```
> var width = 10;
> 'use strict';
> globalVar = 100 ;
> ```
> (2)"use strict"前有空语句。
> ```
> ;
> 'use strict';
> globalVar = 100;
> ```
> 或
> ```
> function func() {
>     ;
>     'use strict';
>     localVar = 200;
> }
> ```
> 或
> ```
> function func() {
>     ;'use strict'
>     localVar = 200;
> }
> ```
> 当然,"use strict"前加注释是可以的。
> ```
> //严格模式
> 'use strict';
> globalVar = 100;
> ```

或

```
function func() {
    // 严格模式
    'use strict';
    localVar = 200;
}
```

4.4.2 严格模式的执行限制

严格模式是限制性更强的 JavaScript 变体，旨在改善错误检查功能，并且标识可能不会延续到未来 JavaScript 版本的脚本。与常规的 JavaScript 语义不同，其分析更为严格，下面介绍严格模式对 Javascript 语法和行为限制性规定。

1. 显式声明变量

Javascript 是弱类型语言，不使用 var 声明的变量默认会转为全局变量。但在严格模式中将不允许，会报语法错误。

【示例1】 执行下面代码，将会提示语法错误。

```
"use strict";
v = 1;                      // 报错，v 未声明
for(i = 0; i < 2; i++) {    // 报错，i 未声明
}
```

因此，严格模式下，变量都必须先用 var 命令声明，然后再使用。

2. 静态绑定

在正常模式下，Javascript 允许动态绑定，即某些属性和方法到底属于哪一个对象，不是在编译时确定的，而是在运行时确定的。

严格模式对动态绑定做了一些限制。某些情况下，只允许静态绑定。也就是说，属性和方法到底归属哪个对象，在编译阶段就确定。这样限制有利于编译效率的提高，使得代码更容易阅读，避免出现意外。具体来说，涉及以下几个方面。

（1）禁止使用 with 语句。

因为 with 语句无法在编译时就确定，属性到底归属哪个对象。例如：

```
"use strict";
var v = 1;
with (o){                   // 语法错误
    v = 2;
}
```

（2）创设 eval 作用域。

在正常模式下，Javascript 有两种变量作用域：全局作用域和函数作用域。严格模式创设了第三种作用域：eval 作用域。

在正常模式下，eval 语句的作用域，取决于它处于全局作用域，还是处于函数作用域。而在严格模式下，eval 语句本身就是一个作用域，不再能够生成全局变量了，它所生成的变量只能用于 eval 内部。例如：

```
"use strict";
var x = 2;
console.info(eval("var x = 5; x"));     // 5
console.info(x);                         // 2
```

另外,任何使用'eval'的操作都会被禁止,例如,以下用法都是非法的。
```
'use strict'
var obj = {}
var eval = 3
obj.eval = 1
obj.a = eval
for (var eval in obj) {}
function eval() {}
function func(eval) {}
var func = new Function('eval')
```

3. 增强的安全措施

(1) 禁止 this 关键字指向全局对象。

【示例2】 执行以下代码,比较正常模式和严格模式下 this 的值。
```
function f(){
    return !this;
}   // 返回 false,因为"this"指向全局对象,"!this"就是 false
function f(){
    "use strict";
    return !this;
} // 返回 true,因为在严格模式下,this 的值为 undefined,所以"!this"为 true。
```

【示例3】 使用构造函数时,如果忘了加 new 语句,this 不再指向全局对象,而是报错。
```
function f(){
    "use strict";
    this.a = 1;
};
f();                            // 报错,this 未定义
```

(2) 禁止在函数内部遍历调用栈。

【示例4】 caller、callee 和 arguments 的调用行为都被禁用。
```
function f1(){
    "use strict";
    f1.caller;                  // 报错
    f1.arguments;               // 报错
}
f1();
```

4. 禁止删除变量

在严格模式下无法删除变量。只有 configurable 设置为 true 的对象属性,才能被删除。

【示例5】 错误的删除操作。
```
"use strict";
var x;
delete x;                       // 语法错误
var o = Object.create(null, 'x', {
    value: 1,
    configurable: true
});
delete o.x;                     // 删除成功
```

5. 显式报错

在正常模式下，对一个对象的只读属性进行赋值，不会报错，只会默默地失败。严格模式下，将报错。

【示例6】 提示错误信息。

```
"use strict";
var o = {};
Object.defineProperty(o, "v", { value: 1, writable: false });
o.v = 2;                                // 报错
```

严格模式下，对一个使用getter方法读取的属性进行赋值，会报错。

```
"use strict";
var o = {
    get v() { return 1; }
};
o.v = 2;                                // 报错
```

严格模式下，对禁止扩展的对象添加新属性，会报错。

```
"use strict";
var o = {};
Object.preventExtensions(o);
o.v = 1; // 报错
```

严格模式下，删除一个不可删除的属性，会报错。

```
"use strict";
delete Object.prototype;                // 报错
```

6. 重名错误

严格模式新增了一些语法错误。

（1）对象不能有重名的属性。

在正常模式下，如果对象有多个重名属性，最后赋值的那个属性会覆盖前面的值。在严格模式下，这属于语法错误。例如：

```
"use strict";
var o = {
    p: 1,
    p: 2
};                                      // 语法错误
```

（2）函数不能有重名的参数。

在正常模式下，如果函数有多个重名的参数，可以用arguments[i]读取。在严格模式下，这属于语法错误。例如：

```
"use strict";
function f(a, a, b) {                   // 语法错误
    return ;
}
```

7. 禁止八进制表示法

在正常模式下，整数的第一位如果是0，表示这是八进制数，如0100等于十进制的64。在严格模式中将禁止这种表示法，整数第一位为0，将报错。例如：

```
"use strict";
var n = 0100;                           // 语法错误
```

8. arguments 对象的限制

arguments 是函数的参数对象,严格模式对它的使用进行限制。

(1) 不允许对 arguments 赋值。

【示例 7】 以下代码演示了无法对 arguments 对象写操作。

```
"use strict";
arguments++;                                    // 语法错误
var obj = { set p(arguments) { }};              // 语法错误
try { } catch (arguments) { }                   // 语法错误
function arguments() { }                        // 语法错误
var f = new Function("arguments", "'use strict'; return 17;"); // 语法错误
```

(2) arguments 不再追踪参数的变化。

```
function f(a) {
    a = 2;
    return [a, arguments[0]];
}
f(1);                           // 正常模式为[2,2]
function f(a) {
    "use strict";
    a = 2;
    return [a, arguments[0]];
}
f(1);                           // 严格模式为[2,1]
```

(3) 禁止使用 arguments.callee。

这意味着,无法在匿名函数内部调用自身了。例如:

```
"use strict";
var f = function () { return arguments.callee; };
f();                            // 报错
```

9. 函数必须声明在顶层

将来 Javascript 的新版本会引入块级作用域。为了与新版本接轨,严格模式只允许在全局作用域或函数作用域的顶层声明函数。也就是说,不允许在非函数的代码块内声明函数。

【示例 8】 以下代码演示了函数不能够用在条件和循环语句中。

```
"use strict";
if (true) {
    function f() { }            // 语法错误
}
for (var i = 0; i < 5; i++) {
    function f2() { }           // 语法错误
}
```

10. 保留字

为了向未来 Javascript 新版本过渡,严格模式新增了一些保留字:implements、interface、let、package、private、protected、public、static、yield。使用这些词作为变量名将会报错。

【示例 9】 以下代码显示 implements 是保留字,并禁止使用。

```
function package(protected) {   // 语法错误
    "use strict";
    var implements;             // 语法错误
}
```

此外,ECMAscript 5 本身还规定了另一些保留字,如 class、enum、export、extends、import、super,以及各大浏览器自行增加的 const 保留字,这些都是不能作为变量名的。

11. 动态绑定

(1) call、apply 的第一个参数直接传入,不包装为对象。

【示例 10】 在以下代码中,输出依次为"string"、"number"。而在非严格模式中 call、apply 将对值类型的"abcd"包装为对象后传入,即两次输出都为"object"。

```
'use strict'
function func() {
   console.log(typeof this)
}
func.call('abcd')                    // string
func.apply(1)                        // number
```

(2) call、apply 的第一个参数为 null、undefined 时,this 为 null、undefined。

【示例 11】 以下代码输出依次是 undefined、null,而在正常模式中则是宿主对象(浏览器里是 window,node.js 环境则是 global)。

```
'use strict'
function func() {
   console.log(this)
}
func.call(undefined)                 // undefined
func.call(null)                      // null
```

(3) bind 的第一个参数为 null、undefined 时,this 为 null/undefined。

bind 是 ECMAScript 5 给 Function.prototype 新增的一个方法,它和 call、apply 一样在 function 上直接调用。它返回一个指定了上下文和参数的函数。当它的第一个参数为 null、undefined 时,情形和 call、apply 一样,this 也为 null、undefined。

【示例 12】 以下代码在非严格模式中输出都是 window(或 global)。

```
'use strict'
function func() {
   console.log(this)
}
var f1 = func.bind(null)
var f2 = func.bind(undefined)
f1()                                 // null
f2()                                 // undefined
```

4.5 实战案例

JavaScript 是弱类型语言,对类型没有严格限制,但是在程序中经常需要对类型进行检测和转换,下面结合示例介绍类型检测和转换的技巧。

4.5.1 使用 typeof 检测类型

typeof 运算符专门用来测试值的类型,特别对于原始值有效,而对于对象类型的数据,如数组、对象等,返回的值都是字符串"object"。

【示例 1】 以下代码显示使用 typeof 检测数据类型的方法。

```
alert( typeof 1);                // 返回字符串"number"
alert( typeof "a");              // 返回字符串"string"
alert( typeof true);             // 返回字符串"boolean"
alert( typeof {});               // 返回字符串"object"
alert( typeof []);               // 返回字符串"object"
alert( typeof function(){});     // 返回字符串"function"
alert( typeof undefined);        // 返回字符串"undefined"
alert( typeof null);             // 返回字符串"object"
alert( typeof NaN);              // 返回字符串"number"
```

【示例 2】 由于 null 值返回类型为 object，用户可以定义一个检测简单数据类型的一般方法。

```
function type(o){   // 返回值类型数据的类型字符串
    return (o === null) ? "null" : (typeof o);
// 如果是 null 值，则返回字符串"null"，否则返回(typeof o)表达式的值
}
```

以上代码可防止因为 null 值而影响基本数据的类型检测。

4.5.2 使用 constructor 检测类型

扫一扫，看视频

对于对象、数组等复杂数据，可以使用 Object 对象的 constructor 属性进行检测。constructor 表示构造器，该属性值引用的是构造当前对象的函数。

【示例 1】 以下代码可以检测对象直接量和数组直接量的类型。

```
var o = {};
var a = [];
alert(o.constructor == Object);    // 返回 true
alert(a.constructor == Array);     // 返回 true
```

通过以上方法可以准确判断复杂数据是对象还是数组。如果结合 typeof 运算符和 constructor 属性，用户基本能够完成数据类型的检测，如表 4.7 所示列举了不同类型数据的检测结果。测试代码如下：

```
var value = 1;                     // 输入不同类型的值（第 1 列）
alert(typeof value);               // 返回 typeof 运算符返回的字符串（第 2 列）
alert(value.constructor);          // 返回 constructor 属性返回的对象（第 3 列）
```

表 4.7 数据类型检测

值（value）	typeof value（表达式返回值）	value.constructor（构造函数的属性值）
var value = 1	"number"	Number
var value = "a"	"string"	String
var value = true	"boolean"	Boolean
var value = {}	"object"	Object
var value = new Object()	"object"	Object
var value = []	"object"	Array
var value = new Array()	"object"	Array
var value = function(){}	"function"	Function
function className(){}; var value = new className();	"object"	className

【示例 2】 使用 constructor 属性可以检测绝大部分数据的类型，但对于 undefined 和 null 特殊值，就不能够使用 constructor 属性，否则会抛出异常。这时可以先把值转换为布尔值，如果为 true，则说明是存在值的，然后再调用 constructor 属性。

```
var value = undefined;
```

```
alert(typeof value);                          // 返回字符串"undefined"
alert(value && value.constructor);            // 返回 undefined
var value = null;
alert(typeof value);                          // 返回字符串"object"
alert(value && value.constructor);            // 返回 null
```

另外，对于数值直接量也不能直接使用 constructor 属性。例如，以下代码将会提示语法错误。

```
alert(10.constructor);
```

但是如果加上一个小括号，则可以检测：

```
alert((10).constructor);
```

这是因为小括号运算符能够把数值转换为对象。

4.5.3 封装类型检测方法：toString()

扫一扫，看视频

使用 toString()方法可以设计一种更安全的检测 JavaScript 数据类型的方法，用户还可以根据开发需要进一步补充检测类型的范围。

【设计思路】

首先，仔细分析不同类型对象的 toString()方法返回值，会发现由 Object 对象定义的 toString()方法返回的字符串形式总是：

```
[object class]
```

其中 object 表示对象的通用类型，class 表示对象的内部类型，内部类型的名称与该对象的构造函数名对应。例如，Array 对象的 class 为 "Array"，Function 对象的 class 为 "Function"，Date 对象的 class 为 "Date"，内部 Math 对象的 class 为 "Math"，所有 Error 对象（包括各种 Error 子类的实例）的 class 为 "Error"。

客户端 JavaScript 的对象和由 JavaScript 实现定义的其他所有对象都具有预定义的特定 class 值，如 "Window"、"Document"和"Form"等。用户自定义对象的 class 为 "Object"。

class 值提供的信息与对象的 constructor 属性值相似，但是 class 值是以字符串的形式提供这些信息的，这在特定的环境中是非常有用的。如果使用 typeof 运算符来检测，则所有对象的 class 值都为 "Object" 或 "Function"。所以不能够提供有效信息。

但是，要获取对象的 class 值的唯一方法是必须调用 Object 的原型方法 toString()，因为很多类型对象都会重置 Object 的 toString()方法，所以不能直接调用对象的 toString()方法。

例如，以下对象的 toString()方法返回的就是当前 UTC 时间字符串，而不是字符串 "[object Date]"。

```
var d = new Date();
alert(d.toString());                          // 返回当前 UTC 时间字符串
```

调用 Object 的 toString()原型方法，可以通过调用 Object.prototype.toString 对象的默认 toString()函数，再调用该函数的 apply()方法在想要检测的对象上执行即可。例如，结合上面的对象 d，具体实现代码如下：

```
var d = new Date();
var m = Object.prototype.toString;
alert(m.apply(d));                            // 返回字符串" [object Date] "
```

【实现代码】

明白了上述技术细节，以下就是一个比较完整的数据类型安全检测方法源代码：

```
// 安全检测 JavaScript 基本数据类型和内置对象
// 参数：o 表示检测的值
// 返回值：返回字符串"undefined"、"number"、"boolean"、"string"、"function"、
"regexp"、"array"、"date"、"error"、"object"或"null"
function typeOf(o){
```

```
    var _toString = Object.prototype.toString;
    // 获取对象的toString()方法引用
    // 列举基本数据类型和内置对象类型，你还可以进一步补充该数组的检测数据类型范围
    var _type ={
        "undefined" : "undefined",
        "number" : "number",
        "boolean" : "boolean",
        "string" : "string",
        "[object Function]" : "function",
        "[object RegExp]" : "regexp",
        "[object Array]" : "array",
        "[object Date]" : "date",
        "[object Error]" : "error"
    }
    return _type[typeof o] || _type[_toString.call(o)] || (o ? "object" : "null");
    // 通过把值转换为字符串，然后匹配返回字符串中是否包含特定字符进行检测
}
```

【应用示例】

```
var a = Math.abs;
alert(typeOf(a));                       // 返回字符串"function"
```

上述方法适用于 JavaScript 基本数据类型和内置对象，但是对于自定义对象是无效的。因为自定义对象被转换为字符串后，返回的值是没有规律的，且不同浏览器返回值也是不同的。因此，如果要检测非内置对象，只能使用 constructor 属性和 instanceof 运算符来实现。

4.5.4 转换为字符串

扫一扫，看视频

把值转换为字符串是编程中常见行为。具体转换的方法如下：

1. 使用加号运算符

当值与空字符串相加时，JavaScript 会自动把值转换为字符串。

（1）把数字转换为字符串。

```
var a = 123456;
a = a + "";
alert(typeof a);         // 返回类型为string
```

（2）把布尔值转换为字符串，返回字符串"true"或"false"。

```
var a = true;
a = a + "";
alert(a);                // 返回字符串"true"
```

（3）把数组转换为字符串，返回数组元素列表，以逗号分隔。

```
var a = [1,2,3];
a = a + "";
alert(a);                // 返回字符串"1,2,3"
```

（4）把函数转换为字符串，返回函数结构的代码字符串。

```
var a = function(){
    return 1;
};
a = a + "";
alert(a);                // 返回字符串"var a = function(){ return 1;}"
```

如果把 JavaScript 内置对象转换为字符串，则只返回构造函数的基本结构代码，而自定义的构造函数，则与普通函数一样，返回函数结构的代码字符串。

```
a = Date + "";
alert(a);                       // 返回字符串" function Date () { [ native code ]}"
```

如果内置对象为静态函数，则返回字符串不同。例如：

```
a = Math + "";
alert(a);                       // 返回字符串"[object Math ]"
```

如果把对象实例转换为字符串，则返回的字符串会根据不同类型或定义对象的方法和参数而不同。具体说明如下。

（1）对象直接量，则返回字符串为"[object object]"。

```
var a = {
   x :1
}
a = a + "";
alert(a);                       // 返回字符串"[object object]"
```

（2）如果是自定义类的对象实例，则返回字符串为"[object object]"。

```
var a =new function(){}();
a = a + "";
alert(a);                       // 返回字符串"[object object]"
```

（3）如果是内置对象实例，具体返回字符串必须根据传递的参数而定。

【示例】 正则表达式对象会返回匹配模式字符串，时间对象会返回当前 GMT 格式的时间字符串，数值对象会返回传递的参数值字符串或者 0 等。

```
a = new RegExp(/^\w$/) + "";
alert(a);                       // 返回字符串"/^\w$/"
```

📖 拓展：

加号运算符有两个计算功能：数值求和、字符串连接。但是字符串连接操作的优先级要大于求和运算。因此，在可能的情况下，即运算元的数据类型不一致时，加号运算符会尝试把数值运算元转换为字符串，再执行连接操作。

但是当多个加号运算符位于同一行时，这个问题就比较复杂，例如：

```
var a = 1 + 1 + "a";
var b = "a" + 1 + 1 ;
alert(a);                       // 返回字符串"2a"
alert(b);                       // 返回字符串"a11"
```

通过上面示例可以看到，加号运算符不仅仅优先于连接操作，同时还会考虑运算的顺序。对于变量 a 来说，按照从左到右的运算顺序，加号运算符会执行求和运算，然后再执行连接操作。但是对于变量 b 来说，由于"a" + 1 表达式运算将根据连接操作来执行，所以返回字符串"a1"，然后再用这个字符串与数值 1 进行运算，再次执行连接操作，最后返回字符串字符串"a11"，而不是字符串"a2"。

如果要避免此类现象的发生，可以考虑使用小括号运算符来改变一行内表达式的运算顺序。例如：

```
var b = "a" + (1 + 1) ;         // 返回字符串"a2"
```

2. 使用 toString()方法

当为原始值调用 toString()方法时，JavaScript 会自动把它们装箱为对象，然后再调用 toString()方法，把它们转换为字符串。例如：

```
var a = 123456;
a.toString();
alert(a);                       // 返回字符串"123456"
```

使用加号运算符转换字符串，实际上也是调用 toString()方法来完成。只不过是 JavaScript 自动调用 toString()方法实现的。

注意：

JavaScript 能够自动转换变量的类型。在自动转换中，JavaScript 一般遵循：根据运算的类型环境，按需要进行转换。例如，如果在执行字符串连接操作时，则会把数字转换为字符串；如果在执行基本数学运算时，则会尝试把字符串转换为数值；如果在逻辑运算环境中，则会尝试把值转换为布尔值等。

4.5.5 转换数字模式

Number 扩展了 toString()方法，允许传递一个整数参数，该参数可以设置数字的显示模式。数字默认为十进制显示模式，通过设置参数可以改变数字模式。

（1）如果采用默认模式，则 toString()方法会直接把数值转换为数字字符串。例如：

```
var a = 1.000;
var b = 0.0001;
var c = 1e-4;
alert(a.toString());            // 返回字符串"1"
alert(b.toString());            // 返回字符串"0.0001"
alert(c.toString());            // 返回字符串"0.0001"
```

toString()方法能够直接输出整数和浮点数，保留小数位。小数位末尾的零会被清除。但是对于科学计数法，则在条件许可的情况把它转换为浮点数，否则就使用科学计数法方式输出字符串。例如：

```
var a = 1e-14;
alert(a.toString());            // 返回字符串"1e-14;"
```

在默认模式下，无论数值采用什么模式，toString()方法返回的都是十进制的数字。因此，对于八进制、二进制或十六进制数值，toString()方法都会先把它们转换为十进制数值之后再输出。例如：

```
var a = 010;                    // 八进制数值10
var b = 0x10;                   // 十六进制数值10
alert(a.toString());            // 返回字符串"8"
alert(b.toString());            // 返回字符串"16"
```

（2）如果设置参数，则 toString()方法会根据参数把数值转换为对应进制的值之后再输出。例如：

```
var a = 10;                     // 十进制数值10
alert(a.toString(2));           // 返回二进制数字字符串"1010"
alert(a.toString(8));           // 返回八进制数字字符串"12"
alert(a.toString(16));          // 返回二进制数字字符串"a"
```

4.5.6 设置数字显示的小数位数

使用 toString()方法把数值转换为字符串时，无法保留小数位，这在货币格式化、科学计数等专业领域输出显示数字是不方便的。从 1.5 版本开始，JavaScript 定义了 3 个新方法：toFixed()、toExponential()和 toPrecision()。

1. toFixed()

toFixed()能够把数值转换为字符串，并显示小数点后的指定位数。例如：

```
var a = 10;
alert(a.toFixed(2));            // 返回字符串"10.00"
alert(a.toFixed(4));            // 返回字符串"10.0000"
```

2. toExponential()

toFixed()方法不采用科学计数法，但是 toExponential()方法专门用来把数字转换为科学计数法形式的字符串。例如：

```
var a = 123456789;
alert(a.toExponential(2));        // 返回字符串"1.23e+8 "
alert(a.toExponential(4));        // 返回字符串"1.2346e+8 "
```

toExponential()方法的参数指定了保留的小数位数。省略的部分采用四舍五入的方法进行处理。

3. toPrecision()

toPrecision()方法与 toExponential()方法不同，它是指定有效数字的位数，而不仅仅是指小数位数。例如：

```
var a = 123456789;
alert(a.toPrecision(2));          // 返回字符串"1.2e+8"
alert(a.toPrecision(4));          // 返回字符串"1.235e+8"
```

4.5.7 转换为数字

JavaScript 提供了两种静态方法把非数字的原始值转换为数字：parseInt()和 parseFloat()。其中 parseInt()可以把值转换为整数，而 parseFloat()可以把值转换为浮点数。

parseInt()和 parseFloat()函数对字符串类型的值有效，其他类型的值调用这两个函数都会返回 NaN。在转换字符串为数字之前，它们都会对字符串进行分析，以验证转换是否继续，具体分析如下。

1. 使用 parseInt()

在开始转换时，parseInt()函数会先查看位置 0 处的字符，如果该位置不是有效数字，则将返回 NaN，不再深入分析。如果位置 0 处的字符是数字，则将查看位置 1 处的字符，并进行同样的测试，依此类推，在整个验证过程中，直到发现非数字字符为止，此时 parseInt()函数将把前面分析合法的数字字符转换为数值，并返回。例如：

```
alert(parseInt("123abc"));         // 返回数字 123
alert(parseInt("1.73"));           // 返回数字 1
alert(parseInt(".123"));           // 返回值 NaN
```

浮点数中的点号对于 parseInt()函数来说是属于非法字符的，因此不会转换它，并返回。

如果以 0 为开头的数字字符串，则 parseInt()函数会把它作为八进制数字处理，先把它转换为数值，然后再转换为十进制的数字返回。如果以 0x 为开头的数字字符串，则 parseInt()函数会把它作为十六进制数字处理，先把它转换为数值，然后再转换为十进制的数字返回。

```
var d = "010";                     // 八进制数字字符串
var e = "0x10";                    // 十六进制数字字符串
alert(parseInt(d));                // 返回十进制数字 8
alert(parseInt(e));                // 返回十进制数字 16
```

parseInt()也支持基模式，可以把二进制、八进制、十六进制等不同进制的数字字符串转换为整数。基模式由 parseInt()函数的第二个参数指定。

【示例 1】 以下代码把十六进制数字字符串"123abc"转换为十进制整数：

```
var a = "123abc";
alert(parseInt(a,16));             // 返回值十进制整数 1194684
```

【示例 2】 以下代码把二进制、八进制和十进制数字字符串转换为整数：

```
alert(parseInt("10",2));           // 把二进制数字 10 转换为十进制整数为 2
alert(parseInt("10",8));           // 把八进制数字 10 转换为十进制整数为 8
```

```
alert(parseInt("10" ,10));          // 把十进制数字 10 转换为十进制整数为 10
```
【示例 3】 如果第一个参数是十进制的值，包含 0 前缀，为了避免被误解为八进制的数字，则应该指定第二个参数值为 10，即显式定义基，而不是采用默认基。
```
alert(parseInt("010"));             // 把八进制数字 10 转换为十进制整数为 8
alert(parseInt("010",8));           // 把八进制数字 010 转换为十进制整数为 8
alert(parseInt("010",10));          // 把十进制数字 010 转换为十进制整数为 10
```

2. 使用 parseFloat()函数

parseFloat()函数与 parseInt()函数用法基本相同。但是它能够识别第一个出现的小数点号，而第二个小数点号则被视为非法的。
```
alert(parseFloat("1.234.5"));       // 返回数值 1.234
```
此外，数字必须是十进制形式的字符串，而不能够使用八进制或十六进制的数字字符串。同时对于数字前面的 0（八进制数字标识）会忽略，而对于十六进制形式的数字，则返回 0 值。例如：
```
alert(parseFloat("123"));           // 返回数值 123
alert(parseFloat("123abc"));        // 返回数值 123
alert(parseFloat("010"));           // 返回数值 10
alert(parseFloat("0x10"));          // 返回数值 0
alert(parseFloat("x10"));           // 返回数值 NaN
```

3. 使用乘号运算符

加号运算符不仅能够执行数值求和运算，还可以把字符串连接起来。由于 JavaScript 处理字符串连接操作的优先级要高于数字求和运算。因此，当数字字符串与数值使用加号连接时，将优先执行连接操作，而不是求和运算。例如：
```
var a = 1;                          // 数值
var b = "1";                        // 数字字符串
alert(a+b);                         // 返回字符串"11"
```
在执行表达式 a+b 的运算时，变量 a 先被转换为字符串，然后以求和进行计算，所以计算结果为字符串"11"，而不是数值 2。因此，我们常常使用加号运算符把一个值转换为字符串。

不过，如果让变量 b 乘以 1，则加号运算符就以求和进行计算了。例如：
```
var a = 1;                          // 数值
var b = "1";                        // 数字字符串
alert(a + (b * 1));                 // 返回数值 2
```
如果让一个数字字符串变量乘以 1，则 JavaScript 解释器能够自动把数字字符串转换为数值，然后再继续求和运算，而不是进行字符串连接操作。

4.5.8 转换为布尔值

在 JavaScript 中，任何数据都可以被自动转换为布尔值，这种转换往往都是自动完成的。例如，把值放入条件或循环结构的条件表达式中，或者参与到逻辑运算时，JavaScript 解释器都会自动把它们转换为布尔值。用户也可以手动进行转换，具体方法如下。

扫一扫，看视频

1. 使用双重逻辑非

任何一个值如果在前面加上一个逻辑非运算符，JavaScript 都会把这个表达式看作是逻辑运算。执行运算时，先把值转换为布尔值，然后再执行逻辑非运算。例如：
```
var a =!0;                          // 返回 true
var b =!1;                          // 返回 false
var c =!NaN;                        // 返回 true
var d =!null;                       // 返回 true
```

```
var e =!undefined;                        // 返回 true
var f =![];                               // 返回 false
var g =!{};                               // 返回 false
```

如果再给这个表达式添加一个逻辑非运算符，所得的布尔值就是该值被转换为布尔型数据的真实值了。例如：

```
var a =!!0;                               // 返回 false
var b =!!1;                               // 返回 true
var c =!!NaN;                             // 返回 false
var d =!!null;                            // 返回 false
var e =!!undefined;                       // 返回 false
var f =!![];                              // 返回 true
var g =!!{};                              // 返回 true
```

2. 使用 Boolean()构造函数转换

使用 Boolean()构造函数转换的方法如下：

```
var a =0;
var b =1;
a = new Boolean(a);                       // 返回 false
b = new Boolean(b);                       // 返回 true
```

不过这种方法会把布尔值包装为引用型对象，而不再是原始值了。使用 typeof 运算符检测如下：

```
var a =0;
var b = !!a;
var c = new Boolean(a);
alert(typeof b);                          // 返回 boolean
alert(typeof c);                          // 返回 object
```

扫一扫，看视频

4.5.9 转换为对象

JavaScript 包含有 String、Number、Function、Boolean 四种基本对象构造器，它们是构造 JavaScript 对象系统的基础。

【示例 1】 在下面这个示例中，变量 a 和 b 的值都是 1，但是它们属于不同数据类型，其中 a 为数值，而 b 为对象。

```
var a = 1;                                // 直接赋值
var b = new Number(1);                    // 通过 Number 构造函数装箱后赋值
alert(typeof a);                          // 返回 number，说明其值为值类型的数值
alert(typeof b);                          // 返回 object，说明其值为引用类型的对象
```

【示例 2】 在下面这个示例中，为 Object 对象定义一个扩展方法 test()，该方法能够检测当前对象的数据类型是否为 Object 对象的实例，当前对象的构造器是否为 Number 或 String。

```
Object.prototype.test = function(){       // 扩展 Object 构造器的方法 test()
    alert(typeof this);                   // 显示当前对象的数据类型
    alert(this instanceof Object);        // 显示当前对象是否为对象的实例
    alert(this.constructor == Number);    // 显示当前对象的构造器是否为 Number
    alert(this.constructor == String);    // 显示当前对象的构造器是否为 String
}
```

如果定义一个数值变量，使用点运算符调用 test()方法：

```
var a = 1;                                // 数值变量
alert(typeof a);                          // 返回 number 数值类型
a.test();                                 // 调用检测方法
```

可以看到，变量 a 的类型为引用型对象，而不再是值类型的数值。该对象为 Object 对象的实例，是

Number 对象的实例，但不是 String 对象的实例。

如果定义一个字符串变量，使用点运算符调用 test()方法：
```
var b = "string"                        // 字符串变量
alert(typeof b);                        // 返回 string 字符串类型
b.test();                               // 调用检测方法
```
可以看到，变量 b 的类型为引用型对象，而不再是值类型的字符串。该对象为 Object 对象的实例，是 String 对象的实例，但不是 Number 对象的实例。

4.5.10 把对象转换为值

扫一扫，看视频

1. 对象在逻辑运算环境中的转换

如果把非空对象用在逻辑运算环境中，则对象被转换为 true。这包括所有类型的对象，即使是值为 false 的包装对象也为 true。

【示例1】 以下代码创建 3 个不同类型的对象，然后在逻辑与运算中，可以看到它们全部为 true。
```
var a = new Boolean(false);
var b = new Number(0);
var c = new String("");
a && alert(a);   // a 转换为布尔值为 true，但是提示它的字符串转换值为"false"
b && alert(b);   // b 转换为布尔值为 true，但是提示它的字符串转换值为"0"
c && alert(c);   // c 转换为布尔值为 true，但是提示它的字符串转换值为""
```

2. 对象在数值运算环境中的转换

如果对象用在数值运算环境中，则对象会被自动转换为数字，如果转换失败，则返回值 NaN。

【示例2】 下面代码使用 Boolean()构造器把布尔值 true 转换为布尔型对象，然后再通过 a - 0 数值运算，把布尔型对象转换为数字 1。
```
var a = new Boolean(true);              // 把 true 封装为对象
alert(a.valueOf());                     // 测试该对象的值为 true
alert(typeof (a.valueOf()));            // 测试值的类型为 boolean
a = a - 0;                              // 投放到数值运算环境中
alert(a);                               // 返回值为 1
alert(typeof a);                        // 再次测试它的类型，则为 number
```

3. 数组在数值运算环境中的转换

当数组被用在数值运算环境中时，数组将根据包含的元素来决定转换的值。

（1）如果为空数组，则被转换为数值 0。当数组为空时，JavaScript 将调用 toString()方法把数组转换为空字符串，然后再将空字符串强制转换为数值 0。

（2）如果数组仅包含一个数字元素，则被转换为该数字的数值。例如：
```
var a = [5];
a = a * 1;                              // 投放到数值运算环境中
alert(a);                               // 返回数值 5
alert(typeof a);                        // 返回类型为 number
```
（3）如果数组包含多个元素，或者仅包含一个非数字元素，则返回 NaN。例如：
```
var a = [true];
a = a * 1;
alert(a);                               // 返回数值 NaN
alert(typeof a);                        // 返回类型为 number
```

4. 对象在模糊运算环境中的转换

（1）当对象与数值进行加号运算时，则会尝试把对象转换为数值，然后参与求和运算。如果不能够转换为有效数值，则执行字符串连接操作。例如：

```
var a = new String("a");          // 字符串封装为对象
var b = new Boolean(true);        // 布尔值封装为对象
a = a + 0;                        // 加号运算
b = b + 0;                        // 加号运算
alert(a);                         // 返回字符串"a0"
alert(b);                         // 返回数值1
```

（2）当对象与字符串进行加号运算时，则直接转换为字符串，进行连接操作。例如：

```
var a = new String(1);
var b = new Boolean(true);
a = a + "";
b = b + "";
alert(a);                         // 返回字符串"1"
alert(b);                         // 返回字符串"true"
```

（3）当对象与数值进行比较运算时，则会尝试把对象转换为数值，然后参与比较运算。如果不能够转换为有效数值，则执行字符串比较运算。例如：

```
var a = new String("true");       // 无法转换为数值
var b = new Boolean(true);        // 可以转换为数值1
a = a > 0;
b = b > 0;
alert(a);                         // 返回false，以字符串形式进行比较
alert(b);                         // 返回true，以数值形式进行比较
```

（4）当对象与字符串进行比较运算时，则直接转换为字符串，进行比较操作。

对于 Date 对象来说，加号运算符会先调用 toString()方法进行转换。因为当加号运算符作用于 Date 对象时，一般都是字符串连接操作。而当比较运算符作用于 Date 对象时，则会转换为数字以便比较时间的先后。

扫一扫，看视频

4.5.11 强制转换

JavaScript 支持使用以下方法强制类型转换。

- Boolean(value)：把参数值转换为 boolean 型。
- Number(value)：把参数值转换为 number 型。
- String(value)：把参数值转换为 string 型。

【示例】 在以下代码中，分别调用上述 3 个函数，把参数值强制转换为新的类型值。

```
var a = String(true);             // 返回字符串"true"
var a = String(0);                // 返回字符串"0"
var b = Number("1");              // 返回数值1
var c = Number(true);             // 返回数值1
var d = Number("a");              // 返回NaN
var e = Boolean(1);               // 返回true
var f = Boolean("");              // 返回false
```

> 注意：
> 使用强制方式转换数据类型，有时候会产生异想不到的情况。例如，在上面示例中，true 被强制转换为数值1，Number(false)会转换为 0，而使用 parseInt()方法转换时，它们都返回 NaN。

```
var a = parseInt(true);              // 返回 NaN
var b = parseInt(false);             // 返回 NaN
```
当要转换的值是至少有一个字符的字符串、非 0 数字或对象时，Boolean()函数将返回 true。如果该值是空字符串、数字 0、undefined 或 null，则它将返回 false。

Number()函数的强制类型转换与 parseInt()和 parseFloat()方法的处理方式相似，只是它转换的是整个值，而不是部分值。例如：
```
var a = Number("123abc");            // 返回 NaN
var b = parseInt("123abc");          // 返回数值 123
```
String()函数与 toString()方法功能基本相同。但是 String()函数能够把 null 或 undefined 值强制转换为字符串，而不引发错误。例如：
```
var a = String(null);                // 返回字符串"null"
var b = String(undefined);           // 返回字符串"undefined"
```
但是以下用法都将导致异常：
```
var a = null.toString();
var b = undefined.toString();
```
在 JavaScript 中，使用强制类型转换有时候会非常有用，但是应该确保转换值的正确。

如表 4.8 所示，是常见值在不同环境中被自动转换的值列表。

表 4.8 数据类型自动转换列表

值（value）	字符串操作环境	数字运算环境	逻辑运算环境	对象操作环境
undefined	"undefined"	NaN	false	Error
null	"null"	0	false	Error
非空字符串	不转换	字符串对应的数字值 NaN	true	String
空字符串	不转换	0	false	String
0	"0"	不转换	false	Number
NaN	"NaN"	不转换	false	Number
Infinity	"Infinity"	不转换	true	Number
Number.POSITIVE_INFINITY	"Infinity"	不转换	true	Number
Number.NEGATIVE_INFINITY	"-Infinity"	不转换	true	Number
-Infinity	"-Infinity"	不转换	true	Number
Number.MAX_VALUE	"1.7976931348623157e+308"	不转换	true	Number
Number.MIN_VALUE	"5e-324"	不转换	true	Number
其他所有数字	"数字的字符串值"	不转换	true	Number
true	"true"	1	不转换	Boolean
false	"false"	0	不转换	Boolean
对象	toString()	valueOf()或 toString()或 NaN	true	不转换

第 5 章 使用运算符

运算符是指执行各种运算操作的符号。大部分 JavaScript 运算符是用标点符号表示的，如 "+" 和 "="；也有些运算符是用关键字表示的，如 delete 和 instanceof。本章将介绍 JavaScript 运算符和表达式的相关概念和基本使用方法。

【学习重点】
- 正确使用位运算符和算术运算符。
- 灵活使用逻辑运算符和关系运算符。
- 掌握赋值运算符、对象操作运算符和其他运算符。

5.1 运算符概述

JavaScript 定义了 51 个运算符，详细说明如表 5.1 所示。

提示：

表 5.1 中各列说明如下。
- 优先级：表示运算符参与运算的先后顺序。数字越大，运算优先级就越高；数字相等，则运算等级相同，将根据位置决定运算优先顺序。
- 操作类型：表示运算符所要操作的数据类型。
- 运算顺序：表示运算符操作对象的方向，如从左到右或从右到左。

表 5.1 JavaScript 运算符

运算符	说明	优先级	操作类型	运算顺序
.（点号）	读写对象的属性	15	对象.标识符	从左到右
[]（中括号）	数组下标	15	数组[整数]	从左到右
()（小括号）	调用函数	15	函数(参数)	从左到右
new	创建新对象	15	构造函数调用	从右到左
++（连加）	先递增或后递增运算	14	变量、对象的属性、数组的元素	从右到左
--（连减）	先递减或后递减运算	14	变量、对象的属性、数组的元素	从右到左
-（减号）	一元减法运算（或取负、取反）	14	数字	从右到左
+（加号）	一元加法运算	14	数字	从右到左
~（否定号）	按位取反操作	14	整数	从右到左
!（叹号）	逻辑取反操作	14	布尔值	从右到左
delete	删除对象的一个属性定义	14	变量、对象的属性、数组的元素	从右到左
typeof	返回数据类型	14	任意	从右到左
void	返回未定义的值	14	任意	从右到左
*（星号）	乘法运算	13	数字	从左到右
/（斜杠）	除法运算	13	数字	从左到右

(续)

运算符	说　　明	优先级	操作类型	运算顺序
%（百分号）	取余数运算（或称之为取模运算）	13	数字	从左到右
+（加号）	加法运算	12	数字	从左到右
-（减号）	减法运算	12	数字	从左到右
+（加号）	连接字符串操作	12	字符串	从左到右
<<	左移	11	整数	从左到右
>>	带符号右移	11	整数	从左到右
<<	不带符号右移	11	整数	从左到右
<	小于	10	数字、字符串	从左到右
<=	小于等于	10	数字、字符串	从左到右
>	大于	10	数字、字符串	从左到右
>=	大于等于	10	数字、字符串	从左到右
instanceof	检查对象类型	10	对象 构造函数	从左到右
in	检查一个属性是否存在	10	字符串 in 对象	从左到右
==	比较是否相等	9	任意	从左到右
!=	比较是否不相等	9	任意	从左到右
===	比较是否等同（同值同类）	9	任意	从左到右
!==	比较是否不等同（不同值同类）	9	任意	从左到右
&（连字符）	按位与操作	8	整数	从左到右
^（顶角符号）	按位异或操作	7	整数	从左到右
|（竖线符号）	按位或操作	6	整数	从左到右
&&	逻辑与操作	5	布尔值	从左到右
||	逻辑或操作	4	布尔值	从左到右
?:	条件运算符（包含3个运算数）	3	布尔值?任意:任意	从右到左
=（等号）	赋值运算	2	变量、对象的属性、数组的元素=任意	从右到左
*=	附带乘法操作的赋值运算	2	变量、对象的属性、数组的元素*=任意	从右到左
/=	附带除法操作的赋值运算	2	变量、对象的属性、数组的元素/=任意	从右到左
%=	附带取余操作的赋值运算	2	变量、对象的属性、数组的元素%=任意	从右到左
+=	附带加法操作的赋值运算	2	变量、对象的属性、数组的元素+=任意	从右到左
-=	附带减法操作的赋值运算	2	变量、对象的属性、数组的元素-=任意	从右到左
<<=	附带左移操作的赋值运算	2	变量、对象的属性、数组的元素<<=任意	从右到左
>>=	附带带符号右移操作的赋值运算	2	变量、对象的属性、数组的元素>>=任意	从右到左
>>>=	附带不带符号右移操作的赋值运算	2	变量、对象的属性、数组的元素>>>=任意	从右到左
&=	附带按位与操作的赋值运算	2	变量、对象的属性、数组的元素&=任意	从右到左
^=	附带按位异或操作的赋值运算	2	变量、对象的属性、数组的元素^=任意	从右到左
|=	附带按位或操作的赋值运算	2	变量、对象的属性、数组的元素|=任意	从右到左
,（逗号）	多重计算操作	1	任意	从左到右

一般情况下，运算符与运算数配合才能使用。其中运算符指定执行运算的方式，运算数明确运算符

要操作的对象。例如，1 加 1 等于 2，用符号表示就是"1+1=2"。其中 1 是被操作的数，简称为操作数（或运算数）；符号"+"表示加运算的操作；符号"="表示赋值运算的操作；"1+1=2"就表示一个表达式。

根据操作运算数的数量，运算符可以分为以下 3 类。

- 一元运算符：1 个运算符仅对 1 个运算数执行某种运算，如值取反、位移、获取值类型、删除属性定义等。
- 二元运算符：1 个运算符必须包含 2 个运算数。例如，两个数相加、两个值比较。大部分运算符都是对两个运算数执行运算。
- 三元运算符：1 个运算符必须包含 3 个运算数。JavaScript 仅有一个三元运算符（?:运算符），该运算符就是条件运算符，它是 if 语句的简化版。

运算符的优先级控制执行操作的顺序。例如，1+2*3 结果是 7，而不是 9，因为乘法优先级高，虽然加号在左侧。

小括号运算符的优先级最高，使用小括号可以改变运算符的优先顺序。例如，(1+2)*3 结果是 9，而不再是 7。

【示例 1】 看看下面这 3 行代码：

```
alert(n=5-2*2);                    // 返回 1
alert(n=(5-2)*2);                  // 返回 6
alert((n=5-2)*2);                  // 返回 6
```

在上面代码中，虽然第 2 行与第 3 行返回结果相同，但是它们的运算顺序是不同的。第 2 行先计算 5 减 2，再乘以 2，最后赋值给变量 n，并显示变量 n 的值；而第 3 行先计算 5 减 2，再把结果赋值给变量 n，最后变量 n 乘以 2，并显示两者所乘结果。

以下代码就会抛出异常：

```
alert((1+n=5-2)*2);                // 返回异常
```

因为，加号运算符优先级高，先执行运算，但是此时的变量 n 还是一个未知数，所以也就错了。

一元运算符、三元运算符和赋值运算符都会遵循从右到左的顺序执行运算。

【示例 2】 根据运算符的运算顺序，以下代码是按照先右后左的顺序执行运算的。typeof 5 运算结果是 number，而返回结果 "number" 又是一个字符串，所以 typeof typeof 5 最终返回 string。

```
alert(typeof typeof 5);            // 返回 string
```

关于每个运算符的运算顺序，可以参考表 5.1 中"运算顺序"列说明。

对于以上代码，可以使用小括号标识它们的先后运算顺序。

```
alert(typeof (typeof 5));          // 返回 string
```

而对于下面表达式：

```
1+2+3+4
```

就等于：

```
((1+2)+3)+4
```

运算符只能操作特定类型的数据，运算返回值也是特定类型的数据。例如，加、减、乘、除等算术运算符所返回的结果永远都是数值，而比较运算符所返回的结果都是布尔值。

【示例 3】 以下代码中，两个运算数都是字符串，但是 JavaScript 会自动把两个操作数转换为数字，并执行减法运算，返回数字结果。

```
alert("10"-"20");                  // 返回-10
```

以下代码中，数字 0 本是数值类型，JavaScript 会把它转换为布尔值 false，然后再执行条件运算。

```
alert(0?1:2);                      // 返回 2
```

以下代码中，字符串 5 和 2 分别被转换为数字，然后参与比较运算，并返回布尔值。

```
alert(3>"5");                      // 返回 false
```

```
alert(3>"2");                    // 返回true
```
而下面的数字5被转换为字符编码,参与字符串比较运算。
```
alert("string">5);               // 返回false
```
以下代码中,加号运算符能够根据数据类型执行相加或是相连的操作。
```
alert(10+20);                    // 返回30
alert("10"+"20");                // 返回"1020"
```
以下代码中,布尔值true被转换为数字1参与乘法运算,并返回5。
```
alert(true*"5");                 // 返回5
```

📢 注意:

运算符一般不会对运算数本身产生影响,如算术运算符、比较运算符、条件运算符、取逆运算符、位与运算符等。例如,a = b + c,其中的运算数b和c不会因为加法运算而导致自身的值发生变化。

但是,在JavaScript中有一些运算符能够改变运算数自身的值,如赋值运算符、递增运算符、递减运算符等。由于这类运算符自身的值会发生变化,具有一定的副作用,使用时应该保持警惕,特别是在复杂表达式中,这种副作用表现得尤为明显。

【示例4】 在下面代码段中,变量a经过赋值运算和递加运算之后,该变量的值发生了两次变化。
```
var a;
a = 0;
a++;
alert(a);                        // 返回1
```
修改上述表达式:
```
var a;
a = 1;
a = (a++)+(++a)-(a++)-(++a);
alert(a);                        // 返回-4
```
如果直观判断,会误认为返回值为0,实际上变量a在参与运算的过程中,它自身的值是不断在发生变化的。这种变化很容易扰乱思维。为了方便理解,下面拆解(a++)+(++a)-(a++)-(++a)表达式。
```
var a;
a = 1;                           // 变量初始化
b = a++;                         // b等于1,变量a先把值1赋值给变量b,然后再递加为2
c = ++a;                         // c等于3,变量a先递加为3后,再把值3赋值给变量c
d = a++;                         // d等于3,变量a先把值3赋值给变量d,然后再递加为4
e = ++a;                         // e等于5,变量a先递加为5后,再把值5赋值给变量e
alert(b+c-d-e);                  // 返回-4
```
从代码可读性考虑:一个表达式中不能对相同操作数执行两次或多次引起自身值变化的运算,除非表达式必须这样执行,否则应该避免制造歧义。

【示例5】 以下代码行虽然看起来比较复杂,但是由于每个运算数仅执行了一次引起自身值变化的运算,所以不会制造歧义,也不会扰乱思维。
```
a = (b++)+(++c)-(d++)-(++e);
```

5.2 算术运算符

算术运算符包括:加(+)、减(-)、乘(*)、除(/)、余数运算符(%)、数值取反运算符(-)。

扫一扫，看视频

5.2.1 加法运算

【示例1】 特殊运算数的运算结果比较特殊，需要特别留意。
```
var n = 5;                      // 定义并初始化任意一个数值
alert(NaN + n);                 // 返回NaN。NaN与任意运算数相加，结果都是NaN
alert(Infinity + n);
//返回Infinity。Infinity与任意运算数相加，结果都是Infinity
alert(Infinity + Infinity);
//返回Infinity。Infinity与Infinity相加，结果是Infinity
alert(( - Infinity) + ( - Infinity));
//返回-Infinity。负Infinity相加，结果是负Infinity
alert(( - Infinity) + Infinity);
//返回NaN。正负Infinity相加，结果是NaN
```

【示例2】 加运算符能够根据运算数的数据类型，尽可能地把数字转换成可以执行相加或相连运算的数值或字符串。
```
alert( 1 + 1);                  // 返回2。如果运算数都是数值，则进行相加运算
alert( 1 + "1");
//返回"11"。如果运算数中有一个是字符串，则把数值转换位字符串，然后进行相连运算
alert( "1" + "1");              // 返回"11"。如果运算数都是字符串，则进行相连运算
```

【示例3】 下面两个表达式中，由于空字符串的位置不同，运算结果也不同。在第1行代码中，3.0和4.3都是数值类型，因此加号运算符就执行相加操作，由于第3个运算数是字符串，则把第1个加号运算结果转换为字符串并与空字符串进行相连操作。而第2行代码则不同，第一个加号运算符首先把数值3.0转换为字符串，然后执行连接操作，所以结果也就不同。
```
alert(3.0 + 4.3 + "")           // 返回"7.3"
alert(3.0 + "" + 4.3)           // 返回"34.3"
```

🔊 提示：
为了避免误解，使用加法运算符时，应先检查运算数的数据类型是否符合需要。

5.2.2 减法运算

扫一扫，看视频

【示例1】 特殊运算数的运算结果比较特殊，需要特别留意。
```
var n = 5;                      // 定义并初始化任意一个数值
alert(NaN - n);                 // 返回NaN。NaN与任意运算数相减，结果都是NaN
alert(Infinity - n);
//返回Infinity。Infinity与任意运算数相减，结果都是Infinity
alert(Infinity - Infinity);
//返回NaN。Infinity与Infinity相减，结果是NaN
alert(( - Infinity) - ( - Infinity));
//返回NaN。负Infinity相减，结果是NaN
alert(( - Infinity) - Infinity);
//返回-Infinity。正负Infinity相减，结果是-Infinity
```

【示例2】 在减法运算中，如果有一个运算数不是数字，则返回值为NaN；如果数字为字符串，则会把它转换为数值之后，再进行运算。
```
alert(2 - "1");                 // 返回1
alert(2 - "a");                 // 返回NaN
```

利用减法运算可快速把一个值转换为数字。例如，由于HTTP请求值一般都是字符串数字，可以让这些字符串减去0快速转换为数值。这与调用parseFloat()方法结果相同，但减法运算符更高效、更快捷。减法运算符的隐性转换如果失败，则返回NaN，这与使用parseFloat()方法执行转换时返回值是不同的。

【示例 3】 对于字符串来说，减法运算符能够完全匹配进行转换，如果字符串是非数字的值，则返回 NaN；而 parseFloat()方法则通过逐字符解析并努力转换为数值。

例如，对于字符串"100aaa"而言，parseFloat()方法能够解析出前面几个数字，而对于减法运算符来说，则必须是完整的数字时，才可以进行完全匹配转换。

```
alert(parseFloat("100aaa"));    // 返回 100
alert(parseFloat("aaa100"));    // 返回 NaN
alert("100aaa" - 0);            // 返回 NaN
alert("100" - 0);               // 返回 100
```

对于布尔值来说，parseFloat()方法能够把 true 转换为 1，把 false 转换为 0，而减法运算符视其为 NaN。

对于对象来说，parseFloat()方法直接尝试调用对象的 toString()方法进行转换，而减法运算符先尝试调用对象的 valueOf()方法进行转换，失败之后再调用 toString()进行转换。

5.2.3 乘法运算

两个正数相乘，则为正数；两个负数相乘，则为正数；一正一负相乘，则为负数。

【示例】 特殊运算数的运算结果比较特殊，需要特别留意。

```
var n = 5;                      //定义并初始化任意一个数值
alert(NaN * n);                 //返回 NaN。NaN 与任意运算数相乘，结果都是 NaN
alert(Infinity * n);
//返回 Infinity。Infinity 与任意非 0 正数相乘，结果都是 Infinity
alert(Infinity * ( - n));
//返回 Infinity。Infinity 与任意非 0 负数相乘，结果都是-Infinity，换句话说结果的符号由第 2 个
运算数的符号决定
alert(Infinity * 0);
//返回 NaN。Infinity 与 0 相乘，结果是 NaN
alert(Infinity * Infinity);
//返回 Infinity。Infinity 与 Infinity 相乘，结果是 Infinity
```

5.2.4 除法运算

两个正数相除，则为正数；两个负数相除，则为正数；一正一反相除，则为负数。

【示例】 特殊运算数的运算结果比较特殊，需要特别留意。

```
var n = 5;                      // 定义并初始化任意一个数值
alert(NaN / n);                 // 返回 NaN。如果某个运算数是 NaN，结果都是 NaN
alert(Infinity / n);
//返回 Infinity。Infinity 被任意数字除，结果都是 Infinity 或-Infinity，符号由第 2 个运算数的
符号决定
alert(Infinity / Infinity);//返回 NaN
alert(n / 0);
//返回 Infinity。0 除一个非无穷大的数字，结果是 Infinity 或-Infinity，符号由第 2 个运算数的符
号决定
alert(n / -0); //返回-Infinity。参考上一行注释说明
```

5.2.5 余数运算

余数运算也称模运算，通俗地说就是求余数。例如：

```
alert(3 % 2);                   // 返回余数 1
```

模运算主要针对整数执行操作，但是它也适用浮点数，例如：

```
alert(3.1 % 2.3);               // 返回余数 0.8000000000000003
```

【示例】 特殊运算数的运算结果比较特殊，需要特别留意。

```
var n = 5;                          // 定义并初始化任意一个数值
alert(Infinity % n);                // 返回 NaN
alert(Infinity % Infinity);         // 返回 NaN
alert(n % Infinity);                // 返回 5
alert(0 % n);                       // 返回 0
alert(0 % Infinity);                // 返回 0
alert(n % 0);                       // 返回 NaN
alert(Infinity % 0);                // 返回 NaN
```

扫一扫，看视频

5.2.6 取反运算

取反运算符是一元运算符，或称一元减法运算符。

【示例】 下面列举特殊运算数的取反运算结果。

```
alert(-5);                          // 返回-5。正常数值取负数
alert(-"5");                        // 返回-5。先转换字符串数字为数值类型
alert(-"a");                        // 返回 NaN。无法完全匹配运算，返回 NaN
alert(-Infinity);                   // 返回-Infinity
alert(-(-Infinity));                // 返回 Infinity
alert(-NaN);                        // 返回 NaN
```

📢 提示：

与一元减法运算符相对应的还有一个一元加法运算符，在实际开发中，一元加法运算符很少使用，不过可以利用它把非数值型的数字快速转换为数值型数值。

扫一扫，看视频

5.2.7 递增和递减

递增（++）和递减（--）运算就是通过不断加 1 或减 1 以实现改变自身值的一种简洁方法。递增运算符和递减运算符是一元运算符，只能够作用于变量、数组元素或对象属性，这是因为在运算过程中会执行赋值运算，赋值运算左侧必须是一个变量、数组元素或对象属性，只有这样赋值才得以实现。

【示例 1】 以下代码是错误用法：

```
alert(4++);                         // 返回错误
```

以下代码是正确的用法：

```
var n = 4;
alert(n++);                         // 返回 4
```

递增运算符和递减运算符有位置讲究，位置不同所得运算结果也不同。

【示例 2】 以下递增运算符是先执行赋值运算，然后再执行递加运算。即先计算表达式的返回值，最后才把自身值递加。

```
var n = 4;
alert(n++);                         // 返回 4
```

而下面的递增运算符是先执行递加运算，再返回表达式的值。

```
var n = 4;
alert(++n);                         // 返回 5
```

【示例 3】 以下代码可以直观演示每个表达式与变量 n 的值并非都是同步的。

```
var n = 4;
alert(n++);                         // 返回 4
alert(++n);                         // 返回 6。在递加之前，变量 n 的值是 5，而不是 4
```

递增运算符和递减运算符是相反操作的一对。它们在运算之前都会试图转换值为数值类型，如果失败则返回 NaN。

5.3 逻辑运算符

逻辑运算与布尔值紧密相关联，故也称布尔代数。所谓布尔代数就是布尔值（true 和 false）的"算术"运算。逻辑运算常与比较运算结合使用，在条件表达式中经常应用。

逻辑运算符包括与（&&）、或（||）和非（!）3 种逻辑运算类型。

5.3.1 逻辑与运算符

扫一扫，看视频

逻辑与运算符（&&）实际上就是两个运算数的 AND 布尔操作，只有当两个条件都为 true 时，它才返回 true，否则返回 false，详细描述如表 5.2 所示。

表 5.2 逻辑与运算符

第 1 个运算数的布尔值	第 2 个运算数的布尔值	逻辑与运算结果
true	true	true
true	false	false
false	true	false
false	false	false

逻辑与运算符（&&）的逻辑解析：

首先，计算第 1 个运算数，即左侧表达式。如果左侧的表达式的计算值可以被转换为 false（如 null、0、underfined 等），那么就会结束计算，直接返回第 1 个运算数的值。

然后，当第 1 个运算数的值为 true 时，则将计算第 2 个运算数的值，即位于右侧的表达式，并返回这个表达式的值。

【示例 1】 以下代码利用逻辑与运算检测变量初始值。

```
var user;                              // 定义变量
( ! user && alert("没有赋值"));        // 返回提示信息"没有赋值"
```

如果变量 user 为 null，则!user 会返回 true，如果逻辑与运算符左侧返回值为 true，则会计算右侧的表达式，否则就会忽略。也就是说逻辑与运算符右侧的表达式可以被计算，也可以不被计算。对于上面的表达式，可以使用条件语句进行如下表示：

```
var user;                              // 定义变量
if( ! user){                           // 条件判断
    alert("没有赋值");
}
```

【示例 2】 由于逻辑与运算符右侧的表达式将根据左侧表达式的值来决定是否计算，在程序中常利用它来设计结构简洁的条件运算。

```
var n = 3;
(n == 1) && alert(1);
(n == 2) && alert(2);
(n == 3) && alert(3);
( ! n) && alert("null");
```

上面代码等价于以下多条件逻辑结构：

```
var n = 3;                             // 定义变量
switch (n){                            // 指定判断的变量
  case 1 :                             // 条件 1
    alert(1);
    break;                             // 结束结构
```

```
        case 2 :                              // 条件2
           alert(2);
           break;                             // 结束结构
        case 3 :                              // 条件3
           alert(3);
           break;                             // 结束结构
        default :                             // 默认条件
           alert("null");
}
```

【示例3】 利用逻辑与运算符替代条件结构，是一种便捷的设计技巧，但是在使用时应该慎重。

```
var user = 0;                                 // 定义并初始化变量
( ! user && alert("变量没有赋值呀"));         // 返回提示信息"变量没有赋值呀"
```

上面代码设计思路：如果变量没有赋值，则其值为null，转换为布尔值就是false，然后利用逻辑与运算符来判断变量是否初始化。由于变量user值为0时，转换为布尔值同样是false。所以，当变量赋值之后，依然提示变量没有赋值。

为了安全起见，用户在设计时必须确保逻辑与左侧的表达式返回值是可以预期的，同时右侧表达式不应该包含赋值、递增、递减和函数调用等有效运算。

逻辑与运算的运算数可以是任意类型数据，如果运算数不是布尔值，则逻辑与运算并非要求必须返回布尔值，而是根据表达式的结果实事求是地进行返回。

【示例4】 下面介绍几种特殊运算数应用技巧。

➥ 对象被转换为布尔值时为true。例如，一个空对象与一个布尔值进行逻辑与运算。

```
alert(typeof({} && true))    // 返回第2个运算数true的类型，即返回boolean
alert(typeof({} && false))   // 返回第2个运算数false的类型，即返回boolean
alert(typeof(true && {}))    // 返回第2个运算数{}的类型，即返回object
alert(typeof(false && {}))   // 返回第1个运算数false的类型，即返回boolean
```

➥ 如果运算数中包含null，则返回值总是null。例如，字符串"null"与null类型值进行逻辑与运算，不管位置如何，始终都返回null。

```
alert(typeof("null" && null))      // 返回null的类型，即返回object
alert(typeof(null && "null"))      // 返回null的类型，即返回object
```

➥ 如果运算数中包含NaN，则返回值总是NaN。例如，字符串"NaN"与NaN类型值进行逻辑与运算，不管位置如何，始终都返回NaN。

```
alert(typeof("NaN" && NaN))        // 返回NaN的类型，即返回number
alert(typeof(NaN && "NaN"))        // 返回NaN的类型，即返回number
```

➥ 对于Infinity特殊值来说，将被转换为true，与普通数值一样参与逻辑与运算。

```
alert(typeof("Infinity" && Infinity))
    // 返回第2个运算数Infinity的类型，即返回number
alert(typeof(Infinity && "Infinity"))
    // 返回第2个运算数"Infinity"的类型，即返回string
```

➥ 如果运算数中包含undefined，则返回错误。例如，字符串"undefined"与undefined类型值进行逻辑与运算，不管位置如何，始终都返回undefined。

```
alert(typeof("undefined" && undefined))
alert(typeof(undefined && "undefined"))
```

扫一扫，看视频

5.3.2 逻辑或运算符

当逻辑或运算符（||）左右两侧运算数的值都是布尔值时，它将执行布尔OR操作。如果两个运算数的值为true，或者其中一个为true，那么它就返回true，否则就会返回false。详细描述如表5.3所示。

表 5.3 逻辑或运算符

第 1 个运算数的布尔值	第 2 个运算数的布尔值	逻辑或运算结果
true	true	true
true	false	true
false	true	true
false	false	false

逻辑或运算符（||）的逻辑解析：

首先，计算第 1 个运算数。如果左侧的表达式的计算值可以被转换为 true，那么就直接返回第 1 个运算数的值，忽略第 2 个运算数（即不执行）。

然后，当第 1 个运算数的值为 false 时，则将计算第 2 个运算数的值，即位于右侧的表达式，并返回这个表达式的值。

【示例】 针对下面 4 个表达式：

```
var n = 3;
(n == 1) && alert(1);
(n == 2) && alert(2);
(n == 3) && alert(3);
( ! n) && alert("null");
```

可以使用逻辑或对其进行合并：

```
var n = 3;
(n == 1) && alert(1)||(n == 2) && alert(2)||(n == 3) && alert(3)||( ! n) && alert("null");
```

由于&&运算符的优先级高于||运算符的优先级，所以不用使用小括号。不过使用小括号运算符更方便阅读：

```
var n = 3;
((n == 1) && alert(1) ) || ((n == 2) && alert(2)) || ((n == 3) && alert(3) ) || (( ! n) && alert("null"));
```

或者分行书写：

```
var n = 3;
((n == 1) && alert(1) ) ||      // 为 true 时，结束并返回值
((n == 2) && alert(2)) ||       // 为 true 时，结束并返回值
((n == 3) && alert(3) )    ||   // 为 true 时，结束并返回值
(( ! n) && alert("null"));      // 为 true 时，结束并返回值
```

即使逻辑或运算符的运算数不是布尔值，但是仍然可以将它看做布尔 OR 的操作，也不管运算数的值是什么类型，都可以被转换为布尔值。

逻辑或运算和逻辑与运算是两个互为反的操作，对于 null、NaN 特殊值都返回相应的 null 或 NaN，而对于 undefined 将返回错误。

5.3.3 逻辑非运算符

逻辑非运算符（!）是一元运算符，直接放在运算数之前，将对运算数执行布尔取反操作（NOT），并返回布尔值。

【示例 1】 如果对于运算数执行两个逻辑非运算操作，实际上它相当于把运算数转换为布尔值数据类型。

```
alert(!5);       // 返回 false。把数值 5 转换为布尔值，并取反
alert(!!5);      // 返回 true。把数值 5 转换为布尔值
```

扫一扫，看视频

```
alert(!0);                    // 返回true。把数值0转换为布尔值，并取反
alert(!!0);                   // 返回false。把数值5转换为布尔值
```

📢 提示：

逻辑与和逻辑或运算符所执行的操作返回的未必都是布尔值，但是对于逻辑非运算符来说，它的返回值一定是布尔值。

【示例2】 以下列举一些特殊的运算数的逻辑非运算返回值。
```
alert( ! {});                 // 返回false。如果运算数是对象，则返回false
alert( ! 0);                  // 返回true。如果运算数是0，则返回true
alert( ! (n = 5));            // 返回false。如果运算数是非0的任何数字，则返回false
alert( ! null);               // 返回true。如果运算数是null，则返回true
alert( ! NaN);                // 返回true。如果运算数是NaN，则返回false
alert( ! Infinity);           // 返回false。如果运算数是Infinity，则返回false
alert( ! ( - Infinity));
//返回false。如果运算数是-Infinity，则返回false
alert( ! undefined);
//返回true。如果运算数是undefined，则返回true，在早期浏览器中或发生错误
```

5.3.4 案例：逻辑运算训练

扫一扫，看视频

对于逻辑与（&&）和逻辑或（||）运算符来说，它们并不改变运算数的数据类型，同时也不会强制逻辑运算的结果是什么数据类型。它们具有如下特性：

- 在逻辑运算时，与和或运算都会把运算数视为布尔值，即使不是布尔值，也将对其进行转换，然后根据布尔值执行下一步的操作。
- 逻辑与（&&）和逻辑或（||）运算并非完整地执行所有运算数，它们可能仅执行第1个运算数，从而忽略第2个运算数。

【示例1】 在以下条件结构中，由于字符串变量a的逻辑值可以转换为true，则逻辑或运算符在执行左侧的a = "string"赋值表达式之后，就不再执行逻辑或运算符右侧的定义对象结构体。所以，最后在执行条件结构内的alert(b.a);语句时，就会返回对象b没有定义的错误提示。

```
if(a = "string" || (b =      // 执行逻辑或操作
    {                        // 定义对象结构体
       a : "string"          // 定义对象的属性a
    })
) alert(b.a);                // 调用对象b的属性a
```

如果把其中的逻辑或运算符替换为逻辑与运算符，则当第一个运算数值可以转换为 true，将继续执行右侧的运算数，该运算数是一个复杂的结构体，定义了一个对象并赋值给变量 b。这样在条件结构中执行对象调用时，会显示字符串"string"。

```
if(a = "string" && (b =      // 执行逻辑与操作
    {                        // 定义对象结构体
       a : "string"          // 定义对象的属性a
    })
) alert(b.a);                // 调用对象b的属性a，返回字符串"string"
```

在以下结构中，由于if条件最终返回false，所以不管对象b是否被定义，最后并没有执行调用b对象的属性a这个语句。

```
if(a = 0 && (b =             // 执行逻辑或操作
    {                        // 定义对象结构体
       a : "string"          // 定义对象的属性a
    })
```

```
) alert(b.a);                           // 调用对象b的属性a，没有被执行
```
通过上面演示示例，可以看到逻辑与和逻辑或运算时，并没有改变运算数的数据类型，也没有改变这些表达式的值，返回值依然保持表达式的运算值，而不是被转换的布尔值。

【示例 2】　逻辑与和逻辑或是两个相互补充的逻辑操作，结合它们可以设计出很多结构复杂而又巧妙的逻辑运算表达式。例如，以下结构是一个复杂的嵌套结构，它根据变量 a 的布尔值来判断是否执行一个循环体。

```
var a = b = 2;                          // 定义并连续初始化
if(a){                                  // 条件结构
    while(b ++ < 10){                   // 循环结构
        alert(b ++);                    // 循环执行语句
    }
}
```

对于这样一个复杂的循环结构，可以使用逻辑与和逻辑或运算符进行简化：

```
var a = b = 2;                          // 定义并连续初始化
while(a && b ++ < 10) alert(b ++ );     // 循环体。逻辑与运算符合并的多条件表达式
```

如果把上面的逻辑运算表达式转换为如下嵌套结构就不对了：

```
while(b ++ < 10){                       // 先执行循环
    if(a){                              // 再判断条件
        alert(b ++);
    }
}
```

因为在 a && b ++ < 10 这个逻辑与表达式中可能会存在这样一种情况：如果逻辑与运算符左侧的运算数返回值为 false，那么就不再继续执行逻辑与运算符右侧的运算数了。

5.4　关系运算符

关系运算符也称为比较运算符，它反映了运算数之间关系的一类运算，因此这类运算符一般都是二元运算符，关系运算返回的值总是布尔值。

5.4.1　大小比较

基本大小关系的比较运算，以及对应运算符说明如表 5.4 所示。

表 5.4　基本比较运算

比较运算符	说　　明
<	如果第一个运算数小于第二个运算数，则比较运算的返回值为 true，否则比较运算的返回值为 false
<=	如果第一个运算数小于等于第二个运算数，则比较运算的返回值为 true，否则比较运算的返回值为 false
>=	如果第一个运算数大于等于第二个运算数，则比较运算的返回值为 true，否则比较运算的返回值为 false
>	如果第一个运算数大于第二个运算数，则比较运算的返回值为 true，否则比较运算的返回值为 false

比较运算中的运算数不局限于数值，可以是任意类型的数据。但是在执行运算时，它主要根据数值的大小，以及字符串中字符在字符编码表中的位置值来比较大小。所以对于其他类型的值，将会被转换为数字或字符串，然后再进行比较。

【示例】　在比较运算中，运算数的转换操作规则说明如下。
- 如果运算数都是数字，或者都可以被转换成数字，则将根据数字大小进行比较。

```
alert(4>3);                    // 返回true，直接利用数值大小进行比较
alert("4">Infinity);           // 返回false，无穷大比任何数字都大
```

但是对于以下代码来说，就比较特殊了。两个运算数虽然都可以被转换为数字，但是由于它们都是字符串，则不再执行数据类型转换，而是直接根据字符串进行比较。

```
alert("4">"3");                // 返回true，以字符串进行比较，而不是以数字大小进行比较
```

➤ 如果运算数都是字符串，或者都被转换为字符串，那么将根据字符在字符编码表中的位置大小进行比较。同时字符串是区分大小写的，因为大小写字符在表中的位置不同。一般小写字符大于大写字符。如果比较中不区分大小写，则建议使用 toLowerCase()或 toUpperCase()方法把字符串统一为小写或大写形式。

```
alert("a">"b");                // 返回false，字符a编码为61，字符b编码为62
alert("ab">"cb");              // 返回false，c的编码为63。从左到右对字符串中对应字
符逐个进行比较
alert("abd">"abc");            // 返回true，d的编码为64。前面字符相同，则比较下一
个字符
```

➤ 如果一个运算数是数字，或者被转换为数字，另一个是字符串，或者被转换为字符串，则比较运算符调用 parseInt()将字符串强制转换为数字，不过对于非数字字符串来说，将被转换为 NaN 值，最后以数字方式进行比较。运算数是 NaN，则比较结果为 false。

```
alert("a">"3");                // 返回true，字符a编码为61，字符3编码为33
alert("a">3);                  // 返回false，字符a被强制转换为NaN
```

➤ 如果运算数都无法转换为数字或字符串，则比较结果为 false。
➤ 如果一个运算数为 NaN，或者被转换为 NaN，则始终返回 false。
➤ 如果对象可以被转换为数字或字符串，则执行数字或字符串比较。

5.4.2 案例：包含检测

扫一扫，看视频

in 运算符能够判断左侧运算数是否为右侧运算数的成员。其中左侧运算数应该是一个字符串，或者可以转换为字符串。右侧运算数则应该是一个对象或数组。

【示例1】 以下代码演示了如何利用 in 运算符检测属性 a、b、c、valueOf 是否为对象 o 的成员。

```
var o = {                      // 定义对象结构
    a:1,                       // 定义对象的属性a
    b:function(){}             // 定义对象的方法b
}
alert("a" in o);               // 返回true
alert("b" in o);               // 返回true
alert("c" in o);               // 返回false
alert("valueOf" in o);
//返回true，继承JavaScript为所有Object对象定义的方法
alert("constructor" in o);
//返回true，继承JavaScript为所有Object对象定义的属性
```

使用 instanceof 运算符检测对象实例是否属于某个类或构造函数。其中 instanceof 运算符左侧运算数是对象实例名，右侧运算数是类名或构造器名。

【示例2】 以下代码演示了如何使用 instanceof 运算符检测数组 a 是否为 Array、Object 和 Function 的实例。

```
var a = new Array();           // 定义变量a为构造函数Array的一个对象实例
alert(a instanceof Array);     // 返回true
alert(a instanceof Object);    // 返回true，所有对象都是Object类的实例
alert(a instanceof Function);  // 返回false
```

如果左侧运算数不是对象,或右侧运算数不是类或构造函数,则将返回 false。如果右侧运算数不是对象,则将返回错误。

5.4.3 案例:等值检测

扫一扫,看视频

JavaScript 提供了 4 个等值检测运算符:全等(===)和不全等(!==)、相等(==)和不相等(!=)。详细说明如表 5.5 所示。

表 5.5 等 值 运 算

比较运算符	说 明
==(相等)	比较两个运算数的返回值,看是否相等
!=(不相等)	比较两个运算数的返回值,看是否不相等
===(全等)	比较两个运算数的返回值,看是否相等,同时检测它们的数据类型是否相等
!==(不全等)	比较两个运算数的返回值,看是否不相等,同时检测它们的数据类型是不不相等

在相等运算中,一般遵照如下基本规则进行比较:
- 如果运算数是布尔值,在比较之前先转换为数值。其中 false 转为 0,true 转换为 1。
- 如果一个运算数是字符串,另一个运算数是数字,在比较之前先尝试把字符串转换为数字。
- 如果一个运算数是字符串,另一个运算数是对象,在比较之前先尝试把对象转换为字符串。
- 如果一个运算数是数字,另一个运算数是对象,在比较之前先尝试把对象转换为数字。
- 如果两个运算数都是对象,那么比较它们的引用值(引用地址)。如果指向同一个引用对象,则相等,否则不等。

【示例 1】 以下是一些特殊运算数的比较。
```
alert("1" == 1)                    // 返回 true。字符串被转换为数字
alert(true == 1)                   // 返回 true。true 被转换为 1
alert(false == 0)                  // 返回 true。false 被转换为 0
alert(null == 0)                   // 返回 false
alert(undefined == 0)              // 返回 false
alert(undefined == null)           // 返回 true
alert(NaN == "NaN")                // 返回 false
alert(NaN == 1)                    // 返回 false
alert(NaN == NaN)                  // 返回 false
alert(NaN != NaN)                  // 返回 true
```
NaN 与任何值都不相等,包括它自己。null 和 undefined 值相等,但是它们是不同类型的数据。在相等比较中,null 和 undefined 是不允许被转换为其他类型的值。

【示例 2】 以下两个变量的值虽然是通过计算得到,但是它们的值是相等的。
```
var a = "abc" + "d";
var b = "a" + "bcd";
alert(a == b);                     // 返回 true
```
对于值类型的数据而言,数值和布尔值的相等比较运算效果比较高,但是字符串需要消耗大量资源,因为字符串需要逐个字符进行比较,才能够确定它们是否相等。

在全等运算中,一般遵照如下基本规则进行比较:
- 如果运算数都是值类型,则只有数据类型相同,且数值相等时才能够相同。
- 如果一个运算数是数字、字符串或布尔值(值类型),另一个运算数是对象等引用类型,则它们肯定不相同。

➤ 如果两个对象（引用类型）比较，则比较它们的引用地址。

【示例3】 以下是特殊运算数的全等比较。
```
alert(null === undefined)                 // 返回false
alert(0 === "0")                          // 返回false
alert(0 === false)                        // 返回false
```

【示例4】 以下是两个对象的比较，由于它们都引用相同的地址，所以返回true。
```
var a = {};
var b = a;
alert(a === b);                           // 返回true
```

但是对于下面两个对象来说，虽然它们的结构相同，但由于地址不同，所以也不全等。
```
var a = {};
var b = {};
alert(a === b);                           // 返回false
```

【示例5】 对于引用类型的值进行比较，主要比较引用的地址是否相同，而不是比较它们的值。
```
var a = new String("abcd")                // 定义字符串"abcd"对象
var b = new String("abcd")                // 定义字符串"abcd"对象
alert(a === b);                           // 返回false
alert(a == b);                            // 返回false
```

在上面示例中，两个对象的值相等，但是它们的引用地址不同，所以它们既不相等，也不全等。事实上，对于引用类型的值来说，相等（==）和全等（===）运算符操作的结果是相同的，没有本质区别。

【示例6】 对于值类型而言，只要类型相同，值相等，它们就应该完全全等，这里不需要考虑比较运算数的表达式数据类型变化，也不用考虑变量的引用地址。
```
var a = "1" + 1;
var b = "11" ;
alert(a === b);                           // 返回true
```

【示例7】 表达式(a > b || a == b)与表达式(a >= b)并不完全相等。
```
var a = 1;
var b = 2;
alert((a > b || a == b) == (a >= b))      // 返回true，此时似乎相等
```

如果为变量a和b分别赋值为null和undefined，则返回值为false，说明这两个表达式并非完全等价。
```
var a = null;
var b = undefined;
alert((a > b || a == b) == (a >= b))      // 返回false，表达式的值并非相等
```

因为 null==undefined 等于 true，所以(a > b || a == b)表达式返回值就为 true，但是表达式 null>=undefined 返回值为false。

扫一扫，看视频

5.5 赋值运算符

赋值是一种运算，但习惯上，把赋值独立成行，故称之为赋值语句。
```
var a,b;                                  // 定义变量
a = null;                                 // 给变量赋值
b = undefined;                            // 给变量赋值
```
赋值运算符的左侧运算数必须是变量、对象属性或数组元素。

【示例1】 下面的写法是不对的，因为左侧的值是一个直接量，是不允许操作的。
```
1 = 100;                                  // 返回错误
```

JavaScript 提供了两种类型的赋值运算符：简单赋值运算符（=）和附加操作的赋值运算符。

简单的赋值运算符，就是把右侧的运算数的值直接复制给左侧变量。

附加操作的赋值运算符，就是赋值之前还要对右侧运算数执行某种操作，然后再复制，详细说明如表 5.6 所示。

表 5.6 附加操作赋值运算符

赋值运算符	说　　明	示　　例	转　　化
+=	加法运算或连接操作并赋值	a += b	a = a + b
-=	减法运算并赋值	a -= b	a = a - b
*=	乘法运算并赋值	a *= b	a = a * b
/=	除法运算并赋值	a /= b	a = a / b
%=	取模运算并赋值	a %= b	a = a % b
<<=	左移位运算并赋值	a <<= b	a = a << b
>>=	右移位运算并赋值	a >>= b	a = a >> b
>>>=	无符号右移位运算并赋值	a >>>= b	a = a >>> b
&=	位与运算并赋值	a &= b	a = a & b
|=	位或运算并赋值	a |= b	a = a | b
^=	位异或运算并赋值	a ^= b	a = a ^ b

【示例 2】　由于赋值运算符可以参与表达式运算，用户可以设计很多复杂的赋值操作，如连续赋值表达式。

```
var a = b = c = d = e = f = 100;              // 连接赋值
```

由于赋值运算符是从右向左进行计算，所以连续赋值运算并不会发生错误。

在条件表达式中进行赋值：

```
for(var a = 1, b = 10; a < b; a ++ ){          // 在条件表达式中进行赋值操作
    alert(a);
}
```

【示例 3】　在下面这个复杂的表达式中，逻辑与左侧的运算数是一个赋值表达式，右侧的运算数也是一个赋值表达式。但是左侧仅是一个简单的数值赋值，而右侧是把一个函数对象赋值给了变量 b。在逻辑与运算中，左侧的赋值并没有真正的复制给变量 a，当逻辑与运算执行右侧的表达式时，该表达式是把一个函数赋值给变量 b，然后利用小括号运算符调用这个函数，返回变量 a 的值，结果并没有返回变量 a 的值为 6，而是 undefined。

```
var a;                                          // 定义变量 a
alert(a = 6 && (b = function(){                 // 逻辑与运算表达式
    return a;                                   // 返回变量 a 的值
})()
);                                              // 结果返回 undefined
```

由于赋值运算作为表达式使用具有副作用，即它能够改变变量的值，因此在使用时要慎重，确保不要引发潜在的危险。经过上面示例代码，可以看到赋值运算符参与表达式运算时给变量 a 带来了不可预测的返回值。因此，对于上面的表达式，更安全的写法是：

```
var a = 6;                                      // 定义并初始化变量 a
b = function(){                                 // 定义函数对象 b
    return a;
}
alert(a && b());              // 利用逻辑与运算，根据 a 的逻辑值，决定是否调用函数 b
```

5.6 对象操作运算符

对象操作运算符主要是指对对象、数组、函数执行特定任务操作的一组运算符，主要包括 in、instanceof、new、delete、.（点号）、[]（中括号）和()（小括号）运算符。

5.6.1 new 运算符

扫一扫，看视频

new 运算符可以根据构造函数创建一个新的对象，并初始化该对象。其语法如下：
```
new constructor( arguments)
```
constructor 必须是一个构造函数表达式，其后面应该是利用小括号包含的参数列表，参数可有可无，参数之间通过逗号进行分隔。如果函数调用时没有参数，可以省略小括号。

【示例1】 以下代码使用 new 运算符实例化 Array，并演示 3 种不同的使用方法。
```
var a = new Array;              // 创建数组结构的对象，省略了小括号
var b = new Array();            // 创建数组结构的对象
var c = new Array(1,2,3);       // 创建数组结构的对象，并初始化它的数据
alert(c[2]);                    // 返回值 3。读取并显示新创建数组对象中的元素值
```
new 运算符被执行时，首先会创建一个新对象，接着 new 运算符调用指定的构造函数（类），这里是 Array 数组构造函数，并根据是否指定参数来初始化构造函数，利用这个初始化的构造函数结构和数据（如果传递参数的话）初始化新对象。

【示例2】 以下代码可自定义类，并使用它创建新的对象。
```
var a = function(){             // 自定义类 a 的数据结构
    this.x = 1;                 // 类成员 x
    this.y = 2;                 // 类成员 y
};
var b = new a;                  // 创建自定义类 a 的对象实例
alert(b.x);                     // 返回 1，调用对象的成员
```
对于自定义类来说，只能够通过 new 运算符来进行实例化。

【示例3】 以下方法将返回 undefined。因为虽然把类的数据结构赋值给变量 b，但是由于没有实例化，所以无法访问。
```
var a = function(){             // 自定义类 a 的数据结构
    this.x = 1;                 // 定义类成员 x
    this.y = 2;                 // 定义类成员 y
};
var b = a;                      // 通过赋值运算符克隆自定义类的数据结构
alert(b.x);                     // 返回 undefined
```

【示例4】 对于下面这个对象结构来说，可以使用赋值运算符进行快速引用：
```
var a ={                        // 自定义对象 a 数据结构
  x : 1,                        // 定义对象成员
  y : 2                         // 定义对象成员
};
var b = a;                      // 直接克隆对象数据结构
alert(b.x);                     // 返回 1，调用对象的成员
```

5.6.2 delete 运算符

delete 运算符能够删除指定对象的属性、数组元素或变量。

【示例 1】 以下代码使用 delete 运算符删除对象 a 的属性 x。

```
var a ={                        // 定义对象 a
    x : 1,                      // 定义对象成员
    y : 2                       // 定义对象成员
};
alert(a.x);                     // 返回 1,调用对象成员
delete a.x;                     // 删除对象成员 x
alert(a.x);                     // 返回 undefined,没有找到该对象成员
```

执行 delete 运算时,如果删除操作成功,将返回 true,如果不能被删除,则返回 false。

```
var a ={                        // 定义对象 a
    x : 1,
    y : 2
};
alert(delete a.x);              // 返回 true,说明删除成功
```

【示例 2】 不是所有对象成员或变量都可以被删除,某些内置对象的预定义成员和客户端对象成员,以及使用 var 语句声明的变量都是不允许删除的。

```
a = 1;                          // 初始化变量 a,没有使用 var 语句声明
alert(delete a);                // 返回 true,说明删除成功
var b = 1;                      // 使用 var 语句声明并初始化变量
alert(delete b);                // 返回 false,说明不允许删除
alert(delete Object.constructor);
    // 返回 true,说明部分内部成员可以被删除
alert(delete Object.valueOf());
    // 返回错误,说明某些内部成员不可以被删除
```

【示例 3】 如果删除不存在的对象成员,或者非对象成员、数组元素、变量时,它会返回 true,所以使用 delete 运算符时,应该注意这个问题,防止与成功删除操作相混淆。

```
var a ={                        // 定义对象 a
    x : 1,
    y : 2
};
alert(delete a);                // 返回 false,说明不允许删除
alert(delete a.z);              // 返回 true,说明不存在该属性
alert(delete Object);           // 返回 true,说明删除的不是成员、元素或变量
alert(delete b);                // 返回 true,说明不存在该变量
```

📢 提示:

使用 delete 运算符应该注意几个问题:

(1) delete 运算符只能删除值类型的数据。不影响变量、属性或数组元素存储的原引用对象。例如:

```
var a ={                        // 定义对象 a
    x : 1
};
var b ={                        // 定义对象 b
    y : a
};
alert(delete(b.y));             // 删除对象 b 中 y 属性对对象 a 的引用
alert(a.x);                     // 返回 1。说明原引用对象 a 并没有被删除
```

（2）delete 运算符的删除操作不是清空值，即把变量、属性或数组元素的值设置为 undefined，而是彻底删除它们占用的存储空间。在 JavaScript 1.1 和 JavaScript 1.0 版本中仅是把变量、属性或数组元素设置为 null。

（3）除了使用 delete 运算符手动清除不用的内存外，JavaScript 主要是利用内置的一个垃圾回收程序来自动对系统进行清理，所以并不需要手动调用 delete 运算符来释放对象所占用的空间。

（4）灵活使用 delete 运算符，配合 in 运算符，可以很方便地操作对象成员、数组元素等，如检测、插入、删除或更新操作。

```
var a =[];                   // 定义空数组 a
if("x" in a)                 // 如果数组 a 中存在元素 x
    delete a["x"];           // 则删除元素 x
else                         // 如果不存在元素 x
    a["x"] = true;           // 则插入数组元素 x，并为其赋值 true
alert(a.x);                  // 返回 true。查看数组元素 x 的值
if(delete a["x"])            // 如果删除数组元素 x 成功
    a["x"] = false;          // 更新数组元素 x 的值为 false
alert(a.x);                  // 返回 false。查看数组元素 x 的值
```

扫一扫，看视频

5.6.3 中括号和点号运算符

中括号和点号都属于存取运算符，用于访问对象或数组。使用中括号运算符（[]）可以存取数组元素值，使用点号运算符（.）可以存取对象属性值。用法如下：

```
a.b                          // 点运算符的用法
c[d]                         // 中括号运算符的用法
```

在上面代码中，运算数 a 表示对象，运算数 b 表示一个标识符，如属性名。如果属性值是函数，应在标识名后面增加小括号运算符，实现方法调用操作。注意，运算数 b 不能使用字符串，也不能使用值为字符串的表达式。

运算数 c 可以是数组，也可以是对象。如果左侧运算数是数组，则中括号包含的运算数应是一个值为正整数的表达式（下标值）。如果左侧运算数是对象，则中括号包含的运算数应是一个值为字符串的表达式，它与对象属性名的字符串对应。

【示例1】 中括号运算符（[]）不仅可以存取数组元素的值，还可以存取对象属性值。

➥ 读取数组元素的值。

```
var a =[1,"x",true,{}];      // 定义数组 a
alert(a[1]);                 // 返回"x"。读取数组中第 2 个元素的值
alert(a[3]);                 // 返回[object Object]。读取数组中第 4 个元素的值
```

对于数组来说，可以通过数组下标来指定元素在数组中的位置，起始位置为 0。

➥ 写入数组元素的值。

```
var a =[1,"x",true,{}];      // 定义数组
a[3] = false;                // 在数组第 4 个元素中写入 false 布尔值
alert(a[3]);                 // 返回 false。元素原来存储的对象被覆盖
```

➥ 读取对象属性值。

```
var a ={
  x : 1,                     // 定义对象 a
                             // 定义对象属性 x
  y : function(){            // 定义对象方法 y
    return 2;                // 返回值 2
  }
};
alert(a["x"]);               // 返回 1。读取属性 x 的值
```

```
alert(a["y"]());              // 返回2。调用方法y
```
对于对象来说,可以通过对象属性名称字符串来指定成员在对象中的位置。

↘ 重置对象属性值。
```
var a ={                      // 定义对象a
  x : 1,                      // 定义对象属性x
  y : function(){             // 定义对象方法y
    return 2;                 // 返回值2
  }
};
a["x"] = 3;                   // 重置属性x的值
alert(a["x"]);                // 返回3。读取属性x的值
a["y"] = function(){          // 更新方法y
  return 4;
}
alert(a["y"]());              // 返回4。调用方法y
```

【示例2】 点号运算符(.)可以存取对象属性值,它比中括号灵活、方便,因为点号运算符右侧可以直接指定属性的标识符,而不是属性名称的字符串或变量。
```
var a ={                      // 定义对象a
  x : 1,
};
alert(a.x);                   // 返回1。读取对象属性a的值
a.x = 2;                      // 重写对象属性a的值
alert(a.x);                   // 返回2。再次读取对象属性a的值
```
对于中括号运算符可以通过变量或字符串表达式来传递特定值。
```
var b = "x";                  // 把属性x的标识符名作为字符串存储在变量b中
var a ={                      // 定义对象a
  x : 1                       // 定义属性x
};
alert(a[b]);                  // 返回1。通过变量间接获取对象a的属性x的值
alert(a.b);                   // 返回undefined。点运算符无法识别这种变量引用法
```
中括号运算符能够对第2个运算数执行运算,并对返回值的类型进行转换。这种类型转换与关系运算符的类型转换规则类似。

【示例3】 对于下面两种方法都可以读取数组a中第2个元素的值。虽然说a["1"]中参数是一个字符串,但是中括号运算符能够把它转换为数字。
```
var a = ["x",true,{}];        // 定义数组
alert(a[1]);                  // 返回true
alert(a["1"]);                // 返回true
```
与关系运算符不同,如果中括号运算符中第2个运算数为对象时,会使用toString()方法进行转换,如果失败,则会调用valueOf()方法转换。同时布尔值true和false将被转换为字符串"true"和"false",而不是1和0。;
```
var a = {                     // 定义对象
  "true":1,
    // 定义属性"true"。为了避免与系统标识符冲突,这里加了引号,以表示它是一个字符串
  "false":0
    // 定义属性"false"。为了避免与系统标识符冲突,这里加了引号,以表示它是一个字符串
}
alert(a[true]);
//返回1。此时中括号运算符会先把布尔值true转换为字符串"true",而不是数值1
alert(a[false]);
```

```
//返回0。此时中括号运算符会先把布尔值false转换为字符串"false"，而不是数值0
```
当对象被用做关联数组时，由于对象的属性名是动态生成的，所以不能够使用点号运算符来准确操作对象属性。但是如果使用中括号运算符来操作对象属性时，反而更方便，借助 for 循环语句可以实现自动化读写操作。

【示例4】 以下代码能够遍历客户端 window 对象的所有属性以及属性值。这里主要使用了中括号运算符来操作 document 对象的属性，这种批量读取属性及其值的操作，如果使用点号运算符来实现是非常困难的，甚至是不可能的。

```
for(o in window){              // 遍历 window 对象成员，此时对象被看做关联数组
    document.write("window." + o + " = " + window[o] + "<br />");
}
```

如果点号运算符右侧的标识符不存在，在读取该成员时返回 undefined 值，而不是返回错误。例如：

```
var a = {                      // 定义对象
    x:1                        // 定义属性
}
alert(a.y);                    // 返回 undefined。读取不出来的成员
```

如果点号运算符右侧的标识符不存在，而为该标识符写入值时，会创建新的对象成员。例如：

```
var a = {                      // 定义对象
    x:1                        // 定义属性
}
alert(a.y);                    // 返回 undefined。说明不存在该成员
a.y = 2;                       // 新建属性，并写入值
alert(a.y);                    // 返回2。说明存在该属性，且值为2
a.y = function(){              // 重写该成员，设置该成员为一个方法，返回值为3
    return 3;
};
alert(a.y());                  // 返回3。再次调用该方法
```

5.6.4 小括号运算符

扫一扫，看视频

小括号是一个特殊的运算符，它没有固定数目的运算数。其中第一个运算数必须是一个函数名或者引用函数的表达式，其后附加小括号运算符，小括号中可以包含数量没有限制的运算数，它们之间通过逗号进行分隔。语法如下：

```
f (a,b,c……)
```

其中运算数 f 是一个函数名或者引用函数的表达式，a、b、c……是数目不详的参数，这些参数可以是任意类型的表达式。

【示例】 以下代码演示了如何使用小括号运算符调用函数的过程。

```
function a(){                  // 定义函数 a
    alert("Hello,World");      // 函数体包含的语句
}
a;                             // 直接引用函数名，没有反应
a();                           // 返回提示信息"Hello,World"。没有传递参数，直接调用
a(1,"string",{},true);
    // 返回提示信息"Hello,World"。传递4个不同类型的参数
```

小括号运算符在执行时是这样的：先对每个运算数进行计算，然后调用第一个运算数所指的函数，同时把余下的运算数的值传递给函数作为它的参数。

5.7 其他运算符

下面介绍其他没有分类的运算符。这些运算符在程序中经常使用,也是非常重要的。

5.7.1 条件运算符

扫一扫,看视频

条件运算符与条件语句在逻辑上是相同。但条件运算符侧重于连续运算,它自身可以作为表达式,也可以作为子表达式使用;而条件语句侧重于逻辑结构,在结构中执行不同的运算。条件运算符拥有函数式特性,而条件语句具有面向对象的编程结构。

条件运算符是 JavaScript 唯一的三元运算符,语法形式如下。

```
a ? x : y
```

其中 a、x、y 是它的 3 个运算数。a 运算数必须是一个布尔型的表达式,即返回值必须是一个布尔值,一般使用比较表达式来表示。x 和 y 是任意类型的值。如果运算数 a 返回值为 true 时,将执行 x 运算数,并返回该表达式的值。如果运算数 a 返回值为 false 时,将执行 y 运算数,并返回该表达式的值。

【示例】 定义变量 a,然后检测 a 是否被赋值,如果赋值则使用该值,否则使用默认值给它赋值。

```
var a;                                   // 定义变量a
a ? (a = a) : (a = "Default Value");     // 检测变量a是否赋值
alert(a);                                // 显示变量a的值
```

条件运算符可以转换为条件语句:

```
var a;
if(a)
    a=a;                                 // 赋值
else
    a = "default value";                 // 没有赋值
alert(a);
```

条件运算符也可以转换为逻辑表达式:

```
var a;
a && (a=a) || (a = "default value");     // 逻辑表达式
alert(a);
```

在上面表达式中,如果 a 为 true,则执行(a=a)表达式,执行完毕就不再执行逻辑或运算符后面的(a = "default value")表达式。如果 a 为 false,则不再执行逻辑与运算符后面的(a=a)表达式,同时将不再继续执行逻辑或运算符前面的表达式 a && (a=a),转而执行逻辑或运算符后面的表达式(a = "default value")。

📢 提示:

上面代码仅是演示,在实战中用户需要考虑假值的影响。因为,当变量赋值 0、null、undefined、NaN 等假值时,它们被转换为逻辑值也是 false。

5.7.2 逗号运算符

扫一扫,看视频

逗号运算符是二元运算符,它能够先执行运算符左侧的运算数,然后再执行右侧的运算数,最后仅把右侧运算数的值作为结果返回。

【示例1】 逗号运算符可以实现连续声明多个变量并赋值。

```
var a = 1, b = 2, c = 3, d = 4;
```

它等于:

```
var a = 1;
var b = 2;
var c = 3;
```

```
var d = 4;
```
多个逗号运算符可以联排使用，从而设计一种多重计算的功效。
```
var a =  b = 2, c = d = 4;
```
与条件运算符或逻辑运算符根据条件来决定是否执行所有或特定运算数不同，逗号运算符会执行所有的运算数，但并非返回所有运算数的结果，它只返回最后一个运算数的值。

【示例2】 以下代码中，变量a的值是逗号运算之后，通过第2个运算数c=2的执行结果赋值得到。第1个运算数的执行结果没有返回，但是这个表达式被执行了。
```
a = (b=1,c=2);                          // 连续执行和赋值
alert(a);                               // 返回2
alert(b);                               // 返回1
alert(c);                               // 返回2
```
逗号运算符可以作为仅需执行表达式的工具，这些表达式不需要返回值，但必须要运算。在特定环境中，可以在一个表达式中包含多个子表达式，通过逗号运算符仅让它们全部执行，而不用返回全部结果。

【示例3】 以下代码中，for语句的条件表达式中仅能够包含3个表达式，第1个表达式是初始化循环值，第2个表达式是布尔值，第3个表达式是循环变量的递增值。为了能够在3个表达式中完成各种计算任务，这里把逗号运算符发挥到极致。但是，要确保在第2个循环条件的第2个表达式返回一个逻辑值，否则会导致循环出现错误。
```
for(a = 1, b = 10, c = 100; ++ c, a < b; a ++ , c -- ){
    alert(a * c);
}
```

【示例4】 逗号运算符的优先级是最低的。在以下代码中，赋值运算符优先于逗号运算符，也就是说数值1被赋值给变量b之后，继续赋值给变量a，最后才执行逗号运算符。
```
a = b=1,c=2;                            // 连续执行和赋值
alert(a);                               // 返回1
alert(b);                               // 返回1
alert(c);                               // 返回2
```

扫一扫，看视频

5.7.3 void运算符

void是一元运算符，它可以出现在任意类型的运算数之前，执行运算数，却忽略运算数的返回值，结果总返回一个undefined。void多用于URL中执行JavaScript表达式，但不需要表达式的计算结果。

【示例1】 在以下代码中，使用void运算符让表达式返回undefined。
```
var a = b = c = 2;                      // 定义并初始化变量的值
d = void (a -= (b *= (c += 5)));        // 执行void运算符，并把返回值赋予给变量d
alert(a);                               // 返回-12
alert(b);                               // 返回14
alert(c);                               // 返回7
alert(d);                               // 返回undefined
```
由于void运算符的优先级比较高（14），高于普通运算符的优先级，所以在使用时应该使用小括号明确void运算符操作的运算数，避免发生错误。

【示例2】 在以下两行代码中，由于第1行代码没有使用小括号运算符，则void运算符优先执行，返回值undefined再与1执行减法运算，所以返回值为NaN。在第2行代码中由于使用小括号运算符明确void的运算数，减法运算符先被执行，然后再执行void运算，最后返回值是undefined。
```
alert(void 2 - 1);                      // 返回NaN
```

```
alert(void (2 - 1));                    // 返回 undefined
```

【示例 3】 在以下代码中，undefined 是一个变量，由于 void 运算符返回值是 undefined，所以该变量的值就等于 undefined。由于早期 IE 浏览器对 undefined 数据类型支持不是很好，如果直接调用 undefined 就会出错，但是如果使用变量 undefined 来代替直接量 undefined 就能够避开这个 Bug。

```
var undefined = void null;
```

也可以调用一个空函数，其返回值为 undefined，来定义变量 undefined：

```
var undefined = function(){}();
```

还可以使用以下代码来定义 undefined 变量：

```
var undefined = void 0;
```

【示例 4】 void 运算符也能像函数一样使用，如 void(0)也是合法的。在特殊环境下一些复杂的语句可能不方便使用 void 关键字形式，而必须要使用 void 的函数形式。

```
void(i=0);                              // 返回 undefined
void(i=0, i++);                         // 返回 undefined
```

5.8 实战案例

本节将通过多个示例训练表达式运算，同时训练运算符的灵活应用能力。

5.8.1 使用表达式

表达式是 JavaScript 中的一个短语，由一个或多个运算符或运算数组成。它可以计算，并且需返回一个值。

【示例 1】 简单的表达式就是一个直接量、常量或变量。

```
1                                   // 数值直接量，计算之后返回值为数值 1
"string"                            // 字符串直接量，计算之后返回值为字符串"string"
false                               // 布尔直接量，计算之后返回值为布尔值 false
null                                // null 直接量，计算之后返回值为直接量 null
/regexp/                            // 正则表达式直接量，计算之后返回值为正则表达式自身
{a:1,b:"1"}                         // 对象直接量，计算之后返回值为对象自身
[1,"1"]                             // 数组直接量，计算之后返回值为数组自身
function(a,b){return a+b}           // 函数直接量，计算之后返回值为函数自身
a                                   // 变量，计算之后返回值为变量存储的值
```

上述原始的表达式很少单独使用。一般情况下，表达式由运算符与运算数组合而成，运算数可以包括直接量、变量、函数返回值、对象属性值、对象方法的运行值、数组元素等。

表达式可以嵌套，组成复杂的表达式。JavaScript 在解析时，先计算最小单元的表达式，然后把计算的值参与到外围或次级表达式运算。以此类推，从而实现复杂表达式的运算操作。

表达式一般遵循从左到右的运算顺序来执行计算，但是也受到运算符的优先级影响。同时为了主动控制表达式的运算顺序，用户可以通过小括号运算符提升子表达式的优先级。

例如，表达式 1+2*3 可以是子表达式 2*3 运算之后，再参与到与 1 的加法运算中。而表达式(1+2)*3 却借助小括号运算符提升了加号运算符的优先级，从而改变了逻辑的执行顺序，也就是说子表达式 1+2 运算之后，再参与到与 3 的乘法运算中。

◀ 提示：

表达式的形式多样，除了上述原始表达式外，常用表达式还有：对象和数组初始化表达式、函数定义表达式、

属性访问表达式、调用表达式、创建对象表达式等。

同一个表达式如果稍加改动就会改变表达式的运算顺序，用户可以借助这个技巧来优化表达式的结构，但不改变表达式的运算顺序和结果，以提高代码的可读性。

【示例2】 对于下面这个复杂表达式，可能会让人迷惑：
```
(a + b > c && a - b < c || a > b > c)
```
如果进行如下优化，则逻辑运算的顺序就非常清楚了。
```
((a + b > c) && ((a - b < c) || (a > b > c)))
```
虽然增加这些小括号并没有影响到表达式的实际运算，但更方便阅读。使用小括号运算符来优化表达式内部的逻辑层次，是一种好的设计习惯。

但是在复杂表达式中一些不良的逻辑结构与人的思维结构相悖，也会影响人对代码的阅读和思考，这个时候就应该根据人的思维习惯来优化表达式的逻辑结构。

【示例3】 设计一个表达式，筛选学龄人群。如果使用表达式来描述就是年龄大于等于6岁，且小于18岁的人：
```
if(age >= 6 && age < 18){
    // 学龄期行为
}
```
直观阅读，表达式 age>=6 && age<18 可以很容易被每一个人所理解。但是继续复杂化表达式：筛选所有弱势年龄人群，以便在购票时实施半价优惠。如果使用表达式来描述就是年龄大于等于6岁，且小于18岁，或者年龄大于等于65岁的人：
```
if(age >= 6 && age < 18 || age >= 65){
    // 所有弱势年龄人群行为
}
```
从逻辑上分析，上面表达式没有错误。但是在结构上分析就感觉比较模糊，为此用户可以使用小括号来分隔逻辑结构层次，以方便人去阅读：
```
if((age >= 6 && age < 18) || age >= 65){
    // 所有弱势年龄人群行为
}
```
但是，此时如果使用人的思维来思考条件表达式的逻辑顺序时，会发现它很紊乱，与人的一般思维发生了错位。人的思维是一种线性的、有联系、有参照的一种思维品质，如图5.1所示。

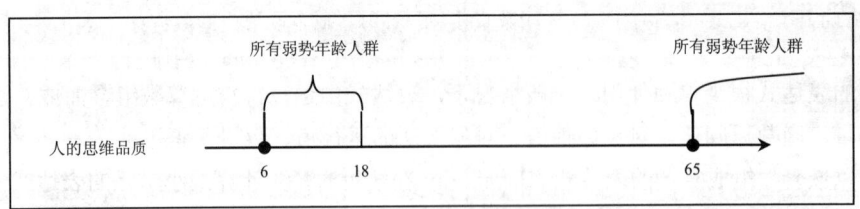

图5.1 人的思维模型图

而对于表达式 age >= 6 && age < 18) || age >= 65 来说，它的思维品质如果使用模型图来描述，则如图5.2所示。通过模型图的直观分析，会发现该表达式的逻辑是非线性的，呈现多线思维的交叉型，这种思维结构对于机器计算来说基本上没有任何影响。但是对于人脑思维来说，就需要停顿下来认真思考之后，才能够把这个表达式中个小的表达式逻辑单元串联在一起，形成一个完整的逻辑线。

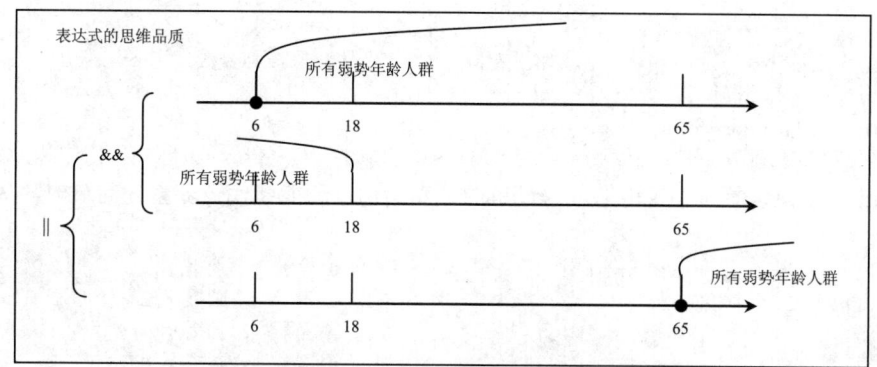

图 5.2 该表达式的思维模型图

直观分析,这个逻辑结构的错乱是因为随意混用大于号、小于号等运算符造成的。如果调整一下表达式的结构顺序,则阅读起来就会非常清晰了。

```
if(( 6 <= age && age < 18 ) || 65 <= age ){
    // 所有弱势年龄人群行为
}
```

这里采用了统一的大于小于号方式,即所有参与比较的项都按着从左到右、从小到大的思维顺序进行排列。而不再恪守变量始终居左,比较值始终居右的编写习惯。

【示例 4】 表达式的另一个难点就是布尔型表达式的重叠所带来的理解障碍。

例如,对于下面这个条件表达式,该如何进行思维。

```
if !(!isA || !isB) {
    // 真真假假迷惑人
}
```

对这上述表达式进行优化,以方便阅读。

```
( ! isA || ! isB) = ! (isA && isB)
( ! isA && ! isB) = ! (isA || isB)
```

【示例 5】 ?:运算符在函数式编程中使用频率比较高。但是这种连续思维不容易阅读。这时可以使用 if 语句对?:运算符表达式进行分解。

例如,下面这个复杂表达式,如果不仔细进行分析,很难理清它的逻辑顺序。

```
var a.b = new c(a.d ? a.e(1) : a.f(1))
```

但是使用 if 条件语句之后,则逻辑结构就非常清晰了:

```
if(a.d){
    var a.b = new c(a.e(1));
}else{
    var a.b = new c(a.f(0));
}
```

5.8.2 连续运算

JavaScript 提供大量运算符,这为连续运算奠定了基础。

【示例 1】 最常见就是连续赋值运算。

```
var a = b = c = 1;
```

上面代码相当于声明 3 个变量,并全部初始化值为 1。

【示例 2】 三元运算符(?:)在连续运算中扮演了重要角色,使用它能够代替分支结构。

```
event ? event : window.event;
```

该表达式相当于以下分支结构:

扫一扫,看视频

```
if(event)
    event = event;              // 如果支持 Event 事件对象，则直接使用 event
else
    event = window.event;
    // 如果不支持 Event 事件对象，则调用 window 对象的属性 event
```

【示例 3】 三元运算符不仅能够代替简单的分支结构，还能够代替多重分支结构，从而发挥连续运算的特性。

```
var a = (( a == 1 ) ? alert( 1 ) :      // 如果 a 等于 1，则提示 1
    ( a == 2 ) ? alert( 2 ) :           // 如果 a 等于 2，则提示 2
    ( a == 3 ) ? alert( 3 ) :           // 如果 a 等于 3，则提示 3
    ( a == 4 ) ? alert( 4 ) :           // 如果 a 等于 4，则提示 4
    alert( undefined )                  // 否则提示 undefined
);                                      // 多个三元运算符连续运算
```

上面是一个多条件的分支结构，利用三元运算符把它转换为一个复杂的表达式，从而实现连续运算。为了便于阅读，可以对表达式进行格式化编排，换行时应注意语义性问题，避免 JavaScript 误解代码。如果使用多分支结构表示，则代码如下所示。

```
switch (a){
    case 1:
        alert(1);
        break;
    case 2:
        alert(2);
        break;
    case 3:
        alert(3);
        break;
    case 4:
        alert(4);
        break;
    default:
        alert(undefined);
}
```

从形式上分析，连续运算的代码比较经济；从运行上分析，连续运算的结果还是可以继续参与到其他表达式中，作为一个运算元来使用的，而对于多条件分支结构是无法实现这样的目标的。

【示例 4】 除了分支结构可以转换为表达式外，对于对象、函数和方法调用都可以作为运算元，参与到表达式的运算中去。

```
var f = function(x,y){              // 定义匿名函数
    return (x+y)/2;
}
alert(f(10,20));                    // 调用匿名函数
```

上面代码是一个简单的函数声明与调用的示例。如果使用表达式来表示，则可以使用如下形式来实现：

```
alert(
    (function( x, y ){
        return ( x + y ) / 2;
    })( 10, 20 )                    // 直接调用匿名函数
);                                  // 返回值 15
```

上面表达式直接使用函数调用运算符为匿名函数传递参数进行计算。

【示例 5】 如果是多层嵌套函数，则可以使用多个小括号进行连续调用。

```
alert(
    ( function(){
        return function(x, y){
            return function(){
                return ( x + y ) / 2;
            }
        }
    })()( 10, 20 )()          // 连续 3 次调用运算
);                             // 返回值 15
```

上面表达式是一个 3 层嵌套的函数结构,然后直接在最外层函数通过小括号进行调用,参数在中间小括号中进行传递。上面的表达式如果转换为命令式语句,则代码如下所示:

```
var f = function(){
    return function(x, y){
        return function(){
            return ( x + y ) / 2;
        }
    }
}
var f1 = f();                  // 第 1 次调用外层函数
var f2 = f1(10,20);            // 第 2 次调用中层函数
var f3 = f2();                 // 第 3 次调用内层函数
alert(f3);                     // 返回值 15
```

【示例 6】 本例演示如何使用表达式来创建对象的过程。

```
var o = typeof 56;             // 返回数值 56 的类型
alert(
    (new (                     // 使用运算符 new,根据多条件运算式返回值创建对象
        (o == "string") ? String :
        (o == "number") ? Number :
        (o == "boolean") ? Boolean :
        (o == "array") ? Array :
        Object
    )
    ).toString()               // 把创建的对象转换为字符串返回
)
```

上面示例中利用三元运算符连续运算判断变量 o 的值,然后使用 new 运算符创建相应对象,最后通过点运算符调用 toString()方法把新创建的对象转换为字符串。转换的字符串作为一个参数传递给 alert()函数显示出来。

📢 提示:

用户可以清除小括号运算符,只要遵循运算符的优先级,就能够确保运算的正常、有序的执行。例如,点运算符的优先级要低于 new 运算符,不使用小括号来进行分隔,JavaScript 同样遵循先创建对象,然后再调用对象方法的逻辑顺序。为了更好显示结构的逻辑层次和顺序,把示例代码以命令式的格式进行书写,实际上很多连续运算都可以在一行内完成的:

```
alert((new ((o == "string") ? String :(o == "number") ? Number :(o == "boolean") ? Boolean :(o == "array") ? Array :Object)).toString())
```

5.8.3 把命令转换为表达式

表达式运算本质上是值运算,即求值运算。任何复杂的对象(如 Object、Function、Array)等,从

扫一扫,看视频

运算的角度来分析，其实都是系统对值的一种理解而已。由于运算只产生值，因此可以把所有命令式语句都转换为表达式，并进行求值。

【示例 1】 上一节提及三元运算符可以把分支结构转换为表达式，用户也可以使用布尔型表达式来转换分支结构。针对上一节的多分支结构示例，则可以使用多个逻辑表达式来执行连续运算。

```
var a = (( a == 1 ) && alert( 1 ) ||        // 如果a等于1，则提示1
    ( a == 2 ) && alert( 2 ) ||              // 如果a等于2，则提示2
    ( a == 3 ) && alert( 3 ) ||              // 如果a等于3，则提示3
    ( a == 4 ) && alert( 4 ) ||              // 如果a等于4，则提示4
    alert( undefined )                       // 否则提示undefined
);                                           // 多个逻辑表达式连续运算
```

上面代码主要利用逻辑运算符"&&"和"||"来执行连续的运算。对于逻辑与运算来说，如果运算符左侧的运算元为 true，才会执行右侧运算元的计算，否则就会忽略右侧的运算元；而对于逻辑或运算来说，如果运算符左侧的运算元为 false，才会执行右侧运算元的计算，否则就会忽略右侧的运算元。

逻辑与和逻辑或的组合使用可以达到三元运算符的逻辑功能。这说明 JavaScript 中的逻辑运算本质上并非是为了布尔值计算而设计的，它实际上是分支结构的一种逻辑简化，从而为表达式的连续运算奠定了基础。

【示例 2】 对于分支结构来说，有两种途径可以实现连续运算，那么对于循环结构也可以通过递归运算实现连续运算的目的。

```
for( var i = 1 ; i < 100; i ++ ){
    document.write( i );
}
```

上面的循环结构可以使用如下的递归函数来表示：

```
var i = 1;                                   // 声明全局变量i，并初始化
(function(){                                 // 定义匿名函数
    document.write( i );                     // 可以执行语句
    (++i < 100 ) && arguments.callee();
    // 如果递增后的变量i小于100，则执行递归运算
})()                                         // 调用函数
```

对于上面的代码还可以使用如下嵌套函数进行进一步的封装，从而实现一个完整的表达式运算。

```
(function(){
    var i = 1;
    return function(){
        document.write( i );                 // 可以执行语句
        (++i < 100 ) && arguments.callee();  // 有条件递归运算
    }
})()()                                       // 调用函数的返回函数
```

📢 **提示：**
使用函数来转换循环结构，会存在内存溢出风险，这是一种低效策略。由于函数递归运算需要为每次函数调用保留私有空间，因此会消耗大量的系统资源。不过使用尾递归可以避免此类问题。

不用循环和分支结构，其他子句也就没有存在的价值，如流程控制中的子句 break 和 continue，以及标签语句等。同时，函数式语言可以不使用寄存器，只需要值声明，而不需要变量声明，所以在函数式语言中，变量声明语句也是不需要的。总之，在函数式语言中，除了值声明和函数中的返回子句外，其他语句都可以省略。

5.8.4 表达式中的函数

在表达式运算中,求值是运算的核心。函数作为表达式中的一个运算元,也具有值的含义。不管函数内部结构多么复杂,最终返回的只是一个值。因此,用户可以在函数内封装各种逻辑。

例如,在函数中包含循环语句来执行高效运算。这样就间接实现了把语句作为表达式的一部分直接参与到连续运算中来,这对于在特殊环境下只能够使用表达式连续运算来说是一个不错的选择,如浏览器地址栏内仅能够运行表达式代码等。

【示例 1】 在 IE 浏览器的 CSS 中支持 expression 运算函数,该函数能够实现 CSS 技术的脚本化控制。

```
<div style="width:expression(document.body.offsetWidth - 200);
height:expression(document.body.offsetHeight - 20);border:solid
1px red"></div>
```

【示例 2】 本例是一个连续运算的表达式,该表达式是一个逻辑复杂的分支结构,并在分支结构中包含函数结构体,以判断两种表达式的大小,并输出提示信息。可以看到,整个代码是在无命令语句的情况下完成的任务,与命令式语言风格迥然不同:

```
( ( function f( x, y ){
    return ( x + y ) * ( x + y );
})( 25, 36 )>
( function f( x, y ){
    return x * x + y * y;
})( 25, 36 ) ) ?
alert( "( x + y )^2" ) : alert( "x ^2+ y^2" )
    // 返回提示信息"( x + y )^2"
```

【示例 3】 本例使用函数封装复杂的循环结构,并让它直接参与到表达式运算。

```
alert(( function( x, y ){
    var c=0,a =[]
    for( var i = 0; i < x; i ++ ){
        for( var j = 0; j < y; j ++ ) {
            a[c] = i.toString() + j.toString();
            document.write(++c + " ");
        }
        document.write( "<br />");
    }
    return a;
}
)( 10, 10 ) );
```

上面代码把两个嵌套的循环结构封装在函数体内,从而实现连续求值的目的。因此,使用连续运算的表达式可以设计足够复杂的系统。

【示例 4】 连续运算的表达式也存在一定的调试风险,对于复杂结构的表达式,阅读和调试将是一个极大挑战。例如,在没有上面代码的提示下,很难简单看明白以下一行表达式的逻辑和语义。

```
alert(( function( x, y ){var c=0,a =[];for( var i = 0; i < x; i ++ )
{for( var j = 0; j < y; j ++ )
{a[c] = i.toString() + j.toString();document.write
(++c + " ");}document.write
( "<br />");}return a;} )( 10, 10 ) );
```

用户应该养成良好的编码习惯,良好的结构和代码组织能够降低代码的复杂度。对于函数式编程来说,实现代码的良好组织,使用函数应该是最有效的方法之一。

对于长表达式，特别是逻辑结构非常明显的表达式，应该对其进行格式化。从语义上分析，函数的调用过程实际上就是表达式运算中求值的过程。从这一点来看，在函数式编程中，函数是一种高效的连续运算的工具。如对于循环结构来说，使用函数递归运算会存在很大的系统损耗，但是如果把循环语句封装在函数结构中，然后把函数作为值参与表达式的运算，实际上也是高效实现循环结构表达式化。

第 6 章 设计程序结构

程序都是由一个或多个语句组成的集合。语句表示一个可执行的命令,用来完成特定的任务。大部分语句用于流程控制,在 JavaScript 中提供了 if 条件判断语句、switch 多分支语句、for 循环语句、while 循环语句、do/while 循环语句、break 语句、continue 语句等 7 种流程控制语句,本章将分别对它们进行详细介绍。

【学习重点】
- 了解 JavaScript 常用语句用法。
- 正确设计分支结构。
- 灵活设计循环结构。
- 正确使用跳转语句。

6.1 语句概述

以结构划分,语句可以分为单句和复句。简单说明如下:
- 单句一般由一个或多个关键字和表达式构成,用来完成运算、赋值等简单任务。
- 复句一般由大括号构成,用来设计流程结构,控制程序的执行顺序。

以关键字类型划分,JavaScript 中的语句可以分为很多类型,详细说明如表 6.1 所示。

表 6.1 JavaScript 语句类型

语句类型	语句子类型	逻辑概述	示 例
声明语句	变量声明语句	为变量指定存储地址	var variable1 [= value1] [,variable2 [=value2]...];
	标签声明语句	为语句建立索引	label : statements
表达式语句	赋值语句	为变量赋值	variable = value;
	函数调用语句	执行函数	function ();
	方法调用语句	执行函数	object.method();
	属性赋值语句	为对象变量赋值	object.property = value;
分支语句	if	选择执行	if (expression) statements [else statements]

	switch	选择执行	switch (expression){
			case label:
			statementList
			case label:
			statementList
			...
			default:
			statementList
			}

循环语句	for	重复执行	for ([var] initialization ; test ; increment) statements
	for/in	遍历执行	for ([var] variable in <object | array>) statements

（续）

语句类型	语句子类型	逻辑概述	示　　例
循环语句	while	重复执行	while (expression) statements
	do/while	重复执行	do statements while (expression)
控制语句	continue	继续执行	continue [label];
	break	中断执行	break [label];
	return	执行返回	return [expression];
	throw	抛出异常	throw [exception];

	try	尝试执行	try {
			statements
			}

	catch	捕获异常	catch (exception){
			statements
			}

	finally	最后执行	finally {
			statements
			}

其他语句	空语句	不执行	;
	with	暂时作用域	with (object) statements

提示：

在表 6.1 中，被中括号括起来的选项表示可选部分，被尖括号括起来的选项表示必选部分，竖线表示列表项任选。其中包含的语法名词说明如下：

- variable：表示变量名。
- value：表示值。
- expression：表示表达式。
- statement：表示单句。
- statements：表示复合语句。
- statementList：表示语句列表。
- label：表示标签名。
- object：表示对象。
- initialization：表示初始值。
- test：表示测试表达式。
- increment：表示递增量。

扫一扫，看视频

6.1.1 表达式语句

表达式与语句的区别如下。

- 从语法角度分析：表达式是短语（或称为词）；语句是一个句子。
- 从组成角度分析：表达式由运算数和运算符组成；语句由命令关键字和表达式组成。表达式之间可以通过空格分隔；而语句之间必须通过分号分隔。表达式可以包含子表达式，语句也可以包含子语句。
- 从表现角度分析：表达式呈现静态性；而语句呈现动态性。
- 从结果趋向分析：表达式返回一个值；而语句完成特定任务。

第6章 设计程序结构

📢 注意：
语句之间通过分号分隔，当一个语句单独一行显示时，可以省略分号，JavaScript 会自动补加分号。任何表达式加上分号，就会形成语句，也称为表达式语句。

【示例1】 如下语句仅是一个数值直接量，它是最简单的句子，也是最简单的表达式。
```
1;                                  //最简单的句子
```
【示例2】 以下这行长代码是一个赋值语句：
```
o =new ((o == "String")?String:(o == "Array")?Array:(o ==
"Number")?Number:(o == "Math")?Math:(o == "Date")?Date:(o ==
"Boolean")?Boolean:(o == "RegExp")?RegExp:Object);
```
如果格式化显示等号右侧的代码，它就是一个多重选择结构的连续运算。
```
new ((o == "String")?String       :
(o == "Array")?Array              :
(o == "Number")?Number            :
(o == "Math")?Math                :
(o == "Date")?Date                :
(o == "Boolean")?Boolean          :
(o == "RegExp")?RegExp            :
Object);
```
代码虽然很长，不过它也只是一个表达式语句。

📢 提示：
大部分表达式语句都具有破坏性，完成任务后会改变变量自身的值，如赋值语句、函数调用语句、声明变量语句、定义函数语句等。

6.1.2 复合语句

多个句子（Statement）放在一起就是一个语句段（Statement Block）；如果使用大括号括起来，就成了复合语句（Statements）。单个句子被包括在大括号中，也是复合语句。

扫一扫，看视频

【示例1】 以下两个句子是相互独立的，当脚本被执行时，它们会按顺序被执行。
```
alert("Hello");
alert("World");
```
如果在条件结构中，这种分散状态就不好控制。例如，下面的条件结构只能够控制第1个句子，第2个句子依然能够执行。
```
if(false)
    alert("Hello");
    alert("World");
```
如果使用复合语句，用大括号把它们包裹在一起，再使用条件结构，就比较方便控制了。
```
if(false)
{
    alert("Hello");
    alert("World");
};
```
注意，这里的大括号不是条件结构的一部分，而是复合语句的一部分。

【示例2】 即使没有条件结构，一样可以使用大括号把多个句子括起来作为一个复合语句来使用，此时该复合语句与多个独立单句在最终执行结果上都是一样的。
```
{
    alert("Hello");
    alert("World");
};
```

复合语句末尾可以不用分号进行分隔，但是内部每个子句之间必须使用分号分隔，最后一个子句可以省略分号，因为它不会产生语法歧义。

【示例3】　复合语句的结构比较复杂，它可以包含子句，也可以包含复句，形成结构嵌套。对于复句内的子句，可以通过缩排版式以增强代码的可读性。

```
{
    // 空复句
}
{
    alert("单复句");
}
{
    alert("Hello, World! ");
    {
        alert("复句嵌套");
    }
}
```

6.1.3　声明语句

var 和 function 表示声明语句，用来声明变量或定义函数，可以在程序中任意位置使用。

1. var

var 语句用来声明一个或者多个变量，具体用法可以参考第 4 章内容。

【示例1】　以下代码分别以不同形式声明多个变量并赋值。

```
var a;                          // 声明一个变量
var a = 0;                      // 声明一个变量并赋值
var a, b;                       // 同时声明两个变量
var a = 0, b = true, c, d;      // 声明 4 个变量，并部分赋值
```

2. function

使用 function 声明语句可以声明一个函数。

【示例2】　以下代码使用 function 语句声明一个函数 f。

```
function f(){
    alert("声明并初始化函数变量");
}
```

其中变量名为 f，变量初始值为一个函数体结构。

6.1.4　空语句

空语句，顾名思义就是没有任何代码的句子，它只有一个分号（;），表示该语句的结束。例如：

```
;                               // 空语句
```

空语句不会产生任何作用，也不会执行任何动作，相当于一个占位符。

【示例1】　在循环结构中使用空语句可以设计假循环或者空循环。

```
for(var i = 0; i < 10; i ++ )
{
    ;
}
```

上面代码可以简写为：

```
for(var i = 0; i < 10; i ++ );
```

【示例 2】 空语句易引发错误,最安全的方法是使用复合语句的形式来表示,或者加上注释,避免遗漏。

```
for(var i = 0; i < 10; i ++ )/*空语句*/;
```

或者

```
for(var i = 0; i < 10; i ++ ){
    ;
}
```

6.2 分支结构

分支结构在程序中能根据预设的条件,有选择的执行不同的分支命令。JavaScript 分支结构主要包括 if 语句、else if 语句和 switch 语句。

提示:

程序中的代码结构可以分为 3 种类型:顺序结构、分支结构和循环结构。在正常情况下,所有代码将按顺序从上到下执行,这种结构是顺序结构。通过 if、switch、for、while 等流程语句可以改变代码的执行顺序,实现分支或循环执行顺序。

6.2.1 if 语句

扫一扫,看视频

if 语句是最基本的分支结构,其语法格式如下:

```
if ( expression )
    statement
```

或:

```
if ( expression )
    statements
```

if 是关键字,表示条件命令;小括号作为运算符,用来分隔并计算条件表达式的值。expression 表示条件表达式,statement 表示单句,而 statements 表示复句。

条件结构被执行时,先计算条件表达式的值,如果返回值为 true,则执行下面的单句或复句;如果返回值为 false,则跳出条件结构,执行结构后面的代码。如果条件表达式的值不为布尔值,则会强制转换为布尔值。

【示例 1】 以下代码会被无条件执行。

```
if(1)
    alert("条件为真!");              // 单句缩进格式
```

或者

```
if(1)alert("条件为真!");              // 单句无版格式
```

或者

```
if(1)
{
    alert("条件为真!");              // 复合语句缩进格式
}
```

或者

```
if(1){alert("条件为真!");}            // 复合语句无版格式
```

if 语句可以附带 else 从句,以便构成一个完整的分支结构。其语法格式如下:

```
if ( expression )
```

```
    <statement | statements>
else
    <statement | statements>
```
如果表达式 expression 为 true,则执行 else 前面的句子,否则执行 else 后面的句子。

【示例2】 以下代码可检测 null 值的真假。
```
if(null)alert("null 布尔值为 true");
else alert("null 布尔值为 false");
```

6.2.2 条件嵌套

如果 else 从句结构中嵌套另一个条件结构,则应使用复合语句进行分隔,避免条件嵌套后发生歧义。

【示例1】 下面代码是错误的嵌套。
```
if(0)
    if(1)
        alert(1);
else
    alert(0);
```
上面代码如果不借助缩进版式,一般很难读懂其中的逻辑层次。JavaScript 解释器将根据就近原则,按如下逻辑层次进行解释:
```
if(0)
    if(1)
        alert(1);
    else
        alert(0);
```
为了避免条件嵌套发生歧义,建议使用复合语句设计条件结构,借助大括号分隔结构层次。
```
if(0)
{
    if(1)
        alert(1);
}
else
{
    alert(0);
}
```

【示例2】 在多层嵌套结构中,可以把 else 与 if 关键字结合起来,设计多重条件结构。下面代码是 3 层条件嵌套结构:
```
var a = 3;
if(a == 1)
    alert(1);
else
    if(a == 2)
        alert(2);
    else
        if(a == 3)
            alert(3);
```
现在对其格式化:
```
var a = 3;
if(a == 1)
    alert(1);
```

```
else if(a == 2)
    alert(2);
else if(a == 3)
    alert(3);
```

把 else 与 if 关键字组合在一行内显示，然后重新缩排每个句子。整个嵌套结构的逻辑思路就变得更清晰：如果变量 a 等于 1，就提示 1；如果变量 a 等于 2，就提示 2；如果变量 a 等于 3，就提示 3。

6.2.3 设计分支结构

设计有 4 个条件，只有当 4 个条件全部成立时，才允许执行特定任务。

【示例 1】 遵循一般惯性思维，在检测这些条件时，常会沿用下面这种嵌套结构：

```
if(a){
    if(b){
        if(c){
            if(d){
                alert("所有条件都成立！");
            }
            else{
                alert("条件d不成立！");
            }
        }
        else{
            alert("条件c不成立！");
        }
    }
    else{
        alert("条件b不成立！");
    }
}
else{
    alert("条件a不成立！");
}
```

【示例 2】 上述设计思维没有错误，结构嵌套合法。但是，用户可以使用下面 if 结构进行优化处理：

```
if(a && b && c && d){
    alert("所有条件都成立！");
}
```

从设计意图考虑：使用 if 语句逐个检测每个条件的合法性，并对某个条件是否成立进行个性化处理，以方便跟踪。但是使用 if(a && b && c && d)条件表达式，就会出现一种可能：如果 a 条件不成立，则程序会自动退出整个嵌套结构，而不管 b、c 和 d 的条件是否成立。

这种测试容易带来伤害。试想，如果核心的处理过程包含了多个条件，或者出错的情况比较复杂时，层层包裹的嵌套结构会使代码跟踪变得很困难。

【示例 3】 可以采用排除法，对每个条件逐一进行排除，如果全部成立则再执行特定任务。这里使用了一个布尔型变量作为钩子把每个 if 条件结构串在一起。具体代码如下：

```
var t = true;                    // 初始化行为变量为 true
if(!a){
    alert("条件a不成立！");
    t = false;                   // 如果条件 a 不成立则行为变量为 false
}
```

```
if(!b){
    alert("条件b不成立！");
    t = false;                          // 如果条件b不成立则行为变量为false
}
if(!c){
    alert("条件c不成立！");
    t = false;                          // 如果条件c不成立则行为变量为false
}
if(!d){
    alert("条件d不成立！");
    t = false;                          // 如果条件d不成立则行为变量为false
}
if(t){                                  // 如果行为变量为true，则执行特定事件
    alert("所有条件都成立！");
}
```

排除法有效避免了条件嵌套的复杂性，符合人的思维模式，当然这种设计也存在一定的局限性，一旦发生错误，后面的操作将被放弃。为了防止此类问题的发生，不妨再设计一个标志变量来跟踪整个行为。

注意：

很多用户都会犯过以下低级错误：

```
if(a = 1){                              // 错误的比较运算
    alert(a);
}
```

把比较运算符（==）错写为赋值运算符（=）。对于这样的Bug一般很难发现，由于它是一个合法的表达式，不会导致编译错误。返回值为非0数值，则JavaScript会自动把它转换为true，因此对于这样的分支结构，条件永远成立，所以总是弹出提示信息。

为了防止这种很难检查的错误，建议在条件表达式的比较运算中，把常量写在左侧，而把变量写在右侧，这样即使把比较运算符（==）错写为赋值运算符（=），也会导致编译错误，因为常量是不能够被赋值的。从而能够及时发现这个Bug。

```
if(1 == a){                             // 预防赋值运算的好方法
    alert(a);
}
```

以下错误也是经常发生的。

```
var a=2;                                // 声明变量并赋值
if(1 == a);                             // 误在条件表达式后附加分号
{
    alert(a);                           // 但是依然能够被执行的复句
}
```

当在条件表达式之后错误地附加一个分号时，整个条件结构就发生了变化。如果用代码来描述，则上面结构的逻辑应该如下所示：

```
var a=2;                                // 声明变量并赋值
if(1 == a)
    ;                                   // 条件成立时将执行空语句
{
    alert(a);                           // 独立于条件结构的复合语句
}
```

JavaScript解释器会把条件表达式之后的分号视为一个空语句，从而改变了原来设想的逻辑。由于这

个误输入的分号并不会导致编译错误,所以要避免这个低级错误,应牢记条件表达式之后是不允许使用分号的,用户可以把大括号与条件表达式并在一行书写来预防上面的误输入:

```
var a=2;                        // 声明变量并赋值
if(1 == a){                     // 就不会再添加分号表示一行结束了
    alert(a);
}
```

6.2.4 switch 语句

扫一扫,看视频

if 多重分支结构执行效率比较低,特别是当所有分支的条件相同时,由于重复调用 if 语句来计算相同条件表达式会浪费时间,此时建议使用 switch 语句设计多重分支结构。

switch 语句的语法格式如下:

```
switch (expression )
{
    statements
}
```

与 if 语句的语法格式相似,不过 switch 语句的 statements 子句部分比较特殊:每个子句通常都包含一个或多个 case 从句,也可以包含一个 default 从句。完全结构如下:

```
switch ( expression ){
    case label:
        statementList
    case label:
        statementList
    ...
    default:
        statementList
}
```

当执行 switch 语句时,JavaScript 解释器首先计算 expression 表达式的值,然后使用这个值与每个 case 从句中 label 标签值进行比较,如果相同则执行该标签下的语句。在执行时如果遇到跳转语句,则会跳出 switch 结构。否则按顺序向下执行,直到 switch 语句末尾。如果没有匹配的标签,则会执行 default 从句下的语句。如果没有 default 从句,则跳出 switch 结构,执行其后的句子。

【示例1】 针对 6.2.2 节中的示例 2,使用 switch 语句来设计:

```
switch (a = 3){                 // 指定多重条件表达式
    case 1:                     // 从句1
        alert(1);
        break;                  // 停止执行,跳出 switch 结构
    case 2:                     // 从句2
        alert(2);
        break;                  // 停止执行,跳出 switch 结构
    case 3:                     // 从句3
        alert(3);
}
```

【示例2】 从 ECMAScript 3 版本开始允许 case 从句后面 label 可以是任意的表达式。

```
switch (a = 3){
    case 3-2:                   // 表达式标签
        alert(1);
        break;
    case 1+1:                   // 表达式标签
        alert(2);
```

```
        break;
    case b=3:                           // 赋值表达式
        alert(3);
}
```

当 Javascript 解释 switch 结构时，先计算 switch 关键字后面的条件表达式，然后计算第一个 case 从句中的标签表达式的值，并利用全等（===）运算符来检测两者的值是否相同。由于使用"==="运算符，因此不会自动转换每个标签表达式返回值的类型。

【示例 3】 针对上一个示例代码，如果把第 3 个 case 后的表达式的值设置为字符串，则最终被解析时，不会弹出提示信息。

```
switch (a = 3){
    case 3-2:                           // 表达式标签
        alert(1);
        break;
    case 1+1:                           // 表达式标签
        alert(2);
        break;
    case b="3":                         // 改变标签值的类型，则就无法进行匹配
        alert(3);
}
```

case 从句可以省略子句，这样当匹配到该标签时，会继续执行下面 case 从句包含的子句。

【示例 4】 在以下多重条件结构中，虽然匹配了 case 标签 1，由于该标签没有包含可执行的语句，于是就会延续执行 case 标签 2 中的子句，此时就没有与标签 2 的表达式值进行比较，直接弹出提示信息 2。如果没有遇到 break 语句，还会继续执行，直到结束。代码如下：

```
switch (a = 1){
    case 1:                             // 空匹配
    case 2:
        alert(2);
        break;
    default:
        alert(3);
        break;
}
```

注意，在 switch 语句中，case 从句只是指明了执行起点，但是没有指明终点，如果没有在 case 从句中添加 break 语句，则会发生连续执行的情况，从而忽略后面 case 从句，这样就会破坏 switch 结构多分支逻辑。

◀) 提示：

如果在函数中使用 switch 语句，可以使用 return 语句代替 break 语句，终止 switch 语句，防止 case 从句连续执行。

扫一扫，看视频

6.2.5 default 从句

default 从句可以位于 switch 结构中任意的位置，但是不会影响多重条件的正常执行。

【示例 1】 把上节示例按如下顺序调整：

```
switch (a = 3){
    default:                            // 默认不匹配所有 case 从句时执行该从句下的句子
        alert(3);
        break;
    case 1:
        alert(1);
```

```
        break;
    case 2:
        alert(2);
        break;
}
```

这样当所有 case 标签表达式的值都不匹配时,会跳回并执行 default 从句中的子句。但是,如果 default 从句中的子句没有跳转语句,则会按顺序执行后面 case 从句的子句。

【示例 2】 在以下结构中,switch 语句会先检测 case 标签表达式的值,由于 case 从句中标签表达式值都不匹配,则跳转回来执行 default 从句中的子句(弹出提示 3),然后继续执行 case 1 和 case 2 从句中的子句(分别弹出提示 1 和 2)。但是如果存在相匹配的 case 从句,就会执行该从句中的子句,并按顺序执行下面的子句,但是不会再跳转返回执行 default 从句中的子句。

```
switch (a = 3){
    default:
        alert(3);
    case 1:
        alert(1);
    case 2:
        alert(2);
}
```

【示例 3】 default 从句常用于处理所有可能性之外的情况。例如,处理异常,或者处理默认行为、默认值。但是,以下代码就存在滥用 default 从句问题。

```
switch (opr){
    case "add" :               // 正常枚举
        x = a + b;
        break;
    case "sub" :               // 正常枚举
        x = a - b;
        break;
    case "mul" :               // 正常枚举
        x = a * b;
        break;
    default :                  // 异常枚举
        x = a / b;
        break;
}
```

上面代码设计 4 种基本算术运算,但是它仅列出了 3 种,最后一种除法使用 default 从句来设计。从语法角度分析没有错误,但是从语义角度分析就会存在如下问题:

- 易引发误解。default 的语义与它的实际角色不相符,用户会误认为这里仅有 3 种可选的分支,而 default 只是处理出错的值。
- 不具有扩展性。如果该分支结构中还包括其他运算,就不得不重新修改结构,特别是 default 从句也需要重新设计。
- 结构比较模糊。由于 default 从句与 case 从句在语义上混合在一起,就无法从逻辑上区分最后一个分支和异常处理。

【示例 4】 显然,如果使用如下的分支结构,就会更加合理:

```
switch (opr){
    case "add" :               // 正常枚举
        x = a + b;
        break;
```

```
        case "sub" :                       // 正常枚举
            x = a - b;
            break;
        case "mul" :                       // 正常枚举
            x = a * b;
            break;
        case "div" :                       // 正常枚举
            x = a / b;
            break;
}
```

【示例 5】 上面的示例没有使用 default 从句，这里仅列出了可以预知的几种情况。用户还可以继续扩展 case 从句，枚举所有可能的分支，但是无法保证将所有的可能值都枚举出来。因此，无论考虑得多么完善，都应该在 switch 结构的末尾添加 default 从句，用来处理各种意外情况。

```
switch (opr){
        case "add" :                       // 正常枚举
            x = a + b;
            break;
        case "sub" :                       // 正常枚举
            x = a - b;
            break;
        case "mul" :                       // 正常枚举
            x = a * b;
            break;
        case "div" :                       // 正常枚举
            x = a / b;
            break;
        default:                           // 异常处理
            alert("出现非预期的 Opr 值");
}
```

扫一扫，看视频

6.2.6 比较 if 和 switch 结构

if 结构和 switch 结构都可以用来处理多重分支问题，switch 分支在特定环境下执行效率高于 if 结构。但是，是不是所有多重分支都选择 switch 结构呢？这个也不能一概而论，应根据具体问题具体分析。如果简单比较 if 结构和 switch 结构异同，则如表 6.2 所示。

表 6.2 if 结构和 switch 结构比较

	If 结构	Switch 结构
结构	通过嵌套结构实现多重分支	专为多重分支设计
条件	可以测试多个条件表达式	仅能测试一个条件表达式
逻辑关系	可以处理复杂的逻辑关系	仅能够处理多个枚举的逻辑关系
数据类型	可以适用任何数据类型	仅能够应用整数、枚举、字符串等类型数据

通过比较，可以发现 switch 结构也存在限制。因此在可能的情况下，如果能使用 switch 结构，就不要选择 if 结构。

无论是使用 if 结构，还是使用 switch 结构，应确保下面 3 个目标的基本实现：

- 准确表现事物的逻辑关系，不能为了结构而破坏事物的逻辑关系。
- 优化执行效率。

⇨ 简化代码层次，使代码更便于阅读。

相对而言，以下情况更适宜选用 switch 结构：

⇨ 枚举表达式的值。这种枚举是可以期望的、平行逻辑关系的。
⇨ 表达式的值具有离散性，不具有线性的非连续的区间值。
⇨ 表达式的值是固定的，不会动态变化的。
⇨ 表达式的值是有限的，而不是无限的，一般应该比较少。
⇨ 表达式的值一般为整数、字符串等值类型的数据。

以下情况更适宜选用 if 结构。

⇨ 具有复杂的逻辑关系。
⇨ 表达式的值具有线性特征，如对连续的区间值进行判断。
⇨ 表达式的值是动态的。
⇨ 测试任意类型的数据。

【示例 1】 设计根据学生分数进行分级评定：如果分数小于 60，则不及格；如果分数在 60 与 75 之间，则评定为合格；如果分数在 75 与 85 之间，则评定为良好；如果分数在 85 到 100 之间，则评定为优秀。针对这样一个条件表达式，它的值是连续的线性判断，显然使用 if 结构会更适合一些。

```
if(score < 60){                    // 线性区间值判断
    alert("不及格");
}
else if(60 <= score < 75){         // 线性区间值判断
    alert("合格");
}
else if(75 <= score < 85){         // 线性区间值判断
    alert("良好");
}
else if(85 <= score <= 100){       // 线性区间值判断
    alert("优秀");
}
```

如果使用 switch 结构，则需要枚举 100 种可能，如果分数值还包括小数，则这种情况就更加复杂了，此时使用 switch 结构就不是明智之举。

【示例 2】 设计根据性别进行分类管理。这个案例属于有限枚举条件，使用 switch 结构会更高效。

```
switch(sex){                       // 离散值判断
    case "女":
        alert("女士");
        break;
    case "男":
        alert("先生");
        break;
    default:
        alert("请选择性别");
}
```

6.2.7 优化分支结构

一般情况下人在思考问题时，总会对各种最可能发生的情况做好准备，分支结构中各种条件也存在这样的先后、轻重顺序。如果把最可能的条件放在前面，把最不可能的条件放在后面，这样程序被执行时总会按照代码先后顺序逐一检测所有条件，直到发现匹配的条件时才停止继续检测。如果把最可能的条件放在前面，这等于降低了程序的检测次数，自然也就提升了分支结构的执行效率，避免空转。这在

扫一扫，看视频

大批量数据检测中效果非常明显。

【示例1】 对于一个论坛系统来说，普通会员的数量要远远大于版主和管理员的数量，大部分登录的用户都是普通会员，如果把普通会员的检测放在分支结构的前面，无形中就减少了计算机检测的次数。

```javascript
switch(level){                          // 优化分支顺序
    case 1:
        alert("普通会员");
        break;
    case 2:
        alert("版主");
        break;
    case 3:
        alert("管理员");
        break;
    default:
        alert("请登录");
}
```

如果在性能影响不大的情况下，遵循条件检测的自然顺序会更易于理解。

【示例2】 设计检测周一到周五值日任务安排的分支结构。可能周五的任务比较重要，或者周一的任务比较轻，但是对于这类有着明显顺序的结构，遵循自然顺序比较好。如果打乱的顺序，把周五的任务安排在前面，这对于整个分支结构的执行性能没有太大帮助，打乱的顺序不方便阅读。因此，按自然顺序来安排结构会更富有可读性。

```javascript
switch(day){                            // 遵循自然分支的顺序
    case 1 :
        alert("周一任务安排");
        break;
    case 2 :
        alert("周二任务安排");
        break;
    case 3 :
        alert("周三任务安排");
        break;
    case 4 :
        alert("周四任务安排");
        break;
    case 5 :
        alert("周五任务安排");
        break;
    default :
        alert("异常处理");
}
```

分支之间的顺序应注意优化，当然对于同一个条件表达式内部也应该考虑逻辑顺序问题。由于逻辑与或逻辑或运算时，有可能会省略右侧表达式的计算，如果希望右侧表达式不管条件是否成立都被计算，则就应该考虑逻辑顺序问题。

【示例3】 有两个条件 a 和 b，其中条件 a 多为真，而 b 是一个必须执行的表达式，那么下面逻辑顺序的设计就欠妥当：

```javascript
if(a && b){
    // 执行任务
}
```

如果条件 a 为 false，则 JavaScript 会忽略表达式 b 的计算。如果 b 表达式影响到后面的运算，则不执行表达式 b 自然会对后面的逻辑产生影响。因此，可以采用以下逻辑结构，在 if 结构前先执行表达式 b，这样即使条件 a 的返回值为 false，也能够保证 b 表达式被计算：
```
var c = b;
if(a && b){
    // 执行任务
}
```

6.3 循环结构

在程序开发中，存在大量的重复性操作或计算，这些动作必须依靠循环结构来完成。JavaScript 定义了 while、for 和 do/while 3 种类型循环语句。

6.3.1 while 语句

扫一扫，看视频

while 语句是基本的重复操作语句。while 语句的基本语法如下：
```
while (expression)
    statement
```
或：
```
while ( expression )
    statements
```
在 while 循环结构中，JavaScript 会先计算 expression 表达式的值。如果循环条件返回值为 false，则会跳出循环结构，执行下面的语句。如果循环条件返回值为 true，则执行循环体内的语句 statement 或循环体内的复合语句 statements。

然后，再次返回计算 expression 表达式的值，并根据返回的布尔值决定是否继续执行循环体内语句。周而复始，直到 expression 表达式的值为 false 才会停止执行循环体内语句。

【示例1】　如果设置 expression 表达式的值为 true，则会形成一个死循环，死循环容易导致宕机。
```
while(true);                        // 死循环空转
```
这种情况很容易发生，它相当于如下循环结构：
```
while(true)                         // 死循环
{
    ;                               // 空转
}
```
在程序设计中，仅希望执行一定次数的重复操作或连续计算。所以，在循环体内通过一个循环变量来监测循环的次数或条件，循环变量常是一个递增变量。当每次执行循环体内语句时，会自动改变循环变量的值。当改变循环变量的值时，expression 表达式也会不断发生变化，最终导致 expression 表达式为 false，从而停止循环操作。

【示例2】　在循环体设计递增变量，用来控制循环次数。
```
var n = 0;                          // 声明并初始化循环变量
while(n < 10)                       // 循环条件
{                                   // 可以执行的复合语句
    n ++ ;                          // 递增循环变量
    alert(n);                       // 执行循环操作
}
```
【示例3】　也可以在循环的条件表达式中自动递增或递减值。针对上面的示例可以进行如下设计：
```
var n = 0;
while(n ++ < 10)                    // 在循环条件中递加循环变量的值
```

```
{
    alert(n);
}
```
注意，递增运算符的位置对循环的影响，如果在前则将减少一次循环操作。

【示例 4】　下面的示例将循环执行 9 次，而上面的示例都将循环执行 10 次，这是因为++ n < 10 表达式是先递增变量的值之后再进行比较，而 n ++ < 10 表达式是先比较之后再递增变量的值。

```
var n = 0;
while(++ n < 10)                    // 仅循环执行 9 次
{
    alert(n);
}
```

扫一扫，看视频

6.3.2　do/while 语句

do/while 语句是 while 循环结构的特殊形式，只不过它把循环条件放在结构的底部，而不是 while 语句顶部。其语法格式如下：

```
do
    statement
while (expression);
```

或

```
do
    statements
while (expression);
```

在 do/while 循环结构中，JavaScript 会先执行循环体内语句 statement 或循环体内的复合语句 statements，然后计算 expression 表达式的值。如果循环条件返回值为 false，则会跳出循环结构，执行下面的语句；如果循环条件返回值为 true，则再次返回执行循环体内的语句 statement 或循环体内的复合语句 statements。然后，再次计算 expression 表达式的值，并根据返回的布尔值决定是否继续执行循环体内语句。周而复始，直到 expression 表达式的值为 false 才会停止执行循环体内语句。

【示例】　针对上节的示例使用 do/while 结构来设计，则代码如下所示：

```
var n = 0;                          // 声明并初始化循环变量
do                                  // 执行循环体命令
{                                   // 可以执行的复合语句
    n ++ ;                          // 递增循环变量
    alert(n);                       // 执行循环操作
}
while(n < 10);                      // 循环条件
```

📖 拓展：

简单比较 while 结构和 do/while 结构，则它们之间的区别如表 6.3 所示。

表 6.3　while 结构和 do/while 结构比较

	While 结构	do/while 结构
逻辑结构	先检测条件，再执行循环操作	先执行循环操作，再检测条件。因此不管循环条件如何，都将执行一次循环操作
关键字	仅包含 while 关键字，并以此开头	包含 do 和 while 关键字，并以 do 关键字开头，而 while 关键字位于结构的末尾
语法特征	在 while 关键字后的循环表达式之后不用分号	do/while 结构的末尾必须使用分号来表示结束，这是因为该结构的末尾是一个条件表达式，而不是大括号标识的循环体

6.3.3 for 语句

for 语句是优化的循环结构。与 while 结构相比，for 语句使用更方便、高效。for 语句的语法格式如下：

```
for (initialization ; test ; increment )
    statements
```

for 循环结构把初始化变量、检测循环条件和递增变量都集中在 for 关键字后的小括号内，把它们作为循环结构的一部分固定下来，这样就可以防止在循环结构中忘记了变量初始化，或者疏忽了递增循环变量，同时也简化了操作。

在 for 循环结构开始执行之前，先计算第 1 个表达式 initialization，在这个表达式中可以声明变量，为变量赋值，或者通过逗号运算符执行其他操作。然后再执行第 2 个表达式 test，如果该表达式的返回值为 true，则执行循环体内的语句。最后返回计算 increment 表达式，这是一个具有副作用的表达式，与 initialization 表达式一样都可以赋值或改变变量的值，通常在该表达式中利用递增（++）或递减（--）运算符来改变循环变量的值。

【示例 1】 针对上节示例，可以使用 for 循环结构来设计：

```
for(var n = 1; n < 11; n ++ )
{
    alert(n);
}
```

在 for 循环结构中，最后才计算递加表达式，所以应该调整检测条件中的比较值，即 n < 11。否则循环结构中执行次数为 9 次，而不是 10 次。

由于 for 结构中的 3 个表达式没有强制性限制，用户可以用逗号运算符来运算其他子表达式。例如，执行其他变量声明或赋值，计算相关条件检测或者附带变量递加等操作。

【示例 2】 在下面 for 结构中，第 1 个表达式中声明并初始化 3 个变量。在第 2 个表达式中为变量 m 和 l 执行递加运算，而检测变量 n 的值是否小于 11。在第 3 个表达式中同时为 3 个变量执行递加运算。如下：

```
for(var n = 1, m = 1, l = 1; m ++ , l ++ , n < 11; m ++ , l ++ , n ++ )
{
    alert(n);
}
```

在 for 语句中附加了其他表达式运算，不会破坏 for 循环结构。for 语句是根据 test 表达式的最终返回值来决定是否执行循环操作，所以在设置条件时要把限定条件放在最后。

【示例 3】 下面的 test 表达式的逻辑顺序将会导致 for 循环结构成为死循环，因为 m ++ , n < 11, l ++ 表达式的最后返回值始终是 true。

```
for(var n = 1, m = 1, l = 1; m ++ , n < 11, l ++ ; m ++ , l ++ , n ++ )
{
    alert(n);
}
```

📢 提示：

对于 while 结构来说，经常需要在循环结构的前面声明并初始化循环变量，然后在循环体内附加递增循环变量。使用 while 结构模拟 for 结构的格式如下：

```
initialization;                    // 声明并初始化循环变量
while(test)                        // 循环条件
{
    statement                      // 可执行的循环语句
```

扫一扫，看视频

```
        increment;                    // 递增循环变量
}
```

6.3.4 for/in 语句

for/in 语句是 for 语句的一种特殊形式，其语法格式如下：
```
for ( [var] variable in <object | array> )
    statement
```
variable 表示一个变量，可以在其前面附加 var 语句，用来直接声明变量名。in 关键字后面是一个对象或数组类型的表达式。

在运行该循环结构时，会声明一个变量，然后计算对象或数组类型的表达式，并遍历该对象或表达式。在遍历过程中，每获取一个对象或数组元素，就会临时把对象或数组中元素存储在 variable 指定的变量中。注意，对于数组来说，该变量存储的是数组元素的下标；而对于对象来说，该变量存储的是对象的属性名或方法名。

然后，执行 statement 包含的语句。执行完毕，返回继续枚举下一个元素，以此周而复始，直到对象或数组中所有元素都被枚举为止。

在循环体内还可以通过中括号（[]）和临时变量 variable 来读取每个对象属性或数组元素的值。

【示例 1】 本例演示了如何利用 for/in 语句遍历数组，并读取枚举中临时变量和元素的值的方法：
```
var a = [1, true, "abc", 34, false];    // 声明并初始化数组变量
for(var b in a)                          // 遍历数组
{
    alert(b);                            // 显示枚举中临时变量值
    alert(a[b]);                         // 显示每个元素的值
}
```

使用 while 或 for 语句通过数组下标和 length 属性可以实现相同的枚举操作，不过 for/in 语句提供了一种更直观、高效的枚举对象属性或数组元素的方法。

【示例 2】 针对上面示例，可以使用如下两种结构实现相同的设计目的。

➥ 使用 for 结构转换。
```
var a = [1, true, "abc", 34, false];
for(var b = 0; b < a.length; b ++ )
{
    alert(b);
    alert(a[b]);
}
```

➥ 使用 while 结构转换。
```
var a = [1, true, "abc", 34, false];
var b = 0;
while(b < a.length )
{
    alert(b);
    alert(a[b]);
    b ++ ;
}
```

📖 拓展：

for/in 语句比较灵活，在遍历对象或数组时经常用到，也有很多技巧需要用户掌握。理解 for/in 结构特性将有助于在操作引用型数据时找到一种解决问题的新途径。

在 for/in 语法中,变量 variable 可以是任意类型的变量表达式,只要该表达式的值能够接收赋值即可。

【示例 3】 在本例中,定义一个对象 o,该对象中包含 3 个属性,同时定义一个空数组、一个临时变量 n。然后定义一个空数组,利用枚举法把对象的所有属性名复制到数组中。

```
var o ={                    // 定义包含 3 个属性的对象
   x : 1,
   y : true,
   z : "true"
};
var a = [];                 // 定义空数组
var n = 0;                  // 定义临时循环变量,并赋值为 0
for(a[n ++ ] in o);         // 遍历对象 o,然后把所有属性都赋值到数组中
```

其中 for(a[n ++] in o);语句实际上是一个空的循环结构,展开其结构则如下所示:

```
for(a[n ++ ] in o)          // 遍历对象 o
{
   ;                        // 空语句
}
```

【示例 4】 针对上面的示例,可以使用如下结构遍历数组,并读取存储的值:

```
for(var i = 0 in a)         // 遍历数组 a,在该结构中直接声明并初始化临时变量 i
{
   alert(i);                // 读取临时变量 i 的值
   alert(a[i]);             // 读取数组元素的值
}
```

for/in 能够枚举对象的所有成员,但是如果对象的成员被设置为只读、存档或不可枚举等属性,那么使用 for/in 语句时是无法枚举的。因此,当使用这种方法遍历内置对象时,可能就无法读取全部属性。

【示例 5】 在本例中,for/in 是无法读取内置对象 Object 所有属性。

```
for(var i = 0 in Object)
{
   alert(i);
   alert(a[i]);
}
```

但是可以读取客户端 document 对象的所有可读属性:

```
for(var i = 0 in document)
{
   document.write("document."+i+"="+document[i]);
    document.write("<br />");
}
```

提示:

所有内置方法都不允许枚举。对于用户自定义属性,可以枚举。

【示例 6】 为 Object 内置对象自定义两个属性,则在 for/in 结构中可以枚举它们:

```
Object.a = 1;               // 为内部 Object 对象定义属性 a
Object.b =true;             // 为内部 Object 对象定义属性 b
for(var i = 0 in Object)    // 遍历 Object 对象
{
   alert(i);
   alert(Object[i]);
}
```

由于对象成员没有固定的顺序,所以在使用 for/in 循环时也无法判断遍历的顺序,因此在遍历结果中会看到不同的排列顺序。

注意：

如果在循环过程中删除某个没有被枚举的属性，则该属性将不会被枚举。反过来如果在循环体中定义了新属性，那么循环是否被枚举则由引擎来决定。因此，在 for/in 循环体内改变枚举对象的属性有可能会导致意外发生，一般不建议随意在循环体内操作属性。

【示例 7】 for/in 结构能够枚举对象内所有可枚举的属性，包括原生属性和继承属性，这也带来一个问题：如果仅希望修改数组原生元素，而该数组还存在继承值或额外属性值，那么将给操作带来麻烦。

```
Array.prototype.x = "x";           // 自定义数组对象的继承属性
var a = [1,2,3];                   // 定义数组对象，并赋值
a.y = "y";                         // 定义数组对象的额外属性
for(var i in a)                    // 遍历数组对象 a
{
    alert(i + ":" + a[i]);
}
```

在上面示例中，使用 for/in 结构将获取 5 个元素，其中包括 3 个原生元素，一个是继承的属性 x 和一个额外的属性 y。

如果仅想获取数组 a 的原生元素，那么上述操作将会枚举出很多意外的值，这些值并非是用户想要的。为避免此类问题，建议使用 for 循环结构：

```
for(var i = 0; i < a.length ; i ++ )
{
    alert(i + ":" + a[i]);
}
```

上面的 for 结构仅会遍历数组对象 a 的原生元素，而将忽略它的继承属性和额外属性。

6.3.5 比较 while 和 for 结构

扫一扫，看视频

for 和 while 语句都可以用来设计循环，完成特定动作的重复性操作。不过，使用时不可随意替换。下面分别从语义、模式、目标 3 个角度进行比较。

1. 语义

for 和 while 结构可以按如下模式进行相互转换：

```
for (initialization ; test ; increment )
    // 声明并初始化循环变量、循环条件、递增循环变量
    statements                     // 可执行的循环语句
```

相当于：

```
initialization;                    // 声明并初始化循环变量
while(test)                        // 循环条件
{
    statement                      // 可执行的循环语句
    increment;                     // 递增循环变量
}
```

但是在实际开发中，二者不可以随意转换。

for 结构是以循环变量的变化来控制循环进程，整个循环流程是预先计划好的，用户容易预知循环的次数、每次循环的状态等信息。

while 结构是根据特定条件来决定循环操作，由于这个条件是动态的，无法预知条件何时为 true 或 false，因此该结构的循环操作就具有很大的不确定性，每一次循环时都不知道下一次循环的状态如何，只能通过条件的动态变化来确定。

因此，for 结构常常被用于有规律的重复操作中，如数组、对象、集合等的操作。while 结构更适合用于待定条件的重复操作，以及依据特定事件控制的循环操作。

2. 模式

for 结构和 while 结构在思维模式上也存在差异。在 for 结构中，把循环的三要素（起始值、终止值和步长）定义为 3 个基本表达式作为结构语法的一部分固定在 for 语句内，使用小括号进行语法分隔，这与 while 结构中 while 语句内仅是条件检测的表达式截然不同，这样就更有利于 JavaScript 解释器进行快速预编译。

for 结构适合简单的数值迭代操作。

【示例1】 以下代码使用 for 语句迭代 10 之内的正整数。

```
for(var n = 1; n < 10; n ++ )           // 循环操作的环境条件
{
    alert(n);                           // 循环操作的语句
}
```

用户可以按以下方式对 for 循环进行总结。

执行循环条件：1 < n < 10，步长为 n++。

执行循环语句：alert(n)。

这种把循环操作的环境条件和循环操作语句分离开的设计模式能够提高程序的执行效率，同时也避免了因为把循环条件与循环语句混在一起而造成的遗漏或错误。如果使用简化的示意图来描述这种思维模式，则如图 6.1 所示。

但是，如果 for 结构的循环条件比较复杂，不是简单的数值迭代，这时 for 语句就必须考虑如何把循环条件和循环语句联系起来才可以正确执行整个 for 结构。因为根据 for 结构的运算顺序，for 语句首先计算第 1、2 个表达式，然后执行循环体语句，最后返回执行 for 语句第 3 个表达式，如此周而复始。

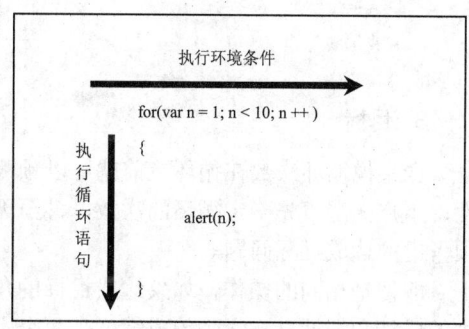

图 6.1 for 结构的数值迭代计算

【示例2】 以下代码使用 for 语句模拟 while 语句在循环体内检测条件，如果递增变量大于等于 10，则设置条件变量 a 的值为 false，终止循环。

```
for(var a = true, b = 1; a; b ++ )
{
    if(b > 9)                          // 在循环体内间接计算迭代的步长
    a = false;
    alert(b);
}
```

在上面示例中，for 语句的第 3 个表达式不是直接计算步长的，整个 for 结构也没有明确告知循环步长的表达式，要确知迭代的步长就必须根据循环体内的语句来决定。于是整个 for 结构的逻辑思维就存在一个回旋的过程，如图 6.2 所示。

由于 for 结构的特异性，导致在执行复杂条件时会大大降低效率。相对而言，while 结构天生就是为复杂的条件而设计的，它将复杂的循环控制放在循环体内执行，而 while 语句自身仅用于测试循环条件，这样就避免了结构分隔和逻辑跳跃。

【示例3】 以下代码使用 while 语句迭代 10 之内的正整数。

如果使用 while 结构来表示这种复杂的条件循环，则代码如下，如果使用示意图来勾勒这种思维变化，则如图 6.3 所示。

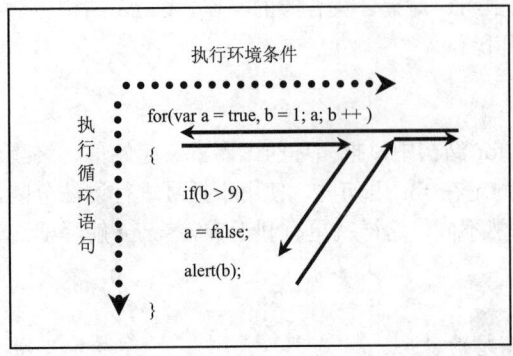

图 6.2 for 结构的条件迭代计算

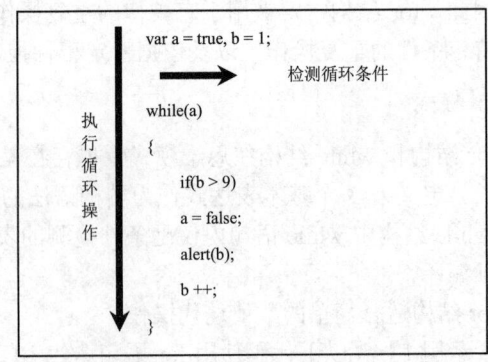

图 6.3 while 结构的条件计算

```
var a = true, b = 1;           // 在循环体内间接计算迭代
while(a)                       // 在循环体内间接计算迭代
{
    if(b > 9)                  // 在循环体内间接计算迭代
    a = false;
    alert(b);
    b ++;                      // 在循环体内间接计算迭代
}
```

3. 目标

如果说循环次数在循环之前就可以预测,如计算 1~100 之间的数字和,而有些循环则具有不可预测性,用户无法事先确定循环的次数,甚至无法预知循环操作的趋向。这些都构成了在设计循环结构时必须考虑的达成目标问题。

即使是相同的操作,如果达成目标的角度不同,可能重复操作的设计也就不同。例如,统计全班学生的成绩和统计合格学生的成绩就是两个不同的达成目标。

一般来说,在循环结构中动态改变循环变量的值时建议使用 while 结构,而对于静态的循环变量,则可以考虑使用 for 结构。

简单比较 while 结构和 for 结构,它们之间的区别如表 6.4 所示。

表 6.4 while 结构和 for 结构比较

	While 结构	For 结构
条件	根据条件表达式的值决定循环操作	根据操作次数决定循环操作
结构	比较复杂,结构相对宽松	比较简洁,要求比较严格
效率	存在一定的安全隐患	执行效率比较高
变种	do/while 语句	for/in 语句

6.3.6 优化循环结构

扫一扫,看视频

循环结构是最浪费资源的,其中一点小小的损耗都会被成倍放大,从而影响程序运行的效率。

1. 优化结构

循环结构常常与分支结构混用在一起。但是如何嵌套就非常讲究了。

【示例 1】 设计一个循环结构,结构内的循环语句只有在特定条件下才被执行。如果使用一个简单的例子来演示，则正常思维结构如下所示：
```
var a = true;
for(var b = 1; b < 10; b ++ )                      // 循环结构
{
    if(a == true)                                  // 条件判断
    {
        alert(b);
    }
}
```
很明显，在这个循环结构中 if 语句会被反复执行。如果这个 if 语句是一个固定的条件检测表达式，也就是说如果 if 语句的条件不会受循环结构的影响，则不妨采用如下的结构来设计：
```
if(a == true)                                      // 条件判断
{
    for(var b = 1; b < 10; b ++ )                  // 循环结构
    {
        alert(b);
    }
}
```
这样 if 语句只被执行一次，如果 if 条件不成立，则直接省略 for 语句的执行，从而使程序的执行效率大大提高。但是如果 if 条件表达式受循环结构的制约，则不能采用这种结构嵌套。

2. 避免不必要的重复操作

在循环体内经常会存在不必要的重复计算问题。

【示例2】 在本例中，通过在循环内声明数组，然后读取数组元素的值：
```
for(var b = 0; b < 10; b ++ )                      // 循环
{
    var a = new Array(1,2,3,4,5,6,7,8,9,10);       // 声明并初始化数组
    alert(a[b]);
}
```
显然，在这个循环结构中，每循环一次都会重新定义数组，这种设计极大地浪费了资源。如果把这个数组放在循环体外会更加高效：
```
var a = new Array(1,2,3,4,5,6,7,8,9,10);           // 声明并初始化数组
for(var b = 0; b < 10; b ++ )
{
    alert(a[b]);                                   // 循环
}
```

3. 妥善定义循环变量

对于 for 结构来说，主要利用循环变量来控制整个结构的运行。当循环变量仅用于结构内部时，不妨在 for 语句中定义，这样能够优化循环结构。

【示例3】 计算 100 之内数字的和。
```
var s = 0;                                         // 声明变量
for(var i = 0; i <= 100; i ++ )                    // 循环语句
{
    s += i;
}
alert(s);
```
显然下面做法就不妥当，因为单独定义循环变量，实际上增大了系统开销。

```
var i = 0;                              // 声明变量
var s = 0;                              // 声明变量
for(i = 0; i <= 100; i ++ )             // 循环语句
{
    s += i;
}
alert(s);
```

6.4 结构跳转

结构跳转语句主要包括标签、break、continue，它们常与条件语句、循环语句配合使用，来控制条件和循环流程，以提升代码运行效率。

6.4.1 标签语句

在 JavaScript 中，任何语句都可以添加一个标签，以便在复杂结构中设置程序跳转路径。定义标签语句的语法格式如下：

```
label : statements
```

label 为任意合法的标识符，但不能使用保留字。由于标签名与变量名属于不同的语法体系，所以不用担心标签名与变量名重叠。然后使用冒号分隔标签名与标签语句。

【示例】 在下面代码中，b 就是标签名，而 a 就是对象的属性名，其中标签 b 就是对对象结构进行标记。

```
b:{
    a:true
}
```

由于标签名和属性名都属于标签范畴，不能重名，下面这种写法是错误的：

```
a:{                         // 标签语句的标记名
    a:true                  // 对象属性的标记名
}
```

对象属性的标识名可以访问属性：

```
var o={
    a:true
}
alert(o.a);                 // 通过对象成员标识符可以用对象成员
```

但是用户不能使用标签语句的标记名来引用被标记的语句，下面这种写法是错误的：

```
b:{
    a:true
}
alert(b.a);                 // 不能够使用标签语句的标记名来引用被标记的语句
```

标签语句常用在循环结构中，以从嵌套循环中跳出。标签语句必须与其他跳转语句配合使用。

6.4.2 break 语句

break 语句能够终止循环或多重分支结构的执行。主要用在循环结构和 switch 多重分支结构中，用在其他地方都是非法的。

break 语句独立成句，用法如下：

```
break;
```

【示例1】 break 语句可以在循环结构中使用，用来退出循环结构。

```
for(var i = 0; ;i++)
{
    if(i>=10) break;            // 通过 break 语句来监测 for 循环操作
    alert(i);
}
```

它等于：

```
for(var i = 0; i < 10; i ++ )
{
    alert(i);
}
```

break 关键字后面可以跟随一个标签名，用来指示程序终止执行之后要跳转的位置，并以该标签语句末尾的位置为起点继续执行。

```
break label;
```

【示例2】 在本例中，设计了一个 3 层嵌套的循环结构。分别为每层循环定义一个标签，然后再内部通过条件结构来判断循环变量值的变化，并利用带有标签名的 break 语句进行跳转。

```
a :for(var a = 0; a < 10; a ++ ){
    b :for(var b = 0; b < 10; b ++ ){
        c :for(var c = 0; c < 10; c ++ ){
            if(c == 1){
                alert("c=" + c);
                break c;
            }
            if(b == 1){
                alert("b=" + b);
                break b;
            }
            if(a == 1){
                alert("a=" + a);
                break a;
            }
        }
    }
}
```

break 语句和标签语句结合使用仅限于嵌套结构内部。

【示例3】 在本例中，设计 3 个并列的循环结构，企图在它们之间通过 break 语句和标签语句来实现相互跳转，这是不允许的。此时会提示编译错误，找不到指定的标签名。因为 JavaScript 在运行 break 语句时，仅限于当前结构或当前嵌套结构中寻找标签名。

```
a :for(var a = 0; a < 10; a ++ ){
    if(a == 1){
        alert("a=" + a);
        break b;
    }
}
b :for(var b = 0; b < 10; b ++ ){
```

```
    if(b == 1){
        alert("b=" + b);
        break c;
    }
}
c :for(var c = 0; c < 10; c ++ ){
    if(c == 1){
        alert("c=" + c);
        break a;
    }
}
```

使用带有标签的 break 语句时应注意以下两点。

- 只有使用嵌套的循环或者嵌套的 switch 结构，且需要退出非当前层结构时，才可以使用带有标签的 break 语句。
- break 关键字与标签名之间不能够包含换行符，否则 JavaScript 会把它们看做是两个句子，并分别单独执行。

break 语句主要功能是提前结束循环或多重分支判断。这在循环条件复杂，且无法预控制的情况下，可以避免死循环或者不必要的空循环。

【示例 4】 在本例中，设计在客户端查找 document 对象的 bgColor 属性。如果完全遍历 document 对象，会浪费很多时间。如果在 for/in 结构中添加一个 if 结构判断所枚举的属性名是否等于"bgColor"，如果相等，则使用 break 语句跳出循环结构。

```
for(i in document){
    if(i.toString() == "bgColor"){
        document.write("document." + i + "=" + document[i] + "<br />");
        break;
    }
}
```

在上面代码中，break 语句并非跳出当前的 if 结构体，而是跳出当前最内层的循环结构。

【示例 5】 在以下嵌套结构中，break 语句不是退出 for/in 循环体，而是退出 switch 结构体。

```
for(i in document){
    switch(i.toString()){
        case "bgColor":
            document.write("document." + i + "=" + document[i] + "<br />");
            break;
        default:
            document.write("没有找到");
    }
}
```

【示例 6】 针对上面示例，如果需要退出外层的循环结构，就需要为 for 语句定义一个标签 outloop，然后在 break 语句中指定该标签名，以便从最内层的多重分支结构中跳出最外层的 for/in 循环结构体。

```
outloop:for(i in document){
    switch(i.toString()){
        case "bgColor":
            document.write("document." + i + "=" + document[i] + "<br />");
            break outloop;
        default:
```

```
        document.write("没有找到");
    }
}
```

6.4.3 continue 语句

continue 语句与 break 语句都独立成句,用于循环结构,break 语句用于停止循环,而 continue 语句用于停止当前循环,继续执行下一次循环。

与 break 语句语法相同,continue 语句可以跟随一个标签名,用来指定继续执行的循环结构的起始位置:

```
continue label;
```

【示例 1】 在本例中,当循环变量等于 4 时,会停止循环体内最后一句的执行,返回 for 语句继续执行下一次迭代:

```
for(var i=0; i<10;i++)
{
    alert(i);
    if (i==4) continue;           // 继续执行下一次迭代
    alert(i);
}
```

continue 语句只能在循环结构(如 while、do/while、for、for/in)内使用,在其他地方都会引发编译错误。当执行 continue 语句时,会停止当前迭代过程,开始执行下一次的迭代。但是对于不同的结构体,其继续执行的位置也略有不同。

- 对于 for 循环结构来说,将会返回执行 for 语句后第 3 个表达式,然后再执行第 2 个表达式,如果条件满足,则继续执行下一次迭代,如图 6.4 所示。
- 对于 for/in 循环结构来说,将会以下一个赋给循环变量的属性名开始再次新的迭代。
- 对于 while 循环结构来说,将会返回再次检测 while 语句后的表达式,如果为 true,则重新开头执行循环体内所有语句,如图 6.5 所示。

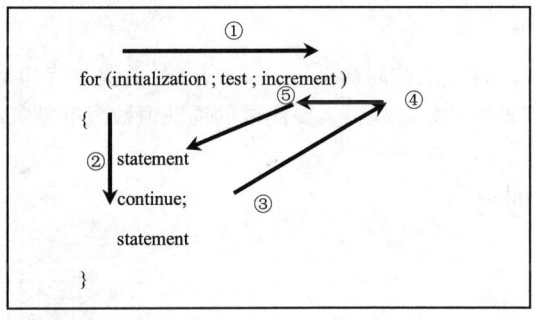
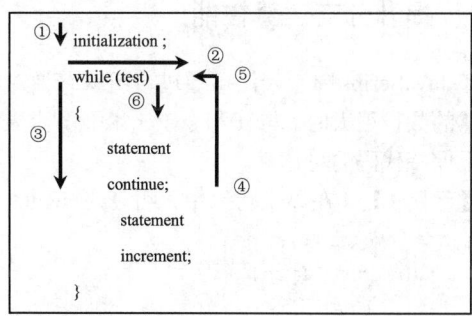

图 6.4 continue 语句在 for 结构中的执行路线图　　图 6.5 continue 语句在 while 结构中的执行路线图

【示例 2】 以下这个循环结构被执行时,将成为死循环。

```
var i=0;
while(i<10){
    alert(i);
    if (i==4) continue;
    i++
}
```

↘ 对于 do/while 循环结构来说，会跳转到底部的 while 语句先检测条件表达式，如果条件为 true，则将从 do 语句后开始下一次的迭代，如图 6.6 所示。

do/while 结构与 while 结构比较相似，其中 continue 语句下面的语句将被忽略掉。但是在 JavaScript 1.2 版本中存在一个 Bug，它将不检测底部的 while 语句后的循环条件，而是直接跳转到顶部 do 语句后面开始下一次迭代。所以，在使用 do/while 结构时应该注意这个安全风险。

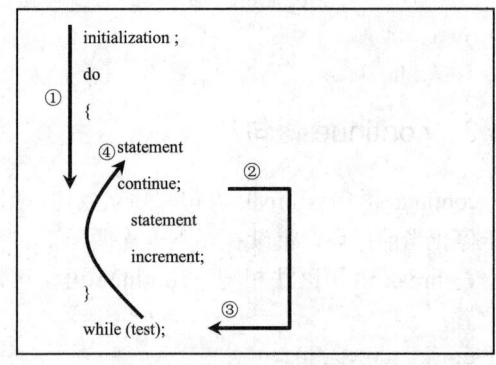

图 6.6 continue 语句在 do/while 结构中的执行路线图

【示例 3】 在本例中，可利用 continue 语句辅助过滤掉数组 a 中的字符串元素：

```
var a = [1, "d", 2, "a", "b", "c", 3, 4]     // 定义并初始化数组 a
var b = [], j = 0;                            // 定义数组 b 和变量 j
for(var i in a){                              // 遍历数组 a
    if(typeof a[i] == "string")
        // 如果元素数据类型为字符串，则返回继续下一次迭代
        continue;
    b[j ++ ] = a[i];                          // 把非字符串类型的元素值赋值给数组 b
}
alert(b);                                     // 返回 1,2,3,4
```

6.5 实战案例

下面结合具体案例讲解各种语句在开发中的应用技巧。

6.5.1 提升分支运算性能

扫一扫，看视频

在 JavaScript 中查表法可通过数组或普通对象实现，查表法访问数据比 if 和 switch 更快，特别是当条件体的数目很大时。与 if 和 switch 相比，查表法不仅非常快，而且当需要测试的离散值数量非常大时，有助于保持代码的可读性。

【示例 1】 在以下代码中，可使用 switch 检测 value 值。

```
function map(value){
    switch(value) {
        case 0:
            return "result0";
        case 1:
            return "result1";
        case 2:
            return "result2";
        case 3:
            return "result3";
        case 4:
            return "result4";
        case 5:
```

```
            return "result5";
        case 6:
            return "result6";
        case 7:
            return "result7";
        case 8:
            return "result8";
        case 9:
            return "result9";
        default:
            return "result10";
    }
}
```

【示例 2】 使用 switch 语句检测 value 值的方法比较笨重，针对上面代码可以使用一个数组查询替代 switch 结构块。以下代码可以将所有可能值存储到一个数组中，然后通过数组下标快速检测元素的值。

```
function map(value){
    var results = ["result0","result1","result2","result3","result4","result5",
"result6", "result7", "result8", "result9", "result10"]
    return results[value];
}
```

使用查表法可以消除所有条件判断，由于没有条件判断，当候选值数量增加时，基本上不会增加额外的性能开销。

查表法常用于一个键和一个值形成逻辑映射的领域，而 switch 更适合于每个键需要一个独特的动作或一系列动作的场合。

【示例 3】 如果条件查询中键名不是有序数字，则无法与数组下标映射，这时可以使用对象成员查询。

```
function map(value){
    var results = {
        "a":"result0", "b":"result1", "c":"result2","d":"result3", "e":"result4",
"f": "result5", "g":"result6", "h":"result7", "i":"result8", "j":"result9",
"k":"result10"
    }
    return results[value];
}
```

6.5.2 提升循环运算性能

每次运行循环体时都会产生性能开销，增加总的运行时间，即使是循环体中最快的代码，累计迭代上千次，也将带来不小的负担。因此，减少循环的迭代次数可获得显著的性能提升。

有两个因素影响到循环的性能：
- 每次迭代做什么。
- 迭代的次数。

通过减少这两者中一个或全部的执行时间，可以提高循环的整体性能。如果一次循环需要较长时间来执行，那么多次循环将需要更长时间。限制在循环体内进行耗时操作的数量是一个加快循环的好方法。

【示例 1】 一个典型的数组处理循环可采用三种循环的任何一种。

```
//方法1
for (var i=0; i < items.length; i++){
```

扫一扫，看视频

```
    process(items[i]);
}
//方法 2
var j=0;
while (j < items.length){
    process(items[j++]);
}
//方法 3
var k=0;
do {
    process(items[k++]);
} while (k < items.length);
```

在每个循环中，每次运行循环体都要发生如下操作：

（1）在控制条件中读一次属性（items.length）。
（2）在控制条件中执行一次比较（i < items.length）。
（3）比较操作，观察条件控制体的运算结果是不是 true（i < items.length == true）。
（4）一次自加操作（i++）。
（5）一次数组查找（items[i]）。
（6）一次函数调用（process(items[i])）。

在这些简单的循环中，即使没有太多的代码，每次迭代也都要进行这 6 步操作。代码运行速度很大程度上由 process()对每个项目的操作所决定，即便如此，减少每次迭代中操作的总数也可以大幅度提高循环的整体性能。

优化循环的第一步是减少对象成员和数组项查找的次数。在大多数浏览器上，这些操作比访问局部变量或直接量需要更长时间。例如，在上面代码中，每次循环都查找 items.length，这是一种浪费，因为该值在循环体执行过程中不会改变，因此产生了不必要的性能损失。

【示例 2】 可以简单地将此值存入一个局部变量中，在控制条件中使用这个局部变量，从而提高了循环性能：

```
for (var i=0, len=items.length; i < len; i++){
    process(items[i]);
}
var j=0, count = items.length;
while (j < count){
    process(items[j++]);
}
var k=0, num = items.length;
do {
    process(items[k++]);
} while (k < num);
```

这些重写后的循环只在循环执行之前对数组长度进行一次属性查询，使控制条件中只有局部变量参与运算，所以速度更快。根据数组的长度，在大多数浏览器上总循环时间可以节省大约 25%，在 IE 浏览器中可节省 50%。

还可以通过改变循环的顺序来提高循环性能。通常，数组元素的处理顺序与任务无关，可以从最后一个开始，直到处理完第一个元素。倒序循环是编程语言中常用的性能优化方法，不过一般不太容易理解。

【示例 3】 在 JavaScript 中，倒序循环可以略微提高循环性能：

```
for (var i=items.length; i--; ){
    process(items[i]);
}
```

```
var j = items.length;
while (j--){
   process(items[j]);
}
var k = items.length-1;
do {
   process(items[k]);
} while (k--);
```

在上面代码中使用了倒序循环，并在控制条件中使用了减法。每个控制条件只是简单的与 0 进行比较。控制条件与 true 值进行比较，任何非零数字自动强制转换为 true，而 0 等同于 false。

实际上，控制条件已经从两次比较减少到一次比较。将每个迭代中两次比较减少到一次可以大幅度提高循环速度。通过倒序循环和最小化属性查询，可以看到执行速度比原始版本提升了 50%~60%。与原始版本相比，每次迭代中只进行如下操作：

（1）在控制条件中进行一次比较（i == true）。
（2）一次减法操作（i--）。
（3）一次数组查询（items[i]）。
（4）一次函数调用（process(items[i]））。

新循环的每次迭代中减少两个操作，随着迭代次数的增长，性能将显著提升。

6.5.3 设计杨辉三角

杨辉三角是一个经典、有趣的编程案例，它揭示了多次方二项式展开后各项系数的分布规律，如图 6.7 所示。

从杨辉三角的特点出发，可以总结出下面两点运算规律。

（1）设起始行为第 0 行，第 N 行有 N+1 个值。
（2）设 N>=2，对于第 N 行的第 J 个值：

➥ 当 J=1 或 J=N+1 时，其值为 1。
➥ J!=1 且 J!=N+1 时，其值为第 N-1 行的第 J-1 个值与第 N-1 行第 J 个值之和。

图 6.7 高次方二项式开方之后各项系数的数表分布规律

使用递归算法可以求指定行和列交叉点的值，具体设计函数如下：

```
function c(x,y){                              // 求指定行和列的数字，参数 x
表示行数，参数 y 表示列数
   if((y==1) || ( y == x + 1)) return 1;     // 如果是第一列或最后一列，
则取值为 1
   return c(x-1,y-1) + c(x-1,y);             // 通过递归算法求指定行和列的
值，x-1 表示上一行，返回上一
行中第 y-1 列与第 y 列值之和
```

然后输出每一行每一列的数字：

```
for(var i = 0; i <= n; i ++ ){                // 遍历幂数
   for(var j = 1; j < i + 2 ; j ++ ) {        // 遍历每一列
      print(c(i,j));                          // 调用求值函数，输出每一个数字
   }
   print("<br />");                           // 换行
}
```

使用递归算法思路比较清晰，代码简洁，但是它的缺点也很明显：执行效率是非常低的，特别是幂数很大时，其执行速度异常缓慢，甚至有可能宕机。所以，我们有必要对其算法做进一步的优化。

优化设计：

定义两个数组，数组 1 为上一行数字列表，为已知数组；数组 2 为下一行数字列表，为待求数组。假设上一行数组为[1,1]，即第 2 行数字。那么，下一行数组的元素值就等于上一行相邻两个数字的和，即为 2，然后数组两端的值为 1，这样就可以求出下一行数组，即第 3 行数字列表。求第 4 行数组的值，可以把已计算出的第 3 数组作为上一行数组，而第 4 行数字为待求的下一行数组，依此类推。

实现上述算法，可以使用双层循环嵌套结构，外层循环结构遍历高次方的幂数（即行数），内层循环遍历每次方的项数（即列数）。实现的核心代码如下：

```javascript
var a1 = [1, 1];                         // 上一行数组，初始化为[1, 1]
var a2 = [1, 1];                         // 下一行数组，初始化为[1, 1]
for(var i = 2; i <= n; i ++ ){           // 从第 3 行开始遍历高次方的幂数，n 为幂数
    a2[0] = 1;                           // 定义下一行数组的第一个元素为 1
    for(var j = 1; j < i - 1; j ++ ){    // 遍历上一行数组，并计算下一行数组中间的数字
        a2[j] = a1[j - 1] + a1[j];
    }
    a2[j] = 1;                           // 定义下一行数组的最后一个元素为 1
    for(var k = 0; k <= j; k ++ ){       // 把上一行数组的值传递给上一行数组，从而实现交替循环
        a1[k] = a2[k];
    }
}
```

完成算法设计之后，就可以设计输出数表，完整代码如下，演示效果如图 6.8 所示。

```html
<!doctype html>
<html>
<head>
<meta charset="utf-8">
<title>输出杨辉三角</title>
<script type="text/javascript">
function print(v){   //输出函数
    //如果传递值为输出的数字，则包含在一个<span>标签中，以方便 CSS 控制
    if(typeof v == "number"){
        var w = 40;   //默认<span>标签宽度
        if(n > 30) w = (n - 30) + 40;     //根据幂数的增大，适当调整<span>标签的宽度
        var s = '<span style="padding:4px 2px;display:inline-block;text-align:center;width:'+ w +'px;">' + v + '</span>';
        document.write(s);   //在页面中输出字符串
    }
    else{     //如果参数值为字符串，说明是输出其他字符串
        document.write(v);   //则调用 document 对象的 write()方法直接输出
    }
}
//输入接口，用来接收用户设置幂数
var n = prompt("请输入幂数：", 9);     //默认值为 9
n = n - 0;   //把输入值转换为数值类型
var t1 = new Date();
var a1 = [1, 1], a2 = [1, 1];   //声明并初始化数组
print('<div style="text-align:center;">');          //输出一个包含框
print(1);    //输出第一行中的数字
print("<br />");
for(var i = 2; i <= n; i ++ ){   //从第三行开始，遍历每一行
    print(1);     //输出每一行中第一个数字
```

```
        for(var j = 1; j < i - 1 ; j ++ ){   //从第2个数字开始，遍历每一行
            a2[j] = a1[j - 1] + a1[j];
            print(a2[j]);     //输出每一行中中间的数字
        }
        a2[j] = 1;   //补上最后一个数组元素的值
        for(var k = 0; k <= j; k ++ ) { //把上一行数组的值传递给下一行数组
            a1[k] = a2[k];
        }
        print(1);    //输出每一行中最后一个数字
        print("<br />");//输出换行符
    }
    print("</div>");       //输出包含框的封闭标签
    var t2 = new Date();
    print("<p style='text-align:center;'>耗时为（毫秒）：" + ( t2 - t1 ) + "</p>" );
</script>
</head>
<body>
</body>
</html>
```

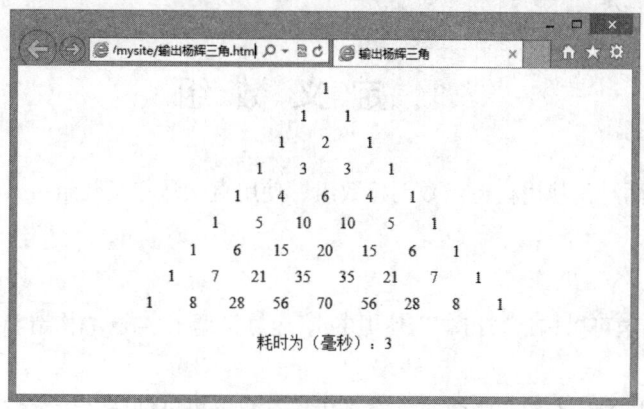

图6.8　9次幂杨辉三角数表分布图

第 7 章 使用数组

数组（Array）是一种有序数据集合，数组中每个值被称为数组的一个元素（Element），每个元素的编码被称为数组下标（Index）。JavaScript 是弱类型语言，数组结构表现和语法约定都比较松散，每个元素的值可以为任意类型，同一数组的不同元素可以保存不同类型数据。数组长度不是固定的，可以任意地拉伸和收缩。JavaScript 不支持二维或多维数组，通过元素包含数组的方式，可以间接创建复杂的多维数组。本章将讲解数组的基本语法、用法，以及数组方法的灵活应用、扩展及其优化。

【学习重点】
- 正确定义数组。
- 正确使用数组。
- 灵活应用数组及其方法。
- 能够使用数组解决实际问题。

7.1 定义数组

定义数组的方法有两种：使用构造函数创建数组、使用直接量定义数组。具体说明如下。

7.1.1 构造数组

使用 Array()构造函数可以构造数组。当使用 new 运算符调用 Array()构造函数时，可以创建一个新数组。

【示例 1】 当调用 Array()构造函数时，没有传递参数，可以创建一个空数组。
```
var a = new Array();                                    // 空数组
```
【示例 2】 当调用 Array 构造函数时，明确指定数组元素的值，可以创建一个实数组。
```
var a = new Array(1,true,"string",[1,2],{x:1,y:2});     // 实数组
```
在这种形式中，构造函数带有一个参数列表，每个参数指定一个元素的值，值的类型是任意的。参数列表的顺序是数组元素的顺序，从数组下标 0 开始，数组的 length 属性值正好等于 Array 构造函数所传递的参数个数。

【示例 3】 当调用 Array 构造函数时，仅给 Array 构造函数传递一个数值参数，该数值定义了数组的长度，即定义数组中包含元素的个数。
```
var a = new Array(5);                                   // 指定长度的数组
```
在这种形式中，参数值等于数组的 length 属性值，每个元素的值预定义为 undefined。

【示例 4】 本例很容易产生歧义：设计定义一个仅含一个元素且元素值为 1 的数组，但是 JavaScript 误解为定义一个长度为 1 的数组，所以返回值为 undefined。
```
var a = new Array(1);       // 到底是指定元素的值，还是指定元素的个数
alert(a[0]);                // 返回 undefined，说明 JavaScript 理解为元素的个数
```
解决方法：重新为数组的元素赋值。
```
a[0] = 1;                                               // 为元素赋值
```

7.1.2 数组直接量

使用直接量是定义数组的快捷方法。方法是在中括号运算符中包含多个值列表,以逗号进行分隔。

【示例】 以下代码使用直接量定义数组。

```
var a = [];                              // 空的数组直接量
var a = [1,true,"string",[1,2],{x:1,y:2}]; // 包含具体元素的数组直接量
```

使用直接量定义数组,能够提高数组初始化运行效率。因此,在没有特殊要求的情况下建议使用直接量定义数组。

扫一扫,看视频

7.2 使用数组

操作数组的方法很简单,但是比较灵活。其灵活性表现在:数组的名称是一个指向数组的引用变量;数组的长度可以随意伸缩;数组的下标可以是表达式;数组的元素可以自由操作。

7.2.1 存取数组元素

扫一扫,看视频

存取数组元素值主要通过中括号运算符([])来实现。中括号运算符左侧是对数组的引用,即数组标识符,中括号内指定数组元素的下标。

【示例1】 以下代码使用中括号运算符存取数组元素的值。

```
var a = [];              // 声明一个空数组直接量,并把它引用给变量 a
a[0] = 1;                // 为数组第 1 个元素赋值为 1
a[2] = 2;                // 为数组第 3 个元素赋值为 2
alert( a[0] );           // 读取数组第 1 个元素的值,返回值为 1
alert( a[1] );           // 读取数组第 2 个元素的值,返回值为 undefined
alert( a[2] );           // 读取数组第 3 个元素的值,返回值为 2
```

在存取数组元素操作中,应注意以下几个问题。

(1)在 JavaScript 中,数组长度是弹性的,可以在操作中随时扩展数组的长度。例如,在上面示例中虽然仅给下标为 0 和 2 位置的元素赋值,但是 JavaScript 会自动为下标为 1 的元素预定义为 undefined。

(2)JavaScript 数组下标是以 0 开始的。下标可以是值为非负整数的表达式。

【示例2】 下面使用 for 语句批量为数组元素赋值。

```
var a = new Array();             // 创建一个空数组
for( var i = 0; i < 10; i ++ ){  // 循环为数组赋值
    a[i ++ ] = ++ i;             // 不按顺序为数组元素赋值
}
alert( a );                      // 返回 2,,,5 ,,,8,,, 11
```

在上面示例中,数组下标是一个不断递增的表达式。用户可以使用任意表达式,只要确保表达式的返回值是非负整数即可。

(3)数值下标的值必须是大于等于 0,且小于 $2^{32}-1$ 的整数。如果下标值太大,或为负数、浮点数、布尔值、对象及其他值,JavaScript 会自动把它转换为一个字符串,从而生成与字符串相关联的关联数组,即作为对象属性的名字,而不再是数组下标。

【示例3】 在本例中,数组下标 true 将不会被强制转换为数值 1,JavaScript 会把变量 a 视为对象,true 作为字符串被视为对象的属性名。

```
var a = [1, 2, 3];   // 声明数组直接量
alert( a[true] );    //返回 undefined,说明 a 不是指向数组 a,而是指向对象 a
var a = {            // 声明对象直接量
```

```
        "true" : 1                    // 属性 true 的值为 1
}
alert( a[true] );//返回值为 1，说明 a 确实是指向对象 a，并读取属性名为 true 的值
```

（4）数组元素可以被添加到对象中。

【示例 4】 在本例中，a 是一个指向对象的变量，当使用数组下标为其赋值时，JavaScript 不再把它看作是数组下标，而是把它看作对象的属性名。

```
var a = {};                  // 声明对象直接量
a[0] = 1;                    // 赋值
alert(a["0"]);               // 返回 1，读取对象 a 中名称为 0 的属性值
```

它相当于一个对象直接量：

```
var a = {
    0 : 1
};
```

由于 0 是非法的标识符，所以不能使用如下方式读取属性值。

```
alert(a.0);
```

7.2.2 数组长度

在传统语言中，数组一旦被声明，其长度是固定的，但是 JavaScript 数组就很灵活，数组元素的个数可以进行任意修改。不用考虑所定义的元素是否超出数组的长度，或者下标是否保持连续值。

【示例 1】 在本例中，分别为空数组 a 中下标位置为 2 和 100 的元素赋值，此时数组 a 中仅有两个元素。

```
var a = [];                  // 声明空数组
a[2] =1;                     // 为下标为 2 的元素赋值
a[100] =2;                   // 为下标为 100 的元素赋值
for(var i in a){             // 遍历数组，仅能够读取两个元素，说明其他元素不存在
    alert(a[i]);
}
```

JavaScript 在初始化数组时，只有那些真正存储在数组中的元素才能够被分配到内存中去。因此，在上面示例中 JavaScript 解释器只给数组下标为 2 和 100 的元素分配内存，而并不给其他下标值的元素分配内存。但是用户可以存取其他下标元素：

```
alert(a[0]);                 // 返回 undefined，说明没有这个元素
alert(a[1]) ;                // 返回 undefined，说明没有这个元素
a[0] = 3;                    // 为数组下标值等于 0 的元素赋值为 3
a[1] = 4;                    // 为数组下标值等于 1 的元素赋值为 4
alert(a[0]);                 // 返回 3，说明该元素存在
alert(a[1]);                 // 返回 4，说明该元素存在
```

这说明 JavaScript 数组中的元素值，以及元素个数都是动态的，且元素下标是否为连续值都不重要。JavaScript 为 Array 对象预定义了一个 length 属性，该属性将被所有数组对象继承，不管是由 Array() 构造函数创建的数组，还是由数组直接量定义的数组。length 属性存储了数组包含的元素个数。

【示例 2】 length 属性值不是数组元素的实际个数，而是当前数组的最大元素个数。由于数组下标可以是非连续的，因此 length 属性的值总是等于数组最大下标值加上 1。

```
var a = [];                  // 声明空数组
a[2] =1;
a[100] =2;
alert(a.length);             // 返回 101
```

由于数组下标必须小于 $2^{32}-1$，所以 length 属性值最大等于 $2^{32}-1$。

【示例 3】 数组的 length 属性是一个动态值,当数组添加了新元素之后,它的值也会自动更新,以便在给数组添加新元时保持不变。
```
a[200] =200;
alert(a.length);              // 返回 201
```
【示例 4】 作为动态值,数组的 length 属性可以被更新。如果 length 属性被设置了一个比当前 length 值小的值,则数组将会被截断,新长度之外的元素值都会被丢失;如果 length 属性被设置了一个比当前 length 值大的值,那么新的未定义的元素就会被添加到数组末尾,以使得数组增长到新指定的长度,其默认值为 undefined。
```
var a = [1,2,3];              // 声明数组直接量
a.length = 5;                 // 增长数组长度
alert(a[4]);                  // 返回 undefined,说明该元素还没有被赋值
a.length = 2;                 // 缩短数组长度
alert(a[2]);                  // 返回 undefined,说明该元素的值已经丢失
```

7.2.3 对象与数组

对象(Object)与数组(Array)是两种不同类型的引用型数据。从数据存储的方式上来看,它们非常相似。

【示例 1】 对象是一种包含已命名的值的集合类型,而数组则是一种包含已编码的值的集合类型。
```
var o = {                     // 对象
    x : 1,                    // 该值命名为 x
    y : true                  // 该值命名为 y
}
var a = [                     // 数组
    1,                        // 该值隐含编码为 0
    true                      // 该值隐含编码为 1
]
```
【示例 2】 由于对象的数据存储形式很像数组,因此被称为关联数组,但是它不是真正意义上的数组。关联数组就是将值与特定字符串关联在一起。真正的数组与字符串没有联系,但是它将值和数值(非负整数的下标)关联在一起。
```
alert(o["x"]);// 返回 1,在对象 o 中,值 1 与字符串 x 关联在一起
alert(a[0]);  // 返回 1,在数组 a 中,值 1 与数值 0 关联在一起
```
使用点运算符(.)可以存取对象属性,而数组使用中括号([])来存取属性。针对上面对象属性的读取操作,下面两行代码的意思是相同的:
```
o.x;                          // 返回 1,使用点运算符存取属性
o["x"];                       // 返回 1,使用中括号运算符存取属性
```

提示:
使用点运算符存取属性时,属性名是标识符;而使用中括号运算符存取属性时,属性名是字符串。

【示例 3】 当用点号运算符来存取对象属性时,属性名是用标识符表示的;当用中括号运算符来存取对象属性时,属性名是用字符串表示的,因此可以在运行过程中动态生成字符串。
```
var o = {                     // 对象直接量
    p1 : 1,
    p2 : true
}
for( var i = 1; i < 3; i ++ ){   // 循环读取对象的属性值
    alert( o["p" + i] );
}
```

通过采用关联数组法访问带有字符串表达式的对象属性是非常灵活的。当对象属性非常多时，使用点运算符来存取对象属性会比较麻烦。另外，在一些特殊情况下只能使用关联数组形式来存取对象属性。

📢 **提示：**

关联数组是一种数据结构，它允许用户动态地将任意值与任意字符串关联在一起。实际上 JavaScript 对象就是使用关联数组实现的。这样可以在设计中将对象和数组作为单独的类型来处理。但是要完全掌握对象和数组的行为，用户应该了解数组是一种具有额外功能层的对象。

【示例4】 本例使用 typeof 运算符提示数组实际上为对象类型，其返回值是字符串"Object"。

```
var a = [1,2,3] ;                      // 数组直接量
alert( typeof a);                      // 返回数组类型为 Object，而不是 Array
alert( a.constructor == Array);
                 // 返回 true，说明数组直接量的构造器是 Array
```

📖 **拓展：**

在编程语言中，数据集合表示一类数据的总和。集合既是一种数据存储结构，也是一种数据组织结构，更是一种数据处理结构。数据集合有多种类型，说明如下：

- 数组（Array）：固定大小的有序集合。
- 数组列表（ArrayList）：对象的动态数组类型。
- 列表（List）：可通过索引访问的对象的强类型列表。
- 字典（Dictionary）：表示键和值的集合。
- 有序列表（SortedList）：与哈希表类似。
- 哈希表（Hashtable）：名/值对，类似字典，比数组更强大。
- 栈（Stack）：后进先出栈集合。
- 队列（Queue）：先进先出栈集合。

每种类型的集合，其数据存储格式和语法约定都是不同的，这在不同语言中会略有不同。定义多类型的集合，其目的就是为了高效处理数据。

由于 JavaScript 是一种弱类型语言，它支持数组这种特殊类型的集合形式。不过，用户可以以对象结构支持哈希表结构类型，以及通过数组方式支持栈和队列结构的操作。

哈希表是一种非常重要的数据集合。与数组不同，它是一种无序数据集合，以名/值对的形式存储数据。系统能够根据关键码（即名/值对的名称）映射到表中对应的某个值来访问记录，以加快访问速度。

与数组相比，哈希表查找数据的效率是非常高的。例如，如果查找数组中的一个值为 a 的元素，数组会从下标为 0 的起始点开始遍历，最长可能要遍历数组的每一个元素。如果数组的长度很大，那么遍历所花费的时间会非常长。而如果在哈希表中查找一个值为 a 的元素，可以直接通过码值映射来访问，不需要遍历哈希表中每个元素。

JavaScript 没有从语法角度明文定义哈希表数据结构，但是 JavaScript 对象类型的数据结构与哈希表结构基本相同，因此用户可以使用对象结构来代替哈希表。

【示例5】 由于对象的属性可以动态添加和删除，当把对象作为集合来看待时，实际上它就是哈希表。

```
var h = {                // 定义对象 h，其数据结构就是哈希表结构
    x:1,                 // 名/值对 1
    y:2,                 // 名/值对 2
    z:3                  // 名/值对 3
}
```

在上面代码中，就是一个哈希表结构，共包含 3 个关键码（key）：x、y 和 z。用户可以借助这些关键码以下标形式来访问集合中的数据。

```
alert(h["x"]);           // 返回 1
```

关键码以字符串的形式存在，而不是以标识符的形式存在，因此在下标引用时，必须以字符串的语法格式添加引号。

如果借助 in 运算符还可以检测某个关键码是否存在于哈希表中。
```
alert("x" in h);                        // 返回 true, 说明存在
```
在 JavaScript 中，可以使用 delete 运算符删除指定的属性，或者动态增加属性等操作。

【示例 6】 由于哈希表结构与对象结构完全相同，用户完全可以淡化数据类型的鸿沟，以操作对象的方式操作哈希表。例如，通过构造函数创建哈希表：
```
var h = new Object();
```
或者使用对象直接量定义集合结构：
```
var h = {};
var h = {
   x : 1, y : 2
};
```
还可以使用对象的存取方法操作哈希表。

7.2.4 定义多维数组

扫一扫，看视频

JavaScript 不支持多维数组，但是多维数组在实际开发中非常实用，用户可以通过数组嵌套的形式定义多维数组。

【示例 1】 以下代码可定义一个二维数组。
```
var a = [                               // 定义二维数组
   [1,2,3],
   [4,5,6],
   [7,8,9]
];
```
要存取二维数组的元素，只需要使用两次中括号运算符即可。对于多维数组，则方法依此类推即可。
```
alert(a[0][0])                          // 返回 1, 读取第 1 个元素的值
alert(a[2][2])                          // 返回 9, 读取第 9 个元素的值
```
在存取多维数组时，左侧中括号内的下标值不能够超出数组实际下标，否则就会提示系统错误：
```
alert(a[3][2])                          // 提示编译错误
```
因为 JavaScript 解释器是按着从左到右的顺序来存取的，如果第一个下标超出，则元素值为 undefined，显然表达式 undefined[2] 是错误的。

【示例 2】 本例演示如何定义一个二维数组来存储 1~100 的整数值，从而设计一个简单的二维数列。
```
var a = [];                             // 二维数组
for( var i = 0 ; i < 10; i ++ ){        // 行循环
   var b = [];                          // 辅助数组
   for( var j = 0 ; j < 10; j ++ ){     // 列循环
      b[j] = i * 10 + j + 1;            // 定义数组 b 的元素值
   }
   a[i] = b;                            // 把数组 b 赋值给数组 a
}
alert( a );                             // 返回 1~100 的二维数列
```
数列样式如下：
```
a = [
      [1, 2, 3, 4, 5, 6, 7, 8, 9, 10],
      [11, 12, 13, 14, 15, 16, 17, 18, 19, 20],
      [21, 22, 23, 24, 25, 26, 27, 28, 29, 30],
      [31, 32, 33, 34, 35, 36, 37, 38, 39, 40],
```

```
        [41, 42, 43, 44, 45, 46, 47, 48, 49, 50],
        [51, 52, 53, 54, 55, 56, 57, 58, 59, 60],
        [61, 62, 63, 64, 65, 66, 67, 68, 69, 70],
        [71, 72, 73, 74, 75, 76, 77, 78, 79, 80],
        [81, 82, 83, 84, 85, 86, 87, 88, 89, 90],
        [91, 92, 93, 94, 95, 96, 97, 98, 99, 100]
];
```

但是 alert(a);提示返回值却是"1,2,3 ,4,5, 6,7,8 ,9,10 ,11,12 ,13, 14,15 ,16,17 ,18, 19,20 ,21,22 ,23, 24,25 ,26,27 ,28, 29,30 ,31,32 ,33, 34,35,36, 37,38 ,39,40 ,41, 42,43 ,44,45 ,46, 47,48 ,49,50 ,51, 52,53 ,54,55 ,56, 57,58 ,59,60 ,61, 62,63 ,64,65 ,66,67,68 ,69, 70,71 ,72,73 ,74, 75,76 ,77,78 ,79, 80,81 ,82,83 ,84, 85,86 ,87,88 ,89, 90,91 ,92,93 ,94, 95,96 ,97,98,99 ,100"，这说明不管是一维数组，还是二维数组，对于 JavaScript 来说，所有数组都是有序排列的，没有为多维数组制订特殊的存储格式。

7.3 使用数组对象

JavaScript 为 Array 对象定义了很多原型方法，灵活使用这些方法，可以解决很多实际问题。

🔊 提示：
ECMAScript 5 为 Array 对象新增了 9 个原型方法，方便用户对数组执行遍历、映射、过滤、检测、简化、搜索操作。这些新增数组大部分都要求第一个参数为函数，并且对数组的每个元素调用一次该参数函数。如果是稀疏数组，对不存在的元素则不调用参数函数。

扫一扫，看视频

7.3.1 检索数组

检索数组一般可使用 for/in 循环实现，也可以使用 for 循环，结合数组的 length 属性和数组下标来实现。

【示例 1】 检索数组中包含字符串类型的元素，可以这样设计。
```
var a = [1,2,true,"a","b"];                    // 定义数组
for(var i in a){                                // 遍历数组
    if(typeof a[i] == "string")
        // 如果数组元素的类型为字符串，则返回该元素的值
        alert(a[i]);
}
```
在 for/in 循环结构中，变量 i 表示数组的下标，而 a[i]为可以读取指定下标的元素值。

【示例 2】 借助数组的 length 属性，使用 for 语句可以这样设计。
```
var a = [1, 2, true, "a", "b"];                // 定义数组
for( var i = 0; i < a.length ; i ++ ){          // 遍历数组
    if( typeof a[i] == "string" )
        // 如果数组元素的类型为字符串，则返回该元素的值
        alert( a[i] );
}
```

扫一扫，看视频

7.3.2 操作元素

增加和删除元素是数组最基本的操作。上面小节介绍了通过 length 属性间接增加和删除数组元素，不过这种方法比较低效，下面介绍几种高效方法。

【示例 1】 借助 delete 运算符能删除数组元素，因为 Array 也是对象，数组元素实际上与对象属性

是一样的。

```
var a = [1, 2, true, "a", "b"];    // 定义数组
delete a[0];                        // 删除指定下标的元素
```

delete 仅能够删除元素的值,而不是元素,因此 delete 运算符并没有改变数组长度。

在上面示例中,删除第一个元素之后,它的 length 属性值依然是 5,且第一个元素依然被保留。

```
alert(a.length);    // 返回 5
alert(a);           // 返回 2,true ,a, b
```

Array 预定义了 5 个方法(如表 7.1 所示)。灵活使用这些方法,能够设计高效的数组增加和删除操作。

表 7.1 Array 对象的添加和删除元素方法

数 组 方 法	说　　明
push()	给数组添加元素
pop()	删除并返回数组的最后一个元素
unshift()	在数组头部插入一个元素
shift()	将元素移出数组
concat()	连接数组

【示例 2】 以下代码比较 push()和 pop()方法的使用。

push()和 pop()方法在数组尾部执行操作,其中 push()方法能够把一个或多个元素附加到数组的尾部,然后返回添加后的数组长度;而 pop()方法的操作正好相反,它能够删除数组中最后一个元素,并返回这个元素的值。

```
var a = [];         // 定义数组,模拟空栈
a.push(1);          // 进栈,栈值为[1],此时该方法返回值为 1
a.pop();            // 出栈,栈值为空,此时该方法返回值为 1
a.push(2);          // 进栈,栈值为[2],此时该方法返回值为 1
a.pop();            // 出栈,栈值为空,此时该方法返回值为 2
a.push(3,4);        // 进栈,栈值为[3,4],此时该方法返回值为 2
a.pop();            // 出栈,栈值为[3],此时该方法返回值为 4
a.pop();            // 出栈,栈值为空,此时该方法返回值为 3
```

提示:

方法 push()是按参数的顺序依次添加到数组的尾部,所以它是在原来数组结构的基础上进行操作,而不是在新创建的数组上执行操作。在实际开发中,用户可以利用这个特性,动态改变数组的值。对于方法 pop()来说,当删除最后一个元素后,会自动把数组长度减 1,如果数组为空,则 pop()不改变数组结构,仅返回 undefined。

【示例 3】 以下代码比较 unshift()和 shift()方法的使用。

unshift()和 shift()方法在数组头部执行操作,其中方法 unshift()可以包含多个参数,并把这些参数一次性插入数组的头部,第一个参数为数组新的元素 0,第二个参数为新的元素 1,以此类推。这与一次次插入元素是不同的。

```
var a = [0];        // 定义数组
a.unshift(1,2);     // 同时增加两个元素
alert(a);           // 返回[1,2,0]
```

如果分开操作之后,结果就截然不同了:

```
a.unshift(1);       // 增加元素 1
a.unshift(2);       // 增加元素 2
alert(a);           // 返回[2,1,0]
```

shift()方法与 pop()操作相似,它将数组第一个元素移出,并返回该元素的值,然后将余下所有元素

前移一位，以填补数组头部的空缺。如果数组为空，shift()将不进行任何操作，返回 undefined。

unshift()和 shift()方法也是在原数组上进行修改，而不是创建新数组。

【示例4】 以下代码匹配使用 pop()和 unshift()方法设计堆栈操作。

将 pop()方法与 unshift()方法结合使用，可以模拟队列数据结构的操作模式，即先出先进；而将 push()方法与 shift()方法结合使用，也可以模拟队列数据结构的操作模式，即先进先出。下面的示例利用先出先进模式把数组元素的所有值增大 10 倍：

```
var a = [1,2,3,4,5];              // 定义数组
for(var i in a){                  // 遍历数组
   var t = a.pop();               // 先出，把出去的元素值暂时保存
   a.unshift(t*10);               // 先进，把出去的元素值放大 10 倍，再进入
}
alert(a);                         // 返回[10,20,30,40,50]
```

【示例5】 下面使用 concat()合并数组。

concat()是一个比较特殊的数组元素添加方法。它采用粘连的方式把参数添加到数组中，而不是模拟堆栈操作方式。

```
var a = [1,2,3,4,5];              // 定义数组
var b = a.concat(6,7,8);          // 为数组 a 连接 3 个元素
alert(b);                         // 返回[1,2,3,4,5,6,7,8]
```

concat()方法比较特殊，使用时应注意下面几个问题。

（1）concat()方法可以跟随多个参数，并把它们作为元素按顺序连接到数组的尾部。如果参数是数组，则 concat()方法会把它打散分别作为单独的元素连接到数组的尾部。

```
var b = a.concat([1,2,3],[4,5]);  // 连接数组
alert(b.length);                  // 返回 10，说明参数数组被打散了
```

不过 concat()方法仅能够打散一维数组，它不会递归打散参数数组中包含的数组。

```
var b = a.concat([[1,2],3],[4,5]); // 连接数组
alert(b.length);                   // 返回 9，说明数组[1,2]没有被打散
```

（2）concat()方法将创建并返回一个新数组，而不是在原来数组基础上添加新元素。所以，希望在原数组基础上添加元素，建议使用 push()和 unshift()方法来实现。但是 push()和 unshift()方法不能打散参数数组，而是把它作为单独的参数执行添加操作。

扫一扫，看视频

7.3.3 操作子数组

通过模拟堆栈数据结构的操作方式来实现对数组的操作，它有着严格的次序约定。对于这种严谨的一维线性作业形式，常称之为线性表。

在复杂的应用开发中，这种线性操作流程是无法满足特殊操作的。如果希望截取子数组（数组片段），或者在指定位置插入元素等，使用堆栈操作模式显然是无法实现的。为此，Array 对象又定义了几个数据集合操作方式的方法，如表 7.2 所示。所谓数据集合操作方式，就是能够对数组中很多连续或不连续的元素进行集体操作。

表 7.2　Array 对象的子数组操作方法

数组方法	说　　明
splice()	插入、删除或替换数组的元素
slice()	返回数组的一部分

【示例1】 下面使用 splice()方法增减数组长度。

splice()方法是增加和删除多个数组元素的通用方法。这个方法的参数比较复杂，其中第 1 个参数为

操作的起始下标位置，第 2 个参数指定要删除元素的个数，第 3 个及后面的所有不定参数为将要插入的元素。

```
var a = [1,2,3,4,5];              // 定义数组
a.splice(1,2,3,4,5)               // 执行删除和插入操作
alert(a);                         // 返回[1, 3,4,5,4,5]
```

在 splice(1,2,3,4,5)方法中，第 1 个参数值 1 表示从数组 a 的第 2 个元素位置开始，删除两个元素，删除的同时在该位置按顺序插入元素 3、4 和 5。

📢 提示：

由于 splice()方法的功能多，参数复杂，使用时应该注意下面几个问题。

（1）splice()方法的参数都是可选的。如果不给它传递参数，则该方法不执行任何操作。如果给它传递一个参数，则该方法仅执行删除操作，参数值指定删除元素的起始下标（包括该下标元素），splice()方法将删除后面所有元素。

```
var a = [1,2,3,4,5];              // 定义数组
a.splice(2);                      // 从第 3 个元素开始执行删除
alert(a);                         // 返回[1, 2]
```

如果指定两个参数，则第 2 个参数值表示要删除元素的个数。例如：

```
a.splice(2,2);                    // 从第 3 个元素开始删除 2 个元素
alert(a);                         // 返回[1, 2, 5]
```

如果指定 3 个或多个参数，则第 3 个以及后面所有参数都被视为插入的元素。可以仅为数组插入多个元素，但是不执行删除操作。

下面示例中在第 2 个元素后插入 3 个元素值为 0 的元素。

```
a.splice(2,0,0,0,0);              // 执行插入多个元素操作
alert(a);                         // 返回[1, 2, 0, 0, 0, 3, 4, 5]
```

如果不执行删除操作，第 2 个参数值应该设置为 0，但是不能够空缺，否则该方法无效。

（2）splice()方法的删除和插入操作是同时进行的，且是在原数组基础上执行操作。插入的元素将填充被删除元素的位置，并根据插入元素个数适当调整插入点位置。而不是在删除数组之后，重新计算插入点的位置。

（3）splice()方法执行的返回值是被删除的子数组。

```
var a = [1,2,3,4,5];              // 定义数组
var b = a.splice(2);              // 从第 3 个元素开始执行删除
alert(b);                         // 被删除的子数组是[1, 2]
```

如果没有删除元素，则返回的是一个空数组：

```
var b = a.splice(2,0);            // 不执行删除操作
alert(b.constructor == Array);    // 返回 true，说明是一个空数组
```

（4）当第 1 个参数值大于 length 属性值时，被视为在数组尾部执行操作，因此删除无效，但是可以在尾部插入多个指定元素。

```
var a = [1,2,3,4,5];              // 定义数组
var b = a.splice(6,2,2,3);        // 起始值大于 length 属性值
alert(a);                         // 返回[1, 2, 3, 4, 5, 2, 3]
```

（5）参数取负值问题。如果第一个参数为负值，则按绝对值从数组右侧开始向左侧定位。如果第 2 个参数为负值，则被视为 0。

```
var a = [1,2,3,4,5];              // 定义数组
var b = a.splice(-2,-2,2,3);      // 第 1、2 个参数都为负值
alert(a);                         // 返回[1, 2, 3, 2, 3, 4, 5]
```

【示例 2】　下面使用 slice()方法截取数组。

slice()方法与splice()方法功能相近,但是它仅能够截取数组中指定区段的元素,并返回这个子数组。该方法包含两个参数,分别指定截取子数组的起始和结束位置的下标。

```
var a = [1,2,3,4,5];           // 定义数组
var b = a.slice(2,5);          // 截取数组中第3个元素到第6个元素前的所有元素
alert(b);                      // 返回[3, 4, 5]
```

提示:

使用该方法时,应该注意下面几个问题。

(1)第1个参数指定起始下标位置,包括该值指定的元素,第2个参数指定结束位置,不包括指定的元素。

(2)该方法的参数可以自由设置。如果不传递参数,则不会执行任何操作;如果仅指定一个参数,则表示从该参数值指定的下标位置开始,截取到数组的尾部所有元素。

```
var b = a.slice(2);            // 截取数组中第3个元素,以及后面所有元素
alert(b);                      // 返回[3, 4, 5]
```

(3)当参数为负值时,表示按从右到左的顺序进行定位,即倒数定位法,而不再按正数顺序定位(从左到右),但取值顺序依然是从左到右。

```
var b = a.slice(-4,-2);
       // 截取倒数第4个元素,直到倒数第2个元素前的所有元素
alert(b);                      // 返回[2, 3]
```

如果起始下标值大于或等于结束下标值,将不执行任何操作。

```
var b = a.slice(-2,-4);
       // 截取倒数第2个元素,直到倒数第4个元素前的所有元素
alert(b);                      // 返回空集
```

上面示例说明数组在截取时,始终是按从左到右的顺序执行操作,而不会是从右到左的反向操作。

(4)当起始参数值大于或等于length属性值时,将不会执行任何操作,返回空数组。而如果第2个参数值大于length属性值时,将被视为length属性值。

```
var b = a.slice(3,10);         // 截取第4个元素,直到后面所有元素
alert(b);    // 返回[ 4, 5]
```

(5)slice()方法将返回数组的一部分(子数组),但不会修改原数组。而splice()方法是在原数组基础上进行截取。如果希望在原数组基础上进行截取操作,而不是截取为新的数组,这时候就只能够使用splice()方法了。

扫一扫,看视频

7.3.4 数组排序

数组排序是一项重要的操作,Array对象定义了两个方法来调整数组顺序,如表7.3所示。

表 7.3 Array 对象的数组排序方法

数 组 方 法	说　　明
reverse()	颠倒数组中元素的顺序
sort()	对数组元素进行排序

【示例1】 下面使用reverse()对数组进行排序。

reverse()能够颠倒数组元素的排列顺序,该方法不需要参数。

```
var a = [1,2,3,4,5];           // 定义数组
a.reverse();                   // 颠倒数组顺序
alert(a);                      // 返回数组[5,4,3,2,1]
```

注意,该方法是在原数组基础上进行操作,而不是创建新的数组。

【示例 2】　下面使用 sort()方法对数组进行排序。

sort()方法能够根据一定条件对数组元素进行排序。如果调用 sort()方法时没有传递参数，则按字母顺序对数组中的元素进行排序。

```
var a = ["a","e","d","b","c"];          // 定义数组
a.sort();                                // 按字母顺序对元素进行排序
alert(a);                                // 返回数组[a,b,c,d,e]
```

提示：

使用该方法时，应该注意下面几个问题。

（1）所谓的字母顺序，实际上是根据字母在字符编码表中的顺序进行排列的，每个字符在字符表中都有一个唯一的编号。

（2）如果元素不是字符串，则 sort()方法会试图把数组的元素都转换成字符串，以便进行比较。

（3）在排序时，sort()方法将根据元素值进行逐位比较，而不是根据字符串的个数进行排序。

```
var a = ["aba","baa","aab"];             // 定义数组
a.sort();                                // 按字母顺序对元素进行排序
alert(a);                                // 返回数组[aab,aba,baa]
```

在排序时，首先比较每个元素的第一个字符，在第 1 个字符相同的情况下，再比较第 2 个字符，依此类推。

（4）在任何情况下，数组中 undefined 的元素都被排列在数组末尾。

（5）sort()方法是在原数组基础上进行排序操作的，不会创建新的数组。

7.3.5　使用排序函数

扫一扫，看视频

sort()方法不仅仅按字母顺序进行排序，还可以根据其他顺序执行操作。这时就必须为方法提供一个函数参数，该函数要比较两个值，然后返回一个用于说明这两个值的相对顺序的数字。排序函数应该具有两个参数 a 和 b，其返回值如下。

- 如果根据自定义评判标准，a 小于 b，在排序后的数组中 a 应该出现在 b 之前，就返回一个小于 0 的值。
- 如果 a 等于 b，就返回 0。
- 如果 a 大于 b，就返回一个大于 0 的值。

【示例 1】　在本例中，将根据排序函数比较数组中每个元素的大小，并按从小到大的顺序执行排序：

```
function f( a, b ){                      // 排序函数
    return ( a - b )                     // 返回比较参数
}
var a = [3, 1, 2, 4, 5, 7, 6, 8, 0, 9];  // 定义数组
a.sort(f);                               // 根据数字大小由小到大进行排序
alert( a );                              // 返回数组[0,1,2,3,4,5,6,7,8,9]
```

如果要按从大到小的顺序执行排序，则可以让返回值取反。代码如下：

```
function f( a, b ){                      // 排序函数
    return -( a - b )                    // 取反并返回比较参数
}
var a = [3, 1, 2, 4, 5, 7, 6, 8, 0, 9];  // 定义数组
a.sort(f);                               // 根据数字大小由大到小进行排序
alert( a );                              // 返回数组[9,8,7,6,5,4,3,2,1,0]
```

【示例 2】　根据奇偶性质排列数组。

sort()用法比较灵活，主要是排序函数比较。例如，如果根据奇偶数顺序排列数组，只需要判断排序函数中两个参数是否为奇偶数，并决定排列顺序。

```javascript
function f( a, b ){                                  // 排序函数
    var a = a % 2;                                   // 获取参数 a 的奇偶性
    var b = b % 2;                                   // 获取参数 b 的奇偶性
    if( a == 0 ) return 1;                           // 如果参数 a 为偶数，则排在左边
    if( b == 0 ) return -1;                          // 如果参数 b 为偶数，则排在右边
}
var a = [3, 1, 2, 4, 5, 7, 6, 8, 0, 9];              // 定义数组
a.sort( f );                                         // 根据数字大小由大到小进行排序
alert( a );                                          // 返回数组[3,1,5,7,9,0,8,6,4,2]
```

sort()方法在调用排序函数时，对每个元素值传递给排序函数，如果元素值为偶数，则保留其位置不动；如果元素值为奇数，则调换参数 a 和 b 的显示顺序，从而实现对数组中所有元素执行奇偶排序。如果希望偶数排在前面，奇数排在后面，则只需要取返回值。排序函数如下所示：

```javascript
function f( a, b ){
    var a = a % 2;
    var b = b % 2;
    if( a == 0 ) return -1;
    if( b == 0 ) return 1;
}
```

【示例 3】 不区分大小写排序字符串。

在正常情况下，对字符串进行排序是区分大小写的，这是因为每个大写和小写字母在字符编码表中的顺序是不同的，大写字母大于小写字母。

```javascript
var a = ["aB", "Ab", "Ba", "bA"];                    // 定义数组
a.sort();                                            // 默认方法排序
alert( a );                                          // 返回数组["Ab","Ba","aB","bA"]
```

大写字母总是排在左侧，而小写字母总是排在右侧。如果让小写字母总是排在前面，可以设计：

```javascript
function f( a, b ){        // 排序函数，如果 a 小于 b，则 a、b 位置不动，反之换位
    return ( a < b );
}
var a = ["aB", "Ab", "Ba", "bA"];
a.sort( f );                                         // 根据排序函数进行排序
alert( a );                                          // 返回数组["Ab","Ba","aB","bA"]
```

对于字母比较大小时，JavaScript 是根据字符编码大小来决定的，当为 true 时，则返回 1；为 false 时，则返回-1。

如果不希望区分字母大小，大写字母和小写字母按相同顺序排列，可以设计：

```javascript
function f( a, b ){                                  // 排序函数
    var a = a.toLowerCase;                           // 转换为小写形式
    var b = b.toLowerCase;                           // 转换为小写形式
    if( a < b ){                                     // 如果 a 的编码小于 b，则换位操作
        return 1;
    }
    else{                                            // 否则，保持原位不动
        return -1;
    }
}
var a = ["aB", "Ab", "Ba", "bA"];                    // 定义数组
a.sort( f );                                         // 执行排序
alert( a );                                          // 返回数组["aB", "Ab", "Ba", "bA"]
```

如果要调整排序顺序,可以设置返回值取反。

【示例 4】 把浮点数和整数分开排列经常会遇到。如果借助 sort()方法,设计起来并不是很难:
```
function f( a, b ){                                    // 排序函数
    if( a > Math.floor( a ) ) return 1;                // 如果a是浮点数,则调换位置
    if( b > Math.floor( b ) ) return - 1;              // 如果b是浮点数,则调换位置
}
var a = [3.55555, 1.23456, 3, 2.11111, 5, 7, 3];       // 定义数组
a.sort( f );                                           // 进行筛选
alert( a );                      // 返回数组[3,5,7,3,2.11111,1.23456,3.55555]
```
如果要调整排序顺序,则可以为返回值取反。

sort()方法的功能是很强大的,如果数组元素是对象而不是数字、字符串等简单值时,排序变得就更加有趣。

7.3.6 数组与字符串的转换

扫一扫,看视频

JavaScript 允许数组与字符串之间可以相互转换。其中 Array 对象定义了 3 个方法,以实现把数组转换为字符串,如表 7.4 所示。

表 7.4 Array 对象的数组与字符串相互转换方法

数 组 方 法	说　　明
toString()	将数组转换成一个字符串
toLocaleString()	把数组转换成局部字符串
join()	将数组元素连接起来以构建一个字符串

【示例 1】 下面使用 toString()方法读取数组的值。

toString()方法是 Object 对象定义的,因此在 JavaScript 中所有对象都继承了这个方法,数组对象也不例外。在数组中 toString()方法能够把每个元素转换为字符串,然后以逗号连接输出显示。
```
var a = [1, 2, 3, 4, 5, 6, 7, 8, 9, 0];      // 定义数组
var s = a.toString();         // 把数组转换为字符串
alert( s );                   // 返回字符串"1, 2, 3, 4, 5, 6, 7, 8, 9, 0"
alert( typeof s );            // 返回字符串 string,说明是字符串类型
```
当数组用于字符串环境中时,JavaScript 会自动调用 toString()方法将数组转换成字符串。在某些情况下,需要明确调用这个方法。
```
var a = [1, 2, 3, 4, 5, 6, 7, 8, 9, 0];      // 定义数组
var b = [1, 2, 3, 4, 5, 6, 7, 8, 9, 0];      // 定义数组
var s = a + b;                               // 数组连接操作
alert( s );
    // 返回字符串"1, 2, 3, 4, 5, 6, 7, 8, 9, 01, 2, 3, 4, 5, 6, 7, 8, 9, 0"
alert( typeof s );                    // 返回字符串 string,说明是字符串类型
```
toString()在把数组转换成字符串时,首先要将数组的每个元素都转换成字符串,当每个元素都被转换成字符串时,才使用逗号进行分隔,以列表的形式输出这些字符串。
```
var a = [[1, [2, 3], [4, 5]], [6, [7, [8, 9], 0]]];    // 定义多维数组
var s = a.toString();         // 把数组转换为字符串
alert( s );                   // 返回字符串"1, 2, 3, 4, 5, 6, 7, 8, 9, 0"
```
其中数组 a 是一个多维数组,JavaScript 会以迭代方式调用 toString()方法把所有数组都转换为字符串。

【示例 2】 下面使用 toLocalString()方法读取数组的值。

toLocalString()方法与 toString()方法用法基本相同,主要区别在于 toLocalString()方法能够使用用户

所在地区特定的分隔符把生成的字符串连接起来，形成一个字符串。
```
var a = [1, 2, 3, 4, 5];          // 定义数组
var s = a.toLocaleString();       // 把数组转换为本地字符串
alert( s );                       // 返回字符串"1.00, 2.00 , 3.00 , 4.00, 5.00 "
```
在上面示例中，toLocalString()方法根据中国大陆的使用习惯，先把数字转换为浮点数之后再执行字符串转换操作。

【示例3】　下面使用 join()方法可以把数组转换为字符串。

join()方法可以把数组转换为字符串，不过它可以指定分隔符。在调用 join()方法时，可以传递一个参数作为分隔符来连接每个元素。如果省略参数，默认使用逗号作为分隔符，这时与 toString()方法转换操作效果相同。
```
var a = [1, 2, 3, 4, 5];          // 定义数组
var s = a.join("==");             // 指定分隔符
alert( s );                       // 返回字符串"1==2== 3==4 ==5"
```
【示例4】　下面使用 split()方法把字符串转换为数组。

split()方法是 String 对象方法，与 join()方法操作正好相反。该方法可以指定两个参数，第 1 个参数为分隔符，指定从哪儿进行分隔的标记，第 2 个参数指定要返回数组的长度。
```
var s = "1==2== 3==4 ==5";            // 定义字符串
var a = s.split("==");                // 分隔字符串为数组
alert( a );                           // 返回数组[1, 2, 3, 4, 5]
alert( a.constructor == Array );      // 返回true，说明是数组
```

扫一扫，看视频

7.3.7 定位

定位数组元素的方法包括：indexOf()和 lastIndexOf()。它们用来检索数组元素，返回指定元素的索引位置。Javascript 最早在 String 中定义了 indexOf()和 lastIndexOf()方法，ECMAScript 5 模仿在 Array 中也加入了这两个方法。

1. indexOf

indexOf 返回某个元素值在数组中的第一个匹配项的索引，如果没有找到指定的值，则返回-1。用法如下：
```
array.indexOf(searchElement[, fromIndex])
```
参数说明：
- array：表示一个数组对象。
- searchElement：必需参数，要在 array 中定位的值。
- fromIndex：可选参数，用于开始搜索的数组索引。如果省略该参数，则从索引 0 处开始搜索。如果 fromIndex 大于或等于数组长度，则返回-1。如果 fromIndex 为负，则搜索从数组长度加上 fromIndex 的位置处开始。

提示：

indexOf 方法是按升序索引顺序执行搜索，即从左到右进行检索。检索时，会让数组元素与 searchElement 参数值进行全等比较（===）。

【示例1】　以下代码演示了如何使用 indexOf 方法。
```
var ar = ["ab", "cd", "ef", "ab", "cd"];
document.write(ar.indexOf("cd") + "<br/>");           //1
document.write(ar.indexOf("cd", 2) + "<br/>");        //4
document.write (ar.indexOf("gh")+ "<br/>");           //-1
```

第7章 使用数组

```
document.write (ar.indexOf("ab", -2) + "<br/>");    //3
```

2. lastIndexOf

lastIndexOf 返回指定的值在数组中的最后一个匹配项的索引。用法与 indexOf 相同。

【示例 2】 以下代码演示了如何使用 indexOf 方法。

```
var ar = ["ab", "cd", "ef", "ab", "cd"];
document.write(ar.lastIndexOf("cd") + "<br/>");          //4
document.write(ar.lastIndexOf("cd", 2) + "<br/>");       //1
document.write(ar.lastIndexOf("gh")+ "<br/>");           //-1
document.write(ar.lastIndexOf("ab", -3) + "<br/>");      //0
```

7.3.8 迭代

扫一扫，看视频

数组迭代是一件很重要的操作，在 ECMAScript 5 之前主要使用 for 语句实现，这种方式不是很方便，为此 ECMAScript 5 新增了 5 个与迭代相关的方法。

- forEach：为数组中的每个元素调用定义的回调函数。
- every：检查定义的回调函数是否为数组中的所有元素返回 true。
- some：检查定义的回调函数是否为数组的任何元素返回 true。
- map：对数组的每个元素调用定义的回调函数，并返回包含结果的数组。
- filter：对数组的每个元素调用定义的回调函数，并返回回调函数为其返回 true 的值的数组。

具体说明如下。

1. forEach

为数组中的每个元素执行指定操作。具体用法如下：

```
array.forEach(callbackfn[, thisArg])
```

参数说明：

- array：一个数组对象。
- callbackfn：必需参数，最多可以接收 3 个参数的函数。对于数组中的每个元素，forEach 都会调用 callbackfn 函数一次。
- thisArg：可选参数，callbackfn 函数中的 this 关键字可引用的对象。如果省略 thisArg，则 undefined 将用作 this 值。

对于数组中出现的每个元素，forEach 方法都会调用 callbackfn 函数一次，采用升序索引顺序。但不会为数组中缺少的元素调用回调函数。

📢 提示：

除了数组对象之外，forEach 方法还可以用于具有 length 属性且具有已按数字编制索引的属性名的任何对象，如关联数组对象、Arguments 等。

回调函数语法如下：

```
function callbackfn(value, index, array)
```

用户可以使用最多 3 个参数来声明回调函数。回调函数的参数说明如下：

- value：数组元素的值。
- index：数组元素的数字索引。
- array：包含该元素的数组对象。

📖 拓展：

forEach 方法不直接修改原始数组，但回调函数可能会修改它。在 forEach 方法启动后修改数组对象所获得的结果说明如表 7.5 所示。

表 7.5 回调函数修改数组的影响

forEach 方法启动后的条件	元素是否传递给回调函数?
在数组的原始长度之外添加元素	否
添加元素以填充数组中缺少的元素	是,如果该索引尚未传递给回调函数
元素已更改	是,如果该元素尚未传递给回调函数
从数组中删除元素	否,除非该元素已传递给回调函数

【示例 1】 本例使用 forEach 迭代数组 letters,然后把每个元素的值和下标索引输出显示,如图 7.1 所示。

```
function ShowResults(value, index, ar) {
    document.write("value: " + value);
    document.write(" index: " + index);
    document.write("<br />");
}
var letters = ['a', 'b', 'c'];
letters.forEach(ShowResults);
```

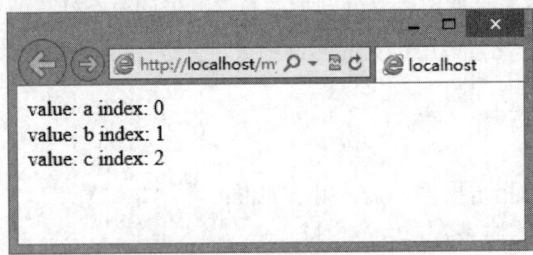

图 7.1 遍历数组并输出值和索引

【示例 2】 本例使用 forEach 迭代数组 numbers,然后计算数组元素的和并输出。

```
var numbers = [10, 11, 12];
var sum = 0;
numbers.forEach(
    function addNumber(value) { sum += value; }
);
document.write(sum);                          //33
```

【示例 3】 本例演示如何使用 thisArg 参数,该参数指定可对其引用 this 关键字的对象。

```
var obj = {
    showResults: function(value, index) {
        var squared = this.calcSquare(value);
        document.write("value: " + value);
        document.write(" index: " + index);
        document.write(" squared: " + squared);
        document.write("<br />");
    },
    calcSquare: function(x) { return x * x }
};
var numbers = [5, 6];
numbers.forEach(obj.showResults, obj);
numbers.forEach(function(value, index) { this.showResults(value, index) }, obj);
```

2. every

确定数组的所有成员是否满足指定的测试。具体用法如下：
```
array.every(callbackfn[, thisArg])
```
参数说明：

- array：必需参数，一个数组对象。
- callbackfn：必需参数，一个接收最多 3 个参数的函数。every 方法会为 array 中的每个元素调用 callbackfn 函数，直到 callbackfn 返回 false，或直到到达数组的结尾。
- thisArg：可选参数，可在 callbackfn 函数中为其引用 this 关键字的对象。如果省略 thisArg，则 undefined 将用作 this 值。

如果 callbackfn 函数为所有数组元素返回 true，则返回值为 true；否则返回值为 false。如果数组没有元素，则 every 方法将返回 true。

every 方法会按升序顺序对每个数组元素调用一次 callbackfn 函数，直到 callbackfn 函数返回 false。如果找到导致 callbackfn 返回 false 的元素，则 every 方法会立即返回 false。否则，every 方法返回 true。every 方法不为数组中缺少的元素调用该回调函数。

除了数组对象之外，every 方法可由具有 length 属性且具有已按数字编制索引的属性名的任何对象使用，如关联数组对象、Arguments 等。

回调函数语法如下所示：
```
function callbackfn(value, index, array)
```
用户可以使用最多 3 个参数来声明回调函数。回调函数的参数说明如下：

- value：数组元素的值。
- index：数组元素的数字索引。
- array：包含该元素的数组对象。

提示：

数组对象可由回调函数修改。在 every 方法启动后修改数组对象所获得的结果可以参阅 forEach 方法说明。

【示例 4】 本例检测数组 numbers 中元素是否都为偶数，并进行提示。
```
function CheckIfEven(value, index, ar) {
   document.write(value + " ");
   if (value % 2 == 0)
      return true;
   else
      return false;
}
var numbers = [2, 4, 5, 6, 8];
if (numbers.every(CheckIfEven))
   document.write("都是偶数。");
else
   document.write("不全为偶数。");// 2 4 5不全为偶数。
```

【示例 5】 本例检测数组 numbers 中元素的值是否在指定范围内。范围值通过一个对象直接量 obj 来设置。通过本示例演示 thisArg 参数的用法，该参数指定对其引用 this 关键字的对象。
```
var checkNumericRange = function(value) {
   if (typeof value !== 'number')
      return false;
   else
      return value >= this.minimum && value <= this.maximum;
}
```

```
var numbers = [10, 15, 19];
var obj = { minimum: 10, maximum: 20 }
if (numbers.every(checkNumericRange, obj))
    document.write ("都在指定范围内。");
else
    document.write ("部分不在范围内。");
```

3. some

确定指定的回调函数是否为数组中的任何元素均返回 true。具体用法如下：

```
array.some(callbackfn[, thisArg])
```

参数说明：

- array：必需参数，一个数组对象。
- callbackfn：必需参数，一个接收最多 3 个参数的函数。some 方法会为 array 中的每个元素调用 callbackfn 函数，直到 callbackfn 返回 true，或直到到达数组的结尾。
- thisArg：可选参数，可在 callbackfn 函数中为其引用 this 关键字的对象。如果省略 thisArg，则 undefined 将用作 this 值。

some 方法会按升序索引顺序对每个数组元素调用 callbackfn 函数，直到 callbackfn 函数返回 true。如果找到导致 callbackfn 返回 true 的元素，则 some 方法会立即返回 true。如果回调不对任何元素返回 true，则 some 方法会返回 false。

some 方法不为数组中缺少的元素调用该回调函数。除了数组对象之外，some 方法可由具有 length 属性且具有已按数字编制索引的属性名的任何对象使用，如关联数组对象、Arguments 等。

回调函数的语法与 every 方法用法相同，这里就不再重复说明。

【示例 6】 本例检测数组 numbers 中元素的值是否都为奇数。如果 some 方法检测到偶数，则返回 true，并提示不全是奇数，如果没有检测到偶数，则提示全部是奇数。

```
function CheckIfEven(value, index, ar) {
    if (value % 2 == 0)
        return true;
}
var numbers = [1, 15, 4, 10, 11, 22];
var evens = numbers.some(CheckIfEven);
if(evens)
    document.write("不全是奇数。");
else
    document.write("全是奇数。");
```

4. map

对数组的每个元素调用定义的回调函数并返回包含结果的数组。具体用法如下：

```
array.map(callbackfn[, thisArg])
```

参数说明：

- array：必需参数，一个数组对象。
- callbackfn：必需参数，最多可以接收 3 个参数的函数。对于数组中的每个元素，map 方法都会调用 callbackfn 函数一次。
- thisArg：可选参数，callbackfn 函数中的 this 关键字可引用的对象。如果省略 thisArg，则 undefined 将用作 this 值。

map 方法将返回一个新数组，其中每个元素均为关联的原始数组元素的回调函数返回值。对于数组中的每个元素，map 方法都会调用 callbackfn 函数一次（采用升序索引顺序）。将不会为数组中缺少的元素调用回调函数。

除了数组对象之外，map 方法可由具有 length 属性，且具有已按数字编制索引的属性名的任何对象使用，如 Arguments 参数对象。

回调函数的语法如下所示：

```
function callbackfn(value, index, array)
```

用户可以使用最多三个参数来声明回调函数。回调函数的参数说明如下：

- value：数组元素的值。
- index：数组元素的数字索引。
- array：包含该元素的数组对象。

📖 **拓展**：

map 方法不直接修改原始数组，但回调函数可能会修改它。在 map 方法启动后修改数组对象所获得的结果说明如表 7.6 所示。

表 7.6 回调函数修改数组的影响

map 方法启动后的条件	元素是否传递给回调函数？
在数组的原始长度之外添加元素	否
添加元素以填充数组中缺少的元素	是，如果该索引尚未传递给回调函数
元素已更改	是，如果该元素尚未传递给回调函数
从数组中删除元素	否，除非该元素已传递给回调函数

【示例 7】 本例使用 map 方法映射数组 radii，把数组中每个元素的值平方，乘以 PI 值，把返回的圆的面积值作为新数组的元素值，最后返回这个新数组。

```
function AreaOfCircle(radius) {
    var area = Math.PI * (radius * radius);
    return area.toFixed(0);
}
var radii = [10, 20, 30];
var areas = radii.map(AreaOfCircle);
document.write(areas);                  //314,1257,2827
```

【示例 8】 本例使用 map 方法映射数组 numbers，把数组中每个元素的值除以 divisor 的值，然后返回这个新数组。其中回调函数和 divisor 都作为对象 obj 的属性存在，通过这种方法演示如何在 map 中使用 thisArg 参数。

```
var obj = {
    divisor: 10,
    remainder: function (value) {
        return value % this.divisor;
    }
}
var numbers = [6, 12, 25, 30];
var result = numbers.map(obj.remainder, obj);
document.write(result);     // 6,2,5,0
```

【示例 9】 本例演示如何使用 JavaScript 内置方法作为回调函数。

```
var numbers = [9, 16];
var result = numbers.map(Math.sqrt);
document.write(result);             //3,4
```

【示例 10】 本例演示如何使用 map 方法应用于一个非数组类型上。在示例中通过动态调用的方法

（call）把 map 作用于一个字符串上，则 map 将遍历字符串中每个字符，并调用回调函数 threeChars，把每个字符左右 3 个字符截取出来，映射到一个新数组中。

```javascript
function threeChars(value, index, str) {
    return str.substring(index - 1, index + 2);
}
var word = "Thursday";
var result = [].map.call(word, threeChars);
// var result = Array.prototype.map.call(word, threeChars);
document.write(result);        //Th,Thu,hur,urs,rsd,sda,day,ay
```

5. filter

返回数组中的满足回调函数中指定的条件的元素。具体用法如下：

```
array.filter(callbackfn[, thisArg])
```

参数说明：

- array：必需参数，一个数组对象。
- callbackfn：必需参数，一个接收最多 3 个参数的函数。对于数组中的每个元素，filter 方法都会调用 callbackfn 函数一次。
- thisArg：可选参数，可在 callbackfn 函数中为其引用 this 关键字的对象。如果省略 thisArg，则 undefined 将用作 this 值。

返回值是一个包含回调函数为其返回 true 的所有值的新数组。如果回调函数为 array 的所有元素返回 false，则新数组的长度为 0。

对于数组中的每个元素，filter 方法都会调用 callbackfn 函数一次（采用升序索引顺序）。不为数组中缺少的元素调用该回调函数。

除了数组对象之外，filter 方法可由具有 length 属性，且具有已按数字编制索引的属性名的任何对象使用。

回调函数的用法与 map 相同，这里就不再重复说明。

【示例 11】 本例演示如何使用 filter 方法筛选出数组中的素数。

```javascript
function CheckIfPrime(value, index, ar) {
    high = Math.floor(Math.sqrt(value)) + 1;
    for (var div = 2; div <= high; div++) {
        if (value % div == 0) {
            return false;
        }
    }
    return true;
}
var numbers = [31, 33, 35, 37, 39, 41, 43, 45, 47, 49, 51, 53];
var primes = numbers.filter(CheckIfPrime);
document.write(primes);        //31,37,41,43,47,53
```

【示例 12】 本例演示如何使用 filter 方法过滤数组中字符串的元素。

```javascript
var arr = [5, "element", 10, "the", true];
var result = arr.filter(
    function (value) {
        return (typeof value === 'string');
    }
);
document.write(result);              // 返回值: "element", "the"
```

【示例 13】 本例演示如何使用 filter 方法过滤 window 对象包含的以字母 css 开头的属性名，演示效果如图 7.2 所示。

```
var filteredNames = Object.getOwnPropertyNames(window).filter(IsC);
for (i in filteredNames)
    document.write(filteredNames[i] + "<br/>");
function IsC(value) {
    var firstChar = value.substr(0, 3);
    if (firstChar.toLowerCase() == "css")
        return true;
    else
        return false;
}
```

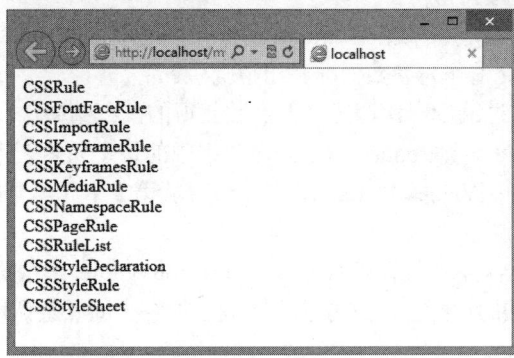

图 7.2 过滤 window 对象属性名

【示例 14】 本例演示如何使用 filter 方法过滤数组 numbers 中值在 minimum 和 maximum 范围的元素。

```
var checkNumericRange = function(value) {
    if (typeof value !== 'number')
        return false;
    else
        return value >= this.minimum && value <= this.maximum;
}

var numbers = [6, 12, "15", 16, "the", -12];
var obj = { minimum: 10, maximum: 20 }
var result = numbers.filter(checkNumericRange, obj);
document.write(result);          //12,16
```

【示例 15】 本例演示如何使用 filter 方法过滤字符串中每个单词的首字母。

```
function CheckValue(value, index, ar) {
    if (index == 0)
        return true;
    else
        return ar[index - 1] === " ";
}
var sentence = "The quick brown fox jumps over the lazy dog.";
var subset = [].filter.call(sentence, CheckValue);
document.write(subset);          // T,q,b,f,j,o,t,l,d
```

7.3.9 汇总

扫一扫，看视频

使用 reduce 和 reduceRight 方法可以汇总数组元素的值。具体用法如下。

1. reduce

对数组中的所有元素调用指定的回调函数。该回调函数的返回值为累积结果，并且此返回值在下一次调用该回调函数时作为参数提供。具体用法如下：

```
array.reduce(callbackfn[, initialValue])
```

参数说明：

- array：必需参数，一个数组对象。
- callbackfn：必需参数，一个接收最多 4 个参数的函数。对于数组中的每个元素，reduce 方法都会调用 callbackfn 函数一次。
- initialValue：可选参数，如果指定 initialValue，则它将用作初始值来启动累积。第一次调用 callbackfn 函数会将此值作为参数而非数组值提供。

reduce 方法的返回值是通过最后一次调用回调函数获得的累积结果。

如果提供了参数 initialValue，则 reduce 方法会对数组中的每个元素调用一次 callbackfn 函数（按升序索引顺序）。如果未提供 initialValue，则 reduce 方法会对从第 2 个元素开始的每个元素调用 callbackfn 函数。

回调函数的返回值在下一次调用回调函数时作为 previousValue 参数提供。最后一次调用回调函数获得的返回值作为 reduce 方法的返回值。该方法不为数组中缺少的元素调用该回调函数。

回调函数的语法如下所示：

```
function callbackfn(previousValue, currentValue, currentIndex, array)
```

回调函数参数说明如下：

- previousValue：通过上一次调用回调函数获得的值。如果向 reduce 方法提供 initialValue，则在首次调用函数时，previousValue 为 initialValue。
- currentValue：当前数组元素的值。
- currentIndex：当前数组元素的数字索引。
- array：包含该元素的数组对象。

在第一次调用回调函数时，作为参数提供的值取决于 reduce 方法是否具有 initialValue 参数。如果向 reduce 方法提供 initialValue，则 previousValue 参数为 initialValue，currentValue 参数是数组中的第 1 个元素的值。

如果未提供 initialValue，则 previousValue 参数是数组中的第 1 个元素的值，currentValue 参数是数组中的第 2 个元素的值。

数组对象可由回调函数修改，在 reduce 方法启动后修改数组对象所获得的结果可以参阅 forEach 方法中说明。

【示例1】 本例演示将数组值连接成字符串，各个值用"::"分隔开。由于未向 reduce 方法提供初始值，第一次调用回调函数时会将"abc"作为 previousValue 参数并将"def"作为 currentValue 参数。

```
function appendCurrent (previousValue, currentValue) {
    return previousValue + "::" + currentValue;
}
var elements = ["abc", "def", 123, 456];
var result = elements.reduce(appendCurrent);
```

```
document.write(result);    //abc::def::123::456
```

【示例 2】 本例向数组中添加值。 currentIndex 和 array 参数用于回调函数。

```
function addDigitValue(previousValue, currentDigit, currentIndex, array) {
    var exponent = (array.length - 1) - currentIndex;
    var digitValue = currentDigit * Math.pow(10, exponent);
    return previousValue + digitValue;
}
var digits = [4, 1, 2, 5];
var result = digits.reduce(addDigitValue, 0);
document.write (result);              //4125
```

【示例 3】 本例获取一个数组，该数组仅包含另一个数组中的介于 1 和 10 之间值，提供给 reduce 方法的初始值是一个空数组。

```
function Process(previousArray, currentValue) {
    var nextArray;
    if (currentValue >= 1 && currentValue <= 10)
        nextArray = previousArray.concat(currentValue);
    else
        nextArray = previousArray;
    return nextArray;
}
var numbers = [20, 1, -5, 6, 50, 3];
var emptyArray = new Array();
var resultArray = numbers.reduce(Process, emptyArray);
document.write(resultArray);//1,6,3
```

2. reduceRight

从右向左对数组中的所有元素调用指定的回调函数。该回调函数的返回值为累积结果，并且此返回值在下一次调用该回调函数时作为参数提供。具体用法如下：

```
array1.reduceRight(callbackfn[, initialValue])
```

该方法的语法和用法与 reduce 方法完全相同，唯一不同的是它是从数组右侧开始调用回调函数。

如果提供了 initialValue，则 reduceRight 方法会按降序索引顺序对数组中的每个元素调用一次 callbackfn 函数。如果未提供 initialValue，则 reduceRight 法会按降序索引顺序对每个元素（从倒数第二个元素开始）调用 callbackfn 函数。

【示例 4】 本例使用 reduceRight 方法，以"::"为分隔符，从右到左把数组元素的值连接在一起。

```
function appendCurrent (previousValue, currentValue) {
    return previousValue + "::" + currentValue;
}
var elements = ["abc", "def", 123, 456];
var result = elements.reduceRight(appendCurrent);
document.write(result);      //456::123::def::abc
```

7.4 实 战 案 例

数组在实际开发中可以作为数据处理器，解决复杂的数据处理难题。灵活使用数组可以使代码变得更精巧、灵活，提升执行效率。

7.4.1 快速交换

有两个变量,设计现在想交换它们的值,简单的做法是:
```
var a = 10, b = 20;              // 变量初始化
var temp = a;                    // 定义临时变量存储 a
a = b;                           // 把 b 的值赋值给 a
b = temp;                        // 把临时变量的值赋值给 b
```
也就是说,要实现变量交换,需要定义一个临时变量做中转。但是,利用数组就可以这样设计:
```
a = [b, b = a ][0];              // 通过数组快速交换数据
```
上面数组表达式设计得很精巧,通过定义一个匿名数组,把变量 b 的值传递给第一个元素,然后在第二个元素中以赋值表达式运算的方式把变量 a 的值传递给变量 b,同时通过数组下标方式获取第一个元素的值并赋值给变量 a。这样变量 a 和 b 就在一个数组表达式中被快速置换了。

7.4.2 数组下标

数组下标必须是大于等于 0 的整数,当然数组下标可以为任意表达式,甚至任意类型数据。

【示例 1】 为数组下标指定负值:
```
var a = [];                      // 定义空数组直接量
a[-1] = 1;                       // 为下标为-1 的元素赋值
```
上面用法是非法的,因为它不符合数组语法规范。使用 length 属性检测,返回值为 0,说明数组并没有元素。可以使用下面方法读取下标值:
```
alert(a.length);                 // 返回值为 0,说明数组长度没有增加
alert(a[-1]);                    // 返回 1,说明这个元素还是存在的
alert(a["-1"]);                  // 返回 1,说明这个值以对象属性的形式被存储
```
还可以为数组指定字符串下标,或者布尔值下标。
```
var a = [];
a[true] = 1;
a[false] = 0;
alert(a.length);                 // 返回值为 0,说明数组长度没有增加
alert(a[true]);                  // 返回值为 1
alert(a[false]);                 // 返回值为 0
alert(a[0]);                     // 返回 undefined
alert(a[1]);                     // 返回 undefined
```
虽然 true 和 false 可以被转换为 1 和 0,但是 JavaScript 并没有执行转换,而是把它们视为对象属性来看待。如果文本是数字,可以直接使用数字下标来访问,这时 JavaScript 又能够自动转换它们的类型。
```
a["1"] = 1;
alert(a[1]);                     // 返回值为 1
```
【示例 2】 这种数据格式被称为哈希表(或称关联数组,伪数组),哈希表的数据检索速度要优于数组迭代检索。对于以下操作:
```
var a = [["张三",1],["李四",2],["王五",3]];   // 二维数组
for(var i in a){                               // 遍历二维数组
    if(a[i][0] == "李四") alert(a[i][1]) ;     // 检索指定元素
}
```
如果改为文本下标会更为高效:
```
var a = [];                      // 定义空数组
a["张三"] = 1;                   // 以文本下标来存储元素的值
a["李四"] = 2;
a["王五"] = 3;
```

```
alert(a["李四"] );                          // 快速定位检索
```
【示例 3】　JavaScript 不支持二维数组，用户可以模仿二维数组的语法格式来定义数组。以下写法在语法上虽然不符合规定，但是 JavaScript 不会提示编译错误：
```
var a = [];
a[0,0] = 1;
a[0,1] = 2;
a[1,0] = 3;
a[1,1] = 4;
```
如果调用 length 属性，返回值为 2，说明仅有两个元素，分别读取元素的值，则如下所示：
```
alert(a.length);                           // 返回 2，说明仅有两个元素有效
alert(a[0]);                               // 返回 3
alert(a[1]);                               // 返回 3
```
JavaScript 把二维数组的下标视为一个逗号表达式，其运算的返回值是最后一个值。前面两行代码赋值就被后面两行代码赋值覆盖了。因此，如果经过计算之后才确定下标值，然后再进行存取操作，则可以按如下方式进行设计：
```
var a = [], i = 1;                         // 初始化变量
while( i < 10 ){                           // 指定循环次数
    a[i *= 2 , i] = i;                     // 指定下标为 2 的幂数时才进行赋值
}
alert( a.length );                         // 返回 17
alert( a );                                // 返回数组[,,2,, 4,,,, 8,,,,,,,, 16]
```
【示例 4】　对象也可以作为数组下标，JavaScript 会试图把对象转换为数值，如果不行，则把它转换为字符串，然后以文本下标的形式进行操作。
```
var a = [];                                // 数组直接量
var b = function(){                        // 函数直接量
    return 2;
}
a[b] = 1;                                  // 把对象作为数组下标
alert( a.length );                         // 返回长度为 0
alert( a[b] );                             // 返回 1
```
可以这样读取元素值：
```
var s =b.toString();                       // 获取对象的字符串
alert( a[s] );                             // 利用文本下标读取元素的值
```
还可以这样设计下标：
```
a[b()] = 1;                                // 在下标处调用函数，则返回值为 2
alert( a[2] );                             // 所以可以使用 2 来读取该元素值
```

7.4.3　扩展数组方法

Array 内置了很多方法，但是它无法满足所有用户的需求，这时可以为 Array 对象扩展方法，提高代码重用率。扩展数组的方法一般通过为 Array 对象定义原型方法来实现，这些原型方法能够被所有数组对象继承。
```
Array.prototype.hello = function(){        // 定义 Array 对象的原型方法
    alert("Hello,world");
}
```
其中 Array 是数组构造函数，prototype 是构造函数的属性，由于该属性指向一个原型对象，然后通过点运算符为其定义属性或方法，这些属性和方法将被构造函数的所有实例对象继承。

上面 3 行代码为数组对象定义了一个原型方法 hello()，这样就可以在任意一个数组中调用该方法：

扫一扫，看视频

```
var a = [1,2,3];                    // 定义数组直接量
a.hello();                          // 调用数组的原型方法,提示"Hello,world"
```
下面设计一种安全的、可兼容的数组扩展方法模式:
```
Array.prototype._m = Array.prototype.m ||
( Array.prototype.m = function(){
    // 扩展方法的具体代码
});
Object.prototype.m = Array.prototype._m
```
上面代码是一种数组扩展方法的模式,也是通用模式,详细解析如下。

首先,利用判断数组中是否存在名称为 m 的原型方法,如果存在则直接引用该原型方法即可,不再定义,否则定义原型方法 m()。

然后,把定义的原型方法 m()引用给原型方法 _m(),这样做的目的是,防止当原型方法 m()引用给 Object 对象的原型时发生死循环调用,可以兼容 Firefox 浏览器。

最后,把数组的临时原型方法_m()引用给 Object 对象的原型,这样能够确保所有对象都可以调用这个扩展方法。经过临时原型方法_m()的中转,就可以防止数组(Array)和对象(Object)都定义了同名方法,如果把该方法传递给 Object,而 Object 的原型方法又引用了 Array 的同名原型方法,就会发生循环引用现象。

【示例】 为数组扩展一个求所有元素和的方法,实现代码如下:
```
Array.prototype._sum = Array.prototype.sum ||   // 检测是否存在同名方法
( Array.prototype.sum = function(){             // 定义该方法
    var _n = 0;                                 // 临时汇总变量
    for(var i in this){                         // 遍历当前数组对象
        if( this[i] = parseFloat( this[i] ) )  _n += this[i];
            // 如果数组元素是数字,则进行累加
    };
    return _n;   // 返回累加的和
});
Object.prototype.sum = Array.prototype._sum
    // 把数组临时原型方法赋值给对象的原型方法 sum()
```
该原型方法 sum()能够计算当前数组中元素为数字的和。在该方法的循环结构体中,首先试图把每个元素转换为浮点数,如果转换成功,则把它们相加,转换失败将会返回 NaN,会忽略该元素的值。

下面调用该方法:
```
var a = [1, 2, 3, 4, 5, 6, 7, 8, "9"];          // 定义数组直接量
alert( a.sum() );                                // 返回 45
```
其中第 9 个元素是一个字符串类型的数字,汇总时也被转换为数值进行相加。

扫一扫,看视频

7.4.4 设计迭代器

迭代器(Iterator)提供了一种对数据集合中每个元素执行重复操作的机制,通常与循环结构配合使用,因此也称为循环器,它能够根据传递的函数型参数,为集合中每个元素反复执行相同的命令,直到满足某些条件为止。迭代器通常用于迭代数组的值,或者执行重复的任务。

JavaScript 提供多种循环结构,如 do/while、while、for 和 for/in。但是没有定义可直接调用的迭代器,特别是在为数组中每个元素执行相同操作时,重复编写循环结构就非常浪费时间。下面为数组扩展一个通用迭代器,以方便后续开发调用。

【示例 1】 针对下面数组和待用函数,设计数组中每个元素都调用该函数一次:
```
var a = [1, 2, 3];                  // 定义数组直接量
var f = function( x ){              // 定义执行函数
```

```
    alert(x);
}
```

使用循环结构可以设计：

```
for( var i in a ){              // 遍历数组，为每个元素调用该函数，
    f.apply(a[i], [a[i]] );     // 并把数组元素转换为数组，作为参数传递给调用函数
}
```

也可以在原数组基础上修改每个元素的值。

```
var a = [1, 2, 3];              // 定义数组直接量
var f = function( x ){          // 实现对每个元素执行平方计算
    return x*x;
}
var _a = []                     // 定义临时中转数组
for( var i in a ){              // 遍历数组
    var i = f.apply(a[i], [a[i]] );
    // 在每个元素上调用平方计算的函数，并返回计算结果
    _a.push(i);                 // 把计算的结果暂时存储在一个临时数组中
}
a = _a;                         // 使用临时数组覆盖原数组
alert(a);                       // 返回[1, 4, 9]
```

【示例 2】 上面操作虽然能够实现预期设计，但是如果在实际开发中反复使用就会非常麻烦，为此可以设计一个迭代器，把可执行的函数作为参数传递给迭代器，让它帮助自动完成在每个元素上调用函数的任务。

```
Array.prototype.each = function( f ){  // 数组迭代器，扩展 Array 原型方法
    try{                               // 异常处理，避免因为不可预测的错误导致系统崩溃
        this.i || ( this.i = 0 );      // 定义临时变量，用来作为迭代计数器
        if( this.length > 0 && f.constructor == Function ){
            // 如果数组长度大于0，参数为函数
            while( this.i < this.length ){  // 遍历数组
                var e = this[this.i];       // 获取当前元素
                if( e && e.constructor == Array ){
                    // 如果元素存在，且为数组
                    e.each( f );            // 递归调用迭代器
                }else{// 否则，在元素上调用参数函数，并把元素值传递给函数
                    f.apply( e, [e] );
                }
                this.i ++ ;                 // 递加计数器
            }
            this.i = null;                  // 如果遍历完毕，则清空计数器
        }
    }
    catch( w ){                             // 捕获以后
    }
    return this                             // 返回当前数组
}
```

调用该迭代器：

```
var a = [1, [2, [3, 4]]]
var f = function( x ){
    alert( x );
}
a.each( f );                               // 调用迭代器，为每个元素执行一次函数传递
```

【示例3】 此时不能够使用for/in语句进行循环操作,因为在多重嵌套的数组中,容易产生错误。

```
Array.prototype.each = function( f ){        // 错误的数组迭代器
    try{
        if( this.length > 0 && f.constructor == Function ){
            for( var i in this ){              // 使用for/in结构遍历数组成员
                var e = this[i];
                if( e && e.constructor == Array ){
                    e.each( f );
                }else{
                    f.apply( e, [e] );
                }
            }
            this.i = null;
        }
    }
    catch( w ){ }
    return this
}
```

错误原因:当为数组扩展原型方法each()后,for/in结构能够侦测到这些自定义方法,并作为元素进行遍历,所以会带来不必要的错误和运行负担。

7.4.5 使用迭代器

扫一扫,看视频

为Array对象扩展了一个迭代器之后,就可以利用这个迭代器进一步拓展Array的方法,使其能够完成更多的实用功能。

【示例1】 动态改变数组中每个元素的值。

前面小节曾经演示了以原始方法动态修改数组中每个元素的值,下面尝试在迭代器的辅助下,迭代每个元素,并调用一个函数来改变该元素的值,从而实现动态修改数组中每个元素的值。

```
Array.prototype._edit = Array.prototype.edit ||
( Array.prototype.edit = function(){          // 数组元素批处理方法
    var b = arguments, a = [];                // 获取参数,并定义一个临时数组
    this.each( function(){                    // 调用迭代器,遍历所有元素
        a.push( b[0].call( b[1], this ) );
            // 调用参数函数,把当前元素作为参数传递,执行返回值存储在临时数组中
    });
    return a;                                 // 返回临时数组
});
Object.prototype.edit = Array.prototype._edit;
```

设计思路:

为Array对象定义一个原型方法edit(),该方法能够根据参数函数编辑数组中每个元素,并返回这个编辑后的数组。

在该原型方法中,首先定义临时变量获取edit()方法的参数,并定义一个临时数组,用来存储编辑后的数组元素值。然后调用迭代器 each(),遍历数组中所有元素,为迭代器传递一个函数,该函数将在每个元素上执行。在该函数中,包含一句处理语句,它通过call()方法调用传递给edit()的参数函数,并把当前元素作为参数传递该参数函数进行执行,执行结果被推进临时数组a中,最后返回这个临时的数组a。

测试原型方法:

```
var a = [1, 2, 3, 4] ;                        // 定义数组直接量
var f = function( x ){
```

```
    // 定义一个元素处理函数，该函数将把每个元素取平方值
    return x * x;
}
var b = a.edit( f );        // 调用数组元素编辑方法 edit()，并传递将要执行的函数
alert( b );                 // 返回[1, 4, 9, 16]
```

注意，在处理多维数组时，该原型方法会全部把它们转换为一维数组。

【示例2】 过滤数组元素。

实现过滤数组元素功能，可以考虑调用迭代器，遍历数组元素，然后定义一个过滤函数，对每个元素进行检测。如果满足条件，则返回 true，否则返回 false。最后把过滤函数传递给迭代器即可实现过滤数组元素的目的。

```
Array.prototype._filter = Array.prototype.filter || ( Array.prototype.
filter = function(){                        // 过滤数组元素方法
    var b = arguments, a = [];
    this.each( function(){                  // 遍历数组
        if( b[0].call( b[1], this ) )       // 如果执行参数函数时，返回值为 true
            a.push( this );                 // 则把该元素存储到临时数组中
    });
    return a;                               // 最后返回这个临时数组元素
});
Object.prototype.filter = Array.prototype._filter;
```

然后，定义数组和一个过滤函数，设计如果参数值大于4，则返回 true：

```
var a = [1, 2, 3, 4, 5, 6, 7, 8, 9]
var f = function( x ){
    if( x > 4 ) return true;
}
```

调用数组 a 的原型方法 filter()，并把过滤函数作为参数传递给方法 filter()：

```
var b = a.filter( f );      // 调用数组元素过滤方法
alert( b );                 // 返回[5, 6, 7, 8, 9]
```

7.4.6 使用数组维度

扫一扫，看视频

在 JavaScript 中，数组在默认状态下是不会初始化的。如果使用[]运算符创建一个新数组，那么此数组将是空的。如果访问的是数组中不存在的元素，则得到的值将是 undefined。因此，在 JavaScript 程序设计中应该时刻考虑这个问题：在尝试读取每个元素之前，都应该预先设置它的值。但是，如果在设计中假设每个元素都从一个已知的值开始（如 0），那么就必须预定义这个数组。我们也可以为 JavaScript 自定义一个静态函数：

```
Array.dim = function(dimension, initial) {
    var a = [], i;
    for( i = 0; i < dimension; i += 1) {
        a[i] = initial;
    }
    return a;
};
```

借助这个工具函数，可以很轻松地创建一个初始化数组。例如，创建一个包含 100 个 0 的数组：

```
var myArray = Array.dim(100, 0);
```

JavaScript 没有多维数组，但是它支持元素为数组的数组。

```
var matrix = [
    [0, 1, 2],
```

```
    [3, 4, 5],
    [6, 7, 8]
];
matrix[2][1]    //7
```

为了自动化创建一个二维数组或一个元素为数组的数组,我们不妨这样做:

```
for( i = 0; i < n; i += 1) {
    my_array[i] = [];
}
```

注意,Array.dim(n, [])在这里不能工作,如果使用它,每个元素都指向同一个数组的引用,那是非常糟糕的。

一个空矩阵的每个单元将拥有一个初始值 undefined。如果希望它们有不同的初始值,必须明确地设置它们的值。因此,我们可以单独为 Array 定义一个矩阵数组定义函数。

```
Array.matrix = function(m, n, initial) {
    var a, i, j, mat = [];
    for( i = 0; i < m; i += 1) {
        a = [];
        for( j = 0; j < n; j += 1) {
            a[j] = initial;
        }
        mat[i] = a;
    }
    return mat;
};
```

下面就利用这个矩阵数组定义函数构建一个 5×5 的矩阵数组,且每个元素的初始值为 0。

```
var myMatrix = Array.matrix(5, 5, 0);
document.writeln(myMatrix[2][4]); // 0
```

第 8 章 使用函数

函数就是一段被封装的代码,定义一次,就可被执行或调用无数次。在 JavaScript 中,函数还可以视为一类数据,作为值赋给变量、对象属性,或者数组的元素。而从面向对象的角度分析,函数也是构造型对象,普通对象都可以通过类型构造而成。灵活使用函数,能够优化 Javascript 代码性能,提升编程效率。

【学习重点】
- 定义函数。
- 使用函数。
- 灵活使用函数参数。
- 掌握函数对象的使用。
- 精通函数内 this 关键字。

8.1 定义函数

在 JavaScript 中定义函数的方法有 3 种:使用 function 语句、使用 Function()构造函数和定义函数直接量。不管使用哪种方法定义函数,它们都是 Function 类型的实例,并将继承 Function 原型对象的方法和属性。

扫一扫,看视频

8.1.1 声明函数

在 Javascript 中,可以使用 function 语句来声明函数。具体用法如下:
```
function funName([args]){
    statements
}
```
funName 是函数名,与变量名一样都是 Javascript 合法的标识符,必须遵循 JavaScript 标识符命名约定。在函数名之后是一个由小括号运算符包含的参数列表,参数之间以逗号分隔。函数的参数是可选的。这些参数将作为函数体内的变量标识符被访问。调用函数时,用户可以通过函数参数来干预函数内部代码的运行。

在小括号之后是一个大括号分隔符,大括号内包含的语句就是函数体结构的主要内容。在函数体结构中,大括号是必不可少的,缺少了这个大括号,JavaScript 将会抛出语法错误。

【示例 1】 function 语句必须包含函数名称、小括号和大括号,其他的都可省略,因此最简单的函数体是一个空函数。
```
function f(){                           // 空函数
}
```
如果使用匿名函数,则可以省略函数名。例如:
```
function(){                             // 匿名空函数
}
```
【示例 2】 与其他结构不同,function 结构是静态的,不会立即执行,只有调用函数时,才能被执行。因此,一般把函数单独放在代码的顶部或尾部,很少在分支结构或循环结构中定义函数。

以下代码虽然不会引发语法错误,但是会影响代码的后期维护和修改,一般不建议这样书写。
```
if(true)
```

```
{
    function f()
    {
    }
}
```

> **提示：**
> var 语句和 function 语句都是变量声明语句，它们声明的变量都在 JavaScript 预编译时被解析。在预编译期，JavaScript 解释器会把代码中的 function 语句定义为一个函数变量，同时解析函数体内部代码，把函数体内所有参数、私有变量、嵌套函数作为属性注册到函数调用对象上，以便在执行期调用函数时能够快速执行。

扫一扫，看视频

8.1.2 构造函数

使用 Function()构造器可以快速生成函数。具体用法如下：
```
var funName = new Function(p1, p2, ..., pn, body);
```
构造器 Function()的参数类型都是字符串，p1~pn 表示所创建函数的参数名称列表，body 表示所创建函数的函数结构体语句，在 body 语句之间通过分号进行分隔。

【示例 1】 用户可以省略所有参数，仅为构造器传递一个字符串，用来表示函数体。
```
var f = new Function("a", "b", "return a+b");
    // 通过构造函数来克隆函数结构
```
在上面代码中，f 就是所创建函数的名称。同样是定义函数，使用 function 语句可以设计相同结构的函数。
```
function f(a, b){                    // 使用 function 语句定义函数结构
    return a + b;
}
```

【示例 2】 使用 Function()构造器可以不指定任何参数，创建一个空函数结构体。
```
var f = new Function();              // 定义空函数
```

【示例 3】 在 Function()构造器参数中，p1~pn 是参数名称的列表，即 p1 不仅能代表一个参数，还可以是一个逗号隔开的参数列表。下面的定义方法是等价的：
```
var f = new Function("a", "b", "c", "return a+b+c")
var f = new Function("a, b, c", "return a+b+c")
var f = new Function("a,b", "c", "return a+b+c")
```

> **注意：**
> Function()构造器不是很常用，因为一个函数体通常会包含很多代码，如果将这些代码以一行字符串的形式进行传递，代码的可读性会很差。

> **提示：**
> 使用 Function()构造器可以动态创建函数，它不会把用户限制在 function 语句预声明的函数体中。使用 Function()构造器，能够把函数当作表达式来使用，而不是当作一个结构，因此使用起来会更灵活。其缺点就是，Function()构造函数在执行期被编译，执行效率非常低。

扫一扫，看视频

8.1.3 函数直接量

函数直接量就是结构固定的函数体，被称为匿名函数，也就是说函数没有函数名，仅包含 function 关键字、参数和函数体。具体用法如下：
```
function([args]){
    statements
}
```

【示例1】 以下代码定义了一个函数直接量。

```
function(a, b){                              // 函数直接量
    return a + b;
}
```

在上面代码中，函数直接量与使用 function 语句定义函数结构基本相同，它们的结构都是固定的。但是函数直接量没有指定函数名，而是直接利用关键字 funciton 来表示函数的结构，这种函数也被称为匿名函数。

【示例2】 匿名函数就是一个表达式，即函数表达式，而不是函数结构的语句。下面把匿名函数作为一个值赋值给变量 f。

```
// 把函数作为一个值直接赋值给变量 f
var f = function(a, b){
    return a + b;
};
```

当把函数结构作为一个值赋值给变量之后，变量就可以作为函数被调用，此时变量就指向那个匿名函数。

```
alert(f(1,2));                               // 返回数值 3
```

【示例3】 匿名函数作为值，可以参与更复杂的表达式运算。针对上面示例可以使用如下代码完成函数定义和调用一体化操作。

```
// 把函数作为一个运算元，利用函数调用运算符（()）进行调用
alert(
    (function(a, b){
        return a + b;
    })(1,2)
);                                           // 返回数值 3
```

8.1.4 定义嵌套函数

函数可以相互嵌套，因此可以定义复杂的嵌套结构函数。

【示例1】 使用 function 语句声明两个相互嵌套的函数体结构。

```
function f(x, y){                            // 外层函数
    function e(a, b){                        // 内层函数
        return a * b;
    }
    return x + y;
}
```

【示例2】 嵌套的函数只能在函数体内部可见，函数外不允许直接调用。

```
function f(x, y){
    function e(a, b){
        return a * b;
    }
    return e(3, 6) + y;                      // 内层函数参与表达式运算有效
    alert(e(3, 6));                          // 无效的调用
}
alert(f(3, 6));                              // 调用外层函数
```

8.1.5 比较定义函数的方法

使用 function 语句、Function()构造函数和函数直接量都可以定义函数,但是 3 种方法存在很多差异,详细比较如表 8.1 所示。

表 8.1 函数定义方法比较

	使用 function 语句	使用 Function()构造函数	使用函数直接量
兼容	完全	JavaScript 1.1 及以上	JavaScript 1.2 及以上
形式	语句	表达式	表达式
名称	有名	匿名	匿名
主体	标准语法	字符串	标准语法
性质	静态	动态	静态
解析	以命令的形式构造一个函数对象	解析函数体,能够动态创建一个新的函数对象	以表达式的形式构造一个函数对象
作用域	具有函数作用域	顶级函数,具有顶级作用域	具有函数作用域

1. 函数作用域

使用 Function()构造器创建的函数具有全局作用域,而 function 语句和函数直接量定义的函数都有局部作用域(函数作用域)。

【示例 1】 为了理解顶级作用域和局部作用域的异同,来看一个示例。

```
var n = 1;                              // 全局变量,作用域为当前文档
function f(){
    var n = 2;                          // 局部变量,作用域仅限于函数体内
    function e(){                       // 使用 function 语句定义的函数结构体
        return n;                       // 检测变量 n 到底返回什么值
    }
    return e;                           // 返回函数结构
}
alert(f()());                           // 返回 2,调用函数 f 的返回函数 e
```

在上面示例中,分别在函数体外和函数体内声明并初始化变量 n,然后在函数体内使用 function 语句定义一个函数 e,定义该函数返回变量 n 的值。最后在函数体外调用函数的返回函数。结果发现返回值为局部变量 n 的值 2,也就是说 function 语句定义的函数拥有局部作用域。

如果使用函数直接量定义函数 e,当调用该返回函数时,返回的值是 2,而不是 1,也说明函数直接量定义的函数拥有局部作用域。

【示例 2】 如果使用 Function 构造器定义函数 e,则调用该返回函数时,返回的值是 1,而不是 2了,因为 Function 构造器定义的函数作用域需要动态确定,而不是在定义函数时确定的,所以具有全局作用域。

```
var n = 1;                              // 全局变量,作用域为当前文档
function f(){
    var n = 2;                          // 局部变量,作用域仅限于函数体内
    var e = new Function("return n;");
        // 使用 Function 构造器定义的函数结构体
    return e;                           // 返回函数结构
}
alert(f()());                           // 返回 1,调用函数 f 的返回函数 e
```

2. 解析方式

使用 function 语句和函数直接量定义的函数一般是先解析后执行，而使用 Function 构造器定义的函数不是提前解析，在运行时动态解析和执行。因此，function 语句和函数直接量定义的函数具有静态特性，而 Function 构造器定义的函数具有动态特性。

【示例 3】 在本例中，分别把 function 语句定义的空函数和 Function 构造器定义的空函数放在一个循环体内，让它们空转十万次，则比较发现使用 function 语句定义的空函数运行效率高。

```
// 测试 function 语句定义的空函数执行效率
var a = new Date();              // 定义当前时间对象实例
var x = a.getTime();             // 获取当前时间的毫秒数
for(var i=0;i<100000;i++){       // 定义的循环结构体
    function(){                  // 使用 function 语句定义的空函数
        ;
    }
}
var b = new Date();              // 定义当前时间对象实例
var y = b.getTime();             // 获取当前时间的毫秒数
alert(y-x);                      // 返回 62，不同环境和浏览器会存在差异
// 测试 Function 构造器定义的空函数执行效率
var a = new Date();              // 定义当前时间对象实例
var x = a.getTime();             // 获取当前时间的毫秒数
for(var i=0;i<100000;i++){       // 定义的循环结构体
    new Function();              // 使用 Function 构造器定义的空函数
}
var b = new Date();              // 定义当前时间对象实例
var y = b.getTime();             // 获取当前时间的毫秒数
alert(y-x);                      // 返回 2390，不同环境和浏览器会存在差异
```

在执行循环结构之前，JavaScript 解释器首先把 function 语句定义的函数提取出来进行编译，这样每次循环执行该函数时，就不再重新编译该函数；而 Function 构造器定义的函数每次循环时都需要动态编译一次，这样效率就非常低。

3. 可用性

Function 构造器和函数直接量定义函数的方法有点相似，它们都是使用表达式来创建，而不是语句创建。这也给它们带来很大的灵活性。当函数仅需要调用一次时，非常适合使用函数直接量的方式创建匿名函数。

由于 Function 构造器和函数直接量定义函数不需要额外的变量，它们直接参与表达式运算，从而节省了资源，避免了使用 function 语句定义函数占用系统资源的弊端。

对于 Function 构造器来说，由于定义函数的主体必须以字符串的形式来表示，使用这种方法定义复杂的函数就比较笨拙，出现语法错误也不易发现。

8.2 使用函数

函数提供两个接口实现与外界的交互，其中参数作为入口，接收外界信息，然后使用返回值，作为出口，与外界实现互动。

8.2.1 函数返回值

在函数体内，使用 return 语句可以设置函数的返回值，一旦执行 return 语句，它将停止函数的运行，并把 return 关键字后面的表达式的运算值返回。如果函数不包含 return 语句，则执行完函数体内每条语句后，最后返回 undefined 值。

提示：

JavaScript 是一种弱类型语言，所以函数对于接收和输出数据都没有类型限制，JavaScript 也不会自动检测输入和输出数据的类型。

【示例 1】 以下代码定义函数的返回值为函数。

```
function f(){
    return function(x, y){        // 返回值为函数
        return x + y;
    }
}
```

【示例 2】 函数的参数没有限制，但是返回值只能是一个，如果要输出多个值，可以通过数组或对象进行设计。

```
function f(){
    var a = [];
    a[0] = true;
    a[1] = function(x, y){
        return x + y;
    }
    a[2] = 123;
    return a;                     // 返回多个值
}
```

在上面代码中，函数返回值为数组，该数组包含 3 个元素，从而实现一个 return 语句，返回两个值的目的。

【示例 3】 在函数体内可以包含多个 return 语句，但是仅能执行一个 return 语句，因此在函数体内可以使用分支结构或条件结构决定函数返回值，或者使用 return 语句提前终止函数运行。

```
function f(x, y){                 // 根据条件返回值
    //如果参数为非数字类型，则终止函数执行
    if( typeof x != "number" || typeof y != "number") return;
    if(x > y) return x - y;
    if(x < y) return y - x;
    if(x * y <= 0) return x + y;
}
```

8.2.2 调用函数

函数在默认状态下是不会被执行的，一般使用小括号运算符（()）来激活函数运行，在小括号运算符中可以包含零个或多个参数，参数之间通过逗号进行分隔。

【示例 1】 在本例中，通过在函数中调用函数的方法实现多重调用，也就是把函数调用作为一个表达式的值直接作为参数进行传递，这样节省了两个临时变量。

```
function f(x,y){                  // 定义函数
    return x*y;                   // 返回值
}
alert(f(f(5,6),f(7,8)));          // 返回1680。重复调用函数
```

如果按一般过程化设计,则上面代码可以转换为:

```
function f(x,y){                        // 定义函数
   return x*y;                          // 返回值
}
var a = f(5, 6);                        // 返回30,调用函数
var b = f(7, 8);                        // 返回56,调用函数
alert(f(a, b));                         // 返回1680,调用函数
```

【示例2】 如果函数返回值为一个函数,则在调用时可以使用多个小括号运算符反复调用。

```
function f(x, y){                       // 定义函数
   return function(){                   // 返回函数类型的数据
      return x * y;
   }
}
alert(f(7, 8)());                       // 返回值56,反复调用函数
```

【示例3】 在以下代码中,定义函数的返回值为函数自身,设计一种递归返回函数自身的操作,这样就可以通过无数个小括号运算符反复调用,但是最终返回值都是函数结构体自身。

```
function f(){                           // 定义函数
   return f;                            // 返回函数自身
}
alert(f()()()()()()()()()()());         // 返回函数结构体
```

当然,上述设计方法在实际开发中没有任何应用价值,不建议采用。

【示例4】 在嵌套函数中,JavaScript 遵循从内到外的原则就近调用函数,但是不会从外到内调用函数。这样就避免了嵌套函数中调用同名函数可能引发的冲突。

```
function f(){                           // 顶级函数f
   return 1;
}
function o(){                           // 函数作用域
   return o()                           // 调用内部函数o
   function o(){                        // 函数内部作用域
      return f();                       // 嵌套函数内部函数f
      function f(){                     // 嵌套函数内部函数f
         return 3;
      }
   }
   function f(){                        // 嵌套函数f
      return 2;
   }
}
alert( f() );                           // 返回数值1
alert( o() );                           // 返回数值3
```

在上面示例中,在全局作用域内调用函数 f,则将调用最顶级函数 f,同样在全局作用域内调用函数 o,将调用最顶级函数 o。当调用顶级函数 o 时,激活内部脚本并返回调用内部函数 o,继续激活并调用最里层的函数 f。如果没有最里层的函数 f,则将向上搜索函数 f,并将调用嵌套函数 f,返回数值2。如果还没有检索到函数 f,则将调用顶层函数 f,最后返回数值为1。

8.2.3 函数作用域

JavaScript 把函数视为一个封闭的结构体,与外界完全独立,在函数内声明的变量、参数、私有函数等对外是不可见的。

【示例 1】 对象可以通过点号运算符访问内部成员，但是在函数体外，无法通过点号运算符访问其内部包含的成员。

```javascript
function f(){                    // 函数体
    function e(){                // 子函数
        function g(){            // 孙函数
            return 3;
        }
    }
    var b = true;                // 函数的变量成员
    var c = function(){          // 函数的变量成员
        return "c";
    }
}
alert(f.e.g());                  // 抛出错误
alert(f.c());                    // 抛出错误
alert(f.b);                      // 抛出错误
```

在上面示例中，函数 f 内部的结构是符合语法规范的，但是用户无法通过点号运算符来引用它的成员。如果在对象内部是完全可以引用的。

【示例 2】 函数作用域通过 return 语句向外界开放内部成员。例如，在以下示例中可以调用成员函数 g。

```javascript
function f(){
    return e;
    function e(){
        return g;
        function g(){
            return 3;
        }
    }
    var b = true;
    var c = function(){
        return "c";
    }
}
alert( f()()() );                // 返回 3
```

在上面示例中，外界无法调用函数 f 内成员 e，当执行 return 语句后，通过返回值的形式向外界开放内部函数 e，允许外部调用。但是对于变量 b 和函数 c 来说，将永远被封闭在函数体内，且不会被执行。

8.3 使用参数

本节将介绍函数参数的相关知识和使用技巧。

8.3.1 定义参数

扫一扫，看视频

函数参数包括两种类型：形参和实参。形参就是函数声明的参数变量，它仅在函数内部可见，而实参就是实际传递的参数值。

【示例 1】 以下代码定义了一个简单的函数。

```javascript
function f(a,b){                 // 定义函数结构，传递形参 a 和 b
```

```
        return a+b;
}
var x=1,y=2;                        // 定义参数变量
alert(f(x,y));                      // 调用函数并传递实参
```

在上面示例中,函数结构中的变量 a、b 就是形参,而在调用函数时向函数传递的变量 x、y 就是实参。

JavaScript 函数可以包含零个或多个形参。函数定义时的形参可以通过 length 属性获取。

【示例 2】 针对上面的函数,使用如下方法可以获取它的形参个数。

```
alert(f.length);                    // 返回 2.获取函数的形参个数
```

一般情况下,函数的形参和实参数量应该相同,但是 JavaScript 并没有要求形参和实参必须相同,在特殊情况下,函数的形参和实参数量可以不相同。

【示例 3】 如果函数实参数量少于形参数量,那么多出来的形参的值默认为 undefined。

```
(function(a,b){                     // 定义函数,包含两个形参
    alert(typeof a);                // 返回 number
    alert(typeof b);                // 返回 undefined
})(1);                              // 调用函数,传递一个实参
```

【示例 4】 如果函数实参数量多于形参数量,那么多出来的实参就不能够通过形参标识符访问,函数会忽略掉多余的实参。在下面这个示例中,实参 3 和 4 就被忽略掉了。

```
(function(a,b){                     // 定义函数,包含两个形参
    alert(a);                       // 返回 1
    alert(b);                       // 返回 2
})(1,2,3,4);                        // 调用函数,传递 4 个实参
```

在实际应用中,经常出现实参数量少于形参数量的情况,这是因为函数在体内初始化形参,并设置了参数默认值。在调用函数时,如果用户不传递或少传递参数,则函数会采用默认值。而形参数量少于实参的情况比较少见,这种情况一般发生在参数数量不确定的函数中。

【示例 5】 形参与函数体内使用 var 语句声明的变量都属于局部变量,仅在函数体内可见。当私有变量与形参发生冲突时,则私有变量拥有较大的优先权。

```
function f(a){                      //定义函数结构,传递形参 a
    var a = 0;                      //声明私有变量 a,初始值为 0
    return a;
}
alert(f(5));                        // 调用函数,传递给参数值为 5,则返回值为 0
```

在上面示例中,私有变量 a 将覆盖形参变量 a,最后返回值为 0,而不是参数值 5。

8.3.2 使用 arguments 对象

arguments 对象表示参数集合,它是一个伪类数组,拥有与数组相似的结构,可以通过数组下标的形式访问函数实参值,但是没有基础 Array 的原型方法。

【示例 1】 在本例中,函数没有定义形参,但是在函数体内通过 arguments 对象可以获取传递给该函数的每个实参值。

```
function f(){                                   // 定义没有形参的函数
    for(var i = 0; i < arguments.length; i ++ ){
        // 循环读取函数的 arguments 对象
        alert(arguments[i]);                    // 显示指定下标的实参的值
    }
}
f(3, 3, 6);                                     // 逐个显示每个传递的实参
```

【示例 2】 arguments 对象仅能够在函数体内使用，作为函数的属性而存在。用户可以通过点运算符访问 arguments 对象。由于 arguments 对象在函数体内是可见的，也可以直接引用 arguments 对象。

```
function f(){                           // 定义没有形参的函数
    for(var i = 0; i < f.arguments.length; i ++ ){
    // 循环读取函数的 arguments 对象
        alert(arguments[i]);            // 显示指定下标的实参的值
    }
}
f(3, 3, 6);                             // 逐个显示每个传递的实参
```

arguments 对象是一个伪类数组，可以使用数组下标的形式访问每个实参值，如 arguments[i]，其中 arguments 表示对 arguments 对象的引用，变量 i 是 arguments 集合的下标值，从 0 开始，直到 arguments.length。其中 length 是 arguments 对象的一个属性，表示 arguments 对象包含的实参个数。

【示例 3】 使用 arguments 对象可以随时编辑实参值。在以下示例中使用 for 循环遍历 arguments 对象，然后把循环变量的值传递给实参，以便动态改变实参值。

```
function f(){
    for(var i = 0; i < arguments.length; i ++ ){
    // 遍历 arguments 对象元素
        arguments[i] =i;                // 修改每个实参的值
        alert(arguments[i]);            // 提示修改的实参值
    }
}
f(3, 3, 6);                             // 返回提示 0、1、2，而不是 3、3、6
```

【示例 4】 通过修改 arguments 对象的 length 属性值，也可以达到改变函数实参个数的目的。当 length 属性值增大时，则增加的实参值为 undefined，如果 length 属性值减小，则会丢弃 arguments 数据集合后面对应个数的元素。

```
function f(){
    arguments.length = 2   ;            // 修改 arguments 对象的 length 属性值
    for(var i = 0; i < arguments.length; i ++ ){
        alert(arguments[i]);
    }
}
f(3, 3, 6);                             // 返回提示 3、3
```

8.3.3 使用 callee 回调函数

arguments 对象包含一个 callee 属性，它引用当前 arguments 对象所属的函数，使用该属性可以在函数体内调用函数自身。在匿名函数中，callee 属性比较有用，利用它可以设计函数迭代操作。

【示例 1】 在本例中，使用 arguments.callee 获取匿名函数，然后通过函数的 length 属性获取函数形参个数，最后比较实参与形参个数以检测用户传递的参数是否符合要求。

```
function f(x, y, z){
    var a = arguments.length;           // 获取函数实参的个数
    var b = arguments.callee.length;    // 获取函数形参的个数
    if (a != b){                        // 如果形参和实参个数不相等，则提示错误信息
        throw new Error("传递的参数不匹配");
    }
    else{                               // 如果形参和实参数目相同，则返回它们的和
        return x + y + z;
    }
```

```
}
alert(f(3, 4, 5));                    // 返回值为 12
```
Function 对象的 length 属性返回的是函数形参个数，而 arguments 对象的 length 属性返回的是函数实参个数。

【示例 2】 如果不是匿名函数，则 arguments.callee 等价于函数名，对于上面示例可以改为如下形式。

```
function f(x, y, z){
    var a = arguments.length;         // 获取函数实参的个数
    var b = f.length;                 // 在函数体内通过函数名获取函数形参的个数
    if (a != b){                      // 如果形参和实参个数不相等，则提示错误信息
        throw new Error("传递的参数不匹配");
    }
    else{                             // 如果形参和实参数目相同，则返回它们的和
        return x + y + z;
    }
}
alert(f(3, 4, 5));                    // 返回值为 12
```

8.3.4 应用 arguments 对象

灵活使用 arguments 对象，可以提升使用函数的灵活性，增强函数在抽象编程中的适应能力和纠错功能。下面结合两个典型示例展示 arguments 对象在实践中的应用。

【示例 1】 使用 arguments 对象能够增强函数应用的灵活性。例如，如果函数的参数个数不确定，或者函数的参数个数很多，而又不想为每个参数都定义一个形参变量，此时可以省略参数，直接在函数体内使用 arguments 对象来访问调用函数的实参值。

以下示例定义了一个求平均值的函数，它借助 arguments 对象来计算函数接收参数的平均值。

```
function avg(){                       // 求平均数
    var num = 0, l = 0;               // 声明并初始化临时变量
    for(var i = 0; i < arguments.length; i ++ ){   // 遍历所有实参
        if(typeof arguments[i] != "number")        // 如果参数不是数值
            continue;                              // 则忽略该参数值
        num += arguments[i];          // 计算参数的数值之和
        l ++ ;                        // 计算参与和运算的参数个数
    }
    num /= l;                         // 求平均值
    return num;                       // 返回平均值
}
alert(avg(1, 2, 3, 4));               // 返回 2.5
alert(avg(1, 2, "3", 4));             // 返回 2.3333333333333335
```

【示例 2】 验证函数参数的合法性。在页面设计中经常需要验证表单输入值，以下示例可检测文本框中输入的值是否为合法的邮箱地址。

```
function isEmail(){
    if(arguments.length>1) throw new Error("只能够传递一个参数");
    // 检测参数个数
    // 定义正则表达式
    var regexp = /^\w+((-\w+)|(\.\w+))*\@[A-Za-z0-9]+((\.|-)[A-Za-z0-9]+)*\.[A-Za-z0-9]+$/;
    if (arguments[0].search(regexp)!= -1)    // 匹配实参的值
        return true;                         // 如果匹配则返回 true
```

扫一扫，看视频

```
        else
            return false;                          // 如果不匹配则返回 false
}
var email = "zhuyinhong@css8.cn";                  // 声明并初始化邮箱地址字符串
alert(isEmail(email));                             // 返回 true
```

📢 **注意**：

arguments 对象不是数组，它有一个 length 属性，可以通过[]操作符来获取实参值，但是 arguments 对象并没有数组可以使用的 push、pop、splice 等方法。其原因是 arguments 对象的 prototype 指向的是 Object.prototype，而不是 Array.prototype。

【示例 3】 可以通过使用 arguments 来模拟重载，其实现机制是通过判断 arguments 中实际参数的个数和类型来执行不同的逻辑。

```
function sayHello() {
    switch (arguments.length) {
        case 0:
            return "Hello";
        case 1:
            return "Hello, " + arguments[0];
        case 2:
            return (arguments[1] == "cn" ? " 你好, " : "Hello, ") + arguments[0];
    };
}
sayHello();//"Hello"
sayHello("Alex");// "Hello, Alex"
sayHello("Alex", "cn"); // " 你好, Alex"
```

【示例 4】 callee 是 arguments 对象的一个属性，其值是当前正在执行的 function 对象。它的作用是使匿名 function 可以被递归调用。下面以一段计算斐波那契序列中第 N 个数的值的过程来演示 arguments.callee 的使用。

```
function fibonacci(num) {
    return (function(num) {
        if( typeof num !== "number")
            return -1;
        num = parseInt(num);
        if(num < 1)
            return -1;
        if(num == 1 || num == 2)
            return 1;
        return arguments.callee(num - 1) + arguments.callee(num - 2);
    })(num);
}
fibonacci(100)
```

8.4 使用函数对象

在 JavaScript 中，Function 构造器预定义了 2 种原型方法，同时也允许用户为函数对象自定义属性。本节将介绍如何正确使用 Function 对象包含的属性和方法。

8.4.1 获取函数形参个数

使用 arguments 对象的 length 属性可以获取函数的实参个数，而函数对象本身也定义了一个 length 属性，它可以返回定义函数时设置的形参个数，不过这个属性是一个只读属性。

【示例1】 与 arguments 对象的 length 属性不同，Function 对象的 length 属性在函数体内外都可以使用。

```
function f(x,y,z){}              // 定义包含3个形参的空函数f
alert(f.length);                 // 返回3
```

【示例2】 而 arguments 对象的 length 属性仅能够在函数体内使用。

```
function check( a ){             // 定义检测函数实参与形参是否一致的功能函数
   if( a.length != a.callee.length )
    // 如果实参与形参的length属性值不同，则抛出错误
   throw new Error( "参数不一致" );
}
function f( a, b, c, d ){        // 定义一个普通应用函数
   check( arguments );           // 调用函数check
   return ( a + b + c + d ) / 3; // 返回函数值
}
alert( f( 3, 4 ) );              // 抛出异常。调用函数f，传递两个参数
```

8.4.2 自定义属性

作为对象，用户可以通过点语法为函数定义静态属性或方法，语法格式如下。

```
function.property
function.method
```

【示例1】 函数属性可以在函数结构体内定义，也可以在函数体外定义。

```
function f(){
   f.x=1;                        // 在函数体内定义属性
}
f.y=2;                           // 在函数体外定义属性
```

【示例2】 函数外定义的属性可以随时访问，但是在函数内定义的属性只有函数被调用后才可以访问。

```
function f(){
   f.x=1;                        // 在函数体内定义属性
   alert(f.x)                    // 返回1，在函数体内调用
   alert(f.y)                    // 返回2，在函数体内调用
}
f.y=2;                           // 在函数体外定义属性
alert(f.x)                       // 返回undefined，在函数体外调用无效
alert(f.y)                       // 返回2，在函数体外调用有效
f();                             // 调用函数
alert(f.x)                       // 返回1
```

【示例3】 函数的方法与嵌套的函数不同。嵌套的函数仅在内部可见，而函数的方法可以在外部调用。

```
function f(){
   f.x=function(x){              // 在函数体内定义函数的方法x()
      return x
   };
   alert(f.x(4));                // 返回4，在函数体内调用函数的方法x()
```

```
    alert(f.y(4));              // 返回16,在函数体内调用函数的方法y()
}
f.y=function(y){                // 在函数体外定义函数的方法y()
    return y*y;
};
f();                            // 调用函数f
alert(f.x(4));                  // 返回4,在函数体外调用函数的方法x()
alert(f.y(4));                  // 返回16,在函数体外调用函数的方法y()
```

【示例4】 通过静态属性设计递增变量。

设计在函数内定义临时变量,它的值能随着函数的反复调用而递增,类似下面写法:

```
function f(){                   // 定义函数
    var x = 0;                  // 定义局部变量并赋值为0
    return x++;                 // 希望每次调用函数时能够返回不同的值
}
for( var i = 1; i < 10; i ++ ){ // 循环结构中反复调用函数f
    alert( f() );               // 总是返回0
}
```

但是,上面示例并非按设计每次返回递增值。因为局部变量的值在每次调用函数时,都被重新初始化。用户可以通过一个全局变量来设计:

```
var x = 0;                      // 定义全局变量并赋值为0
function f(){                   // 定义函数
    return x++;                 // 希望每次调用函数时能够返回不同的值
}
for( var i = 1; i < 10; i ++ ){ // 循环结构中反复调用函数f
    alert( f() );               // 每次返回的值都不同
}
```

但是这种设计方法缺乏封闭性,在复杂环境中存在安全隐患。因此,用户不妨为函数定义属性,然后利用函数属性实现函数每次返回递增值:

```
function f(){                   // 定义函数
    return f.x++;               // 返回函数f的属性x的递增值
}
f.x = 0;                        // 定义函数的属性x,并初始化为0
for( var i = 1; i < 10; i ++ ){
    alert( f() );
}
```

上面示例能很好实现上述设计意图,同时也确保函数结构的封闭性。

扫一扫,看视频

8.4.3 使用call()和apply()

call()和apply()是Function对象的原型方法,它们能够将特定函数当作一个方法绑定到指定对象上并进行调用。具体用法如下:

```
function.call(thisobj, args...)
function.apply(thisobj, args)
```

其中参数thisobj表示指定的对象,参数args表示要传递给被调用函数的参数。call()方法只能接收多个参数列表,而apply()只能接收一个数组或者伪类数组,数组元素将作为参数传递给被调用的函数。

【示例1】 当函数被绑定到指定对象上之后,将利用传递的参数执行函数,并返回函数的返回值。

```
function f(x,y){                // 定义一个简单的函数
    return x+y;
}
```

```
function o(a,b){                        // 定义一个函数结构的伪对象
    return a*b;
}
alert(f.call(o,3,4));                   // 返回7
```
在上面示例中，f 是一个简单的函数，而 o 是一个构造函数对象。通过 call()方法把函数 f 绑定到对象 o 身上，变为它的一个方法，然后动态调用函数 f，同时把参数 3 和 4 传递给函数 f，则调用函数 f 后返回值为 7。

实际上，上面示例可以转换为下面代码：
```
function f(x,y){                        // 定义一个简单的函数
    return x+y;
}
function o(a,b){                        // 定义一个函数结构的伪对象
    return a*b;
}
o.m =f;                                 // 为对象 o 定义一个方法 m，该方法将调用函数 f
alert(o.m(3,4));                        // 返回7。调用对象 o 的方法 m
delete o.m;                             // 删除对象 o 的方法 m
```

【示例2】 apply()与 call()方法功能和用法都相同，唯一的区别是它们传递给参数的方式不同。其中 apply()是以数组形式传递参数，而 call()方法以多个值的形式传递参数。针对上面示例，使用 apply()方法来调用函数 f，则设计代码如下所示：
```
function f(x,y){
    return x+y;
}
function o(a,b){
    return a*b;
}
alert(f.apply(o,[3,4]));                // 返回7
```

【示例3】 设计把一个数组或伪类数组的所有元素作为参数进行传递时，使用 apply()方法就非常便利。
```
function max(){                         // 求最大值函数
    var m = Number.NEGATIVE_INFINITY;
        // 声明一个负无穷大的数值
    for( var i = 0; i < arguments.length; i ++ ){
        // 遍历函数所有的实参
        if( arguments[i] > m )          // 如果实参值大于变量 m,
        m = arguments[i];               // 则把该实参值赋值给 m
    }
    return m;                           // 返回最大值
}
var a = [23, 45, 2, 46, 62, 45, 56, 63];
    // 声明并初始化数组
var m = max.apply( Object, a );
    // 把函数 max 绑定为 Object 对象的方法，并动态调用
alert( m );                             // 返回63
```
在上面示例中，设计定义一个函数 max()，用来计算所有参数中最大值参数。首先通过 apply()方法，动态调用 max()函数，然后把它绑定为 Object 对象的一个方法，并把包含多个值的数组传递给它，最后返回经过 max()计算后的最大数组元素。

如果不使用 call()方法，希望使用 max()函数找出数组中最大值元素，就需要把数组所有元素全部读

取出来,再逐一传递给 call()方法,显然这种做法是比较笨拙的。

【示例 4】 也可以把数组元素通过 apply()方法传递给 Math 的 max()方法来计算数组的最大值元素。

```
var a = [23, 45, 2, 46, 62, 45, 56, 63];      // 声明并初始化数组
var m = Math.max.apply( Object, a );          // 调用系统函数 max
alert( m );                                    // 返回 63
```

【示例 5】 使用 call()和 apply()方法可以把一个函数转换为指定对象的方法,并在这个对象上调用该方法。这种行为只是临时的,函数实际上并没有作为对象的方法而存在,当函数被动态调用之后,这个对象的临时方法也会自动被注销。

```
function f(){}                // 定义空函数
f.call( Object );             // 把函数 f 绑定为 Object 对象的方法
Object.f();                   // 再次调用该方法,则返回编译错误
```

【示例 6】 call()和 apply()方法能够动态改变函数内 this 指代的对象,这在面向对象编程中是非常有用的。以下示例使用 call()方法不断改变函数内 this 指代对象,主要通过变换 calll()方法的第一个参数值来实现。

```
var x = "o";                  // 定义全局变量 x,初始化为字符 o
function a(){                 // 定义函数类结构 a
    this.x = "a";             // 定义函数内局部变量 x,初始化为字符 a
}
function b(){                 // 定义函数类结构 b
    this.x = "b";             // 定义函数内局部变量 x,初始化为字符 b
}
function c(){                 // 定义普通函数,提示变量 x 的值
    alert( x );
}
function f(){                 // 定义普通函数,提示当前指针所包含的变量 x 的值
    alert( this.x );
}
f();// 返回字符 o,即全局变量 x 的值。this 此时指向 window 对象
f.call( window );// 返回字符 o,即全局变量 x 的值。this 此时指向 window 对象
f.call( new a() );// 返回字符 a,即函数 a 内部的局部变量 x 的值。this 此时指向函数 a
f.call( new b() );// 返回字符 b,即函数 b 内部的局部变量 x 的值。this 此时指向函数 b
f.call( c );// 返回 undefined,即函数 c 内部的局部变量 x 的值,但是该函数并没有定义 x 变量,所以返回 undefined。this 此时指向函数 c
```

【示例 7】 在函数体内,call()和 apply()方法的第一个参数就是调用函数内 this 的值。为了更好理解,用户可以看下面示例。

```
function f(){                 // 定义函数类结构
    this.a ="a";              // 定义成员 a 并赋值,a 为属性
    this.b = function(){      // 定义成员 b 并赋值,b 为方法
        alert("b");
    }
}
function e(){                 // 定义函数
    f.call(this);             // 在函数体内动态调用函数 f,this 指代函数 e
    alert(a);                 // 显示变量 a 的值
}
e();                          // 返回字符串 a
```

上面示例显示,如果在函数体内,使用 call()和 apply()方法动态调用外部函数,并把 call()和 apply()方法的第一个参数值设置为关键字 this,则当前函数 e 将继承函数 f 的所有属性。即,使用 call()和 apply()方法能够复制调用函数的内部变量给当前函数体。

【示例8】 在本例中，使用 apply()方法循环更改当前 this 指针，从而实现循环更改函数的结构。

```
function r( x ){                    // 定义一个简单的函数
    return ( x );
}
// 定义一个稍复杂的函数，该函数将修改第一个参数值，并返回参数集合
function f( x ){
    x[0] = x[0] + ">";
    return x;
}
function o(){                       // 循环更改函数 r 中返回值
    var temp = r;
    r = function(){
        return temp.apply( this, f( arguments ) );
    }
}
function a(){                       // 定义函数 a
    o();                            // 调用函数 o，修改函数 r 的结构，即返回值
    alert( r( "=" ) );              // 显示函数 r 的返回值
}
for( var i = 0 ; i < 10; i ++ ){    // 循环调用函数 a
    a();
}
```

执行上面示例，会看到提示信息框中的提示信息不断变化，如图 8.1 所示。该示例的核心就在于函数 o 的设计。在这个函数中，首先使用一个临时变量存储函数 r。然后修改函数 r 的结构，在修改的 r 函数结构中，通过调用 apply()方法修改原来函数 r 的指针指向当前对象，同时执行原函数 r，并把执行函数 f 的值传递给它，从而实现修改函数 r 的 return 语句的后半部分信息，即为返回值增加一个前缀字符"="。这样每次调用函数 o 时，都会为其增加一个前缀字符"="，从而形成一种动态的变化效果。

图 8.1 apply()方法应用示例效果

8.4.4 使用 bind()

扫一扫，看视频

ECMAScript 5 为 Function 增加了一个原型方法 bind（Function.prototype.bind），用来把函数绑定到指定对象上。从本质上讲，它允许在其他对象链中执行一个函数。

也就是说，对于给定函数，创建具有与原始函数相同的主体的绑定函数，在绑定函数中，this 对象将解析为传入的对象。绑定函数具有指定的初始参数。具体用法如下：

```
function.bind(thisArg[,arg1[,arg2[,argN]]])
```

参数说明：
- function：必需参数，一个函数对象。
- thisArg：必需参数，this 关键字可在新函数中引用的对象。
- arg1[,arg2[,argN]]]：可选参数，要传递到新函数的参数的列表。

bind 方法将返回与 function 函数相同的新函数，thisArg 对象和初始参数除外。

【示例 1】 本例定义原始函数 checkNumericRange，用来检测传入的参数值是否在一个指定范围内，范围下限和上限根据当前实例对象的 minimum 和 maximum 属性决定。然后使用 bind 方法把 checkNumericRange 函数绑定到对象 range 身上。如果再次调用这个新绑定后的函数 boundCheckNumericRange 后，就可以根据该对象的属性 minimum 和 maximum 来确定调用函数时传入值是否在指定的范围内。

```javascript
var checkNumericRange = function (value) {
    if (typeof value !== 'number')
        return false;
    else
        return value >= this.minimum && value <= this.maximum;
}
var range = { minimum: 10, maximum: 20 };
var boundCheckNumericRange = checkNumericRange.bind(range);
var result = boundCheckNumericRange (12);
document.write(result);              //true
```

【示例 2】 本例在上面示例基础上，为 originalObject 对象定义了两个上下限属性，以及一个方法 checkNumericRange。然后，直接调用 originalObject 对象的 checkNumericRange 方法，检测 10 是否在指定范围，返回值为 false，因为当前 minimum 和 maximum 值分别为 50 和 100。接着，把 originalObject.checkNumericRange 方法绑定到 range 对象，再次传入值 10，此时返回值为 true，说明在指定范围，因为此时 minimum 和 maximum 值分别为 10 和 20。

```javascript
var originalObject = {
    minimum: 50,
    maximum: 100,
    checkNumericRange: function (value) {
        if (typeof value !== 'number')
            return false;
        else
            return value >= this.minimum && value <= this.maximum;
    }
}
var result = originalObject.checkNumericRange(10);
document.write(result);      //false
var range = { minimum: 10, maximum: 20 };
var boundObjectWithRange = originalObject.checkNumericRange.bind(range);
var result = boundObjectWithRange(10);
document.write(result);      //true
```

【示例 3】 本例演示了如何利用 bind 方法为函数两次传递参数值，以便实现连续参数求值计算。

```javascript
var displayArgs = function (val1, val2, val3, val4) {
    document.write(val1 + " " + val2 + " " + val3 + " " + val4);
}
var emptyObject = {};
var displayArgs2 = displayArgs.bind(emptyObject, 12, "a");
displayArgs2("b", "c");      //12 a b c
```

另外，ECMAScript 5 为 String 新增了 trim 方法，该方法可以从字符串中移除前导空格、尾随空格和行终止符。用法如下：

```
stringObj.trim()
```

参数 stringObj 表示 String 对象或字符串。trim 方法不修改该字符串，返回值为已移除前导空格、尾随空格和行终止符的原始字符串。移除的字符包括空格、制表符、换页符、回车符和换行符。

【示例 4】 本例演示如何使用 trim 方法快速清除掉字符串首尾空格，该方法在表单处理中比较实用。

```
var message = "    abc def    \r\n ";
document.write("[" + message.trim() + "]");            //[abc def]
document.write("<br/>");
document.write("length: " + message.trim().length);    //7
```

8.5 使用 this

在 JavaScript 中，this 表示当前调用对象，用在函数体内。本节将介绍如何正确使用 this。

8.5.1 this 用法

扫一扫，看视频

this 是函数体内自带的一个对象指针，它始终指向调用对象。当函数被调用时，使用 this 可以访问调用对象。this 关键字的使用范围局限于函数体内或者调用范围内。具体用法如下：

```
this[.属性]
```

如果 this 未包含属性，则传递的是当前对象。

this 用法比较灵活，它可以存在于任何位置，它并不仅仅局限于对象的方法内，还可以被应用在全局域内、函数内，以及其他特殊上下文环境中。

【示例 1】 函数的引用和调用。

函数的引用和调用分别表示不同的概念。虽然它们都无法改变函数的定义作用域。但是引用函数，却能够改变函数的执行作用域，而调用函数是不会改变函数的执行作用域的。

```
var o = {
    name : "对象o",
    f : function(){
        return this;
    }
}
o.o1 = {
    name : "对象o1",
    me : o.f              // 引用对象 o 的方法 f
}
```

在上面示例中，函数中的 this 所代表的是当前执行域对象 o1：

```
var who = o.o1.me();
alert(who.name);          // 返回字符串"对象o1"，说明当前 this 代表对象 o1
```

如果把对象 o1 的 me 属性值改为函数调用：

```
o.o1 = {
    name : "对象o1",
    me : o.f()            // 调用对象 o 的方法 f
}
```

则函数中的 this 所代表的是定义函数时所在的作用域对象 o：

```
var who = o.o1.me;
alert(who.name);          // 返回字符串"对象o"，说明当前 this 代表对象 o。
```

【示例 2】 使用 call()和 apply()。

call()和 apply()方法可以直接改变被执行函数的作用域，使其作用域指向所传递的参数对象。因此，函数中包含的 this 关键字也指向参数对象。

```
function f(){
    // 如果当前执行域对象的构造函数等于当前函数，则表示 this 为实例对象
    if(this.constructor == arguments.callee) alert("this = 实例对象");
    // 如果当前执行域对象等于 window，则表示 this 为 Window 对象
    else if (this == window) alert("this = window 对象");
    // 如果当前执行域对象为其他对象，则表示 this 为其他对象
    else alert("this == 其他对象 \nthis.constructor = " +
this.constructor );
}
f();                              // this 指向 Window 对象
new f();                          // this 指向实例对象
f.call(1);                        // this 指向数值实例对象
```

在上面示例中，直接调用函数 f()时，函数的执行作用域为全局域，所以 this 代表 window。当使用 new 运算符调用函数时，将创建一个新的实例对象，函数的执行作用域为实例对象所在的上下文，所以 this 就指向这个新创建的实例对象。而使用 call()方法执行函数 f()时，call 会把函数 f()的作用域强制修改为参数对象所在的上下文。由于 call()方法的参数值为数字 1，则 JavaScript 解释器会把数字 1 强制封装为数值对象，此时 this 就会指向这个数值对象。

在以下示例中，call()方法把函数 f()强制转换为对象 o 的一个方法并执行，这样函数 f()中的 this 就指代对象 o，所以 this.x 的值就等于 1，而 this.y 的值就等于 2，结果就返回 3：

```
function f(){                     // 函数 f()
    alert(this.x + this.y);
}
var o = {                         // 对象直接量
    x : 1,
    y : 2
}
f.call(o);                        // 执行函数 f()，返回值为 3
```

【示例 3】 原型继承。

JavaScript 通过原型模式实现类的延续和继承，如果在父类的成员中包含了 this 关键字，当子类继承了父类的这些成员时，this 的指向就变得很迷惑人。

在一般情况下，子类继承父类的方法后，this 会指向子类的实例对象，但是也可能指向子类的原型对象，而不是子类的实例对象。

```
function Base(){                  // 基类
    this.m = function(){          // 基类的方法 m()
        return "Base";
    };
    this.a = this.m();            // 基类的属性 a，调用当前作用域中 m()方法
    this.b = this.m;              // 基类的方法 b()，引用当前作用域中 m()方法
    this.c = function(){
    // 基类的方法 c()，以闭包结构调用当前作用域中 m()方法
        return this.m();
    }
}
function F(){                     // 子类
    this.m = function(){          // 子类的方法 m()
        return "F"
    }
}
```

```
F.prototype = new Base();        // 继承基类
var f = new F();                 // 实例化子类
alert(f.a);       // 返回字符串"Base"，说明 this.m()中 this 指向 F 的原型对象
alert(f.b());     // 返回字符串"Base"，说明 this.m()中 this 指向 F 的原型对象
alert(f.c());     // 返回字符串"F"，说明 this.m()中 this 指向 F 的实例对象
```

在上面示例中，基类 Base 包含 4 个成员，其中成员 b 和 c 以不同方式引用当前作用域内方法 m()，而成员 a 存储着当前作用域内方法 m()的调用值。当这些成员继承给子类 F 后，其中 m、b 和 c 成为原型对象的方法，而 a 成为原型对象的属性。但是，c 的值为一个闭包体，当在子类的实例中调用时，实际上它的返回值已经成为实例对象的成员，也就是说，闭包体在哪儿被调用，则其中包含的 this 就会指向哪儿。所以，你会看到 f.c()中的 this 指向实例对象，而不是 F 类的原型对象。

为了避免因继承关系而影响父类中 this 所代表的对象，除了通过上面介绍的方法，把方法的引用传递给父类的成员外，我们还可以为父类定义私有函数，然后再把它的引用传递给其他父类成员，这样就避免了因为函数闭包的原因，而改变 this 的值。

```
function Base(){
   var _m = function(){                    // 定义基类的私有函数 _m()
      return "Base";
   };
   this.a = _m;
   this.b = _m();
}
```

这样基类的私有函数_m()就具有完全隐私性，外界其他任何对象都无法直接访问基类的私有函数_m()。所以，在一般情况下，定义方法的时候，对于相互依赖的方法，可以把它定义私有函数，并以引用方法的方式对外公开，这样就避免了外界对于依赖方法的影响。

【示例 4】 异步调用之事件处理函数。

异步调用就是通过事件机制或者计时器来延迟函数的调用时间和时机。通过调用函数的执行作用域不再是原来的定义作用域，所以函数中的 this 总是指向引发该事件的对象。

```
<input type="button" value="Button" />
<script language="javascript" type="text/javascript">
var button = document.getElementsByTagName("input")[0];
var o ={};
o.f = function(){
   if(this == o) alert("this = o");
   if(this == window) alert("this = window");
   if(this == button) alert("this = button");
}
button.onclick = o.f;
</script>
```

这里的方法 f()所包含的 this 不再指向对象 o，而是指向按钮 button，因为它是被传递给按钮的事件处理函数之后，再被调用执行的。函数的执行作用域发生了变化，所以不再指向定义方法时所指定的对象。

如果使用 DOM 2 级标准为按钮注册事件处理函数：

```
if(window.attachEvent){                              // 兼容 IE
   button.attachEvent("onclick", o.f);
}
else{                                                // 兼容符合 DOM 标准的浏览器
   button.addEventListener("click", o.f, true);
}
```

在 IE 浏览器中，this 指向 window 和 button，而在符合 DOM 标准的浏览器中仅指向 button。因为，在 IE 浏览器中，attachEvent()是 window 对象的方法，调用该方法时，执行作用域为全局作用域，所以 this 会指向 window。同时由于该方法被注册到按钮对象上，所以它的真正执行作用域应该为 button 对象所在的上下文。这一点可以通过在符合 DOM 标准的浏览器中看到。这种解释可能很勉强，但是在 IE 中 this 同时指向 window 和 button 对象本身就让人迷惑不解。

为了解决这个问题，可以借助 call()或 apply()方法强制在对象 o 身上执行方法 f()，也就是说，强制改变 f()方法的执行作用域，避免因为环境的不同而影响函数作用域的变化。

```javascript
if(window.attachEvent){
    button.attachEvent("onclick", function(){
        // 以闭包的形式封装 call()方法强制执行 f()
        o.f.call(o);
    });
}
else{
    button.addEventListener("click", function(){
        o.f.call(o);
    }, true);
}
```

这样当再次执行时，方法 f()中包含的 this 关键字始终指向对象 o，也就是说，它的执行作用域始终与它的定义作用域保持一致。

【示例 5】 异步调用之定时器。

异步调用的另一种形式，就是使用定时器来调用函数，定时器就是指调用 window 对象的 setTimeout()或 setInterval()方法来延期调用函数。

例如，下面示例设计延期调用方法 o.f()。

```javascript
var o ={};
o.f = function(){
    if(this == o) alert("this = o");
    if(this == window) alert("this = window");
    if(this == button) alert("this = button");
}
setTimeout(o.f, 100);
```

此时，经测试程序，会发现在 IE 中 this 指向 window 和 button 对象，具体原因与上面讲解的 attachEvent()方法相同。但是，在符合 DOM 标准的浏览器中，this 指向 window 对象，而不是 button 对象，因为方法 setTimeout()是在全局作用域中被执行的，所以 this 自然指向 window 对象。要解决这个问题，仍然可以使用 call()或 apply()方法来实现：

```javascript
setTimeout(function(){
    o.f.call(o);
}, 100);
```

8.5.2 this 安全策略

this 的复杂性很大程度上取决于用户的使用方式。由于 this 指代灵活，如果把它放在复杂的应用环境中，它也会变得很不确定。

扫一扫，看视频

📢 **提示：**

确保在同一域中操作包含 this 的方法或函数。应避免把包含有 this 的全局函数或方法动态用在局部作用域的对象中，也应避免在不同作用域的对象之间相互引用包含 this 的方法或属性。

【示例1】 如果把 this 作为参数值来调用函数,这样就可以避免了 this 多变的问题,因为 this 始终与当前对象保持一致。

下面的做法是错误的,因为 this 在这里始终指向 window 对象,而不是用户所期望的当前按钮对象:

```
<input type="button" value="按钮1" onclick="f()" />
<input type="button" value="按钮2" onclick="f()" />
<input type="button" value="按钮3" onclick="f()" />
<script language="javascript" type="text/javascript">
function f(){
    alert(this.value);
}
</script>
```

但是,如果换一种思维,把 this 作为参数值进行传递,那么它就会代表当前对象:

```
<input type="button" value="按钮1" onclick="f(this)" />
<input type="button" value="按钮2" onclick="f(this)" />
<input type="button" value="按钮3" onclick="f(this)" />
<script language="javascript" type="text/javascript">
function f(o){
    alert(o.value);
}
</script>
```

【示例2】 设计静态的 this 指针。

如果要确保构造函数的方法在初始化之后方法所包含的 this 指针不再发生变化,一个很简单的方法就是:在构造函数中把 this 指针存储在私有变量中,然后在方法中使用私有变量来引用 this 指针,这样所引用的对象始终都是初始化的实例对象,而不会在类型继承中发生变化。

```
function Base(){                   // 基类
    var _this = this;              // 存储初始化时对象的引用指针
    this.m = function(){
        return _this;              // 返回初始化时对象的引用指针
    };
    this.name = "Base";
}
function F(){                      // 子类
    this.name = "F";
}
F.prototype = new Base();          // 继承基类
var f = new F();                   // 实例化子类
var n = f.m();
alert(n.name);                     // this 始终指向原型对象,而不再是子类的实例对象
```

对于对象直接量来说,如果希望使用 this 代表当前对象直接量,则可以直接调用对象直接量的名称,而不用 this 关键字。

```
var o = {
    name : "this = o",
    b : function(){
        return o;                  // 返回对象直接量名称,而不是 this
    }
}
var o1 = {
    name : "this = o1",
    b : o.b
```

```
}
var a = o1.b();
alert(a.name);
```

【示例3】 设计静态的 this 扩展方法。

当然，作为一个动态指针，this 也是可以被转换为静态指针的。实现的方法主要利用 Function 对象 call()或 apply()方法。在前面的示例中也已经提及它们的用法，这两个方法都可以强制指定 this 的指代对象。例如，为 Function 对象扩展一个原型方法 pointTo()。

```
// 把 this 转换为静态指针
// 参数：o 表示预设置 this 所指代的对象
// 返回值：返回一个闭包函数
Function.prototype.pointTo = function(o){
    var _this = this;                        // 存储当前函数对象
    return function(){                       // 返回一个闭包函数
        return _this.apply(o, arguments);
        // 返回执行当前函数，并把当前函数的作用域强制设置为指定对象
    }
}
```

这个方法将调用当前函数，并在指定的参数对象上执行，从而把 this 绑定到该对象上。

下面利用这个函数的扩展方法，以实现强制指定对象 o 的方法 b()中的 this 始终指向定义对象 o。具体如下：

```
var o ={
    name : "this = o"
}
o.b = (function(){
    return this;
}).pointTo(o);                               // 把 this 绑定到对象 o 身上
var o1 ={
    name : "this = o1",
    b : o.b
}
var a = o1.b();
alert(a.name);
    // 返回字符串"this=o"，说明 this 的值没有发生变化，始终指向对象，而不是对象 o1
```

还可以扩展 new 运算符的替代方法，从而间接使用自定义函数实例化类：

```
// 把构造函数转换为实例对象
// 参数：f 表示构造函数
// 返回值：返回构造函数 f()的实例对象
function instanceFrom(f){
    var a = [].slice.call(arguments, 1);     // 获取构造函数的参数
    f.prototype.constructor = f;
    // 手工设置构造函数的原型构造器
    f.apply(f.prototype, a);
    // 在原型对象上强制指定构造函数，则原型对象就成为了构造函数的实例，
同时由于它的构造器已经被设置为了构造函数，则此时原型对象就相当于
一个构造函数的实例对象
    return f.prototype;                      // 返回该原型对象
}
```

以下示例演示了如何使用这个自定义的实例化类方法来把一个简单的构造函数转换为具体的实例对象：

```
function F(){
    this.name = "F";
}
var f = instanceFrom(F);
alert(f.name);
```
通过这个示例也进一步说明,call()和apply()方法具有强大的功能,它不仅能够执行普通函数,也能够实例化构造函数,担当 new 运算符的运算功能。

8.5.3 应用 this

扫一扫,看视频

【示例 1】 下面看一个示例:
```
function f(){
    this.x=function(x){         // 使用 this 关键字为函数定义一个方法 x()
        return x
    }
}
f();                            // 调用函数
alert(f.x(4));                  // 使用函数 f 名调用方法 x(),则返回编译错误
```
方法 x()是在函数 f 体内定义,由于函数 f 是被 window 对象到调用,所以 this 就指向 window 对象。如果使用如下方法可以正确调用方法 x()。
```
alert(window.x(4));             // 使用 window 对象调用方法 x(),则返回 4
```
【示例 2】 当使用 new 运算符调用函数,则 this 将指向实例对象,在以下代码中变量 a 就成为 this 指代对象,此时调用方法 x()就不能使用 window 对象。
```
function f(){
    this.x=function(x){         // 使用 this 关键字为函数定义一个方法 x()
        return x
    }
}
// 使用 new 运算符实例化函数 f,并把实例化对象赋值给变量 a,则 a 就拥有函数 f 的结构。
var a = new f();
alert(a.x(4));                  // 使用对象 a 调用方法 x(),则返回 4
```
如果使用 window 对象来调用方法 x(),则会显示编译错误。
```
alert(window.x(4));             // 提示编译错误
```
【示例 3】 利用 this 可以为调用对象定义属性。
```
var x =1;                       // 声明变量 x 为 1
function f(){
    this.x = 2;                 // 声明当前对象的属性 x 为 2
}
alert(x)                        // 返回 1
```
如果在显示变量 x 的值之前,调用函数 f:
```
var x =1;                       // 声明变量 x 为 1
function f(){
    this.x = 2;                 // 声明当前对象的属性 x 为 2
}
f();                            // 调用函数 f
alert(x)                        // 返回 2
```
比较会发现,当调用函数 f 之后,函数内部的 this 指向当前对象 window,则 this.x 就等于 window.x,该属性与全局变量 x 同名,于是覆盖全局变量的值,所以返回值就是 2。

【示例 4】 在全局作用域内,所有变量和函数的调用对象都是 window,对于上面示例可以这样设计。

```
window.x =1;
function f(){
   this.x = 2;
}
window.f();
alert(window.x);                    // 返回 2
```

在上面示例中,可以很直观地看到:全局变量 x 和函数 f 的调用对象都是 window。

【示例5】 在本例中先调用 isNaN()方法,然后在函数 f 体内使用 tihs 重写 isNaN()方法,在全局作用域中调用函数 f,然后再调用 isNaN()方法,则返回值永远是 false。

```
alert(isNaN(NaN));                  // 返回 true
function f() {
   this.isNaN = function() {
      return false;
   };
}
f();
alert(isNaN(NaN));                  // 返回 false
```

【示例6】 本例演示了嵌套函数结构体内 this 的变化规律。

```
function f(){
   this.a = " a ";                  // 属于 window 对象所有
   alert( this.a + this.b + this.c + this.d );
   // 返回 a undefined undefined undefined
   e();                             // f 函数域内调用,属于 window 对象所有
   function e(){
      this.b = " b ";
      alert( this.a + this.b + this.c + this.d );
             // 返回 a b undefined undefined
      g();   // e 函数域内调用,属于 window 对象所有
      function g(){
         this.c = " c ";
         alert( this.a + this.b + this.c + this.d );
              // 返回 a b c undefined
         h(); // g 函数域内调用,属于 window 对象所有
         function h(){
            this.d = " d ";
            alert( this.a + this.b + this.c + this.d );
            // 返回 a b c d
         }
      }
   }
}
f();              // 在全局作用域内调用函数 f,属于 window 对象所有
```

在多层嵌套的函数体内分别调用不同层级的函数,虽然它们的嵌套层级不同,但是当函数被调用后,每个函数体内的 this 都指 window,说明变量 a、b、c 和 d 都是全局对象 window 的属性,说明它们都是全局变量,因此通过 window 可以获取它们的值。

【示例7】 对于上面函数嵌套结构,如果不通过函数调用的方式来执行,而是通过对象实例化的方式来激活,则会发现 this 指向的对象完全不同。

```
function f(){
```

```
        this.a = " a ";                    // 属于对象 f 所有
        alert( this.a + this.b + this.c + this.d );
            // 返回 a undefined undefined undefined
        var x = new e();                   // 实例化对象 e
        function e(){
            this.b = " b ";                // 属于对象 e 所有
            alert( this.a + this.b + this.c + this.d );
                // 返回 undefined b undefined undefined
            var x = new g();               // 实例化对象 g
            function g(){
                this.c = " c ";            // 属于对象 g 所有
                alert( this.a + this.b + this.c + this.d );
                    // 返回 NaN c undefined
                var x = new h();           // 实例化对象 h
                function h(){
                    this.d = " d ";        // 属于对象 h 所有
                    alert( this.a + this.b + this.c + this.d );// 返回 NaN d
                }
            }
        }
    }
var x = new f();                           // 实例化对象 f
```

在上面示例中,通过运算符 new 实例化构造函数,此时 this 在函数作用域内分别指向所在作用域的调用对象,因此返回值也就不同。如果在当前作用域内没有直接定义变量,则会返回 undefined, 而当 undefined+undefined 时就会返回 NaN, 所以就会出现异常提示信息。

8.5.4 函数调用模式

在 JavaScript 中,共有 4 种函数调用模式:方法调用模式、函数调用模式、构造器调用模式和 apply 调用模式。这些模式在如何初始化 this 上存在差异。

扫一扫,看视频

提示:

调用运算符是小括号,小括号内可以包含零个或多个用逗号隔开的表达式。每个表达式产生一个参数值。每个参数值被赋予函数声明时定义的形参。当实际参数(arguments)的个数与形式参数(parameters)的个数不匹配时不会导致运行时错误。如果实际参数值过多,超出的参数值将被忽略。如果实际参数值过少,缺失的值将会被替换为 undefined。不会对参数值进行类型检查,任何类型的值都可以被传递给参数。

【示例 1】 方法调用模式。

当一个函数被保存为对象的一个属性值时,将称之为一个方法。当一个方法被调用时,this 被绑定到当前调用对象。

```
var obj = {
    value : 0,
    increment : function(inc) {
        this.value += typeof inc === 'number' ? inc : 1;
    }
}
obj.increment();
document.writeln(obj.value);      // 1
obj.increment(2);
document.writeln(obj.value);      // 3
```

在上面代码中创建了 obj 对象,它有一个 value 属性和一个 increment 方法。increment 方法接收一个可选的参数,如果该参数不是数字,那么默认使用数字 1。

increment 方法可以使用 this 去访问对象,所以它能从对象中取值或修改该对象。this 到对象的绑定发生在调用的时候。这个延迟绑定使函数可以对 this 高度复用。通过 this 可取得 increment 方法所属对象的上下文的方法称为公共方法。

【示例 2】 函数调用模式。

当一个函数不是一个对象的属性时,它将被当作一个函数来调用:

```javascript
var sum = add(3, 4);    //7
```

当函数以此模式调用时,this 被绑定到全局对象。这是语言设计上的一个缺陷,如果语言设计正确,当内部函数被调用时,this 应该仍绑定到外部函数的 this 变量。这个设计错误的后果是方法不能利用内部函数来帮助它工作,因为内部函数的 this 被绑定了错误的值,所以不能共享该方法对对象的访问权。

解决方案:如果该方法定义一个变量并将它赋值为 this,那么内部函数就可以通过这个变量访问 this。按照约定,将这个变量命名为 that。

```javascript
var obj = {
   value : 1,
   doub : function() {
      var that = this;
      var helper = function() {
         that.value = that.value * 2;
      };
      helper();
   }
}
obj.doub();
document.writeln(obj.value);    // 2
```

【示例 3】 构造器调用模式。

JavaScript 是基于原型继承的语言,对象可以直接从其他对象继承属性。当今大多数语言都是基于类的语言,虽然原型继承有着强大的表现力,但它偏离了主流用法,并不被广泛理解。JavaScript 为了能够兼容基于类语言的编写风格,提供了一套基于类似类语言的对象构建语法。

如果在一个函数前面加上 new 运算符来进行调用,那么将创建一个隐藏连接到该函数的 prototype 原型对象的新实例对象,同时 this 将会被绑定到这个新实例对象上。注意,new 运算符也会改变 return 语句的行为。

```javascript
var F = function(string) {
   this.status = string;
};
F.prototype.get = function() {
   return this.status;
};
var f = new F("new object");
document.writeln(f.get());   //"new object"
```

上面代码创建一个名为 F 的构速函数,此函数构建了一个带有 status 属性的对象。然后,为 F 所有实例提供一个名为 get 的公共方法。最后,创建一个实例对象,并调用 get 方法,以读取 status 属性的值。

结合 new 前缀调用的函数被称为构造函数。按照约定,构造函数应该保存在以大写格式命名的变量中。如果调用构造函数时没有在前面加上 new,可能会发生非常糟糕的事情,既没有编译时警告,也没有运行时警告,所以大写约定非常重要。

【示例 4】 apply 调用模式。

JavaScript 是函数式的面向对象编程语言,函数可以拥有方法。apply 就是函数的一个基本方法,使用这个方法可以调用函数,并修改函数体内的 this 值。apply 方法包括两个参数:第 1 个参数设置绑定给 this 的值;第 2 个参数是包含函数参数的数组。

```
var array = [5, 4];
var add = function() {
    var i, sum = 0;
    for( i = 0; i < arguments.length; i += 1) {
        sum += arguments[i];
    }
    return sum;
};
var sum = add.apply({}, array);      // 9
```

上面代码构建了一个包含两个数字的数组,然后使用 apply 方法调用 add()函数,将数组 array 中的元素值相加。

```
var F = function(string) {
    this.status = string;
};
F.prototype.get = function() {
    return this.status;
};
var obj = {
    status: 'obj'
};
var status = F.prototype.get.apply(obj);    //''obj''
```

上面代码构建了一个构造函数 F,为该函数定义了一个原型方法 get,该方法能够读取当前对象的 status 属性的值。然后定义一个 obj 对象,该对象包含一个 status 属性,使用 apply 方法在 obj 对象上调用构造函数 F 的 get 方法,将会返回 obj 对象的 status 属性值。

8.5.5 函数的标识符

扫一扫,看视频

在函数结构体系中,一般包含以下类型的标识符。

- 函数参数。
- arguments。
- 局部变量。
- 内部函数。
- this。

其中 this 和 arguments 是系统默认标识符,不需要特别声明。这些标识符在函数体内的优先级是(其中左侧优先级要大于右侧):

this → 局部变量 → 形参 → arguments → 函数名。

【示例 1】 本例将在函数结构内显示函数结构的字符串。

```
function f(){                    // 定义函数
    alert(f)                     // 提示函数结构
}
// 调用函数,返回函数 f 结构的字符串,等于 f.toString()
f()
```

【示例 2】 如果在函数 f 中定义形参 f,则同名情况下参数变量的优先权会大于函数的优先权。

```
function f(f){                   // 定义形参与函数同名
```

```
    alert(f)                        // 提示标识符 f 的值
}
f(true);                            // 返回 true, 而不是函数 f 的结构字符串
```

【示例 3】 比较形参与 arguments 属性的优先级。

```
function f(arguments){              // 函数形参名与参数属性 arguments 同名
    alert(typeof arguments)         // 提示参数的类型
}
f(true);            // 返回 boolean, 而不是属性 arguments 的类型 object
```

上面示例说明了形参变量会优先于 arguments 属性对象。

【示例 4】 比较 arguments 属性与函数名的优先级。

```
function arguments(){               // 定义函数名与 arguments 属性名同名
    alert(typeof arguments)         // 返回 arguments 的类型
}
arguments();        // 返回 arguments 属性的类型 object, 而不是函数的类型 function
```

上面示例在 JScript 中会提示编译错误,不允许使用默认关键字来定义标识符的名称。

【示例 5】 比较局部变量和形参变量的优先级。

```
function f(x){                      // 定义普通函数
    var x = 10;                     // 定义局部变量并赋值
    alert(x);                       // 显示变量 x 的值
}
f(5);                               // 传递参数值为 5, 返回提示为 10
```

上面示例说明函数内局部变量要优先于形参变量的值。

【示例 6】 如果局部变量没有赋值,则会选择形参变量。例如:

```
function f(x){                      // 定义普通函数
    var x;                          // 定义局部变量
    alert(x);                       // 显示变量 x 的值
}
f(5);                               // 传递参数值为 5, 返回提示为 5
```

如果局部变量与形参变量重名时,如果局部变量没有赋值,则形参变量要优先于局部变量。

【示例 7】 本例说明了当局部变量与形参变量混在一起使用时,它们之间存在的微妙关系。

```
function f(x){
    var x = x;                      // 把形参 x 传递给局部变量 x
    alert(x);
}
f(5);                               // 返回提示为 5
```

如果从局部变量与形参变量之间的优先级来看,则 var x = x 左右两侧都应该是局部变量,由于 x 初始化值为 undefined,所以该表达式就表示把 undefined 传递给自身。但是从上面示例来看,这说明左侧的是由 var 语句声明的局部变量,而右侧的是形参变量。也就是说,如果当局部变量没有初始化时,应用的是形参变量优先于局部变量。

8.6 使用闭包函数

闭包是 JavaScript 的重要特性之一,在程序设计中有着重要的作用。本节将介绍闭包函数的结构和基本用法。

8.6.1 认识闭包函数

扫一扫,看视频

简单描述,闭包函数就是嵌套结构的函数,在一个函数内定义的一个函数。作为闭包的必要条件,内部函数应该访问外部函数中声明的私有变量、参数或其他内部函数。当上述的两个必要条件实现后,此时如果在外部函数外调用这个内部函数,它就成为了闭包函数。

【示例】 本例是一个经典的闭包结构。

```
1  function f(x){                // 外部函数
2      var a = x;                // 外部函数的局部变量,并把参数值传递给它
3      var b = function(){       // 内部函数
4          return a;             // 访问外部函数中的局部变量
5      };
6      a++                       // 访问后,动态更新外部函数的变量
7      return b;                 // 返回内部函数
8  }
9  var c = f(5);                 // 调用外部函数,并赋值
10 alert(c());                   // 调用内部函数,返回外部函数更新后的值 6
```

演示步骤说明如下。

(1) 程序预编译之后,程序从第 9 行开始解析执行,创建执行环境,创建调用对象,把参数和局部变量、内部的函数转换为对象属性。

(2) 执行函数体内代码。在第 6 行执行局部变量 a 的递加运算,并把这个值传递给对象属性 a,同时内部函数动态保持与局部变量 a 的联系,也更新自己内部调用变量的值。

(3) 外部函数把内部函数返回给全局变量 c,实现内部函数的定义,此时 c 完全继承了内部函数的所有结构和数据。

(4) 外部函数返回后(即返回值后,也即调用完毕),会自动销毁,内部的结构、标识符和数据也随之丢失。

(5) 执行第 10 行代码命令,调用内部函数,此时返回的是外部函数返回时(销毁之前)保存的变量 a 所存储的最新数据值,即返回 6。

如果没有闭包函数的作用,那么这种数据寄存和传递就无法实施:

```
1  function f(x){
2      var a = x;
3      var b = a;                // 直接把局部变量的值传递给局部变量 b
4      a++
5      return b;                 // 返回局部变量 b
6  }
7  var c = f(5);
8  alert(c);                     // 返回值为 5
```

通过上面示例可以很直观地看到,在没有闭包函数的辅助下,第 8 行代码执行后返回的值并没有与外部函数的局部变量 a 最后更新的值保持一致。

📢 提示:

> 闭包函数与函数有着紧密的联系,但是它们还是存在很多不同。在 JavaScript 中,函数实际上仅是一段代码,也可以把它理解为静态文本。在被调用之前,函数仅是词法意思上的结构,没有实际的价值。包括 JavaScript 解释器在预编译函数时,也仅是简单的分析函数的词法、语法结构,并根据函数标识符预定了一个函数占据的内存空间,其内部结构和逻辑并没有被运行。

但是,一旦函数被调用执行,则闭包体也会随之诞生。可以这样说,闭包是函数运行期中的一个动态环境,它是一个动态概念,与函数的静态性是截然不同的概念。由于每个函数都是一个独立的上下文

环境(即执行环境),因此当闭包函数被再次执行或者通过某种方法进入函数体时,就可以获取闭包内包含的信息。两者的简单比较如表 8.2 所示。

表 8.2 函数与闭包的比较

	函 数	闭 包
功能	设计逻辑结构	存储和传输数据
状态	静态词法域(代码文本)	动态环境
时间	即时性(调用返回后即消失)	延迟性(在函数返回后,还能够存在)
作用域	根据词法作用域,可以事先确定作用域的关系	动态作用域,只有在具体的环境中调用函数时,才能够确定其作用域

如果简单描述,闭包可以说是函数的数据包,存储数据。这个数据包在函数执行过程中始终处于激活状态。当函数调用返回之后,闭包保存着与函数关联变量的动态联系。

扫一扫,看视频

8.6.2 使用闭包

初步认识了闭包后,下面通过几个示例介绍闭包的简单使用,以便用户能够更透彻理解什么是闭包,以及闭包的作用和用法。

【示例 1】 使用闭包结构能够跟踪动态环境中数据的实时变化,并即时存储。

```
function f(){                      // 定义普通函数 f
    var a = 1;                     // 定义局部变量 a,初始值为 1
    var b = function(){            // 定义一个闭包,并赋值给局部变量 b
        return a;                  // 返回函数参数 x
    }
    a++;                           // 动态更新函数内局部变量 a 的值
    return b;                      // 返回闭包结构
}
var c = f();                       // 调用函数
alert(c());                        // 返回 2。而不是返回 1
```

在上面示例中,闭包中的变量 a,其存储的值并不是从上面行变量 a 的值简单复制,而是继续引用外函数定义的局部变量 a 中的值,直到外部函数 f 调用返回。

【示例 2】 闭包不会因为外部函数环境的注销而消失,而是始终存在。

```
<script language="javascript" type="text/javascript">
function f(){                      // 定义普通函数 f,包含多个闭包的外部环境
    var a = 1;                     // 定义函数内局部变量 a,并设置初始值为 1
    b = function(){                // 闭包 b
        alert( a );                // 寄存函数内局部变量 a 的值,并进行提示
    }
    c = function(){                // 闭包 c
        a ++ ;                     // 递增并寄存函数内局部变量 a 的值
    }
    d = function( x ){             // 闭包 d
        a = x;                     // 传递并寄存函数内局部变量 a 的值
    }
}
</script>
<button onclick="f()">按钮 1: (f(   ))()</button><br />
<button onclick="b()">按钮 2: (b = function(){alert( a );})()</button><br />
```

```
<button onclick="c()">按钮 3: (c = function(){a ++ ;})()</button><br />
<button onclick="d(100)">按钮 4: (d = function( x ){a = x; })
 (100)</button><br />
```

在上面示例中，普通函数 f 中定义了 3 个闭包函数，它们分别指向并寄存局部变量 a 的值，并根据不同的操作动态跟踪变量 a 的值。

当在浏览器中预览时，首先应该单击"按钮 1"，调用函数 f，将生成 3 个闭包，并且 3 个闭包同时指向局部变量 a 的引用，因此当函数 f 返回时，3 个闭包函数都没有被注销，而变量 a 由于被闭包引用而继续存在。这时如果直接单击按钮 2~4，则由于没有在系统中生成闭包结构，则会弹出编译错误。

单击"按钮 3"，则将动态递增变量 a 的值，此时如果单击"按钮 2"，则会弹出提示值为 2。如果单击"按钮 4"，则向变量 a 传递值 100，将动态改变闭包中寄存的值，此时如果单击"按钮 2"，则会弹出提示值为 100。

【示例 3】 如何利用闭包存储变量所有变化的值。

先看一个示例：

```
function f( x ){
      //定义功能函数，把参数数组的元素以闭包体分别封装在数组中并返回
      var a = [];  // 定义临时数组
      for ( var i = 0; i < x.length; i ++ ){   // 遍历参数数组
          var temp = x[i];          // 临时存储每个数组元素的值
          a.push( function(){       // 把数组元素值封装在闭包中投入到临时数组 a 中
              alert( temp + ' ' + x[i] )   // 闭包中被封装的参数数组元素值
          });
      }
      return a;                               // 返回临时数组 a
}
function e(){                                 // 定义普通函数
      var a = f( ["a", "b", "c"] );          // 调用函数 f，并向其传递一个数组
      for ( var i = 0; i < a.length; i ++ ){  // 遍历函数 f 返回的数组
          a[i]();                            // 调用闭包，查看内部封装的数组元素的值
      }
}
e();                                         // 调用函数 e
```

在这个示例中，函数 f 的功能是：把数组类型的参数中每个元素的值分别封装在闭包结构中，然后把闭包存储在一个数组中，并返回这个数组。

但是，如果我们在函数 e 中调用函数 f，并向其传递一个数组（["a","b","c"]），然后遍历函数 f 返回数组，结果会发现，数组中每个元素的值都是"c undefined"。

原来闭包中的变量 temp 并不是固定的，它会随时根据函数运行环境中的变量 temp 的值变化而更新，导致临时数组元素的值都是字符"c"，而不是"a"、"b"、"c"，同时由于循环变量 i 递增之后，最后的值是 3，而 x[3] 超出了数组的长度，结果就是 undefined。

解决方法：可以为闭包再包裹一层函数，然后运行该函数，并把外界动态值传递给它，通过这个函数接收这些值，并且传递给内部的闭包函数，然后自己就注销了，从而阻断了闭包与最外层函数的实时联系。具体代码如下：

```
function f( x ){
// 定义功能函数，把参数数组的元素以闭包体分别封装在数组中并返回
    var a = []; // 定义临时数组
    for ( var i = 0; i < x.length; i ++ ){         // 遍历参数数组
        var temp = x[i];                // 临时存储每个数组元素的值
        a.push(                          // 把被阻断的闭包投入到临时数组 a 中
```

```
            ( function( temp, i ){          // 运行函数,阻断内部的闭包与外部环境的联系
                return function(){           // 返回闭包函数,该函数保存的值是静态的
                    alert( temp + ' ' + x[i] )
                }
            })( temp, i )                    // 为运行函数传递外部动态值
        );
    }
    return a;                                // 返回临时数组 a
}
function e(){        // 定义普通函数
    var a = f( ["a", "b", "c"] );            // 调用函数 f,并向其传递一个数组
    for ( var i = 0; i < a.length; i ++ ){   // 遍历函数 f 返回的数组
        a[i]();                              // 调用闭包,查看内部封装的数组元素的值
    }
}
e();                                         // 调用函数 e
```

【示例 4】 利用同一个闭包体声明多个闭包。同一个闭包,通过分别引用,能够在当前环境中生成多个闭包。

```
function f( x ){                             // 定义普通函数
    var temp = x;
    return function( x ){                    // 返回闭包
        temp += x;
        alert( temp );
    }
}
var a = f( 50 )                              // 生成第 1 个闭包
var b = f( 100 )                             // 生成第 2 个闭包
a( 5 )                                       // 返回 55
b( 10 )                                      // 返回 110
```

扫一扫,看视频

8.6.3 定义闭包存储器

闭包常见的用法就是为要执行的函数提供参数。例如,为事件属性传递动作,为定时器函数传递行为等。这在 Web 前端中是非常常见的一种应用。

【示例 1】 下面看一个示例:

```
function f(a,b){                             // 定义函数
    return function(){                       // 返回闭包函数
        a(b);
    }
}
var c = f(alert,"Hello,World");              // 调用函数 f
var d = setTimeout(c,1000);                  // 把闭包作为参数进行传递
```

预定义函数 setTimeout()用于有计划地执行一个函数,或者一串 JavaScript 脚本,要执行的函数是其第 1 个参数,第 2 个参数是以毫秒表示的执行间隔。也就是说,当在一段代码中使用 setTimeout()函数时,需要将一个函数的引用作为它的第 1 个参数,而将以毫秒表示的时间值作为第 2 个参数。但是,传递函数引用的同时就无法调用函数。类似下面的用法是错误的:

```
function f(a,b){
    a(b);
}
var c = f(alert,"Hello,World");
```

```
var d = setTimeout(c,1000);              // 返回第一个参数为非法的错误
```
然而，可以在代码中调用另外一个函数，由它返回一个对内部函数的引用，再把这个对内部函数对象的引用传递给 setTimeout()函数。执行这个内部函数时要使用的参数在调用外部函数时进行传递,这样，setTimeout()函数在执行内部函数时，不用再传递参数，但该内部函数仍然能够访问在调用外部函数时传递的参数。

【示例 2】 再看一个示例，该示例演示了如何使用闭包作为值来进行传递。当文档加载完毕后，会自动弹出一个提示对话框。其中正是利用闭包来实现向 window 对象的 onload 属性传递一个闭包函数的，从而实现动态调用的效果。如下：

```
function f(a,b){
    return function(){
        a(b);
    }
}
var c = f(alert,"Hello,World");          // 调用函数 f
window.onload = c;                        // 把闭包作为值进行传递
```

闭包还可以用于创建额外的作用域，通过该作用域可以设计动态数据管理器。利用动态数据管理器将相关的和具有依赖性的代码组织起来，以便应对复杂的交互操作。

例如，预设计一个字符串动态生成函数。该函数的功能是，把所有字符单元存储在一个数组中，通过数组方法把它们连接在一起并返回为一串字符串。如果说仅就一个数组进行操作，这种静态的、单一的处理就没有实际意义了。现在的问题是，我们希望数组中部分元素的值是动态的，然后把这个动态数组的元素值连接在一起生成一个字符串。

如果每次生成字符串时，都重新定义数组，那么也就没有必要去研究了，直接把数组作为参数传递给函数即可。现在我们希望仅更新数组的部分元素值，该如何是好呢？

一种解决方案是将这个数组声明为全局变量，这样就可以重用这个数组，而不必每次都建立新数组。但这个方案的结果是，除了引用函数的全局变量会使用这个缓冲数组外，还会多出一个全局属性引用数组自身。如此一来，不仅使代码变得不容易管理，而且，如果要在其他地方使用这个数组时，开发者必须要再次定义函数和数组。这样一来，也使得代码不容易与其他代码整合，因为此时不仅要保证所使用的函数名在全局命名空间中是唯一的，而且还要保证函数所依赖的数组在全局命名空间中也必须是唯一的。

【示例 3】 通过闭包可以使作为缓冲器的数组与依赖它的函数关联起来，实施优雅的打包，同时也能够维持在全局命名空间外指定的缓冲数组的属性名，免除了名称冲突和意外交互的危险。代码如下：

```
var f = function(){                       // 函数表达式
    var a = [1,2,3,4,5,6,7,8,9,0]         // 数组初始值
    return function(a1,a2,a3,a4,a5){      // 返回的闭包函数
        a[0] = a1;
        a[1] = a2;
        a[2] = a3;
        a[3] = a4;
        a[4] = a5;
        return a.join("-");                // 返回的数组字符串
    };
}();                                       // 执行函数表达式，生成执行环境
var a = f(11,12,13,14,15);                 // 动态更新的值
var b = f("a","b","c","d","e");            // 动态更新的值
alert(a);                                  // 返回 11-12-13-14-15-6-7-8-9-0
alert(b);                                  // 返回 a-b-c-d-e-6-7-8-9-0
```

其中关键的技巧就在于通过执行一个函数表达式创建一个额外的执行环境,而将该函数表达式返回的内部函数作为在外部代码中使用的函数。此时,缓冲数组被定义为函数表达式的一个局部变量。这个函数表达式只需执行一次,而数组也只需创建一次,就可以供依赖它的函数重复使用了。

上面的示例设计一个数组,该数组包含 10 个元素,其中最后 5 个元素的值都是静态的,每次创建动态字符串时,仅希望更新前面 5 个元素的值。这时就使用了闭包作为一个特殊作用域,然后该作用域与外部函数中的局部数组变量关联在一起。这样每次调用时,只需要动态向闭包函数传递动态更新的值,然后由闭包结构把更新的值传递给数组,并把数组生成为字符串返回即可。

扫一扫,看视频

8.6.4 在事件处理中应用闭包

下面我们再看一个闭包的典型应用。很多时候我们希望引用一个函数后能够暂停执行,因为在复杂的环境中不等到被执行的时候是很难知道其具体参数的,而先前被引用时更是无法预知所要传递的参数。

【示例】 希望为页面中特定的元素或标签绑定几个事件,使其能够在鼠标经过、移开和单击时呈现不同的背景颜色,代码如下:

```javascript
element.onclick = function(){                       // 单击事件
    element.style.backgroundColor = "red";          // 元素背景色为红色
}
element.onmouseover = function(){                   // 鼠标经过事件
    element.style.backgroundColor = "blue";         // 元素背景色为蓝色
}
element.onmouseout = function(){                    // 鼠标移开事件
    element.style.backgroundColor = "transparent";
    // 元素背景色为透明
}
```

但是,我们现在还无法预知所要控制的元素。也许,可以定义一个函数,通过参数形式来定位预控制的标签,然后调用该函数即可。如下:

```javascript
function f( name ){                                 // 为指定标签绑定事件的函数
    var e = document.getElementsByTagName( name );
    // 获取指定标签引用指针
    if( e ){                    // 如果指定的标签存在,则为其绑定各种事件处理函数
        for( var i in e ){      // 遍历标签中每个元素
            e[i].onclick = function(){                      // 单击事件
                e[i].style.backgroundColor = "red";         // 元素背景色为红色
            }
            e[i].onmouseover = function(){                  // 鼠标经过事件
                e[i].style.backgroundColor = "blue";        // 元素背景色为蓝色
            }
            e[i].onmouseout = function(){                   // 鼠标移开事件
                e[i].style.backgroundColor = "transparent";
                // 元素背景色为透明
            }
        }
    }
}
```

但是,这种做法比较原始,使用 JavaScript 函数来封装与特定 DOM 元素的交互。如果创建与不同 DOM 元素关联的任意数量的 JavaScript 对象,每个对象实例并不知道实例化它们的代码将会如何操纵它们。也就是说,把注册事件处理函数与定义相应的事件处理函数分离。我们不妨使用这种方法。

这个函数用于创建将自身与 DOM 元素关联的对象,DOM 元素的标签名作为构造函数的字符串参数。

所创建的对象会在相应的元素触发 onclick、onmouseover 或 onmouseout 事件时,调用相应的方法。代码如下:

```
function f( name ){                              // 关联指定标签的对象
    var e = document.getElementsByTagName( name );
    // 获取指定标签的引用指针
    if( e ){                                     // 判断是否存在
        for( var i in e ){                       // 遍历对象集合
            e[i].onclick = click                 // 为对象绑定事件处理函数
            e[i].onmouseover = over              // 为对象绑定事件处理函数
            e[i].onmouseout = out                // 为对象绑定事件处理函数
        }
    }
}
f.click = function( event, element ){            // 事件处理函数
    element.style.backgroundColor = "red";
}
f.over = function( event, element ){             // 事件处理函数
    element.style.backgroundColor = "blue";
}
f.out = function( event, element ){              // 事件处理函数
    element.style.backgroundColor = "transparent";
}
```

也就是说,把每种事件处理的函数分离出来,单独定义,这样就能够实现代码的优化。这时会发现,由于事件属性只能够接收函数结构,而无法直接传递参数。为此定义一个事件处理程序,能够把事件函数与实例对象关联在一起来。在下面的代码中,使用一个返回闭包函数的方法,把外部指定的函数对象,以及要绑定的方法进行封装和转换,从而实现复杂条件下轻松处理事件处理问题。

- 功能:把对象和方法捆绑为一个事件处理的函数。
- 参数:o 表示调用对象的实例(即触发函数),m 表示该对象的事件处理方法。
- 返回:闭包函数,该内部函数将把对象实例和方法封装为事件处理函数,并传递必要参数。

```
1 function f( o, m ){                          // 实例对象与方法关联处理器
2     return function( e ) {                   // 返回闭包函数,并传递事件句柄参数
3         e = e || window.event;               // 事件对象兼容处理方法
4         return o[m]( e, this );
           // 返回一个函数调用,在该函数中把对象与事件方法进行绑定
5     };
6 }
```

其中第 3 行代码表示,在支持标准 DOM 规范的浏览器中,事件对象会被解析为参数 e ,如果是 IE 浏览器,则使用 IE 的事件对象来规范化事件对象。

第 4 行代码表示,事件处理器通过保存在字符串变量 m 中的方法名调用了对象 o 的一个方法,并传递已经规范化的事件对象和触发事件处理器的元素的引用 this,this 在这里指代该元素。

最后,完整的示例代码如下:

```
<script>
function f( o, m ){                              // 事件处理封装函数
    return function( e ){
        // 返回闭包函数,将作为一个 DOM 元素的事件处理器
        e = e || window.event;                   // 获取事件处理对象
```

```
            return o[m]( e, this );
            // 返回闭包函数，利用传递的必要参数，封装事件处理函数
        }
    }
    function g( id ){         // 封装事件处理器函数，以实现在页面初始化事件中触发
        return function(){    // 返回事件处理器函数
            var e = document.getElementsByTagName( id );
            if( e ){                      // 判断是否存在指定对象集合
                for( var i in e ) {                        // 变量对象集合
                    e[i].onclick = f( g, "click" );
                        // 调用关联处理器，把对象与方法捆绑到事件属性中
                    e[i].onmouseover = f( g, "over" );     // 调用关联处理器
                    e[i].onmouseout = f( g, "out" );       // 调用关联处理器
                }
            }
        }
    }
    g.click = function( event, element ){
        // 为事件处理封装函数定义额外的事件处理方法
        element.style.backgroundColor = "red";
    }
    g.over = function( event, element ){
        // 为事件处理封装函数定义额外的事件处理方法
        element.style.backgroundColor = "blue";
    }
    g.out = function( event, element ){
        // 为事件处理封装函数定义额外的事件处理方法
        element.style.backgroundColor = "transparent";
    }
    window.onload = g( "p" );        // 在页面初始化事件中绑定事件处理函数
</script>
<p>p1</p>
<p>p2</p>
<p>p3</p>
```

演示效果如图 8.2 所示。

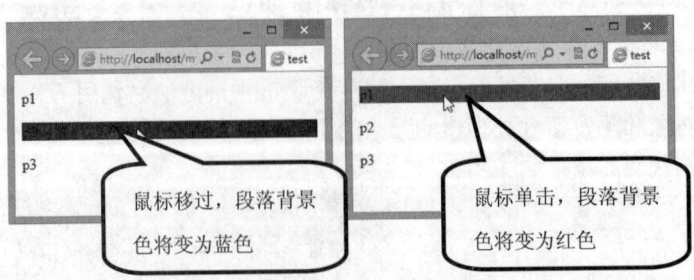

图 8.2 使用闭包把对象与事件处理关联在一起演示

8.7 实战案例

下面通过几个案例介绍函数应用,以提高使用函数的灵活性。

8.7.1 绑定函数

函数绑定就是为了纠正函数的执行上下文,特别是当函数中带有 this 关键字的时候,这点尤其重要,稍微不小心,就会使函数的执行上下文发生跟预期不同的改变,导致代码执行上的错误。函数绑定具有 3 个特征:

- 函数绑定要创建一个函数,可以在特定环境中以指定参数调用另一个函数。
- 一个简单的 bind() 函数接收一个函数和一个环境,返回一个在给定环境中调用给定函数的函数,并且将所有参数原封不动传递过去。

```javascript
function bind(fn, context){
    return function(){
        return fn.apply(context, arguments);
    };
}
```

- 被绑定函数与普通函数相比有更多的开销,它们需要更多内存,同时也因为多重函数调用而稍微慢一点,所以最好只在必要时使用。

函数绑定要创建一个函数,可以在特定的环境中以指定的参数调用另一个函数,该特征常常和回调函数及事件处理函数一起使用。

```javascript
var handler = {
    mesage : 'Event handled',
    handleClick : function(event) {
        alert(this.message);
    }
};
var btn = document.getElementById('my-btn');
EventUtil.addHandler(btn, 'click', handler.hadleClick);    //undefined
```

出现上述结果的原因在于没有保存 handler.handleClick() 环境(上下文环境),所以 this 对象最后指向了 DOM 按钮而不是 handler。可以使用闭包修正问题:

```javascript
var handler = {
    mesage : 'Event handled',
    handleClick : function(event) {
        alert(this.message);
    }
};
var btn = document.getElementById('my-btn');
EventUtil.addHandler(btn, "click", function(event) {
    handler.handleClick(event);
});
```

这是特定于这段代码的解决方案。创建多个闭包可能会令代码变得难于理解和调试,因此,很多 JavaScript 库实现了一个可以将函数绑定到指定环境的函数 bind()。

bind() 函数的功能是提供一个可选的执行上下文传递给函数,并且在 bind 函数内部返回一个函数,以纠正在函数调用上出现的执行上下文发生的变化。最容易出现的错误就是回调函数和事件处理程序一起使用。一个简单的 bind() 函数接收一个函数和一个环境,返回一个给定环境中调用给定函数的函数,并且将所有的参数原封不动传递过去。

```
function bind(fn, context) {
    return function() {
        return fn.apply(context, arguments);
    };
}
```

在 bind()中创建一个闭包，该闭包使用 apply 调用传入的参数，并为 apply 传递 context 对象和参数。注意，这里使用的 arguments 对象是内部函数的，而非 bind()的。在调用返回的函数时，会在给定的环境中执行被传入的函数并给出所有参数。

```
var handler = {
    mesage : 'Event handled',
    handleClick : function(event) {
        alert(this.message);
    }
};
var btn = document.getElementById('my-btn');
EventUtil.addHandler(btn, "click", bind(handler.handlerClick, handler));
```

8.7.2 链式语法

扫一扫，看视频

jQuery 最大亮点之一就是它的链式语法。在 JavaScript 中，很多方法没有返回值，一些设置或修改对象的某个状态却不返回任何值的方法就是典型的例子。如果让这些方法返回 this，而不是 undefined，那么就要启用级联功能，即所谓的链式语法。在一个级联中，单独一条语句可以连续调用同一个对象的很多方法。

```
getElement('box').
    move(350, 150).
    width(100).height(100).
    color('red').
    border('10px outset').
    padding('4px').
    appendText("使用链式语法")
```

在上面代码中，getElement 函数获取 id='box'的 DOM 元素，然后通过链式语法分别调用 DOM 元素的扩展方法来移动元素、修改尺寸和样式，以及添加行为。每一个扩展方法都返回参数对象，所以调用返回的结果可以为下一次调用所用。链式语法可以产生出具备很强表现力的接口，以打造出试图一次做很多事情的接口的趋势。

【示例】　在本例中，分别为 String 扩展了 3 个方法：trim、writeln 和 alert，其中 writeln 和 alert 方法返回值都为 this，而 trim 方法返回值为修剪后的字符串。这样就可以利用链式语法在一行语句中快速调用这 3 个方法。

```
Function.prototype.method = function(name, func) {
    if(!this.prototype[name]) {
        this.prototype[name] = func;
        return this;
    }
};
String.method('trim', function() {
    return this.replace(/^\s+|\s+$/g, '');
});
String.method('writeln', function() {
```

```
    document.writeln(this);
    return this;
});
String.method('alert', function() {
    window.alert(this);
    return this;
});
var str = " abc ";
str.trim().writeln().alert();
```

8.7.3 函数节流

函数节流的设计思想就是让某些代码可以在间断情况下连续重复执行。实现的方法是使用定时器对函数进行节流。

【示例 1】 在第一次调用函数时,创建一个定时器,在指定的时间间隔后运行代码。当第二次调用的时候,清除前一次的定时器并设置另一个,实际上就是前一个定时器再次执行,将其替换成一个新的定时器。

```
var processor = {
    timeoutId : null,
    //实际进行处理的方法
    performProcessing : function() {
        //实际执行的方法
    },
    //初始处理调用的方法
    process : function() {
        clearTimeout(this.timeoutId);
        var that = this;
        this.timeoutId = setTimeout(function() {
            that.performProcessing();
        }, 100);
    }
};
//尝试开始执行
Processor.process();
```

简化模式:

```
function throttle(method,context){
    clearTimeout(mehtod.tId);
    mehtod.tId = setTimeout(function(){
        method.call(context);
    },100);
}
```

函数节流解决的问题是一些代码(特别是事件)的无间断执行,这个问题严重影响了浏览器的性能,可能会造成浏览器反应速度变慢或直接崩溃,如 resize、mousemove、mouseover、mouseout 等事件的无间断执行。这时加入定时器功能,将事件进行"节流",即在事件触发的时候设定一个定时器来执行事件处理程序,可以在很大程度上缓解浏览器的负担。类似应用如支付宝中的"导购场景"导航(http://life.alipay.com/?src=life_alipay_index_big),以及当当网首页左边的导航栏(http://www.dangdang.com/)等,这些都是为了解决 mouseover 和 mouseout 移动过快时给浏览器处理带来的负担,特别是减轻涉及 Ajax 调用给服务器造成的极大负担。

【示例2】 本例在事件处理函数中应用函数节流，解决执行效率问题。
```
oTrigger.onmouseover = function(e) {//如果上一个定时器还没有执行，则先清除定时器
    oContainer.autoTimeoutId && clearTimeout(oContainer.autoTimeoutId);
    e = e || window.event;
    var target = e.target || e.srcElement;
    if((/li$/i).test(target.nodeName)) {
        oContainer.timeoutId = setTimeout(function() {
            addTweenForContainer(oContainer, oTrigger, target);
        }, 300);
    }
}
```

8.7.4 分支函数

扫一扫，看视频

分支函数主要解决：浏览器之间兼容性的重复判断。解决浏览器之间兼容性的一般方式是使用 if 语句进行特性检测或能力检测，根据浏览器不同的实现来实现功能上的兼容，这样做的问题是：每执行一次代码，可能都需要进行一次浏览器兼容性方面的检测，这是没有必要的。能否在代码初始化执行的时候就检测浏览器的兼容性，在之后的代码执行过程中，就无需再进行检测了呢？

【示例】 分支技术就可以解决这个问题，下面以声明一个 XMLHttpRequest 实例对象为例进行介绍，有关 XMLHttpRequest 介绍可参阅第 20 章内容。

```
var XHR = function() {
    var standard = {
        createXHR : function() {
            return new XMLHttpRequest();
        }
    }
    var newActionXObject = {
        createXHR : function() {
            return new ActionXObject("Msxml2.XMLHTTP");
        }
    }
    var oldActionXObject = {
        createXHR : function() {
            return new ActionXObject("Microsoft.XMLHTTP");
        }
    }
    if(standard.createXHR()) {
        return standard;
    } else {
        try {
            newActionXObject.createXHR();
            return newActionXObject;
        } catch(o) {
            oldActionXObject.createXHR();
            return oldActionXObject;
        }
    }
}();
```

从上面例子可以看出，分支的设计原理：声明几个不同名称的对象，但是为这些对象都声明一个名称相同的方法（关键点）。针对这些来自于不同的对象，但是拥有相同的方法，根据不同的浏览器设计

各自的实现,接着开始进行一次浏览器检测,并且由经过浏览器检测的结果来决定返回哪一个对象,这样不论返回的是哪一个对象,最后名称相同的方法都作为对外一致的接口。

这种方法是在 JavaScript 运行期间进行动态检测,将检测的结果返回赋值给其他的对象,并且提供相同的接口,这样储存的对象就可以使用名称相同的接口了。其实,惰性载入函数跟分支在原理上是非常相近的,只是在代码实现方面有差异而已。

8.7.5 惰性载入函数

扫一扫,看视频

惰性载入函数主要解决的问题也是兼容性处理。

【示例 1】 惰性载入函数的设计原理与分支函数类似,下面是简单的示例。

```
var addEvent = function(el, type, handle) {
    addEvent = el.addEventListener ? function(el, type, handle) {
        el.addEventListener(type, handle, false);
    } : function(el, type, handle) {
        el.attachEvent("on" + type, handle);
    };
    //在第一次执行 addEvent 函数时,修改了 addEvent 函数之后,必须执行一次
    addEvent(el, type, handle);
}
```

从代码上看,惰性载入函数也是在函数内部改变自身的一种方式,这样在重复执行的时候就不会再进行兼容性方面的检测了。

惰性载入表示函数执行的分支仅会发生一次,即第一次调用的时候。在第一次调用的过程中,该函数会被覆盖为另一个按合适方式执行的函数,这样任何对原函数的调用都不用再经过执行的分支了。其优点是:

- 要执行的适当代码只有在实际调用函数时才进行。
- 尽管第一次调用该函数会因额外的第二个函数调用而稍微慢点,但后续的调用都会很快,因为避免了多重条件。

由于浏览器之间的行为差异,多数 JavaScript 代码包含了大量的 if 语句,将执行引导到正确的代码中。具体的执行过程如下:

- 惰性载入表示函数执行的分支会发生一次,即函数第一次调用的时候。
- 在第一次调用的过程中该函数会被覆盖为另外一个按合适方式执行的函数。这样任何函数调用都不用再经过执行的分支了。
- 在下面惰性载入的 createXHR()中,if 语句的每个分支都会为 createXHR()变量赋值,有效覆盖了原有函数,最后一步便是调用新赋值函数。
- 下次调用 createXHR()的时候,就会直接调用被分配的函数,这样就不用再次执行 if 语句。

【示例 2】 以下代码使用 if 语句直接实现定义 XMLHttpRequest 实例对象。

```
function createXHR() {
    if( typeof XMLHttpRequest != 'undefined') {
        return new XMLHttpRequest();
    } else if( typeof ActiveXObject != 'undefined') {
        if( typeof arguments.callee.activeXString != 'string') {
            versions = ["MSXML2.XMLHttp", "MSXML2.XMLHttp.3.0", "MSXML2.XMLHttp.6.0"];
            for(var i = 0, len = versions.length; i < len; i++) {
                try {
                    var xhr = new ActiveXObject(versions[i]);
                    arguments.callee.activeXString = versions[i];
```

```
                return xhr;
            } catch(ex) {
                //跳过
            }
        }
    }
    return new ActiveXObject(arguments.callee.activeXString);
} else {
    throw new Error("No XHR object available.");
}
}
```

每一次调用createXHR()的时候都要对浏览器所支持的能力仔细检查,这意味着每次调用createXHR()的时候都要经过相同的测试,重复测试其实没有必要了。减少if语句使其不必每一次都执行,代码就会运行得快些。解决方案就是惰性载入的技巧。

【示例3】 本例代码使用惰性载入函数定义XMLHttpRequest实例对象。

```
unction createXHR() {
    if( typeof XMLHttpRequest != 'undefined') {
        createXHR = function() {
            return new XMLHttpRequest();
        };
    } else if( typeof ActiveXObject != 'undefined') {
        createXHR = function() {
            if( typeof arguments.callee.activeXString != 'string') {
                versions = ["MSXML2.XMLHttp", "MSXML2.XMLHttp.3.0", "MSXML2.XMLHttp.6.0"];
                for(var i = 0, len = versions.length; i < len; i++) {
                    try {
                        var xhr = new ActiveXObject(versions[i]);
                        arguments.callee.activeXString = versions[i];
                        return xhr;
                    } catch(ex) {
                        //跳过
                    }
                }
            }
            return new ActiveXObject(arguments.callee.activeXString);
        };
    } else {
        createXHR = function() {
            throw new Error("No XHR object available.");
        };
    }
    return createXHR();
}
```

if语句的每一个分支都会为createXHR变量赋值,有效覆盖了原有函数。最后一步便是调用新赋值的函数。下次调用creatXHR()的时候就会直接调用被分配的函数,这样就不用再次执行if语句了。

8.7.6 惰性求值

在JavaScript中,使用函数式风格编程,应该对于表达式有着深刻的理解,并能够主动使用表达式

扫一扫,看视频

的连续运算来组织代码。

- 在运算元中，除了 JavaScript 默认的数据类型外，函数也可以作为一个重要的运算元参与运算。
- 在运算符中，除了 JavaScript 的大量预定义运算符外，函数也可以作为一个重要的运算符进行计算和组织代码。

函数作为运算符参与运算，具有非惰性求值特性。非惰性求值行为自然会对整个程序产生一定的负面影响。先看下面这个示例：

```
var a = 2;
function f(x){
   return x;
}
alert(f(a,a=a*a));   //2
alert(f(a));     //4
```

在上面示例中，两次调用同一个函数并传递同一个变量，所返回的值却不一样。在第一次调用函数时，向其传递了两个参数，第 2 个参数是一个表达式，该表达式对变量 a 进行重新计算和赋值。也就是说，当调用函数时，第 2 个参数虽然不用，但是也被计算了。这就是 JavaScript 的非惰性求值特性。就是不管表达式是否被利用，只要在执行代码行中，都会被计算。

如果在一个函数参数中无意添加了几个表达式，虽然这样不会对函数的运算结果产生影响，但是由于表达式被执行，就会对整个程序产生潜在的负面影响。

在惰性求值语言中，如果参数不被调用，那么无论参数是直接量，还是某个表达式，都不会占用系统资源。但是，由于 JavaScript 支持非惰性求值，问题就变得很特殊了。

```
function f(){}
f( function(){while(true);}())
```

在上面的示例中，虽然函数 f 没有参数，但是在调用时将会执行传递给它的参数表达式，该表达式是一个死循环结构的函数值，最终将导致系统崩溃。

惰性函数模式是一种将对函数或请求的处理延迟到真正需要结果时进行的通用概念。很多应用程序都采用了这种概念，从惰性编程的角度来思考问题，可以帮助消除代码中不必要的计算。

【示例】 在 Scheme 语言中，delay 特殊表单接收一个代码块，它不会立即执行这个代码块，而是将代码和参数作为一个 promise 存储起来。如果需要 promise 产生一个值，就会运行这段代码。promise 随后会保存结果，这样将来再请求这个值时，该值就可以立即返回，而不用再次执行代码。这种设计模式在 JavaScript 中大有用处，尤其是在编写跨浏览器的、高效运行的库时非常有用。例如，下面是一个时间对象实例化的函数。

```
var t;
function f(){
   t = t ? t : new Date();
   return t;
}
f();     // 调用函数
```

上面的示例使用全局变量 t 来存储时间对象，这样在每次调用函数时都必须进行重新求值，代码的效率没有得到优化，同时全局变量 t 很容易被所有代码访问和操作，存在安全隐患。当然，用户可以使用闭包隐藏全局变量 t，只允许在函数 f 内访问。

```
var f =(function(){
   var t;
   return function(){
      t = t ? t : new Date();
      return t;
```

```
    }
})();
f();
```

这仍然没有优化调用时的效率，因为每次调用 f 依然需要求值：

```
var f = function() {
    var t = new Date();
    f = function() {
        return t;
    }
    return f();
};
f();
```

在上面的示例中，函数 f 的首次调用将实例化一个新的 Date 对象并重置 f 到一个新的函数上，f 在其闭包内包含 Date 对象。在首次调用结束之前，f 的新函数值也已被调用并提供返回值。函数 f 的调用都只会简单地返回 t 保留在其闭包内的值，这样执行起来非常高效。弄清这种模式的另一种途径是，外部函数 f 的首次调用是一个保证（promise），它保证了首次调用会重定义 f 为一个非常有用的函数，保证来自于 Scheme 的惰性求值机制。

8.7.7 记忆

函数可以利用对象去记住先前操作的结果，从而能避免无谓的运算。这种优化被称为记忆。JavaScript 的对象和数组要实现这种优化是非常方便的。

【示例】 使用递归函数计算 fibonacci 数列。一个 fibonacci 数字是之前两个 fibonacci 数字之和。最前面的两个数字是 0 和 1。

```
var fibonacci = function(n) {
    return n < 2 ? n : fibonacci(n - 1) + fibonacci(n - 2);
};
for(var i = 0; i <= 10; i += 1) {
    document.writeln('<br>' + i + ': ' + fibonacci(i));
}
```

返回以下值：

```
0: 0
1: 1
2: 1
3: 2
4: 3
5: 5
6: 8
7: 13
8: 21
9: 34
10: 55
```

在上面代码中 fibonacci 函数被调用了 453 次，其中循环调用了 11 次，它自身调用了 442 次，去计算可能已被刚计算过的值。如果使该函数具备记忆功能，就可以显著减少它的运算次数。

先使用一个临时数组保存存储结果，存储结果可以隐藏在闭包中。当函数被调用时，先看是否已经知道存储结果，如果已经知道，就立即返回这个存储结果。

```
var fibonacci = ( function() {
    var memo = [0, 1];
```

```
    var fib = function(n) {
        var result = memo[n];
        if( typeof result !== 'number') {
            result = fib(n - 1) + fib(n - 2);
            memo[n] = result;
        }
        return result;
    };
    return fib;
}());
for(var i = 0; i <= 10; i += 1) {
    document.writeln('<br>' + i + ': ' + fibonacci(i));
}
```

这个函数返回同样的结果，但是它只被调用了 29 次，其中循环调用了 11 次，它自身调用了 18 次，去取得之前存储的结果。当然我们可以把这种函数形式抽象化，以构造带记忆功能的函数。memoizer 函数将取得一个初始的 memo 数组和 fundamental 函数。memoizer 函数返回一个管理 memo 存储和在需要时调用 fundamental 函数的 shell 函数。memoizer 函数传递这个 shell 函数和该函数的参数给 fundamental 函数。

```
var memoizer = function(memo, formula) {
    var recur = function(n) {
        var result = memo[n];
        if( typeof result !== 'number') {
            result = formula(recur, n);
            memo[n] = result;
        }
        return result;
    };
    return recur;
};
```

现在，就可以使用 memoizer 来定义 fundamental 函数，提供初始的 memo 数组和 fundamental 函数。

```
var fibonacci = memoizer([0, 1], function(recur, n) {
    return recur(n - 1) + recur(n - 2);
});
```

通过设计能产生其他函数的函数，可以极大减少不必要的工作。例如，要产生一个可记忆的阶乘函数，只须提供基本的阶乘公式即可。

```
var factorial = memoizer([1, 1], function(recur, n) {
    return n * recur(n - 1);
});
```

8.7.8 构建模块

使用函数和闭包可以构建模块。所谓模块，就是一个提供接口却隐藏状态与实现的函数或对象。通过使用函数构建模块，可以完全摒弃全局变量的使用，从而规避 JavaScript 语言缺陷。全局变量是 JavaScript 最为糟糕的特性之一，在一个大中型 Web 应用中，全局变量简直就是一个魔鬼，会带来无穷的灾难。

【示例 1】 要为 String 扩展一个 deentityify 方法，其设计任务是寻找字符串中的 HTML 字符实体并将其替换为对应的字符。在一个对象中保存字符实体的名字及与之对应的字符是有意义的。

也许可以把 deentityify 放到一个全局变量中，但是全局变量是魔鬼。也许可以把 deentityify 定义在

扫一扫，看视频

该函数本身中，但是这会带来运行时的损耗，因为在该函数每次被执行的时候，这个方法都会被求值一次。理想的方式是将 deentityify 放入一个闭包，而且也许还能提供一个增加更多字符实体的扩展方法。

```
String.method('deentityify', function() {
    var entity = {
        quot : '"',
        lt : '<',
        gt : '>'
    };
    return function() {
        return this.replace(/&([^&;]+);/g, function(a, b) {
            var r = entity[b];
            return typeof r === 'string' ? r : a;
        });
    };
}());
```

在上面代码中，为 String 类型扩展了一个 deentityify 方法，它调用 String 对象的 replace 方法来查找以'&'开头和以';'结束的子字符串。如果这些字符可以在字符实体表 entity 中找到，那么就将该字符实体替换为映射表中的值。deentityify 方法用到了一个正则表达式：

```
return this.replace(/&([^&;]+);/g, function(a, b) {
    var r = entity[b];
    return typeof r === 'string' ? r : a;
});
```

在最后一行使用()运算符立刻调用刚刚构造出来的函数。这个调用所创建并返回的函数才是 deentityify 方法。

```
document.writeln('&lt;&quot;&gt;'.deentityify());   // <">
```

模块利用了函数作用域和闭包来创建绑定对象与私有成员的关联。在这个示例中，只有 deentityify 方法才有权访问字符实体表 entity 这个数据对象。模块开发的一般形式是：一个定义了私有变量和函数的函数，利用闭包创建可以访问到的私有变量和函数的特权函数，最后返回这个特权函数，或者把它们保存到可访问的地方。

使用模块可以避免全局变量的乱用，从而保护信息的安全性，实现优秀的设计实践。使用这种模式也可以实现应用程序的封装，或者构建其他实例对象。

模块模式通常结合实例模式使用。JavaScript 的实例就是用对象字面量表示法创建的，对象的属性值可以是数值或函数，并且属性值在该对象的生命周期中不会发生变化。模块通常作为工具为程序其他部分提供功能支持。通过这种方式能够构建比较安全的对象。

【示例 2】 下面代码构造一个用来产生序列号的对象。serial_maker()函数将返回一个用来产生唯一字符串的对象，这个字符串由两部分组成：字符前缀+序列号。这两部分可以分别使用 set_prefix 和 set_seq 方法进行设置，然后调用实例对象的 gensym 方法读取这个字符串。当执行该方法时，会自动产生唯一一个字符串。

```
var serial_maker = function() {
    var prefix = '';
    var seq = 0;
    return {
        set_prefix : function(p) {
            prefix = String(p);
        },
        set_seq : function(s) {
            seq = s;
```

```
        },
        gensym : function() {
            var result = prefix + seq;
            seq += 1;
            return result;
        }
    };
};
var seqer = serial_maker();
seqer.set_prefix('Q');
seqer.set_seq(1000);
var unique = seqer.gensym();    //"Q1000"
var unique = seqer.gensym();    //"Q1001"
```

seqer 包含的方法都没有用到 this 或 that，因此没有办法损害 seger，除非调用对应的方法，否则没法改变 prefix 或 seq 的值。seqer 对象是可变的，所以它的方法可能会被替换掉，但是替换后的方法依然不能访问私有成员。seqer 就是一组函数的集合，而且这些函数被授予特权，拥有使用或修改私有状态的能力。如果把 seqer.gensym 作为一个值传递给第三方函数，这个函数就能通过它产生唯一字符串，却不能通过它来改变 prefix 或 seq 的值。

8.7.9 柯里化

柯里化是把接收多个参数的函数变换成接收一个单一参数的函数，并且返回一个新函数，这个新函数能够接收原函数的参数。

【示例】 下面可以通过例子来帮助理解。

```
function adder(num) {
    return function(x) {
        return num + x;
    }
}
var add5 = adder(5);
var add6 = adder(6);
print(add5(1));// 6
print(add6(1)); //7
```

扫一扫，看视频

函数 adder 接收一个参数，并返回一个函数，这个返回的函数可以像预期的那样被调用。变量 add5 保持着 adder(5)返回的函数，这个函数可以接收一个参数，并返回参数与 5 的和。柯里化在 DOM 的回调中非常有用。

函数柯里化的主要功能是提供了强大的动态函数创建支持。通过调用另一个函数并为它传入要柯里化（currying）的函数和必要的参数，通俗地说就是利用已有的函数，再创建一个动态函数，该动态函数内部还是通过已有的函数来发生作用，只是传入更多的参数来简化函数的参数方面的调用。

```
function curry(fn) {
    var args = [].slice.call(arguments, 1);
    return function() {
        return fn.apply(null, args.concat([].slice.call(arguments, 0)));
    }
}
function add(num1, num2) {
    return num1 + num2;
}
```

```
var newAdd = curry(add, 5);
alert(newAdd(6));//       11
```

在curry函数的内部,私有变量args就相当于一个存储器,用来暂时存储在调用curry函数的时候所传递的参数值,这样再跟后面动态创建函数调用时的参数合并并执行,就得到了一样的效果了。

函数柯里化的基本方法和函数绑定是一样的:使用一个闭包返回一个函数。两者的区别在于,当函数被调用时,返回函数还需要设置一些传入的参数。

```
function bind(fn, context) {
    var args = Array.prototype.slice.call(arguments, 2);
    return function() {
        var innerArgs = Array.prototype.slice.call(arguments);
        var finalArgs = args.concat(innerArgs);
        return fn.apply(context, finalArgs);
    };
}
```

创建柯里化函数的通用方式:

```
function curry(fn) {
    var args = Array.prototype.slice.call(arguments, 1);
    return function() {
        var innerArgs = Array.prototype.slice.call(arguments);
        var finalArgs = args.concat(innerArgs); retrun
        fn.apply(null, finalArgs);
    };
}
```

curry函数的主要功能就是将被返回的函数的参数进行排序。为了获取第1个参数后的所有参数,在arguments对象上调用了slice()方法,并传入参数1,表示被返回的数组的第1个元素应该是第2个参数。

扫一扫,看视频

8.7.10 高阶函数

高阶函数作为函数式编程众多风格中的一项显著特征,经常被使用。实际上,高阶函数是对函数的进一步抽象。高阶函数至少满足下列条件之一:

➥ 接收函数作为输入。
➥ 输出一个函数。

在函数式语言中,函数不但是一种特殊的对象,还是一种类型,因此函数本身是一个可以传来传去的值。也就是说,某个一个函数在刚开始执行的时候,可以送入一个函数的参数。传入的参数本身就是一个函数。当然,这个输入的函数相当于某一个函数的另外一个函数。当函数执行完毕之后,又可以返回另外一个新的函数,这个返回函数取决于return fn(){...}。上述过程出现3个不同的函数,分别有不同的角色。要达到这样的应用目的,需要把函数作为一个值来看待。

JavaScript不但是一门灵活的语言,而且是一门精巧的函数式语言。下面看一个函数作为参数的示例。

```
document.write([2,3,1,4].sort()); // "1,2,3,4"
```

这是最简单的数组排序语句。实际上Array.prototype.sort()还能够支持一个可选的参数"比较函数",其形式如sort(fn)。fn是一个函数类型的值,说明这里就应用到高阶函数。

【示例1】 以下代码根据日期对对象进行排序。

```
// 声明3个对象,每个对象都有属性id和date
var a = new Object();
var b = new Object();
var c = new Object();
a.id   = 1;
```

```
b.id    = 2;
c.id    = 3;
a.date = new Date(2012,3,12);
b.date = new Date(2012,1,15);
c.date = new Date(2012,2,10);
// 存放在 arr 数组中
var arr = [a, b, c];
//开始调试，留意 id 的排列是按 1、2、3 这样的顺序的
arr.sort(
  function (x,y) {
    return x.date-y.date;
  }
);   //已经对 arr 排序了，发现元素顺序发生变化，id 也发生变化。排序的依据是按照日期进行的
```

在数组排序的时候就会执行 function (x,y) {return x.date-y.date; }这个传入的函数。当没有传入任何排序参数时默认：当 x 大于 y 的时候返回 1，当 x 等于 y 的时候返回 0，当 x 小于 y 的时候返回-1。

【示例 2】 除了了解函数作为参数使用外，下面再看看函数返回值作为函数的情况。定义一个 wrap 函数，该函数的主要用途是产生一个包裹函数。

```
function wrap(tag) {
    var stag = '<' + tag + '>';
    var etag = '</' + tag.replace(/s.*/, '') + '>';
    return function(x) {
        return stag + x + etag;
    }
}
var B = wrap('B');
document.write(B('粗体字'));
document.write('<br>');
document.write(wrap('B')('粗体字'));
```

var B = wrap('B');这一语句已经决定了这是一个"加粗体"的特别函数，执行该 B()函数就会产生生……内容……的效果。若 wrap('div')便是产生<div>……内容……</div>，若是 wrap('li')便产生<li>……内容……</li>……，依此类推。wrap('B')返回到变量 B 的是一个函数。若不使用变量，wrap('B')也是合法的 JavaScript 语句，只要最后一个括号()前面的是函数类型的值即可。为什么 stag + x + etag 中的 stag/etag 没有输入也会在 wrap()内部定义？因为 warp 作用域中就有 stag、etag 两个变量。如果从理论上描述这一特性，应该属于闭包方面的内容。

【示例 3】 实际上，map()函数即为一种高阶函数，在很多的函数式编程语言中均有此函数。map(array, func)的表达式已经表明，将 func 函数作用于 array 中的每一个元素，最终返回一个新的 array。应该注意的是，map 对 array 和 func 的实现是没有任何预先假设的，因此称之为"高阶"函数。

```
function map(array, func) {
    var res = [];
    for(var i = 0, len = array.length; i < len; i++) {
        res.push(func(array[i]));
    }
    return res;
}
var mapped = map([1, 3, 5, 7, 8], function(n) {
    return n = n + 1;
});
document.write(mapped);//2,4,6,8,9
var mapped2 = map(["one", "two", "three", "four"], function(item) {
    return "(" + item + ")";
```

```
});
document.write(mapped2);    //(one),(two),(three),(four),为数组中的每个字符串加上括号
```
mapped 和 mapped2 均调用了 map，但是得到了截然不同的结果，因为 map 的参数本身已经进行了一次抽象，map 函数做的是第二次抽象，高阶的"阶"可以理解为抽象的层次。

8.7.11 递归运算

递归是函数对自身的调用。任何一个有意义的递归总是由两部分组成的：递归调用和递归终止条件。递归运算在无限制的情况下，会无休止地自身调用。显然，程序不应该出现这种无休止的递归调用，而只应出现有限次数的、有终止的调用。为此，一般在递归运算中要结合 if 语句来进行控制。只有在某种条件成立时才可以继续执行递归调用，否则就不再继续。

在以下 3 种情况下，利用递归求解问题是非常有效的。

1. 问题的定义是递归的

【示例 1】 数学上常用的阶乘函数、幂函数和斐波那契数列。以阶乘函数为例，对于这种递归定义的函数，可以使用递归过程来求解：

```
var f = function( x ){
    if ( x < 2 )
        return 1;                                    // 递归终止条件
    else
        return x * arguments.callee( x - 1 );        // 递归调用过程
}
alert( f( 20 ) );           // 返回20的阶乘值为 2 432 902 008 176 640 000
```

在这个过程中，利用分支结构把递归结束条件和需要继续递归求解的情况区分开来。对于比较复杂的问题，如果能够分解为若干个相对简单且解法相同或类似的子问题，那么当这些子问题获得解决时，原问题自然也就获得解决，这是一个递归求解的过程。

2. 问题所涉及的数据结构是递归的

问题本身虽然不是递归定义的，但是它所用到的数据结构是递归的。

【示例 2】 文档树就是一种递归的数据结构，下面使用递归运算来计算指定节点内所包含的全部节点数。

```
<body>
<script>
function f( n ){                        // 统计指定节点及其所有子节点的个数
    var l = 0 ;                         // 初始化计数变量
    if( n.nodeType == 1 )               // 如果是元素节点，则计数
        l ++ ;     // 递加计数器
    var child = n.childNodes;           // 获取子节点集合
    for( var i = 0; i < child.length; i ++ ){    // 遍历所有子节点
        l += f( child[i] );             // 递归运算，统计当前节点下所有子节点数
    }
    return l;                           // 返回节点数
}
window.onload = function(){             // 绑定页面初始化事件处理函数
    var body = document.getElementsByTagName("body")[0];
    // 获取当前文档中body节点句柄
    alert( f( body ) )                  // 返回2，即body和script两个节点
}
</script>
</body>
```

3. 问题的解法满足递归的性质

有些问题最适合采用递归的方法求解,例如,Hanoi(汉诺)塔问题。

```
/*汉诺塔算法函数
参数说明:n 表示金片数;a、b、c 表示柱子,注意排列顺序。
返回说明:当指定金片数,以及柱子名称,该函数将输出整个移动的过程。
*/
function f( n, a, b, c ){
    if( n == 1 )                          // 特殊处理
        document.write( a + " &rarr; " + c + "<br />" );
         // 输出显示,直接让参数 a 移给 c
    else{
        f( n - 1, a, c, b );              // 递归调用函数,调整参数顺序,让参数 a 移给 b
        document.write( a + " &rarr; " + c + "<br />" );
         // 输出显示
        f( n - 1, b, a, c );
         // 如果当 n 等于 1 时,调整参数顺序,让参数 b 移给 c
    }
}
f( 3, "A", "B", "C" );                    // 调用函数
```

运行结果如图 8.3 所示。

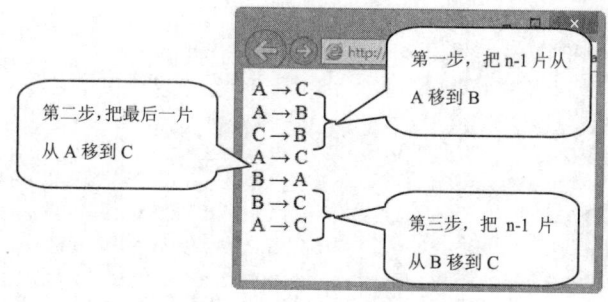

图 8.3 汉诺塔演示效果图

8.7.12 尾递归算法

尾递归是针对传统递归算法的一种优化算法,它是从最后开始计算,每递归一次就算出相应的结果。也就是说,函数调用出现在调用函数的尾部,因为是尾部,所以就不用去保存任何局部变量,返回时调用函数可以直接越过调用者,返回到调用者的调用者。

【示例 1】 下面是阶乘的一种普通线性递归运算:

```
function f( n ){
    return ( n == 1 ) ? 1 : n * f( n - 1 );
}
alert(f(5));
```

使用尾递归算法后,则可以使用如下方法:

```
function f( n ){
    return ( n == 1 ) ? 1 : e( n, 1 );
}
function e( n, a ){
    return( n == 1 ) ? a : e( n - 1, a * n );
}
alert( f(5) );
```

当 n = 5 时,线性递归的递归过程如图 8.4 所示。

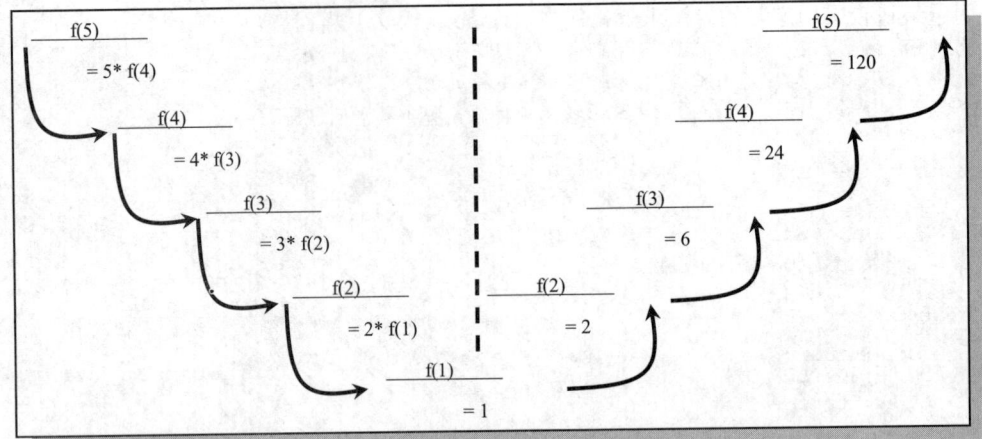

图 8.4 递归算式示意图

```
f(5) = {5 * f(4)}
     = {5 * {4 * f(3)}}
     = {5 * {4 * {3 * f(2)}}}
     = {5 * {4 * {3 * {2 * f(1)}}}}
     = {5 * {4 * {3 * {2 * 1}}}}
     = {5 * {4 * {3 * 2}}}
     = {5 * {4 * 6}}
     = {5 * 24}
     = 120
```

而尾递归的递归过程如下:

```
f(5) = f(5, 1)
     = f(4, 5)
     = f(3, 20)
     = f(2, 60)
     = f(1, 120)
     = 120
```

很容易看出,普通的线性递归比尾递归更加消耗资源,每次重复的过程调用都使得调用链条不断加长,系统不得不使用栈进行数据保存和恢复,而尾递归就不存在这样的问题,因为它的状态完全由变量 n 和 a 保存。

【示例 2】 从理论上来分析,尾递归也是递归的一种类型,不过它的算法具有迭代算法的特征。上面的阶乘尾递归可以改写为下面的迭代循环:

```
var n = 5
var w = 1;
for( var i = 1; i <= 5; i ++ ){
    w = w * i;
}
alert( w );
```

最后,把两种递归进行简单比较。

- 线性递归:f(n),返回值会被调用者使用。
- 尾递归:f(m,n),返回值不会被调用者使用。

尾递归由于直接返回值,不需要保存临时变量,所以性能不会产生线性增加,并且 JavaScript 解释器会将尾递归形式优化成非递归形式。

第 9 章 使用对象

对象是 JavaScript 的核心概念之一,也是最常用的数据类型,即引用型数据。对象可以包含多个属性。属性以名值对的形式存在,名称是字符串,值可以是任意类型的数据。字符串到值的映射,构成一个无序集合。除了字符串、数字、true、false、null 和 undefined 之外,JavaScript 中的值都是对象。

【学习重点】
- 创建对象。
- 操作对象。
- 使用对象属性。
- 使用方法。

9.1 创建对象

创建对象有 3 种方法,具体介绍如下。

9.1.1 使用构造函数创建对象

扫一扫,看视频

使用 new 运算符调用函数,可以构造一个实例对象。具体用法如下:
```
var objectName = new functionName(args);
```
简单说明如下:
- objectName 表示构造的实例对象。
- functionName 表示一个构造函数,构造函数与普通函数没有本质区别。一般情况下,构造函数不需要返回值,构造函数体内可以使用 this 指代 objectName 实例对象。
- args 表示参数列表。

【示例 1】 使用构造函数创建对象。
```
var o = new Object();         // 创建一个空对象
var o = new Array();          // 创建一个空的数组对象
var o = new MyClass();        // 创建一个自定义对象
```
使用 Object 构造函数创建的对象是一个不包含任何属性和方法的空对象,而使用内置构造函数创建的对象将会继承该构造函数的属性和方法。

在上面示例中第 2 行代码创建了一个空的数组对象,但是这个新创建的对象 o 具有数组操作的基本方法和属性,如 length 属性可以获取该数组的元素个数,而 push()方法将会为该数组对象添加新元素。
```
var o = new Array();          // 创建一个空对象
alert(o.length);              // 返回值 0,说明当前数组为 0 个元素
var l = o.push(1,2,3);        // 调用 push()为数组添加 3 个元素,并返回新长度
alert(l);                     // 返回值 3,说明数组中包含 3 个新元素
```

📖 拓展:

在 JavaScript 中,Object、Array、Function、RegExp、String 等内置对象都是构造函数,使用 new 运算符可以调用它们,并初始化为一个个对象实例。

在 JavaScript 中,构造函数具有如下特性。

- 使用 new 运算符进行调用,也可以使用小括号调用,但返回值不同。
- 构造函数内部通过 this 关键字指代实例化对象,或者指向调用对象。
- 在构造函数内可以通过点运算符声明本地成员。当然,构造函数结构体内也可以包含私有变量或函数,以及任意执行语句。

【示例 2】 以下代码定义了一个构造函数 Box(),该对象是高度抽象的,通过 this 关键字来代称,当使用 new 运算符实例化构造函数时,可以通过传递参数来初始化这个对象的属性值。

```
function Box(w,h){            // 构造函数
    this.w = w;               // 构造函数的成员
    this.h = h;               // 构造函数的成员
}
var box1 = new Box(4,5);      // 实例并初始化构造函数
```

由于每一个构造函数都定义了对象的一个类,所以给每个构造函数一个名字以说明它所创建的对象类就显得比较重要了,类名应该很直观,且首字母要大写(非强制的),主要是与普通函数进行区别。

【示例 3】 构造函数没有返回值,这是它与普通函数的一个最大区别。它们只是初始化由 this 关键字传递进来的对象,并且什么也不返回。但是,构造函数可以返回一个对象值,如果这样做,被返回的对象就成了 new 表达式的值。在这种情况下,this 值所引用的对象就被丢弃了。

```
function Box(w,h){            // 构造函数
    this.w = w;
    this.h = h;
    return this;              // 返回关键字 this
}
alert(Box(4,5).w);            // 返回参数值 4,此时构造函数成为普通函数
```

不过可以实例化构造函数,并调用该对象的属性。

```
var box1 = new Box(4,5);      // 实例并初始化构造函数
alert(box1.w);                // 调用对象的属性
```

当使用 new 运算符调用构造函数时,JavaScript 会自动创建一个空白的对象,然后把这个空对象传递给 this 关键字,作为它的引用值。这样,this 就成为新创建对象的引用指针了。然后在构造函数结构体内,通过 this 赋值定义实例对象的属性。

【示例 4】 使用构造函数定义一个 Book 类型,并定义两个参数,以便实例化对象时能够初始化实例对象。

```
function Book(title,pages){                          // 把书稿构造为函数
    this.title = title;
    this.pages = pages;
    this.what = function(){
        alert(this.title +this.pages);
    };
}
var book1 =new Book("JavaScript 程序设计",160);      // 实例化构造函数,并初始化
var book2 =new Book("C 程序设计",240);               // 实例化构造函数,并初始化
```

9.1.2 使用对象直接量创建对象

扫一扫,看视频

除了使用构造函数创建对象外,还可以使用对象直接量来定义对象。具体用法如下:

```
var objectName = {
    属性名 : 值,
    属性名 : 值,
    ……
};
```

简单说明如下：

在对象直接量中，属性名与属性值之间通过冒号进行分隔。属性值可以是任意类型的数据，属性名可以是 JavaScript 标识符，或者是任意形式的字符串。属性与属性之间通过逗号进行分隔，最后一个属性末尾不需要逗号。

使用对象直接量是创建对象是最高效、最简便的方法。

【示例1】 以下代码使用对象直接量定义一个对象，其包含两个属性 a 和 b。

```
var o = {                            // 对象直接量
    a : 1,                           // 定义属性
    b : true                         // 定义属性
}
```

变量名是标识符，而属性名是一个字符串标签。对于上面示例中定义的对象直接量，也可以这样来表示。

```
var o = {                            // 对象直接量
    "a" : 1,                         // 定义属性
    "b" : true                       // 定义属性
}
```

但是变量名就不能使用字符串表示。在构造函数内也不能使用字符串标签来命名属性名，因为此时属性名是合法的标识符。

```
var o = function(){                  // 构造函数
    this.a = 1;                      // 定义属性
    this.b = true;                   // 定义属性
}
```

对象的属性值可以是任意类型数据，如值类型数据、数组、对象、函数等。

【示例2】 如果属性值是函数，则该属性就变成对象的方法。

```
var o = {                            // 对象直接量
    a : function(){                  // 属性值为函数
        return 1;
    }
}
alert(o.a());                        // 附加小括号读取属性值，即调用方法
```

【示例3】 如果属性值是对象，则可以设计嵌套结构的对象。

```
var o = {                            // 对象直接量
    a : {                            // 属性值为对象
        b:1
    }
}
alert(o.a.b);                        // 连续使用点号运算符读取内层对象的属性值
```

【示例4】 本例定义属性值是数组。

```
var o = {                            // 对象直接量
    a : [1,2,3]                      // 属性值为数组
}
alert(o.a[0]);                       // 使用下标来读取属性包含的元素值
```

【示例5】 如果不包含任何属性，则可以定义一个空对象。

```
var o = { }                          // 创建一个空对象直接量
```

9.1.3 使用 create()方法创建对象

ECMAScript 5 为 Object 新增了一个静态方法 Object.create()，直接调用该方法可以快速创建一个新对象。Object.create()能够创建一个具有指定原型且可选择性地包含指定属性的对象。具体用法如下：

```
Object.create(prototype, descriptors)
```

参数说明如下。

- prototype：必需参数，要用作原型的对象，可以为 null。
- descriptors：可选参数，包含一个或多个属性描述符的 JavaScript 对象。

提示：

在 descriptors 中，数据属性是可获取且可设置值的属性。数据属性描述符包含 value 特性，以及 writable（是否可修改属性值）、enumerable（是否可枚举属性）和 configurable（是否可修改特性和删除属性）特性。如果未指定最后 3 个特性，则它们的值默认为 false。只要检索或设置该值，访问器属性就会调用用户提供的函数。访问器属性描述符包含 set（设置属性值的函数）特性和 get（返回属性值的函数）特性。

【示例 1】 本例使用 Object.create()创建一个对象。它继承自 null，即把 null 作为原型。该对象包含两个可枚举的属性 size 和 shape，属性值分别为"large"和"round"。

```
var newObj = Object.create(null, {
        size: {
            value: "large",
            enumerable: true
        },
        shape: {
            value: "round",
            enumerable: true
        }
    });
document.write(newObj.size + "<br/>");              //large
document.write(newObj.shape + "<br/>");             //round
document.write(Object.getPrototypeOf(newObj));      //null
```

【示例 2】 本例使用 Object.create()创建一个与 Object 对象具有相同原型的对象。该对象具有与使用对象直接量创建的对象相同的原型。Object.getPrototypeOf 函数可获取原始对象的原型。如果要获取对象的属性描述符，可以使用 Object.getOwnPropertyDescriptor 函数。

```
var firstLine = { x: undefined, y: undefined };
var secondLine = Object.create(Object.prototype, {
    x: {
        value: undefined,
        writable: true,
        configurable: true,
        enumerable: true
    },
    y: {
        value: undefined,
        writable: true,
        configurable: true,
        enumerable: true
    }
});
document.write("first line prototype = " + Object.getPrototypeOf(firstLine));
//first line prototype = [object Object]
```

```
document.write("<br/>");
document.write("second line prototype = " + Object.getPrototypeOf(secondLine));
//second line prototype = [object Object]
```

【示例 3】 本例创建一个对象，该对象继承自 Shape 对象，即把 Shape 对象作为 Square 对象的原型。

```
var Shape = { twoDimensional: true, color: undefined, hasLineSegments: undefined };
var Square = Object.create(Shape);
document.write(Square.twoDimensional);
```

9.2 操作对象

对象除了包含属性之外，每个对象还拥有 3 个相关的对象特性（object attribute）：
- 对象的原型（prototype）：指向另外一个对象，本对象的属性继承自它的原型对象。
- 对象的类（class）：是一个标识对象类型的字符串。
- 对象的扩展标记（extensible flag）：指明了（在 ECMAScript 5 中）是否可以向该对象添加新属性。

9.2.1 引用对象

扫一扫，看视频

在创建对象之后，可以把对象的地址赋值给变量，实现变量对对象的引用。当把变量赋值给其他变量时，则实现多个变量引用同一个对象。

【示例】 本例定义一个对象直接量，然后定义变量 o，引用该对象直接量，当 o 赋值给 o1 后，再删除变量 o 对对象的引用，但是对象直接量依然存在，并没有因为删除变量 o 而同时被删除。

```
o = {                         // 创建对象，并引用该对象给变量 o
    x:1,
    y:true
}
o1 = o;                       // 复制变量 o
alert(delete o);              // 删除变量 o，返回值为 true，说明删除成功
alert(o1.x);                  // 读取对象内数据，显示为 1，说明对象依然存在
alert(o.x);                   // 使用 o 读取对象内的数据，提示没有定义对象
```

9.2.2 复制对象

扫一扫，看视频

复制对象的设计思路是：利用 for/in 语句遍历对象成员，然后逐一复制给另一个对象。

【示例】 在本例中，定义一个 F 类，其包含 4 个成员。然后实例化并把它的所有属性和方法都复制给一个空对象 o，这样对象 o 就复制了 F 类的所有属性和方法。

```
function F(x,y){              // 构造函数 F
    this.x = x;               // 本地属性 x
    this.y = y;               // 本地属性 y
    this.add = function(){    // 本地方法 add()
        return this.x + this.y;
    }
}
F.prototype.mul = function(){ // 原型方法 mul()
    return this.x * this.y;
}
var f = new F(2,3)            // 实例化构造函数，并进行初始化
```

```
var o = {}                          // 定义一个空对象 o
for(var i in f){                    // 遍历构造函数的实例,把它的所有成员赋值给对象 o
    o[i] = f[i];
}
alert(o.x);                         // 返回 2
alert(o.y);                         // 返回 3
alert(o.add());                     // 返回 5
alert(o.mul());                     // 返回 6
```

对于该复制法,还可以进行封装,使其具有较大的灵活性:

```
Function.prototype.extend = function(o){        // 为 Function 扩展复制的方法
    for(var i in o){                            // 遍历参数对象
        this.constructor.prototype[i] = o[i];   // 把参数对象成员复制给当前对象的构造函数原型对象
    }
}
```

上面的封装函数通过原型为 Function 类型对象扩展一个方法,该方法能够把指定的参数对象完全复制给当前对象的构造函数的原型对象。

this 关键字指向的是当前实例对象,而不是构造函数本身,所以要为其扩展原型成员,就必须使用 constructor 属性来指向它的构造器,然后通过 prototype 属性指向构造函数的原型对象。

然后,新建一个空的构造函数,并为其调用 extend()方法把传递进来的 F 类的实例对象完全复制为原型对象成员。注意,此时不能够定义对象直接量,因为 extend()方法只能够为构造函数结构复制对象。

```
var o = function(){};               // 新建空白构造函数
o.extend(new F(2,3));               // 调用复制继承方法
```

复制操作实际上是通过反射机制复制对象的所有可枚举属性和方法来模拟继承。这种方法能够实现模拟多继承。不过,它的缺点也很明显:

- 由于是反射机制,复制法不能继承非枚举类型的方法。对于系统核心对象的只读方法和属性也是无法继承的。
- 通过反射机制来复制对象成员的执行效率会非常差。当对象结构越庞大时,这种低效就越明显。
- 如果包含同名成员,这些成员可能会被动态复制所覆盖。

扫一扫,看视频

9.2.3 克隆对象

通过克隆对象可以避免复制对象操作的低效率。具体方法如下:

首先,为 Function 对象扩展一个方法,该方法能够把参数对象赋值给一个空构造函数的原型对象,然后实例化构造函数,并返回实例对象,这样该对象就拥有构造函数包含的所有成员。

```
Function.prototype.clone = function(o){     // 对象克隆方法
    function Temp(){};                       // 新建空构造函数
    Temp.prototype = o;                      // 把参数对象赋值给该构造函数的原型对象
    return new Temp();                       // 返回实例化后的对象
}
```

然后,调用该方法来克隆对象。克隆方法返回的是一个空对象,不过它存储了指向给定对象的原型对象指针。这样就可以利用原型链来访问它们,从而在不同对象之间实现继承关系。

```
var o = Function.clone(new F(2,3));         // 调用 Function 对象的克隆方法
alert(o.x);                                 // 返回 2
alert(o.y);                                 // 返回 3
alert(o.add());                             // 返回 5
alert(o.mul());                             // 返回 6
```

9.2.4 销毁对象

JavaScript 提供了一套垃圾回收机制,能够自动回收无用存储单元。当对象没有被任何变量引用时,JavaScript 会自动侦测,并运行垃圾回收程序把这些对象注销,以释放内存。

每当函数对象被执行完毕,垃圾回收程序就会自动被运行,释放函数所占用的资源,并释放局部变量。另外,如果对象处于一种不可预知的情况下时,也会被回收处理。

扫一扫,看视频

【示例】 当把对象的所有引用变量都设置为 null 时,可以强制对象处于废除状态,并被回收。

```
var o = {                          // 创建对象,并引用该对象给变量o。
    x:1,
    y:true
}
o = null;                          // 定义对象引用变量为 null,即废除对象
alert(o.x);                        // 提示系统错误,找不到对象
```

在设计中,对于不用的对象,应该把其所有引用变量都设置为 null,将对象废除,以释放内存空间。这是一种好的设计习惯,既节省系统开支,又可以预防错误。

9.3 操作属性

属性包括名和值。属性名可以是包含空字符串在内的任意字符串,但对象中不能存在两个同名的属性。值可以是任意 JavaScript 值。除了名和值之外,每个属性还有一些相关的值,称为属性特性:

- 可写(writable attribute):表明是否可以设置该属性的值。
- 可枚举(enumerable attribute):表明是否可以通过 for/in 循环返回该属性。
- 可配置(configurable attribute):表明是否可以删除或修改该属性。

在 ECMAScript 5 之前,通过代码给对象创建的所有属性都是可写的、可枚举的和可配置的。在 ECMAScript 5 中则可以对这些特性加以配置。

9.3.1 定义属性

扫一扫,看视频

使用冒号可以为对象定义属性,冒号左侧是属性名,右侧是属性值。属性与属性之间通过逗号运算符进行分隔。

【示例1】 在本例中,定义了一个 3 级嵌套的对象结构。虽然 3 级嵌套对象都包含相同的属性名,但是由于它们分属于不同的作用域,因此不会发生冲突。

```
var o = {                          // 定义1级对象
    x:1,
    y:{                            // 定义2级嵌套对象
        x:2,
        y:{                        // 定义3级嵌套对象
            x:3,
            y:false
        }
    }
}
```

【示例2】 除了在对象结构体内定义属性外,还可以通过点运算符在结构体外定义属性。

```
var o = {}                         // 定义空对象
o.x = 1;                           // 定义对象的属性
o.y = {                            // 定义对象的属性,该属性的值是一个嵌套对象
```

```
    x: 2,
    y: true
}
```

【示例3】 也可以通过构造函数定义属性。

```
var o = function(){                    // 定义构造对象
    this.x = 1;                        // 定义对象属性
    this.y = {                         // 定义包含对象的属性
        x:1,
        y:true
    }
}
```

在声明变量时使用 var 语句，但是在声明对象属性时不能使用 var 语句。

📖 **拓展：**

ECMAScript 5 增加了两个静态函数，用来为指定对象定义属性：Object.defineProperty 和 Object.defineProperties。下面分别进行说明。

1. Object.defineProperty

Object.defineProperty 可以将属性添加到对象，或者修改现有属性的特性。使用 Object.defineProperty 可以完成以下操作：

- 将新属性添加到对象，在对象没有指定的属性名称时执行此操作。
- 修改现有属性的特性，在对象已有指定的属性名称时执行此操作。

具体用法如下：

```
Object.defineProperty(object, propertyname, descriptor)
```

参数说明：

- object，必需参数，指定要添加或修改属性的对象，可以是 JavaScript 本地对象（用户定义对象或内置对象）或 DOM 对象。
- propertyname，必需参数，表示一个包含属性名称的字符串。
- descriptor，必需参数，定义属性的描述符，它可以针对数据属性或访问器属性。在描述符对象中提供了属性定义，它描述了数据属性或访问器属性的特性。描述符对象是 Object.defineProperty 函数的参数。

Object.defineProperty 返回值为已修改的对象。

【示例4】 本例先创建一个对象直接量 obj，然后使用 Object.defineProperty 函数将数据属性添加到用户定义的 obj 对象中。定义属性 newDataProperty，值为 101，可写，可枚举，可修改特性。

```
var obj = {};
Object.defineProperty(obj, "newDataProperty", {
    value: 101,
    writable: true,
    enumerable: true,
    configurable: true
});
obj.newDataProperty = 102;
document.write(obj.newDataProperty );    //102
```

【示例5】 在本例中，使用 Object.defineProperty 函数将访问器属性添加到用户定义对象 obj。定义当为对象 obj 的 newAccessorProperty 属性传递新值时，设置其值为赋值的平方，而当读取该属性值时，会以一级标题的形式显示，即输出值为 HTML 字符串。

```
var obj = {};
```

```
Object.defineProperty(obj, "newAccessorProperty", {
    set: function (x) {
        this.newaccpropvalue = x*x;
    },
    get: function () {
        return "<h1>" + this.newaccpropvalue + "</h1>" ;
    },
    enumerable: true,
    configurable: true
});
obj.newAccessorProperty = 30;
document.write( obj.newAccessorProperty ); //<h1>900</h1>
```

2. Object.defineProperties

如果要将多个属性添加到对象或要修改多个现有属性,可以使用 Object.defineProperties 函数。具体用法如下:

```
Object.defineProperties(object, descriptors)
```

参数说明:

- object:必需参数,对其添加或修改属性的对象,可以是本地对象或 DOM 对象。
- descriptors:必需参数,包含一个或多个描述符对象。每个描述符对象描述一个数据属性或访问器属性。

【示例6】 在本例中,使用 Object.defineProperties 函数将数据属性和访问器属性添加到用户定义的对象 obj 上。使用对象文本创建具有 newDataProperty 和 newAccessorProperty 描述符对象的 descriptors 对象。

```
var obj = {};
Object.defineProperties(obj, {
    newDataProperty: {
        value: 101,
        writable: true,
        enumerable: true,
        configurable: true
    },
    newAccessorProperty: {
        set: function (x) {
            this.newaccpropvalue = x;
        },
        get: function () {
            return this.newaccpropvalue;
        },
        enumerable: true,
        configurable: true
    }});
obj.newAccessorProperty = 10;
document.write ( obj.newAccessorProperty ); //10
```

9.3.2 访问属性

通过点运算符可以访问对象属性,点运算符左侧是对象引用的变量,右侧是属性名,属性名必须是一个标识符,而不是一个字符串。

扫一扫,看视频

【示例1】 针对 9.3.1 节示例中定义的 3 级嵌套对象，使用以下代码可以访问最内层对象属性 y 的值。

```
alert(o.y.y.y),                    // 读取第 3 层对象的属性 y 的值，返回 false
```

对象属性与变量的工作方式相似，性质相同，用户可以把属性看做是对象的私有变量，用来存储数据。

【示例2】 从结构上分析，对象与数组相似，因此可以使用中括号来访问对象属性。针对上面示例，可以使用如下方式来读取最内层的对象属性 y 的值。

```
alert(o["y"]["y"]["y"]),           // 读取第 3 层对象的属性 y 的值，返回 false
```

以数组形式读取对象属性值时，应以字符串形式指定属性名，而不能够使用标识符。

【示例3】 对象是属性的集合，因此可以使用 for/in 语句来遍历对象属性。这对于无法确定对象包含属性时，是非常有用的。

```
o = {                              // 定义对象
    x:1,
    y:2,
    z:3
}
for(var i in o){                   // 遍历对象属性
    alert(o[i]);                   // 读取对象的属性值
}
```

使用 for/in 语句遍历对象属性时，应该使用数组操作方式来读取对象属性的值，属性没有固定显示顺序，同时也只能够枚举自定义属性，无法枚举某些预定义属性。

提示：
如果读取不存在的属性时，不会抛出异常，而是返回 undefined。

拓展：
ECMAScript 5 新增 4 个函数用来访问对象属性：Object.getPrototypeOf、Object.getOwnPropertyDescriptor、Object.getOwnPropertyNames 和 Object.keys，下面分别进行说明。

1. Object.getPrototypeOf

Object.getPrototypeOf 能够返回指定对象的原型。具体用法如下：

```
Object.getPrototypeOf(object)
```

参数 object 表示指定的对象。返回值是参数 object 的原型对象。

【示例4】 在本例中，构造一个类型 Pasta，使用 new 运算符实例化 Pasta，然后使用 Object.getPrototypeOf 函数获取实例对象 spaghetti 的原型，最后使用该实例对象的原型属性（Pasta.prototype）与 Object.getPrototypeOf 返回值比较，返回值为 true。

```
function Pasta(grain, width) {
    this.grain = grain;
    this.width = width;
}
var spaghetti = new Pasta("wheat", 0.2);
var proto = Object.getPrototypeOf(spaghetti);
document.write(proto === Pasta.prototype);       //true
```

2. Object.getOwnPropertyNames

Object.getOwnPropertyNames 能够返回指定对象私有属性的名称。私有属性是指直接对该对象定义的属性，而不是从该对象的原型继承的属性。具体用法如下：

```
Object.getOwnPropertyNames(object)
```

参数 object 表示一个对象，返回值为一个数组，其中包含对象私有属性的名称。其中包括可枚举的和不可枚举的属性和方法的名称。如果仅返回可枚举的属性和方法的名称，应该使用 Object.keys 函数。

【示例 5】 在本例中创建一个对象，该对象包含 3 个属性和 1 个方法。然后使用 getOwnPropertyNames 获取该对象的私有属性（包括方法）。

```
function Pasta(grain, width, shape) {
   this.grain = grain;
   this.width = width;
   this.shape = shape;
   this.toString = function () {
      return (this.grain + ", " + this.width + ", " + this.shape);
   }
}
var spaghetti = new Pasta("wheat", 0.2, "circle");
var arr = Object.getOwnPropertyNames(spaghetti);
document.write (arr);                      //返回私有属性：grain,width,shape,toString
```

3. Object.keys

与 Object.getOwnPropertyNames 类似，但是 Object.keys 仅能够返回指定对象可枚举属性和方法的名称。具体用法如下：

```
Object.keys(object)
```

参数 object 表示指定对象，可以是创建的对象或现有 DOM 对象。返回值是一个数组，其中包含对象的可枚举属性和方法的名称。

4. Object.getOwnPropertyDescriptor

Object.getOwnPropertyDescriptor 能够获取指定对象的私有属性的描述符。具体用法如下：

```
Object.getOwnPropertyDescriptor(object, propertyname)
```

参数 object 表示指定的对象，propertyname 表示属性的名称。返回值为属性的描述符对象。

【示例 6】 在本例中创建一个对象 obj，添加属性 newDataProperty，然后使用 Object.get Own PropertyDescriptor 获取该数据属性描述符，并使用该描述符将属性设置为只读。最后，再调用 Object.defineProperty 函数，使用 descriptor 描述符修改属性 newDataProperty 的特性。遍历修改后的对象，可以发现只读特性 writable 为 false，如图 9.1 所示。

```
var obj = {};
obj.newDataProperty = "abc";
var descriptor = Object.getOwnPropertyDescriptor(obj, "newDataProperty");
descriptor.writable = false;
Object.defineProperty(obj, "newDataProperty", descriptor);
var desc2 = Object.getOwnPropertyDescriptor(obj, "newDataProperty");
for (var prop in desc2) {
   document.write(prop + ': ' + desc2[prop]);
   document.write("<br />");
}
```

图 9.1 遍历本地对象的所有特性

9.3.3 赋值属性

与读取对象属性值操作相同，设置对象属性的值也可以使用点运算符和数组操作方法来实现。

【示例】 以下代码使用点运算符和中括号运算符读取属性。

```
var o = {                                    // 定义对象
    x:1,
    y:2
}
o.x =2;                                      // 设置属性的新值，将覆盖原来的值
o["y"] = 1;                                  // 设置属性的新值，将覆盖原来的值
alert(o["x"]);                               // 返回 2
alert(o.y);                                  // 返回 1
```

一旦为未命名的属性赋值后，对象会自动创建该名称的属性，在任何时候和位置为该属性赋值，都不需要创建属性，而只会重新设置它的值。

9.3.4 删除属性

使用 delete 运算符可以删除对象属性，这与变量操作相同。

【示例】 本例使用 delete 运算符删除指定属性。

```
var o = { x:1}                               // 定义对象
delete o.x;                                  // 删除对象的属性 x
alert(o.x);                                  // 返回 undefined
```

当删除对象属性之后，不是将该属性值设置为 undefined，而是从对象中彻底清除属性。如果使用 for/in 语句枚举对象属性，只能枚举属性值为 undefined 的属性，但是不会枚举已删除属性。

9.3.5 使用方法

在 Javascript 中，方法（Method）就是对象属性的一种特殊形式，即值为函数的属性。从功能角度分析，方法是对象执行特定行为的逻辑块，是与外界实现行为交互的动作。

【示例1】 由于函数是一类数据，它可以被赋值给对象属性，于是该属性就是对象的一个方法。

```
var o = {
    x:function(){                            // 定义对象的方法
        alert("method");
    }
}
```

也可以通过如下方式定义对象的方法：

```
var o = {}
o.x = function(){                            // 定义对象的方法
    alert("method");
}
```

使用小括号运算符可以调用对象的方法：

```
o.x();                                       // 调用对象的方法
```

【示例2】 对象的方法内部都包含一个 this 关键字，它总是引用调用该方法的对象。例如，在对象 o 的 x()方法中访问当前对象的 y 属性值。当使用不同对象调用时，则返回值也不相同。

```
var o = {
    x:function(){                            // 定义对象的方法
        alert(this.y);                       // 访问当前对象的属性 y 的值
    }
```

```
}
o.x();                              // 返回 undefined, 此时 this 指向对象 o
var f = o;                          // 复制对象 o 为 f
f.y = 2;                            // 为对象 f 单独定义属性 y, 赋值为 2
f.x();                              // 返回 2, 此时 this 指向对象 f
```

【示例3】 对象方法与普通函数用法完全相同,可以在方法中传递参数,可以设计返回值。

```
var o = {}
o.x = function(a){                  // 定义对象的方法
    return 10*a;
}
var f = o.x(5);                     // 调用方法,设置参数为 5
alert(f);                           // 返回值 50
```

拓展:

关键字 this 总是指向当前调用的对象。

```
var o = new Object();               // 对象实例化
o.name = "o";                       // 声明并初始化对象属性
o.who = function(){                 // 定义对象方法
    alert(this.name);               // 显示当前对象的名称
}
o.who();         // 返回字符 o
```

在上面示例中,this 指向对象 o,即定义该方法的对象自身。当然,用户可以使用对象名 o 引用当前调用对象。

```
var o = new Object();               // 对象实例化
o.name = "o";                       // 声明并初始化对象属性
o.who = function(){                 // 定义对象方法
    alert(o.name);                  // 显示对象 o 的名称
}
o.who();                            // 返回字符 o
```

但是,对于构造对象来说,当对象实例化后,用户无法调用当前方法的实例对象的名称,使用 this 能确保在不同环境下都能找到调用当前方法的对象。

```
function who(){                     // 定义一个抽象化方法
    alert(this.name);
}
var o = new Object();               // 实例化对象 o
o.name = "o";                       // 命名为 o
o.who = who;                        // 引用抽象化方法 who
var f = new Object();               // 实例化对象 f
f.name = "f";                       // 命名为 f
f.who = who;                        // 引用抽象化方法 who
o.who();                            // 调用对象 o 的方法 who, 返回字符 o
f.who();                            // 调用对象 f 的方法 who, 返回字符 f
```

在上面示例中,首先使用 this 关键字定义一个公共方法,然后创建两个对象 o 和 f,分别设置它们的属性 name 值为 o 和 f,并绑定公共方法。但是分别调用不同对象的 who 方法时,会发现返回值是不同的。这是因为在对象 o 中,this 指向对象 o 自身,而在 f 对象中,this 又指向对象 f 自身,从而实现使用 this 关键字进行对象抽象化操作。

提示:

构造函数是一类特殊函数,它能够初始化对象,利用参数初始化 this 关键字所引用对象的 x 和 y 属性值。因此,构造函数就相当于对象结构模板，利用它可以实例化包含相同属性但不同属性值的对象。

```javascript
function f(){                                   // 定义方法
    return this.x + this.y;
}
function MyClass(x,y){                          // 自定义类
    this.x= x;
    this.y = y;
    this.add = f;                               // 把方法封装在类中，这样每个示例都拥有了该方法
}
var o = new MyClass(10,20);                     // 实例化类，并初始化参数值
alert(o.add());                                 // 调用方法，返回值 30
```

9.3.6 配置特性

扫一扫，看视频

ECMAScript 5 新增 3 个函数用来设置对象属性的特性：Object.seal、Object.freeze 和 Object.preventExtensions。这 3 个函数都可以用来保护指定属性，防止修改现有属性的特性，或者阻止添加新属性。但是，作用略有不同，具体说明如表 9.1 所示。具体用法如下：

```
Object.seal(object)
Object.freeze(object)
Object.preventExtensions(object)
```

表 9.1 Object.seal、Object.freeze 和 Object.preventExtensions 比较

函　　数	不可添加新属性	不可设置特性	不可修改属性值
Object.preventExtensions	是	否	否
Object.seal	是	是	否
Object.freeze	是	是	是

上述 3 个函数用法相同，都有一个参数，用来指定要限制的对象。通过上表可以看到：

- Object.freeze 能够阻止修改现有属性的特性和值，并阻止添加新属性。
- Object.seal 能够阻止修改现有属性的特性，并阻止添加新属性。但是对属性值不进行保护。
- Object.preventExtensions 能够阻止向对象添加新属性。但是对属性值和特性修改不进行保护。

【示例 1】 本例演示 Object.preventExtensions 函数的用法，使用它阻止对象 obj 扩展属性。

```javascript
var obj = { pasta: "spaghetti", length: 10 };
Object.preventExtensions(obj);
obj.newProp = 50;
obj.pasta = 50;
document.write(obj.newProp);                    // 返回 undefined
document.write(obj.pasta);                      //50
```

在上面示例中，如果把 Object.preventExtensions(obj);修改为 Object.seal(obj);，则将阻止修改对象属性的特性。

【示例 2】 本例以上例为基础，把 Object.preventExtensions(obj);修改为 Object.freeze(obj);，则可以看到下面的属性值修改也是无效的，访问时仍然返回默认的值。

```javascript
var obj = { pasta: "spaghetti", length: 10 };
Object.freeze(obj);
obj.newProp = 50;
obj.pasta = 50;
document.write(obj.newProp);                    // 返回 undefined
document.write(obj.pasta);                      // 返回字符串"spaghetti"
```

9.3.7 检测特性

为了确定属性的特性,ECMAScript 5 新增了 3 个函数用来进行检测,即 Object.isSealed、Object.isFrozen 和 Object.isExtensible。其用法介绍如下。

- Object.isSealed(object):如果无法在对象中修改现有属性的特性,且无法向对象添加新属性,则返回 true。
- Object.isFrozen(object):如果无法在对象中修改现有属性的特性和值,且无法向对象添加新属性,则返回 true。
- Object.isExtensible(object):如果对象是可扩展的(这表示可向对象添加新属性),则为 true;否则为 false。

【示例】 本例在修改属性值时,先进行检测,如果属性值可读写,则修改该属性值。

```
var obj = { pasta: "spaghetti", length: 10 };
if(!Object.isFrozen(obj)){
    obj.pasta = 50;
}
Object.freeze(obj);
document.write(obj.pasta);
```

9.4 使用方法

在 JavaScript 中,Object 对象默认定义了多个原型方法,如表 9.2 所示,由于继承关系,所有对象都将拥有这些方法。熟练掌握它们,能够提高控制对象的能力。

表 9.2 Object 对象的原型方法

Object 基本方法	说　明
toString()	返回对象的字符串表示
toLocaleString()	返回对象的本地字符串表示
valueOf()	返回对象的原始值
isPrototypeOf()	判定一个对象是否为另一个对象的原型
hasOwnProperty()	检查属性是否被继承
propertyIsEnumerable()	判定是否可以通过 for/in 循环遍历对象的属性

9.4.1 使用 toString()

toString()方法能够返回一个对象的字符串表示,它返回的字符串比较灵活,可能是一个具体的值,也可能是一个对象的类型标识。

【示例 1】 下面代码显示对象实例与对象类型的 toString()方法返回值是不同的。

```
function F(x,y){                    // 构造函数
    this.x = x;
    this.y = y;
}
var f = new F(1,2);                 // 实例化对象
alert(F.toString());                // 返回函数的源代码
alert(f.toString());                // 返回字符串"[object Object]"
```

toString()方法返回信息简单，为了能够返回更多有用信息，用户可以重写该方法。例如，针对实例对象返回的字符串都是"[object Object]"，可以对其进行扩展，让对象实例能够返回构造函数的源代码。

```
Object.prototype.toString = function(){
    return this.constructor.toString();
}
```

调用 f.toString()，则返回函数的源代码，而不是字符串"[object Object]"。当然，重写方法不会影响 JavaScript 内置对象的 toString()返回值，因为它们都是只读的。

```
alert(f.toString());                    // 返回函数的源代码
```

当把数据转换为字符串时，JavaScript 一般都会调用 toString()方法来实现。由于不同类型的对象在调用该方法时，所转换的字符串都不同，而且都有规律，所以开发人员常用它来判断对象的类型，弥补 typeof 运算符和 constructor 属性在检测对象数据类型的不足，详细内容请参阅本书 4.4.4 节讲解。

【示例2】 当自定义类型时，用户可以重置 toString()方法，以便准确跟踪自定义对象的数据类型。例如，对于自定义类型的 toString()方法返回值为"[object Object]"，可以为自定义类型 Me 定义一个标识字符串"[object Me]"。

```
function Me(){}                          // 自定义数据类型
Me.prototype.toString = function(){      // 自定义 Me 数据类型的 toString()方法
    return "[object Me]";
}
var me = new Me();
alert(me.toString());                    // 返回"[object Me]"
alert(Object.prototype.toString.apply(me));// 默认返回"[object Object]"
```

提示：

除了 toString()方法外，Object 还定义了 toLocaleString()方法，该方法能够返回对象的本地字符串表示。不过 Object 对象定义 toLocaleString()方法默认返回值与 toString()方法返回值完全相同。

Javascript 在部分子类型中重写了 toString()和 toLocaleString()方法。例如，在 Array 中重写 toString()，让其返回数组元素值的字符串组合；在 Date 中重写 toString()，让其返回当前日期字符串表示；在 Number 中重写 toString()，让其返回数字的字符串表示；在 Date 中重写 toLocaleString()，让其返回当地格式化日期字符串。

扫一扫，看视频

9.4.2 使用 valueOf()

valueOf()方法能够返回对象的值。Object 对象默认 valueOf()方法返回值与 toString()方法返回值相同，但是部分类型对象重写了 valueOf()方法。

【示例1】 Date 对象的 valueOf()方法返回值是当前日期对象的毫秒数。

```
var o = new Date();                              // 对象实例
alert(o.toString());                             // 返回当前时间的 UTC 字符串
alert(o.valueOf());                              // 返回当前时间距离1970年1月1日午夜的毫秒数
alert(Object.prototype.valueOf.apply(o));        // Object 对象默认返回当前时间的 UTC 字符串
```

对于 String、Number 和 Boolean 这些具有明显原始值的对象，它们的 valueOf()方法会返回合适的原始值。

【示例2】 在自定义类型时，除了重写 toString()方法外，建议也重写 valueOf()方法。这样当读取自定义对象的值时，避免返回的值总是"[object Object]"。

```
function Point(x,y){                             // 自定义数据类型
    this.x = x;
```

```
        this.y = y;
}
Point.prototype.valueOf = function(){      // 自定义 Point 数据类型的 valueOf ()方法
    return "(" + this.x + "," + this.y + ")";
}
var p = new Point(26,68);
alert(p.valueOf());                          // 返回当前对象的值"(26,68)"
alert(Object.prototype.valueOf.apply(p));    // 默认返回值为"[object Object]"
```

在特定环境下数据类型转换时（如把对象转换字符串），valueOf()方法的优先级要比 toString()方法的优先级高。因此，如果一个对象的 valueOf()和 toString()方法返回值不同时，而希望转换的字符串为 toString()方法的返回值时，就必须明确调用对象的 toString()方法。

【示例 3】 在本例中，当获取自定义类型的对象 p 时，alert()方法会首先调用 valueOf()方法，而不是 toString()方法，如果需要获取该对象的字符串表示，则必须明确调用对象的 toString()方法。

```
function Point(x,y){                        // 自定义数据类型
    this.x = x;
    this.y = y;
}
Point.prototype.valueOf = function(){       // 自定义 Point 数据类型的 valueOf()方法
    return "(" + this.x + "," + this.y + ")";
}
Point.prototype.toString = function(){      // 自定义 Point 数据类型的 toString()方法
    return "[object Point]";
}
var p = new Point(26,68);                   // 实例化对象
alert("typeof p = " + p);                   // 默认调用 valueOf()方法进行类型转换
alert("typeof p = " + p.toString());        // 直接调用 toString()方法进行类型转换
```

9.4.3 检测私有属性

根据继承关系不同，对象属性可以分为两类：私有属性和继承属性。

【示例 1】 在以下自定义类型中，this.name 就表示对象的私有属性，而原型对象中的 name 属性就是继承属性：

```
function F(){                               // 自定义数据类型
    this.name = "私有属性";
}
F.prototype.name = "继承属性";
```

为了方便判定一个对象属性的类型，Object 对象预定义了 hasOwnProperty()方法，该方法可以快速检测属性的类型。

【示例 2】 针对上面自定义类型，可以实例化对象，然后判定当前对象调用的属性 name 是什么类型。

```
var f = new F();                            // 实例化对象
alert(f.hasOwnProperty("name"));            // 返回 true，说明当前调用的 name 是私有属性
alert(f.name);                              // 返回字符串"私有属性"
```

凡是构造函数的原型属性（原型对象包含的属性），都是继承属性，使用 hasOwnProperty()方法检测时，都恢复返回 false。但是，对于原型对象本身来说，则这些原型属性又是原型对象的私有属性，所以返回值又是 true。

【示例 3】 在本例中，演示了 toString()方法对于 Date 对象来说，是继承属性，但是对于 Date 构造函数的原型对象来说，则又是它的私有属性。

```
var d = Date;
alert(d.hasOwnProperty("toString"));    // 返回 false, 说明 toString() 是 Date 对象的私
                                        有属性
var d = Date.prototype;
alert(d.hasOwnProperty("toString"));    // 返回 true, 说明 toString() 是 Date.prototype
                                        属性
```

hasOwnProperty()方法只能判断指定对象中是否包含指定名称的属性,但无法检查对象原型链中是否包含某个属性,所以能够检测出来的属性必须是对象成员。

【示例 4】 本例演示了 hasOwnProperty()方法所能检测的属性范围。

```
var o = {                                       // 对象直接量
    o1 : {                                      // 子对象直接量
        o2 :{                                   // 孙子对象直接量
            name : 1                            // 孙子对象直接量的属性
        }
    }
};
alert(o.hasOwnProperty("o1"));                  // 返回 true, 说明 o1 是 o 的私有属性
alert(o.hasOwnProperty("o2"));                  // 返回 false, 说明 o2 不是 o 的私有属性
alert(o.o1.hasOwnProperty("o2"))  ;             // 返回 true, 说明 o2 是 o1 的私有属性
alert(o.o1.hasOwnProperty("name"));             // 返回 false, 说明 name 不是 o1 的私有属性
alert(o.o1.o2.hasOwnProperty("name"));          // 返回 true, 说明 name 不是 o2 的私有属性
```

9.4.4 检测枚举属性

扫一扫,看视频

在大多数情况下,in 运算符是探测对象中属性是否存在的最好途径。然而在某些情况下,可能希望仅当一个属性是自有属性时才检查其是否存在。in 运算符会检查私有属性和原型属性,所以不得不选择 hasOwnProperty()方法。

```
var person = {
    'first-name': 'zhang',
    'last-name': 'san',
    sayName: function () {
        document.write(this['first-name']+ this['last-name']);
    }
};
document.write('first-name' in person);                         // true
document.write(person.hasOwnProperty('first-name'));            // true
document.write('toString' in person);                           // true
document.write(person.hasOwnProperty('toString'));              // false
```

【示例 1】 for/in 语句可用来遍历一个对象中的所有属性名,该枚举过程将会列出所有的属性,包括原型属性和私有属性。很多情况下需要过滤掉一些不想要的值,如方法或原型属性。最为常用的过滤器是 hasOwnProperty 方法,或者使用 typeof 运算符进行排除。

```
for (var name in person) {
    if (typeof person[name] != 'function')          // 排除所有方法
        document.write(name+':'+ person[name] + '<br>');
}
```

使用 for/in 语句枚举,属性名出现的顺序是不确定的,最好的办法就是完全避免使用 for/in 语句,而是创建一个数组,在其中以正确的顺序包含属性名。通过使用 for 语句,就不必担心出现原型属性,并且可以按正确的顺序取得它们的值。

```
var properties = ['sayName', 'first-name', 'last-name'];        //使用数组定义枚举顺序
```

```
for (var i = 0 ; i < properties.length; i += 1) {
    document.write(properties[i]+':'+ person[properties[i]] + '<br>'); }
```
对于 JavaScript 对象来说，用户可以使用 for/in 语句遍历一个对象"可枚举"的属性，但并不是所有对象属性都可以枚举，只有用户自定义的本地属性和原型属性才允许枚举。

【示例2】 对于下面自定义对象 o，使用 for/in 循环可以遍历它的所有私有属性、原型属性，但是 Javascript 允许枚举的属性只有 a、b 和 c。

```
function F(){
    this.a =1;
    this.b =2;
}
F.prototype.c =3;
F.d = 4;
var o = new F();
for(var I in o){
    document.write(I + "<br />");
}
```

【示例3】 为了判定指定本地属性是否允许枚举，Object 对象定义了 propertyIsEnumerable()方法。该方法的返回值为 true，则说明指定的本地属性可以枚举，否则是不允许枚举的。

```
alert(o.propertyIsEnumerable("a"));     // 返回值为 true，说明可以枚举
alert(o.propertyIsEnumerable("b"));     // 返回值为 true，说明可以枚举
alert(o.propertyIsEnumerable("c"));     // 返回值为 false，说明不可以枚举
alert(o.propertyIsEnumerable("d"));     // 返回值为 false，说明不可以枚举
var o = F;
alert(o.propertyIsEnumerable("d"));     // 返回值为 true，说明可以枚举
```

9.4.5 检测原型对象

扫一扫，看视频

在 JavaScript 中，Function 对象预定义了 prototype 属性，该属性指向一个原型对象。当定义构造函数时，系统会自动创建一个对象，并传递给 prototype 属性，这个对象被称为原型对象。原型对象可以存储构造类型的原型属性，以便让所有实例对象共享。

【示例1】 以下代码可以为自定义类型函数定义两个原型成员。

```
var f = function(){}                    // 定义函数
f.prototype = {                         // 函数的原型对象
    a : 1,
    b : function(){
        return 2;
    }
}
alert(f.prototype.a);                   // 读取函数的原型对象的属性 a，返回 1
alert(f.prototype.b());                 // 读取函数的原型对象的属性 b，返回 2
```

当使用 new 运算符调用函数时，就会创建一个实例对象，这个实例对象将继承构造函数的原型对象中所有属性。

```
var o = new f();                        // 实例对象
alert(o.a);                             // 访问原型对象的属性
alert(o.b());                           // 访问原型对象的属性
```

为了方便判定，Object 对象定义了 isPrototypeOf()方法，该方法可以检测一个对象的原型对象。

【示例2】 针对下面的示例，可以判断 f.prototype 就是对象 o 的原型对象，因为其返回值为 true。

```
var b = f.prototype.isPrototypeOf(o);
alert(b);
```

【示例3】 本例演示了各种特殊对象的原型对象。

➥ 函数的原型对象可以是 Object.prototype，或者 Function.prototype：

```
var f = function(){}
alert(Object.prototype.isPrototypeOf(f));         // 返回 true
alert(Function.prototype.isPrototypeOf(f));       // 返回 true
```

➥ Object 和 Function 对象的原型对象比较特殊：

```
alert(Function.prototype.isPrototypeOf(Object));    // 返回 true
alert(Object.prototype.isPrototypeOf(Function));    // 返回 true
```

➥ Object.prototype 和 Function.prototype 的原型对象都是 Object.prototype，而 Function.prototype 的原型对象可以是 Function.prototype，但是 Object.prototype 的原型对象绝对不是 Function.prototype：

```
alert(Object.prototype.isPrototypeOf(Object.prototype));        // 返回 true
alert(Object.prototype.isPrototypeOf(Function.prototype));      // 返回 true
alert(Function.prototype.isPrototypeOf(Function.prototype));    // 返回 true
alert(Function.prototype.isPrototypeOf(Object.prototype));      // 返回 false
```

9.4.6 静态方法

扫一扫，看视频

在面向对象的编程中，类是不能够直接访问的，必须实例化后才可以访问。大多数方法和属性与类的实例产生联系。但是静态属性和方法与类本身直接联系，可以直接从类访问，也就是说静态成员是在类上操作，而不是在实例上操作。JavaScript 核心对象中的 Math 和 Global 都是静态对象，不需要实例化，就可以直接访问。

【示例1】 类的静态成员（属性和方法）包括私有和公共两种类型，不管是公共还是私有，它们在系统中只有一份副本，也就是说它们不会被分成多份传递给不同的对象，而是通过函数指针进行引用。

```
var F = (function(){              // 把闭包体（外层函数）赋值给变量 F，返回一个构造函数（内层函数）
   var _a = 1;                    // 闭包体的私有变量
   this.a = _a;                   // 闭包体内公共属性 a
   this.get1 =function(){         // 闭包体内公共方法 get1()
      return _a;
   };
   this.set1 = function(x){       // 闭包体内公共方法 set1()
      _a = x;
   };
   return function(){             // 返回的构造函数类
      this.get2 =function(){      // 返回的公共方法 get2()，可以访问私有变量
         return _a;
      };
      this.set2 = function(x){    // 返回的公共方法 set2(x)，可以访问私有变量
         _a = x;
      };
   }
})();                             // 执行闭包体，返回匿名构造函数结构
// 定义类的静态公共方法和属性
F.get3 =function(){               // 静态公共方法 get3()，返回对公共方法 get1 ()的调用
   return get1();
};
```

```
F.set3 = function(x){            // 静态公共方法 set3()，返回对公共方法 set1 (x)的调用
    set1(x);
}
F.a = a;                         // 静态公共私有属性 a
```

【示例 2】 与一般类的创建方法一样，这里的私有成员和特权成员仍然被声明在构造器（即构造函数）中，并借助 var 和 this 关键字来实现。但构造器却由原来的普通函数变成了一个内嵌函数，并且作为外层函数的返回值赋值给了变量 F，这就创建了一个闭包。在这个闭包中，还可以声明静态私有成员。

```
var F = (function(){
    function set5(x){            // 静态私有方法
        _a = x;
    }
    function get5(){             // 静态私有方法
        return _a;
    }
})();
```

这些静态私有成员可以在构造器内部访问，这意味着所有私有函数和特权函数都能访问它们。与其他方法相比，静态方法有一个优点，那就是在内存中仅存放一份。但是那些被声明在构造器之外的公共静态方法，以及下文中将要提到的 F 类原型属性都不能访问在构造器中定义的任何私有属性，所以它们不是特权成员。

定义在构造器中的私有方法能够调用其中的静态私有方法，反之则不然。要判断一个私有方法是否应该被设计为静态方法，可以看它是否需要访问任何实例数据。如果它不需要，那么将其设计为静态方法会更有效率，因为它只被创建一份。

定义类的静态公共方法和属性一般在类的外面进行定义，这种外挂定义的方式在前面的示例中也曾经介绍过。这种外挂的静态方法和属性可以直接进行访问，这实际上相当于把构造器作为命名空间来使用。同时，由于它们仍然属于构造器结构的一部分，所以在这些静态方法和属性中可以访问闭包中的私有成员。

【示例 3】 访问静态成员。

```
alert(F.get3());                 // 直接访问类 F 的静态方法 get3()，返回 1
alert(F.a);                      // 直接访问类 F 的静态属性 a，返回 1
F.set3(2);                       // 访问类静态方法 set3()，修改私有变量的值
alert(F.get3());                 // 返回 2，说明修改成功
```

位于外层函数声明之后的小括号很重要，它在代码载入之后立即执行这个函数，而不是在调用构造函数 F 时。这个函数的返回值是另一个函数，它被赋给 F 变量，F 因此成了一个构造函数。在实例化 F 时，所调用的是这个内嵌函数。外层函数仅是用来创建一个可以存储静态私有成员的闭包。

F 是返回的内层函数，该值是一个构造函数，它无法访问外层函数的公共方法 get1()和 set1()，但是能够访问返回构造函数体内的公共方法 get2()和 set2()。

```
var a = new F()                  // 实例化类 F
alert(a.get2());                 // 调用类 F 的公共方法 get2()，返回 1
a.set2(2);                       // 调用类 F 的公共方法 set2()，修改私有变量 _a
alert(a.get2());                 // 调用类 F 的公共方法 get2()，返回 2
```

【示例 4】 但是下面的用法都是错误的。因为闭包体内的变量、属性和方法（不管是私有还是公共的），对于级别比较低的 F 类来说是无权访问的（F 是返回的匿名构造函数）：

```
var a = new F()
alert(a.get1());
a.set1(2);
alert(a.get1());
```

对于闭包体内的所有对象都可以访问闭包体内的私有或公共变量、属性和方法。由于类 F 是闭包体

内返回的构造函数，根据作用域链，它们可以向上访问闭包所有成员：

```
F.prototype = {                    // 类 F 的原型对象
    get4 : function(){             // 原型方法 get4()
        return get1();             // 访问闭包内数据
    },
    set4 : function(x){            // 原型方法 set4()
        set1(x); // 访问闭包内数据
    }
};
var a = new F();                   // 实例化类 F
alert(a.get4());                   // 返回 1
```

通过上面示例分析可知，利用闭包体也可以实现对数据的封装，而且这种封装是非常有效且牢固的。

9.5 使用原型

在 JavaScript 中，构造函数拥有原型，实例对象通过 prototype 关键字可以访问原型，实现 JavaScript 原型继承机制。

扫一扫，看视频

9.5.1 定义原型

原型实际上就是一个数据集合，即普通对象，继承于 Object 类，由 JavaScript 自动创建并依附于每个构造函数，原型在 JavaScript 对象系统中的位置和关系如图 9.2 所示。

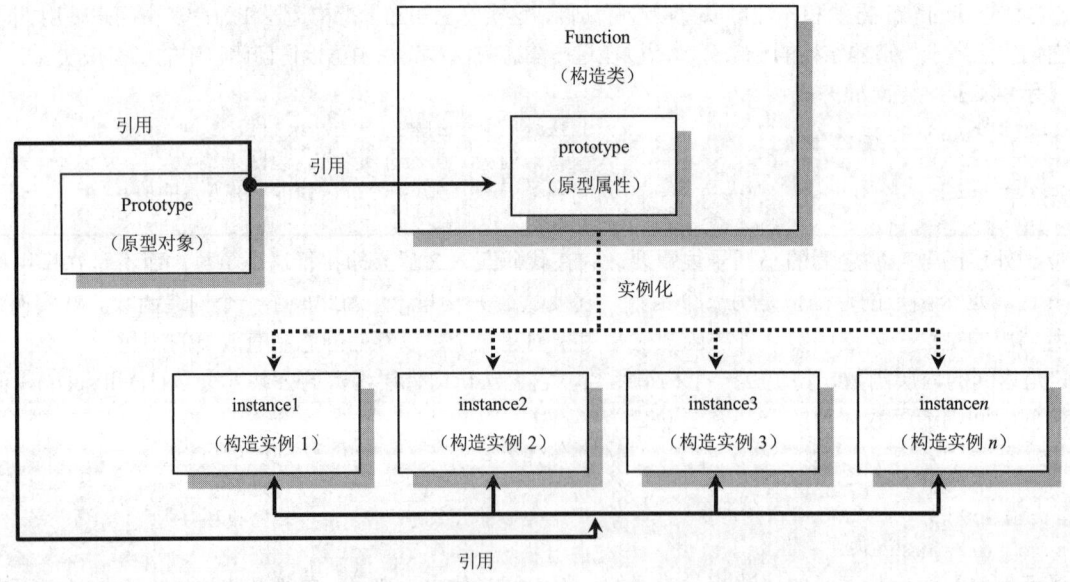

图 9.2　原型对象、原型属性及在对象系统中的位置关系

📢 提示：

JavaScript 暂不支持类概念，所谓的类就是构造函数。Object 和 Function 都是两个不同类型的构造函数，利用运算符 new，可以创建不同类型的实例对象。实例对象、类、Object 和 Function 之间的关系，如图 9.3 所示。

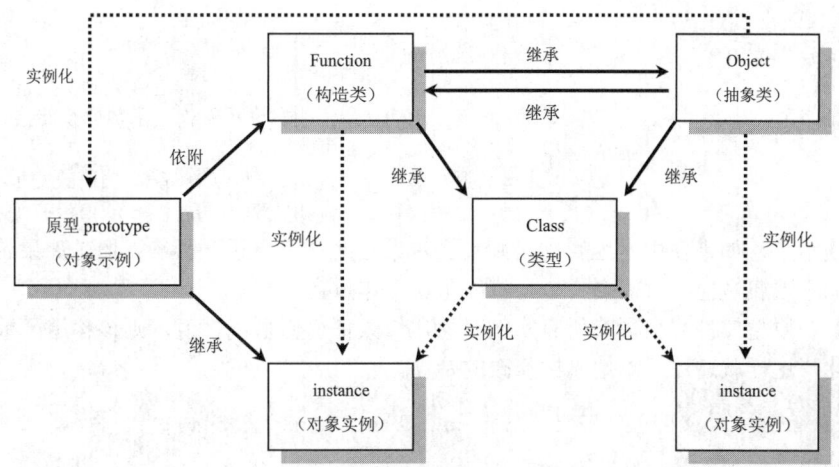

图 9.3 泛类、类型、原型和对象实例之间的关系

使用点语法，用户可以通过 function.prototype 方式定义原型，从而影响所有实例对象。

【示例】 在代码中为构造函数定义原型。

```
function p(x){                      // 构造函数
    this.x = x;                     // 声明本地属性，并初始化为参数 x
}
p.prototype.x = 1                   // 添加原型属性 x，赋值为 1
var p1 = new p(10);                 // 实例化对象，并设置参数为 10
p.prototype.x = p1.x                // 设置原型属性值为本地属性值
alert(p.prototype.x);               // 返回 10
```

9.5.2 比较原型属性和本地属性

【示例 1】 以下本例演示了如何定义一个构造函数，并为实例对象定义本地属性。

```
function f(){                       // 声明一个构造类型
    this.a = 1;                     // 为构造类型声明一个本地属性
    this.b = function(){            // 为构造类型声明一个本地方法
        return this.a;
    };
}
var e =new f();                     // 实例化构造类型
alert(e.a);                         // 调用实例对象的属性 a，返回 1
alert(e.b());                       // 调用实例对象的方法 b，返回 1
```

构造函数 f 中定义了两个本地属性，分别是属性 a 和方法 b()。当构造函数实例化后，实例对象继承了构造函数的本地属性。此时可以在本地修改实例对象的属性 a 和方法 b()。

```
e.a = 2;
alert(e.a);
alert(e.b());
```

如果给构造函数定义了与原型属性同名的本地属性，则本地属性会覆盖原型属性值。

如果使用 delete 运算符删除本地属性，则原型属性会被访问。在上面示例基础上删除本地属性，则会发现可以访问原型属性。

【示例 2】 本地属性可以在实例对象中被修改，但是不同实例对象之间不会相互干扰。

```
function f(){                       // 声明一个构造类型
    this.a = 1;                     // 为构造类型声明一个本地属性
```

扫一扫，看视频

```
}
var e =new f();              // 实例 e
var g =new f();              // 实例 g
alert(e.a);                  // 返回值为 1,说明它继承了构造函数的初始值
alert(g.a);                  // 返回值为 1,说明它继承了构造函数的初始值
e.a = 2;                     // 修改实例 e 的属性 a 的值
alert(e.a);                  // 返回值为 2,说明实例 e 的属性 a 的值改变了
alert(g.a);                  // 返回值为 1,说明实例 g 的属性 a 的值没有受影响
```

上面示例演示了,如果使用本地属性,则实例对象之间就不会相互影响。但是如果希望统一修改实例对象中包含的本地属性值,就需要一个个修改了,工作量会很大。

【示例 3】 原型属性将会影响所有实例对象,修改任何原型属性值,则该构造函数的所有实例都会看到这种变化,这样就避免了本地属性修改的麻烦。

```
function f(){                // 声明一个构造类型
    f.prototype.a = 1;       // 为构造类型声明一个原型属性
}
var e =new f();              // 实例 e
var g =new f();              // 实例 g
alert(e.a);                  // 返回值为 1,说明它继承了构造函数的初始值
alert(g.a);                  // 返回值为 1,说明它继承了构造函数的初始值
f.prototype.a = 2;           // 修改原型属性值
alert(e.a);                  // 返回值为 2,说明实例 e 的属性 a 的值改变了
alert(g.a);                  // 返回值为 2,说明实例 g 的属性 a 的值改变了
```

在上面示例中,原型属性值会影响所有实例对象的属性值,对于原型方法也是如此,这里就不再说明。原型属性或原型方法可以在构造函数结构体内定义。

```
function f(){}                       // 声明一个空的构造类型
f.prototype.a = 1;                   // 在结构体外为构造类型声明一个原型属性
f.prototype.b = function(){          // 在结构体外为构造类型声明一个原型方法
    return f.prototype.a;            // 返回原型属性值
}
```

prototype 属性属于构造函数,所以必须使用构造函数通过点语法来调用 prototype 属性,再通过 prototype 属性来访问原型对象。原型属性与本地属性之间的关系如图 9.4 所示。

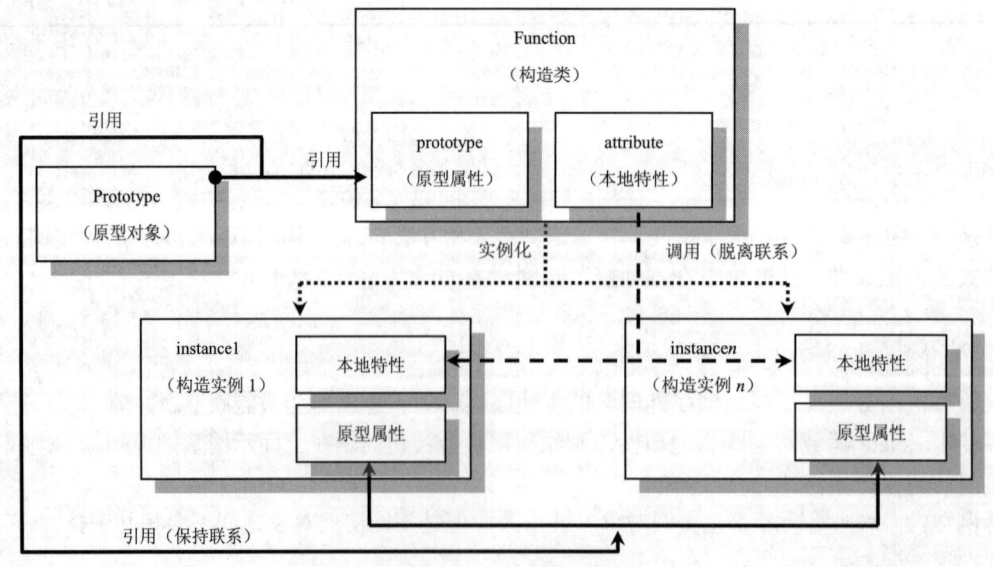

图 9.4　原型属性与本地属性之间的关系

Object 和 Function 都可以定义原型，它们的属性与原型关系如图 9.5 所示。

图 9.5　Function、Object、Prototype 及其属性间的关系

【示例 4】　利用对象原型与本地属性之间这种特殊关系，可以设计如下有趣的演示效果。
```
function p(x,y,z){                  // 构造函数
    this.x = x;                     // 声明本地属性 x 并赋参数 x 的值
    this.y = y;                     // 声明本地属性 y 并赋参数 y 的值
    this.z = z;                     // 声明本地属性 z 并赋参数 z 的值
}
p.prototype.del = function(){       // 定义原型方法
    for(var i in this){             // 遍历本地对象，删除实例对象内的所有属性和方法
        delete this[i];
    }
}
p.prototype = new p(1,2,3);         // 实例化构造函数 p，并把实例对象传递给原型对象
var p1 = new p(10,20,30);           // 实例化构造函数 p 为 p1
alert(p1.x);                        // 返回 10，本地属性 x 的值
alert(p1.y);                        // 返回 20，本地属性 y 的值
alert(p1.z);                        // 返回 30，本地属性 z 的值
p1.del();                           // 调用原型方法，删除所有本地属性
alert(p1.x);                        // 返回 1，原型属性 x 的值
alert(p1.y);                        // 返回 2，原型属性 y 的值
alert(p1.z);                        // 返回 3，原型属性 z 的值
```
上面示例定义了构造函数 p，并声明 3 个本地属性。然后实例化构造函数，并把实例对象赋值给构造函数的原型对象。同时定义原型方法 del()，该方法将删除实例对象的所有本地属性和方法。最后，分别调用属性 x、y 和 z，则返回的是本地属性值，调用方法 del()，删除所有本地属性，则再次调用属性 x、y 和 z，返回的是原型属性值。

9.5.3　应用原型

下面通过几个实例介绍原型在代码中的应用技巧。

【示例 1】　利用原型为对象设置默认值。当原型属性与本地属性同名时，它们之间可以出现交流现象。可以利用这种现象为对象初始化默认值。
```
function p(x){                      // 构造函数
```

扫一扫，看视频

```
    if(x)                               // 如果参数存在，则使用该参数设置属性，该条件是关键
       this.x = x;                      // 使用参数初始化本地属性 x 的值
}
p.prototype.x = 0;                      // 利用原型属性，设置本地属性 x 的默认值
var p1 = new p();                       // 实例化一个没有带参数的对象
alert(p1.x);                            // 返回 0，即显示本地属性的默认值
var p2 = new p(1);                      // 再次实例化，传递一个新的参数
alert(p2.x);                            // 返回 1，即显示本地属性的初始化值
```

【示例 2】 利用原型间接实现本地数据备份。把本地对象的数据完全赋值给原型对象，相当于为该对象定义一个副本，通俗地说就是备份对象。这样当对象属性被修改时，可以通过原型对象来恢复本地对象的初始值。

```
function p(x){                          // 构造函数
   this.x = x;
}
p.prototype.backup = function(){
                                        // 原型方法，备份本地对象的数据到原型对象中
   for(var i in this){
       p.prototype[i] = this[i];
   }
}
var p1 = new p(1);                      // 实例化对象
p1.backup();                            // 备份实例对象中的数据
p1.x =10;                               // 改写本地对象的属性值
alert(p1.x)                             // 返回 10，说明属性值已经被改写
p1 = p.prototype;                       // 恢复备份
alert(p1.x)                             // 返回 1，说明对象的属性值已经被恢复到原始值
```

【示例 3】 利用原型还可以为对象属性设置"只读"特性，这在一定程度上可以避免对象内部数据被任意修改的尴尬。

以下示例演示了如何根据平面上两点坐标来计算它们之间的距离。构造函数 p 用来设置定位点坐标，当传递两个参数值时，会返回以参数为坐标值的点，如果省略参数则默认点为原点（0,0）。而在构造函数 l 中通过传递的两点坐标对象，计算它们的距离。

```
function p(x,y){                        // 求坐标点构造函数
   if(x) this.x =x;                     // 初始 x 轴值
   if(y) this.y = y;                    // 初始 y 轴值
   p.prototype.x =0;                    // 默认 x 轴值
   p.prototype.y = 0;                   // 默认 y 轴值
}
function l(a,b){                        // 求两点距离构造函数
   var a = a;                           // 参数私有化
   var b = b;                           // 参数私有化
   var w = function(){                  // 计算 x 轴距离，返回对函数引用
       return Math.abs(a.x - b.x);
   }
   var h = function(){                  // 计算 y 轴距离，返回对函数引用
       return Math.abs(a.y - b.y);
   }
   this.length = function(){            // 计算两点距离，使用小括号调用私有方法 w()和 h()
       return Math.sqrt(w()*w() + h()*h());
   }
   this.b = function(){                 // 获取起点坐标对象
```

```
        return a;
    }
    this.e = function(){              // 获取终点坐标对象
        return b;
    }
}
var p1 = new p(1,2);                  // 实例化 p 构造函数，声明一个点
var p2 = new p(10,20);                // 实例化 p 构造函数，声明另一个点
var l1 = new l(p1,p2);                // 实例化 l 构造函数，传递两点对象
alert(l1.length())                    // 返回 20.12461179749811，调用 length()计算两点距离
l1.b().x = 50;                        // 不经意改动方法 b()的一个属性为 50
alert(l1.length())                    // 返回 43.86342439892262，说明影响两点距离值
```

在测试中会发现，如果无意间修改了构造函数 l 的方法 b()或 e()的值，则构造函数 l 中的 length()方法的计算值也随之发生变化。这种动态效果对于需要动态跟踪两点坐标变化来说，是非常必要的。但是，这里并不需要在初始化实例之后，随意地改动坐标值。毕竟方法 b()和 e()与参数 a 和 b 是没有多大联系的。

为了避免因为改动方法 b()的属性 x 值会影响两点距离，可以在方法 b()和 e()中，新建一个临时性的构造类，设置该类的原型为 a，然后实例化构造类并返回，这样就阻断了方法 b()与私有变量 a 的直接联系，它们之间仅仅是值的传递，而不是对对象 a 的引用，从而避免因为方法 b()的属性值变化，而影响私有对象 a 的属性值。

```
this.b = function(){                  // 方法 b()
    function temp(){};                // 临时构造类
    temp.prototype = a;               // 把私有对象传递给临时构造类的原型对象
    return new temp();                // 返回实例化对象，阻断直接返回 a 的引用关系
}
this.e = function(){                  // 方法 f()
    function temp(){};                // 临时构造类
    temp.prototype = b;               // 把私有对象传递给临时构造类的原型对象
    return new temp();                // 返回实例化对象，阻断直接返回 a 的引用关系
}
```

还有一种方法，这种方法是在给私有变量 w 和 h 赋值时，不是赋值函数，而是函数调用表达式，这样私有变量 w 和 h 存储的是值类型数据，而不是对函数结构的引用，从而不再受后期相关属性值的影响。

```
function l(a,b){                      // 求两点距离构造函数
    var a = a;                        // 参数私有化
    var b = b;                        // 参数私有化
    var w = function(){               // 计算 x 轴距离，返回函数表达式的计算值
        return Math.abs(a.x - b.x);
    }()
    var h = function(){               // 计算 y 轴距离，返回函数表达式的计算值
        return Math.abs(a.y - b.y);
    }()
    this.length = function(){         // 计算两点距离，直接使用私有变量 w 和 h 来计算
        return Math.sqrt(w()*w() + h()*h());
    }
    this.b = function(){              // 获取起点坐标对象
        return a;
    }
    this.e = function(){              // 获取终点坐标对象
        return b;
```

        }
}

【示例4】 利用原型进行批量复制。
```
function f( x ){                         // 构造函数
    this.x = x;                          // 声明本地属性
}
var a = [];                              // 声明数组
for( var i = 0; i < 100; i ++ ){         // 使用for循环结构批量复制构造类f的同一个实例
    a[i] = new f( 10 );                  // 把实例分别存入数组
}
```

上面的代码演示了如何复制100次同一个实例对象。这种做法本无可非议，但是如果在后期修改数组中每个实例对象时，就会非常麻烦。现在可以尝试使用原型来进行批量复制操作：

```
function f( x ){                         // 构造函数
    this.x = x;                          // 声明本地属性
}
var a = [];                              // 声明数组
function temp(){}                        // 定义一个临时的空构造类temp
temp.prototype = new f( 10 );            // 把构造类f实例化，并传递给构造类temp的原型对象
for( var i = 0; i < 100; i ++ ){         // 使用for循环批量复制临时构造类temp的同一个实例
    a[i] = new temp();                   // 把实例分别存入数组
}
```

把构造类f的实例存储在临时构造类的原型对象中，然后通过临时构造类temp实例来传递复制的值。这样，要想修改数组的值，只需要修改类f的原型即可，从而避免逐一修改数组中每个元素。

9.5.4 原型域和原型域链

在Javascript中，实例对象在读取属性时，总是先检查自身域的属性，如果存在，则会返回本地属性值，否则就会往上检索prototype原型域，如果找到同名属性，则返回prototype原型域中的原型属性。

protoype原型域可以允许原型属性引用任何类型的对象。如果在prototype原型域中没有找到指定的属性，则JavaScript将会根据引用关系，继续向外查找protoype原型域所指向对象的protoype原型域，直到对象的prototype域为它自己，或者出现循环为止。

【示例1】 本例演示了对象属性查找原型的基本方法和规律。
```
function a(x){                           // 构造函数a
    this.x = x;
}
a.prototype.x = 0;                       // 原型属性x的值为0
function b(x){                           // 构造函数b
    this.x = x;
}
b.prototype = new a(1);                  // 原型对象为构造函数a的实例
function c(x){                           // 构造函数c
    this.x = x;
}
c.prototype = new b(2);                  // 原型对象为构造函数b的实例
var d = new c(3);                        // 实例化构造函数c
alert(d.x);                              // 调用实例对象d的属性x，返回值为3
delete d.x;                              // 删除实例对象的本地属性x
alert(d.x);                              // 调用实例对象d的属性x，返回值为2
delete c.prototype.x;                    // 删除c类的原型属性x
```

```
alert(d.x);                          // 调用实例对象 d 的属性 x，返回值为 1
delete b.prototype.x;                // 删除 b 类的原型属性 x
alert(d.x);                          // 调用实例对象 d 的属性 x，返回值为 0
delete a.prototype.x;                // 删除 a 类的原型属性 x
alert(d.x);                          // 调用实例对象 d 的属性 x，返回值为 undefined
```

原型域链能够帮助用户更清楚地认识 JavaScript 面向对象的本质。每个对象实例都有属性成员用于指向它的构造函数的原型（Prototype），可以把这种层层指向父原型的关系称为原型域链（Prototype Chain），如图 9.6 所示。原型也具有父原型，因为它往往也是一个对象实例，除非人为地去改变它。

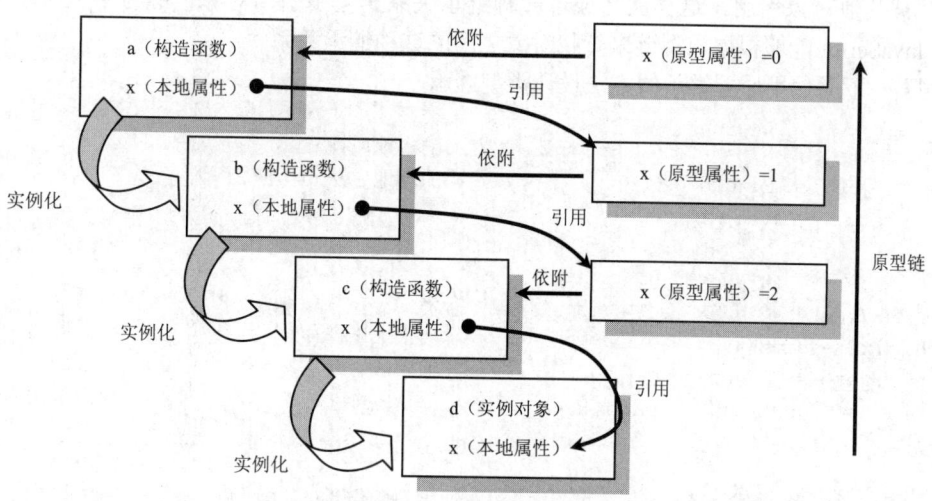

图 9.6 原型链检索示意图

【示例 2】 在 JavaScript 中，一切都是对象，函数是第一型。Function 和 Object 都是函数的实例。构造函数的父原型指向 Function 的原型，Function.prototype 的父原型是 Object 的原型，Object 的父原型也指向 Function 的原型，Object.prototype 是所有父原型的顶层。

```
Function.prototype.a = function(){   // Function 原型方法
    alert( "Function" );
}
Object.prototype.a = function(){     // Object 原型方法
    alert( "Object" );
}
function f(){                        // 构造函数 f
    this.a = "a";
}
f.prototype = {                      // 构造函数 f 的原型方法
    w : function(){
        alert( "w" );
    }
}
alert( f instanceof Function );      // 返回 true，说明 f 是 Function 的实例
alert( f.prototype instanceof Object );   // 返回 true，说明 f 的原型也是对象
alert( Function instanceof Object );  // 返回 true，说明 Function 是 Object 的实例
alert( Function.prototype instanceof Object );  // 返回 true，说明 Function 的原型是 Object 的实例
alert( Object instanceof Function );  // 返回 true，说明 Object 是 Function
```

的实例
```
alert( Object.prototype instanceof Function ); // 返回false, 说明Object.prototype
是所有父原型的顶层
```

9.5.5 原型继承

原型继承是一种简化的继承机制，也是 JavaScript 主要支持的一种继承方式。在原型继承中，类和实例概念被淡化了，一切都从对象的角度来考虑。原型继承不再需要使用类来定义对象的结构，直接定义对象，并被其他对象引用，这样就形成了一种继承关系，其中引用对象被称为原型对象（Prototype Object）。JavaScript 能够根据原型链来查找对象之间的这种继承关系。

【示例】 下面使用原型继承的方法设计类型继承。

```
function A(x){                      // A 类
    this.x1= x;                     // A 的本地属性 x1
    this.get1 = function(){         // A 的本地方法 get1()
        return this.x1;
    }
}
function B(x){                      // B 类
    this.x2 = x;                    // B 的本地属性 x2
    this.get2 = function(){         // B 的本地方法 get2()
        return this.x2 + this.x2;
    };
}
B.prototype = new A(1);             // 原型对象继承 A 的实例
function C(x){                      // C 类
    this.x3 = x;                    // C 的本地属性 x3
    this.get3 = function(){         // C 的本地方法 get3()
        return this.x2 * this.x2;
    };
}
C.prototype = new B(2);             // 原型对象继承 B 的实例
```

在上面示例中，分别定义了 3 个函数，然后通过原型继承方法把它们串连在一起，这样 C 能够继承 B 和 A 函数的成员，而 B 能够继承 A 的成员。prototype 的最大特点就是能够允许对象实例共享原型对象的成员。因此如果把某个对象作为一个类型的原型，那么说这个类型的实例以这个对象为原型。这个时候，实际上这个对象的类型也可以作为那些以这个对象为原型的实例的类型。

此时，可以在 C 的实例中调用 B 和 A 的成员。

```
var b = new B(2);                   // 实例化 B
var c = new C(3);                   // 实例化 C
alert(b.x1);                        // 在实例对象 b 中调用 A 的属性 x1, 返回 1
alert(c.x1);                        // 在实例对象 c 中调用 A 的属性 x1, 返回 1
alert(c.get3());                    // 在实例对象 c 中调用 C 的方法 get3(), 返回 9
alert(c.get2());                    // 在实例对象 c 中调用 B 的方法 get2(), 返回 4
```

基于原型的编程是面向对象编程的一种特定形式。在这种编程模型中，不需要声明静态类，而是通过复制已经存在的原型对象来实现继承关系的。因此，基于原型的模型没有类的概念，原型继承中的类仅是一种模拟，或者说是沿用面向对象编程的概念。

原型继承显得非常简单，其优点也是结构简练，不需要每次构造都调用父类的构造函数，且不需要通过复制属性的方式就能快速实现继承。但是它也存在以下几个缺点。

➔ 每个类型只有一个原型，所以它不直接支持多重继承。

- 它不能很好地支持多参数或者动态参数的父类。也许在原型继承阶段，用户还不能决定以什么参数来实例化构造函数。
- 使用不够灵活。用户需要在原型声明阶段实例化父类对象，并把它作为当前类型的原型，这限制了父类实例化的灵活性，很多时候无法确定父类对象实例化的时机和场所。
- prototype 属性固有的副作用。

扫一扫，看视频

9.5.6 扩展原型方法

JavaScript 允许为基本数据类型定义方法。通过为 Object.prototype 添加原型方法，可以使得该方法对所有的对象可用。这样的方式对函数、数组、字符串、数字、正则表达式和布尔值都适用。例如，通过给 Function.prototype 增加方法，使该方法对所有函数可用。

```
Function.prototype.method = function(name, func) {
    this.prototype[name] = func;
    return this;
};
```

为 Function.prototype 增加一个 method 方法后，就不必使用 prototype 这个属性了，然后调用 method 方法就可以直接为各种基本类型添加方法。

JavaScript 并没有单独的整数类型，因此有时候只提取数字中的整数部分是必要的。JavaScript 本身提供的取整方法有些瑕疵。下面通过为 Number.prototype 添加一个 integer 方法来改善它。

```
Number.method('integer', function() {
    return Math[this < 0 ? 'ceil' : 'floor'](this);
});
document.writeln((-10 / 3).integer()); //-3
```

Number.method 方法能够根据数字的正负来判断是使用 Math.ceiling 还是 Math.floors，这样就避免了每次都编写上面的代码。

```
String.method('trim', function() {
    return this.replace(/^\s+|\s+$/g, '');
});
document.writeln('"' + " abc ".trim() + '"');  // 'abc'
```

trim 方法使用了一个正则表达式，把字符串左右两侧的空格符清除掉。

通过为基本类型扩展方法，可以大大提高语言的表现力。由于 JavaScript 原型继承的本质，所有原型方法立刻被赋予到所有的实例，即使该实例在原型方法被创建之前就创建好了。

基本类型的原型是公共结构，所以在扩展基类时务必小心，避免覆盖掉基类的原生方法。一个保险的做法就是在确定没有该方法时才添加它。

```
Function.prototype.method = function(name, func) {
    if(!this.prototype[name]) {
        this.prototype[name] = func;
        return this;
    }
};
```

另外，for/in 语句用在原型上时表现很糟糕。可以使用 hasOwnProperty 方法筛选出继承而来的属性，或者查找特定的类型。

9.6 实战案例

JavaScript 是基于对象的语言,它是以对象为基础,以函数为模型,以原型为继承机制的开发模式。本节将通过多个示例介绍 JavaScript 对象的灵活应用。

9.6.1 设计工厂模式

扫一扫,看视频

工厂模式是一种创建类型的模式,目的是为了简化创建对象的流程,它把对象实例化简单封装在一个函数中,然后通过函数调用,实现快速、批量生产对象。

【示例 1】 本例创建对象 car,然后给它设置几个属性:它的颜色是蓝色,有 4 个门,每加仑油可以跑 25 英里。最后一个属性实际上是指向函数的指针,意味着该属性是个方法。执行这段代码后,就可以使用对象 car。

```javascript
function createCar(sColor,iDoors,iMpg) {
    var oTempCar = new Object;
    oTempCar.color = sColor;
    oTempCar.doors = iDoors;
    oTempCar.mpg = iMpg;
    oTempCar.showColor = function() {
        alert(this.color);
    };
    return oTempCar;
}
var oCar1 = createCar("red",4,23);
var oCar2 = createCar("blue",3,25);
oCar1.showColor();                      //输出 "red"
oCar2.showColor();                      //输出 "blue"
```

本例所有代码都包含在 createCar() 函数中,并返回 car 对象(oTempCar)作为函数值。调用此函数,将创建新对象,并赋予它所有必要的属性,复制出一个 car 对象。因此,通过这种方法,可以很容易地创建 car 对象的两个版本(oCar1 和 oCar2),它们的属性完全一样。

【示例 2】 在上面示例中,每次调用函数 createCar(),都要创建新函数 showColor(),意味着每个对象都有自己的 showColor() 版本。而事实上,每个对象都共享同一个函数。因此可以在工厂函数外定义对象的方法,然后通过属性指向该方法,从而避免这个问题。

```javascript
function showColor() {
    alert(this.color);
}
function createCar(sColor,iDoors,iMpg) {
    var oTempCar = new Object;
    oTempCar.color = sColor;
    oTempCar.doors = iDoors;
    oTempCar.mpg = iMpg;
    oTempCar.showColor = showColor;
    return oTempCar;
}
var oCar1 = createCar("red",4,23);
var oCar2 = createCar("blue",3,25);
oCar1.showColor();                      //输出 "red"
oCar2.showColor();                      //输出 "blue"
```

在上面这段重写的代码中，在函数 createCar() 之前定义了函数 showColor()。在 createCar() 内部，赋予对象一个指向已经存在的 showColor() 函数的指针。从功能上讲，这样解决了重复创建函数对象的问题；但是从语义上讲，该函数不太像是对象的方法。

扫一扫，看视频

9.6.2 设计类继承

类继承设计方法：在子类中执行父类的构造函数。在 JavaScript 中实现类的继承，需要考虑和设置下面 3 点。

（1）在构造函数 B 的结构体内，使用函数 call() 调用构造函数 A，把 B 的参数 x 传递给调用函数。让 B 能够继承 A 的所有属性和方法，即 A.call(this,x);语句行。

（2）在构造函数 A 和 B 之间建立原型链，即 B.prototype = new A();语句行。有关原型链的技术问题，曾经在 9.5.4 节中讲解过。在 JavaScript 中每个构造类都有一个名为 prototype 的属性，该属性指向一个对象。当在访问对象某个成员时，如果在当前域中没有找到，则会根据 prototype 属性指向的对象并沿着这个原型链不断向上查找，直至找到为止，否则只检索到顶级域链。因此，为了实现类之间的继承，必须保证它们是原型链上的上下级关系，即设置子类的 prototype 属性指向超类的一个实例即可。

（3）恢复 B 的原型对象的构造函数，即 B.prototype.constructor = B;语句行。当定义构造函数时，其原型对象（prototype 属性值）默认是一个 Object 类型的一个实例，其构造器（constructor 属性值）会被默认设置为该构造函数本身。如果改动 prototype 属性值，使其指向另一个对象，那么新对象就不会拥有原来的 constructor 属性值，所以必须重新设置 constructor 属性值。

【示例 1】 本例演示了一个更复杂的多重继承的实例。

```
// 基类 A
function A( x ){                        // 构造函数 A
    this.getl = function(){              // 本地方法，获取参数值
        return x;
    }
}
A.prototype.has = function(){            // 原型方法，判断 getl()方法返回值是否为 0（false）
    return ! ( this.getl() == 0 );
}
// 超类 B
function B(){                            // 构造函数 B
    var a = [];                          // 私有数组 a
    a = Array.apply( a, arguments );     // 把参数数组传入数组 a 中
    A.call( this, a.length );            // 在当前对象中调用 A 类，并把参数数组长度传递给它
    this.add = function(){               // 本地方法，把参数数组补加到数组 a 中，并返回
        return a.push.apply( a, arguments );
    }
    this.geta = function(){              // 本地方法，返回数组 a
        return a;
    }
}
B.prototype = new A();                   // 设置 B 类的原型为 A 类的实例，从而建立原型链
B.prototype.constructor = B;             // 恢复 B 类原型对象的构造器
B.prototype.str = function(){            // 原型方法，把数组转换为字符串并返回
    return this.geta().toString();
}
// 子类 C
function C(){                            // 构造函数
```

```
        B.apply( this, arguments );      // 在当前对象中调用B类,并把参数数组长度传递给它
        this.sort = function(){          // 本地方法,以字符顺序对数组进行排序
            var a = this.geta();          // 获取数组的值
            a.sort.apply( a, arguments );
                                          // 调用数组排序方法sort()对数组进行排序
        }
}
C.prototype = new B();                    // 设置C类的原型为B类的实例,从而建立原型链
C.prototype.constructor = C;              // 恢复C类原型对象的构造器
// 超类B的实例继承类A的成员
var b = new B( 1, 2, 3, 4 );              // 实例化B类
alert( b.getl() );                        // 返回4,调用A类的方法getl()
alert( b.has() );                         // 返回true,调用A类的方法has()
// 子类C的实例继承类B和类A的成员
var c = new C( 30, 10, 20, 40 );          // 实例化C类
c.add( 6, 5 );                            // 调用B类方法add(),补加数组
alert( c.geta() )                         // 返回数组30,10 ,20,40 ,6,5
c.sort()                                  // 排序数组
alert( c.geta() )                         // 返回数组10,20 ,30,40 ,5,6
alert( c.getl() )                         // 返回4,调用A类的方法getl()
alert( c.has() );                         // 返回true,调用A类的方法has()
alert( c.str() );                         // 返回10,20 ,30,40 ,5,6
```

上面示例的代码较长,不过思路很简单。

设计类C继承类B,而类B又继承了类A。A、B、C这3个类之间的继承关系是通过在子类中调用父类的构造函数来维护的。例如,C类中添加语句行B.apply(this, arguments);,该行语句能够在B类中调用A类,并把B的参数传递给A,从而使B类拥有A类的所有成员。同理,在B类中添加语句行A.call(this, a.length);,该行语句把B类的参数长度作为值传递给A类,并进行调用,从而实现B类拥有A类的所有成员。

从继承关系上看,B类继承了A类的本地方法getl(),为了确保它还能够继承A类的原型方法,还需要为它们建立原型链,从而实现原型对象的继承关系,方法是添加语句行B.prototype = new A();。同理,在C类中添加语句行C.prototype = new B();,这样就可以把A、B和C通过原型链串连在一起,从而实现子类能够继承超类成员,甚至还可以继承基类的成员。这里的成员主要指类的原型对象包含的成员,当然它们之间也可以通过相互调用,实现对本地成员的继承关系。

用户还应该注意原型继承中的先后顺序,当为B类的原型指定为A类的实例前,不能再为其定义任何原型属性或方法,否则就会被覆盖。如果要扩展原型方法,只有在原型绑定之后,再定义扩展方法。

【示例2】 下面尝试把类继承模式封装起来,以便规范代码应用。

(1)定义一个封装函数。设计入口为子类和超类对象,函数功能是子类能够继承超类的所有原型成员,不设计出口。

```
function extend(Sub,Sup){                 // 类继承封装函数
    // 其中参数Sub表示子类,Sup表示超类
}
```

在函数体内,首先定义一个空函数 F,用来实现功能中转。设计它的原型为超类的原型,然后把空函数的实例传递给子类的原型,这样就避免了直接实例化超类可能带来的系统负荷。因为在实际开发中,超类的规模可能会很大,如果实例化,会占用大量内存。

(2)恢复子类原型的构造器子类自己。同时,检测超类原型构造器是否与 Object 的原型构造器发生耦合,如果是,则恢复它的构造器为超类自身。

```
function extend(Sub,Sup){                                   // 类继承封装函数
```

```
    var F = function(){};                    // 定义一个空函数
    F.prototype = Sup.prototype;             // 设置空函数的原型为超类的原型
    Sub.prototype = new F();                 // 实例化空函数,并把超类原型引用传递给子类
    Sub.prototype.constructor = Sub;         // 恢复子类原型的构造器为子类自身
    Sub.sup = Sup.prototype;                 // 在子类定义一个本地属性存储超类原型
    if(Sup.prototype.constructor == Object.prototype.constructor){  //检测超类原型构造器是否为自身
        Sup.prototype.constructor =Sup       // 类继承封装函数
    }
}
```

(3) 一个简单的功能封装函数就这样实现了。下面定义两个类,尝试把它们绑定为继承关系。

```
function A(x){                              // 构造函数 A
    this.x = x;                             // 本地属性 x
    this.get = function(){                  // 本地方法 get()
        return this.x;
    }
}
A.prototype.add = function(){               // 原型方法 add()
    return this.x + this.x;
}
A.prototype.mul = function(){               // 原型方法 mul()
    return this.x * this.x;
}
function B(x){                              // 构造函数 B
    A.call(this,x);                         // 在函数体内调用构造函数 A,实现内部数据绑定
}
extend(B,A);                                // 调用类继承封装函数,把 A 和 B 的原型捆绑在一起
var f = new B(5);                           // 实例化类 B
alert(f.get())                              // 继承类 A 的方法 get(),返回 5
alert(f.add())                              // 继承类 A 的方法 add(),返回 10
alert(f.mul())                              // 继承类 A 的方法 mul(),返回 25
```

(4) 在继承类封装函数中,有这么一句 Sub.sup = Sup.prototype;,在上面的代码中没有被利用,那么它有什么作用呢?为了解答这个问题,先看下面的代码:

```
extend(B,A);
B.prototype.add = function(){               // 为 B 类定义一个原型方法
    return this.x + "" + this.x
}
```

上面的代码是在调用封装函数之后,再为 B 类定义了一个原型方法,该方法名与 A 类中原型方法 add 同名,但是功能不同。如果此时测试程序,会发现子类 B 定义的原型方法 add()将会覆盖超类 A 的原型方法 add()。如下:

```
alert(f.add())                              // 返回字符串 55,而不是数值 10
```

(5) 在 B 类的原型方法 add()中调用超类的原型方法 add(),从而避免代码耦合现象发生:

```
B.prototype.add = function(){               // 定义子类 B 的原型方法 add()
    return B.sup.add.call(this);            // 在函数内部调用超类方法 add()
}
```

9.6.3 设计构造原型模式

原型模式存在两个问题。

- 由于构造函数事先声明,而原型属性在类结构声明之后才被定义,因此无法通过构造函数参数向原型属性动态传递值。这样该类实例化的所有对象都是一个模样,没有个性。要改变原型属性值,则所有实例都受到干扰。
- 当原型属性的值为引用类型数据时,如果在一个对象实例中修改该属性值,将会影响所有的实例。

【示例1】 看下面的代码。

```
function Book(){                          // 声明构造函数
}
Book.prototype.o = {x:1,y:2}              // 构造函数的原型属性o是一个对象
var book1 = new Book();                   // 实例化对象book1
var book2 = new Book();                   // 实例化对象book2
alert(book1.o.x);                         // 返回1
alert(book2.o.x);                         // 返回1
book2.o.x = 3;                            // 修改实例化对象book2中的属性x的值
alert(book1.o.x);                         // 返回3
alert(book2.o.x);                         // 返回3
```

由于原型属性x的值为一个引用类型数据,因此所有对象实例的属性x的值都是指向该对象的引用指针。因此一旦某个对象的属性值被改动,其他实例对象的属性值也会随着发生变化。

而构造函数原型模式正是为了解决原型模式而诞生的一种混合设计模式,它是把构造函数模式与原型模式混合使用,从而避免了此类问题的发生。具体的方法是这样的:

对于可能会相互影响,并且希望动态传递参数的属性,拆分出来使用构造函数模式进行设计;而对于不需要个性,反而希望共享,且又不会相互影响的方法或属性,则单独使用原型模式来设计。

【示例2】 遵循上述设计原则,可以把其中两个属性设计为构造函数模式,设计方法为原型模式。

```
function Book(title,pages){               // 构造函数模式设计
    this.title = title;
    this.pages = pages;
}
Book.prototype.what = function(){         // 原型模式设计
    alert(this.title +this.pages);
};
var book1 = new Book("JavaScript 程序设计",160);
var book2 = new Book("C 程序设计",240);
alert(book1.title);
alert(book2.title);
```

一般在混合使用构造函数与原型模式时,可以不使用构造函数定义对象的所有非函数属性(即对象属性),而使用原型模式定义对象的函数属性(即对象方法)。这样所有方法都只创建一次,而每个对象都能够根据需要自定义属性值。

这种混合型杂交模式成为 ECMAScript 定义类的推荐标准,这也是使用最广的一种设计模式,它具有前面设计模式的所有优点,而且去除了不良副作用。

9.6.4 设计动态原型模式

【示例1】 根据面向对象设计原则,所有成员应该都被封装在类结构体内,因此可以这样完善 9.6.3 节示例的设计思路。

```
function Book(title,pages){                    // 构造函数模式设计
    this.title = title;
    this.pages = pages;
    Book.prototype.what = function(){          // 原型模式设计，位于类的内部
        alert(this.title +this.pages);
    };
}
var book1 = new Book("JavaScript 程序设计",160);
var book2 = new Book("C 程序设计",240);
alert(book1.title);
alert(book2.title);
```

但是上面代码存在一个问题，就是当每次实例化时，类 Book 中包含的原型方法就会被创建一次，反复实例化，就会生成大量原型方法，浪费系统资源。

【示例 2】 可以使用 if 语句判断原型方法是否存在，如果存在就不再创建该方法，否则就创建方法。

```
function Book(title,pages){
    this.title = title;
    this.pages = pages;
    if(typeof Book.isLock == "undefined"){     // 创建原型方法的锁，如果不存在该方法则创建
        Book.prototype.what = function(){
            alert(this.title +this.pages);
        };
        Book.isLock = true;                    // 创建原型方法后，把锁锁上，避免重复创建
    }
}
var book1 = new Book("JavaScript 程序设计",160);
var book2 = new Book("C 程序设计",240);
alert(book1.title);
alert(book2.title);
```

typeof Book.isLock 表达式能够检测该属性值的类型，如果返回为 undefined 字符串，则不存在该属性值，说明没有创建原型方法，则允许创建原型方法，并在创建完成之后设置该属性的值为 true，这样就不用重复创建原型方法。这里使用类名 Book，而没有使用 this 关键字，这是因为原型是属于类本身的，而不是对象实例的。

动态原型模式与构造函数原型模式在性能上是等价的，用户可以自由选择，不过构造函数原型模式应用比较广泛。

9.6.5 设计实例继承

类继承和原型继承在客户端中是无法继承 DOM 对象的，同时它们也不支持继承系统对象和方法。为了方便理解，先看两个示例。

【示例 1】 使用类继承法继承 Date 对象：

```
function D(){                                  // 自定义构造函数
    Date.apply(this,arguments);
                                               // 调用 Date 对象，对其进行引用，实现继承的目的
}
var d = new D();                               // 实例化自定义构造函数
alert(d.toLocaleString());                     // 返回[object Object]
```

上面的示例说明，使用类继承是无法实现对静态对象的继承的，这是因为系统对象的结构比较特殊，

扫一扫，看视频

它不是简单的函数体结构，声明、赋值和初始化等操作都进行了独立的封装，所以也就无法实现在自定义构造函数中的那种操作。

【示例2】 使用原型继承法继承 Date 对象：

```
function D(){                            // 自定义空构造函数
}
D.prototype = new Date();                // 把 Date 对象的实例赋值给 D 的原型对象
var d = new D();                         // 实例化 D
alert(d.toLocaleString());               // 返回错误提示
```

上面的示例说明使用原型继承也无法继承静态对象。不过，使用实例继承法能够实现对所有 JavaScript 核心对象的继承。

【示例3】 在下面的示例中，把 Date 对象的实例化过程和方法调用封装在一个函数中，然后返回实例对象，这样就可以解决核心静态对象无法继承的问题。代码如下：

```
function D(){                            // 封装函数
    var d = new Date();                  // 实例化 Date 对象
    d.get = function(){                  // 定义方法，调用 Date 对象的 toLocaleString() 方法
        alert(d.toLocaleString());
    }
    return d;                            // 返回实例对象
}
var d = new D();                         // 实例化封装函数
d.get();                                 // 调用本地方法，返回当前本地的日期和时间
```

构造函数是一种特殊结构的函数，它没有返回值，通过 this 关键字来初始化实例对象。当然，在构造函数中可以增加 return 语句，为其设置一个返回值，这时返回值就是 new 运算符执行表达式的值。因此，通过在构造函数中完成对类的实例化操作，然后返回实例对象，这就是实例继承的由来。

使用实例继承法能够实现对所有对象的继承，包括自定义类、核心对象和 DOM 对象等。不过实例继承不是真正的继承机制，仅是一种模拟方法。

- 实例继承法无法传递动态参数。由于类的实例化操作是在封闭的函数体内实现的，所以不能通过 call() 或 apply() 方法来传递动态参数。如果继承需要传递动态参数，则这种继承就会带来很多不便。
- 实例继承只能返回一个对象，与原型继承一样，不支持多重继承。
- 由于通过封装的方法把对象实例化，以及初始化操作都被封装在一个函数体内，最后通过对封装函数执行实例化操作来获取继承的对象。但是这种做法无法真正实现继承对象是封装类的实例，它仍然保持与原对象的实例关系。

```
alert(d instanceof Date);                // 返回 true，说明对象 d 是对象 Date 的实例
alert(d instanceof D);                   // 返回 false，说明对象 d 不是对象 D 的实例
```

9.6.6 惰性实例化

惰性实例化所要解决的问题是：避免了在页面中 JavaScript 初始化执行的时候就实例化类，如果在页面中没有使用这个实例化的对象，就会造成了一定的内存浪费和性能消耗。如果将一些类的实例化推迟到需要使用它的时候才开始去实例化，就可以避免资源过早损耗，做到"按需供应"。

```
var myNamespace = function() {
    var Configure = function() {
        var privateName = "someone's name";
        var privateReturnName = function() {
            return privateName;
```

```
        }
        var privateSetName = function(name) {
            privateName = name;
        }
        //返回单例对象
        return {
            setName : function(name) {
                privateSetName(name);
            },
            getName : function() {
                return privateReturnName();
            }
        }
    }
    //储存 configure 实例
    var instance;
    return {
        getInstance : function() {
            if(!instance) {
                instance = Configure();
            }
            return instance;
        }
    }
}();
//使用方法上就需要 getInstance 这个函数作为中间量
myNamespace.getInstance().getName();
```

上面就是简单的惰性实例化的示例，其中有一个缺点就是需要使用中间量来调用内部的 Configure 函数所返回的对象的方法，当然也可以使用变量来储存 myNamespace.getInstance()返回的实例对象。将上面的代码稍微修改一下，就可以用比较得体的方法来使用内部的方法和属性。

```
//惰性实例化的变体
var myNamespace2 = function() {
    var Configure = function() {
        var privateName = "someone's name";
        var privateReturnName = function() {
            return privateName;
        }
        var privateSetName = function(name) {
            privateName = name;
        }
        //返回单例对象
        return {
            setName : function(name) {
                privateSetName(name);
            },
            getName : function() {
                return privateReturnName();
```

```
            }
        }
    }
    //储存 configure 的实例
    var instance;
    return {
        init : function() {
            //如果不存在实例, 就创建单例实例
            if(!instance) {
                instance = Configure();
            }
            //创建 Configure 单例
            for(var key in instance) {
                if(instance.hasOwnProperty(key)) {
                    this[key] = instance[key];
                }
            }
            this.init = null;
            return this;
        }
    }
}();
//使用方式:
myNamespace2.init();
myNamespace2.getName();
```

在上面代码中修改了自执行函数返回的对象的代码,在获取 Configure 函数返回的对象时,将该对象的方法赋给 myNamespace2,这样调用方式就发生了一点改变。

9.6.7 安全构造对象

构造函数其实是一个使用 new 运算符的函数。当使用 new 调用时,构造函数的内部用到的 this 对象会指向新创建的实例。

```
function Person(name, age, job) {
    this.name = name;
    this.age = age;
    this.job = job;
}
var person = new Person("Nicholas", 34, 'software Engineer');
```

在没有使用 new 运算符来调用构造函数的情况下。由于该 this 对象是在运行时绑定的,因此直接调用 Person()会将该对象绑定到全局对象 window 上,这将导致错误属性意外增加到全局作用域上。这是由于 this 的误绑定造成的,在这里 this 被解析成了 window 对象。

解决这个问题的方案是创建一个作用域安全的构造函数。首先确认 this 对象是否为正确的类型实例,如果不是,则创建新的实例并返回。

```
function Person(name, age, job) {
    //检测 this 对象是否是 Person 的实例
    if(this instanceof Person) {
        this.name = name;
```

```
        this.age = age;
        this.job = job;
    } else {
        return new Person(name, age, job);
    }
}
```
如果使用的构造函数获取继承且不使用原型链，那么这个继承可能就被破坏。
```
function Polygon(sides) {
    if(this instanceof Polygon) {
        this.sides = sides;
        this.getArea = function() {
            return 0;
        }
    } else {
        return new Polygon(sides);
    }
}
function Rectangle(width, height) {
    Polygon.call(this, 2);
    this.width = width;
    this.height = height;
    this.getArea = function() {
        return this.width * this.height;
    };
}
var rect = new Rectangle(5, 10);
alert(rect.sides);//undefined
```
Rectangle 构造函数的作用域是不安全的。在新建一个 Rectangle 实例后，这个实例通过 Polygon.call 继承了 sides 属性，但是由于 Polygon 构造函数的作用域是安全的，this 对象并非是 Polygon 的实例，因此会创建并返回一个新的 Polygon 对象。

Rectangle 构造函数中的 this 对象并没有变化，同时 Polygon.call 返回的值没有被用到，所以 Rectangle 实例中就不会有 sides 属性。构造函数配合使用原型链可以解决这个问题。
```
function Polygon(sides) {
    if(this instanceof Polygon) {
        this.sides = sides;
        this.getArea = function() {
            return 0;
        }
    } else {
        return new Polygon(sides);
    }
}
function Rectangle(width, height) {
    Polygon.call(this, 2);
    this.width = width;
    this.height = height;
    this.getArea = function() {
```

```
        return this.width * this.height;
    };
}
//使用原型链
Rectangle.prototype = new Polygon();
var rect = new Rectangle(5, 10);
alert(rect.sides);    //2
```
这时构造函数的作用域就很有用了。

第 10 章 BOM 操作

BOM（Browser Object Model，浏览器对象模型）主要用于管理浏览器窗口。它提供了大量独立的、可以与浏览器窗口进行互动的功能，这些功能与任何网页内容无关。BOM 由多个对象组成，其中代表浏览器窗口的 window 对象是 BOM 的顶层对象，其他对象都是该对象的子对象。

BOM 缺乏标准，至今还没有组织对其进行标准化。由于 BOM 被广泛应用在 Web 开发中，各主流浏览器均支持 BOM，已经成为事实上的标准。W3C 为了把浏览器中 JavaScript 最基本的部分标准化，已经将 BOM 的主要方面纳入了 HTML5 的规范中。

【学习重点】
- 使用 window 对象和框架集。
- 使用 navigator、location、screen 对象。
- 使用 JavaScript 检测用户代理信息。
- 使用 JavaScript 定位和导航。

10.1 使用 window 对象

window 对象是 BOM 的核心，代表浏览器窗口的一个实例。在浏览器中，window 对象既是 JavaScript 访问浏览器窗口的接口，也是 JavaScript 的全局对象（Global），因此在全局作用域中声明的所有变量和函数也是 window 对象的属性和方法。

10.1.1 访问浏览器窗口

通过 window 对象可以访问浏览器窗口，同时与浏览器相关的其他客户端对象都是 window 的子对象，通过 window 属性进行引用。客户端各个对象之间存在一种结构关系，这种关系便构成浏览器对象模型（window 对象代表根节点），如图 10.1 所示。

浏览器对象简单说明如下。
- window：客户端 JavaScript 中的顶层对象。每当 <body> 或 <frameset> 标签出现时，window 对象就会被自动创建。
- navigator：包含客户端有关浏览器的信息。
- screen：包含客户端显示屏的信息。
- history：包含浏览器窗口访问过的 URL 信息。
- location：包含当前网页文档的 URL 信息。
- document：包含整个 HTML 文档，可被用来访问文档内容，及其所有页面元素。

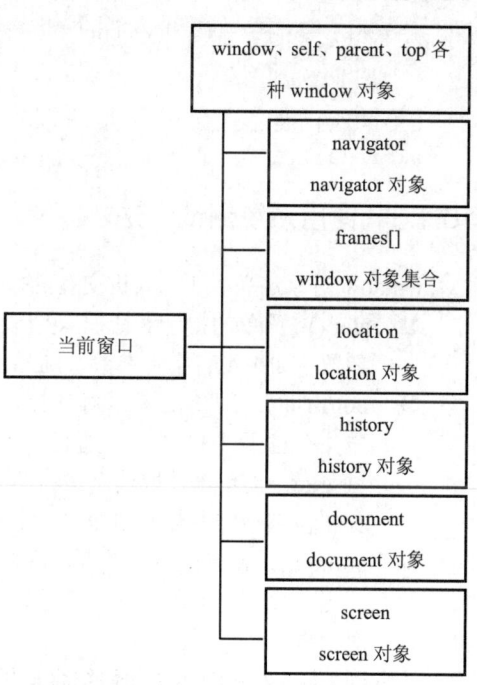

图 10.1 浏览器对象模型

10.1.2 全局作用域

客户端 JavaScript 代码都在全局上下文环境中运行，window 对象提供了全局作用域。由于 window 对象是全局对象，因此所有的全局变量都被视为该对象的属性。

【示例 1】 在脚本中自定义一个变量或函数时，可以通过 window 对象访问它们。

```
var a = "window.a";                    // 全局变量
function f(){                          // 全局函数
   alert(a);
}
alert(window.a);                       // 引用 window 对象的属性 a，返回字符串"window.a"
window.f();                            // 调用 windwo 对象的方法 f()，返回字符串"window.a"
```

【示例 2】 定义全局变量与在 window 对象上直接定义属性还是有一点不同：全局变量不能通过 delete 运算符删除，而直接在 window 对象上定义的属性可以被删除。

```
var a = "a";
window.b = "window.b";
c = "c";
alert(delete window.a);                // 返回 false，删除失败
alert(delete window.b);                // 返回 true，删除成功
alert(delete window.c);                // 返回 true，删除成功
alert(window.a);                       // 返回"a"
alert(window.b);                       // 返回 undefined
alert(window.c);                       // 返回 undefined
```

使用 var 语句声明全局变量，window 会为这个属性定义一个名为"configurable"的特性，这个特性的值被设置为 false，这样该属性就不能通过 delete 运算符删除。

提示：

直接访问未声明的变量，JavaScript 会抛出异常，但是通过 window 对象进行访问，可以判断未声明的变量是否存在。

```
alert(window.a);                       // 返回 undefined
alert(a);                              // 抛出异常
```

10.1.3 使用系统测试方法

window 对象定义了 3 个人机交互的接口方法，方便开发人员对 JavaScript 脚本进行测试。

- alert()：简单的提示对话框，由浏览器向用户弹出提示性信息。该方法包含一个可选的提示信息参数。如果没有指定参数，则弹出一个空的对话框。
- confirm()：简单的提示对话框，由浏览器向用户弹出提示性信息。不过该方法弹出的对话框中包含两个按钮，分别表示"确定"和"取消"。如果单击"确定"按钮，则该方法将返回 true；而单击"取消"按钮，则返回 false。confirm()方法也包含一个可选的提示信息参数，如果没有指定参数，则弹出一个空的对话框。
- prompt()：弹出提示对话框，可以接收用户输入的信息，并把用户输入的信息返回。prompt()方法也包含一个可选的提示信息参数，如果没有指定参数，则弹出一个没有提示信息的输入文本对话框。

【示例 1】 本例演示了如何综合调用上述 3 个方法来设计一个人机交互的对话。

```
var user = prompt("请输入你的用户名：");
if( !! user){                          // 把输入的信息转换为布尔值
   var ok = confirm("你输入的用户名为：\n" + user + "\n请确认。");
```

```
                                       // 输入信息确认
    if(ok){
        alert("欢迎你：\n" + user );
    }
    else{                              // 重新输入信息
        user = prompt("请重新输入你的用户名：");
        alert("欢迎你：\n" + user );
    }
}else {                                // 提示输入信息
    user = prompt("请输入你的用户名：");
}
```

这3个方法仅接收纯文本信息，忽略HTML字符串，用户只能使用空格、换行符和各种符号来格式化提示对话框中的显示文本。不同浏览器对于这3个对话框的显示效果略有不同。

用户可以重置这些方法。设计思路：通过HTML方式在客户端输出一段HTML片段，然后使用CSS修饰对话框的显示样式，借助JavaScript来设计对话框的行为和交互效果。

【示例2】 下面是一个简单的alert()方法，通过HTML+CSS方式，把提示信息以HTML层的形式显示在页面中央。

```
<!doctype html>
<html>
<head>
<meta charset="utf-8">
<style type="text/css">
/*设计提示对话框在窗口中央显示*/
#alert_box { position: absolute; left: 50%; top: 50%; width: 400px; height: 200px;
display:none; }
/*设计提示对话框外框样式，并固定宽度和高度*/
#alert_box dl { position: absolute; left: -200px; top: -100px; width: 400px; height:
200px; border: solid 1px #999; border-radius: 8px; overflow: hidden; }
/*设计提示对话框标题栏样式*/
#alert_box dt { background-color: #ccc; height: 30px; text-align: center;
line-height: 30px; font-weight: bold; font-size: 15px; }
/*设计提示对话框内容框基本样式*/
#alert_box dd { padding: 6px; margin: 0; font-size: 12px; }
</style>
</head>
<body>
<script>
window.alert = function(title, info){       //重写window对象的alert()方法
    var box = document.getElementById("alert_box");
    var html = '<dl><dt>' + title + '</dt><dd>' + info + '</dd></dl>';
    if( box ){//如果窗口中已经存在提示对话框，则直接显示内容
        box.innerHTML = html;
        box.style.display = "block";
    }
    else {//如果窗口中不存在提示对话框，则创建提示对话框，并显示内容
        var div = document.createElement("div");
        div.id = "alert_box";
        div.style.display = "block";
        document.body.appendChild(div);
        div.innerHTML = html;
```

```
        }
}
alert("重写alert()方法","这仅是一个设计思路，还可以进一步设计");
</script>
</body>
</html>
```

这里仅提供简单的提示框 HTML 结构，以及基本的提示框显示样式，效果如图 10.2 所示。

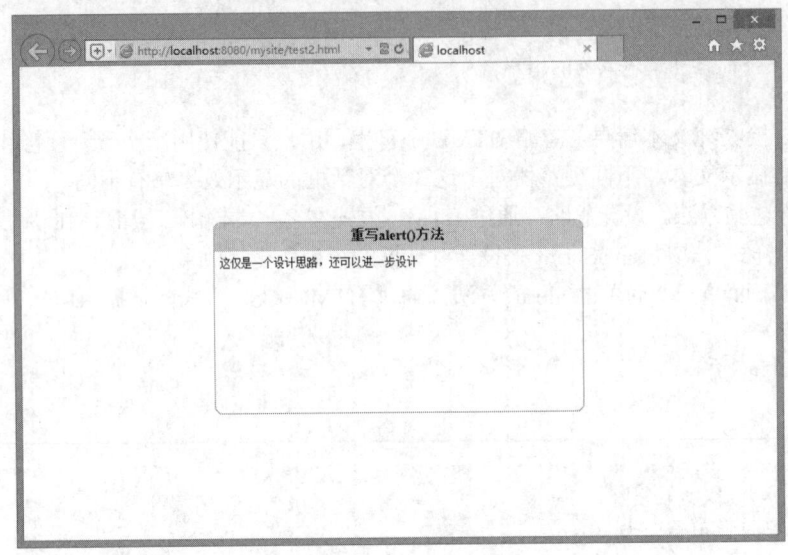

图 10.2　自定义 alert()方法

注意：

> 这 3 个方法调用系统对话框向用户显示消息。系统对话框与在浏览器中显示的网页没有关系，也不包含 HTML，它们的外观由操作系统或浏览器设置决定，而不是由 CSS 决定的。

通过这几个方法打开的对话框都是同步和模态的，因此显示这些对话框的时候，JavaScript 代码会停止执行，只有关闭这些对话框之后，JavaScript 代码才会恢复执行。但是，在某些浏览器中，尤其是 UNIX 平台下，alert()方法并不产生暂停现象。

一般来说，用户是没有办法阻止这种暂停行为的，因此可以把它们作为测试工具使用，不建议在发布的结果页面中调用它们。

扫一扫，看视频

10.1.4　打开和关闭窗口

使用 window 对象的 open()方法，可以打开一个新窗口。用法如下：

```
window.open(URL,name,features,replace)
```

参数说明如下。

- ➢ URL：可选字符串，声明在新窗口中显示文档的 URL。如果省略，或者为空，则新窗口就不会显示任何文档。
- ➢ name：可选字符串，声明新窗口的名称。这个名称可以用作标记<a>和<form>的属性 target 的值。如果该参数指定了一个已经存在的窗口，那么 open()方法就不再创建一个新窗口，而只是返回对指定窗口的引用。在这种情况下，features 参数将被忽略。
- ➢ features：可选字符串，声明了新窗口要显示的标准浏览器的特征，具体说明如表 10.1 所示。如果省略该参数，新窗口将具有所有标准特征。

> replace:可选的布尔值,规定了装载到窗口的 URL 是在窗口的浏览历史中创建一个新条目,还是替换浏览历史中的当前条目。

该方法返回值为新建的 window 对象,使用这个 window 对象可以引用新建的窗口。

表 10.1 新窗口显示特征

特 征	说 明
channelmode=yes|no|1|0	是否使用剧院模式显示窗口。默认为 no
directories=yes|no|1|0	是否添加目录按钮。默认为 yes
fullscreen=yes|no|1|0	是否使用全屏模式显示浏览器。默认是 no。处于全屏模式的窗口必须同时处于剧院模式
height=pixels	窗口文档显示区的高度。以像素计
left=pixels	窗口的 x 坐标。以像素计
location=yes|no|1|0	是否显示地址字段。默认是 yes
menubar=yes|no|1|0	是否显示菜单栏。默认是 yes
resizable=yes|no|1|0	窗口是否可调节尺寸。默认是 yes
scrollbars=yes|no|1|0	是否显示滚动条。默认是 yes
status=yes|no|1|0	是否添加状态栏。默认是 yes
titlebar=yes|no|1|0	是否显示标题栏。默认是 yes
toolbar=yes|no|1|0	是否显示浏览器的工具栏。默认是 yes
top=pixels	窗口的 y 坐标
width=pixels	窗口的文档显示区的宽度。以像素计

新建的 window 对象拥有一个 opener 属性,它保存着打开它的原始窗口对象。opener 只在弹出窗口的最外层 window 对象(top)中定义,而且指向调用 window.open()方法的窗口或框架。

【示例 1】 本例演示了打开的窗口与原窗口之间的关系。

```
myWindow=window.open();                                //打开新的空白窗口
myWindow.document.write("<h1>这是新打开的窗口</h1>");      //在新窗口中输出提示信息
myWindow.focus();                                      //让原窗口获取焦点
myWindow.opener.document.write("<h1>这是原来窗口</h1>");  //在原窗口中输出提示信息
alert( myWindow.opener == window);                     //检测 window.opener 属性值
```

虽然弹出窗口中有一个指针(opener)指向打开它的原始窗口,但原始窗口中并没有这样的指针指向弹出窗口。窗口并不跟踪已打开的弹出窗口,因此必要时只能手动实现跟踪。

有些浏览器(如 Chrome)会在独立的进程中运行每个标签页。当一个标签页打开另一个标签页时,如果两个 window 对象之间需要通信,那么新标签页就不能运行在独立的进程中。在 Chrome 中将新建的标签页的 opener 属性设置为 null,即表示在单独的进程中运行新标签页,代码如下。

```
myWindow=window.open();
myWindow.opener == null;
```

将 opener 属性设置为 null,这样新建的标签页就无法与打开它的标签页通信。标签页之间的联系一旦切断,将无法再恢复。

使用 window 对象的 close()方法可以关闭一个窗口。例如,要关闭一个新建的 w 窗口,可以使用下面的方法来完成。

```
w.close ;
```
如果在打开窗口内部关闭自身窗口，则应该使用下面的方法。
```
window.close ;
```
使用 window.closed 属性可以检测当前窗口是否关闭，如果关闭则返回 true，否则返回 false。

【示例2】 本例演示了如何自动弹出一个窗口，然后设置 30 秒之后自动关闭该窗口，同时允许用户单击页面超链接，更换弹出窗口内显示的网页 URL。

```
var url = "http://news.baidu.com/";
var features = "height=500, width=800, top=100, left=100,toolbar=no, menubar=no,
scrollbars=no, resizable=no, location=no, status=no";
document.write('<a href="http://www.baidu.com/" target="newW" >切换到百度首页
</a>');
var me = window.open (url, "newW", features);
setTimeout(function(){
   if(me.closed){
      alert("创建的窗口已经关闭。")
   }else{
      me.close();
   }
},5000);
```

【示例3】 很多浏览器会禁止 JavaScript 弹出窗口，如果在浏览器禁止的情况下，使用 open()打开新窗口，将会抛出一个异常，说明打开窗口失败。为了避免此类问题，同时为了了解浏览器是否支持禁用弹窗行为，可以使用下面代码进行探测。

```
var error = false;
try {
   var w = window.open("https://www.baidu.com/", "_blank");
   if (w == null){
      error = true;
   }
} catch (ex){
   error = true;
}
if (error){ alert("浏览器禁止弹出窗口。");}
```

扫一扫，看视频

10.1.5 使用框架集

在 HTML 文档中，如果页面包含框架，则每个框架都拥有自己的 window 对象，并且保存在 frames 集合中。在 frames 集合中，可以通过数值索引（从 0 开始）从左至右、从上到下访问每个 window 对象，或者使用框架名称访问每个 window 对象。每个 window 对象都有一个 name 属性，其中包含框架的名称。

【示例1】 下面是一个框架集文档，共包含了 4 个框架，设置第 1 个框架装载文档名为 left.htm，第 2 个框架装载文档名为 middle.htm，第 3 个框架装载文档名为 right.htm，第 4 个框架装载文档名为 bottom.htm。

```
<!DOCTYPE html PUBLIC "-// W3C// DTD XHTML 1.0 Frameset// EN"
"http:// www.w3.org/TR/xhtml1/DTD/xhtml1-frameset.dtd">
<html xmlns="http:// www.w3.org/1999/xhtml">
<head>
<title>框架集</title>
<meta http-equiv="Content-Type" content="text/html; charset=utf-8" />
</head>
<frameset rows="50%,50%" cols="*" frameborder="yes" border=
```

```
"1" framespacing="0">
    <frameset rows="*" cols="33%,*,33%" framespacing=
"0" frameborder="yes" border="1">
        <frame src="left.htm" name="left" id="left" />
        <frame src="middle.htm" name="middle" id="middle" />
        <frame src="right.htm" name="right" id="right" />
    </frameset>
    <frame src="bottom.htm" name="bottom" id="bottom" />
</frameset>
<noframes><body></body></noframes>
</html>
```

以上代码创建了一个框架集，其中前 3 个框架居上，后 1 个框架居下，如图 10.3 所示。

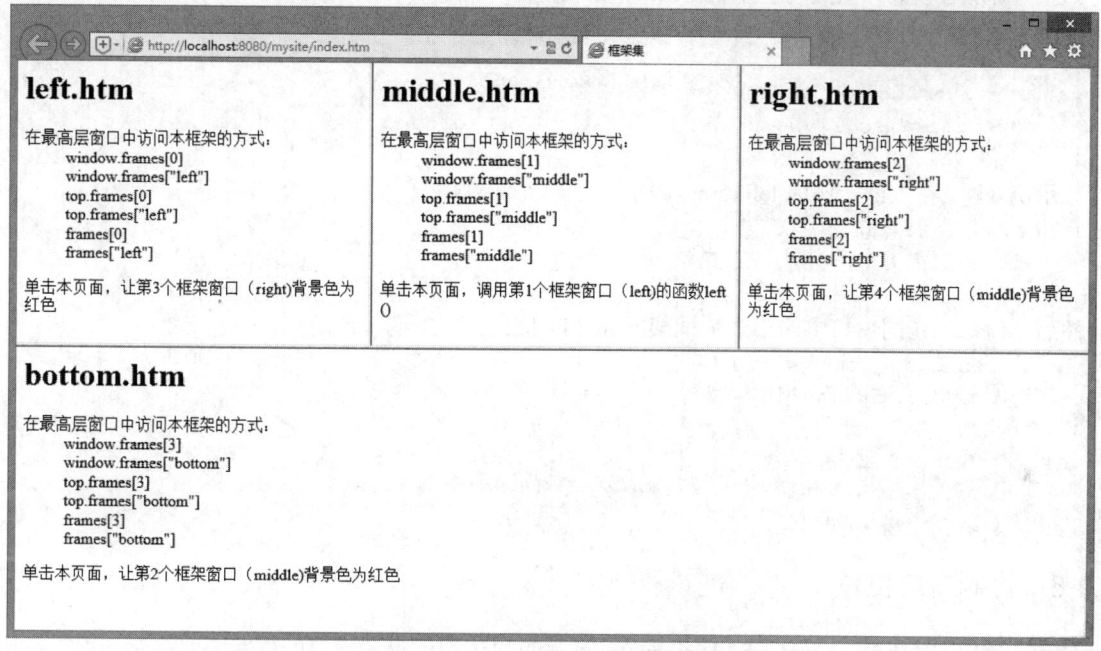

图 10.3　框架之间的关系

在每一个框架中，window 对象始终指向的都是那个框架实例，而非最高层的框架；top 对象始终指向最高层的框架，也就是浏览器窗口；parent 对象始终指向当前框架的上层框架。

在某些情况下，parent 可能等于 top。例如，在没有框架的情况下，parent 等于 top。

使用 top 或 parent 可以在一个框架中正确访问另一个框架。例如，可以通过 top.window.frames[0]、top.window.frames["left"]、parent.frames[0]、parent.frames["left"]引用上方左侧第 1 个框架。在图 10.3 中，详细描述了各个框架代码如何在最高层窗口中访问指定框架的不同方式。

框架之间可以通过 window 相关属性进行引用，详细说明如表 10.2 所示。

表 10.2　window 对象属性

属　　性	说　　明
top	如果当前窗口是框架，它就是对包含这个框架的顶级窗口的 window 对象的引用。注意，对于嵌套在其他框架中的框架，top 未必等于 parent
parent	如果当前的窗口是框架，它就是对窗口中包含这个框架的父级框架的引用
window	自引用，是对当前 window 对象的引用，与 self 属性同义

(续)

属 性	说 明
self	自引用,是对当前 window 对象的引用,与 window 属性同义
frames[]	window 对象集合,代表窗口中的各个框架(如果存在)
name	窗口的名称。可被 HTML 标签<a>的 target 属性使用
opener	对打开当前窗口的 window 对象的引用

表 10.2 中所有对象都是 window 对象的属性,可以通过 window.parent、window.top 等形式来访问。同时,这也意味着可以将不同层次的 window 对象连接起来,如 window.parent.parent.frames[0]。

【示例 2】 针对上面示例,下面的代码可以访问当前窗口中的第 3 个框架(left.htm)。

```
window.onload = function(){
    document.body.onclick = f;
}
var f = function(){//改变第 3 个框架文档的背景色为红色
    parent.frames[2].document.body.style.backgroundColor = "red";
}
```

【示例 3】 在上面示例的 left.html 文档中定义一个函数。

```
function left(){
    alert("left.htm");
}
```

然后,就可以在同窗口中的第 2 个框架的 middle.htm 文档中调用该函数。

```
window.onload = function(){
    document.body.onclick = f;
}
var f = function(){
    parent.frames[0].left();//调用第 1 个框架中的函数 left()
}
```

扫一扫,看视频

10.1.6 控制窗口位置

使用 window 对象的 screenLeft 和 screenTop 属性可以读取或设置窗口的位置,即相对于屏幕左边和上边的位置。IE、Safari、Opera 和 Chrome 都支持这两个属性。Firefox 支持使用 window 对象的 screenX 和 screenY 属性进行相同的操作,Safari 和 Chrome 也同时支持这两个属性。

【示例 1】 使用以下代码可以跨浏览器取得窗口左边和上边的位置。

```
var leftPos = (typeof window.screenLeft == "number") ? window.screenLeft : window.screenX;
var topPos = (typeof window.screenTop == "number") ? window.screenTop : window.screenY;
```

上述代码先确定 screenLeft 和 screenTop 属性是否存在,如果是在 IE、Safari、Opera 和 Chrome 浏览器中,则读取这两个属性的值;如果在 Firefox 中,则读取 screenX 和 screenY 的值。

注意,不同浏览器读取的位置值存在偏差,用户无法在跨浏览器的条件下取得窗口左边和上边的精确坐标值。

使用 window 对象的 moveTo()和 moveBy()方法可以将窗口精确地移动到一个新位置。这两个方法都接收两个参数,其中 moveTo()接收的是新位置的 x 和 y 坐标值,而 moveBy()接收的是在水平和垂直方向上移动的像素数。

【示例 2】 在本例中分别使用 moveTo()和 moveBy()方法移动窗口到屏幕不同位置。

```
window.moveTo(0,0);                    //将窗口移动到屏幕左上角
```

```
window.moveBy(0, 100);              //将窗口向下移动 100 像素
window.moveTo(200, 300);            //将窗口移动到(200,300)新位置
window.moveBy(-50, 0);              //将窗口向左移动 50 像素
```
注意，这两个方法可能会被浏览器禁用，在 Opera 和 IE 7+中默认就是禁用的。另外，这两个方法都不适用于框架，仅适用于最外层的 window 对象。

10.1.7 控制窗口大小

扫一扫，看视频

使用 window 对象的 innerWidth、innerHeight、outerWidth 和 outerHeight 这 4 个属性可以确定窗口大小。IE9+、Firefox、Safari、Opera 和 Chrome 都支持这 4 个属性。

在 IE9+、Safari 和 Firefox 中，outerWidth 和 outerHeight 返回浏览器窗口本身的尺寸；在 Opera 中，outerWidth 和 outerHeight 返回视图容器的大小。innerWidth 和 innerHeight 表示页面视图的大小，去掉边框的宽度。在 Chrome 中，outerWidth、outerHeight 与 innerWidth、innerHeight 返回相同的值，即视图大小。

IE8 及更早版本没有提供取得当前浏览器窗口尺寸的属性，主要通过 DOM 提供页面可见区域的相关信息。

在 IE、Firefox、Safari、Opera 和 Chrome 中，document.documentElement.clientWidth 和 document.documentElement.clientHeight 保存了页面视图的信息。在 IE6 中，这些属性必须在标准模式下才有效，如果是怪异模式，就必须通过 document.body.clientWidth 和 document.body.clientHeight 取得相同信息。而对于怪异模式下的 Chrome，则无论通过 document.documentElement，还是 document.body 中的 clientWidth 和 clientHeigh: 属性，都可以取得视图的大小。

【示例 1】 用户无法确定浏览器窗口本身的大小，但是通过下面的代码可以取得页面视图的大小。
```
var pageWidth = window.innerWidth,
    pageHeight = window.innerHeight;
f (typeof pageWidth != "number"){
    if (document.compatMode == "CSS1Compat"){
        pageWidth = document.documentElement.clientWidth;
        pageHeight = document.documentElement.clientHeight;
    } else {
        pageWidth = document.body.clientWidth;
        pageHeight = document.body.clientHeight;
    }
}
```
在上面代码中，先将 window.innerWidth 和 window.innerHeight 的值分别赋给了 pageWidth 和 pageHeight。

然后，检查 pageWidth 中保存的是不是一个数值；如果不是，则通过检查 document.compatMode 属性确定页面是否处于标准模式。如果是，则分别使用 document.documentElement.clientWidth 和 document.documentElement.clientHeight 的值；否则，就使用 document.body.clientWidth 和 document.body. clientHeight 的值。

对于移动设备，window.innerWidth 和 window.innerHeight 保存着可见视图，也就是屏幕上可见页面区域的大小。移动 IE 浏览器不支持这些属性，但通过 document.documentElement.clientWidth 和 document.documentElement.clientHeight 提供相同的信息。随着页面的缩放，这些值也会相应变化。

在其他移动浏览器中，document.documentElement 是布局视图，即渲染后页面的实际大小。与可见视图不同，可见视图只是整个页面中的一小部分。移动 IE 浏览器把布局视图的信息保存在 document.body.clientWidth 和 document.body.clientHeight 中，这些值不会随着页面缩放变化。

由于与桌面浏览器间存在这些差异，最好是先检测一下用户是否在使用移动设备，然后再决定使用哪个属性。

另外，window 对象定义了 resizeBy()和 resizeTo()方法，它们可以按照相对数量和绝对数量调整窗口的大小。这两个方法都包含两个参数，分别表示 x 轴坐标值和 y 轴坐标值。名称中包含 To 字符串的方法都是绝对的，也就是 x 和 y 参数坐标给出窗口新的绝对位置、大小或滚动偏移；名称中包含 By 字符串的方法都是相对的，也就是它们在窗口的当前位置、大小或滚动偏移上增加所指定的参数 x 和 y 的值。

方法 scrollBy()会将窗口中显示的文档向左、向右或者向上、向下滚动指定数量的像素。

方法 scrollTo()会将文档滚动到一个绝对位置。它将移动文档以便在窗口文档区的左上角显示指定的文档坐标。

【示例 2】　本例将当前浏览器窗口的大小重新设置为 200 像素宽、200 像素高，然后生成一个任意数字来随机定位窗口在屏幕中的显示位置。

```
window.onload = function(){
    timer = window.setInterval("jump()", 1000);
}
function jump(){
    window.resizeTo(200, 200)
    x = Math.ceil(Math.random() * 1024)
    y = Math.ceil(Math.random() * 760)
    window.moveTo(x, y)
}
```

提示：

window 对象还定义了 focus()和 blur()方法，用来控制窗口的显示焦点。调用 focus()方法会请求系统将键盘焦点赋予窗口，调用 blur()则会放弃键盘焦点。此外，方法 focus()还会把窗口移到堆栈顺序的顶部，使窗口可见。在使用 window.open()方法打开新窗口时，浏览器会自动在顶部创建窗口。但是如果它的第 2 个参数指定的窗口名已经存在，open()方法不会自动使那个窗口可见。

扫一扫，看视频

10.1.8　使用定时器

window 对象包含 4 个定时器专用方法，说明如表 10.3 所示。使用它们可以实现代码定时运行，避免连续执行。这样一来，就可以设计动画。

表 10.3　window 对象定时器方法

方　　法	说　　明
setInterval()	按照指定的周期（以毫秒计）来调用函数或计算表达式
setTimeout()	在指定的毫秒数后调用函数或计算表达式
clearInterval()	取消由 setInterval()方法生成的定时器对象
clearTimeout()	取消由 setTimeout()方法生成的定时器对象

1．setTimeout()方法

setTimeout()方法能够在指定的时间段后执行特定代码。用法如下：

```
var o = setTimeout( code, delay )
```

参数 code 表示要延迟执行的代码字符串，该字符串语句可以在 window 环境中执行，如果包含多个语句，应该使用分号进行分隔；delay 表示延迟的时间，以毫秒为单位。该方法返回的值是一个 Timer

ID，这个 ID 编号指向延迟执行的代码控制句柄。如果把这个句柄传递给 clearTimeout()方法，则会取消代码的延迟执行。

【示例 1】 本例演示了当鼠标移过段落文本时，会延迟半秒钟弹出一个提示对话框，显示当前元素的名称。

```
<p>段落文本</p>
<script>
var p = document.getElementsByTagName("p")[0];
p.onmouseover = function(i){
    setTimeout(function(){
        alert(p.tagName)
    }, 500);
}
</script>
```

setTimeout()方法的第 1 个参数虽然是字符串，但是我们也可以把 JavaScript 代码封装在一个函数体内，然后把函数引用作为参数传递给 setTimeout()方法，等待延迟调用，这样就避免了传递字符串的疏漏和麻烦。

【示例 2】 本例演示了如何为集合中每个元素都绑定一个事件延迟处理函数。

```
var o = document.getElementsByTagName("body")[0].childNodes;  // 获取 body 元素下所有子元素
for(var i = 0; i < o.length; i ++ ){                          // 遍历元素集合
    o[i].onmouseover = function(i){                           // 注册鼠标经过事件处理函数
        return function(){                                    // 返回闭包函数
            f(o[i]);                                          // 调用函数 f，并传递当前对象引用
        }
    }(i);// 调用函数并传递循环序号，实现在闭包中存储对象序号值
}
function f(o){                                                // 延迟处理函数
    // 定义延迟半秒钟后执行代码
    var out = setTimeout( function(){
        alert(o.tagName);                                     // 显示当前元素的名称
    }, 500);
}
```

这样当鼠标移过每个 body 元素下的子元素时，都会延迟半秒钟后弹出一个提示对话框，提示该元素的名称。

【示例 3】 可以利用 clearTimeout()方法在特定条件下清除延迟处理代码。例如，当鼠标移过某个元素，并停留半秒钟之后，才会弹出提示信息，一旦鼠标移出当前元素，就立即清除前面定义的延迟处理函数，避免相互干扰。

```
var o = document.getElementsByTagName("body")[0].childNodes;
for(var i = 0; i < o.length; i ++ ){
    o[i].onmouseover = function(i){    // 为每个元素注册鼠标移过时事件延迟处理函数
        return function(){
            f(o[i])
        }
    } (i);
    o[i].onmouseout = function(i) {// 为每个元素注册鼠标移出时清除延迟处理函数
        return function(){
            clearTimeout(o[i].out);  // 调用 clearTimeout()方法，清除已注册的延迟处理函数
        }
    } (i);
```

```
}
function f(o){
    // 为了防止混淆多个注册的延迟处理函数，分别把不同元素的延迟处理函数的引用
存储在该元素对象的 out 属性中
    o.out = setTimeout(function(){
        alert(o.tagName);
    }, 500);
}
```

setTimeout()方法只能被执行一次，如果希望反复执行该方法中包含的代码，则应该在 setTimeout()方法中包含对自身的调用，这样就可以把自己注册为可以反复被执行的方法。

【示例4】 本例会在页面内的文本框中按秒针速度显示递增的数字，当循环执行 10 次后，会调用 clearTimeout()方法清除对代码的执行，并弹出提示信息。

```
<input type="text" />
<script>
var t = document.getElementsByTagName("input")[0];
var i = 1;
function f(){
    var out = setTimeout(                    // 定义延迟执行的方法
        function(){                          // 延迟执行函数
            t.value = i ++ ;                 // 递增数字
            f();                             // 调用包含 setTimeout()方法的函数
        }, 1000);                            // 设置每秒执行一次调用
    if(i > 10){                              // 如果超过 10 次，则清除执行，并弹出提示信息
        clearTimeout(out);
        alert("10 秒钟已到");
    }
}
f();                                          // 调用函数
</script>
```

2. setInterval()方法

使用 setTimeout()方法模拟循环执行指定代码，不如直接调用 setInterval()方法来实现。setInterval()方法能够周期性执行指定的代码，如果不加以处理，那么该方法将会被持续执行，直到浏览器窗口被关闭，或者跳转到其他页面为止。用法如下：

```
var o = setInterval( code, interval )
```

该方法的用法与 setTimeout()方法基本相同，其中参数 code 表示要周期执行的代码字符串，而 interval 参数表示周期执行的时间间隔，以毫秒为单位。该方法返回的值是一个 Timer ID，这个 ID 编号指向对当前周期函数的执行的引用，利用该值对计时器进行访问。如果把这个值传递给 clearTimeout()方法，则会强制取消周期性执行的代码。

此外，setInterval()方法的第一个参数如果是一个函数，则 setInterval()方法还可以跟随任意多个参数，这些参数将作为此函数的参数使用。格式如下：

```
var o = setInterval( function, interval[,arg1,arg2,.....argn])
```

【示例5】 针对上面的示例 4，可以这样设计：

```
<input type="text" />
<script>
var t = document.getElementsByTagName("input")[0];
var i = 1;
var out = setInterval(f, 1000);              // 定义周期性执行的函数
function f(){
```

```
        t.value = i ++ ;
        if(i > 10){                    // 如果重复执行 10 次
            clearTimeout(out);         // 则清除周期性调用函数
            alert("10 秒钟已到");
        }
}
</script>
```

提示：
setTimeout()和 setInterval()方法在用法上有几分相似，不过两者的作用区别也很明显，setTimeout()方法主要用来延迟代码执行，而 setInterval()方法主要实现周期性执行代码。

在动画设计中，setTimeout()方法适合在不确定的时间内持续执行某个动作，而 setInterval()方法适合在有限的时间内执行可以确定起点和终点的动画。

如果同时做周期性动作，setTimeout()方法不会每隔几秒钟就执行一次函数，如果函数执行需要 1 秒钟，而延迟时间为 1 秒钟，则整个函数应该是每 2 秒钟才执行一次。而 setInterval()方法却没有被自己所调用的函数所束缚，它只是简单地每隔一定时间就重复执行一次那个函数。

10.2　使用 navigator 对象

navigator 对象包含了浏览器的基本信息，如名称、版本和系统等。通过 window.navigator 可以引用该对象，并利用它的属性来读取客户端基本信息，navigator 对象属性说明如表 10.4 所示。

表 10.4　navigator 对象属性

属　　性	描　　述
appCodeName	返回浏览器的代码名
appMinorVersion	返回浏览器的次级版本
appName	返回浏览器的名称
appVersion	返回浏览器的平台和版本信息
browserLanguage	返回当前浏览器的语言
CookieEnabled	返回指明浏览器中是否启用 Cookie 的布尔值
cpuClass	返回浏览器系统的 CPU 等级
onLine	返回指明系统是否处于脱机模式的布尔值
platform	返回运行浏览器的操作系统平台
systemLanguage	返回 OS 使用的默认语言
userAgent	返回由客户机发送服务器的 user-agent 头部的值
userLanguage	返回 OS 的自然语言设置

10.2.1　浏览器检测方法

浏览器检测的方法有多种，常用方法包括两种：特征检测法和字符串检测法。这两种方法都存在各自的优点与缺点，用户可以根据需要酌情选择。

【示例 1】　特征检测法就是根据浏览器是否支持特定功能来决定操作的方式。这是一种非精确判断法，但却是最安全的检测方法。因为准确检测浏览器的类型和型号是一件很困难的事情，而且很容易

扫一扫，看视频

存在误差。如果不关心浏览器的身份，仅仅在意浏览器的执行能力，那么使用特征检测法就完全可以满足需要。

```
if(document.getElementsByName){  // 如果存在，则使用该方法获取 a 元素
    var a = document.getElementsByName("a");
}
else if(document.getElementsByTagName){// 如果存在，则使用该方法获取 a 元素
    var a = document.getElementsByTagName("a");
}
```

当使用一个对象、方法或属性时，先判断它是否存在。如果存在，则说明浏览器支持该对象、方法或属性，这样就可以放心地使用，而不用关注当前客户具体使用的浏览器类型和版本等具体信息。当一个方法不存在时，它会返回 undefined，这时 JavaScript 会自动把它转换为布尔值 false。

【示例 2】 使用用户代理字符串检测浏览器类型。客户端浏览器每次发送 HTTP 请求时，都会附带有一个 user-agent 字符串，对于 Web 开发人员来说，可以通过脚本识别客户使用的浏览器类型。

客户端 JavaScript 在 navigator 对象中定义了 userAgent 属性，利用该属性可以捕获客户端 user-agent 字符串信息。

```
var s = window.navigator.userAgent;
alert(s);
//返回字符串"Mozilla /4.0 (compatible;MSIE 7.0;Windows NT 5.1;DigExt ; NET CLR 2.
0.50727 ) "
```

也可以简写为：

```
var s = navigator.userAgent;
```

user-agent 字符串包含了 Web 浏览器的大量信息，如浏览器的名称和版本。对于不同浏览器来说，该字符串所包含的信息也不尽相同，大致如表 10.5 所示。

表 10.5 不同浏览器的 user-agent 字符串比较

浏览器类型	user-agent 字符串
IE 6.0（Windows XP）	Mozilla /4.0 (compatible;MSIE 6.0;Windows NT 5.1)
IE 7.0（Windows XP）	Mozilla /4.0 (compatible;MSIE 7.0;Windows NT 5.1;DigExt ; NET CLR 2. 0.50727)
IE 8.0（Windows Vista）	Mozilla /4.0 (compatible;MSIE 8.0;Windows NT 6.0;Trident/4.0)
IE 8.0（Windows 7）	Mozilla /4.0 (compatible;MSIE 8.0;Windows NT 6.1;Trident/4.0)
Firefox 3.0（Windows XP）	Mozilla/5.0 (Windows; U; Windows NT 5.1; zh-CN; rv; 1.9.0.5) Gecko/2008120122 Firefox/3.1.5
Opera 9.0（Windows XP）	Opera / 9.00 (Windows NT 5.1 ; U; zh-cn)

扫一扫，看视频

10.2.2 检测浏览器类型和版本号

检测浏览器类型和版本就比较容易，用户只需要根据不同浏览器类型匹配特殊信息即可。

【示例 1】 以下方法能够检测当前主流浏览器类型，包括 IE、Opera、Safari、Chrome 和 Firefox 浏览器：

```
var ua = navigator.userAgent.toLowerCase();           // 获取用户端信息
var info ={
    ie : /msie/.test(ua) && !/opera/.test(ua),        // 匹配 IE 浏览器
    op : /opera/.test(ua),                            // 匹配 Opera 浏览器
```

```
    sa : /version.*safari/.test(ua),                // 匹配 Safari 浏览器
    ch : /chrome/.test(ua),                         // 匹配 Chrome 浏览器
    ff : /gecko/.test(ua) && !/webkit/.test(ua)     // 匹配 Firefox 浏览器
};
```

然后，在脚本中调用该对象的属性，如果相应属性值为 true，说明为对应类型浏览器，否则就返回 false。

```
(info.ie) && alert("IE 浏览器");
(info.op) && alert("Opera 浏览器");
(info.sa) && alert("Safari 浏览器");
(info.ff) && alert("Firefox 浏览器");
(info.ch) && alert("Chrome 浏览器");
```

【示例 2】 通过解析 navigator 对象的 userAgent 属性，可以获得浏览器的完整版本号。针对 IE 浏览器来说，它是在 " MSIE " 字符串后面带一个空格，然后跟随版本号及分号。因此，可以设计一个如下的函数获取 IE 的版本号。

```
// 获取 IE 浏览器的版本号
// 返回数值，显示 IE 的主版本号
function getIEVer(){
    var ua = navigator.userAgent;              // 获取用户端信息
    var b = ua.indexOf("MSIE ");               // 检测特殊字符串"MSIE "的位置
    if(b < 0){
        return 0;
    }
    return parseFloat(ua.substring(b + 5, ua.indexOf(";", b)));  // 截取版本号字符串，并转换为数值
}
```

直接调用该函数即可获取当前 IE 浏览器的版本号：

```
alert(getIEVer());                             // 返回数值 7
```

IE 浏览器版本众多，一般可以使用大于某个数字的形式进行范围匹配，因为浏览器是向后兼容的，使用是否等于某个版本显然不能适应新版本的需要。

【示例 3】 利用同样的方法可以检测其他类型浏览器的版本号，以下函数可检测 Firefox 浏览器的版本号。

```
function getFFVer(){
    var ua = navigator.userAgent;
    var b = ua.indexOf("Firefox/");
    if(b < 0){
        return 0;
    }
    return parseFloat(ua.substring(b + 8,ua.lastIndexOf("\.")));
}
alert(getFFVer());
```

对于 Opera 等浏览器，可以使用 navigator.userAgent 属性来获取版本号，只不过其用户端信息与 IE 有所不同，如 Opera/9.02 (Windows NT 5.1; U; en)，根据这些形式，可以很容易获得其版本号。

如果浏览器的某些对象或属性不能向后兼容，这种检测方法也容易产生问题。所以更稳妥的方法是采用特征检测法，而不要使用字符串检测法。

10.2.3 检测客户操作系统

在 navigator.userAgent 返回值中，一般都会包含操作系统的基本信息，不过这些信息比较散乱，没

扫一扫，看视频

有统一的规则。一般情况下用户可以检测一些更为通用的信息。例如，仅考虑是否为Windows系统，或者为Macintosh系统，而不是分辨操作系统的版本号。

【示例】 如果仅检测通用信息，那么所有Windows版本的操作系统都会包含"Win"字符串，而所有的Macintosh版本操作系统都包含有"Mac"字符串，所有的UNIX版本操作系统都包含有"X11"，而在Linux操作系统下则同时包含"X11"和"Linux"。所以，用户可以通过快速检测用户端信息中是否包含上述字符串来进行准确判断：

```javascript
var isWin = (navigator.userAgent.indexOf("Win") != - 1);      // 如果是Windows系统，则返回true
var isMac = (navigator.userAgent.indexOf("Mac") != - 1);      // 如果是Macintosh系统，则返回true
var isUnix = (navigator.userAgent.indexOf("X11") != - 1);     // 如果是UNIX系统，则返回true
var isLinux = (navigator.userAgent.indexOf("Linux") != - 1);  // 如果是Linux系统，则返回true
```

10.2.4 检测插件

扫一扫，看视频

用户经常需要检测浏览器中是否安装了特定的插件。

对于非IE浏览器，可以使用navigator对象的plugins属性实现。plugins是一个数组，该数组中的每一项都包含下列属性。

- name：插件的名字。
- description：插件的描述。
- filename：插件的文件名。
- length：插件所处理的MIME类型数量。

【示例1】 一般来说，name属性包含检测插件必需的所有信息，在检测插件时，使用下面循环迭代每个插件，并将插件的name与给定的名字进行比较。

```javascript
function hasPlugin(name){                    //检测非IE浏览器插件
    name = name.toLowerCase();
    for (var i=0; i < navigator.plugins.length; i++){
        if (navigator.plugins[i].name.toLowerCase().indexOf(name) > -1){
            return true;
        }
    }
    return false;
}
alert(hasPlugin("Flash"));
alert(hasPlugin("QuickTime"));
alert(hasPlugin("Java"));
```

上面代码在Firefox、Safari、Opera和Chrome中可以使用这种方法来检测插件。

hasPlugin()函数包含一个参数：要检测的插件名。检测的第一步是将传入的名称转换为小写形式，以便比较。然后，迭代plugins数组，通过indexOf( )方法检测每个name属性，以确定传入的名称是否出现在字符串的某个地方。比较的字符串都使用小写形式，避免因大小写不一致导致的错误。而传入的参数应该尽可能具体，以避免混淆，如Flash和QuickTime。

【示例2】 在IE中检测插件可以使用ActiveXObject，尝试创建一个特定插件的实例。IE是以COM对象的方式实现插件的，而COM对象使用唯一标识符来标识。因此，要想检查特定的插件，就必须知道其COM标识符。例如，Flash的标识符是ShockwaveFlash.ShockwaveFlash。知道唯一标识符之后，就可以编写以下函数来检测 IE 中是否安装相应插件。

```
function hasIEPlugin(name){                //检测 IE 浏览器插件
    try {
        new ActiveXObject(name);
        return true;
    } catch (ex){
        return false;
    }
}
alert(hasIEPlugin("ShockwaveFlash.ShockwaveFlash"));
alert(hasIEPlugin("QuickTime.QuickTime"));
```

如果兼容不同浏览器，可以把上面两个检测函数同时应用即可。

10.3 使用 location 对象

扫一扫，看视频

location 对象存储当前页面与位置（URL）相关的信息，表示当前显示文档的 Web 地址。使用 window 对象的 location 属性可以访问。

location 对象定义了 8 个属性，其中 7 个属性分别指向当前 URL 的各部分信息，另一个属性（href）包含了完整的 URL 信息，详细说明如表 10.6 所示。为了便于更直观地理解，表 10.6 中各个属性将以下面 URL 示例信息为参考进行说明：

```
http:// www.mysite.cn:80/news/index.asp?id=123&name= location#top
```

表 10.6　location 对象属性

属　　性	说　　明
Href	声明了当前显示文档的完整 URL，与其他 location 属性只声明部分 URL 不同，把该属性设置为新的 URL 会使浏览器读取并显示新 URL 的内容
Protocol	声明了 URL 的协议部分，包括后缀的冒号。例如："http:"
Host	声明了当前 URL 中的主机名和端口部分。例如："www.mysite.cn:80"
Hostname	声明了当前 URL 中的主机名。例如："www.mysite.cn"
Port	声明了当前 URL 的端口部分。例如："80"
Pathname	声明了当前 URL 的路径部分。例如："news/index.asp"
Search	声明了当前 URL 的查询部分，包括前导问号。例如："?id=123&name=location"
Hash	声明了当前 URL 中锚部分，包括前导符（#）。例如："#top"，指定在文档中锚记的名称

使用 location 对象，结合字符串方法可以抽取 URL 中查询字符串的参数值。

【示例】　本例定义一个获取 URL 查询字符串参数值的通用函数，该函数能够抽取每个参数和参数值，并以名/值对的形式存储在对象中返回。

```
var queryString = function(){              // 获取 URL 查询字符串参数值的通用函数
    var q = location.search.substring(1);  // 获取查询字符串，即 "id=123&name=location" 部分
    var a = q.split("&");                  // 以&符号为界把查询字符串劈开为数组
    var o = {};                            // 定义一个临时对象
    for( var i = 0; i <a.length; i++){     // 遍历数组
        var n = a[i].indexOf("=");         // 获取每个参数中的等号小标位置
        if(n == -1) continue;              // 如果没有发现则跳到下一次循环继续操作
```

```
        var v1 = a[i].substring(0, n);        // 截取等号前的参数名称
        var v2 = a[i].substring(n+1);         // 截取等号后的参数值
        o[v1] = unescape(v2);                 // 以名/值对的形式存储在对象中
    }
    return o;                                 // 返回对象
}
```

然后，在页面中调用该函数，即可获取 URL 中的查询字符串信息，并以对象形式读取它们的值。

```
var f1 = queryString();                       // 调用查询字符串函数
for(var i in f1){                             // 遍历返回对象，获取每个参数及其值
    alert(i + "=" + f1[i]);
}
```

如果当前页面的 URL 中没有查询字符串信息，用户可以在浏览器的地址栏中补加完整的查询字符串，如 "?id=123&name= location"，再次刷新页面，即可显示查询的查询字符串信息。

📢 提示：

location 对象的属性都是可读可写的，如果改变了文档的 location.href 属性值，则浏览器就会载入新的页面。如果改变了 location.hash 属性值，则页面会跳转到新的锚点（<a name="anchor">或<element id="anchor">），但此时页面是不会重载的。

```
location.hash = "#top";
```

如果把一个含有 URL 的字符串赋给 location 对象或它的 href 属性，浏览器就会把新的 URL 所指的文档装载进来，并显示出来。

```
location = "http:// www.mysite.cn/navi/";    // 页面会自动跳转到对应的网页
location.href = "http:// www.mysite.cn/";    // 页面会自动跳转到对应的网页
```

除了设置 location 对象的 href 属性外，还可以修改部分 URL 信息，用户只需要给 location 对象的其他属性赋值即可。这时会创建一个新的 URL，浏览器会将它装载并显示出来。

如果需要 URL 其他信息，只能通过字符串处理方法截取。例如，如果要获取网页的名称，可以这样设计。

```
var p = location.pathname;
var n = p.substring(p.lastIndexOf("/")+1);
```

如果要获取文件扩展名，也可以这样设计：

```
var c = p.substring(p.lastIndexOf(".")+1);
```

📖 拓展：

location 对象还定义了两个方法：reload()和 replace()。

- ➤ reload()：可以重新装载当前文档。
- ➤ replace()：可以装载一个新文档而无须为它创建一个新的历史记录。也就是说，在浏览器的历史列表中，新文档将替换当前文档。这样在浏览器中就不能够通过【返回】按钮返回当前文档。

对那些使用了框架并且显示多个临时页的网站来说，replace()方法比较有用。这样临时页面都不被存储在历史列表中。

📢 注意：

window.location 与 document.location 不同，前者引用 location 对象，后者只是一个只读字符串，与 document.URL 同义。但是，当存服务器重定向时，document.location 包含的是已经装载的 URL，而 location.href 包含的则是原始请求的文档的 URL。

10.4 使用 history 对象

history 对象存储浏览器窗口的浏览历史，通过 window 对象的 history 属性可以访问该对象。实际上，history 对象存储最近访问的、有限条目的 URL 信息。为了保护客户端浏览信息的安全和隐私，history 对象禁止 JavaScript 脚本直接操作这些访问信息。

history 对象允许使用 length 属性读取列表中 URL 的个数，并可以调用 back()、forward()和 go()方法访问数组中的 URL。

- back()：返回到前一个 URL。
- forward()：访问下一个 URL。
- go()：该方法比较灵活，它能够根据参数决定可访问的 URL。
  - 如果参数为正整数，浏览器就会在历史列表中向前移动；如果参数值为负整数，浏览器就会在历史列表中向后移动。例如，history.go(-1)等价于 history.back()，而 history.go(1)等价于 history.forward()，history.go(0)等价于刷新页面。
  - 如果参数为一个字符串，则 history 对象能够从浏览历史中检索包含该字符串的 URL，并访问第一个检索到的 URL。

history.back()和 history.forward()与浏览器软件中的"后退"和"向前"按钮功能相一致。每个窗口都有独立的历史记录，并通过独立的 history 属性引用。当打开新建窗口时，由于历史记录为空，所以对应的方法都是无效的。

访问框架（frame）的历史记录一般可以通过下面的方法实现。

```
frames[n].history.back();
frames[n].history.forward();
frames[n].history.go(m);
```

frames 中参数 n 表示框架的下标位置。

10.5 使用 screen 对象

screen 对象存储客户端屏幕信息，如表 10.7 所示。这些信息可以用来探测客户端硬件的基本配置。利用 screen 对象可以优化程序的设计，满足不同用户的显示要求。

表 10.7 screen 对象属性

属 性	描 述
availHeight	返回显示屏幕的高度（除 Windows 任务栏之外）
availWidth	返回显示屏幕的宽度（除 Windows 任务栏之外）
bufferDepth	设置或返回调色板的比特深度
colorDepth	返回目标设备或缓冲器上的调色板的比特深度
deviceXDPI	返回显示屏幕的每英寸水平点数
deviceYDPI	返回显示屏幕的每英寸垂直点数
fontSmoothingEnabled	返回用户是否在显示控制面板中启用了字体平滑
height	返回显示屏幕的高度
logicalXDPI	返回显示屏幕每英寸的水平方向的常规点数

(续)

属 性	描 述
logicalYDPI	返回显示屏幕每英寸的垂直方向的常规点数
pixelDepth	返回显示屏幕的颜色分辨率（比特每像素）
updateInterval	设置或返回屏幕的刷新率
width	返回显示器屏幕的宽度

用户可以根据显示器屏幕大小选择使用图像的大小，或者根据显示器的颜色深度选择使用 16 色图像或 8 色图像，或者打开新窗口时设置居中显示。

【示例】 本例演示了如何让弹出的窗口居中显示。

```
function center(url){                                  // 窗口居中处理函数
    var w = screen.availWidth / 2;                     // 获取客户端屏幕的宽度一半
    var h = screen.availHeight/2;                      // 获取客户端屏幕的高度一半
    var t = (screen.availHeight - h)/2;                // 计算居中显示时顶部坐标
    var l = (screen.availWidth - w)/2;                 // 计算居中显示时左侧坐标
    var p = "top=" + t + ",left=" + l + ",width=" + w + ",height=" +h;
                                                       // 设计坐标参数字符串
    var win = window.open(url,"url",p);                // 打开指定的窗口，并传递参数
    win.focus();                                       // 获取窗口焦点
}
center("https://www.baidu.com/");                      // 调用该函数
```

虽然使用 screen 对象的 width 和 height 属性可以实现，但是不同浏览器在解析时会存在一定的差异。

10.6 使用 document 对象

在浏览器窗口中，每个 window 对象都会包含一个 document 属性，该属性引用窗口中显示 HTML 文档的 document 对象。document 对象与它所包含的各种节点（如表单、图像和链接）构成了文档对象模型，如图 10.4 所示。

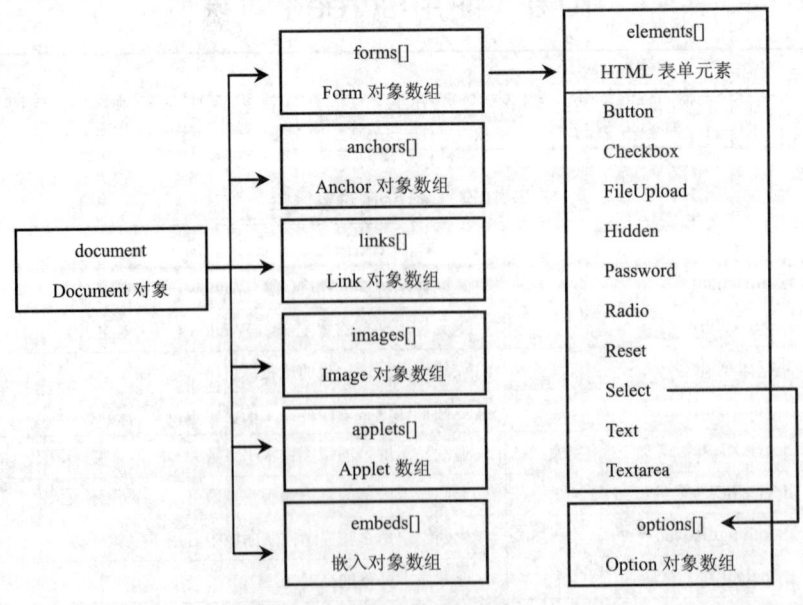

图 10.4 文档对象模型

10.6.1 访问文档对象

浏览器在加载文档时，会自动构建文档对象模型，把文档中同类元素对象映射到一个集合中，然后以 document 对象属性的形式允许用户访问。

注意：

> 本节所谓的文档对象模型与下一章介绍的 DOM 文档对象模型是两个不同概念，本节文档对象模型是早期的、非标准的、但被浏览器广泛支持的文档结构访问方式。而下一章介绍的 DOM 是 W3C 组织制订的，标准化的文档结构模型，也获得了浏览器的广泛支持。两者共同存在于浏览器中，并存在部分功能重合的现象。

这些集合都是 HTMLCollection 对象，为访问文档常用对象提供了快捷方式，简单说明如下。

- document.anchors：返回文档中所有 Anchor 对象，即所有带 name 特性的<a>标签。
- document.applets：返回文档中所有 Applet 对象，即所有<applet>标签，不再推荐使用。
- document.forms：返回文档中所有 Form 对象，与 document.getElementsByTagName("form")得到的结果相同。
- document.images：返回文档中所有 Image 对象，与 document.getElementsByTagName("img")得到的结果相同。
- document.links：返回文档中所有 Area 和 Link 对象，即所有带 href 特性的<a>标签。

如果与 Form 对象、Image 对象或 Applet 对象对应的 HTML 标签中设置了 name 属性，那么还可以使用 name 属性值引用这些对象。浏览器在解析文档时，会自动把这些元素的 name 属性值定义为 document 对象的属性名，用来引用相应的对象。该方法仅适用上述 3 种元素对象，其他元素对象需要使用数组元素来访问。

【示例1】 本例使用 name 访问文档元素。

```
<img name="img" src = "bg.gif" />
<form name="form" method="post" action="http://www.mysite.cn/navi/">
</form>
<script>
alert(document.img.src);              // 返回图像的地址
alert(document.form.action);          // 返回表单提交的路径
</script>
```

【示例2】 使用文档对象集合可以快速索引，此时不需要 name 属性。

```
<img src = "bg.gif" />
<form method="post" action="http://www.mysite.cn/navi/">
</form>
<script>
alert(document.images[0].src);        // 返回图像的地址
alert(document.forms[0].action);      // 返回表单提交的路径
</script>
```

【示例3】 如果元素对象定义有 name 属性，也可以使用文本下标来引用对应的元素对象。

```
<img name="img" src = "bg.gif" />
<form name="form" method="post" action="http://www.mysite.cn/navi/">
</form>
<script>
alert(document.images["img"].src);         // 返回图像的地址
alert(document.forms["form"].action);      // 返回表单提交的路径
</script>
```

10.6.2 动态生成文档内容

使用 document 对象的 write()和 writeln()方法可以动态生成文档内容。包括两种方式：
- 在浏览器解析时动态输出信息。
- 在调用事件处理函数时使用 write()或 writeln()方法生成文档内容。

write()方法可以支持多个参数，当为它传递多个参数时，这些参数将被依次写入文档。

【示例 1】 使用 write()方法生成文档内容。
```
document.write('Hello',',','World');
```
实际上，上面代码与下面的用法是相同的：
```
document.write('Hello,World');
```
writeln()方法与 write()方法完全相同，只不过在输出参数之后附加一个换行符。由于 HTML 忽略换行符，所以很少使用该方法，不过在非 HTML 文档输出时使用会比较方便。

【示例 2】 本例演示了 write()和 writeln()方法的混合使用。
```
function f(){
    document.write('<p>调用事件处理函数时动态生成的内容</p>');
}
document.write('<p onclick="f()">文档解析时动态生成的内容</p>');
```
在页面初始化后，文档中显示文本为"文档解析时动态生成的内容"，而一旦单击该文本后，则 write()方法动态输出文本为"调用事件处理函数时动态生成的内容"，并覆盖原来文档中显示的内容。

> **注意：**
> 只能在当前文档正在解析时使用 write()方法在文档中输出 HTML 代码，即在<script>标签中调用 write()方法，因为这些脚本的执行是文档解析的一部分。如果从事件处理函数中调用 write()方法，那么 write()方法动态输出的结果将会覆盖当前文档，包括它的事件处理函数，而不是将文本添加到其中。所以，在使用时一定要小心，不可以在事件处理函数中包含 write()或 writeln()方法。

【示例 3】 使用 open()方法可以为某个框架创建文档，也可以使用 write()方法为其添加内容。在下面框架集文档中。左侧框架的文档为 left1.htm，而右侧框架还没有文档内容。
```
<!DOCTYPE html PUBLIC "-// W3C// DTD XHTML 1.0 Frameset// EN"
"http:// www.w3.org/TR/xhtml1/DTD/xhtml1-frameset.dtd">
<html xmlns="http:// www.w3.org/1999/xhtml">
<head>
</head>
<frameset cols="*,*">
    <frame src="left1.htm" name="leftFrame" id="leftFrame" />
    <frame src="" name="mainFrame" id="mainFrame" />
</frameset>
<noframes><body></body></noframes>
</html>
```
然后，在左侧框架文档中定义如下脚本。
```
window.onload = function(){
    document.body.onclick = f;
}
function f(){
    parent.frames[1].document.open();
    parent.frames[1].document.write('<h2>动态生成右侧框架的标题</h2>')
    parent.frames[1].document.close();
}
```

首先调用 document 对象的 open()方法创建一个文档，然后调用 write()方法在文档中写入内容，最后调用 document 对象的方法 close()结束创建过程。这样在框架页的左侧框架文档中单击时，浏览器会自动在右侧框架中新创建一个文档，并生成一个二级标题信息。

注意，使用 open()后，一定要注意调用 close()方法关闭文档，只有在关闭文档时，浏览器才输出显示缓存信息。

10.7 实 战 案 例

本节将结合框架和浏览器检测技术介绍几个实战案例。

扫一扫，看视频

10.7.1 使用远程脚本

远程脚本（Remote Scripting）就是远程函数调用，通过远程函数调用实现异步通信。所谓异步通信，就是在不刷新页面的情况下，允许客户端与服务器端进行非连续的通信。这样用户不需要等待，网页浏览与信息交互互不干扰，信息传输不用再传输完整页面。

远程脚本的设计思路：创建一个隐藏框架，使用它载入服务器端指定的文件，此时被载入的服务器端文件所包含的远程脚本（JavaScript 代码）就被激活，被激活的脚本把服务器端需要传递的信息通过框架页加载响应给客户端，从而实现客户端与服务器异步通信的目的。

📢 提示：

所谓隐藏框架，就是设置框架高度为 0，以达到隐藏显示的目的。隐藏框架常用来加载一些外部链接和导入一些扩展服务，其中使用最多的就是使用隐藏框架导入广告页。

以下示例演示如何使用框架集实现异步通信的目的。为了方便读者能直观了解远程交互的过程，本例暂时显示隐藏框架。

【操作步骤】

（1）新建一个简单的框架集（index.htm），其中第 1 个框架默认加载页面为客户交互页面，第 2 个框架加载的页面是一个空白页。

```html
<html>
<head>
<title></title>
</head>
<frameset rows="50%,50%">
    <frame src="main.htm" name="main" />
    <frame src="blank.htm" name="server" />
</frameset>
</html>
```

（2）设计空白页（blank.htm）页面代码如下。

```html
<html>
<head>
<title>空白页</title>
</head>
<body>
<h1>空白页</h1>
</body>
</html>
```

（3）在客户交互页面（main.htm）中定义一个简单的交互按钮，当单击该按钮时将为底部框架加载服务器端的请求页面（server.htm）。

```html
<html>
<head>
<title>与客户交互页面</title>
<script>
function request(){                              // 请求函数，加载服务器端页面
    parent.frames[1].location.href = "server.htm";
}
window.onload = function(){                      // 页面加载完毕，为按钮绑定事件处理函数
    var b = document.getElementsByTagName("input")[0];
    b.onclick = request;
}
</script>
</head>
<body>
<h1>与客户交互页面</h1>
<input name="submit" type="button" id="submit" value="向服务器发出请求" />
</body>
</html>
```

（4）在服务器响应页面（server.htm）中利用 JavaScript 脚本动态改变客户交互页面的显示信息。

```html
<html>
<head>
<title>服务器端响应页面</title>
<script>
window.onload = function(){
    // 当该页面被激活并加载完毕后，动态改变客户交互页面的显示信息
    parent.frames[0].document.write("<h1>Hi, 大家好，我是从服务器端过来的信息使者</h1>");
}
</script>
</head>
<body>
<h1>服务器端响应页面</h1>
</body>
</html>
```

（5）最后在浏览器中预览 index.htm，就可以看到如图 10.5 所示的演示效果。

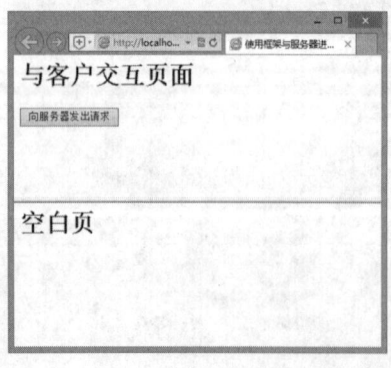 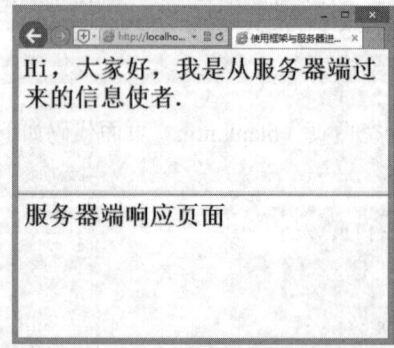

响应前　　　　　　　　　　　　　　响应后

图 10.5　异步交互通信演示效果

10.7.2 设计远程交互

隐藏框架只是异步交互的载体,它仅负责信息的传输,而交互的核心是应该有一种信息处理机制,这种处理机制就是回调函数。

> 📢 **提示:**
> 所谓回调函数,就是客户端页面中的一个普通函数,但是该函数是在服务器端被调用,并负责处理服务器端响应的信息。

在异步交互过程中,经常需要信息的双向交互,而不仅仅是接收服务器端的信息。以下示例演示如何把客户端的信息传递给服务器端,同时让服务器准确接收客户端信息。本例初步展现了异步交互中请求和响应的完整过程,其中回调函数的处理又是整个案例的焦点。

【操作步骤】

(1)模仿 10.7.1 节示例构建一个框架集(index.htm)。代码如下:

```html
<html>
<head>
<title></title>
</head>
<frameset rows="*,0">
    <frame src="main.htm" name="main" />
    <frame src="blank.htm" name="server" />
</frameset>
<noframes>你的浏览器不支持框架集,请升级浏览器版本!</noframes>
</html>
```

本文档框架集由上下两个框架组成,第 2 个框架高度为 0,但是不要设置为 0 像素高,因为在一些老版本的浏览器中会依然显示。这两个框架的分工如下。

- 框架 1(main),负责与用户进行信息交互。
- 框架 2(server),负责与服务器进行信息交互。

考虑到老版本浏览器可能不支持框架集,再使用<noframes>标签进行兼容,使用户体验更友好。

(2)在默认状态下,框架集中第 2 个框架加载一个空白页面(blank.htm),第一个框架中加载与客户进行交互的页面(main.htm)。

第 1 个框架中主要包含两个函数:一个是响应用户操作的回调函数,另一个是向服务器发送请求的事件处理函数:

```html
<html>
<head>
<title>与客户交互页面</title>
<script>
function request(){                                      // 向服务器发送请求的异步请求函数
    var user = document.getElementById("user");          // 获取输入的用户名
    var pass = document.getElementById("pass");          // 获取输入密码
    var s = "user=" + user.value + "&pass=" + pass.value; // 构造查询字符串
    parent.frames[1].location.href = "server.htm?" + s;  // 为框架集中第 2 个框架加
载服务器端请求文件,并附加查询字符串,传送客户端信息,以实现异步信息的双向交互
}
function callback(b, n){                                 // 异步交互的回调函数
    if(b){                                               // 如果参数 b 为真,说明输入信息正确
        var e = document.getElementsByTagName("body")[0];// 获取第 1 个框架中 body 元素
的引用指针,以实现向且其中插入信息
```

```javascript
            e.innerHTML = "<h1>" + n + "</h1><p>您好，欢迎登录站点</p>";
                                                // 在交互页面中插入新的交互信息
        }
        else{                                   // 如果参数b为假，说明输入信息不正确
            alert("你输入的用户名或密码有误，请重新输入");// 提示重新输入信息
            var user = parent.frames[0].document.getElementById("user");
                                                // 获取第1个框架中的用户名文本框
            var pass = parent.frames[0].document.getElementById("pass");
                                                // 获取第1个框架中的密码文本框
            user.value = "";                    // 清空用户名文本框中的值
            pass.value = "";                    // 清空密码文本框中的值
        }
}
window.onload = function(){                     // 页面初始化处理函数
    var b = document.getElementById("submit");// 获取【提交】按钮
    b.onclick = request;                        // 绑定鼠标单击事件处理函数
}
</script>
</head>
<body>
<h1>用户登录</h1>
用户名 <input name="" id="user" type="text"><br /><br />
密  码 <input name="" id="pass" type="password"><br /><br />
<input name="submit" type="button" id="submit" value="提交" />
</body>
</html>
```

由于回调函数是在服务器端文件中被调用的，所以对象作用域的范围就发生了变化，此时应该指明它的框架集和框架名或序号，否则在页面操作中会找不到指定的元素。

（3）在服务器端的文件中设计响应处理函数，该函数将分解 HTTP 传递过来的 URL 信息，获取查询字符串，并根据查询字符串中用户名和密码，判断当前输入的信息是否正确，并决定具体响应的信息。

```javascript
<html>
<head>
<title>服务器端响应和处理页面</title>
<script>
window.onload = function(){// 服务器响应处理函数，当该页面被请求加载时触发
    var query = location.search.substring(1); // 获取 HTTP 请求的 URL 中所包含的查询字符串
    var a = query.split("&");                   // 劈开查询字符串为数组
    var o ={};                                  // 临时对象直接量
    for(var i = 0; i < a.length; i ++ ){        // 遍历查询字符串数组
        var pos = a[i].indexOf("=");            // 找到等号的下标位置
        if(pos == - 1) continue;                // 如果没有等号，则忽略
        var name = a[i].substring(0, pos);      // 获取等号前面的字符串
        var value = a[i].substring(pos + 1);    // 获取等号后面的字符串
        o[name] = unescape(value);              // 把名/值对传递给对象
    }
    var n, b;
    // 如果用户名存在，且等于"admin"，则记录该信息，否则设置为 null
    ((o["user"]) && o["user"] == "admin") ? (n = o["user"]) : (n = null );
    // 如果密码存在，且等于"1234556"，则设置变量b为true，否则为false
    ((o["pass"]) && o["pass"] == "123456") ? (b = true ) : (b = false ) ;
```

```
        // 调用客户端框架集中第 1 个框架中的回调函数,并把处理的信息传递给它。
        parent.frames[0].callback(b, n);
    }
</script>
</head>
<body>
<h1>服务器端响应和处理页面</h1>
</body>
</html>
```

在实际开发中,服务器端文件一般为动态服务器类型的文件,并借助服务器端脚本来获取用户的信息,然后决定响应的内容,如查询数据库,返回查询内容等。本示例以简化的形式演示异步通信的过程,因此没有采用服务器技术。

(4)预览框架集,在客户交互页面中输入用户的登录信息,当向服务器提交请求之后,服务器首先接收从客户端传递过来的信息,并进行处理,然后调用客户端的回调函数把处理后的信息响应回去。示例演示效果如图 10.6 所示。

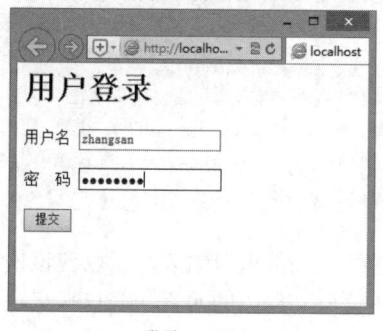
登录

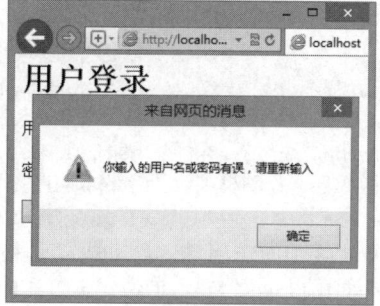
错误提示

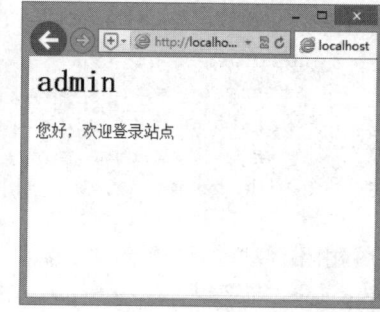
正确提示

图 10.6 异步交互和回调处理效果图

10.7.3 使用浮动框架

扫一扫,看视频

使用框架集设计远程脚本存在如下缺陷:
- 框架集文档需要多个网页文件配合使用,结构不符合标准,也不利于代码优化。
- 框架集缺乏灵活性,如果完全使用脚本控制异步请求与交互,不是很方便。

浮动框架(iframe 元素)与 frameset(框架集)功能相同,但是<iframe>是一个普通标签,可以插入到页面任意位置,不需要框架集管理,也便于 CSS 样式和 JavaScript 脚本控制。

【操作步骤】

(1)在客户端交互页面(main.html)中新建函数 hideIframe(),使用该函数动态创建浮动框架,借助这个浮动框架实现与服务器进行异步通信。

```
// 创建浮动框架
// 参数:url 表示要请求的服务器端文件路径
// 返回值:无
function hideIframe(url){
    var hideFrame = null;                                  // 定义浮动框架变量
    hideFrame = document.createElement("iframe");          // 创建 iframe 元素
    hideFrame.name = "hideFrame";                          // 设置名称属性
    hideFrame.id = "hideFrame";                            // 设置 ID 属性
    hideFrame.style.height = "0px";                        // 设置高度为 0
    hideFrame.style.width = "0px";                         // 设置宽度为 0
```

```javascript
hideFrame.style.position = "absolute";// 设置绝对定位，避免浮动框架占据页面空间
hideFrame.style.visibility = "hidden";  // 设置隐藏显示
document.body.appendChild(hideFrame);  // 把浮动框架元素插入到body元素中
setTimeout(function(){                              // 设置延缓请求时间
    frames["hideFrame"].location.href = url;
}, 10);
}
```

当使用DOM创建iframe元素时，应设置同名的name和id属性，因为不同类型浏览器引用框架时会分别使用name或id属性值。当创建好iframe元素之后，大部分浏览器（如Mozilla和Opera）会需要一点时间（约为几毫秒）来识别新框架并将其添加到帧集合中，因此当加载地址准备向服务器进行请求时，应该使用setTimeout()函数使发送请求的操作延迟10毫秒。这样当执行请求时，浏览器能够识别这些新的框架，避免发生错误。

如果页面中需要多处调用请求函数，则建议定义一个全局变量，专门用来存储浮动框架对象，这样就可以避免每次请求时都创建新的iframe对象。

（2）修改客户端交互页面中request()函数的请求内容，直接调用hideIframe()函数，并传递URL参数信息。

```javascript
function request(){                              // 异步请求函数
    var user = document.getElementById("user");// 获取用户名文本框，注意引用路径的不同
    var pass = document.getElementById("pass");// 获取密码域，注意引用路径的不同
    var s = "iframe_server.html?user=" + user.value + "&pass=" + pass.value;
    hideIframe(s); // 调用函数创建浮动框架，指定请求的服务器文件和传递的信息
}
```

由于浮动框架与框架集是属于不同级别的作用域，浮动框架是被包含在当前窗口中的，所以应该使用parent，而不是parent.frames[0]来调用回调函数，或者在回调函数中读取文档中的元素（客户端交互页面的详细代码请参阅iframe_main.html文件）：

```javascript
function callback(b, n){
    if(b && n){  // 如果返回信息合法，则在页面中显示新的信息
        var e = document.getElementsByTagName("body")[0];
        e.innerHTML = "<h1>" + n + "</h1><p>您好，欢迎登录站点</p>";
    }
    else{// 否则，提示错误信息，并显示表单要求重新输入
        alert("你输入的用户名或密码有误，请重新输入");
        var user = parent.document.getElementById("user");// 获取文档中的用户名文本框
        var pass = parent.document.getElementById("pass");// 获取文档中的密码域
        user.value = "";                        // 清空文本框
        pass.value = "";                        // 清空密码域
    }
}
```

（3）在服务器端响应页面中也应该修改引用客户端回调函数的路径（服务器端响应页面详细代码请参阅server.html文件）。代码如下：

```javascript
window.onload = function(){
    //......
    parent.callback(b, n);                      // 注意，引用路径的变化
}
```

这样通过iframe浮动框架只需要两个文件：客户端交互页面（main.html）和服务器端响应页面（server.html），就可以完成异步信息交互的任务。

（4）预览效果，本例效果与10.7.2节示例相同。用户可以参阅本书示例源代码了解更具体的代码和运行效果。

10.7.4 封装用户代理检测

用户代理（User Agent）字符串是浏览器用来标识自身信息的一串字符，一般包含浏览器品牌、版本、内核、操作系统环境等信息，在 10.2.1 节中曾经简单介绍过浏览器检测方法。用户代理检测是通过检测 User Agent 字符串来确定实际使用的浏览器及其内核等相关信息，本节以上述知识为基础介绍如何封装用户代理检测的方法。

【操作步骤】

（1）定义闭包体。为了不在全局作用域中添加多余的变量，使用模块增强模式来封装检测脚本。检测脚本的基本代码结构如下所示。

```
var client=function(){
    //内部检测代码
}();
```

以上代码封装了一个名称为 client 的函数对象，全局变量 client 保存相关信息。

（2）识别呈现引擎。确切知道浏览器的名字和版本号，不如确切知道它使用的是什么呈现引擎。如果 Firefox、Chrome 和 Firefox 都使用相同版本的 Gecko 引擎，那么它们一定支持相同的特性。因此，本例编写的脚本将主要检测 5 大呈现引擎：IE、Gecko、WebKit、KHTML 和 Opera。

```
var client=function(){
    var engine={                                //呈现引擎
        trident:0,
        gecko:0,
        webkit:0,
        khtml:0,
        presto:0,
        ver:null                                //具体的版本号
    };
    //内部检测代码
    return {
        engine:engine                           //包含着用户浏览器引擎（内核）信息
    };
}();
```

engine 是一个包含默认设置的对象直接量。在这个对象中，每个呈现引擎都对应着一个属性，属性的值默认为 0。如果检测到了哪个呈现引擎，那么就以浮点数值形式将该引擎的版本号写入相应的属性。而呈现引擎的完整版本（字符串），则被写入 ver 属性。这种设计方法可以支持下面这用法。

```
if (client.engine.ie) { //如果是 IE, client.engine.ie 的值应该大于 0
    //针时 IE 的代码
} else if (client.engine.gecko > 1.5){
    if (client.engine.ver =="1.8.1"){
        //针对这个版本执行某些操作
    }
}
```

在检测到一个呈现引擎之后，client.engine 中对应属性将被设置为一个大于 0 的值，该值可以转换成布尔值 true。这样就可以在 if 语句中检测相应的属性，以确定当前使用的呈现引擎，而且不必考虑具体的版本号。由于每个属性都包含一个浮点数值，有可能丢失某些版本信息。例如，将字符串"1.8.1"传入 parseFloat()函数后，会得到数值 1.8。因此，在必要的时候可以检测 ver 属性，该属性会保存完整的版本信息。

> **提示:**
> 要正确地识别呈现引擎,关键是检测顺序要正确。由于用户代理字符串存在很多不一致的地方,如果检测顺序不对,很可能会导致检测结果不正确。

(3)识别WebKit。第2个检测的呈现引擎是WebKit。因为WebKit的用户代理字符串中包含"Gecko"和"KHTML"子字符串,如果首先检测它们,很可能会得出错误的结论。

不过,WebKit的用户代理字符串中的"AppleWebKit"是独一无二的,因此检测这个字符串最合适。下面就是检测该字符串的示例代码。

```javascript
var ua=navigator.userAgent;
if(/AppleWebKit\/(\S+)/.test(ua)){          //匹配Webkit内核浏览器(Chrome、Safari、新Opera)
    engine.ver=RegExp["$1"];
    engine.webkit=parseFloat(engine.ver);
    if(/OPR\/(\S+)/.test(ua)){              //确定是不是引用了Webkit内核的Opera
        browser.ver=RegExp["$1"];
        browser.opera=parseFloat(browser.ver);
    }else if(/Chrome\/(\S+)/.test(ua)){     //确定是不是Chrome
        browser.ver=RegExp["$1"];
        browser.chrome=parseFloat(browser.ver);
    }else if(/Version\/(\S+)/.test(ua)){    //确定是不是高版本(3+)的Safari
        browser.ver=RegExp["$1"];
        browser.safari=parseFloat(browser.ver);
    }else{                                  //近似地确定低版本Safafi版本号
        var SafariVersion=1;
        if(engine.webkit<100){
            SafariVersion=1;
        }else if(engine.webkit<312){
            SafariVersion=1.2;
        }else if(engine.webkit<412){
            SafariVersion=1.3;
        }else{
            SafariVersion=2;
        }
        browser.safari=browser.ver=SafariVersion;
    }
}
```

上面代码先将用户代理字符串保存在变量ua中,然后通过正则表达式来测试其中是否包含字符串"AppleWebKit",并使用正则表达式取得版本号。由于实际的版本号中可能会包含数字、小数点和字母,所以正则表达式中使用了表示非空格的特殊字符(\s)。用户代理字符串中的版本号与下一部分的分隔符是一个空格,因此这个模式可以保证捕获所有版本信息。

test()方法基于用户代理字符串运行正则表达式,如果返回true,就将捕获的版本号保存在engine.ver中,而将版本号的浮点表示保存在engine.webkit中。

(4)识别Opera。检测window.opera对象,Opera 5及更高版本中都有这个对象,用以保存与浏览器相关的标识信息,以及与浏览器直接交互。在Opera 7.6及更高版本中,调用version()方法可以返回一个表示浏览器版本的字符串,而这也是确定Opera版本号的最佳方式。

要检测更早版本的Opera,可以直接检查用户代理字符串,因为那些版本还不支持隐瞒身份。不过,2007底Opera的最高版本已经是9.5了,所以不太可能有人还在使用7.6之前的版本。那么,检测呈现引擎代码的第一步,就是编写如下代码。

```
else if(window.opera){    //只匹配拥有 Presto 内核的老版本 Opera 5+(12.15-)
    engine.ver=browser.ver=window.opera.version();
    engine.presto=browser.opera=parseFloat(engine.ver);
}else if(/Opera[\/\s](\S+)/.test(ua)){   //匹配不支持 window.opera 的 Opera 5-或伪装的
Opera
    engine.ver=browser.ver=RegExp["$1"];
    engine.presto=browser.opera=parseFloat(engine.ver);
}
```

将版本的字符串表示保存在 engine.ver 中，将浮点数值表示的版本保存在 engine.presto 中。如果浏览器是 Opera，测试 window.opera 就会返回 true；否则，就要看看是其他的什么浏览器。

（5）识别 KHTML。呈现引擎 KHTML 的用户代理字符串中也包含"Gecko"，因此在排除 KHTML 之前，我们无法准确检测基于 Gecko 的浏览器。KHTML 的版本号与 WebKit 的版本号在用户代理字符串中的格式差不多，因此可以使用类似的正则表达式。

此外，由于 Konqueror 3.1 及更早版本中不包含 KHTML 的版本，故而就要使用 Konqueror 的版本来代替。下面就是相应的检测代码。

```
else if(/KHTML\/(\S+)/.test(ua)||/Konqueror\/([^;]+)/.test(ua)){
    engine.ver=browser.ver=RegExp["$1"];
    engine.khtml=browser.konq=parseFloat(engine.ver);
}else if(/rv:([^\)]+)\) Gecko\/\d{8}/.test(ua)){   //判断是不是基于 Gecko 内核
    engine.ver=RegExp["$1"];
    engine.gecko=parseFloat(engine.ver);
    if(/Firefox\/(\S+)/.test(ua)){   //确定是不是 Firefox
        browser.ver=RegExp["$1"];
        browser.firefox=parseFloat(browser.ver);
    }
}
```

与前面一样，由于 KHTML 的版本号与后继的标记之间有一个空格，因此仍然要使用特殊的非空格字符来取得与版本有关的所有字符。然后，将字符串形式的版本信息保存在 engine.ver 中，将浮点数值形式的版本保存在 engin.khtml 中。

如果 KHTML 不在用户代理字符串中，那么就要匹配 Konqueror 后跟一个斜杠，再后跟不包含分号的所有字符。在排除了 WebKit 和 KHTML 之后，就可以准确地检测 Gecko 了。但是，在用户代理字符串中，Gecko 的版本号不会出现在字符串"Gecko"的后面，而是会出现在字符串"rv:"的后面。这样，就必须使用一个比前面复杂一些的正则表达式，如上所示。

Gecko 的版本号位于字符串"rv:"与一个闭括号之间，因此为了提取出这个版本号，正则表达式要查找所有不是闭括号的字符，还要查找字符串"Gecko/"后跟 8 个数字。如果上述模式匹配，就提取出版本号并将其保存在相应的属性中。

（6）识别 IE。IE 的版本号位于字符串"MS IE"的后面、一个分号的前面，因此相应的正则表达式非常简单。

```
else if(/Trident\/([\d\.]+)/.test(ua)){               //确定是否是 Trident 内核的浏览器(IE8+)
    engine.ver=RegExp["$1"];
    engine.trident=parseFloat(engine.ver);
    if(/rv\:([\d\.]+)/.test(ua)||/MSIE ([^;]+)/.test(ua)){   //匹配 IE8-11+
        browser.ver=RegExp["$1"];
        browser.ie=parseFloat(browser.ver);
    }
}else if(/MSIE ([^;]+)/.test(ua)){                    //匹配 IE6、IE7
```

```
    browser.ver=RegExp["$1"];
    browser.ie=parseFloat(browser.ver);
    engine.ver=browser.ie-4.0;              //模拟IE6、IE7中的Trident值
    engine.trident=parseFloat(engine.ver);
}
```

（7）识别浏览器。

大多数情况下，识别了浏览器的呈现引擎就足够了。但是只有呈现引擎还不能区分。例如，苹果公司的 Safari 浏览器和谷歌公司的 Chrome 浏览器都使用 WebKit 作为呈现引擎，但它们的 JavaScript 引擎却不一样。在这两款浏览器中，client.webkit 都会返回非 0 值，因此还需要识别浏览器。

```
var client=function(){
    var browser={    //浏览器
        ie:0,
        firefox:0,
        safari:0,
        konq:0,
        opera:0,
        chrome:0,
        ver:null     //具体的版本号
    };
    return {
        engine:engine,   //包含着用户浏览器引擎（内核）信息
        browser:browser, //包括用户浏览器品牌与版本信息
    };
}();
```

在闭包中又添加了私有变量 browser，用于保存每个主要浏览器的属性。与 engine 变量一样，除了当前使用的浏览器，其他属性的值将保持为 0，如果是当前使用的浏览器，则这个属性中保存的是浮点数值形式的版本号。同样，ver 属性中将会包含字符串形式的浏览器完整版本号。由于大多数浏览器与其呈现引擎密切相关，具体实现方法可以参考上面分解步骤，具体代码请参考资源包示例。

（8）识别平台。目前 3 大主流平台是 Windows、Mac 和 Unix（包括 Linux）。为了检测这些平台，也需要再添加一个新对象。

```
var system={      //操作系统
    win:false,
    mac:false,
    x11:false
};
```

system 包含 3 个属性，win 属性表示是否为 Windows 平台，mac 表示 Mac，而 x11 表示 Unix。与呈现引擎不同，在不能访问操作系统或版本的情况下，平台信息通常是很有限的。对这 3 个平台而言，浏览器一般只报告 Windows 版本。为此，新变量 system 的每个属性最初都保存着布尔值 false，而不是像呈现引擎属性那样保存着数字值。

在确定平台时，检测 navigator.platform 要比检测用户代理字符串更简单，后者在不同浏览器中会给出不同的平台信息。而 navigator.platform 属性值包括"Win32"、"Win64"、"MacPPC"、"MacIntel"、"X11"和"Linux i686"，这些值在不同的浏览器中都是一致的。检测平台的代码非常直观，如下所示。

```
var p=navigator.platform;                   //判断操作系统
system.win=p.indexOf("Win")==0;
system.mac=p.indexOf("Mac")==0;
system.x11=(p.indexOf("X11")==0)||(p.indexOf("Linux")==0);
```

以上代码使用 indexOf()方法查找平台字符串的开始位置。

（9）识别 Windows 操作系统。在 Windows 平台下，还可以从用户代理字符串中进一步取得具体的操作系统信息。

在 Windows XP 之前，Windows 有两种版本，分别针对家庭用户和商业用户：针对家庭用户的版本分别是 Windows 95、Windows 98 和 Windows ME；针对商业用户的版本则一直叫做 Window NT，最后改名为 Windows 2000。这两个产品线后来又合并成 Windows XP。随后，微软在 Windows XP 基础上又构建了 Windows Vista。只有了解这些信息，才能搞清楚用户代理字符串中 Windows 操作系统的具体版本。具体实现代码如下：

```
if(system.win){
    if(/Win(?:dows )?([^do]{2})\s?(\d+\.\d+)?/.test(ua)){
        if(RegExp["$1"]=="NT"){
            switch(RegExp["$2"]){
                case "5.0":
                    system.win="2000";
                    break;
                case "5.1":
                    system.win="XP";
                    break;
                case "6.0":
                    system.win="Vista";
                    break;
                case "6.1":
                    system.win="7";
                    break;
                case "6.2":
                    system.win="8";
                    break;
                case "6.3":
                    system.win="8.1";
                    break;
                case "6.4":
                    system.win="10";
                    break;
                case "10":
                    system.win="10";
                    break;
                default:
                    system.win="NT";
                    break;
            }
        }else if(RegExp["$1"]=="9x"){
            system.win="ME";
        }else{
            system.win=RegExp["$1"];
        }
    }
}
```

（10）实际开发中，引用上述代码后（完整代码请参考资源包示例），可以编写代码如下，灵活运用 client 对象中的信息。

```
if(client.engine.webkit){ //如果是基于 Webkit 内核的浏览器
```

```
        if(client.browser.chrome){           //若是 Google Chrome 浏览器
            //执行针对 Chrome 的代码
        } else if(client.browser.safari){
            //执行针对 Safari 的代码
        }
} else if (client.engine.gecko){//若是基于 Cecko 内核的浏览器
        if(client.browser.firefox){
            //执行针对 Firefox 的代码
        } else {
            //执行针对其他基于 Gecko 内核的浏览器的代码
        }
}
```

(11) 以下代码具体演示了如何使用 client 对象来检测用户代理信息。

```
alert(client.ua);
var browserName="";              //保存当前使用的浏览器品牌信息
var browserVer=0;                //保存当前使用的浏览器版本信息
for(var i in client.browser){
   if(client.browser[i]){
      browserName=i;
      browserVer=client.browser[i];
      break;
   }
}
var useEngine="";                //保存当前浏览器引擎（内核）名称
var engineVer=0;                 //保存当前使用的浏览器引擎版本
for(var i in client.engine){
   if(client.engine[i]){
      useEngine=i;
      engineVer=client.engine[i];
      break;
   }
}
var useSystem="";                //保存当前操作系统信息
for(var i in client.system){
   if(client.system[i]){
      i== "win"?useSystem = "Windows "+client.system[i]:useSystem=i;
      break;
   }
}
alert( "当前使用的浏览器："+browserName
    + "\n 浏览器版本："+browserVer
    + "\n 浏览器内核："+useEngine
    + "\n 内核版本："+engineVer
    + "\n 当前操作系统："+useSystem);
```

第 11 章 DOM 操作

DOM（Document Object Model，文档对象模型）是 W3C 制订的一套技术规范，用来描述 JavaScript 脚本怎样与 HTML 或 XML 文档进行交互的 Web 标准。DOM 规定了一系列标准接口，允许开发人员通过标准方式访问文档结构、操作网页内容、控制样式和行为等。本章将介绍 DOM 规范，以及规范化文档操作的基本方法和技巧。

【学习重点】
- 了解 DOM。
- 使用 JavaScript 操作节点。
- 使用 JavaScript 操作元素节点。
- 使用 JavaScript 操作文本和属性节点。
- 使用 JavaScript 操作文档节点。

11.1 DOM 基础

在 W3C 推出 DOM 标准之前，市场已经流行了不同版本的 DOM 规范，主要包括 IE 和 Netscape 两个浏览器厂商各自制订的私有规范，这些规范定义了一套文档结构操作的基本方法。虽然这些规范存在差异，但是思路和用法基本相同，如文档结构对象、事件处理方式、脚本化样式等。习惯上，我们把这些规范称为 DOM 0 级。虽然这些规范没有统一，也未实现标准化，但是得到所有浏览器的支持，并被广泛应用。

1998 年 W3C 对 DOM 进行标准化，并先后推出了 3 个不同的版本，下面重点说明一下。

注意，虽然每个版本都是在上一个版本的基础上进行完善和扩展的，但是在某些情况下，不同版本之间可能会存在不兼容的规定。

1. DOM 1 级

1998 年 10 月，W3C 推出 DOM 1.0 版规范，作为推荐标准进行正式发布。其中主要包括两个子规范。
- DOM Core（核心部分）：把 XML 文档设计为树形节点结构，并为这种结构的运行机制制订了一套规范化标准。同时定义了创建、编辑、操纵这些文档结构的基本属性和方法。
- DOM HTML：针对 HTML 文档、标签集合，以及与个别 HTML 标签相关的元素定义了对象、属性和方法。

2. DOM 2 级

2000 年 11 月，W3C 正式发布了更新后的 DOM 核心部分，并在这次发布中添加了一些新规范，于是人们就把这次发布的 DOM 称为 2 级规范。

2003 年 1 月，W3C 又正式发布了对 DOM HTML 子规范的修订，针对 HTML 4.01 和 XHTML 1.0 版本文档添加了很多对象、属性和方法。W3C 把新修订的 DOM 规范统称为 DOM 2.0 推荐版本。该版本主要包括 6 个推荐子规范。
- DOM2 Core：继承自 DOM Core 子规范，系统规定了 DOM 文档结构模型，添加了更多的特性，如针对命名空间的方法等。

- DOM2 HTML：继承自 DOM HTML，系统规定了针对 HTML 的 DOM 文档结构模型，并添加了一些属性。
- DOM2 Events：规定了与鼠标相关的事件（包括目标、捕获、冒泡和取消）的控制机制，但不包含与键盘相关事件的处理部分。
- DOM2 Style（或 DOM2 CSS）：提供了访问和操纵所有与 CSS 相关的样式及规则的能力。
- DOM2 Traversal 和 DOM2 Range：DOM2 Traversal 规范允许开发人员通过迭代方式访问 DOM，DOM2 Range 规范允许对指定范围的内容进行操作。
- DOM2 Views：提供了访问和更新文档表现（视图）的能力。

这 6 个子规范之间的关系如图 11.1 所示，从中可以看到它们之间存在很大的关联性。DOM 2 级规范已经成为目前各大浏览器支持的主流标准，但是早期 IE（如 IE 6、IE 7）对于该规范的支持还不尽人意，特别是 DOM2 Traversal 和 DOM2 Range。

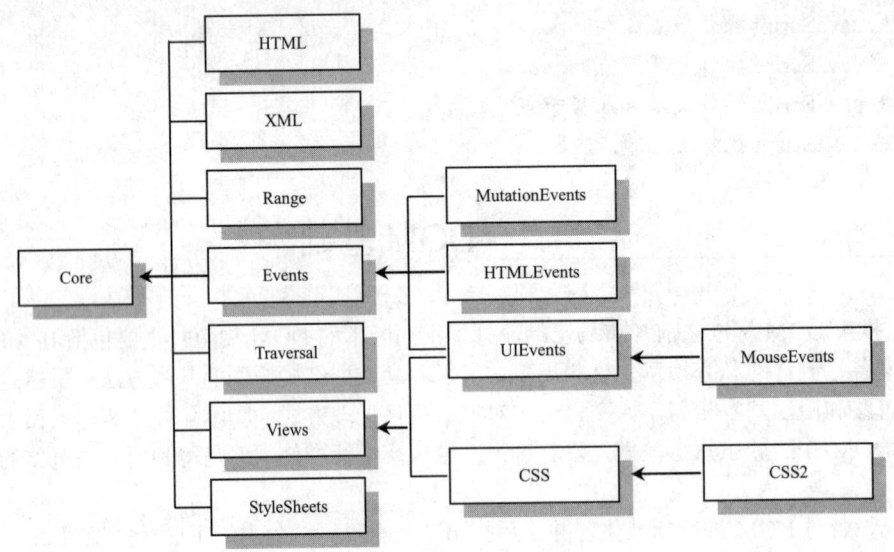

图 11.1 DOM 2 级各个子规范之间的关系

3. DOM 3 级

2004 年 4 月，W3C 发布了 DOM 3.0 版本。该版本主要包括以下 3 个推荐子规范。

- DOM3 Core：继承于 DOM2 Core，并添加了更多的新方法和属性，同时修改了已有的一些方法。
- DOM3 Load and Save：提供将 XML 文档的内容加载到 DOM 文档中，以及将 DOM 文档序列化为 XML 文档的能力。
- DOM3 Validation：提供了确保动态生成的文档的有效性的能力，即如何符合文档类型声明。

目前，最新版本的主流浏览器都能够局部支持 DOM 3 级推荐规范。用户可以使用 document.implementation.hasFeature(dom, ver)方法检测当前浏览器对 DOM 各个模块及其版本级别的支持状态。其中，参数 dom 表示 DOM 模块，如"HTML"；参数 ver 表示模块级别，如"1.0"。其简单说明如表 11.1 所示。

表 11.1 DOM 模块分类说明

DOM 模块	适用级别	简单说明
Core	1 级、2 级、3 级	DOM 1 级和 2 级的基本方法，以及 DOM2 级中的 XML 命名空间
XML	1 级、2 级、3 级	DOM1 级、2 级和 3 级中的 XML 1.0
HTML	1 级、2 级、3 级	DOM1 级、2 级和 3 级中的 HTML 4.0，以及 DOM 2 级 XHTML 1.0

（续）

DOM 模块	适用级别	简单说明
Views	2 级	用于 CSS 和 UIEvents 模块
StyleSheets	2 级	针对关联样式表和文档
CSS	2 级	针对层叠样式表进行的扩展
CSS2	2 级	针对层叠样式表 2 级进行的扩展
Events	2 级	针对一般事件
UIEvents	2 级	针对一般用户界面事件
MouseEvents	2 级	针对鼠标事件
MutationEvents	2 级	针对 DOM 树中的事件变化
HTMLEvents	2 级	针对 HTML 4.01 的特定事件
Range	2 级	针对 DOM 树中的范围操作
Traversal	2 级	对 DOM 树的迭代和遍历方法
LS	3 级	动态将文档加载到 DOM 树中
LS-Async	3 级	动态异步将文档加载到 DOM 树中
Validation	3 级	对面向模式（schema）修正 DOM 的支持

> **提示：**
> 访问 http://www.w3.org/2003/02/06-dom-support.html 页面，会自动显示当前浏览器对 DOM 的支持状态。在与符合标准的 DOM 脚本合作方面，IE 怪异模式（早期版本）表现最差，仅支持 HTML 1.0 模块。因此，在设计 JavaScript 客户端脚本时，适当考虑标准方式和 IE 方式的兼容性。

11.2 使用节点

DOM 1 级定义了 Node 接口，该接口为 DOM 的所有节点类型定义了原始类型。JavaScript 实现了这个接口，定义所有节点类型必须继承 Node 类型。作为 Node 的子类或孙类，都拥有 Node 的基本属性和方法。

11.2.1 节点类型

DOM 规定：整个文档是一个文档节点，每个标签是一个元素节点，元素包含的文本是文本节点，元素的属性是一个属性节点，注释属于注释节点，如此等等。

每个节点都有一个 nodeType 属性，用于表明节点的类型，简单说明如表 11.2 所示，该表列出了不同的节点类型，以及它们可拥有的子节点类型。

扫一扫，看视频

表 11.2 DOM 节点类型说明

节点类型	说明	可包含的子节点类型
Document	表示整个文档，DOM 树的根节点	Element（最多 1 个）、ProcessingInstruction、Comment、DocumentType
DocumentFragment	表示文档片段，轻量级的 Document 对象，仅包含部分文档	ProcessingInstruction、Comment、Text、CDATASection、EntityReference
DocumentType	为文档定义的实体提供接口	无

(续)

节点类型	说 明	可包含的子节点类型
ProcessingInstruction	表示处理指令	无
EntityReference	表示实体引用元素	ProcessingInstruction、Comment、Text、CDATASection、EntityReference
Element	表示元素	Text、Comment、ProcessingInstruction、CDATASection、EntityReference
Attr	表示属性	Text、EntityReference
Text	表示元素或属性中的文本内容	无
CDATASection	表示文档中的 CDATA 区段,其包含的文本不会被解析器解析	无
Comment	表示注释	无
Entity	表示实体	ProcessingInstruction、Comment、Text、CDATASection、EntityReference
Notation	表示在 DTD 中声明的符号	无

使用 nodeType 属性返回值可以判断一个节点的类型,具体说明如表 11.3 所示。

表 11.3 nodeType 属性返回值说明

节 点 类 型	nodeType 返回值	常 量 名
Element	1	ELEMENT_NODE
Attr	2	ATTRIBUTE_NODE
Text	3	TEXT_NODE
CDATASection	4	CDATA_SECTION_NODE
EntityReference	5	ENTITY_REFERENCE_NODE
Entity	6	ENTITY_NODE
ProcessingInstruction	7	PROCESSING_INSTRUCTION_NODE
Comment	8	COMMENT_NODE
Document	9	DOCUMENT_NODE
DocumentType	10	DOCUMENT_TYPE_NODE
DocumentFragment	11	DOCUMENT_FRAGMENT_NODE
Notation	12	NOTATION_NODE

【示例】 本例演示如何借助节点的 nodeType 属性检索当前文档中包含元素的个数,演示效果如图 11.2 所示。

```
<!doctype html>
<html>
<head>
<meta charset="utf-8">
</head>
```

```html
<body>
<h1>DOM</h1>
<p>DOM 是<cite>Document Object Model</cite>首字母简写,中文翻译为<b>文档对象模型</b>,
是<i>W3C</i>组织推荐的处理可扩展标识语言的标准编程接口。</p>
<ul>
    <li>D 表示文档,HTML 文档结构。</li>
    <li>O 表示对象,文档结构的 JavaScript 脚本化映射。</li>
    <li>M 表示模型,脚本与结构交互的方法和行为。</li>
</ul>
<script>
function count(n){                          //定义文档元素统计函数
    var num = 0;                            // 初始化变量
    if(n.nodeType == 1)                     // 检查是否为元素节点
    num ++ ;                                // 如果是,则计数器加1
    var son = n.childNodes;                 // 获取所有子节点
    for(var i = 0; i < son.length; i ++ ){  // 循环统一每个子元素
        num += count (son[i]);              // 递归操作
    }
    return num;                             // 返回统计值
}
console.log("当前文档包含 " + count(document) + " 个元素");// 计算元素的总个数
</script>
</body>
</html>
```

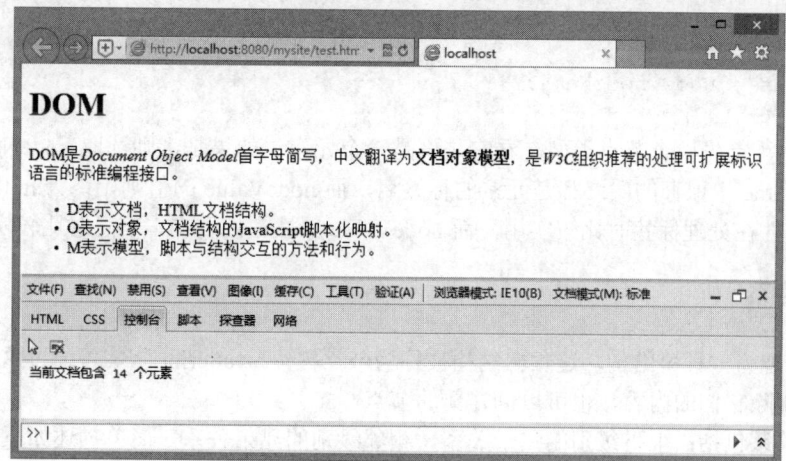

图 11.2 使用 nodeType 属性检索文档中元素个数

在上面的 JavaScript 脚本中,定义了一个计数函数,然后通过递归方式逐层检索 document 下所包含的全部节点,在计数函数中再通过 nodeType 属性是否为 1 过滤掉非元素节点,从而统计出文档中包含的全部元素个数。

11.2.2 节点名称和值

使用节点的 nodeName 和 nodeValue 属性可以读取节点的名称和值。这两个属性的值完全取决于节点的类型,具体说明如表 11.4 所示。

扫一扫,看视频

表 11.4 节点的 nodeName 和 nodeValue 属性说明

节点类型	nodeName 返回值	nodeValue 返回值
Document	#document	null
DocumentFragment	#document-fragment	null
DocumentType	doctype 名称	null
EntityReference	实体引用名称	null
Element	元素的名称（或标签名称）	null
Attr	属性的名称	属性的值
ProcessingInstruction	target	节点的内容
Comment	#comment	注释的文本
Text	#text	节点的内容
CDATASection	#cdata-section	节点的内容
Entity	实体名称	null
Notation	符号名称	null

【示例】 在读取这两个属性值之前，最好是先检测一下节点的类型。

```
var node = document.getElementsByTagName("body")[0];
if (node.nodeType==1)
    var value = node.nodeName;
console.log(value);
```

在上面示例中，首先检查节点类型，看它是不是一个元素。如果是，则读取 nodeName 的值。对于元素节点，nodeName 中保存的始终都是元素的标签名，而 nodeValue 的值则始终为 null。

nodeName 属性在处理标签时比较实用，而 nodeValue 属性在处理文本信息时比较实用。

11.2.3 节点关系

扫一扫，看视频

DOM 把文档视为一种树结构，这种树结构被称为节点树。JavaScript 脚本可通过这棵树访问所有节点，可以修改或删除它们的内容，也可以创建新的节点。

节点之间的关系包括：上下级别的父子关系，相邻级别的兄弟关系。简单描述如下：

- 在节点树中，最顶端节点为根节点。
- 除了根节点之外，每个节点都有一个父节点。
- 节点可以包含任何数量的子节点。
- 叶子是没有子节点的节点。
- 同级节点是拥有相同父节点的节点。

【示例】 HTML 文档结构。

```
<!doctype html>
<html>
<head>
<title>标准 DOM 示例</title>
```

```
        <meta charset="utf-8">
    </head>
    <body>
        <h1>标准 DOM</h1>
        <p>这是一份简单的<strong>文档对象模型</strong></p>
        <ul>
            <li>D 表示文档，DOM 的结构基础</li>
            <li>O 表示对象，DOM 的对象基础</li>
            <li>M 表示模型，DOM 的方法基础</li>
        </ul>
    </body>
</html>
```

在上面 HTML 结构中，首先是 DOCTYPE 文档类型声明，然后是 html 元素，网页里所有元素都包含在这个元素里。从文档结构看，html 元素既没有父辈，也没有兄弟。如果用树来表示的话，这个 html 元素就是树根，代表整个文档。由 html 元素派生出 head 和 body 两个子元素，它们属于同一级别，且互不包含，可以称之为兄弟关系。head 和 body 元素拥有共同的父元素 html，同时它们又是其他元素的父元素，但包含的子元素不同。head 元素包含 title 元素，title 元素又包含文本节点"标准 DOM 示例"。body 元素包含 3 个子元素：h1、p 和 ul，它们是兄弟关系。如果继续访问，ul 元素也是一个父元素，它包含 3 个 li 子元素。整个文档如果使用树形结构表示，示意图如图 11.3 所示。

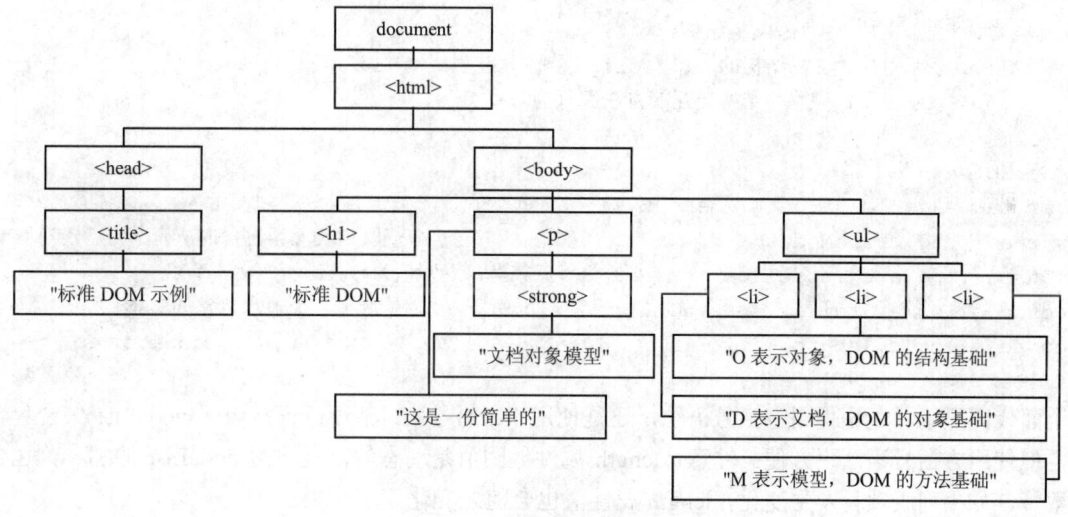

图 11.3　文档对象模型的树形结构

使用这种树形结构可以很直观地把文档结构中各个元素之间的关系表现出来。在 DOM 中，网页中所有对象（文档、元素、文本、属性等）都被称为节点，与使用家谱术语相比，使用节点来描述网页文档中不同对象会更加准确。

11.2.4　访问节点

通过节点之间的树形关系，我们可以定位文档中每个节点。DOM 为 Node 类型定义如下属性，以方便 JavaScript 对文档树中每个节点进行遍历。

- ownerDocument：返回当前节点的根元素（document 对象）。
- parentNode：返回当前节点的父节点。所有的节点都仅有一个父节点。
- childNodes：返回当前节点的所有子节点的节点列表。

- firstChild：返回当前节点的首个子节点。
- lastChild：返回当前节点的最后一个子节点。
- nextSibling：返回当前节点之后相邻的同级节点。
- previousSibling：返回当前节点之前相邻的同级节点。

1. childNodes

每个节点都有一个 childNodes 属性，该属性保存着一个 nodeList 对象，它表示所有子节点的列表。

提示：

nodeList 是一种类数组对象，用于保存一组有序的节点，用户可以通过下标位置来访问这些节点。虽然 childNodes 可以通过方括号语法来访问 nodeList 的值，而且 childNodes 对象包含一个 length 属性，它表示列表包含子节点的个数（长度），但 childNodes 并不是数组，不能够直接调用数组的方法。

注意：

nodeList 对象实际上是基于 DOM 结构动态执行查询的结果，DOM 结构的变化能够自动反映在 nodeList 对象中。因此，我们不能够以静态的方式处理 nodeList 对象。

【示例 1】 本例展示了如何访问保存在 nodeList 中的节点：通过方括号，也可以使用 item()方法（test1.html）。

```
<ul>
    <li>D 表示文档，HTML 文档结构。</li>
    <li>O 表示对象，文档结构的 JavaScript 脚本化映射。</li>
    <li>M 表示模型，脚本与结构交互的方法和行为。</li>
</ul>
<script>
var tag = document.getElementsByTagName("ul")[0];   // 获取列表元素
var a = tag.childNodes;                             // 获取列表元素包含的所有节点
console.log(a[0].nodeType);   //第1个节点类型，返回值为3，显示为文本节点
console.log(a.item(1).innerHTML);          // 显示第 2 个节点包含的文本
console.log(a.length);                     // 包含子节点个数，nodeList 长度
</script>
```

上面代码显示，无论使用方括号语法，还是使用 item()方法，都可以正常访问 nodeList 集合包含的元素，但使用方括号语法更方便。注意，length 属性返回值是动态的，是访问 nodeList 的那一刻包含的节点数量，如果列表项目发生变化，length 属性值也会随之变化。

【示例 2】 使用 Array.prototype.slice()方法可以把 nodeList 转换为数组，这样能够调用数组的相关方法。以示例 1 为基础，下面示例把 nodeList 转换为数组，然后调用数组的 reverse()方法，颠倒数组中元素的顺序，这样我们看到第一个列表项包含文本为"M 表示模型，脚本与结构交互的方法和行为。"，如图 11.4 所示（test2.html）。

```
var tag = document.getElementsByTagName("ul")[0];     // 获取列表元素
var a = Array.prototype.slice.call(tag.childNodes,0);  //把 nodeList 转换为数组
a.reverse();                              //颠倒数组中元素的顺序
console.log(a[0].nodeType);   //第1个节点类型，返回值为3，显示为文本节点
console.log(a[1].innerHTML);               // 显示第 2 个节点包含的文本
console.log(a.length);                     // 包含子节点个数，nodeList 长度
```

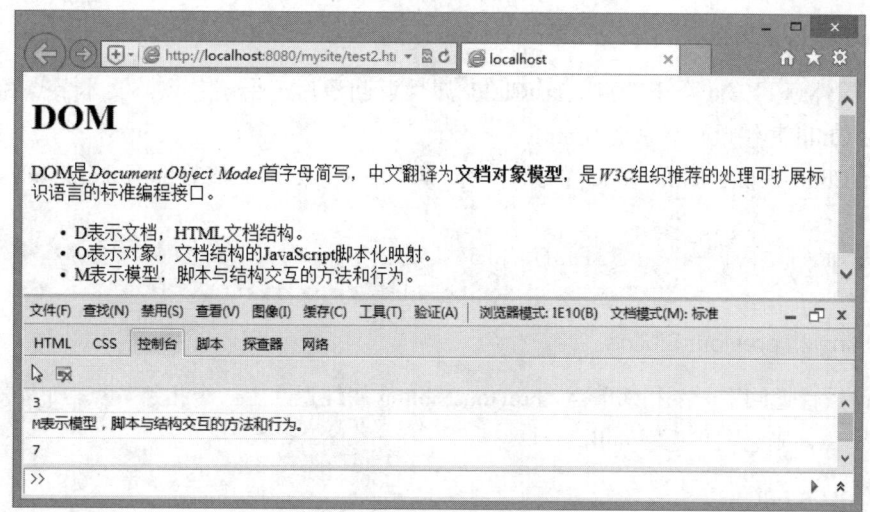

图 11.4 把 nodeList 转换为数组

【示例 3】 上面示例在 IE8 及之前版本中无效。由于 IE8 及更早版本将 nodeList 实现为一个 COM 对象，要想将 nodeList 转换为数组，必须手动枚举所有成员。以下代码在所有浏览器中都可以运行（test3.html）。

```
//工具函数，把 nodeList 转换为数组。
//参数 nodes 表示 nodeList，返回值为数组或者 null
function convertToArray(nodes){
    var array = null;
    try {
        array = Array.prototype.slice.call(nodes, 0); //非 IE 或者 IE9+
    } catch (ex) {
        array = new Array();
        for (var i=0, len=nodes.length; i < len; i++){
            array.push(nodes[i]);
        }
    }
    return array;
}
```

convertToArray()函数首先尝试转换数组的最简单方式。如果导致了错误，说明是在 IE8 及更早版本中执行，则通过 try-catch 语句块来捕获错误，然后手动创建数组。

📢 提示：

> 文本节点和属性节点都不包含任何子节点，所以它们的 childNodes 属性永远返回一个空 nodeList。如果判断一个节点是否包含有子节点，可以使用 haschildNodes()方法进行快速判断，或者使用 childNodes.length 值是否为 0 来进行判断。

2. parentNode

每个节点都有一个 parentNode 属性，该属性指向文档树中的父节点。包含在 childNodes 列表中的所有节点都具有相同的父节点，因此它们的 parentNode 属性都指向同一个节点。

parentNode 属性返回节点永远是一个元素类型节点，因为只有元素节点才可能包含子节点。不过 document 节点没有父节点，document 节点的 parentNode 属性将返回 null。

3. firstChild 和 lastChild

firstChild 属性返回第一个子节点，lastChild 属性返回最后一个子节点。文本节点和属性节点的 firstChild 和 lastChild 属性返回值总是为 null。

注意，firstChild 等价于 childNodes 的第一个元素，lastChild 属性值等价于 childNodes 的最后一个元素：

```
node.childNodes[0] = node.firstChild
node.childNodes[node.childNodes.length-1] = node.lastChild
```

4. nextSibling 和 previousSibling

nextSibling 属性返回下一个相邻节点，previousSibling 属性返回上一个相邻节点。如果没有同属一个父节点的相邻节点，则它们将返回 null。

5. ownerDocument

在 DOM 文档树中，可以使用 ownerDocument 属性访问根节点。

```
node.ownerDocument
```

通过每个节点的 ownerDocument 属性，我们可以不必通过层层回溯的方式到达顶端，而是可以直接访问文档节点。另外，用户也可以使用以下方式访问根节点。

```
document.documentElement
```

【示例 4】 以根节点为起点，利用节点的树形关系，我们可以遍历文档中所有节点。例如，针对以下文档结构。

```
<!doctype html>
<html>
<head>
<meta charset="utf-8">
</head>
<body><span class="red">body</span>元素</body></html>
```

可以使用下面的方法获取对 body 元素的引用。

```
var b = document.documentElement.lastChild;
```

或者：

```
b = document.documentElement.firstChild.nextSibling.nextSibling;
```

然后再通过下面的方法获取 span 元素中包含的文本：

```
var text = document.documentElement.lastChild.firstChild.firstChild.nodeValue;
```

上述反映节点关系的所有属性都是只读的，其中 childNodes 属性与其他属性相比更方便一些，因为只须使用简单的关系指针，就可以通过它访问文档树中的任何节点。

另外，hasChildNodes()是一个非常有用的方法，当节点包含一或多个子节点时，该方法返回 true，否则返回 false。这比查询 childNodes 列表的 length 属性更简单、有效。

扫一扫，看视频

11.2.5 操作节点

Node 类型为所有节点定义了很多原型方法，以方便对节点进行操作，其中获得所有浏览器一致支持的方法如表 11.5 所示。

表 11.5 Node 类型原型方法说明

方　　法	说　　明
appendChild()	向节点的子节点列表的结尾添加新的子节点
cloneNode()	复制节点
hasChildNodes()	判断当前节点是否拥有子节点
insertBefore()	在指定的子节点前插入新的子节点
normalize()	合并相邻的 Text 节点并删除空的 Text 节点
removeChild()	删除（并返回）当前节点的指定子节点
replaceChild()	用新节点替换一个子节点

其中 appendChild()、insertBefore()、removeChild()、replaceChild()方法用于对子节点进行添加、删除和复制操作。要使用这几个方法必须先取得父节点，可以使用 parentNode 属性。另外，并不是所有类型的节点都有子节点，如果在不支持子节点的节点上调用了这些方法将会导致错误发生。由于这些方法多用于操作元素，因此我们将在下面章节中再详细说明。

cloneNode()方法用于克隆节点，用法如下：
```
nodeObject.cloneNode(include_all)
```
参数 include_all 为布尔值，如果为 true，那么将会克隆原节点，以及所有子节点；为 false 时，仅复制节点本身。复制后返回的节点副本属于文档所有，但并没有为它指定父节点，需要通过 appendChild()、insertBefore()或 replaceChild()方法将它添加到文档中。

◆)) 注意：

cloneNode()方法不会复制添加到 DOM 节点中的 JavaScript 属性，如事件处理程序等。这个方法只复制 HTML 特性或子节点，其他一切都不会复制。IE 在此存在一个 bug，即它会复制事件处理程序，所以建议在复制之前最好先移除事件处理程序。

【示例】　本例演示了 cloneNode()方法的克隆过程，其中为列表框绑定一个 onclick 事件处理程序，通过深度克隆之后，新的列表框没有添加 JavaScript 事件，仅克隆了 HTML 类样式和 style 属性，如图 11.5 所示。

```
<!doctype html>
<html>
<head>
<meta charset="utf-8">
<style type="text/css">
.red {color:red;}
</style>
</head>
<body>
<h1>DOM</h1>
<p>DOM 是<cite>Document Object Model</cite>首字母简写，中文翻译为<b>文档对象模型</b>，是<i>W3C</i>组织推荐的处理可扩展标识语言的标准编程接口。</p>
<ul>
    <li class="red">D 表示文档，HTML 文档结构。</li>
    <li title="列表项目 2">O 表示对象，文档结构的 JavaScript 脚本化映射。</li>
    <li style="color:red;">M 表示模型，脚本与结构交互的方法和行为。</li>
</ul>
<script>
var ul = document.getElementsByTagName("ul")[0];    // 获取列表元素
```

```
ul.onclick = function(){                        // 绑定事件处理程序
    this.style.border= "solid blue 1px";
}
var ul1 = ul.cloneNode(true);                   // 深度克隆
document.body.appendChild(ul1);                 // 添加到文档树中 body 元素下
</script>
</body>
</html>
```

图 11.5 深度克隆

normalize()是一个非常实用的方法，其主要作用就是处理文档树中的文本节点，具体说明和示例可参考 11.5.2 节内容。

11.3 使用文档节点

在 DOM 中，Document 类型表示文档节点，HTMLDocument 是 Document 的子类，document 对象是 HTMLDocument 的实例，它表示 HTML 文档。同时，document 对象又是 window 对象的属性，因此可以在全局作用域中直接访问 document 对象。

Document 节点具有如下特征：
- nodeType 值为 9。
- nodeName 值为"#document"。
- nodeValue 值为 null。
- parentNode 值为 null。
- ownerDocument 值为 null。
- 其子节点可能是：DocumentType（最多一个）、Element（最多一个）、ProcessingInstruction 或 Comment。

扫一扫，看视频

11.3.1 访问文档子节点

访问文档子节点的方法有两种：
- 使用 documentElement 属性，该属性始终指向 HTML 页面中的 html 元素。
- 使用 childNodes 列表访问文档元素。

例如，下面代码都可以找到 html 元素，不过使用 documentElement 属性更快捷。

```
var html = document.documentElement;
```

```
var html = document.childNodes[0];
var html = document.firstChild;
```
document 对象有一个 body 属性,使用它可以访问 body 元素。例如:
```
var body = document.body;
```
所有浏览器都支持 document.documentElement 和 document.body 用法。

<!DOCTYPE>标签是一个与文档主体不同的实体,可以通过 doctype 属性访问它。例如:
```
var doctype = document.doctype;
```
由于浏览器对 document.doctype 的支持不一致,因此开发人员很少使用。

在 html 元素之外的注释也算是文档的子节点,但是不同的浏览器在处理它们时存在很大差异,在实际应用中也没有什么用处,用户可以忽略。

从技术上讲,我们不需要为 document 对象调用 appendChild()、removeChild()和 replaceChild()方法,来为文档添加、删除或替换子节点,因为文档类型是只读的,而且文档只能有一个固定的元素子节点。

11.3.2 访问文档信息

HTMLDocument 的实例对象 document 包含很多属性,用来访问文档信息,简单说明如下:
- title:设置或返回<title>标签包含的文本信息。
- lastModified:返回文档最后被修改的日期和时间。
- URL:返回当前文档的完整 URL,即地址栏中显示的地址信息。
- domain:返回当前文档的域名。
- referrer:返回链接到当前页面的那个页面的 URL。在没有来源页面的情况下,referrer 属性中可能会包含空字符串。

实际上,上面这些信息都存在于请求的 HTTP 头部,不过通过这些属性更方便用户在 JavaScript 中访问它们。

11.3.3 访问文档元素

扫一扫,看视频

document 对象包含多个访问文档内元素的方法,简单说明如下:
- getElementById():返回指定 id 属性值的元素。注意,id 值要区分大小写,如果找到多个 id 相同的元素,则返回第一个元素,如果没有找到指定 id 值的元素,则返回 null。
- getElementsByTagName():返回所有指定标签名称的元素节点。
- getElementsByName():返回所有指定名称(name 属性值)的元素节点。该方法多用于表单结构中,用于获取单选按钮组或复选框组。

◆ 提示:

getElementsByTagName()方法返回的是一个 HTMLCollection 对象,与 nodeList 对象类似,可以使用方括号语法或者 item()方法访问 HTMLCollection 对象中的元素,并通过 length 属性取得这个对象中元素的数量。

【示例】 HTMLCollection 对象还包含一个 namedItem()方法,该方法可以通过元素的 name 特性取得集合中的项目。以下示例可以通过 namedItem("news");方法找到 HTMLCollection 对象中 name 为 news 的图片。
```
<img src="1.gif" />
<img src="2.gif" name="news" />
<script>
var images = document.getElementsByTagName("img");
var news = images.namedItem("news");
```

```
</script>
```
还可以使用以下用法获取页面中所有元素，其中参数"*"表示所有元素。
```
var allElements = document.getElementsByTagName("*");
```
IE 6 及其以下版本浏览器对其不支持，不过对于 IE 来说，可以使用 document.all 来获取文档中所有元素节点。关于元素的访问我们将在 11.4 节内详细说明。

11.3.4 访问文档集合

除了属性和方法，document 对象还定义了一些特殊的集合，这些集合都是 HTMLCollection 对象，为访问文档常用对象提供了快捷方式，简单说明如下。

- document.anchors：返回文档中所有 Anchor 对象，即所有带 name 特性的<a>标签。
- document.applets：返回文档中所有 Applet 对象，即所有<applet>标签，不再推荐使用。
- document.forms：返回文档中所有 Form 对象，与 document.getElementsByTagName("form")得到的结果相同。
- document.images：返回文档中所有 Image 对象，与 document.getElementsByTagName("img")得到的结果相同。
- document.links：返回文档中所有 Area 和 Link 对象，即所有带 href 特性的<a>标签。

11.3.5 使用 HTML5 Document

HTML5 扩展了 HTMLDocument，增加很多新的功能。本节重点介绍被各浏览器广泛支持的功能。

1. readyState

document 的 readyState 属性包含两个可能的值：
- loading：正在加载文档。
- complete：已经加载完文档。

功能类似 onload 事件处理程序，表明文档已经加载完毕，例如：
```
if (document.readyState == "complete"){
    //执行操作
}
```
浏览器支持状态：IE4+、Firefox 3.6+、Safari、Chrome 和 Opera 9+，可以放心使用。

2. compatMode

document.compatMode 返回文档的渲染模式：标准模式("CSS1Compat")和怪异模式("BackCompat")。例如：
```
if (document.compatMode == "CSS1Compat"){
    alert("标准模式");
} else {
    alert("怪异模式");
}
```
浏览器支持状态：IE6+、Firefox、Safari 3.1+、Opera 和 Chrome，可以放心使用。

3. head

document.body 引用文档的 body 元素，HTML5 新增 document.head 属性引用文档的 head 元素。例如，使用以下代码兼容不同浏览器。
```
var head = document.head || document.getElementsByTagName("head")[0];
```

浏览器支持状态：Safari 5+和 Chrome，需要按上面代码方式进行兼容。

4. charset

document.charset 表示文档中实际使用的字符集，也可以用来指定新字符集。默认值为"UTF-16"，可以通过<meta>元素、HTTP 头部或直接设置 charset 属性修改默认值。

浏览器支持状态：IE、Firefox、Safari、Opera 和 Chrome，可以放心使用。

5. defaultCharset

document.defaultCharset 表示根据默认浏览器及操作系统的设置，当前文档默认的字符集应该是什么。如果文档没有使用默认的字符集，那么 charset 和 defaultCharset 属性的值可能会不一样。

浏览器支持状态：IE、Safari 和 Chrome。

11.4　使用元素节点

Element 类型是最常用的节点类型，它具有以下特征：
- nodeType 值为 1。
- nodeName 值为元素的标签名称，也可以使用 tagName 属性。在 HTML 中，返回标签名始终为大写，在脚本中比较需要全部小写化：if(element.tagName.toLowerCase() == "div"){ }。
- nodeValue 值为 null。
- parentNode 是 Document 或 Element 类型节点。
- 其子节点可能是 Element、Text、Comment、ProcessingInstruction、CDATASection 或者 EntityReference。

所有 HTML 元素都是 HTMLElement 类型或者其子类型的实例，HTMLElement 又是 Element 的子类，在继承 Element 类型时添加了一些属性，添加的这些属性分别对应于每个 HTML 元素下列标准特性。
- id：元素在文档中的唯一标识符。
- title：有关元素的附加说明信息，一般通过工具提示条显示出来。
- lang：元素内容的语言编码，很少使用。
- dir：语言方向，值为"ltr"(从左至右)、"rtl"(从右至左)，很少使用。
- className：与元素的 class 特性对应，即为元素指定的 CSS 类样式。

上述这些属性都可以用来取得或修改相应的特性值。

11.4.1　访问元素

扫一扫，看视频

1. getElementById()方法

使用 getElementById()方法可以准确获取文档中指定元素。用法如下：
```
document.getElementById(ID)
```
参数 ID 表示文档中对应元素的 id 属性值。如果文档中不存在指定元素，则返回值为 null。该方法只适用于 document 对象。

【示例 1】　以下脚本能够获取对<div id="box">对象的控制权。
```
<div id="box">盒子</div>
<script>
var box = document.getElementById("box");   // 获取id属性值为box的元素
</script>
```

【示例 2】 在本例中，使用 getElementById()方法获取<div id="box">对象的引用，然后使用 nodeName、nodeType、parentNode 和 childNodes 属性查看该对象的节点类型、节点名称、父节点和第一个子节点的名称。

```
<div id="box">盒子</div>
<script>
var box = document.getElementById("box");        // 获取指定盒子的引用
var info = "nodeName: " + box.nodeName;          // 获取该节点的名称
info += "\rnodeType: " + box.nodeType;           // 获取该节点的类型
info += "\rparentNode: " + box.parentNode.nodeName;    // 获取该节点的父节点名称
info += "\rchildNodes: " + box.childNodes[0].nodeName; // 获取该节点的子节点名称
alert(info);                                     // 显示提示信息
</script>
```

2. getElementByTagName()方法

使用 getElementByTagName()方法可以获取指定标签名称的所有元素。用法如下：
`document.getElementsByTagName(tagName)`

参数 tagName 表示指定名称的标签，该方法返回值为一个节点集合，使用 length 属性可以获取集合中包含元素的个数，利用下标可以访问其中某个元素对象。

【示例 3】 在节点集合中包含的都是元素对象，可以使用 nodeName、nodeType、parentNode 和 childNodes 属性查看该对象的节点类型、节点名称、父节点和第一个子节点的名称。

```
var p = document.getElementsByTagName("p");// 获取 p 元素的所有引用
alert(p[4].nodeName);                      // 显示第 5 个 p 元素对象的节点名称
```

【示例 4】 下面代码使用 for 循环获取每个 p 元素，并设置 p 元素的 class 属性为 "red"。

```
var p = document.getElementsByTagName("p");// 获取 p 元素的所有引用
for(var i=0;i<p.length;i++){               // 遍历 p 数据集合
    p[i].setAttribute("class","red");      // 为每个 p 元素定义 red 类样式
}
```

扫一扫，看视频

11.4.2 遍历元素

使用 parentNode、nextSibling、previousSibling、firstChild 和 lastChild 属性可以遍历文档树中每个节点。但是，在实际开发中常需要遍历元素节点，而不是文本等其他类型节点，为此本节将在上面 5 个指针的基础上，扩展仅能够指向元素类型的指针函数。

【示例 1】 获取指定元素的第一个子元素，参数为指定父元素，返回值为第一个子元素或者 null。

```
function first(e){
    var e = e.firstChild;            // 获取元素的第一个子节点
    while (e && e.nodeType != 1){// 如果存在该子节点，且类型不等于元素，则搜索下一个节点，
直到节点类型为元素
        e = e.nextSibling;
    }
    return e;
}
```

【示例 2】 获取指定元素的最后一个子元素，参数为指定父元素，返回值为最后一个子元素或者 null。

```
function last(e){
    var e = e.lastChild;             // 获取元素的最后一个子节点
    while (e && e.nodeType != 1) {   // 如果存在该子节点，且类型不等于元素，则搜索上一个节
点，直到节点类型为元素
```

```
        e = e.previousSibling;
    }
    return e;
}
```

【示例 3】 parentNode 能够获取指定节点的父元素，不过本例扩展该属性，设计一次可以访问多级父元素。

```
// 扩展 parentNode 指针的功能，实现一次能够操纵多个父元素
// 参数：e 表示当前节点，n 表示要操纵的父元素级数
// 返回值：返回指定层级的父元素
function parent(e, n){
    var n = n || 1;
    // 如果没有指定第 2 个参数值，则表示获取上一级父元素
    for(var i = 0; i < n; i ++ ) {          // 逐层遍历父元素
        if(e.nodeType == 9) break;          // 如果到了根节点，则返回根元素
        if(e != null) e = e.parentNode;     // 获取上一级父元素
    }
    return e;
}
```

例如，如此调用该指针函数 e = parent(e, 3);，相当于 e = e.parentNode.parentNode.parentNode;。

【示例 4】 获取指定元素的上一个相邻元素，参数为指定元素，返回值为上一个相邻元素或者 null。

```
function pre(e){
    var e = e.previousSibling;
    while (e && e.nodeType != 1){
        e = e.previousSibling;
    }
    return e;
}
```

【示例 5】 获取指定元素的下一个相邻元素，参数为指定元素，返回值为下一个相邻元素或者 null。

```
function next(e){
    var e = e.nextSibling;
    while (e && e.nodeType != 1){
        e = e.nextSibling;
    }
    return e;
}
```

【示例 6】 设计一个简单的 HTML 文档结构。

```
<p class="red">p</p>
<div>元素
    <span class="red">span</span>
    <i>i</i>
    <strong>strong</strong>
</div>
<b>b</b>
```

在脚本中获取 div 元素，然后分别套用上面的扩展函数来获取相应的元素：

```
var e = document.getElementsByTagName("div")[0];    // 获取 div 元素
e = next(e);                                         // 利用扩展函数获取相应指针元素
alert(e.nodeName);                                   // 显示指针元素的标签名
```

【示例 7】 我们经常需要从一个 DOM 节点开始，遍历区块内所有元素，或者递归迭代所有的子节点。这时可以使用 childNodes 或 nextSibling。

```
function testNextSibling() {
    var el = document.getElementById('mydiv'), ch = el.firstChild, name = '';
    do {
        name = ch.nodeName;
    } while (ch = ch.nextSibling);
    return name;
};
function testChildNodes() {
    var el = document.getElementById('mydiv'), ch = el.childNodes, len = ch.length, name = '';
    for(var count = 0; count < len; count++) {
        name = ch[count].nodeName;
    }
    return name;
};
```

比较上面两个功能相同的函数，它们都采用非递归方式遍历一个元素的子节点。childNodes 是一个集合对象，要小心处理，在循环中缓存 length 属性，避免在每次迭代中更新 length 的值。在不同浏览器上，这两种函数的运行时间基本相等，但是在 IE 中，nextSibling 表现得比 childNodes 更快。

📖 拓展：

> 对于元素间的空格，IE9 及之前版本不会返回文本节点，而其他所有浏览器都会返回文本节点。这就导致了在使用 childNodes、firstChild、lastChild 等关系指针属性时的行为不一致。为了弥补这一差异，同时又保持 DOM 规范不变，Element Traversal API 为 DOM 元素新添加了以下 5 个属性。

- childElementCount：返回子元素的个数，不包括文本节点和注释。
- firstElementChild：指向第一个子元素。
- lastElementChild：指向最后一个子元素。
- previousElementSibling：指向前一个相邻兄弟元素。
- nextElementSibling：指向后一个相邻兄弟元素。

浏览器支持状态：IE 9+、Firefox 3.5+、Safari 4+、Chrome 和 Opera 10+。

如果不考虑兼容早期 IE 浏览器，用户可以放心使用。

另外，children 是 IE 的私有属性，用法与 childNodes 很相似，但是它返回指定元素的所有子元素。例如：

```
var childCount = element.children.length;
var firstChild = element.children[0];
```

浏览器支持状态：IE5+、Firefox 3.5+、Safari 2+、Opera 8+和 Chrome。

IE8 及更早版本的 children 属性中也会包含注释节点，但 IE9 之后的版本则只返回元素节点。虽然该属性没有被规范，但是可以放心使用。

扫一扫，看视频

11.4.3 创建元素

createElement()方法能够根据参数指定的标签名称创建一个新的元素，并返回新建元素的引用。用法如下。

```
var element = document.createElement("tagName");
```

其中 element 表示新建元素的引用，createElement()是 document 对象的一个方法，该方法只有一个参数，用来指定创建元素的标签名称。

【示例1】 以下代码在当前文档中创建了一个段落标记 p，并把该段落的引用存储到变量 p 中。由于该变量表示一个元素节点，所以它的 nodeType 属性值等于 1，而 nodeName 属性值等于 p。

```
var p = document.createElement("p");// 创建段落元素
var info = "nodeName: " + p.nodeName;    // 获取元素名称
info += ", nodeType: " + p.nodeType;// 获取元素类型，如果为 1 则表示元素节点
alert(info);
```

使用 createElement()方法创建的新元素不会被自动添加到文档里，因为新元素还没有 nodeParent 属性，仅在 JavaScript 上下文中有效。如果要把这个元素添加到文档里，还需要使用 appendChild()、insertBefore()或 replaceChild()方法实现。

【示例 2】 以下代码演示如何把新创建的 p 元素增加到 body 元素下。

```
var p = document.createElement("p");         // 创建段落元素
document.body.appendChild(p);                // 增加段落元素到 body 元素下
```

📖 拓展：

createElement()方法能够根据指定的名称创建元素，如果当前使用的是 XML 文档，则应该确保新创建的元素必须使用正确的 XML 命名空间来关联它们。

【示例 3】 以下代码封装一个创建 DOM 元素的通用方法。该方法先测试当前 HTML DOM 文档是否支持使用命名空间来创建新的元素，如果需要，则使用正确的 XHTML 命名空间来创建新的元素。

```
function create(e){
    return document.createElementNS ?
        document.createElementNS("http:// www.w3.org/1999/xhtml",e) :
        document.createElement( e);
}
```

然后在脚本中调用该方法创建元素：

```
var p = create("p");                         // 创建段落元素
document.body.appendChild(p);                // 增加段落元素到 body 元素下
```

11.4.4 复制节点

cloneNode()方法可以创建一个节点的副本，其用法可以参考 11.2.5 节介绍。

【示例 1】 在本例中，首先创建一个节点 p，然后复制该节点为 p1，再利用 nodeName 和 node Type 属性获取复制节点的基本信息，该节点的信息与原来创建的节点基本信息相同。

```
var p = document.createElement("p");         // 创建节点
var p1 = p.cloneNode(false);                 // 复制节点
var info = "nodeName: " + p1.nodeName;       // 获取复制节点的名称
info += ", nodeType: " + p1.nodeType;        // 获取复制节点的类型
alert(info);                    // 显示复制节点的名称和类型相同
```

【示例 2】 以本节示例 1 为基础，再创建一个文本节点，然后尝试把复制的文本节点增加到段落元素之中，再把段落元素增加到标题元素中，最后把标题元素增加到 body 元素中。如果此时调用复制文本节点的 nodeName 和 nodeType 属性，则返回的 nodeType 属性值为 3，而 nodeName 属性值为#text。

```
var p = document.createElement("p");         // 创建一个 p 元素
var h1 = document.createElement("h1");       // 创建一个 h1 元素
var txt = document.createTextNode("Hello World");// 创建一个文本节点
var hello = txt.cloneNode(false);            // 复制创建的文本节点
p.appendChild(txt);                          // 把复制的文本节点增加到段落节点中
h1.appendChild(p);                           // 把段落节点增加到标题节点中
document.body.appendChild(h1);               // 把标题节点增加到 body 节点中
```

【示例 3】 本例演示了如何复制一个节点及所有包含的子节点。当复制其中创建的标题 1 节点之后，该节点所包含的子节点及文本节点都将复制过来，然后把它增加到 body 元素的尾部。

扫一扫，看视频

```
var p = document.createElement("p");        // 创建一个p元素
var h1 = document.createElement("h1");      // 创建一个h1元素
var txt = document.createTextNode("Hello World");// 创建一个文本节点，文本内容为"Hello World"
p.appendChild(txt);                          // 把文本节点增加到段落中
h1.appendChild(p);                           // 把段落元素增加到标题元素中
document.body.appendChild(h1);               // 把标题元素增加到body元素中
var new_h1 = h1.cloneNode(true);             // 复制标题元素及其所有子节点
document.body.appendChild(new_h1);           // 把复制的新标题元素增加到文档中
```

注意：

由于复制的节点会包含原节点的所有特性，如果原节点中包含id属性，就会出现id属性值重叠情况。一般情况下，在同一个文档中，不同元素的id属性值应该不同。为了避免潜在冲突，应修改其中某个节点的id属性值。

【示例4】 当创建大量相同的节点时，使用克隆节点的方式会更有效率。例如，以下示例使用克隆节点的办法创建1000行表格，只创建一次单元格，然后重复执行复制操作，这样会大大提高效率。

```
function tableClonedDOM() {
    var i, table, thead, tbody, tr, th, td, a, ul, li, oth = document.createElement
('th'), otd = document.createElement('td'), otr = document.createElement('tr'), oa
= document.createElement('a'), oli = document.createElement('li'), oul = document.
createElement('ul');
    tbody = document.createElement('tbody');
    for( i = 1; i <= 1000; i++) {
        tr = otr.cloneNode(false);
        td = otd.cloneNode(false);
        td.appendChild(document.createTextNode((i % 2) ? 'yes' : 'no'));
        tr.appendChild(td);
        td = otd.cloneNode(false);
        td.appendChild(document.createTextNode(i));
        tr.appendChild(td);
        td = otd.cloneNode(false);
        td.appendChild(document.createTextNode('my name is #' + i));
        tr.appendChild(td);
        // ....
    }
    // ...
}
```

扫一扫，看视频

11.4.5 插入节点

在文档中插入节点主要包括两种方法。

1. appendChild()方法

appendChild()方法可向当前节点的子节点列表的末尾添加新的子节点。用法如下：
```
appendChild(newchild)
```
参数newchild表示新添加的节点对象，并返回新增的节点。

【示例1】 本例展示了如何把段落文本增加到文档中的指定的div元素中，使它成为当前节点的最后一个子节点。

```
<div id="box"></div>
<script>
var p = document.createElement("p");// 创建段落节点
var txt = document.createTextNode("盒模型");// 创建文本节点，文本内容为"盒模型"
p.appendChild(txt);         // 把文本节点增加到段落节点中
document.getElementById("box").appendChild(p); // 获取 id 为 box 的元素，把段落节点增加
进来
</script>
```

如果文档树中已经存在参数节点，则将从文档树中删除，然后重新插入新的位置。如果添加的节点是 DocumentFragment 节点，则不会直接插入，而是把它的子节点按序插入当前节点的末尾。

🔊 提示：

将元素添加到文档树中，浏览器就会立即呈现该元素。此后，对这个元素所作的任何修改都会实时反映在浏览器中。

【示例 2】 在以下示例中，新建两个盒子和一个按钮，使用 CSS 设计两个盒子显示为不同的效果，然后为按钮绑定事件处理程序，设计当单击按钮时执行插入操作。

```
<!doctype html>
<html>
<head>
<meta charset="utf-8">
<style type="text/css">
div { margin:1em; }                 /* 为 div 元素定义外边界 */
#red { border:solid 1px red; }      /* 为红盒子定义边框样式 */
#blue { border:solid 1px blue; }    /* 为蓝盒子定义边框样式 */
</style>
</head>
<body>
<div id="red">
    <h1>红盒子</h1>
</div>
<div id="blue">蓝盒子</div>
<button id="ok">移动</button>
<script>
var ok = document.getElementById("ok");// 获取按钮元素的引用
ok.onclick = function(){// 为按钮注册一个鼠标单击事件处理函数
    var red = document.getElementById("red");// 获取红色盒子的引用
    var blue = document.getElementById("blue");// 获取蓝色盒子的引用
    blue.appendChild(red);  // 最后移动红色盒子到蓝色盒子中
}
</script>
</body>
</html>
```

上面代码使用 appendChild()方法把红盒子移动到蓝色盒子中间。在移动指定节点时，会同时移动指定节点包含的所有子节点，演示效果如图 11.6 所示。

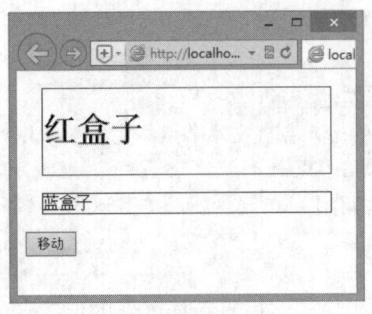 

移动前　　　　　　　　　　　　　　　移动后

图 11.6　使用 appendChild()方法移动元素

2. insertBefore()方法

使用 insertBefore()方法可在已有的子节点前插入一个新的子节点。用法如下：

```
insertBefore(newchild,refchild)
```

其中参数 newchild 表示插入新的节点，refchild 表示在此节点前插入新节点。返回新的子节点。

【示例 3】　　针对本节示例 2，如果把蓝盒子移动到红盒子所包含的标题元素的前面，使用 appendChild()方法是无法实现的，此时不妨使用 insertBefore()方法来实现。

```
var ok = document.getElementById("ok");  // 获取按钮元素的引用
ok.onclick = function(){// 为按钮注册一个鼠标单击事件处理函数
    var red = document.getElementById("red");         // 获取红色盒子的引用
    var blue = document.getElementById("blue");       // 获取蓝色盒子的引用
    var h1 = document.getElementsByTagName("h1")[0];  // 获取标题元素的引用
    red.insertBefore(blue, h1);   // 把蓝色盒子移动到红色盒子内，且位于标题前面
}
```

当单击【移动】按钮之后，则蓝色盒子被移动到红色盒子内部，且位于标题元素前面，效果如图 11.7 所示。

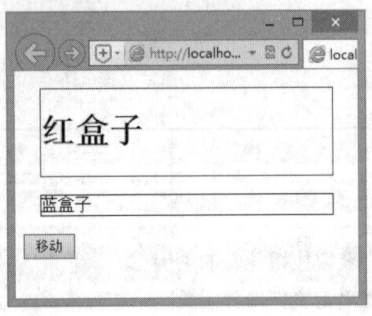 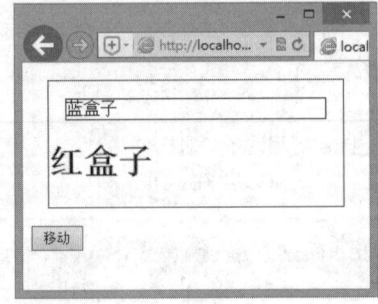

移动前　　　　　　　　　　　　　　　移动后

图 11.7　使用 insertBefore()方法移动元素

📢 提示：

insertBefore()方法与 appendChild()方法一样，可以把指定元素及其所包含的所有子节点都一起插入到指定位置中。同时会先删除移动的元素，然后再重新插入到新的位置。

11.4.6　删除节点

removeChild()方法可以从子节点列表中删除某个节点。用法如下：

```
nodeObject.removeChild(node)
```

其中参数 node 为要删除的节点。如果删除成功，则返回被删除的节点；如果失败，则返回 null。当使用 removeChild()方法删除节点时，该节点所包含的所有子节点将同时被删除。

【示例1】 在下面的示例中单击按钮时将删除红盒子中的一级标题。

```
<div id="red">
    <h1>红盒子</h1>
</div>
<div id="blue">蓝盒子</div>
<button id="ok">移动</button>
<script>
var ok = document.getElementById("ok");      // 获取按钮元素的引用
ok.onclick = function(){// 为按钮注册一个鼠标单击事件处理函数
    var red = document.getElementById("red");            // 获取红色盒子的引用
    var h1 = document.getElementsByTagName("h1")[0];     // 获取标题元素的引用
    red.removeChild(h1); // 移出红盒子包含的标题元素
}
</script>
```

【示例2】 如果想删除蓝色盒子，但是又无法确定它的父元素，此时可以使用 parentNode 属性来快速获取父元素的引用，并借助这个引用来实现删除操作。

```
var ok = document.getElementById("ok");      // 获取按钮元素的引用
ok.onclick = function(){    // 为按钮注册一个鼠标单击事件处理函数
    var blue = document.getElementById("blue");      // 获取蓝色盒子的引用
        var parent = blue.parentNode;                // 获取蓝色盒子父元素的引用
    parent.removeChild(blue);                        // 移出蓝色盒子
}
```

如果希望把删除节点插入到文档其他位置，可以使用 removeChild()方法，也可以使用 appendChild()和 insertBefore()方法实现。

【示例3】 在 DOM 文档操作中，删除节点与创建和插入节点一样都是最频繁的，为此可以封装删除节点操作函数：

```
// 封装删除节点函数
// 参数：e 表示预删除的节点
// 返回值：返回被删除的节点，如果不存在指定的节点，则返回 undefined 值
function remove(e){
    if(e){
        var _e = e.parentNode.removeChild(e);
        return _e;
    }
    return undefined;
}
```

【示例4】 如果要删除指定节点下的所有子节点，则封装的方法如下：

```
// 封装删除所有子节点的方法
// 参数：e 表示预删除所有子节点的父节点
function empty(e){
    while(e.firstChild){
        e.removeChild(e.firstChild);
    }
}
```

11.4.7 替换节点

replaceChild()方法可以将某个子节点替换为另一个。用法如下：
`nodeObject.replaceChild(new_node,old_node)`
其中参数 new_node 为指定新的节点，old_node 为被替换的节点。如果替换成功，则返回被替换的节点；如果替换失败，则返回 null。

【示例 1】 以上节示例为基础，重写脚本，新建一个二级标题元素，并替换掉红色盒子中的一级标题元素。

```
var ok = document.getElementById("ok");      // 获取按钮元素的引用
ok.onclick = function(){     // 为按钮注册一个鼠标单击事件处理函数
    var red = document.getElementById("red");          // 获取红色盒子的引用
    var h1 = document.getElementsByTagName("h1")[0];   // 获取一级标题的引用
    var h2 = document.createElement("h2");             // 创建二级标题元素，并引用
    red.replaceChild(h2,h1);    // 把一级标题替换为二级标题
}
```

演示发现，当使用新创建的二级标题来替换一级标题之后，则原来的一级标题所包含的标题文本已经不存在了。这说明替换节点的操作不是替换元素名称，而是替换其包含的所有子节点，以及其包含的所有内容。

同样的道理，如果替换节点还包含子节点，则子节点将一同被插入到被替换的节点中。可以借助 replaceChild()方法在文档中使用现有的节点替换另一个存在的节点。

【示例 2】 在本例中使用蓝盒子替换掉红盒子中包含的一级标题元素。此时可以看到，蓝盒子原来显示的位置已经被删除显示，同时被替换元素 h1 也被删除。

```
var ok = document.getElementById("ok");      // 获取按钮元素的引用
ok.onclick = function(){// 为按钮注册一个鼠标单击事件处理函数
    var red = document.getElementById("red");   // 获取红盒子的引用
    var blue = document.getElementById("blue");// 获取蓝盒子的引用
    var h1 = document.getElementsByTagName("h1")[0];// 获取一级标题的引用
    red.replaceChild(blue,h1);   // 把红盒子中包含的一级标题替换为蓝盒子
}
```

【示例 3】 replaceChild()方法能够返回被替换掉的节点引用，因此还可以把被替换掉的元素给找回来，并增加到文档中的指定节点中。针对上面示例，使用一个变量 del_h1 存储被替换掉的一级标题，然后再把它插入到红色盒子前面。

```
var ok = document.getElementById("ok");      // 获取按钮元素的引用
ok.onclick = function(){// 为按钮注册一个鼠标单击事件处理函数
    var red = document.getElementById("red");   // 获取红盒子的引用
    var blue = document.getElementById("blue");// 获取蓝盒子的引用
    var h1 = document.getElementsByTagName("h1")[0];// 获取一级标题的引用
    var del_h1 = red.replaceChild(blue,h1);// 把红盒子中包含的一级标题替换为蓝盒子
    red.parentNode.insertBefore(del_h1,red);  // 把替换掉的一级标题插入到红盒子前面
}
```

11.4.8 获取焦点元素

在文档中查询哪个元素获得了焦点，以及确定文档是否获得了焦点，这对于提升 Web 应用的无障碍性是非常重要的。

HTML5 新增 DOM 焦点管理功能。使用 document.activeElement 属性可以引用 DOM 中当前获得了焦点的元素。元素获取焦点的方式包括：页面加载、用户输入（如按 Tab 键）和在脚本中调用 focus()

方法。

【示例 1】 本例设计当文本框获取焦点时，使用 document.activeElement 设置焦点元素的背景色高亮显示。

```
<input type="text" >
<input type="text" >
<input type="text" >
<script>
var inputs = document.getElementsByTagName("input");
for(var i=0; i<inputs.length;i++){
    inputs[i].onfocus =function(e){
        document.activeElement.style.backgroundColor = "yellow";
    }
    inputs[i].onblur =function(e){
        this.style.backgroundColor = "#fff";
    }
}
</script>
```

在默认情况下，文档刚刚加载完成时，document.activeElement 引用的是 document.body 元素。文档加载期间，document.activeElement 的值为 null。

【示例 2】 使用 HTML5 新增的 document.hasFocus()方法可以判断当前文档是否获得了焦点。

```
<input type="text" id="text" />
<script>
document.getElementById("text").focus();
if(document.hasFocus()){
    document.activeElement.style.backgroundColor = "yellow";
}
</script>
```

通过检测文档是否获得了焦点，可以知道用户是不是正在与页面交互。

11.4.9 检测包含节点

contains()是 IE 的私有方法，用来检测某个节点是不是另一个节点的后代。该方法接收一个参数，指定要检测的后代节点。如果被检测的节点是后代节点，则返回 true，否则返回 false。

浏览器支持状态：IE、Firefox 9+、Safari、Opera 和 Chrome。

扫一扫，看视频

【示例 1】 本例测试<div id="box">标签是否包含<span>标签，最后返回 true。

```
<div id="box"><span></span></div>
<script>
var box = document.getElementById("box");
var span = document.getElementsByTagName("span")[0];
alert(box.contains(span));
</script>
```

DOM Level 3 定义了 compareDocumentPosition()方法，该方法也能够确定节点间的关系。用法与 contains()方法相同，但是返回值不同。

浏览器支持状态：IE9+、Firefox、Safari、Opera 9.5+和 Chrome。

【示例 2】 继续以上示例，使用 compareDocumentPosition()方法测试<div id="box">标签是否包含<span>标签，最后返回值为 20。

```
<div id="box"><span></span></div>
<script>
```

```
var box = document.getElementById("box");
var span = document.getElementsByTagName("span")[0];
alert(box.compareDocumentPosition(span));
</script>
```

◁)) 提示:

compareDocumentPosition()方法返回一个整数,用来描述两个节点在文档中的位置关系。以示例 2 结构为例简单说明如下:

- 1:没有关系,两个节点不属于同一个文档。
- 2:第 1 个节点(<div id="box">)位于第 2 个节点后(<span>)。
- 4:第 1 个节点(<div id="box">)定位在第 2 个节点(<span>)前。
- 8:第 1 个节点(<div id="box">)位于第 2 个节点内(<span>)。
- 16:第 2 个节点(<span>)位于第 1 个节点内(<div id="box">)。
- 32:没有关系,或是两个节点是同一元素的两个属性。

返回值可以是值的组合。例如,返回值为 20,表示<span>在<div id="box">内部(16),并且<div id="box">在<span>之前(4)。

【示例 3】 下面扩展 IE 的 contains()方法,让它能够兼容不同的浏览器,以便更安全地使用。这个自定义工具函数组合使用了 3 种方式来确定一个节点是不是另一个节点的后代。函数的第 1 个参数是参考节点,第 2 个参数是要检查的节点。

```
function contains(refNode, otherNode){
    if (typeof refNode.contains == "function" && (!client.engine.webkit || client.engine.webkit >= 522)){
        return refNode.contains(otherNode);
    } else if (typeof refNode.compareDocumentPosition == "function"){
        return !!(refNode.compareDocumentPosition(otherNode) & 16);
    } else {
        var node = otherNode.parentNode;
        do {
            if (node === refNode){
                return true;
            } else {
                node = node.parentNode;
            }
        } while (node !== null);
        return false;
    }
}
```

在函数体内,首先检测 refNode 中是否存在 contains()方法,还检查了当前浏览器所用的 WebKit 版本号。如果方法存在而且不是 WebKit(!client.engine.webkit),则继续执行代码。否则,如果浏览器是 WebKit 且至少是 Safari 3(WebKit 版本号为 522 或更高),那么也可以继续执行代码。在 WebKit 版本号小于 522 的 Safari 浏览器中,contains()方法不能正常使用。

接下来检查是否存在 compareDocumentPosition()方法,而函数的最后一步则是自 otherNode 开始向上遍历 DOM 结构,以递归方式取得 parentNode,并检查其是否与 refNode 相等。在文档树的顶端,parentNode 的值等于 null,于是循环结束,这是针对旧版本 Safari 设计的一个后备策略。

11.5 使用文本节点

文本节点由 Text 类型表示，包含纯文本内容，或转义后的 HTML 字符，但不能包含 HTML 代码。Text 节点具有以下特征：
- nodeType 值为 3。
- nodeName 值为"#text"。
- nodeValue 值为节点所包含的文本。
- parentNdode 是一个 Element 类型节点。
- 不包含子节点。

11.5.1 访问文本节点

扫一扫，看视频

使用文本节点的 nodeValue 属性或 data 属性可以访问 Text 节点中包含的文本，这两个属性中包含的值相同。修改 nodeValue 值也会通过 data 反映出来，反之亦然。

每个文本节点还包含 length 属性，使用它可以返回包含文本的长度，利用该属性可以遍历文本节点中每个字符。

【示例1】 在本例中，获取 div 元素中的文本，比较直接的方式是用元素的 innerText 属性读取。

```
<div id="div1">div 元素</div>
<script>
var div = document.getElementById("div1");
var text = div.innerText;
alert(text);
</script>
```

但是 innerText 属性不是标准用法，需要考虑浏览器兼容性，标准用法如下。

```
var text = div.firstChild.nodeValue;
```

【示例2】 下面设计一个读取元素包含文本的通用方法。

```
// 获取指定元素包含的文本
// 参数：e 表示指定元素
// 返回值：返回包含的所有文本，包括子元素中包含的文本
function text(e){
    var s = "";
    var e = e.childNodes || e;              // 判断元素是否包含子节点
    for( var i = 0; i < e.length; i++){     // 遍历所有子节点
        s += e[i].nodeType != 1 ? e[i].nodeValue : text(e[i].childNodes);
            // 通过递归遍历所有元素的子节点
    }
    return s;
}
```

在上面函数中，通过递归函数检索指定元素的所有子节点，然后判断每个子节点的类型，如果不是元素，则读取该节点的值，否则再递归遍历该元素包含的所有子节点。

【示例3】 本例演示了如何使用上面定义的通用方法读取 div 元素包含的所有文本信息。

```
<div id="div1">
    <span class="red">div</span>
    元素
</div>
<script>
var div = document.getElementById("div1");
```

```
var s = text(div);                    // 调用读取元素的文本通用方法
alert(s);                             // 返回字符串"div 元素"
</script>
```

这个通用方法不仅可以在 HTML DOM 中使用，也可以在 XML DOM 文档中工作，并兼容不同浏览器。

扫一扫，看视频

11.5.2 创建文本节点

使用 document 对象的 createTextNode()方法可创建文本节点。用法如下：

```
document.createTextNode(data)
```

参数 data 表示字符串。

【示例 1】 本例创建一个新 div 元素，并为它设置 class 值为 red，然后再创建一个文本节点，并将其添加到 div 元素中，最后将 div 元素添加到了文档 body 元素中，这样就可以在浏览器中看到新创建的元素和文本节点。

```
var element = document.createElement("div");
element.className = "red";
var textNode = document.createTextNode("Hello world!");
element.appendChild(textNode);
document.body.appendChild(element);
```

【示例 2】 由于解析器的实现或 DOM 操作等原因，可能会出现文本节点不包含文本，或者接连出现两个文本节点的情况。为了避免这种情况，一般应该在父元素上调用 normalize()方法，如果找到了空文本节点，则删除它；如果找到相邻的文本节点，则将它们合并为一个文本节点。

```
var element = document.createElement("div");
var textNode = document.createTextNode("Hello");           //创建文本节点
element.appendChild(textNode);                             //追加文本节点
var anotherTextNode = document.createTextNode(" world!");  //创建文本节点
element.appendChild(anotherTextNode);                      //追加文本节点
document.body.appendChild(element);
alert(element.childNodes.length);                          //返回 2
element.normalize();
alert(element.childNodes.length);                          //返回 1
alert(element.firstChild.nodeValue);                       //返回"Hello World!"
```

扫一扫，看视频

11.5.3 操作文本节点

使用下列方法可以操作文本节点中的文本。

- appendData(string)：将字符串 string 追加到文本节点的尾部。
- deleteData(start,length)：从 start 下标位置开始删除 length 个字符。
- insertData(start,string)：在 start 下标位置插入字符串 string。
- replaceData(start,length,string)：使用字符串 string 替换从 start 下标位置开始 length 个字符。
- splitText(offset)：在 offset 下标位置把一个 Text 节点分割成两个节点。
- substringData(start,length)：从 start 下标位置开始提取 length 个字符。

◀ 注意：

在默认情况下，每个可以包含内容的元素最多只能有一个文本节点，而且必须确实有内容存在。在开始标签与结束标签之间只要存在空隙，就会创建文本节点。

```
<!-- 下面 div 不包含文本节点 -->
```

```html
<div></div>
<!--下面div包含文本节点，值为空格-->
<div> </div>
<!--下面div包含文本节点，值为换行符-->
<div>
</div>
<!--下面div包含文本节点，值为" Hello World!" -->
<div>Hello World!</div>
```

11.5.4 读取 HTML 字符串

元素的 innerHTML 属性可以返回调用元素包含的所有子节点对应的 HTML 标记字符串。最初它是 IE 的私有属性，HTML5 规范了 innerHTML 的使用，并得到所有浏览器的支持。

【示例】 本例使用 innerHTML 属性读取 div 元素包含的 HTML 字符串。

```html
<div id="div1">
    <style type="text/css">p { color:red;}</style>
    <p><span>div</span>元素</p>
</div>
<script>
var div = document.getElementById("div1");
var s = div.innerHTML;
alert(s);
</script>
```

针对上面示例，Mozilla 浏览器返回的字符串为"<p>div元素</p>"，而 IE 浏览器返回的字符串为" <STYLE type =text /css >p { color :red ;}</STYLE > <P>< SPAN> div</ SPAN>元素</ P>"。

📢 提示：

使用时应注意两个问题：
- 早期 Mozilla 浏览器的 innerHTML 属性返回值不包含 style 元素。
- 早期 IE 浏览器会全部使用大写形式返回元素的字符名称。

另外，使用 outerHTML 属性也能够读取 HTML 字符串，不过我们更习惯使用 innerHTML 属性。有关 outerHTML 属性介绍可参考 11.5.6 节内容。

11.5.5 插入 HTML 字符串

1. innerHTML 属性

innerHTML 属性可以根据传入的 HTML 字符串，创建新的 DOM 片段，然后用这个 DOM 片段完全替换调用元素原有的所有子节点。设置 innerHTML 属性值之后，可以像访问文档中的其他节点一样访问新创建的节点。

【示例1】 本例将创建一个 1000 行的表格。先构造一个 HTML 字符串，然后更新 DOM 的 innerHTML 属性。

```html
<script>
function tableInnerHTML() {
    var i, h = ['<table border="1" width="100%">'];
    h.push('<thead>');

h.push('<tr><th>id<\/th><th>yes?<\/th><th>name<\/th><th>url<\/th><th>action<\/th><\/tr>');
```

```
        h.push('<\/thead>');
        h.push('<tbody>');
        for( i = 1; i <= 1000; i++) {
            h.push('<tr><td>');
            h.push(i);
            h.push('<\/td><td>');
            h.push('And the answer is... ' + (i % 2 ? 'yes' : 'no'));
            h.push('<\/td><td>');
            h.push('my name is #' + i);
            h.push('<\/td><td>');
            h.push('<a href="http://example.org/' + i + '.html">http://example.org/' + i + '.html<\/a>');
            h.push('<\/td><td>');
            h.push('<ul>');
            h.push(' <li><a href="edit.php?id=' + i + '">edit<\/a><\/li>');
            h.push(' <li><a href="delete.php?id="' + i + '-id001">delete<\/a><\/li>');
            h.push('<\/ul>');
            h.push('<\/td>');
            h.push('<\/tr>');
        }
        h.push('<\/tbody>');
        h.push('<\/table>');
        document.getElementById('here').innerHTML = h.join('');
};
</script>
<div id="here"></div>
<script>
tableInnerHTML();
</script>
```

如果通过 DOM 的 document.createElement()和 document.createTextNode()方法创建同样的表格，代码会非常冗长。在一个性能苛刻的操作中更新一大块 HTML 页面，innerHTML 在大多数浏览器中执行得更快。

📢 注意：

使用 innerHTML 属性也有一些限制。例如，在大多数浏览器中，通过 innerHTML 插入<script>标记后，并不会执行其中的脚本。

2. insertAdjacentHTML()方法

插入 HTML 标记另一种新增方式是 insertAdjacentHTML()方法。这个方法最早也是在 IE 中出现，后来被 HTML5 规范。

浏览器支持状态：IE、Firefox 8+、Safari、Chrome 和 Opera。

insertAdjacentHTML()方法包含两个参数：第 1 个参数设置插入位置，第 2 个参数传入要插入的 HTML 字符串。第 1 个参数必须是下列值之一。注意，这些值都必须是小写形式。

- "beforebegin"：在当前元素之前插入一个紧邻的同辈元素。
- "afterbegin"：在当前元素之下插入一个新的子元素，或在第 1 个子元素之前再插入新的子元素。
- "beforeend"：在当前元素之下插入一个新的子元素，或在最后一个子元素之后再插入新的子元素。
- "afterend"：在当前元素之后插入一个紧邻的同辈元素。

第 11 章 DOM 操作

【示例 2】 本例使用 insertAdjacentHTML()方法分别在 4 个<div>标签中插入 HTML 字符串，由于第 1 个参数值不同，则插入效果也不同，如图 11.8 所示。

```
<div id="box1"><h2>insertAdjacentHTML(&quot;beforebegin&quot;, &quot;&lt;p&gt;beforebegin &lt;/p &gt; &quot;)</h2>
</div>
<div id="box2"><h2>insertAdjacentHTML(&quot;afterbegin&quot;, &quot;&lt;p&gt;afterbegin&lt;/p &gt;&quot;)</h2>
</div>
<div id="box3"><h2>insertAdjacentHTML(&quot;beforeend&quot;, &quot;&lt;p&gt;beforeend&lt;/p &gt;&quot;)</h2>
</div>
<div id="box4"><h2>insertAdjacentHTML(&quot;afterend&quot;, &quot;&lt;p&gt;afterend&lt;/p&gt; quot;)</h2>
</div>
<script>
document.getElementById("box1").insertAdjacentHTML("beforebegin", "<p>beforebegin</p>");
document.getElementById("box2").insertAdjacentHTML("afterbegin", "<p>afterbegin</p>");
document.getElementById("box3").insertAdjacentHTML("beforeend", "<p>beforeend</p>");
document.getElementById("box4").insertAdjacentHTML("afterend", "<p>afterend</p>");
</script>
```

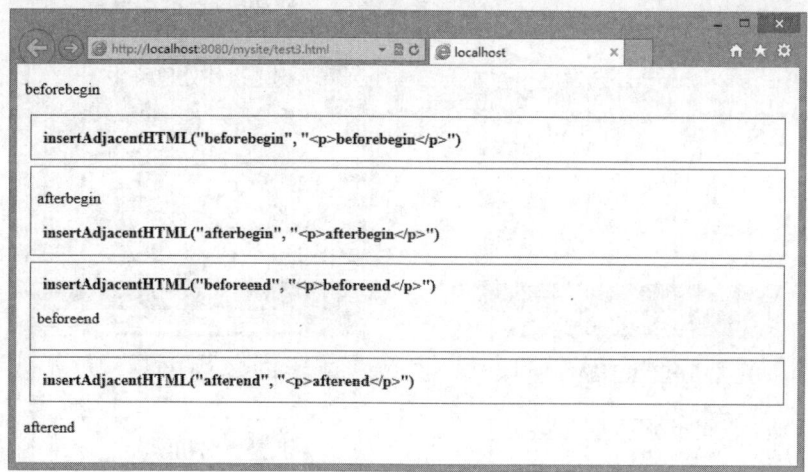

图 11.8 使用 insertAdjacentHTML()方法插入 HTML 字符串

11.5.6 替换 HTML 字符串

outerHTML 也是 IE 的私有属性，后来被 HTML5 规范，与 innerHTML 的功能类似。在读模式下，outerHTML 返回调用它的元素及所有子节点的 HTML 标签；在写模式下，outerHTML 会根据指定的 HTML 字符串创建新的 DOM 子树，然后用这个 DOM 子树完全替换调用元素。

浏览器支持状态：IE4+、Firefox 8+、Safari 4+、Chrome 和 Opera 8+。Firefox 7 及之前版本不支持 outerHTML 属性。

【示例】 本例演示了 outerHTML 与 innerHTML 属性的不同效果。分别为列表结构中不同列表项定义一个鼠标单击事件，在事件处理函数中分别使用 outerHTML 和 innerHTML 属性改变原列表项的 HTML 标记，会发现 outerHTML 是使用<h2>替换<li>，而 innerHTML 是把<h2>插入到<li>中，演示效果如图 11.9 所示。

```html
<!doctype html>
<html>
<head>
<meta charset="utf-8">
<style type="text/css">
li { border:solid 1px red; margin:12px;}
h2 {border-bottom:double 3px blue;}
</style>
</head>
<body>
<h1>单击回答问题</h1>
<ul>
    <li>你叫什么？</li>
    <li>你喜欢 JS 吗？</li>
</ul>
<script>
var ul = document.getElementsByTagName("ul")[0];    // 获取列表结构
var lis = ul.getElementsByTagName("li");            // 获取列表结构的所有列表项
lis[0].onclick = function(){    // 为第 2 个列表项绑定事件处理函数
    this.innerHTML = "<h2>我是一名初学者</h2>";// 替换 HTML 文本
}
lis[1].onclick = function(){    // 为第 4 个列表项绑定事件处理函数
    this.outerHTML = "<h2>当然喜欢</h2>";     // 用 HTML 文本覆盖列表项标签及其包含内容
}
</script>
</body>
</html>
```

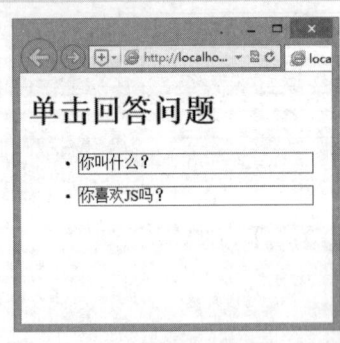
单击前

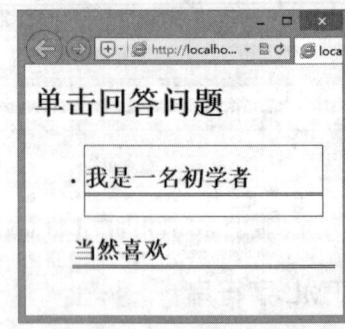
单击后

图 11.9 比较 outerHTML 和 innerHTML 属性的不同效果

◀》注意：

使用本节和上一节介绍的方法替换子节点时，如果删除带有事件处理程序或引用了其他 JavaScript 对象子树时，就有可能导致内存占用问题。因此，在使用 innerHTML、outerHTML 属性和 insertAdjacentHTML()方法时，最好先手工删除要被替换的元素的所有事件处理程序和 JavaScript 对象属性。

11.5.7 插入文本

innerText 和 outerText 也是 IE 的私有属性,但是没有被 HTML5 纳入规范。由于比较实用,下面简单介绍一下其用法以及浏览器兼容方法。

1. innerText 属性

innerText 在指定元素中插入文本内容,如果文本中包含 HTML 字符串,将被编码显示。也可以使用该属性读取指定元素包含的全部嵌套的文本信息。

浏览器支持状态:IE4+、Safari 3+、Chrome 和 Opera 8+。

Firefox 虽然不支持 innerText,但支持功能类似的 textContent 属性。textContent 是 DOM Level 3 规定的一个属性,支持 textContent 属性的浏览器还有 IE9+、Safari 3+、Opera 10+和 Chrome。

【示例1】 为了兼容不同浏览器,下面自定义两个工具函数来代替 innerText 属性的使用。

```javascript
function getInnerText(element){
    return (typeof element.textContent == "string") ?
        element.textContent : element.innerText;
}
function setInnerText(element, text){
    if (typeof element.textContent == "string"){
        element.textContent = text;
    } else {
        element.innerText = text;
    }
}
```

这两个函数接收一个元素作为参数,然后检查这个元素是不是有 textContent 属性。如果有,那么 typeof element.textContent 应该是"string";如果没有,那么就会改为使用 innerText。

2. outerText 属性

outerText 与 innerText 功能类似,但是它能够覆盖原有的元素。

【示例2】 本例使用 outerText、innerText、outerHTML 和 innerHTML 这 4 种属性为列表结构中不同列表项插入文本,演示效果如图 11.10 所示。

```html
<h1>单击回答问题</h1>
<ul>
    <li>你好</li>
    <li>你叫什么? </li>
    <li>你干什么? </li>
    <li>你喜欢 JS 吗? </li>
</ul>
<script>
var ul = document.getElementsByTagName("ul")[0];   // 获取列表结构
var lis = ul.getElementsByTagName("li");    // 获取列表结构的所有列表项
lis[0].onclick = function(){    // 为第 1 个列表项绑定事件处理函数
    this.innerText = "谢谢";         // 替换文本
}
lis[1].onclick = function(){    // 为第 2 个列表项绑定事件处理函数
    this.innerHTML = "<h2>我是一名初学者</h2>";   // 替换 HTML 文本
}
lis[2].onclick = function(){    // 为第 3 个列表项绑定事件处理函数
    this.outerText = "我是学生";        // 覆盖列表项标签及其包含内容
```

```
}
lis[3].onclick = function(){      // 为第 4 个列表项绑定事件处理函数
    this.outerHTML = "<h2>当然喜欢</h2>";       // 用 HTML 文本覆盖列表项标签及其包含内容
}
</script>
```

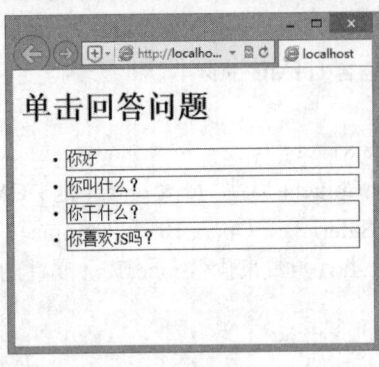
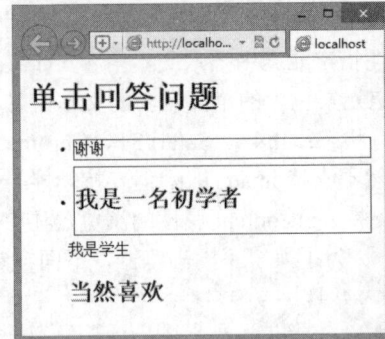

单击前　　　　　　　　　　　　　　　单击后

图 11.10　比较不同文本插入属性的效果

11.6　使用文档片段节点

DocumentFragment 类型节点在文档树中没有对应的标记。DOM 允许用户使用 JavaScript 操作文档片段中的节点，但不会把文档片段添加到文档树中显示出来，避免浏览器渲染和占用资源。

DocumentFragmert 节点具有下列特征：
- nodeType 值为 11。
- nodeName 值为"#document-fragment"。
- nodeValue 值为 null。
- parentNode 值为 null。
- 子节点可以是 Element、ProcessingInstruction、Comment、Text、CDATASection 或 EntityReference。

文档片段的作用：将文档片段作为节点"仓库"来使用，保存将来可能会添加到文档中的节点。

创建文档片段的方法：
```
var fragment = document.createDocumentFragment();
```

注意：
如果将文档树中的节点添加到文档片段中，就会从文档树中移除该节点，在浏览器中也不会再看到该节点。添加到文档片段中的新节点同样也不属于文档树。

使用 appendChild()或 insertBefore()方法可以将文档片段添加到文档树中。在将文档片段作为参数传递给这两个方法时，实际上只会将文档片段的所有节点添加到相应位置上，文档片段本身永远不会成为文档树的一部分，我们可以把文档片段视为一个节点的临时容器。

【示例】　每次使用 JavaScript 操作 DOM，都会改变页面呈现，并触发整个页面重新渲染，从而消耗系统资源。为解决这个问题，可以先创建一个文档片段，把所有的新节点附加到文档片段上，最后再把文档片段一次性添加到文档中，减少页面重绘的次数。

```
<!doctype html>
<html>
```

```
<head>
<meta charset="utf-8">
<title>test</title>
</head>
<body>
<input type="button" value="添加项目" onclick="addItems()">
<ul id="myList"></ul>
<script>
function addItems(){
    var fragment = document.createDocumentFragment();
    var ul = document.getElementById("myList");
    var li = null;
    for (var i=0; i < 12; i++){
        li = document.createElement("li");
        li.appendChild(document.createTextNode("项目" + (i+1)));
        fragment.appendChild(li);
    }
    ul.appendChild(fragment);
}
</script>
</body>
</html>
```

上面示例准备为这 ul 元素添加 12 个列表项。如果逐个添加列表项，将会导致浏览器反复渲染页面。为避免这个问题，可以使用一个文档片段来保存创建的列表项，然后再一次性将它们添加到文档中，这样能够提升系统的执行效率。

11.7　使用属性节点

属性节点由 Attr 类型表示，在文档树中被称为元素的特性，习惯称之为标签的属性。
属性节点具有下列特征：
- nodeType 值为 11。
- nodeName 值是特性的名称。
- nodeValue 值是特性的值。
- parentNode 值为 null。
- 在 HTML 中不包含子节点。
- 在 XML 中子节点可以是 Text、EntityReference。

尽管属性也是节点，但却不被认为是 DOM 文档树的一部分，DOM 没有提供关系指针，很少直接引用属性节点。开发人员常用 getAttribute()、setAttribute()和 removeAttribute()等方法来操作属性。

11.7.1　访问属性节点

Attr 是 Element 的属性，作为一种节点类型，它继承了 Node 类型的属性和方法。不过 Attr 没有父节点，同时属性也不被认为是元素的子节点，对于很多 Node 的属性来说都将返回 null。
Attr 对象包含 3 个专用属性，简单说明如下：

扫一扫，看视频

- name：返回属性的名称，与 nodeName 的值相同。
- value：设置或返回属性的值，与 nodeValue 的值相同。
- specified：如果属性值是在代码中设置的，则返回 true，如果为默认值，则返回 false。

创建属性节点的方法：

```
document.createAttribute(name)
```

参数 name 表示新创建的属性的名称。

【示例1】 本例创建一个属性节点，名称为 align，值为 center，然后为标签<div id="box">设置属性 align，最后分别使用 3 种方法读取属性 align 的值。

```
<div id="box">document.createAttribute(name)</div>
<script>
var element = document.getElementById("box");
var attr = document.createAttribute("align");
attr.value = "center";
element.setAttributeNode(attr);
alert(element.attributes["align"].value);              //"center"
alert(element.getAttributeNode("align").value);        //"center"
alert(element.getAttribute("align"));                  //"center"
</script>
```

为了将新创建的属性添加到元素中，必须使用元素的 setAttributeNode()方法。添加属性之后，可以通过下列任何方式访问该属性：attributes 属性、getAttributeNode()方法、getAttribute()方法。

其中，attributes 属性、getAttributeNode()方法都会返回对应属性的 Attr 节点，而 getAttribute()方法直接返回属性的值。不建议使用 attributes[]数组方式来读取某个位置上的属性节点，因为不同浏览器对其支持存在差异。

◀)) 提示：

属性节点一般位于元素的头部标签中。元素的属性列表会随着元素信息预先加载，并被存储在关联数组中。例如，针对以下 HTML 结构

```
<div id="div1" class="style1" lang="en" title="div"></div>
```

当 DOM 加载后，表示 HTML div 元素的变量 divElement 就会自动生成一个关联集合，它以名值对形式检索这些属性。

```
divElement.attributes = {
    id : "div1",
    class : "style1",
    lang : "en",
    title : "div"
}
```

在传统 DOM 中，常用点语法通过元素直接访问 HTML 属性，如 img.src、a.href 等，这种方式虽然不标准，但是获得了所有浏览器支持。

【示例2】 img 元素拥有 src 属性，所有图像对象都拥有一个 src 脚本属性，它与 HTML 的 src 特性关联在一起。下面两种用法都可以很好地工作在不同浏览器中。

```
<img id="img1" src="" />
<script>
var img = document.getElementById("img1");
img.setAttribute("src","http:// www.w3.org/");        // HTML 属性
img.src = "http:// www.w3.org/";                      // JavaScript 属性
</script>
```

类似的还有 onclick、style 和 href 等。为了保证 JavaScript 脚本在不同浏览器中都能很好地工作，建

议采用标准用法。很多 HTML 属性并没有被 JavaScript 映射，所以也就无法直接通过脚本属性进行读写。

11.7.2 读取属性值

使用元素的 getAttribute()方法可以快速读取指定元素的属性值，传递的参数是一个以字符串形式表示的元素属性名称，返回的是一个字符串类型的值，如果给定属性不存在，则返回的值为 null。

【示例 1】 本例访问红色盒子和蓝色盒子，然后读取这些元素所包含的 id 属性值。

```
<div id="red">红盒子</div>
<div id="blue">蓝盒子</div>
<script>
var red = document.getElementById("red");      // 获取红色盒子
alert(red.getAttribute("id"));                  // 显示红色盒子的id属性值
var blue = document.getElementById("blue");// 获取蓝色盒子
alert(blue.getAttribute("id"));                 // 显示蓝色盒子的id属性值
</script>
```

【示例 2】 除了使用元素的方法读取属性值外，HTML DOM 还支持使用点语法快捷读取属性值。

```
var red = document.getElementById("red");
alert(red.id);
var blue = document.getElementById("blue");
alert(blue.id);
```

使用点方法比较简便，也获得所有浏览器的支持。

注意：
对于 class 属性，则必须使用 className 属性名，因为 class 是 JavaScript 语言的保留字；对于 for 属性，则必须使用 htmlFor 属性名，这与 CSS 脚本中 float 和 text 属性被改名为 cssFloat 和 cssText 是一个道理。

【示例 3】 使用 className 读写样式类。

```
<label id="label1" class="class1" for="textfield">文本框:
   <input type="text" name="textfield" id="textfield" />
</label>
<script>
var label = document.getElementById("label1");
alert(label.className);
alert(label.htmlFor);
</script>
```

【示例 4】 对于复合类样式，需要使用 split()方法劈开返回的字符串，然后遍历读取类样式。

```
<div id="red" class="red blue">红盒子</div>
<script>
// 所有类名生成的数组
var classNameArray = document.getElementById("red").className.split(" ");
for(var i in classNameArray ){            // 遍历数组
   alert(classNameArray[i]);              // 当前class名
}
</script>
```

11.7.3 设置属性值

使用元素的 setAttribute()方法可以设置元素的属性值，用法如下：

```
setAttribute(name,value)
```

参数 name 和 value 参数分别表示属性名称和属性值。属性名和属性值必须以字符串的形式进行传递。

如果元素中存在指定的属性，它的值将被刷新；如果不存在，则 setAttribute()方法将为元素创建该属性并赋值。

【示例1】 本例分别为页面中 div 元素设置 title 属性。

```html
<div id="red">红盒子</div>
<div id="blue">蓝盒子</div>
<script>
var red = document.getElementById("red");        // 获取红盒子的引用
var blue = document.getElementById("blue");      // 获取蓝盒子的引用
red.setAttribute("title", "这是红盒子");         // 为红盒子对象设置title属性和值
blue.setAttribute("title", "这是蓝盒子");        // 为蓝盒子对象设置title属性和值
</script>
```

【示例2】 本例定义了一个文本节点和元素节点，并为一级标题元素设置 title 属性，最后把它们添加到文档结构中。

```javascript
var hello = document.createTextNode("Hello World!");   // 创建一个文本节点
var h1 = document.createElement("h1");                  // 创建一个一级标题
h1.setAttribute("title", "你好，欢迎光临！");           // 为一级标题定义title属性
h1.appendChild(hello);                                  // 把文本节点增加到一级标题中
document.body.appendChild(h1);                          // 把一级标题增加到文档
```

【示例3】 也可以通过快捷方法设置 HTML DOM 文档中元素的属性值。

```html
<label id="label1">文本框：
    <input type="text" name="textfield" id="textfield" />
</label>
<script>
var label = document.getElementById("label1");
label.className="class1";
label.htmlFor="textfield";
</script>
```

DOM 支持使用 getAttribute()和 setAttribute()方法读写自定义属性，不过 IE 6.0 及其以下版本浏览器对其支持不是很完善。

【示例4】 直接使用 className 添加类样式，会覆盖掉元素原来的类样式。这时可以采用叠加的方式添加类。

```html
<div id="red">红盒子</div>
<script>
var red = document.getElementById("red");
red.className = "red";
red.className += " blue";
</script>
```

【示例5】 使用叠加的方式添加类也存在问题，这样容易添加大量重复的类。为此，定义一个检测函数，判断元素是否包含指定的类，然后再决定是否添加类。

```javascript
<script>
function hasClass(element,className){                   //类名检测函数
    var reg =new RegExp('(\\s|^)'+ className + '(\\s|$)');
    return reg.test(element.className);                 //使用正则检测是否有相同的样式
}
function addClass(element,className){                   //添加类名函数
    if(!hasClass(element, className))
```

```
        element.className +=' ' + className;
}
</script>
<div id="red">红盒子</div>
<script>
var red = document.getElementById("red");
addClass(red,'red');
addClass(red,'blue');
</script>
```

11.7.4 删除属性

使用元素的 removeAttribute()方法可以删除指定的属性。用法如下：
removeAttribute(name)
参数 name 表示元素的属性名。

【示例 1】 本例演示了如何动态设置表格的边框。

```
<script>
window.onload = function() {      // 绑定页面加载完毕时的事件处理函数
    var table = document.getElementsByTagName("table")[0]; // 获取表格外框的引用
    var del = document.getElementById("del");// 获取删除按钮的引用
    var reset = document.getElementById("reset"); // 获取恢复按钮的引用
    del.onclick = function(){                 // 为删除按钮绑定事件处理函数
        table.removeAttribute("border");      // 移除边框属性
    }
    reset.onclick = function(){                 // 为恢复按钮绑定事件处理函数
        table.setAttribute("border", "2");     // 设置表格的边框属性
    }
}
</script>
<table width="100%" border="2">
    <tr>
        <td>数据表格</td>
    </tr>
</table>
<button id="del">删除</button><button id="reset">恢复</button>
```

在上面示例中，设计了两个按钮，并分别绑定不同的事件处理函数。单击"删除"按钮即可调用表格的 removeAttribute()方法清除表格边框，单击"恢复"按钮即可调用表格的 setAttribute()方法重新设置表格边框的粗细。

【示例 2】 本例演示了如何自定义删除类函数，并调用该函数删除指定类名。

```
<script>
function hasClass(element,className){//类名检测函数
    var reg =new RegExp('(\\s|^)'+ className + '(\\s|$)');
    return  reg.test(element.className); //使用正则检测是否有相同的样式
}
function deleteClass(element,className){
    if(hasClass(element,className)){
        element.className.replace(reg,' '); //利用正则捕获到要删除的样式的名称，然后把它
替换成一个空白字符串，就相当于删除了
```

```
        }
    }
</script>
<div id="red" class="red blue bold">红盒子</div>
<script>
var red = document.getElementById("red");
deleteClass(red,'blue');
</script>
```

以上代码使用了正则表达式检测 className 属性值字符串中是否包含指定的类名，如果存在，则使用空字符替换掉匹配到的子字符串，从而实现删除类名的目的。

11.7.5 使用类选择器

HTML5 为 document 对象和 HTML 元素新增了 getElementsByClassName()方法，使用该方法可以选择指定类名的元素。getElementsByClassName()方法可以接收一个字符串参数，包含一个或多个类名，类名通过空格分隔，不分先后顺序，方法返回带有指定类的所有元素的 NodeList。

浏览器支持状态：IE 9+、Firefox 3.0+、Safari 3+、Chrome 和 Opera 9.5+。

如果不考虑兼容早期 IE 浏览器或者怪异模式，用户可以放心使用。

【示例1】 本例使用 document.getElementsByClassName("red")方法选择文档中所有包含 red 类的元素。

```
<div class="red">红盒子</div>
<div class="blue red">蓝盒子</div>
<div class="green red">绿盒子</div>
<script>
var divs = document.getElementsByClassName("red");
for(var i=0; i<divs.length;i++){
    console.log(divs[i].innerHTML);
}
</script>
```

【示例2】 本例使用 document.getElementById("box")方法先获取<div id="box">，然后在它下面使用 getElementsByClassName("blue red")选择同时包含 red 和 blue 类的元素。

```
<div id="box">
    <div class="blue red green">blue red green</div>
</div>
<div class="blue red black">blue red black</div>
<script>
var divs = document.getElementById("box").getElementsByClassName("blue red");
for(var i=0; i<divs.length;i++){
    console.log(divs[i].innerHTML);
}
</script>
```

在 document 对象上调用 getElementsByClassName()会返回与类名匹配的所有元素，在元素上调用该方法就只会返回后代元素中匹配的元素。

11.7.6 自定义属性

HTML5 允许用户为元素自定义属性，但要求添加 data-前缀，目的是为元素提供与渲染无关的附加信息，或者提供语义信息。例如：

```
<div id="box" data-myid="12345" data-myname="zhangsan" data-mypass="zhang123">
自定义数据属性</div>
```

添加自定义属性之后，可以通过元素的 dataset 属性访问自定义属性。dataset 属性的值是一个 DOMStringMap 实例，也就是一个名值对的映射。在这个映射中，每个 data-name 形式的属性都会有一个对应的属性，只不过属性名没有 data-前缀。

浏览器支持状态：Firefox 6+和 Chrome。

【示例】 下面代码演示了如何自定义属性，以及如何读取这些附加信息。

```
var div = document.getElementById("box");
//访问自定义属性值
var id = div.dataset.myid;
var name = div.dataset.myname;
var pass = div.dataset.mypass;
//重置自定义属性值
div.dataset.myid = "54321";
div.dataset.myname = "lisi";
div.dataset.mypass = "lisi543";
//检测自定义属性
if (div.dataset.myname){
    alert(div.dataset.myname);
}
```

虽然上述用法未获得所有浏览器支持，但是我们仍然可以使用这种方式为元素添加自定义属性，然后使用 getAttribute()方法读取元素附加的信息。

11.8 使用范围

DOM2 在遍历和范围模块中定义了范围接口。通过范围可以选择文档中的一个区域，而不用考虑节点的界限。在常规 DOM 操作中不能更有效地修改文档时，使用范围往往可以达到目的。

Firefox、Opera、Safari 和 Chrome 都支持 DOM 范围，IE8 及其早期版本不支持标准的用法，但是提供专有方法实现对范围的支持。

11.8.1 创建范围

扫一扫，看视频

document 对象定义了 createRange()方法，使该方法可以创建范围。用法如下：

```
var range = document.createRange()
```

创建范围之后，就可以使用它在后台选择文档中的特定部分，当设置了范围的位置之后，还可以针对范围的内容执行各种操作，从而实现对 DOM 结构更精细的控制。

提示：

每个范围都有两个边界点，即一个开始点和一个结束点。每个边界点由一个节点和该节点的偏移量指定。该节点通常是 Element 节点、Document 节点或 Text 节点。对于 Element 节点和 Document 节点，偏移量指该节点的子节点。例如，偏移量为 0，说明边界点位于该节点的第一个子节点之前；偏移量为 1，说明边界点位于该节点的第一个子节点之后，第二个子节点之前。如果边界节点是 Text 节点，偏移量则指的是文本中两个字符之间的位置。

范围实际上就是 Range 类型的一个实例对象，它拥有很多原型属性和方法，如表 11.6 和表 11.7 所示。

表 11.6 范围的属性列表

属性	说明
collapsed	如果范围的开始点和结束点在文档的同一位置,则为 true,即范围是空的,或折叠的
commonAncestorContainer	范围的开始点和结束点的(即它们的祖先节点)、嵌套最深的 Document 节点
endContainer	包含范围的结束点的 Document 节点
endOffset	endContainer 中的结束点位置
startContainer	包含范围的开始点的 Document 节点
startOffset	startContainer 中的开始点位置

表 11.7 范围的方法

方法	描述
cloneContents()	返回新的 DocumentFragment 对象,它包含该范围表示的文档区域的副本
cloneRange()	创建一个新的 Range 对象,表示与当前的 Range 对象相同的文档区域
collapse()	折叠该范围,使它的边界点重合
compareBoundaryPoints()	比较指定范围的边界点和当前范围的边界点,根据它们的顺序返回 -1、0 和 1。比较哪个边界点由它的第一个参数指定,它的值必须是范围的常量之一
deleteContents()	删除当前 Range 对象表示的文档区域
detach()	通知实现不再使用当前的范围,可以停止跟踪。如果调用了范围的这个方法,那么接下来调用的该范围任何方法都会抛出代码为 INVALID_STATE_ERR 的 DOMException 异常
extractContents()	删除当前范围表示的文档区域,并且以 DocumentFragment 对象的形式返回该区域的内容。该方法和 cloneContents() 方法与 deleteContents() 方法的组合很相似
insertNode()	把指定的节点插入文档范围的开始点
selectNode()	设置该范围的边界点,使它包含指定的节点和它的所有子孙节点
selectNodeContents()	设置该范围的边界点,使它包含指定节点的子孙节点,但不包含指定的节点本身
setEnd()	把该范围的结束点设置为指定的节点和偏移量
setEndAfter()	把该范围的结束点设置为紧邻指定节点的节点之后
setEndBefore()	把该范围的结束点设置为紧邻指定节点之前
setStart()	把该范围的开始点设置为指定的节点中的指定偏移量
setStartAfter()	把该范围的开始点设置为紧邻指定节点的节点之后
setStartBefore()	把该范围的开始点设置为紧邻指定节点之前
surroundContents()	把指定的节点插入文档范围的开始点,然后重定范围中的所有节点的父节点,使它们成为新插入的节点的子孙节点
toString()	返回该范围表示的文档区域的纯文本内容

拓展:

IE9 支持 DOM 范围,IE8 及之前版本不支持 DOM 范围,但支持文本范围,文本范围处理的主要是文本,不一定是 DOM 节点。通过<body>、<button>、<input>和<textarea>等标签可以调用 createTextRange()方法创建文本范围。

```
var range = document.body.createTextRange();
```

11.8.2 选择范围

创建范围之后,可以使用范围来选择文档中的一部分。其中最简便的方式就是使用 selectNode()或

selectNodeContents()方法。这两个方法都接收一个参数,即一个 DOM 节点,然后使用该节点中的信息来填充范围。用法如下:

```
selectNode(refNode)
selectNodeContents(refNode)
```

参数 refNode 为 DOM 节点。selectNode()方法将把范围的内容设置为指定的 refNode 节点,也就是"选中"那个节点和它的子孙节点;但是 selectNodeContents()方法"选中"的范围不包含 refNode 节点,仅包含 refNode 的子节点。

【示例 1】 本例演示了如何创建范围,并比较使用 selectNode()和 selectNodeContents()方法在文档中设置范围的边界有什么不同。

```
<!doctype html>
<html>
<head>
<meta charset="utf-8">
<title></title>
<style type="text/css">
dl { float: left; margin: 4px 20px; border: solid 1px blue; padding: 12px; }
dl span { color: red; float: right; }
dd { width: 360px; }
footer { display: none; }
</style>
<script>
function createrange() {
    var range1 = document.createRange();         //定义范围1
    var range2 = document.createRange();         //定义范围2
    var main= document.getElementById("main");
    range1.selectNode(main);                     //设置范围1为article及其子元素
    range2.selectNodeContents(main);             //设置范围2为article的子元素
    var footer = document.getElementsByTagName("footer")[0];
    footer.style.display = "block";
//逐一显示范围 1 的开始点的父节点、开始点的偏移值、结束点的父节点、结束点的偏移值,以及开始点的父节点和结束点的父节点的共同祖先节点(最近的)
    document.getElementById("txtStartContainer1").textContent = range1.startContainer.tagName;
    document.getElementById("txtStartOffset1").textContent = range1.startOffset;
    document.getElementById("txtEndContainer1").textContent = range1.endContainer.tagName;
    document.getElementById("txtEndOffset1").textContent = range1.endOffset;
    document.getElementById("txtCommonAncestor1").textContent = range1.commonAncestorContainer.tagName;
//逐一显示范围 2 的开始点的父节点、开始点的偏移值、结束点的父节点、结束点的偏移值,以及开始点的父节点和结束点的父节点的共同祖先节点(最近的)
    document.getElementById("txtStartContainer2").textContent = range2.startContainer.tagName;
    document.getElementById("txtStartOffset2").textContent = range2.startOffset;
    document.getElementById("txtEndContainer2").textContent = range2.endContainer.tagName;
    document.getElementById("txtEndOffset2").textContent = range2.endOffset;
```

```html
            document.getElementById("txtCommonAncestor2").textContent = range2.common
AncestorContainer.tagName;
        }
    </script>
</head>
<body>
<section id="wrap">
    <article id="main">
        <h1>游子吟</h1>
        <h2>孟郊</h2>
        <p>慈母手中线，游子身上衣。临行密密缝，意恐迟迟归。谁言寸草心，报得三春晖。</p>
    </article>
    <header>
        <input type="button" value="创建范围" onclick="createrange()" />
    </header>
    <footer>
        <dl>
            <dt>范围 1</dt>
            <dd>Start Container(开始点的父节点):<span id="txtStartContainer1"></span></dd>
            <dd>Start Offset(开始点的偏移值):<span id="txtStartOffset1"></span></dd>
            <dd>End Container(结束点的父节点):<span id="txtEndContainer1"></span></dd>
            <dd>End Offset(结束点的偏移值):<span id="txtEndOffset1"></span></dd>
            <dd>Common Ancestor（共同祖先节点）:<span id="txtCommonAncestor1"></span></dd>
        </dl>
        <dl>
            <dt>范围 2</dt>
            <dd>Start Container(开始点的父节点):<span id="txtStartContainer2"></span></dd>
            <dd>Start Offset(开始点的偏移值):<span id="txtStartOffset2"></span></dd>
            <dd>End Container(结束点的父节点):<span id="txtEndContainer2"></span></dd>
            <dd>End Offset(结束点的偏移值):<span id="txtEndOffset2"></span></dd>
            <dd>Common Ancestor（共同祖先节点）:<span id="txtCommonAncestor2"></span></dd>
        </dl>
    </footer>
</section>
</body>
</html>
```

当在文档中设置范围之后，与范围相关的属性 commonAncestorContainer、endContainer、endOffset、startContainer、startOffset 都会自动被赋值。在浏览器中预览上面示例，然后单击按钮"创建范围"，即可看到范围 1 和范围 2 的相关属性值，如图 11.11 所示。

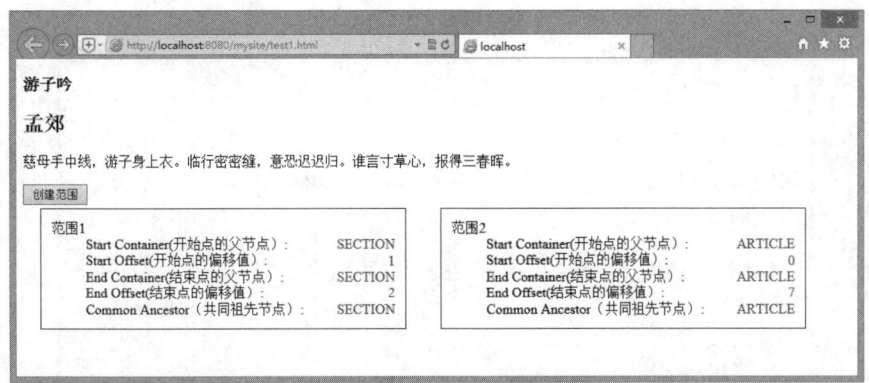

图 11.11　比较 selectNode()和 selectNodeContents()方法范围

从图 11.11 可以看到，在调用 selectNode()方法时，commonAncestorContainer、endContainer、startContainer 都等于传入节点的父节点，也就是<article id="main">标签的包含框<section id="wrap">。

而 startOffset 属性等于给定节点 article 元素在其父节点 section 的 childNodes 集合中的索引，这里为 1，因为 DOM 会把 article 元素前面的空格算作一个文本节点，endOffset 等于 startOffset 加 1，因为只选择了 1 个节点。

在调用 selectNodeContents()方法时，commonAncestorContainer、endContainer、startContainer 都等于传入的节点，即这个例子中的 article 元素。而 startOffset 属性始终等于 0，因为范围从给定节点的第 1 个子节点开始，endOffset 等于子节点的数量（node.childNodes.length），在这个例子中是 7，article 元素包含 3 个子元素，同时每个子元素前后空格共有 4 个文本节点。

> **拓展：**
>
> IE8 及之前版本使用范围的 findText()方法选择文本范围，该方法会找到第一次出现的给定文本，并将范围移过来以环绕该文本。如果没有找到文本，将返回 false，否则返回 true。

【示例 2】 下面以上例结构为基础，创建范围文本"游子吟"，found 返回值为 true，说明范围创建成功，使用 range.text 可以读取范围内的文本。

```
function createrange() {
    var range = document.body.createTextRange(),
        main = document.getElementById("main"),
        found = range.findText("游子吟");
    console.log(found);
    console.log(range.text);
}
```

findText()方法还可以接收第 2 个可选参数，它表示向哪个方向继续搜索的数值。负值表示应该从当前位置向后搜索，而正值表示应该从当前位置向前搜索。

```
var found = range.findText("游子吟", 1);
```

与 DOM 的 selectNode()方法最接近的方法是 moveToElementText()，这个方法接收一个 DOM 元素，并选择该元素的所有文本，包括 HTML 标签。

【示例 3】 下面以上例结构为基础，创建文本范围，使用 moveToElementText()方法指定范围为<article id="main">，然后使用范围的 htmlText 属性读取范围内的文本，如图 11.12 所示。

```
function createrange() {
    var range = document.body.createTextRange(),
        main = document.getElementById("main");
    range.moveToElementText(main);
    console.log(range.htmlText);
}
```

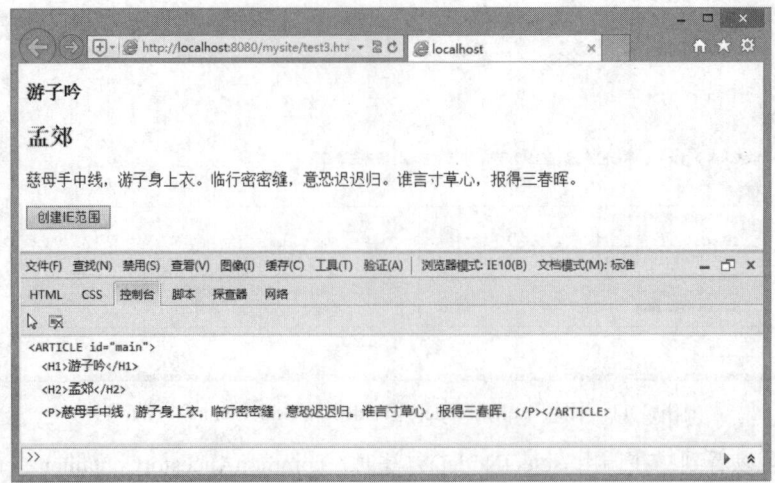

图 11.12　使用 htmlText 属性显示范围内所有 HTML 字符串

在文本范围中包含 HTML 的情况下，可以使用 htmlText 属性取得范围的全部内容，包括 HTML 和文本。

扫一扫，看视频

11.8.3　设置范围

创建复杂的范围一般使用 setStart() 和 setEnd() 方法。这两个方法都接收两个参数，用法如下：

```
setStart(refNode,offset)
setEnd(refNode,offset)
```

其中参数 refNode 表示包含新的开始点或结束点的节点，参数 offset 表示新开始或结束点在 refNode 中的位置。

提示：

对于 setStart() 方法来说，第 1 个参数表示范围的 startContainer，第 2 个参数表示范围的 startOffset；对于 setEnd() 方法来说，第 1 个参数表示范围的 endContainer，第 2 个参数表示范围的 endOffset。

【示例】　以 11.8.2 节示例为基础，创建两个范围，分别为 range1 和 range2，然后使用 setStart() 和 setEnd() 方法设置第 1 个范围的开始点和结束点均为 article 元素，偏移值为 1、4，即 <h1> 和 <h2> 标签及其包含信息；第 2 个范围为文本节点，包含内容从第 1 个字符到第 5 个字符，即为字符串"慈母手中线"，演示效果如图 11.13 所示。

```
function createrange() {
    var range1 = document.createRange();        //定义范围 1
    var range2 = document.createRange();        //定义范围 2
    var main= document.getElementById("main");
    var p = main.getElementsByTagName("p")[0];
    var text = p.firstChild;
    range1.setStart(main, 1);                   //设置范围 1 的开始点标签为<h1>
    range1.setEnd(main, 4);                     //设置范围 1 的结束点标签为<h2>
    range2.setStart(text, 0);                   //设置范围 2 的开始点为第 1 个字符前
    range2.setEnd(text, 5);                     //设置范围 2 的结束点为第 5 个字符后
    var footer = document.getElementsByTagName("footer")[0];
    footer.style.display = "block";
    document.getElementById("txtStartContainer1").textContent = range1.startContainer.tagName;
    document.getElementById("txtStartOffset1").textContent = range1.startOffset;
```

```
    document.getElementById("txtEndContainer1").textContent = range1.endContainer.
tagName;
    document.getElementById("txtEndOffset1").textContent = range1.endOffset;
    document.getElementById("txtCommonAncestor1").textContent = range1.common
AncestorContainer.tagName;
    document.getElementById("range1Text1").textContent = range1.toString();
    document.getElementById("txtStartContainer2").textContent = "节点类型 " +
range2.startContainer.nodeType;
    document.getElementById("txtStartOffset2").textContent = range2.startOffset;
    document.getElementById("txtEndContainer2").textContent = "节点类型 " +
range2.endContainer.nodeType;
    document.getElementById("txtEndOffset2").textContent = range2.endOffset;
    document.getElementById("txtCommonAncestor2").textContent = "节点类型 " +
range2.commonAncestorContainer.nodeType;
    document.getElementById("range1Text2").textContent = range2.toString();
}
```

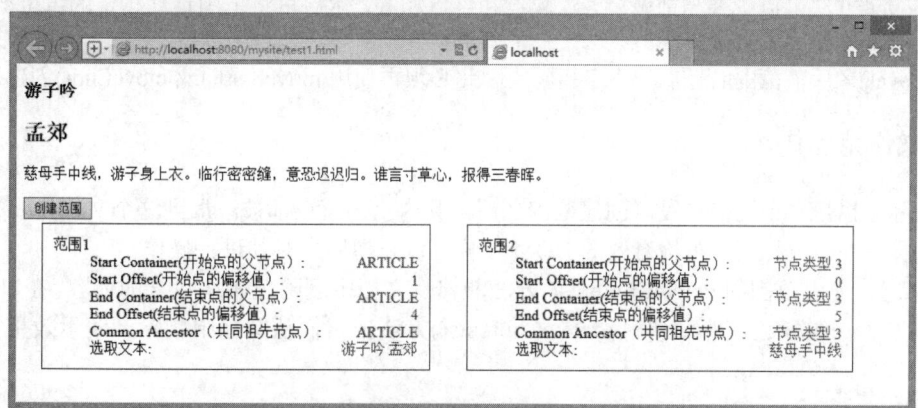

图 11.13　分别使用 setStart()和 setEnd()方法设置范围

提示：

为了更精细地控制将哪些节点包含在范围中，还可以使用下列方法：

- setStartBefore(refNode)：将范围的起点设置在 refNode 参数节点之前，因此 refNode 也就是范围选区中的第一个子节点。同时会将 startContainer 属性设置为 refNode.parentMode，将 startOffset 属性设置为 refNode 在其父节点的 childNodes 集合中的索引。
- setStartAfter(refNode)：将范围的起点设置在 refNode 参数节点之后，因此 refNode 也就不在范围之内了，其下一个相邻同辈节点才是范围选区中的第一个子节点。同时会将 startContainer 属性设置为 refNode.parentNode，将 startOffset 属性设置为 refNode 在其父节点的 childNodes 集合中的索引加 1。
- setEndBefore(refNode)：将范围的终点设置在 refNode 参数节点之前，因此 refNode 也就不在范围之内了，其上一个相邻同辈节点才是范围选区中的最后一个子节点。同时会将 endContainer 属性设置为 refNode.parentNode，将 endOffset 属性设置为 refNode 在其父节点的 childNodes 集合中的索引。
- setEndAfter(refNode)：将范围的终点设置在 refNode 参数节点之后，因此 refNode 也就是范围选区中的最后一个子节点。同时会将 endContainer 属性设置为 refNode.parentNode，将 endOffset 属性设置为 refNode 在其父节点的 childNodes 集合中的索引加 1。

在调用这些方法时，范围的所有属性都会自动设置好。

拓展：

IE 的文本范围没有任何属性可以随着范围选区的变化而动态更新。不过，它的 parentElement()方法与 DOM 的 commonAncestorContainer 属性类似。这样得到的父元素始终都可以反映文本选区的父节点。

在 IE8 中创建复杂范围的方法,就是以特定的增量向四周移动范围。为此,IE 提供了 4 个方法:move()、moveStart()、moveEnd()和 expand()。这些方法都接收两个参数:移动单位和移动单位的数量。其中,移动单位是下列一种字符串值。

- "character":逐个字符地移动。
- "word":逐个单词(一系列非空格字符)地移动。
- "sentence":逐个句子(一系列以句号、问号或叹号结尾的字符)地移动。
- "textedit":移动到当前范围选区的开始或结束位置。

通过 moveStart()方法可以移动范围的起点,通过 moveEnd()方法可以移动范围的终点,移动的幅度由单位数量指定,例如:

```
range.moveStart("word", 2);        //起点移动 2 个单词
range.moveEnd("character", 1);     //终点移动 1 个字符
```

使用 expand()方法可以将任何部分选择的文本全部选中。例如,当前选择的是一个单词中间的两个字符,调用 expand("word"),可以将整个单词都包含在范围之内。

使用 move()方法可以折叠当前范围,让起点和终点相等,然后再将范围移动指定的单位数量,例如:

```
range.move("character", 5);        //移动 5 个字符
```

调用 move()之后,范围的起点和终点相同,因此必须再使用 moveStart()或 moveEnd()创建新的选区。

11.8.4 操作范围内容

扫一扫,看视频

范围实际上也是一个文档片段。创建范围之后,其内全部节点都被添加到这个文档片段中,并会自动补全开始标签和结束标签,重构有效的 DOM 结构,以方便用户对其进行操作。

【示例 1】 使用范围的 deleteContents()方法能够从文档中删除范围所包含的内容。在以下示例中,选取一级标题和二级标题,然后调用 deleteContents()方法把它们从文档中删除,演示效果如图 11.14 所示。

```html
<!doctype html>
<html>
<head>
<meta charset="utf-8">
<script>
function createange() {
    var range1 = document.createRange();
    var main= document.getElementById("main");
    range1.setStart(main, 1);         //获取开始点,为<h1>
    range1.setEnd(main, 4);           //获取结束点,为<h2>
    range1.deleteContents();          //删除<h1>和<h1>,及其包含文本
}
</script>
</head>
<body>
<section id="wrap">
    <article id="main">
        <h1>游子吟</h1>
        <h2>孟郊</h2>
        <p>慈母手中线,游子身上衣。临行密密缝,意恐迟迟归。谁言寸草心,报得三春晖。</p>
    </article>
    <header>
        <input type="button" value="删除范围内容" onclick="createange()" />
```

```
        </header>
    </section>
</body>
</html>
```

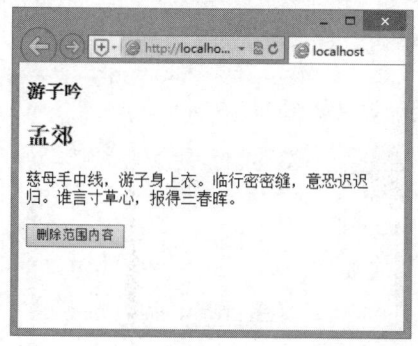
删除前

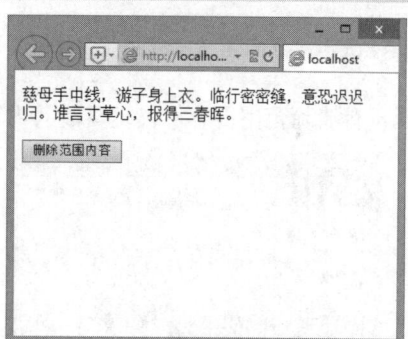
删除后

图 11.14 删除范围内容

【示例 2】 使用范围的 extractContents()方法能够把范围移植到文档其他位置。extractContents()与 deleteContents()方法功能相同,都是用于删除范围内容,但是 extractContents()方法能够返回被删除的文档片段,然后可以把它插入到文档其他位置。

以上节示例为基础,另存 test1.html 为 test2.html,修改 JavaScript 代码如下:

```
function createrange() {
    var range1 = document.createRange();
    var main= document.getElementById("main");
    range1.setStart(main, 1);
    range1.setEnd(main, 4);
    var fragment = range1.extractContents();
    main.appendChild(fragment);
}
```

上面代码使用 extractContents()方法删除范围 1,然后再把删除的文档片段添加到<article>包含框的尾部,则显示效果如图 11.15 所示。

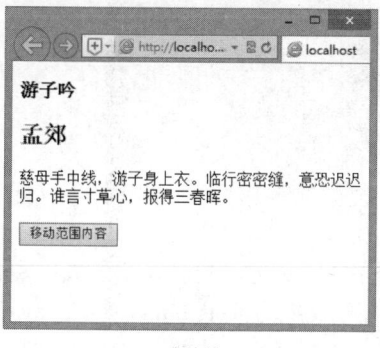
移动前

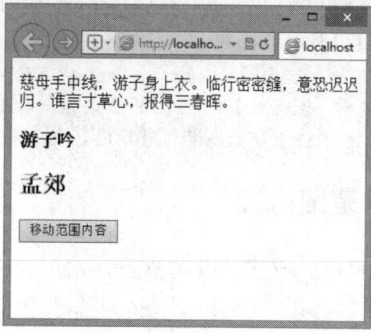
移动后

图 11.15 移动范围内容

【示例 3】 针对本节示例 2,还可以使用 cloneContents()方法来进行操作。不同点为:cloneContents()方法是复制该范围内容,而不是清除范围。

以上节示例为基础,另存 test2.html 为 test3.html,修改 JavaScript 代码如下:

```
function createrange() {
```

```
    var range1 = document.createRange();
    var main= document.getElementById("main");
    range1.setStart(main, 1);
    range1.setEnd(main, 4);
    var fragment = range1.cloneContents();
    main.appendChild(fragment);
}
```

上面代码没有清除范围内容,仅是复制其内容,显示效果如图 11.16 所示。

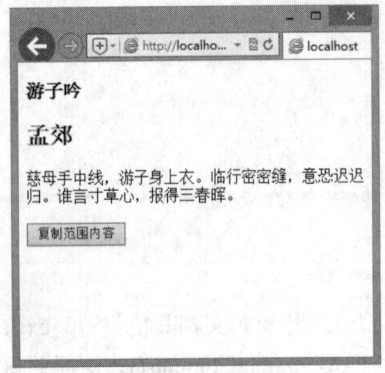
复制前

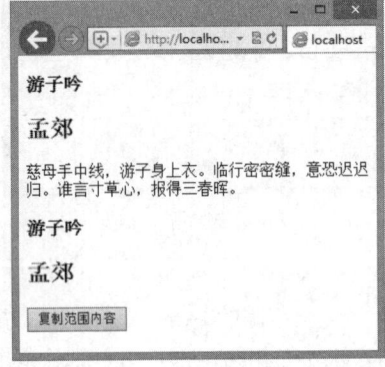
复制后

图 11.16　复制范围内容

cloneContents()与 extractContents()方法都返回文档片段,不同点为:cloneContents()返回的文档片段是范围中节点的副本,而不是实际的节点。

📖 拓展:

在 IE 中操作范围中的内容可以使用 text 属性或 pasteHTML()方法。通过 text 属性可以取得范围中的内容文本,也可以通过这个属性设置范围中的内容文本。例如:

```
var range = document.body.createTextRange(),
    found = range.findText("游子吟");
range.text="《游子吟》";
```

注意,在设置 text 属性时,HTML 标签保持不变。

使用 pasteHTML()方法可以向范围中插入 HTML 代码。

```
var range = document.body.createTextRange(),
    found = range.findText("谁言寸草心,报得三春晖。");
range.pasteHTML("<b>谁言寸草心,报得三春晖。</b>");
```

11.8.5　插入范围内容

使用 insertNode()方法可以向范围开始位置插入一个节点,该方法包含一个参数:要插入的节点。

【示例 1】继续以 11.8.4 节示例为基础进行介绍,复制文档为 test1.html。修改 JavaScript 脚本,本例创建一个一级标题,设置标题文本和样式,然后使用 insertNode()方法把它插入到范围的前面显示,效果如图 11.17 所示。

```
function createrange() {
    var range1 = document.createRange();
    var main= document.getElementById("main");
    range1.setStart(main, 1);
    range1.setEnd(main, 4);
```

```
    var h1 = document.createElement("h1");
    h1.style.color = "red";
    h1.innerHTML = "唐诗诵读";
    range1.insertNode(h1);
}
```

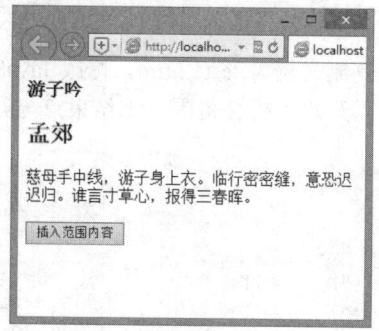
插入前

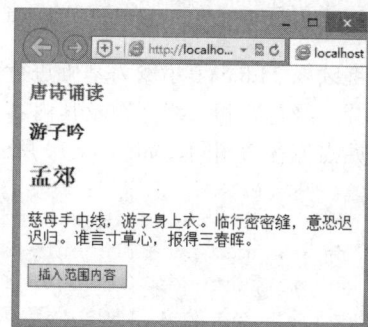
插入后

图 11.17　插入范围内容

也可以使用 surroundContents()方法给范围包裹一个节点，该方法包含一个参数：要包裹的节点。

【示例 2】　复制本节示例 1 文档为 test2.html。修改 JavaScript 脚本，本例创建一个 span 元素，设置红色、加粗样式，然后创建范围，选取文本"谁言寸草心，报得三春晖。"使用 surroundContents()方法把这些文本包裹在<span>标签内，让其高亮、加粗显示，效果如图 11.18 所示。

```
function createrange() {
    var range1 = document.createRange();
    var p= document.getElementsByTagName("p")[0];
    var text = p.firstChild;
    range1.setStart(text, 24);
    range1.setEnd(text, 36);
    var span = document.createElement("span");
    span.style.color = "red";
    span.style.fontWeight = "bold";
    range1.surroundContents(span);
}
```

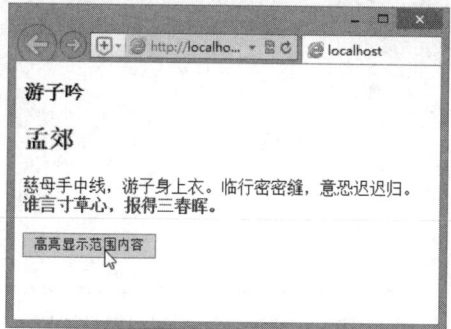

图 11.18　高亮显示范围内容

11.8.6　折叠范围

折叠范围就是指范围中没有选择任何内容。使用 collapse()方法可以折叠范围，用法如下：
```
collapse(toStart)
```

参数 toStart 是一个布尔值，如果为 true，该方法将把范围的结束点设置为与开始点相同的值。否则，将把范围的开始点设置为与结束点相同的值。

🔊 **提示：**

collapse() 方法实际上是用来设置范围的一个边界点，使它与另一个边界点相同。折叠后的范围为文档中的一个点，没有内容。当范围被折叠后，它的 collapsed 属性将被设置为 true。

【示例】 继续以 11.8.5 节示例为基础进行介绍，复制文档为 test1.html。修改 JavaScript 脚本，创建一个范围，选择一级标题和二级标题及其内容，然后以开始点折叠范围，则结束点与开始点重合，结束点偏移值与开始点偏移值相同，如图 11.19 所示。

```javascript
function createrange() {
    var range1 = document.createRange();
    var main= document.getElementById("main");
    var h1 = document.getElementsByTagName("h1")[0];
    var h2 = document.getElementsByTagName("h2")[0];
    range1.setStartBefore(h1);                              //定义范围开始点为 h1 前面
    range1.setEndAfter(h2);                                 //定义范围结束点为 h2 后面
    console.log("折叠前内容: " + range1.toString());        //显示范围内容为"游子吟 孟郊"
    range1.collapse(true);                                   //以开始点折叠范围
    console.log("折叠后内容: " + range1.toString());        //显示范围内容为空
    console.log("是否折叠？" + range1.collapsed);           //显示范围为折叠状态
    console.log("startContainer: " + range1.startContainer.tagName);
    console.log("startOffset: " + range1.startOffset);
    console.log("endContainer: " + range1.endContainer.tagName);
    console.log("endOffset: " + range1.endOffset);
}
```

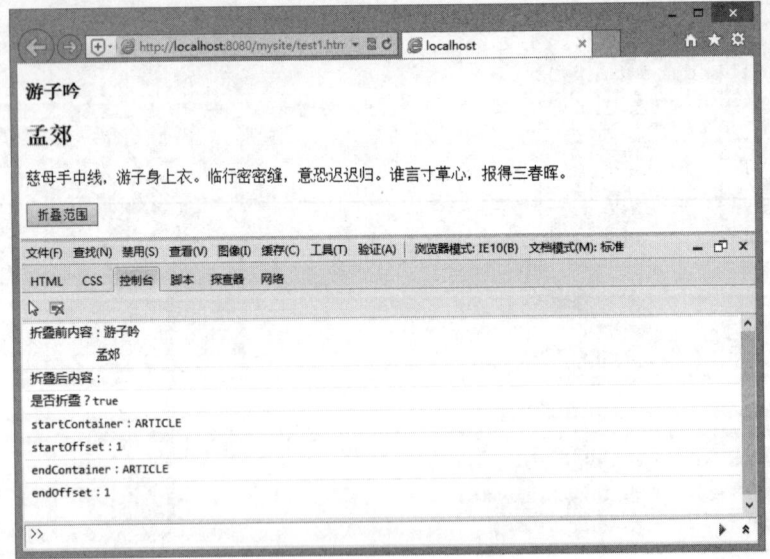

图 11.19 折叠前后范围相关属性比较

在上面示例中，可以看到使用 collapsed 属性检测范围是否处于折叠状态，可以确定范围中的两个节点是否紧密相邻。

📖 **拓展：**

IE 使用 collapse() 方法折叠范围，当设置参数为 true 时，把范围折叠到起点，而参数为 false 时，把范围折叠到终点。检测范围是否折叠，可以使用 boundingWidth 属性，该属性返回范围的宽度，以像素为单位，如果 boundingWidth 属性等于 0，就说明范围已经折叠了。

11.8.7 比较范围

使用 compareBoundaryPoints()方法可以比较两个范围的位置，以确定范围之间是否有公共的边界，如起点或终点。用法如下：

compareBoundaryPoints(how,sourceRange)

参数说明如下：

- how：声明如何执行比较操作，即比较哪些边界点，取值为 Range 接口定义的常量，如表 11.8 所示。
- sourceRange：与当前范围进行比较的范围。

如果当前范围的指定边界点位于 sourceRange 范围指定的边界点之前，则返回 -1；如果指定的两个边界点相同，则返回 0；如果当前范围的边界点位于 sourceRange 指定的边界点之后，则返回 1。

表 11.8 范围常量列表

常 量	描 述
START_TO_START	用指定范围的开始点与当前范围的开始点进行比较
START_TO_END	用指定范围的开始点与当前范围的结束点进行比较
END_TO_END	用指定范围的结束点与当前范围的结束点进行比较
END_TO_START	用指定范围的结束点与当前范围的开始点进行比较

【示例】 继续以 11.8.6 节示例为基础进行介绍，复制文档为 test1.html。修改 JavaScript 脚本，创建 2 个范围，第 1 个范围为<h1>包含的文本，然后修改其结束点为<h2>包含文本，第 2 个范围为<h2>包含的文本，现在比较两个范围的开始点和结束点的关系，其中开始点不重合，而结束点为重合，如图 11.20 所示。

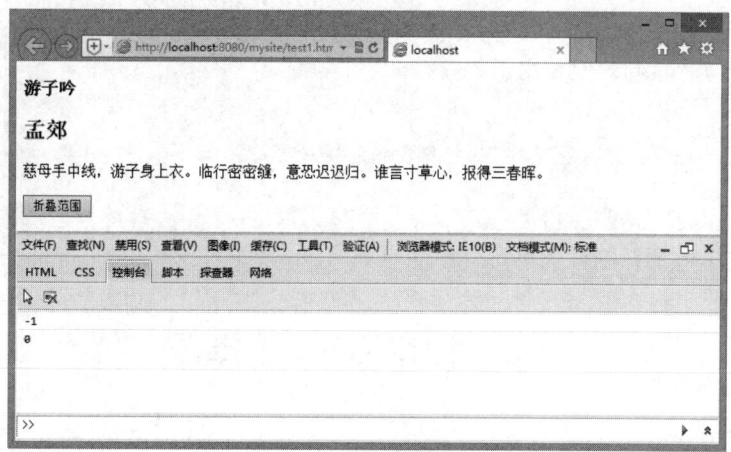

图 11.20 比较范围

```
function createrange() {
    var range1 = document.createRange(),
        range2 = document.createRange();
    var h1 = document.getElementsByTagName("h1")[0];
    var h2 = document.getElementsByTagName("h2")[0];
```

```
range1.selectNodeContents(h1);
range2.selectNodeContents(h2);
range1.setEndAfter(h2.lastChild);
console.log( range1.compareBoundaryPoints(Range.START_TO_START, range2) );
console.log( range1.compareBoundaryPoints(Range.END_TO_END, range2));
}
```

📖 **拓展：**

IE 使用 compareEndPoints()方法比较范围，该方法接收两个参数：比较的类型和要比较的范围。比较类型的取值范围包括："StartToStart"、'StartToEnd'、'EndToEnd'和"EndToStart"，这几种比较类型与 DOM 范围的比较范围常量值是相同的，返回值也相同。例如：

```
var range1 = document.body.createTextRange();
var range2 = document.body.createTextRange();
range1.findText("游子吟");
range2.findText("孟郊");
alert(range1.compareEndPoints("StartToStart", range2));
alert(range1.compareEndPoints("EndToEnd", range2));
```

另外，使用 isEqual()方法可以比较两个范围是否相等，使用 inRange()方法可以确定一个范围是否包含另一个范围。

```
range1.isEqual(range2) ;
range1.inRange(range2) ;
```

扫一扫，看视频

11.8.8 复制和清除范围

使用 cloneRange()方法可以复制范围，新创建的范围与原来的范围包含相同的属性，而修改它的边界不会影响原来的范围。

用完范围之后，最好是使用 detach()方法把范围从文档中分离出来，然后就可以放心解除对范围的引用，从而让垃圾回收机制回收其内存。

```
range.detach();                                    //从文档中分离
range=null;                                        //解除引用
```

一旦分离范围，就不能再恢复使用了。

📖 **拓展：**

IE 使用 duplicate()方法复制文本范围，结果会创建原范围的一个副本，例如：

```
var newRange = range.duplicate();
```

新创建的范围拥有与原范围完全相同的属性。

扫一扫，看视频

11.9 使用 CSS 选择器

Selectors API 是由 W3C 发起制定的一个标准，致力于让浏览器原生支持 CSS 查询。DOM API 模块核心是两个方法：querySelector() 和 querySelectorAll()，这两个方法能够根据 CSS 选择器规范，便捷定位文档中指定元素。

浏览器支持状态：IE8+、Firefox、Chrome、Safari、Opera。

Document、DocumentFragment、Element 都实现了 NodeSelector 接口。即这 3 种类型的节点都拥有 querySelector() 和 querySelectorAll() 方法。

querySelector() 和 querySelectorAll() 方法的参数必须是符合 CSS 选择器规范的字符串，不同的是 querySelector()方法返回的是一个元素对象，querySelectorAll() 方法返回的一个元素集合。

【示例 1】 新建网页文档，输入以下 HTML 结构代码。

```html
<div class="content">
    <ul>
        <li>首页</li>
        <li class="red">财经</li>
        <li class="blue">娱乐</li>
        <li class="red">时尚</li>
        <li class="blue">互联网</li>
    </ul>
</div>
```

如果要获得第一个 li 元素，可以使用如下方法：

```
document.querySelector(".content ul li");
```

如果要获得所有 li 元素，可以使用如下方法：

```
document.querySelectorAll(".content ul li");
```

如果要获得所有 class 为 red 的 li 元素，可以使用如下方法：

```
document.querySelectorAll("li.red");
```

提示：

DOM API 模块也包含 getElementsByClassName()方法，使用该方法可以获取指定类名的元素。例如：

```
document.getElementsByClassName("red");
```

注意，getElementsByClassName()方法只能够接收字符串，且为类名，而不需要加点号前缀，如果没有匹配到任何元素则返回空数组。

CSS 选择器是一个便捷的确定元素的方法，这是因为大家已经对 CSS 很熟悉了。当需要联合查询时，使用 querySelectorAll()更加便利。

【示例 2】 在文档中一些 li 元素的 class 名称是 red，另一些 class 名称是 blue，可以用 querySelectorAll()方法一次性获得这两类节点。

```
var lis = document.querySelectorAll("li.red, li.blue");
```

如果不使用 querySelectorAll()方法，那么要获得同样列表，需要更多工作。一个办法是选择所有的 li 元素，然后通过迭代操作过滤出那些不需要的列表项目。

```
var result = [], lis1 = document.getElementsByTagName('li'), classname = '';
for(var i = 0, len = lis1.length; i < len; i++) {
    classname = lis1[i].className;
    if(classname === 'red' || classname === 'blue') {
        result.push(lis1[i]);
    }
}
```

比较上面两种不同的用法，使用选择器 querySelectorAll()方法比使用 getElementsByTagName()的性能要快很多。因此，如果浏览器支持 document.querySelectorAll()，那么最好使用它。

在 Selectors API 2 版本规范中，为 Element 类型新增了一个方法 matchesSelector()。这个方法接收一个参数，即 CSS 选择符，如果调用元素与该选择符匹配，返回 true；否则，返回 false。目前浏览器对其支持不是很好。

11.10 实战案例

本节将通过多个实例介绍如何灵活应用 DOM，以便优化代码，提升运行效率。

11.10.1 设计动态脚本

动态脚本指的是在页面加载时不存在，但将来的某一时刻通过修改 DOM 动态添加的脚本。与操作 HTML 元素一样，创建动态脚本也有两种方式：插入外部文件和直接插入 JavaScript 代码。

【示例1】 动态加载的外部 JavaScript 文件能够立即运行。

```
<script type='text/javascript" src="test.js'></script>
```

使用动态脚本来设计如下：

```
var script = document.createElement("script");
script.type = "text/javascript";
script.src = "test.js";
document.body.appendChild(script);
```

当上面代码被执行时，在最后一行代码把<script>元素添加到页面中之前，是不会下载外部文件的。整个过程可以使用下面的函数来封装：

```
function loadScript(url){
    var script = document.createElement("script");
    script.type = "text/javascript";
    script.src = url;
    document.body.appendChild(script);
}
```

然后，就可以通过调用这个函数来动态加载外部的 JavaScript 文件了：

```
loadScript("test.js");
```

【示例2】 另一种指定 JavaScript 代码的方式是行内方式，代码如下：

```
function say(){
    alert("hi");
}
```

对于上面代码可以转换为动态方式：

```
var script = document.createElement("script");
script.type = "text/javascript";
script.appendChild(document.createTextNode("function say(){alert('hi');}"));
document.body.appendChild(script);
```

上面代码在 Firefox、Safari、Chrome 和 Opera 中可以正常运行，但在 IE 中则会导致错误。IE 将<script>视为一个特殊的元素，不允许 DOM 访问其子节点。不过，可以使用<script>元素的 text 属性来指定 JavaScript 代码：

```
var script = document.createElement("script");
script.type = "text/javascript";
script.text = "function say(){alert('hi');}";
document.body.appendChild(script);
```

【示例3】 从兼容角度考虑，可以使用函数对上面代码进行封装，然后在页面中定义一个调用函数，通过按钮动态加载要执行的脚本。页面完整代码如下：

```
<!doctype html>
<html>
<head>
<meta charset="utf-8">
```

```
</head>
<body>
<input type="button" value="Add Script" onclick="addScript()">
<script>
function loadScriptString(code){
    var script = document.createElement("script");
    script.type = "text/javascript";
    try {
        script.appendChild(document.createTextNode(code));
    } catch (ex){
        script.text = code;
    }
    document.body.appendChild(script);
}
function addScript(){
    loadScriptString("function sayHi(){alert('hi');}");
    sayHi();
}
</script>
</body>
</html>
```

Firefox、Opera、Chorme 和 Safari 都会在<script>包含代码接收完成之后发出一个 load 事件，这样可以监听<script>标签的 load 事件，以获取脚本准备好的通知。

```
var script = document.createElement ("script")
script.type = "text/javascript";
//兼容 Firefox、Opera、Chrome、Safari 3+
script.onload = function(){
    alert("Script loaded!");
};
script.src = "file1.js";
document.getElementsByTagName("head")[0].appendChild(script);
```

IE 不支持标签的 load 事件，却支持另一种实现方式，它会发出一个 readystatechange 事件。<script>元素有一个 readyState 属性，它的值随着下载外部文件的过程而改变。readyState 有 5 种取值：

- uninitialized，默认状态。
- loading，下载开始。
- loaded，下载完成。
- interactive，下载完成但尚不可用。
- complete，所有数据已经准备好。

在<script>元素的生命周期中，readyState 的这些取值不一定全部出现，也并没有指出哪些取值总会被用到。不过在实践中 loaded 和 complete 状态值很重要。在 IE 中这两个 readyState 值所表示的最终状态并不一致，有时<script>元素会得到 loaded，却从不出现 complete，而在另外一些情况下出现 complete 而用不到 loaded。最安全的办法就是在 readystatechange 事件中检查这两种状态，并且当其中一种状态出现时，删除 readystatechange 事件句柄，保证事件不会被处理两次。

```
var script = document.createElement ("script")
script.type = "text/javascript";
script.onreadystatechange = function(){   //兼容 IE
    if (script.readyState == "loaded" || script.readyState == "complete"){
        script.onreadystatechange = null;
```

```
            alert("Script loaded.");
        }
    };
    script.src = "file1.js";
    document.getElementsByTagName("head")[0].appendChild(script);
```

【示例4】 下面的函数封装了标准实现和 IE 实现所需的功能：

```
function loadScript(url, callback) {
    var script = document.createElement("script")
    script.type = "text/javascript";
    if(script.readyState) {//兼容 IE
        script.onreadystatechange = function() {
            if(script.readyState == "loaded" || script.readyState == "complete") {
                script.onreadystatechange = null;
                callback();
            }
        };
    } else {//兼容其他浏览器
        script.onload = function() {
            callback();
        };
    }
    script.src = url;
    document.getElementsByTagName("head")[0].appendChild(script);
}
```

上面的封装函数接收两个参数：JavaScript 文件的 URL 和当 JavaScript 接收完成时触发的回调函数。属性检查用于决定监视哪种事件。最后设置 src 属性，并将<script>元素添加至页面。此 loadScript()函数的使用方法如下：

```
loadScript("file1.js", function(){
    alert("文件加载完成!");
});
```

可以在页面中动态加载很多 JavaScript 文件，只是要注意，浏览器不保证文件加载的顺序。在所有主流浏览器之中，只有 Firefox 和 Opera 保证脚本按照指定的顺序执行，其他浏览器将按照服务器返回次序下载并运行不同的代码文件。可以将下载操作串联在一起以保证它们的次序：

```
loadScript("file1.js", function() {
    loadScript("file2.js", function() {
        loadScript("file3.js", function() {
            alert("所有文件都已经加载!");
        });
    });
});
```

此代码待 file1.js 可用之后才开始加载 file2.js，待 file2.js 可用之后才开始加载 file3.js。虽然此方法可行，但是如果要下载和执行的文件很多，还是有些麻烦。如果多个文件的次序十分重要，那么更好的办法是将这些文件按照正确的次序连接成一个文件。独立文件可以一次性下载所有代码，由于这是异步执行，因此使用一个大文件并没有什么损失。

11.10.2 使用 script 加载远程数据

扫一扫，看视频

script 元素能够动态加载外部或远程 JavaScript 脚本文件。JavaScript 脚本文件不仅仅可以被执行，还可以附加数据。在服务器端使用 JavaScript 文件附加数据之后，当在客户端使用 script 元素加载这些远程脚本时，附加在 JavaScript 文件中的信息也一同被加载到客户端，从而实现数据异步加载的目的。

下面介绍如何使用 script 元素设计异步交互接口，动态生成 script 元素。通过 script 元素实施异步交互功能的封装，这样就避免了每次实施异步交互时都需要手动修改文档结构的麻烦。

【操作步骤】

（1）定义一个异步请求的封装函数。

```javascript
// 创建<script>标签
// 参数：URL 表示要请求的服务器端文件路径
// 返回值：无
function request(url){
    if( ! document.script){ // 如果在 document 对象中不存在 scrip 属性
        document.script = document.createElement("script");
            // 创建 script 元素
        document.script.setAttribute("type", "text/javascript");
            // 设置脚本类型属性
        document.script.setAttribute("src", url);
            // 设置导入的外部 JavaScript 文件的路径
        document.body.appendChild(document.script);
            // 把创建的 script 元素添加到页面中
    }
    else{// 如果已经存在 script 元素
        document.script.setAttribute("src", url);
            // 则直接设置 src 属性
    }
}
```

（2）完善客户端提交页面的结构和脚本代码。上面这个请求函数是整个 script 异步交互的核心。下面就可以设计客户端提交页面（test.html）。

```html
<html>
<head>
<title>异步信息交互</title>
<script>
function callback(info){              // 客户端回调函数
    alert(info);
}
function request(url){                // script 异步请求函数
    // 代码同上
}
window.onload = function(){           // 页面初始化处理函数
    var b = document.getElementsByTagName("input")[0];
    b.onclick = function(){           // 为页面按钮绑定异步请求函数
        request("server.js");
    }
}
</script>
</head>
<body>
<h1>客户端信息提交页面</h1>
<input name="submit" type="button" id="submit" value="向服务器发出请求" />
</body>
</html>
```

（3）在服务器端的响应文件（server.js）中输入下面的代码。

```
//服务器端响应页面
callback("这里是服务器端数据信息");
```

（4）当预览客户端提交页面时，不会立即发生异步交互的动作，而是当用户单击按钮时才会触发异步请求和响应行为，这正是异步交互所要的设计效果。

11.10.3 使用 script 实现异步交互

使用 script 元素作为异步通信的工具时，实现信息交换最简单的方法就是使用参数从客户端向服务器端传递信息，这种在 URL 中附加参数的方式是最快捷的方法了，然后服务器端接收这些参数，并把响应信息以 JavaScript 脚本形式传回客户端。

【示例 1】 在客户端提交页面（main.html）中以下面的形式向服务器发出请求：

```
<html>
<head>
<title>异步信息交互</title>
<script src="code_server.js?id=8"></script>
<body>
<h1>客户端信息提交页面</h1>
</body>
</html>
```

在 JavaScript 外部文件的 URL 中附加了一个参数 id=8，这个参数是客户端传递给服务器端，希望服务器能够接收该参数，并能够根据该参数响应相应的信息，传回这些响应信息。

使用 location 对象的 search 属性能够捕获 HTTP 的 URL 查询字符串信息,在服务器端的 server_code.js 文件中输入以下代码。

```
var queryString = location.search.substring(1);
alert(queryString);
```

但是当运行客户端提交页面时，提示信息为空，说明服务器端并没有接收到这个参数，如果使用下面的代码接收 HTTP 中完整的 URL 字符串信息，则返回客户端交互页码的 URL 字符串，而不是链接的 JavaScript 文件 URL（如"http://localhost/mysite/main.html"字符串）。

```
var queryString = location.href;
alert(queryString);
```

因此使用 location 对象不能接收客户端提交页面中包含的外部 JavaScript 连接文件的 URL 字符串信息。

【示例 2】 在服务器端 JavaScript 文件中使用脚本来读取客户端提交页面中<script>标签的 src 属性值，下面示例是在 11.10.2 节示例基础上修改服务器端的 JavaScript 文件代码（server.js）：

```
// 遍历客户端提交页面的所有<script>标签，找到 src 属性包含"script 异步通信之参
数传递_server.js"的标签，并匹配出来该 URL 的参数，从中筛选出附带回调函数名称的
参数，然后利用这个回调函数执行服务器端传递的信息
var js = "server.js";
// 匹配的 JavaScript 文件名称
var r = new RegExp(js + "(\\?(.*))?$");      // 定义匹配参数的正则表达式
var script = document.getElementsByTagName("script");
// 获取客户端提交页面中包含的所有 script 元素
for (var i = 0; i < script.length; i ++ ){ // 遍历所有 script 元素
    var s = script[i];
    if(s.src && s.src.match(r)){                  // 判断是否存在参数
        var oo = s.src.match(r)[2];
        if (oo && (t = oo.match(/([^&=]+)=([^=&]+)/g))) {// 匹配出所有参数
            for (var l = 0; l < t.length; l ++ ) {        // 遍历所有参数
```

```
            r = t[l];
            var c = r.match(/([^&=]+)=([^=&]+)/);        // 匹配每个参数
            if (c && (c[2]=="callback")){
                // 如果参数名称为callback,则说明该参数值是传递过来的客户端交互页
面中定义的回调函数名称字符串
                var f = eval(c[2]);              // 激活回调函数名称字符串
                f("Hi,大家好,我是从服务器端过来的信息使者.");
                // 调用该回调函数,向客户端响应信息
            }
        }
    }
}
```

上面的 JavaScript 文件是服务器端请求的脚本文件,然后运行客户端提交页面(main_js.html),当单击其中的"请求"按钮之后,则弹出正确提示信息。

【示例 3】 下面尝试把 script 元素的 src 属性设置为请求服务器端脚本文件,而不是 JavaScript 文件。例如,以 ASP 服务器技术为例,可以这样进行请求(main_asp.html)。

```
window.onload = function(){
    var b = document.getElementsByTagName("input")[0];
    b.onclick = function(){
        var url = "server.asp?callback=callback";
    // 请求 ASP 文件
        request(url);
    }
}
```

这样,就可以利用服务器技术来接收请求传递的参数了,代码如下(server.asp)。

```
<%@LANGUAGE="VBSCRIPT" CODEPAGE="65001"%>
<%
callback = Request.QueryString("callback")
    // 使用 ASP 服务器技术获取查询字符串
Response.Write("callback('Hi,大家好,我是从服务器端过来的信息使者.')")
    // 然后向客户端响应一段 JavaScript 脚本字符串
%>
```

📖 **拓展:**

在异步交互中,用户应注意字符编码一致性,具体说明如下。

- 服务器端脚本的编码(默认为 65001,即国际通用编码),如在 ASP 脚本文件的第一行命令中 CODEPAGE 属性指定 ASP 脚本代码的编码。下面设置 ASP 脚本文件为国际通用编码。

```
<%@LANGUAGE="VBSCRIPT" CODEPAGE="65001"%>
```

- 请求的服务器脚本文件所在页面的编码,也就是 HTML 文档的字符编码:

```
<meta http-equiv="Content-Type" content="text/html; charset=utf-8">
```

- 当服务器向客户端响应信息时,在 HTTP 传输中所使用的字符编码,默认为 UTF-8,即国际通用编码。如果服务器端脚本编码为中文简体,则应该在服务器端响应信息的头部定义信息的编码为 gb2312。如在 ASP 脚本文件可以这样设置:

```
<%@LANGUAGE="VBSCRIPT" CODEPAGE="65001"%>
<%
callback = Request.QueryString("callback")
Response.AddHeader "Content-Type","text/html;charset=uTF-8"
Response.Write("callback('Hi,大家好,我是从服务器端过来的信息使者.')")
```

```
%>
```

➤ 在客户端提交页面中应该设置页面编码，与服务器端请求页面的编码类似：

```
<meta http-equiv="Content-Type" content="text/html; charset=utf-8">
```

要确保在异步交互过程中不发生乱码现象，用户应该保证以上 4 个方面的字符编码一致，即可以统一使用国际通用编码，或者统一使用中文简体编码（936 或 GB2312）。默认为国际通用编码（即 65001 或 UTF-8）。

用户还需要注意的是，虽然<script>标签 src 属性请求的是 ASP 文件，但是 ASP 响应的字符串是符合 JavaScript 语法规则的字符串，这些字符串被加载到客户端的<script>标签内部时，就会被转换为可以执行的 JavaScript 脚本代码。

【示例 4】 本例把客户端和服务器端对应文件代码全部整理出来，并遵循编码一致性原则，避免异步交互中出现乱码。

➤ 客户端提交页面的完整代码（main_asp(gb2312).html）如下。

```
<html>
<head>
<title>异步信息交互</title>
<script>
function callback(info){                    // 回调函数
    alert(info);
}
function request(url){                      // 请求函数
    if( ! document.script){
        document.script = document.createElement("script");
        document.script.setAttribute("type", "text/javascript");
        document.script.setAttribute("src", url);
        document.body.appendChild(document.script);
    }else{
        document.script.setAttribute("src", url);
    }
}
window.onload = function(){                 // 页面初始化处理
    var b = document.getElementsByTagName("input")[0];
    b.onclick = function(){
        // 为按钮注册鼠标单击事件处理函数，并传递请求的服务器端脚本 URL 和参数
        var url = "server.asp?callback=callback"
        request(url);
    }
}
</script>
<meta http-equiv="Content-Type" content="text/html;charset=utf-8">
</head>
<body>
<h1>客户端信息提交页面</h1>
<input name="submit" type="button" id="submit" value="向服务器发出请求" />
</body>
</html>
```

➤ 服务器端响应页面的完整代码（serve(gb2312).asp）如下。

```
<%@LANGUAGE="VBSCRIPT" CODEPAGE="65001"%>
<%
callback = Request.QueryString("callback")  '接收参数
```

```
Response.Write("callback('Hi, 大家好, 我是从服务器端过来的
信息使者.')") '输出响应信息
%>
```

在测试上面代码时,用户应确保在服务器环境下运行,否则会达不到预期结果。整个异步交互的过程如图 11.21 所示。

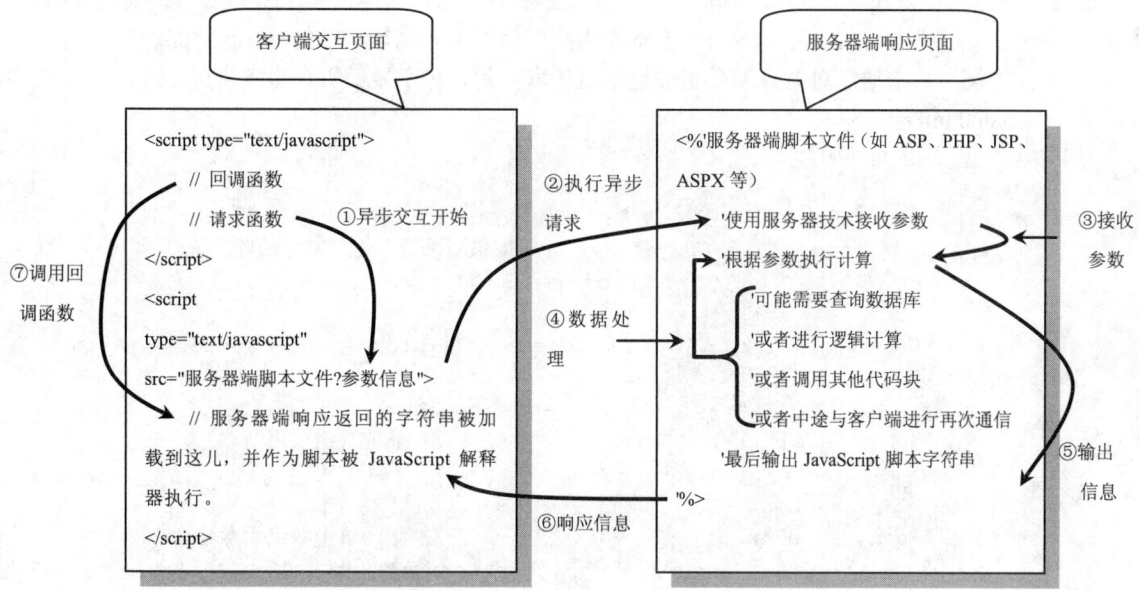

图 11.21　异步交互和回调完整过程

扫一扫,看视频

11.10.4　使用 JSONP

JSONP 是 JSON with Padding 的简称,它能够通过在客户端文档中生成脚本标记(<script>标签)来调用跨域脚本(服务器端脚本文件)时使用的约定,这是一个非官方的协议。

JSONP 允许在服务器端动态生成 JavaScript 字符串返回给客户端,通过 JavaScript 回调函数的形式实现跨域调用。现在很多 JavaScript 技术框架都使用 JSONP 实现跨域异步通信,如 dojo、JQuery、Youtube GData API、Google Social Graph API、Digg API 等。

【示例 1】　本例演示了如何使用 script 实现异步 JSON 通信。

(1)在服务器端的 JavaScript 文件中输入以下代码(server.js)。

```
callback({// 调用回调函数,并把包含响应信息的对象直接量传递给它
    "title" : "JSONP Test",
    "link" : "http:// www.mysite.cn/",
    "modified" : "2016-12-1",
    "items" : [{
        "title" : "百度",
        "link" : "http:// www.baidu.com/",
        "description" : "百度侧重于中国网民的搜索习惯,搜索结果更加大众化。"
    },
    {
        "title" : "谷歌",
        "link" : "http:// www.google.cn/",
        "description" : "谷歌搜索结果更客观,尤其在搜索技术性文章的时候,结果更加精准。"
    }]
})
```

callback 是回调函数的名称，然后使用小括号运算符调用该函数，并传递一个 JavaScript 对象。在这个参数对象直接量中包含 4 个属性：title、link、modified、items。这些属性都可以包含服务器端响应信息。其中前 3 个属性包含的值都是字符串，而第 4 个属性 items 包含一个数组，数组中包含 2 个对象直接量。这 2 个对象直接量又包含 3 个属性：title、link 和 description。

通过这种方式可以在一个 JavaScript 对象中包含更多的信息，这样在客户端的<script>标签中就可以利用 src 属性把服务器端的这些 JavaScript 脚本作为响应信息引入到客户端的<script>标签中。

（2）在回调函数中通过对对象和数组的逐层遍历和分解，有序显示所有响应信息，回调函数的详细代码如下（main.html）。

```javascript
function callback(info){              // 回调函数
    var temp = "";
    for(var i in info){               // 遍历参数对象
        if(typeof info[i] != "object"){   // 如果属性值不是对象，则直接显示
            temp += i + " = \"" + info[i] + "\"<br />";
        }
        else if( (typeof info[i] == "object") && (info[i].constructor == Array)){//
如果属性值为数组
            temp += "<br />" + i + " = " + "<br /><br />";
            var a = info[i];                          // 获取数组引用
            for(var j = 0; j < a.length; j ++ ){ // 遍历数组
                var o = a[j];
                for(var e in o){                      // 遍历每个数组元素对象
                    temp += "    " + e + " = \"" + o[e] + "\"<br />";
                }
                temp +=  "<br />";
            }
        }
    }
    var div = document.getElementById("test"); // 获取页面中的div元素
    div.innerHTML = temp;              // 把服务器端响应信息输出到div元素中显示
}
```

（3）完成用户提交信息的操作。客户端提交页面（main.html）的完整代码如下：

```html
<html>
<head>
<title>异步信息交互</title>
<script>
function callback(info){}             // 回调函数，请参考上面的代码
function request(url){}               // 请求函数，请参考上一节 request(1)函数代码
window.onload = function(){           // 页面初始化
    var b = document.getElementsByTagName("input")[0];
    b.onclick = function(){
        var url = "script 异步通信之响应数据类型_server.js";
        request(url);
    }
}
</script>
<body>
<h1>客户端信息提交页面</h1>
<input name="submit" type="button" id="submit" value="向服务器发出请求" />
```

```
<div id="test"></div>
</body>
</html>
```

回调函数和请求函数的名称并不是固定的,用户可以自定义这些函数的名称。

(4)保存页面,在浏览器中预览,则演示效果如图 11.22 所示。

 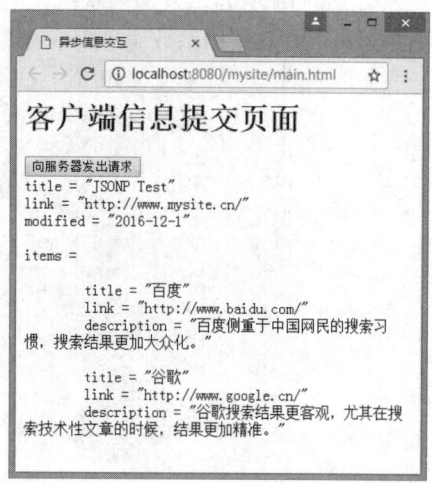

提交前　　　　　　　　　　　　　　　提交后

图 11.22　响应和回调前后效果

【示例 2】　下面结合一个示例说明如何使用 JSONP 约定来实现跨域异步信息交互。

(1)在客户端调用提供 JSONP 支持的 URL 服务,获取 JSONP 格式数据。

所谓 JSONP 支持的 URL 服务,就是在请求的 URL 中必须附加在客户端可以回调的函数,并按约定正确设置回调函数参数,默认参数名为 jsonp 或 callback。

注意,根据开发约定,只要服务器能够识别即可。本例定义 URL 服务的代码如下:

```
http:// localhost/mysite/server.asp?jsonp=callback&d=1
```

其中参数 jsonp 的值为约定的回调函数名。JSONP 格式的数据就是把 JSON 数据作为参数传递给回调函数并传回。例如,如果响应的 JSON 数据设计如下。

```
{
    "title" : "JSONP Test",
    "link" : "http:// www.mysite.cn/",
    "modified" : "2016-12-1",
    "items" : {
        "id" : 1,
        "title" : "百度",
        "link" : "http:// www.baidu.com/",
        "description" : "百度侧重于中国网民的搜索习惯,搜索结果更加大众化。"
    }
}
```

那么真正返回到客户端的脚本标记则如下:

```
callback({
    "title" : "JSONP Test",
    "link" : "http:// www.mysite.cn/",
    "modified" : "2016-12-1",
    "items" : {
        "id" : 1,
```

```
        "title" : "百度",
        "link" : "http:// www.baidu.com/",
        "description" : "百度侧重于中国网民的搜索习惯,搜索结果更加大众化。"
    }
})
```

（2）当客户端向服务器端发出请求后,服务器应该完成两件事情:一是接收并处理参数信息,如获取回调函数名;二是要根据参数信息生成符合客户端需要的脚本字符串,并把这些字符串响应给客户端。例如,服务器端的处理脚本文件如下(server.asp)。

```
<%@LANGUAGE="VBSCRIPT" CODEPAGE="65001"%>
<%
callback = Request.QueryString("jsonp")       //接收回调函数名的参数值
id = Request.QueryString("id")                //接收响应信息的编号
Response.AddHeader "Content-Type","text/html;charset=utf-8"   '设置响应信息的字符编码为uft-8
Response.Write(callback & "(")   //输出回调函数名,开始生成Script Tags字符串
%>
{
   "title" : "JSONP Test",
   "link" : "http:// www.mysite.cn/",
   "modified" : "2016-12-1",
   "items" :
<%
if id = "1" then       //如果id参数值为1,则输出下面的对象信息
%>
    {
        "title" : "百度",
        "link" : "http:// www.baidu.com/",
        "description" : "百度侧重于中国网民的搜索习惯,搜索结果更加大众化。"
    }
<%
elseif id = "2" then   //如果id参数值为2,则输出下面的对象信息
%>
    {
        "title" : "谷歌",
        "link" : "http:// www.google.cn/",
        "description" : "谷歌搜索结果更客观,尤其在搜索技术性文章的时候,结果更加精准。"
    }
<%
else                       //否则,则输出空信息
    Response.Write(" ")
end if                     //结束条件语句
Response.Write(")")   //封闭回调函数,输出Script Tags字符串
%>
```

包含在"<%"和"%>"分隔符之间的代码是 ASP 处理脚本。在该分隔符之后的是输出到客户端的普通字符串。在 ASP 脚本中,使用 Response.Write() 方法输出回调函数名和运算符号。其中还用到条件语句,判断从客户端传递过来的参数值,并根据参数值决定响应的具体信息。

（3）在客户端设计回调函数。回调函数应该根据具体的应用项目,以及返回的 JSONP 数据进行处理。例如,针对上面返回的 JSONP 数据,把其中的数据列表显示出来,代码如下。

```
function callback(info){
    var temp = "";
```

```
        for(var i in info){
            if(typeof info[i] != "object"){
                temp += i + " = \"" + info[i] + "\"<br />";
            }
            else if( (typeof info[i] == "object")){
                temp += "<br />" + i + " = " + " {<br />";
                var o = info[i];
                for(var j in o ){
                    temp += "    " + j + " = \"" + o[j] + "\"<br />";
                }
                temp += "}";
            }
        }
        var div = document.getElementById("test");
        div.innerHTML = temp;
}
```

（4）设计客户端提交页面与信息展示。用户可以在页面中插入一个<div>标签，然后把输出的信息插入到该标签内。同时为页面设计一个交互按钮，单击该按钮将触发请求函数，并向服务器端发去请求。服务器响应完毕，JavaScript 字符串传回到客户端之后，将调用回调函数，对响应的数据进行处理和显示。

```
<div id="test"></div>
```

📢 注意：

由于 JSON 完全遵循 JavaScript 语法规则，所以 JavaScript 字符串会潜在地包含恶意代码。JavaScript 支持多种方法动态地生成代码，其中最常用的就是 eval()函数，该函数允许用户将任意字符串转换 JavaScript 代码执行。

恶意攻击者可以通过发送畸形的 JSON 对象实现攻击目的，这样 eval()函数就会执行这些恶意代码。为了安全，用户可以采取一些方法来保护 JSON 数据的安全使用。例如，使用正则表达式过滤掉 JSON 数据中不安全的 JavaScript 字符串。

```
var my_JSON_object = ! (/[^,:{}\[\]0-9.\-+Eaeflnr-u \n\r\t]/.test(
                    text.replace(/"(\\.|[^"\\])*"/g, ''))) &&
                    eval('(' + text + ')');
```

这个正则表达式能够检查 JSON 字符串，如果没有发现字符串中包含恶意代码，则再使用 eval()函数把它转换为 JavaScript 对象。

11.10.5 设计动态表格

表格是 HTML 中最复杂的结构之一。要想创建表格一般都必须涉及表示表格行、单元格、表头等方面的标签。由于涉及的标签多，因而使用核心 DOM 方法创建和修改表格往往都需要编写大量的代码。为了方便构建表格，HTML DOM 为<table>、<tbody>和<tr>元素添加了一些属性和方法。具体说明如下：

为<table>元素添加的属性和方法如下：

- caption：保存着对<caption>元素（如果有）的指针。
- tBodies：是一个<tbody>元素的 HTMLCollection。
- tFoot：保存着对<tfoot>元素（如果有）的指针。
- tHead：保存着对<thead>元素（如果有）的指针。
- rows：是一个表格中所有行的 HTMLCollection。
- createTHead()：创建<thead>元素，将其放到表格中，返回引用。
- createTFoot()：创建<tfoot>元素，将其放到表格中，返回引用。
- createCaption()：创建<caption>元素，将其放到表格中，返回引用。

扫一扫，看视频

- deleteTHead()：删除<thead>元素。
- deleteTFoot()：删除<tfoot>元素。
- deleteCaption()：删除<caption>元素。
- deleteRow(pos)：删除指定位置的行。
- insertRow(pos)：向 rows 集合中的指定位置插入一行。

为<tbody>元素添加的属性和方法如下：
- rows：保存着<tbody>元素中行的 HTMLCollection。
- deleteRow(pos)：删除指定位置的行。
- insertRow(pos)：向 rows 集合中的指定位置插入一行，返回对新插入行的引用。

为<tr>元素添加的属性和方法如下：
- cells：保存着<tr>元素中单元格的 HTMLCollection。
- deleteCell(pos)：删除指定位置的单元格。
- insertCell(pos)：向 cells 集合中的指定位置插入一个单元格，返回对新插入单元格的引用。

使用这些属性和方法，可以极大地减少创建表格所需的代码数量。下面创建一个两行两列的表格，对比两种方法的便捷程度。

【示例1】 使用原始方法创建表格。

```
// 创建一个<table>元素和一个<tbody>元素
table = document.createElement("table");
tablebody = document.createElement("tbody");
//创建所有的单元格
for(var j = 0; j < 2; j++) {
    // 创建一个<tr>元素
    current_row = document.createElement("tr");
    for(var i = 0; i < 2; i++) {
        // 创建一个<td>元素
        current_cell = document.createElement("td");
        //创建一个文本节点
        currenttext = document.createTextNode("第"+j+"行，第"+i+"列");
        // 将创建的文本节点添加到<td>里
        current_cell.appendChild(currenttext);
        // 将列<td>添加到行<tr>
        current_row.appendChild(current_cell);
    }
    // 将行<tr>添加到<tbody>
    tablebody.appendChild(current_row);
}
// 将<tbody>添加到<table>
table.appendChild(tablebody);
//将<table>添加到<body>
document.body.appendChild(table);
// 将表格 mytable 的 border 属性设置为1
table.setAttribute("border", "1");
table.setAttribute("width", "100%");
```

【示例2】 使用表格专用属性和方法创建表格。

```
//创建 table
var table = document.createElement('table');
table.border=1;
table.width ='100%';
```

```
//创建 tbody
var tbody = document.createElement('tbody');
table.appendChild(tbody);
//创建第 1 行
tbody.insertRow(0);
tbody.rows[0].insertCell(0);
tbody.rows[0].cells[0].appendChild(document.createTextNode("第1行，第1列"));
tbody.rows[0].insertCell(1);
tbody.rows[0].cells[1].appendChild(document.createTextNode("第1行，第2列"));
//创建第 2 行
tbody.insertRow(1);
tbody.rows[1].insertCell(0);
tbody.rows[1].cells[0].appendChild(document.createTextNode("第2行，第1列"));
tbody.rows[1].insertCell(1);
tbody.rows[1].cells[1].appendChild(document.createTextNode("第2行，第2列"));
//将表格添加到文档中
document.body.appendChild(table);
```

11.10.6 访问 DOM 集合

HTML 集合是用于存放 DOM 节点引用的类数组对象。下列方法的返回值都是一个集合。

- document.getElementsByName()
- document.getElementsByClassName()
- document.getElementsByTagName()

下列属性也属于 HTML 集合：

- document.images：页面中所有的<img>元素。
- document.links：所有的<a>元素。
- document.forms：所有表单。
- document.forms[0].elements：页面中第一个表单的所有字段。

这些方法和属性返回 HTMLCollection 对象，是一种类似数组的列表。它不是数组，因为它没有数组的方法，比如 push()、slice()等，但是它提供了一个 length 属性，与数组一样可以使用索引访问列表中的元素。例如，document.images[1]返回集合中的第 2 个元素。正如 DOM 标准中所定义的那样，HTML 集合是一个虚拟存在，意味着当底层文档更新时它将自动更新。

HTML 集合实际上在查询文档，当更新信息时，每次都要重复执行这种查询操作。例如，读取集合中元素的数目，也就是集合的 length。这正是低效率的原因。

```
var alldivs = document.getElementsByTagName('div');
for(var i = 0; i < alldivs.length; i++) {
    document.body.appendChild(document.createElement('div'))
}
```

上面这段代码看上去只是简单地增加了页面中 div 元素的数量：遍历现有 div，每次创建一个新的 div 并附加到 body 上面。实际上这是个死循环，因为循环终止条件 alldivs.length 在每次迭代中都会增加，它反映出底层文档的当前状态。

像这样遍历 HTML 集合会导致逻辑错误，而且也很慢，因为每次迭代都需要进行查询，所以不建议用数组的 length 属性做循环判断条件。访问集合的 length 比数组的 length 还要慢，因为这意味着每次都要重新运行查询过程。

【示例 1】 在下面的例子中，将一个集合 coll 复制到数组 arr 中，然后比较每次迭代所用的时间。
```
function toArray(coll) {
```

扫一扫，看视频

```
    for(var i = 0, a = [], len = coll.length; i < len; i++) {
        a[i] = coll[i];
    }
    return a;
}
```

设置一个集合,并把它复制到一个数组:

```
var coll = document.getElementsByTagName('div');
var ar = toArray(coll);
```

比较下列两个函数:

```
//比较慢
function loopCollection() {
    for (var count = 0; count < coll.length; count++) {
    }
}
// 比较快
function loopCopiedArray() {
    for (var count = 0; count < arr.length; count++) {
    }
}
```

【示例 2】 当每次迭代过程访问集合的 length 属性时,将会导致集合器更新,在所有浏览器上都会产生明显的性能损失。优化的办法很简单,只要将集合的 length 属性缓存到一个变量中,然后在循环判断条件中使用这个变量。

```
function loopCacheLengthCollection() {
    var coll = document.getElementsByTagName('div'),
    len = coll.length;
    for (var count = 0; count < len; count++) {
    }
}
```

上面函数的运行速度与 loopCopiedArray()一样快。

遍历数组比遍历集合快,如果先将集合元素复制到数组,访问它们的属性将更快。记住这需要一个额外的步骤——遍历集合,所以应当评估在特定条件下使用这样一个数组副本是否有益。

一般来说,访问任何类型的 DOM,当同一个 DOM 属性或方法被访问一次以上时,最好使用一个局部变量缓存该 DOM 成员。当遍历一个集合时,第一个要优化的是将集合引用存储于局部变量,并在循环之外缓存 length 属性。然后,如果在循环体中多次访问同一个集合元素,那么使用局部变量缓存它。

【示例 3】 在本例中,循环访问每个元素的 3 个属性。最慢的方法是每次都要访问全局变量 document,优化后的代码缓存了一个指向集合的引用,最快的代码将集合的当前元素存入局部变量。

```
//较慢方法
function collectionGlobal() {
    var coll = document.getElementsByTagName('div'), len = coll.length, name = '';
    for(var count = 0; count < len; count++) {
        name = document.getElementsByTagName('div')[count].nodeName;
        name = document.getElementsByTagName('div')[count].nodeType;
        name = document.getElementsByTagName('div')[count].tagName;
    }
    return name;
};
// 较快方法
function collectionLocal() {
```

```
    var coll = document.getElementsByTagName('div'), len = coll.length, name = '';
    for(var count = 0; count < len; count++) {
        name = coll[count].nodeName;
        name = coll[count].nodeType;
        name = coll[count].tagName;
    }
    return name;
};
// 最快方法
function collectionNodesLocal() {
    var coll = document.getElementsByTagName('div'), len = coll.length, name = '',
el = null;
    for(var count = 0; count < len; count++) {
        el = coll[count];
        name = el.nodeName;
        name = el.nodeType;
        name = el.tagName;
    }
    return name;
};
```

访问一个 DOM 元素的代价是高昂的，修改元素的代价更贵，因为它经常导致浏览器重新计算页面的几何变化。当然，访问或修改元素最坏的情况是使用循环执行此操作，特别是在 HTML 集合中使用循环。

【示例 4】 下面看一个简单的示例：

```
function innerHTMLLoop() {
    for (var count = 0; count < 15000; count++) {
        document.getElementById('here').innerHTML += 'a';
    }
}
```

上面函数在循环中更新页面内容。这段代码的问题是，在每次循环中都对 DOM 元素访问两次：一次是读取 innerHTML 属性内容，另一次是写入内容。更高效率的写法是使用局部变量存储更新后的内容，在循环结束时一次性写入，例如：

```
function innerHTMLLoop2() {
    var content = '';
    for (var count = 0; count < 15000; count++) {
        content += 'a';
    }
    document.getElementById('here').innerHTML += content;
}
```

在所有浏览器中，该代码的运行速度都要快得多。对 DOM 的访问越多，代码的执行速度就越慢。因此建议用户：尽量减少对 DOM 的访问，并保持在 ECMAScript 范围内缓存 DOM 引用。

11.10.7 在微博分享选中文本

本例使用 JavaScript 实现在网页中选中文本，弹出提示图标，允许用户把选中的文本分享到新浪微博，效果如图 11.23 所示。

扫一扫，看视频

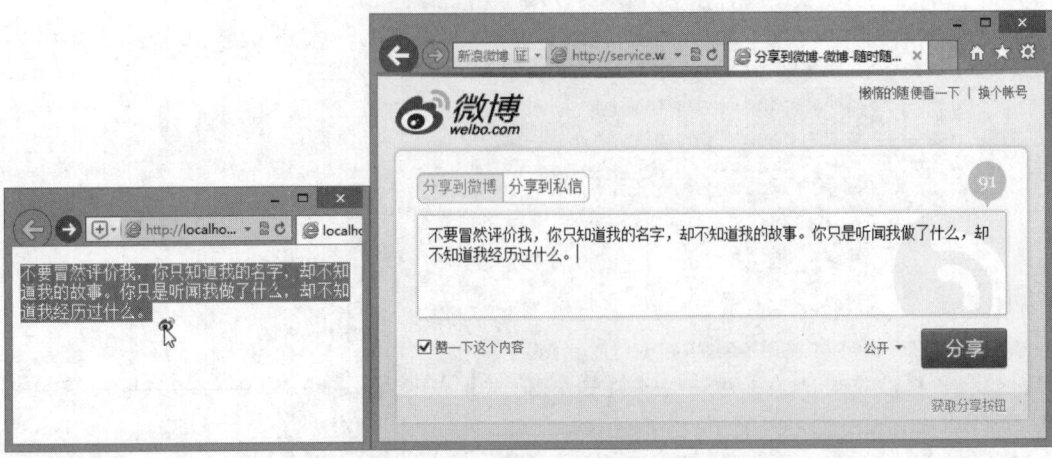

图11.23 在微博分享选中文本

本例完整代码如下：

```
<!doctype html>
<html>
<head>
<meta charset="utf-8">
<style type="text/css">
#weibo { position: absolute; display: none;}
</style>
</head>
<body>
<p id="txt">不要冒然评价我，你只知道我的名字，却不知道我的故事。你只是听闻我做了什么，却不知道我经历过什么。</p>
<div id="weibo"><img src="images/weibo.jpg"></div>
<script>
window.onload=function(){
    function selectText(){
        if(document.selection){//兼容ie
            return document.selection.createRange().text;
        } else{//标准的获取方法
            return window.getSelection().toString();
        }
    }
    var text = document.getElementById('txt');
    var weibo = document.getElementById('weibo');
    text.onmouseup = function(ev){
        var ev =ev||window.event;
        var top = ev.clientY;
        var left = ev.clientX;
        if(selectText().length>1){
            weibo.style.display = 'block';
            weibo.style.left =left+'px';
            weibo.style.top = top +'px';
        } else{
            weibo.style.display = 'none';
        }
    };
```

```
        text.onclick =function(ev){
            var ev =ev||window.event;
            ev.cancelBubble = true;
        }
        document.onclick = function(){
            weibo.style.display = 'none';
        };
        weibo.onclick = function(){//单击分享的实现
        window.location.href='http://service.weibo.com/share/share.php?url=http%3A%
2F%2Flocalhost%3A63342%2Fjs2%2Fpicscroll.html&type=icon&language=zh_cn&searchPi
c=true&style=simple'+selectText()+window.location.href;
        }
}
</script>
</body>
</html>
```

第 12 章 事件处理

JavaScript 以事件驱动来实现页面交互。事件驱动的核心：以消息为基础，以事件来驱动。通俗地说，事件就是文档或浏览器窗口中发生的一些特定交互行为，如加载、单击、输入、选择等。可以使用侦听器预订事件，即在特定事件上绑定事件处理函数，以便在事件发生时执行相应的代码。当事件发生时，浏览器会自动生成事件对象（event），并沿着 DOM 节点有序进行传播，直到被脚本捕获。这种观察员模式确保了 JavaScript 与 HTML 保持松散的耦合。

【学习重点】
- 熟悉事件模型。
- 能够正确注册、销毁事件。
- 掌握鼠标和键盘事件开发。
- 掌握页面和 UI 事件开发。
- 能够自定义事件。

12.1 事件基础

事件最早出现在 IE 3.0 和 Netscape 2.0 浏览器中。互联网初期网速是非常慢的，为了避免用户漫长的等待，开发人员把服务器端处理的任务部分前移到客户端，让客户端 JavaScript 脚本代替解决。

例如，对用户输入的表单信息进行验证等。于是就出现了各种响应用户行为的事件，如表单提交事件、文本输入时键盘事件、文本框中文本发生变化触发的事件、选择下拉菜单时引发的事件等。由此可以看出，早期的事件多集中在表单应用上。

DOM 2 规范开始尝试标准化 DOM 事件。直到 2004 年发布 DOM 3.0 时，W3C 才完善事件模型。如今，IE9、Firefox、Opera、Safari 和 Chrome 主流浏览器都已经实现了 DOM 2 事件模型的核心部分，而 IE8 及其早期版本则使用专有的事件模型。

12.1.1 事件模型

在浏览器的发展历史中，先后出现了 4 种事件处理模型。
- 基本事件模型：也称为 DOM 0 事件模型，是浏览器发展初期出现的一种比较简单的事件模型，主要通过事件属性，为指定标签绑定事件处理函数。由于这种模型应用比较广泛，获得了所有浏览器的支持，目前依然比较流行。但是这种模型对 HTML 文档标签的依赖较为严重，不利于 JavaScript 独立开发。
- DOM 事件模型：由 W3C 制订，是目前标准的事件处理模型。所有符合标准的浏览器都支持该模型，IE 怪异模式不支持。DOM 事件模型包括 DOM 2 事件模型和 DOM 3 事件模型，DOM 3 事件模型为 DOM 2 事件模型的升级版，略有完善，主要是新增了一些事情类型，以适应移动设备的开发需要，但大部分规范和用法保持一致。
- IE 事件模型：IE 4.0 及其以上版本浏览器支持，与 DOM 事件模型相似，但用法不同。
- Netscape 事件模型：由 Netscape 4 浏览器实现，在 Netscape 6 中停止支持。

12.1.2 事件流

事件流就是多个节点对象对同一种事件进行响应的先后顺序，主要包括 3 种类型。

扫一扫，看视频

1. 冒泡型

从最特定的目标向最不特定的目标（document 对象）依次触发事件，也就是事件从下向上进行响应，这个传递过程被形象地称为冒泡。

【示例 1】　在本例中，文档包含 5 层嵌套的 div 元素，为它们定义相同的 click 事件，同时为每层 <div> 标签定义不同的类名。当单击 <div> 标签时，设计当前对象边框显示为红色虚线，同时抓取当前标签的类名，以此标识每个标签的响应顺序。

```html
<!doctype html>
<html>
<head>
<meta charset="utf-8">
<style type="text/css">
div {/* 定义 div 元素样式 */
    margin: 20px;                              /* 边界距离 */
    border: solid 1px blue;                    /* 蓝色边框线 */
    font-size: 18px;                           /* 字体大小 */
}
</style>
<script>
function bubble(){
    var div = document.getElementsByTagName('div');
    var show = document.getElementById("show");
    for (var i = 0; i < div.length; ++i){      //遍历 div 元素
        div[i].onclick = (function(i){         //为每个 div 元素注册鼠标单击事件处理函数
            return function(){                 //返回闭包函数
                div[i].style.border = '1px dashed red';  //定义当前元素的边框线为红色虚线
                show.innerHTML += div[i].className + " > ";  //标识每个 div 元素的响应顺序
            }
        })(i);
    }
}
window.onload = bubble;
</script>
</head>
<body>
<div class="div-1">div-1
    <div class="div-2">div-2
        <div class="div-3">div-3
            <div class="div-4">div-4
                <div class="div-5">div-5</div>
            </div>
        </div>
    </div>
</div>
<p id="show"></p>
</body>
</html>
```

在浏览器中预览，如果单击最内层的<div>标签，则 click 事件按照从里到外的顺序逐层响应，从结构上看就是从下向上触发，在<p>标签中显示事件响应的顺序，演示效果如图 12.1 所示。

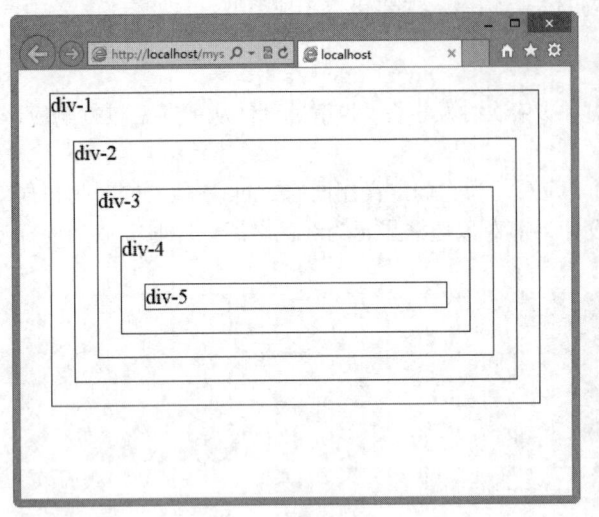
单击前

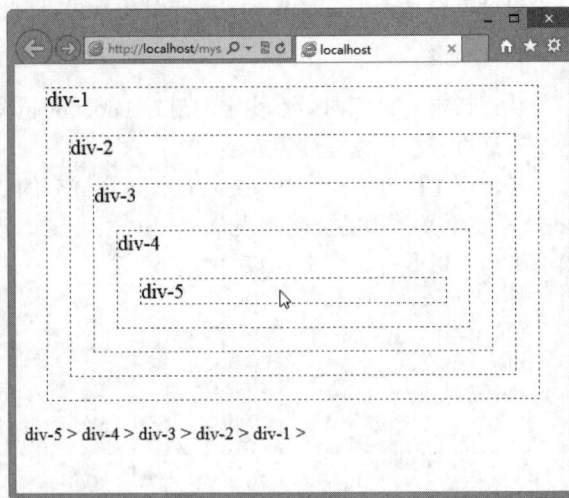
单击后

图 12.1　冒泡型事件流演示效果

◀》提示：

下面列举几个早期版本浏览器的冒泡顺序和顶端元素。

- IE 5.5 及其以下版本：div → body → document。
- IE 6 及其以上版本：div → body → html → document（html 元素也可以接收冒泡的事件）。
- Mozilla 1.0（Firefox 1.0）：div → body → html → document → window（非标准）。

2. 捕获型

事件从最不特定的目标（document 对象）开始被触发，最后到最特定的目标，也就是事件从上向下进行响应。

【示例2】　针对示例1，修改 Javascript 脚本，使用 addEventListener()方法为 5 个 div 元素注册 click 事件。在注册事件时定义响应类型为捕获型事件，即设置第 3 个参数值为 true。

```
function bubble(){
    var div = document.getElementsByTagName('div');
    var show = document.getElementById("show");
    for (var i = 0; i < div.length; ++i){  //遍历div元素
        div[i].addEventListener("click", (function(i){//为每个div元素注册鼠标单击事件处理函数
            return function(){              //返回闭包函数
                div[i].style.border = '1px dashed red';  //定义当前元素的边框为红色虚线
                show.innerHTML += div[i].className + " > ";
            }
        })(i), true);                       //定义捕获阶段响应事件
    }
}
window.onload = bubble;
```

在浏览器中预览，如果单击最里层的<div>标签，则 click 事件将按照从外到里的顺序逐层响应，在<p>标签中显示 5 个<div>标签的响应顺序，如图 12.2 所示。

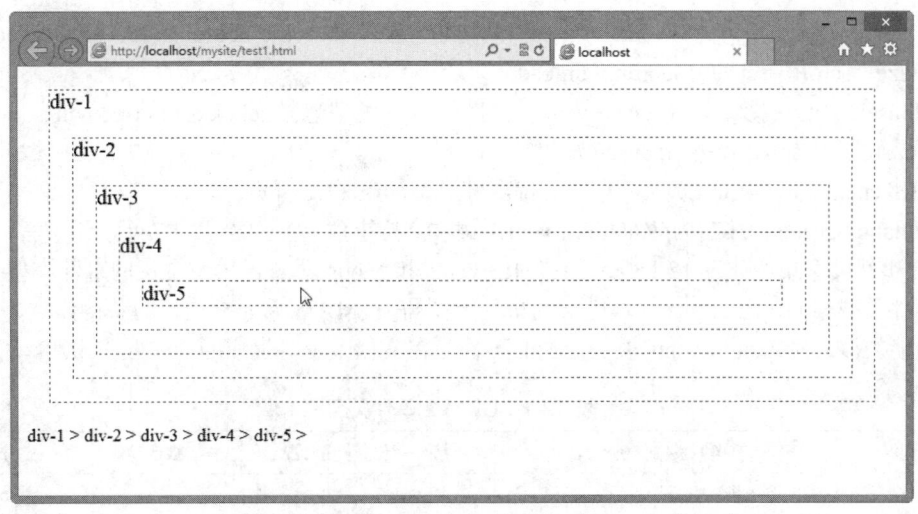

图 12.2　捕获型事件流演示效果

3. 混合型

W3C 的 DOM 事件模型支持捕获型和冒泡型两种事件流,但是捕获型事件流先发生,然后才发生冒泡型事件流。两种事件流会触及 DOM 中的所有层级对象,从 document 对象开始,最后返回 document 对象结束。

根据事件流类型,可以把事件传播的整个过程分为 3 个阶段。

- 捕获阶段:事件从 document 对象沿着文档树向下传播到目标节点,如果目标节点的任何一个上级节点注册了相同事件,那么事件在传播的过程中就会首先在最接近顶部的上级节点执行,依次向下传播。
- 目标阶段:注册在目标节点上的事件被执行。
- 冒泡阶段:事件从目标节点向上触发,如果上级节点注册了相同的事件,将会逐级响应,依次向上传播。

12.1.3　事件类型

根据触发对象不同,可以将浏览器中发生的事件分成不同的类型。DOM 0 事件定义了以下事件类型。

- 鼠标事件:与鼠标操作相关的各种行为。可以细分为两类:跟踪鼠标当前定位(如 mouseover、mouseout)的事件和跟踪鼠标单击(如 mouseup、mousedown、click)的事件。
- 键盘事件:与键盘操作相关的各种行为,包括追踪键盘敲击及其上下文。追踪键盘包括 3 种类型:keyup、keydown 和 keypress。
- 页面事件:关于页面本身的行为。例如,当首次载入页面时触发 load 事件和离开页面时触发 unload 和 beforeunload 事件。此外,JavaScript 的错误使用错误事件追踪,可以让用户独立处理错误。
- UI 事件:追踪用户在页面中的各种行为。例如,监听用户在表单中的输入,可以通过 focus(获得焦点)和 blur(失去焦点)两个事件来实现,submit 事件用来追踪表单的提交,change 事件用来监听用户在文本框中的输入,而 select 事件可以监听下拉菜单发生的更新等。

在 DOM 2 事件模型中,事件模块包含 4 个子模块,每个子模块提供对某类事件的支持。例如,MouseEvent 子模块提供了对 mousedown、mouseup、mouseover、mouseout 和 click 事件类型的支持。包括 IE 9 在内的所有主流浏览器都支持 DOM 2 事件类型。

- HTMLEvents：接口为 Event，支持的事件类型包括 abort、blur、change、error、focus、load、resize、scroll、select、submit、unload。
- MouseEvents：接口为 MouseEvent，支持的事件类型包括 click、mousedown、mousemove、mouseout、mouseover、mouseup。
- UIEvents：接口为 UIEvent，具体支持事件类型如表 12.1 所示。
- MutationEvents：接口为 MutationEvent，具体支持事件类型如表 12.1 所示。

DOM 2 事件类型说明如表 12.1 所示。HTMLEvents 和 MouseEvents 模块定义的事件类型与基础事件模型中的事件类型相似，UIEvents 模块定义的事件类型与 HTML 表单元素支持的获得焦点、失去焦点和单击事件功能类似，MutationEvents 模块定义的事件是在文档改变时生成的，一般不常用。

表 12.1 DOM 2 事件类型

事件类型	触发时机	接口	冒泡	默认动作	支持元素
abort	图像加载时中断	Event	Y	N	img、object
blur	元素失去焦点	Event	N	N	a、area、button、input、label
change	用户改变域的内容	Event	Y	N	input、select、textarea
click	鼠标单击某个对象	MouseEvent	Y	Y	大部分元素
error	当加载文档或图像时发生某个错误	Event	Y	N	body、frameset、iframe、img、object
focus	元素获得焦点	Event	N	N	a、area、button、input、label、select、textarea
load	文档或图像加载完毕	Event	N	N	body、frameset、iframe、img、object
mousedown	某个鼠标按键被按下	MouseEvent	Y	Y	大部分元素
mousemove	鼠标被移动	MouseEvent	Y	Y	大部分元素
mouseout	鼠标从某元素移开	MouseEvent	Y	Y	大部分元素
mouseover	鼠标被移到某元素之上	MouseEvent	Y	Y	大部分元素
mouseup	某个鼠标按键被松开	MouseEvent	Y	Y	大部分元素
reset	表单被重置	Event	Y	N	form
resize	窗口或框架被调整尺寸	Event	Y	N	body、frameset、iframe
scroll	窗口滚动条滚动	Event	Y	N	body
select	文本被选定	Event	Y	N	input、textarea
submit	表单被提交	Event	Y	Y	form
unload	卸载文档、框架集或图像	Event	N	N	body、frameset、iframe、img、object
DOMActive		UIEvent	Y	Y	
DOMAttrModified		MutationEvent	Y	N	
DOMCharacterDataModified		MutationEvent	Y	N	
DOMFocusIn		UIEvent	Y	N	

(续)

事件类型	触发时机	接口	冒泡	默认动作	支持元素
DOMFocusOut		UIEvent	Y	N	
DOMNodeInserted		MutationEvent	Y	N	
DOMNodeInsertedIntoDocument		MutationEvent	N	N	
DOMNodeRemoved		MutationEvent	Y	N	
DOMNodeRemovedFromDocument		MutationEvent	N	N	
DOMSubtreeModified		MutationEvent	Y	N	

📢 提示：

> 表 12.1 详细说明了每一种事件类型的相关信息，其中"冒泡"列定义了该事件类型是否在事件传播过程中向文档上层冒泡，Y 表示冒泡，而 N 表示不冒泡。

"默认动作"列定义了事件类型是否支持 preventDefault()方法，取消事件的默认动作，Y 表示支持该方法，而 N 表示不支持该方法。

DOM 3 事件模型在 DOM 2 事件模型的基础上重新定义了事件类型，新增了一些新事件。各种浏览器对 DOM 3 事件类型的支持还不统一，其中 IE 9 支持 DOM 3 事件。DOM 3 事件类型简单说明如下。

- UI（User Interface，用户界面）事件：当用户与页面上的元素交互时触发。
- 焦点事件：当元素获得或失去焦点时触发。
- 鼠标事件：当用户通过鼠标在页面上执行操作时触发。
- 滚轮事件：当使用鼠标滚轮或类似设备时触发。
- 文本事件：在文档中输入文本时触发。
- 键盘事件：当用户通过键盘在页面上执行操作时触发。
- 合成事件：当为 IME（Input Method Editors，输入法编辑器）输入字符时触发。
- 变动事件：当底层 DOM 结构发生变化时触发。
- 变动名称事件：当元素或属性名变动时触发。此类事件已经被废弃，没有任何浏览器实现它们。

另外，HTML5 也定义了一组事件，而有些浏览器还会在 DOM 和 BOM 中实现其他专有事件。这些专有的事件一般都是根据开发人员的需求定制的，没有规范，因此不同浏览器的实现有可能不一致。

注意，考虑到 DOM 2 事件应用的广泛性，本章下面各节仍然以 DOM 2 事件为主进行介绍。

12.1.4 绑定事件

在基本事件模型中，JavaScript 支持两种绑定方式。

1．静态绑定

把 JavaScript 脚本作为属性值，直接赋予事件属性。

【示例 1】 在本例中，JavaScript 脚本以字符串的形式传递给 onclick 属性，为<button>标签绑定 click 事件。当单击按钮时，就会触发 click 事件，执行这行 Javascript 脚本。

```
<!doctype html>
<html>
<head>
<meta charset="utf-8">
</head>
```

扫一扫，看视频

```
<body>
<button onclick="alert('你单击了一次! ');">按钮</button>
</body>
</html>
```

2. 动态绑定

使用 DOM 对象的事件属性进行赋值。

【示例2】 在本例中，使用 document.getElementById()方法获取 button 元素，然后把一个匿名函数作为值传递给 button 元素的 onclick 属性，实现事件绑定操作。

```
<!doctype html>
<html>
<head>
<meta charset="utf-8">
</head>
<body>
<button id="btn">按钮</button>
<script>
var button = document.getElementById("btn");
button.onclick = function(){
    alert("你单击了一次! ");
}
</script>
</body>
</html>
```

这种方法可以在脚本中直接为页面元素附加事件，不用破坏 HTML 结构，比上一种方式灵活。

12.1.5 事件处理函数

扫一扫，看视频

事件处理函数是一类特殊的函数，其结构与函数直接量相同，主要任务是实现事件处理。使用方法是异步调用，由事件触发进行响应。

事件处理函数一般没有明确的返回值。不过在特定事件中，用户可以利用事件处理函数的返回值影响程序的执行。例如，单击超链接时，禁止默认的跳转行为。

【示例1】 在本例中，为 form 元素的 onsubmit 事件属性定义字符串脚本，设计当文本框中输入值为空时，定义事件处理函数返回值为 false。由于该返回值为 false，将强制表单禁止提交数据。

```
<form id="form1" name="form1" method="post" action="http://www.mysite.cn/" onsubmit=
"if(this.elements[0].value.length==0) return false;">
    姓名：<input id="user" name="user" type="text" />
    <input type="submit" name="btn" id="btn" value="提交" />
</form>
```

在上面代码中，this 表示当前 form 元素；elements[0]表示姓名文本框，如果该文本框的 value.length 属性值长度为 0，表示当前文本框为空，则返回 false，禁止提交表单。

事件处理函数不需要参数。在 DOM 事件模型中，事件处理函数默认包含 event 参数对象。event 对象包含事件信息，在函数内进行传播。

【示例2】 在本例中，为按钮对象绑定一个单击事件。在该事件处理函数中，参数 e 为形参。响应事件之后，浏览器会把 event 对象传递给形参变量 e，再把 event 对象作为一个实参进行传递，读取 event 对象包含的事件信息，在事件处理函数中输出当前源对象节点名称，显示效果如图 12.3 所示。

```
<button id="btn">按    钮</button>
<script>
```

```
var button = document.getElementById("btn");
button.onclick = function(e){
    var e = e || window.event;  //兼容DOM事件模型和IE模型的event获取方式
    document.write(e.srcElement ? e.srcElement : e.target);  //兼容DOM事件模型和IE
模型的event属性
}
</script>
```

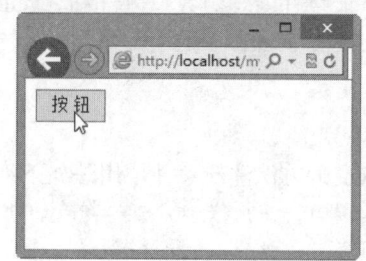 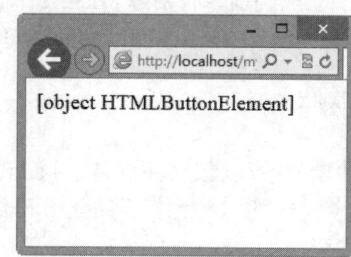

图 12.3 捕获当前事件源

提示：

在上面脚本中，为了能够兼容 IE 事件模型和 DOM 事件模型，分别使用一个逻辑运算符和一个条件运算符来匹配不同的模型。

IE 事件模型和 DOM 事件模型对于 event 对象的处理方式不同：IE 把 event 对象定义为 window 对象的一个属性，而 DOM 事件模型把 event 定义为事件处理函数的默认参数。所以，在处理 event 参数时，应该判断 event 在当前解析环境中的状态，如果当前浏览器支持，则使用 event（DOM 事件模型）；如果不支持，则说明当前环境是 IE 浏览器，通过 window.event 获取 event 对象。

event.srcElement 表示当前事件的源，即响应事件的当前对象，这是 IE 模型用法。但是 DOM 事件模型不支持该属性，需要使用 event 对象的 target 属性，它是一个符合标准的源属性。为了能够兼容不同浏览器，这里使用了一个条件运算符，先判断 event.srcElement 属性是否存在，否则使用 event.target 属性来获取当前事件对象的源。

在事件处理函数中，this 表示当前事件对象，与 event 对象的 srcElement 属性（IE 模型）或者 target（DOM 事件模型）属性所代表的意思相同。

【示例 3】 在本例中，定义当单击按钮时改变当前按钮的背景色为红色，其中 this 关键字就表示 button 按钮对象。

```
<button id="btn" onclick="this.style.background='red';">按钮</button>
```

也可以使用下面一行代码来表示：

```
<button id="btn" onclick="(event.srcElement?event.srcElement:event.target).style.
background='red';">按钮</button>
```

在一些特殊环境中，this 并非都表示当前事件对象。

【示例 4】 在本例中，分别使用 this 和事件源来指定当前对象，但是会发现 this 并没有指向当前的事件对象按钮，而是指向 window 对象，所以这个时候继续使用 this 引用当前对象就错了。

```
<script>
function btn1(){//事件处理函数，函数中的this表示调用该函数的当前对象
    this.style.background = "red";
}
function btn2(event){ //事件处理函数
    event = event || window.event;  //获取事件对象event
    var src = event.srcElement ? event.srcElement : event.target;  //获取当前事件源
```

```
        src.style.background = "red";    //改变当前事件源的背景色
}
</script>
</head>
<button id="btn1" onclick="btn1();">按 钮 1</button>
<button id="btn2" onclick="btn2(event);">按 钮 2</button>
```

为了能够准确获取当前事件对象,在第 2 个按钮的 click 事件处理函数中,直接把 event 传递给 btn2()。如果不传递该参数,支持 DOM 事件模型的浏览器就会找不到 event 对象。

扫一扫,看视频

12.1.6 注册事件

在 DOM 事件模型中,通过调用对象的 addEventListener()方法注册事件。用法如下:
```
element.addEventListener(String type, Function listener, boolean useCapture);
```
参数说明如下。

- type:注册事件的类型名。事件类型与事件属性不同,事件类型名没有 on 前缀。例如,对于事件属性 onclick 来说,所对应的事件类型为 click。
- listener:监听函数,即事件处理函数。在指定类型的事件发生时将调用该函数。在调用这个函数时,默认传递给它的唯一参数是 event 对象。
- useCapture:是一个布尔值。如果为 true,则指定的事件处理函数将在事件传播的捕获阶段触发;如果为 false,则事件处理函数将在冒泡阶段触发。

【示例 1】 在本例中,使用 addEventListener()方法为所有按钮注册 click 事件。首先,调用 document 的 getElementsByTagName()方法捕获所有按钮对象;然后,使用 for in 语句遍历按钮集(btn),并使用 addEventListener()方法分别为每一个按钮注册一个事件函数,该函数获取当前对象所显示的文本。

```
<button id="btn1" onclick="btn1();">按 钮 1</button>
<button id="btn2" onclick="btn2(event);">按 钮 2</button>
<script>
var btn = document.getElementsByTagName("button");    //捕获所有按钮
for(var i in btn){                       //遍历按钮集合
    btn[i].addEventListener("click", function(){
    alert(this.innerHTML);
    }, true);        //为每个按钮对象注册一个事件处理函数,定义在捕获阶段进行响应
}
</script>
```

在浏览器中预览,单击不同的按钮,则浏览器会自动弹出对话框,显示按钮的名称,如图 12.4 所示。

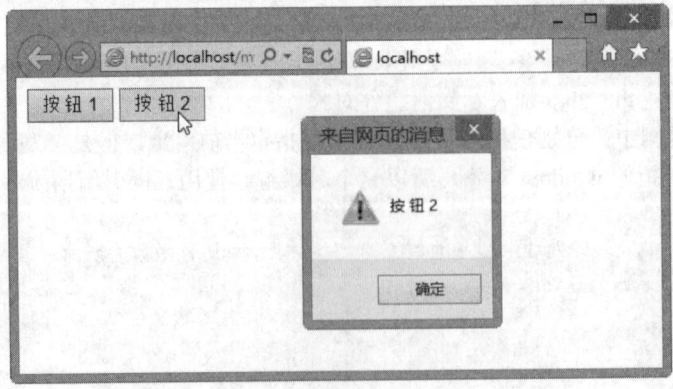

图 12.4 响应注册事件

🔊 提示：

早期 IE 浏览器不支持 addEventListener()方法，从 IE 8 开始才完全支持 DOM 事件模型。

使用 addEventListener()方法能够为多个对象注册相同的事件处理函数，也可以为同一个对象注册多个事件处理函数。为同一个对象注册多个事件处理函数对于模块化开发非常有用。

【示例 2】 在本例中为段落文本注册两个事件：mouseover 和 mouseout。设计当光标移到段落文本上面时会显示为蓝色背景，而当光标移出段落文本时会自动显示为红色背景。这样就不需要破坏文档结构为段落文本增加多个事件属性。

```
<p id="p1">为对象注册多个事件</p>
<script>
var p1 = document.getElementById("p1");  // 捕获段落元素的句柄
p1.addEventListener("mouseover", function(){
    this.style.background = 'blue';
}, true);                      // 为段落元素注册第 1 个事件处理函数
p1.addEventListener("mouseout", function(){
    this.style.background = 'red';
}, true);                      // 为段落元素注册第 2 个事件处理函数
</script>
```

IE 事件模型使用 attachEvent()方法注册事件，用法如下。

```
element.attachEvent(etype,eventName)
```

参数说明如下。

- etype：设置事件类型，如 onclick、onkeyup、onmousemove 等。
- eventName：设置事件名称，也就是事件处理函数。

【示例 3】 在本例中为段落标签<p>注册两个事件：mouseover 和 mouseout。设计当光标经过时，段落文本背景色显示为蓝色；当鼠标移开之后，背景色显示为红色。

```
<p id="p1">IE 事件注册</p>
<script>
var p1 = document.getElementById("p1");           //捕获段落元素
p1.attachEvent("onmouseover", function(){
    p1.style.background = 'blue';
});                    //注册 mouseover 事件
p1.attachEvent("onmouseout", function(){
    p1.style.background = 'red';
});                    //注册 mouseout 事件
</script>
```

🔊 提示：

使用 attachEvent()注册事件时，其事件处理函数的调用对象不再是当前事件对象本身，而是 window 对象，因此事件函数中的 this 就指向 window，而不是当前对象。如果要获取当前对象，应该使用 event 的 srcElement 属性。

注意，IE 事件模型中的 attachEvent()方法的第 1 个参数为事件类型名称，但需要加上 on 前缀；而使用 addEventListener()方法时，不需要这个 on 前缀，如 click。

12.1.7 销毁事件

在 DOM 事件模型中，使用 removeEventListener()方法可以从指定对象中删除已经注册的事件处理函数。用法如下：

```
element.removeEventListener(String type, Function listener, boolean useCapture);
```

扫一扫，看视频

参数说明参阅 addEventListener()方法参数说明。

【示例1】　在本例中，分别为按钮 a 和按钮 b 注册 click 事件，其中按钮 a 的事件函数为 ok()，按钮 b 的事件函数为 delete_event()。在浏览器中预览，当单击"点我"按扭将弹出一个对话框，在不删除之前这个事件是一直存在的。当单击"删除事件"按钮之后，"点我"按钮将失效。演示效果如图 12.5 所示。

```
<input id="a" type="button" value="点我" />
<input id="b" type="button" value="删除事件" />
<script>
var a = document.getElementById("a");                //获取按钮 a
var b = document.getElementById("b");                //获取按钮 b
function ok(){                          //按钮 a 的事件处理函数
    alert("您好，欢迎光临!");
}
function delete_event(){                //按钮 b 的事件处理函数
    a.removeEventListener("click",ok,false);    //移除按钮 a 的 click 事件
}
a.addEventListener("click",ok,false);        //默认为按钮 a 注册事件
b.addEventListener("click",delete_event,false);//默认为按钮 b 注册事件
</script>
```

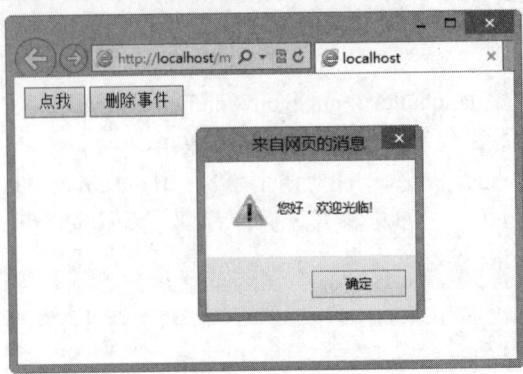

图 12.5　注销事件

提示：

removeEventListener()方法只能删除 addEventListener()方法注册的事件。如果直接使用 onclick 等直接写在元素上的事件，将无法使用 removeEventListener()方法删除。

当临时注册一个事件时，可以在处理完毕之后迅速删除它，从而节省系统资源。

IE 事件模型使用 detachEvent()方法注销事件。用法如下：

```
element.detachEvent(etype,eventName)
```

参数说明参阅 attachEvent()方法参数说明。

由于 IE 怪异模式不支持 DOM 事件模型，为了保证页面的兼容性，开发时需要兼容两种事件模型以实现在不同浏览器中具有相同的交互行为。

【示例2】　本例设计段落标签<p>仅响应一次鼠标经过行为。当鼠标第二次经过段落文本时，所注册的事件不再有效。

```
<p id="p1">IE 事件注册</p>
<script>
var p1 = document.getElementById("p1");  //捕获段落元素
var f1 = function(){                     //定义事件处理函数 1
```

```
        p1.style.background = 'blue';
};
var f2 = function(){                              //定义事件处理函数 2
    p1.style.background = 'red';
    p1.detachEvent("onmouseover", f1);    //当触发 mouseout 事件后,注销 mouseover 事件
    p1.detachEvent("onmouseout", f2);     //当触发 mouseout 事件后,注销 mouseout 事件
};
p1.attachEvent("onmouseover", f1);        //注册 mouseover 事件
p1.attachEvent("onmouseout", f2);         //注册 mouseout 事件
</script>
```

【示例 3】 为了能够兼容 IE 事件模型和 DOM 事件模型,本示例使用 if 语句判断当前浏览器支持的事件处理模型,然后分别使用 DOM 注册方法和 IE 注册方法为段落文本注册 mouseover 和 mouseout 两个事件。当触发 mouseout 事件之后,再把 mouseover 和 mouseout 事件注销掉。

```
<p id="p1">注册兼容性事件</p>
<script>
var p1 = document.getElementById("p1");           // 捕获段落元素
var f1 = function(){                              //定义事件处理函数 1
    p1.style.background = 'blue';
};
var f2 = function(){                              //定义事件处理函数 2
    p1.style.background = 'red';
    if(p1.detachEvent){                           //兼容 IE 事件模型
        p1.detachEvent("onmouseover", f1);        //注销事件 mouseover
        p1.detachEvent("onmouseout", f2);         //注销事件 mouseout
    }
    else{                     //兼容 DOM 事件模型
        p1.removeEventListener("mouseover", f1);  //注销事件 mouseover
        p1.removeEventListener("mouseout", f2);   //注销事件 mouseout
    }
};
if(p1.attachEvent){                               //兼容 IE 事件模型
    p1.attachEvent("onmouseover", f1);            //注册事件 mouseover
    p1.attachEvent("onmouseout", f2);             //注册事件 mouseout
}
else{                         //兼容 DOM 事件模型
    p1.addEventListener("mouseover", f1);         //注册事件 mouseover
    p1.addEventListener("mouseout", f2);          //注册事件 mouseout
}
</script>
```

12.1.8 使用 event 对象

event 对象由事件自动创建,代表事件的状态,如事件发生的源节点、键盘按键的响应状态、鼠标指针的移动位置、鼠标按键的响应状态等。event 对象的属性提供了有关事件的细节,其方法可以控制事件的传播。

2 级 DOM Events 规范定义了一个标准的事件模型,它被除了 IE 怪异模式以外的所有现代浏览器所实现,而 IE 定义了专用的、不兼容的模型。简单比较两种事件模型:

- 在 DOM 事件模型中,event 对象被传递给事件处理函数;但是在 IE 事件模型中,它被存储在 window 对象的 event 属性中。

扫一扫,看视频

> 在 DOM 事件模型中,Event 类型的各种子接口定义了额外的属性,它们提供了与特定事件类型相关的细节;在 IE 事件模型中,只有一种类型的 event 对象,用于所有类型的事件。

下面列出了 2 级 DOM 事件标准定义的 event 对象属性,如表 12.2 所示。注意,这些属性都是只读属性。

表 12.2 DOM 事件模型中的 event 对象属性

属　性	说　明
bubbles	返回布尔值,指示事件是否是冒泡事件类型。如果事件是冒泡类型,则返回 true,否则返回 fasle
cancelable	返回布尔值,指示事件是否可以取消默认动作。如果使用 preventDefault()方法可以取消与事件关联的默认动作,则返回值为 true,否则为 fasle
currentTarget	返回触发事件的当前节点,即当前处理该事件的元素、文档或窗口。在捕获和冒泡阶段,该属性是非常有用的,因为在这两个阶段,它不同于 target 属性
eventPhase	返回事件传播的当前阶段,包括捕获阶段(1)、目标事件阶段(2)和冒泡阶段(3)
target	返回事件的目标节点(触发该事件的节点),如生成事件的元素、文档或窗口
timeStamp	返回事件生成的日期和时间
type	返回当前 event 对象表示的事件的名称,如"submit"、"load"或"click"

下面列出了 2 级 DOM 事件标准定义的 event 对象方法,如表 12.3 所示。注意 IE 事件模型不支持这些方法。

表 12.3 DOM 事件模型中的 event 对象方法

方　法	说　明
initEvent()	初始化新建的 event 对象的属性
preventDefault()	通知浏览器不要执行与事件关联的默认动作
stopPropagation()	终止事件在传播过程的捕获、目标处理或冒泡阶段进一步传播。调用该方法后,该节点上处理该事件的处理函数将被调用,但事件不再被分派到其他节点

📢 提示:

> 表 12.2 和表 12.3 所示是 Event 类型提供的基本属性和方法,各个事件子模块也都定义了专用属性和方法。例如,UIEvent 提供了 view(发生事件的 window 对象)和 detail(事件的详细信息)属性;而 MouseEvent 除了拥有 Event 和 UIEvent 属性和方法外,也定义了更多实用属性。

IE 7 及其早期版本,以及 IE 怪异模式不支持标准的 DOM 事件模型,并且 IE 的 event 对象定义了一组完全不同的属性,如表 12.4 所示。

表 12.4 IE 事件模型中 event 对象属性

属　性	描　述
cancelBubble	如果想在事件处理函数中阻止事件传播到上级包含对象,必须把该属性设置为 true
fromElement	对于 mouseover 和 mouseout 事件,fromElement 引用移出鼠标的元素
keyCode	对于 keypress 事件,该属性声明了被敲击的键生成的 Unicode 字符码。对于 keydown 和 keyup 事件,它指定了被敲击的键的虚拟键盘码。虚拟键盘码可能和使用的键盘的布局相关
offsetX、offsetY	发生事件的地点在事件源元素坐标系统中的 x 坐标和 y 坐标
returnValue	如果设置了该属性,它的值比事件处理函数的返回值优先级高。把这个属性设置为 fasle,可以取消发生事件的源元素的默认动作
srcElement	对生成事件的 window 对象、document 对象或 element 对象的引用
toElement	对于 mouseover 和 mouseout 事件,该属性引用移入鼠标的元素
x、y	事件发生位置的 x 坐标和 y 坐标,它们相对于用 CSS 定位的最内层包含元素

IE 事件模型并没有为不同的事件定义继承类型，因此所有和任何事件类型相关的属性都在上面列表中。

> **提示：**
>
> 为了兼容 IE 和 DOM 两种事件模型，可以使用如下表达式。

```
var event = event || window.event;            // 兼容不同模型的 event 对象
```

上面代码右侧是一个选择运算表达式，如果事件处理函数存在 event 实参，则使用 event 形参来传递事件信息；如果不存在 event 参数，则调用 window 对象的 event 属性来获取事件信息。把上面表达式放在事件处理函数中，即可进行兼容。

在以事件驱动为核心的设计模型中，一次只能处理一个事件。由于从来不会并发两个事件，因此使用全局变量来存储事件信息是一种比较安全的方法。

【示例】　本例演示了如何禁止超链接默认的跳转行为。

```
<a href="https://www.baidu.com/" id="a1">禁止超链接跳转</a><script>
document.getElementById('a1').onclick = function(e) {
    e = e || window.event;                        //兼容事件对象
    var target = e.target || e.srcElement;        //兼容事件目标元素
    if(target.nodeName !== 'A') {                 //仅针对超链接起作用
        return;
    }
    if( typeof e.preventDefault === 'function') { //兼容 DOM 模型
        e.preventDefault();                       //禁止默认行为
        e.stopPropagation();                      //禁止事件传播
    } else { //兼容 IE 模型
        e.returnValue = false;                    //禁止默认行为
        e.cancelBubble = true;                    //禁止冒泡
    }
};
</script>
```

12.1.9　事件委托

事件委托（delegate），也称为事件托管或事件代理，简单描述就是把目标节点的事件绑定到祖先节点上。这种简单而优雅的事件注册方式基于：事件传播过程中，逐层冒泡总能被祖先节点捕获。

这样做的好处：优化代码，提升运行性能，真正把 HTML 和 JavaScript 分离，也能防止在动态添加或删除节点的过程中注册的事件丢失。

【示例 1】　本例使用一般方法为列表结构中的每个列表项目绑定 click 事件，单击列表项目，将弹出提示对话框，提示当前节点包含的文本信息，如图 12.6 所示。但是，当我们为列表框动态添加列表项目之后，新添加的列表项目没有绑定 click 事件，这与我们的愿望相反。

```
<button id="btn">添加列表项目</button>
<ul id="list">
    <li>列表项目 1</li>
    <li>列表项目 2</li>
    <li>列表项目 3</li>
</ul>
<script>
var ul=document.getElementById("list");
var lis=ul.getElementsByTagName("li");
for(var i=0;i<lis.length;i++){
```

扫一扫，看视频

```
        lis[i].addEventListener('click',function(e){
            var e = e || window.event;
            var target = e.target || e.srcElement;
            alert(e.target.innerHTML);
        },false);
}
var i = 4;
var btn=document.getElementById("btn");
btn.addEventListener("click",function(){
    var li = document.createElement("li");
    li.innerHTML = "列表项目" + i++;
    ul.appendChild(li);
});
</script>
```

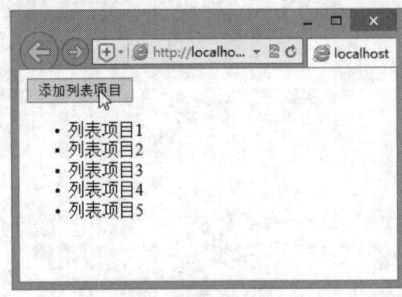

图 12.6 动态添加的列表项目事件无效

【示例 2】 本例运用事件委托技巧,利用事件传播机制,在列表框 ul 元素上绑定 click 事件,当事件传播到父节点 ul 上时,捕获 click 事件,然后在事件处理函数中检测当前事件响应节点类型,如果是 li 元素,则进一步执行下面代码,否则跳出事件处理函数,结束响应。

```
<button id="btn">添加列表项目</button>
<ul id="list">
    <li>列表项目 1</li>
    <li>列表项目 2</li>
    <li>列表项目 3</li>
</ul>
<script>
var ul=document.getElementById("list");
ul.addEventListener('click',function(e){
    var e = e || window.event;
    var target = e.target || e.srcElement;
    if(e.target&&e.target.nodeName.toUpperCase()=="LI"){    /*判断目标事件是否为li*/
        alert(e.target.innerHTML);
    }
},false);
var i = 4;
var btn=document.getElementById("btn");
btn.addEventListener("click",function(){
    var li = document.createElement("li");
    li.innerHTML = "列表项目" + i++;
    ul.appendChild(li);
});
</script>
```

当页面存在大量元素,并且每个元素注册了一个或多个事件时,可能会影响性能。访问和修改更多的 DOM 节点,程序就会更慢,特别是事件连接过程都发生在 load(或 DOMContentReady)事件中时,对任何一个富交互网页来说,这都是一个繁忙的时间段。另外,浏览器需要保存每个事件句柄的记录,也会占用更多的内存。

12.2 使用鼠标事件

鼠标事件是 Web 开发中最常用的事件类型,鼠标事件类型详细说明如表 12.5 所示。

表 12.5 鼠标事件类型

事件类型	说　　明
click	单击鼠标左键时发生,如果右键也按下则不会发生。当用户的焦点在按钮上,并按了回车键时,同样会触发这个事件
dblclick	双击鼠标左键时发生,如果右键也按下则不会发生
mousedown	单击任意一个鼠标按钮时发生
mouseout	鼠标指针位于某个元素上,且将要移出元素的边界时发生
mouseover	鼠标指针移出某个元素,到另一个元素上时发生
mouseup	松开任意一个鼠标按钮时发生
mousemove	鼠标在某个元素上时持续发生

【示例】 在本例中,定义在段落文本范围内侦测鼠标的各种动作,并在文本框中实时显示各种事件的类型,以提示当前的用户行为。

```
<p>鼠标事件</p>
<input type="text" id ="text" />
<script>
var p1 = document.getElementsByTagName("p")[0];    // 获取段落文本的引用指针
var t = document.getElementById("text");           // 获取文本框的引用指针
function f(){                                      // 事件侦测函数
    var event = event || window.event;             // 标准化事件对象
    t.value = (event.type);                        // 获取当前事件类型
}
p1.onmouseover = f;                                // 注册鼠标经过时事件处理函数
p1.onmouseout = f;                                 // 注册鼠标移开时事件处理函数
p1.onmousedown = f;                                // 注册鼠标按下时事件处理函数
p1.onmouseup = f;                                  // 注册鼠标松开时事件处理函数
p1.onmousemove = f;                                // 注册鼠标移动时事件处理函数
p1.onclick = f;                                    // 注册鼠标单击时事件处理函数
p1.ondblclick = f;                                 // 注册鼠标双击时事件处理函数
</script>
```

12.2.1 鼠标点击

鼠标点击事件包括 4 个:click(单击)、dblclick(双击)、mousedown(按下)和 mouseup(松开)。其中 click 事件类型比较常用,而 mousedown 和 mouseup 事件类型多用在鼠标拖放、拉伸操作中。当这些事件处理函数的返回值为 false 时,则会禁止绑定对象的默认行为。

扫一扫,看视频

【示例】 在本例中,当定义超链接指向自身时(多在设计过程中 href 属性值暂时使用"#"或"?"表示),可以取消超链接被单击时默认行为,即刷新页面。

```
<a name="tag" id="tag" href="#">a</a>
<script>
var a = document.getElementsByTagName("a");        // 获取页面中所有超链接元素
for(var i = 0; i < a.length; i ++ ){               // 遍历所有 a 元素
    if((new RegExp(window.location.href)).test(a[i].href)){
        // 如果当前超链接 href 属性中包含本页面的 URL 信息
        a[i].onclick = function(){                 // 则为超链接注册鼠标单击事件
            return false;                          // 将禁止超链接的默认行为
        }
    }
}
</script>
```

当单击示例中的超链接时,页面不会发生跳转变化(即禁止页面发生刷新效果)。

12.2.2 鼠标移动

mousemove 事件类型是一个实时响应的事件,当鼠标指针的位置发生变化时(至少移动 1 个像素),就会触发 mousemove 事件。该事件响应的灵敏度主要参考鼠标指针移动速度的快慢,以及浏览器跟踪更新的速度。

【示例】 本例演示了如何综合应用各种鼠标事件实现页面元素拖放操作的设计过程。实现拖放操作设计,需要理清和解决以下几个问题。

- ➤ 定义拖放元素为绝对定位,以及设计事件的响应过程。这个比较容易实现。
- ➤ 清楚几个坐标概念:按下鼠标时的指针坐标,移动中当前鼠标的指针坐标,松开鼠标时的指针坐标,拖放元素的原始坐标,拖动中的元素坐标。
- ➤ 算法设计:按下鼠标时,获取被拖放元素和鼠标指针的位置,在移动中实时计算鼠标偏移的距离,并利用该偏移距离加上被拖放元素的原坐标位置,获得拖放元素的实时坐标。

如图 12.7 所示,其中变量 ox 和 oy 分别记录按下鼠标时被拖放元素的纵横坐标值,它们可以通过事件对象的 offsetLeft 和 offsetTop 属性获取。变量 mx 和 my 分别表示按下鼠标时,鼠标指针的坐标位置。而 event.mx 和 event.my 是事件对象的自定义属性,用它们来存储当鼠标移动时鼠标指针的实时位置。

当获取了上面 3 对坐标值之后,就可以动态计算拖动中元素的实时坐标位置,即 x 轴值为 ox + event.mx – mx,y 轴为 oy + event.my – my。当释放鼠标按钮时,则可以释放事件类型,并记下松开鼠标指针时拖动元素的坐标值,以及鼠标指针的位置,留待下一次拖放操作时调用。

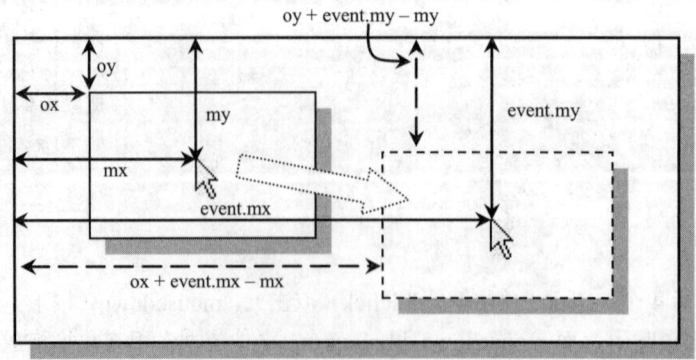

图 12.7 拖放操作设计示意图

整个拖放操作的示例代码如下：

```html
<div id="box" ></div>
<script>
// 初始化拖放对象
var box = document.getElementById("box");              // 获取页面中被拖放元素的引用指针
box.style.position = "absolute";                        // 绝对定位
box.style.width = "160px";                              // 定义宽度
box.style.height = "120px";                             // 定义高度
box.style.backgroundColor = "red";                      // 定义背景色
// 初始化变量，标准化事件对象
var mx, my, ox, oy;                                     // 定义备用变量
function e(event){                                      // 定义事件对象标准化函数
    if( ! event){                                       // 兼容 IE 事件模型
        event = window.event;
        event.target = event.srcElement;
        event.layerX = event.offsetX;
        event.layerY = event.offsetY;
    }
    event.mx = event.pageX || event.clientX + document.body.scrollLeft;
      // 计算鼠标指针的 x 轴距离
    event.my = event.pageY || event.clientY + document.body.scrollTop;
      // 计算鼠标指针的 y 轴距离
    return event;                                       // 返回标准化的事件对象
}
// 定义鼠标事件处理函数
document.onmousedown = function(event){                 // 按下鼠标时，初始化处理
    event = e(event);                                   // 获取标准事件对象
    o = event.target;                                   // 获取当前拖放的元素
    ox = parseInt(o.offsetLeft);                        // 拖放元素的 x 轴坐标
    oy = parseInt(o.offsetTop);                         // 拖放元素的 y 轴坐标
    mx = event.mx;                                      // 按下鼠标指针的 x 轴坐标
    my = event.my;                                      // 按下鼠标指针的 y 轴坐标
    document.onmousemove = move;                        // 注册鼠标移动事件处理函数
    document.onmouseup = stop;                          // 注册松开鼠标事件处理函数
}
function move(event){                                   // 鼠标移动处理函数
    event = e(event);
    o.style.left = ox + event.mx - mx + "px";           // 定义拖动元素的 x 轴距离
    o.style.top = oy + event.my - my + "px";            // 定义拖动元素的 y 轴距离
}
function stop(event){                                   // 松开鼠标处理函数
    event = e(event);
    ox = parseInt(o.offsetLeft);                        // 记录拖放元素的 x 轴坐标
    oy = parseInt(o.offsetTop);                         // 记录拖放元素的 y 轴坐标
    mx = event.mx ;                                     // 记录鼠标指针的 x 轴坐标
    my = event.my ;                                     // 记录鼠标指针的 y 轴坐标
    o = document.onmousemove = document.onmouseup = null; // 释放所有操作对象
```

```
    }
</script>
```

12.2.3 鼠标经过

鼠标经过包括移过和移出两种事件类型。当移动鼠标指针到某个元素上时，将触发 mouseover 事件；而当把鼠标指针移出某个元素时，将触发 mouseout 事件。如果从父元素中移到子元素中时，也会触发父元素的 mouseover 事件类型。

【示例】 在以下实例中分别为 3 个嵌套的 div 元素定义了 mouseover 和 mouseout 事件处理函数，这样当从外层的父元素中移动内部的子元素中，将会触发父元素的 mouseover 事件类型，但是不会触发 mouseout 事件类型。

```
<div>
    <div>
        <div>盒子</div>
    </div>
</div>
<script>
var div = document.getElementsByTagName("div");// 获取 3 个嵌套的 div 元素
for(var i=0;i<div.length;i++){                  // 遍历嵌套的 div 元素
    div[i].onmouseover = function(e){           // 注册移过事件处理函数
        this.style.border = "solid blue";
    }
    div[i].onmouseout = function(){             // 注册移出事件处理函数
        this.style.border = "solid red";
    }
}
</script>
```

12.2.4 鼠标来源

当一个事件发生后，可以使用事件对象的 target 属性获取发生事件的节点元素。如果在 IE 事件模型中实现相同的目标，可以使用 srcElement 属性。

【示例 1】 在以下实例中，当鼠标移过页面中的 div 元素时，会弹出提示对话框，提示当前元素的节点名称。

```
<div>div 元素</div>
<script>
var div = document.getElementsByTagName("div")[0];
div.onmouseover = function(e){ // 注册 mouseover 事件处理函数
    var e = e || window.event;                  // 标准化事件对象，兼容 DOM 和 IE 事件模型
    var o = e.target || e.srcElement;           // 标准化事件属性，获取当前事件的节点
    alert(o.tagName);                           // 返回字符串"DIV"
}
</script>
```

另外，在 DOM 事件模型中，还定义了 currentTarget 属性，当事件在传播过程中（如捕获和冒泡阶段）时，该属性值与 target 属性值不同。因此，一般在事件处理函数中，应该使用该属性而不是 this 关键词获取当前对象。

除了使用上面提到的通用事件属性外，如果想获取鼠标指针来移动哪个元素，在 DOM 事件模型中，可以使用 relatedTarget 属性获取当前事件对象的相关节点元素；而在 IE 事件模型中，可以使用

fromElement 获取 mouseover 事件中鼠标移到过的元素，使用 toElement 属性获取在 mouseout 事件中鼠标移到的文档元素。

【示例 2】 在本例中，当鼠标移到 div 元素上时，会弹出"BODY"字符提示信息，说明鼠标指针是从 body 元素过来的；而移开鼠标指针时，又弹出"BODY"字符提示信息，说明离开 div 元素将要移到的元素。

```
<div>div 元素</div>
<script>
var div = document.getElementsByTagName("div")[0];
div.onmouseover = function(e){
    var e = e || window.event;
    var o = e.relatedTarget || e.fromElement;//标准化事件属性，获取与当前事件相关的节点
    alert(o.tagName);
}
div.onmouseout = function(e){
    var e = e || window.event;
    var o = e.relatedTarget || e.toElement;//标准化事件属性，获取与当前事件相关的节点
    alert(o.tagName);
}
</script>
```

12.2.5 鼠标定位

当事件发生时，获取鼠标的位置很重要。由于浏览器的不兼容性，不同浏览器分别在各自事件对象中定义了不同的属性，说明如表 12.6 所示。这些属性都以像素值定义了鼠标指针的坐标，但是它们参照的坐标系不同，导致准确计算鼠标的位置比较麻烦。

扫一扫，看视频

表 12.6 属性及其兼容属性

属　　性	说　　明	兼　容　性
clientX	以浏览器窗口左上顶角为原点，定位 x 轴坐标	所有浏览器，不兼容 Safari
clientY	以浏览器窗口左上顶角为原点，定位 y 轴坐标	所有浏览器，不兼容 Safari
offsetX	以当前事件的目标对象左上顶角为原点，定位 x 轴坐标	所有浏览器，不兼容 Mozilla
offsetY	以当前事件的目标对象左上顶角为原点，定位 y 轴坐标	所有浏览器，不兼容 Mozilla
pageX	以 document 对象（即文档窗口）左上顶角为原点，定位 x 轴坐标	所有浏览器，不兼容 IE
pageY	以 document 对象（即文档窗口）左上顶角为原点，定位 y 轴坐标	所有浏览器，不兼容 IE
screenX	以计算机屏幕左上顶角为原点，定位 x 轴坐标	所有浏览器
screenY	以计算机屏幕左上顶角为原点，定位 y 轴坐标	所有浏览器
layerX	以最近的绝对定位的父元素（如果没有，则为 document 对象）左上顶角为原点，定位 x 轴坐标	Mozilla 和 Safari
layerY	以最近的绝对定位的父元素（如果没有，则为 document 对象）左上顶角为原点，定位 y 轴坐标	Mozilla 和 Safari

【示例 1】 下面介绍如何配合使用多种鼠标坐标属性，以实现兼容不同浏览器的鼠标定位设计方案。

首先，来看看 screenX 和 screenY 属性。这两个属性获得了所有浏览器的支持，应该说是最优选用属性，但是它们的坐标系是计算机屏幕，也就是说，以计算机屏幕左上角为定位原点。这对于以浏览器窗口为活动空间的网页来说，没有任何价值。因为不同的屏幕分辨率，不同的浏览器窗口大小和位置都使

在网页中定位鼠标成为一件很困难的事情。

其次，如果以 document 对象为坐标系，则可以考虑选用 pageX 和 pageY 属性，实现在浏览器窗口中进行定位。这对于设计鼠标跟随是一个好主意，因为跟随元素一般都以绝对定位的方式在浏览器窗口中移动，在 mousemove 事件处理函数中把 pageX 和 pageY 属性值传递给绝对定位元素的 top 和 left 样式属性即可。

IE 事件模型不支持上面属性，为此还需寻求兼容 IE 的方法。再看看 clientX 和 clientY 属性是以 window 对象为坐标系，且 IE 事件模型支持它们，可以选用它们。不过考虑 window 等对象可能出现的滚动条偏移量，所以还应加上相对于 window 对象的页面滚动的偏移量。

设计代码如下：

```
var posX = 0, posY = 0;                         // 定义坐标变量初始值
var event = event || window.event;              // 标准化事件对象
if(event.pageX || event.pageY){                 // 如果浏览器支持该属性，则采用它们
    posX = event.pageX;
    posY = event.pageY;
}
else if(event.clientX || event.clientY){ // 否则，如果浏览器支持该属性，则采用它们
    posX = event.clientX + document.documentElement.scrollLeft +
    document.body.scrollLeft;
    posY = event.clientY + document.documentElement.scrollTop +
    document.body.scrollTop;
}
```

在上面代码中，先检测 pageX 和 pageY 属性是否存在，如果存在则获取它们的值；如果不存在，则检测并获取 clientX 和 clientY 属性值，然后加上 document.documentElement 和 document.body.对象的 scrollLeft 和 scrollTop 属性值，这样就可以在不同浏览器中获得相同的坐标值。

【示例 2】 封装鼠标定位代码。设计思路：能够根据传递的具体对象，以及相对鼠标指针的偏移值，即命令该对象能够跟随鼠标移动。

先应定义一个封装函数，设计函数传入参数为对象引用指针、相对鼠标指针的偏移距离，以及事件对象。然后封装函数能够根据事件对象获取鼠标的坐标值，并设置该对象为绝对定位，绝对定位的值为鼠标指针当前的坐标值。

封装代码如下：

```
var pos = function(o, x, y,event){              // 鼠标定位赋值函数
    var posX = 0, posY = 0;                     // 临时变量值
    var e = event || window.event;              // 标准化事件对象
    if(e.pageX || e.pageY){                     // 获取鼠标指针的当前坐标值
        posX = e.pageX;
        posY = e.pageY;
    }
    else if(e.clientX || e.clientY){
        posX = e.clientX + document.documentElement.scrollLeft +
        document.body.scrollLeft;
        posY = e.clientY + document.documentElement.scrollTop +
        document.body.scrollTop;
    }
    o.style.position = "absolute";    // 定义当前对象为绝对定位
    o.style.top = (posY + y) + "px";  // 用鼠标指针的y轴坐标和传入偏移值设置对象y轴坐标
    o.style.left = (posX + x) + "px";// 用鼠标指针的x轴坐标和传入偏移值设置对象x轴坐标
}
```

下面测试封装代码,为 document 对象注册鼠标移动事件处理函数,并传入鼠标定位封装函数,传入的对象为<div>元素,设置其位置向鼠标指针右下方偏移(10,20)的距离。考虑到 DOM 事件模型通过参数形式传递事件对象,所以不要忘记在调用函数中还要传递事件对象。

```
<div id="div1">鼠标跟随</div>
<script>
var div1 = document.getElementById("div1");
document.onmousemove = function(event){
    pos(div1, 10, 20,event);
}
</script>
```

【示例 3】 获取鼠标指针在元素内的坐标,即以元素自身为坐标参照物来获取鼠标指针的位置。使用 offsetX 和 offsetY 属性可以实现这样的目标,但是 Mozilla 浏览器不支持。不过可以选用 layerX 和 layerY 属性来兼容 Mozilla 浏览器。

设计代码如下:

```
var event = event || window.event;
if(event.offsetX || event.offsetY ){         // 适用非 Mozilla 浏览器
    x = event.offsetX;
    y = event.offsetY;
}
else if(event.layerX || event.layerY ){      // 兼容 Mozilla 浏览器
    x = event.layerX;
    y = event.layerY;
}
```

但是,layerX 和 layerY 属性是以绝对定位的父元素为参照物的,而不是元素自身。如果没有绝对定位的父元素,则会以 document 对象为参照物。为此,可以通过脚本动态添加或者手动添加的方式,设计在元素的外层包围一个绝对定位的父元素,这样可以解决浏览器兼容问题。考虑到元素之间的距离所造成的误差,可以适当减去 1 个或几个像素的偏移量。

完整设计代码如下:

```
<input type="text" id ="text" />
<span style="position:absolute;">
    <div id="div1" style="width:200px;height:160px;border:solid 1px red;">鼠标跟随
</div>
</span>
<script>
var t = document.getElementById("text");
var div1 = document.getElementById("div1");
div1.onmousemove = function(event){
    var event = event || window.event;   // 标准化事件对象
    if(event.offsetX || event.offsetY ){
        t.value = event.offsetX + " " + event.offsetY;
    }
    else if(event.layerX || event.layerY ){
        t.value = (event.layerX - 1) + " " + (event.layerY -1) ;
    }
}
```

这种做法能够解决在元素内部定位鼠标指针的问题。但是由于在元素外面包裹了一个绝对定位的元素，会破坏整个页面的结构布局。在确保这种人为方式不会导致结构布局混乱的前提下，可以考虑选用这种方法。

扫一扫，看视频

12.2.6 鼠标按键

通过事件对象的 button 属性可以获取当前鼠标按下的键，该属性可用于 click、mousedown、mouseup 事件类型。不过不同模型的约定不同，具体说明如表 12.7 所示。

表 12.7 鼠标事件对象的 button 属性

单击	IE 事件模型	DOM 事件模型
左键	1	0
右键	2	2
中键	4	1

IE 事件模型支持位掩码技术，它能够侦测到同时按下的多个键。例如，当同时按下左右键，则 button 属性值为 1+2=3；同时按下中键和右键，则 button 属性值为 2+4=6；同时按下左键和中键，则 button 属性值为 1+4=5，同时按下 3 个键，则 button 属性值为 1+2+4=7。

但是 DOM 模型不支持这种掩码技术，如果同时按下多个键，就不能够准确侦测。例如，按下右键（2）与按下左键和右键（0+2=2）的值是相同的。因此，对于 DOM 模型来说，这种 button 属性约定值存在很大的缺陷。不过，在实际开发中很少需要同时检测多个鼠标按钮问题，也许仅仅需要探测鼠标左键或右键点击行为。

【示例】以下代码能够监测右键单击操作，并阻止发生默认行为。

```
document.onclick = function(e){
    var e = e || window.event;         // 标准化事件对象
    if(e.button == 2){
    e.preventDefault();                // 禁止事件默认行为
        return false;
    }
}
```

📖 拓展：

当鼠标点击事件发生时，会触发很多事件：mousedown、mouseup、click、dblclick。这些事件响应的顺序如下：

mousedown→mouseup→click→mousedown→mouseup→click→dblclick

当鼠标在对象间移动时，首先触发的事件是 mouseout，即在鼠标移出某个对象时发生。接着，在这两个对象上都会触发 mousemove 事件。最后，在鼠标进入的对象上触发 mouseover 事件。

12.3 使用键盘事件

当用户操作键盘时会触发键盘事件，键盘事件主要包括下面 3 种类型：

➤ keydown：在键盘上按下某个键时触发。如果按住某个键，会不断触发该事件，但是 Opera 浏览器不支持这种连续操作。该事件处理函数返回 false 时，会取消默认的动作（如输入的键盘字符，在 IE 和 Safari 浏览器下还会禁止 keypress 事件响应）。

➤ keypress：按下某个键盘键并释放时触发。如果按住某个键，会不断触发该事件。该事件处理函数返回 false 时，会取消默认的动作（如输入的键盘字符）。
➢ keyup：释放某个键盘键时触发。该事件仅在松开键盘时触发一次，不是一个持续的响应状态。

当获知用户正按下的键码时，可以使用 keydown、keypress 和 keyup 事件获取这些信息。其中 keydown 和 keypress 事件基本上是同义事件，它们的表现也完全一致，不过一些浏览器不允许使用 keypress 事件获取按键信息。虽然所有元素都支持键盘事件，但键盘事件多被应用在表单输入中。

【示例】 在本例中，可以实时捕获键盘操作的各种细节，即键盘响应事件类型及对应的键值。

```
<textarea id="key"></textarea>
<script>
var key = document.getElementById("key");
key.onkeydown = f;                      // 注册 keydown 事件处理函数
key.onkeyup = f;                        // 注册 keyup 事件处理函数
key.onkeypress = f;                     // 注册 keypress 事件处理函数
function f(e){
    var e = e || window.event;          // 标准化事件对象
    var s = e.type + " " + e.keyCode;   // 获取键盘事件类型和按下的键码
    key.value = s;
}
</script>
```

12.3.1 键盘事件属性

键盘事件定义了很多属性，如表 12.8 所示。利用这些属性可以精确控制键盘操作。键盘事件属性一般只在键盘相关事件发生时才会存在于事件对象中，但是 ctrlKey 和 shiftKey 属性除外，因为它们可以在鼠标事件中存在。例如，当按下【Ctrl】或【Shift】键时单击鼠标操作。

表 12.8 键盘事件定义的属性

属　　性	说　　明
keyCode	该属性包含键盘中对应键位的键值
charCode	该属性包含键盘中对应键位的 Unicode 编码，仅 DOM 支持
target	发生事件的节点（包含元素），仅 DOM 支持
srcElement	发生事件的元素，仅 IE 支持
shiftKey	是否按下【Shift】键，如果按下返回 true，否则为 false
ctrlKey	是否按下【Ctrl】键，如果按下返回 true，否则为 false
altKey	是否按下【Alt】键，如果按下返回 true，否则为 false
metaKey	是否按下【Meta】键，如果按下返回 true，否则为 false，仅 DOM 支持

【示例 1】 ctrlKey 和 shiftKey 属性可存在于键盘和鼠标事件中，表示键盘上的【Ctrl】和【Shift】键是否被按住。下面示例能够监测【Ctrl】和【Shift】键是否被同时按下。如果同时按下，且鼠标单击某个页面元素，则会把该元素从页面中删除。

```
document.onclick = function(e){
    var e = e || window.event;                  // 标准化事件对象
    var t = e.target || e.srcElement;           // 获取发生事件的元素，兼容 IE 和 DOM
    if(e.ctrlKey && e.shiftKey)                 // 如果同时按下【Ctrl】和【Shift】键
        t.parentNode.removeChild(t);            // 移除当前元素
}
```

keyCode 和 charCode 属性使用比较复杂，但是它们在实际开发中又比较常用，故比较这两个属性在不同事件类型和不同浏览器中的表现是非常必要的，如表 12.9 所示。读者可以根据需要有针对性地选用事件响应类型和引用属性值。

表 12.9 keyCode 和 charCode 属性值

属 性	IE 事件模型	DOM 事件模型
keyCode（keypress）	返回所有字符键的正确值，区分大小写状态（65-90）和小写状态（97~122）	功能键返回正确值，而【Shift】、【Ctrl】、【Alt】、【PrintScreen】、【ScrollLock】无返回值，其他所有键值都返回 0
keyCode（keydown）	返回所有键值（除【PrintScreen】键），字母键都以大写状态显示键值（65~90）	返回所有键值（除【PrintScreen】键），字母键都以大写状态显示键值（65~90）
keyCode（keyup）	返回所有键值（除【PrintScreen】键），字母键都以大写状态显示键值（65~90）	返回所有键值（除【PrintScreen】键），字母键都以大写状态显示键值（65~90）
charCode（keypress）	不支持该属性	返回字符键，区分大小写状态（65-90）和小写状态（97-122），【Shift】、【Ctrl】、【Alt】、【PrintScreen】、【ScrollLock】键无返回值，其他所有键值为 0
charCode（keydown）	不支持该属性	所有键值为 0
charCode（keyup）	不支持该属性	所有键值为 0

某些键的可用性不是很确定，如【PageUp】和【Home】键等。不过常用功能键和字符键都是比较稳定的，如表 12.10 所示。

表 12.10 键位和码值对照表

键 位	码 值	键 位	码 值
0~9（数字键）	48~57	A~Z（字母键）	65~90
Backspace（退格键）	8	Tab（制表键）	9
Enter（回车键）	13	Space（空格键）	32
Left arrow（左箭头键）	37	Top arrow（上箭头键）	38
Right arrow（右箭头键）	39	Down arrow（下箭头键）	40

【示例 2】 本例演示了如何使用方向键控制页面元素的移动效果。

```
<div id="box"></div>
<script>
var box = document.getElementById("box");        // 获取页面元素的引用指针
box.style.position = "absolute";                 // 色块绝对定位
box.style.width = "20px";                        // 色块宽度
box.style.height = "20px";                       // 色块高度
box.style.backgroundColor = "red";               // 色块背景
document.onkeydown = keyDown;                    // 在 document 对象中注册 keyDown 事件处理函数
function keyDown(event){                         // 方向键控制元素移动函数
    var event = event || window.event;           // 标准化事件对象
    switch(event.keyCode){                       // 获取当前按下键盘键的编码
    case 37 :                                    // 按下左箭头键，向左移动 5 个像素
        box.style.left = box.offsetLeft - 5 + "px";
```

```
            break;
        case 39 :                                  // 按下右箭头键,向右移动 5 个像素
            box.style.left = box.offsetLeft + 5 + "px";
            break;
        case 38 :                                  // 按下上箭头键,向上移动 5 个像素
            box.style.top = box.offsetTop - 5 + "px";
            break;
        case 40 :                                  // 按下下箭头键,向下移动 5 个像素
            box.style.top = box.offsetTop + 5 + "px";
            break;
    }
    return false
}
</script>
```

在上面示例中,首先获取页面元素,然后通过 CSS 脚本控制元素绝对定位、大小和背景色。然后在 document 对象上注册鼠标按下事件类型处理函数,在事件回调函数 keyDown()中侦测当前按下的方向键,并决定定位元素在窗口中的位置。其中元素的 offsetLeft 和 offsetTop 属性可以存取它在页面中的位置。

12.3.2 键盘响应顺序

扫一扫,看视频

当按下键盘键时,会连续触发多个事件,它们将按顺序发生。

对于字符键来说,键盘事件的响应顺序如下:

(1) keydown

(2) keypress

(3) keyup

对于非字符键(如功能键或特殊键)来说,键盘事件的响应顺序如下:

(1) keydown

(2) keyup

如果按下字符键不放,则 keydown 和 keypress 事件将逐个持续发生,直至松开按键。

如果按下非字符键不放,则只有 keydown 事件持续发生,直至松开按键。

【示例】 下面设计一个简单示例,以获取键盘事件响应顺序,如图 12.8 所示。

```
<textarea id="text" cols="26" rows="16"></textarea>
<script>
var n = 1;                                         // 定义编号变量
var text = document.getElementById("text");        // 获取文本区域的引用指针
text.onkeydown = f;                                // 注册 keydown 事件处理函数
text.onkeyup = f;                                  // 注册 keyup 事件处理函数
text.onkeypress = f;                               // 注册 keypress 事件处理函数
function f(e){                                     // 事件调用函数
    var e = e || window.event;                     // 标准化事件对象
    text.value += (n++) + "=" + e.type +" (keyCode=" + e.keyCode + ")\n"; // 捕获
事件响应信息
}
</script>
```

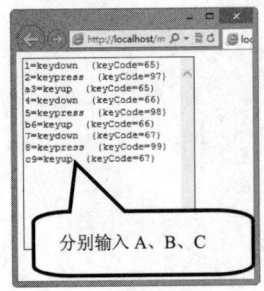 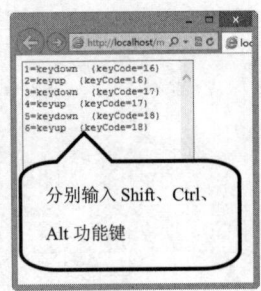 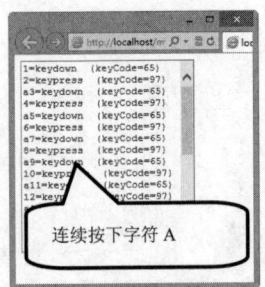 

图 12.8　键盘事件响应顺序比较效果

12.4　使用页面事件

所有页面事件都明确地处理整个页面的函数和状态。主要包括页面的加载和卸载，即用户访问页面和离开关闭页面的事件类型。

扫一扫，看视频

12.4.1　页面初始化

load 事件类型在页面完全加载完毕的时候触发。该事件包含所有的图形图像、外部文件（如 CSS、JS 文件等）的加载，也就是说，在页面所有内容全部加载之前，任何 DOM 操作都不会发生。为 window 对象绑定 load 事件类型的方法有两种。

（1）直接为 window 对象注册页面初始化事件处理函数：

```
window.onload = f;
function f(){
    alert("页面加载完毕");
}
```

（2）在页面<body>标签中定义 onload 事件处理属性：

```
<body onload="f()">
<script>
function f(){
    alert("页面加载完毕");
}
</script>
```

【示例 1】　如果同时使用上面两种方法定义页面初始化事件类型，它们并没有发生冲突，也不会出现两次触发事件。

```
<body onload="f()">
<script>
window.onload = f;
function f(){
    alert("页面加载完毕");
}
</script>
</body>
```

原来 JavaScript 解释器在编译时，如果发现同时使用两种方法定义 load 事件类型，会使用 window 对象注册的事件处理函数覆盖掉 body 元素定义的页面初始化事件属性。

【示例 2】　在本例中，函数 f2() 被调用，而函数 f1() 就被覆盖掉。

```
<body onload="f1()">
<script>
window.onload = f2;
function f1(){
    alert('<body onload="f1()">');
}
function f2(){
    alert('window.onload = f2;');
}
</script>
</body>
```

📖 **拓展：**

在实际开发中，load 事件类型经常需要调用附带参数的函数，但是 load 事件类型不能够直接调用函数，要解决这个问题，可以有两种解决方法。

（1）在 body 元素中通过事件属性的形式调用函数：

```
<body onload="f('Hi')">
<script>
function f(a){
    alert(a);
}
</script>
</body>
```

（2）通过函数嵌套或闭包函数来实现：

```
window.onload = function(){                // 事件处理函数
    f("Hi");                               // 调用函数
}
function f(a){                             // 被处理函数
    alert(a);
}
```

如果采用闭包函数形式，那么在注册事件时，虽然调用的是函数，但是其返回值依然是一个函数，不会引发语法错误。

```
window.onload = f("Hi");
function f(a){
    return function(){
        alert(a);
    }
}
```

通过这种方法，可以实现在 load 事件类型上绑定更多的响应回调函数。

```
window.onload = function(){
    f1();                    // 绑定响应函数 1
    f2();                    // 绑定响应函数 2
}
function f1(){
    alert("f1()")
}
function f2(){
    alert("f2()")
}
```

但是，如果分别绑定 load 事件处理函数，则会发生相互覆盖，最终只能够有一个绑定响应函数被调用。

```
window.onload = f1;
function f1(){
    alert("f1()")
}
window.onload = f2;
function f2(){
    alert("f2()")
}
```

也可以通过事件注册的方式来实现：

```
if(window.addEventListener){                               // 兼容 DOM 标准
    window.addEventListener("load",f1,false);              // 为 load 添加事件处理函数
    window.addEventListener("load",f2,false);              // 为 load 添加事件处理函数
}
else{                                                       // 兼容 IE 事件模型
    window.attachEvent("onload",f1);
    window.attachEvent("onload",f2);
}
```

扫一扫，看视频

12.4.2 结构初始化

在传统事件模型中，load 是页面中最早被触发的事件。不过当使用 load 事件来初始化页面时可能会存在一个问题，就是当页面中包含很大的文件时，load 事件需要等到所有图像全部载入完成之后才会被触发。也许用户希望某些脚本能够在页面结构加载完毕之后就能够被执行。这怎么办呢？

这时可以考虑使用 DOMContentLoaded 事件类型。作为 DOM 标准事件，它是在 DOM 文档结构加载完毕的时候触发的，因此要比 load 事件类型先被触发。目前，Mozilla 和 Opera 新版本已经支持了该事件。而 IE 和 Safari 浏览器还不支持。

【示例1】 如果在标准 DOM 中，可以这样设计。

```
<html>
<head>
<script>
window.onload = f1;                                        // 注册 load 事件类型
if(document.addEventListener){                             // 兼容 DOM 标准
    document.addEventListener("DOMContentLoaded", f, false);  // 注册 DOMContentLoaded 事件类型
}
function f(){
    alert("我提前执行了");
}
function f1(){
    alert("页面初始化完毕");
}
</script>
</head>
<body>
<img src="Winter.jpg">
</body>
</html>
```

这样，在图片加载之前，会弹出"我提前执行了"的提示信息，而当图片加载完毕之后才会弹出"页

面初始化完毕"提示信息。这说明在页面 HTML 结构加载完毕之后触发 DOMContentLoaded 事件类型，也就是说，在文档标签加载完毕触发该事件，并调用函数 f()，然后当文档所有内容加载完毕（包括图片下载完毕），才触发 load 事件类型，并调用函数 f1()。

【示例 2】 由于 IE 事件模型不支持 DOMContentLoaded 事件类型，为了实现兼容处理，需要运用一点小技巧，即在文档中写入一个新的 script 元素，但是该元素会延迟到文件最后加载。然后，使用 Script 对象的 onreadystatechange 方法进行类似的 readyState 检查后及时调用载入事件。

```
if(window.ActiveXObject){                           // 兼容 IE 事件模型
    document.write("<script id=ie_onload defer src=javascript:void(0)>
<\/script>");                                        // 写入脚本标签
    document.getElementById("ie_onload").onreadystatechange=function(){
    // 判断脚本标签的状态
        if(this.readyState == "complete"){// 如果状态为完成，则说明文档结构加载已完毕
            this.onreadystatechange = null;         // 清空当前方法
            f();                                     // 调用预先执行的回调函数
        }
    }
}
```

在写入的<script>标签中包含了 defer 属性，defer 表示"延期"的意思，使用 defer 属性可以让脚本在整个页面装载完成之后再解析，而非边加载边解析。这对于只包含事件触发的脚本来说，可以提高整个页面的加载速度。与 src 属性联合使用，它还可以使这些脚本在后台被下载，前台的内容则正常显示给用户。目前只有 IE 事件模型支持该属性。当定义了 defer 属性后，<script>标签中就不应包含 document.write 命令，因为 document.write 将产生直接输出效果，而且不包括任何立即执行脚本要使用的全局变量或者函数。

当<script>标签在文档结构加载完毕之后才加载，于是只要判断它的状态就可以确定当前文档结构是否已经加载完毕，并触发响应的事件。

【示例 3】 针对 Safari 浏览器，可以使用 setInterval()函数周期性地检查 document 对象的 readyState 属性，随时监控文档是否加载完毕，如果完成则调用回调函数：

```
if (/WebKit/i.test(navigator.userAgent)){           // 兼容 Safari 浏览器
    var _timer = setInterval(function(){            // 定义时间监测器
        if (/loaded|complete/.test(document.readyState)) { // 如果当前状态显示完成
            clearInterval(_timer);                  // 清除时间监测器
            f();                                    // 调用预先执行的回调函数
        }
    }, 10);
}
```

把上面 3 段条件结构合并在一起即可实现兼容不同浏览器的 DOMContentLoaded 事件处理函数。

12.4.3 页面卸载

unload 表示卸载的意思，这个事件在从当前浏览器窗口内移动文档的位置时触发，也就是说，通过超链接、前进或后退按钮等方式从一个页面跳转到其他页面，或者关闭浏览器窗口时触发。

【示例】 以下函数的提示信息将在卸载页面时发生，即在离开页面或关闭窗口前执行。

```
window.onunload = f;
function f(){
    alert("888");
}
```

在 unload 事件类型中无法有效阻止默认行为，因为该事件结束后，页面将不复存在。由于在窗口关

扫一扫，看视频

闭或离开页面之前只有很短的时间来执行事件处理函数,所以不建议使用该事件类型。使用该事件类型的最佳方式是取消该页面的对象引用。

📖 **拓展:**

> beforeunload 事件类型与 unload 事件类型功能相近,不过它更人性化,如果 beforeunload 事件处理函数返回字符串信息,那么该字符串会显示一个确认对话框中,询问用户是否离开当前页面。例如,运行下面的示例,当刷新或关闭页面时,会弹出如图 12.9 所示的提示信息。

```
window.onbeforeunload = function(e){
    return "你的数据还没有保存呢!";
}
```

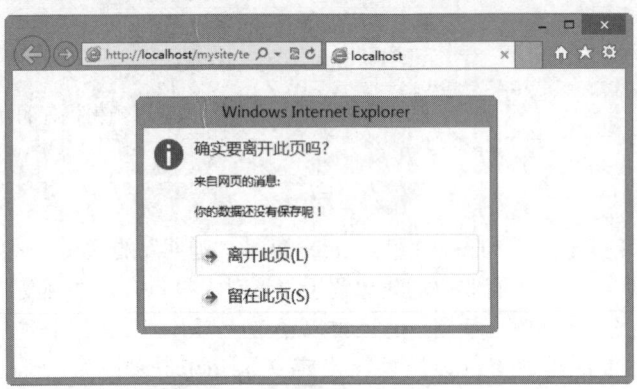

图 12.9　操作提示对话框

beforeunload 事件处理函数返回值可以为任意类型,IE 和 Safari 浏览器的 JavaScript 解释器能够调用 toString()方法把它转换为字符串,并显示在提示对话框中。而对于 Mozilla 浏览器来说,则会视为空字符串显示。如果 beforeunload 事件处理函数没有返回值,则不会弹出任何提示对话框,此时与 unload 事件类型响应效果相同。

12.4.4　窗口重置

resize 事件类型是在浏览器窗口被重置时触发的,当用户调整窗口大小,或者最大化、最小化、恢复窗口大小显示时均可触发 resize 事件。利用该事件可以跟踪窗口大小的变化以便动态调整页面元素的显示大小。

【示例】　下面的示例能够跟踪窗口大小变化,及时调整页面内红色盒子的大小,使其始终保持与窗口固定比例的大小显示。

```
<div id="box"></div>
<script>
var box = document.getElementById("box");    // 获取盒子的引用指针
box.style.position = "absolute";              // 绝对定位
box.style.backgroundColor = "red";            // 背景色
box.style.width = w() * 0.8 + "px";           // 设置盒子宽度为窗口宽度的 0.8 倍
box.style.height = h() * 0.8 + "px";          // 设置盒子高度为窗口高度的 0.8 倍
window.onresize = function(){                 // 注册 resize 事件处理函数,动态调整
盒子大小
    box.style.width = w() * 0.8 + "px";
    box.style.height = h() * 0.8 + "px";
}
```

```
function w(){                                                // 获取窗口宽度
    if (window.innerWidth)                                   // 兼容 DOM
        return window.innerWidth;
    else if ((document.body) && (document.body.clientWidth)) // 兼容 IE
        return document.body.clientWidth;
}
function h(){                                                // 获取窗口高度
    if (window.innerHeight)                                  // 兼容 DOM
        return window.innerHeight;
    else if ((document.body) && (document.body.clientHeight)) // 兼容 IE
        return document.body.clientHeight;
}
</script>
```

12.4.5 页面滚动

scroll 事件类型用于在浏览器窗口内移动文档的位置时触发，如通过键盘箭头键、翻页键或空格键移动文档位置，或者通过滚动条滚动文档位置。利用该事件可以跟踪文档位置变化，及时调整某些元素的显示位置，确保它始终显示在屏幕可见区域中。

【示例】 在本例中，控制红色小盒子始终位于窗口内坐标为（100px,100px）的位置。

```
<div id="box"></div>
<script>
var box = document.getElementById("box");
box.style.position = "absolute";
box.style.backgroundColor = "red";
box.style.width = "200px";
box.style.height = "160px";
window.onload = f;                           // 页面初始化时固定其位置
window.onscroll = f;                         // 当文档位置发生变化时重新固定其位置
function f(){                                // 元素位置固定函数
    box.style.left = 100 + parseInt(document.body.scrollLeft) + "px";
    box.style.top = 100 + parseInt(document.body.scrollTop) + "px";
}
</script>
<div style="height:2000px;width:2000px;"></div>
```

还有一种方法，就是利用 settimeout()函数实现每间隔一定时间校正一次元素的位置，不过这种方法的损耗比较大，不建议选用。

12.4.6 错误处理

error 事件类型是在 JavaScript 代码发生错误时触发的，利用该事件可以捕获并处理错误信息。error 事件类型与 try/catch 语句功能相似，都用来捕获页面错误信息。不过 error 事件类型无须传递事件对象，且可以包含已经发生错误的解释信息。

【示例】 在本例中，当页面发生编译错误时，将会触发 error 事件注册的事件处理函数，并弹出错误信息。

```
window.onerror = function(message){          // 捕获浏览器错误行为
    alert("错误原因: " + arguments[0]+
        "\n 错误 URL: " + arguments[1] +
        "\n 错误行号: " + arguments[2]
```

```
    );
    return true;                                    // 禁止浏览器显示标准出错信息
}
a.innerHTML = "";                                   // 制造错误机会
```

在 error 事件处理函数中，默认包含 3 个参数，其中第 1 个参数表示错误信息，第 2 个参数表示出错文件的 URL，第 3 个参数表示文件中错误位置的行号。

error 事件处理函数的返回值可以决定浏览器是否显示一个标准出错信息。如果返回值为 false，则浏览器会弹出错误提示对话框，显示标准的出错信息；如果返回值为 true，则浏览器不会显示标准出错信息。

12.5　使用 UI 事件

UI（User Interface，用户界面）事件负责响应用户与页面元素的交互。

12.5.1　焦点处理

焦点处理主要包括 focus（获取焦点）和 blur（失去焦点）事件类型。所谓焦点，就是激活表单字段，使其可以响应键盘事件。

1. focus

当单击或使用 Tab 键切换到某个表单元素或超链接对象时，会触发该事件。focus 事件是确定页面内鼠标当前定位的一种方式。在默认情况下，整个文档处于焦点状态，但是单击或者使用 Tab 键可以改变焦点的位置。

2. blur

blur 事件类型表示在元素失去焦点时响应，它与 focus 事件类型是对应的，主要作用于表单元素和超链接对象。

【示例 1】　在本例中为所有输入表单元素绑定了 focus 和 blur 事件处理函数，设置当元素获取焦点时呈凸起显示，失去焦点时则显示为默认的凹陷效果。

```
<input type="text" />
<input type="text" />
<script>
var o = document.getElementsByTagName("input");     // 获取输入表单元素集合
for(var i=0;i<o.length;i++){                        // 遍历所有表单元素
    o[i].onfocus = function(){                      // 注册 focus 事件处理函数
        this.style.borderStyle = "outset";
    }
    o[i].onblur = function(){                       // 注册 blur 事件处理函数
        this.style.borderStyle = "inset";
    }
}
</script>
```

每个表单字段都有两个方法：focus()和 blur()。其中 focus()方法用于设置表单字段为焦点，

【示例 2】　在本例中设计在页面加载完毕后，将焦点转移到表单中的第一个文本框字段，让其准备接收用户输入。

```
<form id="myform" method="post" action="#">
```

```
      姓名<input type="text" name="name" /><br>
      密码<input type="password" name="pass" />
</form>
<script>
var form = document.getElementById("myform");
var field = form.elements["name"];
window.onload = function(){
   field.focus();
}
</script>
```

注意,如果是隐藏字段(<input type="hidden">),或者使用 CSS 的 display 和 visibility 隐藏字段显示,设置其获取焦点,将引发异常。

blur()方法的作用是从元素中移走焦点。在调用 blur()方法时,并不会把焦点转移到某个特定的元素上,仅仅是将焦点移走。早期开发中有用户使用 blur()方法代替 readonly 属性,创建只读字段。

12.5.2 选择文本

当在文本框或文本区域内选择文本时,将触发 select 事件。通过该事件,可以设计用户选择操作的交互行为。

在 IE9+、Opera、Firefox、Chrome 和 Safari 中,只有用户选择了文本,而且要释放鼠标,才会触发 select 事件;但是在 IE8 及更早版本中,只要用户选择了一个字母,不必释放鼠标,就会触发 select 事件。另外,在调用 select()方法时也会触发 select 事件。

【示例】 在下面的示例中当选择第 1 个文本框中的文本时,则在第 2 个文本框中会动态显示用户所选择的文本。

```
<input type="text" id="a" value="请随意选择字符串" />
<input type="text" id="b" />
<script>
var a = document.getElementsByTagName("input")[0];   // 获取第 1 个文本框的引用指针
var b = document.getElementsByTagName("input")[1];   // 获取第 2 个文本框的引用指针
a.onselect = function(){                              // 为第1个文本框绑定select事件处理函数
   if (document.selection){                           // 兼容 IE
      o = document.selection.createRange();           // 创建一个选择区域
      if(o.text.length > 0)                           // 如果选择区域内存在文本
         b.value = o.text;                            // 则把该区域内的文本赋值给第 2 个文本框
   }else{                                             // 兼容 DOM
      p1 = a.selectionStart;                          // 获取文本框中选择的初始位置
      p2 = a.selectionEnd;                            // 获取文本框中选择的结束位置
      b.value = a.value.substring(p1, p2);
      // 截取文本框中被选取的文本字符串,然后赋值给第 2 个文本框
   }
}
</script>
```

12.5.3 字段值变化监测

change 事件类型是在表单元素的值发生变化时触发,它主要用于 input、select 和 textarea 元素。对于 input 和 textarea 元素来说,当它们失去焦点且 value 值改变时触发;对于 select 元素,在其选项改变

时触发,也就是说不失去焦点,也会触发 change 事件。

【示例 1】 在本例中,当在第 1 个文本框中输入或修改值时,则第 2 个文本框内会立即显示第 1 个文本框中的当前值。

```
<input type="text" id="a" />
<input type="text" id="b" />
<script>
var a = document.getElementsByTagName("input")[0];
var b = document.getElementsByTagName("input")[1];
a.onchange = function(){      // 为第 1 个文本框绑定 change 事件处理函数
   b.value = this.value;      // 把第 1 个文本框中的值传递给第 2 个文本框
}
</script>
```

【示例 2】 本例演示了当在下拉列表框中选择不同的网站时,会自动打开该网站的首页。

```
<select>
    <option value="http://www.baidu.com/">百度</option>
    <option value="http://www.google.cn/">Google</option>
</select>
<script>
var a = document.getElementsByTagName("select")[0];
a.onchange = function(){
   window.open(this.value,"");      // 根据下拉列表框的当前值打开指定的网址
}
</script>
```

【示例 3】 在其他表单元素中也可以应用 change 事件类型。以下示例演示了如何在单选按钮选项组中动态显示变化的值。

```
<input type="radio" name="r" value="1"  checked="checked" /> 1
<input type="radio" name="r" value="2" /> 2
<input type="radio" name="r" value="3" /> 3
<script>
var r = document.getElementsByTagName("input");
for(var i = 0; i < r.length; i ++ ){
   r[i].onchange = function(){
       alert(this.value);
   }
}
</script>
```

对于 input 元素来说,由于 change 事件类型仅在用户已经离开了元素,且失去焦点时触发,所以当执行上面 3 个示例时,会明显感觉延迟响应现象。为了更好地提高用户体验,很多时侯会根据需要定义在按键松开或鼠标单击时执行响应,这样速度会快得很多。

focus、blur 和 change 事件经常配合使用。一般可以使用 focus 和 blur 事件来以某种方式改变用户界面,要么是向用户给出视觉提示,要么是向界面中添加额外的功能,例如,为文本框显示一个下拉选项菜单。而 change 事件则经常用于验证用户在字段中输入的数据。

【示例 4】 本例设计一个文本框,只允许用户输入数值。此时,可以利用 focus 事件修改文本框的背景颜色,以便更清楚地表明这个字段获得了焦点。可以利用 blur 事件恢复文本框的背景颜色,利用 change 事件在用户输入了非数字字符时再次修改背景颜色。

```
<form id="myform"  method="post" action="javascript:alert('表单提交啦!')">
    <p><label for="txt Numbers">请输入数字:</label> <br />
        <input type="text" id="txtNumbers" name="numbers" /></p>
```

```
    <p><input type="submit" value="提交表单" id="submit-btn" /></p>
</form>
<script>
var form = document.getElementById("myform");
var numbers = form.elements["numbers"];
numbers.onfocus = function(event){
    event = event || window.event;
    var target = event.target || event.srcElement;
    target.style.backgroundColor = "yellow";
}
numbers.onblur = function(event){
    event = event || window.event;
    var target = event.target || event.srcElement;
    if (/[^\d]/.test(target.value)){
        target.style.backgroundColor = "red";
    } else {
        target.style.backgroundColor = "";
    }
}
numbers.onchange = function(event){
    event = event || window.event;
    var target = event.target || event.srcElement;
    if (/[^\d]/.test(target.value)){
        target.style.backgroundColor = "red";
    } else {
        target.style.backgroundColor = "";
    }
}
numbers.focus();
</script>
```

在上面代码中，onfocus 事件处理程序将文本框的背景颜色修改为黄色，以清楚地表示当前字段已经激活。onblur 和 onchange 事件处理程序则会在发现非数值字符时，将文本框背景颜色修改为红色。为了测试用户输入的是不是非数值，这里针对文本框的 value 属性使用了简单的正则表达式。而且，为确保无论文本框的值如何变化，验证规则始终如一，onblur 和 onchange 事件处理程序中使用了相同的正则表达式。

关于 blur 和 change 事件发生顺序，并没有严格的规定，不同浏览器没有统一规定。因此不能假定这两个事件总会以某种顺序依次触发。

12.5.4 提交表单

使用<input>或<button>标签都可以定义提交按钮，只要将 type 属性值设置为"submit"即可，而图像按钮则是将<input>的 type 属性值设置为"image"。当单击提交按钮或图像按钮时，就会提交表单。

submit 事件类型仅在表单内单击提交按钮，或者在文本框中输入文本时按回车键触发。

【示例1】 在本例中，当在表单内的文本框中输入文本之后，单击【提交】按钮后，会触发 submit 事件，该函数将禁止表单提交数据到服务器，并且弹出提示对话框显示输入的文本信息。

```
<form id="form1" name="form1" method="post" action="">
    <input type="text" name="t" id="t" />
    <input name="" type="submit" />
</form>
```

扫一扫，看视频

```
<script>
var t = document.getElementsByTagName("input")[0];        // 获取文本框的引用指针
var f = document.getElementsByTagName("form")[0];         // 获取表单的引用指针
f.onsubmit = function(e){                                 // 在表单元素上注册 submit 事
件处理函数
    alert(t.value);
    return false;                                         // 禁止提交数据到服务器
}
</script>
```

【示例 2】 在本例中,当表单内没有包含提交按钮时,在文本框中输入文本之后,只要按回车键也一样能够触发 submit 事件。

```
<form id="form1" name="form1" method="post" action="">
    <input type="text" name="t" id="t" />
</form>
<script>
var t = document.getElementsByTagName("input")[0];
var f = document.getElementsByTagName("form")[0];
f.onsubmit = function(e){
    alert(t.value);
}
</script>
```

注意,在<textarea>文本区中回车只会换行,不会提交表单。

以这种方式提交表单时,浏览器会在将请求发送给服务器之前触发 submit 事件,用户可以有机会验证表单数据,并决定是否允许表单提交。

【示例 3】 阻止事件的默认行为可以取消表单提交。以下示例先验证文本框中是否输入字符,如果为空,则调用 prevetnDefault()方法阻止表单提交。

```
<form id="form1" name="form1" method="post" action="">
    <input type="text" name="t" id="t" />
</form>
<script>
var t = document.getElementsByTagName("input")[0];
var f = document.getElementsByTagName("form")[0];
f.onsubmit = function(e){
    if(t.value.length < 1){
        var event = e || window.event;
        if (event.preventDefault){
            event.preventDefault();
        } else {
            event.returnValue = false;
        }
    }
}
</script>
```

【示例 4】 如果要禁止回车键提交响应,可以监测键盘响应,当按下回车键时设置其返回值为 false,从而取消键盘的默认动作,禁止响应回车键提交行为。

```
var t = document.getElementsByTagName("input")[0];    // 获取文本框引用指针
t.onkeypress = function(e){    // 为文本框绑定键盘 keypress 事件处理函数
    var e = e || window.event;    // 标准化事件对象
    return e.keyCode != 13;    // 当按下回车键时,设置返回值为 false,禁止默认键盘行为
}
```

【示例 5】 调用 submit()方法也可以提交表单，这样就不需表单包含提交按钮，任何时候都可以正常提交表单。

```
var t = document.getElementsByTagName("input")[0];
var f = document.getElementsByTagName("form")[0];
t.onchange = function(){
    f.submit();                    // 提交表单
}
```

注意，在调用 submit()方法时，不会触发 submit 事件，因此在调用此方法之前先要验证表单数据。

📢 提示：

在实际应用中，会出现用户重复提交表单现象。例如，在第一次提交表单后，如果长时间没有反应，用户可能会反复单击提交按钮，这样容易带来严重后果，服务器反复处理请求组，或者错误保存用户多次提交的订单。
解决方法：在第一次提交表单后禁用提交按钮，或者在 onsubmit 事件处理函数中取消表单提交操作。

扫一扫，看视频

12.5.5 重置表单

为<input>或<button>标签设置 type="reset"属性可以定义重置按钮。

```
<input type="reset" value="重置按钮">
<button type="reset">重置按钮</button>
```

当单击重置按钮时，表单将被重置，所有表单字段恢复为初始值。这时会触发 reset 事件。

【示例 1】 本例设计当单击【重置】按钮时，弹出提示框，显示文本框中的输入值，同时恢复文本框的默认值，如果没有默认值，则显示为空。

```
<form id="form1" name="form1" method="post" action="">
    <input type="text" name="t" id="t" />
    <input name="" type="reset" />
</form>
<script>
var t = document.getElementsByTagName("input")[0]; // 获取文本框的引用指针
var f = document.getElementsByTagName("form")[0]; // 获取表单的引用指针
f.onreset = function(e){ // 在表单元素上注册 reset 事件处理函数
    alert(t.value);
}
</script>
```

【示例 2】 也可以利用这个机会，在必要时取消重置操作。以下示例检测文本框中的值，如果输入 10 个字符以上，就不允许重置了，避免丢失输入文本。

```
var t = document.getElementsByTagName("input")[0];
var f = document.getElementsByTagName("form")[0];
f.onreset = function(e){
    if(t.value.length > 10){
        var event = e || window.event;
        if (event.preventDefault){
            event.preventDefault();
        } else {
            event.returnValue = false;
        }
    }
}
```

提示，用户也可以使用 form.reset()方法重置表单，这样就不需要包含重置按钮。

12.5.6 剪贴板数据

HTML5 规范了剪贴板数据操作,主要包括 6 个剪贴板事件。
- beforecopy:在发生复制操作前触发。
- copy:在发生复制操作时触发。
- beforecut:在发生剪切操作前触发。
- cut:在发生剪切操作时触发。
- beforepaste:在发生粘贴操作前触发。
- paste:在发生粘贴操作时触发。

浏览器支持状态:IE、Safari 2+、Chrome 和 Firefox 3+。Opera 不支持 JavaScript 访问剪贴板数据。

提示:

> 在 Safari、Chrome 和 Firefox 中,beforecopy、beforecut 和 beforepaste 事件只会在显示针对文本框的上下文菜单的情况下触发。IE 则会在触发 copy、cut 和 paste 事件之前先行触发这些事件。

至于 copy、cut 和 paste 事件,只要是在上下文菜单中选择了相应选项,或者使用了相应的键盘组合键,所有浏览器都会触发它们。在实际的事件发生之前,通过 beforecopy、beforecut 和 beforepaste 事件可以向剪贴板发送数据,或者从剪贴板取得数据之前修改数据。

使用 clipboardData 对象可以访问剪贴板中的数据。在 IE 中,可以在任何情况状态下使用 window.clipboardData 访问剪贴板;在 Firefox 4+、Safari 和 Chrome 中,可以通过事件对象的 clipboardData 属性访问剪贴板,且只有在处理剪贴板事件期间,clipboardData 对象才有效。

clipboardData 对象定义了 3 个方法:
- getData():从剪贴板中读取数据。包含 1 个参数,设置取得的数据的格式。IE 提供两种数据格式:"text"和"URL";Firefox、Safari 和 Chrome 中定义参数为 MIME 类型,可以用"text"代表"text/plain"。
- setData():设置剪贴板数据。包含 2 个参数,其中第 1 个参数设置数据类型,第 2 个参数是要放在剪贴板中的文本。对于第 1 个参数,IE 支持"text"和"URL",而 Safari 和 Chrome 仍然只支持 MIME 类型,但不再识别"text"类型。在成功将文本放到剪贴板中后,都会返回 true;否则,返回 false。

【示例 1】 可以使用以下两个函数兼容 IE 和非 IE 的剪贴板数据操作。

```javascript
var getClipboardText = function(event){
    var clipboardData = (event.clipboardData || window.clipboardData);
    return clipboardData.getData("text");
}
var setClipboardText = function(event, value){
    if (event.clipboardData){
        event.clipboardData.setData("text/plain", value);
    } else if (window.clipboardData){
        window.clipboardData.setData("text", value);
    }
}
```

在上面代码中,getClipboardText()方法比较简单,它只要访问 clipboardData 对象,然后以 text 类型调用 getData()方法;setClipboardText()方法相对复杂,它在取得 clipboardData 对象之后,需要根据不同的浏览器实现为 setData()传入不同的类型。

【示例 2】 本例利用剪贴板事件,当用户向文本框粘贴文本时,先检测剪贴板中的数据,是否都为数字,如果不是数字,取消默认的行为,则禁止粘贴操作,这样可以确保文本框只能接收数字字符。

```
<form id="myform" method="post" action="#">
    <input type="text" size="25" maxlength="50" value="123456">
</form>
<script>
var form = document.getElementById("myform");
var field1 = form.elements[0];
var getClipboardText = function(event){
    var clipboardData = (event.clipboardData || window.clipboardData);
    return clipboardData.getData("text");
}
var setClipboardText = function(event, value){
    if (event.clipboardData){
        event.clipboardData.setData("text/plain", value);
    } else if (window.clipboardData){
        window.clipboardData.setData("text", value);
    }
}
var addHandler = function(element, type, handler){
    if (element.addEventListener){
        element.addEventListener(type, handler, false);
    } else if (element.attachEvent){
        element.attachEvent("on" + type, handler);
    } else {
        element["on" + type] = handler;
    }
}
addHandler(field1, "paste", function(event){
    event = event || window.event;
    var text = getClipboardText(event);
    if (!/^\d*$/.test(text)){
        if (event.preventDefault){
            event.preventDefault();
        } else {
            event.returnValue = false;
        }
    }
})
</script>
```

12.6 实战案例

本节将以具体的代码演示 JavaScript 事件拓展和应用技巧。

12.6.1 封装事件

JavaScript 事件用法不是很统一，需要考虑 DOM 事件模型和 IE 事件模型，为此需要编写很多兼容性代码，这给用户开发带来很多麻烦。为了简化开发，本节把事件处理中经常使用的操作进行封装，以方便调用。

定义事件模块对象 EventUtil，该对象包含事件处理中常规的操作，如注册事件、销毁事件、获取事

扫一扫，看视频

件对象、获取按钮和键盘信息、获取响应对象等。封装代码如下：

```javascript
var EventUtil = {
    //注册事件，参数包括：注册对象、事件类型和事件处理函数
    addHandler: function(element, type, handler){
        if (element.addEventListener){
            element.addEventListener(type, handler, false);
        } else if (element.attachEvent){
            element.attachEvent("on" + type, handler);
        } else {
            element["on" + type] = handler;
        }
    },
    //获取按钮信息
    getButton: function(event){
        if (document.implementation.hasFeature("MouseEvents", "2.0")){ //如果是标准事件直接返回
            return event.button;
        } else { //如果是IE事件，对返回值进行简单处理
            switch(event.button){
                case 0:
                case 1:
                case 3:
                case 5:
                case 7:
                    return 0;
                case 2:
                case 6:
                    return 2;
                case 4: return 1;
            }
        }
    },
    //获取键盘键值编码
    getCharCode: function(event){
        if (typeof event.charCode == "number"){
            return event.charCode;
        } else {
            return event.keyCode;
        }
    },
    //获取剪切板文本
    getClipboardText: function(event){
        var clipboardData = (event.clipboardData || window.clipboardData);
        return clipboardData.getData("text");
    },
    //获取事件对象
    getEvent: function(event){
        return event ? event : window.event;
    },
    //获取相关目标对象
    getRelatedTarget: function(event){
```

```javascript
        if (event.relatedTarget){
            return event.relatedTarget;
        } else if (event.toElement){
            return event.toElement;
        } else if (event.fromElement){
            return event.fromElement;
        } else {
            return null;
        }
    },
    //获取当前响应对象
    getTarget: function(event){
        return event.target || event.srcElement;
    },
    //获取滚轮信息
    getWheelDelta: function(event){
        if (event.wheelDelta){
            return (client.engine.opera && client.engine.opera < 9.5 ? -event.wheelDelta : event.wheelDelta);
        } else {
            return -event.detail * 40;
        }
    },
    //阻止默认事情发生，参数为事件对象
    preventDefault: function(event){
        if (event.preventDefault){
            event.preventDefault();
        } else {
            event.returnValue = false;
        }
    },
    //移除已注册或已绑定的事件
    removeHandler: function(element, type, handler){
        if (element.removeEventListener){
            element.removeEventListener(type, handler, false);
        } else if (element.detachEvent){
            element.detachEvent("on" + type, handler);
        } else {
            element["on" + type] = null;
        }
    },
    //设置剪切板文本
    setClipboardText: function(event, value){
        if (event.clipboardData){
            event.clipboardData.setData("text/plain", value);
        } else if (window.clipboardData){
            window.clipboardData.setData("text", value);
        }
    },
    //阻止事件流传播，参数为事件对象
    stopPropagation: function(event){
        if (event.stopPropagation){
```

```
            event.stopPropagation();
        } else {
            event.cancelBubble = true;
        }
    }
};
```

结合事件委托一节案例，下面是应用示例代码。

```
<button id="btn">添加列表项目</button>
<ul id="list">
    <li>列表项目 1</li>
    <li>列表项目 2</li>
    <li>列表项目 3</li>
</ul>
<script>
var ul=document.getElementById("list");
var lis=ul.getElementsByTagName("li");
for(var i=0;i<lis.length;i++){
    //注册事件
    EventUtil.addHandler(lis[i], 'click',function(e){
        var e = EventUtil.getEvent(e);      //获取事件对象
        var target = EventUtil.getTarget(e);    //获取响应元素
        alert(e.target.innerHTML);
    });
}
var i = 4;
var btn=document.getElementById("btn");
EventUtil.addHandler(btn, 'click',function(e){ //注册事件
    var li = document.createElement("li");
    li.innerHTML = "列表项目" + i++;
    ul.appendChild(li);
});
</script>
```

12.6.2 模拟事件

扫一扫，看视频

DOM 2 事件规范允许用户模拟特定事件，IE9、Opera、Firefox、Chrome 和 Safari 均支持，IE 还有自己模拟事件的方式。

【操作步骤】

（1）在页面中设计 2 个按钮。

```
<input type="button" value="按钮1" id="btn1" />
<input type="button" value="按钮2" id="btn2" />
```

（2）在 JavaScript 脚本中获取 2 个按钮，然后为它们注册 click 事件。

```
<script>
var btn1 = document.getElementById("btn1");
var btn2 = document.getElementById("btn2");
EventUtil.addHandler(btn1, "click", function(event){
    alert(event.screenX);       //鼠标指针的 x 轴坐标
});
```

```
EventUtil.addHandler(btn2, "click", function(event){
    //下面几步将在这里操作
});
```

（3）创建事件对象。以下代码将创建一个鼠标类型的事件对象。

```
//创建事件对象
var event = document.createEvent("MouseEvents");
```

◁》提示：

使用 document 对象的 createEvent()方法可以创建 event 对象。用法如下：

```
createEvent(eventType)
```

参数 eventType 表示要获取的 event 对象的事件模块名，以字符串的形式传递。有效事件模块如下：
- HTMLEvents：接口 HTMLEvent，初始化方法 initEvent()。
- MouseEvents：接口 MouseEvent，初始化方法 initMouseEvent()。
- UIEvents：接口 UIEvent，初始化方法 initUIEvent()。

在 DOM 2 中，所有字符串都使用复数形式，而在 DOM 3 中使用单数形式。

（4）初始化事件对象。在创建 event 对象之后，还需要使用与事件有关的信息对其进行初始化。每种类型的 event 对象都有一个特殊的方法，为它传入适当的数据就可以初始化该 event 对象。

```
//初始化事件对象
event.initMouseEvent("click", true, true, document.defaultView, 0, 100, 0, 0, 0,
false, false, false, false, 0, btn2);
```

◁》提示：

initMouseEvent()方法用于初始化 MouseEvent 对象，在 dispatchEvent()方法指派 MouseEvent 之前调用。initMouseEvent()初始化方法用法如下：

```
initMouseEvent(String typeArg, boolean canBubbleArg, boolean cancelableArg, org.
w3c.dom.views.AbstractView viewArg, int detailArg, int screenXArg, int screenYArg,
int clientXArg, int clientYArg, boolean ctrlKeyArg, boolean altKeyArg, boolean
shiftKeyArg, boolean metaKeyArg, short buttonArg, EventTarget relatedTargetArg)
```

参数说明如下：
- typeArg：指定事件类型。
- canBubbleArg：指定该事件是否可以 bubble。
- cancelableArg：指定是否可以阻止事件的默认行为。
- viewArg：指定 event 的 AbstractView。
- detailArg：指定 event 的鼠标单击量。
- screenXArg：指定 event 的屏幕 x 坐标。
- screenYArg：指定 event 的屏幕 y 坐标。
- clientXArg：指定 event 的客户机 x 坐标。
- clientYArg：指定 event 的客户机 y 坐标。
- ctrlKeyArg：指定是否在 event 期间按下 Ctrl 键。
- altKeyArg：指定是否在 event 期间按下 Alt 键。
- shiftKeyArg：指定是否在 event 期间按下 Shift 键。
- metaKeyArg：指定是否在 event 期间按下 Meta 键。
- buttonArg：指定 event 的鼠标按键。
- relatedTargetArg：指定 event 的相关 EventTarget。

（5）触发事件。使用 dispatchEvent()方法定义触发事件。调用 dispatchEvent()方法时，需要传入一个参数,即表示要触发事件的 event 对象。
```
//触发事件
btn1.dispatchEvent(event);
```
（6）在浏览器中预览,当单击按钮 2 时,将触发按钮 1 的 click 事件,同时发现响应的事件类型为 click,事件对象反馈的鼠标指针 x 轴坐标值始终为 100。

扫一扫，看视频

12.6.3 设计弹出对话框

无论从事 Web 开发,还是从事 GUI 开发,事件都是经常用到的。随着 Web 技术的发展,使用 JavaScript 自定义事件愈发频繁,为创建的对象绑定事件机制,通过事件对外通信,可以极大提高开发效率。

从本节开始,我们将针对同一个项目,为了实现更加完善的功能,逐步介绍如何设计自定义事件。

【示例】 事件并不是可有可无的,在某些需求下是必需的。以下示例通过简单的需求说明事件的重要性,在 Web 开发中对话框是很常见的组件,每个对话框都有一个关闭按钮,关闭按钮对应关闭对话框的方法。示例初步设计的完整代码如下,演示效果如图 12.10 所示。

```html
<!DOCTYPE html>
<html>
<head>
<title></title>
<style type="text/css" >
/*对话框外框样式*/
.dialog { width: 300px; height: 200px; margin:auto; box-shadow: 2px 2px 4px #ccc; background-color: #f1f1f1; border: solid 1px #aaa; border-radius: 4px; overflow: hidden; display: none; }
/*对话框的标题栏样式*/
.dialog .title { font-size: 16px; font-weight: bold; color: #fff; padding: 6px; background-color: #404040; }
/*关闭按钮样式*/
.dialog .close { width: 20px; height: 20px; margin: 3px; float: right; cursor: pointer; color: #fff; }
</style>
<meta charset="utf-8">
</head>
<body>
<input type="button" value="打开对话框" onclick="openDialog();"/>
<div id="dlgTest" class="dialog"><span class="close">&times;</span>
    <div class="title">对话框标题栏</div>
    <div class="content">对话框内容框</div>
</div>
<script type="text/javascript">
//定义对话框类型对象
function Dialog(id){
    this.id=id;                                        //存储对话框包含框的 ID
    var that=this;                                     //存储 Dialog 的实例对象
    document.getElementById(id).children[0].onclick=function(){
        that.close();                                  //调用 Dialog 的原型方法关闭对话框
    }
}
//定义 Dialog 原型方法
//显示 Dialog 对话框
Dialog.prototype.show=function(){
```

```
        var dlg=document.getElementById(this.id);  //根据 id 获取对话框的 DOM 引用
        dlg.style.display='block';                  //显示对话框
        dlg=null;                                    //清空引用，避免生成闭包
}
//关闭 Dialog 对话框
Dialog.prototype.close=function(){
        var dlg=document.getElementById(this.id);  //根据 id 获取对话框的 DOM 引用
        dlg.style.display='none';                   //隐藏对话框
        dlg=null;                                    //清空引用，避免生成闭包
}
//定义打开对话框的方法
function openDialog(){
        var dlg=new Dialog('dlgTest');              //实例化 Dialog
        dlg.show();                                  //调用原型方法，显示对话框
}
</script>
</body>
</html>
```

图 12.10　打开对话框

在上面示例中，当单击页面中的"打开对话框"按钮，就可以弹出对话框，点击对话框右上角的关闭按钮，可以隐藏对话框。

12.6.4　设计遮罩层

一般对话框在显示的时候，页面还会弹出一层灰蒙蒙半透明的遮罩层，阻止用户对页面其他对象的操作，当对话框隐藏的时候，遮罩层会自动消失，页面又能够被操作。本节以 12.6.3 节示例为基础，进一步执行下面操作。

【操作步骤】

（1）复制上一节示例文件 test1.html，在<body>顶部添加一个遮罩层：

```
<div id="pageCover" class="pageCover"></div>
```

（2）为其添加样式：

```
.pageCover { width: 100%; height: 100%; position: absolute; z-index: 10; background-color: #666; opacity: 0.5; display: none; }
```

（3）设计打开对话框时，显示遮罩层，需要修改 openDialog 方法代码：

```
function openDialog(){
    //新增的代码
```

```
    //显示遮罩层
    document.getElementById('pageCover').style.display='block';
    var dlg=new Dialog('dlgTest');
    dlg.show();
}
```

（4）重新设计对话框的样式，避免被遮罩层覆盖，同时清理 body 的默认边距。

```
/*清除页边距，避免其对遮罩层的影响*/
body{ margin:0; padding:0;}
/*设计对话框固定定位显示，让其显示在覆盖层上面，并总是显示在窗口中央位置*/
.dialog { width: 300px; height: 200px;
    position:fixed;                    /*固定定位*/
    left:50%;top:50%;margin-top:-100px; margin-left:-150px; /*窗口中央显示*/
    z-index: 30;                       /*在覆盖层上面显示*/
    box-shadow: 2px 2px 4px #ccc; background-color: #f1f1f1; border: solid 1px #aaa;
border-radius: 4px; overflow: hidden; display: none; }
```

（5）保存文档，在浏览器中预览，则显示效果如图 12.11 所示。

图 12.11　重新设计对话框

在上面示例中，当打开对话框后，半透明的遮罩层在对话框弹出后，遮盖住页面上的按钮，对话框在遮罩层之上。但是，当关闭对话框的时候，遮罩层仍然存在页面中，没有代码能够将其隐藏。

如果按照打开时怎么显示遮罩层，关闭时就应该怎么隐藏。但是，这个试验没有成功，因为显示遮罩层的代码是在页面上按钮事件处理函数中定义的，而关闭对话框的方法存在于 Dialog 内部，与页面无关，是不是修改 Dialog 的 close 方法就可以？也不行，仔细分析有两个原因：

首先，在定义 Dialog 时并不知道遮罩层的存在，这两个组件之间没有耦合关系，如果把隐藏遮罩层的逻辑写在 Dialog 的 close 方法内，那么 Dialog 将依赖于遮罩层的存在。也就是说，如果页面上没有遮罩层，Dialog 就会出错。

其次，在定义 Dialog 时，也不知道特定页面遮罩层的 ID（<div id="pageCover">），没有办法知道隐藏哪个<div>标签。

是不是在构造 Dialog 时，把遮罩层的 ID 传入就可以了呢？这样两个组件不再有依赖关系，也能够通过 ID 找到遮罩层所在的<div>标签了，但是如果用户需要部分页面弹出遮罩层，部分页面不需要遮罩层，又将怎么办？即便能够实现，这种写法也比较笨拙，代码不够简洁、灵活。

12.6.5　自定义事件

通过 12.6.4 节示例分析说明，如果简单针对某个具体页面，所有问题都可以迎刃而解，但是如果设计适应能力强，可满足不同用户需求的对话框组件，使用自定义事件是最好的方法。

复制 12.6.4 节示例 test1.html，修改 Dialog 对象和 openDialog 方法。

```javascript
//重写对话框类型对象
function Dialog(id){
    this.id=id;
    //新增代码
    //定义一个句柄性质的本地属性，默认值为空
    this.close_handler=null;
    var that=this;
    document.getElementById(id).children[0].onclick=function(){
        that.close();
        //新增代码
        //如果句柄的值为函数，则调用该函数，实现自定义事件函数异步触发
        if(typeof that.close_handler=='function'){
            that.close_handler();
        }
    }
}
//重写打开对话框方法
function openDialog(){
    document.getElementById('pageCover').style.display='block';
    var dlg=new Dialog('dlgTest');
    dlg.show();
    //新增代码
    //注册事件，为句柄（本地属性）传递一个事件处理函数
    dlg.close_handler=function(){
        //隐藏遮罩层
        //把对遮罩层的具体操作放在本地实例中实现，避免干扰 Dialog 类型
        //这时也就形成了自定义事件的雏形
        document.getElementById('pageCover').style.display='none';
    }
}
```

在 Dialog 对象内部添加一个句柄（属性），当关闭按钮的 click 事件处理程序再调用 close 方法后，判断该句柄是否为函数，如果是函数，就调用执行该句柄函数。

在 openDialog 方法中，创建 Dialog 对象后为句柄赋值，传递一个隐藏遮罩层的方法，这样在关闭 Dialog 的时候，就隐藏了遮罩层，同时没有造成两个组件之间的耦合。

上面这个交互过程就是一个简单的自定义事件，即先绑定事件处理程序，然后在原生事件处理函数中调用，以实现触发事件的过程。DOM 对象的事件，如 button 的 click 事件，也是类似原理。

12.6.6 设计事件触发模型

12.6.5 节示例简单演示了如何自定义事件，远不及 DOM 预定义事件抽象和复杂，这种简单的事件处理有很多弊端：

- 没有共同性。如果在定义一个组件时，还需要编写一套类似的结构处理。
- 事件绑定有排斥性。只能绑定一个 close 事件处理程序，绑定新的会覆盖之前绑定。
- 封装不够完善。如果用户不知道有个 close_handler 的句柄，就没有办法绑定该事件，只能去查源代码。

针对第 1 个弊端，我们可以使用继承来解决；对于第 2 个弊端，则可以提供一个容器（二维数组）

扫一扫，看视频

来统一管理所有事件；针对第 3 个弊端，需要和第一个弊端结合，在自定义的事件管理对象中添加统一接口，用于添加、删除、触发事件。

```javascript
/*
 * 使用观察者模式实现事件监听
 * 自定义事件类型
 */
function EventTarget(){
    //初始化本地事件句柄为空
    this.handlers={};
}
//扩展自定义事件类型的原型
EventTarget.prototype={
    constructor:EventTarget, //修复 EventTarget 构造器为自身
    //注册事件
    //参数 type 表示事件类型
    //参数 handler 表示事件处理函数
    addHandler:function(type,handler){
        //检测本地事件句柄中是否存在指定类型事件
        if(typeof this.handlers[type]=='undefined'){
            //如果没有注册指定类型事件，则初始化为空数组
            this.handlers[type]=new Array();
        }
        //把当前事件处理函数推入到当前事件类型句柄队列的尾部
        this.handlers[type].push(handler);
    },
    //注销事件
    //参数 type 表示事件类型
    //参数 handler 表示事件处理函数
    removeHandler:function(type,handler){
        //检测本地事件句柄中指定类型事件是否为数组
        if(this.handlers[type] instanceof Array){
            //获取指定事件类型
            var handlers=this.handlers[type];
            //枚举事件类型队列
            for(var i=0,len=handlers.length;i<len;i++){
                //检测事件类型中是否存在指定事件处理函数
                if(handler[i]==handler){
                    //如果存在指定的事件处理函数，则删除该处理函数，然后跳出循环
                    handlers.splice(i,1);
                    break;
                }
            }
        }
    },
    //触发事件
    //参数 event 表示事件类型
    trigger:function(event){
        //检测事件触发对象，如果不存在，则指向当前调用对象
        if(!event.target){
```

```
                event.target=this;
            }
            //检测事件类型句柄是否为数组
            if(this.handlers[event.type] instanceof Array){  //获取事件类型句柄
                var handlers=this.handlers[event.type];  //枚举当前事件类型
                for(var i=0,len=handlers.length;i<len;i++){
                    //逐一调用队列中每个事件处理函数,并把参数 event 传递给它
                    handlers[i](event);
                }
            }
        }
    }
}
```

addHandler 方法用于添加事件处理程序,removeHandler 方法用于移除事件处理程序,所有的事件处理程序在属性 handlers 中统一存储管理。调用 trigger 方法触发一个事件,该方法接收一个至少包含 type 属性的对象作为参数,触发的时候会查找 handlers 属性中对应 type 的事件处理程序。

下面就可以编写如下代码,来测试自定义事件的添加和触发过程。

```
//自定义事件处理函数
function onClose(event){
    alert('message:'+event.message);
}
//实例化自定义事件类型
var target=new EventTarget();
//自定义一个 close 事件,并绑定事件处理函数为 onClose
target.addHandler('close',onClose);
//创建事件对象,传递事件类型,以及额外信息
var event={
    type:'close',
    message:'Page Cover closed!'
};
//触发 close 事件
target.trigger(event);
```

12.6.7 应用事件模型

通过 12.6.6 节示例,简单分解了高级自定义事件的设计过程,以下示例将利用继承机制解决第一个弊端。

下面是寄生式组合继承的核心代码,这种继承方式是目前公认的 JavaScript 最佳继承方式。

```
//原型继承扩展工具函数
//参数 subType 表示子类
//参数 superType 表示父类
function extend(subType,superType){
    var prototype=Object(superType.prototype);
    prototype.constructor=subType;
    subType.prototype=prototype;
}
```

最后,显示本节完善后的自定义事件的完整代码,演示效果如图 12.12 所示。

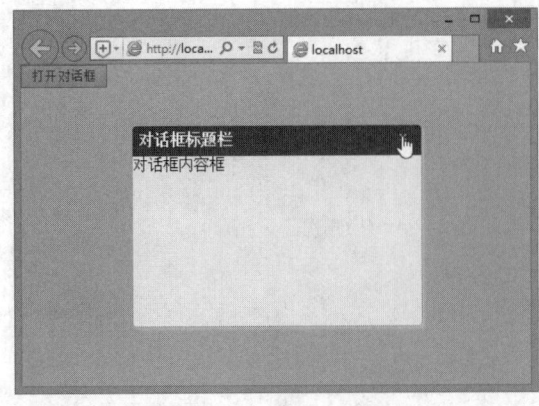
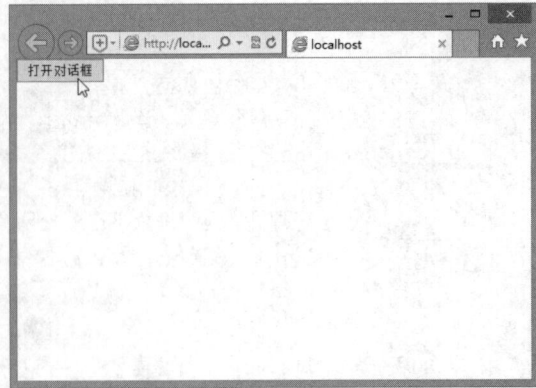

打开　　　　　　　　　　　　　　关闭

图 12.12　优化后对话框组件应用效果

```html
<!DOCTYPE html>
<html>
<head>
<title></title>
<style type="text/css" >
/*清除页边距*/
body{ margin:0; padding:0;}
/*对话框外框样式*/
.dialog { width: 300px; height: 200px; position:fixed; left:50%;top:50%; margin-top:-100px; margin-left:-150px; z-index: 30;box-shadow: 2px 2px 4px #ccc; background-color: #f1f1f1; border: solid 1px #aaa; border-radius: 4px; overflow: hidden; display: none; }
/*对话框的标题栏样式*/
.dialog .title { font-size: 16px; font-weight: bold; color: #fff; padding: 6px; background-color: #404040; }
/*关闭按钮样式*/
.dialog .close { width: 20px; height: 20px; margin: 3px; float: right; cursor: pointer; color: #fff; }
/*遮罩层样式*/
.pageCover { width: 100%; height: 100%; position: absolute; z-index: 10; background-color: #666; opacity: 0.5; display: none; }
</style>
<meta charset="utf-8">
</head>
<body>
<div id="pageCover" class="pageCover"></div>
<input type="button" value="打开对话框" onclick="openDialog();"/>
<div id="dlgTest" class="dialog"><span class="close">&times;</span>
    <div class="title">对话框标题栏</div>
    <div class="content">对话框内容框</div>
</div>
<script type="text/javascript">
//自定义事件类型
function EventTarget(){
    this.handlers={};
}
```

```javascript
//扩展自定义事件类型的原型
EventTarget.prototype={
    constructor:EventTarget,
    //注册事件
    addHandler:function(type,handler){
        if(typeof this.handlers[type]=='undefined'){
            this.handlers[type]=new Array();
        }
        this.handlers[type].push(handler);
    },
    //注销事件
    removeHandler:function(type,handler){
        if(this.handlers[type] instanceof Array){
            var handlers=this.handlers[type];
            for(var i=0,len=handlers.length;i<len;i++){
                if(handler[i]==handler){
                    handlers.splice(i,1);
                    break;
                }
            }
        }
    },
    //触发事件
    trigger:function(event){
        if(!event.target){
            event.target=this;
        }
        if(this.handlers[event.type] instanceof Array){
            var handlers=this.handlers[event.type];
            for(var i=0,len=handlers.length;i<len;i++){
                handlers[i](event);
            }
        }
    }
}
//原型继承扩展工具函数
function extend(subType,superType){
    var prototype=Object(superType.prototype);
    prototype.constructor=subType;
    subType.prototype=prototype;
}
//定义对话框类型
function Dialog(id){
    //动态调用 EventTarget 类型函数，继承它的本地成员
    EventTarget.call(this)
    this.id=id;              //获取对话框 DOM 的 id
    var that=this;           //保存本地实例
    document.getElementById(id).children[0].onclick=function(){
        that.close();
    }
}
//继承 EventTarget 类型原型属性
```

```javascript
extend(Dialog,EventTarget);
//显示 Dialog 对话框
Dialog.prototype.show=function(){
    var dlg=document.getElementById(this.id);
    dlg.style.display='block';
    dlg=null;
}
//关闭 Dialog 对话框
Dialog.prototype.close=function(){
    var dlg=document.getElementById(this.id);
    dlg.style.display='none';
    dlg=null;
    //在本地实例上触发 close 事件
    this.trigger({type:'close'});
}
//定义打开对话框的方法
function openDialog(){
    document.getElementById('pageCover').style.display='block';
    var dlg=new Dialog('dlgTest');
    //为当前实例注册 close 事件,并传递要处理的事件函数
    dlg.addHandler('close',function(){
        document.getElementById('pageCover').style.display='none';
    });
    //打开对话框
    dlg.show();
}
</script>
</body>
</html>
```

用户也可以把打开 Dialog 时,显示遮罩层也写成类似关闭事件的方式(test5.html)。当代码中存在多个部分,在特定时刻相互交互的情况下,自定义事件就非常有用。

如果每个对象都有其他对象的引用,那么整个代码高度耦合,对象改动会影响其他对象,维护起来就困难重重,自定义事件使对象能够解耦,功能隔绝,这样对象之间就可以实现高度聚合。

第 13 章 使用正则表达式与表单验证

正则表达式是对字符串执行模式匹配的强大工具，在 Web 应用中占据着重要的位置。ECMAScript 3 以 Perl 正则表达式为基础对 JavaScript 正则表达式进行了规范，其中 JavaScript 1.2 实现了 Perl 4 正则表达式，JavaScript 1.5 实现了 Perl 5 正则表达式的大型子集。本章介绍如何定义正则表达式和使用正则表达式对象，以及如何掌握正则表达式语法，灵活使用正则表达式进行实战开发。

【学习重点】
- 定义正则表达式。
- 熟悉正则表达式基本语法。
- 使用 RegExp 对象。
- 灵活使用正则表达式操作字符串。

13.1 正则表达式操作基础

JavaScript 通过内置 RegExp 类型支持正则表达式，String 和 RegExp 类型都提供了执行正则表达式匹配操作的方法。本节将介绍创建正则表达式对象的方法。

扫一扫，看视频

13.1.1 定义正则表达式

定义正则表达式的方法包括：构造法和直接量。

1. 构造正则表达式

RegExp 构造函数可以定义正则表达式对象，用法如下：
```
new RegExp(pattern, attributes)
```
参数 pattern 是一个字符串，指定了正则表达式的模式或者其他正则表达式；参数 attributes 是一个可选的修饰性标志，包含"g"、"i"和"m"，分别用于指定全局匹配、区分大小写的匹配和多行匹配。如果 pattern 是正则表达式，而不是字符串，则必须省略该参数。

该函数将返回一个新的 RegExp 对象，具有指定的模式和标志。

【示例 1】 本例使用 RegExp 构造函数定义了一个简单的正则表达式，匹配模式为字符 " a "，没有设置第 2 个参数，所以这个正则表达式只能够匹配字符串中第 1 个小写字母 a，后面的字母 a 将无法被匹配到。

```
var r = new RegExp("a");         // 构造最简单的正则表达式
var s = "javascript!=JAVA";      // 定义字符串直接量
var a = s.match(r);              // 调用正则表达式执行匹配操作，返回匹配的数组
alert(a);                        // 返回数组["a"]
alert(a.index);                  // 返回值为 1
```

【示例 2】 如果希望匹配字符串中所有的字母 a，且不区分大小写，则可以在第 2 个参数中增加 g 和 i 修饰词。

```
var r = new RegExp("a","gi");    // 设置匹配模式为全局匹配，且不区分大小写
var s = "javascript!=JAVA";      // 字符串直接量
var a = s.match(r);              // 匹配查找
```

```
alert(a);                              // 返回数组["a","a","A","A"]
```

【示例3】 在正则表达式中可以使用特殊字符。下面示例的正则表达式将匹配字符串"javascript JAVA"中每个单词的首字母。

```
var r = new RegExp("\\b\\w","gi");    // 构造正则表达式对象
var s = "javascript JAVA";            // 字符串直接量
var a = s.match(r);                    // 匹配查找
alert(a);                              // 返回数组["j", "J"]
```

在上面示例中，字符串"\\b\\w"表示一个匹配模式，其中"\b"表示单词的边界，"\w"表示任意 ASCII 字符。反斜杠表示转义序列，为了避免 Regular()构造函数的误解，必须使用 "\\" 替换所有 "\" 字符，使用双反斜杠表示斜杠本身的意思。

> **提示：**
> 在脚本中动态创建正则表达式时，使用构造函数 RegExp()会更方便。例如，如果检索的字符串是由用户输入的，那么就必须在运行时使用 RegExp())构造函数来创建正则表达式，而不能使用其他方法。

【示例4】 如果 RegExp()构造函数的第 1 个参数是一个正则表达式，则第 2 个参数可以省略。这时 RegExp()构造函数将创建一个参数相同的正则表达式对象。

```
var r = new RegExp("\\b\\w","gi");    // 构造正则表达式对象
var r1 = new RegExp(r);                // 把正则表达式变量作为参数传递给 RegExp()构造函数
var s = "javascript JAVA";            // 字符串直接量
var a = s.match(r);                    // 匹配查找
alert(a);                              // 返回数组["j", "J"]
```

提示，把正则表达式直接量传递给 RegExp()构造函数，可以进行类型封装。

【示例5】 RegExp()也可以作为普通函数使用，这时它与使用 new 运算符调用构造函数功能相同。不过如果函数的参数是正则表达式，那么它仅返回正则表达式，而不再创建一个新的 RegExp 对象。

```
var a = new RegExp("\\b\\w","gi");    // 构造正则表达式对象
var b = new RegExp(a);                 // 对正则表达式对象进行再封装
var c = RegExp(a);                     // 返回正则表达式直接量
alert(a.constructor == RegExp);        // 返回 true
alert(b.constructor == RegExp);        // 返回 true
alert(c.constructor == RegExp);        // 返回 true
```

2. 正则表达式直接量

正则表达式直接量使用双斜杠作为分隔符进行定义，双斜杠之间包含的字符为正则表达式的字符模式，字符模式不能使用引号，标志字符放在最后一个斜杠的后面。语法如下：

```
/pattern/attributes
```

【示例6】 本例定义一个正则表达式直接量，然后进行调用。

```
var r = /\b\w/gi;
var s = "javascript JAVA";
var a = s.match(r);                    // 直接调用正则表达式直接量
alert(a);                              // 返回数组["j", "J"]
```

> **提示：**
> 在 RegExp()构造函数与正则表达式直接量语法中，匹配模式的表示是不同的。对于 RegExp()构造函数来说，它接收的是字符串，而不是正则表达式的匹配模式。所以，在上面示例中，RegExp()构造函数中第 1 个参数中的特殊字符必须使用双反斜杠来表示，以防止字符串中每个字符被 RegExp()构造函数转义。同时对于第 2 个参数中的修饰词也应该使用引号来包含。而正则表达式直接量中，每个字符都按正则表达式的规则来定义，普通字符与特殊字符都会被正确解释。

【示例7】 在 RegExp()构造函数中可以传递变量,而在正则表达式直接量中是不允许的。
```
var r = new RegExp("a"+ s + "b","g");   // 动态创建正则表达式
var r = /"a"+ s + "b"/g;                // 错误的用法
```
在上面示例中,对于正则表达式直接量来说,""""和"+"都将被视为普通字符进行匹配,而不是作为字符与变量的语法标识符进行连接操作。

📢 提示:

JavaScript 正则表达式支持"g"、"i"和"m"3 个标志修饰符。简单说明如下。

- "g":global(全局)的缩写,定义全局匹配,即正则表达式将在指定字符串范围内执行所有匹配,而不是找到第一个匹配结果后就停止匹配。
- "i":case-insensitive(不区分大小写)中 insensitive 的缩写,定义不区分大小写匹配,即对于字母大小写视为等同。
- "m":multiline(多行)的缩写,定义多行字符串匹配。

这 3 个修饰词分别指定了匹配操作的范围、大小写和多行行为,关键词可以自由组合。

13.1.2 访问正则表达式对象

每个正则表达式都是一个对象,继承于 RegExp 类型。RegExp 对象包含多个属性,说明如表 13.1 所示。

扫一扫,看视频

表 13.1 RegExp 对象属性

属性	说明
global	返回 Boolean 值,检测 RegExp 对象是否具有标志 g
ignoreCase	返回 Boolean 值,检测 RegExp 对象是否具有标志 i
multiline	返回 Boolean 值,检测 RegExp 对象是否具有标志 m
lastIndex	一个整数,返回或者设置开始执行下一次匹配的字符位置
source	返回正则表达式的源字符串文本

注意,global、ignoreCase、multiline 和 source 属性都是只读属性。

【示例1】 本例演示了如何读取正则表达式对象的基本信息。
```
var r = /a/gi;                // 声明正则表达式直接量
alert(r.global);              // 返回 true
alert(r.ignoreCase);          // 返回 true
alert(r.multiline);           // 返回 false
alert(r.source);              // 返回 a
```

【示例2】 lastIndex 属性比较有用,对于具有标志 g 的匹配模式来说,该属性存储了在字符串中下一次开始检索的位置。下面示例演示了 exec()方法如何配合 lastIndex 属性实现全局检索。
```
var s = "javascript is not java";
var r = /a/gi;                // 正则表达式直接量
r.exec(s);                    // 第一次执行匹配
alert(r.lastIndex);           // 返回值为 2
r.exec(s);                    // 第二次执行匹配
alert(r.lastIndex);           // 返回值为 4
r.exec(s);                    // 第三次执行匹配
alert(r.lastIndex);           // 返回值为 20
r.exec(s);                    // 第四次执行匹配
alert(r.lastIndex);           // 返回值为 22
```

```
r.exec(s);                      // 第五次执行匹配
alert(r.lastIndex);             // 返回值为 0
```

在上面示例中，正则表达式 r 查找字母 a。当它首次检测时，发现在第 2 个位置（序号为 1）有一个字母 a，于是 lastIndex 属性就被设置为 2，记录开始下一次匹配时的起始位置。当再次调用 exec()方法时，就会从 lastIndex 属性指定的位置开始匹配，依此类推。

【示例 3】 可以手动改变 lastIndex 属性值，强迫正则表达式从指定的位置开始执行检测。

```
var s = "0123456789";
var r = /\d/g;                  // 匹配单个数字
r.lastIndex = 5;                // 指定匹配起始位置为 5，即从第 6 个字符开始匹配
var a = r.exec(s);              // 执行匹配
alert(a);                       // 返回匹配数字为 5
```

13.1.3 执行匹配操作

扫一扫，看视频

RegExp 对象定义了多个方法，如表 13.2 所示，调用它们可以对字符串执行模式匹配操作。

表 13.2　RegExp 对象方法

方　　法	说　　明
exec()	检索字符串中指定的值。返回找到的值，并确定其位置
test()	检索字符串中指定的值。返回 true 或 false
compile()	编译正则表达式

作为正则表达式的通用匹配方法，exec()方法功能最强大。用法如下：

```
RegExpObject.exec(string)
```

参数 string 是要检索的字符串。返回一个数组，其中存放匹配的结果。如果未找到匹配结果，则回 null。

返回数组的第 0 个元素是与正则表达式相匹配的文本，第 1 个元素是与 RegExpObject 的第 1 个子表达式相匹配的文本（如果有的话），第 2 个元素是与 RegExpObject 的第 2 个子表达式相匹配的文本（如果有的话），以此类推。

除了数组元素和 length 属性之外，exec() 方法还返回如下两个属性。

- index：匹配文本的第一个字符的位置。
- input：存放被检索的字符串（string）。

◁》提示：

在调用非全局模式的 RegExp 对象的 exec()方法时，返回的数组与调用 String.match()方法返回的数组是相同的。

在调用全局模式的 RegExp 对象的 exec()方法时，RegExpObject 的 lastIndex 属性指定执行匹配的起始位置，当 exec()方法找到了与表达式相匹配的文本后，将把 lastIndex 设置为匹配文本的最后一个字符的下一个位置。这样用户可以通过反复调用 exec()方法来遍历字符串中的所有匹配文本，当 exec()再也找不到匹配的文本时，将返回 null，并把 lastIndex 属性重置为 0。

【示例 1】 在本例中，定义正则表达式来匹配字符串中每个字符，通过循环调用 exec()方法获得完整匹配信息。

```
var s = "javascript";                               // 测试使用的字符串直接量
var r = /\w/g;                                      // 匹配模式
while((a = r.exec(s)) != null){                     // 循环执行匹配操作
    alert(a[0] + "\n" + a.index + "\n" + r.lastIndex);
    // 显示每次匹配操作是返回的结果数组信息
}
```

在 while 语句中，根据匹配结果的值是否为 null 作为循环条件，当返回值为 null 时，说明字符串检测完毕，停止迭代，否则继续执行。在循环体内，读取返回数组 a 中包含的匹配结果，并调用该数组的 index 和 lastIndex 属性，其中 index 显示当前匹配子字符串的起始位置，而 lastIndex 属性显示下一次匹配操作的起始位置。

无论是否为全局模式，exec()方法都会把完整的细节添加到返回数组中，而 String.match()在全局模式下返回的信息要少得多。因此在循环中反复调用 exec()方法是唯一一种获得全局模式的完整模式匹配信息的方法。

注意：

> 如果在一个字符串中完成了一次模式匹配之后，再开始检索新的字符串，就必须手动把正则表达式对象的 lastIndex 属性重置为 0。

compile()方法用于在脚本执行过程中改变或重新编译正则表达式，即更换正则表达式对象所使用的匹配模式。用法如下：

```
RegExpObject.compile(regexp,modifier)
```

参数 regexp 表示正则表达式，modifier 定义匹配的类型，如"g"、"i"、"gi"等。

【示例 2】 本例在字符串中全局搜索"man"，使用"person"进行替换，然后调用 compile()方法，改写正则表达式，用"person"替换"man"或"woman"。

```
var str1="Every man in the world! Every woman on earth!";
patt=/man/g;
str2=str1.replace(patt,"person");
document.write(str2+"<br />");
patt=/(wo)?man/g;
patt.compile(patt);
str2=str1.replace(patt,"person");
document.write(str2);
```

如果在循环中重复使用某个表达式，对其进行编译将使执行加速，但是如果在程序中使用了任何其他表达式模式后，再使用原来编译过的表达式模式，这种编译毫无益处。

13.1.4 访问匹配信息

RegExp 类型定义一组静态属性，访问它们可以了解当前页面最新一次模式匹配的详细信息，具体说明如表 13.3 所示。这些静态属性都有两个名字：长名（全称）和短名（简称，以美元符号开头表示）。

扫一扫，看视频

表 13.3 RegExp 静态属性

长 名	短 名	说 明
input	$_	返回当前所作用的字符串，初始值为空字符串""
index		当前模式匹配的开始位置，从 0 开始计数。初始值为-1，每次成功匹配时，index 属性值都会随之改变
lastIndex		当前模式匹配的最后一个字符的下一个字符位置，从 0 开始计数，常被作为继续匹配的起始位置。初始值为-1，表示从起始位置开始搜索，每次成功匹配时，lastIndex 属性值都会随之改变
lastMatch	$&	最后模式匹配的字符串，初始值为空字符串""。在每次成功匹配时，lastMatch 属性值都会随之改变
lastParen	$+	最后子模式匹配的字符串，如果匹配模式中包含有子模式（包含小括号的子表达式），在最后模式匹配中最后一个子模式所匹配到的子字符串。初始值为空字符串""。每次成功匹配时，lastParen 属性值都会随之改变

（续）

长名	短名	说明
leftContext	$`	在当前所作用的字符串中，最后模式匹配的字符串左边的所有内容。初始值为空字符串""。每次成功匹配时，其属性值都会随之改变
rightContext	$'	在当前所作用的字符串中，最后模式匹配的字符串右边的所有内容。初始值为空字符串""。每次成功匹配时，其属性值都会随之改变
$1~$9	$1~$9	只读属性，如果匹配模式中有小括号包含的子模式，$1~$9 属性值分别是第 1 个到第 9 个子模式所匹配到的内容。如果有超过 9 个以上的子模式，$1~$9 属性分别对应最后的 9 个子模式匹配结果。在一个匹配模式中，可以指定任意多个小括号包含的子模式，但 RegExp 静态属性只能存储最后 9 个子模式匹配的结果。在 RegExp 实例对象的一些方法所返回的结果数组中，可以获得所有圆括号内的子匹配结果

【示例 1】 本例演示了 RegExp 类型静态属性使用，匹配字符串"JavaScript"，不区分大小写。

```
var s = "JavaScript,not Javascript";
var r = /(Java)Script/gi;
var a = r.exec(s);              // 执行匹配操作
alert(RegExp.input);            // 返回字符串"JavaScript,not Javascript"
alert(RegExp.leftContext);
    // 返回空字符串，因为第一次匹配操作时，左侧没有内容
alert(RegExp.rightContext);     // 返回字符串",not Javascript"
alert(RegExp.lastMatch);        // 返回字符串"JavaScript"
alert(RegExp.lastParen);        // 返回字符串"Java"
```

执行匹配操作之后，则各个属性的返回值如下：

- input 属性实际上存储的是被执行匹配的字符串，即整个字符串"JavaScript,not Javascript"。
- leftContext 属性存储的是执行第一次匹配之前的子字符串，这里为空，因为在第一次匹配的文本"JavaScript"左侧为空。而 rightContext 属性存储的是执行第一次匹配之后的子字符串，即为",not Javascript"。
- lastMatch 属性包含的是第一次匹配的子字符串，即为"JavaScript "。
- lastParen 属性包含的是第一次匹配的分组，即为"Java"。

【示例 2】 本例设计匹配模式中包含多个子模式，然后显示最后一个子模式所匹配的字符。

```
var r = /(Java)(Script)/gi;
var a = r.exec(s);              // 执行匹配操作
alert(RegExp.lastParen);        // 返回字符串"Script"，而不再是"Java"
```

针对上面示例也可以这样设计。

```
var s = "JavaScript,not Javascript";
var r = /(Java)(Script)/gi;
var a = r.exec(s);
alert(RegExp.$_);               // 返回字符串"JavaScript,not Javascript"
alert(RegExp["$`"]);            // 返回空字符串
alert(RegExp["$'"]);            // 返回字符串",not Javascript"
alert(RegExp["$&"]);            // 返回字符串"JavaScript "
alert(RegExp["$+"]);            // 返回字符串"Java"
```

这些属性的值都是动态的，每次执行 exec()或 test()方法时，所有属性值都会被重新设置。

【示例 3】 在本例中，比较了第 1 次执行匹配和第 2 次执行匹配的静态属性值实时动态变化过程。

```
var s = "JavaScript,not Javascript";
var r = /Scrip(t)/gi;           // 第一次定义的匹配模式
var a = r.exec(s);              // 执行第一次匹配
```

```
alert(RegExp.$_);                // 返回字符串"JavaScript,not Javascript"
alert(RegExp["$`"]);             // 返回字符串"Java"
alert(RegExp["$'"]);             // 返回字符串",not Javascript"
alert(RegExp["$&"]);             // 返回字符串"Script"
alert(RegExp["$+"]);             // 返回字符串"t"
var r = /Jav(a)/gi;              // 第二次定义的匹配模式
var a = r.exec(s);               // 执行第二次匹配
alert(RegExp.$_);                // 返回字符串"JavaScript,not Javascript"
alert(RegExp["$`"]);             // 返回空字符串
alert(RegExp["$'"]);             // 返回字符串"Script,not Javascript"
alert(RegExp["$&"]);             // 返回字符串"Java"
alert(RegExp["$+"]);             // 返回字符串"a"
```

通过上面示例可以看出，RegExp 静态属性是公共的，对于所有正则表达式对象来说都可以共享。

13.1.5 条件检测

扫一扫，看视频

test()方法能够检测一个字符串是否符合指定匹配模式，该方法适宜作为条件检测使用。用法如下：

```
RegExpObject.test(string)
```

参数 string 表示要检测的字符串。如果字符串 string 中含有与 RegExpObject 匹配的文本，则返回 true，否则返回 false。

【示例1】 在本例中，使用 test()方法检测字符串中是否包含字符。

```
var s = "javascript";
var r = /\w/g;                   // 匹配字符
var b = r.test(s);               // 返回 true
```

同样，使用下面正则表达式也能够匹配，并返回 true。

```
var r = /javascript/g;
var b = r.test(s);               // 返回 true
```

但是如果使用下面这个正则表达式进行匹配，就会返回 false，因为在字符串"javascript"中找不到对应的匹配：

```
var r = /\d/g;                   // 匹配数字
var b = r.test(s);               // 返回 false
```

调用 test()方法等价于调用 exec()方法。如果 exec()方法返回值不是 null，则 test()方法将返回 true。因此，当一个全局正则表达式调用 test()方法时，它的行为与 exec()方法相同，即它将从 lastIndex 属性值指定的位置开始验证字符串，如果发现了匹配，就会将 lastIndex 属性值设置为紧邻当前匹配字符串后的字符位置。因此，就可以使用 test()方法代替 exec()方法来遍历字符串，检测匹配的字符。

【示例2】 针对 exec()方法中的循环遍历匹配，可以进行如下设计：

```
var s = "javascript";            // 测试使用的字符串直接量
var r = /\w/g;                   // 匹配模式
while(r.test(s)){                // 循环执行匹配验证，如果返回 true，则连续执行验证
    alert(RegExp.lastMatch + "\n" + r.lastIndex);
    // 利用静态属性和实例属性，显示当前匹配信息
}
```

📖 拓展：

除了正则表达式内置方法外，字符串对象中很多方法也支持正则表达式的模式匹配操作，表 13.4 比较了字符串对象和正则表达式对象包含的 6 种模式匹配的方法。

表 13.4　比较各种模式匹配的方法

方法	所属对象	参数	返回值	通用性	特殊性
exec()	正则表达式	字符串	匹配结果的数组。如果没有找到，返回值为 null	通用性强大	一次只能匹配一个单元，并提供详细的返回信息
test()	正则表达式	字符串	布尔值，表示是否匹配	快速验证	一次只能匹配一个单元，返回信息与 exec() 方法基本相似
search()	字符串	正则表达式	匹配起始位置。如果没有找到任何匹配的字符串，则返回-1	简单字符定位	不执行全局匹配，将忽略标志 g，也会忽略正则表达式的 lastIndex 属性
match()	字符串	正则表达式	匹配的数组或者匹配信息的数组	常用字符匹配方法	将根据全局模式的标志 g，决定匹配操作的行为
replace()	字符串	正则表达式或替换文本	返回替换后的新字符串	匹配替换操作	可以支持替换函数，同时可以获取更多匹配信息
split()	字符串	正则表达式或分隔字符	返回数组	特殊用途	把字符串分割为字符串数组

13.2　正则表达式语法基础

正则表达式（Regular Expression）是一个描述字符模式的对象，字符模式就是由一系列字符构成的特殊格式的字符串，它由普通字符（如 A~Z、a~z、0~9）和元字符组成。正则表达式的语法主要就是对各种字符的功能进行描述。

扫一扫，看视频

13.2.1　字符描述

根据正则表达式的语法规则，大部分字符仅能够描述自身，这些字符被称为普通字符，如所有的字母、数字等。

元字符就是拥有特殊含义的字符，一般需要加反斜杠进行标识，以便对原字符进行转义，避免与字符本身的语义发生冲突。JavaScript 正则表达式支持的元字符如表 13.5 所示。

表 13.5　元字符

元字符	描述
.	查找单个字符，除了换行和行结束符
\w	查找单词字符
\W	查找非单词字符
\d	查找数字
\D	查找非数字字符
\s	查找空白字符
\S	查找非空白字符
\b	匹配单词边界
\B	匹配非单词边界
\0	查找 NUL 字符
\n	查找换行符

(续)

元 字 符	描 述
\f	查找换页符
\r	查找回车符
\t	查找制表符
\v	查找垂直制表符
\xxx	查找以八进制数 xxx 规定的字符
\xdd	查找以十六进制数 dd 规定的字符
\uxxxx	查找以十六进制数 xxxx 规定的 Unicode 字符

表示字符的方法有多种，除了可以直接使用字符本身外，还可以使用 ASCII 编码或者 Unicode 编码来表示。

【示例 1】 下面使用 ASCII 编码定义正则表达式直接量。

```
var r = /\x61/;                    // 以 ASCII 编码匹配字母 a
```

由于字母 a 的 ASCII 编码为 97，被转换为十六进制数值后为 61，因此如果要匹配字符 a，就应该在前面添加 "\x" 前缀，以提示它为 ASCII 编码。

```
var s = "javascript";
var a = s.match(r);                // 匹配第一个字符 a
```

【示例 2】 除了十六进制外，还可以直接使用八进制数值表示字符。

```
var r = /\141/;                    // 141 是字母 a 的 ASCII 编码的八进制值
var s = "javascript";
var a = s.match(r);                // 即匹配第 1 个字符 a
```

使用十六进制需要添加 "\x" 前缀，主要是避免语义混淆，但是八进制不需要添加前缀。

ASCII 编码只能够匹配有限的单字节拉丁字符，对于双字节的字符是无法表示的。

【示例 3】 下面使用 Unicode 编码定义正则表达式直接量。

```
var r = /\u0061/;                  // 以 Unicode 编码匹配字母 a
var s = "javascript";              // 字符串直接量
var a = s.match(r);                // 即匹配第一个字符 a
```

如果使用 Unicode 编码表示，则必须指定一个 4 位的十六进制值，并在前面增加 "\u" 前缀。

【示例 4】 当元字符用在 RegExp()构造函数中时，应使用双斜杠。

```
var r = new RegExp("\\u0061");
```

RegExp()构造函数的参数只接收字符串，而不是字符模式。在字符串中，任何字符加反斜杠还表示字符本身，如字符串 "\u" 就被解释为字符 u 本身，所以对于 "\u0061" 字符串来说，在转换为字符模式时，就被解释为 "u0061"，而不是 "\u0061"，此时反斜杠就失去转义功能。解决方法：在字符 u 前面加双反斜杠。

13.2.2 字符范围

在正则表达式语法中，方括号表示用来查找特定范围内的字符，在方括号内仅指定起止字符，然后中间部分通过连字符（-）表示。如果在方括号内添加脱字符（^）前缀，就表示定义除了范围之外的字符。例如：

扫一扫，看视频

- [abc]：查找方括号之间的任何字符。
- [^abc]：查找任何不在方括号之间的字符。
- [0-9]：查找任何从 0 至 9 的数字，即查找任何数字。

- [a-z]：查找任何从小写 a 到小写 z 的字符，即查找任何小写字母。
- [A-Z]：查找任何从大写 A 到大写 Z 的字符，即查找任何大写字母。
- [A-z]：查找任何从大写 A 到小写 z 的字符，即查找任何形式的字母。
- [adgk]：查找给定集合内的任何字符。
- [^adgk]：查找给定集合外的任何字符。

【示例 1】 字符范围遵循字符编码的顺序进行匹配。如果将要匹配的字符恰好在字符编码表中特定区域内，就可以使用这种方式表示。

如果匹配任意 ASCII 字符，可以设计为：
```
var r = /[\u0000-\u00ff]/g;
```
如果匹配任意双字节的汉字，可以设计为：
```
var r = /[^\u0000-\u00ff]/g;
```
对于数字来说，除了直接使用数字表示外，还可以使用 Unicode 编码设计为：
```
var r = /[\u0030-\u0039]/g;
```
使用下面字符模式可以匹配任意大写字母：
```
var r = /[\u0041-\u004A]/g;
```
使用下面字符模式可以匹配任意小写字母：
```
var r = /[\u0061-\u007A]/g;
```

【示例 2】 在字符范围内可以混用各种字符模式。
```
var s = "abcdez";              // 字符串直接量
var r = /[abce-z]/g;           // 字符类包含字符 a、b、c，以及从 e~z 之间的任意字符
var a = s.match(r);            // 返回数组["a","b","c","e","z"]
```

【示例 3】 在字符类内部不要有空格，否则会被认为是一个空格进行匹配。
```
var r = /[0-9 ]/g;
```
上面正则表达式不仅匹配所有数字，还会匹配所有空格。

【示例 4】 如果要匹配任意大小写字母和数字，则可以设计为：
```
var r = /[a-zA-Z0-9]/g;
```

【示例 5】 字符范围可以组合使用，从而设计更灵活的匹配模式。
```
var s = "abc4 abd6 abe3 abf1 abg7";      // 字符串直接量
var r = /ab[c-g][1-7]/g;
    // 匹配第 1、2 个字符为 ab，第 3 个字符为从 c 到 g，第 4 个字符为 1~7 的任意数字
var a = s.match(r);
    // 返回数组["abc4","abd6","abe3","abf1","abg7"]
```

【示例 6】 在匹配过程中，如果需要匹配的字符无法预料，或者难以通过简单字符类一一枚举，那么可以分析该匹配可能不会包含的字符，以反义字符范围实现以少应多的目的。
```
var r = /[^0123456789]/g;
```
在这个正则表达式直接量中，将会匹配除了数字以外任意的字符。反义字符类比简单字符类显得功能更加强大和实用。

13.2.3 选择操作

选择操作类似于 JavaScript 语法中的逻辑与，使用竖线（|）描述，表示在两个子模式的匹配结果中任选一个。

【示例 1】 本例设计正则表达式匹配任意数字或字母。
```
var s1 = "abc";
var s2 = "123";
var r = /\w+|\d+/;              // 选择重复字符类
```

```
var b1 = r.test(s1);              // 返回 true
var b2 = r.test(s2);              // 返回 true
```

【示例 2】 可以设计多重选择模式，这时只需要在多个子模式之间加入选择操作符即可，执行连续选择匹配操作。

```
var s1 = "abc";
var s2 = "efg";
var s3 = "123";
var s4 = "456";
var r = /(abc)|(efg)|(123)|(456)/;    // 多重选择匹配
var b1 = r.test(s1);                  // 返回 true
var b2 = r.test(s2);                  // 返回 true
var b3 = r.test(s3);                  // 返回 true
var b4 = r.test(s4);                  // 返回 true
```

注意，为了避免歧义，应该为选择操作的多个子模式加上小括号。

【示例 3】 针对表单中敏感词过滤，可以设计一个敏感词列表的选择匹配模式，然后使用字符串的 repalce()方法把所有敏感字符替换为字符编码，并转换为网页显示的编码格式。

```
var s = "a'b?c&";                     // 待过滤的表单提交信息
var r = /\'|\"|\?|\&/gi;              // 过滤敏感字符的正则表达式
function f(){                         // 替换函数，把敏感字符替换为对应的网页显示的编码格式
    return "&#" + arguments[0].charCodeAt(0) + ";";
}
var a = s.replace(r,f);               // 执行过滤替换
document.write(a);                    // 在网页中显示正常的字符信息
alert(a);                             // 返回字符串"a&#39;b&#63;c&#38;"
```

13.2.4 重复类量词

JavaScript 正则表达式约定了下面这些重复类量词，如表 13.6 所示。它们分别定义了重复匹配字符的确数或约数。

扫一扫，看视频

表 13.6 重复类量词列表

量词	描述
n+	匹配任何包含至少一个 n 的字符串
n*	匹配任何包含零个或多个 n 的字符串
n?	匹配任何包含零个或一个 n 的字符串
n{x}	匹配包含 x 个 n 的序列的字符串
n{x,y}	匹配包含 x 或 y 个 n 的序列的字符串
n{x,}	匹配包含至少 x 个 n 的序列的字符串

【示例】 下面结合具体的示例进行介绍。先设计下面一组字符串。

```
var s = "ggle gogle google gooogle goooogle gooooogle goooooogle
         gooooooogle goooooooogle"
```

如果仅匹配单词 ggle 和 gogle，可以设计为：

```
var r = /go?gle/g;                    // 匹配前一项字符 o 0 次或 1 次
var a = s.match(r);                   // 返回数组["ggle", "gogle"]
```

在这里元字符?表示前一项（单个字符或者子表达式）为可选项，可有可无，也就是说前面项没有也

能够正确匹配，如果有，则只能够匹配一次。对于这样的匹配结果，还可以按如下正则表达式设计：
```
var r = /go{0,1}gle/g;        // 匹配前一项字符 o0 次或 1 次
var a = s.match(r);           // 返回数组["ggle", "gogle"]
```
大括号中第 1 个数值设置前一项最小重复次数，0 表示它可以不出现，1 表示它仅能够显示自身，不能够重复显示。

如果仅匹配第 4 个单词 gooogle，可以设计为：
```
var r = /go{3}gle/g;          // 匹配前一项字符 o 重复显示 3 次
var a = s.match(r);           // 返回数组["gooogle"]
```
也可以通过简单的字符类来匹配：
```
var r = /gooogle/g;           // 匹配字符 gooogle
var a = s.match(r);           // 返回数组["gooogle"]
```
如果希望匹配第 4 个~第 6 个之间的单词，可以设计为：
```
var r = /go{3,5}gle/g;        // 匹配第 4 个到第 6 个之间的单词
var a = s.match(r);           // 返回数组["gooogle", "goooogle", "gooooogle"]
```
{3,5}分别指定了前一项字符 o 最少重复次数为 3，最多重复次数为 5。从而实现匹配第 4 个到第 6 个之间的 3 个单词。

如果希望匹配所有单词，可以设计为：
```
var r = /go*gle/g;            // 匹配所有的单词
var a = s.match(r);
    // 返回数组["ggle", "gogle", "google", "gooogle", "goooogle",
    "gooooogle", "goooooogle", "gooooooogle", "goooooooogle"]
```
其中元字符"*"表示前一项字符"o"可以不出现，或者重复出现任意多次。还可以按如下方式进行设计。
```
var r = /go{0,}gle/g;         // 匹配所有的单词
var a = s.match(r);
    // 返回数组["ggle", "gogle", "google", "gooogle", "goooogle",
    "gooooogle", "goooooogle", "gooooooogle", "goooooooogle"]
```
{0,}指定前一项字符"o"可以出现 0 次，或者任意多次。当{}中第 2 个参数值为空，则表示任意值的意思。

如果希望匹配包含字符"o"的所有单词，可以设计为：
```
var r = /go+gle/g;            // 匹配的单词中字符"o"至少出现 1 次
var a = s.match(r);
    // 返回数组["gogle", "google", "gooogle", "goooogle", "gooooogle",
    "goooooogle", "gooooooogle", "goooooooogle"]
```
其中元字符+表示前一项字符"o"至少出现 1 次，最多重复次数不限。还可以按如下方式进行设计：
```
var r = /go{1,}gle/g;         // 匹配的单词中字符"o"至少出现 1 次
var a = s.match(r);
    // 返回数组["gogle", "google", "gooogle", "goooogle", "gooooogle",
    "goooooogle", "gooooooogle", "goooooooogle"]
```
重复类元字符总是出现在它们所作用的模式之后。使用重复类元字符"*"和"?"时要注意，由于这些字符可能匹配前面字符或子表达式 0 次，所们它们允许什么都不匹配。例如，正则表达式/a*/实际上与字符串"bcd"匹配，因为该字符串含有 0 个字符"a"。

13.2.5 惰性模式

重复类量词都具有贪婪性，在条件允许的前提下，会匹配尽可能多的字符。

➡ ?、{n}和{n, m}重复类量词具有弱贪婪性，表现为贪婪的有限性。

➡ *、+和{n, }重复类量词具有强贪婪性，表现为贪婪的无限性。

【示例1】 越是排在左侧的重复类量词匹配优先级越高。下面示例显示当多个重复类量词同时满足条件时，会在保证右侧重复类量词最低匹配次数的基础上，最左侧的重复类量词将尽可能占有所有字符。

```
var s ="<html><head><title></title></head><body></body></html>";
var r = /(<.*>)(<.*>)/
var a = s.match(r);
alert(a[1]);       // 左侧匹配"<html><head><title></title></head><body></body>"
alert(a[2]);       //右侧子表达式匹配"</html>"
```

与贪婪匹配相反，惰性匹配将遵循另一种算法：在满足条件的前提下，尽可能少地匹配字符。定义惰性匹配的方法：在重复类量词后面添加英文问号（?）后缀。

【示例2】 本例演示了如何定义惰性匹配模式。

```
var s ="<html><head><title></title></head><body></body></html>";
var r = /<.*?>/
var a = s.match(r);                 // 返回单元素数组["<html>"]
```

📢 提示：
如果说贪婪匹配体现了最大化匹配原则，那么惰性匹配则体现了最小化匹配原则。从语义角度分析，它们属于一对相反的操作行为。

无论是贪婪匹配，还是惰性匹配，它们都必须遵循的原则是：保证匹配满足模式所定义的各种限定条件。

例如，在上面的示例中，星号（*）可以不重复匹配任何字符，也就是说，对于正则表达式/<.*?>/来说，它可以返回匹配字符串"<>"，但是为了能够确保匹配条件成立，在执行中还是匹配了带有4个字符的字符串"html"。惰性取值不能够以违反模式限定的条件而返回，除非没有找到符合条件的字符串，否则必须满足它。

针对6种重复类的惰性匹配简单描述如下。
➡ {n, m}?：尽量匹配n次，但是为了满足限定条件也可能最多重复m次。
➡ {n}?：尽量匹配n次。
➡ {n, }?：尽量匹配n次，但是为了满足限定条件也可能匹配任意次。
➡ ??：尽量匹配，但是为了满足限定条件也可能最多匹配1次，相当于{0, 1}?。
➡ +?：尽量匹配1次，但是为了满足限定条件也可能匹配任意次，相当于{1, }?。
➡ *?：尽量不匹配，但是为了满足限定条件也可能匹配任意次，相当于{0, }?。

【示例3】 以上面示例为例，使用惰性匹配时，返回的结果会与期望一致。

```
var s ="<html><head><title></title></head><body></body></html>";
var r = /<.*>?/
var a = s.match(r);
    // 返回单元素数组["<html><head><title></title></head> <body></body></html>"]
```

对于正则表达式/<.*>/来说，考虑到该模式将匹配字符"<"，以及0个或多个字符，然后跟随字符">"。在应用到字符串时，它将匹配整个字符串。现在使用惰性匹配模式/<.*>?/，应该说它仅能够匹配字符串"<html>"。但是在应用到上面的字符串时，该模式也匹配整个字符串，与贪婪匹配的结果是一样的。原来这是因为正则表达式的模式匹配是在字符串中寻找第一个可能匹配的位置。惰性匹配在字符串的第一个字符处不匹配，所以该匹配将返回，甚至不考虑对后面的字符进行匹配。

13.2.6 边界量词

边界就是确定匹配模式的位置，如字符串的头部或尾部，详细说明如表13.7所示。

扫一扫，看视频

表 13.7　JavaScript 正则表达式支持的边界元字符

量　词	说　　明
^	匹配开头，在多行检测中，会匹配一行的开头
$	匹配结尾，在多行检测中，会匹配一行的结尾

【示例】　下面代码分别演示了边界量词的使用。

如果匹配文本行中最后一个单词，可以使用如下方法：

```
var s = "how are you";
var r = /(?:\w+)$/;
var a = s.match(r);                // 返回数组["you"]
```

如果匹配文本行中开头一个单词，可以使用如下方法：

```
var s = "how are you";
var r = /^(?:\w+)/;
var a = s.match(r);                // 返回数组["how"]
```

如果匹配文本行中每一个单词，可以使用如下方法：

```
var s = "how are you";
var r = /(?:\w+)/g;
var a = s.match(r);                // 返回数组["how", "are", "you"]
```

扫一扫，看视频

13.2.7　声明量词

声明量词包括正向声明和反向声明两种模式。

正向声明：声明表示条件的意思，是指定匹配模式后面的字符必须被匹配，但不返回匹配结果。正向声明使用"(?=匹配条件)"表示。

【示例1】　下面代码定义一个正向声明的匹配模式。

```
var s = "a:123 b=345";
var r = /\w*(?==)/;                // 使用正向声明，指定执行匹配必须满足的条件
var a = s.match(r);                // 返回数组["b"]
```

在上面示例中，通过使用(?==)锚定条件，指定只有在\w*所能够匹配的字符后面跟随一个等号字符，才能够执行\w*匹配。所以，最后匹配的是字符 b，而不是字符 a。

反向声明，与正向声明匹配相反，指定接下来的字符都不必匹配。反向声明使用"(?!匹配条件)"来表示。

【示例2】　下面代码定义一个反向声明的匹配模式。

```
var s = "a:123 b=345";
var r = /\w*(?!=)/;                // 使用反向声明，指定执行匹配不必满足的条件
var a = s.match(r);                // 返回数组["a"]
```

在上面示例中，通过使用(?!=)锚定条件，指定只有在"\w*"所能够匹配的字符后面不跟随一个等号字符，才能够执行\w*匹配。所以，最后匹配的是字符 a，而不是字符 b。

📢 提示：

声明虽然包含在小括号内，但不是分组。目前，JavaScript 仅支持正向声明，而不支持反向声明。

扫一扫，看视频

13.2.8　表达式分组

使用小括号操作符可以对正则表达式字符串进行任意分组，在小括号内的字符串表示子表达式，或者称为子模式，子表达式具有独立的匹配功能，匹配结果也具有独立性。同时跟随在小括号后的量词将

会作用于整个子表达式。

在正则表达式中，表达式分组具有极高的应用价值，下面结合示例进行说明。

【示例1】 把单独的项目进行分组，以便合成子表达式，这样就可以像处理一个独立的字符那样，使用|、+、*或?等元字符来处理它们。

```
var s ="javascript is not java";
var r = /java(script)?/g;
var a = s.match(r);            // 返回数组["javascript","java"]
```

上面的正则表达式可以匹配字符串"javascript"，也可以匹配字符串"java"，因为在匹配模式中通过分组，使用量词"?"来修饰该子表达式，这样匹配字符串时，其后既可以有"script"，也可以没有。

【示例2】 在正则表达式中，通过分组可以在一个完整的模式中定义子模式。当一个正则表达式成功地与目标字符串相匹配时，也可以从目标字符串中抽出与小括号中的子模式相匹配的部分。

```
var s ="ab=21,bc=45,cd=43";
var r = /(\w+)=(\d*)/;
var a = s.match(r);            // 返回数组["ab=21" , "ab","21"]
```

在上面的示例中，不仅要匹配出每个变量声明，而且希望知道每个变量的名称及其值。这个时候如果使用小括号进行分组，把需要独立获取的信息作为子表达式，这样就可以不仅仅抽出声明，而且还可以提取更多的有用的信息。

【示例3】 在同一个正则表达式的后部可以引用前面的子表达式。这是通过在字符"\"后加一位或多位数字实现的。数字指定了带括号的子表达式在正则表达式中的位置。如"\1"引用的是第一个带括号的子表达式，"\2"引用的是第2个带小括号的子表达式。

```
var s ="<h1>title<h1><p>text<p>";
var r = /(<\/?\w+>).*\1/g;
var a = s.match(r);            // 返回数组["<h1>title<h1>" , "<p>text<p>"]
```

在上面的示例中，通过引用前面子表达式匹配的文本，以实现成组匹配字符串。

【示例4】 由于子表达式可以嵌套在别的子表达式中，所以它的位置编号是根据左括号的顺序来定的。在下面的正则表达式中，嵌套的子表达式(<\/?\w+>)被指定为"\2"。

```
var s ="<h1>title<h1><p>text<p>";
var r = /((<\/?\w+>).*\2)/g;
var a = s.match(r);            // 返回数组["<h1>title<h1>" , "<p>text<p>"]
```

【示例5】 对正则表达式中前面子表达式的引用，所指的并不是那个子表达式的模式，而是与那个模式相匹配的文本。例如，下面这个字符串就无法实现匹配。

```
var s ="<h1>title</h1><p>text</p>";
var r = /((<\/?\w+>).*\2)/g;
var a = s.match(r);            // 返回 null
```

【示例6】 虽然子表达式(<\/?\w+>)可以匹配"<h1>"，也可以匹配"</h1>"，但是对于"\2"来说，它引用的是前面子表达式匹配的文本，而不是它的匹配模式。如果要引用前面子表达式的匹配模式，则必须使用下面的正则表达式：

```
var r = /((<\/?\w+>).*((<\/?\w+>))/g;
var a = s.match(r);            // 返回数组["<h1>title</h1>","<p>text</p>"]
```

13.2.9 子表达式引用

在正则表达式执行匹配运算时，表达式计算会自动把每个分组（子表达式）匹配的文本临时存储起来以备将来使用。这些存储在分组中的特殊值，被称为反向引用。反向引用将遵循从左到右的顺序，根据表达式中的左括号字符的顺序进行创建和编号。

【示例1】 本例定义匹配模式包含多个子表达式。

```
var s = "abcdefghijklmn";
```

扫一扫，看视频

```
var r = /(a(b(c)))/;
var a = s.match(r);              // 返回数组["abc", "abc" , "bc" , "c"]
```
在这个分组匹配模式中,共产生了 3 个反向引用,第 1 个是"(a(b(c)))",第 2 个是"(b(c))",第 3 个是"(c)"。它们引用的匹配文本分别是字符串"abc"、"bc"和"c"。

反向引用在应用开发中主要包含以下几种常规用法。

【示例 2】 在正则表达式对象的 test()方法,以及字符串对象的 match()和 search()等方法中使用。在这些方法中,反向引用的值可以从 RegExp()构造函数中获得。

```
var s = "abcdefghijklmn";
var r = /(\w)(\w)(\w)/;
r.test(s);
alert(RegExp.$1);                // 返回第 1 个子表达式匹配的字符 a
alert(RegExp.$2);                // 返回第 2 个子表达式匹配的字符 b
alert(RegExp.$3);                // 返回第 3 个子表达式匹配的字符 c
```

通过上面示例可以看到,正则表达式执行匹配测试后,所有子表达式匹配的文本都被分组存储在 RegExp()构造函数的属性内,通过前缀符号$与正则表达式中子表达式的编号来引用这些临时属性。其中属性$1 标识符指向第 1 个值引用,属性$2 标识符指向第 2 个值引用,依此类推。

【示例 3】 可以直接在定义分组的表达式中包含反向引用。这可以通过使用特殊转义序列(如\1、\2 等)来实现(详细内容可以参阅 13.2.8 节)。

```
var s = "abcbcacba";
var r = /(\w)(\w)(\w)\2\3\1\3\2\1/;
var b = r.test(s);               // 验证正则表达式是否匹配该字符串
alert(b);                        // 返回 true
```

在上面示例的正则表达式中,"\1"表示对第 1 个反向引用(\w)所匹配的字符 a 引用,"\2"表示对第 2 个反向引用(\w)所匹配的字符 b 引用,"\3"表示对第 3 个反向引用(\w)所匹配的字符 c 引用。

【示例 4】 可以在字符串对象的 replace()方法中使用。通过使用特殊字符序列$1、$2、$3 等来实现。例如,在下面的示例将颠倒相邻字母和数字的位置。

```
var s = "aa11bb22c3d4e5f6";
var r = /(\w+?)(\d+)/g;
var b = s.replace(r,"$2$1");
alert(b);                        // 返回字符串"11aa22bb3c 4d5e6f"
```

在上面例子中,正则表达式包括两个分组,第 1 个分组匹配任意连续的字母,第 2 个分组匹配任意连续的数字。在 replace()方法的第 2 个参数中,$1 表示对正则表达式中第 1 个子表达式匹配文本的引用,而$2 表示对正则表达式中第 2 个子表达式匹配文本的引用,通过颠倒$1 和$2 标识符的位置,即可实现字符串的颠倒替换原字符串。

📖 拓展:

正则表达式分组会占用一定的系统资源,在较长的正则表达式中,存储反向引用会降低匹配速度。但是很多时候使用分组仅是为了设置操作单元,而不是为了引用,这时候建议选一种非引用型分组,它不会创建反向引用。

【示例 5】 通过使用非引用型分组,既可以拥有与匹配字符串序列同样的能力,又不用存储匹配文本的开销。创建非引用型分组的方法是,在左括号的后面分别加上一个问号和冒号。

```
var s1 = "abc";
var s2 = "123";
var r = /(?:\w*?)|(?:\d*?)/;    // 非引用型分组
var a = r.test(s1);              // 返回 true
var b = r.test(s2);              // 返回 true
```

此时如果调用 RegExp 对象的 $1 标识符来引用分组匹配的文本信息，结果会返回一个空字符串，因为该分组是非引用型的。

```
alert(RegExp.$1);                    // 返回""
```

正因如此，字符串对象的 replace()方法就不能通过 RegExp.$1 变量来使用任何反向引用，或在正则表达式中使用它。

非引用型分组对于必须使用子表达式，但是又不希望存储无用的匹配信息而浪费系统资源，或者希望提高匹配速度，是非常重要的方法。

13.3 实 战 案 例

扫一扫，看视频

在 Web 应用中，正则表达式的应用比较广泛，具体说明如下。
- 验证字符串：验证给定的字符串是否符合指定条件。例如，验证邮件地址、电话号码等用户提交数据是否合法等。
- 查找字符串：在给定的字符串中查找符合条件的子字符串。
- 替换字符串：在给定的字符串中替换符合条件的子字符串。
- 截取字符串：在给定的字符串中截取符合条件的子字符串。

表单验证在网页设计中经常用到，为了方便读者学习和开发需要，本节通过一个综合实例演示如何使用正则表达式设计一个表单验证工具 Validator。本节实例会涉及到后面几章有关面向对象的知识，读者可根据实际情况有选择地学习。

Validator 是基于 JavaScript 的伪静态类和对象的自定义属性，可以对网页中的表单项输入进行相应的验证，允许同一页面中同时验证多个表单，熟悉接口代码之后也可以对特定的表单项，甚至仅仅是某个字符串进行验证。因为是伪静态类，所以在调用时不需要实例化，直接以"类名+.语法+属性或方法名"来调用。此外，Validator 还提供 3 种不同的错误提示模式，以满足不同的需要。

【操作步骤】

（1）新建文档，保存为 index.html。在页面中新建一个表格，设计一个表单框，其中包含多个输入文本框，如图 13.1 所示。

图 13.1 设计表单

（2）在<body>标签底部插入一个<script type="text/javascript">标签，在其中设计 Validator 类表单验证脚本。

（3）在脚本中新建全局对象 Validator，在其中定义多个属性值为正则表达式的成员。

```
Validator = {
    Require : /.+/,                        //是否为空
    Email : /^\w+([-+.]\w+)*@\w+([-.]\w+)*\.\w+([-.]\w+)*$/,   //Email 地址
    Phone : /^((\(\d{2,3}\))|(\d{3}\-))?(\(0\d{2,3}\)|0\d{2,3}-)?[1-9]\d{6,7}(\-\d{1,4})?$/, //电话号码
    Mobile : /^((\(\d{2,3}\))|(\d{3}\-))?13\d{9}$/,        //手机号码
    Url : /^http:\/\/[A-Za-z0-9]+\.[A-Za-z0-9]+[\/=\?%\-&_~`@[\]\':+!]*([^<>\"\"])*$/, // 使用 HTTP 协议的网址
    Currency : /^\d+(\.\d+)?$/,  //货币
    Number : /^\d+$/,    //数字
    Zip : /^[1-9]\d{5}$/,   //邮政编码
    QQ : /^[1-9]\d{4,8}$/,   //QQ 号码
    Integer : /^[-\+]?\d+$/,     //整数
    Double : /^[-\+]?\d+(\.\d+)?$/,//实数
    English : /^[A-Za-z]+$/,      //英文
    Chinese : /^[\u0391-\uFFE5]+$/,      //中文
    Username : /^[a-z]\w{3,}$/i,    //用户名
    UnSafe : /^(([A-Z]*|[a-z]*\d*|[-_\~!@#\$%\^&\*.\(\)\[\]\{\}<>\?\\\/\'\"]*)|.{0,5})$|\s/符合安全规则的密码
}
```

（4）为 Validator 对象定义一个 Validate()方法，该方法根据参数 theForm 指定的表单 form，通过 for 循环语句获取表单中所有包含 dataType 属性的文本框。然后根据 dataType 属性值不同，分别调用第（3）步定义的正则表达式执行表单验证。如果通过验证，说明输入值合法，否则获取该文本框的 msg 属性值，并显示错误信息。

```
//表单验证对象
Validator = {
    //表单验证方法，参数 theForm 为需要验证的表单对象，mode 指定验证错误提示方式
    Validate : function(theForm, mode) {
        var obj = theForm || event.srcElement; //如果没有指定表单对象，则使用当前元素
        var count = obj.elements.length;        //获取表单项的个数
        this.ErrorMessage.length = 1;           //初始错误信息个数为1
        this.ErrorItem.length = 1;              //初始错误项目个数为1
        this.ErrorItem[0] = obj;                //把表单传递给错误信息对象
        for (var i = 0; i < count; i++) {       //遍历所有表单项
            with (obj.elements[i]) {            //操作当前表单项
                //获取当前表单项 dataType 属性值
                var _dataType = getAttribute("dataType");
                //如果 dataType 属性值非法，则跳过
                if ( typeof (_dataType) == "object" || typeof (this[_dataType]) == "undefined")
                    continue;
                this.ClearState(obj.elements[i]);  //清除当前表单项的错误提示信息
                //如果 require 属性值为 false，或者输入框为空，则跳过
                if (getAttribute("require") == "false" && value == "")
                    continue;
                //如果 dataType 属性值为下列值之一时，则调用验证函数执行验证
                switch (_dataType) {
```

```javascript
            case "IdCard" :           //身份证
            case "Date" :             //日期
            case "Repeat" :           //某项的重复值
            case "Range" :            //范围
            case "Compare" :          //两数的关系比较
            case "Custom" :           //自定义的正则表达式验证
            case "Group" :            //判断输入值是否在(n, m)区间
            case "Limit" :            //对于具有相同名称的单选按钮的选中判断
            case "LimitB" :           //输入字符长度限制(可按字节比较)
            case "SafeString" :       // 符合安全规则的密码
            case "Filter" :           //文件上传格式过滤
                if (!eval(this[_dataType])) {
                    this.AddError(i, getAttribute("msg"));
                }
                break;
            //对于非上面所列dataType属性值，则直接使用正则表达式进行验证
            default :
                if (!this[_dataType].test(value)) {
                    //验证失败后，则调用AddError()函数显示错误信息
                    //获取表单项的msg属性值，并把它作为错误信息源
                    this.AddError(i, getAttribute("msg"));
                }
                break;
        }
    }
}
//根据错误信息，以及指定的模式，显示错误信息
if (this.ErrorMessage.length > 1) {
    mode = mode || 1;
    var errCount = this.ErrorItem.length;
    switch(mode) {
    case 2 :        //本模式是把错误项目的字体颜色设置为红色显示
        for (var i = 1; i < errCount; i++)
            this.ErrorItem[i].style.color = "red";
        break;
    case 1 :        //本模式是通过弹出提示框提示错误信息
        alert(this.ErrorMessage.join("\n"));
        this.ErrorItem[1].focus();
        break;
    case 3 :        //本模式是创建一个span元素，把错误信息显示在文本框后面
        for (var i = 1; i < errCount; i++) {
            try {
                var span = document.createElement("SPAN");
                span.id = "__ErrorMessagePanel";
                span.style.color = "red";
                this.ErrorItem[i].parentNode.appendChild(span);
                span.innerHTML = this.ErrorMessage[i].replace(/\d+:/, "*");
            } catch(e) {
                alert(e.description);
            }
        }
```

```
                this.ErrorItem[1].focus();
                break;
            default :
                alert(this.ErrorMessage.join("\n"));
                break;
        }
        return false;
    }
    return true;
},
}
```

（5）使用自定义属性 dataType 定义表单项（文本框）验证类型。在表单结构中，为每个文本框设置如下自定义属性：

```
<input name="Nick" dataType="English" require="false" msg="英文名只允许英文字母">
```

其中自定义属性 dataType 用于设定表单项的输入数据验证类型，值为字符串，必填项目。该属性可选值如下：

```
dataType="Require | Chinese | English | Number | Integer | Double | Email | Url | Phone | Mobile | Currency | Zip | IdCard | QQ | Date | SafeString | Repeat | Compare | Range | Limit | LimitB | Group | Custom | Filter "
```

可选值的验证功能说明如下：

- Require：必填项。
- Chinese：中文。
- English：英文。
- Number：数字。
- Integer：整数。
- Double：实数。
- Email：Email 地址格式。
- Url：基于 HTTP 协议的网址格式。
- Phone：电话号码格式。
- Mobile：手机号码格式。
- Currency：货币格式。
- Zip：邮政编码。
- IdCard：身份证号码。
- QQ：QQ 号码。
- Date：日期。
- SafeString：安全密码。
- Repeat：重复输入。
- Compare：关系比较。
- Range：输入范围。
- Limit：限制输入长度。
- LimitB：限制输入的字节长度。
- Group：验证单/多选按钮组。
- Custom：自定义正则表达式验证。
- Filter：设置过滤，用于限制文件上传。

提示：
另外，还可以通过如下自定义属性为文本框设置特定验证需求。

- accept="string"，可选。设定表单项输入过滤，多用于 type="file" 的上传控件，以限制允许上传的文件类型。该属性仅当 dataType 属性值为 Filter 时起作用。
- max="int"。在 dataType 属性值为 Range 时必选，为 Group 且待验证项是多选按钮组时可选（此时默认值为 1），为 Limit/LimitB 时可选（此时默认值为 Number.MAX_VALUE 的值）。当 dataType 属性值为 Range 时，用于判断输入是否在 min 与 max 的属性值间；当 dataType 属性值为 Group，且待验证项是多选按钮组时，用于设定多选按钮组的选中个数，判断选中个数是否在[min, max]区间；当 dataType 属性值为 Limit 时，用于验证输入的字符数是否在[min, max]区间；当 dataType 属性值为 LimitB 时，用于验证输入字符的字节数是否在[min, max]区间。
- min="int"。在 dataType 属性值为 Range 时必选，为 Group 且待验证项是多选按钮组时可选（此时默认值为 1），为 Limit/LimitB 时可选（此时默认值为 0）。当 dataType 属性值为 Range 时，用于判断输入是否在 min 与 max 的属性值之间；当 dataType 属性值为 Group，且待验证项是多选按钮组时，用于设定多选按钮组的选中个数，判断选中个数是否在[min, max]区间；当 dataType 属性值为 Limit 时，用于验证输入的字符数是否在[min, max]区间；当 dataType 属性值为 LimitB 时，用于验证输入字符的字节数是否在[min, max]区间。
- msg="string"，必选。在验证失败时要提示的出错信息。
- operator="NotEqual | GreaterThan | GreaterThanEqual | LessThan | LessThanEqual | Equal"。在 dataType 属性值为 Compare 时可选（默认值为 Equal）。

各选值所对应的关系操作符为：
- NotEqual：不等于（!=）。
- GreaterThan：大于（>）。
- GreaterThanEqual：大于等于（>=）。
- LessThan：小于（<）。
- LessThanEqual：小于等于（<=）。
- Equal：等于（=）。

- require="true | false"，可选。用于设定表单项的验证方式。当值为 false 时，表单项不是必填项，但当有填写时，仍然要执行 dataType 属性所设定的验证方法，值为 true 或任何非 false 字符时可省略此属性。
- to="sting | int"。当 dataType 值为 Repeat 或 Compare 时必选。当 dataType 值为 Repeat 时，to 的值为某表单项的 name 属性值，用于设定当前表单项的值是否与目标表单项的值一致；当 dataType 的值为 Compare 时，to 的选值类型为实数，用于判断当前表单项的输入与 to 的值是否符合 operator 属性值所指定的关系。
- format="ymd | dmy"。在 dataType 属性值为 Date 时可选（默认值为 ymd）。用于验证输入是否为符合 format 属性值所指定格式的日期。符合规则的输入示例有：2015-11-23，2015/11/23，15.11.23，23-11-2015 等。注意，当输入的年份为 2 位时，如果数值小于 30，将使年份看作处于 21 世纪，否则为 20 世纪。
- regexp="object"。在 dataType 属性值为 Custom 时必选。用于验证输入是否符合 regexp 属性所指定的正则表达式。

（6）调用 Validate()方法进行验证。在提交按钮中绑定 Validate()方法，代码如下：

```
<input onClick="Validator.Validate(document.getElementById('demo'))" value="检验
```

```
模式 1" type="button">
<input onClick="Validator.Validate(document.getElementById('demo'),2)" value="检
验模式 2" type="button">
<input onClick="Validator.Validate(document.getElementById('demo'),3)" value="检
验模式 3" type="button">
```

在调用 Validate()方法中，第 1 个参数为需要验证的表单对象，第 2 个参数为模式。这个模式指定要显示错误信息的方式，效果如图 13.2 所示。

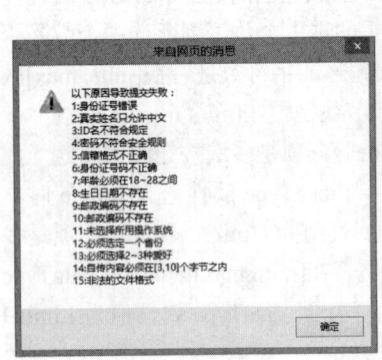

(a) 模式 1

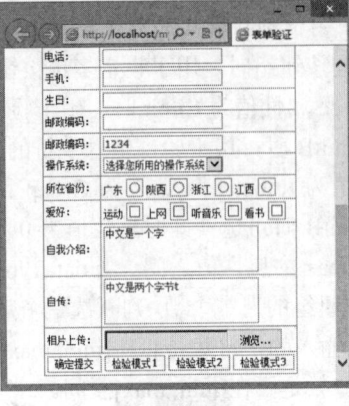

(b) 模式 2

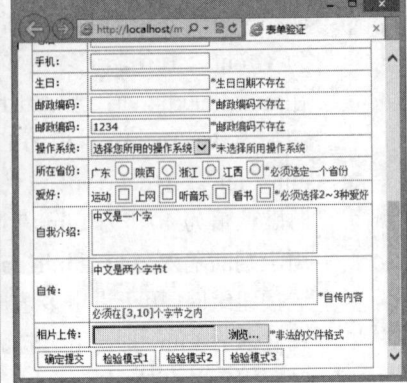

(c) 模式 3

图 13.2 表单错误提示信息

第 14 章 字符串处理与表单开发

字符串是有限字符序列，包括字母、数字、特殊字符（如空格符等）。在 JavaScript 中，字符串是一种数据类型，并提供大量字符串处理方法。字符串处理广泛应用于表单编程、HTML 文本解析和异步响应等，包括字符匹配、查找、替换、截取、编码/解码、连接等。本章将详细讲解各种字符串操作技巧，以及在表单开发过程中如何处理各种形式的字符串。

【学习重点】
- 定义字符串。
- 字符串查找、连接和截取。
- 字符串替换和编辑。
- 字符串检测。
- 字符串加密和解密。
- 读写表单值以及表单值的字符串化处理。

14.1 字符串操作基础

字符串操作主要包括：匹配、替换、截取、转换、比较、格式化等，下面分别进行说明。

扫一扫，看视频

14.1.1 定义字符串

在 JavaScript 中定义字符串有多种方式，具体说明如下。

1. 字符串直接量

使用双引号或单引号包含任意长度的字符文本。

【示例 1】 任何字符被引号包含，都会转换为字符串类型数据。

```
var s = "true";                        // 把布尔值转换为字符串直接量
var s = "123";                         // 把数值转换为字符串直接量
var s = "[1,2,3]";                     // 把数组转换为字符串直接量
var s = "{x:1,y:2}";                   // 把对象转换为字符串直接量
var s = "alert('Hello,World')";        // 把可执行表达式转换为字符串直接量
```

【示例 2】 单引号和双引号可以配合使用，以满足特殊形式的字符串表示。

```
var s = "alert('Hello,World')";
```

也可以这样写：

```
var s = 'alert("Hello,World")';
```

单引号可以包含双引号，或者双引号包含单引号。但是不能够在单引号中包含单引号，或者在双引号中包含双引号。下面用法都是错误的。

```
var s = 'alert('Hello,World')';        // 非法的字符串
var s = "alert("Hello,World")";        // 非法的字符串
```

【示例 3】 由于一些字符包含双重或多重语义，把它们包含在字符串中，会破坏字符串的值，甚至破坏字符串的类型，因此需要转义字符，避免产生歧义。转移字符的方法，就是在字符前面加反斜杠。

```
var s = """;                           // 非法引号字符串
```

```
var s = "\"";                              // 有效的引号字符串
```
【示例4】 对于字符串类型的语句或表达式,可以调用eval()方法以JavaScript脚本的形式执行。
```
var s = "alert('Hello,World')";            // 表达式字符串
eval(s);                                   // 执行表达式字符串
```

2. 构造字符串

使用String()构造函数可以构造字符串,该函数可以接收一个参数,并把它作为初始值来初始化字符串。

【示例4】 下面代码使用new运算符调用String()构造函数,将创建一个字符串型对象。
```
var s = new String();                      // 创建一个空字符串对象,并赋值给变量s
var s = new String("我是构造字符串");       // 创建字符串对象,初始化之后赋值给变量s
```
注意,通过String构造函数构造的字符串与字符串直接量的类型是不同的。前者为引用型对象,后者为值类型的字符串。

【示例5】 下面代码比较了构造字符串和字符串直接量的数据类型差异。
```
var s1 = new String( 1 );                  // 构造字符串
var s2 = "1";                              // 定义字符串直接量
alert( typeof s1 );                        // 返回object,说明是引用型对象
alert( typeof s2 );                        // 返回string,说明是值类型字符串
```
从上面示例可以看到,String构造函数实际上是字符串的包装类,利用它可以把值类型字符串包装为引用型对象,以实现特殊操作。

【示例6】 String()也可以作为普通函数使用,把参数转换为字符串类型的值返回。
```
var s = String( 123456 );                  // 包装字符串
alert( s );                                // 返回字符串"123456"
alert( typeof s );                         // 返回string,说明该方法不再是构造函数
```

【示例7】 String()可以带有多个参数,但是它仅处理第1个参数,并把它转换为字符串返回。
```
var s = String( 1, 2, 3, 4, 5, 6 );        // 带有多个参数
alert( s );                                // 返回字符串"1"
alert( typeof s );                         // 返回string,数值被转换为字符串
```
String构造函数也可以附带多个参数的,它仅负责构造第1个参数,并返回它的字符串。但是,所附带的多个参数是会被JavaScript执行计算的。

【示例8】 下面的变量n在构造函数内经过多次计算之后,最后值递增为5。
```
var n = 1;                                 // 初始化变量
var s = new String( ++ n, ++ n, ++ n, ++ n );  // 字符串构造处理
alert( s );                                // 返回2
alert( n );                                // 返回5
alert( typeof s );                         // 返回object,说明是引用类型对象
alert( typeof n );                         // 返回number,说明是数值类型
```

3. 使用字符编码

使用fromCharCode()方法可以把字符编码转换为字符串。该方法可以包含多个整数参数,每个参数代表字符的Unicode编码,返回值为字符编码的字符串表示。

【示例9】 下面代码演示了如何把一组字符串编码转换为字符串。
```
var a = [35835, 32773, 24744, 22909], b = [];// 声明一个字符编码的数组
for( var i in a ){                         // 遍历数组
    b.push( String.fromCharCode( a[i] ) ); // 把每个字符编码都转换为字符串
}
alert( b.join( "" ) );                     // 返回字符串"读者您好"
```

可以把所有字符串按顺序传递给 fromCharCode()方法。
```
var b = String.fromCharCode( 35835, 32773, 24744, 22909 ) ;   // 传递多个参数，返回字
符串"读者您好"
```
可以使用 apply()方法动态调用。
```
var a = [35835, 32773, 24744, 22909], b = [];
var b = String.fromCharCode.apply( null, a );
 // 使用apply()方法调用fromCharCode()方法，并传递数组参数
alert( b );                          // 返回字符串"读者您好"
```

📢 提示：

fromCharCode()方法是 String 类型的静态方法，不能在字符串中直接调用。fromCharCode()方法可以与字符串的 charCodeAt()方法配合使用，执行相反操作。charCodeAt()可以把字符串转换为编码，而 fromCharCode()方法能够把编码转换为字符串。

14.1.2 字符串的值和字符长度

扫一扫，看视频

1. 字符串的值

使用字符串的 toString()方法可以返回字符串的值。

【示例1】 本例使用 toString()方法获取字符串"javascript"的字符表示。
```
var s = "javascript";
var a = s.toString();                // 返回字符串"javascript"
```
由于该方法的返回值与字符串本身相同，所以一般不会调用这个方法。

【示例2】 valueOf()方法与 toString()方法功能相同，它也能够返回字符串的值。
```
var s = "javascript";
var a = s.valueOf();                 // 返回字符串"javascript"
```
【示例3】 用户可以重写 toString()方法，实现个性化显示。
```
var s = "abcdef";
document.writeln(s);                 // 显示字符串"abcdef"
document.writeln(s.toString());      // 调用字符串的方法 toString()，把字符串对象转
换为字符串显示
// 重写String类型的原型方法toString()
// 参数color表示显示字符串的颜色
String.prototype.toString = function(color){
    var color = color || "red";      // 如果省略参数，则显示为红色
    return '<font color="' + color + '">' + this.valueOf() + '</font>';
                                     // 返回格式化显示带有颜色的字符串
}
document.writeln(s.toString());      // 显示红色字符串"abcdef"
document.writeln(s.toString("blue")); // 显示蓝色字符串"abcdef"
```
上面示例重写 toString()方法，可以 HTML 格式化方式显示字符串的值。

2. 字符串的长度

使用字符串的 length 属性可以读取字符串的长度，以字符个数计算。

【示例4】 下面代码使用字符串的 length 属性获取字符串的字符长度。
```
var s = "String 类型长度";            // 定义字符串直接量
alert(s.length);                     // 返回10
```
字符包括单字节、双字节两种类型，为了精确计算字符串的字节长度，可以采用以下两种方法。

439

（1）如果要获取字符串的字节长度，可以按下面代码实现。下面代码为字符串扩展一个原型方法 lengthB()。在这个原型方法中，枚举每个字符，并根据字符的字符编码，判断当前字符是单字节还是双字节，然后递加字符串的字节数。

```javascript
String.prototype.lengthB = function( ){        // 获取并返回指定字符串的字节数，扩展String类型方法
    var b = 0, l = this.length;                // 初始化字节数递加变量，并获取字符串参数的字符个数
    if( l ){                                   // 如果存在字符串，则执行计算
        for( var i = 0; i < l; i ++ ){         // 遍历字符串，枚举每个字符
            if(this.charCodeAt( i ) > 255 ){   // 如果当前字符的编码大于255，说明它是双字节字符
                b += 2;                        // 则累加2个
            }else{
                b ++ ;                         // 否则递加一次
            }
        }
        return b;                              // 返回字节数
    }else{
        return 0;                              // 如果参数为空，则返回0个
    }
}
```

在页面中应用原型方法：

```javascript
var s = "String类型长度";                       // 定义字符串直接量
alert(s.lengthB())                             // 返回14
```

拓展：

在检测字符是否为双字节或单字节时，方法也是有多种的，这里再提供两种思路：

```javascript
for( var i = 0; i < l; i ++ ){
    var c = this.charAt( i );                  // 获取当前字符
    if ( escape( c ).length > 4 ) {            // 如果字符的转义序列大于4位，说明是双字节
        b += 2;
    }else if( c != "\r" ) {
        b ++ ;
    }
}
```

或者使用正则表达式进行字符编码验证：

```javascript
for( var i = 0; i < l; i ++ ){
    var c = this.charAt( i );
    if ( /^[\u0000-\u00ff]$/.test(c) ) {       // 其中/^[\u0000-\u00ff]$/表示正则表达式，匹配单字节字符
        b ++ ;
    }else {
        b += 2;
    }
}
```

（2）利用正则表达式把字符串中双字节字符临时替换为两个字符，然后调用length属性获取临时字

符串的长度:
```
String.prototype.lengthB = function(){
    var s = this.replace( /[^\x00-\xff]/g, "**" );
    return s.length;
}
```
上述方法比较简洁，但是执行效率相对要慢，因为它需要两次遍历字符串，即调用 replace()方法一次，使用 length 属性时一次。而第一种方法中只进行一次字符串遍历。

📢 注意:
> 字符串的 length 属性是只读属性，与数组的 length 属性不同，字符串可以使用位置下标来定位单个字符在字符串中的位置，其中第一个字符的下标值为 0，最后一个字符的下标值为 length-1。但是字符串中的字符是不能够被 for in 语句循环枚举的。运算符 delete 也不能删除字符串中指定位置的字符。

14.1.3 字符串连接

把多个字符串连接在一起的最简单方法是使用加号运算符。

【示例 1】 下面代码使用加号运算符连接两个字符串。
```
var s1 = "abc";
var s2 = "def";
alert(s1+s2);                                  // 字符串连接，返回字符串"abcdef"
```

使用字符串的 concat()方法可以把多个参数添加到指定字符串的尾部。该方法的参数类型和个数没有限制，它会把所有参数都转换为字符串，然后按顺序连接到当前字符串的尾部，最后返回连接后的字符串。concat()方法不会修改原字符串的值，与数组的 concat()操作相似。

【示例 2】 下面代码使用字符串的 concat()方法把多个字符串连接在一起。
```
var s1 = "abc";
var s2 = s1.concat( "d", "e", "f" );           // 调用 concat()连接字符串
alert( s2 );                                   // 返回字符串"abcdef"
```

在实际开发中，建议直接使用加号运算符执行字符串连接操作。当操作的字符串容量很大时，如 HTML 字符串输出，还可以考虑借助数组来完成。

【示例 3】 下面代码演示了如何借助数组方法提升字符串连接效率。
```
var s = "javascript", a = [];                  // 定义一个字符串
var d = new Date(), b = d.getMilliseconds();   // 获取当前毫秒数
for(var i = 0; i < 10000; i ++ )               // 循环执行 10000 次
    a.push(s);                                 // 把字符串装入数组
var str = a.join("");                          // 通过 join()方法把数组元素连接在一起
a = null;                                      // 清空数组
var d = new Date(), c = d.getMilliseconds();   // 获取当前毫秒数
alert(c - b);                                  // 返回 29 毫秒
```

在上面示例中，通过把所有要连接的字符串装入数组，然后调用数组的 join()把数组元素连接为字符串输出，这样执行效率大约能够提高 10 倍左右。如果操作的字符串巨大的话，通过数组进行连接，则执行效率是非常明显的。由于定义数组也会占用系统资源，所以使用完毕应该立即清除数组。

14.1.4 字符串查找

检索字符串、查找特定字符串是基本的字符串操作，如表单验证、查找指定字符等。用户可以使用下面相关字符串方法执行操作，说明如表 14.1 所示。

表 14.1 String 类型的查找字符串方法

字符串方法	说明
charAt()	返回字符串中的第 n 个字符
charCodeAt()	返回字符串中的第 n 个字符的代码
indexOf()	检索字符串
lastIndexOf()	从后向前检索一个字符串
match()	找到一个或多个正则表达式的匹配
search()	检索与正则表达式相匹配的子串

1. 获取指定位置的字符

使用字符串的 charAt() 和 charCodeAt() 方法，可以根据参数返回指定下标位置的字符或字符的编码。

【示例 1】 使用 charAt() 把字符串中每个字符都装入一个数组中，从而可以为 String 类型扩展一个原型方法，用来把字符串转换为数组。

```
String.prototype.toArray = function(){        // 把字符串转换为数组
    var l = this.length, a = [];              // 获取当前字符串长度，并定义空数组
    if( l ){                                  // 如果存在则执行循环操作
        for( var i = 0; i < l; i ++ ){        // 遍历字符串，间接枚举每个字符
            a.push( this.charAt( i ) );       // 把每个字符按顺序装入数组
        }
    }
    return a;                                 // 返回数组
}
```

然后对字符串的所有字符进行遍历。

```
var s = "abcdefghijklmn".toArray();           // 把字符串转换为数组
for(var i in s){                              // 遍历被转换的字符串，并枚举每个字符
    alert(s[i]);
}
```

对于 charAt() 方法来说，字符串中第 1 个字符的下标值为 0。如果参数 n 不在 0 和 length-1 之间，则返回空字符串。

charCodeAt() 与 charAt() 方法操作一样，不过它返回的是指定位置的字符编码。如果指定下标值为负数，或者大于等于字符串的长度，则该方法将返回 NaN，而不是 0。

2. 查找字符串的位置

charAt() 和 charCodeAt() 方法是根据下标查找字符，而 indexOf() 和 lastIndexOf() 方法则是根据指定字符串查找它的下标位置。

indexOf() 方法有两个参数，第 1 个参数为一个子字符串，是指将要查找的对象。第 2 个参数为一个整数值，用来指定查找的起始位置，其取值范围是 0~length-1，对于该方法的参数来说：

- 如果值为负数，则视为 0，就相当于从第 1 个字符开始查找。
- 如果省略了这个参数，也将从字符串的第 1 个字符开始查找。
- 如果值大于等于 length 属性值，则视为当前字符串中没有指定的子字符串，即返回-1。不过在 JavaScript 1.0 和 1.1 中会返回一个空字符串（这是一个 Bug）。

【示例 2】 下面代码查询字符串中首个字母 a 的下标位置。

```
var s = "javascript";
var i = s.indexOf("a",-10);
```

```
alert(i);                                        // 返回值为1,即字符串中第2个字符
```
indexOf()方法只返回查找到的第一个子字符串的起始下标值,如果没有找到则返回-1。

【示例3】 下面代码查询 URL 字符串中首个字母 w 的下标位置。
```
var s = "http:// www.mysite.cn/";
var a = s.indexOf( "www" );                      // 返回值为7,即第一个字符w的下标位置
```
如果要想查找下一个子字符串,则可以使用第 2 个参数来限定范围。

【示例4】 下面代码分别查询 URL 字符串中两个点号字符的下标位置。
```
var s = "http:// www.mysite.cn/";
var b = s.indexOf( "." );                        // 返回值为10,即第1个字符.的下标位置
var e = s.indexOf( ".", b + 1 );                 // 返回值为15,即第2个字符.的下标位置
```
注意,indexOf()方法是按着从左到右的顺序进行查找的。如果希望从右到左来进行查找,则可以使用 lastIndexOf()方法来查找。

【示例5】 下面代码以从后往前的方式查询 URL 字符串中最后一个点号字符的下标位置。
```
var s = "http:// www.mysite.cn/index.html";
var n = s.lastIndexOf( "." );                    // 返回值为24,即第3个字符.的下标位置
```

🔊 注意:

➢ lastIndexOf()方法的查找顺序是从右到到左,但是其参数和返回值都是根据字符串的下标从左到右的顺序来计算的,即字符串的左侧第 1 个字符下标值始终都是 0,而最后一个字符的下标值始终都是 length-1。

➢ 第 2 个参数指定起始下标位置,但它是按从右到左的顺序执行的。例如:
```
var s = "http:// www.mysite.cn/index.html";
var n = s.lastIndexOf( "." , 11 );               // 返回值为10,而不是15
```
其中第 2 个参数值 11 表示字符 c(第一个)的下标位置,然后从其左侧开始向左查找,所以就返回第 1 个点号的位置。

➢ 如果查找到,则返回第 1 次查找的字符串的起始下标值。例如:
```
var s = "http:// www.mysite.cn/index.html";
var n = s.lastIndexOf( "www" );                  // 返回值为7,而不是10
```
如果第 2 个参数出现没有传递,或为负值,或大于等于 length 属性值等情况,则将遵循 indexOf()方法操作。

3. 匹配字符串

search()方法与 indexOf()方法相似,查找字符串第一次出现的下标位置。但是它仅有一个参数,即指定的匹配模式,没有 lastIndexOf()的反向检索的功能,不支持全局模式。

【示例6】 下面代码使用 search()方法匹配斜杠字符在 URL 字符串的下标位置。
```
var s = "http:// www.mysite.cn/index.html";
var n = s.search( "// " );                       // 返回值为5
```

🔊 注意:

➢ search()方法的参数为正则表达式(RegExp 对象)。如果参数不是 RegExp 对象,则 JavaScript 会使用 RegExp()构造函数把它转换成 RegExp 对象。

➢ search()方法遵循从左到右的查找顺序,并返回第 1 个匹配的子字符串的起始下标值。如果没有找到,则返回-1。

➢ search()方法无法查找指定的范围,始终返回的第 1 个匹配子字符串的下标值,没有 indexOf()方法灵活。

【示例7】 match()方法能够找出所有匹配的子字符串,并存储在一个数组中返回。
```
var s = "http:// www.mysite.cn/index.html";
var a = s.match( /h/g );                         // 全局匹配所有字符h
```

```
alert( a );                                          // 返回数组[h,h]
```

注意：

- match()方法返回的是一个数组，如果不是全局匹配，那么match()方法只能执行一次匹配。例如，下面匹配模式没有g修饰符，只能够执行一次匹配，返回仅有一个元素h的数组。

```
var a = s.match( /h/ );                              // 返回数组[h]
```

- 如果没有找到匹配字符，则返回null，而不是空数组。
- 当不执行全局匹配时，如果匹配模式包含子表达式，则返回的数组中包含子表达式匹配的信息。

【示例8】 下面代码使用match()方法匹配URL字符串中所有点号字符。

```
var s = "http:// www.mysite.cn/index.html";          // 匹配字符串
var a = s.match( /(\.).*(\.).*(\.)/ );               // 执行一次匹配检索
alert( a.length );                                   // 返回4，说明返回的是一个包含4个元素的
数组
alert( a[0] );                                       // 返回字符串".mysite.cn/index."
alert( a[1] );                                       // 返回第1个字符.（点号），由第1个子表
达式匹配
alert( a[2] );                                       // 返回第2个字符.（点号），由第2个子表
达式匹配
alert( a[3] );                                       // 返回第3个字符.（点号），由第3个子表
达式匹配
```

在这个正则表达式"/(\.).*(\.).*(\.)/"，左右两个斜杠是匹配模式分隔符，JavaScript解释器能够根据这两个分隔符来识别正则表达式。在正则表达式中小括号表示子表达式，每个子表达式匹配的文本信息多会被独立存储，以备调用。反斜杠表示转义序列，因为点号在正则表达式中表示匹配任意字符，星号表示前面的匹配字符可以匹配任意多次。

在上面示例中，数组a并非仅有一个元素，而包含4个元素，且每个元素存储着不同的信息。其中第1个元素存放的是匹配文本，其余的元素存放的是与正则表达式的子表达式匹配的文本。

另外，这个数组还包含两个对象属性，其中index属性存储匹配文本的起始字符在字符串中的位置，input属性存储的是对匹配字符串的引用。

```
alert( a.index );                                    // 返回值10，说明第一个点号字符的起始下标位置
alert( a.input );                                    // 返回被匹配字符串"http:// www.mysite. cn/
index.html"
```

- 在全局匹配模式下，即附带有g修饰符。match()将执行全局匹配。此时返回的数组元素存放的是字符串中所有匹配文本，该数组没有index属性和input属性。同时不再提供子表达式匹配的文本信息，也不声明每个匹配子串的位置。如果需要这些全局检索的信息，可以使用RegExp.exec()方法。

14.1.5 字符串截取

String类型定义了3个字符串截取的原型方法，如表14.2所示。

表14.2 String类型的截取子字符串方法

字符串方法	说明
slice()	根据指定长度来截取一个子串
substr()	根据指定的起止下标位置来截取一个子串
substring()	返回字符串的一个子串

1. 截取指定长度字符串

substr()方法能够根据指定长度来截取子字符串。它包含两个参数，第1个参数表示准备截取的子串的起始下标，第2个参数表示截取的长度。

【示例1】 在本例中使用 lastIndexOf()获取字符串的最后一个点号的下标位置，然后从其后的位置开始截取4个字符：

```
var s = "http:// www.mysite.cn/index.html";
var b = s.substr( s.lastIndexOf( "." )+1, 4 );  // 截取最后一个点号后 4 个字符
alert( b );                                      // 返回子字符串"html"
```

注意：
- 如果省略第 2 个参数，则表示截取从起始位置开始到结尾的所有字符。考虑到扩展名的长度不固定，省略第2个参数会更灵活：
  `var b = s.substr( s.lastIndexOf( "." )+1 );`
- 如果第1个参数为负值，则表示从字符串的尾部开始计算下标位置，即-1表示最后一个字符，-2表示倒数第 2 个字符，以此类推。这对于左侧字符长度不固定时非常有用。
- ECMAScript 不再建议使用该方法，相关操作建议使用 slice()和 substring()方法。

2. 截取起止下标位置字符串

slice()和 substring()方法都是根据指定的起止下标位置来截取子字符串。它们都可以包含两个参数，第1个参数表示起始下标，第2个参数表示结束下标。

【示例2】 下面代码使用 substring()方法截取 URL 字符串中网站主机名信息。

```
var s = "http:// www.mysite.cn/index.html";
var a = s.indexOf( "www" );          // 获取起始点下标
var b = s.indexOf( "/", a );         // 获取结束点后下标
var c = s.substring( a, b );         // 返回字符串 www.mysite.cn, 使用 substring()方法
var d = s.slice( a, b );             // 返回字符串 www.mysite.cn, 使用 slice()方法
```

注意：
- 截取字符串包含第 1 个参数所指定的字符。结束点不被截取，即不包含在字符串中。
- 第 2 个参数如果省略，表示截取到结尾的所有字符串。

slice()和 substring()方法比较：

如果第 1 个参数值比第 2 个参数值大，substring()方法能够在执行截取之前，先交换两个参数，而对于 slice()方法来说则被视为无效，并返回空字符串。

【示例3】 下面代码比较 substring()方法和 slice()方法用法不同。

```
var s = "http:// www.mysite.cn/index.html";
var a = s.indexOf( "www" );          // 获取起始点下标
var b = s.indexOf( "/", a );         // 获取结束点后下标
var c = s.substring( b, a );         // 返回字符串 www.mysite.cn
var d = s.slice( b, a );             // 返回空字符串
```

这对于起始点和结束点的值无法确定的时候，是有效的，因为 substring()方法能够自动对参数进行调整。

- 如果参数值为负值，slice()方法能够把负号解释为从右侧开始定位，这与 Array 的 slice()方法相同。但是 substring()方法会视其为无效，并返回空字符串。

【示例4】 下面代码比较 substring()方法和 slice()方法用法不同。

```
var s = "http:// www.mysite.cn/index.html";
var a = s.indexOf( "www" );          // 获取起始点下标
var b = s.indexOf( "/", a );         // 获取结束点后下标
```

```
var c = s.substring( -b, -a );          // 返回空字符串
var d = s.slice( -b, -a );              // 返回子字符串 mysite.cn
```

14.1.6 字符串替换

扫一扫，看视频

replace()方法能够实现字符串替换，该方法包含两个参数，第 1 个参数表示执行匹配的正则表达式，第 2 个参数表示准备代替匹配的子字符串。

【示例 1】 下面代码使用 replace()方法修改字符串中"html"为"htm"。

```
var s = "http:// www.mysite.cn/index.html";
var b = s.replace( /html/, "htm" );     // 把字符串 html 替换为 htm
alert( b );                             // 返回字符串"http:// www.mysite.cn/index.htm"
```

该方法第 1 个参数是一个正则表达式对象，也可以传递字符串，如下所示：

```
var b = s.replace("html", "htm" );      // 把字符串 html 替换为 htm
```

不过 replace()方法不会把字符串转换为正则表达式对象，这与查找字符串中 search()和 match()等几个方法不同，而是以字符串直接量的文本模式进行匹配。第 2 个参数可以是替换的文本，或者是生成替换文本的函数，把函数返回值作为替换文本来替换匹配文本。

【示例 2】 下面代码在使用 replace()方法时，灵活使用替换函数修改匹配字符串。

```
var s = "http:// www.mysite.cn/index.html";
function f( x ){                        // 替换文本函数
    return x.substring( x.lastIndexOf(".")+1, x.length - 1 ) // 获取扩展名部分字符串
}
var b = s.replace( /(html)/, f(s));     // 调用函数指定替换文本操作
alert( b );                             // 返回字符串"http:// www.mysite.cn/index.htm"
```

replace()方法实际上执行的是同时查找和替换两个操作。它将在字符串中查找与正则表达式相匹配的子字符串，然后调用第 2 个参数值或替换函数替换这些子字符串。如果正则表达式具有全局性质 g，那么将替换所有的匹配子字符串，否则，它只替换第 1 个匹配子字符串。

【示例 3】 在 replace()方法中约定了一个特殊的字符（$），这个美元符号如果附加一个序号就表示对正则表达式中匹配的子表达式存储的字符串引用。

```
var s = "javascript";
var b = s.replace( /(java)(script)/, "$2-$1"); // 交换位置
alert( b );                             // 返回字符串"script-java"
```

在上面示例中，正则表达式/(java)(script)/中包含两对小括号，按顺序排列，其中第一对小括号表示第 1 个子表达式，第二对小括号表示第 2 个子表达式，在 replace()方法的参数中可以分别使用字符串"$1"和"$2"来表示对它们匹配文本的引用，当然它们不是标识符，仅是一个标记，所以不可以作为变量参与计算。除了上面的约定之外，美元符号与其他特殊字符组合还可以包含更多的语义，详细说明如表 14.3 所示。

表 14.3 replace()方法第 2 个参数中特殊字符

约定字符串	说　　明
$1、$2、…、$99	与正则表达式中的第 1~第 99 个子表达式相匹配的文本
$&（美元符号+连字符）	与正则表达式相匹配的子字符串
$`（美元符号+切换技能键）	位于匹配子字符串左侧的文本
$'（美元符号+单引号）	位于匹配子字符串右侧的文本
$$	表示$符号

【示例 4】 重复字符串。
```
var s = "javascript";
var b = s.replace( /.*/, "$&$&");         // 返回字符串" javascriptjavascript "
```
由于字符串"$&"在 replace()方法中被约定为正则表达式所匹配的文本，所以利用它可以重复引用匹配的文本，从而实现字符串重复显示效果。其中正则表达式"/.*/"表示完全匹配字符串。

【示例 5】 对匹配文本左侧的文本完全引用。
```
var s = "javascript";
var b = s.replace( /script/, "$& != $`");  // 返回字符串"javascript != java"
```
其中字符"$&"代表匹配子字符串"script"，字符"$`"代表匹配文本左侧文本"java"。

【示例 6】 对匹配文本右侧的文本完全引用。
```
var s = "javascript";
var b = s.replace( /java/, "$&$' is ");    // 返回字符串"javascript is script"
```
其中字符"$&"代表匹配子字符串"java"，字符"$'"代表匹配文本右侧文本"script"。然后把"$&$' is "所代表的字符串"javascript is "替换原字符串中的"java"子字符串即组成一个新的字符串"javascript is script"。切换技能键与单引号键比较相似，使用时容易很混淆。

14.1.7 字符串大小转换

String 类型定义了 4 个原型方法实现字符串大小写转换操作，说明如表 14.4 所示。

表 14.4 String 字符串大小写转换方法

字符串方法	说　　明
toLocaleLowerCase()	把字符串转换成小写
toLocaleUpperCase()	将字符串转换成大写
toLowerCase()	将字符串转换成小写
toUpperCase()	将字符串转换成大写

【示例】 下面代码把字符串全部转换为大写形式。
```
var s = "javascript";
alert(s.toUpperCase());                    // 返回字符串" JAVASCRIPT "
```
String 类型定义了 toLocaleLowerCase()和 toLocaleUpperCase()两个本地化方法。它们能够按照本地方式转换大小写字母，由于只有几种语言（如土耳其语）具有地方特有的大小写映射，所以通常与 toLowerCase()和 toUpperCase()方法的返回值一样。

14.1.8 字符串比较

JavaScript 在比较字符串大小时，根据字符的 Unicode 编码大小，逐位进行比较。

【示例 1】 小写字母 a 的编码为 97，大写字母 A 的编码为 65，则比较时字符串"a"就大于"A"。
```
alert( "a" > "A" );                        // 返回 true
```
用户也可以根据本地的一些约定来进行排序。例如，在西班牙语中根据本地排序约定，"ch"将作为一个字符排在"c"和"d"之间。为此，String 类型定义了 localeCompare()方法，它能够根据本地特定的顺序来比较两个字符串。ECMAScript 标准没有规定如何进行本地特定的比较操作，它只规定该函数采用底层（即操作系统）提供的排序规则进行操作。

【示例 2】 下面代码把字符串"javascript"转换为数组，然后按本地字符顺序进行排序。
```
var s = "javascript";                      // 定义字符串直接量
```

```
var a = s.split( "" );                     // 把字符串转换为数组
var s1 = a.sort( function( a, b ) {        // 对数组进行排序
    return a.localeCompare( b )            // 将根据前后字符在本地的约定进行排序
});
a = s1.join( "" );                         // 然后再把数组还原为字符串
alert( a );                                // 返回字符串"aacijprstv"
```

如果为 localeCompare()方法指定的字符小于参数字符，则 localeCompare()返回小于 0 的数，如果为该方法指定的字符大于参数字符，则返回大于 0 的数，如果两个字符串相等，或根据本地排序规约没有区别，该方法返回 0。对于一般计算机系统来说，默认排序约定都是按照字符编码来执行。

14.1.9 字符串与数组转换

String 类型的 join()方法能够把数组元素连接为字符串。而要把字符串分隔为数组，可以使用 String 类型的 split()方法。它能够根据指定的分隔符把字符串劈为数组，数组中不包含分隔符。

【示例 1】 如果参数为空字符串，则 split()方法能够按单个字符进行分切，然后返回与字符串等长的数组。

```
var s = "javascript";
var a = s.split("");                       // 按字符空隙分割
alert( s.length );                         // 返回值为 10
alert( a.length );                         // 返回值为 10
```

【示例 2】 如果参数为空，则 split()方法能够把整个字符串作为一个元素的数组返回，它相当于把字符串转换为数组。

```
var s = "javascript";
var a = s.split();                         // 空分割
alert( a.constructor == Array );           // 返回 true，说明是 Array 实例
alert( a.length );                         // 返回值为 1，说明没有对字符串进行分割
```

【示例 3】 如果参数为正则表达式，则 split()方法能够以匹配文本作为分隔符进行切分。

```
var s = "a2b3c4d5e678f12g";
var a = s.split(/\d+/);                    // 把匹配的数字作为分隔符来切分字符串
alert( a );                                // 返回数组[a,b,c ,d,e, f,g]
alert( a.length );                         // 返回数组长度为 7
```

【示例 4】 如果正则表达式匹配的文本位于字符串的边沿，则 split()方法也执行分切操作，且为数组添加一个空元素。但是在 IE 浏览器中会忽略边沿空的字符串，而不是把它作为一个空元素来看待。

```
var s = "122a2b3c4d5e678f12g";
var a = s.split(/\d+/);                    // 虽然字符串左侧也有匹配的数字
alert( a );                                // 把匹配的数字作为分隔符来切分字符串
alert( a.length );                         // 返回数组[,a,b,c ,d,e, f,g]
                                           // 返回数组长度为 8
```

如果在字符串中指定的分隔符没有找到，则返回一个包含整个字符串的数组。

【示例 5】 split()方法支持第 2 个参数，该参数是一个可选的整数，用来指定返回数组的最大长度。如果设置了该参数，返回的数组长度不会多于这个参数指定的值。如果没有设置该参数，整个字符串都被分割，不考虑数组长度。

```
var s = "javascript";
var a = s.split("",4);                     // 按顺序从左到有，仅分切 4 个元素的数组
alert( a );                                // 返回数组[j,a,v ,a]
alert( a.length );                         // 返回值为 4
```

【示例 6】 如果想使返回的数组包括分隔符或分隔符的一个或多个部分，可以使用带子表达式的正则表达式来实现。

```
var s = "aa2bb3cc4dd5e678f12g";
var a = s.split(/(\d)/);                    // 使用小括号包含数字分隔符
alert(a);                                    // 返回数组 [aa,2,bb,3,cc,4,dd,5,e,6,,7,,
8,f,1,,2,g]
```

14.1.10 字符串格式化

为了适应浏览器的字符串显示需要,JavaScript 还定义了一组格式化字符串的方法,如表 14.5 所示。注意,由于这些方法没有获得 ECMAScript 标准的支持,应慎重使用。

扫一扫,看视频

表 14.5 String 类型的格式化字符串方法

方法	说明
anchor()	返回 HTML a 标签中 name 属性值为 String 字符串文本的锚
big()	返回 HTML big 标签定义的大字体
blink()	返回使用 HTML blink 标签定义的闪烁字符串
bold()	返回使用 HTML b 标签定义的粗体字符串
fixed()	返回使用 HTML tt 标签定义的单间距字符串
fontcolor()	返回使用 HTML font 标签中 color 属性定义的带有颜色的字符串
fontsize()	返回使用 HTML font 标签中 size 属性定义的指定尺寸的字符串
italics()	返回使用 HTML i 标签定义的斜体字符串
link()	返回使用 HTML a 标签定义的链接
small()	返回使用 HTML small 标签定义的小字体的字符串
strike()	返回使用 HTML strike 标签定义删除线样式的字符串
sub()	返回使用 HTML sub 标签定义的下标字符串
sup()	返回使用 HTML sup 标签定义的上标字符串

【示例】 本例演示了如何使用上面字符串方法为字符串定义格式化显示属性:

```
var s = "abcdef";
document.write(s.bold());                                   // 定义加粗显示字符串"abcdef"
document.write(s.link("http:// www.mysite.cn/"));  // 为字符串"abcdef"定义超链接,指
向 mysite.cn 域名
document.write(s.italics());                                // 定义斜体显示字符串"abcdef"
document.write(s.fontcolor("red"));                         // 定义字符串"abcdef"红色显示
```

上面的方法要受浏览器对相应标签或属性支持的影响,如 IE 不支持 blink 标签,那么字符串调用 blink()之后,在 IE 下是无效的。

14.1.11 字符编码和解码

JavaScript 在 window 对象中定义了 6 个编码和解码的方法,说明如表 14.6 所示。

扫一扫,看视频

表 14.6　JavaScript 编码和解码方法

方　法	说　明
escape()	使用转义序列替换某些字符来对字符串进行编码
unescape()	对使用 escape()编码的字符串进行解码
encodeURI()	通过转义某些字符对 URI 进行编码
decodeURI()	对使用 encodeURI()方法编码的字符串进行解码
encodeURIComponent()	通过转义某些字符对 URI 的组件进行编码
decodeURIComponent()	对使用 encodeURIComponent()方法编码的字符串进行解码

1. escape()和 unescape()方法

escape()是不完全编码的方法，它仅能将字符串中某些字符替换为十六进制的转义序列。具体说，就是除了 ASCII 字母、数字和标点符号（如@、*、_、+、-、.和\）之外，所有字符都被转换为%xx 或%uxxxx（x 表示十六进制的数字）的转义序列。从\u0000 到\u00ff 的 Unicode 字符由转义序列%xx 替代，其他所有 Unicode 字符由%uxxxx 序列替代。

【示例 1】　下面代码使用 escape()方法编码字符串。

```
var s = "javascript 中国";
s = escape(s);
alert(s);                                           // 返回字符串"javascript%u4E2D%u56FD"
```

可以使用该方法对 Cookie 字符串进行编码，避免与其他约定字符发生冲突，因为 Cookie 包含的标点符号是有限制的。

与 escape()方法对应的是 unescape()方法，它能够对 escape()编码的字符串解码。该函数是通过找到形式为%xx 和%uxxxx 的字符序列（这里 x 表示十六进制的数字），使用 Unicode 字符\u00xx 和\uxxxx 替换这样的字符序列进行解码的。

【示例 2】　下面代码使用 unescape()方法解码被 escape()方法编码的字符串。

```
var s = "javascript 中国";
s = escape(s);                                      // Unicode 编码
alert(s);                                           // 返回字符串"javascript%u4E2D%u56FD"
s = unescape(s);                                    // Unicode 解码
alert(s);                                           // 返回字符串"javascript 中国"
```

【示例 3】　这种被解码的代码是不能够直接运行的，读者可以使用 eval()方法来执行它。

```
var s = escape('alert("javascript 中国");');        // 编码脚本
var s = unescape( s);                               // 解码脚本
eval(s);                                            // 执行被解码的脚本
```

2. encodeURI()和 decodeURI()方法

虽然 ECMAScript 1.0 版本标准化了 escape()和 unescape()方法，但是 ECMAScriptv3.0 版本反对使用它们，提倡使用 encodeURI()和 encodeURIComponent()方法代替 escape()方法，使用 decodeURI()和 decodeURIComponent()方法代替 unescape()方法。

【示例 4】　encodeURI()方法能够把 URI 字符串进行转义处理。

```
var s = "javascript 中国";
s = encodeURI(s);
alert(s);                                           // 返回字符串"javascript%E4%B8%AD% E5%9B%BD"
```

通过结果可以看到，encodeURI()方法与 escape()方法编码结果是不同的。但是，与 escape()方法相同，对于 ASCII 的字母、数字和 ASCII 标点符号（如-、_、.、!、~、*、'、(、)）来说，也不会被编码。

相对来说，encodeURI()方法会更加安全。它能够将字符转换为 UTF-8 编码字符，然后用十六进制的转义序列（形式为%xx）对生成的 1 个、2 个或 3 个字节的字符编码。在这种编码模式中，ASCII 字符由一个%xx 转义字符替换，在\u0080 到\u07ff 之间编码的字符由两个转义序列替换，其他的 16 位 Unicode 字符由 3 个转义序列替换。使用 decodeURI()方法可以对上面结果进行解码操作。

【示例 5】 下面代码演示了如何对 URI 字符串进行编码和解码操作。

```
var s = "javascript 中国";
s = encodeURI(s);                      // URI 编码
alert(s); // 返回字符串"javascript%E4%B8%AD% E5%9B%BD"
s = decodeURI(s);                      // URI 解码
alert(s);                              // 返回字符串" javascript 中国"
```

在 ECMAScriptv3 之前，可以使用 escape()和 unescape()方法执行相似的编码解码操作。

3. encodeURIComponent()和 decodeURIComponent()

encodeURI()仅是一种简单的 URI 字符编码方法，如果使用该方法编码 URI 字符串，必须确保 URI 组件（如查询字符串）中不含有 URI 分隔符。如果组件中含有这些分隔符，则就必须使用 encodeURIComponent()方法分别对各个组件编码。

encodeURIComponent()方法与 encodeURI()方法不同。它们的主要区别就在于，encodeURIComponent()方法假定参数是 URI 的一部分，例如，协议、主机名、路径或查询字符串。因此，它将转义用于分隔 URI 各个部分的标点符号。而 encodeURI()方法仅把它们视为普通的 ASCII 字符，并没有转换。

【示例 6】 下面代码比较 URI 字符串被 encodeURIComponent()方法编码前后的比较。

```
var s = "http:// www.mysite.cn/navi/search.asp?keyword=URI";
a = encodeURI(s);
document.write(a);
document.write("<br />");
b = encodeURIComponent(s);
document.write(b);
```

输出显示为：

```
http:// www.mysite.cn/navi/search.asp?keyword=URI
http%3A%2F%2Fwww.mysite.cn%2Fnavi%2Fsearch.asp%3Fkeyword%3DURI
```

第 1 行字符串是 encodeURI()方法编码的结果，而第 2 行字符串是 encodeURIComponent()方法编码的结果。同 encodeURI()方法一样，encodeURIComponent()方法对于 ASCII 的字母、数字和部分标点符号（如-、_、.、!、~、*、'、(、)）不编码。而对于其他字符（如 /、:、#）这样用于分隔 URI 各种组件的标点符号，都由一个或多个十六进制的转义序列替换。

【示例 7】 对于 encodeURIComponent()方法编码的结果进行解码，可以使用 decodeURIComponent()方法来快速实现：

```
var s = "http:// www.mysite.cn/navi/search.asp?keyword=URI";
b = encodeURIComponent(s);
b = decodeURIComponent(b)
document.write(b);
```

14.1.12 Unicode 编码和解码

所谓 Unicode 编码就是根据字符在 Unicode 字符表中的编号对字符进行简单的编码，从而实现对信息进行加密。例如，字符"中"的 Unicode 编码为 20013，如果在网页中使用 Unicode 编码显示，则可以输入"中"。因此，把文本转换为 Unicode 编码之后在网页中显示，能够实现加密信息的效果。

String 类型提供了预定 charCodeAt()方法，该方法能够把指定的字符串转换为 Unicode 编码。所以，

扫一扫，看视频

该方法的设计思路是,利用 replace()方法逐个字符地进行匹配、编码转换,最后返回以网页显示的编码格式的信息。

【示例1】 下面代码利用字符串的 charCodeAt()方法对字符串进行自定义编码。

```javascript
var toUnicode = String.prototype.toUnicode = function(){// 对字符串进行编码
    var _this = arguments[0] || this; // 判断是否存在参数,如果存在则使用静态方法调用参数值,否则作为字符串对象的方法来处理当前字符串对象
    function f(){// 定义替换文本函数
        return "&#" + arguments[0].charCodeAt(0) + ";";// 以网页编码格式显示被编码的字符串
    }
    return _this.replace(/[^\u00-\uFF]|\w/gmi, f); // 使用 replace()方法执行匹配、替换操作
};
```

简单说明一下,toUnicode()是一个全局静态方法,同时也是一个 String 类型的方法,为此在函数体内首先判断方法的参数值,以决定执行操作的方式。在 replace()字符替换方法中,借助文本替换函数来完成被匹配字符的转码操作。如下:

```javascript
var s = "javascript 中国";          // 定义字符串直接量
s = toUnicode(s);                   // 以静态方式调用 toUnicode()方法
alert(s);                           // 返回 Unicode 编码字符串"&#106;&#97;&#118;&#97;&#115;&#99;&#114;&#105;&#112;&#116;&#20013;&#22269;"
document.write(s);                  // 在网页中显示字符串为"javascript 中国"
```

以 String 类型方法调用的形式如下:

```javascript
var s = "javascript 中国";
s = s.toUnicode();                  // 以 String 类型的方法调用 toUnicode()方法
alert(s);
document.write(s);
```

与 Unicode 编码操作相对应,可以设计 Unicode 解码方法,设计思路和代码实现基本相同。

【示例2】 下面代码使用字符串的 charCodeAt()方法定义一个字符串解码函数。

```javascript
var fromUnicode = String.prototype.fromUnicode = function(){// 对 Unicode 编码进行解码操作
    var _this = arguments[0] || this; // 判断是否存在参数,如果存在则使用静态方法调用参数值,否则作为字符串对象的方法来处理当前字符串对象
    function f(){                    // 定义替换文本函数
        return String.fromCharCode(arguments[1]); //把第一个子表达式值(Unicode 编码)转换为字符
    }
    return _this.replace(/&#(\d*);/gmi, f); // 使用 replace()匹配并替换 Unicode 编码为字符
};
```

关于 Unicode 编码和解码操作,应该注意正则表达式的设计,对于 ASCII 字符来说,其 Unicode 编码在\u00~\uFF(十六进制)之间;而对于双字节的汉字来说,则应该是大于\uFF 编码的字符集,因此在判断时要考虑到不同的字符集合。

【示例3】 利用上面定义的方法尝试把被 toUnicode()方法编码的字符进行解码:

```javascript
var s = "javascript 中国";          // 定义字符串直接量
s = s.toUnicode();                  // 对字符串进行 Unicode 编码
alert(s);                           // 返回字符串"&#106;&#97;&#118;&#97;&#115;&#99;&#114;&#105;&#112;&#116;&#20013;&#22269;"
s = s.fromUnicode();                // 对被编码的字符串进行解码
alert(s);                           // 返回字符串"javascript 中国"
```

14.2 实战案例

本节以示例形式介绍表单开发过程中,如何解决各种字符串处理问题。

14.2.1 访问表单对象

扫一扫,看视频

表单通过<form>标签定义,在 HTML 文档中<form>标签每出现一次,form 对象就会被创建一次。form 对象属于 HTMLFormElement 类型,继承于 HTMLElement,HTMLFormElement 拥有专有属性,说明如表 14.7 所示。

表 14.7 form 对象属性

属性	描述
acceptCharset	服务器可接收的字符集。等价于<form accept-charset="UTF-8">
action	设置或返回表单的 action 属性,即请求的 URL。等价于<form action="server.php">
enctype	设置或返回表单用来编码内容的 MIME 类型,即请求的编码类型。等价于<formenctype="multipart/form -data">
id	设置或返回表单的 id。等价于<form id="login">
length	返回表单中控件的数目
elements	表单中所有控件的集合(HTMLCollection)
method	设置或返回将数据发送到服务器的 HTTP 方法,即发送的 HTTP 请求类型。等价于<form method="get">
name	设置或返回表单的名称。等价于<form name="login">
target	设置或返回表单提交结果的 frame 或 window 名称,即发送请求和接收响应的窗口名称。等价于<form target="new">

另外,form 对象还提供两个专用方法:
- reset():将所有表单域重置为默认值。
- submit():提交表单。

访问 form 对象的方法如下:

方法 1:使用 DOM 的 document.getElementById()方法获取。例如:

```
<form id="form1"></form>
<script>
var form = document.getElementById("form1");
</script>
```

方法 2:使用 HTML 的 document.forms 集合获取。例如:

```
<form id="form1"  name="form1"></form>
<form id="form2" name="form2"></form>
<script>
var form1 = document.forms[0];
var form1 = document.forms["form2"];
</script>
```

document.forms 表示页面中所有的表单对象集合,可以通过数字索引或 name 值取得特定的表单。注意,可以同时为表单指定 id 和 name 属性,但它们的值不一定相同。

扫一扫，看视频

14.2.2 访问表单元素

访问表单元素的方法如下：

方法1：使用 DOM 方法访问表单元素，如 getElementById()等，详细说明可参考 DOM 章节内容。
方法2：使用 form 对象的 elements 属性。

elements 集合是一个有序列表，包含表单中的所有字段，如<input>、<textarea>、<button>、<select>和<fieldset>。每个表单字段在 elements 集合中的顺序，与它们在表单中的顺序相同。

【示例1】 可以按照位置和 name 属性来访问表单元素。

```html
<form id="myform">
    <h3>反馈表</h3>
    <fieldset>
        <p>姓名：<input class="special" type="text" name="name"></p>
        <p>性别：
            <input type="radio"  name="sex" value="0">男
            <input type="radio"  name="sex" value="1">女 </p>
        <p>邮箱：<input type="text" name="email"></p>
        <p>网址：<input type="text" name="web"></p>
        <p>反馈意见：<textarea name="message" cols="30" rows="10"></textarea> </p>
        <p class="submit">
            <button type="submit">提交表单</button>
        </p>
    </fieldset>
</form>
<script>
var form = document.getElementById("myform");
var field1 = form.elements[2];            //通过下标位置找到第3个控件：单选按钮
var field2 = form.elements["name"];       //通过 name 找到姓名文本框
var fieldCount = form.elements.length;    //获取表单字段个数
</script>
```

【示例2】 如果有多个表单控件都在使用一个 name，如单选按钮，那么就会返回以该 name 命名的一个 NodeList。例如，以上面 HTML 代码片段为例。

```
var form = document.getElementById("myform");
var sex = form.elements["sex"];           //获取单选按钮组
var field3 = form.elements[3];            //获取第4个字段，即第1个单选按钮
alert( sex.length);                       //返回2
alert( sex[1] == field3);                 //返回 true
```

在这个表单中，有2个单选按钮，它们的 name 都是"sex"，意味着这2个字段是一起的。在访问 form.elements["sex"]时，就会返回一个 NodeList，其中包含这2个元素。如果访问 form.elements[3]，则只会返回第1个单选按钮，与包含在 form.elements["sex"]中的第1个元素相同。

【示例3】 也可以通过访问表单的属性来访问元素，上面代码可以简化为下面代码。

```
var form = document.getElementById("myform");
var sex = form["sex"];
var field3 = form[3];
alert( sex.length);
alert( sex[1] == field3);
```

这些属性与通过 elements 集合访问到的元素是相同的。但是，建议用户尽可能使用 elements，通过表单属性访问元素只是为了兼容早期浏览器而保留的一种过渡方式。

14.2.3 访问字段属性

除了 fieldset 元素之外,所有表单字段都拥有相同的一组属性。简单说明如下:
- disabled:布尔值,表示当前字段是否被禁用。
- form:只读,指向当前字段所属表单对象。
- name:当前字段的名称。
- readOnly:布尔值,表示当前字段是否只读。
- tabIndex:表示当前字段的切换序号(Tab 键)。
- type:当前字段的类型,如"checkbox"、"radio"等。
- value:当前字段将被提交给服务器的值。对文件字段来说,这个属性是只读的,包含着文件在计算机中的路径。

除了 form 属性之外,可以动态修改这些属性值,这样用户可以在脚本中智能控制表单的表现。

【示例 1】 本例以 14.2.2 节的反馈表结构为基础,获取姓名文本框,然后修改其值,再获取其包含的表单对象的 id 值,然后让当前文本框获取焦点,禁用,同时设置为复选框。

```
<form id="myform" method="post" action="javascript:alert('表单提交啦!')">
    <h3>反馈表</h3>
    <fieldset>
        <p>姓名: <input class="special" type="text" name="name"></p>
        <p>性别:
            <input type="radio" name="sex" value="0">男
            <input type="radio" name="sex" value="1">女 </p>
        <p>邮箱: <input type="text" name="email"></p>
        <p>网址: <input type="text" name="web"></p>
        <p>反馈意见: <textarea name="message" cols="30" rows="10"></textarea> </p>
        <p class="submit">
            <button type="submit" name="submit">提交表单</button>
        </p>
    </fieldset>
</form>
<script>
var form = document.getElementById("myform");
var field = form.elements["name"];
field.value = "输入姓名";
alert(field.form.id);
field.focus();
field.disabled = true;
field.type = "checkbox";
</script>
```

【示例 2】 以上面示例为基础,下面示例设计当用户提交表单后,禁用提交按钮,同时修改提交按钮的显示文本,如图 14.1 所示。

```
var form = document.getElementById("myform");
var field = form.elements["name"];
form.onsubmit = function(e){
    var event = e || window.event;
    var target = event.target || event.srcElement;;
    var btn = target.elements["submit"];
    btn.disabled = true;
    btn.innerHTML = "已经提交,不可重复操作"
}
```

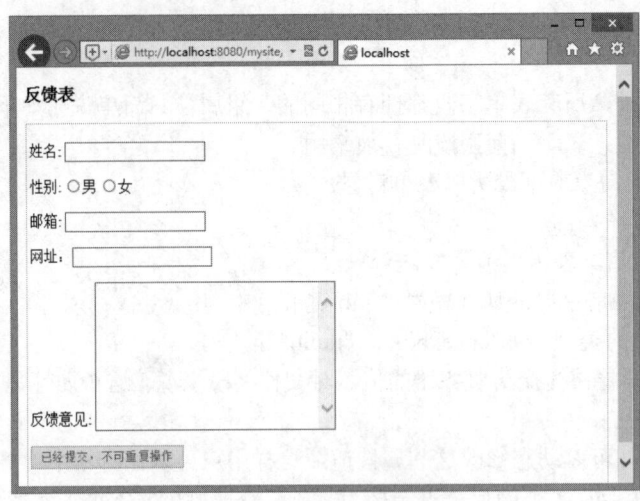

图 14.1 禁用提交按钮

上面代码为表单的 submit 事件绑定了一个事件处理程序。事件触发后，代码取得了提交按钮并将其 disabled 属性设置为 true。注意，不能使用 click 事件处理程序来实现这个功能，因为部分浏览器会在触发表单的 submit 事件之前触发 click 事件，而有的浏览器则相反。对于先触发 click 事件的浏览器，意味着会在提交发生之前禁用按钮，结果永远都不会提交表单。因此，最好是通过 submit 事件来禁用提交按钮。不过，这种方式不适合表单中不包含提交按钮的情况。

除了 fieldset 外，所有表单字段都有 type 属性。对于 input 元素，type 属性值等于 HTML 标签的 type 属性值，而对于其他元素的 type 属性值，简单说明如表 14.8 所示。

表 14.8 form 对象属性

名 称	type 属性值	HTML 标签
单选列表 （下拉菜单）	"select-one"	<select></select>
多选列表 （列表框）	"select-multiple"	<select multiple></select>
自定义按钮	"submit"	<button></button>
普通按钮	"button"	<button type="button">
自定义 重置按钮	"reset"	<button type="reset"></button>
自定义 提交按钮	"submit"	<button type="submit"></button>

注意，<input>和<button>标签的 type 属性是可以动态修改的，而<select>标签的 type 属性是只读的。
HTML5 为表单字段新增了一个 autofocus 属性，该属性能够自动把焦点移动到相应字段。例如：

```
<input type="text" autofocus>
```

浏览器支持状态：IE 10+、Firefox 4+、Safari 5+、Chrome 和 Opera 9.6。

【示例3】 对于不支持该属性的浏览器，可以使用下面代码进行兼容。

```
var field = form.elements["name"];
if (element.autofocus !== true){
    element.focus();
}
```

autofocus 是一个布尔值属性，上面代码只有在 autofocus 不等于 true 的情况下才会调用，从而保证向前兼容。

14.2.4 访问文本框的值

扫一扫,看视频

HTML 文本框有两种形式:
- 使用<input>标签定义的单行文本框。
- 使用<textarea>标签定义的多行文本框。

这两个控件的外观和行为差不多,不同点比较如下:

定义文本框使用<input type="text">,通过 size 属性设置文本框可显示字符数,通过 value 属性设置文本框的初始值,通过 maxlength 属性设置文本框可以接收的最大字符数。例如:定义文本框显示 25 个字符,不能超过 50 个字符。

```
<input type="text" size="25" maxlength="50" value="初始值">
```

定义多行文本框使用<textarea>标签,使用 rows 和 cols 属性可以设置文本框显示的行数和列数。多行文本框的初始值必须放在<textarea>和</textarea>之间,没有最大字符数限制。

```
<textarea rows="5" cols="25">初始值</textarea>
```

【示例 1】 不管是单行文本框,还是多行文本框,在 JavaScript 中,使用 value 属性可以读取和设置文本框的值。

```
<form id="myform" method="post" action="javascript:alert('表单提交啦!')">
    <input type="text" size="25" maxlength="50" value="初始值">
    <textarea rows="5" cols="25">初始值</textarea>
</form>
<script>
var form = document.getElementById("myform");
var field1 = form.elements[0];
var field2 = form.elements[1];
alert(field1.value);
alert(field2.value);
</script>
```

在脚本中建议使用 value 属性读取或设置文本框的值,不建议使用 DOM 的 setAttribute()方法设置<input>和<textarea>的值,因为对 value 属性所作的修改,不一定会反映在 DOM 中。

【示例 2】 使用 select()可以选择文本框中的值,该方法不接收参数。在调用 select()方法时,大多数浏览器(Opera 除外)都会将焦点设置到文本框中。

```
var form = document.getElementById("myform");
var field1 = form.elements[0];
var field2 = form.elements[1];
field1.onfocus = function(){
    this.select();
}
field2.onfocus = function(){
    this.select();
}
```

在上面示例中只要文本框获得焦点,就会选择其中所有的文本,这可以提升表单的易用性。

HTML5 新增两个属性:selectionStart 和 selectionEnd,这两个属性保存文本选区开头和结尾的偏移量。IE9+、Firefox、Safari、Chrome 和 Opera 都支持这两个属性。IE8 及之前版本不支持这两个属性,而是定义 document.selection 对象,其中保存着用户在整个文档范围内选择的文本信息。

【示例 3】 本例定义一个工具函数 getSelectedText(),用来获取指定文本框中选择的文本。

```
function getSelectedText(textbox){
    if (typeof textbox.selectionStart == "number"){
        return textbox.value.substring(textbox.selectionStart,
```

```
                textbox.selectionEnd);
    } else if (document.selection){
        return document.selection.createRange().text;
    }
}
```
然后，就可以在 JavaScript 脚本中调用该函数获取指定文本框的选择文本。
```
<form id="myform" method="post" action="#')">
    <textarea rows="5" cols="25">初始值</textarea>
</form>
<script>
var form = document.getElementById("myform");
var field1 = form.elements[0];
field1.onselect = function(){
    alert(getSelectedText(this));
}
</script>
```
如果选择部分文本，可以使用 HTML5 的 setSelectionRange()方法，该方法接收两个参数，分别设置选择的第一个字符的索引和要选择的最后一个字符之后的字符的索引，与 substring()方法的两个参数相同。

IE9+、Firefox、Safari、Chrome 和 Opera 都支持这个用法。IE8 及更早版本支持使用范围选择部分文本。先使用 createTextRangeC)方法创建一个范围，然后使用 collapse(true)折叠范围，再使用 moveStart()和 moveEnd()这两个范围方法将范围移动到位，最后使用范围的 select()方法选择文本。

【示例 4】 本例定义一个工具函数 selectText()，用来选择指定范围的文本。
```
function selectText(textbox, startIndex, stopIndex){
    if (textbox.setSelectionRange){
        textbox.setSelectionRange(startIndex, stopIndex);
    } else if (textbox.createTextRange){
        var range = textbox.createTextRange();
        range.collapse(true);
        range.moveStart("character", startIndex);
        range.moveEnd("character", stopIndex - startIndex);
        range.select();
    }
    textbox.focus();
}
```
selectText()函数接收 3 个参数：要操作的文本框、要选择文本中第一个字符的索引、要选择文本中最后一个字符之后的索引。首先，先检测文本框是否包含 setSelectionRange()方法，如果有，则使用该方法；否则，检测文本框是否支持 createTextRange()方法，如果支持，则通过创建范围来实现选择；最后，就是为文本框设置焦点，以便用户看到文本框中选择的文本。

然后，就可以在 JavaScript 脚本中调用该函数获取指定文本框的部分文本，如图 14.2 所示。
```
<form id="myform" method="post" action="#')">
    <textarea rows="5" cols="25">月落乌啼霜满天，江枫渔火对愁眠。（张继《枫桥夜泊》）
莫愁前路无知己，天下谁人不识君。(高适《别董大》)   </textarea>
</form>
<script>
var form = document.getElementById("myform");
var field1 = form.elements[0];
field1.onfocus = function(){
```

```
      selectText(this, 0, 16);
   }
</script>
```

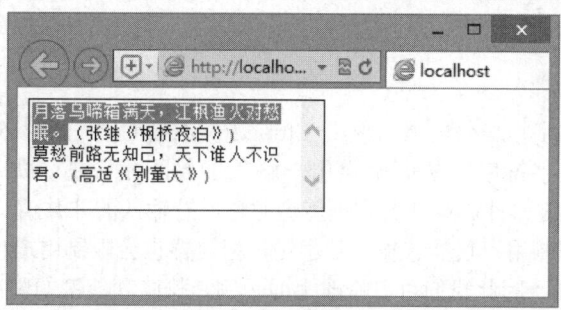

图 14.2　选择部分文本

14.2.5　文本框过滤

扫一扫，看视频

在开发中经常需要限制文本框的输入，或者输入特定格式的数据。例如，必须包含特定字符，或者必须匹配特定模式。

【示例 1】　本例在 keypress 事件处理程序中通过阻止这个事件的默认行为，屏蔽用户的所有按键操作。

```
<form id="myform" method="post" action="#">
   <input type="text" size="25" maxlength="50" value="123456">
</form>
<script>
var form = document.getElementById("myform");
var field1 = form.elements[0];
field1.onkeypress = function(event){
   event = event || window.event;
   if (event.preventDefault){
      event.preventDefault();
   } else {
      event.returnValue = false;
   }
}
</script>
```

运行上面代码后，由于所有按键操作都被屏蔽，结果导致文本框变成只读的。

【示例 2】　本例只允许用户输入数值。

```
var form = document.getElementById("myform");
var field1 = form.elements[0];
field1.onkeypress = function(event){
   event = event || window.event;
   if (typeof event.charCode == "number"){           //获取用户按下的键盘键值
      var charCode = event.charCode;
   } else {
      var charCode = event.keyCode;
   }
   if (!/\d/.test(String.fromCharCode(charCode))){//验证用户输入的字符是否非数字
      if (event.preventDefault){
```

```
            event.preventDefault();
        } else {
            event.returnValue = false;
        }
    }
}
```

在上面示例中，先取得字符编码，然后使用 String.fromCharCode()将字符编码转换成字符串，再使用正则表达式/\d/来测试该字符串，从而确定用户输入的是不是数值。如果测试失败，那么就使用 preventDefault();方法屏蔽按键事件。这样文本框就会忽略所有输入的非数值。

【示例 3】 示例 2 限制用户仅能够输入数字键，但这样也会限制用户使用功能键，在部分浏览器中非字符键的编码都小于 10，因此我们可以修改上面示例，排除功能键的限制。

```
field1.onkeypress = function(event){
    event = event || window.event;
    if (typeof event.charCode == "number"){
        var charCode = event.charCode;
    } else {
        var charCode = event.keyCode;
    }
    if (!/\d/.test(String.fromCharCode(charCode)) && charCode >9){
        if (event.preventDefault){
            event.preventDefault();
        } else {
            event.returnValue = false;
        } alert(1)
    }
}
```

这样即可以屏蔽非数值字符，但不屏蔽那些也会触发 keypress 事件的基本按键。

【示例 4】 对于复制、粘贴及其他操作还要用到 Ctrl 键。在除 IE 之外的所有浏览器中，上面代码也会屏蔽 Ctrl+C、Ctrl+V，以及其他使用 Ctrl 的组合键。因此，最后还要添加一个检测条件，以确保用户没有按下 Ctrl 键。

```
field1.onkeypress = function(event){
    event = event || window.event;
    if (typeof event.charCode == "number"){
        var charCode = event.charCode;
    } else {
        var charCode = event.keyCode;
    }
    if (!/\d/.test(String.fromCharCode(charCode)) && charCode > 9 && !event.ctrlKey){
        if (event.preventDefault){
            event.preventDefault();
        } else {
            event.returnValue = false;
        } alert(1)
    }
}
```

这样就可以确保文本框的行为完全正常了。在这个例子的基础上加以修改和调整，就可以将同样的方法运用于放过和屏蔽任何输入文本框的字符。

14.2.6 切换焦点

为了提升表单可用性，本例设计使用 JavaScript 帮助用户自动切换文本框的焦点，以提升输入速度。当用户在第 1 个文本框中输入了 3 个数字之后，焦点就会切换到第 2 个文木框，再输入 8 个数字，焦点又会切换到第 3 个文本框。

【操作步骤】

（1）设计一个表单，包含 3 个文本框，让用户输入电话号码。

```
<form id="myform" method="post" action="#">
    <label>输入电话号码<br>（格式：区号-电话号码-分机）<br>
        <input type="text" name="tel1" size="3" maxlength="3" > -
        <input type="text" name="tel2" size="8" maxlength="8" >-
        <input type="text" name="tel3" size="3" maxlength="3" >
    </label>
    <input type="submit" value="提交表单">
</form>
```

分别设置每个文本框的字符宽度和允许输入的最大字符数。

（2）在<script>标签中输入下面代码，设计两个工具函数。

```
var addHandler = function(element, type, handler){
    if (element.addEventListener){
        element.addEventListener(type, handler, false);
    } else if (element.attachEvent){
        element.attachEvent("on" + type, handler);
    } else {
        element["on" + type] = handler;
    }
}
var autofocus = function(event){
    event = event || window.event;
    var target = event.target || event.srcElement;
    if (target.value.length == target.maxLength){
        var form = target.form;
        for (var i=0, len=form.elements.length; i < len; i++) {
            if (form.elements[i] == target) {
                if (form.elements[i+1]){
                    form.elements[i+1].focus();
                }
                return;
            }
        }
    }
}
```

函数 addHandler()用来为指定对象注册事件，兼容 DOM 模型、IE 模型和传统绑定方法。autofocus()实现在前一个文本框中的字符达到最大数字后，自动将焦点切换到下一个文本框。autofocus()函数通过比较用户输入的值与文本框的 maxlength 属性值，确定是否已经达到最大长度。如果这两个值相等，则查找表单字段集合中当前文本框的位置，然后再找到下一个文本框的位置，找到下一个文本框之后，将焦点切换到该文木框。

（3）获取文本框，然后分别注册 keyup 事件。

```
var form = document.getElementById("myform");
```

```
var tel1 = form.elements["tel1"];
var tel2 = form.elements["tel2"];
var tel3 = form.elements["tel3"];
tel1.focus();
addHandler(tel1, "keyup", autofocus);
addHandler(tel2, "keyup", autofocus);
addHandler(tel3, "keyup", autofocus);
```

为了加快响应,把这些响应操作放在 keyup 事件处理程序。由于 keyup 事件会在用户输入了新字符之后触发,所以此时是检测文本框中内容长度的最佳时机。这样一来,用户在填写这个简单的表单时,就不必再按 Tab 键切换表单字段和提交表单。

扫一扫,看视频

14.2.7 访问选择框的值

使用<select>和<option>标签可以创建选择框,select 属于 HTMLSelectElement 类型,继承于 HTMLElement,除了拥有表单字段公共属性和方法外,还定义了下列专用属性和方法。

- multiple:布尔值,设置或返回是否可有多个选项被选中,等价于<select multiple>。Opera 9 无法在脚本中设置该属性,仅能返回值。
- selectedIndex:设置或返回被选项的索引号,如果没有选中项,则值为-1。对于支持多选的控件,只保存选中项中第一项的索引。
- size:设置或返回一次显示的选项,等价于<select size="4" >。
- length:返回选项的数目。
- options:返回包含所有选项的控件集合,即包含所有 option 元素的 HTMLCollection。
- add(option, before):向控件中插入新 option 元素,其位置在 before 参数之前。
- remove(index):移除给定位置的选项。

选择框的 type 属性值为"select-one"或"select-multiple",这取决于 multiple 属性值。
选择框的 value 属性由当前选中项决定,具体说明如下:

- 如果没有选中的项,则选择框的 value 属性保存空字符串。
- 如果有一个选中项,而且该项的 value 属性值已经在 HTML 中指定,则选择框的 value 属性等于选中项的 value 属性值。即使 value 特性的值是空字符串,也同样遵循此条规则。
- 如果有一个选中项,但该项的 value 特性在 HTML 中未指定,则选择框的 value 属性等于该项包含的文本。
- 如果选中多个项,则选择框的 value 属性将依据前两条规则取得第一个选中项的值。

【示例 1】 设计下拉列表框。

```
<form id="myform" method="post" action="#">
    <select name="grade" id="grade">
        <option value="1">初级</option>
        <option value="2">中级</option>
        <option value="3">高级</option>
        <option value="">未知</option>
        <option>不明确</option>
    </select>
</form>
```

然后使用下面 JavaScript 代码读取列表框的值。

```
var form = document.getElementById("myform");
var grade = form.elements["grade"];
grade.onchange = function(){
```

```
        console.log("被选中项目: " + this.options[this.selectedIndex].outerHTML + ",
select.value = " + this.value);
}
```

在浏览器中测试，分别选择不同的项目，则可以看到选择框对应的值，如图 14.3 所示。

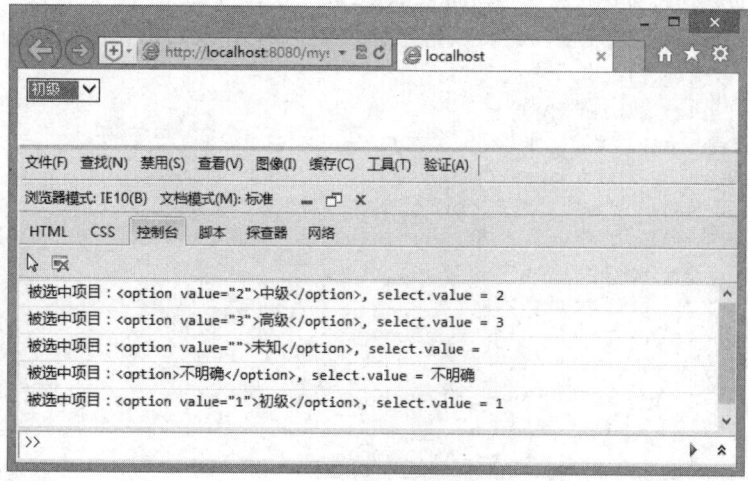

图 14.3 测试选择框的值

如果用户选择了其中第一项，则选择框的值就是 1。如果文本为"未知"的选项被选中，则选择框的值就是一个空字符串，因为其 value 属性值是空的。如果选择了最后一项，由于<option>没有指定 value 属性，则选择框的值就是"不明确"。

使用<option>标签可以创建选择项目，它属于 HTMLOptionElement 类型，HTMLOptionElement 对象添加如下属性，以方便访问数据。

- index：返回当前选项在 options 集合中的索引。
- label：设置或返回选项的标签，等价于<option label="提示文本">。
- selected：布尔值，设置或返回当前选项的 selected 属性值，表示当前选项是否被选中。
- text：设置或返回选项的文本值。
- value：设置或返回选项的值，等价于<option value="2">。

其中大部分属性都是为了方便对选项数据的访问。虽然可以使用 DOM 进行访问，但效率比较低，建议采用选择框及其项目的专有属性进行访问。

注意：

不同浏览器下选项的 value 属性返回值存在差别：在未设置 value 属性的情况下，IE8 会返回空字符串，而 IE9+、Safari、Firefox、Chrome 和 Opera 则会返回包含的文本值。

【示例 2】 对于只允许选择一项的选择框，访问选中项的方法如下。

```
var form = document.getElementById("myform");
var grade = form.elements["grade"];
grade.onchange = function(){
    var selIndex = grade.selectedIndex;
    var selOption = grade.options[selIndex];
    console.log(" index: " +grade.selectedIndex + "\ntext: " + selOption.text + "\nvalue: " + grade.value);
}
```

对于可以选择多项的选择框，selectedIndex 属性无效，设置 selectedIndex，会导致取消以前的所有选项并选择指定的那一项,而读取 selectedIndex 则只会返回选中项中第一项的索引值。

与 selectedIndex 不同,在允许多选的选择框中设置选项的 selected 属性,不会取消对其他选中项的选择,因而可以动态选中任意多个项。但是,如果是在单选选择框中,修改某个选项的 selected 属性则会取消对其他选项的选择。需要注意的是,将 selected 属性设置为 false 对单选框没有影响。

【示例 3】 要获取所有选中的项,可以循环遍历选项集合,然后测试每个选项的 selected 属性。

(1) 设计一个多选列表框。

```
<form id="myform" action="#">
    <label for="color">选择你喜欢的颜色: </label>
    <select name="clolr" size="5" multiple id="clolr">
        <option value="red">红</option>
        <option value="orange">橙</option>
        <option value="yellow">黄</option>
        <option value="green">绿</option>
        <option value="blue">蓝</option>
    </select>
    <button id="btn" name="btn">确定</button>
</form>
```

(2) 定义一个工具函数,用来获取所有被选中的选项。

```
function getSelectedOptions(selectbox){
    var result = new Array();
    var option = null;
    for (var i=0, len=selectbox.options.length; i < len; i++){
        option = selectbox.options[i];
        if (option.selected){
            result.push(option);
        }
    }
    return result;
}
```

这个函数可以返回给定选择框中选中项的一个数组。首先,创建一个包含选中项的数组,然后使用 for 循环迭代所有选项,同时检测每一项的 selected 属性。如果有选项被选中,则将其添加到 result 数组中。最后,返回包含选中项的数组。

(3) 使用 getSelectedOptions()函数取得选中项。

```
var form = document.getElementById("myform");
var clolr = form.elements["clolr"];
var btn = form.elements["btn"];
btn.onclick = function(){
    var selectedOptions = getSelectedOptions(clolr);
    var message = "";
    for (var i=0, len=selectedOptions.length; i < len; i++){
        message += selectedOptions[i].index + " text: " + selectedOptions[i].text
+ " value: " + selectedOptions[i].value + "\n";
    }
    console.log(message);
    return false;
}
```

(4) 在浏览器中预览,首先在选择框中选择多个选项,然后单击"确定"按钮,则显示效果如图 14.4 所示。

第14章 字符串处理与表单开发

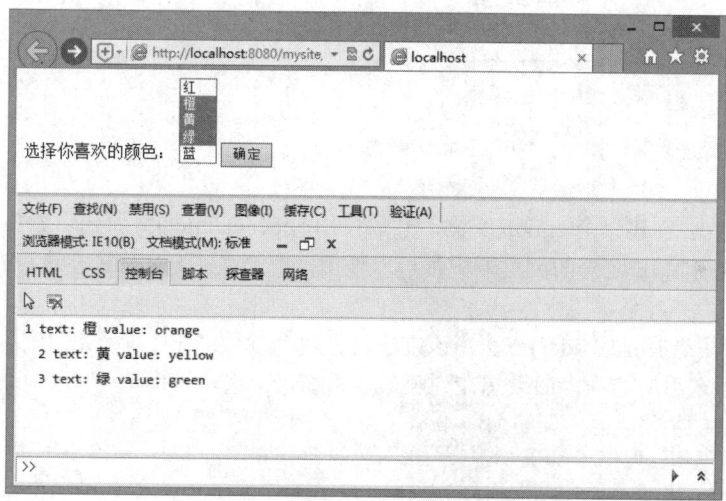

图 14.4 测试选择框的值

14.2.8 编辑选项

使用 JavaScript 可以动态创建选项，并将它们添加到选择框中。添加选项的方式有很多，下面以示例形式简单介绍。

【示例1】 使用 DOM 方法为选择框添加选项。

```
<form id="myform" method="post" action="#">
    <select name="grade" id="grade">
        <option value="1">初级</option>
        <option value="2">中级</option>
        <option value="3">高级</option>
    </select><br><br>
    <button id="btn" name="btn" type="button" >添加选项</button>
</form>
<script>
var form = document.getElementById("myform");
var grade = form.elements["grade"];
var btn = form.elements["btn"];
btn.onclick = function(){
    var newOption = document.createElement("option");
    newOption.appendChild(document.createTextNode("特级"));
    newOption.setAttribute("value", "4");
    grade.appendChild(newOption);
    this.disabled = true;
    this.innerHTML = "添加完毕";
    return false;
}
</script>
```

以上代码创建了一个新的 option 元素，然后为它添加了一个文本节点，并设置 value 属性值，最后将它添加到了选择框中。添加到选择框之后，就可以看到新选项。

【示例2】 使用 Option()构造函数创建新选项，它包含两个参数：文本(text)和值(value)，第 2 个参数可选。

```
btn.onclick = function(){
```

465

```
var newOption = new Option("特级","4");
grade.appendChild(newOption);
this.disabled = true;
this.innerHTML = "添加完毕";
return false;
}
```

Option()构造函数会创建一个option实例,然后使用appendChild()将新选项添加到选择框中。

注意,这种方式在除IE之外的浏览器中都可以使用。由于存在bug,IE在这种方式下不能正确设置新选项的文本。

【示例3】 使用选择框的add()方法,该方法包含两个参数:第1个参数为添加的新选项,第2个参数为将位于新选项之后的选项。如果想在列表最后添加一个选项,应该将第2个参数设置为null。

```
btn.onclick = function(){
    var newOption = new Option("特级","4");
    grade.add(newOption,undefined);
    this.disabled = true;
    this.innerHTML = "添加完毕";
    return false;
}
```

提示:

在IE中,add()方法的第2个参数是可选的,为新选项之后选项的索引。兼容DOM的浏览器要求必须指定第2个参数。如果要兼容不同浏览器,可以为第2个参数传入undefined,就可以在所有浏览器中都将新选项插入到列表最后。如果想将新选项添加到其他位置,应使用DOM的insertBefore()方法。

使用DOM的removeChild()方法可以移除选项,也可以使用选择框的remove()方法,该方法包含一个参数,即要移除选项的索引。另外,将选项设置为null,也可以删除。

【示例4】 本例演示如何清除选择框中所有的项,当单击按钮后,将迭代所有选项并逐个移除它们。

```
btn.onclick = function(){
    for(var i=0, len=grade.options.length; i < len; i++){
        grade.remove(0);
    }
    this.disabled = true;
    this.innerHTML = "已全部删除";
    return false;
}
```

在迭代过程中,每次只移除选择框的第一个选项。由于移除第一个选项后,所有后续选项都会自动向上移动一个位置,因此重复移除第一个选项就可以移除所有选项。

使用DOM的appendChild()方法可以将一个选择框中的选项直接移动到另一个选择框中。如果为appendChild()方法传入文档元素,那么就会先将该元素从父节点中移除,再把它添加到指定的位置。

【示例5】 本例设计当在第1个选择框选择一个项目后,会把该项目移到第2个选择框中。

```
<form id="myform" method="post" action="#">
    <select name="grade1" id="grade1">
        <option value="1">初级</option>
        <option value="2">中级</option>
        <option value="3">高级</option>
    </select><br><br>
    <select name="grade2" id="grade2"></select>
</form>
```

```
<script>
var form = document.getElementById("myform");
var grade1 = form.elements["grade1"];
var grade2 = form.elements["grade2"];
grade1.onchange = function(){
    grade2.appendChild(grade1.options[grade1.selectedIndex]);
}
</script>
```

移动选项与移除选项有一个共同之处，都会重置每一个选项的 index 属性。重排选项次序的过程也十分类似，最好的方式是使用 DOM 方法。

要将选择框中的某一项移动到特定位置，建议使用 DOM 的 insertBefore()方法，appendChild()方法适用于将选项添加到选择框的最后。

【示例 6】 本例设计当在选择框中选择一个项目后，会把该项目在选择框中向前移动一个选项的位置。

```
<form id="myform" method="post" action="#">
    <select name="grade" id="grade">
        <option value="1">1 级</option>
        <option value="2">2 级</option>
        <option value="3">3 级</option>
        <option value="4">4 级</option>
        <option value="5">5 级</option>
        <option value="6">6 级</option>
    </select>
</form>
<script>
var form = document.getElementById("myform");
var grade = form.elements["grade"];
grade.onchange = function(){
    var option = grade.options[grade.selectedIndex];
    grade.insertBefore(option, grade.options[option.index-1]);
}
</script>
```

上面代码首先选择了要移动的选项，然后将其插入到排在它前面的选项之前。

注意，在选择框选项编辑中，IE7 存在页面重绘问题，有时候会导致使用 DOM 方法重排的选项不能马上正确显示。

14.2.9 字符串替换的高级应用

ECMAScript 3.0 规定 replace()方法的第 2 个参数建议使用函数，而不是字符串。当使用 replace()方法执行匹配时，每次匹配时都会调用该函数，函数的返回值将作为替换文本执行匹配操作，同时函数可以接收以$为前缀的特殊字符组合，用来对匹配文本的相关信息的引用。

【示例 1】 下面代码使用替换函数把字符串中每个单词转换为首字母大写形式显示。

```
var s = 'script language = "javascript" type= " text / javascript"';    // 定义字符串
var f = function($1){ // 定义替换文本函数，参数为第一个子表达式匹配文本
    return $1.substring( 0, 1 ).toUpperCase() + $1.substring( 1 );    // 把匹配文本的首字母转换为大写
}
var a = s.replace( /(\b\w+\b)/g, f );    // 匹配文本并进行替换
alert( a ); // 返回字符串 Script Language = "Javascript" Type = " Text /Javascript"
```

上面示例中，函数 f()的参数为特殊字符"$1"，它表示正则表达式/(\b\w+\b)/中小括号每次匹配的文本。然后在函数结构内对这个匹配文本进行处理，截取其首字母并转换为大写形式，然后返回新处理的字符串。replace()方法能够在原文本中使用这个返回的新字符串替换掉每次匹配的子字符串。

【示例 2】 对于上面示例，还可以进一步延伸，使用小括号以获取更多匹配文本的信息。例如，直接利用小括号传递单词的首字母，然后进行大小写转换处理：

```
var s = 'script language = "javascript" type= " text / javascript"';
var f = function($1,$2,$3){           // 定义替换文本函数，请注意参数的变化
    return $2.toUpperCase()+$3 ;
}
var a = s.replace( /\b(\w)(\w*)\b/g, f ); // 返回字符串 Script Language = "Javascript" Type = " Text /Javascript"
```

在函数 f()中，第 1 个参数表示每次匹配的文本，第 2 个参数表示第一个小括号的子表达式所匹配的文本，即单词的首字母，第 2 个参数表示第 2 个小括号的子表达式所匹配的文本。

实际上，replace()方法的第 2 个参数是一个函数，replace()方法依然会给它传递多个实参，这些实参都包含一定的意思，具体说明如下。

- 第一个参数表示匹配模式相匹配的文本，如上面示例中每次匹配的单词字符串。
- 其后的参数是匹配模式中子表达式相匹配的字符串，参数个数不限，根据子表达式数而定。
- 后面的参数是一个整数，表示匹配文本在字符串中的下标位置。
- 最后一个参数表示字符串自身。

【示例 3】 把上面示例中替换文本函数改为如下形式：

```
var f = function(){
    return arguments[1].toUpperCase()+arguments[2] ;
}
```

也就是说，如果不为函数传递形参，直接调用函数的 arguments 属性，同样能够读取到正则表达式中相关匹配文本的信息。其中：

- arguments[0]表示每次匹配的单词。
- arguments[1]表示第 1 个子表达式匹配的文本，即单词的首个字母。
- arguments[2]表示第 2 个子表达式匹配的文本，即单词的余下字母。
- arguments[3]表示匹配文本的下标位置，如第 1 个匹配单词"script"的下标位置就是 0，依次类推。
- arguments[4]表示要执行匹配的字符串，这里表示"script language = "javascript" type= " text / javascript""。

【示例 4】 下面代码利用函数的 arguments 对象主动获取 replace()方法第 1 个参数中正则表达式所匹配的详细信息。

```
var s = 'script language = "javascript" type= " text / javascript"';
var f = function(){
    for( var i = 0; i < arguments.length; i ++ ){
        alert( "第" + ( i + 1 ) + "个参数的值: " + arguments[i] );
    }
}
var a = s.replace( /\b(\w)(\w*)\b/g, f );
```

在函数结构体中，使用 for 循环结构遍历 argumnets 属性时，则发现每次匹配单词时，都会弹出 5 次提示信息，分别显示上面所列的匹配文本信息。其中，arguments[1]、arguments[2]会根据每次匹配文本不同，分别显示当前匹配文本中子表达式匹配的信息，arguments[3]显示当前匹配单词的下标位置。而 arguments[0]总是显示每次匹配的单词，arguments[4]总是显示被操作的字符串。

【示例 5】 下面代码能够自动提取字符串中的分数，并汇总、算出平均分。然后利用 replace()方法

提取每个分值，与平均分进行比较以决定替换文本的具体信息。

```javascript
var s = "张三 56 分, 李四 74 分, 王五 92 分, 赵六 84 分";  // 定义字符串直接量
var a = s.match( /\d+/g ), sum = 0;                      // 匹配出所有分值，输出为数组
for( var i= 0 ; i<a.length ; i++){                       // 遍历数组，求总分
    sum += parseFloat(a[i]);                             // 把元素值转换为数值后递加
};
var avg = sum / a.length;                                // 求平均分
function f(){
    var n = parseFloat(arguments[1]);
                                                         // 把匹配的分数转换为数值，第一个子
                                                         // 表达式
    return n + "分" + " ( " + (( n > avg ) ? ( "超出平均分" + ( n - avg ) ) : ( "低于平均分" + ( avg - n ) )) + " 分" + " ) ";
                                                         // 设计替换文本的内容
}
var s1 = s.replace( /(\d+)分/g, f );                      // 执行匹配、替换操作
alert( s1 );
// 返回字符串"张三 56 分(低于平均分 20.5 分), 李四 74 分(低于平均分 2.5 分), 王五 92 分( 超出平均分 15.5 分 ),  赵六 84 分 ( 超出平均分 14.5 分)"
```

在上面的示例中，应注意两个细节。

第一，遍历数组时不能够使用 for/in 结构，因为在这个数组中还存储有其他相关的匹配文本信息。应该使用 for 结构来实现。

第二，由于截取的数字都是字符串类型，应该把它们都转换为数值类型，否则会被误解，如把数字连接在一起，或者按字母顺序进行比较等。

14.2.10 字符串修剪

下面模拟 VBScript 字符串处理函数，为 JavaScript 的 String 类型扩展多个字符串修剪方法。

1. 截取字符串左侧字符

在 VBScript 中，left()方法的语法如下：

```
result = left(string,length)
```

它包含两个参数，第 1 个是操作的字符串，第 2 个是截取的长度。该方法返回截取的子字符串。

【示例 1】 实现相同的功能，同时考虑到 JavaScript 语法习惯，可以这样设计：

```javascript
var left = String.prototype.left = function(){// 定义静态方法 left()，以及 String 类型的方法 left()
    var l = arguments.length;                  // 获取函数参数长度
    if( l == 0 ){                              // 如果没有参数
        throw new Error( "缺少参数。" );       // 则抛出异常
    } else if( l == 1 ){                       // 如果仅有一个参数，则视为 String 类型的方法
        var n = arguments[0];                  // 该参数值，表示截取字符的长度
        if( n > 0 ){                           // 如果截取字符大于 0
            return this.substring( 0, n );     // 则返回从字符串左侧开始截取的子字符串
        }else if( n < 1 ){                     // 如果小于 1，则说明截取字符不够
            return "";                         // 则返回空字符串
        }else {                                // 否则
            throw new Error( "参数类型错误。" );// 抛出异常，提示参数类型不是数值型数据
        }
    }else{                                     // 如果参数长度大于 1，则说明是静态方法
        if( ( typeof arguments[0] == "string" ) && ( arguments[1] > 0 ) ){
```

```
                                        // 如果第 1 个参数类型为字符串，第 2 个参
数值大于 0,
则通过调用参数字符串来进行截取
            return arguments[0].substring( 0, arguments[1] );  // 返回截取的子字符串
        }else{
            throw new Error( "参数类型错误。" );        // 否则抛出异常，提示参数类型错误
        }
    }
}
```

在上面代码中，把 left()方法定义为静态方法和对象方法两种形式。所谓静态方法，就是把函数直接传递给一个全局变量，这样就可以直接调用。所谓对象方法，就是把函数传递给 String 类型的原型属性上，这样只能够在字符串对象中进行调用。

考虑到用户在输入参数时，可能存在误输入，函数中设计了多种检测条件，如参数个数和参数类型。并根据参数个数和参数类型执行不同的操作。

作为静态方法直接调用：

```
var s = "javascript";
var s1 = left( s , 4 );                  // 静态方法调用
alert( s1 );                             // 返回字符串"java"
```

作为对象方法来进行调用：

```
var s = "javascript";
var s1 = s.left( 4 );                    // 对象方法调用
alert( s1 );                             // 返回字符串"java"
```

2. 截取字符串右侧字符

在 VBScript 中，right()方法表示从字符串的尾部提取指定数目的字符，实际上它与 left()方法是对应的。其实现的方法与上面的示例基本相同，只需要修改 substring()截取子字符串的初始下标位置即可。具体说，就是把：

```
return this.substring( 0, n );
```

修改为：

```
return this.substring( this.length - n );
```

把：

```
return arguments[0].substring( 0, arguments[1] );
```

修改为：

```
return arguments[0].substring( arguments[0].length - arguments[1] );
```

其他代码不变。

3. 清除字符串首尾的空格

trim()方法能够复制字符串并去掉首尾的空格。该方法能够匹配所有不可见字符，包括任何空白字符，如空格、制表符、换页符等。其语法格式如下：

```
result = trim(string)
```

【示例 2】 这个方法实现起来比较简单，可以使用正则表达式来进行快速匹配：

```
var trim = String.prototype.trim = function(){// 定义 trim()方法的静态方法和对象方法
    return ( arguments[0] ? arguments[0] : this ).toString().replace( /(^\s*)|(\s*$)/
    gm, "" );
}
```

在该函数的返回表达式中，首先判断是否存在参数，如果存在参数，则使用第一个参数值，否则就使用 this（指向当前对象）。然后，调用 toString()方法把对象转换为字符串。最后，使用 replace()进行

匹配查找字符串首尾是否存在空格，并进行替换。匹配的正则表达式/(^\s*)|(\s*$)/gm 说明如下。
- "\s" 表示空格，"^" 表示字符串的开始处。
- "$" 表示字符串的结尾处。
- "|" 表示"或"的意思，即可以是字符串头部出现空格，或者尾部出现空格，或者同时出现等。
- 修饰字 m 表示多行匹配的意思。
- 而 g 表示连续匹配的意思。

```
var s = " javascript ";
alert(s.length);                    // 返回字符串长度为 14
var s1 = s.trim();                  // 清除两侧空格
alert( s1 );                        // 返回字符串"javascript"
alert(s1.length);                   // 返回字符串长度为 10
```

测试发现应用 trim()方法前后，字符串的长度是不同的，说明操作成功。

4. 清除字符串左侧空格

lTrim()方法能够清除字符串左侧的空格。其实现方法与 trim()方法基本相同，可以稍稍改动其中正则表达式的匹配模式。

【示例 3】 下面函数定义了如何清除字符串左侧空格。

```
var lTrim = String.prototype.lTrim = function(){
    return ( arguments[0] ? arguments[0] : this ).toString().replace( /^\s*/gm, "" );
}
```

其中正则表达式/^\s*/gm 仅能够匹配字符串的左侧空格。

5. 清除字符串右侧空格

rTrim()方法与 lTrim()方法操作正好相反，它能够清除字符串右侧的空格。

【示例 4】 下面函数定义了如何清除字符串右侧空格。

```
var rTrim = String.prototype.rTrim = function(){
    return ( arguments[0] ? arguments[0] : this ).toString().replace( /\s*$/gm, "" );
}
```

其中正则表达式/\s*$/gm 仅能够匹配字符串的右侧空格。

【示例 5】 如果要清除字符串中所有空格，包括字符串内部的，则可以使用如下方法来实现。

```
var allTrim = String.prototype.allTrim() = function(){
    return ( arguments[0] ? arguments[0] : this ).toString().replace( /\s*/gm, "" );
}
```

14.2.11 检测特殊字符

特殊字符检测和过滤是字符串操作中常见任务。可以为 String 类型扩展一个方法 check()，用来检测字符串中是否包含指定的特殊字符。

设计思路：方法 check()的参数为任意长度和个数的的特殊字符列表，检测的返回结果为布尔值。如果检测到任意指定的特殊字符，则返回 true，否则返回 false。

【示例】 下面为字符串扩展一个原型方法 check()，它能够根据参数检测字符串中是否存在特定字符。

```
String.prototype.check = function(){// 特殊字符检测，参数为特殊字符列表，返回 true 表示存在，否则不存在
    if(arguments.length < 1) throw new Error("缺少参数");// 如果没有参数，则抛出异常
    var a = [], _this = this;                            // 定义空数组，并把检测的字符串存储在局部变量中
    for(var i = 0 ; i < arguments.length; i ++ ){  // 遍历参数，把参数列表转换为数组
```

扫一扫，看视频

```
        a.push(arguments[i]);                    // 把每个参数值推入数组
    }
    var i = - 1;                                 // 设置临时变量，初始化为-1
    a.each(function(){                           // 调用数组的扩展方法 each()，实现迭代
数组，并为每个元素调用匿名函数，来检测字符串中是否存在指定的特殊字符
        if(i != - 1) return true;                // 如果临时变量不等于-1，则提前返回
true
        i = _this.search(this)  //否则把检索到的字符串下标位置传递
    });
    if(i == - 1){                                // 如果 i 等于-1，则返回 false，说明没
有检测到特殊字符
        return false;
    }else{                                       // 如果 i 不等于-1，则返回 true，说明检
测到特殊字符
        return true;
    }
}
```

在该特殊字符检测的扩展方法中，使用了 Array 对象扩展的 each()方法，该方法能够迭代数组。下面应用 String 类型的扩展方法 check()，来检测字符串中是否包含特殊字符尖角号，以判断字符串中是否存在 HTML 标签。

```
var  s = '<script language="javascript" type="text/javascript">';
                                                 // 定义字符串直接量
var b = s.check("<", ">");                       // 调用 String 类型的扩展方法，检测字符串
alert(b);                                        // 返回 true，说明存在特殊的字符"<"或">"，即
存在标签
```

由于 Array 对象的扩展方法 each()能够多层迭代数组。所以，还可以数组的形式传递参数。例如：

```
var  s = '<script language="javascript" type="text/javascript">';
var a = ["<", ">","\"","\'","\\","\/","\;","\|"];
var b = s.check(a);
alert(b);
```

把特殊字符存储在数组中，这样更方便管理和引用。

扫一扫，看视频

14.2.12　自定义加密和解密

加密和解密的关键是算法设计，通俗地说就是设计一个函数式，输入字符串之后，经过复杂的函数处理，返回一组看似杂乱无章的字符串。对于常人来说，输入的字符串是可以阅读的信息，但是被函数打乱或编码之后显示的字符串就变成无意义的垃圾信息。要想把这些垃圾信息变为有意义的信息，还需要使用相反的算法把它们逆转回来。

【示例】　假设把字符串"中"进行自定义加密。我们可以考虑利用 JavaScript 预定义的 charCodeAt()方法获取该字符的 Unicode 编码：

```
var s = "中";
var b = s.charCodeAt(0);                         // 返回值 20013
```

然后以 36 为倍数不断取余数：

```
b1 = b % 36;                                     // 返回值 33，求余数
b = (b - b1) / 36;                               // 返回值 555，求倍数
b2 = b % 36;                                     // 返回值 15，求余数
b = (b - b2) / 36;                               // 返回值 15，求倍数
b3 = b % 36;                                     // 返回值 15，求余数
```

那么不断求得的余数，可以通过下面公式反算出原编码值：
```
var m = b3 * 36 * 36 + b2 * 36 + b1;  // 返回值20013，反求字符"中"的编码值
```
有了这种算法，就可以实现字符与加密数值之间的相互转换。如果定义一个密匙：
```
var key = "0123456789ABCDEFGHIJKLMNOPQRSTUVWXYZ";
```
把余数定位到密匙中某个下标值相等的字符上，这样就实现了加密效果。反过来，如果知道某个字符在密匙中的下标值，然后反算出被加密字符的 Unicode 编码值，最后就可以逆推出被加密字符的原信息。

我们设定密匙是以 36 个不同的数值和字母组成的字符串。不同密匙，加密解密的结果是不同的，加密结果以密匙中的字符作为基本元素。

具体加密字符串方法如下：
```
var toCode = function(str){                               // 加密字符串
    var key = "0123456789ABCDEFGHIJKLMNOPQRSTUVWXYZ";    // 定义密钥，36个字母和数字
    var l = key.length;                                   // 获取密钥的长度
    var a = key.split("");                                // 把密钥字符串转换为字符数组
    var s = "", b, b1, b2, b3;                            // 定义临时变量
    for(var i = 0; i < str.length; i ++ ){                // 遍历字符串
        b = str.charCodeAt(i);                            // 逐个提取每个字符，并获取Unicode编码值
        b1 = b % l;                                       // 求Unicode编码值的余数
        b = (b - b1) / l;                                 // 求最大倍数
        b2 = b % l;                                       // 求最大倍数的余数
        b = (b - b2) / l;                                 // 求最大倍数
        b3 = b % l;                                       // 求最大倍数的余数
        s += a[b3] + a[b2] + a[b1];                       // 根据这些余数值映射到密钥中对应下标值的字符
    }
    return s; ;                                           // 返回这些映射的字符
}
```

解密字符串的方法如下：
```
var fromCode = function(str){                             // 解密toCode()方法加密的字符串
    var key = "0123456789ABCDEFGHIJKLMNOPQRSTUVWXYZ";    // 定义密钥，36个字母和数字
    var l = key.length;                                   // 获取密钥的长度
    var b, b1, b2, b3, d = 0, s;                          // 定义临时变量
    s = new Array(Math.floor(str.length / 3))             // 计算加密字符串可能包含的字符数，并定义数组
    b = s.length;                                         // 获取数组的长度
    for(var i = 0; i < b; i ++ ){                         // 以数组的长度为循环次数，遍历加密字符串
        b1 = key.indexOf(str.charAt(d))                   // 截取周期内第1个字符，并计算它在密钥中的下标值
        d ++ ;
        b2 = key.indexOf(str.charAt(d))                   // 截取周期内第2个字符，并计算它在密钥中的下标值
        d ++ ;
        b3 = key.indexOf(str.charAt(d))                   // 截取周期内第3个字符，并计算它在密钥中的下标值
        d ++ ;
        s[i] = b1 * l * l + b2 * l + b3                   // 利用下标值（约数值），反算被加密字符的Unicode编码值
    }
    b = eval("String.fromCharCode(" + s.join(',') + ")");// 调用fromCharCode()方法
```

算出对应的字符串
```
    return b;                                    // 返回被解密的字符串
}
```
最后，利用上面自定义的加密和解密方法来进行试验：
```
var s = "javascript 中国";                       // 字符串直接量
s = toCode(s);                                   // 加密字符串
alert(s);                                        // 返回字符串"02Y02P03A02 P03702R0360
2X034038FFXH6L"
s = fromCode(s);                                 // 解密被加密的字符串
alert(s);                                        // 返回字符串"javascript 中国"
```

14.2.13 表单序列化

扫一扫，看视频

表单序列化就是将表单值拼接成键值对的字符串形式，以便于提交给服务器解析，类似键值对字符串如下：
```
"name=124&company=baidu.com&fav=1,2,3"
```
这在 Ajax 异步交互中比较常用，因为异步交互都是手工提交数据，为了获取表单数据，必须将表单字段的值逐个添加到参数中，如果表单字段很多，不仅添加字段参数的过程很繁琐，而且交互过程也缺乏适应能力。

本节将通过示例的形式介绍如何使用 JavaScript 对表单值进行序列化。主要用到表单字段的 type、name 和 value 属性，实现对表单的序列化。

【设计思路】

当提交表单时，浏览器将数据发送给服务器，不过在发送之前，会对表单值进行简单处理，主要操作如下。

- 对表单字段的名称和值进行 URL 编码，使用&连字符分隔。
- 不发送禁用的表单字段。
- 只发送勾选的复选框和单选按钮。
- 不发送 type 为"reset"和"button"等按钮字段的名称和值。
- 多选选择框中的每个选中的值单独一个条目。
- 在单击提交按钮提交表单的情况下，也会发送提交按钮，否则，不发送提交按钮，也包括 type 为"image"的 input 元素。
- select 元素的值，就是选中的 option 元素的 value 属性值，如果 option 元素没有 value 值，则是 option 元素的文本值。

在表单序列化过程中，一般不包含任何按钮字段，因为结果字符串很可能是通过其他方式提交的。除此之外的其他上述规则都应该遵循。以下就是实现表单序列化的代码。

【操作步骤】

（1）设计一个表单操作单元模块，以方便代码管理。所有有关表单的方法都将放在这个对象中。
```
var formUtil = {   }
```
（2）定义 getRadioValue()方法，用来获取单选按钮的值。
```
// 获取单选按钮的值，如有没有选的话返回 null
// elements 为 radio 类的集合的引用
getRadioValue: function(elements) {
    var value = null; // null 表示没有选中项
    if (elements.value != undefined && elements.value != '') { // 非 IE 浏览器
        value = elements.value;
```

```
    } else {  // IE 浏览器
        for (var i = 0,
        len = elements.length; i < len; i++) {
            if (elements[i].checked) {
                value = elements[i].value;
                break;
            }
        }
    }
    return value;
}
```

(3) 定义 getCheckboxValue()方法，获取复选框的值。

```
// 获取多选按钮的值，如有没有选的话返回 null
// elements 为 checkbox 类型的 input 集合的引用
getCheckboxValue: function(elements) {
    var arr = new Array();
    for (var i = 0,
    len = elements.length; i < len; i++) {
        if (elements[i].checked) {
            arr.push(elements[i].value);
        }
    }
    if (arr.length > 0) {
        return arr.join(',');
    } else {
        return null;  // null 表示没有选中项
    }
}
```

(4) 定义 getSelectValue()方法，获取选择框的值。

```
// 获取下拉框的值
// element 为 select 元素的引用
getSelectValue: function(element) {
    if (element.selectedIndex == -1) {
        return null;  // 没有选中的项时返回 null
    };
    if (element.multiple) {
        // 多项选择
        var arr = new Array(),
        options = element.options;
        for (var i = 0,
        len = options.length; i < len; i++) {
            if (options[i].selected) {
                arr.push(options[i].value);
            }
        }
        return arr.join(",");
    } else {
        // 单项选择
        return element.options[element.selectedIndex].value;
    }
},
```

(5) 定义序列化方法 serialize()，参数为 form 对象。

```
// 序列化
// form 为 form 元素的引用
serialize: function(form) {
    var arr = new Array(),
    elements = form.elements,
    checkboxName = null;
    for (var i = 0,len = elements.length; i < len; i++) {
        field = elements[i];
        // 不发送禁用的表单字段
        if (field.disabled) {
            continue;
        }
        switch (field.type) {
            // 选择框的处理
            case "select-one":
            case "select-multiple":
                arr.push(encodeURIComponent(field.name) + "=" + encodeURIComponent(this.getSelectValue(field)));
                break;
            // 不发送下列类型的表单字段
            case undefined:
            case "button":
            case "submit":
            case "reset":
            case "file":
                break;
            // 单选、多选和其他类型的表单处理
            case "checkbox":
                if (checkboxName == null) {
                    checkboxName = field.name;
                    arr.push(encodeURIComponent(checkboxName) + "=" + encodeURIComponent(this.getCheckboxValue(form.elements[checkboxName])));
                }
                break;
            case "radio":
                if (!field.checked) {
                    break;
                }
            default:
                if (field.name.length > 0) {
                    arr.push(encodeURIComponent(field.name) + "=" + encodeURIComponent(field.value));
                }
        }
    }
}
```

在上面 serialize() 函数中，首先定义了一个名为 arr 的数组，用于保存将要创建的字符串的各个部分。然后，通过 for 循环迭代每个表单字段，并将其保存在 field 变量中。在获得了一个字段的引用之后，使用 switch 语句检测其 type 属性。序列化过程最麻烦的就是 <select> 元素，它可能是单选框也可能是多选框，值可能有一个选中项，而多选框则可能有零或多个选中项。这里的代码适用于这两种选择框，至于可选框的数量是由浏览器控制的。在找到了一个选中项之后，需要确定使用什么值。如果不存在 value 特性，或者虽然存在该特性，但值为空字符串，都要使用选项的文本代替。为检查这个特性，在 DOM 兼容的浏览器中需要使用 hasAttribute()方法，而在 IE 中需要使用特性的 specified 属性。

如果表单中包含 fieldset 元素，则该元素会出现在元素集合中，但没有 type 属性。因此，如果 type 属性未定义，则不需要对其进行序列化。同样，对于各种按钮以及文件输入字段也是如此。对于单选按钮和复选框，要检查其 checked 属性是否被设置为 false，如果是则退出 switch 语句。如果 checked 属性为 ture，则继续执行 default 语句，即将当前字段的名称和值进行编码，然后添加到 parts 数组中。函数的最后一步，就是使用 join()格式化整个字符串，也就是用和号来分割每一个表单字段。

（6）新建表单结构，代码如下。

```html
<form action="test_php.php" id="form1" name="form1" method="post" enctype="multipart/form-data">
    姓名：<input name="name" type="text" tabindex="1" /><br>
    性别：<input name="sex" type="radio" value="男"/>男
    <input name="sex" type="radio" value="女" /> 女 <br>
    爱好：
    <input name="hobby" type="checkbox" value="篮球" /> 篮球
    <input name="hobby" type="checkbox" value="足球" />足球
    <input name="hobby" type="checkbox" value="乒乓球" />乒乓球
    <input name="hobby" type="checkbox" value="羽毛球" />羽毛球 <br />
    年级：
    <select name="class" multiple>
        <option value="一年级">一年级</option>
        <option value="二年级">二年级</option>
        <option value="三年级">三年级</option>
    </select><br />
    其他：<br />
    <textarea name="other" rows="5" cols="30" tabindex="2"></textarea><br />
    <input type="reset" value="重置" /><input type="submit" value="提交" />
</form>
```

（7）应用 serialize()函数，以查询字符串的格式输出序列化之后的字符串，应用效果如图 14.5 所示。

```javascript
var form = document.getElementById("form1"),
output = document.getElementById("output");
// 自定义的提交事件
EventUtil.addHandler(form, "submit", function(event) {
    event = EventUtil.getEvent(event);
    EventUtil.preventDefault(event);
    var html = "";
    html += form.elements['name'].value + "<br>";
    html += formUtil.getRadioValue(form.elements['sex']) + "<br>";
    html += formUtil.getCheckboxValue(form.elements['hobby']) + "<br>";
    html += formUtil.getSelectValue(form.elements['class']) + "<br>";
    html += form.elements['other'].value + "<br>";
    html += decodeURIComponent(formUtil.serialize(form)) + "<br>";
    output.innerHTML = html;
});
```

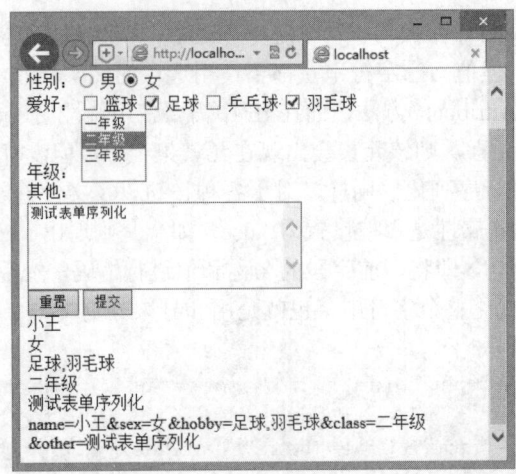

图 14.5 表单序列化效果

扫一扫，看视频

14.2.14 设计文本编辑器

文本编辑器是一种可内嵌于 Web 页面，所见即所得的文本编辑操作界面。网上有很多富文本编辑器，其设计思路和技术核心与本例相似，不过代码繁杂，不利于初学者入门学习，如百度的 UMeditor 等。本例设计效果如图 14.6 所示。

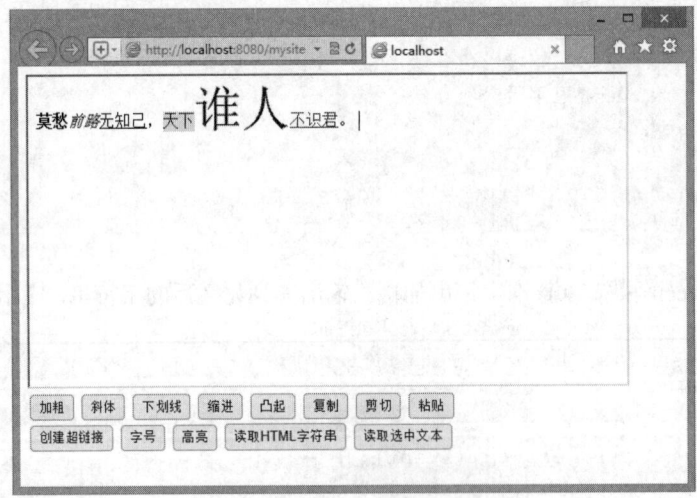

图 14.6 文本编辑器设计效果

【设计思路】

在网页中编辑文本内容没有统一的规范，最早是 IE 引入这个功能，然后 Opera、Safari、Chrome 和 Firefox 都逐步实现支持。技术核心：就是在页面中嵌入一个包含空 HTML 页面的 iframe。通过设置 designMode 属性，这个空白的 HTML 页面可以被编辑，而编辑对象则是该页面 body 元素的 HTML 代码。当设置 designMode 属性为"on"时，整个文档都会变得可以编辑，同时显示插入光标符号，用户就可以像使用 Word 软件一样，输入 HTML 字符串，或者通过键盘将文本加粗、斜体等。

【操作步骤】

（1）在页面中插入一个浮动框架。设计其显示样式，然后导入一个空白或设计好的网页文档，如 blank.html。

```html
<iframe name="richedit" style="height: 300px; width: 600px;" src="blank.html">
</iframe>
```

（2）开启浮动框架编辑状态。在页面初始化事件处理函数中，获取 iframe，然后通过框架集技术访问该浮动框架的 document 对象，设置 designMode 属性为"on"。

```javascript
EventUtil.addHandler(window, "load", function(){
    frames["richedit"].document.designMode = "on";
});
```

此时，可以看到浮动框架如同一个文本区域，允许用户编辑文本。通过为空白页面应用 CSS 样式，可以修改可编辑区字段的外观。例如，在嵌入文档 blank.html 中设计如下 CSS 样式。

```css
<style type="text/css">
html, body{
    width:100%;
    height:100%;
    overflow:hidden;
}
</style>
```

拓展：

使用 HTML5 的 contenteditable 属性，可以设计任何标签为可编辑区域，这样就不需要 iframe，以及准备一个空白页，以及编写 JavaScript 代码。用法很简单，如下：

```html
<div class="editable" id="richedit" contenteditable></div>
```

（3）完成前两步基本可以实现文本编辑器效果，但是界面比较简单，下面我们继续丰富文本编辑器，为它添加各种快捷操作按钮。设计如下表单结构：

```html
<form method="post" action="#')">
    <div id="divSimple">
        <input type="button" value="加粗" title="Bold">
        <input type="button" value="斜体" title="Italic">
        <input type="button" value="下划线" title="Underline">
        <input type="button" value="缩进" title="Indent">
        <input type="button" value="凸起" title="Outdent">
        <input type="button" value="复制" title="Copy">
        <input type="button" value="剪切" title="Cut">
        <input type="button" value="粘贴" title="Paste">
    </div>
    <div id="divComplex">
        <input type="button" value="创建超链接" id="btnCreateLink">
        <input type="button" value="字号" id="btnChangeFontSize">
        <input type="button" value="高亮" id="btnHighlight">
        <input type="button" value="读取 HTML 字符串" id="btnGetHtml">
        <input type="button" value="读取选中文本" id="btnGetSelected">
    </div>
    <input type="hidden" name="comments" value="">
</form>
```

（4）使用 document.execCommand()方法来激活这些按钮功能，让它们执行不同的操作命令。首先，我们先认识一下 document.execCommand()方法。document.execCommand()方法可以对文档执行预定义的命令，而且可以应用大多数格式。用法如下所示。

```javascript
bool = document.execCommand(aCommandName, aShowDefaultUI, aValueArgument)
```

返回值是一个布尔值，为 true 表示执行成功，为 false 表示操作不被支持或未被启用。

参数说明如下：
- aCommandName：执行命令的名称。
- aShowDefaultUI：布尔值，是否展示用户界面，一般为 false。Mozilla 没有实现。
- aValueArgument：部分命令的补充参数，如 insertImage 命令需要提供图片的 URL，默认为 null。

下面简单介绍常用命令字符串：
- backColor：修改文档的背景颜色。
- bold：开启或关闭选中文字或插入点的粗体字效果。
- copy：拷贝当前选中内容到剪贴板。
- createLink：将选中内容创建为一个锚链接。
- cut：剪贴当前选中的文字并复制到剪贴板。
- delete：删除选中部分。
- fontName：在插入点或者选中文字部分修改字体名称。
- fontSize：在插入点或者选中文字部分修改字体大小。
- fontColor：在插入点或者选中文字部分修改字体颜色。
- heading：添加一个标题标签在光标处或者所选文字上。
- hiliteColor：更改选择或插入点的背景颜色。
- indent：缩进选择或插入点所在的行。
- insertHorizontalRule：在插入点插入一个水平线（删除选中的部分）。
- insertHTML：在插入点插入一个 HTML 字符串（删除选中的部分）。
- insertImage：在插入点插入一张图片（删除选中的部分）。
- insertOrderedList：在插入点或者选中文字上创建一个有序列表。
- insertText：在光标插入位置插入文本内容或者覆盖所选的文本内容。
- italic：在光标插入点开启或关闭斜体字。
- justifyCenter：对光标插入位置或者所选内容进行文字居中。
- justifyLeft：对光标插入位置或者所选内容进行左对齐。
- justifyRight：对光标插入位置或者所选内容进行右对齐。
- outdent：对光标插入行或者所选行内容减少缩进量。
- paste：在光标位置粘贴剪贴板的内容。
- redo：重做被撤销的操作。
- removeFormat：对所选内容去除所有格式。
- selectAll：选中编辑区里的全部内容。
- strikeThrough：在光标插入点开启或关闭删除线。
- subscript：在光标插入点开启或关闭下角标。
- superscript：在光标插入点开启或关闭上角标。
- underline：在光标插入点开启或关闭下划线。
- undo：撤销最近执行的命令。
- unlink：去除所选的锚链接的<a>标签。
- useCSS：切换使用 HTML 标签，还是 CSS 来生成标。

（5）为第 1 排按钮绑定各种执行命令。这些命令字符串被绑定在<input type="button" value="加粗" title="Bold">标签的 title 属性中。下面代码为这些按钮绑定 click 事件，然后取出 title 字符串，并传递给 document.execCommand()方法。

```
EventUtil.addHandler(simple, "click", function(event){
```

```
        event = EventUtil.getEvent(event);
        var target = EventUtil.getTarget(event);
        if (target.type == "button"){
            frames["richedit"].document.execCommand(target.title.toLowerCase(), false, null);
        }
    });
```

（6）以同样的方式为第 2 排按钮绑定命令。

```
EventUtil.addHandler(complex, "click", function(event){
    event = EventUtil.getEvent(event);
    var target = EventUtil.getTarget(event);
    switch(target.id){
        case "btnGetHtml":
            alert(frames["richedit"].document.body.innerHTML);
            break;
        case "btnCreateLink":
            var link = prompt("What link?", "blank.htm");
            if (link){
                frames["richedit"].document.execCommand("createlink", false, link);
            }
            break;
        case "btnChangeFontSize":
            var size = prompt("What size? (1-7)", "7");
            if (size){
                frames["richedit"].document.execCommand("fontsize", false, parseInt(size,10));
            }
            break;
        case "btnGetSelected":
            if (frames["richedit"].getSelection){
                alert(frames["richedit"].getSelection().toString());
            } else if (frames["richedit"].document.selection){
                alert(frames["richedit"].document.selection.createRange().text);
            }
            break;
        case "btnHighlight":
            if (frames["richedit"].getSelection){
                var selection = frames["richedit"].getSelection();
                var range = selection.getRangeAt(0);
                var span = frames["richedit"].document.createElement("span");
                span.style.backgroundColor = "yellow";
                range.surroundContents(span);
            } else if (frames["richedit"].document.selection){
                var range = frames["richedit"].document.selection.createRange();
                range.pasteHTML("<span style=\"background-color:yellow\">" + range.htmlText + "</span>");
            }
            break;
    }
});
```

在上面代码中，频繁使用框架(iframe)的 getSelection()方法，它可以确定实际选择的文本。这个方法是 window 对象和 document 对象的属性，调用它会返回一个表示当前选择文本的 selection 对象。每个 selection 对象都有下列属性。

- anchorNode：选区起点所在的节点。
- anchorOffset：在到达选区起点位置之前跳过的 anchorNode 中的字符数量。
- focusNode：选区终点所在的节点。
- focusOffset：focusNode 中包含在选区之内的字符数量。
- isCollapsed：布尔值，表示选区的起点和终点是否重合。
- rangeCount：选区中包含的 DOM 范围的数址。

使用 selection 对象的下列方法提供了更多信息，并且支持对选区的操作。

- addRange(range)：将指定的 DOM 范围添加到选区中。
- collapse(node, offset)：将选区折叠到指定节点中的相应的文本偏移位置。
- collapseToEnd()：将选区折叠到终点位置。
- collapseToStart()：将选区折叠到起点位置。
- containsNode (node)：确定指定的节点是否包含在选区中。
- deleteFromDocument()：从文档中删除选区中的文本，与 document.execCommand("delete", false, null)命令的结果相同。
- extend(node, offset)：通过将 focusNode 和 focusOffset 移动到指定的值来扩展选区。
- getRangeAt(index)：返回索引对应的选区中的 DOM 范围。
- removeAllRanges()：从选区中移除所有 DOM 范围。实际上，这样会移除选区，因为选区中至少要有一个范围。
- reomveRange(range)：从选区中移除指定的 DOM 范围。
- selectAllChildren(node)：清除选区并选择指定节点的所有子节点。
- toString()：返回选区所包含的文本内容。

（7）当提交表单时，可以把浮动框架文档转换为 HTML 字符串，并传递给表单的隐藏域<input type="hidden" name="comments" value="">，让它把用户编辑好的 HTML 字符串上传给服务器（test3.html）。

```
EventUtil.addHandler(document.forms[0], "submit", function(){
    event = EventUtil.getEvent(event);
    var target = EventUtil.getTarget(event);
    target.elements["comments"].value = frames["richedit"].document.body.innerHTML;
});
```

（8）使用 document.queryCommandState()方法可以检测选中文本是否包含特定命令格式。为第 3 排按钮绑定如下 click 事件，调用该方法检测编辑文本是否为特定格式（test2.html）。

```
EventUtil.addHandler(queryDiv, "click", function(event){
    event = EventUtil.getEvent(event);
    var target = EventUtil.getTarget(event);
    if (target.type == "button"){
        alert(frames["richedit"].document.queryCommandState(target.value.toLowerCase(), false, null));
    }
});
```

document.queryCommandState()方法与 document.execCommand()方法用法相同，都包含 3 个参数，不过 document.queryCommandState()方法根据参数提供的命令，检测选区文本中是否包含该命令。

第 15 章　CSS 脚本化与网页特效

　　CSS 脚本化是网页特效的基础，JavaScript 与 CSS 完美结合可以激活设计灵感，给页面带来很多惊艳的效果。CSS 脚本化可以实现网页对象的显隐、变形、运动、特效、交互等动态样式。如果配合 HTML5+CSS3、Ajax+CSS、jQuery 等新技术，网页设计的交互性会更加细腻、逼真，大幅提升 Web 应用的用户体验。本章重点介绍使用 JavaScript 控制 CSS 的原生方法，不涉及 JavaScript 框架和新技术的设计技巧。

【学习重点】
- 了解 CSS 脚本化基本信息。
- 使用代码控制行内样式。
- 使用 JavaScript 控制样式表。
- 动态设计对象大小。
- 动态设计位移和定位。
- 动态设计显隐状态。
- 设计 CSS 动画。

15.1　CSS 脚本化基础

　　CSS 样式包括 3 种形式：外部样式、内部样式和行内样式。DOM 2 级规范针对这些样式的机制提供了一套 API。在 DOM 2 级规范中，与 CSS 相关的规范都包含在 StyleSheets、CSS 和 CSS2 这 3 个模块中。本节将简单介绍如何正确使用它们，不涉及各个模块的系统知识。

扫一扫，看视频

15.1.1　访问 CSS 行内样式

　　任何支持 style 属性的 HTML 标签，在 JavaScript 中都有一个对应的 style 属性。HTMLElement 的 style 属性是一个可读可写的 CSS2Properties 对象，类似 CSSStyleRule 对象的 style 属性。CSS2Properties 对象表示一组 CSS 样式属性及其值，它为 CSS 规范定义的每一个 CSS 属性都定义了一个 JavaScript 属性。

　　这个 style 对象包含了通过 HTML 的 style 属性设置的所有 CSS 样式信息，但不包含与样式表中的样式。因此，使用元素的 style 属性只能访问行内样式，不能访问样式表中的样式信息。

　　style 对象可以通过 cssText 属性返回行内样式的字符串表示。字符串中去掉了包围属性和值的花括号，以及元素选择器名称。

　　除了 cssText 属性外，style 对象还包含每一个与 CSS 属性一一映射的脚本属性（需要浏览器支持）。这些脚本属性的名称与 CSS 属性的名称紧密对应，但是为了避免 JavaScript 语法错误而进行了一些改变。含有连字符的多词属性（如 font-family）在 JavaScript 中会删除这些连字符，以驼峰命名法重新命名 CSS 的脚本属性名称（如 fontFamily）。

　　【示例】　对于 border-right-color 属性来说，在脚本中应该使用 borderRightColor。所以下面页面脚本中的用法都是错误的。

```
<div id="box" >盒子</div>
<script>
```

```
var box = document.getElementById("box");
box.style.border-right-color = "red";
box.style.border-right-style = "solid";
</script>
```

针对上面页面脚本，可以修改为：

```
<script>
var box = document.getElementById("box");
box.style.borderRightColor = "red";
box.style.borderRightStyle = "solid";
</script>
```

提示：

使用 CSS 脚本属性时，应该注意几个问题：

- 由于 float 是 JavaScript 保留字，禁止使用，因此使用 cssFloat 表示 float 属性的脚本名称。
- 在 JavaScript 中，所有 CSS 属性值都是字符串，必须加上引号，以表示字符串数据类型。

```
elementNode.style.fontFamily = "Arial, Helvetica, sans-serif";
elementNode.style.cssFloat = "left";
elementNode.style.color = "#ff0000";
```

- CSS 样式声明结尾的分号不能够作为属性值的一部分被引用，JavaScript 脚本中的分号只是 JavaScript 语法规则的一部分，不是 CSS 声明中分号的引用。
- 声明中属性值和单位都必须作为值的一部分，完整地传递给 CSS 脚本属性，省略单位则所设置的脚本样式无效。

```
elementNode.style.width = "100px";
```

- 在脚本中可以动态设置属性值，但最终赋值给属性的值应是一个字符串。

```
elementNode.style.top = top + "px";
elementNode.style.right = right + "px";
elementNode.style.bottom = bottom + "px";
elementNode.style.left = left + "px";
```

- 如果没有为 HTML 标签设置 style 属性，那么 style 对象中可能会包含一些属性的默认值，但这些值并不能准确地反映该元素的样式信息。

15.1.2 使用 style 对象

DOM 2 级样式规范为 style 对象定义了一些属性和方法，简单说明如下：

- cssText：访问 HTML 标签中 style 属性的 CSS 代码。
- length：元素定义的 CSS 属性的数量。
- parentRule：表示 CSS 的 CSSRule 对象。
- getPropertyCSSValue()：返回包含给定属性值的 CSSValue 对象。
- getPropertyPriority()：返回指定 CSS 属性中是否附加了 !important 命令。
- item()：返回给定位置的 CSS 属性的名称。
- getPropertyValue()：返回给定属性的字符串值。
- removeProperty()：从样式中删除给定属性。
- setProperty()：将给定属性设置为相应的值，并加上优先权标志。

下面重点介绍 style 对象方法的使用。

1. getPropertyValue()方法

getPropertyValue()能够获取指定元素样式属性的值。用法如下：
```
var value = e.style.getPropertyValue(propertyName)
```
参数 propertyName 表示 CSS 属性名，不是 CSS 脚本属性名，对于复合名应该使用连字符进行连接。

【示例 1】 下面代码使用 getPropertyValue()方法获取行内样式中 width 属性值，然后输出到盒子内显示，如图 15.1 所示。
```
<script>
window.onload = function(){
    var box = document.getElementById("box");           //获取<div id="box">
    var width = box.style.getPropertyValue("width");    //读取 div 元素的 width 属性值
    box.innerHTML = "盒子宽度：" + width;                //输出显示 width 值
}
</script>
<div id="box" style="width:300px; height:200px;border:solid 1px red" >盒子</div>
```

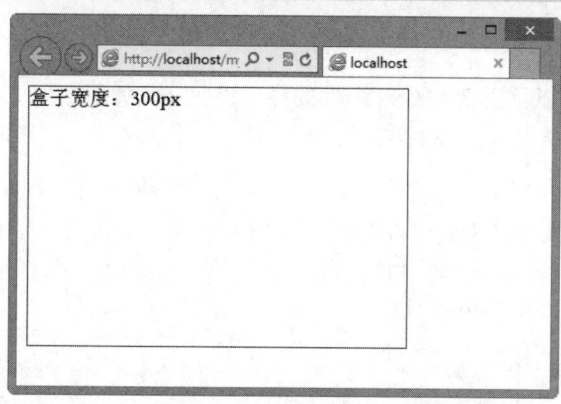

图 15.1 使用 getPropertyValue 读取行内样式

早期 IE 版本不支持 getPropertyValue()方法，但是可以通过 style 对象直接访问样式属性来，以获取指定样式的属性值。

【示例 2】 针对上面示例代码，可以使用如下方式读取 width 属性值。
```
<script>
window.onload = function(){
    var box = document.getElementById("box");
    var width = box.style.width;
    box.innerHTML = "盒子宽度：" + width;
}
</script>
```

2. setProperty()方法

setProperty()方法为指定元素设置样式。具体用法如下：
```
e.style.setProperty(propertyName, value, priority)
```
参数说明如下：
- propertyName：设置 CSS 属性名。
- value：设置 CSS 属性值，包含属性值的单位。
- priority：表示是否设置!important 优先级命令，如果不设置可以空字符串表示。

【示例 3】 在本例中使用 setProperty()方法定义盒子的显示宽度和高度分别为 400 像素和 200 像素。

```
<script>
window.onload = function(){
    var box = document.getElementById("box");             //获取<div id="box">
    box.style.setProperty("width","400px","");            //定义盒子宽度为 400 像素
    box.style.setProperty("height","200px","");           //定义盒子宽度为 200 像素
}
</script>
<div id="box" style="border:solid 1px red" >盒子</div>
```

如果要兼容早期 IE 浏览器，则可以使用如下方式设置。

```
<script>
window.onload = function(){
    var box = document.getElementById("box");
    box.style.width = "400px";
    box.style.height = "200px";
}
</script>
```

3. removeProperty()方法

removeProperty()方法可以移出指定 CSS 属性的样式声明。具体用法如下：

```
e.style.removeProperty(propertyName)
```

4. item()方法

item()方法返回 style 对象中指定索引位置的 CSS 属性名称。具体用法如下：

```
var name = e.style.item(index)
```

参数 index 表示 CSS 样式的索引号。

5. getPropertyPriority()方法

getPropertyPriority()方法可以获取指定 CSS 属性中是否附加了!important 优先级命令，如果存在则返回 "important" 字符串，否则返回空字符串。

【示例 4】 在本例中，定义鼠标移过盒子时，设置盒子的背景色为蓝色，而边框颜色为红色，当移出盒子时，又恢复到盒子默认设置的样式；而单击盒子时则在盒子内输出动态信息，显示当前盒子的宽度和高度，演示效果如图 15.2 所示。

```
<script>
window.onload = function(){
    var box = document.getElementById("box");                              //获取盒子的引用
    box.onmouseover = function(){                                          //定义鼠标经过时的事
件处理函数
        box.style.setProperty("background-color", "blue", "");             //设置背景色为蓝色
        box.style.setProperty("border", "solid 50px red", "");             //设置边框为 50 像素
的红色实线
    }
    box.onclick = function(){                                              //定义鼠标单击时的事
件处理函数
        box .innerHTML = (box.style.item(0) + ":" + box.style.getPropertyValue
("width"));
                                                                           //显示盒子的宽度
        box .innerHTML = box .innerHTML + "<br>" + (box.style.item(1) + ":" +
box.style.getPropertyValue("height"));                                     //显示盒子的高度
    }
```

```
    box.onmouseout = function(){                    //定义鼠标移出时的事
件处理函数
        box.style.setProperty("background-color", "red", "");    //设置背景色为红色
        box.style.setProperty("border", "solid 50px blue", "");  //设置边框为 50 像素
的蓝色实线
    }
}
</script>
<div id="box" style="width:100px; height:100px; background-color:red; border:solid 50px blue;"></div>
```

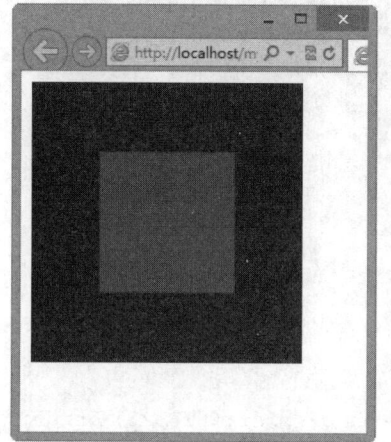
默认显示效果

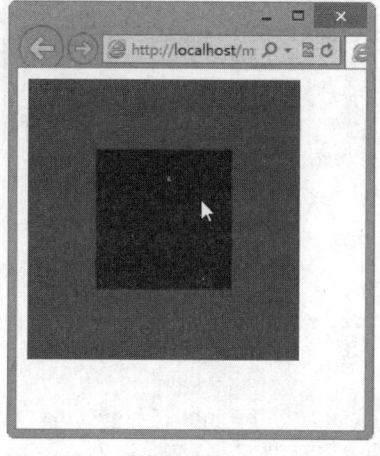
鼠标经过效果

鼠标单击效果

图 15.2　设计动态交互样式效果

【示例 5】　针对示例 4，下面使用一种快捷方式设计相同的交互效果，这样能够兼容 IE 早期版本，页面代码如下。

```
<script>
window.onload = function(){
    var box = document.getElementById("box");        //获取盒子的引用
    box.onmouseover = function(){
        box.style.backgroundColor = "blue";          //设置背景样式
        box.style.border = "solid 50px red";         //设置边框样式
    }
    box.onclick = function(){                        //读取并输出行内样式
        box .innerHTML = "width:" + box.style.width;
        box .innerHTML = box .innerHTML + "<br>" + "height:" + box.style.height;
    }
    box.onmouseout = function(){                     //设计鼠标移出之后,恢复默
认样式
        box.style.backgroundColor = "red";
        box.style.border = "solid 50px blue";
    }
}
</script>
<div id="box" style="width:100px; height:100px; background-color:red; border:solid 50px blue;"></div>
```

📖 **拓展：**

> 非 IE 浏览器也支持 style 快捷访问方式，但是它无法获取 style 对象中指定序号位置的属性名称，此时可以使用 cssText 属性读取全部 style 属性值，借助 Javascript 方法再把返回字符串劈开为数组。

【示例 6】 在本例中，使用 cssText 读取全部行内样式字符串，然后使用 String 的 split()方法把字符串劈开为数组，使用 for in 语句遍历数组，逐一读取每个样式，再使用 split()方法劈开属性和属性名，最后格式化输出显示，演示效果如图 15.3 所示。

```
<script>
window.onload = function(){
    var box = document.getElementById("box");          //获取盒子的引用
    var str = box.style.cssText;                       //读取盒子全部行内样式
    var a = str.split(";");                            //把行内样式字符串转换为数组
    var temp="";
    for(var b in a){                                   //遍历行内样式
        var prop = a[b].split(":");                    //把每个样式字符串劈开为数组
        if(prop[0])                                    //如果存在属性，则输出显示
            temp += b + " : " + prop[0] + " = " + prop[1] + "<br>";
    }
    box.innerHTML = "box.style.cssText = " + str;
    box.innerHTML = box.innerHTML + "<br><br>" + temp;//把格式化后的行内样式输出显示
}
</script>
<div id="box" style="width:600px; height:200px; background-color:#81F9A5; border: solid 2px blue;padding:10px"></div>
```

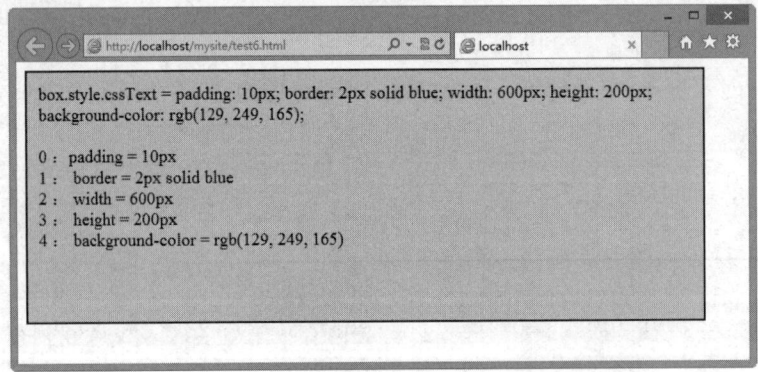

图 15.3 使用 cssText 属性获取行内样式

使用 getAttribute()方法也可以获取 style 属性值。不过该方法返回值保留 style 属性值的原始模样，而 cssText 属性返回值可能经过浏览器处理，且不同浏览器返回值格式略有不同。

【示例 7】 修改上面示例的代码，使用 getAttribute()方法获取行内样式字符串信息。

```
<script>
window.onload = function(){
    var box = document.getElementById("box");
    var str = box.getAttribute("style");
    var a = str.split(";");
    var temp="";
    for(var b in a){
        var prop = a[b].split(":");
        if(prop[0])
```

```
            temp += b + ": " + prop[0] + " = " + prop[1] + "<br>";
        }
    box.innerHTML = "box.style.cssText = " + str;
    box.innerHTML = box.innerHTML + "<br><br>" + temp;
}
</script>
<div id="box" style="width:600px; height:200px; background-color:#81F9A5; border: solid 2px blue;padding:10px"></div>
```

15.1.3 使用 styleSheets 对象

在 DOM 2 级样式规范中，CSSStyleSheet 类型表示样式表，包括通过<link>标签包含的外部样式表和在<style>标签中定义的内部样式表。虽然两个元素分别由 HTMLLinkElement 和 HTMLStyleElement 类型表示，但是样式表接口是一致的。CSSStyleSheet 继承自 StyleSheet。StyleSheet 作为基础接口还可以定义非 CSS 样式表。CSSStyleRule 类型表示样式表中每一条规则，CSSRule 对象是它的实例。

使用 document 对象的 styleSheets 属性可以访问样式表，包括适应<style>标签定义的内部样式表，以及使用<link>标签或@import 命令导入的外部样式表。

styleSheets 对象为每一个样式表定义了一个 cssRules 对象，用来包含指定样式表中所有的规则（样式）。但是 IE 不支持 cssRules 对象，而支持 rules 对象表示样式表中的规则。

为了兼容主流浏览器，在使用前应该检测用户所使用浏览器的类型，以便调用不同的对象：

var cssRules = document.styleSheets[0].cssRules || document.styleSheets[0].rules;

在上面代码中，先判断浏览器是否支持 cssRules 对象，如果支持则使用 cssRules（非 IE 浏览器），否则使用 rules（IE 浏览器）。

【示例 1】 在本例中，通过<style>标签定义一个内部样式表，为页面中的<div id="box">标签定义 4 个属性：宽度、高度、背景色和边框。然后在脚本中使用 styleSheets 访问这个内部样式表，把样式表中的第 1 个样式的所有规则读取出来，在盒子中输出显示，如图 15.4 所示。

```
<style type="text/css">
#box {
    width: 400px;
    height: 200px;
    background-color:#BFFB8F;
    border: solid 1px blue;
}
</style>
<script>
window.onload = function(){
    var box = document.getElementById("box");
    var cssRules = document.styleSheets[0].cssRules || document.styleSheets[0].rules;//判断浏览器类型
    box.innerHTML = "<h3>盒子样式</h3>"
    box.innerHTML += "<br>边框:" + cssRules[0].style.border; //读取 cssRules 的 border 属性
    box.innerHTML += "<br>背景: " + cssRules[0].style.backgroundColor;// 读取 cssRules 的 background-color 属性
    box.innerHTML += "<br>高度:" + cssRules[0].style.height;//读取 cssRules 的 height 属性
    box.innerHTML += "<br>宽度: " + cssRules[0].style.width;//读取 cssRules 的 width 属性
```

```
    }
</script>
<div id="box"></div>
```

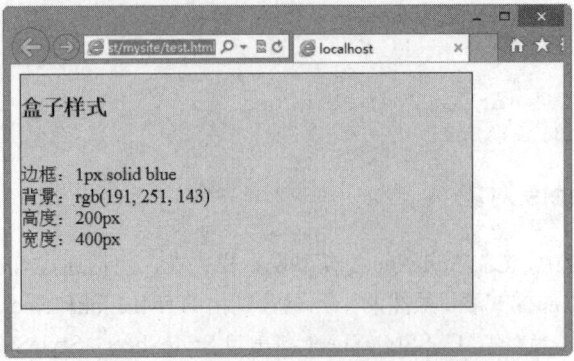

图 15.4 使用 styleSheets 访问内部样式表

◀》提示：

cssRules（或 rules）的 style 对象在访问 CSS 属性时，使用的是 CSS 脚本属性名，因此所有属性名称中不能使用连字符。例如：

```
cssRules[0].style.backgroundColor;
```

这与行内样式中的 style 对象的 setProperty()方法不同，setProperty()方法使用的是 CSS 属性名。例如：

```
box.style.setProperty("background-color", "blue", "");
```

【示例 2】 styleSheets 包含文档中所有样式表，每个数组元素代表一个样式表，数组的索引位置是根据样式表在文档中的位置决定的。每个<style>标签包含的所有样式表示一个内部样式表，每个独立的 CSS 文件表示一个外部样式表。下面示例演示如何准确找到指定样式表中的样式属性。

（1）启动 Dreamweaver，新建 CSS 文件，保存为 style1.css，存放在根目录下。
（2）在 style1.css 中输入下面样式代码，定义一个外部样式表。

```
@charset "utf-8";
body { color:black; }
p { color:gray; }
div { color:white; }
```

（3）新建 HTML 文档，保存为 test.html，保存在根目录下。
（4）使用<style>标签定义一个内部样式表，设计如下样式。

```
<style type="text/css">
#box { color:green; }
.red { color:red; }
.blue { color:blue; }
</style>
```

（5）使用<link>标签导入外部样式表文件 style1.css。

```
<link href="style1.css" rel="stylesheet" type="text/css" media="all" />
```

（6）在文档中插入一个<div id="box">标签。

```
<div id="box"></div>
```

（7）使用<script>标签在头部位置插入一段脚本。设计在页面初始化完毕后，使用 styleSheets 访问文档中第 2 个样式表，然后再访问该样式表的第 1 个样式中 color 属性。

```
<script>
window.onload = function(){
```

```
    var cssRules = document.styleSheets[1].cssRules || document.styleSheets[1].rules;
    var box = document.getElementById("box");
    box.innerHTML = "第 2 个样式表中第 1 个样式的 color 属性值 = " + cssRules[0].style.color;
}
</script>
```

(8) 保存页面,整个文档的代码如下:

```
<!doctype html>
<html>
<head>
<meta charset="utf-8">
<style type="text/css">
#box { color:green; }
.red { color:red; }
.blue { color:blue; }
</style>
<link href="style1.css" rel="stylesheet" type="text/css" media="all" />
<script>
window.onload = function(){
    var cssRules = document.styleSheets[1].cssRules || document.styleSheets[1].rules;
    var box = document.getElementById("box");
    box.innerHTML = "第 2 个样式表中第 1 个样式的 color 属性值 = " + cssRules[0].style.color;
}
</script>
</head>
<body>
<div id="box"></div>
</body>
</html>
```

(9) 在浏览器中预览页面,则可以看到访问的 color 属性值为 black,如图 15.5 所示。

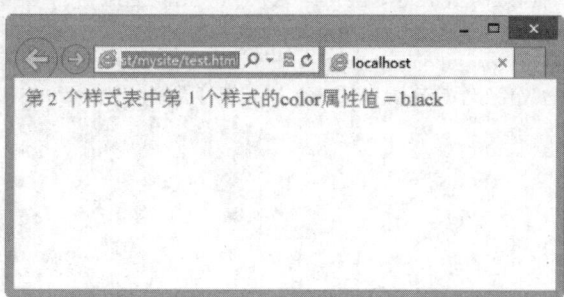

图 15.5　使用 styleSheets 访问外部样式表

◆ 提示:

上面示例中 styleSheets[1] 表示外部样式表文件(style1.css),而 cssRules[0] 就表示外部样式表文件中的第一个样式。cssRules[0].style.color 可以获取外部样式表文件中第一个样式中的 color 属性的声明值。反之,如果把 <link> 标签放置在内部样式表的上面,即代码如下:

```
<head>
<link href="style1.css" rel="stylesheet" type="text/css" media="all" />
<style type="text/css">
```

```
#box { color:green; }
.red { color:red; }
.blue { color:blue; }
</style>
</head>
```

上面脚本将返回内部样式表中第一个样式中的 color 属性生命值，即为 green。如果把外部样式表转换为内部样式表，或者把内部样式表转换为外部样式表文件，不会影响 styleSheets 的访问。因此，样式表和样式的索引位置是不受样式表类型，以及样式的选择符限制的。任何类型的样式表（不管是内部的，还是外部的）都在同一个平台上按在文档中解析位置进行索引。同理，不同类型选择符的样式在同一个样式表中也是根据先后位置进行索引。

15.1.4 使用 selectorText 对象

使用 styleSheets 和 cssRules 可以获取文档样式表中任意样式。另外，每个 CSS 样式都包含 selectorText 属性，使用该属性可以获取样式的选择符。

【示例】 在下面这个示例中，使用 selectorText 属性获取第 1 个样式表（styleSheets[0]）中的第 3 个样式（cssRules[2]）的选择符，输出显示为 ".blue"，如图 15.6 所示。

```
<!doctype html>
<html>
<head>
<meta charset="utf-8">
<style type="text/css">
#box { color:green; }
.red { color:red; }
.blue { color:blue; }
</style>
<link href="style1.css" rel="stylesheet" type="text/css" media="all" />
<script>
window.onload = function(){
    var cssRules = document.styleSheets[0].cssRules || document.styleSheets[0].rules;
    var box = document.getElementById("box");
    box.innerHTML = "第1个样式表中第3个样式选择符 = " + cssRules[2].selectorText;
}
</script>
</head>
<body>
<div id="box"></div>
</body>
</html>
```

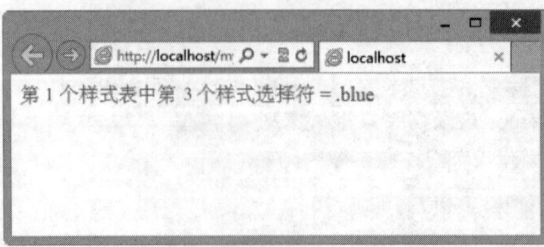

图 15.6 使用 selectorText 访问样式选择符

15.1.5 编辑样式

cssRules 的 style 对象不仅可以访问属性，还可以设置属性值。

【示例】 在本例中，样式表中包含 3 个样式，其中蓝色样式类（.blue）定义字体显示为蓝色。然后利用脚本修改该样式类（.blue 规则）字体颜色显示为浅灰色（#999），最后显示效果如图 15.7 所示。

```html
<!doctype html>
<html>
<head>
<meta charset="utf-8">
<title></title>
<style type="text/css">
#box { color:green; }
.red { color:red; }
.blue { color:blue; }
</style>
<script>
window.onload = function(){
    var cssRules = document.styleSheets[0].cssRules || document.styleSheets[0].rules;
    cssRules[2].style.color="#999";           //修改样式表中指定属性的值
}
</script>
</head>
<body>
<p class="blue">原为蓝色字体，现在显示为浅灰色。</p>
</body>
</html>
```

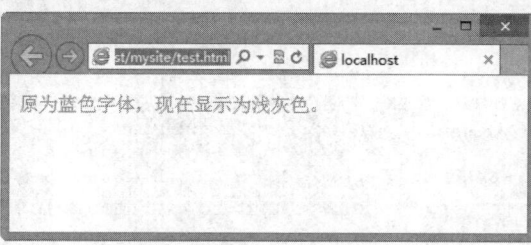

图 15.7 修改样式表中的样式

📢 提示：

上述方法修改样式表中的类样式，会影响其他对象或其他文档对当前样式表的引用，因此在使用时请务必谨慎。

15.1.6 添加样式

使用 addRule()方法可以为样式表增加一个样式。该方法具体用法如下：

`styleSheet.addRule(selector,style ,[index])`

styleSheet 表示样式表引用，参数说明如下：

- ➥ selector：表示样式选择符，以字符串的形式传递。
- ➥ style：表示具体的声明，以字符串的形式传递。
- ➥ index：表示一个索引号，表示添加样式在样式表中的索引位置，默认为-1，表示位于样式表的末尾，该参数可以不设置。

Firefox 浏览器不支持 addRule()方法，但是支持使用 insertRule()方法添加样式。insertRule()方法的用法如下：

```
styleSheet.insertRule(rule ,[index])
```

参数说明如下：
- rule：表示一个完整的样式字符串。
- index：与 addRule()方法中的 index 参数作用相同，但默认为 0，放置在样式表的末尾。

【示例】 在本例中，先在文档中定义一个内部样式表，然后使用 styleSheets 集合获取当前样式表，利用数组默认属性 length 获取样式表中包含的样式个数。

最后在脚本中使用 addRule()（或 insertRule()）方法增加一个新样式，样式选择符为 p，样式声明为背景色为红色，字体颜色为白色，段落内部补白为 1 个字体大小。

保存页面，在浏览器中预览，则显示效果如图 15.8 所示。

```
<!doctype html>
<html>
<head>
<meta charset="utf-8">
<style type="text/css">
#box { color:green; }
.red { color:red; }
.blue { color:blue; }
</style>
<script>
window.onload = function(){
    var styleSheets = document.styleSheets[0];           //获取样式表引用
    var index = styleSheets.length;                      //获取样式表中包含样式的个数
    if(styleSheets.insertRule){                          //判断浏览器是否支持 insert Rule()方法
        //使用 insertRule()方法在文档内部样式表中增加一个 p 标签选择符的样式，设置段落背景色为红色，字体颜色为白色，补白为一个字体大小。插入位置在样式表的末尾

        styleSheets.insertRule("p{background-color:red;color:#fff;padding:1em;}", index);
    }else{                                               //如果浏览器不支持 insert Rule()方法
        styleSheets.addRule("P", "background-color:red;color:#fff;padding:1em;", index);
    }
}
</script>
</head>
<body>
<p>在样式表中增加样式操作</p>
</body>
</html>
```

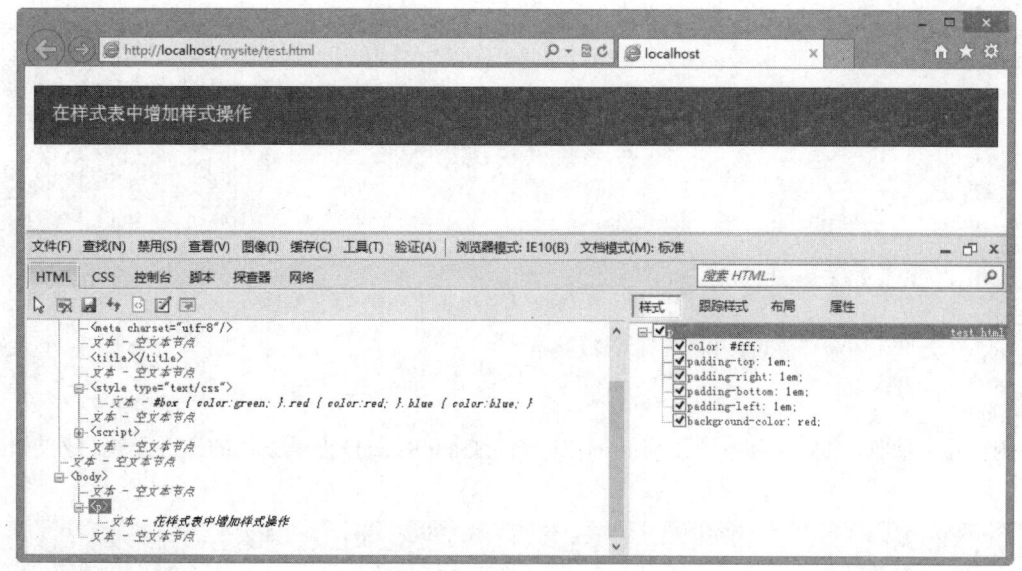

图 15.8　为段落文本增加样式

15.1.7　访问计算样式

扫一扫，看视频

CSS 样式能够重叠，这会导致当一个对象被定义了多个样式后，显示的效果未必都是某个样式所设计的效果。也就是说，定义样式与显示样式并非完全重合。DOM 定义了一个方法帮助用户快速检测当前对象的显示样式，不过 IE 和标准 DOM 之间实现的方法不同。下面分别进行说明：

1. IE 浏览器

IE 浏览器定义了一个 currentStyle 对象，该对象是一个只读对象。currentStyle 对象包含了文档内所有元素的 style 对象定义的属性，以及任何未被覆盖的 CSS 规则的 style 属性。

【示例 1】　针对 15.1.6 节示例，给类样式 blue 增加一个背景色为白色的声明，然后把该类样式应用到段落文本中。

```
<!doctype html>
<html>
<head>
<meta charset="utf-8">
<style type="text/css">
#box { color:green; }
.red { color:red; }
.blue {
    color:blue;
    background-color:#FFFFFF;
}
</style>
<script>
window.onload = function(){
    var styleSheets = document.styleSheets[0];     //获取样式表引用
    var index = styleSheets.length;                //获取样式表中包含样式的个数
    if(styleSheets.insertRule){                    //判断浏览器是否支持 insertRule()方法
        //使用 insertRule()方法在文档内部样式表中增加一个 p 标签选择符的样式，设置段落背景色为红色，字体颜色为白色，补白为一个字体大小。插入位置在样式表的末尾
```

```
        styleSheets.insertRule("p{background-color:red;color:#fff;padding:1em;}",index);
    }else{                                              //如果浏览器不支持 insertRule()方法
        styleSheets.addRule("P", "background-color:red;color:#fff;padding:1em;",index);
    }
}
</script>
</head>
<body>
<p class="blue">在样式表中增加样式操作</p>
</body>
</html>
```

在浏览器中预览，会发现脚本中使用 insertRule()（或 addRule()）方法添加的样式无效，效果如图 15.9 所示。

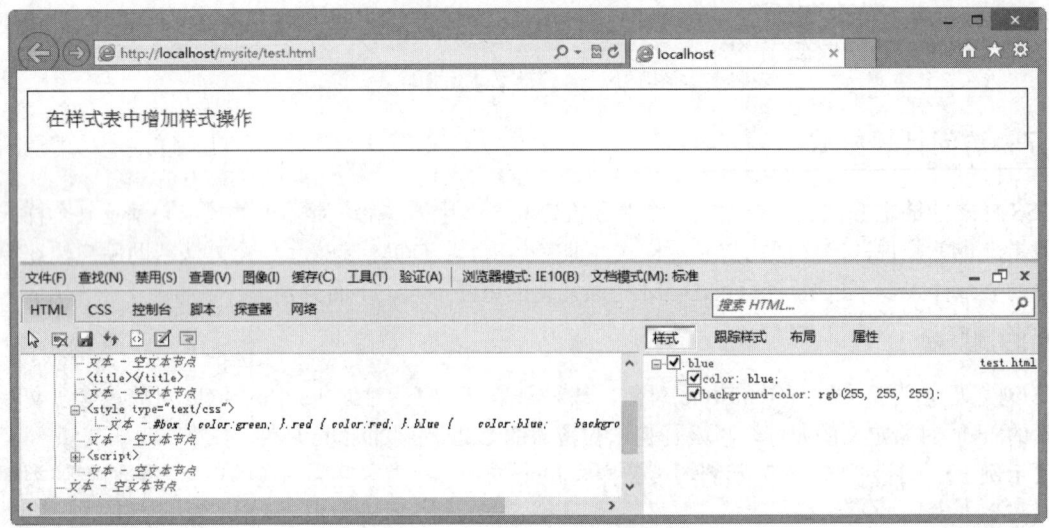

图 15.9　背景样式重叠后的效果

如果没有考虑到样式重叠问题，用户会陷入迷惑，这时可以使用 currentStyle 对象获取当前 p 元素最终显示的样式，这样就可以找到 insertRule()（或 addRule()）方法添加的样式失效的原因。

【示例 2】　把上面示例另存为 test1.html，然后在脚本中添加代码，使用 currentStyle 获取当前段落标签<p>的最终显示样式，显示效果如图 15.10 所示。

```
<script>
window.onload = function(){
    var styleSheets = document.styleSheets[0];           //获取样式表引用
    var index = styleSheets.length;                      //获取样式表中包含样式的个数
    if(styleSheets.insertRule){ //判断浏览器是否支持 insertRule()方法，支持则调用，否则调用 addRule

        styleSheets.insertRule("p{background-color:red;color:#fff;padding:1em;}",index);
    }else{
        styleSheets.addRule("P", "background-color:red;color:#fff;padding:1em;",index);
```

```
    }
    var p = document.getElementsByTagName("p")[0];
    p.innerHTML = "背景色："+p.currentStyle.backgroundColor+"<br>字体颜色："+p.currentStyle.color;
}
</script>
```

在上面代码中，首先使用 getElementsByTagName() 方法获取段落文本的引用。然后调用该对象的 currentStyle 子对象，并获取指定属性的对应值。通过这种方式，会发现 insertRule()（或 addRule()）方法添加的样式被 blue 类样式覆盖，这是因为类选择符的优先级大于标签选择符的样式。

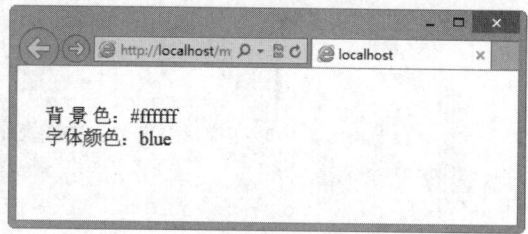

图 15.10　在 IE 中获取 p 的显示样式

2. 非 IE 浏览器

DOM 定义了一个 getComputedStyle() 方法，该方法可以获取目标对象的显示样式，但是它需要使用 document.defaultView 对象中进行访问。

getComputedStyle() 方法包含了两个参数：第 1 个参数表示元素，用来获取样式的对象；第 2 个参数表示伪类字符串，定义显示位置，一般可以省略，或者设置为 null。

【示例 3】 针对上面示例，为了能够兼容非 IE 浏览器，下面对页面脚本进行修改。使用 if 语句判断当前浏览器是否支持 document.defaultView，如果支持则进一步判断是否支持 document.defaultView.getComputedStyle，如果支持则使用 getComputedStyle() 方法读取最终显示样式；否则，判断当前浏览器是否支持 currentStyle，如果支持则使用它读取最终显示样式。

```
<!doctype html>
<html>
<head>
<meta charset="utf-8">
<style type="text/css">
#box { color:green; }
.red { color:red; }
.blue {color:blue; background-color:#FFFFFF;}
</style>
<script>
window.onload = function(){
    var styleSheets = document.styleSheets[0];      //获取样式表引用指针
    var index = styleSheets.length;                 //获取样式表中包含样式的个数
    if(styleSheets.insertRule){                     //判断浏览器是否支持

     styleSheets.insertRule("p{background-color:red;color:#fff;padding:1em;}", index);
    }else{
        styleSheets.addRule("P", "background-color:red;color:#fff;padding:1em;", index);
    }
    var p = document.getElementsByTagName("p")[0];
    if( document.defaultView && document.defaultView.getComputedStyle)
        p.innerHTML = "背景色："+document.defaultView.getComputedStyle(p,null).backgroundColor+"<br>字体颜色："+document.defaultView.getComputedStyle(p,null).
```

```
color;
   else if( p.currentStyle)
       p.innerHTML = "背景色："+p.currentStyle.backgroundColor+"<br>字体颜色：
"+p.currentStyle.color;
   else
       p.innerHTML = "当前浏览器无法获取最终显示样式";
}
</script>
</head>
<body>
<p class="blue">在样式表中增加样式操作</p>
</body>
</html>
```

保存页面，在 Firefox 中预览，则显示效果如图 15.11 所示。

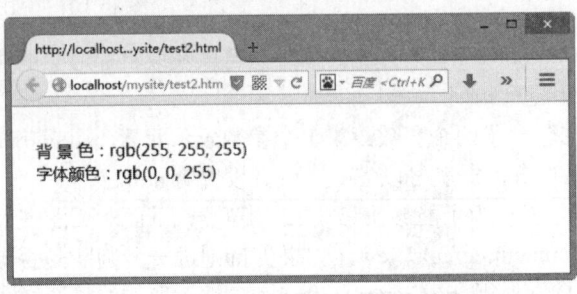

图 15.11　在 Firefox 中获取 p 的显示样式

15.2　元素大小

DOM 2 级样式规范中没有规定如何确定页面中元素的大小，但是在设计动态样式时，经常需要获取或修改元素的大小，为此各主流浏览器提供了各种解决方法，以便开发人员使用。

获取元素的大小应该是件很轻松的事情，但是由于各浏览器的不兼容性，以及网页环境的复杂性，使得这个操作变得比较麻烦。

扫一扫，看视频

15.2.1　访问 CSS 宽度和高度

每个元素的显示属性都存储在 CSS 样式表中，如果能够从中读取元素的 width 和 height 属性，就可以精确获得它的大小。前面曾经介绍过，在 JavaScript 中访问元素的 CSS 属性，可以通过元素的 style 属性获得。style 是一个集合对象，它内部包含很多 CSS 脚本属性。

【示例 1】　本例演示了如何使用 style 属性设置元素的显示宽度，并读取该宽度值。

```
var div = document.getElementsByTagName("div")[0];
div.style.width = "100px";            // 设置元素的宽度
var w = div.style.width;              // 获取元素的宽度，返回字符串"100px"
```

当然，上述方法也存在以下两个问题。

问题 1：在 JavaScript 中设置或读取 CSS 属性值时，都必须包含单位，且传递或返回的值都是字符串，如上面代码所示。这在开发方面，多少有些不便。

问题 2：通过这种方式获得的信息往往是不准确的。因为 style 属性中并不包含元素的样式属性的默认值。例如，如果在样式表或行内样式中未显式定义 div 元素的宽度，则根据它的默认值（即 auto）实际宽度显示为100%。此时，如果使用元素的 style 属性读取 width 值，则返回空字符串。

```
<div id="div" style="border:solid;"></div>
<script>
var div = document.getElementsByTagName("div")[0];
alert(div.style.width);                          // 返回空字符串
</script>
```

显然，这不是元素真实宽度。考虑到兼容性，当获取元素最终样式的属性时还需要针对不同的浏览器分别进行设计。

【示例2】 自定义扩展函数，兼容 IE 和标准实现方法。函数参数设计为当前元素（e）和元素属性名（n），函数返回值为该元素的样式的属性值。

```
// 获取指定元素的样式属性值
// 参数：e 表示具体的元素，n 表示要获取元素的脚本样式的属性名，如"width"、"borderColor"
// 返回值：返回该元素 e 的样式属性 n 的值
function getStyle(e,n){
    if(e.style[n]){  // 如果在 Style 对象中存在，说明已显式定义，则返回这个值
        return e.style[n];
    }
    else if(e.currentStyle){  // 否则，如果是 IE 浏览器，则利用它的私有方法读取当前值
        return e.currentStyle[n];
    }
    // 如果是支持 DOM 标准的浏览器，则利用 DOM 定义的方法读取样式属性值
    else if(document.defaultView && document.defaultView.getComputedStyle){
        n = n.replace(/([A-Z])/g,"-$1");// 转换参数的属性名
        n = n.toLowerCase();
        var s = document.defaultView.getComputedStyle(e,null);  // 获取当前元素的样式属性对象
        if(s)                                        // 如果当前元素的样式属性对象存在
            return s.getPropertyValue(n);            // 则获取属性值
    }
    else                                             // 如果都不支持，则返回 null
        return null;
}
```

DOM 标准在读取 CSS 属性值时比较特殊，它遵循 CSS 语法规则中约定的属性名，即在复合属性名中使用连字符来连接多个单词，而不是遵循驼峰命名法，利用首字母大写的方式来区分不同的单词。例如，属性 borderColor 被传递给 DOM 时，就需要转换为 border-color，否则就会错判。因此，对于传递的参数名还需要进行转换，不过利用正则表达式可以轻松实现。

下面调用这个扩展函数来获取指定元素的实际宽度：

```
<div id="div"></div>
<script>
var div = document.getElementsByTagName("div")[0];    // 获取当前元素
var w = getStyle(div,"width");         // 调用扩展函数，返回字符串"auto"
</script>
```

如果为 div 元素显式定义 200 像素的宽度：

```
<div id="div" style="width:200px;border-style:solid;"></div>
```

则调用扩展函数 getStryle()后，就会返回字符串"200px"：

```
var w = getStyle(div,"width");         // 调用扩展函数，返回字符串"200px"
```

扫一扫，看视频

15.2.2 把值转换为整数

在 15.2.1 节中，演示了如何从 CSS 样式表中抽取元素的实际值。同时，通过示例验证得知，getStyle() 扩展函数所抽取的值依然保持字符串格式，且值中包含有单位，这样的值不适合参与脚本计算。而且抽取的值中还可能包含 auto 默认值。

auto 表示父元素的宽度，但是这只有通过人工计算才能够获取。另外，对于百分比取值是根据父元素的宽度进行计算的。如果在多层嵌套的结构中，当各层元素的取值单位不同时，该如何计算当前元素的宽度或高度值？

【示例1】 本例是一个复杂的嵌套结构，中间包含多层元素，且宽度取值都是百分比。如何在 JavaScript 脚本中读取当前元素的宽度？

```
<div style="width:200px;">
    <div style="width:50%;">
        <div style="width:50%;">
            <div style="width:50%;">
                <div id="div" style="border-style:solid;"></div>
            </div>
        </div>
    </div>
</div>
```

可以设计一个简单迭代计算，使用 getStryle() 扩展函数抽取每层元素的宽度值，然后把百分比转换为数值，然后相乘即可。

```
var div1 = document.getElementsByTagName("div")[0];     // 获取最外层元素的引用指针
var w1 = parseInt(getStyle(div1, "width"));             // 获取宽度值，并转换为数值
var div2 = document.getElementsByTagName("div")[1];     // 获取第 2 层元素的引用指针
var w2 = parseInt(getStyle(div2, "width"))/100;         // 获取宽度值，并转换为小数值
var div3 = document.getElementsByTagName("div")[2];
var w3 = parseInt(getStyle(div3, "width"))/100;
var div4 = document.getElementsByTagName("div")[3];
var w4 = parseInt(getStyle(div4, "width"))/100;
var w = w1*w2*w3*w4;                                     // 返回数值 25
```

上述方法很直接，但是比较简陋，缺乏灵活性。

【示例2】 下面设计一个扩展函数 fromStyle()，该函数是对 getStyle() 进行补充。设计 fromStyle() 函数的参数为要获取大小的元素，以及利用 getStyle() 函数所得到的值。然后返回这个元素的具体大小值（即为具体的数字）。

```
// 把 fromStyle() 函数返回值转换为实际的值
// 参数：e 表示具体的元素，w 表示元素的样式属性值，通过 getStyle() 函数获取，p 表示当前元素百分
比转换为小数的值，以便在上级元素中计算当前元素的尺寸。
// 返回值：返回具体的数字值
function fromStyle(e, w, p){
    var p = arguments[2];                               // 获取百分比转换后的小数值
    if( ! p) p = 1;                                     // 如果不存在，则默认其为 1
    if(/px/.test(w) && parseInt(w) ) return parseInt(parseInt(w) * p);
    // 如果元素尺寸的值为具体的像素值，则直接转换为数字，并乘以百分比值，并返回该值
    else if(/\%/.test(w) && parseInt(w)){               // 如果元素宽度值为百分比值
        var b = parseInt(w) / 100;                      // 则把该值转换为小数值
        if((p != 1) && p) b *= p;                       // 如果子元素的尺寸也是百分比，则乘以转换后
的小数值
        e = e.parentNode;                               // 获取父元素的引用指针
        if(e.tagName == "BODY") throw new Error("整个文档结构都没有定义固定尺寸，没法计
算了，请使用其他方法获取尺寸.");                        // 如果父元素是 body 元素，则抛出异常
```

```
            w = getStyle(e, "width");              // 调用getStyle()方法，获取父元素的宽度值
            return arguments.callee(e, w, b);       // 回调函数，把上面的值作为参数进行传递，实
现迭代计算
        }
        else if(/auto/.test(w)){                    // 如果元素宽度值为默认值
            var b = 1;      // 定义百分比值为1
            if((p != 1) && p) b *= p;  // 如果子元素的尺寸是百分比，则乘以转换后的小数值
            e = e.parentNode;                       // 获取父元素的引用指针
            if(e.tagName == "BODY") throw new Error("整个文档结构都没有定义固定尺寸，没法计
算了，请使用其他方法获取尺寸.");                    // 如果父元素是body元素，则抛出异常
            w = getStyle(e, "width");               // 调用getStyle()方法，获取父元素的宽度值
            return arguments.callee(e, w , b);      // 回调函数，实现迭代计算
        }
        else // 如果getStyle()函数返回值包含其他单位，则抛出异常，不再计算
            throw new Error("元素或其父元素的尺寸定义了特殊的单位.");
}
```

最后，针对上面的嵌套结构，调用该函数就可以直接计算出元素的实际值：

```
var div = document.getElementById("div");          // 获取元素的引用指针
var w = getStyle(div, "width");                    // 获取元素的样式属性值
w = fromStyle(div, w);                             // 把样式属性值转换为实际的值，即返回数值25
```

如果要获取元素的高度值，则应该在 getStyle()函数中修改第 2 个参数值为字符串"height"即可，包括在 fromStyle()函数中调用的 getStyle()函数参数值。

15.2.3 使用 offsetWidth 和 offsetHeight

扫一扫，看视频

使用 offsetWidth 和 offsetHeight 属性可以获取元素的尺寸，其中 offsetWidth 表示元素在页面中所占据的总宽度，offsetHeight 表示元素在页面中所占据的总高度。

【示例1】 使用 offsetWidth 和 offsetHeight 属性获取元素大小。

```
<div style="height:200px;width:200px;">
    <div style="height:50%;width:50%;">
        <div style="height:50%;width:50%;">
            <div style="height:50%;width:50%;">
                <div id="div" style="height:50%;width:50%;border-style:solid;"></div>
            </div>
        </div>
    </div>
</div>
<script>
var div = document.getElementById("div");
var w = div.offsetWidth;                    // 返回元素的总宽度
var h = div.offsetHeight;                   // 返回元素的总高度
</script>
```

上面示例在 IE 的诡异模式下和支持 DOM 模型的浏览器中解析结果差异很大，其中 IE 诡异模式解析返回宽度为 21 像素，高度为 21 像素，而在支持 DOM 模型的浏览器中返回高度和宽度都为 19 像素。

根据上面示例中行内样式定义的值，可以算出最内层元素的宽和高都为 12.5，实际取值为 12 像素。但是对于 IE 诡异解析模式来说，样式属性 width 和 height 的值就是元素的总宽度和总高度。由于 IE 是根据四舍五入法处理小数部分的值，故该元素的总高度和总宽度都是 13 像素。同时，由于 IE 模型定义每个元素都有一个默认行高，即使元素内不包含任何文本，所以实际高度就显示为 21 像素。

而对于支持 DOM 模型的浏览器来说，它们认为元素样式属性中的宽度和高度仅是元素内部包含内容区域的尺寸，而元素的总高度和总宽度应该加上补白和边框，由于元素默认边框值为 3 像素，所以最

后计算的总高度和总宽度都是 19 像素。

提示：

> IE 诡异模式是一种非标准的解析方法，与标准模式相对应，主要是因为 IE 浏览器为了兼容大量传统布局的网页。诡异模式在 IE 6.0 以下版本浏览器中存在，但是在 IE 6.0 及其以上版本浏览器中如果页面明确设置为诡异模式显示，或者 HTML 文档的 DOCTYPE（文档类型）没有明确定义，也会按诡异模式进行解析。

【示例 2】 解决 offsetWidth 和 offsetHeight 属性的缺陷。

offsetWidth 和 offsetHeight 属性是获取元素尺寸最好的方法，但是当为元素定义了隐藏属性，即设置样式属性 display 的值为 none 时，则 offsetWidth 和 offsetHeight 属性返回值都为 0。

```html
<div id="div" style="height:200px;width:200px;
border-style:solid;display:none;"></div>
<script>
var div = document.getElementById("div");
var w = div.offsetWidth;                  // 返回 0
var h = div.offsetHeight;                 // 返回 0
</script>
```

这种情况还会发生在当父级元素的 display 样式属性为 none 时，即当前元素虽然没有设置隐藏显示，但是根据继承关系，它也会被隐藏显示，此时 offsetWidth 和 offsetHeight 属性值都是 0。总之，对于隐藏元素来说，不管它的实际高度和宽度是多少，最终使用 offsetWidth 和 offsetHeight 属性读取时都是 0。

解决方法：先判断元素的样式属性 display 的值是否为 none，如果不是，则直接调用 offsetWidth 和 offsetHeight 属性读取即可。如果为 none，则可以暂时显示元素，然后读取它的尺寸，读完之后再把它恢复为隐藏样式。

先设计两个功能函数，使用它们可以分别重设和恢复元素的样式属性值。

```javascript
// 重设元素的样式属性值
// 参数：e 表示重设样式的元素，o 表示要设置的值，它是一个对象，可以包含多个名值对
// 返回值：重设样式的原属性值，以对象形式返回
function setCSS(e, o){
    var a = {};                    // 定义临时对象直接量
    for(var i in o){               // 遍历参数对象，传递包含样式设置值
        a[i] = e.style[i];         // 先存储样式表中原来的值
        e.style[i] = o[i];         // 用参数值覆盖原来的值
    }
    return a;                      // 返回原样式属性值
}
// 恢复元素的样式属性值
// 参数：e 表示重设样式的元素，o 表示要恢复的值，它是一个对象，可以包含多个名值对
// 返回值：无
function resetCSS(e,o){
    for(var i in o){               // 遍历参数对象
        e.style[i] = o[i];         // 恢复原来的样式值
    }
}
```

再自定义函数 getW()和 getH()函数。不管元素是否被隐藏显示，这两个函数能够获取元素的宽度和高度。

```javascript
// 获取元素的存在宽度
// 参数：e 表示元素
// 返回值：存在宽度
function getW(e){   // 如果元素没有隐藏显示，则获取它的宽度，如果 offsetWidth 属性值存在，则
                    // 返回该值，否则调用自定义扩展函数 getStyle()和 fromStyle()获取元素的宽度
```

```
    if(getStyle(e,"display") != "none") return e.offsetWidth ||
fromStyle(getStyle(e,"width"));
    var r = setCSS( e, {// 如果元素隐藏，则调用 setCSS()函数临时显示元素，并存储原始属性值
        display:"",
        position:"absolute",
        visibility:"hidden"
    });
    var w = e.offsetWidth || fromStyle(getStyle(e,"width"));// 读取元素的宽度值
    resetCSS(e,r);                    // 调用 resetCSS()函数恢复元素的样式属性值
    return w;                         // 返回存在宽度
}
// 获取元素的存在高度
// 参数：e 表示元素
// 返回值：存在高度
function getH(e){ // 如果元素没有隐藏显示，则获取它的高度，如果 offsetHeight 属性值存在，则
// 返回该值，否则调用自定义扩展函数 getStyle()和 fromStyle()获取元素的高度
    if(getStyle(e,"display") != "none") return e.offsetHeight ||
fromStyle(getStyle(e,"height"));
    var r = setCSS( e, {// 如果元素隐藏，则调用 setCSS()函数临时显示元素，并存储原始属性值
        display:"",
        position:"absolute",
        visibility:"hidden"
    });
    var h = e.offsetHeight || fromStyle(getStyle(e,"height"));// 读取元素的高度值
    resetCSS(e,r);                    // 调用 resetCSS()函数恢复元素的样式属性值
    return h;                         // 返回存在高度
}
```

最后，调用 getW()和 getH()函数进行测试：

```
<div id="div" style="height:200px;width:200px;
border-style:solid;display:none;"></div>
<script>
var div = document.getElementById("div");
var w = div.offsetWidth;                    // 返回 0
var h = div.offsetHeight;                   // 返回 0
var w1 = getW(div);                         // 返回 206
var h1 = getH(div);                         // 返回 206
</script>
```

15.2.4 元素尺寸

不同浏览器对于 offsetWidth 和 offsetHeight 属性的解析标准是不同的，同时复杂的显示环境会导致元素在不同场合下所呈现的效果迥异。在某些情况下，用户需要精确计算元素的尺寸，这时候可以选用一些 HTML 元素特有的属性，这些属性虽然不是 DOM 标准的一部分，但是由于它们获得了所有浏览器的支持，所以在 JavaScript 开发中还是被普遍应用，说明如表 15.1 所示。

表 15.1　与元素尺寸相关的属性

元素尺寸专用属性	说　　明
clientWidth	获取元素可视部分的宽度，即 CSS 的 width 和 padding 属性值之和，元素边框和滚动条不包括在内，也不包含任何可能的滚动区域
clientHeight	获取元素可视部分的高度，即 CSS 的 height 和 padding 属性值之和，元素边框和滚动条不包括在内，也不包含任何可能的滚动区域

（续）

元素尺寸专用属性	说　明
offsetWidth	元素在页面中占据的宽度总和，包括 width、padding、border，以及滚动条的宽度
offsetHeight	元素在页面中占据的高度总和，包括 height、padding、border，以及滚动条的高度
scrollWidth	当元素设置了 overflow:visible 样式属性时，元素的总宽度。也有人把它解释为元素的滚动宽度。在默认状态下，如果该属性值大于 clientWidth 属性值，则元素会显示滚动条，以便能够翻阅被隐藏的区域
scrollHeight	当元素设置了 overflow:visible 样式属性时，元素的总高度。也有人把它解释为元素的滚动高度。在默认状态下，如果该属性值大于 clientHeight 属性值，则元素会显示滚动条，以便能够翻阅被隐藏的区域

【示例】　设计一个简单的盒子，盒子的 height 值为 200 像素，width 值为 200 像素，边框显示为 50 像素，补白区域定义为 50 像素。内部包含信息框，其宽度设置为 400 像素，高度也设置为 400 像素，换句话说就是盒子的内容区域为（400px,400px）。

```
<div id="div" style="height:200px;width:200px;border:solid 50px red;overflow:auto;padding:50px;">
    <div id="info" style="height:400px;width:400px;border:solid 1px blue;"></div>
</div>
```

然后，利用 JavaScript 脚本在内容框中插入一些行列号：

```
var info = document.getElementById("info");
var m = 0, n = 1, s = "";
while(m ++ < 19){
    s += m + " ";
}
s += "<br />";
while(n ++ < 21){
    s += n + "<br />";
}
info.innerHTML = s;                          // 插入行列号
```

盒子呈现效果如图 15.12 所示。

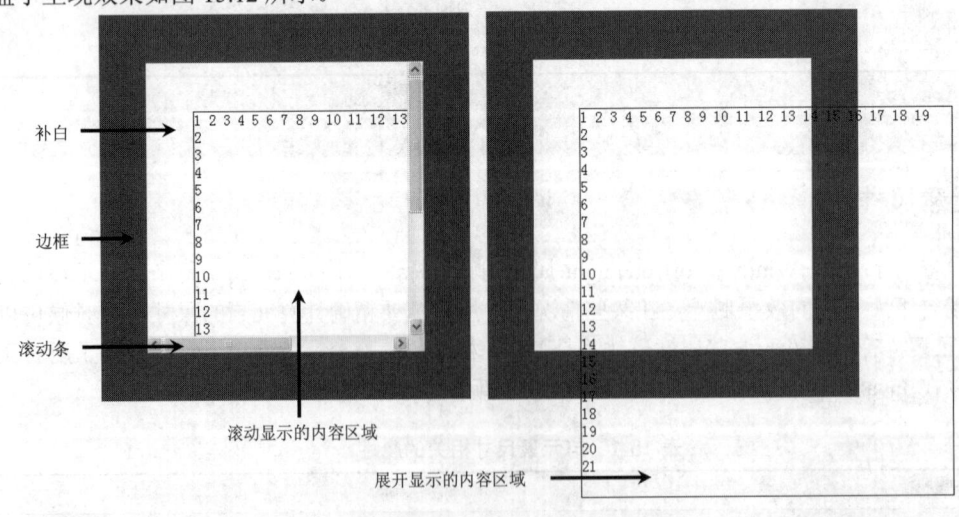

图 15.12　盒模型及其相关构成区域

现在分别调用 offsetHeight、scrollHeight、clientHeight 属性，以及自定义函数 getH()，则可以看到通过它们所获取的不同区域的高度，如图 15.13 所示。

```
var div = document.getElementById("div");
// 以下返回值是根据 IE 7.0 浏览器而定的
var ho = div.offsetHeight;                          // 返回 400
var hs = div.scrollHeight;                          // 返回 502
var hc = div.clientHeight;                          // 返回 283
var hg = getH(div);                                 // 返回 400
```

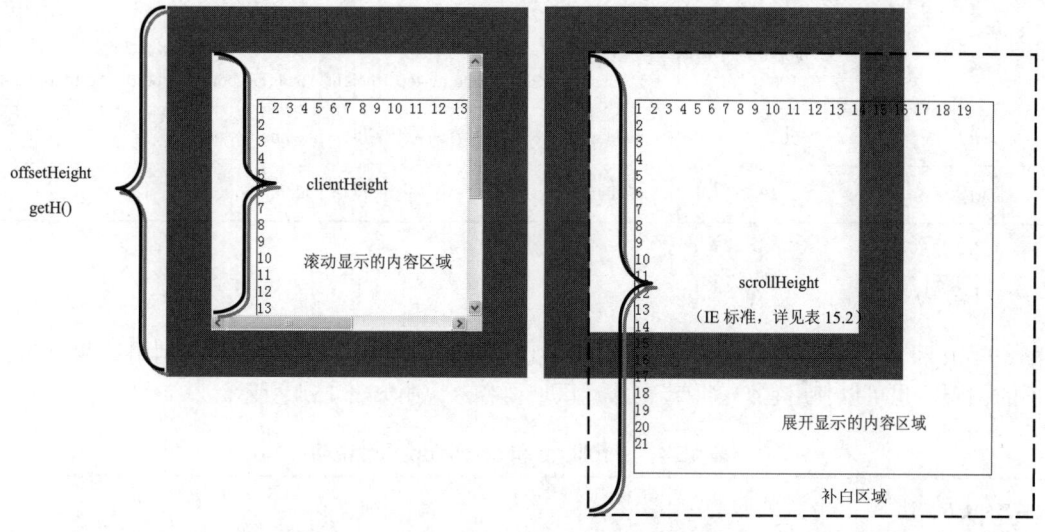

图 15.13　盒模型不同区域的高度示意图

通过上面的实例图，能够很直观地看出 offsetHeight、scrollHeight、clientHeight 这 3 个属性与自定义函数 getH() 的值不同，具体说明如下。

- offsetHeight = border-top-width + padding-top + height + padding-bottom + border-bottom-width
- scrollHeight = padding-top + 包含内容的完全高度 + padding-bottom
- clientHeight = padding-top + height +border-bottom-width – 滚动条的宽度

上面围绕元素高度进行说明，针对宽度的计算方式可以依此类推，这里就不再重复。

◁» 提示：

不同浏览器对于 scrollHeight 和 scrollWidth 属性解析方式不同。结合上面示例，具体说明如表 15.2 所示，而 scrollWidth 属性与 scrollHeight 属性雷同。

表 15.2　浏览器解析 scrollHeight 和 scrollWidth 属性比较

浏览器	返 回 值	计 算 公 式
IE	502	padding-top + 包含内容的完全高度 + padding-bottom
Firefox	452	padding-top + 包含内容的完全高度
Opera	419	包含内容的完全高度 + 底部滚动条的宽度
Safari	452	padding-top + 包含内容的完全高度

如果设置盒子的 overflow 属性为 visible，则 clientHeight 的值为 300：

```
clientHeight = padding-top + height + border-bottom-width
```

说明如果隐藏滚动条显示，则 clientHeight 属性值不用减去滚动条的宽度，即滚动条的区域被转化为可视内容区域。同时，不同浏览器对于 scrollHeight 和 scrollWidth 属性的解析也不同，结合上面示例，具体说明如表 15.3 所示。

表 15.3 浏览器解析 scrollHeight 和 scrollWidth 属性比较

浏览器	返回值	计算公式
IE	502	padding-top + 包含内容的完全高度 + padding-bottom
Firefox	400	border-top-width + padding-top + height + padding-bottom + border-bottom-width
Opera	502	padding-top + 包含内容的完全高度 + padding-bottom
Safari	502	padding-top + 包含内容的完全高度 + padding-bottom

扫一扫，看视频

15.2.5 视图尺寸

scrollLeft 和 scrollTop 属性可以获取移出可视区域外面的宽度和高度。用户利用这两个属性确定滚动条的位置，也可以使用它们获取当前滚动区域内容，说明如表 15.4 所示。

表 15.4 scrollLeft 和 scrollTop 属性说明

元素尺寸专用属性	说 明
scrollLeft	元素左侧已经滚动的距离（像素值）。更通俗地说，就是设置或获取位于元素左边界与元素中当前可见内容的最左端之间的距离
scrollTop	元素顶部已经滚动的距离（像素值）。更通俗地说，就是设置或获取位于元素顶部边界与元素中当前可见内容的最顶端之间的距离

【示例】 本例演示了如何设置和更直观地获取滚动外区域的尺寸。

```html
<textarea id="text" rows="5" cols="25" style="float:right;">
</textarea>
<div id="div" style="height:200px;width:200px;border:solid 50px red;padding:50px;overflow:auto;">
    <div id="info" style="height:400px;width:400px;border:solid 1px blue;"></div>
</div>
<script>
var div = document.getElementById("div");
div.scrollLeft = 200;                   // 设置盒子左边滚出区域宽度为 200 像素
div.scrollTop = 200;                    // 设置盒子顶部滚出区域高度为 200 像素
var text = document.getElementById("text");
div.onscroll = function(){              // 注册滚动事件处理函数
    text.value =      "scrollLeft   = " + div.scrollLeft + "\n" +
                      "scrollTop    = " + div.scrollTop + "\n" +
                      "scrollWidth  = " + div.scrollWidth + "\n" +
                      "scrollHeight = " + div.scrollHeight ;
}
</script>
```

呈现效果如图 15.14 所示。

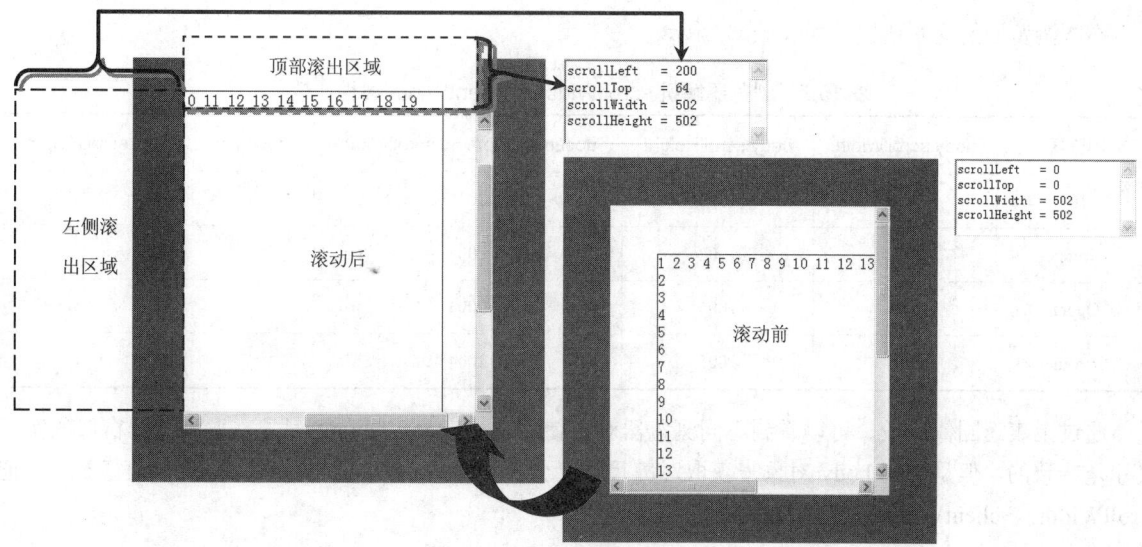

图 15.14　scrollLeft 和 scrollTop 属性指示区域示意图

15.2.6　窗口尺寸

扫一扫，看视频

【示例 1】　如果获取<html>标签的 clientWidth 和 clientHeight 属性，则就可以得到浏览器窗口的可视宽度和高度，而<html>标签在脚本中表示为 document.documentElement，可以这样设计：

```
var w = document.documentElement.clientWidth;   // 返回值不包含滚动条的宽度
var h = document.documentElement.clientHeight;  // 返回值不包含滚动条的宽度
```

不过在 IE 怪异模式下，body 是最顶层的可视元素，而 html 元素保持隐藏。所以只有通过<body>标签的 clientWidth 和 clientHeight 属性才可以得到浏览器窗口的可视宽度和高度，而<body>标签在脚本中表示为 document.body，所以如果要兼容 IE 怪异解析模式，则可以这样设计：

```
var w = document.body.clientWidth;
var h = document.body.clientHeight;
```

然而，支持 DOM 解析模式的浏览器都把 body 视为一个普通的块级元素，而<html>标签才包含整个浏览器窗口。因此，考虑到浏览器的兼容性，可以这样设计：

```
var w = document.documentElement.clientWidth||document.body.clientWidth;
var h = document.documentElement.clientHeight||document.body.clientHeight;
```

如果浏览器支持 DOM 标准，则使用 documentElement 对象读取；如果该对象不存在，则使用 body 对象读取。

【示例 2】　如果窗口包含内容超出了窗口可视区域，则应该使用 scrollWidth 和 scrollHeight 属性来获取窗口的实际宽度和高度。但是对于 document.documentElement 和 document.body 来说，不同浏览器对于它们的支持略有差异。

```
<body style="border:solid 2px blue;margin:0;padding:0">
    <div style="width:2000px;height:1000px;border:solid 1px red;">
</div>
</body>
<script>
var wb = document.body.scrollWidth;
var hb = document.body.scrollHeight;
var wh = document.documentElement.scrollWidth;
var hh = document.documentElement.scrollHeight;
</script>
```

不同浏览器的返回值比较如表 15.5 所示。

表 15.5 浏览器解析 scrollWidth 与 clientWidth 属性比较

浏览器	body.scrollWidth	body.scrollHeight	documentElement.scrollWidth	documentElement.scrollHeight
IE	2002	1002	2004	1006
Firefox	2002	1002	2004	1006
Opera	2004	1006	2004	1006
Chrome	2004	1006	2004	1006

通过上表返回值比较，可以看到不同浏览器对于使用 documentElement 对象获取浏览器窗口的实际尺寸是一致的，但是使用 body 对象来获取对应尺寸就会存在很大的差异，特别是 Firefox 浏览器，它把 scrollWidth 与 clientWidth 属性值视为相等。

15.3 位置偏移

元素定位是动态网页设计的基础，用户通过访问和设置元素的 CSS 位置属性（left 和 top）可以模拟各种网页运动效果。

15.3.1 窗口位置

扫一扫，看视频

CSS 的 left 和 top 属性不能真实反映元素相对于页面或其他对象的精确位置，不过每个元素都拥有 offsetLeft 和 offsetTop 属性，它们描述了元素的偏移位置。但不同浏览器定义元素的偏移参照对象不同。例如，IE 会以父元素为参照对象进行偏移，而支持 DOM 标准的浏览器会以最近定位元素为参照对象进行偏移。

【示例 1】 本例是一个 3 层嵌套的结构，其中最外层 div 元素被定义为相对定位显示。然后在 JavaScript 脚本中使用 alert(box.offsetLeft);语句获取最内层 div 元素的偏移位置，则 IE 返回值为 50 像素，而其他支持 DOM 标准的浏览器会返回 101 像素。注意，早期 Opera 返回值为 121 像素，因为它是以 ID 为 wrap 元素的边框外壁为起点进行计算，而其他支持 DOM 标准的浏览器以 ID 为 wrap 元素的边框内壁为起点进行计算。

```
<style type="text/css">
div {width:200px; height:100px; border:solid 1px red; padding:50px;}
#wrap { position:relative; border-width:20px; }
</style>
<div id="wrap">
    <div id="sub">
        <div id="box"></div>
    </div>
</div>
```

呈现效果如图 15.15 所示。

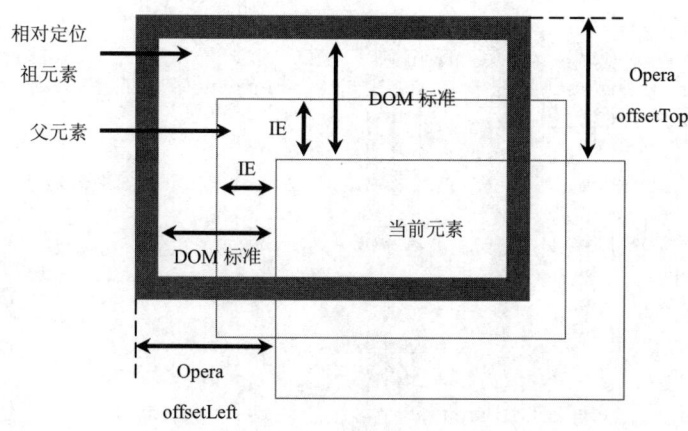

图 15.15　获取元素的位置示意图

所有浏览器都支持 offsetParent 属性，该属性总能指向定位元素。例如，针对上面的嵌套结构，有如下几种情况。

- 对于 IE 浏览器来说，当前定位元素（ID 为 box 的 div 元素）的 offsetParent 属性将指向 ID 为 sub 的 div 元素。对于 sub 元素来说，它的 offsetParent 属性将指向 ID 为 wrap 的 div 元素。
- 对于支持 DOM 的浏览器来说，则当前定位元素的 offsetParent 属性将指向 ID 为 wrap 的 div 元素。
- 所以可以设计一个能够兼容不同浏览器的等式：
- IE：(#box).offsetLeft + (#sub).offsetLeft ＝ (#box).offsetLeft + (#box).offsetParent.offsetLeft
- DOM：(#box).offsetLeft

对于任何浏览器来说，offsetParent 属性总能够自动识别当前元素偏移的参照对象，所以不用担心 offsetParent 在不同浏览器中具体指代什么元素。这样就能够通过迭代来计算当前元素距离窗口左上顶角的坐标值，演示如图 15.16 所示。

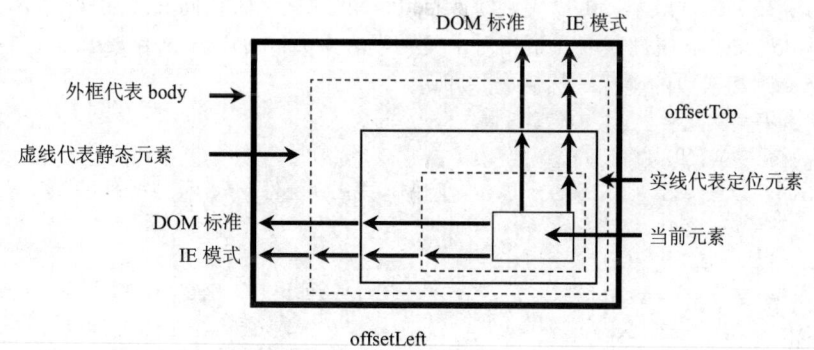

图 15.16　能够兼容不同浏览器的元素偏移位置计算演示示意图

通过上图可以看到，尽管不同浏览器的 offsetParent 属性指代的元素不同，但是通过迭代计算，当前元素距离浏览器窗口的坐标距离都是相同的。

【示例 2】　根据上面分析可以设计一个扩展函数：

```
// 获取指定元素距离窗口左上角偏移坐标
// 参数：e 表示获取位置的元素
// 返回值：返回对象直接量，其中属性 x 表示 x 轴偏移距离，属性 y 表示 y 轴偏移距离
```

```
function getPoint(e){
    var x = y = 0;                  // 初始化临时变量
    while(e.offsetParent){          // 如果存在offsetParent指代的元素，则获取它的偏移坐标
        x += e.offsetLeft;          // 累计总的x轴偏移距离
        y += e.offsetTop;           // 累计总的y轴偏移距离
        e = e.offsetParent;         // 把当前元素的offsetParent属性值传递给循环条件表达式
    }
    return {// 遍历到body元素后，将停止循环，把叠加的值赋值给对象直接量，并返回该对象
        "x" : x,
        "y" : y
    };
}
```

由于body和html元素没有offsetParent属性，所以当迭代到body元素时，会自动停止并计算出当前元素距离窗口左上角的坐标距离。

📢 **提示：**

不要为包含元素定义边框，因为不同浏览器对边框的处理方式不同。例如，IE浏览器会忽略所有包含元素的边框，因为所有元素都是参照对象，且以参照对象的边框内壁作为边线进行计算。Firefox和Safari会把静态元素的边框作为实际距离进行计算，因为对于它们来说，静态元素不作为参照对象。而对于Opera浏览器来说，它根据非静态元素边框的外壁作为边线进行计算，所以该浏览器所获取的值又不同。如果不为所有包含元素定义边框，就可以避免不同浏览器解析的分歧，最终实现返回相同的距离。

扫一扫，看视频

15.3.2 相对位置

在复杂的嵌套结构中，仅仅获取元素相对于浏览器窗口的位置并没有多大利用价值，因为定位元素是根据最近的上级非静态元素进行定位的。同时对于静态元素来说，它是根据父元素的位置来决定自己的显示位置。

要获取相对父级元素的位置，用户可以调用15.3.1节自定义的getPoint()扩展函数分别获取当前元素和父元素距离窗口的距离，然后求两个值的差即可。

【示例】 为了提高执行效率，可以先判断offsetParent属性是否指向父级元素，如果是，则可以直接使用offsetLeft和offsetTop属性获取元素相对于父元素的距离；否则就调用getPoint()扩展函数分别获得当前元素和父元素距离窗口的坐标，然后求差即可。

```
// 获取指定元素距父元素左上角的偏移坐标
// 参数：e表示获取位置的元素
// 返回值：返回对象直接量，其中属性x表示x轴偏移距离，属性y表示y轴偏移距离
function getP(e){
    if(e.parentNode == e.offsetParent){         // 判断offsetParent属性是否指向父级元素
        var x = e.offsetLeft;                    // 如果是，则直接读取offsetLeft属性值
        var y = e.offsetTop ;                    // 读取offsetTop属性值
    }
    else{// 否则调用getW()扩展函数获取当前元素和父元素的x轴坐标，并返回它们的差值
        var o = getPoint(e);
        var p = getPoint(e.parentNode);
        var x = o.x - p.x;
        var y = o.y - p.y;
    }
    return {// 返回对象直接量，对象包含当前元素距离父元素的坐标
        "x" : x,
```

```
      "y" : y
   };
}
```

下面调用该扩展函数获取指定元素相对父元素的偏移坐标：

```
var box = document.getElementById("box");
var o = getP(box);              // 调用扩展函数获取元素相对父元素的偏移坐标
alert(o.x);                     // 读取 x 轴坐标偏移值
alert(o.y);                     // 读取 y 轴坐标偏移值
```

15.3.3 定位位置

定位包含框就是定位元素参照的包含框对象，一般为距离当前元素最近的上级定位元素。获取元素相对定位包含框的位置可以直接读取 CSS 样式中 left 和 top 属性值，它们记录了定位元素的坐标值。

【示例】 本扩展函数 getB()调用了 getStyle()扩展函数，该函数能够获取元素的 CSS 样式属性值。对于默认状态的定位元素或者静态元素，它们的 left 和 top 属性值一般为 auto。因此，获取 left 和 top 属性值之后，可以尝试使用 parseInt()方法把它转换为数值。如果失败，说明其值为 auto，则设置为 0，否则返回转换的数值。

```
// 获取指定元素距离定位包含框元素左上角的偏移坐标
// 参数：e 表示获取位置的元素
// 返回值：返回对象直接量，其中属性 x 表示 x 轴偏移距离，属性 y 表示 y 轴偏移距离
function getB(e){
    return {
        "x" : (parseInt(getStyle(e, "left")) || 0) ,
        "y" : (parseInt(getStyle(e, "top")) || 0)
    };
}
```

15.3.4 设置偏移位置

与获取元素的位置相比，设置元素的偏移位置就比较容易，可以直接使用 CSS 属性进行设置。不过对于页面元素来说，只有定位元素才允许设置元素的位置。考虑到页面中定位元素的位置常用绝对定位方式，所以不妨把设置元素的位置封装到一个函数中。

【示例】 下面函数能够根据指定元素，及其传递的坐标值，快速设置元素相对于上级定位元素的位置：

```
// 设置元素的偏移位置，即相对于上级定位元素为参照对象定位元素的位置
// 参数：e 表示设置位置的元素，o 表示一个对象，对象包含的属性 x 代表 x 轴距离，属性 y 代表 y 轴距离，
不用附带单位，默认以像素为单位
// 返回值：无
function setP(e,o){
    (e.style.position) || (e.style.position = "absolute");// 如果元素静态显示，则对其
进行绝对定位
    e.style.left = o.x + "px";              // 设置 x 轴的距离
    e.style.top = o.y + "px";               // 设置 y 轴的距离
}
```

定位元素还可以使用 right 和 bottom 属性，但是我们更习惯使用 left 和 top 属性来定位元素的位置。所以在该函数中没有考虑 right 和 bottom 属性。

扫一扫，看视频

15.3.5 设置相对位置

偏移位置是重新定位元素的位置，不考虑元素可能存在的定位值。但是，在动画设计中，经常需要设置元素以当前位置为起点进行偏移。

【示例】 定义一个扩展函数，以实现元素相对当前位置进行偏移。该函数中调用了上节介绍的 getB() 扩展函数，此函数能够获取当前元素的定位坐标值：

```
// 设置元素的相对位置，即相对于当前位置进行偏移
// 参数：e 表示设置位置的元素，o 表示一个对象，对象包含的属性 x 代表 x 轴偏移距离，属性 y 代表 y 轴
偏移距离，不用附带单位，默认以像素为单位
// 返回值：无
function offsetP(e, o){
    (e.style.position) || (e.style.position = "absolute");// 如果元素静态显示，则对其
进行绝对定位
    e.style.left = getB(e).x + o.x + "px";        // 设置 x 轴的距离
    e.style.top = getB(e).y + o.y + "px";         // 设置 y 轴的距离
}
```

针对下面结构和样式，用户可以调用 offsetP() 函数设置 ID 为 sub 的 div 元素向右下方向偏移（10,100）的坐标距离。

```
<style type="text/css">
div {width:200px; height:100px; border:solid 1px red; padding:50px; position: absolute; left:50px; top:50px; }
</style>
<div id="wrap">
    <div id="sub">
        <div id="box"></div>
    </div>
</div>
<script>
var sub = document.getElementById("sub");
offsetP(sub,{
    x : 10, y : 100
});
</script>
```

扫一扫，看视频

15.3.6 鼠标指针绝对位置

要获取鼠标指针的页面位置，首先应捕获当前事件对象，然后读取事件对象中包含的定位信息。考虑到浏览器的不兼容性，可以选用 pageX/pageY（兼容 Safari）或 clientX/clientY（兼容 IE）属性对。另外，还需要配合使用 scrollLeft 和 scrollTop 属性。

【示例】

```
// 获取鼠标指针的页面位置
// 参数：e 表示当前事件对象，由系统自动捕获
// 返回值：返回鼠标相对页面的坐标对象，其中属性 x 表示 x 轴偏移距离，属性 y 表示 y 轴
偏移距离
function getMP(e){
    var e = e || window.event;              // 标准化事件对象
    return {
        x : e.pageX || e.clientX + (document.documentElement.scrollLeft || document.
```

```
body.scrollLeft),
    y : e.pageY ||   e.clientY + (document.documentElement.scrollTop || document.body.scrollTop)
  }
}
```

pageX 和 pageY 事件属性不被 IE 浏览器支持，而 clientX 和 clientY 事件属性又不被 Safari 浏览器支持，因此可以混合使用它们以兼容不同的浏览器。同时，对于 IE 怪异解析模式来说，body 元素代表页面区域，而 html 元素被隐藏，但是支持 DOM 标准的浏览器认为 html 元素代表页面区域，而 body 元素仅是一个独立的页面元素，所以需要兼容这两种解析方式。

下面示例演示了如何调用上面已定义的扩展函数 getMP()捕获当前鼠标指针在文档中的位置：

```
<body style="width:2000px;height:2000px;">
    <textarea id="t" cols="15" rows="4" style="position:fixed;left:50px;top: 50px;">
</textarea>
</body>
<script>
var t = document.getElementById("t");
document.onmousemove = function(e){
    var m = getMP(e);
    t.value ="mouseX = " + m.x  + "\n" + "mouseY = " + m.y
}
</script>
```

呈现效果如图 15.17 所示。

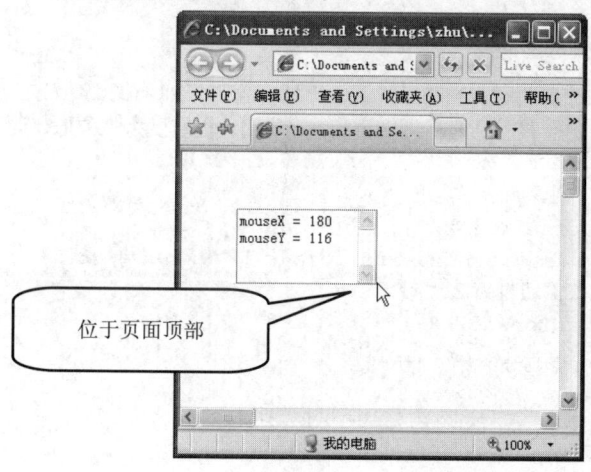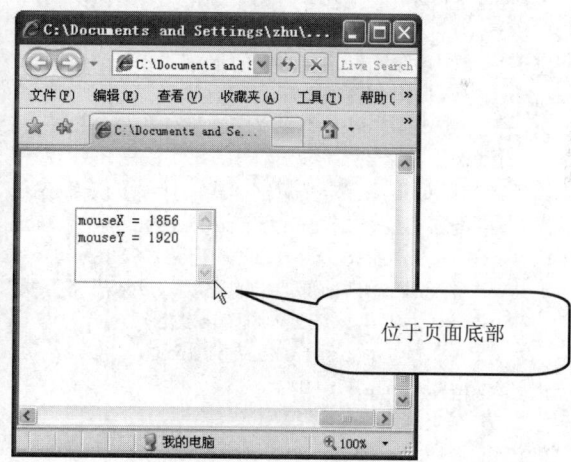

图 15.17　鼠标指针在页面中的位置

15.3.7　鼠标指针相对位置

除了考虑鼠标的页面位置外，在开发中还应该考虑鼠标在当前元素内的位置。这需要用到事件对象的 offsetX/offsetY 或 layerX/layerY 属性对。由于早期 Mozilla 类型浏览器不支持 offsetX 和 offsetY 事件属性，可以考虑用 layerX 和 layerY，但是这两个事件属性是以定位包含框为参照对象，而不是元素自身左上顶角，因此还需要减去当前元素的 offsetLeft/offsetTop 值。

【示例 1】　可以使用 offsetLeft 和 offsetTop 属性获取元素在定位包含框中的偏移坐标，然后使用 layerX 属性值减去 offsetLeft 属性值，使用 layerY 属性值减去 offsetTopt 属性值，即可得到鼠标指针在元素内部的位置。代码如下：

扫一扫，看视频

```
// 获取鼠标指针在元素内的位置
// 参数: e 表示当前事件对象, o 表示当前元素
// 返回值: 返回鼠标相对元素的坐标位置, 其中 x 表示 x 轴偏移距离, y 表示 y 轴偏移距离
function getME(e, o){
    var e = e || window.event;
    return {
        x : e.offsetX ||  (e.layerX - o.offsetLeft),
        y : e.offsetY ||  (e.layerY - o.offsetTop)
    }
}
```

在实践中上面扩展函数存在几个问题:

- 为了兼容 Mozilla 类型浏览器,通过鼠标偏移坐标减去元素的偏移坐标,得到元素内鼠标偏移坐标的参考原点元素边框外壁的左上角。
- Safari 浏览器的 offsetX 和 offsetY 是以元素边框外壁的左上角为坐标原点,而其他浏览器则是以元素边框内壁的左上角为坐标原点,这就导致不同浏览器的解析差异。
- 考虑到边框对于鼠标位置的影响,当元素边框很宽时,必须考虑如何消除边框对于鼠标位置的影响。但是,由于边框样式不同,它存在 3 像素的默认宽度,则为获取元素的边框实际宽度带来了麻烦。需要设置更多的条件,来判断当前元素的边框宽度。

【示例2】 完善后的获取鼠标指针在元素内的位置扩展函数如下:

```
// 完善获取鼠标指针在元素内的位置
// 参数: e 表示当前事件对象, o 表示当前元素
// 返回值: 返回鼠标相对元素的坐标位置, 其中 x 表示 x 轴偏移距离, y 表示 y 轴偏移距离
function getME(e, o){
    var e = e || window.event;
    // 获取元素左侧边框的宽度
    // 调用 getStyle()扩展函数获取边框样式值,并尝试转换为数值,如果转换成功,则赋值。
    // 否则判断是否定义了边框样式,如果定义边框样式,且值不为 none,则说明边框宽度为默认值,即为 3 像素。
    // 如果没有定义边框样式,且宽度值为 auto,则说明边框宽度为 0。
    var bl = parseInt(getStyle(o, "borderLeftWidth")) ||
        ((o.style.borderLeftStyle && o.style.borderLeftStyle != "none" ) ? 3 : 0);
    // 获取元素顶部边框的宽度, 设计思路与获取左侧边框方法相同
    var bt = parseInt(getStyle(o, "borderTopWidth")) ||
        ((o.style.borderTopStyle && o.style.borderTopStyle != "none" ) ? 3 : 0);
    var x = e.offsetX ||                        // 一般浏览器下鼠标偏移值
        (e.layerX - o.offsetLeft - bl);
     // 兼容 Mozilla 类型浏览器, 减去边框宽度
    var y = e.offsetY ||                        // 一般浏览器下鼠标偏移值
        (e.layerY - o.offsetTop - bt);
     // 兼容 Mozilla 类型浏览器, 减去边框宽度
    var u = navigator.userAgent;                // 获取浏览器的用户数据
    if( (u.indexOf("KHTML") > -1) ||
        (u.indexOf("Konqueror") > -1) ||
        (u.indexOf("AppleWebKit") > -1)
    ){       // 如果是 Safari 浏览器, 则减去边框的影响
        x -= bl;
        y -= bt;
    }
```

```
        return {            // 返回兼容不同浏览器的鼠标位置对象，以元素边框内壁左上角为定位原点
            x : x,
            y : y
        }
}
```

呈现效果如图 15.18 所示。

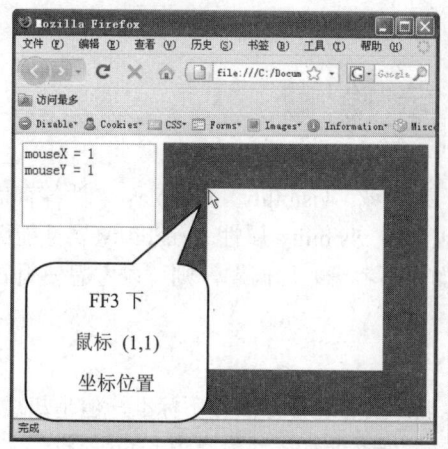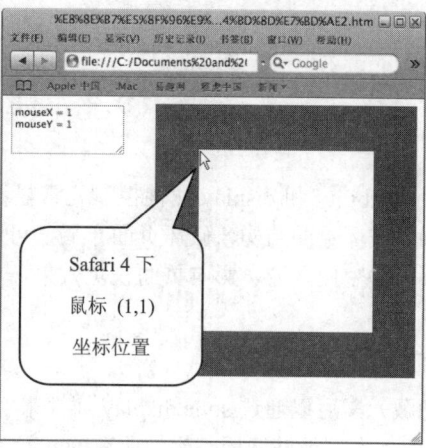

图 15.18　完善鼠标指针在元素内的定位

15.3.8　滚动条位置

【示例】　对于浏览器窗口的滚动条来说，使用 scrollLeft 和 scrollTop 属性也可以获取窗口滚动条的位置。

```
// 获取页面滚动条的位置
// 参数：无
// 返回值：返回滚动条的位置，其中属性 x 表示 x 轴偏移距离，属性 y 表示 y 轴偏移距离
function getPS(){
    var h = document.documentElement;        // 获取页面引用指针
    var x = self.pageXOffset ||              // 兼容早期浏览器
        (h && h.scrollLeft) ||               // 兼容标准浏览器
        document.body.scrollLeft;            // 兼容 IE 怪异模式
    var y = self.pageYOffset ||              // 兼容早期浏览器
        (h && h.scrollTop) ||                // 兼容标准浏览器
        document.body.scrollTop;             // 兼容 IE 怪异模式
    return {
        x : x,
        y : y
    };
}
```

15.3.9　设置滚动条位置

Window 对象定义了 scrollTo(x, y)方法，该方法能够根据传递的参数值定位滚动条的位置，其中参数 x 可以定位页面内容在 x 轴方向上的偏移量，而参数 y 可以定位页面在 y 轴方向上的偏移量。

【示例】　下面扩展函数能够把滚动条定位到指定的元素位置。其中调用了 15.3.1 节中定义的

getPoint ()扩展函数，使用 getPoint ()函数获取指定元素的页面位置。

```
// 滚动到页面中指定的元素位置
// 参数：指定的对象
// 返回值：无
function setPS(e){
    window.scrollTo(getPoint(e).x, getPoint(e).y);
}
```

15.4 显示隐藏

CSS 使用 visibility 和 display 属性控制元素显示或隐藏。visibility 和 display 属性各有优缺点，如果担心隐藏元素会破坏页面结构，破坏页面布局，可以选用 visibility 属性。visibility 属性能够隐藏元素，但是它会留下一块空白区域，影响页面视觉效果，如果不考虑布局问题，则可以考虑使用 display 属性。

扫一扫，看视频

15.4.1 可见性

简单的隐藏元素可以通过 style.display 属性来实现，虽然这种方法并不标准，但是却被普遍采用。

【示例 1】 本例能够遍历结构中所有的 p 元素，并把 class 属性值不为 main 的段落文本全部隐藏。

```
<p>p1</p>
<p class="main">p2</p>
<p>p3</p>
<script>
var p = document.getElementsByTagName("p");
for(var i = 0; i < p.length; i ++ ){
    if(p[i].className == "main") continue;   // 如果 class 属性值为 main，则跳过
    p[i].style.display = "none";             // 隐藏元素
}
</script>
```

恢复 style.display 属性的默认值，只需设置 style.display 属性值为空字符串（style.display = ""）。

【示例 2】 由于显示和隐藏是交互设计中经常用到的技巧，所以有必要对其进行功能封装，以实现代码重用和灵活应用，并能够兼容不同浏览器。

当指定元素和布尔值参数时，则元素能够根据布尔值 true 或 false 决定是否进行显示或隐藏，如果不指定第 2 个布尔值参数，则函数将对元素进行如下显示或隐藏切换：

```
// 设置或切换元素的显示或隐藏
// 参数：e 表示要显示或隐藏的元素，b 是一个布尔值，当为 ture 时，将显示元素 e；当为 false 时，将
隐藏元素 e。如果省略参数 b，则根据元素 e 的显示状态，进行显示或隐藏切换
// 返回值：无
function display(e, b){  // 监测第 2 个参数的类型。如果该参数存在且不为布尔值，则抛出异常
    if(b && (typeof b != "boolean")) throw new Error("第 2 个参数应该是布尔值!");
    var c = getStyle(e, "display");          // 获取当前元素的显示属性值
    (c != "none") && (e._display = c);       // 记录元素的显示性质，并存储到元素的属性中
    e._display = e._display || "";           // 如果没有定义显示性质，则赋值为空字符串
    if(b || (c == "none") ){                 // 当第 2 个参数值为 true，或者元素隐藏时
        e.style.display = e._display;        // 则将调用元素的_display 属性值恢复元素或显示
元素
    }
    else{
```

```
        e.style.display = "none";              // 否则隐藏元素
    }
}
```

下面在页面中设置一个向右浮动的元素 p。连续调用 3 次 display()函数后，则相当于隐藏元素，代码如下所示：

```
<p style="float:right; border:solid 1px red; width:100px;height:100px;">p1</p>
<script>
var p = document.getElementsByTagName("p")[0];
display(p);                                    // 切换隐藏
display(p);                                    // 切换显示
display(p);                                    // 切换隐藏
</script>
```

不管元素是否显示或隐藏，如果按如下方式调用，则会显示出来，且元素依然显示为原来的状态：

```
display(p , true);                             // 强制显示
```

15.4.2 透明度

所有现代浏览器都支持元素的透明度，但是不同浏览器对于元素透明度的设置方法不同。IE 浏览器支持 filters 滤镜集，而支持 DOM 标准的浏览器认可 style.opacity 属性。同时，它们设置值的范围也不同，IE 的 opacity 属性值范围为 0~100，其中 0 表示完全透明，而 100 表示不透明。而支持 style.opacity 属性浏览器的设置值范围是 0~1，其中 0 表示完全透明，而 1 表示不透明。

【示例 1】 为了兼容不同浏览器，可以把设置元素透明度的功能进行函数封装：

```
// 设置元素的透明度
// 参数：e 表示要预设置的元素，n 表示一个数值，取值范围为 0~100，如果省略，则默认为 100，即不透明显示元素。
// 返回值：无
function setOpacity(e, n){
    var n = parseFloat(n);       // 把第 2 个参数转换为浮点数
    if(n && (n>100) || !n) n=100; // 如果第 2 个参数存在且大于 100，或者不存在，则设置为 100
    if(n && (n<0))   n =0;       // 如果第 2 个参数存在且值小于 0，则设置其为 0
    if (e.filters){              // 兼容 IE 浏览器
        e.style.filter = "alpha(opacity=" + n + ")";
    }
    else{                         // 兼容 DOM 标准
        e.style.opacity = n / 100;
    }
}
```

在获取元素的透明度时，应注意在 IE 浏览器中不能够直接通过属性读取，而应借助 filters 集合的 item()方法获取 Alpha 对象，然后读取它的 opacity 属性值。

【示例 2】 为了避免在读取 IE 浏览器中元素的透明度时发生错误，建议使用 try 语句包含读取语句。

```
// 获取元素的透明度
// 参数：e 表示要预设置的元素
// 返回值：元素的透明度值，范围在 1~100 之间
function getOpacity(e){
    var r;
    if ( ! e.filters){
        if (e.style.opacity) return parseFloat(e.style.opacity) * 100;
    }
    try{
```

```
        return e.filters.item('alpha').opacity
    }
    catch(o){
        return 100;
    }
}
```

15.5 实战案例

在 JavaScript 中设计动画,主要利用循环体和定时器(setTimeout 和 setInterval)来实现。动画设计思路:通过循环改变元素的某个 CSS 样式属性,从而达到动态效果,如移动位置、缩放大小、渐隐渐显等。为了能够设计更逼真的效果,一般通过高频率小步伐快速修改样式属性值,让浏览者感觉动画是在持续运动而不是由很多次设置组成。

15.5.1 滑动

滑动效果主要通过动态修改元素的坐标来实现。设计的关键有以下两点。
- 应考虑元素的初始化坐标、最终坐标,以及移动坐标等定位要素。如果参照物相同,则这个问题比较好解决,读者可以参阅 15.4 节讲解的技巧获取元素的坐标值。
- 移动的速度、频率等问题。移动可以借助定时器来实现,但效果的模拟涉及算法问题,不同的算法,可能会设计出不同的移动效果,如匀速运动、加速和减速运动。在 Flash 动画设计中,就专门提供了一个 Tween 类,利用它可以模拟出很多运动效果,如缓动、弹簧震动等效果,其技术核心是算法设计问题。算法好像很高深,如果通俗一点讲,就是通过数学函数计算定时器每次触发时移动的距离。

【示例】 本例演示了如何设计一个简单的元素滑动效果。通过指向元素、移动的位置,以及移动的步数,可以设计按一定的速度把元素从当前位置移动指定的位置。本示例引用前面介绍的 getB()方法,该方法能够获取当前元素的绝对定位坐标值。

```
// 简单的滑动函数
// 参数:e 表示元素,x 和 y 表示要移动的最后坐标位置(相对包含块),t 表示元素移动的步数
function slide(e, x, y, t){
    var t = t || 100;           // 初始化步数,步数越大,速度越慢,移动越逼真
    var o = getB(e);            // 当前元素的绝对定位坐标值
    var x0 = o.x;
    var y0 = o.y;
    var stepx = Math.round((x - x0) / t);
    // 计算 x 轴每次移动的步长,由于像素点不可用小数,所以会存在一定的误差
    var stepy = Math.round((y - y0) / t);   // 计算 y 轴每次移动的步长
    var out = setInterval(function(){       // 设计定时器
        var o = getB(e);                    // 获取每次移动后的绝对定位坐标值
        var x0 = o.x;
        var y0 = o.y;
        e.style["left"] = (x0 + stepx) + 'px';   // 定位每次移动的位置
        e.style["top"] = (y0 + stepy) + 'px';    // 定位每次移动的位置
        if (Math.abs(x - x0) <= Math.abs(stepx) || Math.abs(y - y0) <= Math.abs(stepy))
{// 如果距离终点坐标的距离小于步长,则停止循环执行,并校正元素的最终坐标位置
            e.style["left"] = x + 'px';
            e.style["top"] = y + 'px';
```

```
            clearTimeout(out);
        };
    }, 2)
};
```

使用时应该定义元素绝对定位或相对定位显示状态，否则移动无效。在网页动画设计中，一般都使用这种定位移动的方式来实现。

```
<style type="text/css">
.block {width:20px; height:20px; position:absolute; left:200px;
top:200px; background-color:red; }
</style>
<div class="block" id="block1"></div>
<script>
temp1 = document.getElementById('block1');
slide(temp1, 400, 400,60);
</script>
```

15.5.2 渐隐渐显

扫一扫，看视频

渐隐渐显效果主要通过动态修改元素的透明度来实现。

【示例】 本例演示了如何实现一个简单的渐隐渐显动画效果，涉及到 setOpacity()函数的调用。

```
// 渐隐渐显动画显示函数
// 参数：e 表示渐隐渐显元素，t 表示渐隐渐显的速度，值越大渐隐渐显速度越慢，io 表示渐隐或渐显方式，
取值 true 表示渐显，取值 false 表示渐隐。
function fade(e, t, io){
    var t = t || 10;          // 初始化渐隐渐显速度
    if(io){                   // 初始化渐隐渐显方式
        var i = 0;
    }else{
        var i = 100;
    }
    var out = setInterval(function(){       // 设计定时器
        setOpacity(e, i);                    // 调用 setOpacity()函数
        if(io) {                             // 根据渐隐或渐显方式决定执行效果
            i ++ ;
            if(i >= 100)  clearTimeout(out);
        }
        else{
            i-- ;
            if(i <= 0)  clearTimeout(out);
        }
    }, t);
}
```

下面调用该函数：

```
<style type="text/css">
.block {width:200px; height:200px; background-color:red; }
</style>
<div class="block" id="block1"></div>
<script>
e = document.getElementById('block1');
fade(e,50,true);                          // 应用渐隐渐显动画效果
</script>
```

第 16 章 使用 Ajax 实现异步通信

在传统 Web 开发中,与服务器进行通信主要是通过同步请求的方式(即刷新页面)来实现,如果同步请求的次数过于频繁,就会产生大量无用、重复的数据挤占带宽。Ajax 完全摒弃了这种信息交互方式,它通过 XMLHttpRequest 组件,在不需要刷新页面的情况,与服务器保持异步通信和联系,服务器根据需要进行最小化响应,而不再是完整页面的重复发送。本章将介绍 Ajax 交互的实现过程,并通过案例帮助用户掌握异步通信的实战技巧。

【学习重点】
- 使用 XML 和 JSON 数据。
- 了解 HTTP 和 Ajax 技术。
- 掌握异步交互的请求、响应、接收和监测过程。
- 使用 Ajax 设计异步交互的页面。

16.1 使用 XML 数据

XML 格式是互联网数据传输的事实标准,传统 Web 服务大都建立在 XML 数据之上。不过 XML 数据结构过于烦琐、冗长,数据访问过程复杂,浏览器兼容问题严重,导致它在 Web 应用开发中逐步被 JSON 格式数据取代。

扫一扫,看视频

16.1.1 新建 XML 文档

XML 是可扩展的标识语言,用户根据需要可以自定义标记,实现数据格式的自由定义与传输。

【示例】 本例创建一个简单的 XML 文档,模拟留言板结构,包括编号、标题、时间和内容等,以帮助读者简单了解 XML 文档构成。

```xml
<?xml version="1.0" encoding="gb2312"?>
<blog>
    <item>
        <id>1</id>
        <title>标题 1</title>
        <time>发布时间</time>
        <content>日志内容</content>
        <word>
            <user>昵称</user>
            <time>留言时间</time>
            <text>留言内容</text>
        </word>
    </item>
</blog>
```

与 HTML 文档一样,XML 文档也是由各种标签组成,文档内容由一个根节点包含(如 blog),由开始标记<blog>和结束标记</blog>组成。但 XML 标签能够自己命名,标记数据的语义,标签不承担显示效果。在浏览器中预览,则显示效果如图 16.1 所示。

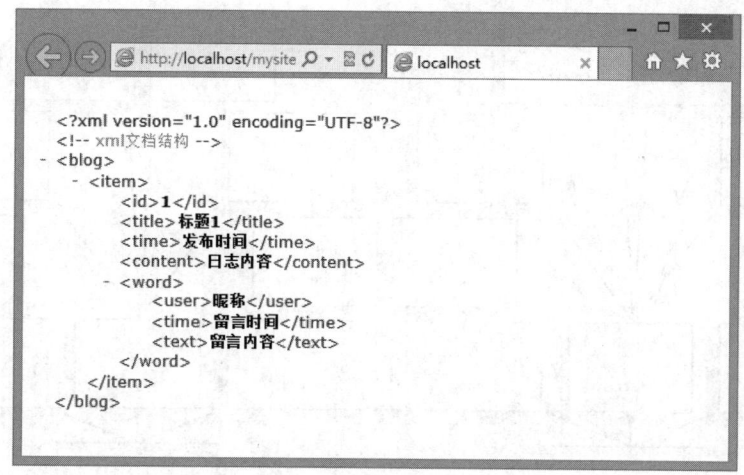

图 16.1 XML 文件显示效果

XML 文档一般包含 3 部分：XML 声明、处理指令和 XML 结构数据，其中处理指令是可选部分。

每个 XML 文档都必须有声明，声明信息是正确解析 XML 数据的基础，它必须是 XML 文档中的第一行内容，前面不能够包含任何字符，包括空格。

在 XML 声明中必须指定 version 属性值，指明文档所采用的 XML 版本号，同时定义文档字符集，上面代码中的 encoding="gb2312"表示该文档使用的是 GB2312 字符集。

16.1.2 访问 XML 数据

XML DOM 定义了访问和操作 XML 文档的标准方法。根据 XML DOM 规范，XML 文档中每个对象都是一个节点，具体说明如下。

- 整个文档是一个文档节点。
- 每个 XML 标签是一个元素节点。
- 包含在 XML 元素中的文本是文本节点。
- 每一个 XML 属性是一个属性节点。
- 注释属于注释节点。

【示例 1】 在 XML 文档中，其文档对象模型类似一棵树。例如，针对下面 XML 文档结构，对应 DOM 结构如图 16.2 所示。

```xml
<?xml version="1.0" encoding="gb2312"?>
<!-- DOM 文档对象模型 -->
<bbs>
    <item>
        <user sex="男",QQ="66666666",Email="zhangsan@263.net">张三</user>
        <content>这里是张三的帖子</content>
        <time>2017-5-5 16:39:26</time>
    </item>
    <item>
        <user sex="女",QQ="88888888",Email="lishi@sohu.com">李四</user>
        <content>这里是李四的帖子</content>
        <time>2017-5-6 16:39:26</time>
    </item>
</bbs>
```

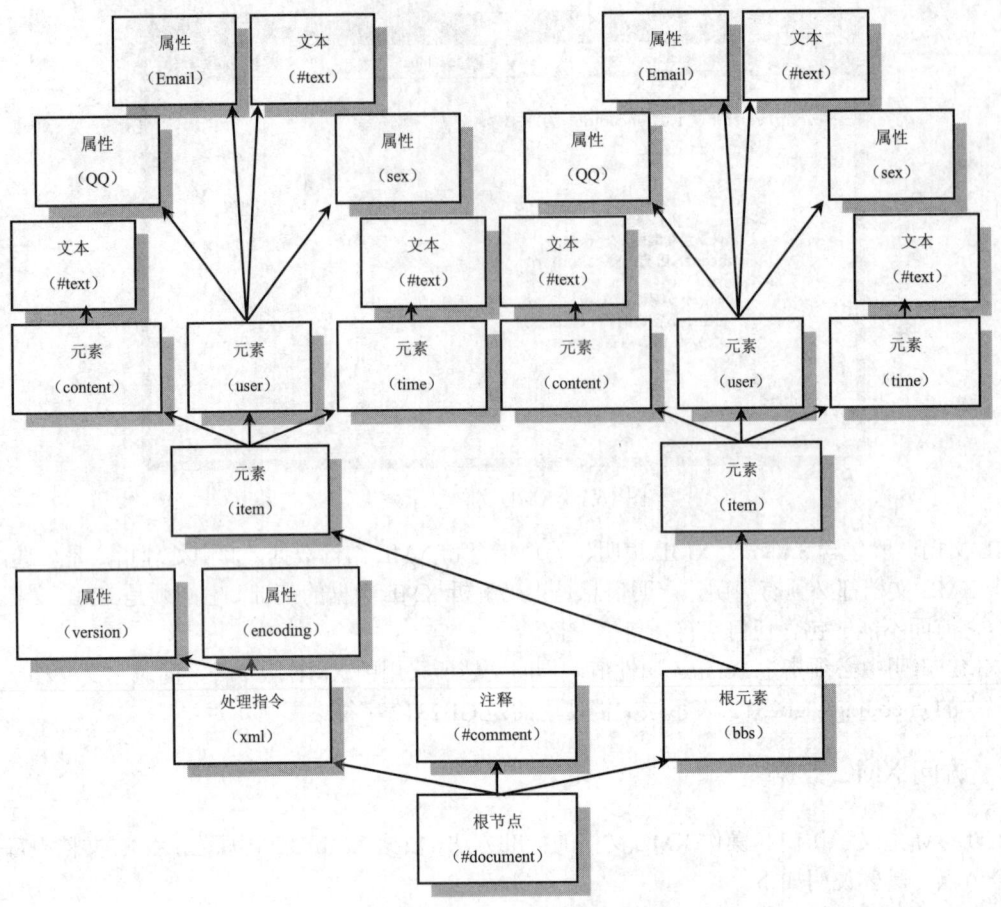

图 16.2 XML DOM 文档树形结构

通过 DOM 接口，用户可以访问、修改、添加、删除、创建节点。Node 对象包含的通用属性如表 16.1 所示，常用方法如表 16.2 所示。

DOM 2 明确了 XML DOM 规范，DOM 3 进一步增强了 XML DOM，新增了解析和序列化等特性。IE9+、Firefox、Opera、Chrome 和 Safari 等现代主流浏览器都支持 XML DOM 标准。

表 16.1 Node 对象包含的常用属性

节点属性	说明
childNodes	返回子节点的节点列表
firstChild	返回节点的首个子节点
lastChild	返回节点的最后一个子节点
nextSibling	返回节点之后紧跟的同级节点
nodeName	根据其类型返回节点的名称
nodeType	返回节点的类型
nodeValue	根据其类型设置或返回节点的值
ownerDocument	返回节点的根元素（即 Document 对象）
parentNode	返回节点的父节点
previousSibling	返回节点之前紧跟的同级节点

表 16.2　Node 对象包含的常用方法

节 点 方 法	说　　明
appendChild()	向节点的子节点列表的结尾添加新的子节点
cloneNode()	复制节点
hasAttributes()	判断当前节点是否拥有属性
hasChildNodes()	判断当前节点是否拥有子节点
insertBefore()	在指定的子节点前插入新的子节点
removeChild()	删除（并返回）当前节点的指定子节点
replaceChild()	用新节点替换一个子节点

16.1.3　创建 XML DOM 对象

扫一扫，看视频

IE8 及其早期版本浏览器对于 XML 的支持主要通过基于 ActiveX 的 MSXML 组件实现。

使用 ActiveXObject()构造函数可以创建 XML DOM 对象，用法如下：

```
var xmlDom = new ActiveXObject("Microsoft.XmlDom");
```

参数表示要实例化 ActiveX 对象的字符串。MSXML 组件在不同 IE 版本中的名称如下：

- Microsoft.XmlDom
- MSXML2.DOMDocument
- MSXML2.DOMDocument.3.0
- MSXML2.DOMDocument.4.0
- MSXML2.DOMDocument.5.0

【示例 1】　如果没有特殊的需求（如 XML 数据验证等），不用担心新旧版本的功能缺失问题。实现兼容的代码如下。

```
function xmlDom(){// 创建兼容不同版本的 XML DOM 对象
    var a = [    // 构建不同版本字符串的数组
        "MSXML2.DOMDocument.5.0",
        "MSXML2.DOMDocument.4.0",
        "MSXML2.DOMDocument.3.0",
        "MSXML2.DOMDocument",
        "Microsoft.XmlDom"
    ];
    for(var i = 0 ; i < a.length; i++){    // 遍历数组
        try{                               // 尝试从最新版本 MSXML 组件开始创建
            var o = new ActiveXObject(a[i]);
            return o;                      // 返回创建的对象实例
        }
        catch(e) {}
    }
    throw new Error("浏览器不支持 MSXML 组件");// 如果所有 MSXML 组件都不支持，抛出异常
}
```

上面的函数将遍历 MSXML 版本字符串数组，并尝试从最新版本的 MSXM 组件开始创建，如果创建成功，则返回创建的实例，否则继续尝试，直到成功为止。如果所有版本都不能够创建，则抛出异常。然后就可以调用该函数创建 XML DOM 对象。

```
var o = xmlDom();                           // 创建 XML DOM 对象
```

在符合标准的现代浏览器中,可以通过 document 对象的 Implementation 属性,使用该对象的 createDocument()方法创建 XML DOM 对象。createDocument()方法包含以下 3 个参数。
- 第 1 个参数是包含文档所使用的命名空间 URI 的字符串。
- 第 2 个参数是包含文档根元素名称的字符串。
- 第 3 个参数是要创建的文档类型(doctype)。

【示例 2】 下面的代码将创建一个空的 XML DOM 文档对象。

```
var xmlDom = document.implementation.createDocument("","", null);
```

前两个参数是空字符串,第 3 个参数为 null,这样就可以确保生成一个空 XML 文档。事实上,现在 Mozilla 并不提供针对文档类型的 JavaScript 支持,所以第 3 个参数总是为 null。

如果要创建包含文档元素的 XML DOM,那么可以在第 2 个参数中指定根元素的名称。

```
var xmlDom = document.implementation.createDocument("","root", null);
```

上面的代码创建了一个 XML DOM 文档对象,其中 documentElement 是<root />。

如果要创建包含指定命名空间的 DOM,可以在第 1 个参数中指定命名空间 URI。

```
var xmlDom = document.implementation.createDocument("http://www.mysite.cn/", "root", null);
```

当在 createDocument()方法中指定命名空间时,Mozilla 会自动附上前缀 a0,以表示命名空间 URI。
<a0:root xmlns:a0=" http:// www.mysite.cn/" />

扫一扫,看视频

16.1.4 加载 XML 数据

IE 支持使用 XML DOM 对象加载 XML 数据的方法有两种:loadXML()和 load()。

【示例 1】 loadXML()方法能够把 XML 数据字符串转换为 XML DOM 对象。

```
var o = xmlDom();                                              // 创建 XML DOM 对象
var s = "<recordset><record><ProductID>1</ProductID><ProductName>苹果汁</ProductName></record></recordset>"    // XML 数据字符串
o.loadXML(s);                                                  // 加载 XML 数据字符串
```

【示例 2】 load()方法能够加载 XML 数据文件。

```
var o = xmlDom();                                              // 创建 XML DOM 对象
o.load("test.xml");                                            // 加载 XML 文件
```

load()方法的参数值可以是相对路径或绝对路径等。但是为了安全考虑,load()方法不能够实现跨域访问 XML 文件。

load()方法在加载数据时,也有两种模式:同步加载和异步加载。在同步模式下,XML 文件被完全加载之后才能够执行其他操作;而异步加载时,用户不用等待,可以执行其他操作,也可以跟踪加载过程并决定下一步的操作。

1. 设置加载模式

load()方法默认加载模式为异步加载,也可以使用 async 属性来设置加载模式,该属性值为布尔值,取值为 false 表示同步加载,取值为 true 表示异步加载。

【示例 3】 下面使用 load()方法加载 XML 文档。

```
var o = xmlDom();                                              // 创建 XML DOM 对象
o.async = false;                                               // 设置同步加载
o.load("test.xml");                                            // 加载 XML 文件
```

2. 跟踪异步加载状态

与 XMLHttpRequest 对象异步通信状态一样,XML DOM 对象使用 readyState 属性跟踪加载进程。readyState 属性的取值共有 5 个,具体说明如表 16.3 所示。

第 16 章 使用 Ajax 实现异步通信

表 16.3 readyState 属性的取值

返 回 值	说 明
0	尚未初始化
1	正在加载数据
2	完成了数据加载
3	已经可用，不过某些部分可能还不能用
4	已经完全被加载，可以使用了

同时，XML DOM 对象定义了 onreadystatechange 属性，每当 readyState 属性值发生变化时，就会触发 readystatechange 事件，激活 onreadystatechange 事件处理函数。

【示例 4】 可以使用下面的方法，判断 XML 文件是否被完全加载到 XML DOM 对象。

```
function callback(o){                       // 回调函数
    return function(){                      // 返回函数结构
        if(o.readyState == 4){              // 如果 readyState 状态值为 4，说明加载完成
            alert("XML 文件加载完毕");
        }
    }
}
var o = xmlDom();                           // 创建 XML DOM 对象
o.async = true;                             // 定义异步加载。因为默认为异步加载，可以省略
o.onreadystatechange = callback(o);         // 异步状态响应事件处理函数
o.load("test.xml");                         // 开始执行异步加载操作
```

在回调函数中，不能够使用 this 关键字，因为 JavaScript 中的 ActiveX 对象比较特殊，this 关键字可能会发生错误指代，一般直接引用 XML DOM 对象的实例名称。

DOM 2 仅仅支持使用 load()方法加载外部 XML 数据。

【示例 5】 使用 load()方法加载 XML 数据。

```
var xmlDom = document.implementation.createDocument("http:// www.mysite.cn/",
"root", null);
xmlDom.load("产品.xml");                    // 加载 XML 文件
```

async 属性可以设置是同步加载，还是异步加载。如果将 async 属性设置为 false，表示以同步模式加载文档；否则，以异步模式加载文档。

XML DOM 对象不支持 readyState 属性和 onreadystatechange 事件处理函数。但是可以借助 load 事件和 onload 事件处理函数来监测 XML 文档加载是否完毕，当 XML 文档完全加载后将触发 load 事件。

【示例 6】 跟踪加载状态。

```
xmlDom.load("产品.xml");                    // 加载 XML 文件
xmlDom.onload = function(){                 // 如果加载完毕，则弹出提示信息对话框
    alert("XML 文档加载完毕")
}
```

【示例 7】 DOM 的 XML DOM 对象不支持 loadXML()方法，不过可以通过 DOMParser 对象来模拟 loadXML()的功能。该对象包含有 parseFromString()的方法，用来加载字符串并解析成文档。

```
var s = "<recordset><record><ProductID>1</ProductID><ProductName>苹果汁</ProductName></record></recordset>";
var o = new DOMParser();
var xmlDom = o.parseFromString(s,"text/xml");
```

在上面代码中，创建了一个 XML 字符串，并作为参数传递给 DOMParser 的 parseFromString()方法。parseFromString()方法包含两个参数，分别是 XML 字符串和数据的内容类型。要解析 XML 代码，内容类型应该是"text/xml"或者"application/xml"，任何其他内容类型都被忽略。parseFromString()方法返回 XML

DOM 对象，因此上面的代码所生成的 XML DOM 对象与使用 implementation.createDocument()方法创建 XML DOM 对象功能相同。

16.1.5 显示 XML 数据

XML DOM 严格遵循 DOM 2 标准，可以使用 documentElement 属性获取根元素，使用 childNodes、firstChild、lastChild、nextSibling、nodeName、nodeType、nodeValue、ownerDocument、parentNode 和 previousSibling 等属性遍历节点。

【示例1】 在 IE 浏览器中，text 属性可以读取当前节点包含的所有内容，包括所有子节点的文本。可以使用下面的方法来进行模拟。

```javascript
function text(o) {                              // 读取当前节点的内容，其中参数 o 表示节点
    var s = "";
    for (var i = 0; i < o.childNodes.length; i++) {// 遍历子节点
        if (o.childNodes[i].hasChildNodes()) {      // 如果当前子节点存在子节点
            s += text(o.childNodes[i]);              // 则递归读取子节点包含的内容
        }
        else {
            s += o.childNodes[i].nodeValue;          // 否则读取该节点包含的内容
        }
    }
    return s;    // 返回节点内容
}
```

上面的函数使用 for 循环遍历指定节点的所有子节点，检查每个子节点是否包含子节点。如果有子节点，那就将其 childNode 传给 text()函数，实现递归迭代。如果没有子节点，那么将当前节点的 nodeValue 加到字符串中。处理完所有子节点后，该函数返回变量 s。

例如，在下面的代码中利用 text()方法可以读取每个节点包含的内容。

```javascript
var s = "<recordset><record><ProductID>1</ProductID><ProductName>苹果汁</ProductName></record></recordset>";
var o = new DOMParser();
var xmlDom = o.parseFromString(s,"text/xml");
var s = text(xmlDom.documentElement);           // 返回字符串"1 苹果汁"
```

【示例2】 在 IE 浏览器中，xml 属性将存放对当前节点包含的所有 XML 字符串。DOM 不支持该属性，但是它提供了可以实现相同目的的 XMLSerializer 对象来完成这一功能。该对象定义了 serializeToString()方法，使用该方法可以把 XML 数据转换为字符串。

```javascript
function xml(o) {    // 读取当前节点包含的 XML 字符串，参数 n 表示节点
    var _o = new XMLSerializer();
    return _o.serializeToString(o);      // 返回读取的节点字符串
}
```

xml()函数以 XML 节点作为参数，创建一个 XMLSerializer 对象，并将该节点传给 serializeToString()方法。该方法将向调用者返回 XML 数据的字符串表示。

```javascript
var s = "<recordset><record><ProductID>1</ProductID><ProductName>苹果汁</ProductName></record></recordset>";
var o = new DOMParser();
var xmlDom = o.parseFromString(s,"text/xml");
var s = xml(xmlDom.documentElement);
//返回 "<recordset><record><ProductID>1</ProductID><ProductName>苹果汁</ProductName></record></recordset>"
```

第16章 使用Ajax实现异步通信

扫一扫,看视频

16.1.6 案例:在网页中显示XML数据

在制作网站时,有时需要在页面显示信息列表。如果是动态网站可以将列表信息保存到数据库中,但是如果是静态网站,制作和维护起来就很麻烦。

解决方法:将显示的信息保存到XML文件中,再通过JavaScript读取并显示该XML文件中的内容。

【操作步骤】

(1)新建XML文档,保存为goodss.xml。在其中输入需要在页面显示的列表信息,代码如下。

```
<?xml version="1.0" encoding="gb2312"?>
<goodss>
    <goods name="数码像机">
        <type>IT数码</type>
        <goodsunit>台</goodsunit>
        <price>6306(元)</price>
    </goods>
    <goods name="洗衣机">
        <type>家用电器</type>
        <goodsunit>台</goodsunit>
        <price>3240(元)</price>
    </goods>
    <goods name="笔记本">
        <type>IT数码</type>
        <goodsunit>台</goodsunit>
        <price>5600(元)</price>
    </goods>
</goodss>
```

(2)新建网页文件,保存为index.html。在头部标签(<head>)内插入<script type="text/javascript">标签。

(3)自定义JavaScript函数createTable(),用于将载入到DOM中的XML取出来并以表格的形式显示在页面中。该函数只包括一个参数xmldoc,用于指定载入到DOM中的XML,无返回值。

```
function createTable(xmldoc) {
    var table = document.createElement("table");
    parentTd.appendChild(table);        //在指定位置创建表格
    var header = table.createTHead();
    var headerrow = header.insertRow(0);
    headerrow.height="27";  //设置表头高度
    headerrow.insertCell(0).appendChild(document.createTextNode("商品名称"));
    headerrow.insertCell(1).appendChild(document.createTextNode("类别"));
    headerrow.insertCell(2).appendChild(document.createTextNode("单位"));
    headerrow.insertCell(3).appendChild(document.createTextNode("单价"));
    var goodss = xmldoc.getElementsByTagName("goods");
    for(var i=0;i<goodss.length;i++) {
        var g = goodss[i];
        var name = g.getAttribute("name");
        var type = g.getElementsByTagName("type")[0].firstChild.data;
        var goodsunit = g.getElementsByTagName("goodsunit")[0].firstChild.data;
        var price = g.getElementsByTagName("price")[0].firstChild.data;
        var row = table.insertRow(i+1);
        row.insertCell(0).appendChild(document.createTextNode(name));
        row.insertCell(1).appendChild(document.createTextNode(type));
```

```
        row.insertCell(2).appendChild(document.createTextNode(goodsunit));
        row.insertCell(3).appendChild(document.createTextNode(price));
    }
}
```

（4）自定义 JavaScript 函数 readXML()，用于读取 XML 文件并显示在页面中。在该函数中，首先实现在 IE 或 Mozilla 浏览器中创建 DOM，然后把指定的 XML 文件载入到 DOM 中，最后调用 createTable()在页面的指定位置显示 XML 文件的内容。

```
function readXML() {
    var url = "goodss.xml";
    if(window.ActiveXObject) { //兼容 IE
        var xmldoc = new ActiveXObject("Microsoft.XMLDOM");
        xmldoc.onreadystatechange = function() {
            if(xmldoc.readyState == 4) createTable(xmldoc);
        }
        xmldoc.load(url);
    }
    // 兼容 Mozilla 等标准浏览器
    else if(document.implementation&&document.implementation.createDocument) {
        var xmldoc = document.implementation.createDocument("", "", null);
        xmldoc.onload=function(){
            xmldoc.onload = createTable(xmldoc);
        }
        xmldoc.load(url);
    }
}
```

（5）将用于显示新创建表格的单元格的 id 属性设置为 parentTd。

```
<td valign="top" id="parentTd"> </td>
```

（6）在页面的 onload 事件中调用自定义函数 readXML()读取 XML 文件并显示在页面中。

```
window.onload =function(){
    readXML()
}
```

（7）使用 CSS 美化表格，然后在浏览器中预览，则显示效果如图 16.3 所示。

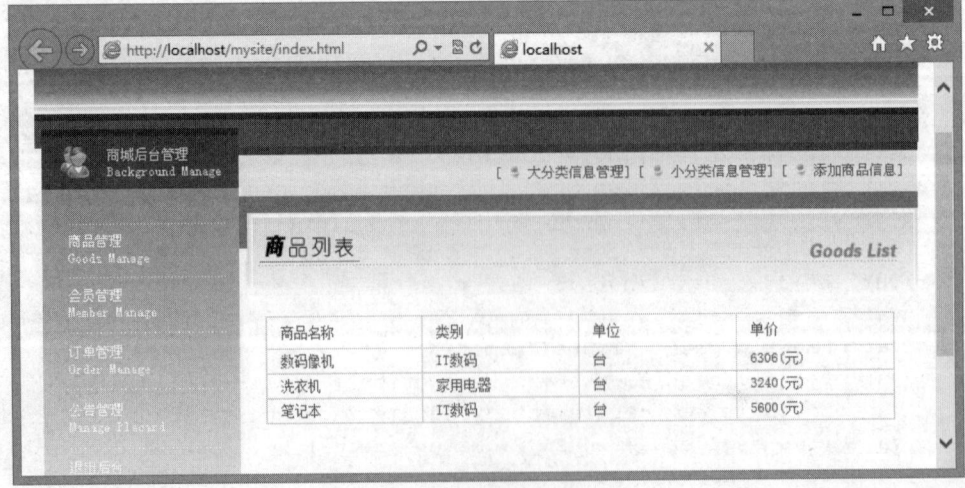

图 16.3　XML 数据在网页中显示

16.1.7 案例：异步加载 XML 数据

扫一扫，看视频

本实例将应用 Ajax 技术实现 XML 数据的异步加载，通过 XMLHttpRequest 对象完成 XML 数据的无缝交互，而不需要每次请求都刷新整个页面，也不需要将每次的数据操作都交付给服务器去完成。

【操作步骤】

（1）在服务器端设计一个 XML 格式的数据文件，保存为 customers.xml，位于服务器根目录下。该文件的数据如下：

```xml
<?xml version="1.0" encoding="gb2312"?>
<customers>
    <customer name="A 有限公司">
        <address>上海市 66 号</address>
        <tel>32768111</tel>
        <postcode>130031</postcode>
        <bank>中国建设银行</bank>
        <bankcode>42352232768...</bankcode>
    </customer>
    <customer name="B 有限公司">
        <address>北京市 77 号</address>
        <tel>36895000</tel>
        <postcode>130031</postcode>
        <bank>中国工商银行</bank>
        <bankcode>45578888888...</bankcode>
    </customer>
</customers>
```

（2）新建网页文件，保存为 index.html，放置于服务器根目录下。在头部标签（<head>）内插入 <script type="text/javascript">标签。

（3）自定义 JavaScript 函数 createTable()，用于将载入到 DOM 中的 XML 取出来并以表格的形式显示在页面中。该函数只包括一个参数 xmldoc，用于指定载入到 DOM 中的 XML，无返回值。代码如下：

```javascript
function createTable(xmldoc) {
    var table = document.createElement("table");
    parentTd.appendChild(table);    //在指定位置创建表格
    var header = table.createTHead();
    var headerrow = header.insertRow(0);
    headerrow.insertCell(0).appendChild(document.createTextNode("客户名称"));
    headerrow.insertCell(1).appendChild(document.createTextNode("联系地址"));
    headerrow.insertCell(2).appendChild(document.createTextNode("电话"));
    headerrow.insertCell(3).appendChild(document.createTextNode("邮政编码"));
    headerrow.insertCell(4).appendChild(document.createTextNode("开户银行"));
    headerrow.insertCell(5).appendChild(document.createTextNode("银行账号"));
    var customers = xmldoc.getElementsByTagName("customer");
    for(var i=0;i<customers.length;i++) {
        var cus = customers[i];
        var name = cus.getAttribute("name");
        var address = cus.getElementsByTagName("address")[0].firstChild.data;
        var tel = cus.getElementsByTagName("tel")[0].firstChild.data;
        var postcode = cus.getElementsByTagName("postcode")[0].firstChild.data;
        var bank = cus.getElementsByTagName("bank")[0].firstChild.data;
        var bankcode = cus.getElementsByTagName("bankcode")[0].firstChild.data;
```

```
            var row = table.insertRow(i+1);
            row.insertCell(0).appendChild(document.createTextNode(name));
            row.insertCell(1).appendChild(document.createTextNode(address));
            row.insertCell(2).appendChild(document.createTextNode(tel));
            row.insertCell(3).appendChild(document.createTextNode(postcode));
            row.insertCell(4).appendChild(document.createTextNode(bank));
            row.insertCell(5).appendChild(document.createTextNode(bankcode));
        }
}
```

（4）搭建 Ajax 技术框架，具体代码如下。

```
var http_request = false;
function createRequest(url) {
    //初始化对象并发出 XMLHttpRequest 请求
    http_request = false;
    if (window.XMLHttpRequest) { // Mozilla......
        http_request = new XMLHttpRequest();
        if (http_request.overrideMimeType) {
            http_request.overrideMimeType("text/xml");
        }
    } else if (window.ActiveXObject) { // IE 浏览器
        try {
            http_request = new ActiveXObject("Msxml2.XMLHTTP");
        } catch (e) {
            try {
                http_request = new ActiveXObject("Microsoft.XMLHTTP");
            } catch (e) {}
        }
    }
    if (!http_request) {
        alert("不能创建 XMLHTTP 实例!");
        return false;
    }
    http_request.onreadystatechange = dealresult;     //指定响应方法
    //发出 HTTP 请求
    http_request.open("GET", url, true);
    http_request.send(null);
}
```

（5）编写函数 dealresult()，用于处理服务器返回的信息。在该函数中，将调用函数 createTable()在页面的指定位置显示 XML 文件的内容。

```
function dealresult() {      //处理服务器返回的信息
    if (http_request.readyState == 4) {
        if (http_request.status == 200) {
            var xmldoc = http_request.responseXML;
            createTable(xmldoc);
        } else {
            alert('您请求的页面发现错误');
        }
    }
}
```

（6）在页面指定位置单元格中设置该标签的 id 属性值为 parentTd，定义一个钩子，以便 JavaScript 脚本抓取并显示信息，关键代码如下。

```
<td width="96%" id="parentTd"></td>
```

（7）在页面的 onload 事件中调用自定义函数 createRequest()读取服务器端的 XML 文件并显示在页面中。

```
window.onload =function(){
    createRequest("customers.xml");
}
```

（8）使用 CSS 美化表格，然后在浏览器中预览，则显示效果如图 16.4 所示。

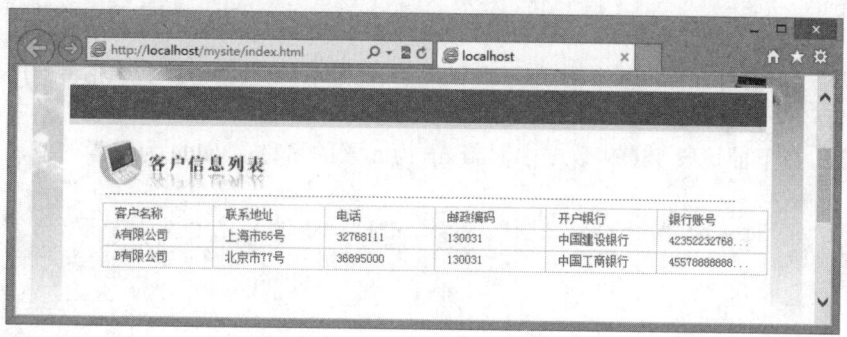

图 16.4　异步加载 XML 数据效果

16.2　使用 JSON 数据

JSON 是随 Ajax 出现而诞生的一种轻量级的数据格式，它是 JavaScript 的一个子集，符合 ECMA Script 语法规范，JSON 数据实际上就是一段原生的 JavaScript 代码，因此容易阅读和编写，同时也易于机器解析和生成，只要熟悉 JavaScript 基本语法，就可以很轻松地读写 JSON 数据。

16.2.1　JSON 结构

JSON 结构可以由下面 3 种类型的数据组成。
- 值：表示字符串、数值、布尔值、对象、数组和 null，但不支持 JavaScript 的 undefined。
- 对象：表示一组无序键/值对。每个键/值对中的值可以是简单的值，也可以是复杂类型的值。
- 数组：表示一组有序的值列表，可以通过数字索引访问其中的值。数组的值也可以是任意类型。

JSON 可以由无数个对象、数组嵌套组合而成，构成一个复杂的数据结构。

扫一扫，看视频

提示：

JSON 仅是一种表示结构化数据的格式，不支持变量、函数或类型实例，与 JavaScript 数据语法相同，但仅是 JavaScript 的一个子集。

1. 值

最简单的 JSON 数据形式就是单个值。例如，下面这个值就是有效的 JSON 数据。
```
1
```
这是 JSON 表示数值 1 的方式。类似的，下面是 JSON 表示字符串的方式。
```
"Hello,World"
```
JavaScript 字符串与 JSON 字符串最大区别：JSON 字符串必须使用双引号，不能够使用单引号，因为单引号易导致语法错误。

布尔值和 null 也是有效的 JSON 形式。但是，在实际应用中，JSON 更多地用来表示更复杂的数据结构，而简单的值只是整个数据结构中的一部分。

对于特殊字符可以使用转义序列来表示。

数值可以是整数、浮点数，也可以使用科学计数法来表示。数值可以直接引用，不需要添加引号。

逻辑值仅包括 true 或 false，直接使用，不需要添加引号。

在 JSON 数据中，分隔符（如空格、制表符和换行符）是不被解析的，因此可以在数据结构内任意位置增加空白，以实现对数据的格式化排版。

2. 对象

对象是无序的键/值对集合。基本构成规则：以左大括号（{）开始，以右大括号（}）结束，每个键与值之间使用冒号（:）进行分隔，键/值对之间使用逗号（,）分隔。

【示例1】 在下面这段 JSON 数据中，string 为元素的名称，value 为元素的值，中间使用冒号分隔。

```
{"string1":"value1"," string 2":" value 2"," string 3":" value 3",…, " string n":" value n"}
```

📢 提示：

JSON 对象与 JavaScript 对象直接量稍微有一些不同。下面是一个 JavaScript 中的对象直接量。

```
var book = {
    name : "w3c",
    date : "2017"
};
```

这是在 JavaScript 中创建对象直接量的标准方式。但 JSON 中，对象要求给属性名加引号，例如：

```
{
    "name" : "w3c",
    "date" : "2017"
}
```

与 JavaScript 的对象直接量相比，JSON 对象没有声明变量，因为在 JSON 中没有变量的概念。另外，没有末尾的分号，因为这不是 JavaScript 语句，所以不需要分号。

注意，JSON 对象的属性必须加双引号，这在 JSON 中是必需的。属性的值可以是简单值，也可以是复杂类型值，因此可以像下面这样在对象中嵌入对象。

```
{
    "name" : "w3c",
    "book" : {
        "name" : [{"lang" : "cn"},"XPath 语言基础"]
    }
}
```

上面的代码在顶级对象中嵌入了"book"信息。虽然有两个"name"属性，但由于它们分别属于不同的对象，因此这样完全没有问题。不过，同一个对象中绝对不应该出现两个同名属性。

3. 数组

数组是有序值的集合。基本构成规则：以左中括号（[）开始，以右中括号（]）结束。值之间使用逗号（,）分隔。

【示例2】 下面是一段 JSON 数据，使用数组定义。

```
["value1"," value 2"," value 3",…, " value n"]
```

在这个有序列表中,前后值的顺序是不能够调换的,这与大部分语言中数组功能相一致,第 1 个值的索引序号为 0,第 2 个值的索引序号为 1。

JSON 数组采用的是 JavaScript 中的数组直接量形式。例如,下面是 JavaScript 中的数组直接量。

```
var values = [1, true, "true"];
```

在 JSON 中,可以采用同样的语法表示同一个数组:

```
[1, true, "true"]
```

注意,JSON 数组也没有变量和分号。把数组和对象结合起来,可以构成更复杂的数据集合。

16.2.2 案例:JSON 与 XML 格式比较

与 XML 相比,JSON 有很多优点,它是高性能 Ajax 的基石。下面通过示例进行比较。

【示例 1】 对于下面这个 XML 文档,如果想获取其中的数据,则必须先定义 XML DOM 对象,加载 XML 文档,然后再利用该对象所提供的方法和属性来遍历结构并逐一读取每个节点包含的数据,整个操作过程非常烦琐,而且还要考虑浏览器兼容性问题。

```xml
<?xml version="1.0" encoding="utf-8"?>
<bookstore>
    <book>
        <title lang="cn">XPath 语言基础</title>
        <author>w3c</author>
        <date>2017</date>
        <price>30.5</price>
    </book>
    <book>
        <title lang="en">精通 XPath</title>
        <author>css2</author>
        <date>2017</date>
        <price>50</price>
    </book>
</bookstore>
```

如果使用 JSON 数据表示,则代码如下。

```
[
    {
        "title" : [
            { "lang" : "cn"},
            "XPath 语言基础"
        ],
        "author" : "w3c",
        "date" : "2017",
        "price" : 30.5
    },
    {
        "title" : [
            {"lang" : "en"},
            "精通 XPath"
        ],
        "author" : "css2",
        "date" : "2017",
        "price" : 50
    }
]
```

直观比较，很显然 JSON 数据更简洁，它没有很多元素名，数据传输量当然就小很多。这仅是一个优势，更重要的是，这种格式与 JavaScript 语言的语法规则相一致，因此可以在 JavaScript 脚本中直接读取数据。

【示例 2】 在下面的脚本中，把上面示例中 JSON 数据传递给变量 books，此时 books 就是一个数组，读取第一个元素的值正好是一个对象直接量，然后以点语法读取对象中的 title 属性值，该属性值又是一个数组，再读取该数组的第 2 个元素的值，就会返回第一本书的名称。

```
<script>
var books = [
    {"title" : [{"lang" : "cn"}, "XPath 语言基础"], "author" : "w3c","date" : "2017", "price" : 30.5},
    {"title" : [{"lang" : "en"}, "精通 XPath"], "author" : "css2", "date" :"2017", "price" : 50}
]
alert(books[0].title[1]);              // 返回字符串"XPath 语言基础"
</script>
```

【示例 3】 XML 结构数据转换为 JSON 格式数据。XML 结构数据如下。

```
<?xml version="1.0" encoding="utf-8"?>
<bookstore>
    <book>
        <title lang="cn">XPath 语言基础</title>
        <author>w3c</author>
        <date>2017</date>
        <price>30.5</price>
    </book>
    <book>
        <title lang="en">精通 XPath</title>
        <author>w3c</author>
        <date>2017</date>
        <price>50</price>
    </book>
</bookstore>
```

转换成 JSON 格式数据如下。

```
{
    "author" : "w3c",
    "date" : "2017",
    "book" : [{
        "title" : [{"lang" : "cn"},"XPath 语言基础"],
        "price" : 30.5
    },
    {
        "title" : [{"lang" : "en"},"精通 XPath"],
        "price" : 50
    }]
}
```

其中把两组数据中相同项提取出来单独显示，这样当把它赋值给变量 books 之后，该变量就是一个对象变量，而不是一个数组变量了，引用其中的数据如下。

```
alert(books.book[0].title[1]);         // 返回字符串"XPath 语言基础"
```

上面实例演示了使用 JSON 格式处理数据的灵活多变的形式。比较 XML 和 JSON 两种数据格式，得出下面几点不同。

- 可读性：两者都具有很强的可读性。XML 数据严格遵循 XML DOM 模型规范，而 JSON 严格遵循 JavaScript 语法。
- 可扩展性：都具有超强的扩展性。XML 数据通过自定义标签，可以设计更复杂的数据嵌套结构，而 JSON 可以通过数组和对象的嵌套组合也能够模拟任意 XML 数据结构。
- 编码难度：XML 有丰富的编码工具（如 Dom4j、JDom 等），JSON 也有 json.org 提供的工具。但是 JSON 编码比 XML 明显容易，即使不借助工具也可以手写 JSON 代码，但是要手写 XML 文档就非常困难。
- 解码难度：XML 数据解析需要考虑结构层次，以及节点关系，解析难度大，而 JSON 数据不存在解析难度。

扫一扫，看视频

16.2.3 案例：JSON 数据优化

JSON 是一个轻量级并易于解析的数据格式，它按照 JavaScript 对象和数组字面语法来编写代码。

【示例 1】 下面的代码是用 JSON 编写的用户列表。

```
[{
    "id" : 1,
    "username" : "alice",
    "realname" : "Alice ",
    "email" : "alice@163.com"
}, {
    "id" : 2,
    "username" : "bob",
    "realname" : "Bob ",
    "email" : "bob@163.com"
}, {
    "id" : 3,
    "username" : "carol",
    "realname" : "Carol ",
    "email" : "carol@163.com"
}, {
    "id" : 4,
    "username" : "dave",
    "realname" : "Dave ",
    "email" : "dave@163.com"
}]
```

用户为一个对象，用户列表为一个数组，与 JavaScript 中其他数组或对象的写法相同。这意味着如果对象被包装在一个回调函数中，JSON 数据可以成为能够运行的 JavaScript 代码。

在 JavaScript 中解析 JSON 可简单地使用小括号()。

```
function parseJSON(responseText) {
    return ('(' + responseText + ')');
}
```

【示例 2】 上面 JSON 数据也可以提炼成一个更简单的版本，将名字缩短。

```
[{
    "i" : 1,
    "u" : "alice",
    "r" : "Alice ",
    "e" : "alice@163.com"
}, {
```

```
        "i" : 2,
        "u" : "bob",
        "r" : "Bob ",
        "e" : "bob@163.com"
    }, {
        "i" : 3,
        "u" : "carol",
        "r" : "Carol ",
        "e" : "carol@163.com"
    }, {
        "i" : 4,
        "u" : "dave",
        "r" : "Dave ",
        "e" : "dave@163.com"
    }]
```

JSON 精简版本将相同的数据以更少的结构和更小的字节尺寸传送给浏览器。

【示例 3】 也可以把本节示例 2 的 JSON 数据完全去掉属性名,与原格式相比,这种格式可读性更差,但更利索,文件尺寸非常小:大约只有标准 JSON 格式的一半。代码如下:

```
[
    [ 1, "alice", "Alice ", "alice@163.com" ],
    [ 2, "bob", "Bob ", "bob@163.com" ],
    [ 3, "carol", "Carol ", "carol@163.com" ],
    [ 4, "dave", "Dave ", "dave@163.com" ]
]
```

【示例 4】 在解析本节示例 3 的 JSON 数据时,需要保持数据的顺序,也就是说,这种精简格式在进行格式转换时必须保持和第一个 JSON 格式一样的属性名。

```
function parseJSON(responseText) {
    var users = [];
    var usersArray = ('(' + responseText + ')');
    for(var i = 0, len = usersArray.length; i < len; i++) {
        users[i] = {
            id : usersArray[i][0],
            username : usersArray[i][1],
            realname : usersArray[i][2],
            email : usersArray[i][3]
        };
    }
    return users;
}
```

在上面代码中,使用()将字符串转换为一个本地 JavaScript 数组,然后再将它转换为一个对象数组,用一个更复杂的解析函数换取了较小的文件尺寸和更快的时间。数组形式的 JSON 在每一项性能比较中均获胜,它文件尺寸最小,下载最快,平均解析时间最短。

事实上 JSON 可以被本地执行有几个重要的性能影响。当使用 XHR 时,JSON 数据作为一个字符串返回。该字符串通过()转换为一个本地对象。然而,当使用动态脚本标签插入时,JSON 数据被视为另一个 JavaScript 文件并作为本地码执行。为做到这一点,数据必须被包装在回调函数之中,这就是所谓的 JSONP(JSON 填充)。

【示例 5】 本例代码使用 JSONP 格式编写用户列表。

```
parseJSON([{
```

```
    "id" : 1,
    "username" : "alice",
    "realname" : "Alice ",
    "email" : "alice@163.com"
}, {
    "id" : 2,
    "username" : "bob",
    "realname" : "Bob ",
    "email" : "bob@163.com"
}, {
    "id" : 3,
    "username" : "carol",
    "realname" : "Carol",
    "email" : "carol@163.com"
}, {
    "id" : 4,
    "username" : "dave",
    "realname" : "Dave ",
    "email" : "dave@163.com"
}]);
```

因为回调包装的原因，JSONP 略微增加了文件尺寸，但是与其在解析性能上的改进相比，这点增加微不足道。由于数据作为本地 JavaScript 处理，它的解析速度与本地 JavaScript 一样快。

JSONP 文件大小和下载时间与 XHR 测试基本相同，而解析时间几乎快了 10 倍。标准 JSONP 的解析时间为 0，因为根本用不着解析，它已经是本地格式了。简化版 JSONP 和数组 JSONP 也是如此，只是每种 JSONP 都需要转换成标准 JSONP 直接使用的格式。

最快的 JSON 格式是使用数组的 JSONP 格式，虽然这种格式只比使用 XHR 的 JSON 略快，但是这种差异随着列表尺寸的增大而增大。如果所从事的项目需要一个由 1 0000 或 100 000 个单元构成的列表，那么使用 JSONP 比使用 JSON 好很多。

16.2.4 案例：解析 JSON

ECMAScript 5 提供一个全局的 JSON 对象，用来序列化和反序列化对象为 JSON 格式。

扫一扫，看视频

📢 **提示：**

如果浏览器不支持该功能，可以考虑使用 Douglas Crockford 的 json2.js 插件（https://github.com/ douglascrockford/JSON-js/blob/master/json2.js），确保浏览器实现同样的功能。

JSON.parse()能够把 JSON 格式的文本转换成一个 ECMAScript 值（如对象或者数组）。用法如下。

```
JSON.parse(text [,reviver])
```

参数 text 表示一个有效的 JSON 字符串，最后返回一个对象或数组。

📢 **提示：**

JSON 字符串的格式一定要标准，key 和 value 一定要用双引号包括，否则会出现解析异常。

【示例 1】 下面的代码使用 JSON.parse 将 JSON 字符串转换成对象。

```
var jsontext = '{"name":"张三","qq":"111111111","phone":["010-66666666", "010-88888888"]}';
var contact = JSON.parse(jsontext);
document.write(contact.name + ", " + contact.qq);// 输出：张三, 111111111
```

reviver 为可选参数，它表示一个转换函数，JSON.parse()将为对象的每个成员调用该参数函数。如果成员包含嵌套对象，则先于父对象转换嵌套对象。对于每个成员，会发生以下情况：

- 如果 reviver 函数返回一个有效值，则成员值将替换为转换后的值。
- 如果 reviver 函数返回它接收的相同值，则不修改成员值。
- 如果 reviver 函数返回 null 或 undefined，则删除成员。

【示例2】 可选参数 reviver 是一个带有 key 和 value 两个参数的函数，其作用于结果，让过滤和转换返回值成为可能。例如，以下示例将把字符串'{"a": "1.5", "b": "2.3"}';转换为对象，然后通过 int()函数对转换的对象成员值进行处理，确保每个值都为整数。

```
var n = '{"a": "1.5", "b": "2.3"}';
var result = JSON.parse(n,int );
document.write(result.a);                        //输出 1
function  int(key, value){
    if (typeof value == 'string'){
        return parseInt(value);
    } else {
        return value;
    }
}
```

reviver 参数函数通常用于将 ISO 日期字符串的 JSON 表示形式转换为 UTC 格式的 Date 对象。

【示例3】 本例使用 JSON.parse 序列化 ISO 格式的日期字符串，在序列化过程中调用 dateReviver()函数把每个成员的值进行转换，并返回 Date 格式的对象。

```
var jsontext2 = '{ "hiredate": "2015-01-01T12:00:00Z", "birthdate": "2015-12-25T12:00:00Z" }';
var dates = JSON.parse(jsontext2, dateReviver);
document.write(dates.birthdate.toUTCString());   //输出: Fri, 25 Dec 2015 12:00:00 UTC
function dateReviver(key, value) {
    var a;
    if (typeof value === 'string') {
        a = /^(\d{4})-(\d{2})-(\d{2})T(\d{2}):(\d{2}):(\d{2}(?:\.\d*)?)Z$/.exec(value);
        if (a) {
            return new Date(Date.UTC(+a[1], +a[2] - 1, +a[3], +a[4], +a[5], +a[6]));
        }
    }
    return value;
};
```

提示：

JSON 解析方法共有两种：eval 和 JSON.parse。eval 在解析字符串时，会执行该字符串中的代码，由于用 eval 解析一个 JSON 字符串会造成原 value 的值改变，因此，在代码中使用 eval 是很危险的，特别是用它执行第三方的 JSON 数据（可能包含恶意代码）时，所以应尽可能使用 JSON.parse 方法解析字符串本身。该方法可以捕捉 JSON 中的语法错误，并允许传入一个函数，用来过滤或转换解析结果。

扫一扫，看视频

16.2.5 案例：序列化 JSON

JSON.stringify()函数能够将 JavaScript 值转换为 JSON 字符串。具体用法如下：

```
JSON.stringify(value [, replacer] [, space])
```

参数说明如下。

第16章 使用 Ajax 实现异步通信

- value，必需参数，设置要转换的 JavaScript 值，通常为对象或数组。
- replacer，可选参数，用于转换结果的函数或数组。

如果 replacer 为函数，则 JSON.stringify 将调用该函数，并传入每个成员的键和值。使用返回值而不是原始值。如果该参数函数返回 undefined，则排除该成员。根对象的键是一个空字符串：""。

如果 replacer 是一个数组，则仅转换该数组中具有键值的成员。成员的转换顺序与键在数组中的顺序一样。当 value 参数也为数组时，将忽略 replacer 数组。

- space，可选参数，用于向返回值 JSON 字符串添加缩进、空格和换行符，以使其更易于阅读。

如果省略 space，则将生成返回值文本，而没有任何额外空格。

如果 space 是一个数字，则返回值文本在每个级别缩进指定数目的空格。如果 space 大于 10，则文本缩进 10 个空格。

如果 space 是一个非空字符串（如 "\t"），则返回值文本在每个级别中缩进字符串中的字符。

如果 space 是长度大于 10 个字符的字符串，则使用前 10 个字符。

JSON.stringify()函数的返回值是一个 JSON 格式的字符串。

【示例1】 本例演示了如何使用 JSON.stringify 将数组转换成 JSON 字符串，然后使用 JSON.parse 将该字符串重新转换成数组。

```
var arr = ["a", "b", "c"];
var str = JSON.stringify(arr);
document.write(str);              // ["a","b","c"]
document.write ("<br/>");
var newArr = JSON.parse(str);
while (newArr.length > 0) {
   document.write(newArr.pop() + "<br/>");
}
```

【示例2】 本例把对象 nums 转换为 JSON 字符串，然后传入 replacer()函数过滤出即将被字符串化的对象中值为 13 的属性。

```
var nums = {
   "first": 7,
   "second": 14,
   "third": 13
}
var luckyNums = JSON.stringify(nums,replacer);
document.write(luckyNums);              //{"first":7,"second":14}
function replacer(key, value){
   if (value == 13) {
      return undefined;
   } else {
      return value;
   }
}
```

【示例3】 本例是在上面示例基础上，设置 space 参数值为4，格式化 JSON 字符串，设置水平缩进为4个空格数，显示效果如图 16.5（a）所示。如果不传递 space 参数值，则显示效果如图 16.5（b）所示。

```
var nums = {
   "first": 7,
   "second": 14,
   "third": 13
}
```

```
var luckyNums = JSON.stringify(nums,replacer,4);
document.write("<pre>" + luckyNums + "</pre>");
function replacer(key, value){
    if (value == 13) {
        return undefined;
    } else {
        return value;
    }
}
```

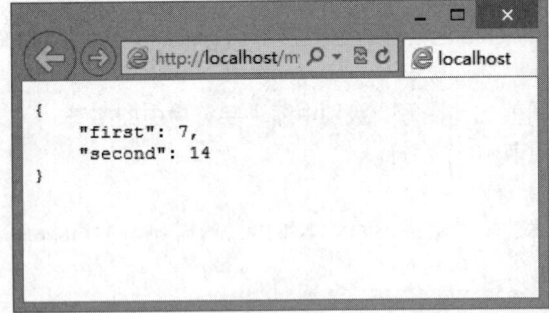
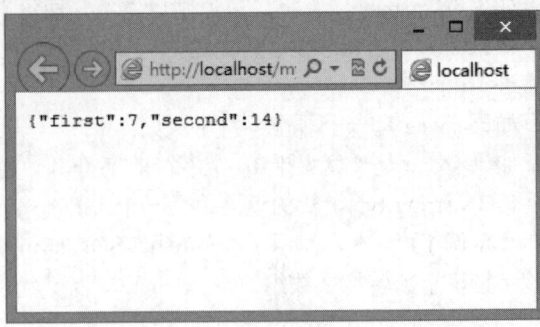

（a）格式化效果　　　　　　　　　　　　　　　（b）非格式化效果

图 16.5　输出序列号 JSON 字符串

【示例 4】　本例使用 JSON.stringify 将 contact 对象转换为 JSON 文本，定义 memberfilter 数组以便只转换 name、sex 和 tel 成员，同时排序显示为 name、sex 和 tel，显示效果如图 16.6 所示。

```
var contact = {
    qq : "1111111111",
    name : "张三",
    tel : "13555556666",
    sex : "men",
    url : "http://www.mysite.cn/"
}
var memberfilter = ["name","sex","tel"];
var jsonText = JSON.stringify(contact, memberfilter, "\t");
document.write("<pre>" + jsonText + "</pre>");
```

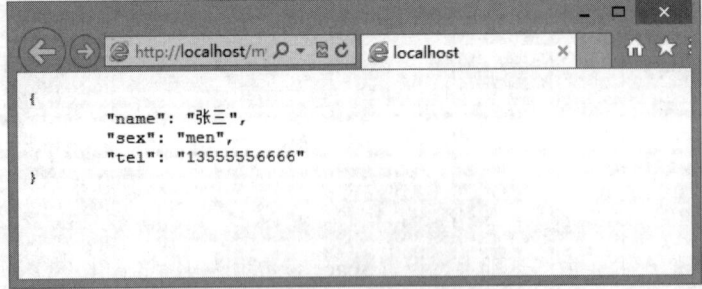

图 16.6　根据数组元素顺序和值输出对象成员的 JSON 文本

【示例 5】　本例使用 JSON.stringify 将一个数组进行转换，调用 replaceToUpper 函数将数组中的每个字符串转换为大写形式。

```
var continents = ["Europe","Asia","Australia","Antarctica","North America","South America","Africa"];
var jsonText = JSON.stringify(continents, replaceToUpper);
```

```
function replaceToUpper(key, value) {
    return value.toString().toUpperCase();
}
document.write(jsonText);          //输出"EUROPE,ASIA,AUSTRALIA,ANTARCTICA,NORTH AMERICA,
SOUTH AMERICA,AFRICA"
```

16.3 使用 Ajax

Ajax（Asynchronous JavaScript and XML，异步 JavaScript 和 XML）是利用 JavaScript 脚本与 XML 数据实现客户端与服务器端进行异步通信的一种方法。Ajax 主要由下面几部分构成。

- 基于标准的 HTML 结构和 CSS 样式。
- 通过 DOM 实现动态显示和交互。
- 通过 XML 进行数据交换和处理。
- 使用 XMLHttpRequest 插件进行异步通信。
- 使用 JavaScript 实施逻辑控制，以便整合以上所有技术。

16.3.1 HTTP 头部信息

扫一扫，看视频

HTTP（HyperText Transfer Protocol，超文本传输协议）是一种应用层协议，负责超文本的传输，如文本、图像、多媒体等。HTTP 由两部分组成：请求（Request）和响应（Response），简单说明如下。

1. 请求

HTTP 请求信息由 3 部分组成：请求行、消息报头、请求正文（可选）。格式如下：

```
<request-line>
<headers>
<blank line>
[<request-body>]
```

请求行以一个方法符号开头，以空格分隔，后面跟着请求的 URI 和协议的版本。格式如下：

```
Method Request-URI HTTP-Version CRLF
```

请求行各部分说明如下。

- Method：表示请求方法，请求方法以大写形式显示，如 POST、GET 等。HTTP 定义了大量的请求类型，不过 Web 开发常用 GET 和 POST 请求。只要在 Web 浏览器上输入一个 URL，浏览器就将基于该 URL 向服务器发送一个 GET 请求，以告诉服务器获取并返回什么资源。
- Request-URI：表示统一资源标识符。
- HTTP-Version：表示请求的 HTTP 协议版本。
- CRLF：表示回车和换行，除了作为结尾的 CRLF 外，不允许出现单独的 CR 或 LF 字符。

请求行后是消息报头部分，用来说明服务器需要调用的附加信息。

在消息报头后是一个空行，然后才是请求正文部分，即主体部分（body），该部分可以添加任意的其他数据。

【示例 1】 在浏览器地址栏中输入 www.baidu.com，则 GET 请求如下。

```
GET / HTTP/1.1
HOST: www.baidu.com
User-Agent:Mozilla/5.0 (Windows; U; Windows NT 5.1; zh-CN; rv:1.9.0.8)
Gecko/2017032609 Firefox/13.0.8
Connection: Keep-Alive
```

请求行的第 1 部分说明了该请求是 GET 请求。该行的第 2 部分是一个斜杠（/），用来说明请求的是百度域名的根目录。该行的最后一部分说明使用的是 HTTP 1.1 版本，另一个可选项是 HTTP 1.0。

第 2 行是请求的第一个消息报头，HOST 头部指出请求的域名。结合 HOST 头部和上一行中的统一资源标识符（即斜杠），就可以确定请求服务器的具体地址。

第 3 行包含的是 User-Agent 头部，服务器端和客户端脚本都能够访问它，该头部包含的信息由浏览器来定义，并且在每个请求中将会自动发送。JavaScript 和服务器通过 User-Agent 头部信息，可以了解客户端的本地情况。

最后一行是 Connection 头部，通常将浏览器操作设置为 Keep-Alive，在最后一个头部后有一个空行（即使不存在请求主体）。

【示例 2】 如果在 GET 请求中附带参数，则必须将这些参数信息附在 URL 后面，这个信息也被称为查询字符串（Query String），发送时将被附加在请求行中，格式如下：

```
GET /bbs/?user=css8%20 HTTP/1.1
HOST: www.mysite.cn
User-Agent:Mozilla/5.0 (Windows; U; Windows NT 5.1; zh-CN; rv:1.9.0.8)
Gecko/2017032609 Firefox/13.0.8
Connection: Keep-Alive
```

【示例 3】 POST 方法要求被请求服务器接收附在请求后面的数据，常用于提交表单。

```
POST / form.asp HTTP/ (CRLF)
HOST:www.mysite.cn (CRLF)
User-Agent:Mozilla/5.0 (Windows; U; Windows NT 5.1; zh-CN; rv:1.9.0.8)
Gecko/2017032609 Firefox/13.0.8
Content-Type: application/x-www-form-urlencoded
Content-Length:22 (CRLF)
Connection:Keep-Alive (CRLF)
Cache-Control:no-cache (CRLF)
(CRLF)                    // 该 CRLF 表示消息报头已经结束，在此之前为消息报头
user=css8&pwd=111111      // 此行以下为提交的数据
```

POST 请求与 GET 请求之间略有区别。首先，请求行开始处的 GET 变为 POST，在后面有两个新行。其中 Content-Type 说明了请求主体的内容是如何编码的。浏览器始终以 application/x-www-form-urlencoded 的编码格式来传送数据，这是针对简单 URL 编码的 MIME 类型。

Content-Length 说明了请求主体的字节数。在 Connection 后是一个空行，再后面就是请求主体。与大多数浏览器的 POST 请求一样，都以"名称/值"对的形式表示的。POST 方法与 GET 方法的数据传输形式几乎是一样的。

2. 响应

HTTP 响应也由 3 部分组成：状态行、消息报头、响应正文（可选）。格式如下：

```
<status-line>
<headers>
<blank line>
[<response-body>]
```

其中状态行格式如下：

```
HTTP-Version Status-Code Reason-Phrase CRLF
```

状态行的各部分说明如下。

- HTTP-Version：表示服务器 HTTP 协议的版本。
- Status-Code：表示服务器发回的响应状态代码。
- Reason-Phrase：表示状态代码的文本描述。

状态代码有 3 位数字组成，第一个数字定义了响应的类别，且有如下 5 种可能的取值。
- 1xx：指示信息。表示请求已接收，继续处理。
- 2xx：成功。表示请求已被成功接收、理解或接收。
- 3xx：重定向。要完成请求必须进行更进一步的操作。
- 4xx：客户端错误。请求有语法错误，或者请求无法实现。
- 5xx：服务器端错误。服务器未能实现合法的请求。

常见状态代码、状态描述说明如下：

```
200 OK                    // 客户端请求成功
400 Bad Request           // 客户端请求有语法错误，不能被服务器所理解
401 Unauthorized          // 请求未经授权，这个状态代码必须和 WWW-Authenticate 报头
域一起使用
403 Forbidden             // 服务器收到请求，但是拒绝提供服务
404 Not Found             // 请求资源不存在，例如，输入了错误的 URL
500 Internal Server Error // 服务器发生不可预期的错误
503 Server Unavailable    // 服务器当前不能处理客户端的请求，一段时间后，可能恢复正常
```

【示例 4】 下面是一个 HTTP 响应的示例。

```
HTTP/1.1 200 OK
Date: Wed, 08 Apr 2017 03:35:50 GMT
Content-Type: text/html;charset=gb2312
Content-Length: 1700

<html>
<head>
<title>百度一下，你就知道</title>
</head>
<body>
<!-- body -->
</body>
</html>
```

在状态行之后是消息头。一般服务器会返回一个名为 Data 的信息，用来说明响应生成的日期和时间。接下来就是与 POST 请求中一样的 Content-Type 和 Content-Length。响应主体所包含的就是所请求资源的 HTML 源文件。

16.3.2 定义 XMLHttpRequest 对象

XMLHttpRequest 对象提供了与服务器端进行通信的协议，浏览器可以通过 XMLHttpRequest 对象向服务器发送请求，并使用 JavaScript 处理响应信息，然后在 DOM 中显示数据。

XMLHttpRequest 对象提供的属性和方法如表 16.4 和表 16.5 所示。

扫一扫，看视频

表 16.4 XMLHttpRequest 对象属性

属性	说明
onreadystatechange	指定当 readyState 属性改变时的事件处理句柄
readyState	返回当前请求的状态
status	返回当前请求的 HTTP 状态码
statusText	返回当前请求的响应行状态
responseBody	返回正文信息

(续)

属性	说明
responseStream	以文本流的形式返回响应信息
responseText	以字符串的形式返回响应信息
responseXML	以 XML 数据的形式返回响应信息

表 16.5　XMLHttpRequest 对象方法

方法	说明
open()	创建一个新的 HTTP 请求,并指定此请求的方法、URL,以及验证信息(用户名/密码)
send	发送请求到 HTTP 服务器并接收回应
getAllResponseHeaders()	获取响应的所有 HTTP 头信息
getResponseHeader()	从响应信息中获取指定的 HTTP 头信息
setRequestHeader()	单独指定请求的某个 HTTP 头信息
abort()	取消当前请求

使用 XMLHttpRequest 对象实现异步通信一般需要下面几个步骤。

(1)定义 XMLHttpRequest 实例对象。

(2)调用 XMLHttpRequest 对象的 open()方法打开服务器端 URL 地址。

(3)注册 onreadystatechange 事件处理函数,准备接收响应数据,并进行处理。

(4)调用 XMLHttpRequest 对象的 send()方法发送请求。

【示例 1】　现代标准浏览器都支持 XMLHttpRequest 对象,在 IE 早期版本浏览器中主要使用 ActiveXObject 组件的方式来创建 XMLHttpRequest 对象。为了兼容不同浏览器,可以使用下面的代码。

```
var xmlHttp;
if (window.XMLHttpRequest){            // 兼容现代标准浏览器
    xmlHttp = new XMLHttpRequest();
}
else if (window.ActiveXObject){        //兼容 IE 早期浏览器
    try{
        xmlHttp = new ActiveXObject("Msxml2.XMLHTTP");
        //尝试使用 Msxml2.XMLHTTP 组件创建 XMLHttpRequest 对象
    }
    catch (e){
        try{
            //再次尝试使用 Microsoft.XMLHTTP 创建 XMLHttpRequest 对象
            xmlHttp = new ActiveXObject("Microsoft.XMLHTTP");
        }
        catch (e){ }
    }
}
```

IE 在 5.0 版本开始就以 ActiveX 组件形式定义了 XMLHttpRequest 对象,在 7.0 版本中标准化 XMLHttpRequest 对象,允许通过 window 对象进行访问。现代标准浏览器都支持 XMLHttpRequest 对象,虽然早期 IE 浏览器以 ActiveX 组件形式支持,但是,所有的浏览器的 XMLHttpRequest 对象都提供了相同的属性和方法。

【示例 2】　下面的函数采用一种更高效的工厂模式把定义 XMLHttpRequest 对象功能进行封装,这样只要调用 createXMLHTTPObject()方法就可以返回一个 XMLHttpRequest 对象。

```
// 定义 XMLHttpRequest 对象
// 参数：无
// 返回值：XMLHttpRequest 对象实例
function createXMLHTTPObject(){
    var XMLHttpFactories = [// 兼容不同浏览器和版本的创建函数数组
        function () {return new XMLHttpRequest()},
        function () {return new ActiveXObject("Msxml2.XMLHTTP")},
        function () {return new ActiveXObject("Msxml3.XMLHTTP")},
        function () {return new ActiveXObject("Microsoft.XMLHTTP")},
    ];
    var xmlhttp = false;
    for (var i = 0; i < XMLHttpFactories.length; i ++ ){
     //尝试调用匿名函数，如果成功则返回 XMLHttpRequest 对象，否则继续调用下一个
        try{
            xmlhttp = XMLHttpFactories[i]();
        }catch (e){
            continue;                    // 如果发生异常，则继续下一个函数调用
        }
        break;                           // 如果成功，则中止循环
    }
    return xmlhttp;                      // 返回对象实例
}
```

上面的函数首先创建一个数组，数组元素为各种创建 XMLHttpRequest 对象的匿名函数。第一个元素是创建一个本地对象，而其他元素将针对 IE 浏览器的不同版本尝试创建 ActiveX 对象。然后设置变量 xmlhttp 为 false，表示不支持 Ajax。接着遍历工厂内所有函数并尝试执行它们，为了避免发生异常，把所有调用函数放在 try 子句中执行，如果发生错误，则在 catch 子句中捕获异常，并执行 continue 命令，返回继续执行，而不是抛出异常。如果创建成功，则中止循环，返回创建的 XMLHttpRequest 对象实例。

16.3.3 建立 XMLHttpRequest 连接

创建 XMLHttpRequest 对象之后，就可以使用该对象的 open() 方法建立一个 HTTP 请求。open() 方法的用法如下。

扫一扫，看视频

```
XMLHttpRequest.open(bstrMethod, bstrUrl, varAsync, bstrUser, bstrPassword);
```
该方法包含 5 个参数，其中前 2 个参数是必须的。简单说明如下。

- bstrMethod：HTTP 方法字符串，如 POST、GET 等，不区分大小写。
- bstrUrl：请求的 URL 地址字符串，可以为绝对地址或相对地址。
- varAsync：布尔值，可选参数，指定请求是否为异步方式，默认为 true。如果为 true（真），当状态改变时会调用 onreadystatechange 属性指定的回调函数。
- bstrUser：可选参数，如果服务器需要验证，该参数指定用户名，如果未指定，当服务器需要验证时，会弹出验证窗口。
- bstrPassword：可选参数，验证信息中的密码部分，如果用户名为空，则此值将被忽略。

建立连接之后，就可以使用 send() 方法发送请求到服务器端，并接收服务器的响应。send() 方法的用法如下。

```
XMLHttpRequest.send(varBody);
```
参数 varBody 表示将通过该请求发送的数据，如果不传递信息，可以设置参数为 null。

该方法的同步或异步方式取决于 open 方法中的 varAsync 参数，如果 varAsync == False，此方法将会等待请求完成或者超时才会返回，如果 varAsync == True，此方法将立即返回。

使用 XMLHttpRequest 对象的 responseBody、responseStream、responseText 或 responseXML 属性可以接收响应数据。

【示例】 本例简单演示了如何实现异步通信方法，代码省略了定义 XMLHttpRequest 对象的函数。

```
xmlHttp.open("GET","server.asp", false);
xmlHttp.send(null);
alert(xmlHttp.responseText);
```

在服务器端文件（server.asp）中输入下面的字符串。

```
Hello World
```

在浏览器中预览客户端交互页面，就会弹出一个提示对话框，显示"Hello World"的提示信息。该字符串是借助 XMLHttpRequest 对象建立的连接通道，从服务器端响应的字符串。

16.3.4 发送 GET 请求

发送 GET 请求时，只需将包含查询字符串的 URL 传入 open()方法，设置第一个参数值为"GET"即可。服务器能够在 URL 尾部的查询字符串中接收用户传递过来的信息。

使用 GET 请求比较简单，也比较方便，它适合传递一些简单的信息，不易传输大容量或加密数据。

【示例】 本例在页面（main.html）中定义一个请求连接，并以 GET 方式传递一个参数信息 callback=functionName。

```
<script>
// 省略定义 XMLHttpRequest 对象函数
function request(url){                              // 请求函数
    xmlHttp.open("GET",url, false);                 // 以 GET 方式打开请求连接
    xmlHttp.send(null);                             // 发送请求
    alert(xmlHttp.responseText);                    // 获取响应的文本字符串信息
}
window.onload = function(){                         // 页面初始化
    var b = document.getElementsByTagName("input")[0];
    b.onclick = function(){
        var url = "server.asp?callback=functionName"
        // 设置向服务器端发送请求的文件，以及传递的参数信息
        request(url);                               // 调用请求函数
    }
}
</script>
<h1>Ajax 异步数据传输</h1>
<input name="submit"type="button" id="submit"value="向服务器发出请求" />
```

在服务器端文件（server.asp）中输入下面的代码，获取查询字符串中 callback 的参数值，并把该值响应给客户端。

```
<%@LANGUAGE="VBSCRIPT" CODEPAGE="65001"%>
<%
callback = Request.QueryString("callback")
Response.Write(callback)
%>
```

在浏览器中预览页面，当单击提交按钮时，会弹出一个提示对话框，显示传递的参数值。

提示：

查询字符串通过问号（?）前缀附加在 URL 的末尾，发送数据是以连字符（&）连接的一个或多个名/值对。每

个名称和值都必须在编码后才能用在 URL 中，用户使用 JavaScript 的 encodeURIComponent()函数对其进行编码，服务器端在接收这些数据时也必须使用 decodeURIComponent()函数进行解码。URL 最大长度为 2048 字符（2KB）。

16.3.5 发送 POST 请求

POST 请求支持发送任意格式、任意长度的数据，一般多用于表单提交。与 GET 发送的数据格式相似，POST 发送的数据也必须进行编码，并用连字符（&）进行分隔，格式如下。

```
send("name1=value1&name2=value2…");
```

这些参数在发送 POST 请求时，不会被附加到 URL 的末尾，而是作为 send()方法的参数进行传递。

【示例 1】 以 16.3.4 节示例为例，使用 POST 方法向服务器传递数据，在页面中定义如下请求函数。

```
function request(url){
    xmlHttp.open("POST",url, false);
    xmlHttp.setRequestHeader('Content-type','application/x-www-form-urlencoded');
    // 设置发送数据类型
    xmlHttp.send("callback=functionName");
    alert(xmlHttp.responseText);
}
```

在 open()方法中，设置第一个参数为 POST，然后使用 setRequestHeader()方法设置请求消息的内容类型为"application/x-www-form-urlencoded"，它表示传递的是表单值，一般使用 POST 发送请求时都必须设置该选项，否则服务器会无法识别传递过来的数据。

提示：

setRequestHeader()方法的用法如下：

```
xmlhttp.setRequestHeader("Header-name", "value");
```

一般设置头部信息中 User-Agent 首部为 XMLHTTP，以便服务端器能够辨别出 XMLHttpRequest 异步请求和其他客户端普通请求。

```
xmlhttp.setRequestHeader("User-Agent", "XMLHTTP");
```

这样就可以在服务器端编写脚本分别为现代标准浏览器和不支持 JavaScript 的浏览器呈现不同的文档，以提高可访问性的手段。

如果使用 POST 方法传递数据，还必须设置另一个头部信息。

```
xmlhttp.setRequestHeader("Content-type ", " application/x-www-form-urlencoded ");
```

然后，在 send()方法中附加要传递的值，该值是一个或多个"名/值"对，多个"名/值"对之间使用"&"分隔符进行分隔。在"名/值"对中，"名"可以为表单域的名称（与表单域相对应），"值"可以是固定的值，也可以是一个变量。

设置第 3 个参数值为 false，关闭异步通信。

最后，在服务器端设计接收 POST 方式传递的数据，并进行响应。

```
<%@LANGUAGE="VBSCRIPT" CODEPAGE="65001"%>
<%
callback = Request.Form("callback")
Response.Write(callback)
%>
```

用于发送 POST 请求的数据类型（Content Type）通常是 application/x-www-form- urlencoded，这意味着还可以以 text/xml 或 application/xml 类型给服务器直接发送 XML 数据，甚至以 application/json 类型

发送 JavaScript 对象。

【示例 2】 本例将向服务器端发送 XML 类型的数据，而不是简单的串行化名/值对数据。

```
function request(url){
    xmlHttp.open("POST",url, false);
    xmlHttp.setRequestHeader('Content-type','text/xml');    // 设置发送数据类型
    xmlHttp.send("<bookstore><book id='1'>书名 1</book><book id='2'>书名 2</book></bookstore>");
}
```

📢 提示：

由于使用 GET 方式传递的信息量是非常有限的，而使用 POST 方式所传递的信息是无限的，且不受字符编码的限制，还可以传递二进制信息。对于传输文件，以及大容量信息时多采用 POST 方式。另外，当发送安全信息或 XML 格式数据时，也应该考虑选用这种方法来实现。

扫一扫，看视频

16.3.6 转换串行化字符串

GET 和 POST 方法都是以名值对字符串的形式发送数据。

1. 传输名/值对信息

与 JavaScript 对象结构类似，多在 GET 参数中使用。例如，下面是一个包含 3 对名/值的 JavaScript 对象数据。

```
{
    user:"ccs8",
    padd: "123456",
    email: "css8@mysite.cn"
}
```

将上面原生 JavaScript 对象数据转换为串行格式，显示为：

`user:"ccs8"&padd:"123456"&email:"css8@mysite.cn"`

2. 传输有序数据列表

与 JavaScript 数组结构类似，多在一系列文本框中提交表单信息时使用，它与上一种方式不同，所提交的数据按顺序排列，不可以随意组合。例如，下面是一组有序表单域信息，它包含多个值。

```
[
    { name:"text", value:"ccs8" },
    { name:"text", value:"123456" },
    { name:"text", value:"css8@mysite.cn" }
]
```

将上面有序表单数据转换为串行格式显示如下。

`text:"ccs8"& text:"123456"& text:"css8@mysite.cn"`

【示例】 本例定义一个函数负责把数据转换为串行格式提交，详细代码如下。

```
// 把数组或对象类型数据转换为串行字符串
// 参数：data 表示数组或对象类型数据
// 返回值：串行字符串
function toString(data){
    var a = [];
    if( data.constructor == Array){    // 如果是数组，则遍历读取元素对象的属性值，并存入数组
        for(var i = 0 ; i < data.length ; i++){
            a.push(data[i].name + "=" + encodeURIComponent(data[i].value));
        }
```

```
    }
    else{                           // 如果是对象,则遍历对象,读取每个属性值,存入数组
        for(var i in data){
            a.push(i + "=" + encodeURIComponent(data[i]));
        }
    }
    return a.join("&");             // 把数组转换为串行字符串,并返回
}
```

16.3.7 跟踪状态

扫一扫,看视频

XMLHttpRequest 对象通过 readyState 属性实时跟踪异步交互状态。一旦当该属性发生变化时,就触发 readystatechange 事件,调用该事件绑定的回调函数。

readyState 属性包括 5 个值,详细说明如表 16.6 所示。

表 16.6 readyState 属性值

返回值	说明
0	未初始化。表示对象已经建立,但是尚未初始化,尚未调用 open()方法
1	初始化。表示对象已经建立,尚未调用 send()方法
2	发送数据。表示 send()方法已经调用,但是当前的状态及 HTTP 头未知
3	数据传送中。已经接收部分数据,因为响应及 HTTP 头不全,这时通过 responseBody 和 responseText 获取部分数据会出现错误
4	完成。数据接收完毕,此时可以通过 responseBody 和 responseText 获取完整的响应数据

如果 readyState 属性值为 4,则说明响应完毕,那么就可以安全读取返回的数据。另外,还需要监测 HTTP 状态码,只有当 HTTP 状态码为 200 时,才表示 HTTP 响应顺利完成。

在 XMLHttpRequest 对象中可以借助 status 属性获取当前的 HTTP 状态码。如果 readyState 属性值为 4,且 status(状态码)属性值为 200,那么说明 HTTP 请求和响应过程顺利完成。

【示例】 定义一个函数 handleStateChange(),用来监测 HTTP 状态,当整个通信顺利完成,则读取 xmlhttp 的响应文本信息。

```
function handleStateChange(){
    if(xmlHttp.readyState == 4){
        if (xmlHttp.status == 200 || xmlHttp.status == 0){
            alert(xmlhttp.responseText);
        }
    }
}
```

然后,修改 request()函数,为 onreadystatechange 事件注册回调函数。

```
function request(url){
    xmlHttp.open("GET", url, false);
    xmlHttp.onreadystatechange = handleStateChange;
    xmlHttp.send(null);
}
```

上面代码把读取响应数据的脚本放在函数 handleStateChange()中,然后通过 onreadystatechange 事件来调用。

16.3.8 中止请求

使用 abort()方法可以中止正在进行的异步请求。在使用 abort()方法前,应先清除 onreadystatechange 事件处理函数,因为 IE 和 Mozilla 在请求中止后也会激活这个事件处理函数,如果给 onreadystatechange 属性设置为 null,则 IE 会发生异常,所以可以为它设置一个空函数,代码如下。

```
xmlhttp.onreadystatechange = function(){};
xmlhttp.abort();
```

16.3.9 获取 XML 数据

XMLHttpRequest 对象通过 responseText、responseBody、responseStream 或 responseXML 属性获取响应信息,说明如表 16.7 所示,它们都是只读属性。

表 16.7 XMLHttpRequest 对象响应信息属性

响 应 信 息	说 明
responseBody	将响应信息正文以 Unsigned Byte 数组形式返回
responseStream	以 ADO Stream 对象的形式返回响应信息
responseText	将响应信息作为字符串返回
responseXML	将响应信息格式化为 XML 文档格式返回

在实际应用中,一般将格式设置为 XML、HTML、JSON 或其他纯文本格式。具体使用哪种响应格式,可以参考下面几条原则。

- 如果向页面中添加大块数据时,选择 HTML 格式会比较方便。
- 如果需要协作开发,且项目庞杂,选择 XML 格式会更通用。
- 如果要检索复杂的数据,且结构复杂,那么选择 JSON 格式更轻便。

XML 是使用最广泛的数据格式。因为 XML 文档可以被很多编程语言支持,而且开发人员可以使用比较熟悉的 DOM 模型来解析数据,其缺点在于服务器的响应和解析 XML 数据的脚本可能变得相当冗长,查找数据时不得不遍历每个节点。

【示例 1】 在服务器端创建一个简单的 XML 文档(XML_server.xml)。

```
<?xml version="1.0" encoding="gb2312"?>
<the>XML 数据</the >
```

然后在客户端进行如下请求(XML_main.html)。

```
var x = createXMLHTTPObject();          // 创建 XMLHttpRequest 对象
var url = "XML_server.xml";
x.open("GET", url, true);
x.onreadystatechange = function (){
    if ( x.readyState == 4 && x.status == 200 ){
        var info = x.responseXML;
        alert(info.getElementsByTagName("the")[0].firstChild.data); //返回元信息字
符串"XML 数据"
    }
}
x.send(null);
```

在上面的代码中使用 XML DOM 提供的 getElementsByTagName()方法获取 the 节点,然后再定位第一个 the 节点的子节点内容。此时如果继续使用 responseText 属性来读取数据,则会返回如下的 XML 源代码字符串:

```
<?xml version="1.0" encoding="gb2312"?>
<the>XML 数据</the >
```

【示例 2】 可以使用服务器端脚本生成 XML 文档结构。例如，以 ASP 脚本生成上面的服务器端响应信息，代码如下：

```
<?xml version="1.0" encoding="gb2312"?>
<%
Response.ContentType = "text/xml"   //定义 XML 文档文本类型，否则 IE 浏览器将不识别
Response.Write("<the>XML 数据</the >")
%>
```

📢 提示：

对于 XML 文档数据来说，第一行必须是<?xml version="1.0" encoding="gb2312"?>，该行命令表示输出的数据为 XML 格式文档，同时标识了 XML 文档的版本和字符编码。为了能够兼容 IE 和 FF 等浏览器，能让不同浏览器都可以识别 XML 文档，还应该为响应信息定义 XML 文本类型。最后根据 XML 语法规范编写文档的信息结构。然后，使用示例代码请求该服务器端脚本文件，同样能够显示元信息字符串"XML 数据"。

扫一扫，看视频

16.3.10 获取 HTML 文本

设计响应信息为 HTML 字符串是一种常用方法，这样在客户端就可以直接使用 innerHTML 属性把获取的字符串插入到网页中。

【示例】 在服务器端设计响应信息为 HTML 的结构代码（HTML_server.html）。

```
<table>
    <tr><td>RegExp.exec()</td><td>通用的匹配模式</td></tr>
    <tr><td>RegExp.test()</td><td>检测一个字符串是否匹配某个模式</td></tr>
</tr>
</table>
```

然后在客户端可以这样来接收响应信息（HTML_main.html）。

```
div id="grid"></div>
<script>
function createXMLHTTPObject(){
    // 省略
}
var x = createXMLHTTPObject();          // 创建 XMLHttpRequest 对象
var url = "HTML_server.html";
x.open("GET", url, true);
x.onreadystatechange = function (){
    if ( x.readyState == 4 && x.status == 200 ){
        var o = document.getElementById("grid");
        o.innerHTML = x.responseText;       // 把响应数据直接插入到页面中进行显示
    }
}
x.send(null);
</script>
```

在某些情况下，HTML 字符串可能为客户端解析响应信息节省了一些 JavaScript 脚本，但是也带来了如下一些问题。

- 响应信息中包含大量无用的字符，响应数据会变得很臃肿。因为 HTML 标记不含有信息，完全可以把它们放置在客户端由 JavaScript 脚本负责生成。
- 响应信息中包含的 HTML 结构无法有效利用，对于 JavaScript 脚本来说，它们仅仅是一堆字符串。同时结构和信息混合在一起，也不符合标准设计原则。

16.3.11 获取 JavaScript 脚本

可以设计响应信息为 JavaScript 代码，这里的代码与 JSON 数据不同，它是可执行的命令或脚本。

【示例】 在服务器端请求文件中包含下面一个函数（Code_server.js）。

```javascript
function(){
    var d = new Date()
    return d.toString();
}
```

然后在客户端执行下面的请求。

```javascript
var x = createXMLHTTPObject();                  // 创建 XMLHttpRequest 对象
var url = "code_server.js";
x.open("GET", url, true);
x.onreadystatechange = function (){
    if ( x.readyState == 4 && x.status == 200 ) {
        var info = x.responseText;
        var o = eval("("+info+")" + "()");      // 调用 eval()方法把 JavaScript 字符串转换
为本地脚本
        alert(o);                               // 返回客户端当前日期
    }
}
x.send(null);
```

在转换时应在字符串前后附加两个小括号：一个是包含函数结构体的，一个是表示调用函数的。一般很少使用 JavaScript 代码作为响应信息的格式，因为它不能够传递更丰富的信息，同时 JavaScript 脚本极易引发安全隐患。

16.3.12 获取 JSON 数据

通过 XMLHttpRequest 对象的 responseText 属性获取返回的 JSON 数据字符串，然后可以使用 eval()方法将其解析为本地 JavaScript 对象，从该对象中再读取任何想要的信息。

【示例】 本例将返回的 JSON 对象字符串转换为本地对象，然后读取其中包含的属性值（JSON_main.html）：

```javascript
var x = createXMLHTTPObject();                  // 创建 XMLHttpRequest 对象
var url = "JSON_server.js";                     // 请求的服务器端文件
x.open("GET", url, true);
x.onreadystatechange = function (){
    if ( x.readyState == 4 && x.status == 200 ){
        var info = x.responseText;              // 获取响应信息
        var o = eval("(" + info + ")");         // 调用 eval()方法把 JSON 字符串转换为本地对象
        alert(info);                            // 显示响应的字符串，返回整个 JSON 对象字符串
        alert(o.name);                          // 读取对象属性值，返回字符串"css8"
    }
}
x.send(null);
```

在转换对象时，应该为 JSON 对象字符串外面包含小括号运算符，表示调用对象的意思。如果是数组，则可以这样读取（JSON_main1.html）：

```javascript
x.onreadystatechange = function (){
    if ( x.readyState == 4 && x.status == 200 ){
        var info = x.responseText;
        var o = eval(info);
```

```
            alert(info);              // 显示响应的字符串,返回整个 JSON 对象字符串
            alert(o[0].name);         // 读取第一个数组元素值的属性值,返回字符串"css8"
    }
}
```

> 提示:
> eval()方法在解析 JSON 字符串时存在安全隐患。如果 JSON 字符串中包含恶意代码,在调用回调函数时可能会被执行。

解决方法:使用一种能够识别有效 JSON 语法的解析程序,当解析程序一旦匹配到 JSON 字符串中包含不规范的对象,会直接中断或者不执行其中的恶意代码。用户可以访问 http://www.json.org/json2.js 免费下载 JavaScript 版本的解析程序。不过如果确信所响应的 JSON 字符串是安全的,没有被人恶意攻击,那么可以使用 eval()方法解析 JSON 字符串。

16.3.13 获取纯文本

扫一扫,看视频

对于简短的信息,有必要使用纯文本格式进行响应。但是纯文本信息在响应时很容易丢失,且没有办法检测信息的完整性。因为缺少元数据,元数据都以数据包的形式进行发送,不容易丢失。

【示例】 服务器端响应信息为字符串"true",则可以在客户端进行如下设计。

```
var x = createXMLHTTPObject();
var url = "Text_server.txt";
x.open("GET", url, true);
x.onreadystatechange = function (){
    if ( x.readyState == 4 && x.status == 200 ) {
        var info = x.responseText;
        if(info == "true") alert("文本信息传输完整");    // 检测信息是否完整
        else  alert("文本信息可能存在丢失");
    }
}
x.send(null);
```

16.3.14 获取头部信息

扫一扫,看视频

每个 HTTP 请求和响应的头部都包含一组消息,对于开发人员来说,获取这些信息具有重要的参考价值。XMLHttpRequest 对象提供了两个方法用于设置或获取头部信息。

- getAllResponseHeaders():获取响应的所有 HTTP 头信息。
- getResponseHeader():从响应信息中获取指定的 HTTP 头信息。

【示例 1】 本例将获取 HTTP 响应的所有头部信息。

```
var x = createXMLHTTPObject();
var url = "server.txt";
x.open("GET", url, true);
x.onreadystatechange = function (){
    if ( x.readyState == 4 && x.status == 200 ) {
        alert(x.getAllResponseHeaders());      // 获取头部信息
    }
}
x.send(null);
```

【示例 2】 下面是一个返回的头部信息示例,具体到不同的环境和浏览器,返回的信息会略有不同。

```
X-Powered-By: ASP.NET
Content-Type: text/plain
ETag: "0b76f78d2b8c91:8e7"
Content-Length: 2
Last-Modified: Thu, 09 Apr 2017 05:17:26 GMT
```

如果要获取指定的某个头部消息,可以使用 getResponseHeader()方法,参数为获取头部的名称。例如,获取 Content-Type 头部的值,则可以这样设计。

```
alert(x.getResponseHeader("Content-Type"));
```

除了可以获取这些头部信息外,还可以使用 setRequestHeader()方法在发送请求中设置各种头部信息。

```
xmlHttp.setRequestHeader("name","css8");
xmlHttp.setRequestHeader("level","2");
```

这样,服务器端就可以接收这些自定义头部信息,并根据这些信息提供特殊的服务或功能。

16.4 实战案例

Ajax 为用户提供更多的浏览体验和交互情趣,让静态页面变得更加丰富起来。本节将结合几个典型案例从不同侧面介绍 Ajax 的应用。

16.4.1 封装异步请求操作

Ajax 请求和响应的过程比较简单,如果在页面中频繁使用,不妨先把 Ajax 异步请求的过程封装在一个函数中,这样应用更方便,也能够优化代码。本例定义一个通用函数,封装请求过程,让用户不再分心 Ajax 技术本身,将更多的精力放在数据呈现和交互效果设计方面。

异步请求封装函数:

```
// 异步请求函数
// 参数: url 表示请求地址, callback 表示回调函数, postData 表示 POST 方法传递的数据对象
function request(url, callback, data){
    var xmlHttp = createXMLHTTPObject();        // 创建 XMLHttpRequest 对象
    if ( ! xmlHttp) return;                     // 如果创建失败,则跳出
    var method = (data) ? "POST" : "GET";       // 设置请求方法
    xmlHttp.open(method, url, true);            //打开异步请求连接
    xmlHttp.setRequestHeader('User-Agent', 'XMLHTTP/1.0'); //设置 XMLHttpRequest 请求头部信息
    if (data)                                   //如果存在第 3 个参数,则设置内容类型头部信息
        xmlHttp.setRequestHeader('Content-type','application/x-www-form-urlencoded');
    xmlHttp.onreadystatechange = function (){   //定义异步响应事件处理函数
        if (xmlHttp.readyState != 4) return;    //如果没有响应成功,则返回
        if (xmlHttp.status != 200 && xmlHttp.status != 304){
        //如果 HTTP 状态码不为 200 或 304,则提示错误信息,并返回
            alert('HTTP 请求错误 ' + xmlHttp.status);
            return;
        }
        callback(xmlHttp);                      //调用回调函数
    }
    if (xmlHttp.readyState == 4) return;        //如果请求成功,则返回
    xmlHttp.send(data);                         //发送数据
}
```

第 16 章 使用 Ajax 实现异步通信

注意：
本封装函数需要调用创建 XMLHttpRequest 对象的封装函数 createXMLHTTPObject()。

应用示例：
```
//定义请求地址
var url = "JSON_server.js";
//定义回调函数，参数为 XMLHttpRequest 对象
var callback = function(xmlHttp){
    var info = xmlHttp.responseText;
    var o = eval("(" + info + ")");
    alert(info);
    alert(o[1].name);
}
//调用请求函数
request(url, callback);
```

服务器端请求文件（JSON_server.js）：
```
[{
    name:"css8",
    pass:"123456"
},
{
    name:"w3c",
    pass:"111111"
}]
```

16.4.2 动态显示提示信息

异步交互过程是在后台进行，页面不需要刷新，交互过程中如果没有提示信息，用户会无所适从，甚至容易产生误解。为了避免此类问题，在设计过程中建议增加动态提供信息，指导用户操作，本示例演示效果如图 16.7 所示。

（a）连接到后台

（b）读取数据

（c）响应成功

图 16.7 Ajax 交互动态提示信息

【设计思路】
这种动态提示信息主要是根据 readyState 属性的状态值进行更新。
其中 "Hello world!" 字符串是客户端发送请求时，传递给服务器的，然后服务器接收请求，并把该字符串响应给客户端，再在浏览器中显示 "Hello world!" 字符串信息。

【操作步骤】
（1）启动 Dreamweaver，新建文档，保存为 index.html。在文档中构建一个简单的一级标题标签，用来承载服务器响应的信息。

```
<!doctype html>
```

```html
<html>
<head>
<meta charset="utf-8">
<style type="text/css">
h1 {/*设计标题字体颜色和大小*/
    color:#888; font-size:16px;
}
h1 span {/*定义标题内span元素字体大小和颜色,增加补白*/
    padding:1em;
    color:red; font-size:32px;
}
</style>
</head>
<body>
<h1 id="info"></h1>
</body>
</html>
```

(2) 设计一个简单的后台接收和处理文件(test.asp)。

```
<%@LANGUAGE="VBSCRIPT" CODEPAGE="936"%>
<%
dim data                                        '定义变量
data = Request.QueryString("data")    '接收从客户端传递过来的字符信息,并存储在data变量中
'定义响应信息页的字符编码,由于信息中包含中文字符,所以这里设置为简体中文
'默认为UTF-8,如果不设置中文,可能会出现乱码
Response.AddHeader "Content-Type","text/html;charset=gb2312"
Response.Write data                     '把字符信息写回(响应给)客户端浏览器
%>
```

(3) 在页面初始化事件处理函数中,使用 XMLHttpRequest 对象的 open() 方法打开与服务器的连接,然后使用 send() 方法发送请求。在请求 URL 之后以查询字符串的形式附带传递一个字符串信息。同时在 onreadystatechange 中绑定回调函数 updatePage,以便使用该函数处理服务器响应的数据。

```
//创建 XMLHttpRequest 对象
var xhr =createXMLHTTPObject();
//在 load 事件处理函数中实现异步请求
window.onload = function(){                        //定义页面初始化处理函数
    var str = "test1.asp?data=Hello world!";    //设置请求的URL以及附加的查询字符串信息
    xhr.open( "GET", str, true );                //设置打开异步请求连接
    xhr.onreadystatechange = updatePage;        //绑定回调函数
    xhr.send( null );                            //发送异步请求
}
```

(4) 定义回调函数,根据 readyState 属性状态值实时跟踪异步交互的过程,并在页面中显示不同的 gif 提示动画。

```
function updatePage(){                            //回调函数
    var info = document.getElementById( "info" );    //获取页面中的标题标签
    if( xhr.readyState == 1 ){                    //当前状态,还没有连接上
        info.innerHTML = "<img src='images/loading.gif' />  连接中......"; //显示提示信息
    }
    else if( xhr.readyState == 2 || xhr.readystate == 3 ){ //当前状态,正在响应数据
```

```
            info.innerHTML = "<img src='images/loading.gif' />  读数据......"; //显示提
示信息
    }
    else if( xhr.readyState == 4 ){              //当前状态，交互顺利完成
        if( xhr.status == 200 ){                 //请求中 HTTP 状态码
            info.innerHTML = "<span>" + xhr.responseText + "</span>";//显示提示信息
        }
        else
            alert( xhr.status );                 //如果交互失败，则弹出 HTTP 状态码
    }
}
</script>
```

16.4.3 动态查询记录集

本例设计允许用户根据需要，动态确定页面可显示的记录数，然后以异步请求的方式从服务器端数据库中按需查询，实时响应，示例效果如图 16.8 所示。

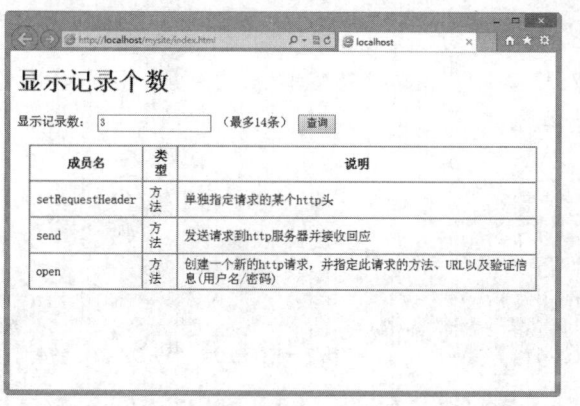
(a) 查询 3 条记录

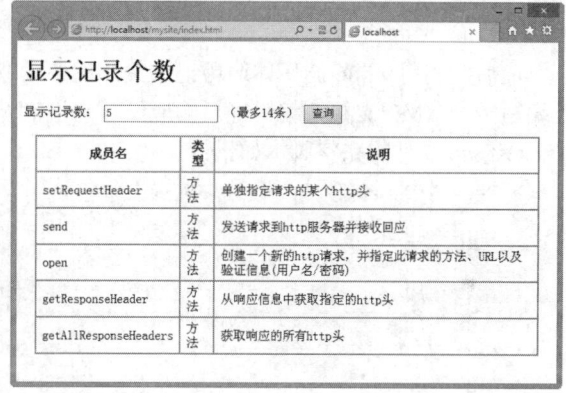
(b) 查询 5 条记录

图 16.8 动态查询记录集

如图 16.8 所示，当用户在页面内的文本框中输入要显示的记录数，然后单击【查询】按钮，Ajax 就会把该参数传递给服务器，服务器根据这个参数查询数据库，获得一个记录集，然后把这个记录集转换为 XML 格式的数据响应给客户端，浏览器再以表格的形式显示在页面中。

提示，所谓记录集就是从数据库中查询的一个临时数据表，类似表格结构的多行记录。

【操作步骤】

（1）构建数据结构，数据库是前后台信息交互的基础。本例以 Access 数据库为载体进行讲解。所建立的数据库名为 data.mdb，库中定义了一个数据表（xmlhttp），如图 16.9 所示。

xmlhttp 表中包含 4 个字段：id（自动编号数据类型，序列号，由数据库自动生成）、who（字符串数据类型，表示成员名称）、class（字符串数据类型，表示成员类型，如属性或方法）和 what（字符串数据类型，表示对成员的说明）。

（2）编写后台脚本，处理 Ajax 异步请求，并进行响应。启动 Dreamweaver，新建文档，保存为 test.asp。

在服务器端脚本中，首先获取客户端传递过来的参数值（指定查询的记录数），然后，使用 ADO 定义一个记录集，连接到后台数据库，并查询指定记录数的记录集。

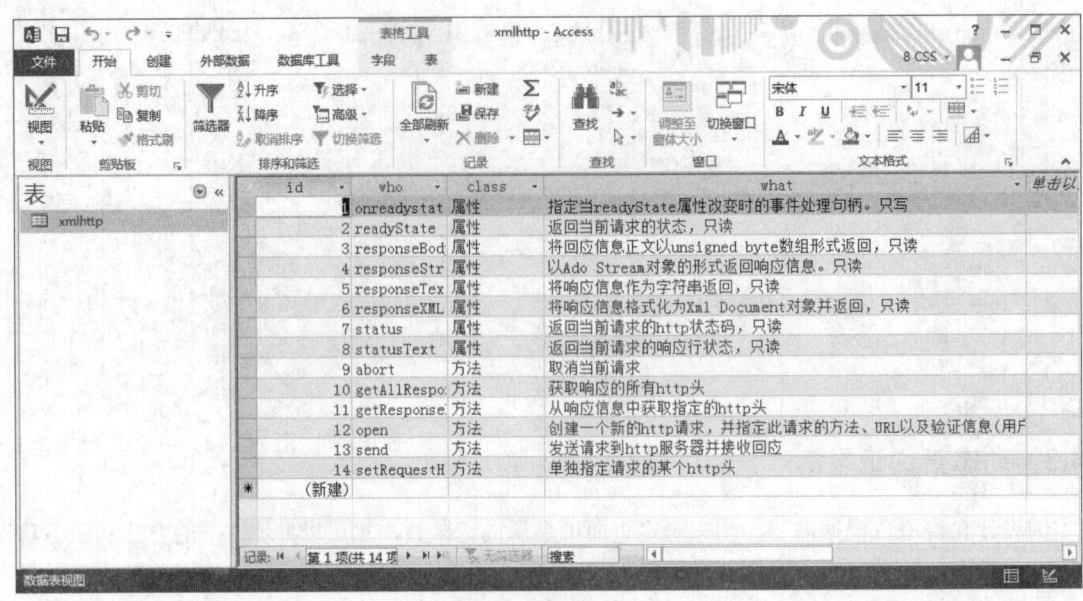

图 16.9　演示数据库

最后，利用 while 循环体遍历记录集，逐条读取记录，把记录转换为 XML 格式数据。根据 XML 格式编写一个 XML 文档，编辑好后响应给客户端浏览器。

test.asp 文件的完整脚本如下：

```
<?xml version="1.0" encoding="gb2312"?>
<%
Response.ContentType = "text/xml"     '定义 XML 文档文本类型
set conn = Server.CreateObject("adodb.connection")
data = Server.mappath("data.mdb")     '获取数据库的物理路径
conn.Open "driver={microsoft access driver (*.mdb)};"&"dbq="&data '用数据库连接对象打开数据库
coun=CInt(Request("coun"))            '获取客户端传递过来的参数，并转为数值，以便进行运算
%>
<% '定义并打开记录集
set rs = Server.CreateObject("adodb.recordset")    '定义记录集对象
sql ="select * from xmlhttp order by id desc"      '定义 SQL 查询字符串
rs.open sql,conn,1,1                  '打开记录集，第 1 个参数表示查询字符串，第 2 个参数表示数据库连接对象，第 3 个参数表示指针类型，第 4 个参数表示锁定类型
%>
<!-- 以下脚本用来输出 XML 文档结构和数据信息 -->
<data count="<%=coun%>" ><!-- 输出根节点，定义属性，<%=coun%>表示 ASP 脚本输出意思 -->
<%
n=0
while (not rs.eof) and (n<coun)  '遍历记录集，并确保循环次数等于指定查询记录数
%>
    <item id="<%=rs("id")%>">                      <!-- 输出子节点 -->
        <who><%=trim(rs("who")) %></who>           <!-- 输出孙子节点 -->
        <class><%=trim(rs("class")) %></class>    <!-- 输出孙子节点 -->
        <what><%=trim(rs("what")) %></what>        <!-- 输出孙子节点 -->
    </item>
<%
    n = n + 1                         '递增循环次数
```

```
            rs.movenext                '向下移动记录集指针,以读取下一条记录
wend
%>
</data>                                                        <!-- 输出根节点的结束节点 -->
```

在上面 ASP 脚本中,<%=和%>表示一种快速输出方法,它能够很自由地在文档中输出脚本变量信息。另外<%=trim(rs("who")) %>表示输出记录集中指定字段的值,trim()函数表示清除左右两侧的空格。

(3)设计前台页面。新建文档,保存为 index.html,在页面中设计表单:文本框和按钮,以及一个用来显示响应信息的信息框:<div id="info">。

```
<h1>显示记录个数</h1>显示记录数:<input name="coun" type="text" id="coun">(最多14条)
<input type="button" onclick="check();" value="查询">
<div id="info"></div>
```

(4)在 index.html 文档头部,插入<style>标签,定义一个内部样式表,使用 CSS 定义输出表格的显示样式。

```
<style type="text/css">
table {/*表格结构的样式 */
    margin:1em;                                              /* 增加外边界距离 */
    border-collapse:collapse;                                /* 合并单元格的边框 */
    border:solid 1px #FF33FF;                                /* 定义边框样式 */
}
td, th {/*单元格和标题单元格的样式 */
    border:solid 1px #FF33FF;                                /* 定义单元格边框样式 */
    padding:4px 8px;                                         /* 增加单元格的内部补白空隙 */
}
</style>
```

(5)定义函数 check(),并绑定在按钮的 click 事件上。该函数将连接和发送请求到服务器,同时绑定回调函数。

```
function check(){
    var coun = document.getElementById( "coun" ).value;
    request( "test.asp?coun=" + coun, callback );            //发出异步请求
}
```

(6)定义回调函数。在回调函数 callback()中,先获取 XML 格式的响应数据,然后遍历 XML 结构的数据片段,把各个节点包含的文本转换为 HTML 字符串,最后以表格结构的形式显示出来。

```
function callback( xhr )
    var xml = xhr.responseXML;  //获取 responseXML 响应数据
    var count = "";
    var html = "";
    var items = xml.getElementsByTagName( "item" );//获取 item 元素节点集合
    html += "<table><tr><th>成员名</th><th>类型</th><th>说明</th></tr>" //输出表格结构
        for( var i=0 ; i< items.length; i++ ){  //遍历 item 节点集合
        html += "<tr>"
        var child = items[i].childNodes
            for( var n=0 ; n< child.length; n++ ){  //遍历 item 子节点集合
                if( child[n].nodeType == 1 ){  //判断 item 子节点类型,如果是元素则读取包含信息
                html += "<td>"
                html += child[n].firstChild.data; //获取每个孙子节点包含的文本节点信息
                html += "</td>"
```

```
            }
        }
        html += "</tr>";
    }
    html += "</table>";
    var info = document.getElementById( "info" );
    info.innerHTML = html;    //显示 XML 数据
}
```

16.4.4 记录集分页显示

本例以 16.4.3 节示例 data.mdb 数据库为基础,设计每页显示记录数为 2 条,页面初始化后默认显示前两条记录,标题中显示"第 1 页"提示信息,导航按钮仅显示"下一页"按钮。当单击"下一页"按钮,则标题提示为第 2 页,此时"上一页"按钮显示出来。当翻阅到最后一页时,则"下一页"按钮被隐藏,同时数据显示记录集中最后两条记录。整个示例的演示效果如图 16.10 所示。

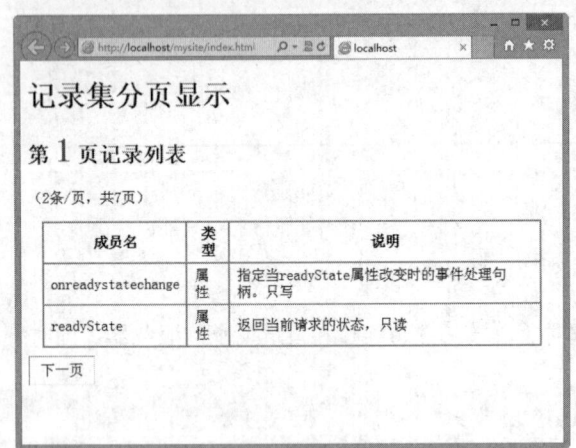
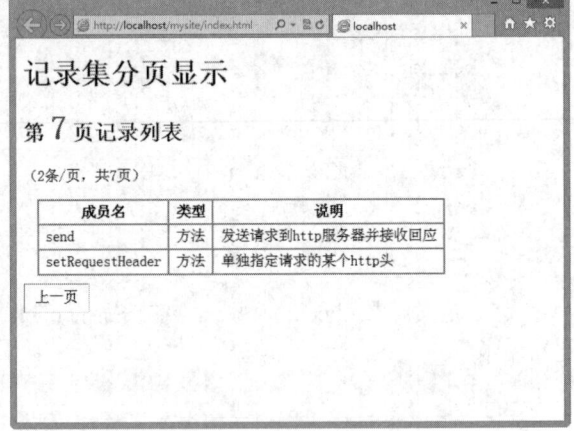

(a)显示第 1 页记录　　　　　　　　　　　　(b)显示最后一页记录

图 16.10　记录集分页显示

提示:记录集分页就是把从数据库中查询的数据分多页进行显示,这样能够避免记录集单页过长显示。记录集分页的设计思路:利用 SQL 字符串查询出需要的数据,然后根据记录集对象的分页属性确定每次从服务器端发送给客户端的记录数和逻辑页记录集在整个查询的记录集中的位置。使用 Ajax 技术后,只需要确定记录集当前指针位置,然后发送这个指针位置值即可,以简化开发难度。

【操作步骤】

(1)本示例的数据库采用 16.4.3 节示例中的 data.mdb 数据库中的数据,所以有关数据结构的构建就不再讲解。

(2)设计后台脚本。后台脚本也继承了 16.4.3 节示例的脚本,大部分代码不动。主要修改设置查询记录集的方法。

修改方法:设置客户端传递给服务器端的参数为查询记录集的起始指针位置。根据每页显示 2 条记录的查询条件,先把记录集的当前指针移到参数值指定的位置,然后从这个位置开始查询两条记录返回。

实现代码如下:

```
<%
coun=CInt(Request("coun"))           '获取客户端传递过来的记录集指针位置
if coun<1 then coun = 1              '如果记录集指针小于1,则设置为1,避免指针溢出
```

```
if coun>14 then coun =14                    '如果记录集指针大于14，则设置为14，避免指针溢出
%>
<%
set rs = Server.CreateObject("adodb.recordset")  '定义记录集对象
sql ="select * from xmlhttp"                '定义SQL查询字符串
rs.CursorType=3                             '设置指针类型为3，这样可以来回移动指针
rs.CursorLocation = 3                       '设置记录集锁定类型为3
rs.open sql,conn,2,1                        '打开记录集
rs.AbsolutePosition = coun                  '把记录集的指针移到参数指定的位置
%>
```

（3）以记录集当前指针位置开始遍历记录集的下半部分数据，并输出当前指针位置开始的前两条记录，并把它们的数据传输到客户端。

```
<%
n=0
while (not rs.eof) and (n<2)                '循环读取记录集中当前指针开始的2条记录
%>
    ……（输出显示代码省略）
<%
    n = n + 1
    rs.movenext
wend
%>
```

（4）设计前台文档结构和 JavaScript 脚本。新建文档，保存为 index.html，在页面内设计如下标签结构。

```
<body onload="check();">
<h1>Ajax 记录集分页显示</h1>
<h2>第<span class="red" id="cur">1</span>页记录列表</h2>
<p>（2条/页，共7页）</p>
<div id="info"></div>
<span class="btn" id="up" onclick="check(1)">上一页</span> <span class="btn"
id="down" onclick="check(2)">下一页</span>
</body>
```

在 body 中绑定异步处理函数，实现页面初始化显示第 1 页记录。然后在标题标签中嵌套一个 span 用来动态输出显示当前页数，在后面定义两个按钮（span 元素），绑定异步处理函数，分别设置传递值为 1 和 2，以告诉脚本当前按钮是往前或往后翻页操作。

（5）根据翻页按钮的操作来计算翻页后的记录集指针位置。由于已经知道每页显示记录数，以及总记录集数，所以设计的代码就比较直观了。具体实现代码如下：

```
function check(n){          //异步处理函数，参数值为操作按钮的标识编号
    var coun = 1;           //默认显示第1条记录
    var cur = parseInt(document.getElementById( "cur" ).innerHTML);    //获取标题中的span元素
    document.getElementById( "up" ).style.display = "none"; //默认隐藏"上一步"按钮避免错误
    if(n==1) {              //如果参数值为1，表示当前单击按钮为"上一步"
        coun = (cur-1)*2-1;   //计算将要显示记录集指针位置
        document.getElementById( "cur" ).innerHTML =cur-1;         //计算上一页是第几页
        document.getElementById( "down" ).style.display = "inline"; //显示"下一页"按钮
```

```
            //如果当前页数为2或小于2,说明单击之后将翻到第一页,所以隐藏"上一页"按钮
            if(cur<=2){
                document.getElementById( "up" ).style.display = "none";
            }else {//否则显示"上一页"按钮
                document.getElementById( "up" ).style.display = "inline";
            }
        }
        if(n==2){      //如果参数值为2,表示当前单击按钮为"下一步"
            coun = (cur+1)*2-1;  //计算将要显示记录集指针位置
            document.getElementById( "cur" ).innerHTML =cur+1;            //计算下一页是
第几页
            document.getElementById( "up" ).style.display = "inline";    //显示"上一页"
按钮
            //如果当前页数为6或大于6,则说明单击之后将翻到最后一页,隐藏"下一页"按钮
            if(cur>=6) {
                document.getElementById( "down" ).style.display = "none";
            }else {//否则显示"下一页"按钮
                document.getElementById( "down" ).style.display = "inline";
            }
        }
        request( "test.asp?coun=" + coun, callback );              //发送请求
    }
```

（6）定义回调函数。该函数与 16.4.3 节示例回调函数基本相同,不需要传递参数,说明可以参考 16.4.3 节内容。

16.4.5 设计 Tab 面板

Tab 面板是常见网页交互组件,其显示的信息多是静态的。本例设计当鼠标移到不同的 Tab 选项卡时,将触发事件处理函数,向服务器发出异步请求,并把服务器响应的信息呈现在该 Tab 面板中,演示效果如图 16.11 所示。

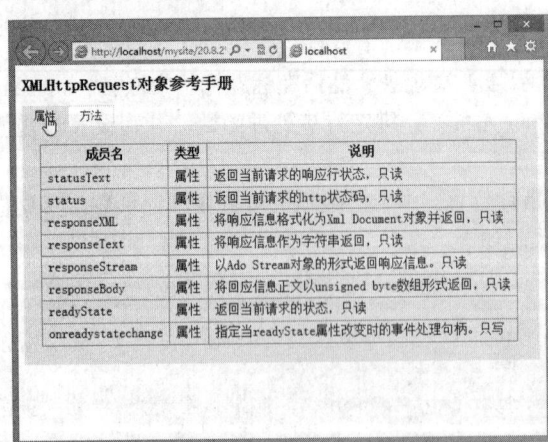
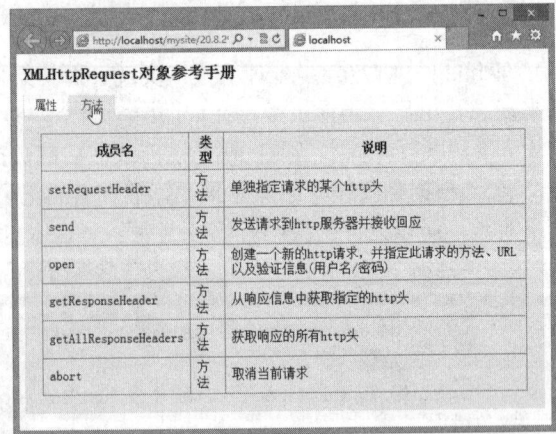

图 16.11 动态响应的 Tab 面板演示效果

【操作步骤】

（1）新建网页文档,保存为 index.html。
（2）设计 Tab 面板结构,页面基本结构如下。

```
<div class="tab_wrap">
```

```html
    <ul class="tab" id="tab">
        <li id="tab_1" class="hover">属性</li>
        <li id="tab_2" class="normal">方法</li>
    </ul>
    <div class="content" id="content">
        <div id="content_1" class="show">暂无属性</div>
        <div id="content_2" class="none">暂无方法</div>
    </div>
</div>
```

（3）异步请求过程也要先设计好接口问题（即请求的 URL），发送参数的传递方式，以及回调函数的设计。在设计回调函数时，应该与服务器端响应信息类型和结构相协调一致。设计思路如下：

- 异步请求接口
  - 参数：以 GET 方法发送请求，参数名为 n，参数值包含选项卡的序号，如 1、2。
  - 回调函数：把响应的 XML 数据转换为 HTML，并插入到 Tab 面板容器中。
- 服务器端响应接口
  - 参数：获取查询字符串，参数名为 n，根据参数值在数据库中查询不同类型的词条。
  - 响应信息：以 XML 格式响应信息，XML 文档结构如下。

```xml
<?xml version="1.0" encoding="gb2312"?>
<data count=int >
    <item>
        <who>词条名</who>
        <class>分类</class>
        <what>词条说明</what>
    </item>
</data>
```

（4）在 index.html 页面头部插入一个 <script type="text/javascript"> 标签，在其中先定义一个函数，该函数是为每个选项卡绑定的事件处理函数，当鼠标移过 Tab 选项卡上时将被触发。

```javascript
function mouseover(n){
    var url = "server.asp?n=" + n;              // 设计请求的 URL 信息
    var callback = function(xmlhttp){           // 设计回调函数
        updatePage(n, xmlhttp);                 // 在回调函数中调用 Tab 信息更新函数
    };
    request(url, callback, null);               // 调用请求函数
}
```

上面函数主要设置了两个必需的参数：URL 和回调函数。函数 mouseover() 的参数 n 表示选项卡的序号，从 1 开始。

（5）在页面初始化事件中，为每个选项卡的 li 元素注册该函数为事件处理函数，同时默认显示第 1 个选项卡中的数据。

```javascript
window.onload = function(){                     // 页面初始化事件处理函数
    mouseover(1);                               // 默认显示第 1 个选项卡中的数据
    var li = document.getElementById("tab").getElementsByTagName("li");// 获取选项卡的 li 元素
    for(var i = 0; i < li.length; i ++ ){       // 为每个选项卡注册 mouseover() 函数
        li[i].onmouseover = function(){
            mouseover(i + 1);
        }
    }
}
```

（6）设计服务器响应信息为 XML 格式，在客户端可以这样设计回调函数所包含的 Tab 信息更新函数。这个函数有两点需要用户注意。

- 要注意 XMLHttpRequest 对象参数传递，否则在多层函数嵌套中可能会出现找不到对象的现象。
- 借助 XMLHttpRequest 对象的 readyState 属性，动态显示数据的交互过程，使页面设计更友好。

```javascript
// Tab 面板信息更新函数
// 参数：n 表示选项卡的序号，xmlHttp 表示 XMLHttpRequest 对象实例
// 返回值：无
function updatePage(n, xmlHttp){ // 根据参数传递的序号，决定要插入信息的容器
    if(n == 1){
        var info = document.getElementById( "content_1" );
    }else{
        var info = document.getElementById( "content_2" );
    }
    // 根据异步交互的状态，动态显示数据更新的进度
    if( xmlHttp.readyState == 1 ){
        info.innerHTML = "<img src='loading.gif' />，连接中……";
    }
    else if( xmlHttp.readyState == 2 || xmlHttp.readystate == 3 ) {
        info.innerHTML = "<img src='loading.gif' />，读数据……";
    }
    else if( xmlHttp.readyState == 4 ) {
        if( xmlHttp.status == 200 ) {
            xml = xmlHttp.responseXML; // 获取服务器端响应的 XML 数据
            info.innerHTML = showXml ( xml ); // 把 XML 转换为 HTML，插入到 Tab 容器
        }
        else alert( xmlHttp.status );
    }
}
```

（7）在 updatePage()函数中包含一个 showXml ()函数，该函数专门负责把服务器端响应的 XML 数据转换为 HTML 格式信息。

```javascript
// 把 XML 数据转换为 HTML 格式信息
// 参数：xml 表示 XML 文档
// 返回值：返回 HTML 字符串
function toHTML( xml ){
    var count = "", html = "";
    var items = xml.getElementsByTagName( "item" );
    html += "<table><tr><th>成员名</th><th>类型</th><th>说明</th></tr>"
    // 遍历 XML 文档结构，读取其中信息并把它们装入到 HTML 表格中
    for( var i = 0 ; i < items.length; i ++ ){
        html += "<tr>"
        var child = items[i].childNodes
        for( var n = 0 ; n < child.length; n ++ ){
            if( child[n].nodeType == 1 ){
                html += "<td>";
                html += child[n].firstChild.data;
                html += "</td>";
            }
        }
        html += "</tr>";
    }
```

```
        html += "</table>"
        return html;
}
```

（8）设计服务器端如何动态生成 XML 数据。根据客户端请求的参数查询 Access 数据库中的数据，则整个请求文件的代码如下。

```
<?xml version="1.0" encoding="gb2312"?>
<%
Response.ContentType = "text/xml"
// 连接到数据库
set conn = Server.CreateObject("adodb.connection")
data = Server.mappath("data.mdb")
conn.Open "driver={microsoft access driver (*.mdb)};"&"dbq="&data
n=CInt(Request("n"))            // 获取客户端传递过来的参数，并转换为数值类型
if n = 1 then
    str = "属性"
else
    str = "方法"
end if
//根据参数查询数据库
set rs = Server.CreateObject("adodb.recordset")
sql ="select * from xmlhttp where class = '"&str&"' order by id desc"
rs.open sql,conn,1,1
%>
<data count="<%=n%>" >
<%
n=0
while (not rs.eof)              // 循环生成 XML 数据结构
%>
    <item>
        <who><%=trim(rs("who")) %></who>
        <class><%=trim(rs("class")) %></class>
        <what><%=trim(rs("what")) %></what>
    </item>
<%
    n = n + 1
    rs.movenext                 // 阅读下一条记录
wend
%>
</data>
```

在生成 XML 文档时，应该注意以下几个问题。

- XML 文档结构有着严格的要求，第 1 行必须是 XML 文档的命令行。XML 文档中根节点只有一个，且结构嵌套必须对称。
- XML 字符编码应该与客户端页面编码相一致，同时应注意与服务器端脚本的编码也保持一致。
- 在生成 XML 文档时，应该定义文档类型（如 text/xml）。

16.4.6 关键字匹配

本例设计当用户在文本框中输入关键字时，浏览器会自动从后台数据中查询匹配数据，并迅速显示在下面的下拉菜单中，以供输入选择，当从下拉菜单中选择备选词之后，选取结果会填入文本框，避免

扫一扫，看视频

手动输入，演示效果如图 16.12 所示。

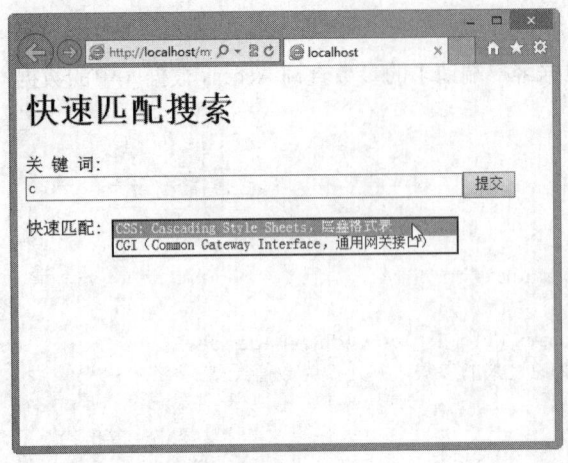
（a）输入字母 C

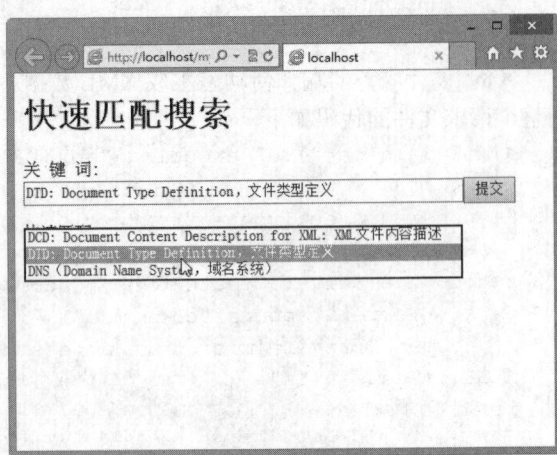
（b）选择匹配的关键词

图 16.12　快速匹配搜索列表

提示，当输入关键字时，Ajax 会实时把该词发送到后台，由后台与指定的数据进行比较，如果发现有匹配的信息，则组合成下拉列表的结构响应给客户端，最后由 JavaScript 脚本把这些文本信息插入到页面中。

【操作步骤】

（1）构建后台数据库。由于本例仅是一个演示，这里仅使用一个数组来存储 20 条信息，代码如下（test.asp）。

```
dim a(20)
a(1)="CSS: Cascading Style Sheets，层叠格式表"
a(2)="CGI（Common Gateway Interface，通用网关接口）"
a(3)="DCD: Document Content Description for XML: XML 文件内容描述"
a(4)="DTD: Document Type Definition，文件类型定义"
a(5)="HTML（HyperText Markup Language，超文本标记语言）"
a(6)="JVM: Java Virtual Machine, Java 虚拟机"
a(7)="SGML: Standard Generalized Markup Language，标准通用标记语言 "
a(8)="XML: Extensible Markup Language（可扩展标记语言）"
a(9)="XSL: Extensible Style Sheet Language（可扩展设计语言）"
a(10)="DNS（Domain Name System，域名系统）"
a(11)="IMAP4: Internet Message Access Protocol Version 4，第四版因特网信息存取协议 "
a(12)="Internet（因特网）"
a(13)="IP（Internet Protocol，网际协议）"
a(14)="MODEM（Modulator Demodulator，调制解调器）"
a(15)="POP3: Post Office Protocol Version 3，第三版电子邮局协议"
a(16)="RDF: Resource Description Framework，资源描述框架"
a(17)="SNMP（Simple Network Management Protocol，简单网络管理协议）"
a(18)="SMTP（Simple Mail Transfer Protocol，简单邮件传输协议）"
a(19)="VPN: virtual private network，虚拟局域网"
a(20)="WWW（World Wide Web，万维网，是因特网的一部分"
```

（2）设计后台脚本。后台程序是根据前台发过来的关键字为基础进行操作，在词条数组中进行比较，然后把匹配的数组元素值返回，详细代码如下（test.asp）。

```
Response.AddHeader "Content-Type","text/html;charset=gb2312"    '定义响应的文本编码类型
```

```
q=request.querystring("q")                '获取客户端发送过来的关键字
if len(q)>0 then                          '如果关键字不是空的,则执行下面代码
    hint=""                               '定义变量
    for i=1 to ubound(a)                  '遍历数组元素
        '截取相同长度,并把关键字全部转换为大写形式,以方便比较
        x1=ucase(mid(q,1,len(q)))
        x2=ucase(mid(a(i),1,len(q)))
        if x1=x2 then                     '如果相匹配
            if hint="" then               '如果是第1个匹配的元素值,则直接赋值
                hint="<option value="""&a(i)&""">"&a(i)&"</option>"
            else                          '如果不是第1个匹配的元素值,则递加
                hint=hint & "<option value="""&a(i)&""">"&a(i)&"</option>"
            end if
        end if
    next
end if
if hint="" then                           '最后判断如果 hint 为空,说明没有匹配的元素
    response.write("<select><option>没有匹配对象</option></select>")
else                                      '否则输出响应信息到客户端
    response.write("<select onblur='ok(this)' onchange='ok(this)'>"&hint&" </select>")
end if
```

（3）回到前台，设计前台结构和脚本。新建文档，保存为 index.html。然后设计前台页面结构。

```
<h1>快速匹配搜索</h1>
<form>
    <label for="txt1">关 键 词:</label>
    <input name="txt1" type="text" id="txt1" onKeyUp="check(this.value)" size="60"><input name="" type="submit" value="提交" />
</form>
<p>快速匹配: <span id="txtHint">
    <select>
        <option>请输关键词</option>
    </select>
    </span></p>
</body>
```

（4）定义异步处理函数，并设置参数为要传递的关键词。

```
function check(str){                       //异步处理函数
    if (str.length > 0) {                  //只有当传递的值字符串长度大于0,则调用异步处理
        var url = "test.asp?q=" + str      //设置 URL 信息
        request(url , callback );          //发送异步请求
    }
}
```

（5）定义回调函数，显示响应信息。

```
function callback( xhr ){
    var info = document.getElementById("txtHint");
    info.innerHTML = xhr.responseText;
}
```

（6）定义辅助函数 ok()，当用户选择或激活匹配下拉选项，则自动把选择项的值填写到上面的文本框中。

```
function ok(o){
    var o1 = document.getElementById("ok1");
```

```
        document.getElementById("txt1").value = o.value;
}
```

（7）在后台脚本中输出的下拉列表结构中绑定该函数，定义当下拉列表框失去焦点和改动选项值时都可以触发 ok()函数。因为当下拉选项仅有一个选项时，onchange 事件类型是触发不了的。

```
if hint="" then
    response.write("<select><option>没有匹配对象</option></select>")
else
    response.write("<select onblur='ok(this)' onchange='ok(this)'>"&hint&" </select>")
end if
```

扫一扫，看视频

16.4.7　使用灯标

在第 10 章实例部分，曾经介绍过使用框架实现异步通信的方法，另外在第 11 章实例部分，又介绍过使用 script 元素实现异步交互的技巧。

出于浏览器安全考虑，使用 XMLHttpRequest 和框架只能够在同域内进行异步通信，也称为同源策略，因此用户不能使用 Ajax 或框架实现跨域通信。

不过，JSONP 是一种可以绕过同源策略的方法。如果用户不关心响应数据，只需要服务器的简单审核，那么还可以考虑使用灯标来实现异步通信。示例演示效果如图 16.13 所示。

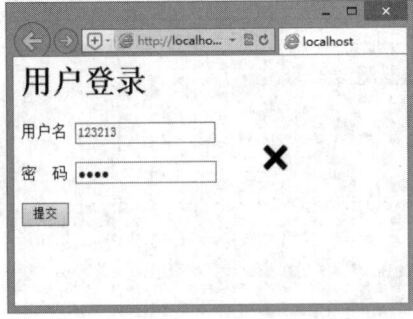

（a）登录成功　　　　　　　　　　　　　　（b）登录失败

图 16.13　使用灯标实现异步交互

【设计思路】

灯标与动态脚本 script 用法非常类似，使用 JavaScript 创建 image 对象，将 src 设置为服务器上一个脚本文件的 URL，这里并没有把 image 对象插入到 DOM 中。

服务器得到此数据并保存下来，不必向客户端返回什么，因此不需要显示图像，这是将信息发回服务器的最有效方法，开销很小，而且任何服务器端错误都不会影响客户端。

简单的图像灯标不能发送 POST 数据，所以应将查询字符串的长度限制在一个相当小的字符数量上。当然也可以用非常有限的方法接收响应数据，可以监听 image 对象的 load 事件，判断服务器端是否成功接收了数据。还可以检查服务器返回图片的宽度和高度，并用这些信息判断服务器的响应状态，例如，宽度大于指定值表示成功，或者高度小于某个值表示加载失败等。

【操作步骤】

（1）新建网页文档，保存为 index.html。

（2）设计登录框结构，页面代码如下。

```
<div id="login">
    <h1>用户登录</h1>
    用户名 <input name="" id="user" type="text"><br /><br />
```

```
    密  码 <input name="" id="pass" type="password"><br /><br />
    <input name="submit" type="button" id="submit" value="提交" />
    <span id="title"></span>
</div>
```

（3）设计使用 image 实现异步通信的请求函数。

```
var imgRequest = function( url ){  //img 异步通信函数
    if(typeof url != "string" ) return;
    var image = new Image();
    image.src = url;
    image.onload = function() {
        var title = document.getElementById("title");
        title.innerHTML = "";
        title.appendChild(image);
        if(this.width > 35) {
            alert("登录成功");
        } else {
            alert("你输入的用户名或密码有误，请重新输入");
        }
    };
    image.onerror = function() {
        alert("加载失败");
    };
}
```

在 imgRequest()函数体内，创建一个 image 对象，设置它的 src 为服务器请求地址，然后在 load 加载事件处理函数中检测图片加载状态，如果加载成功，再检测加载图片的宽度是否大于 35 像素，如果大于 35 像素，说明审核通过，否则为审核没有通过。

（4）定义登录处理函数 login()，在函数体内获取文本框的值，然后连接为字符串，附加在 URl 尾部，调用 imgRequest()函数，发送给服务器。最后，在页面初始化 load 事件处理函数中，为按钮的 click 事件绑定 login 函数。

```
window.onload = function(){
    var b = document.getElementById("submit");
    b.onclick = login;
}
var login = function(){
    var user = document.getElementById("user");
    var pass = document.getElementById("pass");
    var s = "server.asp?user=" + user.value + "&pass=" + pass.value;
    imgRequest(s);
}
```

（5）设计服务器端脚本，让服务器根据接收的用户登录信息，验证用户信息是否合法，然后根据条件响应不同的图片。

```
<%
'接收客户端发送来的登录信息
user= Request("user")
pass= Request("pass")
'创建响应数据流
Set S=server.CreateObject("Adodb.Stream")
S.Mode=3
S.Type=1
```

```
S.Open
if user = "admin" and pass = "123456" then
    S.LoadFromFile(server.mappath("2.png"))
else
    S.LoadFromFile(server.mappath("1.png"))
end if
'设置响应数据流类型为 png 格式图像
Response.ContentType  =  "image/png"
Response.BinaryWrite(S.Read)
Response.Flush
s.close
set s=nothing
%>
```

如果不需要为此响应返回数据,还可以发送一个 204 No Content 响应代码,表示无消息正文,从而阻止客户端继续等待永远不会到来的消息体。

灯标是向服务器回送数据最快和最有效的方法。服务器根本不需要发回任何响应正文,所以不必担心客户端下载数据。使用灯标的唯一缺点是接收到的响应类型是受限的。如果需要向客户端返回大量数据,那么建议使用 Ajax 或者 JSONP。

提示:

如表 16.8 所示简单比较了使用 XMLHttpRequest 对象和 script 元素实现异步通信的功能支持情况。

表 16.8　XMLHttpRequest 对象与 script 元素实现异步通信比较

功　　能	XMLHttpRequest 对象	script 元素
兼容性	兼容	兼容
异步通信	支持	支持
同步通信	支持	不支持
跨域访问	不支持	支持
HTTP 请求方法	都支持	仅支持 GET 方法
访问 HTTP 状态码	支持	不支持
自定义头部消息	支持	不支持
支持 XML	支持	不支持
支持 JSON	支持	支持
支持 HTML	支持	不支持
支持纯文本	支持	不支持

第 17 章 本地数据存储

Web 应用的快速发展，在客户端直接存储用户数据变得越来越重要。最简单、易行的方法是 cookie，但是 cookie 存在很多缺陷。HTML5 提出了很多解决方案：Web Storage、Web Database 等。本章将主要介绍如何使用 cookie、Web Storage 和 Web SQL Database 读写数据，以及它们在页面中的应用。

【学习重点】
- 了解 cookie 技术。
- 正确读写 cookie 信息。
- 使用 Web Storage 技术存取信息。
- 使用 Web SQL 技术存取信息。

17.1 使用 cookie

cookie 是保存在客户端系统中的一个文本文件，每个 cookie 文本文件都与指定 Web 服务器的域中的固定目录相关联。当浏览器向服务器请求该目录下的页面时，关联的 cookie 信息就会随着 HTTP 请求以头部信息的方式发送给服务器。

在客户端，用户可以使用 JavaScript 读写 cookie 信息，服务器端脚本也能够编辑这些 cookie 信息。cookie 的优点主要表现如下。
- 简单易用。
- 浏览器负责发送数据。
- 浏览器自动管理不同站点的 cookie。

但经过长期地使用，cookie 也越来越暴露出其先天的不足，具体说明如下。
- 使用简单的文本文件存储数据，安全性很差，很容易被黑客窃取。
- cookie 中存储的数据容量有限，其上限为 4KB。
- 存储 cookie 的数量有限，多数浏览器上限为 30 或 50 个，如 IE 6 只支持每个域名 20 个 cookie，也有部分浏览器存储 cookie 的数量高达 300 个。
- 如果浏览器的安全配置为最高级别，则 cookie 会失效。
- cookie 不适合大量数据的存储，因为 cookie 会由每个对服务器的请求来传递，从而造成 cookie 速度缓慢、效率低下。

17.1.1 写入 cookie 信息

扫一扫，看视频

使用 document.cookie 可以读写 cookie 字符串信息。

cookie 字符串是一组名值对，名称和值之间以等号相连，名值对之间使用分号进行分隔。值中不能够包含分号、逗号和空白符。如果包含特殊字符，必须使用 escape()函数对其进行编码，在读取 cookie 时也必须使用 unescape()函数进行解码。

【示例 1】 本例演示如何使用 cookie 存储 cookie 信息。

```
var d = new Date();
d = d.toString();
```

```
d = "date=" + escape(d);                    // 设置 cookie 字符串
document.cookie = d;                         // 写入 cookie 信息
```

在默认状态下,cookie 信息只能在当前会话期(当前浏览窗口)中有效并存在,一旦结束会话(关闭浏览窗口),这些 cookie 信息就会被自动删除。

如果长久保存 cookie 信息,可以设置 expires 属性,把字符串"expires=date"附加到 cookie 字符串后面。用法如下:

```
name = value; expires = date
```

date 为格林威治日期时间(GMT)格式:Sun, 30 Apr 2017 00:00:00 UTC。

提示:

使用 Date.toGMTString()方法可以快速把时间对象转换为 GMT 格式。

【示例 2】 本例将创建一个有效期为一个月的 cookie 信息。

```
var d = new Date();                          // 实例化当前日期对象
d.setMonth(d.getMonth() + 1);                // 提取月份值并加 1,然后重新设置当前日期对象
d = "date=" + escape(d) + ";expires=" + d.toGMTString();
                                             // 在 cookie 字符串的尾部添加 expires 名值对
document.cookie = d;                         // 写入 cookie 信息
```

cookie 信息是有域和路径限制的。在默认情况下,仅在当前页面路径内有效。例如,在下面页面中写入了 cookie 信息。

```
http:// www.mysite.cn/bbs/index.html
```

这个 cookie 只会在 http:// www.mysite.cn/bbs/路径下可见,其他域或本域其他目录中的文件是无权访问的。这种限制主要是为了保护 cookie 信息安全,避免恶意读写。

用户可以使用 cookie 的 path 和 domain 属性重设可见路径和作用域。其中 path 属性包含了与 cookie 信息相关联的有效路径,domain 属性定义了 cookie 信息的有效作用域。用法如下:

```
name=value; expires=date; domain= domain; path=path;
```

提示:

如果设置 path=/,可以设置 cookie 信息与服务器根目录及其子目录相关联,从而实现在整个网站中共享 cookie 信息;如果只想让 bbs 目录下的网页访问,可以设置 path=/bbs 即可。

很多网站可能包含很多域名,例如,百度网站包含的域名就有很多个,简单列表如下:

http:// www.baidu.com/

http:// news.baidu.com/

http:// tieba.baidu.com/

http:// zhidao.baidu.com/

http:// mp3.baidu.com/

……

在默认情况下,cookie 信息只能在本域中访问,通过设置 cookie 的 domain 属性可修改域的范围。例如,在 http:// www.baidu.com/index.html 文件中设置 cookie 的 domain 属性为 domain= tieba.baidu.com,就可以在 http:// tieba.baidu.com/域下访问该 cookie。如果允许所有子域都能访问 cookie 信息,设置 domain= baidu.com 即可,这样该 cookie 信息就与 baidu.com 的所有子域下的所有页面相关联,包括 www、news、tieba、zhidao、mp3 等子域区域。

cookie 使用 secure 属性定义 cookie 信息的安全性。secure 属性取值包括 secure 或者空字符串。在默认情况下,secure 属性值为空,也就是说 cookie 信息使用不安全的 HTTP 连接传递数据。如果一个 cookie 设置了 secure,那么 cookie 信息在客户端与 Web 服务器之间进行传递时,就通过 HTTPS 或者其他安全

协议传递数据。

综上所述，比较完善的 cookie 信息字符串应该包括下面几个部分。
- cookie 信息字符串，包含一个名/值对，默认为空。
- cookie 有效期，包含一个 GMT 格式的字符串，默认为当前会话期，即如果没有设置，则当关闭浏览器时，cookie 信息就因过期而被清除。
- cookie 有效路径，默认为 cookie 所在页面目录及其子目录。
- cookie 有效域，默认为设置 cookie 的页面所在的域。
- cookie 安全性，默认为不采用安全加密措施进行传递。

【示例 3】 本例把写入 cookie 信息的实现代码进行封装。

```javascript
// 写入 cookie 信息
// 参数：name 表示 cookie 名称，value 表示 cookie 值，expires 表示有效天数，path 表示有效路径，domain 表示域，secure 表示安全性设置。其中 name、value、path 和 domain 参数为字符串类型，传递时需要加上引号，而参数 expires 为数值，secure 表示布尔值，表示是否加密传输 cookie 信息
// 返回值：无
function setCookie( name, value, expires, path, domain, secure ){
    var today = new Date();                          // 获取当前时间对象
    today.setTime( today.getTime() );                // 设置现在时间
    if ( expires ){                                  // 如果有效期参数存在，则转换为毫秒数
        expires = expires * 1000 * 60 * 60 * 24;
    }
    var expires_date = new Date( today.getTime() + (expires) ); // 新建有效期时间对象
    document.cookie = name + "=" + escape( value ) +            //写入 cookie 信息
    (( expires ) ? ";expires=" + expires_date.toGMTString() : "")+// 指定有效期
    (( path ) ? ";path=" + path : "" ) +                          // 指定有效路径
    (( domain ) ? ";domain=" + domain : "" ) +                    // 指定有效域
    (( secure ) ? ";secure" : "" );                               // 指定是否加密传输
}
```

17.1.2 读取 cookie 信息

访问 document.cookie 可以读取 cookie 信息，cookie 属性值是一个由零个或多个名值对的子字符串组成的字符串列表，每个名值对之间通过分号进行分隔。

【示例 1】 可以采用下面的方法把 cookie 字符串转换为对象类型。

```javascript
// 把 cookie 字符串转换为对象类型
// 参数：无
// 返回值：对象，存储 cookie 信息，其中名称作为对象的属性而存在，而值作为属性值而存在
function getCookie(){
    var a = document.cookie.split(";");      // 把 cookie 字符串劈开为数组
    var o = {};                              // 临时对象直接量
    for(var i=0;i<a.length;i++){             // 遍历数组
        var v = a[i].split("=");             // 劈开每个数组元素
        o[v[0]] = v[1];                      // 把元素的名和值转换为对象的属性和属性值
    }
    return o;                                // 返回对象
}
```

如果在写入 cookie 信息时，使用了 escape()方法编码 cookie 值，则应该在读取时不要忘记使用

unescape()方法解码 cookie 值。

下面使用 getCookie()函数读取 cookie 信息,并查看每个名/值对信息。

```
var o = getCookie();
for(i in o){
    alert(i + "=" + o[i]);
}
```

【示例 2】 在实际开发中,更多的操作是直接读取某个 cookie 值,而不是读取所有 cookie 信息。下面示例定义一个比较实用的函数,用来读取指定名称的 cookie 值。

```
// 读取指定 cookie 信息
// 参数:cookie 名称
// 返回值:cookie 值
function getCookie( name ){
    var start = document.cookie.indexOf( name + "=" );  // 提取 cookie 中与名称相同的字符串索引
    var len = start + name.length + 1;  //计算值的索引位置
    if ( ( ! start ) && ( name != document.cookie.substring( 0, name.length ) ) ){ //不存在,则返回 null
        return null;
    }
    if ( start == - 1 ) return null;      // 如果没有找到,则返回 null
    var end = document.cookie.indexOf( ";", len );        //获取值后面的分号索引位置
    if ( end == - 1 ) end = document.cookie.length;       // 如果索引值为-1,设置为 cookie 字符串的长度
    return unescape( document.cookie.substring( len, end ) ); //获取名称对应的截取值,并解码返回
}
```

扫一扫,看视频

17.1.3 修改和删除 cookie 信息

如果要改变指定 cookie 的值,只需要使用相同名称和新值重新设置该 cookie 值即可。如果要删除某个 cookie 信息,只需要为该 cookie 设置一个已过期的 expires 属性值。

【示例】 本例封装了如何删除指定 cookie 信息的方法,这个方法需要调用 getCookie()函数:

```
// 删除指定 cookie 信息
// 参数:name 表示 cookie 名称,path 表示所在路径,domain 表示所在域
// 返回值:无
function deleteCookie( name, path, domain ){
    if ( getCookie( name ) ) document.cookie = name + "=" +// 如果名称存在,则清空
    ( ( path ) ? ";path=" + path : "") +                //如果存在路径,则加上
    ( ( domain ) ? ";domain=" + domain : "" ) +         //如果存在域,则加上
    ";expires=Thu, 01-Jan-1970 00:00:01 GMT";
    // 设置有效期为过去时,即表示该 cookie 无效,将会被浏览器清除
}
```

扫一扫,看视频

17.1.4 附加 cookie 信息

浏览器对 cookie 信息都有个数限制,为了避免超出这个限制,可以把多条信息都保存在一个 cookie 中,而不是为每条信息都新建一个 cookie。由于 cookie 可存储的字符串最大长度为 4KB(即 4096 个字

符），在实际应用中，这个字符串长度完全满足各种用户信息的存储。

实现方法：在每个名值对中，再嵌套一组子名/值对。子名/值对的形式可以自由约定，并确保不引发歧义即可。例如，使用冒号作为子名和子值之间的分隔符，而使用逗号作为子名/值对之间的分隔符，约定类似于对象直接量。

```
subName1 : subValue1, subName2 : subValue2, subName3 : subValue3
```

然后把这组子名/值串作为值传递给 cookie 的名称。

```
name=subName1:subValue1,subName2:subValue2,subName3:subValue3
```

为了确保子名/值串不引发歧义，建议使用 escape()方法对其进行编码，读取时再使用 unescape()方法转码即可。

【示例 1】 本例演示了如何在 cookie 中存储更多的信息。

```javascript
// 定义有效期
var d = new Date();
d.setMonth(d.getMonth() + 1);
d = d.toGMTString();
// 定义 cookie 字符串
var a = "name:a,age:20,addr:beijing"    // 子名/值串
var c = "user=" + escape(a)             // 组合 cookie 字符串
c += ";" + "expires=" + d;              // 设置有效期为 1 个月
document.cookie = c;                    // 写入 cookie 信息
```

【示例 2】 当读取 cookie 信息时，首先需要获取 cookie 值，然后调用 unescape()方法对 cookie 值进行解码，最后再访问 cookie 值中每个子 cookie 值。因此对于 document.cookie 来说，就需要分解 3 次才能得到精确的信息。

```javascript
// 读取所有 cookie 信息，包括子 cookie 信息
// 参数：无
// 返回值：对象，存储子 cookie 信息，其中名称作为对象的属性而存在，而值作为属性值存在
function getSubCookie(){
    var a = document.cookie.split(";");
    var o ={};
    for (var i = 0; i < a.length; i ++ ){        // 遍历 cookie 信息数组
        a[i] && (a[i] = a[i].replace(/^\s+|\s+$/, ""));
        // 清除头部空格符
        var b = a[i].split("=");
        var c = b[1];
        c && (c = c.replace(/^\s+|\s+$/, ""));   // 清除头部空格符
        c = unescape(c);                         // 解码 cookie 值
        if( ! /\,/gi.test(c)){                   // 如果不包含子 cookie 信息，则直接写入返回对象
            o[b[0]] = b[1];
        }
        else{
            var d = c.split(",");                // 劈开 cookie 值
            for (var j = 0; j < d.length; j ++ ){ // 遍历子 cookie 数组
                var e = d[j].split(":");         // 劈开子 cookie 名/值对
                o[e[0]] = e[1];                  // 把子 cookie 信息写入返回对象
            }
        }
    }
    return o;                                    // 返回包含 cookie 信息的对象
}
```

提示：

现代浏览器都支持 cookie，但是也难免会出现意外。例如，个别老式浏览器不支持 cookie，或者用户禁止浏览器使用 cookie。为了安全起见，在使用 cookie 之前，应该探测客户端是否启用 cookie，如果没有启用，则可以采取应急措施，避免不必要的损失，或者导致网站部分功能无法实现。

一般可以使用下面的方法来探测客户端浏览器是否支持 cookie：

```
if(navigator.CookieEnabled){
    // 如果存在 CookieEnabled 属性，则说明浏览器支持 cookie，则就可以安全写入或读取 cookie 信息了
    setCookie();
    // 或
    getCookie();
}
```

如果浏览器启用了 cookie，则 CookieEnabled 属性值为 true；当禁用了 cookie 时，则该属性值为 false。

扫一扫，看视频

17.1.5 封装 cookie 操作

cookie 操作比较简单，但是在默认状态下存取 cookie 信息还是比较麻烦的。本节定义函数 cookie()，来封装 cookie 的所有操作。

cookie()函数既可以写入指定的 cookie 信息，删除指定的 cookie 信息，同时也能够读取指定名称的 cookie 值，另外还可以指定 cookie 信息的有效期、有效路径、作用域和安全性选项设置。

如果在调用 cookie() 函数时，仅指定一个参数值，则表示读取指定名称的 cookie 值；如果指定两个参数，则表示写入 cookie 信息，其中第 1 个参数表示名称，第 2 个参数表示值。在第 3 个参数中还可以传递选项信息，这些信息以字典形式存储在对象中进行传递。前两个参数以字符串形式进行传递。

封装代码如下：

```
// 封装 cookie 存取功能，可以写入 cookie 信息，读取 cookie 信息，也可以删除 cookie 信息
// 参数：name 表示 cookie 的名称，value 表示 cookie 值，都以字符串形式传递。Option 参数是一个
对象，该对象可以包含多项信息，用来指定 cookie 信息的有效期、路径、作用域和完全性设置
// 返回值：当仅有一个参数时，该函数获读取并返回 cookie 值
function cookie(name, value, options){
    if (typeof value != 'undefined'){   // 如果第 2 个参数存在
        options = options ||{};          // 初始化第 3 个参数，如果不存在则设置为空字符串
        if (value === null){             // 如果第 2 个参数值为 null，则表示删除该 cookie 值
            value = '';                  // 清空值
            options.expires = - 1;       // 设置失效时间
        }
        var expires = '';
        // 如果存在时间参数项，且值类型为 number，或者为具体时间，分别设置时间
        if (options.expires && (typeof options.expires == 'number' || options.expires.toUTCString)) {
            var date;
            if (typeof options.expires == 'number'){
                // 设置时间格式，把天数转换为毫秒添加到时间对象中
                date = new Date();
                date.setTime(date.getTime() + (options.expires * 24 * 60 * 60 * 1000));
            }
            else{
                date = options.expires;       // 如果是时间格式，则直接传递时间参数
```

```
                    }
                    expires = '; expires=' + date.toUTCString();   // 设置有效期
                }
                var path = options.path ? '; path=' + options.path : '';   // 设置路径
                var domain = options.domain ? '; domain=' + options.domain : '';   // 设置域
                var secure = options.secure ? '; secure' : '';   // 设置安全措施，为 true 则直接
设置，否则为空
                // 把所有字符串信息都存入数组，然后调用 join()方法转换为字符串，并写入 cookie 信息
                document.cookie = [name,'=',encodeURIComponent(value),expires,path,domain,
secure].join('');
            }
            else{ // 如果第 2 个参数不存在，则表示读取指定 cookie 信息
                var CookieValue = null;
                if (document.cookie && document.cookie != ''){          // 如果 cookie 信息存在且
不为空
                    var cookie = document.cookie.split(';');            // 切分 cookie 字符串为数组
                    for (var i = 0; i < cookies.length; i ++ ){         // 遍历 cookie 信息
                        var cookie = (cookies[i] || "").replace( /^\s+|\s+$/g, "" );
                                                                         // 清除两侧空格符
                        if (cookie.substring(0, name.length + 1) == (name + '=')){
                                                                         // 匹配指定 cookie 名称
                            cookieValue = decodeURIComponent(cookie.substring
                                (name.length + 1));
                            break;
                        }
                    }
                }
                return cookieValue;   // 返回查找的 cookie 值
            }
        }
```

应用示例：写入 cookie 信息。

```
cookie("user", "css8");                    // 简单写入一条 cookie 信息
cookie("user", "css8", {                   // 写入一条 cookie 信息，并设置更多选项
    expires:10,                            // 有效期为 10 天
    path:"/",                              // 整个站点有效
    domain:"www.mysite.cn",                // 有效域名
    secure:true                            // 加密数据传输
});
```

读取 cookie 信息：
```
cookie("user")
```

删除 cookie 信息：
```
cookie("user",null);
```

17.1.6 案例：打字游戏

cookie 可以记忆任何用户信息，如经常性、重复性操作，个人爱好等。从需求角度分析，灵活应用 cookie 对于提升用户体验非常重要。从技术的角度分析，一个良好的 JavaScript 应用项目应该选择使用 cookie 存储下面几类信息。

扫一扫，看视频

- 复杂的 JavaScript 对象实例，这个实例里可以包含基本类型、类成员变量等。
- 复杂的 DOM 节点的状态。
- 表单中各种域的初始状态，如文本框、下拉列表框、单选按钮和复选框的初始值等。
- 页面布局和风格，如主题、皮肤、窗口的大小、位置、打开页面 URL 等。
- 用户经常性的操作结果，如排序、查询等。

下面示例演示了如何使用 cookie 设计一个打字游戏，页面包含 3 个控制按钮和一个文本区域：

```html
<input type="button" name="start" id="start" value="开始测试打字速度" />
<input type="button" name="stop" id="stop" value="停止测试" />
<input type="button" name="clear" id="clear" value="清除cookie痕迹"/><br/>
<textarea name="words" cols="80" rows="20" id="words"></textarea>
```

当单击【开始测试打字速度】按钮时，JavaScript 首先判断用户的身份，没有发现用户在册，则会及时提示注册名称，然后开始计时。当单击【停止测试】按钮时，则 JavaScript 能够及时计算打字的字数、花费的时间（以分计）。测算打字速度，并与历史最好成绩进行比较，同时累计用户打字的总字数，演示效果如图 17.1 所示。

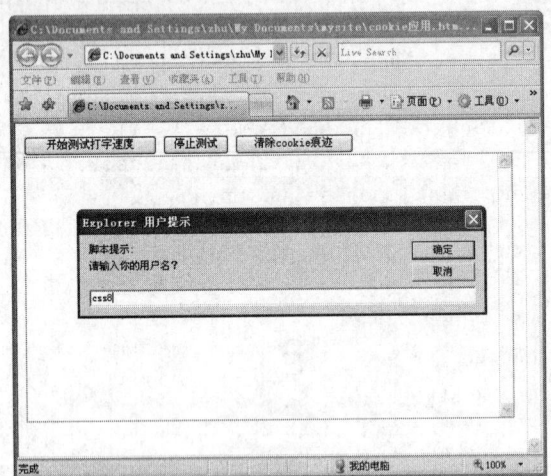 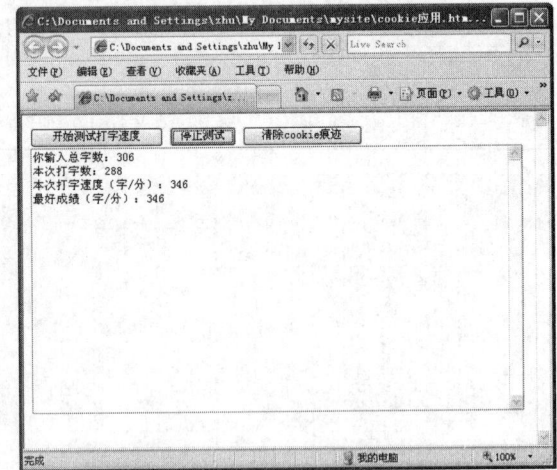

图 17.1　打字游戏演示

【设计思路】

当单击开【始测试打字速度】按钮时，将触发下面事件处理函数。用来检测用户身份，并开始计时：

```javascript
function start(){
    var words = document.getElementById("words");
    words.value = ""                              // 清空文本区域
    if( ! cookie("name")){                        // 如果cookie中不存在用户名
        var _name = prompt("请输入你的用户名？");      // 提示输入
        cookie("name", _name,{expires : 360});   // 并存储到cookie中
    }
    var date = new Date();
    t1 = date.getTime();                          // 获取当前时间
    words.focus();                                // 设置文本区域获取焦点
}
```

测试完毕，单击【停止测试】按钮，将触发下面事件处理函数。该函数将汇总相关数据，并与 cookie 中相关数据进行比对，存储相关 cookie 数据，最后显示汇总信息：

```javascript
function stop(){
    var words = document.getElementById("words");
```

```
   // 获取文本区域的引用
   var date = new Date();
   t2 = date.getTime();                            // 获取现在时间
   var time = (t2- t1) / (1000 * 60);              // 计时打字用时
   var num = words.value.length;                   // 计时输入的总字数
   rate = Math.round(num/time);                    // 计算打字速度
   cookie("rate") || cookie("rate", 0, {expires : 360});
   // 检测 cookie 中是否存在历史成绩
   if( parseInt(cookie("rate")) < rate)
      cookie("rate", rate, {expires : 360});
   // 如果现在成绩优于历史成绩，则存储该成绩
   var sum = cookie("sum") ? cookie("sum") : 0;
   // 检测 cookie 中的总字数
   cookie("sum", (parseInt(sum) + num),{expires : 360});
   // 存储累计总字数
   var info = "你输入总字数：" + cookie("sum") + "\n" +
              "本次打字数：" + num + "\n" +
              "本次打字速度（字/分）：" + rate + "\n" +
              "最好成绩（字/分）：" + cookie("rate") + "\n";
   words.value = info;                             // 输出汇总信息
}
```

定义清除 cookie 信息的事件处理函数：

```
function clear(){
   cookie("name", null);
   cookie("sum", null);
   cookie("rate", null);
   var words = document.getElementById("words");
   words.value = ""
}
```

最后，在页面初始化事件处理函数中分别为 3 个按钮绑定上面定义的函数即可：

```
var t1 = t2 = 0;
window.onload = function(){
   var b = document.getElementById("start");
   var e = document.getElementById("stop");
   var c = document.getElementById("clear");
   b.onclick = start;
   e.onclick = stop;
   c.onclick = clear;
}
```

17.2 使用 Web Storage

HTML5 的 Web Storage 提供了两种在客户端存储数据的方法：localStorage 和 sessionStorage。它们可以健值对的形式在本地保存数据。

- localStorage：用于持久化的本地存储，除非主动删除数据，否则数据是永远不会过期的。
- sessionStorage：保存会话期内数据，当用户关闭浏览器后，则这些数据会被删除。

Web Storage 优点如下：
- 存储空间更大。

- 存储内容不会发送到服务器。
- 提供一套更为丰富的接口，使得数据操作更为简便。
- 每个域（包括子域）有独立的存储空间，各个存储空间是完全独立的，不会造成数据混乱。
- Web Storage 的缺陷主要集中在安全性方面：
- 浏览器会为每个域分配独立的存储空间，但是浏览器不会检查 JavaScript 脚本所在的域与当前域是否相同。
- 存储在本地的数据未加密而且永远不会过期，极易造成隐私泄漏。

目前所有主流浏览器都支持 Web Storage。但是 IE 7 及以下版本不支持 Web Storage，可使用 IE 的 UserData 进行兼容。

扫一扫，看视频

17.2.1 基本操作

localStorage 和 sessionStorage 对象拥有相同的属性和方法，也都具有相同的操作，简单说明如下。

1. 存储值

使用 setItem()方法可以存储值，用法如下：

```
setItem( key, value)
```

参数 key 表示键名，value 表示值，都以字符串形式进行传递。例如：

```
sessionStorage.setItem("key", "value");
localStorage.setItem("site", "mysite.cn");
```

2. 读取值

使用 getItem()方法可以读取指定键名的值，用法如下：

```
getItem(key)
```

参数 key 表示键名，字符串类型。该方法将获取指定 key 本地存储的值。例如：

```
var value = sessionStorage.getItem("key");
var site = localStorage.getItem("site");
```

3. 删除值

使用 removeItem()方法可以删除指定键名本地存储的值。用法如下：

```
removeItem(key)
```

例如：

```
sessionStorage.removeItem("key");
localStorage.removeItem("site");
```

4. 清空本地存储

使用 clear()方法可以清空所有本地存储的键值对。用法如下：

```
clear()
```

例如：

```
sessionStorage.clear();
localStorage.clear();
```

🔊 提示：

Web Storage 不但支持使用 setItem()、getItem()等方法执行存取操作外，也支持使用点语法或者使用字符串数组[]的方式进行数据存储。例如：

- var storage = window.localStorage;
- storage.key1 = "hello";

```
    storage["key2"] = "world";
    console.log(storage.key1);
    console.log(storage["key2"]);
```

5. 遍历操作

localStorage 和 sessionStorage 提供 key()方法和 length 属性，使用它们可以方便地实现存储数据的遍历操作。

【示例 1】 本例获取本地 localStorage，然后使用 for 语句循环迭代所有本地存储的数据，并显示在调试平台上面。

```
var storage = window.localStorage;
for (var i=0, len = storage.length; i < len; i++){
    var key = storage.key(i);
    var value = storage.getItem(key);
    console.log(key + "=" + value);
}
```

6. storage 事件

Web Storage 还提供了 storage 事件，当键值改变或者 clear 的时候，就可以触发 storage 事件。

【示例 2】 本例为页面添加了一个 storage 事件，这样当页面的本地存储发生值变动时将触发该事件。

```
if(window.addEventListener){
    window.addEventListener("storage",handle_storage,false);
}else if(window.attachEvent){
    window.attachEvent("onstorage",handle_storage);
}
function handle_storage(e) {
    var logged = "key:" + e.key + ", newValue:" + e.newValue + ", oldValue:" + e.oldValue + ", url:" + e.url + ", storageArea:" + e.storageArea;
    alert(logged);
}
```

storage 事件对象包含属性说明如表 17.1 所示。

表 17.1 storage 事件对象属性

属 性	类 型	说 明
key	String	键的名称
oldValue	Any	以前的值（被覆盖的值），如果是新添加的项目，则为 null
newValue	Any	新的值，如果是新添加的项目，则为 null
url/uri	String	引发更改的方法所在页面地址

17.2.2 案例：设计网页皮肤

在网页设计中，我们会用 Javascript 动态设计网页皮肤，当用户选择某种皮肤样式之后，则再次访问该网站或者页面，都将显示相同的皮肤样式。

对于皮肤配置数据，最适合使用 localStorage 进行存储，这样每次访问页面时，都会自动调用 localStorage 数据设置页面样式，避免用户每次访问页面时都需要重新设置选项，效果如图 17.2 所示。

```html
<!DOCTYPE html>
<html>
<head>
<meta http-equiv="Content-Type" content="text/html; charset=gb2312">
</head>
<body onload="colorload();">
<script type="text/javascript">
    // 检测浏览器是否支持localStorage。
    if (typeof localStorage === 'undefined') {
        window.alert("您的浏览器不支持localStorage。");
    }else{
        window.alert("您的浏览器支持localStorage。");
    var storage = localStorage;
    // 设置DIV背景颜色为红色，并保存localStorage。
    function redSet() {
        var value = "red";
        document.getElementById("divblock").style.backgroundColor = value;
        window.localStorage.setItem("DivBackGroundColor", value);
    }
    // 设置DIV背景颜色为绿色，并保存localStorage。
    function greenSet() {
        var value = "green";
        document.getElementById("divblock").style.backgroundColor = value;
        window.localStorage.setItem("DivBackGroundColor"; value);
    }
    // 设置DIV背景颜色为蓝色，并保存localStorage。
    function blueSet() {
        var value = "blue";
        document.getElementById("divblock").style.backgroundColor = "blue";
        window.localStorage.setItem("DivBackGroundColor", value);
    }
    function colorload() {
        document.getElementById("divblock").style.backgroundColor = window.localStorage.getItem("DivBackGroundColor");
    }
}
</script>
<section id="main">
<button id="redbutton" onclick="redSet()">红色</button>
<button id="greenbutton" onclick="greenSet()">绿色</button>
<button id="bluebutton" onclick="blueSet()">蓝色</button>
</section>
<div id="divblock" style="width:500px; height:500px;"></div>
</body>
</html>
```

图 17.2　网页皮肤选项

17.2.3　案例：跟踪 localStorage 数据

在这个示例中，我们将调用 localStorage 对象的相关属性和方法，演示如何动态设置本地化数据。演示效果如图 17.3 所示。

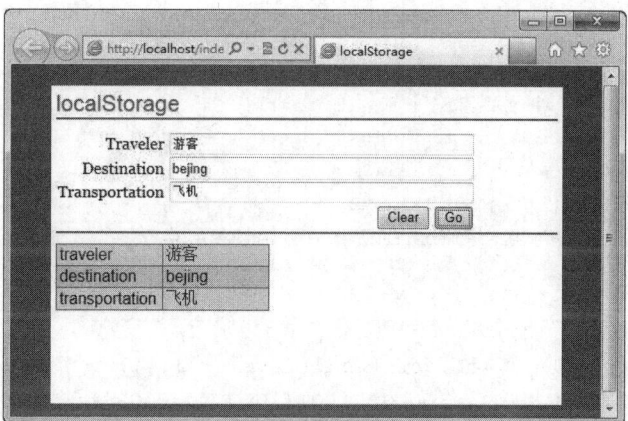

图 17.3　跟踪 localStorage 数据

首先构建一个交互表单的结构：
```
<div id="content">
   <h1> localStorage </h1>
   <div id="form">
      <form id="travelForm">
         <table class="form">
            <tr>
               <td class="label"> Traveler </td>
               <td><input type="text" name="traveler" /></td>
            </tr>
            <tr>
               <td class="label"> Destination </td>
               <td><input type="text" name="destination" /></td>
            </tr>
            <tr>
               <td class="label"> Transportation </td>
```

```
            <td><input type="text" name="transportation" /></td>
         </tr>
         <tr>
            <td colspan="2" class="button"><input id="formSubmit" type="button" value="Clear" onClick="javascript:dbClear()" />
               <input id="formSubmit" type="button" value="Go" onClick="javascript:dbGo()" /></td>
         </tr>
      </table>
      <input id="inputAction" type="hidden" name="action" value="add" />
      <input id="inputKey" type="hidden" name="key" value="0" />
   </form>
</div>
<div id="results"> </div>
</div>
```

然后使用Javascript采集、存储和读写localStorage数据。

```
var t = new bwTable();
var db = getLocalStorage() || dispError('Local Storage not supported.');
function getLocalStorage() {
   try {
      if( !! window.localStorage ) return window.localStorage;
   } catch(e) {
      return undefined;
   }
}
function dispResults() {
   if(errorMessage) {
      element('results').innerHTML = errorMessage;
      return;
   }
   var t = new bwTable();
   t.addRow( ['traveler', db.getItem('traveler')] );
   t.addRow( ['destination', db.getItem('destination')] );
   t.addRow( ['transportation', db.getItem('transportation')] );
   element('results').innerHTML = t.getTableHTML();
}
function dbGo() {
   if(errorMessage) return;
   var f = element('travelForm');
   db.setItem('traveler', f.elements['traveler'].value);
   db.setItem('destination', f.elements['destination'].value);
   db.setItem('transportation', f.elements['transportation'].value);
   dispResults();
}
function dbClear() {
   if(errorMessage) return;
   db.clear();
   dispResults();
}
function initDisp() {
   dispResults();
```

```
}
window.onload = function() {
    initDisp();
}
```

17.2.4 案例：设计计数器

sessionStorage 可以作为会话计数器，localStorage 则可以作为 Web 应用访问计数器。声明一个 localStorage 计数变量，当刷新页面时，会看到计数器在增长，即使关闭浏览器窗口，然后重新访问页面，计数器会继续计数。而 sessionStorage 计数变量只能够在当前会话期间显示页面访问量，即刷新页面会看到计数器在增长，而当关闭浏览器窗口，然后再试一次，计数器已经重置了，演示效果如图 17.4 所示。

图 17.4 Web 应用计数器

计数器代码如下：

```
<!DOCTYPE HTML>
<html>
<head>
<meta http-equiv="Content-Type" content="text/html; charset=utf-8">
<title>计数器</title>
</head>
<body>
<script type="text/javascript">
if(localStorage.pagecount) {
    localStorage.pagecount = Number(localStorage.pagecount) + 1;
} else {
    localStorage.pagecount = 1;
}
document.write("总访问数：<br />" + localStorage.pagecount );
if(sessionStorage.pagecount) {
    sessionStorage.pagecount = Number(sessionStorage.pagecount) + 1;
} else {
    sessionStorage.pagecount = 1;
}
document.write("<br />当前会话内访问数：<br />" + sessionStorage.pagecount );
</script>
</body>
</html>
```

17.3 使用 Web SQL

Web SQL 数据库不是 HTML5 规范的组成部分,但它允许通过一个异步 JavaScript 接口访问 SQLLite 数据库。Web SQL Database 已经在 Safari 3.2+、Chrome 3.0+和 Opera 10.5+中实砚,但是 IE、Firefox 中并没有实现它,而且 WHATWG 也停止对 Web SQL Databas 的开发,不过对于如 Safari 移动版这样的特定平台时,SQL API 还是很有用。

> **提示:**
> 由于标准认定直接执行 SQL 语句不可取,Web SQL Database 已被新规范索引数据库(Indexed Database,原为 WebSimpleDB)所取代。索引数据库更简便,而且不依赖于特定的 SQL 数据库版本。目前浏览器正在逐步实现对索引数据库的支持。

17.3.1 基本操作

Web SQL 数据库 API 是以一个独立规范形式出现,它包含 3 个核心方法:

- openDatabase:使用现有数据库或创建新数据库的方式创建数据库对象。
- transaction:允许用户根据情况控制事务提交或回滚。
- executeSql:用于执行真实的 SQL 查询。

使用 JavaScript 脚本编写 SQLLite 数据库的步骤。
(1)创建访问数据库的对象。
(2)使用事务处理。

1. 创建或打开数据库

openDatabase()方法能够打开已经存在的数据库,如果不存在则创建。用法如下所示。

```
Database openDatabase(in DOMString name,in DOMString version,in DOMString displayName,in unsigned long estimatedSize,in optional DatabaseCallback creationCallback)
```

openDatabase()方法中 5 个参数分别表示:数据库名、版本号、描述、数据库大小、创建回调。创建回调没有时也可以创建数据库。

【示例 1】 创建了一个数据库对象 db,名称是 Todo,版本编号为 0.1。db 还带有描述信息和大概的大小值。浏览器可使用这个描述与用户进行交流,说明数据库是用来做什么的。利用代码中提供的大小值,浏览器可以为内容留出足够的存储。如果需要,这个大小是可以改变的,所以没有必要预先假设允许用户使用多少空间。

```
db = openDatabase("ToDo", "0.1", "A list of to do items.", 200000);
```

为了检测之前创建的连接是否成功,可以检查数据库对象是否为 null。

```
if(!db)
    alert("Failed to connect to database.");
```

> **注意:**
> 使用中绝不可以假设该连接已经成功建立,即使过去对某个用户它是成功的。为什么一个连接会失败,这里面存在多个原因:也许浏览器出于安全原因拒绝访问,也许设备存储有限。面对活跃而快速进化的潜在浏览器,对用户机器、软件及其能力作出假设是非常不明智的行为。如当用户使用手持设备时,他们可自由处置的数据可能只有几兆字节。

2. 访问和操作数据库

实际访问数据库的时候,还需要调用 transaction()方法,用来执行事务处理。使用事务处理,可以防止在对数据库进行访问及执行有关操作的时候受到外界的打扰。因为在 Web 上，同时会有许多人都在对页面进行访问。如果在访问数据库的过程中，正在操作的数据被别的用户给修改掉的话，会引起很多意想不到的后果。因此，可以使用事务来达到在操作完了之前，阻止别的用户访问数据库的目的。

transaction()方法的使用方法如下所示。

```
db.transaction( function(tx) {})
```

transaction 方法使用一个回调函数作为参数。在这个函数中，执行访问数据库的语句。

在 transaction 的回调函数内，使用了作为参数传递给回调函数的 transaction 对象的 executeSql 方法。executeSql 方法的完整定义如下所示。

```
transaction.executeSql(sqlquery,[],dataHandler, errorHandler):
```

该方法使用 4 个参数，第 1 个参数为需要执行的 SQL 语句。

第 2 个参数为 SQL 语句中所有使用到的参数的数组。在 executeSql 方法中，将 SQL 语句中所要使用到的参数先用 "?" 代替，然后依次将这些参数组成数组放在第 2 个参数中，代码如下。

```
transaction.executeSql("UPDATE people set age=? where name=?;",[age, name]);
```

第 3 个参数为执行 sql 语句成功时调用的回调函数。该回调函数的传递方法如下所示。

```
function dataRandler(transaction, results){//执行 SQL 语句成功时的处理
}
```

该回调函数使用两个参数，第 1 个参数为 transaction 对象，第 2 个参数为执行查询操作时返回的查询到的结果数据集对象。

第 4 个参数为执行 SQL 语句出错时调用的回调函数。该回调函数的传递方法如下所示。

```
function errorHandler(transaction,errmeg) {//执行 sql 语句出错时的处理
}
```

该回调函数使用两个参数，第 1 个参数为 transaction 对象，第 2 个参数为执行发生错误时的错误信息文字。

【示例 2】 下面将在 mydatabase 数据库中创建表 t1，并执行数据插入操作，完成插入两条记录。

```
var db = openDatabase('mydatabase', '2.0', 'my db', 2 * 1024);
db.transaction(function (tx) {
    tx.executeSql('CREATE TABLE IF NOT EXISTS t1 (id unique, log)');
    tx.executeSql('INSERT INTO t1 (id, log) VALUES (1, "foobar")');
    tx.executeSql('INSERT INTO t1 (id, log) VALUES (2, "logmsg")');
});
```

在插入新记录时，还可以传递动态值：

```
var db = openDatabase(' mydatabase ', '2.0', 'my db', 2 * 1024);
db.transaction(function (tx) {
    tx.executeSql('CREATE TABLE IF NOT EXISTS t1 (id unique, log)');
    tx.executeSql('INSERT INTO t1 (id,log) VALUES (?, ?)', [e_id, e_log];  //e_id 和 e_log 是外部变量
});
```

当执行查询操作时，从查询到的结果数据集中依次把数据取出到页面上来，最简单的方法是使用 for 语句循环。结果数据集对象有一个 rows 属性，其中保存了查询到的每条记录，记录的条数可以用 rows.length 来获取，可以用 for 循环，用 rows[index]或 rows.Item (index])的形式来依次取出每条数据。在 JavaScript 脚本中，一般采用 rows[index]的形式。另外在 Chrome 浏览器中，不支持 rows.Item ([index)的形式。

【示例 3】 如果要读取已经存在的记录，我们使用一个回调函数来捕获结果，并通过 for 语句循环显示每条记录。

```
var db = openDatabase(mydatabase, '2.0', 'my db', 2*1024);          db.transaction
```

```js
(function (tx) {
  tx.executeSql('CREATE TABLE IF NOT EXISTS t1 (id unique, log)');
  tx.executeSql('INSERT INTO t1 (id, log) VALUES (1, "foobar")');
  tx.executeSql('INSERT INTO t1 (id, log) VALUES (2, "logmsg")');
});
db.transaction(function (tx) {
  tx.executeSql('SELECT * FROM t1, [], function (tx, results) {
  var len = results.rows.length, i;
  msg = "<p>Found rows: " + len + "</p>";
  document.querySelector('#status').innerHTML += msg;
  for (i = 0; i < len; i++){
     alert(results.rows.item(i).log );
  }
}, null);
});
```

17.3.2 案例：创建本地数据库

扫一扫，看视频

本实例将完整地演示 Web SQL Database 的使用，包括建立数据库、建立表格、插入数据、查询数据、显示查询结果。在最新版本的 Chrome、Safari 或 Opera 浏览器中输出结果如图 17.5 所示。

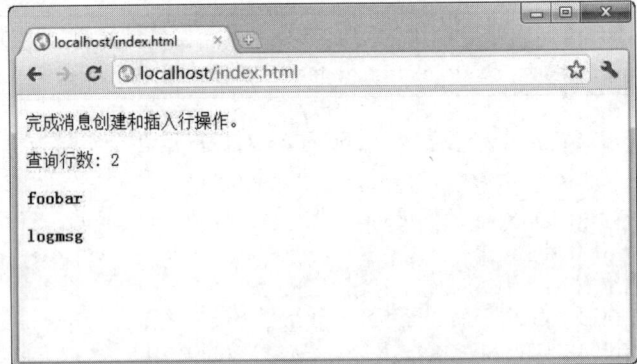

图 17.5 创建简单的本地数据库

实例完整代码如下：

```html
<!DOCTYPE HTML>
<html>
<head>
<script type="text/javascript">
   var db = openDatabase('mydb', '1.0', 'Test DB', 2 * 1024 * 1024);
   var msg;
   db.transaction(function(tx) {
      tx.executeSql('CREATE TABLE IF NOT EXISTS LOGS (id unique, log)');
      tx.executeSql('INSERT INTO LOGS (id, log) VALUES (1, "foobar")');
      tx.executeSql('INSERT INTO LOGS (id, log) VALUES (2, "logmsg")');
      msg = '<p>完成消息创建和插入行操作。</p>';
      document.querySelector('#status').innerHTML = msg;
   });
   db.transaction(function(tx) {
      tx.executeSql('SELECT * FROM LOGS', [], function(tx, results) {
         var len = results.rows.length, i;
```

```
            msg = "<p>查询行数: " + len + "</p>";
            document.querySelector('#status').innerHTML += msg;
            for( i = 0; i < len; i++) {
        msg = "<p><b>" + results.rows.item(i).log + "</b></p>";
        document.querySelector('#status').innerHTML += msg;
            }
        }, null);
    });
</script>
<meta http-equiv="Content-Type" content="text/html; charset=utf-8">
    </head>
<body>
<div id="status" name="status">
</div>
</body>
</html>
```

其中第 5 行的 var db = openDatabase('mydb', '1.0', 'Test DB', 2 * 1024 * 1024);建立一个名称为 mydb 的数据库,它的版本为 1.0,描述信息为 Test DB,大小为 2M 字节。可以看到此时有数据库建立,但并无表格建立,如图 17.6 所示。

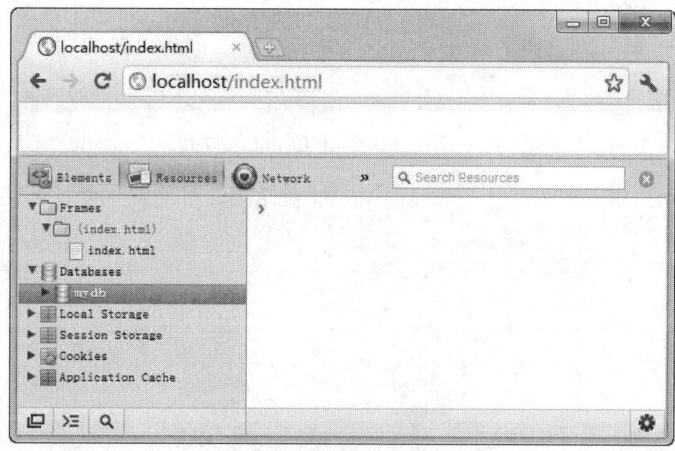

图 17.6 创建数据库 mydb

openDatabase 方法打开一个已经存在的数据库,如果数据库不存在则创建数据库,创建数据库包括数据库名、版本号、描述、数据库大小、创建回调函数。最后一个参数创建回调函数,在创建数据库的时候调用,但即使没有这个参数,一样可以运行时创建数据库。

第 7 行到第 13 行代码:

```
db.transaction(function(tx) {
    tx.executeSql('CREATE TABLE IF NOT EXISTS LOGS (id unique, log)');
    tx.executeSql('INSERT INTO LOGS (id, log) VALUES (1, "foobar")');
    tx.executeSql('INSERT INTO LOGS (id, log) VALUES (2, "logmsg")');
    msg = '<p>完成消息创建和插入行操作。</p>';
    document.querySelector('#status').innerHTML = msg;
});
```

通过第 8 行语句可以在 mydb 数据库中建立一个 LOGS 表格。在这里只执行创建表格语句,而不执行后面两个插入操作时,将在 Chrome 中可以看到在数据库 mydb 中有表格 LOGS 建立,但表格 LOGS 为空。

第 9、10 两行执行插入操作，在插入新记录时，还可以传递动态值：
```
var db = openDatabase('mydb', '1.0', 'Test DB', 2 * 1024 * 1024);
db.transaction(function (tx) {
    tx.executeSql('CREATE TABLE IF NOT EXISTS LOGS (id unique, log)');
    tx.executeSql('INSERT INTO LOGS (id,log) VALUES (?, ?)', [e_id, e_log];
});
```
这里的 e_id 和 e_log 为外部变量，executeSql 在数组参数中将每个变量映射到"？"。在插入操作执行后，可以在 Chrome 中看到数据库的状态，可以看到插入的数据，此时并未执行查询语句，页面中并没有出现查询结果，如图 17.7 所示。

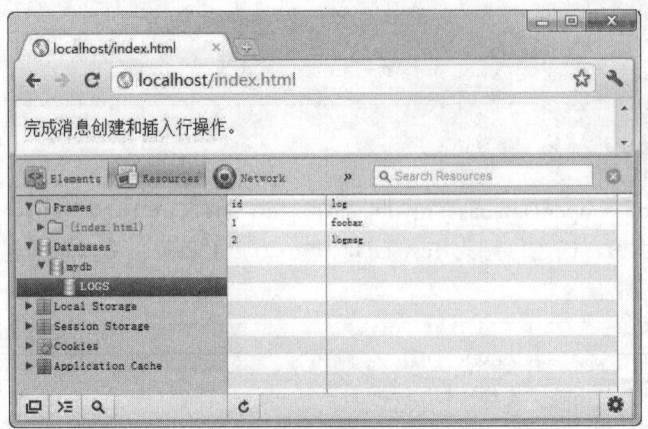

图 17.7　创建数据表并插入数据

如果要读取已经存在的记录，使用一个回调函数捕获结果，如上面的第 15~25 行代码：
```
db.transaction(function(tx) {
    tx.executeSql('SELECT * FROM LOGS', [], function(tx, results) {
        var len = results.rows.length, i;
        msg = "<p>查询行数: " + len + "</p>";
        document.querySelector('#status').innerHTML += msg;
        for( i = 0; i < len; i++) {
msg = "<p><b>" + results.rows.item(i).log + "</b></p>";
document.querySelector('#status').innerHTML += msg;
        }
    }, null);
});
```
执行查询之后，将信息输出到页面中，可以看到页面中查询数据，如图 17.5 所示。

注意，如果不是绝对需要，不要使用 Web SQL Database，因为它会让代码更加复杂（匿名内部类的内部函数，回调函数等）。对大多数情况下，本地存储或会话存储就能够完成相应的任务，尤其是能够保持对象状态持久化的情况。通过这些 HTML5 Web SQL Database API 接口，可以获得更多功能，相信以后会出现一些非常优秀的、建立在这些 API 之上的应用程序。

17.3.3　案例：批量存储本地数据

扫一扫，看视频

Web SQL Database 操作数据比较繁琐，为了提高代码执行效率，下面我们通过一个示例演示如何通过数组实现快速存储数据。
```
<!DOCTYPE html>
<title>Web SQL Database</title>
```

```
<meta http-equiv="Content-Type" content="text/html; charset=utf-8">
<script>
    var db = openDatabase('db', '1.0', 'my first database', 2 * 1024 * 1024);
    function log(id, name) {
        var row = document.createElement("tr");
        var idCell = document.createElement("td");
        var nameCell = document.createElement("td");
        idCell.textContent = id;
        nameCell.textContent = name;
        row.appendChild(idCell);
        row.appendChild(nameCell);
        document.getElementById("racers").appendChild(row);
    }
    function doQuery() {
        db.transaction(function (tx) {
            tx.executeSql('SELECT * from mytable', [], function(tx, result) {
                for (var i=0; i<result.rows.length; i++) {
                    var item = result.rows.item(i);
                    log(item.id, item.name);
                }
            });
        });
    }
    function initDatabase() {
        var names = ["张三", "李四", "王五", "赵六", "侯七", "abc", "def"];
        db.transaction(function (tx) {
            tx.executeSql('CREATE TABLE IF NOT EXISTS mytable(id integer primary key autoincrement, name)');
            for (var i=0; i<names.length; i++) {
                tx.executeSql('INSERT INTO mytable (name) VALUES (?)', [names [i]]);
            }
            doQuery();
        });
    }
    initDatabase();
</script>
<table id="racers" border="1" cellspacing="0" style="width:100%">
    <th>Id</th>
    <th>Name</th>
</table>
```

首先，创建一个本地数据库 db，把预存储的数据放在数组 names 中，使用 for 语句执行批量操作，这样就省略了编写大量的 executeSql 语句，当数据量比较大时，这种批量操作方式就更加有效。

执行 initDatabase()函数，完成数据初始化存储操作，然后调用 doQuery()函数，再次使用 for 语句把本地数据库中的数据读取出来，并通过 log()显示函数把数据显示在页面表格中。最后显示效果如图 17.8 所示。

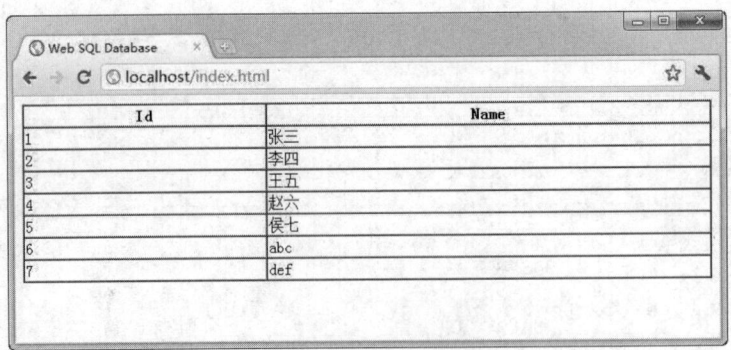

图 17.8 批量存储本地数据

数据库操作可能需要花点时间才能完成。不过,在获得查询结果集之前,查询操作会在后台运行,以避免阻塞脚本的执行。executeSQL()的第 3 个参数是回调函数,查询得到的事务和结果集将作为参数供此回调函数使用。

扫一扫,看视频

17.4 实战案例

【示例1】 本例设计一个简单 Web 留言本,介绍如何使用 Web Storage 来读写大容量数据。在示例页面中显示一个多行文本框,允许用户输入数据,当单击"追加"按钮时,将文本框中的数据保存到 localStorage 中,在表单下面显示一个空的 p 元素,作为数据容器动态显示用户添加的留言信息,示例效果如图 17.9 所示。

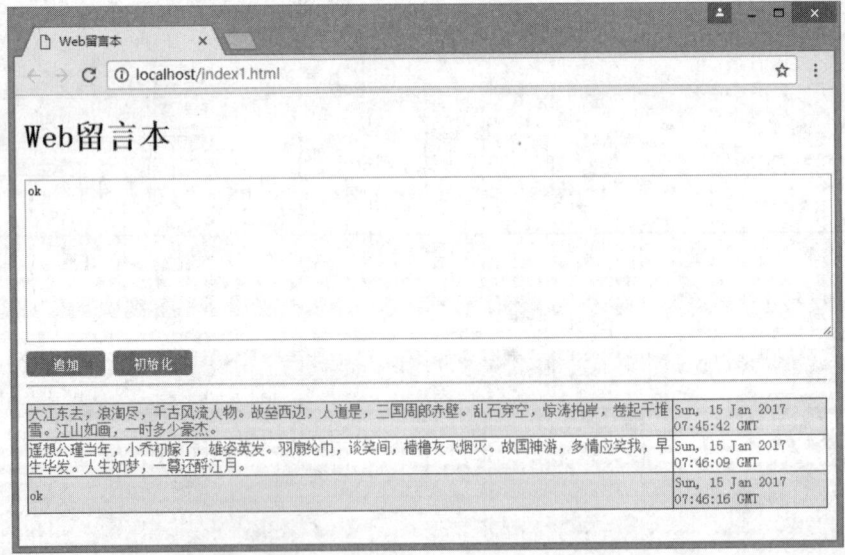

图 17.9 使用 localStorage 存储数据的 Web 留言本

提示:
Web Storage 采用键值对的形式保存数据,将文本框的内容作为键值,保存时间作为键名,以时间戳的形式保存,可以避免重复的键名。

示例完整代码如下:
```
<!DOCTYPE html>
```

```html
<head>
<meta charset="UTF-8">
<script type="text/javascript">
function saveStorage(id){
    var data = document.getElementById(id).value;
    var time = new Date().getTime();
    localStorage.setItem(time,data);
    alert("数据已保存。");
    loadStorage('msg');
}
function loadStorage(id){
    var result = '<table border="1">';
    for(var i = 0;i < localStorage.length;i++) {
        var key = localStorage.key(i);
        var value = localStorage.getItem(key);
        var date = new Date();
        date.setTime(key);
        var datestr = date.toGMTString();
        result += '<tr><td>' + value + '</td><td>' + datestr + '</td></tr>';
    }
    result += '</table>';
    var target = document.getElementById(id);
    target.innerHTML = result;
}
function clearStorage(){
    localStorage.clear();
    alert("全部数据被清除。");
    loadStorage('msg');
}
</script>
</head>
<body>
<h1>Web 留言本</h1>
<textarea id="memo" cols="60" rows="10"></textarea><br>
<input type="button" value="追加" onclick="saveStorage('memo');">
<input type="button" value="初始化" onclick="clearStorage('msg');">
<hr>
<p id="msg"></p>
</body>
</html>
```

在该页面中，除了输入数据用的文本框与显示数据用的 P 元素之外，还放置了"追加"按钮和"初始化"按钮，单击"追加"按钮来保存数据，单击"初始化"按钮来消除全部数据。

在 Javascript 脚本部分包含 3 个函数：saveStorage()、loadStorage()、clearStorage()，简单说明如下。

（1）saveStorage()函数：这个函数比较简单，使用 new DateO.getTimeO 语句得到了当前的日期和时间，然后调用 localStorage.setItem 方法，将得到的时间作为键值，并将文本框中的数据作为键名进行保存。保存完毕后，重新调用脚本中的 loadStorage 函数在页面上重新显示保存后的数据。

（2）loadStorage()函数：取得保存后的所有数据，然后以表格的形式进行显示。取得全部数据的时候，需要用到 localStorage 两个比较重要的属性。

➥ loadStorage.length 返回所有保存在 localStorage 中的数据的条数。

▶ IocalStorage.key (index)将想要得到数据的索引号作为 index 参数传入，可以得到 localStorage 中与这个索引号对应的数据。如想得到第 6 条数据，传入的 index 为 5 (index 是从 0 开始计算的)。

先用 load Storage.length 属性获取保存数据的条数，然后做一个循环，在循环内用一个变量，从 0 开始将该变量作为 index 参数传入 localStorage.key (index)属性，每次循环时该变量加 1，通过这种方法取得保存在 localStorage 中的所有数据。

（3）clearStorage()函数：将 localStorage 中保存的数据全部清除，在这个函数中只有一条语句 localStorage.clear();调用 localStorage 的 clear 方法时，所有保存在 localStorage 中的数据会全部被清除。

【示例2】 本例借助 JSON 格式数据，协助 Web Storage 实现保存二维表格式数据，本示例演示效果如图 17.10 所示。

图 17.10 使用 Web Storage 模拟数据库

示例完整代码如下：

```
<!DOCTYPE html>
<head>
<meta charset="UTF-8">
<script type="text/javascript">
function saveStorage(){
    var data = new Object;
    data.name = document.getElementById('name').value;
    data.email = document.getElementById('email').value;
    data.tel = document.getElementById('tel').value;
    data.memo = document.getElementById('memo').value;
    var str = JSON.stringify(data);
    localStorage.setItem(data.name,str);
    alert("数据已保存。");
}
function findStorage(id){
    var find = document.getElementById('find').value;
    var str = localStorage.getItem(find);
    var data =  JSON.parse(str);
    var result = "姓名: " + data.name + '<br>';
    result += "EMAIL: " + data.email + '<br>';
    result += "电话号码: " + data.tel  + '<br>';
```

```
                result += "备注: " + data.memo + '<br>';
                var target = document.getElementById(id);
                target.innerHTML = result;
            }
        </script>
    </head>
    <body>
        <h1>使用 Web Storage 模拟数据库</h1>
        <table>
            <tr><td>姓名:</td><td><input type="text" id="name"></td></tr>
            <tr><td>EMAIL:</td><td><input type="text" id="email"></td></tr>
            <tr><td>电话号码:</td><td><input type="text" id="tel"></td></tr>
            <tr><td>备注:</td><td><input type="text" id="memo"></td></tr>
            <tr>
                <td></td>
                <td><input type="button" value="保存" onclick="saveStorage();"></td>
            </tr>
        </table>
        <hr>
        <p>检索:<input type="text" id="find">
            <input type="button" value="检索" onclick="findStorage('msg');">
        </p>
        <p id="msg"></p>
    </body>
```

本例关键技术点：使用 JSON 对象的 stringify()方法和 parse()方法把 JSON 对象转换为字符串表示，或者把数据字符串转换为 JSON 对象。

◀» 提示：

支持 JSON 对象的浏览器包括 IE 8+、Firefox 3.6+、Chrome +、Safari 5+、Opera 10+版本的浏览器。

在 Javascript 脚本部分包含两个函数，分别是保存数据用的 saveStorage()函数与检索数据用的 findStorage()函数。

saveStorage()函数中的流程如下：

（1）从各输入文本框中获取数据。
（2）创建对象，将获取的数据作为对象的属性进行保存。
（3）将对象转换成 JSON 格式的文本数据。
（4）将文本数据保存在 localStorage 中。

为了将数据保存在一个对象中，使用 new Object 语句创建了一个对象，将各种数据保存在该对象的各个属性中，然后，为了将对象转换成 JSON 格式的文本数据，使用了 JSON 对象 stringify()方法，该方法的使用方法如下所示。

`var str = JSON.tringify(data);`

该方法接收一个参数 data，它表示要转换成 JSON 格式文本数据的对象，这个方法的作用是将对象转换成 JSON 格式的文本数据，并将其返回。

findStorage()函数中的流程如下：

（1）在 localStorage 中将检索用的姓名作为健值，获取对应的数据。
（2）将获取的数据转换成 JSON 对象。
（3）取得 JSON 对象的各属性值，创建要输出的内容。
（4）将要输出的内容在页面上输出。

该函数的关键是使用 JSON 对象的 parse 方法,将从 localStorage 中获取的数据转换成 JSON 对象。该方法的使用方法如下所示。

```
var data = JSON.parae(str);
```

该方法接收一个参数 str,它表示从 localStorage 中取得的数据,该方法的作用是将传入的数据转换成 JSON 对象,并且将该对象返回。

【示例 3】 本例利用 Web SQL 数据库实现示例 2 的功能。设计页面中包含一个输入姓名用的文本框,一个输入留言用的文本框,以及一个保存数据时用的按钮。在按钮下面放置了一个表格,保存数据后从数据库中重新取得所有数据,然后把数据显示在这个表格中。

单击"保存"按钮时,调用 saveData()函数,保存数据时的处理都被写在了这个函数里。打开页面时将调用 init()函数,将数据库中全部已保存的留言信息显示在表格中,示例演示效果如图 17.11 所示。

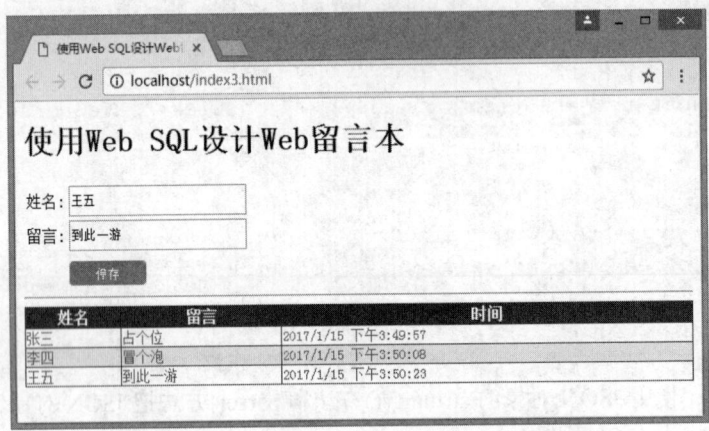

图 17.11 使用 Web SQL 设计 Web 留言本

示例完整代码如下:

```html
<!DOCTYPE html>
<head>
<meta charset="UTF-8">
<script type="text/javascript">
var datatable = null;
var db = openDatabase('MyData', '', 'My Database', 102400);
function init(){
    datatable = document.getElementById("datatable");
    showAllData();
}
function removeAllData(){
    for (var i =datatable.childNodes.length-1; i>=0; i--){
        datatable.removeChild(datatable.childNodes[i]);
    }
    var tr = document.createElement('tr');
    var th1 = document.createElement('th');
    var th2 = document.createElement('th');
    var th3 = document.createElement('th');
    th1.innerHTML = '姓名';
    th2.innerHTML = '留言';
    th3.innerHTML = '时间';
    tr.appendChild(th1);
    tr.appendChild(th2);
```

```javascript
      tr.appendChild(th3);
      datatable.appendChild(tr);
}
function showData(row) {
      var tr = document.createElement('tr');
      var td1 = document.createElement('td');
      td1.innerHTML = row.name;
      var td2 = document.createElement('td');
      td2.innerHTML = row.message;
      var td3 = document.createElement('td');
      var t = new Date();
      t.setTime(row.time);
      td3.innerHTML=t.toLocaleDateString()+" "+t.toLocaleTimeString();
      tr.appendChild(td1);
      tr.appendChild(td2);
      tr.appendChild(td3);
      datatable.appendChild(tr);
}
function showAllData(){
      db.transaction(function(tx) {
          tx.executeSql('CREATE TABLE IF NOT EXISTS MsgData(name TEXT, message TEXT, time INTEGER)',[]);
          tx.executeSql('SELECT * FROM MsgData', [], function(tx, rs) {
              removeAllData();
              for(var i = 0; i < rs.rows.length; i++){
                  showData(rs.rows.item(i));
              }
          });
      });
}
function addData(name, message, time) {
      db.transaction(function(tx) {
          tx.executeSql('INSERT INTO MsgData VALUES(?, ?, ?)',[name, message, time],
function(tx, rs)
          {
              alert("成功保存数据!");
          },
          function(tx, error) {
              alert(error.source + "::" + error.message);
          });
      });
}
function saveData(){
    var name = document.getElementById('name').value;
    var memo = document.getElementById('memo').value;
    var time = new Date().getTime();
    addData(name,memo,time);
    showAllData();
}
</script>
</head>
```

```html
<body onload="init();">
<h1>使用 Web SQL 设计 Web 留言本</h1>
<table>
    <tr><td>姓名:</td><td><input type="text" id="name"></td></tr>
    <tr><td>留言:</td><td><input type="text" id="memo"></td></tr>
    <tr>
<td></td>
<td><input type="button" value="保存" onclick="saveData();"></td></tr>
</table><hr>
<table id="datatable" border="1"></table>
<p id="msg"></p>
</body>
</html>
```

下面重点分析 Javascript 脚本部分。

- 打开数据库。打开数据库的代码如下。

```
var datatable = null;
var db = openDatabase('MyData', '', 'My Database', 102400);
```

在 Javascript 脚本一开始,使用了一个变量 datatable。用这个变量来代表页面中的 table 元素。db 变量代表使用 openDatabase()方法创建的数据库访问对象。在示例中创建了 MyData 数据库并对其进行访问。

- 初始化。编写 init 函数,该函数在页面打开时调用。为了在打开页面时就往页面表格中装入数据,所以在该函数中首先设定变量 datatable 为页面中的表格,然后调用脚本中另一个函数 showAllData()来显示数据。

- 清除表格中当前显示的数据。removeAlIData 函数是在 showAllData()函数中被调用的一个必不可少的函数,它的作用是将页面中 table 元素下的子元素全部清除,只留下一个空表格框架,然后填入表头。这样在页面表格中当前显示的数据就全部被清除了,以便重新读取数据并装入表格。

- 显示数据。showData()函数使用一个 row 参数,该参数表示从数据库中读取到的一行数据。该函数在页面表格中使用 tr 元素添加一行,并使用 td 元素添加各列,然后将传入的这行数据分别填入在表格中添加的这一行对应的各列中。

- 显示全部数据。showAllData 函数使用 transaction()方法,在该方法的回调函数中执行 executeSql()方法获取全部数据。获取到数据之后,首先调用 removeAllData()函数初始化页面表格,将该表格中当前显示的数据全部清除,然后在循环中调用 showData()函数,将获取到的每一条数据作为参数传入,在页面上的表格中逐条显示获取到的每条数据。

- 追加数据。addData()函数在 saveData()函数中被调用。在 addData()函数中,使用 transaction()方法,在该方法的回调函数中执行 executeSql 方法,将作为参数传入进来的数据保存在数据库中。

- 保存数据。saveData()函数先调用 addData()函数追加数据,再调用 showAllData()函数重新显示表格中的全部数据。

第 18 章 JavaScript 图形设计

HTML5 新增 canvas 元素，在页面上插入一个 canvas 元素，就相当于在页面上嵌入了一块画布，可以在其中绘制图形。canvas 元素只是一块无色透明的区域，需要使用 JavaScript 脚本实现。借助一套编程接口（Canvas API），用户可以在页面上绘制出任何想要的、非常漂亮的图形，创造出更加丰富多彩、赏心悦目的 Web 页面。

【学习重点】
- 使用 canvas 元素。
- 绘制几何图形。
- 灵活绘制各种曲线。
- 正确设置图形样式。
- 能够操作图形。
- 绘制文字和图像。

18.1 HTML5 canvas 基础

canvas 元素能够在网页中创建一块矩形区域，这块矩形区域被称为画布，在其中可以绘制各种图形。

18.1.1 在页面中插入 canvas 元素

扫一扫，看视频

在页面中添加 canvas 元素，可以使用下面代码实现。

```
<!DOCTYPE HTML>
<html>
<body>
<canvas id="myCanvas" width="200" height="100"></canvas>
</body>
</html>
```

在默认情况下，canvas 元素创建的画布区域大小为宽 300 像素、高 150 像素，可以使用 width 和 height 属性自定义其宽度和高度。

以上代码只是简单地创建了一块画布，在浏览器中什么都不会看到。在 Dreamweaver 设计视图中，可以看到这样一块矩形区域，如图 18.1 所示。

【示例】 可以使用 CSS 控制 canvas 元素的外观。例如，在下面示例中使用 style 属性为 canvas 元素添加一个实心的边框。

```
<!doctype html>
<html>
<head>
<meta charset="utf-8">
</head>
<body>
<canvas id="myCanvas" style="border:1px solid;" width="200" height="100"></canvas>
</body>
</html>
```

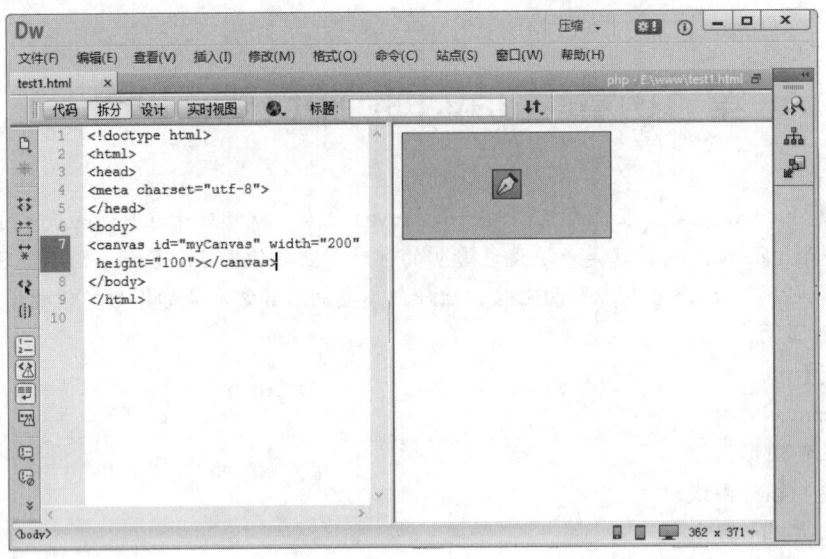

图 18.1　Dreamweaver 的设计视图中看到的矩形区域

以上代码在 Chrome 浏览器中的运行结果如图 18.2 所示。

18.1.2　绘制图形的基本方法

扫一扫，看视频

canvas 元素本身并不能实现图形绘制功能，绘制图形的工作需要由 JavaScript 来完成。使用 JavaScript 可以在 canvas 元素内添加线条、图片、文字，也可以在其中绘画，并且还能够加入高级动画。在 canvas 中绘制图形的具体步骤如下。

【操作步骤】

（1）在 HTML5 页面中添加 canvas 元素，必须定义 canvas 元素的 id 属性值以便 Javascript 调用。

图 18.2　为 canvas 元素添加实心边框

```
<canvas id="myCanvas" width="200" height="100"></canvas>
```

（2）在 JavaScrip 脚本中使用 document.getElementById()方法，根据 canvas 元素的 id 来获取 canvas。

```
var c=document.getElementById("myCanvas");
```

（3）通过 canvas 元素的 getContext()方法获取画布上下文（context），即创建 context 对象，以获取允许进行绘制的 2D 环境。

```
var context=c.getContext("2d");
```

getContext("2d")方法用于返回一个内建的 HTML5 对象，使用该对象可用于在 canvas 元素中绘制图形，参数"2d"表示二维绘图。getContext("2d")方法的返回对象能够实现一个画布所使用的大多数方法，例如，绘制路径、矩形、圆形、字符和添加图像。如果让 canvas 元素支持 3D，则 getContext( )方法需要使用"3d"这个字符串参数。

（4）使用 JavaScript 进行绘制。例如，使用以下代码可以绘制一个位于画布中央的矩形。

```
context.fillStyle="#FF00FF";
context.fillRect(50,25,100,50);
```

这两行代码中，fillStyle 属性定义将要绘制的矩形的填充颜色为粉红色，fillRect()方法指定了要绘制的矩形的位置和尺寸。图形的位置由前面的 canvas 坐标值决定，尺寸由后面的宽度和高度值决定。在本例中，坐标值为（50,25），尺寸为宽 100 像素、高 50 像素，根据这些数值，粉红色矩形将出现在画面的中央。

【示例】 下面给出完整的示例代码。

```html
<!DOCTYPE HTML>
<html>
<body>
<canvas id="myCanvas" style="border:1px solid;" width="200" height="100"></canvas>
<script type="text/javascript">
var c=document.getElementById("myCanvas");
var context=c.getContext("2d");
context.fillStyle="#FF00FF";
context.fillRect(50,25,100,50);
</script>
</body>
</html>
```

以上代码在 Chrome 浏览器中的运行结果如图 18.3 所示。在画布周围加了边框是为了能更清楚地看到中间矩形位于画布的什么位置。

18.1.3 使用 canvas

HTML5 的 canvas 元素用于绘制图形，但是 canvas 元素本身并没有绘制能力，它仅仅是图形的容器，用户需要使用脚本来完成实际的绘图任务。使用 canvas 对象的 getContext()方法可以返回一个对象，该对象提供了用于在画布上绘图的方法和属性。

图 18.3 使用 canvas 绘制图形

扫一扫，看视频

目前，IE 9+、Firefox、Opera、Chrome 和 Safari 版本浏览器均支持 canvas 元素及其属性和方法。

在 canvas 中绘制图形时，需要为图形指定位置，fillRect(50,25,100,50)中的前两个参数便是用于指定图形的 x 轴和 y 轴坐标值。在 canvas 中，坐标原点（0,0）位于 canvas 的左上角，x 轴水平向右延伸，y 轴垂直向下延伸，如图 18.4 所示。

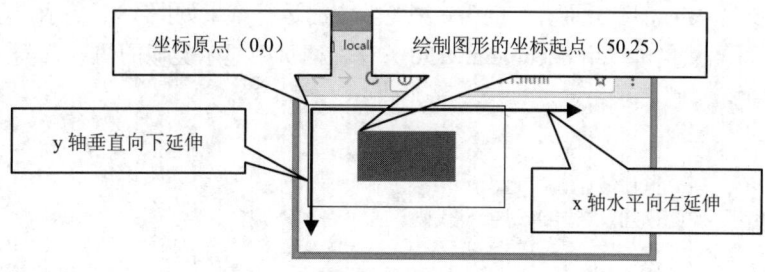

图 18.4 canvas 默认坐标点

📢 注意：

canvas 元素可以实现非常强大的绘图功能，也可以设计复杂的动画演示功能，但是如果 HTML 页面中有比 canvas 元素更合适的元素存在，则建议不要首先选用 canvas 元素。例如，用 canvas 元素来渲染 HTML 页面的标题样式标签（如 h1、h2 等）便不太合适。

有些浏览器可能不支持 canvas 元素，因此就需要为这些浏览器提供替代显示的内容。方法比较简单，只需要直接在 canvas 元素内插入替代内容即可。不支持 canvas 的浏览器会忽略 canvas 元素而直接显示替代内容，支持 canvas 的浏览器则会正常地渲染 canvas。

【示例1】 在本例中可以把一行说明文字或者一幅替代图片插入 canvas 元素内，以作为替代显示的内容。

```
<!doctype html>
<html>
<head>
<meta charset="utf-8">
</head>
<body>
<canvas id="myCanvas" style="border:1px solid;" width="200" height="100">
您的浏览器不支持 canvas 元素，请更新或更换您的浏览器。
</canvas>
</body>
</html>
```

以上代码在 IE6 浏览器中的运行结果如图 18.5 所示。因其不支持 canvas 元素，所以显示了 canvas 元素中插入的替代文本。

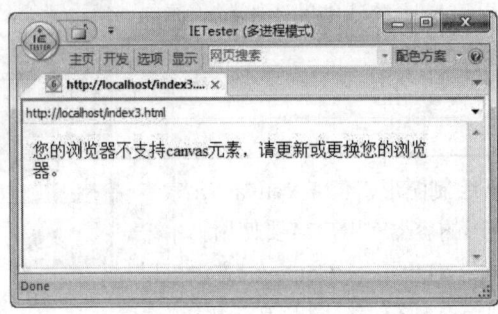

图 18.5　显示 canvas 元素中插入的替代文本

除了使用上述方法在不支持 canvas 的浏览器中显示替代文本之外，还可以使用 JavaScript 脚本来检测浏览器是否支持 canvas，方法是判断 getContext()方法是否存在。

【示例2】 以下代码在 IE7 浏览器中的运行结果如图 18.6 所示，因其不支持 canvas 元素，所以显示"您的浏览器不支持 canvas！"。而在 Chrome 浏览器中的运行结果如图 18.7 所示，显示的是"您的浏览器支持 canvas！"。当然也可以用 document.write 方法在网页中显示类似的信息。

```
<!DOCTYPE HTML>
<html>
<body>
<canvas id="myCanvas" width="200" height="100">
<!--此处放置用于绘制图形的 JavaScript 代码。-->
</canvas>
<script type="text/javascript">
var canvas = document.getElementById("myCanvas");
if (canvas.getContext){
    alert("您的浏览器支持 canvas！");
} else {
    alert("您的浏览器不支持 canvas！");
}
</script>
</body>
</html>
```

第 18 章 JavaScript 图形设计

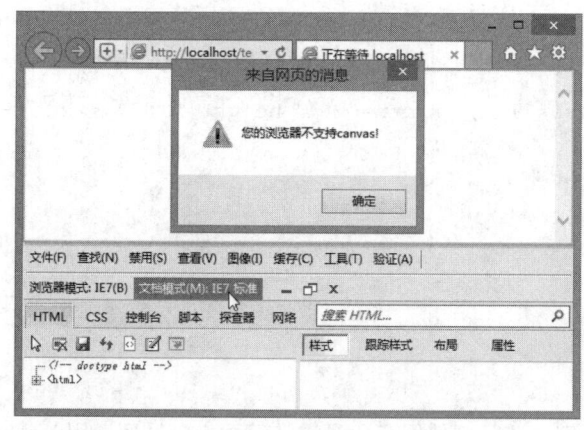
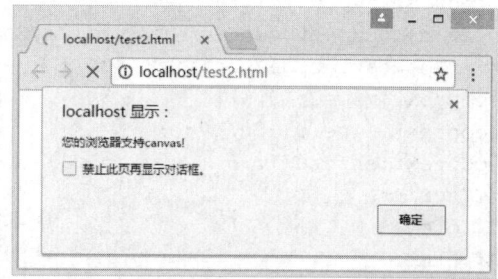

图 18.6　显示"您的浏览器不支持 canvas！"　　　图 18.7　显示"您的浏览器支持 canvas！"

18.2　绘制图形

本节介绍如何使用 canvas 和 JavaScript 实现最简单的图形绘制，包括绘制直线、矩形、圆形、曲线等基本形状。

18.2.1　绘制直线

绘制直线需要用到 2 个方法：moveTo()、lineTo()。简单说明如下：

- moveTo()：将光标移动到指定坐标点。绘制路径的时候，将以这个坐标点为起点。用法如下：

`context.moveTo(x,y);`

参数 x 和 y 分别表示目标点位置的 x 坐标和 y 坐标。

- lineTo()：在 moveTo()方法指定的起点与本方法的参数指定的终点之间绘制一条直线。用法如下：

`context.lineTo(x,y);`

参数 x 和 y 分别表示终点位置的 x 坐标和 y 坐标。

使用该方法绘制完直线后，光标自动移动到 lineTo()方法的参数所指定的终点位置。

📢 **提示：**

在创建路径时，需要使用 moveTo()方法将光标移动到指定的起点，然后使用 lineTo()方法在起点与终点之间创建路径，然后将光标移动到终点，在下一次使用 lineTo()方法的时候，会以当前光标所在坐标点为起点，在下一个用 lineTo()方法指定的终点之间创建路径。依此类推，不断重复这个过程，来完成复杂图形的路径绘制。

【示例 1】　本例演示如何绘制了一条贯穿画布的对角线，在 Chrome 浏览器中的运行结果如图 18.8 所示。

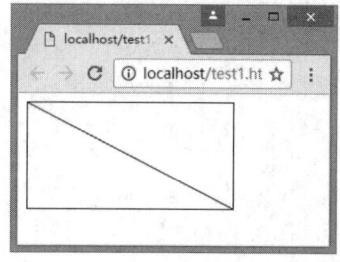

图 18.8　绘制直线

603

```
<!DOCTYPE HTML>
<html>
<body>
<canvas id="myCanvas" style="border:1px solid;" width="200" height="100"></canvas>
<script type="text/javascript">
var c=document.getElementById("myCanvas");
var context=c.getContext("2d");
context.moveTo(0,0);
context.lineTo(200,100);
context.stroke();
</script>
</body>
</html>
```

【示例2】 下面给出一个复杂图形的绘制示例。该示例使用三角函数计算顶点，循环调用 lineTo() 方法来绘制图形。第一个 lineTo()方法中指定的坐标点即直线起点，然后不断将直线绘制到下一个 lineTo()方法指定的直线终点，循环结束后关闭路径，最后一个坐标点与第一个坐标点自动闭合，使用 fill() 方法填充图形，运行结果如图 18.9 所示。

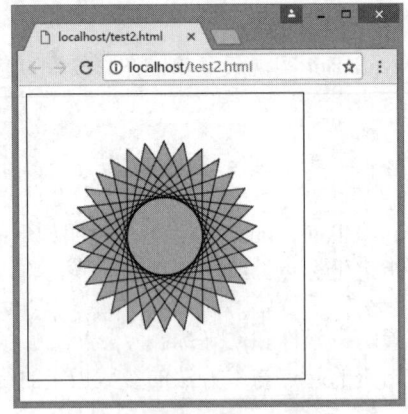

图 18.9 绘制复杂直线

```
<!doctype html>
<html>
<head>
<meta charset="utf-8">
</head>
<body>
<canvas id="myCanvas" style="border:1px solid;" width="300" height="300"></canvas>
<script type="text/javascript">
var canvas = document.getElementById("myCanvas");
var context = canvas.getContext('2d');
var n = 0;
var dx = 150;
var dy = 150;
var s = 100;
context.beginPath();
context.fillStyle = 'rgb(100,255,100)';
context.strokeStyle = 'rgb(0,0,100)';
var x = Math.sin(0);
```

```
var y = Math.cos(0);
var dig = Math.PI / 15 * 11;
for(var i = 0; i < 30; i++) {
    var x = Math.sin(i * dig);
    var y = Math.cos(i * dig);
    context.lineTo( dx + x * s,dy + y * s);
}
context.closePath();
context.fill();
context.stroke();
</script>
</body>
</html>
```

扫一扫，看视频

18.2.2 绘制矩形

使用 canvas 元素绘制图形的时候，有两种方式：填充（fill）和绘制边框（stroke）。填充是指填满图形内部，绘制边框是指不填满图形内部，只绘制图形的外框。

绘制图形的基本步骤：

（1）先要设定好绘图的样式（style），默认填充色和描边色都为黑色。

（2）调用有关方法进行图形的绘制。

提示：

绘图的样式主要是针对图形的颜色而言的，但是并不限于图形的颜色，在后面几节中将讲到如何设定颜色以外的样式。

绘制矩形可能用到的属性和方法如下：

（1）fillStyle：该属性设定填充图形的样式，如设置填充的颜色值。

（2）strokeStyle：该属性设定图形边框的样式，如设置边框的颜色值。

（3）lineWidth：该属性设置图形边框的宽度。在绘制图形的时候，任何直线都可以通过 lineWidth 属性指定直线的宽度。

（4）fillRect()：该方法将绘制被填充的矩形。用法如下：

```
context.fillRect(x,y,width,height);
```

参数说明如下：

- x：矩形左上角的 x 坐标。
- y：矩形左上角的 y 坐标。
- width：矩形的宽度，以像素为单位。
- height：矩形的高度，以像素为单位。

（5）strokeRect()：该方法将绘制矩形，不填色。笔触的默认颜色为黑色。用法如下：

```
context.strokeRect(x,y,width,height);
```

参数说明可参考 fillRect()方法。

【示例 1】 本例绘制了一个大小为 200×100 的粉红色矩形，且左上角坐标为（0,0），在 Chrome 浏览器中的运行结果如图 18.10 所示。

```
<!DOCTYPE HTML>
<html>
<body>
<canvas id="myCanvas" style="border:1px solid;" width="300" height="150"></canvas>
```

```
<script type="text/javascript">
var c=document.getElementById("myCanvas");
var context=c.getContext("2d");
context.fillStyle="#FF00FF";
context.fillRect(0,0,200,100);
</script>
</body>
</html>
```

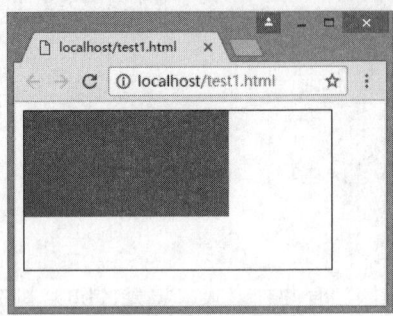

图 18.10 绘制矩形

在使用 fillStyle 或 strokeStyle 指定颜色值时，颜色值使用的是符合 CSS3 标准的字符串。

【示例 2】 本例中 fillStyle 属性值表示的是同一种颜色。

```
context.fillStyle="#FF0000";
context.fillRect(0,0,10,10);
context.fillStyle="red";
context.fillRect(20,20,10,10);
context.fillStyle="rgb(255,0,0)";
context.fillRect(40,40,10,10);
context.fillStyle="rgb(100%,0%,0%)";
context.fillRect(60,60,10,10);
context.fillStyle="rgba(255,0,0,1)";
context.fillRect(80,80,10,10);
```

18.2.3 绘制圆形

扫一扫，看视频

绘制圆形可能会用到 5 个方法：beginPath()、arc()、closePath()、fill() 和 stroke()。

（1）beginPath()：开始一条路径，或重置当前的路径。用法如下：

```
context.beginPath();
```

（2）arc()：创建弧或曲线，用于绘制圆或部分圆。用法如下：

```
context.arc(x, y, r, sAngle, eAngle, counterclockwise);
```

参数说明如下：

- x：圆的中心的 x 坐标。
- y：圆的中心的 y 坐标。
- r：圆的半径。
- sAngle：起始角，以弧度计。提示，弧的圆形的 3 点钟位置是 0 度。
- eAngle：结束角，以弧度计。
- counterclockwise：可选参数，规定应该逆时针，还是顺时针绘图。false 为顺时针，true 为逆时针。

如果使用 arc() 创建圆，可以把起始角设置为 0，结束角设置为 2×Math.PI。

（3）closePath()：创建从当前点到开始点的路径，相当于闭合路径操作。用法如下：
`context.closePath();`

（4）fill()：填充当前的路径，默认值为黑色，可以使用 fillStyle 属性重设填充颜色或渐变。用法如下：
`context.fill();`

注意，如果路径未关闭，那么 fill()方法会从路径结束点到开始点之间添加一条线，以关闭该路径，然后填充该路径。

（5）stroke()：绘制已定义的路径，默认值为黑色，可以使用 strokeStyle 属性重设另一种颜色或渐变。用法如下：
`context.stroke();`

绘制图形，需要使用路径。在开始绘制图形之前，需要取得图形上下文，然后需要执行如下步骤。

（1）使用 beginPath()方法，开始创建路径。
（2）创建图形的路径，如使用 arc()方法等。
（3）本步可选。路径创建完成后，使用 closePath()方法关闭路径。
（4）本步可选。设定绘制样式。
（5）调用绘制方法，绘制路径，如使用 fill()或 stroke()方法。

【示例 1】 下面以示例进行说明，代码如下。

```
<!DOCTYPE HTML>
<html>
<body>
<canvas id="myCanvas" style="border:1px solid;" width="300" height="150"></canvas>
<script type="text/javascript">
var c=document.getElementById("myCanvas");
var context=c.getContext("2d");
context.fillStyle="#FF00FF";
context.beginPath();
context.arc(100,75,50,0,Math.PI*2,true);
context.closePath();
context.fill();
</script>
</body>
</html>
```

以上代码在 Chrome 浏览器中的运行结果如图 18.11 所示，在 300×150 大小的画布上绘制了一个半径为 50 的圆形。

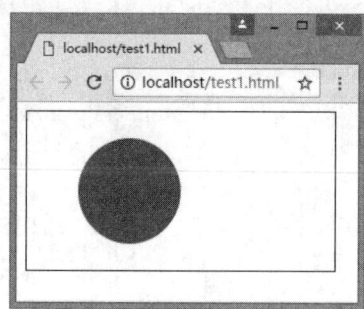

图 18.11 绘制圆形

【示例 2】 本例借助 Javascript 的 for 循环语句绘制多条有规律的弧形。

```
<!DOCTYPE HTML>
<html>
```

```
<body>
<canvas id="myCanvas" style="border:1px solid;" width="300" height="150"></canvas>
<script type="text/javascript">
var c=document.getElementById("myCanvas");
var context=c.getContext("2d");
for(var i=0;i<15;i++){
    context.strokeStyle="#FF00FF";
    context.beginPath();
    context.arc(0,150,i*10,0,Math.PI*3/2,true);
    context.stroke();
}
</script>
</body>
</html>
```

以上代码在 Chrome 浏览器中的运行结果如图 18.12 所示。在上面的示例中，没有使用 closePath() 方法。如果在 context.stroke();语句前添加 context.closePath();语句，则会得到如图 18.13 所示的输出结果。

图 18.12 绘制弧线

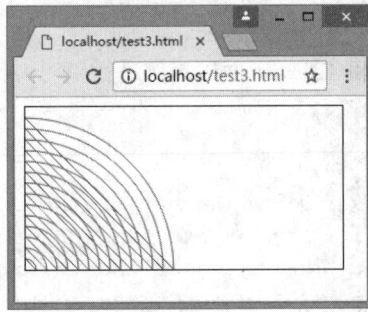
图 18.13 封闭路径

18.2.4 绘制多边形

多边形的绘制方法实际上就是绘制直线的方法重复应用，下面结合 2 个示例进行说明。

【示例 1】 本例运用上面几节介绍的属性和方法，绘制三角形。

```
<!DOCTYPE HTML>
<html>
<body>
<canvas id="myCanvas" style="border:1px solid;" width="200" height="200"></canvas>
<script type="text/javascript">
var c=document.getElementById("myCanvas");
var context=c.getContext("2d");
context.fillStyle="red";
context.beginPath();
context.moveTo(25,25);
context.lineTo(150,25);
context.lineTo(25,150);
context.fill();
</script>
</body>
</html>
```

以上代码在 Chrome 浏览器中的运行结果如图 18.14 所示。

第18章 JavaScript 图形设计

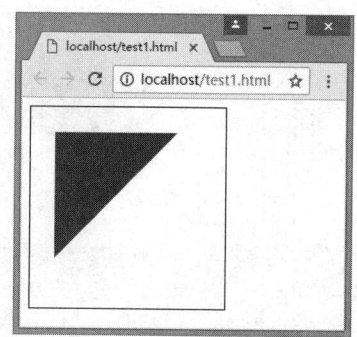

图 18.14 绘制实心三角形

【示例 2】 如果要绘制空心三角形，即只有轮廓的三角形，则改用 strokeStyle 属性和 stroke 方法，请看下面的示例。

```
<!DOCTYPE HTML>
<html>
<body>
<canvas id="myCanvas" style="border:1px solid;" width="200" height="200"></canvas>
<script type="text/javascript">
var c=document.getElementById("myCanvas");
var context=c.getContext("2d");
context.strokeStyle="red";
context.beginPath();
context.moveTo(25,25);
context.lineTo(150,25);
context.lineTo(25,150);
context.closePath();
context.stroke();
</script>
</body>
</html>
```

以上代码在 Chrome 浏览器中的运行结果如图 18.15 所示。

18.2.5 绘制曲线

使用 arcTo()方法可以绘制曲线，该方法是 lineTo()的曲线版，它能够创建两条切线之间的弧或曲线。用法如下：

`context.arcTo(x1,y1,x2,y2,r);`

参数说明如下：

- x1：弧的起点的 x 坐标。
- y1：弧的起点的 y 坐标。
- x2：弧的终点的 x 坐标。
- y2：弧的终点的 y 坐标。
- r：弧的半径。

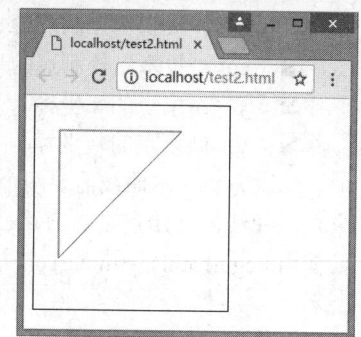

图 18.15 绘制空心三角形

扫一扫，看视频

最后使用 stroke()方法在画布上绘制确切的弧。

【示例】 本例分别使用 lineTo()和 arcTo()方法绘制直线和曲线，然后连成一个圆角弧线。

```
<!doctype html>
<html>
<head>
<meta charset="utf-8">
</head>
<body>
<canvas id="myCanvas" style="border:1px solid;" width="300" height="200"></canvas>
<script type="text/javascript">
var c=document.getElementById("myCanvas");
var ctx=c.getContext("2d");
ctx.beginPath();
ctx.moveTo(20,20);              // 设置起点
ctx.lineTo(100,20);             // 绘制水平直线
ctx.arcTo(150,20,150,70,50);    // 绘制曲线
ctx.lineTo(150,120);            // 绘制垂直直线
ctx.stroke();                   // 开始绘制
</script>
</body>
</html>
```

以上代码在 Chrome 浏览器中的运行结果如图 18.16 所示。

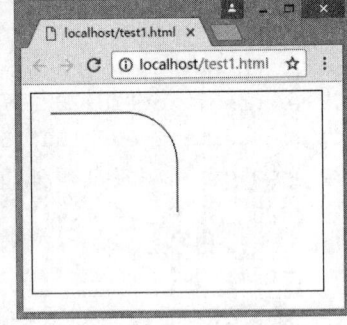

图 18.16　绘制曲线

18.2.6　绘制二次方曲线

贝塞尔曲线在电脑图形学中的作用至关重要，其应用也非常广泛，例如，在一些数学软件、矢量绘图软件和三维动画软件中，经常会见到贝塞尔曲线，主要用于数值分析领域或产品设计和动画制作领域。贝塞尔曲线包括二次方曲线和三次方曲线，本节先介绍二次贝塞尔曲线。

使用 quadraticCurveTo() 方法可以绘制二次方贝塞尔曲线，用法如下：

```
context.quadraticCurveTo(cpx,cpy,x,y);
```

参数说明如下：

- cpx：贝塞尔控制点的 x 坐标。
- cpy：贝塞尔控制点的 y 坐标。
- x：结束点的 x 坐标。
- y：结束点的 y 坐标。

二次方贝塞尔曲线需要两个点。第 1 个点是用于二次贝塞尔计算中的控制点，第 2 个点是曲线的结束点。曲线的开始点是当前路径中最后一个点。如果路径不存在，需要使用 beginPath() 和 moveTo() 方法来定义开始点，演示说明如图 18.17 所示。

操作步骤如下：

（1）确定开始点，如 moveTo(20,20)。
（2）定义控制点，如 quadraticCurveTo(20,100, x , y)。
（3）定义结束点，如 quadraticCurveTo(20,100,200,20)。

【示例】　下面的示例不但绘制了一条二次方贝塞尔曲线，还绘制出了其控制点和控制线。

图 18.17　二次方贝塞尔曲线演示示意图

```
<!doctype html>
<html>
<head>
<meta charset="utf-8">
</head>
<body>
<canvas id="myCanvas" style="border:1px solid;" width="300" height="200"></canvas>
<script type="text/javascript">
var c=document.getElementById("myCanvas");
var context=c.getContext("2d");
// 下面开始绘制二次方贝塞尔曲线。
context.strokeStyle="dark";
context.beginPath();
context.moveTo(0,200);
context.quadraticCurveTo(75,50,300,200);
context.stroke();
context.globalCompositeOperation="source-over";
// 下面绘制的直线用于表示上面曲线的控制点和控制线，控制点坐标即两直线的交点（75,50）。
context.strokeStyle="#ff00ff";
context.beginPath();
context.moveTo(75,50);
context.lineTo(0,200);
context.moveTo(75,50);
context.lineTo(300,200);
context.stroke();
</script>
</body>
</html>
```

以上代码在 Chrome 浏览器中的运行结果如图 18.18 所示，其中曲线即为二次方贝塞尔曲线，两条直线为控制线，两直线的交点即曲线的控制点。

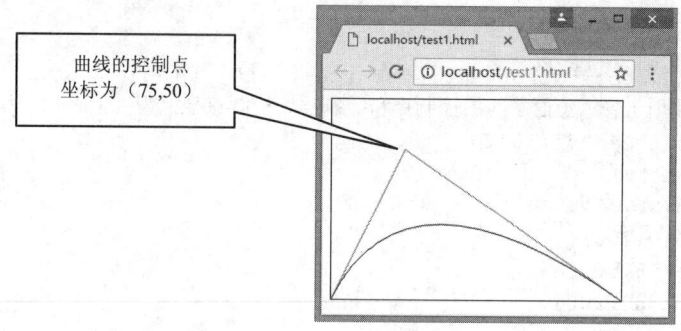

图 18.18　二次方贝塞尔曲线及其控制点

18.2.7　绘制三次方曲线

使用 bezierCurveTo()方法可以绘制三次方贝塞尔曲线，用法如下。

`context.bezierCurveTo(cp1x,cp1y,cp2x,cp2y,x,y);`

参数说明如下：

- cp1x：第 1 个贝塞尔控制点的 x 坐标。

- cp1y：第1个贝塞尔控制点的 y 坐标。
- cp2x：第2个贝塞尔控制点的 x 坐标。
- cp2y：第2个贝塞尔控制点的 y 坐标。
- x：结束点的 x 坐标。
- y：结束点的 y 坐标。

三次方贝塞尔曲线需要 3 个点，前两个点是用于三次贝塞尔计算中的控制点，第 3 个点是曲线的结束点。曲线的开始点是当前路径中最后一个点，如果路径不存在，需要使用 beginPath()和 moveTo()方法来定义开始点，演示说明如图 18.19 所示。

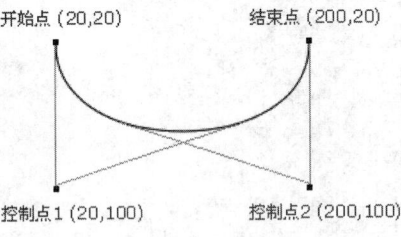

图 18.19　三次方贝塞尔曲线示意图

操作步骤如下：

（1）确定开始点，如 moveTo(20,20)。
（2）定义第 1 个控制点，如 bezierCurveTo(20, 100, cp2x, cp2y, x, y)。
（3）定义第 2 个控制点，如 bezierCurveTo(20,100,200,100, x, y)。
（4）定义结束点，如 bezierCurveTo(20,100,200,100,200,20)。

【示例】　本例不但绘制了一条三次方贝塞尔曲线，还绘制出了两个控制点和两条控制线。

```
<!doctype html>
<html>
<head>
<meta charset="utf-8">
</head>
<body>
<canvas id="myCanvas" style="border:1px solid;" width="300" height="200"></canvas>
<script type="text/javascript">
var c=document.getElementById("myCanvas");
var context=c.getContext("2d");
// 下面开始绘制三次方贝塞尔曲线。
context.strokeStyle="dark";
context.beginPath();
context.moveTo(0,200);
context.bezierCurveTo(25,50,75,50,300,200);
context.stroke();
context.globalCompositeOperation="source-over";
// 下面绘制的直线用于表示上面曲线的控制点和控制线，控制点坐标为（25,50）和（75,50）。
context.strokeStyle="#ff00ff";
context.beginPath();
context.moveTo(25,50);
context.lineTo(0,200);
context.moveTo(75,50);
context.lineTo(300,200);
context.stroke();
</script>
</body>
</html>
```

以上代码在 Chrome 浏览器中的运行结果如图 18.20 所示，其中曲线即为三次方贝塞尔曲线，两条直线为控制线，两直线上方的端点即为曲线的控制点。

第 18 章 JavaScript 图形设计

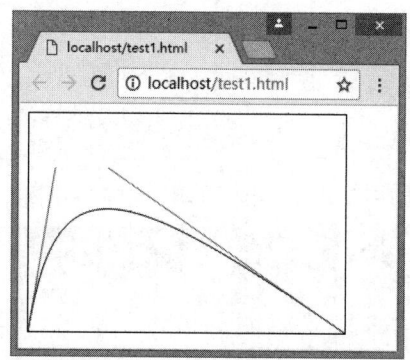

图 18.20 三次方贝塞尔曲线

18.3 设置图形样式

在 18.2 节中已经介绍过如何为图形设置填充颜色与轮廓颜色,实际上 canvas 支持更多的颜色和样式选项,如线型、渐变、图案、透明度和阴影。本节将介绍这些图形样式的设置方法。

18.3.1 设置线型

扫一扫,看视频

使用下面 4 个属性,可以为线条应用不同的线型:粗细、端点样式、两线段连接处样式、绘制交点的方式。

- lineCap:设置或返回线条的结束端点样式。
- lineJoin:设置或返回两条线相交时,所创建的拐角类型。
- lineWidth:设置或返回当前的线条宽度。
- miterLimit:设置或返回最大斜接长度。

下面分别通过实例详细介绍这些属性。

1. lineWidth(设置线条的粗细)

lineWidth 直译为"线宽",即路径中心到两边的距离,也就是线条的粗细。lineWidth 属性的值必须为正数,默认为 1.0。

【示例 1】 在下面的示例中,使用 for 循环从画布上方到下方绘制了 12 条线宽依次递增的直线段。

```
<!doctype html>
<html>
<head>
<meta charset="utf-8">
</head>
<body>
<canvas id="myCanvas" width="300" height="200"></canvas>
<script type="text/javascript">
var ctx = document.getElementById('myCanvas').getContext('2d');
for (var i = 0; i < 12; i++){
   ctx.strokeStyle="red";
   ctx.lineWidth = 1+i;
   ctx.beginPath();
   ctx.moveTo(5,5+i*14);
   ctx.lineTo(140,5+i*14);
```

613

```
    ctx.stroke();
}
</script>
</body>
</html>
```

以上代码在 Chrome 浏览器中的运行结果如图 18.21 所示。

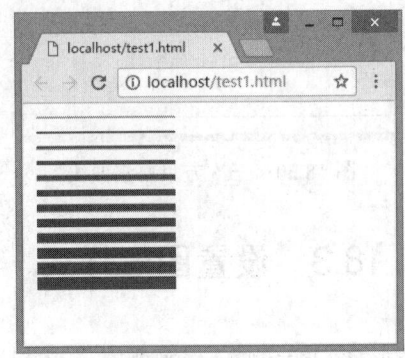

图 18.21 lineWidth 示例

2. lineCap（设置端点样式）

lineCap 属性用于设置线段端点的样式，包括 3 种样式：butt，round 和 square，默认值为 butt。

【示例 2】 在下面的示例中，从上到下绘制了 3 条蓝色的直线段，并依次设置上述 3 种属性值，两侧有两条红色的参考线，这样可以更加清楚地观察端点样式的区别。

```
<!doctype html>
<html>
<head>
<meta charset="utf-8">
</head>
<body>
<canvas id="myCanvas" width="300" height="200"></canvas>
<script type="text/javascript">
var ctx = document.getElementById('myCanvas').getContext('2d');
var lineCap = ['butt','round','square'];
// 绘制参考线。
ctx.strokeStyle = 'red';
ctx.beginPath();
ctx.moveTo(10,10);
ctx.lineTo(10,150);
ctx.moveTo(150,10);
ctx.lineTo(150,150);
ctx.stroke();
// 绘制直线段。
ctx.strokeStyle = 'blue';
for (var i=0;i<lineCap.length;i++){
    ctx.lineWidth = 20;
    ctx.lineCap = lineCap[i];
    ctx.beginPath();
    ctx.moveTo(10,30+i*50);
    ctx.lineTo(150,30+i*50);
    ctx.stroke();
```

```
}
</script>
</body>
</html>
```

以上代码在 Chrome 浏览器中的运行结果如图 18.22 所示,可以看到这 3 种端点样式从上到下依次为平头、圆头和方头。

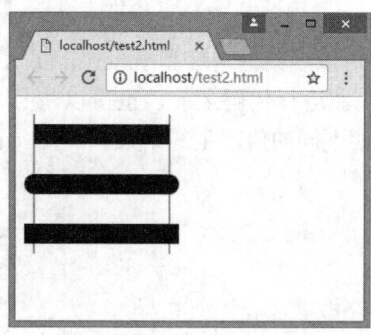

图 18.22　lineCap 示例

3. lineJoin(设置连接处样式)

lineJoin 属性用于设置两条线段连接处的样式,包括 3 种样式:round、bevel 和 miter,默认值为 miter。

【**示例 3**】　在下面的示例中,从左到右绘制了 3 条蓝色的折线,并依次设置上述 3 种属性值,观察拐角处(即直线段连接处)样式的区别。

```
<!doctype html>
<html>
<head>
<meta charset="utf-8">
</head>
<body>
<canvas id="myCanvas" width="300" height="200"></canvas>
<script type="text/javascript">
var ctx = document.getElementById('myCanvas').getContext('2d');
var lineJoin = ['round','bevel','miter'];
ctx.strokeStyle = 'blue';
for (var i=0;i<lineJoin.length;i++){
    ctx.lineWidth = 25;
    ctx.lineJoin = lineJoin[i];
    ctx.beginPath();
    ctx.moveTo(10+i*150,30);
    ctx.lineTo(100+i*150,30);
    ctx.lineTo(100+i*150,100);
    ctx.stroke();
}
</script>
</body>
</html>
```

以上代码在 Chrome 浏览器中的运行结果如图 18.23 所示。

4. miterLimit（设置绘制交点的方式）

miterLimit 属性用于设置两条线段连接处交点的绘制方式，其作用是为斜面的长度设置一个上限，默认为 10，即规定斜面的长度不能超过线条宽度的 10 倍。当斜面的长度达到线条宽度的 10 倍时，就会变为斜角。如果 lineJoin 属性值为 round 或 bevel 时，miterLimit 属性无效。

【示例 4】 通过下面的示例，可以观察当角度和 miterLimit 属性值发生变化时斜面长度的变化。在运行代码之前，也可以将 miterLimit 属性值改为固定值，以观察不同的值产生的结果。

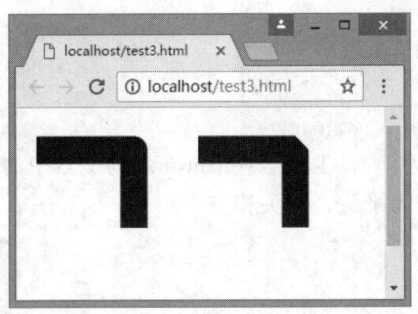

图 18.23　lineJoin 示例

```
<!doctype html>
<html>
<head>
<meta charset="utf-8">
</head>
<body>
<canvas id="myCanvas" width="300" height="200"></canvas>
<script type="text/javascript">
var ctx = document.getElementById('myCanvas').getContext('2d');
for (var i=1;i<10;i++){
    ctx.strokeStyle = 'blue';
    ctx.lineWidth = 10;
    ctx.lineJoin = 'miter';
    ctx.miterLimit = i*10;
    ctx.beginPath();
    ctx.moveTo(10,i*30);
    ctx.lineTo(100,i*30);
    ctx.lineTo(10,33*i);
    ctx.stroke();
}
</script>
</body>
</html>
```

以上代码在 Chrome 浏览器中的运行结果如图 18.24 所示。

扫一扫，看视频

18.3.2　绘制线性渐变

在 canvas 中可以绘制线性或径向的渐变。如果要绘制线性渐变，首先需要使用 createLinearGradient()方法创建 canvasGradient 对象，然后使用 addColorStop()方法进行上色。

（1）createLinearGradient()用法如下。

`context.createLinearGradient(x0,y0,x1,y1);`

参数说明如下：

- x0：渐变开始点的 x 坐标。
- y0：渐变开始点的 y 坐标。
- x1：渐变结束点的 x 坐标。
- y1：渐变结束点的 y 坐标。

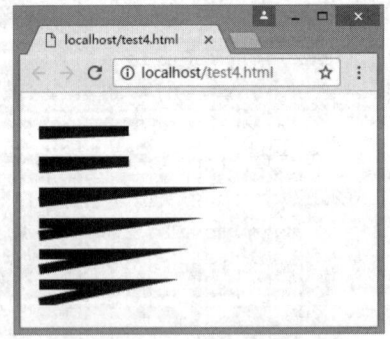

图 18.24　miterLimit 示例

例如，可以使用下面代码创建一个 canvasGradient 对象。

```
var lineargradient = ctx.createLinearGradient(20,20,150,150);
```
然后使用 addColorStop()方法定义色标的位置并进行上色。

（2）addColorStop()用法如下。
```
gradient.addColorStop(stop,color);
```
参数说明如下：

➥ stop：介于 0.0 与 1.0 之间的值，表示渐变中开始与结束之间的相对位置。渐变起点的偏移值为 0，终点的偏移值为 1。如果 position 值为 0.5，则表示色标会出现在渐变的正中间。

➥ color：在结束位置显示的 CSS 颜色值。

【示例】 本例演示如何绘制线性渐变。在本例中共添加了 8 个色标，分别为红、橙、黄、绿、青、蓝、紫、红。

```
<!doctype html>
<html>
<head>
<meta charset="utf-8">
</head>
<body>
<canvas id="myCanvas" width="300" height="200"></canvas>
<script type="text/javascript">
var ctx = document.getElementById('myCanvas').getContext('2d');
var lingrad = ctx.createLinearGradient(0,0,0,200);
lingrad.addColorStop(0, '#ff0000');
lingrad.addColorStop(1/7, '#ff9900');
lingrad.addColorStop(2/7, '#ffff00');
lingrad.addColorStop(3/7, '#00ff00');
lingrad.addColorStop(4/7, '#00ffff');
lingrad.addColorStop(5/7, '#0000ff');
lingrad.addColorStop(6/7, '#ff00ff');
lingrad.addColorStop(1, '#ff0000');
ctx.fillStyle = lingrad;
ctx.strokeStyle = lingrad;
ctx.fillRect(10,10,200,200);
</script>
</body>
</html>
```

以上代码在 Chrome 浏览器中的运行结果如图 18.25 所示。

使用 addColorStop 可以添加多个色标，色标的添加并非一定要从 0 位置开始到 1 位置结束，而是可以在 0～1 之间任意添加，例如，从 0.3 处开始设置一个蓝色色标，再在 0.5 处设置一个红色色标，则从 0～0.3 都会填充为蓝色。从 0.3～0.5 为蓝色到红色的渐变，从 0.5 到 1 处则填充为红色。

上面示例中没有使用 strokeStyle 属性，但要说明的是，这个属性同样可以接收 canvas 渐变对象。

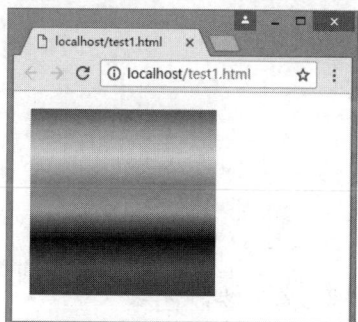

图 18.25 绘制线性渐变

扫一扫，看视频

18.3.3 绘制径向渐变

如果要绘制径向渐变，首先需要使用 createRadialGradient()方法创建 canvasGradient 对象，然后使用 addColorStop()方法进行上色。

createRadialGradient()方法的用法如下。
```
context.createRadialGradient(x0,y0,r0,x1,y1,r1);
```
参数说明如下：
- x0：渐变的开始圆的 x 坐标。
- y0：渐变的开始圆的 y 坐标。
- r0：开始圆的半径。
- x1：渐变的结束圆的 x 坐标。
- y1：渐变的结束圆的 y 坐标。
- r1：结束圆的半径。

【示例】 下面通过示例来演示如何绘制径向渐变。

```
<!doctype html>
<html>
<head>
<meta charset="utf-8">
</head>
<body>
<canvas id="myCanvas" width="300" height="200"></canvas>
<script type="text/javascript">
var ctx = document.getElementById('myCanvas').getContext('2d');
var radgrad = ctx.createRadialGradient(55,55,20,100,100,90);
radgrad.addColorStop(0,'#ffffff');
radgrad.addColorStop(0.75,'#333333');
radgrad.addColorStop(1,'#000000');
ctx.fillStyle = radgrad;
ctx.fillRect(10,10,200,200);
</script>
</body>
</html>
```

以上代码在 Chrome 浏览器中的运行结果如图 18.26 所示。

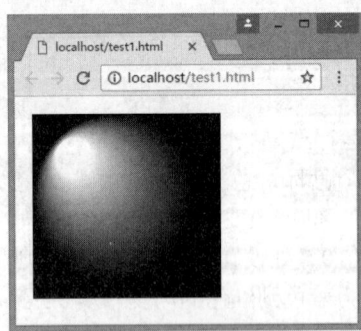

图 18.26 绘制径向渐变

18.3.4 绘制图案

在 canvas 中，使用 createPattern()方法可以绘制图案效果，用法如下。
```
context.createPattern(image,"repeat|repeat-x|repeat-y|no-repeat");
```
参数说明如下：
- image：规定要使用的图片、画布或视频元素。

- repeat：默认值。该模式在水平和垂直方向重复。
- repeat-x：该模式只在水平方向重复。
- repeat-y：该模式只在垂直方向重复。
- no-repeat：该模式只显示一次（不重复）。

创建图案的步骤与创建渐变有些类似，需要先创建出一个 pattern 对象，然后将其赋予 fillStyle 属性或 strokeStyle 属性。

【示例】 本例以一幅 png 格式的图像作为 image 对象用于创建图案，以平铺方式同时沿 x 轴与 y 轴方向平铺。

```html
<!doctype html>
<html>
<head>
<meta charset="utf-8">
</head>
<body>
<canvas id="myCanvas" width="300" height="200"></canvas>
<script type="text/javascript">
var ctx = document.getElementById('myCanvas').getContext('2d');
// 创建用于图案的新 image 对象。
var img = new Image();
img.src = 'images/pattern.png';
img.onload = function(){
    // 创建图案。
    var ptrn = ctx.createPattern(img,'repeat');
    ctx.fillStyle = ptrn;
    ctx.fillRect(0,0,600,600);
}
</script>
</body>
</html>
```

以上代码在 Chrome 浏览器中的运行结果如图 18.27 所示。

18.3.5 设置不透明度

使用 globalAlpha 全局属性可以设置绘制图形的不透明度，另外也可以通过色彩的不透明度参数来为图形设置不透明度，这种方法相对于使用 globalAlpha 属性来说，会更灵活些。

使用 rgba()方法可以设置具有不透明度的颜色，用法如下：
rgba(R,G,B,A)

其中 R、G、B 将颜色的红色、绿色和蓝色成分指定为 0 到 255 之间的十进制整数，A 把 alpha（不透明）成分指定为 0.0 和 1.0 之间的一个浮点数值，0.0 为完全透明，1.0 为完全不透明。例如，可以用"rgba(255,0,0,0.5)"表示半透明的完全红色。

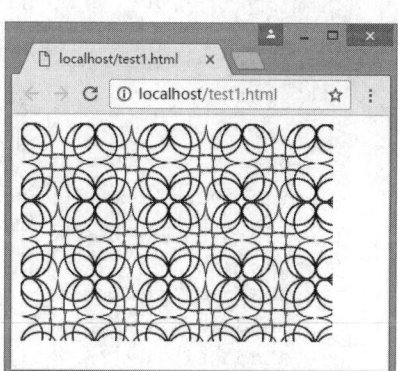

图 18.27 绘制图案

扫一扫，看视频

【示例】 本例使用 for 语句创建多个圆形，然后使用 rgba()方法分别设置不同的不透明度。

```html
<!doctype html>
<html>
<head>
<meta charset="utf-8">
</head>
```

```
<body>
<canvas id="myCanvas" width="500" height="300"></canvas>
<script type="text/javascript">
var ctx = document.getElementById('myCanvas').getContext("2d");
ctx.translate(200,20);
for (var i=1;i<50;i++){
    ctx.save();
    ctx.transform(0.95,0,0,0.95,30,30);
    ctx.rotate(Math.PI/12);
    ctx.beginPath();
    ctx.fillStyle='rgba(255,0,0,'+(1-(i+10)/40)+')';
    ctx.arc(0,0,50,0,Math.PI*2,true);
    ctx.closePath();
    ctx.fill();
}
</script>
</body>
</html>
```

以上代码在 Chrome 浏览器中的运行结果如图 18.28 所示。

扫一扫，看视频

18.3.6 设置阴影

在 canvas 中创建阴影效果，需要用到 4 个属性：shadowOffsetX、shadowOffsetY、shadowBlur、shadowColor。简单说明如下：

- shadowColor：设置或返回用于阴影的颜色。
- shadowBlur：设置或返回用于阴影的模糊级别。
- shadowOffsetX：设置或返回阴影距形状的水平距离。
- shadowOffsetY：设置或返回阴影距形状的垂直距离。

【示例】下面通过示例来演示如何创建文字阴影效果。

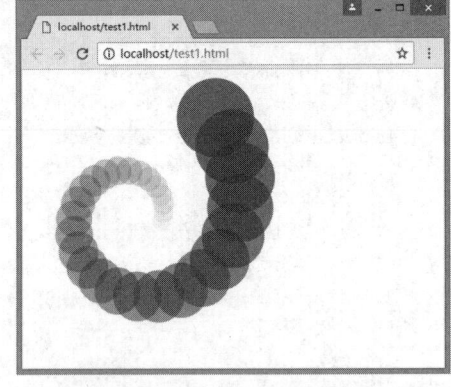

图 18.28　用 rgba() 方法设置不透明度

```
<!doctype html>
<html>
<head>
<meta charset="utf-8">
</head>
<body>
<canvas id="myCanvas" width="400" height="200"></canvas>
<script type="text/javascript">
var ctx = document.getElementById('myCanvas').getContext('2d');
// 设置阴影。
ctx.shadowOffsetX = 3;
ctx.shadowOffsetY = 3;
ctx.shadowBlur = 2;
ctx.shadowColor = "rgba(0, 0, 0, 0.5)";
// 绘制矩形。
ctx.fillStyle = "#33ccff";
ctx.fillRect(20,20,300,60);
ctx.fill();
// 绘制文本。
ctx.font = "45px 黑体";
ctx.fillStyle = "white";
```

```
ctx.fillText("HTML5+CSS3",30, 64);
</script>
</body>
</html>
```
以上代码在 Chrome 浏览器中的运行结果如图 18.29 所示。

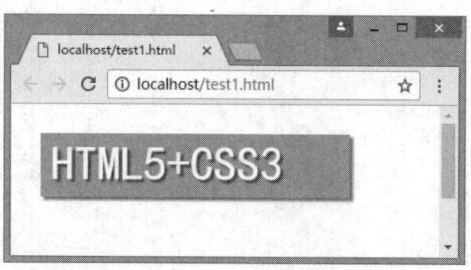

图 18.29　为文字和图形设置阴影效果

18.4　操 作 图 形

适当运用图形的变换操作,可以创建复杂、多变的图形。本节将介绍如何对画布进行操作,如何对画布中的图形进行操作,以便设计复杂的效果。

18.4.1　保存和恢复 canvas 状态

canvas 状态指的是当前画面所有样式、变形和裁切的一个快照,以堆(stack)的方式保存。使用 save() 和 restore() 方法可以保存和恢复 canvas 状态,用法如下。

```
context.save();
context.restore();
```

这两个方法都不需要任何参数。

save()方法可以暂时将当前的状态保存到堆中,如 strokeStyle、fillStyle、globalCompositeOperation 等属性值、当前应用的变形、当前裁切的路径等。restore()方法用于将上一个保存的状态从堆中再次取出,恢复该状态的所有设置。

【示例】　在本例中,首先绘制一个矩形,填充颜色为#ff00ff,轮廓颜色为蓝色,然后保存这个状态,再绘制另外一个矩形,填充颜色为#ff0000,轮廓颜色为绿色,最后恢复第一个矩形的状态,并绘制两个小的矩形,则其中一个矩形填充颜色必为#ff00ff,另外矩形轮廓颜色必为蓝色,因为此时已经恢复了原来保存的状态,所以会沿用最先设定的属性值。

```
<!doctype html>
<html>
<head>
<meta charset="utf-8">
</head>
<body>
<canvas id="myCanvas" width="400" height="200"></canvas>
<script type="text/javascript">
var c=document.getElementById("myCanvas");
var context=c.getContext("2d");
// 开始绘制矩形。
context.fillStyle="#ff00ff";
```

```
context.strokeStyle="blue";
context.fillRect(20,20,100,100);
context.strokeRect(20,20,100,100);
context.fill();
context.stroke();
// 保存当前 canvas 状态。
context.save();
//绘制另外一个矩形。
context.fillStyle="#ff0000";
context.strokeStyle="green";
context.fillRect(140,20,100,100);
context.strokeRect(140,20,100,100);
context.fill();
context.stroke();
// 恢复第一个矩形的状态。
context.restore();
// 绘制两个矩形。
context.fillRect(20,140,50,50);
context.strokeRect(80,140,50,50);
</script>
</body>
</html>
```

以上代码在 Chrome 浏览器中的运行结果如图 18.30 所示,可以尝试将 context.restore();一行删除,然后再查看代码的运行结果,比较一下有何不同。

扫一扫,看视频

18.4.2 清除绘图

在 canvas 中绘制了一些图形后,可能需要再清除这些图形。例如,一些绘图程序中的橡皮工具会用到这一功能。使用 clearRect()方法可以清除指定的矩形区域内的所有绘制图形,显示出画布的背景,该方法用法如下。

`context.clearRect(x,y,width,height);`

参数说明如下:

- x:要清除的矩形左上角的 x 坐标。
- y:要清除的矩形左上角的 y 坐标。
- width:要清除的矩形的宽度,以像素计。
- height:要清除的矩形的高度,以像素计。

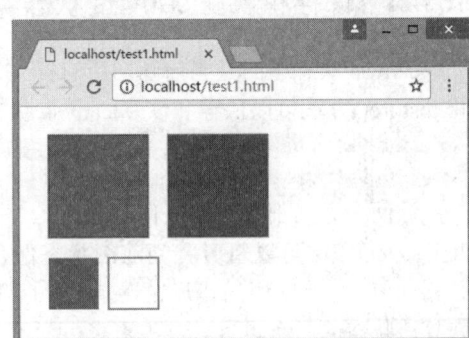

图 18.30 保存与恢复 canvas 状态

【示例】 本例演示了如何使用 clearRect()方法来擦除画布中的绘图。

```
<!doctype html>
<html>
<head>
<meta charset="utf-8">
<script type="text/javascript">
function clearMap(){
    context.clearRect(0,0,300,200);
}
</script>
</head>
<body>
```

```
<canvas id="myCanvas" style="border:1px solid;" width="300" height="200"></canvas>
<br>
<input name="" type="button"  value="清空画布" onClick="clearMap();">
<script type="text/javascript">
var c=document.getElementById("myCanvas");
var context=c.getContext("2d");
context.strokeStyle="#FF00FF";
context.beginPath();
context.arc(200,150,100,-Math.PI*1/6,-Math.PI*5/6,true);
context.stroke();
</script>
</body>
</html>
```

以上代码在 Chrome 浏览器中的运行结果如图 18.31 所示，先是在画布上绘制一段弧线。如果单击"清空画布"按钮，则会清除这段弧线，如图 18.32 所示。

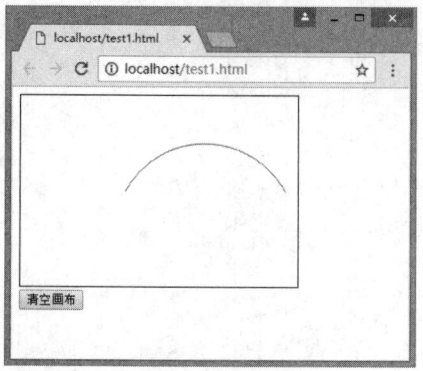

图 18.31 绘制弧线

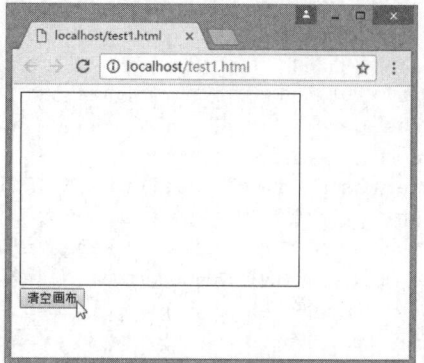

图 18.32 清空画布

18.4.3 移动坐标

在默认状态下，画布以左上角（0,0）为原点作为绘图参考，用户可以使用 translate() 方法移动坐标原点，这样新绘制的图形就以新的坐标原点为参考进行绘制。其用法如下。

```
context.translate(dx, dy);
```

参数 dx 和 dy 分别为坐标原点沿水平和垂直两个方向的偏移量，如图 18.33 所示。

扫一扫，看视频

> **注意：**
> 在使用 translate() 方法之前，应该先使用 save() 方法保存画布的原始状态。当需要时可以使用 restore() 方法恢复原始状态，特别是在重复绘图时非常重要。

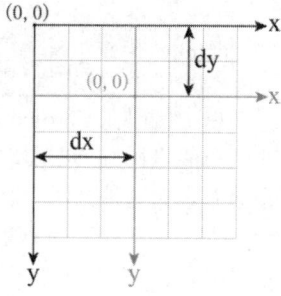

图 18.33 坐标空间的偏移示意图

【示例】 本例综合运用了 save()、restore()、translate() 方法来绘制一个伞状图形。

```
<!doctype html>
<html>
<head>
<meta charset="utf-8">
<script type="text/javascript">
//绘制伞形顶部半圆
```

```
function drawTop(ctx, fillStyle){
    ctx.fillStyle = fillStyle;
    ctx.beginPath();
    ctx.arc(0, 0, 30, 0,Math.PI,true);
    ctx.closePath();
    ctx.fill();
}
//绘制伞形底部手柄
function drawGrip(ctx){
    ctx.save();
    ctx.fillStyle = "blue";
    ctx.fillRect(-1.5, 0, 1.5, 40);
    ctx.beginPath();
    ctx.strokeStyle="blue";
    ctx.arc(-5, 40, 4, Math.PI,Math.PI*2,true);
    ctx.stroke();
    ctx.closePath();
    ctx.restore();
}
</script>
</head>
<body>
<canvas id="myCanvas" width="700" height="200"></canvas>
<script type="text/javascript">
var ctx = document.getElementById('myCanvas').getContext("2d");
// 注意：所有的移动都是基于这一上下文。
ctx.translate(80,80);
for (var i=1;i<10;i++){
    ctx.save();
    ctx.translate(60*i, 0);
    drawTop(ctx,"rgb("+(30*i)+","+(255-30*i)+",255)");
    drawGrip(ctx);
    ctx.restore();
}
</script>
</body>
</html>
```

以上代码在 Chrome 浏览器中的运行结果如图 18.34 所示。可见，画布中的图形移动，其实是通过改变画布的坐标原点来实现的，所谓的"移动图形"，只是"看上去"的样子，实际移动的是坐标空间。领会并掌握这种方法，对于随心所欲地绘制图形非常有帮助。

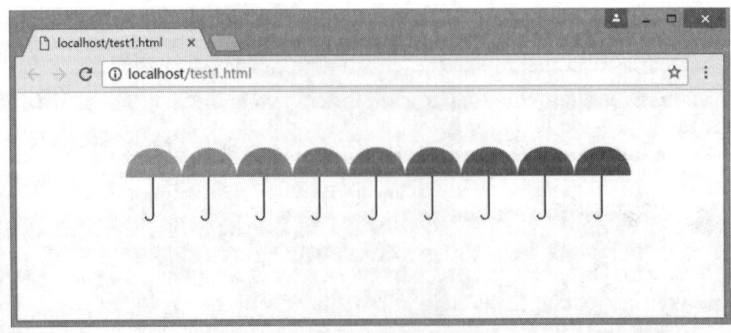

图 18.34　移动坐标空间

18.4.4 旋转坐标

使用 rotate() 方法可以旋转当前的绘图，实质上是以原点为中心旋转 canvas 上下文对象的坐标空间，其用法如下。

```
context.rotate(angle);
```

rotate 方法只有一个参数，即旋转角度 angle，旋转角度以顺时针方向为正方向，以弧度为单位，旋转中心为 canvas 的原点，如图 18.35 所示。

如需将角度转换为弧度，可以使用 degrees×Math.PI/180 公式进行计算。例如，如果要旋转 5 度，可套用这样的公式：5×Math.PI/180。

【示例】 本例设计在每次开始绘制图形之前，先将坐标空间旋转 PI*(2/4+i/4)，再将坐标空间沿 y 轴负方向移动 100，然后开始绘制图形，从而实现使图形沿一中心点平均旋转分布。

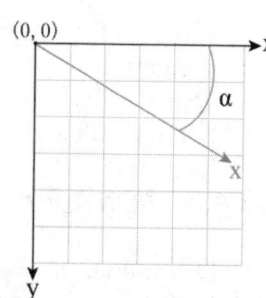

图 18.35 以原点为中心旋转 canvas

```
<!doctype html>
<html>
<head>
<meta charset="utf-8">
<script type="text/javascript">
function drawTop(ctx, fillStyle){
    ctx.fillStyle = fillStyle;
    ctx.beginPath();
    ctx.arc(0,0,30,0,Math.PI,true);
    ctx.closePath();
    ctx.fill();
}
function drawGrip(ctx){
    ctx.save();
    ctx.fillStyle = "blue";
    ctx.fillRect(-1.5, 0, 1.5, 40);
    ctx.beginPath();
    ctx.strokeStyle="blue";
    ctx.arc(-5, 40, 4, Math.PI,Math.PI*2,true);
    ctx.stroke();
    ctx.closePath();
    ctx.restore();
}
</script>
</head>
<body>
<canvas id="myCanvas" width="400" height="300"></canvas>
<script type="text/javascript">
var ctx = document.getElementById('myCanvas').getContext("2d");
ctx.translate(150,150);
for (var i=1;i<9;i++){
    ctx.save();
    ctx.rotate(Math.PI*(2/4+i/4));
    ctx.translate(0,-100);
    drawTop(ctx,"rgb("+(30*i)+","+(255-30*i)+",255)");
    drawGrip(ctx);
```

```
        ctx.restore();
    }
</script>
</body>
</html>
```

在 Chrome 浏览器中的运行结果如图 18.36 所示。

18.4.5 缩放图形

使用 scale()方法可以缩放当前绘图,使其更大或更小,实质上就是增减 canvas 上下文对象中的像素数目,从而实现图形或位图的放大或缩小,其用法如下。

`context.scale(x,y);`

其中 x,y 为必须接收的参数,x 为横轴的缩放因子,y 轴为纵轴的缩放因子,它们的值必须是正值。如果需要放大图形,则将参数值设置为大于 1 的数值,如果需要缩小图形,则将参数值设置为小于 1 的数值,当参数值等于 1 时则没有任何效果。

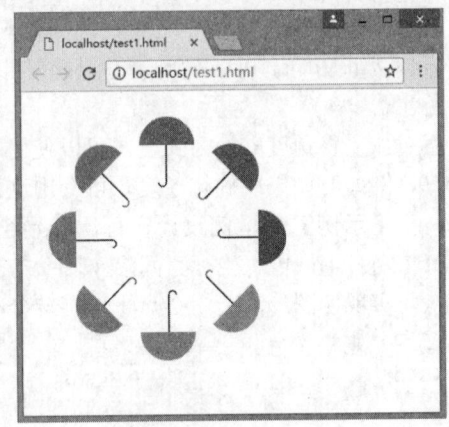

图 18.36 旋转坐标空间

【示例】 本例使用 scale(0.95,0.95)来缩小图形到上次的 0.95,共循环 80 次,同时移动和旋转坐标空间,从而实现图形呈螺旋状由大到小的变化。

```
<!doctype html>
<html>
<head>
<meta charset="utf-8">
</head>
<body>
<canvas id="myCanvas" width="400" height="300"></canvas>
<script type="text/javascript">
var ctx = document.getElementById('myCanvas').getContext("2d");
ctx.translate(200,20);
for (var i=1;i<80;i++){
    ctx.save();
    ctx.translate(30,30);
    ctx.scale(0.95,0.95);
    ctx.rotate(Math.PI/12);
    ctx.beginPath();
    ctx.fillStyle="red";
    ctx.globalAlpha="0.4";
    ctx.arc(0,0,50,0,Math.PI*2,true);
    ctx.closePath();
    ctx.fill();
}
</script>
</body>
</html>
```

在 Chrome 浏览器中的运行结果如图 18.37 所示。

18.4.6 变换矩阵

矩阵是线性代数中的一个概念，在计算机图形学中，矩阵能够实现二维图形的变形。canvas 的上下文对象事实上便是创建了一个变换矩阵。在这个上下文对象中，一个元素经过渲染后可以得到一张位图，通过对这个矩阵进行变换，即对这个位图上每一点进行变换，从而使图形产生诸如平移、缩放、旋转、切变以及镜像反射等效果。目前，多数新版的浏览器已经支持 2D 的矩阵变换。

使用 transform()方法可以替换绘图的当前转换矩阵，用于直接对变形矩阵作修改。矩阵变换常用于坐标变换不能达到预期效果的情况，能够实现比普通的坐标变换更为复杂的变形。

图 18.37　缩放图形

📢 提示：

画布上的每个对象都拥有一个当前的变换矩阵。transform()方法替换当前的变换矩阵。它以下面描述的矩阵来操作当前的变换矩阵：

a　c　e
b　d　f
0　0　1

换句话说，transform()方法允许用户缩放、旋转、移动并倾斜当前的环境。注意，该变换只会影响 transform()方法调用之后的绘图。

transform()方法的用法如下：

`context.transform(a,b,c,d,e,f);`

参数说明如下：

- a：水平缩放绘图。
- b：水平倾斜绘图。
- c：垂直倾斜绘图。
- d：垂直缩放绘图。
- e：水平移动绘图。
- f：垂直移动绘图。

下面使用矩阵变换分别解释一下移动（translate）、缩放（scale）和旋转（rotate）坐标空间的方法。

1. 移动（translate）

translate(x,y)可以用下面的 transform 方法来代替：

`context.transform(0,1,1,0,dx,dy);`

或：

`context.transform(1,0,0,1,dx,dy);`

如果将这些参数值代入简化的基本公式，则以上的形式都可以这样来表示：

$x'=x+dx$
$y'=y+dy$

其中 dx 为原点沿 x 轴移动的数值，dy 为原点沿 y 轴移动的数值。

2. 缩放（scale）

scale(x,y)可以用下面的 transform 方法来代替：

```
context.transform(m11,0,0,m22,0,0);
```
或：
```
context.transform(0,m12,m21,0,0,0);
```
如果将这些参数值代入简化的基本公式，则以上的形式都可以这样来表示：
```
x'=(m11)x
y'=(m22)y
```
或：
```
x'=(m12)x
y'=(m21)y
```
此处 dx、dy 都为 0 表示坐标原点不变。m11、m22 或 m12、m21 为沿 x、y 轴放大的倍数。

3. 旋转（rotate）

rotate(angle)比较复杂一些，需要用到三角函数的知识，可以用下面的 transform 方法来代替：
```
context.transform(cosθ,sinθ,-sinθ,cosθ,0,0);
```
其中的 θ 为旋转角度的弧度值，dx、dy 都为 0 表示坐标原点不变。
如果将这些参数值代入简化的基本公式，则以上的形式都可以这样来表示：
```
x'=x* cosθ-y* sinθ
y'=x* sinθ+ y* cosθ
```
下面我们根据以上分析来替换前面介绍过的"缩放图形"示例的代码，那么应该可以用下面的：
```
ctx.transform(0.95,0,0,0.95,30,30);
```
来代替：
```
ctx.translate(30,30);
ctx.scale(0.95,0.95);
```

提示：

setTransform()方法用于将当前的变换矩阵进行重置为最初的矩阵，然后以相同的参数调用 transform 方法，即先 set（重置），再 transform（变换），用法如下所示。
```
context.setTransform(m11, m12, m21, m22, dx, dy);
```

【示例】 本例使用 setTransform()方法将前面已经发生变换的矩阵首先重置为最初的矩阵，即恢复最初的原点，然后再将坐标原点改为（10,10），并以新的坐标为基准绘制一个蓝色的矩形。

```
<!doctype html>
<html>
<head>
<meta charset="utf-8">
</head>
<body>
<canvas id="myCanvas" width="400" height="300"></canvas>
<script type="text/javascript">
var ctx = document.getElementById('myCanvas').getContext("2d");
ctx.translate(200,20);
for (var i=1;i<90;i++){
    ctx.save();
    ctx.transform(0.95,0,0,0.95,30,30);
    ctx.rotate(Math.PI/12);
    ctx.beginPath();
    ctx.fillStyle="red";
    ctx.globalAlpha="0.4";
    ctx.arc(0,0,50,0,Math.PI*2,true);
```

```
    ctx.closePath();
    ctx.fill();
}
ctx.setTransform(1,0,0,1,10,10);
ctx.fillStyle="blue";
ctx.fillRect(0,0,50,50);
ctx.fill();
</script>
</body>
</html>
```

以上代码在 Chrome 浏览器中的运行结果如图 18.38 所示。在本例中，使用 scale(0.95,0.95)来缩小图形到上次的 0.95，共循环 80 次，同时移动和旋转坐标空间，从而实现图形呈螺旋状由大到小的变化。

18.4.7 组合图形

当两个或两个以上的图形存在重叠区域时，默认情况下一个图形画在前一个图形之上。通过指定图形 globalCompositeOperation 属性的值可以改变图形的绘制顺序或绘制方式，从而实现更多种可能。

【示例】 本例设置所有图形的透明度为 1，即不透明，可以在 0-1 之间取值从而改变图形的透明度。设置 globalCompositeOperation 属性值为 source-over，即默认设置，新的图形会覆盖在原有图形之上，也可以指定其他值。

图 18.38 矩阵重置并变换

```
<!doctype html>
<html>
<head>
<meta charset="utf-8">
</head>
<body>
<canvas id="myCanvas" width="400" height="300"></canvas>
<script type="text/javascript">
var c=document.getElementById("myCanvas");
var context=c.getContext("2d");
context.fillStyle="red";
context.fillRect(50,25,100,100);
context.fillStyle="green";
context.globalCompositeOperation="source-over";
context.beginPath();
context.arc(150,125,50,0,Math.PI*2,true);
context.closePath();
context.fill();
</script>
</body>
</html>
```

以上代码在 Chrome 浏览器中的运行结果如图 18.39 所示。如果将 globalAlpha 的值更改为 0.5（context.globalAlpha=0.5;），则两个图形都会呈现为半透明，如图 18.40 所示。

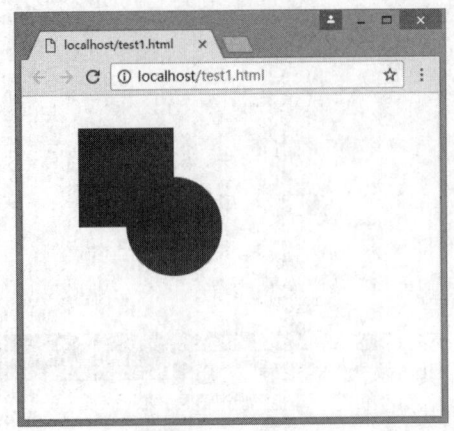
图 18.39　图形的组合

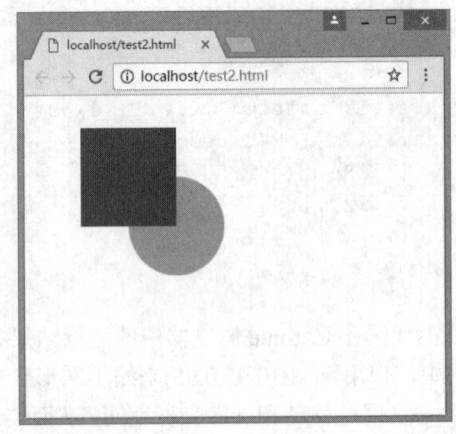
图 18.40　半透明效果

表 18.1 给出了 globalCompositeOperation 属性所有可用的值。表中的图例矩形表示为 B，为先绘制的图形（原有内容为 destintation），圆形表示为 A，为后绘制的图形（新图形为 source）。在应用时注意 globalCompositeOperation 语句的位置，应处在原有内容与新图形之间。Chrome 浏览器支持大多数属性值，无效的在表中已经标出。Opera 对这些属性值的支持相对来说更好一些。

表 18.1　globalCompositeOperation 属性所有可用的值

属 性 值	图形合成示例	说　明
source-over（默认值）		A over B，这是默认设置，即新图形覆盖在原有内容之上
destination-over		B over A，即原有内容覆盖在新图形之上
source-atop		只绘制原有内容和新图形与原有内容重叠的部分，且新图形位于原有内容之上
destination-atop		只绘制新图形和新图形与原有内容重叠的部分，且原有内容位于重叠部分之下

(续)

属 性 值	图形合成示例	说　　明
source-in		新图形只出现在与原有内容重叠的部分，其余区域变为透明
destination-in		原有内容只出现在与新图形重叠的部分，其余区域为透明
source-out		新图形中与原有内容不重叠的部分被保留
destination-out		原有内容中与新图形不重叠的部分被保留
lighter		两图形重叠的部分作加色处理
darker		两图形重叠的部分作减色处理
copy		只保留新图形。在 Chrome 浏览器中无效，Opera 11.5 中有效
xor		将重叠的部分变为透明

18.4.8 裁切路径

clip()方法能够从原始画布中剪切任意形状和尺寸。其原理与绘制普通 canvas 图形类似，只不过 clip()的作用是形成一个蒙版，没有被蒙版的区域会被隐藏。

◀)) 提示：

> 一旦剪切了某个区域，则所有之后的绘图都会被限制在被剪切的区域内，不能访问画布上的其他区域。用户也可以在使用 clip()方法前，通过使用 save()方法对当前画布区域进行保存，并在以后的任意时间通过 restore() 方法对其进行恢复。

【示例】 如果绘制一个圆形，并进行裁切，则圆形之外的区域将不会绘制在 canvas 上。

```html
<!doctype html>
<html>
<head>
<meta charset="utf-8">
</head>
<body>
<canvas id="myCanvas" width="400" height="300"></canvas>
<script type="text/javascript">
var ctx = document.getElementById('myCanvas').getContext("2d");
// 绘制背景。
ctx.fillStyle="black";
ctx.fillRect(0,0,300,300);
ctx.fill();
// 绘制圆形。
ctx.beginPath();
ctx.arc(150,150,130,0,Math.PI*2,true);
// 裁切路径。
ctx.clip();
ctx.translate(200,20);
for (var i=1;i<90;i++){
    ctx.save();
    ctx.transform(0.95,0,0,0.95,30,30);
    ctx.rotate(Math.PI/12);
    ctx.beginPath();
    ctx.fillStyle="red";
    ctx.globalAlpha="0.4";
    ctx.arc(0,0,50,0,Math.PI*2,true);
    ctx.closePath();
    ctx.fill();
}
</script>
</body>
</html>
```

以上代码在 Chrome 浏览器中的运行结果如图 18.41 所示。可以看到，只有圆形区域内的螺旋图形被显示出来，其余部分被"遮"住了。

图 18.41　图形的组合

18.5　绘制文字

使用 fillText()和 strokeText()方法，可以分别以填充方式和轮廓方式绘制文字。

18.5.1　绘制填充文字

fillText()方法能够在画布上绘制被填充的文本，其用法如下。
```
context.fillText(text,x,y,maxWidth);
```
参数说明如下：
- text：规定在画布上输出的文本。
- x：开始绘制文本的 x 坐标位置（相对于画布）。
- y：开始绘制文本的 y 坐标位置（相对于画布）。
- maxWidth：可选。允许的最大文本宽度，以像素计。

fillText()方法在画布上绘制填色的文本，文本的默认颜色是黑色。用户可以使用 font 属性定义字体和字号，使用 fillStyle 属性定义字体颜色，或以渐变来渲染文本。

【示例】　本例使用 fillText()方法在画布上绘制文本"Hello world"和"HTML5+CSS3"。

```
<!doctype html>
<html>
<head>
<meta charset="utf-8">
</head>
<body>
<canvas id="myCanvas" width="300" height="100"></canvas>
<script type="text/javascript">
var c=document.getElementById("myCanvas");
var ctx=c.getContext("2d");
ctx.font="20px Georgia";
ctx.fillText("Hello World!",10,50);
ctx.font="30px Verdana";
//创建渐变
var gradient=ctx.createLinearGradient(0,0,c.width,0);
gradient.addColorStop("0","magenta");
```

```
gradient.addColorStop("0.5","blue");
gradient.addColorStop("1.0","red");
//用渐变填色
ctx.fillStyle=gradient;
ctx.fillText("HTML5+CSS3",10,90);
</script>
</body>
</html>
```

以下代码在 Chrome 浏览器中的运行结果如图 18.42 所示。

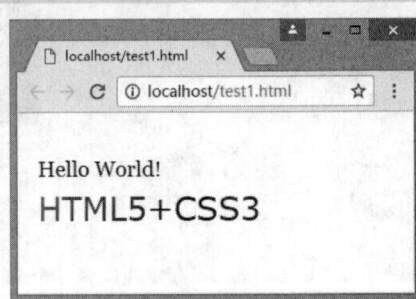

18.5.2 设置文字属性

在上例中用到了有关文字的一些属性，下面介绍一下这些属性以及未在上面出现的其他属性的用法。

（1）font：用于指定正在绘制的文字的样式，其语法与 CSS 字体样式的指定方法相同。如果要在绘制文字时改变字体样式，只需要更改这个属性的值即可。默认的字体样式为 10px sans-serif。例如，可以像下面这样来指定字体样式。

图 18.42 绘制填充文字

```
context.font="20pt Times new roman";
```

（2）textAlign：用于指定正在绘制的文字的对齐方式，有 left、right、center、start、end 5 种对齐方式，默认值为 start。

- left：左对齐。
- right：右对齐。
- center：居中对齐。
- start：如果文字从左到右排版则左对齐，从右到左排版则右对齐。
- end：如果文字从右到左排版则左对齐，从左到右排版则右对齐。

（3）textBaseline：用于指定正在绘制的文字的基线，有 top、hanging、middle、alphabetic、ideographic、bottom 6 种属性值，默认值为 alphabetic。

- top：文本基线与字元正方形空间顶部对齐。
- hanging：文本基线是悬挂的基线，当前不支持。
- middle：文本基线位于字元正方形空间的中间位置。
- alphabetic：指定文本基线为通常的字母基线。
- ideographic：指定文本基线为表意字基线，即如果表意字符的主体突出到字母基线的下方，则表意字基线与表意字符的底部对齐。
- bottom：文本基线与字元正方形空间底部的边界框对齐。因为表意基线不能识别下行字符，故可用此种基线来与表意字基线相区分。

当前许多支持 HTML5 的浏览器尚不支持某些属性值，如 hanging、ideographic。

18.5.3 绘制轮廓文字

使用 strokeText()方法可以在画布上绘制无填充色的文本。文本的默认颜色是黑色，可以使用使用 font 属性定义字体和字号，使用 strokeStyle 属性以另一种颜色或渐变来渲染文本。其用法如下。

```
context.strokeText(text,x,y,maxWidth);
```

参数说明如下：

- text：规定在画布上输出的文本。

第18章 JavaScript 图形设计

- x：开始绘制文本的 x 坐标位置（相对于画布）。
- y：开始绘制文本的 y 坐标位置（相对于画布）。
- maxWidth：可选。允许的最大文本宽度，以像素计。

【示例】 本例使用 strokeText()方法在画布上写文本"Hello world!"和" HTML5+CSS3"。

```
<!doctype html>
<html>
<head>
<meta charset="utf-8">
</head>
<body>
<canvas id="myCanvas" width="300" height="100"></canvas>
<script type="text/javascript">
var c=document.getElementById("myCanvas");
var ctx=c.getContext("2d");
ctx.font="20px Georgia";
ctx.strokeText("Hello World!",10,50);
ctx.font="30px Verdana";
// 创建渐变
var gradient=ctx.createLinearGradient(0,0,c.width,0);
gradient.addColorStop("0","magenta");
gradient.addColorStop("0.5","blue");
gradient.addColorStop("1.0","red");
// 用渐变填色
ctx.strokeStyle=gradient;
ctx.strokeText("HTML5+CSS3",10,90);
</script>
</body>
</html>
```

以上代码在 Chrome 浏览器中的运行结果如图 18.43 所示。

18.5.4 测量宽度

使用 measureText()方法可以测量当前所绘制文字中指定文字的宽度，该方法会返回一个 TextMetrics 对象，使用该对象的 width 属性可以得到指定文字参数后所绘制文字的总宽度，其用法如下：

```
metrics=context.measureText(text);
```

其中的参数 text 为要绘制的文字。

提示，如果需要在文本向画布输出之前，就了解文本的宽度，应该使用该方法。

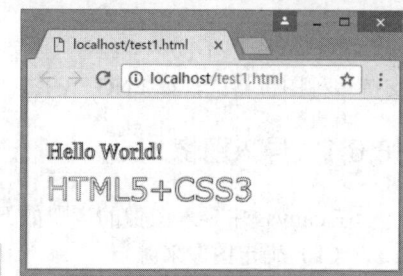

图 18.43 绘制轮廓文字

扫一扫，看视频

【示例】 下面是测量文字宽度的一个示例。

```
<!doctype html>
<html>
<head>
<meta charset="utf-8">
</head>
<body>
<canvas id="myCanvas" width="300" height="100"></canvas>
<script type="text/javascript">
var ctx = document.getElementById('myCanvas').getContext('2d');
ctx.font = "bold 20px 楷体";
```

```
ctx.fillStyle="Blue";
var txt1 = "滚滚长江东逝水,浪花淘尽英雄。";
ctx.fillText(txt1,10,40);
var txt2 = "以上字符串的宽度为:";
var mtxt1 = ctx.measureText(txt1);
var mtxt2 = ctx.measureText(txt2);
ctx.font = "bold 15px 宋体";
ctx.fillStyle="Red";
ctx.fillText(txt2,10,80);
ctx.fillText(mtxt1.width,mtxt2.width,80);
</script>
</body>
</html>
```

以上代码在 Chrome 浏览器中的运行结果如图 18.44 所示。

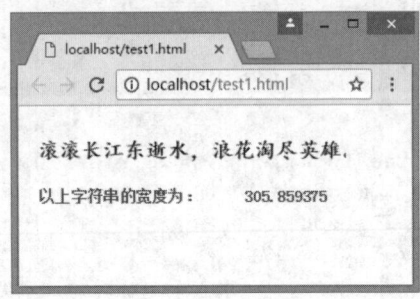

图 18.44　测量文字宽度

18.6　绘 制 图 像

在 canvas 中不仅可以绘制图形,还可以导入图像。导入的图像可以改变大小、裁切或合成等。canvas 支持多种图像格式,如 PNG、GIF、JPEG 等。

扫一扫,看视频

18.6.1　导入图像

在 canvas 中导入图像的步骤如下:
（1）确定图像来源。
（2）使用 drawImage()方法将图像绘制到 canvas 中。
确定图像来源有 4 种方式,用户可以任选一种。

- 页面内的图片:如果已知图片元素的 ID,则可以通过 document.images 集合、document.getElementsByTagName() 或 document.getElementById()等方法获取页面内的该图片元素。
- 其他 canvas 元素:可以通过 document.getElementsByTagName()或 document.getElementById()等方法获取已经设计好的 canvas 元素。例如,可以用这种方法为一个比较大的 canvas 生成缩略图。
- 用脚本创建一个新的 image 对象:使用脚本可以从零开始创建一个新的 image 对象。
  不过这种方法存在一个缺点:如果图像文件来源于网络且较大,则会花费较长的时间来装载。所以如果不希望因为图像文件装载而导致的漫长的等待,需要做好预装载的工作。
- 使用 data:url 方式引用图像:这种方法允许用 Base64 编码的字符串来定义一个图片,优点是图片可以即时使用,不必等待装载,而且迁移也非常容易。缺点是无法缓存图像,所以如果图片较大,则不太适宜用这种方法,因为这会导致嵌入的 url 数据相当庞大。

使用脚本创建新 image 对象时，其方法如下所示。

```
var img = new Image();          // 创建新的 Image 对象。
img.src = 'image1.png';         // 设置图像路径
```

如果要解决图片预装载的问题，则可以使用下面的方法，即使用 onload 事件一边装载图像一边执行绘制图像的函数。

```
var img = new Image();          // 创建新的 Image 对象。
img.onload = function(){
   // 此处放置 drawImage 的语句。
}
img.src = 'image1.png';         // 设置图像路径
```

不管采用什么方式获取图像来源，之后的工作都是使用 drawImage()方法将图像绘制到 canvas 中。drawImage()方法能够在画布上绘制图像、画布或视频。该方法也能够绘制图像的某些部分，以及增加或减少图像的尺寸。其用法如下所示。

```
//语法 1：在画布上定位图像
context.drawImage(img,x,y);
//语法 2：在画布上定位图像，并规定图像的宽度和高度
context.drawImage(img,x,y,width,height);
//语法 3：剪切图像，并在画布上定位被剪切的部分
context.drawImage(img,sx,sy,swidth,sheight,x,y,width,height);
```

参数说明如下：

- img：规定要使用的图像、画布或视频。
- sx：可选。开始剪切的 x 坐标位置。
- sy：可选。开始剪切的 y 坐标位置。
- swidth：可选。被剪切图像的宽度。
- sheight：可选。被剪切图像的高度。
- x：在画布上放置图像的 x 坐标位置。
- y：在画布上放置图像的 y 坐标位置。
- width：可选。要使用的图像的宽度。可以实现伸展或缩小图像。
- height：可选。要使用的图像的高度。可以实现伸展或缩小图像。

【示例】 本例演示了如何使用上述两个步骤将图像引入到 canvas 中。至于第 2 和第 3 种 drawImage()方法，我们将在后续小节中单独介绍。

```
<!doctype html>
<html>
<head>
<meta charset="utf-8">
</head>
<body>
<canvas id="myCanvas" width="400" height="400"></canvas>
<script type="text/javascript">
var ctx = document.getElementById('myCanvas').getContext('2d');
var img = new Image();
img.onload = function(){
   ctx.drawImage(img,0,0);
   ctx.font = "26px Arial Black";
   ctx.shadowOffsetX = 3;
   ctx.shadowOffsetY = 3;
   ctx.shadowBlur = 2;
```

```
        ctx.shadowColor = "rgba(0, 0, 0, 0.9)";
        ctx.fillStyle = "yellow";
        ctx.fillText("小摄影家",260,380);
}
img.src = 'images/bg.png';
</script>
</body>
</html>
```

以上代码在 Chrome 浏览器中的运行结果如图 18.45 所示。

18.6.2 变换图像

扫一扫，看视频

在特定情况下，需要在某个特定位置显示特定大小的图像，而且更新时希望不同图像文件显示在网页中的大小保持原来的统一尺寸，以保证网页布局与美观不受影响，这时需要用脚本动态改变图像的大小。当然，在其他场合，也可能需要改变图像大小以适应网页布局或其他功能的需要。

drawImage()方法的第 2 种用法可以用于使图片按指定的大小显示，其用法如下。

`context.drawImage(image, x, y, width, height);`

其中 width 和 height 分别是图像在 canvas 中显示的宽度和高度。

【示例】　本例将上节示例中的代码稍作修改，以使得引入的图像调整为指定的大小，这样做的好处是可以让图像迁就页面布局。

图 18.45　向 canvas 中导入图像

```
<!doctype html>
<html>
<head>
<meta charset="utf-8">
</head>
<body>
<canvas id="myCanvas" width="400" height="400"></canvas>
<script type="text/javascript">
var ctx = document.getElementById('myCanvas').getContext('2d');
var img = new Image();
img.onload = function(){
    ctx.drawImage(img,0,0,600,610);
    ctx.font = "26px Arial Black";
    ctx.shadowOffsetX = 3;
    ctx.shadowOffsetY = 3;
    ctx.shadowBlur = 2;
    ctx.shadowColor = "rgba(0, 0, 0, 0.9)";
    ctx.fillStyle = "yellow";
    ctx.fillText("小摄影家",260,380);
}
img.src = 'images/bg.png';
</script>
</body>
</html>
```

以上代码在 Chrome 浏览器中的运行结果如图 18.46 所示。

图 18.46　改变图像大小

18.6.3　裁切图像

drawImage 的第 3 种用法用于创建图像切片，其用法如下。

context.drawImage(image,sx,sy,sw,sh,dx,dy,dw,dh);

其中 image 参数与前两用法相同，其余 8 个参数可以参考下面的图示。sx、sy 为源图像被切割区域的起始坐标，sw、sh 为源图像被切下来的宽度和高度，dx、dy 为被切割下来的源图像要放置到目标 canvas 的起始坐标，dw、dh 为被切割下来的源图像放置到目标 canvas 并显示的高度和宽度，如图 18.47 所示。

图 18.47　其余 8 个参数的图示

【示例】　下面通过一个示例来演示一下如何创建图像切片。

```
<!doctype html>
<html>
<head>
<meta charset="utf-8">
</head>
<body>
<canvas id="myCanvas" width="600" height="380"></canvas>
<script language="javascript">
var ctx = document.getElementById('myCanvas').getContext('2d');
var img = new Image();
img.onload = function(){
   ctx.drawImage(img,0,0);
   ctx.drawImage(img,30,40,140,180,0,240,140,180);
}
img.src = 'images/1.png';
```

```
    </script>
</body>
</html>
```

以上代码在 Chrome 浏览器中的运行结果如图 18.48 所示。其中上方显示的是源图像，下方是所创建的图像切片。

图 18.48　创建图像切片

18.6.4　图像平铺

图像平铺就是让图像填满画布，有两种方法可以实现，下面结合示例进行说明。

【示例 1】　第 1 种方法是使用 drawImage() 方法。

```
<!doctype html>
<html>
<head>
<meta charset="utf-8">
</head>
<body>
<canvas id="myCanvas" width="500" height="200"></canvas>
<script type="text/javascript">
var image = new Image();
var canvas = document.getElementById("myCanvas");
var context = canvas.getContext('2d');
image.src = "images/1.jpg";
image.onload = function(){
    //平铺比例
    var scale=5
    //缩小后图像宽度
    var n1=image.width/scale;
    //缩小后图像高度
    var n2=image.height/scale;
    //平铺横向个数
    var n3=canvas.width/n1;
    //平铺纵向个数
```

```
        var n4=canvas.height/n2;
        for(var i=0;i<n3;i++)
           for(var j=0;j<n4;j++)
              context.drawImage(image,i*n1,j*n2,n1,n2);
    };
</script>
</body>
</html>
```

本例用到几个变量以及循环语句,相对来说处理方法复杂一些,运行结果如图 18.49 所示。

图 18.49 图像平铺显示

【示例 2】 也可以使用 createPattern()方法,该方法只使用了几个参数就达到了上面所述的平铺效果。createPattern()方法用法如下:

```
context.createPattern(image,type);
```

参数 image 为要平铺的图像,参数 type 必须是下面的字符串值之一:

- no-repeat:不平铺。
- repeat-x:横方向平铺。
- repeat-y:纵方向平铺。
- repeat:全方向平铺。

创建 image 对象,指定图像文件后,使用 createPattern()方法创建填充样式,然后将该样式指定给图形上下文对象的 fillStyle 属性,最后填充画布,就可以看到重复填充的效果。

```
<!doctype html>
<html>
<head>
<meta charset="utf-8">
</head>
<body>
<canvas id="myCanvas" width="400" height="300"></canvas>
<script type="text/javascript">
var image = new Image();
var canvas = document.getElementById("myCanvas");
var context = canvas.getContext('2d');
image.src = "images/1.jpg";
image.onload = function(){
    //创建填充样式,全方向平铺
```

```
    var ptrn = context.createPattern(image,'repeat');
    //指定填充样式
    context.fillStyle = ptrn;
    //填充画布
    context.fillRect(0,0,400,300);
};
</script>
</body>
</html>
```

18.6.5 像素处理

扫一扫,看视频

使用图形上下文对象的 getImageData()方法可以获取图像中的像素,该方法用法如下:
```
var imagedata = context.getImageData(sx, sy, sw, sh);
```
参数 sx 和 sy 分别表示所获取区域的起点横坐标和纵坐标,参数 sw 和 sh 分别表示所获取区域的宽度和高度。

imagedata 变量是一个 CanvasPixelArray 对象,具有 height、width、data 等属性。data 属性是一个保存像素数据的数组,内容类似[r1,g1,b1,a1,r2,g2,b2,a2,r3,g3,b3,a3,…],r1、g1、b1 和 a1 分别为第一个像素的红色值、绿色值、蓝色值和透明度值。r2、g2、b2、a2 分别为第 2 个像素的红色值、绿色值、蓝色值、透明度值,依此类推。data.length 为所取得像素的数量。取得这些像素后,就可以对这些像素进行处理。

【示例】本例使用 Canvas API 将图像进行反显处理。在得到像素数组后,将该数组中每个像素的颜色进行反显操作,然后保存回像素数组,最后使用图形上下文对象的 putImageData()方法将反显操作后的图像重新绘制在画布上。该方法用法如下:
```
context.putImageData(imagedata,dx,dy[,dirtyX,dirtyY,dirtyWidth,dirtyHeight]);
```
该方法包含 7 个参数,imagedata 为前面所述的像素数组,dx 和 dy 分别表示重绘图像的起点横坐标、纵坐标。后面 dirtyX、dirtyY、dirtyWidth、dirtyHeight 这 4 个参数为可选参数,给出一个矩形的起点横坐标、起点纵坐标、宽度与高度,如果加上这 4 个参数,则只绘制像素数组中这个矩形范围内的图像。

```
<!doctype html>
<html>
<head>
<meta charset="utf-8">
</head>
<body>
<canvas id="myCanvas" width="500" height="300"></canvas>
<script type="text/javascript">
var canvas = document.getElementById("myCanvas");
var context = canvas.getContext('2d');
var image = new Image();
image.src = "images/1.jpg";
image.onload = function (){
    context.drawImage(image, 0, 0);
    var imagedata = context.getImageData(0,0,image.width,image.height);
    for (var i = 0, n = imagedata.data.length; i < n; i += 4){
        imagedata.data[i+0] = 255 - imagedata.data[i+0]; // red
        imagedata.data[i+1] = 255 - imagedata.data[i+2]; // green
        imagedata.data[i+2] = 255 - imagedata.data[i+1]; // blue
    }
```

```
        context.putImageData(imagedata, 0, 0);
};
</script>
</body>
</html>
```

以上代码在 IE 浏览器中的运行结果如图 18.50 所示。

原图　　　　　　　　　反转效果图

图 18.50　图像像素处理

18.7　实　战　案　例

本节将结合案例介绍 Canvas API 高级应用。

扫一扫，看视频

18.7.1　设计 canvas 动画

使用 canvas 制作动画的基本方法：在画布上不断擦除、重绘、擦除、重绘的过程。

使用 canvas 制作动画的具体步骤如下：

（1）预先编写好用来绘图的函数，在该函数中先用 clearRect()方法将画布整体或局部擦除。
（2）使用 setInterval()方法设置动画擦除和重绘的间隔时间。

📢 提示：

setInterval()方法是 Javascript 的原生方法，该方法接收两个参数：第 1 个参数表示执行动画的函数；第 2 个参数为时间间隔，单位为毫秒。

📖 技巧：

在比较复杂的动画中，用户可以在清除、绘制动画前保存当前绘制状态，需要时再恢复，这样动画设计过程变成：擦除、保存状态、重绘、恢复状态。

【示例 1】　本例在画布中绘制一个红色小方块，然后让其从左向右缓慢移动，用户可在这个基础上使用 JavaScript 脚本编写更复杂的动画，效果如图 18.51 所示。

```
<!doctype html>
<html>
```

```
<head>
<meta charset="utf-8">
</head>
<body>
<canvas id="myCanvas" width="400" height="200"></canvas>
<script type="text/javascript">
var context, width,height, i;
function draw(id){
    var canvas = document.getElementById(id);
    if (canvas == null)
        return false;
    context = canvas.getContext('2d');
    width=canvas.width;
    height=canvas.height;
    i=0;
    setInterval(rotate,100);         //0.1秒
}
function rotate(){
    context.clearRect(0,0,width,height);
    context.fillStyle = "red";
    context.fillRect(i, 0, 50, 50);
    i=i+20;
}
draw("myCanvas")
</script>
</body>
</html>
```

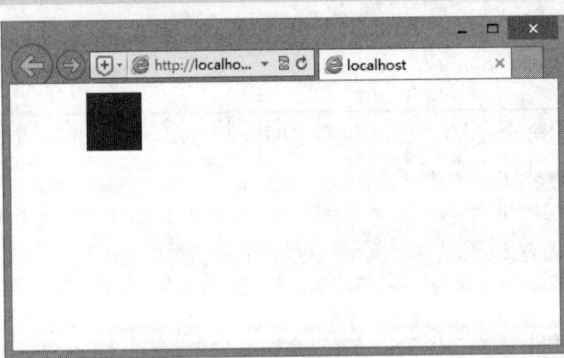

图 18.51　设计移动的小方块

【示例 2】　本例在画布中绘制一个红色方块和一个圆形球，让它们重叠显示，然后使用一个变量从图形上下文的 globalCompositeOperation 属性的所有参数构成的数组中挑选一个参数来显示对应的图形组合效果，通过动画来循环显示所有参数的组合效果，演示如图 18.52 所示。

```
<!doctype html>
<html>
<head>
<meta charset="utf-8">
</head>
```

```
<body>
<canvas id="myCanvas" width="500" height="240" style="border:solid 1px #93FB40;">
</canvas>
<script type="text/javascript">
var globalId, i=0;
function draw(id){
   globalId=id;
   setInterval(Composite,1000);
}
function Composite() {
   var canvas = document.getElementById(globalId);
   if (canvas == null) return false;
   var context = canvas.getContext('2d');
   var oprtns = new Array("source-atop", "source-in","source-out", "source-over",
"destination-atop", "destination-in", "destination-out", "destination-over",
"lighter", "copy", "xor" );
   if(i>10) i=0;
   context.clearRect(0,0,canvas.width,canvas.height);
   context.save();
   context.font="30px Georgia";
   context.fillText(oprtns[i],240,130);
   //绘制原有图形（蓝色长方形）
   context.fillStyle = "blue";
   context.fillRect(0, 0, 100, 100);
   //设置组合方式
   context.globalCompositeOperation = oprtns[i];
   //设置新图形（红色圆形）
   context.beginPath();
   context.fillStyle = "red";
   context.arc(100, 100, 100, 0, Math.PI*2, false);
   context.fill();
   context.restore();
   i=i+1;
}
draw("myCanvas")
</script>
</body>
</html>
```

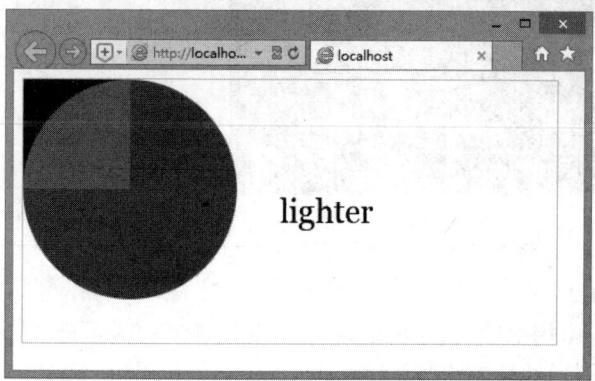

图 18.52　设计图形组合动画

18.7.2 保存绘图

在画布中绘制一幅图形后，可以使用 Canvas API 将该图形保存到文件中。其实现原理：把当前绘画状态输出到一个 Data URL 地址所指向的数据中的一个过程。

📢 提示：

> 所谓 Data URL，是指目前大多数浏览器能够识别的一种 base64 位编码的 URL，主要用于小型的、可以在网页中直接嵌入，而不需要从外部文件嵌入的数据，如 img 元素中的图像文件等。Data URL 格式类似于"data:image/png; base64, iVBORwOKGgoAAAANSUhEUgAAAAoAAAAK...etc"。目前，大多数现代浏览器都支持该功能。

Canvas API 使用 toDataURL()方法把绘画状态输出到一个 data URL，然后重新装载，用户可以直接保存装载后的文件。toDataURL()方法用法如下：

```
canvas.toDataURL(type);
```

参数 type 表示要输出数据的 MIME 类型。

【示例 1】 本例使用 Canvas API 将绘图输出到 data URL，效果如图 18.53 所示。

```
<!doctype html>
<html>
<head>
<meta charset="utf-8">
</head>
<body>
<canvas id="myCanvas" width="400" height="200"></canvas>
<script type="text/javascript">
var canvas = document.getElementById("myCanvas");
var context = canvas.getContext('2d');
context.fillStyle = "rgb(0, 0, 255)";
context.fillRect(0, 0, canvas.width, canvas.height);
context.fillStyle = "rgb(255, 255, 0)";
context.fillRect(10, 20, 50, 50);
window.location =canvas.toDataURL("image/jpeg");
</script>
</body>
</html>
```

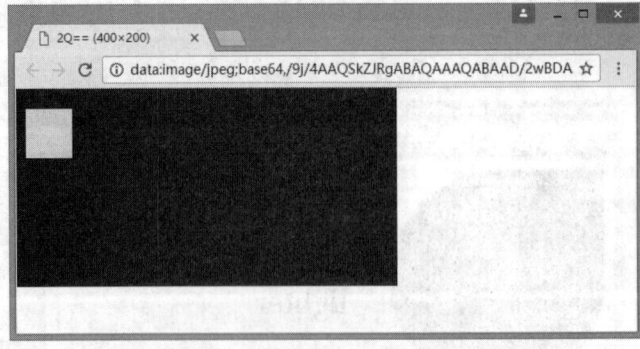

图 18.53 把图形输出到 data URL

【示例 2】 本例在页面中添加一块画布，两个按钮，画布中显示绘制的几何图形，单击"保存图像"按钮，可以把绘制的图形另存到另一个页面中，单击"下载图像"按钮，可以把绘制的图形下载到本地，演示效果如图 18.54 所示。

```html
<!doctype html>
<html>
<head>
<meta charset="utf-8">
<script>
window.onload = function() {
    draw();
    var saveButton = document.getElementById("saveImageBtn");
    bindButtonEvent(saveButton, "click", saveImageInfo);
    var dlButton = document.getElementById("downloadImageBtn");
    bindButtonEvent(dlButton, "click", saveAsLocalImage);
};
function draw(){
    var canvas = document.getElementById("thecanvas");
    var ctx = canvas.getContext("2d");
    ctx.fillStyle = "rgba(125, 46, 138, 0.5)";
    ctx.fillRect(25,25,100,100);
    ctx.fillStyle = "rgba( 0, 146, 38, 0.5)";
    ctx.fillRect(58, 74, 125, 100);
    ctx.fillStyle = "rgba( 0, 0, 0, 1)"; // black color
}
function bindButtonEvent(element, type, handler){
    if(element.addEventListener) {
        element.addEventListener(type, handler, false);
    } else {
        element.attachEvent('on'+type, handler);
    }
}
function saveImageInfo(){
    var mycanvas = document.getElementById("thecanvas");
    var image    = mycanvas.toDataURL("image/png");
    var w=window.open('about:blank','image from canvas');
    w.document.write("<img src='"+image+"' alt='from canvas'/>");
}
function saveAsLocalImage(){
    var myCanvas = document.getElementById("thecanvas");
    var    image    =    myCanvas.toDataURL("image/png").replace("image/png",
"image/octet-stream");
    window.location.href=image;
}
</script>
</head>
<body>
<canvas width="200" height="200" id="thecanvas"></canvas>
<button id="saveImageBtn">保存图像</button>
<button id="downloadImageBtn">下载图像</button>
</body>
</html>
```

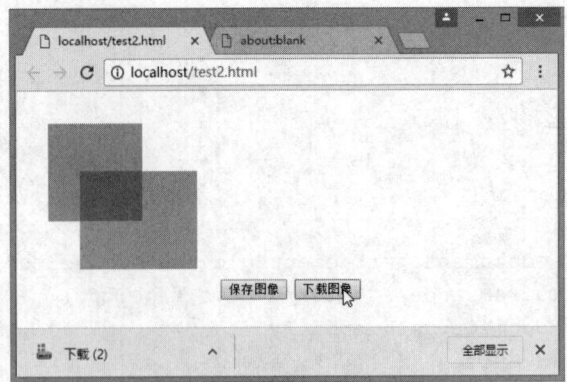

图 18.54 保存和下载图像

第 19 章　离线应用

HTML5 离线存储（Offline Storage）功能强大，其核心功能是：在用户没有与因特网连接时，依然能够访问站点或应用，在用户与因特网连接时，自动更新缓存数据。利用 HTML5 离线存储功能可以开发出一些丰富的基于 Web 的应用。

【学习重点】
- 正确使用 HTML5 离线缓存。
- 正确设置和使用 manifest 文件。
- 灵活设计 Web 离线应用。

19.1　HTML5 离线应用基础

HTML5 的 ApplicationCache API 提供了离线缓存的功能。在页面中的数据加载时，允许用户可以自定义一些要缓存的图片、Flash、CSS、Javascript、HTML 等文件，等下次不能连网的情况下，还可以用那些缓存的文件，这就是 HTML5 的离线应用。不过当网络连接正常时，Web 应用程序可以保证及时更新，因为用户每次使用，应用程序都会从远程位置更新加载相关数据。

19.1.1　认识 HTML5 离线应用

想一想：打开一个页面，加载完后，突然断网了，刷新页面后就没了，这是什么感觉。有没有想过，刷新页面后还是刚才页面，在新窗口中重新访问该页面，输入相同的网址，在断网的状态下打开还是原来那个页面，这又是什么感觉。如果 Web 应用能够提供离线的功能，让用户在没有网络的地方（如飞机上）和时候（网络坏了），也能进行 Web 操作，等到有网络的时候，再同步到 Web 上，就大大方便了用户的使用。

越来越多的应用被移植到 Web 上。但网络连接中断时有发生，如外出旅行、身处无网环境等。间断性的网络连接一直是网络计算系统致命的弱点，如果应用程序完全依赖于与网络的通信，而网络又无法连接时，用户就无法正常使用应用程序了。

在全球互联的时代，离线应用存在巨大的实用价值。可以说如今网络无处不在，而且非常稳定，不存在没有网络的情况。但是移动因特网的快速发展，我们经常需要外出，或者移动设备信号不好，这都需要离线应用。如果应用程序只需要偶尔进行网络通信，那么只要在本地存储了应用资源，无论是否连接网络它都可用。随着完全依赖于浏览器的设备的出现，Web 应用程序在不稳定的网络状态下还能持续工作就变得更加重要。在这方面，不需要持续连接网络的桌面应用程序历来被认为比 Web 应用程序更有优势。

HTML5 的缓存控制机制综合了 Web 应用和桌面应用两者的优势，基于 Web 技术构建的 Web 应用程序，可在浏览器中运行并在线更新，也可在脱机情况下使用。然而，因为目前的 Web 服务器不为脱机应用程序提供任何默认的缓存行为，所以要想使用离线应用功能，必须在应用中明确声明。

HTML5 的离线应用缓存使得在无网络连接状态下运行应用程序成为可能，这类应用程序用处很多，如在起草电子邮件草稿时就无需连接因特网。HTML5 中引入了离线应用缓存，有了它 Web 应用程序就可以在没有网络连接的情况下运行。

应用程序开发人员可以指定 HTML5 应用程序中具体资源（如 HTML、CSS、JavaScript 和图像等）

在脱机时可用。离线应用的用处很多，简单举例说明如下：
- 阅读和撰写电子邮件。
- 编辑文档。
- 编辑和显示演示文档。
- 创建待办事宜列表。

HTML5 离线应用有 3 个好处：
- 用户可以离线访问 Web 应用，不用时刻保持与因特网的连接。
- 因为文件被缓存在本地，提升了页面加载速度。
- 离线应用只加载被修改过的资源，因此大大降低了用户请求对服务器造成的负载压力。

在 Web 应用中使用缓存的原因之一是为了支持离线应用。使用离线存储，避免了加载应用程序时所需的常规网络请求。如果缓存清单（Cache Manifest）文件是最新的，浏览器就无需检查其他资源是否最新。大部分应用程序可以非常迅速地从本地应用缓存中加载完成。此外，从缓存中加载资源可节省带宽，而不必用多个 HTTP 请求确定资源是否已经更新，这对于移动 Web 应用是至关重要的。目前，加载速度慢是 Web 应用比不上桌面应用的一个地方，缓存则可以解决这一问题。

开发人员可以直接控制应用程序缓存。利用缓存清单文件可将相关资源组织到同一个逻辑应用中。这样一来，Web 应用就拥有了本来只属于桌面应用的特性。用户可以充分发挥想象力，尝试用一些更巧妙的方式利用这些特性。

缓存清单文件中标识的资源构成了应用缓存（Application Cache），它是浏览器持久性存储资源的地方，通常在硬盘上。有些浏览器向用户提供了查看应用程序缓存中数据的方法。例如，在最新版本的 Firefox 中，about:cache 页面会显示应用程序缓存的详细信息，提供了查看缓存中的每个文件的方法，如图 19.1 所示。

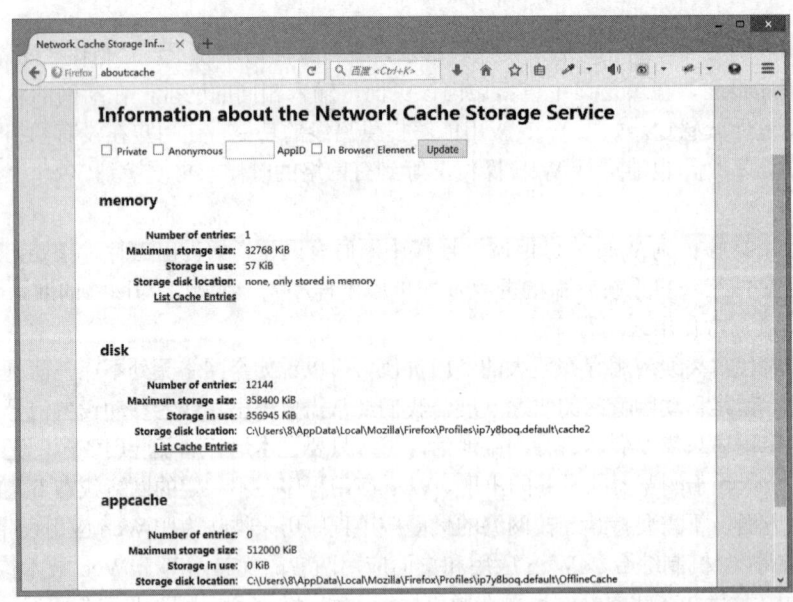

图 19.1　Firefox 的 about:cache 页面

19.1.2　浏览器支持

各浏览器对 HTML5 离线应用的支持情况如表 19.1 所示，从中可以看到目前大部分浏览器已经支持 HTML5 离线应用。

第 19 章 离线应用

表 19.1 浏览器支持概况

浏览器	说明
IE	不支持
Firefox	3.5 及以上的版本支持
Opera	10.6 及以上的版本支持
Chrome	4.0 及以上的版本支持
Safari	4.0 及以上的版本支持
iPhone	2.0 及以上的版本支持
Android	2.0 及以上的版本支持

HTML5 离线应用的支持程度不同，在使用之前建议先测试浏览器的支持情况。检测方法如下：

```
if(window.applicationCache) {
    //浏览器支持的离线应用
}
```

扫一扫，看视频

19.1.3 使用 manifest 文件

HTML5 应用不需要始终保持与网络连接，目前最新版现代浏览器都已添加了对 HTML5 离线存储功能的支持。离线缓存技术包含两部分内容：

- manifest 缓存清单：manifest 缓存文件包含了一些需要缓存的资源清单。
- Javascript 接口：提供了用于更新缓存文件的方法以及对缓存文件的操作。

manifest 清单文件列出了浏览器为离线应用缓存的所有资源。实际上，manifest 文件是一个文本文件，它罗列了离线访问应用时所需缓存的文件清单。

📢 注意：

引用 manifest 文件的页面，不管有没有罗列清单，都会被缓存。

manifest 文件的 MIME 类型是 text/cache-manifest，Python 标准库中的 SimpleHTTPServer 模块对扩展名为 .manifest 的文件能配以头部信息：Content-type:text/cache-manifest，配置方法是打开 PYTHON_HOME/Lib/mimetypes.py 文件并添加一行代码：

```
'.manifest': 'text/cache-manifest manifest',
```

不同的 Web 服务器都有其独特的配置方法。例如，要配置 Apache HTTP 服务器，开发人员需要将下面一行代码添加到 Apache Software Foundation\Apache2.2\conf 文件夹的 mime.type 文件中，如图 19.2 所示。

```
text/cache-manifest manifest
```

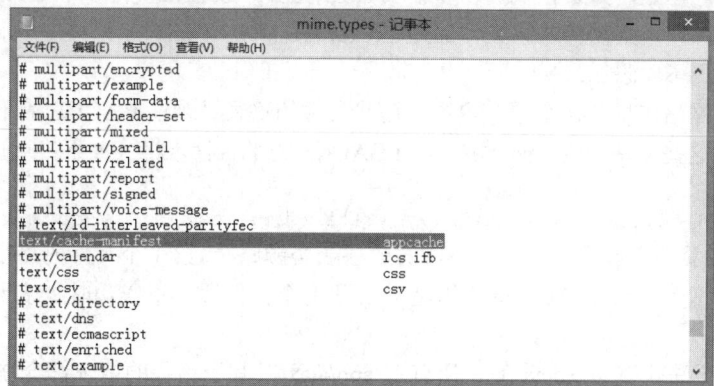

图 19.2 配置 Apache HTTP 服务器

Manifest 文件内容的基本格式要求如下：
- 第 1 行必须以 CACHE MANIFEST 开头。
- 紧接着是文件的路径或注释。
- 注释必须以#开头。
- 必须声明一个白名单，这个白名单指定的文件将在用户连接因特网后访问，它必须在 NETWORK:下一行。NETWORK 部分罗列的资源，无论缓存中存在与否，均从网络获取。

先写 CACHE MANIFEST，然后换行，每行单列资源文件，每行的换行符可以是 CR、LF 或者 CRLF，格式很灵活，但文本编码格式必须是 UTF-8。UTF-8 是多数文本编辑器经常输出的编码格式。

【示例 1】 创建一个以 manifest 为扩展名的文件，命名为 cacheData.manifest，在这个文件中将指定一些文件的路径，如 HTML、CSS、JavaScript、Images。下面是一个完整的 manifest 文件的内容：

```
CACHE MANIFEST
#version 1.0
login.html
static/css/i.css
static/img/png/alipay-i-logo-big.png
static/img/png/alipay-i-icons.png
static/js/mui-min.js
NETWORK:
static/img/png/button-ok.png
CACHE:
static/img/png/login-slider-bg.png
FALLBACK:
static/img/png/alipay-bank-icbc.png static/img/png/alipay-bank-cmb.png
```

第一行中的 CACHE MANIFEST 是必须的，每个站点都有 5MB 的空间来存储这些数据，如果 manifest 文件或文件里所列的文件无法加载，整个缓存更新过程将无法进行，浏览器会使用最后一次成功的缓存。

如果没有指定标题，默认就是 CACHE MANIFEST 部分。下面的 manifest 文件示例中指定了两个要缓存的文件：

```
CACHE MANIFEST
application.js
style.css
```

添加到 CACHE MANIFEST 区块中的文件，无论应用程序是否在线，浏览器都会从应用程序缓存中获取该文件。没有必要在这里列出应用程序的主 HTML 资源，因为最初指向 manifest 文件的 HTML 文档会被隐含包含进来。但是，如果希望缓存多个 HTML 文件，或者希望将多个 HTML 文件作为支持缓存的应用程序的可选入口，则需将这些文件都列在 CACHE MANIFEST 中。

如果需要，用户还可以添加：
- 在进入因特网后，增加一个缓存内容，这些文件的路径必须在 CACHE:的下一行。
- 增加备份，这些文件的路径必须在 FALLBACK: 的下一行，格式如下：

```
FALLBACK:
static/img/png/alipay-bank-icbc.png static/img/png/alipay-bank-cmb.png
```

FALLBACK 部分提供了获取不到缓存资源时的备选资源路径。第 1 个文件的路径和第 2 个文件的路径中间有一个空格，这个 FALLBACK:的作用是：当第 1 个文件缓存不成功时，或无法找到时，它会缓存第 2 个文件。

【示例 2】 当无法获取 app/ajax 时，所有对 app/ajax/及其子路径的请求都会被转发给 default.html 文件来处理。

```
# 缓存文件列表
about.html
html5.css
index.html
happy-trails-rc.gif
lake-tahoe.JPG
#不缓存注册页面
NETWORK
signup.html
FALLBACK
signup.html offline.html
/app/ajax/ default.html
```

【示例3】 #表示注释行标识符,但它还有一个小作用。Web 应用的缓存只有在 manifest 文件被修改的情况下才会被更新,所以如果只是修改了被缓存的文件,那么用户本地的缓存还是不会被更新的,但是可以通过修改 manifest 文件来告诉浏览器需要更新缓存。利用这点,可以通过更新注释。

```
CACHE MANIFEST
# wanz app v1

# 指明缓存入口
CACHE:
index.html
style.css
images/logo.png
scripts/main.js

# 以下资源必须在线访问
NETWORK:
login.php

# 如果 index.php 无法访问则用 404.html 代替
FALLBACK:
/index.php /404.html
```

上面 manifest 文件包括 3 个节点,简单说明如下:

- CACHE:这个是 manifest 文件的默认入口,在此入口之后罗列的文件,或直接写在 CACHE MANIFEST 后的文件。在它们下载到本地后会被缓存起来。
- NETWORK:可选的,在此节后面所罗列的文件是需要访问网络的,即使用户离线访问,也会直接跳过缓存而访问服务器。
- FALLBACK:可选的,用来指定资源无法访问时的回调页面。每一行包括两个 URI,第一个是资源文件 URI,第二个是回调页面 URI。

提示,以上描述的这些节是没有先后顺序的,而且在同一个 manifest 中可以多次出现。

修改注释行的文件版本:

```
# wanz app v2
```

这样做有 3 个好处:

- 可以很明确地了解离线 Web 应用的版本。
- 通过简单修改这个版本号就可以轻易通知浏览器进行更新。
- 可以配合 JavaScript 程序来完成缓存更新。

【示例4】 创建好了 cacheData.manifest 文件,下面就需要在 HTML 文件中指定文档的 manifest

属性为 cache.mnifest 文件的路径。

```
<html manifest="cacheData.manifest">
…
</html>
```

manifest 的文件路径可以是绝对路径或相对路径，甚至可以引用其他服务器上的 manifest 文件。该文件所对应的 mime-type 应该是 text/cache-manifest，所以需要配置服务器来发送对应的 MIME 类型信息。

◀» 提示：

> 由于有某些浏览器中仅仅添加这一属性，可能并不能很好地工作，所以一定要用 HTML5 文档声明方式创建 HTML 页面。

```
<!DOCTYPE html>
<html manifest="cacheData.manifest">
…
</html>
```

19.1.4 使用离线缓存

实现离线存储需要 3 步操作：

（1）配置服务器 manifest 文件的 MIME 类型；
（2）编写 manifest 文件；
（3）在页面的 html 元素的 manifest 属性中引用 manifest 文件。

完成上述 3 步之后，即使拔掉网线，也可以访问页面。

◀» 注意：

> 启用离线应用之后，当修改 JavaScript 代码或 CSS 样式，然后将更新内容上传到服务器，在本地刷新页面重新预览时，会发现无法看到最新的页面效果。那是因为本地浏览器还没有更新 HTML5 的离线存储文件。

更新 HTML5 离线缓存有 3 种方法：

- 清除离线存储的数据。这个不一定就是清理浏览器历史记录就可以做到的，因为不同浏览器管理离线存储的方式不同。例如，在 Firefox 中需要选择【选项】|【高级】|【网络】|【脱机存储】命令，然后在其中清除离线存储数据。
- 修改 manifest 文件。修改了 manifest 文件里所罗列的文件也不会更新缓存，而是要更新 manifest 文件。
- 使用 JavaScript 编写更新程序。

ApplicationCache API 是离线缓存的应用接口，通过 window.applicationCache 对象可触发一系列与缓存状态相关的事件。该对象有一个数值型属性 window.applicationCache.status，它代表了缓存的状态。缓存状态共有 6 种，说明如表 19.2 所示。

表 19.2 缓存状态说明

Status 值	说　　明
0	UNCACHED（未缓存）
1	IDLE（空闲）
2	CHECKING（检查中）
3	DOWNLOADING（下载中）
4	UPDATEREADY（更新就绪）
5	OBSOLETE（过期）

目前，互联网上大部分的页面都没有指定缓存清单，所以这些页面的状态就是 UNCACHED（未缓存）。IDLE（空闲）是带有缓存清单的应用程序的典型状态。处于空闲状态说明应用程序的所有资源都已被浏览器缓存，当前不需要更新。如果缓存曾经有效，但现在 manifest 文件丢失，则缓存进入 OBSOLETE（过期）状态。对于上述各种状态，API 包含了与之对应的事件和回调特性。

例如，当缓存更新完成进入空闲状态时，会触发 cached 事件。此时，可能会通知用户，应用程序已处于离线模式可用的状态，可以断开网络连接了。如表 19.3 所示是一些与缓存状态有关的常见事件。

表 19.3　缓存事件说明

事　　件	说　　明
oncached	IDLE（空闲）
onchecking	CHECKING（检查中）
ondownloading	DOWNLOADING（下载中）
onupdateready	UPDATEREADY（更新就绪）
onobsolete	OBSOLETE（过期）

此外，没有可用更新或者发生错误时，还有一些表示更新状态的事件，例如：

```
onerror
onnoupdate
onprogress
```

window.applicationCache 有一个 update()方法，调用 update()方法会请求浏览器更新缓存。包括检查新版本的 manifest 文件并下载必要的新资源。如果没有缓存或者缓存已过期，则会抛出错误。

【示例1】　其中常用代码说明如下：

```
//返回应用于当前 window 对象文档的 ApplicationCache 对象
cache = window.applicationCache
//返回应用于当前 shared worker 的 ApplicationCache 对象 [shared worker]
cache = self.applicationCache
//返回当前应用的缓存状态，status 有 5 种无符号短整型值的状态，说明如表 19.2 所示
cache.status
//调用当前应用资源下载过程
cache.update()
//更新到最新的缓存，该方法不会使之前加载的资源突然被重新加载。
cache.swapCache()
```

调用 swapCache()方法，图片不会重新加载，样式和脚本也不会重新渲染或解析，唯一的变化是在此之后发出请求页面的资源是最新的 applicationCache 对象和缓存宿主的关系是一一对应，window 对象的 applicationCache 属性会返回关联 window 对象的活动文档的 applicationCache 对象。在获取 status 属性时，它返回当前 applicationCache 的状态，它的值有以下几种状态：

- UNCACHED (0)：ApplicationCache 对象的缓存宿主与应用缓存无关联。
- IDLE (1)：应用缓存已经是最新的，并且没有标记为 obsolete。
- CHECKING (2):ApplicationCache 对象的缓存宿主已经和一个应用缓存关联，并且该缓存的更新状态是 checking。
- DOWNLOADING (3):ApplicationCache 对象的缓存宿主已经和一个应用缓存关联，并且该缓存的更新状态是 downloading。
- UPDATEREADY (4):ApplicationCache 对象的缓存宿主已经和一个应用缓存关联，并且该缓存的更新状态是 idle，并且没有标记为 obsolete，但是缓存不是最新的。

➤ OBSOLETE(5):ApplicationCache 对象的缓存宿主已经和一个应用缓存关联，并且该缓存的更新状态是 obsolete。

如果 update 方法被调用了，浏览器就必须在后台调用应用缓存下载过程；如果 swapCache 方法被调用了，浏览器会执行以下步骤：

（1）检查 ApplicationCache 的缓存宿主是否与应用缓存关联。

（2）让 cache 成为 ApplicationCache 对象的缓存宿主关联的应用缓存。

（3）如果 cache 的应用缓存组被标记为 obsolete，那么就取消 cache 与 ApplicationCache 对象的缓存宿主的关联并取消这些步骤，此时所有资源都会从网络中下载而不是从缓存中读取。

（4）检查在同一个缓存组中是否存在完成标志为"完成"的应用缓存，并且版本比 cache 更新。

（5）让完成标志为"完成"的新 cache 成为最新的应用缓存。

（6）取消 cache 与 ApplicationCache 对象的缓存宿主的关联并用新 cache 代替关联。

【示例2】 通过下面的代码可以来检查当前页面缓存的状态。

```
var appCache = window.applicationCache;
switch (appCache.status) {
    case appCache.UNCACHED:
        // UNCACHED == 0
        alert('UNCACHED');
        break;
    case appCache.IDLE:
        // IDLE == 1
        alert('IDLE');
        break;
    case appCache.CHECKING:
        // CHECKING == 2
        alert('CHECKING');
        break;
    case appCache.DOWNLOADING:
        // DOWNLOADING == 3
        alert('DOWNLOADING');
        break;
    case appCache.UPDATEREADY:
        // UPDATEREADY == 5
        alert('UPDATEREADY');
        break;
    case appCache.OBSOLETE:
        // OBSOLETE == 5
        alert('OBSOLETE');
        break;
    default:
        alert('UKNOWN CACHE STATUS');
        break;
};
```

更新的实现过程大概是这样的：

首先，调用 applicationCache.update() 让浏览器开始尝试更新。操作前提是 manifest 文件是更新过的，如修改 manifest 版本号。

在 applicationCache.status 为 UPDATEREADY 状态时，就可以调用 applicationCache.swapCache() 方法来将旧的缓存更新为新的。

```
var appCache = window.applicationCache;
appCache.update();   //开始更新
if (appCache.status == window.applicationCache.UPDATEREADY) {
    appCache.swapCache();   //得到最新版本缓存列表，并且成功下载资源，更新缓存到最新
}
```

提示：

更新过程很简单，但是一个好的应用少不了容错处理，如 Ajax 技术一样，需要对更新过程进行监控，处理各种异常或提示等待状态来使 Web 应用更强壮、用户体验更好，因此需要了解 applicationCache 的更新过程所触发的事件，主要包括 onchecking、onerror、onnoupdate、ondownloading、onprogress、onupdateready、oncached 和 onobsolete。要对更新错误进行处理，可以这样写：

```
var appCache = window.applicationCache;
//请求 manifest 文件时返回 404 或 410，下载失败
//或 manifest 文件在下载过程中源文件被修改会触发 error 事件
appCache.addEventListener('error', handleCacheError, false);
function handleCacheError(e) {
    alert('Error: Cache failed to update!');
};
```

不管是 manifest 文件，还是它所罗列的资源文件下载失败，整个更新过程就终止了，浏览器会使用上一个最新的缓存。

19.1.5 监听离线存储

扫一扫，看视频

HTML5 引入了一些新的事件，用来让应用程序检测网络是否正常连接。应用程序处于在线状态和离线状态会有不同的行为模式。是否处于在线状态可以通过检测 window.navigator 对象的属性来做判断。

首先，navigator.onLine 是一个标明浏览器是否处于在线状态的布尔属性。当然，onLine 值为 true 并不能保证 Web 应用程序在用户的机器上一定能访问到相应的服务器。而当其值为 false 时，不管浏览器是否真正联网，应用程序都不会尝试进行网络连接。

【示例 1】 查看页面状态是在线还是离线的代码如下：

```
// 当页面加载时，设置状态为 online 或者 offline
function loadDemo() {
    if(navigator.onLine) {
        log("Online");
    } else {
        log("Offline");
    }
}
//增加事件监听，当在线状态发生变化时，将触发响应
window.addEventListener("online", function(e) {
    log("Online");
}, true);
window.addEventListener("offline", function(e) {
    log("Offline");
}, true);
```

【示例 2】 在支持 HTML5 离线存储的浏览器中，window 对象有一个 applicationcache 属性，通过 window.applicationcache 可以获得一个 DOMApplicationCache 对象，这个对象来自 DOMApplicationCache 类，这个类有一系列的属性和方法。

首先，获取 DOMApplicationCache 对象。

```javascript
var cache = window.applicationcache;
```
接着，触发 cache 对象的一些事件来检测缓存是否成功。
```javascript
/*oncached 事件表示：当更新已经处理完成，并且存储。
 * 如果一切正常，这里 cache 的状态应该是 4
 */
cache.addEventListener('cached', function() {
    console.log('Cached,Status:' + cache.status);
}, false);
/*onchecking 事件表示：当更新已经开始进行，但资源还没有开始下载，意思就是说：刚刚获取到最新的
资源。
 * 如果一切正常，这里 cache 的状态应该是 2
 */
cache.addEventListener('checking', function() {
    console.log('Checking,Status:' + cache.status);
}, false);
/*ondownloading 事件表示：开始下载最新的资源。
 * 如果一切正常，这里 cache 的状态应该是 3
 */
cache.addEventListener('downloading', function() {
    console.log('Downloading,Status:' + cache.status);
}, false);
/*onerror 事件表示：有错误发生，manifest 文件找不到或服务端有错误发错或资源找不到都会触发
onerror 事件。
 * 如果一切正常，这里 cache 的状态应该是 0
 */
cache.addEventListener('error', function() {
    console.log('Error,Status:' + cache.status);
}, false);
/*onnoupdate 事件表示：更新已经处理完成，但是 manifest 文件还未改变，处理闲置状态。
 * 如果一切正常，这里 cache 的状态应该是 1
 */
cache.addEventListener('noupdate', function() {
    console.log('Noupdate,Status:' + cache.status);
}, false);
/*onupdateready 事件表示：更新已经处理完成，新的缓存可以使用。
 * 如果一切正常，这里 cache 的状态应该是 4
 */
cache.addEventListener('updateready', function() {
    console.log('Updateready,Status:' + cache.status);
    cache.swapCache();
}, false);
```
通过以上代码可以发现，当 DOMApplicationCache 对象触发了 updateready 事件时，才真正更新了缓存文件。

如果在开发过程当中就开始对离线存储功能做单元测试，那么每一次修改文件都必须要更新 manifest 文件中的内容，即使更新了一个注释，整个 manifest 文件也会更新，DOMApplicationCache 对象也会触发上述的一系列事件，直到新的缓存文件可用为止。通常情况下，一般都是通过更新 manifest 文件中的版本号用以触发 onupdateready 事件。

19.2 实战案例

下面我们通过几个具体案例熟悉 HTML5 的离线缓存的具体应用。

19.2.1 缓存首页

扫一扫，看视频

离线应用并不复杂，为了方便读者快速、简便的理解离线缓存的应用，下面我们将通过一个简单的首页缓存演示 HTML 离线缓存的应用。整个过程只需要简单的 5 步即可完成，当然要设计更加复杂的离线应用，还需要读者结合 HTML5 其他新技术，并进行更加复杂的设置才行。

【操作步骤】

（1）添加 HTML5 Doctype。创建符合规范的 HTML5 文档。HTML5 Doctype 相比于 XHTML 版本的 doctype 而言，要简单明了很多。

```html
<!DOCTYPE html>
<html lang="en">
<head>
<meta charset="utf-8">
<title>缓存首页</title>
<link href="style.css" type="text/css" rel="stylesheet" media="screen">
<meta name="viewport" content="width=device-width; initial-scale=1.0; maximum-scale=1.0;">
</head>
<body>
<div id="container">
    <header class="ma-class-en-css">
        <h1 id ="logo"><a href="#">HTML5</a></h1>
    </header>
    <div id="content">
        <h2>HTML5</h2>
        <p>HTML 标准自 1999 年 12 月发布的 HTML 4.01 后，后继的 HTML5 和其它标准被束之高阁，为了推动 web 标准化运动的发展，一些公司联合起来，成立了一个叫做 Web Hypertext Application Technology Working Group （Web 超文本应用技术工作组 - WHATWG）的组织，HTML5 草案的前身名为 Web Applications 1.0，于 2004 年被 WHATWG 提出，于 2007 年被 W3C 接纳，并成立了新的 HTML 工作团队。</p>
        <p>HTML5 的第一份正式草案已于 2008 年 1 月 22 日公布。HTML5 有两大特点：首先，强化了 Web 网页的表现性能。其次，追加了本地数据库等 Web 应用的功能。</p>
    </div>
    <footer>html5 by <a href="#">WHATWG</a></footer>
</div>
</body>
</html>
```

然后另存为 index1.html，放在站点根目录下。

（2）添加.htaccess 支持。在创建用于缓存页面的 manifest 清单文件之前，先要在.htaccess 文件中添加以下代码，具体说明请参考 19.1 节。

```
AddType text/cache-manifest .manifest
```

该指令可以确保每个 manifest 文件为 text/cache-manifest MIME 类型。如果 MIME 类型不对，那么整个清单将没有任何效果，页面将无法离线应用。

◀)) 注意：

本章案例都是在 Apache HTTP Server 服务器环境下运行，读者在测试之前，应该在本地计算机中构建虚拟的 Apache 服务器环境。

◀)) 提示：

htaccess 文件被称为分布式配置文件，是 Apache 服务器中的一个配置文件，它提供了针对目录改变配置的方法，负责相关目录下的网页配置。htaccess 文件可以帮我们实现：网页重定向、自定义错误页面、改变文件扩展名、允许/阻止特定的用户或者目录的访问、禁止目录列表、配置默认文档等功能。

启用.htaccess，需要修改 httpd.conf，启用 AllowOverride，并可以用 AllowOverride 限制特定命令的使用。如果需要使用.htaccess 以外的其他文件名，可以用 AccessFileName 指令来改变。例如，需要使用.config，则可以在服务器配置文件中按以下方法配置：AccessFileName.config。

（3）创建 manifest 文件。配置服务器之后，就可以创建 manifest 清单文件。新建一个文本文档，另存名为 offline.manifest，然后输入以下代码。

```
CACHE MANIFEST
#This is a comment

CACHE:
index.html
style.css
image.jpg
image-med.jpg
image-small.jpg
notre-dame.jpg
```

在 CACHE 声明之后，罗列出所有需要缓存的文件。这对于缓存简单页面已经来说足够。但是 HTML5 缓存还有更多可能。例如，考虑以下 manifest 文件：

```
CACHE MANIFEST
#This is a comment

CACHE:
index.html
style.css

NETWORK:
search.php
login.php

FALLBACK:
/api offline.html
```

其中 CACHE 声明用于缓存 index.html 和 style.css 文件。同时，NETWORK 声明用于指定无需缓存的文件，如登录页面。最后一个是 FALLBACK 声明，这个声明允许在资源不可用的情况下，将用户重定向到特定文件，如 offline.html。

（4）关联 manifest 文件到 HTML 文档。设计完 manifest 文件和 HTML 文档。还需要将 manifest 文件关联到 HTML 文档中。使用 html 元素的 manifest 属性：

```
<html manifest="/offline.manifest">
```

（5）测试文档。完成后，使用 Firefox 3.5+本地访问 index.html 文件，效果如图 19.3 所示，浏览器会默认自动缓存。

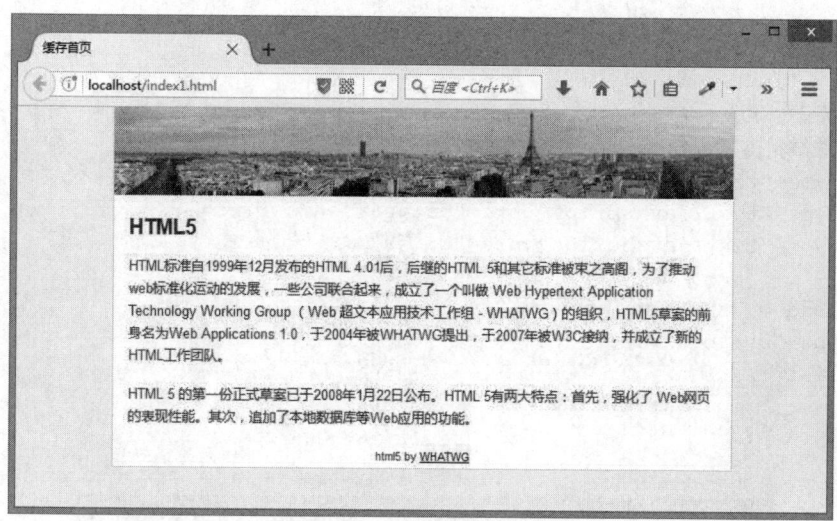

图 19.3　测试首页离线缓存

此后即使服务器停止工作或者无法上网，我们依然可以访问服务器上的该首页。如果没有离线存储的支持，则当服务器停止工作或者无法上网时访问首页，将会显示如图 19.4 所示的效果。

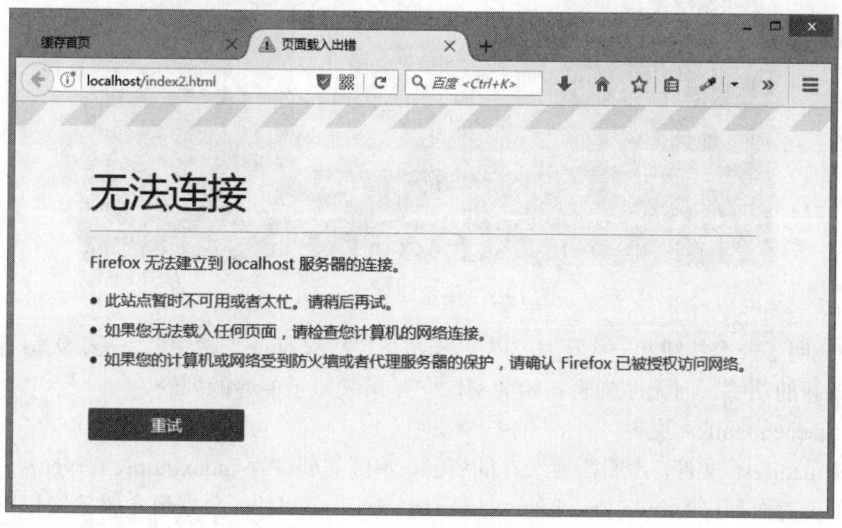

图 19.4　不支持离线缓存的效果

19.2.2　离线编辑内容

本案例将在上一实战基础上拓展使用 HTML5 开发离线应用。示例中会用到 HTML5 离线缓存、在线状态检测和 DOM Storage 等功能。

设计思路：开发一个便签管理的 Web 应用程序，用户可以在其中添加和删除便签。它支持离线功能，允许用户在离线状态下添加、删除便签，并且当在线以后能够同步到服务器上。

【操作步骤】

（1）设计应用程序 UI。

这个程序的界面很简单，如图 19.5 所示。当用户单击 New Note 按钮，则可以在弹出框中创建新的便签，双击某便签就可以删除该便签。新建文档，输入下面代码，然后保存为 index.html。

```html
<!DOCTYPE html>
<html>
<head>
<meta charset="utf-8">
<title>离线编辑内容</title>
<script type="text/javascript" src="server.js"></script>
<script type="text/javascript" src="data.js"></script>
<script type="text/javascript" src="UI.js"></script>
</head>
<body onload = "SyncWithServer()">
<input type="button" value="New Note" onclick="newNote()">
<ul id="list">
</ul>
</body>
</html>
```

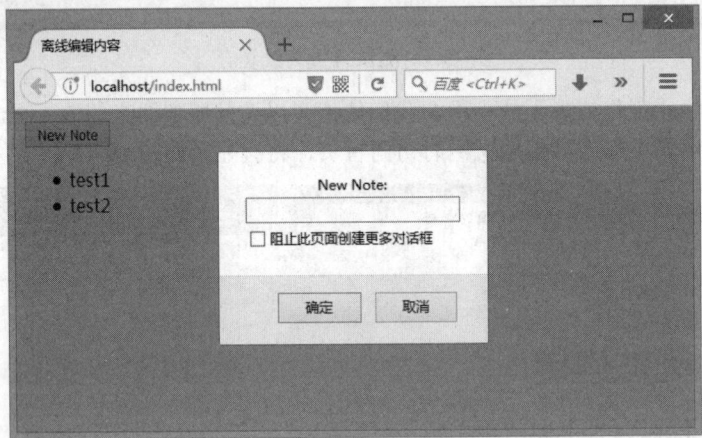

图 19.5　便签管理界面 UI

在 body 中声明了一个按钮和一个无序列表。当按下"New Note"按钮时，newNote 函数将被调用，它用来添加一条新的便签。而无序列表初始为空，它是用来显示便签的列表。

（2）设计 cache manifest 文件。

定义 cache manifest 文件，声明需要缓存的资源。本例需要缓存 index.html、server.js、data.js 和 UI.js 等 4 个文件。除了前面列出的 index.html 外，server.js、data.js 和 UI.js 分别包含服务器相关、数据存储和用户界面代码。cache manifest 文件的源代码如下：

```
CACHE MANIFEST
index.html
server.js
data.js
UI.js
```

保存为 notes.manifest，然后关联到 HTML 文档中：

```html
<html manifest="notes.manifest">
```

（3）设计用户界面代码。用户界面代码定义在 UI.js 文件中，详细代码如下：

```javascript
function newNote() {
    var title = window.prompt("New Note:");
```

```
        if(title) {
            add(title);
        }
    }
    function add(title) {
        // 在界面中添加
        addUIItem(title);
        // 在数据中添加
        addDataItem(title);
    }
    function remove(title) {
        // 从界面中删除
        removeUIItem(title);
        // 从数据中删除
        removeDataItem(title);
    }
    function addUIItem(title) {
        var item = document.createElement("li");
        item.setAttribute("ondblclick", "remove('" + title + "')");
        item.innerHTML = title;
        var list = document.getElementById("list");
        list.appendChild(item);
    }
    function removeUIItem(title) {
        var list = document.getElementById("list");
        for(var i = 0; i < list.children.length; i++) {
            if(list.children[i].innerHTML == title) {
                list.removeChild(list.children[i]);
            }
        }
    }
```

UI.js 中的代码包含添加便签和删除便签的界面操作。

- 添加便签：用户点击"New Note"按钮，newNote 函数被调用。newNote 函数会弹出对话框，用户输入新便签内容。newNote 调用 add 函数。add 函数分别调用 addUIItem 和 addDataItem 添加页面元素和数据。addDataItem 代码将在后面列出。addUIItem 函数在页面列表中添加一项，并指明 ondblclick 事件的处理函数是 remove，使得双击操作可以删除便签。

- 删除便签：用户双击某便签时，调用 remove 函数。remove 函数分别调用 removeUIItem 和 removeDataItem 删除页面元素和数据。removeDataItem 将在后面列出。removeUIItem 函数删除页面列表中的相应项。

（4）设计数据存储代码。数据存储代码定义在 data.js 中，详细代码如下。

```
var storage = window['localStorage'];
function addDataItem(title) {
    if(navigator.onLine)// 在线状态
    {
        addServerItem(title);
    } else// 离线状态
```

```javascript
    {
        var str = storage.getItem("toAdd");
        if(str == null) {
            str = title;
        } else {
            str = str + "," + title;
        }
        storage.setItem("toAdd", str);
    }
}
function removeDataItem(title) {
    if(navigator.onLine)// 在线状态
    {
        removeServerItem(title);
    } else// 离线状态
    {
        var str = storage.getItem("toRemove");
        if(str == null) {
            str = title;
        } else {
            str = str + "," + title;
        }
        storage.setItem("toRemove", str);
    }
}
function SyncWithServer() {
    // 如果当前是离线状态,不需要做任何处理
    if(navigator.onLine == false)
        return;
    var i = 0;
    // 和服务器同步添加操作
    var str = storage.getItem("toAdd");
    if(str != null) {
        var addItems = str.split(",");
        for( i = 0; i < addItems.length; i++) {
            addDataItem(addItems[i]);
        }
        storage.removeItem("toAdd");
    }
    // 和服务器同步删除操作
    str = storage.getItem("toRemove");
    if(str != null) {
        var removeItems = str.split(",");
        for( i = 0; i < removeItems.length; i++) {
            removeDataItem(removeItems[i]);
        }
        storage.removeItem("toRemove");
    }
```

```
    // 删除界面中的所有便签
    var list = document.getElementById("list");
    while(list.lastChild != list.firstElementChild)
        list.removeChild(list.lastChild);
    if(list.firstElementChild)
        list.removeChild(list.firstElementChild);
    // 从服务器获取全部便签，并显示在界面中
    var allItems = getServerItems();
    if(allItems != "") {
        var items = allItems.split(",");
        for( i = 0; i < items.length; i++) {
            addUIItem(items[i]);
        }
    }
}
window.addEventListener("online", SyncWithServer,false);
```

data.js 中的代码包含添加便签、删除便签和与服务器同步等数据操作。其中用到了 navigator.onLine 属性、online 事件、DOM Storage 等 HTML5 新功能。

- 添加便签：addDataItem

通过 navigator.onLine 判断是否在线。如果在线，那么调用 addServerItem 直接把数据存储到服务器上。addServerItem 将在后面列出。如果离线，那么把数据添加到 localStorage 的 "toAdd" 项中。

- 删除便签：removeDataItem

通过 navigator.onLine 判断是否在线。如果在线，那么调用 removeServerItem 直接在服务器上删除数据。removeServerItem 将在后面列出。如果离线，那么把数据添加到 localStorage 的 "toRemove" 项中。

- 数据同步：SyncWithServer

在 data.js 的最后一行，注册了 window 的 online 事件处理函数 SyncWithServer。当 online 事件发生时，SyncWithServer 将被调用。其功能如下。

- 如果 navigator.onLine 表示当前离线，则不做任何操作。
- 把 localStorage 中 "toAdd" 项的所有数据添加到服务器上，并删除 "toAdd" 项。
- 把 localStorage 中 "toRemove" 项的所有数据从服务器中删除，并删除 "toRemove" 项。
- 删除当前页面列表中的所有便签。
- 调用 getServerItems 从服务器获取所有便签，并添加在页面列表中。getServerItems 将在后面列出。

（5）设计服务器相关代码。服务器相关代码定义在 server.js 中，详细代码如下：

```
function addServerItem(title) {
    // 在服务器中添加一项
}
function removeServerItem(title) {
    // 在服务器中删除一项
}
function getServerItems() {
    // 返回服务器中存储的便签列表
}
```

由于这部分代码与服务器有关，这里只说明各个函数的功能，具体实现可以根据不同服务器编写代码。在服务器中添加一项，调用 addServerItem 函数；在服务器中删除一项，调用 removeServerItem 函数；

返回服务器中存储的便签列表,调用 getServerItems 函数。

19.2.3 离线跟踪

本案例将跟踪用户的活动位置,即使在间断性网络连接或无连接的情况。用户只需要将一款具有 HTML5 Geolocation 功能和支持 HTML5 Web 浏览器的手机带在身上,即使身在信号不好区域而无法联网,也能定位并记录自身位置。

【设计思路】

在离线状态下,Geolocation API 可以在使用硬件地理定位的设备(如 GPS)上继续工作,但在使用 IP 定位的设备上不可以,因为 IP 地理定位设备需要连接网络,以便将客户端的 IP 地址映射为坐标。离线应用程序还可以通过本地存储或者 Web SQL Database 这样的接口访问本地存储。界面显示效果如图 19.6 所示。

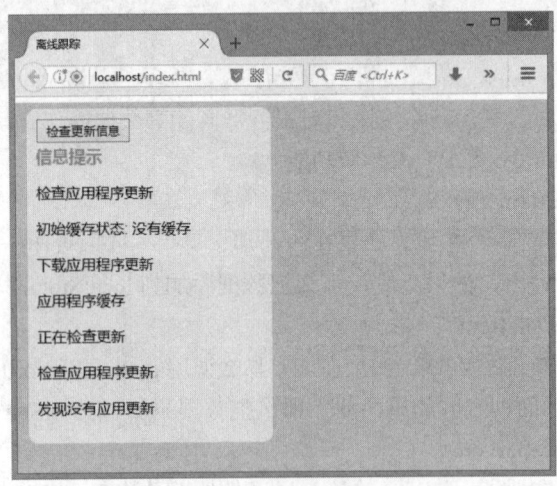

图 19.6 离线跟踪界面 UI

运行此应用程序需要 Web 服务器提供所需静态信息。注意,manifest 文件的内容类型必须配置为 text/cache-manifest 发送到浏览器。如果文件类型不正确,即使浏览器支持应用缓存也会返回缓存错误。

◀》提示:

要运行本案例的全部功能,服务器还需要具备接收地理位置数据的功能。服务器端的主要任务是存储、分析和提供这些数据。静态应用程序中,数据的获取不局限于同源。

【操作步骤】

(1) 创建 manifest 文件。新建 tracker.manifest 文件。在文件中列出应用程序需要缓存的资源。详细代码如下:

```
CACHE MANIFEST
# JavaScript
offline.js
#tracker.js
log.js


# stylesheets
html5.css


# images
```

（2）创建构成界面的 HTML 和 CSS。考虑到 index.html 和 html5.css 会被存储到缓存中，所以应用程序将从缓存中提取这两个文件。index.html 源代码如下：

```html
<!DOCTYPE html>
<html lang="en" manifest="tracker.manifest">
<head>
<title>离线跟踪</title>
<script src="log.js"></script>
<script src="offline.js"></script>
<script src="tracker.js"></script>
<link rel="stylesheet" href="html5.css">
<meta http-equiv="Content-Type" content="text/html; charset=utf-8">
</head>
<body>
<section>
    <article>
        <button id="installButton">检查更新信息</button>
        <h3>信息提示</h3>
        <div id="info"> </div>
    </article>
</section>
</body>
</html>
```

从实现应用程序的离线功能分析，需要注意两个问题：

- HTML 元素的 manifest 属性。因为 html 元素在 HTML5 中是可选的，HTML 可以省略它。但是，如果希望应用程序支持缓存，就不能省略 html 元素，并需要在该元素中设置 manifest 属性，因为应用程序是否缓存离线文件取决于是否指定了 manifest 文件。
- 在页面中插入一个按钮，它的作用是让用户能够手动安装 Web 应用程序，以支持离线情况。

（3）创建离线 JavaScript。在本案例中，JavaScript 文件由多个<script>标签包含的.js 文件组成，这些 js 脚本会同 HTML 和 CSS 文件一起存储到缓存中。

- offline.js 代码如下。

```javascript
// 跟踪离线缓存事件状态
window.applicationCache.onchecking = function(e) {
    log("检查应用程序更新");
}
window.applicationCache.onnoupdate = function(e) {
    log("发现没有应用更新");
}
window.applicationCache.onupdateready = function(e) {
    log("应用程序更新完成");
}
window.applicationCache.onobsolete = function(e) {
    log("应用过时");
}
window.applicationCache.ondownloading = function(e) {
    log("下载应用程序更新");
}
window.applicationCache.oncached = function(e) {
    log("应用程序缓存");
}
```

```javascript
window.applicationCache.onerror = function(e) {
    log("应用程序缓存错误");
}
window.addEventListener("online", function(e) {
    log("在线");
}, true);
window.addEventListener("offline", function(e) {
    log("离线");
}, true);
//把离线状态码转换信息提示
showCacheStatus = function(n) {
    statusMessages = ["没有缓存","空闲","正在检查...","正在下载...","更新完成","过时"];
    return statusMessages[n];
}
install = function() {
    log("正在检查更新");
    try {
        window.applicationCache.update();
    } catch (e) {
        applicationCache.onerror();
    }
}
onload = function(e) {
    if (!window.applicationCache) {
        log("你的浏览器不支持离线缓存.");
        return;
    }
    if (!navigator.geolocation) {
        log("你的浏览器不支持 HTML5 定位.");
        return;
    }
    if (!window.localStorage) {
        log("你的浏览器不支持本地存储.");
        return;
    }
    log("初始缓存状态: " + showCacheStatus(window.applicationCache.status));
    document.getElementById("installButton").onclick = install;
    if(navigator.onLine) {
        uploadLocations();
    }
}
```

▶ log.js 代码如下。

```javascript
log = function() {
    var p = document.createElement("p");
    var message = Array.prototype.join.call(arguments, " ");
    p.innerHTML = message;
    document.getElementById("info").appendChild(p);
}
```

（4）检查 applicationCache 的支持情况。除了离线应用缓存，示例中还使用了地理定位和本地存储。在页面加载前应确保浏览器支持这两种功能。

```javascript
if (!window.applicationCache) {
```

```
        log("你的浏览器不支持离线缓存.");
        return;
    }
    if (!navigator.geolocation) {
        log("你的浏览器不支持HTML5定位.");
        return;
    }
    if (!window.localStorage) {
        log("你的浏览器不支持本地存储.");
        return;
    }
log("初始缓存状态: " + showCacheStatus(window.applicationCache.status));
document.getElementById("installButton").onclick = install;
```

（5）为更新按钮添加处理函数。接下来，下面的代码用来处理更新行为，其作用是更新应用缓存。

```
install = function() {
    log("正在检查更新");
    try {
        window.applicationCache.update();
    } catch (e) {
        applicationCache.onerror();
    }
}
```

单击按钮后将检查缓存区，并更新需要更新的缓存资源。当所有可用更新都下载完毕之后，将在用户界面显示一条消息，告诉用户应用程序已安装成功，可以在离线模式下运行了。

（6）添加Geolocation跟踪代码。下面的代码是地理定位示例代码。它是trackerja文件的一部分。

```
var handlePositionUpdate = function(e) {
    var latitude = e.coords.latitude;
    var longitude = e.coords.longitude;
    log("Position update:", latitude, longitude);
    if(navigator.onLine) {
        uploadLocations(latitude, longitude);
    }
    storeLocation(latitude, longitude);
}
var handlePositionError = function(e) {
    log("Position error");
}
var uploadLocations = function(latitude, longitude) {
    var request = new XMLHttpRequest();
    request.open("POST", "http://geodata.example.net:8000/geoupload", true);
    request.send(localStorage.locations);
}
var geolocationConfig = {
    "maximumAge" : 20000
};
navigator.geolocation.watchPosition(handlePositionUpdate,  handlePositionError,
geolocationConfig);
```

（7）添加存储功能代码。当应用程序处于离线状态时，需要将数据更新写入本地存储，接下来，我们就添加这方面的代码。

```
var storeLocation = function(latitude, longitude) {
```

```
var locations = JSON.parse(localStorage.locations || "[]");
locations.push({
    "latitude" : latitude,
    "longitude" : longitude
});
localStorage.locations = JSON.stringify(locations);
}
```

通过 HTML5 的 localStorage 保存坐标。因为 localStorage 可以将数据存储在本地浏览器中。所以它特别适用于具有离线功能的应用程序。本地存储中的数据在将来的会话中可用。当网络连接恢复正常后，应用程序就可以与远程服务器进行数据同步。

使用 Storage 还有一个好处，那就是当上传请求失败后可以通过 Storage 得到恢复。如果应用程序遇到某种原因导致的网络错误，或着应用程序被关闭的时候，数据会被存储以便下次再进行传输。

（8）添加离线事件处理程序。

位置更新处理程序运行时，会去检查网络连接状态。如果应用程序在线，事件处理函数会存储并上传当前坐标，如果应用程序离线，事件处理函数只存储不上传。当应用程序重新连接到网络后，事件处理函数会在 UI 上显示在线状态，并在后台上传之前存储的所有数据。

```
window.addEventListener("online", function(e) {
    log("Online");
}, true);
window.addEventListener("offline", function(e) {
    log("Offline");
}, true);
```

网络连接状态在应用程序没有真正运行的时候可能会发生改变。如用户关闭了浏览器、刷新页面或跳转到了其他网站。为了应对这些情况，离线应用程序在每次页面加载时都会检查与服务器的连接情况。如果连接正常，会尝试与远程服务器同步数据。

```
if(navigator.onLine) {
    uploadLocations();
}
```

为确保应用中所需的文件能够成功缓存，需要将这些文件指定在 manifest 文件中，随后在应用程序的主页面中进行引用，然后，添加监听器监听在线和离线状态的变化，进而基于因特网连接与否让网站执行不同的操作。

第 20 章　多线程处理

使用 Javascript 执行大型运算时，经常会出现假死现象，这是因为 Javascript 是单线程编程语言，运算能力比较弱。HTML5 新增的 Web Workers API 能够创建一个不影响前台处理的后台线程，并且在这个后台线程中可以继续创建多个子线程，以帮助 Javascript 实现多线程运算的能力。通过 Web Workers，用户可以将耗时较长的处理交给后台线程去运行，从而解决了 HTML5 之前因为某个处理耗时过长而不得不提前结束的尴尬。

【学习重点】
- 创建线程对象。
- 使用 Web Workers 通信。
- 设计多线程处理页面。

20.1　Web Workers 基础

Web Workers 为网页脚本提供了一种能在后台进程中运行的方法。当创建 Worker 对象后，Web Workers 就可以通过 postMessage()方法向任务池发送任务请求，执行完之后再通过 postMessage()返回消息给创建者指定的事件处理程序，然后通过 onmessage 捕获返回消息，实现前后台数据的交互。

20.1.1　认识 Web Workers

在 Web 应用程序中，Web Workers 是一项后台处理技术。在此之前使用 JavaScript 创建的 Web 程序中，因为所有的处理都是在单线程内执行，所以如果脚本需要很长时间运行的话，程序界面会长时间处于停止响应状态。甚至当等待时间超出一定的限度，浏览器会提示脚本运行时间过长需要中断正在执行的处理。

为了解决这个问题，HTML5 新增了一个 Web Workers API。使用这个 API，用户可以很容易地创建在后台运行的线程，这个线程被称为 worker，如果将可能耗费较长时间的处理交给后台去执行的话，对用户在前台页面中执行的操作就没有影响。

尽管 Web Workers 功能强大，但也不是万能的，有些事情它还做不到。例如，在 Web Workers 中执行的脚本不能访问该页面的 window 对象，因此 Web Workers 不能直接访问 Web 页面和 DOM API，虽然 Web Workers 不会导致浏览器 UI 停止响应，但是仍然会消耗 CPU 周期，导致系统反应速度变慢。

如果开发人员创建的 Web 应用程序需要执行一些后台数据处理，但又不希望这些数据处理任务影响 Web 页面本身的交互性，那么可以通过 Web Workers 生成一个 Web Worker 去执行数据处理任务，同时添加一个事件监听器进行监听，并与之进行数据交互。

Web Workers 的另一个用途是可以监听由后台服务器广播的消息，收到后台服务器的消息后，将其显示在 Web 页面上。这种与后台服务器对话的场景，Web Workers 可能会使用到 Web Sockets 或 Server-Sent 事件。

Web Workers 接口可以创建真正的系统级别的进程，它还可以使用 XMLHttpRequest 来处理 I/O，无论 responseXML 和 channel 属性是否为 null。使用它可以很容易设计并发操作效果，这将会很有趣。例如，在做网站下载的时候使用 Worker，或者使用 Worker 实现处理扩展功能。

> **注意：**
> 后台进程（包括 Web Workers 进程）不能对 DOM 进行操作。如果希望后台程序处理的结果能够改变 DOM，只能通过返回消息给创建者的回调函数进行处理。

Web Workers 能够为我们做些什么？
- 加载一个 Javascript 文件，进行大量的复杂计算，而不挂起主进程，并通过 postMessage，onmessage 进行通信。
- 可以在 worker 中通过 importScripts(url) 方法加载 Javascript 脚本文件。
- 可以使用 setTimeout()、clearTimeout()、setInterval() 和 clearInterval()。
- 可以使用 XMLHttpRequest 进行异步请求。
- 可以访问 navigator 的部分属性。
- 可以使用 Javascript 核心对象。

Web Workers 局限性：
- 不能跨域加载 Javascript。
- Worker 内代码不能访问 DOM。
- 各个浏览器对 Worker 的实现还没有完全完善。不是每个浏览器都支持所有新特性。
- 使用 Web Workers 加载数据没有 JSONP 和 Ajax 加载数据高效。

20.1.2 浏览器支持

各浏览器对 HTML5 Web Workers 的支持情况如表 20.1 所示，从中可以看到目前浏览器对 Web Workers 的支持情况各不相同，但 Web Workers 已经得到了大部分主流浏览器的支持，并且仍在持续更新发展中。

表 20.1 浏览器支持概述

浏览器	说明
IE	不支持
Firefox	3.5 及以上的版本支持
Opera	10.6 及以上的版本支持
Chrome	3.0 及以上的版本支持
Safari	4.0 及以上的版本支持

在调用 Web Workers API 函数之前。应该确认当前浏览器是否支持。如果不支持，可以提供一些备用信息，提醒用户使用最新的浏览器。

【示例】 下面代码可以用来测试浏览器是否支持 Web Workers。

```
function testWorker() {
    if (typeof(Worker) !== "undefined") {
        document.getElementById("support").innerHTML = "浏览器不支持 HTML5 Web Workers";
    }
}
```

在上面代码中，使用 testWorker 函数来检测浏览器的支持情况，可在页面加载时调用该函数。调用 typeof(Worker) 会返回全局 Window 对象的 Worker 属性，如果浏览器不支持 Web Workers API，则返回结果将是 undefined。上面这段代码在检测了浏览器支持性之后，会将检测结果反馈到页面上。

20.1.3 创建 Web Workers

扫一扫，看视频

调用 Worker 构造函数可以创建一个 worker（线程）。Workers 在初始化时会接收一个 URL 参数，参数 URL 表示要执行的脚本文件地址，其中包含了供 Worker 执行的代码。

```
worker = new Worker("echoWorker.js");
```

如果获取 worker 进程的返回值，可以通过 onmessage 事件处理程序进行监听。

```
var myWorker = new Worker('easyui.js');
myWorker.onmessage = function(event){
    alert('Called back by the worker!');
};
```

在上面代码中，第 1 行代码将创建和运行 worker 进程，第 2 行设置 worker 的 onmessage 属性，绑定事件处理函数，当 worker 的 postMessage()方法被调用时，这个被绑定的函数就会被调用。

对于由多个 JavaScript 文件组成的应用程序来说，可以通过包含 script 元素的方式，在页面加载的时候同步加载 JavaScript 文件。由于 Web Workers 没有访问 document 对象的权限，所以在 Worker 只能使用 importScripts()方法导入其他 JavaScript 文件。

importScripts()是全局函数，该函数可以将脚本或库导入到它们的作用域中，导入的 Javascript 文件只会在某一个已有的 Worker 中加载和执行。多个脚本的导入同样也可以使用 importScripts()函数，它们会按顺序执行。

importScripts()可以接收空的参数或多个脚本 URL 参数，下面形式都是合法的：

```
importScripts();
importScripts('foo.js');
importScripts('foo.js','bar.js');
```

Javascript 会加载列出的每一个脚本文件，然后运行并初始化。这些脚本中的任何全局对象都可以被 worker 使用。

> **注意：**
> importScripts()方法下载脚本顺序可能不一样，但执行的顺序一定是按 importScripts()方法中列出的顺序进行，而且是同步的，在所有脚本加载完并运行结束后 importScripts()才会返回。

Web Workers 能够嵌套使用，以创建子 Worker：

```
var subWorker = new Worker("subWorker.js");
```

用户可以创建多个 workers。子 worker 必须寄宿于同一个父页面下，且它的 URL 必须与父 worker 的地址同源，这样可以很好地维持它们的依赖关系。

Web Workers 可以使用 setTimeout()和 setInterval()。如果希望 Web Workers 进程周期性地运行而不是不停地循环下去的话，使用这两个方法非常有用。

> **注意：**
> 在后台线程中不能访问页面或窗口对象，此时如果在后台线程的脚本文件中使用 window 对象或 document 对象，则会引发错误。

用户可以通过 Worker 对象的 onmessage 事件获取后台线程反馈的消息。

```
worker.onmessage=function( event){
    //处理收到的消息
}
```

使用 Worker 对象的 postMessage()方法可以给后台线程发送消息。发送的消息是文本数据，但也可以是任何 JavaScript 对象，需要通过 JSON 对象的 stringify()方法将其转换成文本数据。

```
worker.postMessage(meseage);
```

通过获取 Worker 对象的 onmessage 事件句柄及 Worker 对象的 postMessage 方法可以实现线程内部的消息接收和发送。

📖 拓展：

在使用 Web Workers 之前，用户应该熟悉线程中可用的变量、函数与类。在线程调用的 JavaScript 脚本文件中所有可用的变量、函数和类说明如下所示。

- self：self 关键字用来表示本线程范围内的作用域。
- postMessage(meseage)：向创建线程的源窗口发送消息。
- onmessage：获取接收消息的事件句柄。
- importScripts(urls)：导入其他 JavaScript 脚本文件。参数为该脚本文件的 URL 地址，可以导入多个脚本文件。导入的脚本文件必须与使用该线程文件的页面在同一个域中，并在同一个端口中。

```
importScripts("worker.js","worker1.js","worker2.js");
```

- navigator 对象：与 window.navigator 对象类似，具有 appName、platform、userAgent、appVersion 属性。它们可以用来标识浏览器的字符。
- sessionStorage/localStorage：在线程中可以使用 Web Storage。
- XMLHttpRequest：在线程中可以处理 Ajax 请求。
- Web Workers：在线程中可以嵌套线程。
- setTimeout()/setInterval()：在线程中可以实现定时处理。
- close：结束本线程。
- eval()、isNaN()、escape()等：可以使用所有 JavaScript 核心函数。
- object：可以创建和使用本地对象。
- WebSockets：可以使用 Web Sockets API 向服务器发送和接收信息。

扫一扫，看视频

20.1.4 Web Workers 通信

使用后台线程时不能访问页面或窗口对象，但是并不代表后台线程不能与页面之间进行数据交互。为了实现页面与 Web Workers 通信，可以调用 postMessage 函数传入所需数据。同时将建立一个监听器，用来监听由 Web Workers 发送到页面的消急。

为建立页面和 Web Workers 之间的通信，首先在页面中添加对 postMessage 函数的调用，如下所示。

```
document.getElementById("helloButton").onclick = function() {
    worker.postMessage("你好");
}
```

当用户单击按钮后，相应信息会被发送给 Web Workers，然后将事件监听器添加到页面中，用来监听从 Web Workers 发来的信息。

```
worker.addEventListener("message", messageHandler, true);
function messageHandler(e) {
    //来自 worker 的处理信息
}
```

编写 HTML5 Web Workers JavaScript 文件。在该文件中，需要添加事件监听器以监听发来的消息，并且通过调用 postMessage 函数实现与页面之间的通信。

为了完成页面与 Web Worker 之间的通信功能。首先，添加代码调用 postMessage 函数。例如，在 messageHandler 函数中可以添加如下代码。

```
function messageHandler(e) {
    postMessage("worker 说: " + e.data + " too");
}
```

接下来，在 Web Workers JavaScript 文件中添加事件监听器，以处理从页面发来的信息：
```
addEventListener("message", messageHandler, true);
```
接收到信息后会马上调用 nessageHandler 函数以保证信息能及时返回。

通过 postMessage 函数将对象传递到 workers 或者从中返回对象，这些对象将被自动转换为 JSON 格式。
```
var onmessage = function(e){
    postMessage(e.data);
};
```

注意：

在 workers 中进出的对象不能包含函数和循环引用，因为 JSON 不支持它们。

在 Web Workers 脚本中如果发生未处理的错误，会引发 Web Workers 对象的错误事件。特别是在调试用到 Web Workers 脚本时，对错误事件的监听就显得尤为重要。下面显示的是 Web Workers JavaScript 文件中的错误处理函数，它将错误记录在控制台上。
```
function errorHandler(e) {
    console.log(e.message, e);
}
```

为了处理错误，还必须在主页上添加一个事件监听器：
```
worker.addEventListener("error", errorHandler, true);
```
当 worker 发生运行时错误时，它的 onerror 事件就会被触发。该事件接收一个 error 的事件，该事件不会冒泡，并且可以取消。要取消该事件可以使用 preventDefault() 方法。该错误事件有 3 个属性：

- **message**：可读的错误信息
- **filename**：发生错误的脚本文件名称
- **lineno**：发生错误的脚本所在文件的行数

Web Workers 不能自行终止，但能够被启用它们的页面所终止。调用 terminate 函数可以终止后台进程。被终止的 Web Workers 将不再响应任何信息或者执行任何其他的计算。终止之后，Worker 不能被重新启动，但可以使用同样的 URL 创建一个新的 Worker。
```
worker.terminate();
```
如果需要马上终止一个正在运行中的 worker，你可以调用它的 terminate() 方法：
```
myWorker.terminate();
```
这样一个 worker 进程就被结束了。

20.1.5 案例：使用 Web Workers

【示例 1】 本例演示了如何使用 Web Workers 在控制台显示一个提示信息。

首先，设计主页面代码（index.html）。
```
<!doctype html>
<html>
<head>
<meta charset="utf-8">
<script type="text/javascript">
    //Web 页主线程
    //创建一个 Worker 对象并向它传递将在新线程中执行的脚本的 URL
    var worker = new Worker("worker.js");
    worker.postMessage("hello world");//向 worker 发送数据
    worker.onmessage = function(evt) {//接收 worker 传过来的数据函数
        console.log(evt.data);//输出 worker 发送来的数据
```

扫一扫，看视频

```
        }
    </script>
</head>
<body></body>
</html>
```

下面是线程脚本文件 worker.js 代码

```
onmessage = function(evt) {
    var d = evt.data;//通过 evt.data 获得发送来的数据
    postMessage(d);//将获取到的数据发送会主线程
}
```

在 Chrome 浏览器中访问主页文件，则可以在控制台中看到输出的信息，表示程序执行成功，如图 20.1 所示。

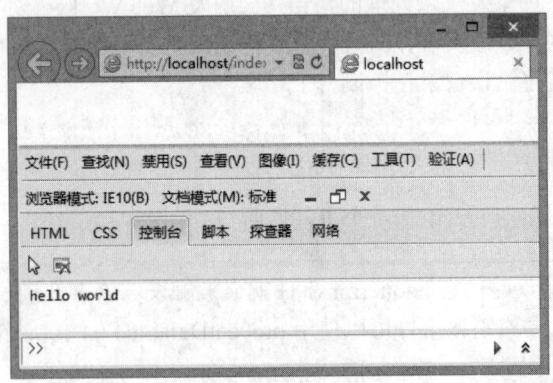

图 20.1　在控制台中查看信息

通过上面示例可以看到使用 Web Workers 应该包括下面两部分：

（1）定义主页线程：
- 通过 worker = new Worker(url)加载一个 Javascript 文件，创建一个 Worker，同时返回一个 worker 实例。
- 通过 worker.postMessage(data)方法向 worker 发送数据。
- 绑定 worker.onmessage 事件接收 worker 响应的数据。
- 使用 worker.terminate()可以终止一个 worker 执行。

（2）定义 Worker 线程：
- 通过 postMessage(data)方法向主线程发送数据。
- 绑定 onmessage 事件接收主线程发送过来的数据。

【示例 2】　本例演示如何创建 Web Workers，手动控制 Web Workers 与页面进行通信的一般方法，同时设置如何处理异常，以及如何停止 Worker 任务处理。

首先，设计主页文件（index.html），并在该文件脚本中定义一个主线程。

```
<!doctype html>
<html>
<head>
<meta charset="utf-8">
</head>
<p id="support">你的浏览器不支持 HTML5 Web Workers</p>
<button id="stopButton" >停止任务</button>
<button id="helloButton" >发送消息</button>
<script>
```

```
function stopWorker() { //终止线程
    worker.terminate();
}
function messageHandler(e) { //显示线程响应信息
    console.log(e.data);
}
function errorHandler(e) { //线程错误处理
    console.warn(e.message, e);
}
function loadDemo() {
    if( typeof (Worker) !== "undefined") {
        document.getElementById("support").innerHTML = "你的浏览器支持 HTML5 Web Workers";
        worker = new Worker("worker.js");
        worker.addEventListener("message", messageHandler, true);
        worker.addEventListener("error", errorHandler, true);
        document.getElementById("helloButton").onclick = function() {
            worker.postMessage("ok");
        }
        document.getElementById("stopButton").onclick = stopWorker;
    }
}
window.addEventListener("load", loadDemo, true);
</script>
```

然后,设计线程脚本文件(worker.js)的代码。

```
function messageHandler(e) {
    postMessage("worker says: " + e.data + " too");
}
addEventListener("message", messageHandler, true);
```

在主页和线程脚本文件中,分别使用 addEventListener 方法把回调函数绑定到线程监听事件中。

最后,在 Chrome 浏览器中访问主页文件,单击"发送消息"按钮,则可以在控制台中看到输出的信息,表示程序手动控制线程交互执行成功,如图 20.2 所示。

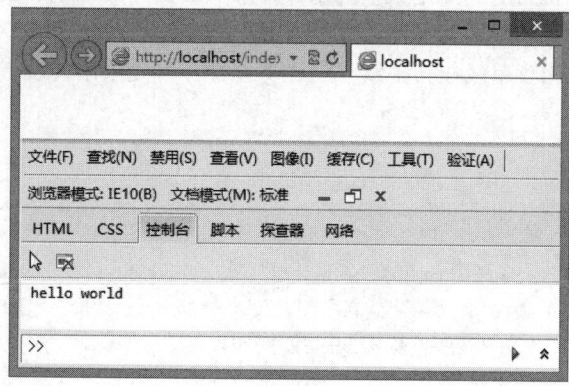

图 20.2　在控制台中查看信息

【示例 3】　使用 addEventListener 方法注册后台线程的响应事件比较麻烦,当然我们也可以把它修改为下面这种传统写法。

➢ 主线程脚本(index.html)

```
window.onload = function() {
```

```
    if( typeof (Worker) !== "undefined") {
        document.getElementById("support").innerHTML = "你的浏览器支持 HTML5 Web Workers";
        worker = new Worker("worker.js");
        worker.onmessage = function(e) {
            console.log(e.data);
        }
        worker.onerror = function(e) {
            console.warn(e.message, e);
        }
        document.getElementById("helloButton").onclick = function() {
            worker.postMessage("ok");
        }
        document.getElementById("stopButton").onclick = function() {
            worker.terminate();
        };
    }
}
```

▶ Worker 线程文件（worker.js）

```
onmessage = function(e) {
    postMessage("worker says: " + e.data );
}
```

20.2 实战案例

本节将通过多个实例演示如何灵活应用 Web Workers，实现并发式应用程序开发。

20.2.1 后台运算

扫一扫，看视频

本示例设计一个文本框，允许用户在该文本框中输入数字，然后单击"计算"按钮，在后台计算从 1 到给定数值的和。虽然对于从 1 到给定数值的求和计算只需要用一个求和公式就可以了，但是本示例中为了展示后台线程的使用方法，采取循环计算的方法。

【示例 1】 为了方便比较单线程与多线程的运算差异，首先采用传统方式设计一个单线程计算页面，页面代码如下：

```
<!doctype html>
<html>
<head>
<meta charset="utf-8">
<script type="text/javascript">
function calculate() {
    var num = parseInt(document.getElementById("num").value, 10);
    var result = 0;
    for (var i = 0; i <= num; i++) {
        result += i;
    }
    alert("合计值为" + result + "。");
}
</script>
```

```
</head>
<body>
输入数值:<input type="text" id="num">
<button onclick="calculate()">计算</button>
</body>
</html>
```

保存页面,然后在浏览器中预览,执行上面这段代码,在文本框中输入数值,然后单击"计算"按钮。可以看到,在弹出提示对话框之前,用户是不能在该页面上执行操作的。虽然在文本框中输入比较小的值时,不会有什么延迟问题,但是当用户在该文本框中输入特别巨大的数字,浏览器运行时间明显延迟,如图 20.3 所示。

图 20.3　Safari 浏览器运行效果

【示例 2】　重写该页面脚本,使用 Web Workers 把页面中比较耗时的运算放在后台运行,这样在上例的文本框中无论输入多么大的数值都可以正常运算了。

【操作步骤】

(1)设计主页面,在该页面中创建一个 Worker,然后导入汇总计算的外部 Javascript 文件。通过 postMessage 方法将用户输入的数字传递给 Worker,并通过 onmessage 事件回调函数接收运算的结果。

```
<!DOCTYPE html>
<head>
<meta charset="UTF-8">
<script type="text/javascript">
var worker = new Worker("SumCalculate.js");// 创建执行运算的线程
worker.onmessage = function(event) {//接收从线程中传出的计算结果
    alert("合计值为" + event.data + "。");
};
function calculate() {
    var num = parseInt(document.getElementById("num").value, 10);
    worker.postMessage(num);  //将数值传给线程
}
</script>
</head>
<body>
输入数值:<input type="text" id="num">
<button onclick="calculate()">计算</button>
</body>
```

(2)把对于给定值的求和运算放到线程中单独执行,且把线程代码单独存储在 SumCalculate.js 脚本文件中。

```
onmessage = function(event) {
    var num = event.data;
    var result = 0;
    for (var i = 0; i <= num; i++)
        result += i;
    postMessage(result);    //向线程创建源送回消息
}
```

（3）在支持 Web Workers 的浏览器中预览，如 Firefox、Safari、Chrome、Opera 等浏览器。在 Firefox 中的运行结果如图 20.4 所示。

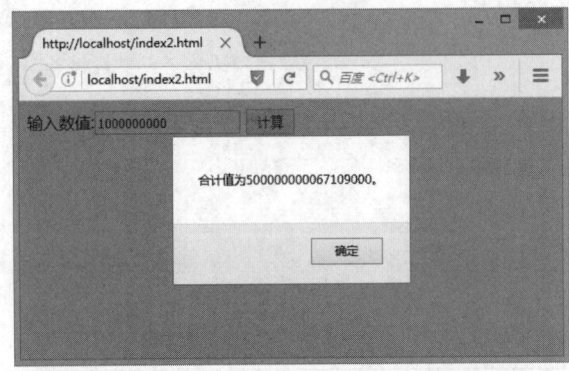

图 20.4　Firefox 浏览器多线程运行效果

20.2.2　数值过滤

扫一扫，看视频

在 Web 应用中，建议用户把非即时性的任务处理放在后台实现，以减轻前台处理的压力。本示例设计在页面上随机生成一个整数的数组，然后将该整数数组传入线程，让后台帮助挑选出该数组中可以被 3 整除的数字，然后显示在页面表格中。读者可以借助这种设计思路，把字符串、数组、列表中的数据都显示在页面表格、表单控件甚至统计图中。

【操作步骤】

（1）设计前台页面代码，该页面的 HTML 代码部分包含一个空白表格，在前台脚本中随机生成整数数组，然后送到后台线程挑选出能够被 3 整除的数字，再传回前台脚本，在前台脚本中根据挑选结果动态创建表格中的行、列，并将挑选出来的数字显示在表格中。

```
<!DOCTYPE html>
<head>
<meta charset="UTF-8">
<style type="text/css">
body { font: normal 11px auto "Trebuchet MS", Verdana, Arial, Helvetica, sans-serif;
color: #4f6b72; background: #E6EAE9; }
table { width: 700px; padding: 0; margin: 0; }
td { border-right: 1px solid #C1DAD7; border-bottom: 1px solid #C1DAD7; background:
#fff; font-size:11px; padding: 6px 6px 6px 12px; color: #4f6b72; text-align:center; }
</style>
<script type="text/javascript">
var intArray=new Array(200);//随机数组
var intStr="";
//生成200个随机数
for(var i=0;i<200;i++){
    intArray[i]=parseInt(Math.random()*200);
```

```
        if(i!=0)
            intStr+=";";   //用分号作随机数组的分隔符
        intStr+=intArray[i];
    }
    //向后台线程提交随机数组
    var worker = new Worker("script.js");
    worker.postMessage(intStr);
    //从线程中取得计算结果
    worker.onmessage = function(event) {
        if(event.data!="") {
            var j,k,tr,td;
            var intArray=event.data.split(";");
            var table=document.getElementById("table");
            for(var i=0;i<intArray.length;i++){
                j=parseInt(i/10,0);
                k=i%10;
                if(k==0) {//如果该行不存在，则添加行
                    tr=document.createElement("tr");
                    tr.id="tr"+j;
                    table.appendChild(tr);
                }
                else {//如果该行存在，则获取该行
                    tr=document.getElementById("tr"+j);
                }
                td=document.createElement("td");
                tr.appendChild(td);
                td.innerHTML=intArray[j*10+k];
            }
        }
    };
</script>
</head>
<body>
<table id="table">
</table>
</body>
```

（2）将后台线程中需要处理的任务代码存放在脚本文件 script.js 中，详细代码如下。

```
onmessage = function(event) {
    var data = event.data;
    var returnStr;
    var intArray=data.split(";");
    returnStr="";
    for(var i=0;i<intArray.length;i++){
        if(parseInt(intArray[i])%3==0) {
            if(returnStr!="")
                returnStr+=";";
            returnStr+=intArray[i];
        }
    }
    postMessage(returnStr);   //返回 3 的倍数拼接成的字符串
}
```

（3）在浏览器中预览，则运行结果如图 20.5 所示。

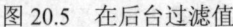

图 20.5　在后台过滤值

20.2.3　并发处理

利用线程可以嵌套的特性，可以在 Web 应用中实现多个任务并发处理，这样能够提高 Web 应用程序的执行效率和反应速度。同时通过线程嵌套把一个较大的后台任务切分成几个子线程，在每个子线程中各自完成相对独立的一部分工作。

本示例将在上一节示例基础上，把主页脚本中随机生成数组的工作放到后台线程中，然后使用另一个子线程在随机数组中挑选可以被 3 整除的数字。对于数组的传递以及挑选结果的传递均采用 JSON 对象来进行转换，以验证是否能在线程之间进行 JavaScript 对象的传递工作。

【操作步骤】

（1）在主页面中定义一个线程。设计不向该线程发送数据，在 onmessage 事件回调函数中进行后期数据处理，并把返回的数据显示在页面中。

```
<!DOCTYPE html>
<head>
<meta charset="UTF-8">
<style type="text/css">
body { font: normal 11px auto "Trebuchet MS", Verdana, Arial, Helvetica, sans-serif;
color: #4f6b72; background: #E6EAE9; }
table { width: 700px; padding: 0; margin: 0; }
td { border-right: 1px solid #C1DAD7; border-bottom: 1px solid #C1DAD7; background:
#fff; font-size:11px; padding: 6px 6px 6px 12px; color: #4f6b72; text-align:center; }
</style>
<script type="text/javascript">
var worker = new Worker("script.js");
worker.postMessage("");
worker.onmessage = function(event) {};
</script>
</head>
<body>
<table id="table">
</table>
</body>
```

（2）在后台主线程文件 script.js 中，随机生成 200 个整数构成的数组，然后把这个数组提交到子线程，在子线程中把可以被 3 整除的数字挑选出来，然后送回主线程。主线程再把挑选结果送回页面进行显示。

```
onmessage=function(event){
   var intArray=new Array(200);
   for(var i=0;i<200;i++)
       intArray[i]=parseInt(Math.random()*200);
   var worker;
   worker=new Worker("worker2.js");//创建子线程
   worker.postMessage(JSON.stringify(intArray)); //把随机数组提交给子线程进行挑选工作
   worker.onmessage = function(event) {
       postMessage(event.data); //把挑选结果返回主页面
   }
}
```

在上面代码中，向子线程中提交消息时使用的是 worker.postMessage()方法，而向主页面提交消息时使用 postMessage()方法。在线程中，向子线程提交消息时使用子线程对象的 postMessage()方法，而向本线程的创建源发送消息时直接使用 postMessage()方法即可。

（3）设计子线程的任务处理代码。下面是子线程代码，子线程在接收到的随机数组中挑选能被 3 整除的数字，然后拼接成字符串并返回。

```
onmessage = function(event) {
   var intArray= JSON.parse(event.data); //还原整数数组
   var returnStr;
   returnStr="";
   for(var i=0;i<intArray.length;i++){
       if(parseInt(intArray[i])%3==0){
           if(returnStr!="")
               returnStr+=";";
           returnStr+=intArray[i];
       }
   }
   postMessage(returnStr); //返回拼接字符串
   close();//关闭子线程
}
```

在子线程中向发送源发送回消息后，如果该子线程不再使用的话，应该使用 close 语句关闭子线程。

（4）在主页面的主线程回调函数中处理后台线程返回的数据，并将这些数据显示在页面中。

```
// 从线程中取得计算结果
worker.onmessage = function(event) {
   if(event.data!=""){
       var j,k,tr,td;
       var intArray=event.data.split(";");
       var table=document.getElementById("table");
       for(var i=0;i<intArray.length;i++){
           j=parseInt(i/10,0);
           k=i%10;
           if(k==0){
               tr=document.createElement("tr");
               tr.id="tr"+j;
               table.appendChild(tr);
           }
           else {
               tr=document.getElementById("tr"+j);
```

```
        }
        td=document.createElement("td");
        tr.appendChild(td);
        td.innerHTML=intArray[j*10+k];
      }
   }
};
```

(5)此时在浏览器中预览,则会看到类似如图 20.6 所示的运行效果。

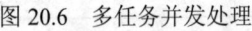

图 20.6 多任务并发处理

20.2.4 线程通信

本示例继续在前面示例基础上,将创建随机数组的工作也放到一个单独的子线程中,在该线程中创建随机数组,然后将随机数组传递到另一个子线程中进行能够被 3 整除的数字挑选工作,最后把挑选结果传递回主页面进行显示。

设计思路:

当主线程嵌套多个子线程时,子线程之间可以通过下面几个步骤进行通信。

(1)先创建发送数据的子线程。

(2)执行子线程中的任务,然后把要传递的数据发送给主线程。

(3)在主线程接收到子线程传回来的消息时,创建接收数据的子线程,然后把发送数据的子线程中返回的消息传递给接收数据的子线程。

(4)执行接收数据子线程中的代码。

【操作步骤】

(1)完成主页面的设计。包括 HTML 结构和 CSS 样式。在主页脚本中创建一个主线程,定义请求数据为空,在主线程响应事件 onmessage 回调函数中处理后台返回的处理数据,并把它们显示在页面中。

```
<!DOCTYPE html>
<head>
<meta charset="UTF-8">
<style type="text/css">
body { font: normal 11px auto "Trebuchet MS", Verdana, Arial, Helvetica, sans-serif;
color: #4f6b72; background: #E6EAE9; }
table { width: 700px; padding: 0; margin: 0; }
td { border-right: 1px solid #C1DAD7; border-bottom: 1px solid #C1DAD7; background:
#fff; font-size:11px; padding: 6px 6px 6px 12px; color: #4f6b72; text-align:center; }
</style>
<script type="text/javascript">
```

```
var worker = new Worker("script.js");
worker.postMessage("");
worker.onmessage = function(event) {
    if(event.data!=""){
        var j,k,tr,td;
        var intArray=event.data.split(";");
        var table=document.getElementById("table");
        for(var i=0;i<intArray.length;i++){
            j=parseInt(i/10,0);
            k=i%10;
            if(k==0){
                tr=document.createElement("tr");
                tr.id="tr"+j;
                table.appendChild(tr);
            }
            else {
                tr=document.getElementById("tr"+j);
            }
            td=document.createElement("td");
            tr.appendChild(td);
            td.innerHTML=intArray[j*10+k];
        }
    }
};
</script>
</head>
<body>
<table id="table">
</table>
</body>
```

（2）修改主线程中的代码。在主线程中定义一个子线程（发送数据），让其随机生成 200 个数字，并返回这个随机数组。在该子线程的回调函数中再定义一个子线程（接收数据），把接收到的随机数组传递给它，并接收该线程过滤后的数组。

```
onmessage=function(event){
    var worker;
    worker=new Worker("worker1.js");//创建发送数据的子线程
    worker.postMessage("");
    worker.onmessage = function(event) {
        var data=event.data;  //接收子线程中数据:创建好的随机数组
        worker=new Worker("worker2.js");//创建接收数据子线程
        worker.postMessage(data);  //把从发送数据子线程中发回消息传递给接收数据的子线程
        worker.onmessage = function(event) {
            var data=event.data;  //获取接收数据子线程中传回数据
            postMessage(data);  //把挑选结果发送回主页面
        }
    }
}
```

（3）在发送数据的子线程中创建了一个 200 个整数构成的随机数组。然后把它转换为字符串并返回，最后关闭该子线程。

```
onmessage = function(event) {
```

```
        var intArray=new Array(200);
        for(var i=0;i<200;i++)
            intArray[i]=parseInt(Math.random()*200);
        postMessage(JSON.stringify(intArray));
        close();
}
```

（4）在接收数据子线程中对接收到的随机数组中挑选能被 3 整除的数字，然后拼接成字符串并返回。

```
onmessage = function(event) {
    var intArray= JSON.parse(event.data); //还原整数数组
    var returnStr;
    returnStr="";
    for(var i=0;i<intArray.length;i++){
        if(parseInt(intArray[i])%3==0){
            if(returnStr!="")
                returnStr+=";";
            returnStr+=intArray[i];
        }
    }
    postMessage(returnStr); //返回拼接字符串
    close();//关闭子线程
}
```

20.2.5 Fibonacci 数列运算

Fibonacci 数列是比较经典的数学规律，它以递归的方法定义：

F0=0

F1=1

Fn=F(n-1)+F(n-2)（n>=2，n∈N*）

使用 Javascript 实现 Fibonacci 数列运算的一般方法如下：

```
var fibonacci =function(n) {
    return n <2? n : arguments.callee(n -1) + arguments.callee(n -2);
};
```

在 Chrome 浏览器中如果调用 fibonacci(39);，则执行时间需要大约 19 097 毫秒，而要计算 40 的 Fibonacci 数列时，浏览器就会罢工，直接提示脚本忙。

由于 Javascript 是单线程执行的，在求数列的过程中浏览器不能执行其他脚本，UI 渲染线程也会被挂起，从而导致浏览器进入假死状态。下面示例尝试使用 Web Workers 将数列计算过程放入一个新线程里，避免单线程计算所带来的问题。

【操作步骤】

（1）定义主页文件。

```
<!DOCTYPE HTML>
<html>
<head>
<meta http-equiv="Content-Type" content="text/html; charset=utf-8"/>
<title>web worker fibonacci</title>
<script type="text/javascript">
  onload =function(){
    var worker =new Worker('fibonacci.js');
    worker.addEventListener('message', function(event) {
```

```
        var timer2 = (new Date()).valueOf();
        console.log('结果:'+event.data,'时间:'+timer2,'用时:'+(timer2 - timer));
    }, false);
    var timer = (new Date()).valueOf();
    console.log('开始计算: 40','时间:'+ timer );
    setTimeout(function(){
        console.log('定时器函数在计算数列时执行了', '时间:'+ (new Date()).valueOf() );
    },1000);
    worker.postMessage(40);
    console.log('我在计算数列的时候执行了', '时间:'+ (new Date()).valueOf() );
}
    </script>
</head>
<body>
</body>
</html>
```

在主页脚本中定义创建一个线程，把 Fibonacci 数列计算任务交给新线程来完成。

（2）在新线程文件中（fibonacci.js）输入下面代码。

```
var fibonacci =function(n) {
    return n <2? n : arguments.callee(n -1) + arguments.callee(n -2);
};
onmessage =function(event) {
    var n = parseInt(event.data, 10);
    postMessage(fibonacci(n));
};
```

（3）在 Chrome 浏览器中访问主页文件，则可以在控制台中看到输出的信息，如图 20.7 所示。

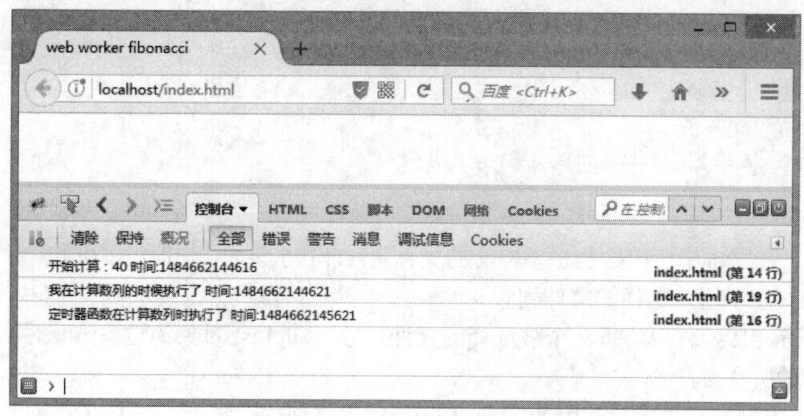

图 20.7　在控制台中查看信息

第 21 章 文件操作

HTML5 新增了两个与文件操作相关的 API：FileReader 和 FileSystem。其中 FileReader API 负责读取文件内容，FileSystem API 负责文件系统的有限操作。本章将以这两个 API 为基础，详细介绍 HTML5 的文件（File）功能。

【学习重点】
- 使用 FileList 和 file 对象。
- 使用 Blob 对象。
- 使用 FileReader 对象。
- 使用 ArrayBuffer 对象和 ArrayBufferView 对象。
- 使用 FileSystem 文件系统。

扫一扫，看视频

21.1 访问文件域

在 HTML 4 中，file 控件只允许选择和提交一个文件，HTML5 为 file 控件新添加了 multiple 属性，允许用户在一个 file 控件内选择和提交多个文件。

【示例1】 本例设计在文档中插入一个文件域，允许用户同时提交多个文件。

```
<!doctype html>
<html>
<head>
<meta charset="utf-8">
</head>
<body>
<input type="file" multiple>
</body>
</html>
```

为了方便用户在脚本中访问这些将要提交的文件，HTML5 新增了 FileList 和 file 对象。

- FileList：表示用户选择的文件列表。
- file：表示 file 控件内的每一个被选择的文件对象。FileList 对象为这些 file 对象的列表，代表用户选择的所有文件。

【示例2】 本例演示了如何使用 FileList 和 file 对象访问用户提交的文件名称列表，演示效果如图 21.1 所示。

```
<!doctype html>
<html>
<head>
<meta charset="utf-8">
<script>
function ShowFileName(){
    //document.getElementById("file").files 返回 FileList 对象
    for(var i=0;i<document.getElementById("file").files.length;i++) {
        var file = document.getElementById("file").files[i];    //获取每个选择的 file 对象
        console.log(file.name);                                  //在控制台显示每个文件的
```

名称
        }
}
</script>
</head>
<body>
<input type="file" id="file" multiple>
<input type="button" onclick="ShowFileName();" value="文件上传"/>
</body>
</html>
```

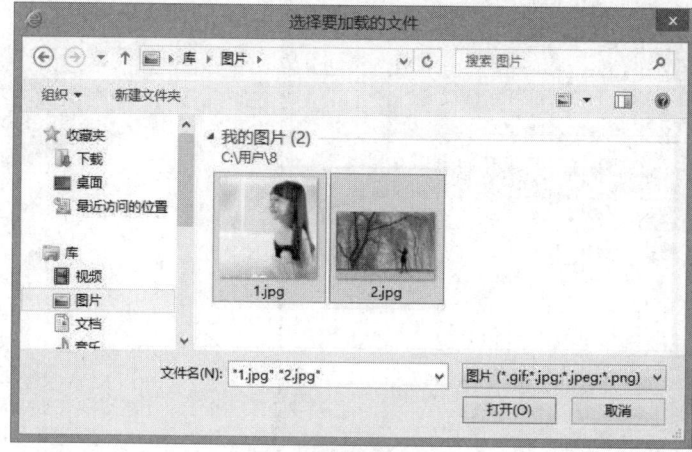
（a）选择多个文件

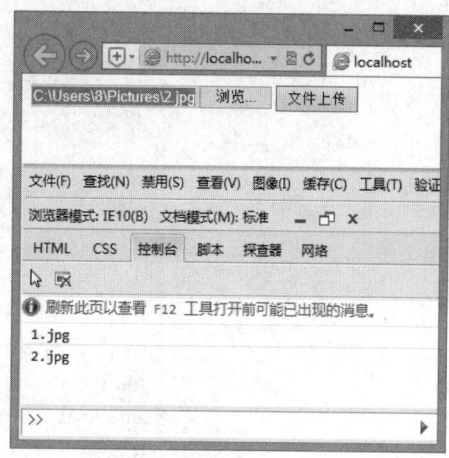
（b）在控制台显示提示信息

图 21.1　使用 FileList 和 file 对象获取提交文件信息

提示，file 对象包含两个属性：name 属性表示文件名，但不包括路径；lastModifiedDate 属性表示文件的最后修改日期。

## 21.2　使用 Blob 对象

HTML5 新增一个 Blob 对象，它代表原始二进制数据。不过与 MySQL 中的 BLOB 类型在概念上有点区别，MySQL 中的 BLOB 类型只是二进制数据容器，而 HTML5 中的 Blob 对象除了存放二进制数据外，还可以设置数据的 MIME 类型，这相当于对文件的储存，其他很多二进制对象也是从这个对象继承的。

### 21.2.1　在文件域中访问 Blob 对象

21.1 节介绍的 file 对象也继承于 Blob 对象，因此可以在文件域中访问 Blob 对象。Blob 对象包含两个属性。

↳ size：该属性表示一个 Blob 对象的字节长度。
↳ type：该属性表示 Blob 的 MIME 类型，如果为未知类型，则返回一个空字符串。

【示例 1】　本例演示了如何获取文件域中第一个文件的 Blob 对象，并访问该文件的长度和文件类型，演示效果如图 21.2 所示。

```
<!doctype html>
<html>
```

扫一扫，看视频
```

```
<head>
<meta charset="utf-8">
<script>
function ShowFileType(){
    var file = document.getElementById("file").files[0];//获取用户选择的第一个文件
    console.log( file.size );                           //显示文件字节长度
    console.log( file.type);                            //显示文件类型
}
</script>
</head>
<body>
<input type="file" id="file" multiple>
<input type="button" onclick="ShowFileType();" value="文件上传"/>
</body>
</html>
```

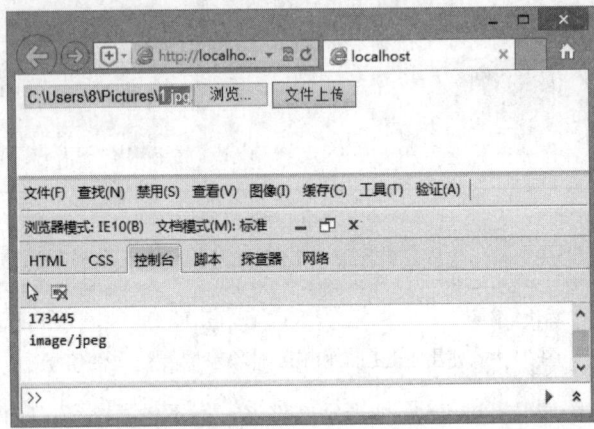

图 21.2　在控制台显示第一个选取文件的大小和类型

◁》注意：

对于图像类型的文件，Blob 对象的 type 属性都是以 "image/" 开头的，后面是图像类型。

【示例2】　利用 Blob 对象的 type 属性，可以在脚本中判断浏览者选择的文件是否为图像文件，如果在批量上传时只允许上传图像文件，可以检测每个文件的 type 属性值，当提交非图像文件时，弹出错误提示信息，并停止后面的文件上传，或者跳过这个文件，不上传该文件，演示效果如图 21.3 所示。

```
<!doctype html>
<html>
<head>
<meta charset="utf-8">
<script>
function fileUpload(){
    var file;
    for(var i=0;i<document.getElementById("file").files.length;i++){
        file = document.getElementById("file").files[i];
        if(!/image\/\w+/.test(file.type)){
            alert(file.name+"不是图像文件！");
            continue;
        } else{
            //此处加入文件上传的代码
```

```
                alert(file.name+"文件已上传");
            }
        }
    }
}
</script>
</head>
<body>
<input type="file" id="file" multiple>
<input type="button" onclick="fileUpload();" value="文件上传"/>
</body>
</html>
```

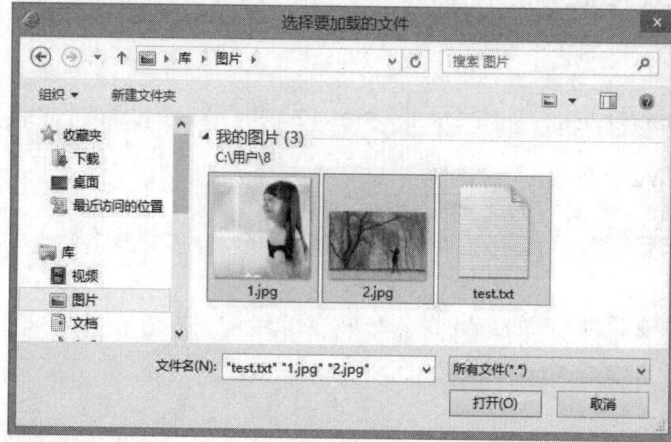
（a）提交多个文件

（b）错误提示信息

图 21.3　对用户提交文件进行过滤

📖 **拓展：**

HTML5 为 file 控件新添加了 accept 属性，设置 file 控件只能接收某种类型的文件。目前主流浏览器对其支持还不统一、不规范，部分浏览器仅限于打开文件选择窗口时，默认选择文件类型。

```
<input type="file" id="file" accept="image/*" />
```

21.2.2　创建 Blob 对象

HTML5 支持直接创建 Blob 对象，用法如下：
```
var blob = new Blob(blobParts, type);
```
参数说明如下：

（1）blobParts：可选参数，数组类型，其中可以存放任意个以下类型的对象，这些对象中所携带的数据将被依序追加到 Blob 对象中。

- ArrayBuffer 对象。
- ArrayBufferView 对象。
- Blob 对象。
- String 对象。

（2）type：可选参数，字符串型，设置被创建的 Blob 对象的 type 属性值，即定义 Blob 对象的 MIME 类型。默认参数值为空字符串，表示未知类型。

扫一扫，看视频

📢 提示：

当创建 Blob 对象时，可以使用两个可选参数。如果不使用任何参数，创建的 Blob 对象的 size 属性值为 0，即 Blob 对象的字节长度为 0，代码如下。

```
var blob = new Blob();
```

【示例 1】 下面代码演示了如何设置第 1 个参数。

```
var blob = new Blob(["4234" + "5678"]);
var shorts = new Uint16Array(buffer, 622, 128);
var blobA = new Blob([blob, shorts]);
var bytes = new Uint8Array(buffer, shorts.byteOffset + shorts.byteLength);
var blobB = new Blob([blob, blobA, bytes])
var blobC = new Blob([buffer, blob, blobA, bytes]);
```

📢 注意：

上面代码中用到了 ArrayBuffer 对象和 ArrayBufferView 对象，在 21.4.1 节和 21.4.2 节中将详细介绍这两个对象。

【示例 2】 下面代码演示了如何设置第 2 个参数。

```
var blob = new Blob(["4234" + "5678"], {type: "text/plain"});
var blob = new Blob(["4234" + "5678"], {type: "text/plain; charset=UTF-8"});
```

📢 提示：

为了安全起见，在创建 Blob 对象之前，可以先检测一下浏览器是否支持 Blob 对象。

```
if(!window.Blob)
    alert ("您的浏览器不支持 Blbo 对象。");
else
    var blob = new Blob(["4234" + "5678"], {type: "text/plain"});
```

目前，各主流浏览器的最新版本都支持 Blob 对象。

【示例 3】 本例完整演示了如何创建一个 Blob 对象。在页面中设计一个文本区域和一个按钮，用户可以在文本框中输入文字，然后单击"创建 Blob 对象"按钮后，JavaScript 脚本根据用户输入文字创建二进制对象，再根据该二进制对象中的内容创建 URL 地址，最后在页面底部动态添加一个"Blob 对象文件下载"链接，单击该链接可以下载新创建的文件，使用文本文件打开，其内容为用户在文本框中输入的文字，演示效果如图 21.4 所示。

```
<!doctype html>
<html>
<head>
<meta charset="utf-8">
<script>
function test(){
    var text = document.getElementById("textarea").value;
    var result = document.getElementById("result");
    //创建 Blob 对象
    if(!window.Blob)
        result.innerHTML="浏览器不支持 Blob 对象。";
    else
        var blob =new Blob([text]);//Blob 中数据为文字时默认使用 utf8 格式。
    //通过 createObjectURL 方法创建文字链接
    if (window.URL) {
        result.innerHTML = '<a download href="' +window.URL.createObjectURL(blob)
+ '" target="_blank">Blob 对象文件下载</a>';
```

```
        }
    }
</script>
</head>
<body>
<textarea id="textarea"></textarea><br />
<button onclick="test()">创建 Blob 对象</button>
<p id="result"></p>
</body>
</html>
```

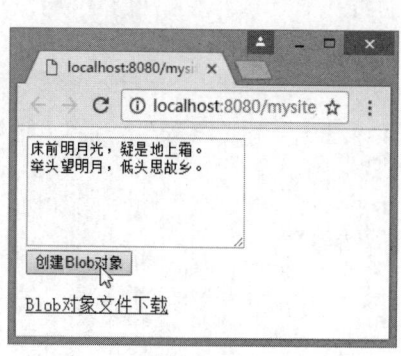 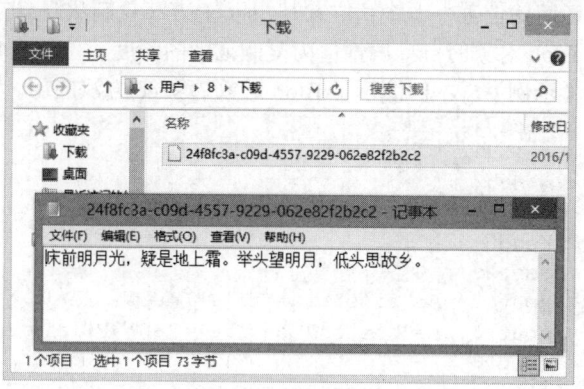

（a）创建 Blob 文件　　　　　　　　　　（b）查看文件信息

图 21.4　创建和查看 Blob 文件信息

在动态生成的<a>标签中包含 download 属性，它设置超链接为文件下载类型。

📖 拓展：

HTML5 支持 URL 对象，通过该对象的 createObjectURL 方法可以根据一个 Blob 对象的二进制数据创建一个 URL 地址，并返回该地址，当用户访问该 URL 地址时，可以直接下载原始二进制数据。

21.2.3　截取 Blob 对象

Blob 对象包含 slice()方法，它可以从 Blob 对象中截取一部分数据，然后将这些数据创建为一个新的 Blob 对象并返回，用法如下。

```
var newBlob = blob.slice(start, end, contentType);
```

参数说明如下：

（1）start：可选参数，整数值，设置起始位置。

- 如果值为 0 时，表示从第一个字节开始复制数据。
- 如果值为负数，且 Blob 对象的 size 属性值+start 参数值大于等于 0，则起始位置为 Blob 对象的 size 属性值+start 参数值。
- 如果值为负数，且 Blob 对象的 size 属性值+start 参数值小于 0，则起始位置为 Blob 对象的起点位置。
- 如果值为正数，且大于等于 Blob 对象的 size 属性值，则起始位置为 Blob 对象的 size 属性值。
- 如果值为正数，且小于 Blob 对象的 size 属性值，则起始位置为 start 参数值。

（2）end：可选参数，整数值，设置终点位置。

- 如果忽略该参数，则终点位置为 Blob 对象的结束位置。
- 如果值为负数，且 Blob 对象的 size 属性值+end 参数值大于等于 0，则终点位置为 Blob 对象的

size 属性值+end 参数值。
- 如果值为负数,且 Blob 对象的 size 属性值+end 参数值小于 0,则终点位置为 Blob 对象的起始位置。
- 如果值为正数,且大于等于 Blob 对象的 size 属性值,则终点位置为 Blob 对象的 size 属性值。
- 如果值为正数,且小于 Blob 对象的 size 属性值,则终点位置为 end 参数值。

（3）contentType:可选参数,字符串值,指定新建 Blob 对象的 MIME 类型。

如果 slice()方法的 3 个参数均省略时,相当于把一个 Blob 对象原样复制到一个新建的 Blob 对象中。当起始位置大于等于终点位置时,slice()方法复制从起始位置开始到终点位置结束这一范围中的数据。当起始位置小于终点位置时,slice()方法复制从终点位置开始到起始位置结束这一范围中的数据。新建的 Blob 对象的 size 属性值为复制范围的长度,单位为 byte。

【示例】 本例演示了 Blob 对象的 slice 方法应用。

```
<!doctype html>
<html>
<head>
<meta charset="utf-8">
</head>
<body>
<input type="file" id="file" multiple>
<input type="button" onclick="ShowFileType();" value="文件上传"/>
<script>
var file = document.getElementById("file").files[0];
if(file){
    var file1 = file.slice();                              //复制 file 对象
    var file2 = file.slice(0,file.size);                   //复制 file 对象
    var file3 = file.slice(-(Math.round(file.size/2)));//复制 file 对象的后半部分
    var file4 = file.slice(0, Math.round(file.size/2));//复制 file 对象的前半部分
    //复制 file 对象,从开始处复制到结束处之前的 150 个字节处,并设置 MIME 类型
    var file5 = file.slice(0,-150, "application/plain");
}
</script>
</body>
</html>
```

扫一扫,看视频

21.2.4 保存 Blob 对象

HTML5 支持在 indexedDB 数据库中保存 Blob 对象。

提示:

目前,Chrome 37+、Firefox 17+、IE 10+和 Opera 24+支持该功能。

【示例】 本例设计在页面中显示一个文件控件和一个按钮,通过文件控件选取文件后,单击"保存文件"按钮,JavaScript 脚本将把用户选取的文件保存到 indexedDB 数据库中。

```
<!doctype html>
<html>
<head>
<meta charset="utf-8">
</head>
<body>
<input type="file" id="file" multiple>
<input type="button" onclick="saveFile();" value="保存文件"/>
<script>
```

```
window.indexedDB = window.indexedDB || window.webkitIndexedDB || window.mozIndexedDB
|| window.msIndexedDB;
window.IDBTransaction = window.IDBTransaction || window.webkitIDBTransaction ||
window.msIDBTransaction;
window.IDBKeyRange = window.IDBKeyRange|| window.webkitIDBKeyRange || window.
msIDBKeyRange;
window.IDBCursor = window.IDBCursor || window.webkitIDBCursor || window.msIDBCursor;

var dbName = 'test';          //数据库名
var dbVersion = 20170202;     //版本号
var idb;
var dbConnect = indexedDB.open(dbName, dbVersion);
dbConnect.onsuccess = function(e){
    idb = e.target.result;
}
dbConnect.onerror = function(){
    alert('数据库连接失败');
};
dbConnect.onupgradeneeded = function(e){
    idb = e.target.result;
    idb.createObjectStore('files');
};
function saveFile(){
    var file = document.getElementById("file").files[0];  //得到用户选择的第1个文件
    var tx = idb.transaction(['files'],"readwrite"); //开启事务
    var store = tx.objectStore('files');
    var req = store.put(file,'blob');
    req.onsuccess = function(e){
        alert("文件保存成功");
    };
    req.onerror = function(e){
        alert("文件保存失败");
    };
}
</script>
</body>
</html>
```

在浏览器中预览,页面中显示一个文件控件和一个按钮,通过文件控件选取文件,然后单击"保存文件"按钮,JavaScript 将把用户选取文件保存到 indexedDB 数据库中,保存成功后弹出提示对话框,如图 21.5 所示。

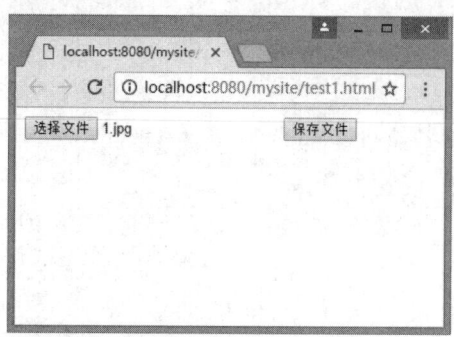
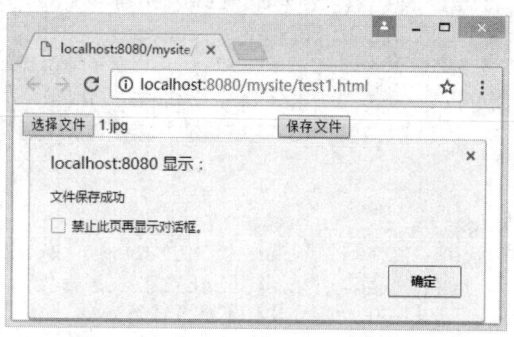

(a) 选择文件　　　　　　　　　　　　(b) 保存文件

图 21.5　保存 Blob 对象应用

21.3 使用 FileReader 对象

FileReader 对象负责把文件读入内存,并且读取文件中的数据。目前,Firefox 3.6+、Chrome 6+、Safari 5.2+、Opera 11+和 IE 10+版本浏览器都支持 FileReader 对象。

扫一扫,看视频

21.3.1 读取并显示文件

使用 FileReader 对象之前,建议先检测浏览器支持状态,代码如下:

```
if(typeof FileReader == "undefined"){
    alert("当前浏览器不支持 FileReader 对象");
}else{
    var reader = new FileReader();
}
```

FileReader 对象包含 5 个方法,其中 4 个用以读取文件,另一个用来中断读取操作,简单说明如下。

- readAsText(Blob, type):将 Blob 对象或文件中的数据读取为文本数据。该方法包含两个参数,其中第 2 个参数是文本的编码方式,默认值为 UTF-8。
- readAsBinaryString(Blob):将 Blob 对象或文件中的数据读取为二进制字符串。通常调用该方法将文件提交到服务器端,服务器端可以通过这段字符串存储文件。
- readAsDataURL(Blob):将 Blob 对象或文件中的数据读取为 DataURL 字符串。该方法就是将数据以一种特殊格式的 URL 地址形式直接读入页面。
- readAsArrayBuffer(Blob):将 Blob 对象或文件中的数据读取为一个 ArrayBuffer 对象。
- Abort():不包含参数,中断读取操作。

📢 注意:

上述 4 个方法都包含一个 Blob 对象或 file 对象参数,无论读取成功或失败,都不会返回读取结果,读取结果存储在 result 属性中。

【示例】 本例演示如何在网页中读取并显示图像文件、文本文件和二进制代码文件。

```
<!doctype html>
<html>
<head>
<meta charset="utf-8">
<script>
window.onload = function(){
    var result=document.getElementById("result");
    var file=document.getElementById("file");
    if (typeof FileReader == 'undefined' ){
        result.innerHTML = "<h1>当前浏览器不支持 FileReader 对象</h1>";
        file.setAttribute('disabled', 'disabled' );
    }
}
function readAsDataURL(){                    //将文件以 Data URL 形式进行读入页面
    var file = document.getElementById("file").files[0];    //检查是否为图像文件
    if(!/image\/\w+/.test(file.type)){
        alert("提交文件不是图像类型");
        return false;
    }
    var reader = new FileReader();
```

```
            reader.readAsDataURL(file);
            reader.onload = function(e){
                result.innerHTML = '<img src="'+this.result+'" alt=""/>'
            }
        }
        function readAsBinaryString(){          //将文件以二进制形式进行读入页面
            var file = document.getElementById("file").files[0];
            var reader = new FileReader();
            reader.readAsBinaryString(file);
            reader.onload = function(f){
                result.innerHTML=this.result;
            }
        }
        function readAsText(){                  //将文件以文本形式进行读入页面
            var file = document.getElementById("file").files[0];
            var reader = new FileReader();
            reader.readAsText(file);
            reader.onload = function(f) {
                result.innerHTML=this.result;
            }
        }
    </script>
</head>
<body>
<input type="file" id="file" />
<input type="button" value="读取图像" onclick="readAsDataURL()"/>
<input type="button" value="读取二进制数据" onclick="readAsBinaryString()"/>
<input type="button" value="读取文本文件" onclick="readAsText()"/>
<div name="result" id="result"></div>
</body>
</html>
```

在 Firefox 浏览器中预览，使用 file 控件选择一个图像文件，然后单击"读取图像"按钮，显示效果如图 21.6 所示；重新使用 file 控件选择一个二进制文件，然后单击"读取二进制数据"按钮，显示效果如图 21.7 所示；最后选择文本文件，单击"读取文本文件"按钮，显示效果如图 21.8 所示。

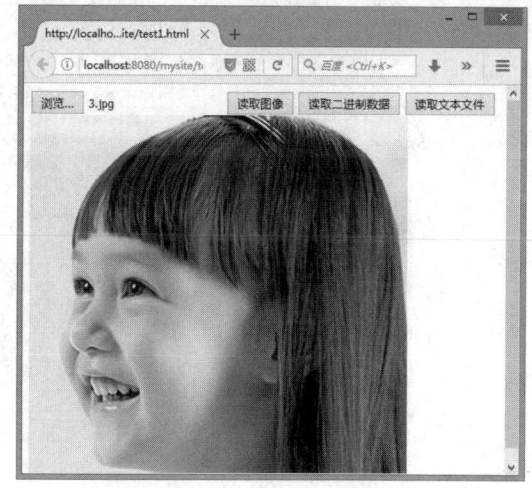

图 21.6　读取图像文件

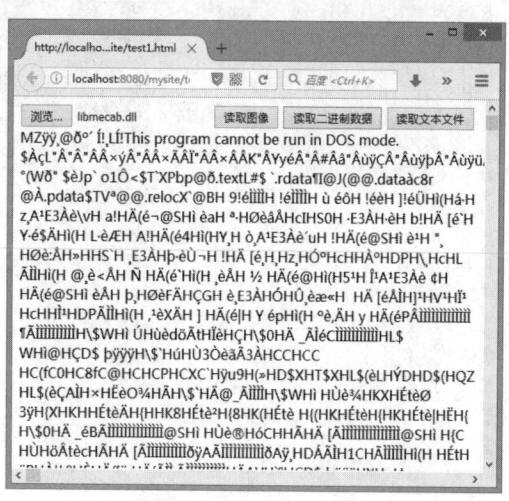

图 21.7　读取二进制文件

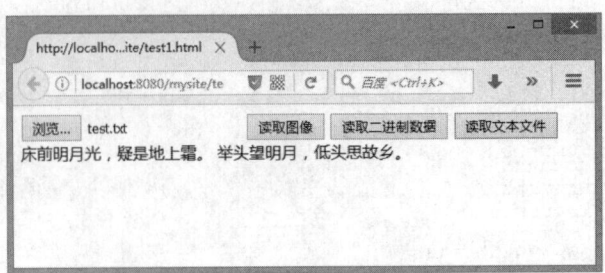

图 21.8 读取文本文件

上面示例演示如何读取并显示文件，用户也可以选择不显示，直接提交给服务器，然后保存到文件或数据库中。

注意，fileReader 对象读取的数据都保存在 result 属性中。

21.3.2 监测读取操作

FileReader 对象提供 6 个事件，用于监测文件读取状态，简单说明如下。

- onabort：数据读取中断时触发。
- onprogress：数据读取中触发。
- onerror：数据读取出错时触发。
- onload：数据读取成功完成时触发。
- onloadstart：数据开始读取时触发。
- onloadend：数据读取完成时触发，无论成功或失败。

【示例】 本例演示了当使用 fileReader 对象读取文件时，会伴随发生一系列事件，用于提示读取文件时不同的操作状态。本示例在控制台跟踪了读取状态的先后顺序，演示如图 21.9 所示。

```
<!doctype html>
<html>
<head>
<meta charset="utf-8">
<script>
window.onload = function(){
    var result=document.getElementById("result");
    var file=document.getElementById("file");
    if (typeof FileReader == 'undefined' ){
        result.innerHTML = "<h1>当前浏览器不支持FileReader对象</h1>";
        file.setAttribute('disabled', 'disabled' );
    }
}
function readFile(){
    var file = document.getElementById("file").files[0];
    var reader = new FileReader();
    reader.onload = function(e){
        result.innerHTML = '<img src="'+this.result+'" alt=""/>'
        console.log("load");
    }
    reader.onprogress = function(e){
```

```
            console.log("progress");
        }
        reader.onabort = function(e){
            console.log("abort");
        }
        reader.onerror = function(e){
            console.log("error");
        }
        reader.onloadstart = function(e){
            console.log("loadstart");
        }
        reader.onloadend = function(e){
            console.log("loadend");
        }
        reader.readAsDataURL(file);
}
</script>
</head>
<body>
<input type="file" id="file" />
<input type="button" value="显示图像" onclick="readFile()" />
<div name="result" id="result"></div>
</body>
</html>
```

在上面示例中，当单击"显示图像"按钮后，将在页面中读入一个图像文件，同时在控制台可以看到按顺序触发的事件。用户还可以在 onprogress 事件中使用 HTML5 新增元素 progress 显示文件的读取进度。

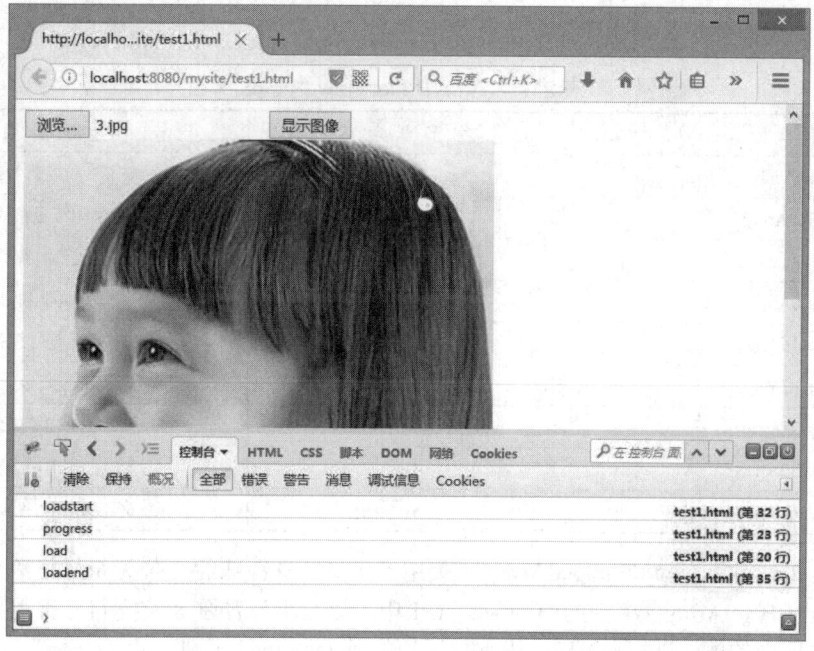

图 21.9　跟踪读取操作

21.4 使用缓存对象

HTML5 之前，JavaScript 操作二进制数据的能力比较弱，各种实现方法效率低下，且易产生错误。为此，HTML5 新增了两种对象：ArrayBuffer 对象和 ArrayBufferView 对象。

- ArrayBuffer 对象：表示一个固定长度的缓存区，用来存储来自于文件或网络的大数据。
- ArrayBufferView 对象：表示将缓存区中的数据转换为各种数值类型的数组。

提示，HTML5 不允许直接对 ArrayBuffer 对象内的数据进行操作，需要使用 ArrayBufferView 对象来读写 ArrayBuffer 对象中的内容。

21.4.1 使用 ArrayBuffer 对象

ArrayBuffer 对象表示一个固定长度的存储二进制数据的缓存区。用户不能直接存取 ArrayBuffer 缓存区中的内容，必须通过 ArrayBufferView 对象来读写 ArrayBuffer 缓存区中的内容。

创建 ArrayBuffer 对象的方法如下：

```
var buffer = new ArrayBuffer(32);
```

参数为一个无符号长整型的整数，用于设置缓存区的长度，单位为 byte。ArrayBuffer 缓存区创建成功之后，该缓存区内存储数据初始化为 0。

ArrayBuffer 对象包含 length 属性，该属性值表示缓存区的长度。

📢 提示：

目前，Firefox 4+、Opera 11.6+、Chrome 7+、Safari 5.1+、IE 10+等版本浏览器支持 ArrayBuffer 对象。

21.4.2 使用 ArrayBufferView 对象

HTML5 使用 ArrayBufferView 对象以一种准确格式来表示 ArrayBuffer 缓存区中的数据。HTML5 不允许直接使用 ArrayBufferView 对象，而是使用 ArrayBufferView 的子类实例来存取 ArrayBuffer 缓存区中的数据，各种子类说明如表 21.1 所示。

表 21.1 ArrayBufferView 的子类

类 型	字 节 长 度	说 明
Int8Array	1	8 位整数数组
Uint8Array	1	8 位无符号整数数组
Uint8ClampedArray	1	8 位无符号整数数组
Int16Array	2	16 位整数数组
Uint 16Array	2	16 位无符号整数数组
Int32Array	4	32 位整数数组
Uint32Array	4	32 位无符号整数数组
Float32Array	4	32 位 IEEE 浮点数数组
Float64Array	8	64 位 IEEE 浮点数数组

提示，在表 21.1 中，Uint8ClampedArray 子类用于定义一种特殊的 8 位无符号整数数组，该数组的作用：代替 CanvasPixelArray 数组用于 Canvas API 中。该数组与普通 8 位无符号整数数组的区别：将 ArrayBuffer 缓存区中的数值进行转换时，内部使用箱位（clamping）算法，而不是模数（modulo）算法。

ArrayBufferView 对象的作用：可以根据同一个 ArrayBuffer 对象创建各种数值类型的数组。

【示例 1】 在本例代码中，根据相同的 ArrayBuffer 对象，可以创建 32 位的整数数组和 8 位的无符号整数数组。

```
//根据 ArrayBuffer 对象创建 32 位整数数组
var array1 = new Int32Array(Arrayeuffer);
//根据同一个 ArrayBuffer 对象创建 8 位无符号整数数组
var array2 = new Uint8Array(ArrayBuffer);
```

在创建 ArrayBufferView 对象时，除了要指定 ArrayBuffer 缓存区外，还可以使用下面两个可选参数：
- byteOffset：为无符号长整型数值，设置开始引用位置与 ArrayBuffer 缓存区第一个字节之间的偏离值，单位为字节。提示，属性值必须为数组中单个元素的字节长度的倍数，省略该参数值时，ArrayBufferView 对象将从 ArrayBuffer 缓存区的第一个字节开始引用。
- length：为无符号长整型数值，设置数组中元素的个数。如果省略该参数值，将根据缓存区长度、ArrayBufferView 对象开始引用的位置、每个元素的字节长度自动计算出元素个数。

如果设置了 byteOffset 和 length 参数值，数组从 byteOffset 参数值指定的开始位置开始，长度=length 参数值所指定的元素个数 × 每个元素的字节长度。

如果忽略了 byteOffset 和 length 参数值，数组将跨越整个 ArrayBuffer 缓存区。

如果省略 length 参数值，数组将从 byteOffset 参数值指定的开始位置到 ArrayBuffer 缓存区的结束位置。

ArrayBufferView 对象包含 3 个属性：
- buffer：只读属性，表示 ArrayBuffer 对象，返回 ArrayBufferView 对象引用的 ArrayBuffer 缓存区。
- byteOffset：只读属性，表示一个无符号长整型数值，返回 ArrayBufferView 对象开始引用的位置与 ArrayBuffer 缓存区的第一个字节之间的偏离值，单位为字节。
- length：只读属性，表示一个无符号长整型数值，返回数组中元素的个数。

【示例 2】 本例代码演示了如何存取 ArrayBuffer 缓存区中的数据。

```
var byte = array2[4];                    //读取第 5 个字节的数据
array2[4] = 1;                           //设置第 5 个字节的数据
```

21.4.3 使用 DataView 对象

除了使用 ArrayBufferView 子类外，也可以使用 DataView 类存取 ArrayBuffer 缓存区中的数据。DataView 继承于 ArrayBufferView 类，提供了一些直接存取 ArrayBuffer 缓存区中数据的方法。

创建 DataView 对象的方法如下：

```
var view = new DataView(buffer, byteOffset, byteLength);
```

参数说明如下：
- buffer：为 ArrayBuffer 对象，表示一个 ArrayBuffer 缓存区。
- byteOffset：可选参数，为无符号长整型数值，表示 DataView 对象开始引用的位置与 ArrayBuffer 缓存区第一个字节之间的偏离值，单位为字节。如果忽略该参数值，将从 ArrayBuffer 缓存区的第一个字节开始引用。
- byteLength：可选参数，为无符号长整型数值，表示 DataView 对象的总字节长度。

如果设置了 byteOffset 和 byteLength 参数值，DataView 对象从 byteOffset 参数值所指定的开始位置开始，长度为 byteLength 参数值所指定的总字节长度。

如果忽略了 byteOffset 和 byteLength 参数值，DataView 对象跨越整个 ArrayBuffer 缓存区。

如果省略 byteLength 参数值，DataView 对象将从 byteOffset 参数所指定的开始位置到 ArrayBuffer 缓存区的结束位置。

扫一扫，看视频

DataView 对象包含的方法说明如表 21.2 所示。

表 21.2　DataView 对象方法

方　　法	说　　明
getInt8(byteOffset)	获取指定位置的一个 8 位整数值
getUint8(byteOffeet)	获取指定位置的一个 8 位无符号型整数值
getIntl6(byteOffeet, littleEndian)	获取指定位置的一个 16 位整数值
getUintl6(byteOffeet, littleEndian)	获取指定位置的一个 16 位无符号型整数值
getUint32(byteOffeet, littleEndian)	获取指定位置的一个 32 位无符号型整数值
getFloat32(byteOffeet, littleEndian)	获取指定位置的一个 32 位浮点数值
getFloat64(byteOffset, littleEndian)	获取指定位置的一个 64 位浮点数值
setInt8(byteOffaet, value)	设置指定位置的一个 8 位整数值
setUint8(byteOffset, value)	设置指定位置的一个 8 位无符号型整数值
setIntl6(byteOffset, value, littleEndian)	设置指定位置的一个 16 位整数数值
setUintl6(byteOffeet, value, littleEndian)	设置指定位置的一个 16 位无符号型整数值
setUint32(byteOffset, value, littleEndian)	设置指定位置的一个 32 位无符号型整数值
setFloat32(byteOffset, value, littleEndian)	设置指定位置的一个 32 位浮点数值
setFloat64(byteOffset, value, littleEndian)	设置指定位置的一个 64 位浮点数值

提示：

在上述方法中，各个参数说明如下：
- byteOffset：为一个无符号长整型数值，表示设置或读取整数所在位置与 DataView 对象对 ArrayBuffer 缓存区的开始引用位置之间相隔多少个字节。
- value：为无符号对应类型的数值，表示在指定位置进行设定的整型数值。
- littleEndian：可选参数，为布尔类型，判断该整数数值的字节序。当值为 true 时，表示以 little-endian 方式设置或读取该整数数值（低地址存放最低有效字节）；当参数值为 false 或忽略该参数值时，表示以 big-endian 方式读取该整数数值（低地址存放最高有效字节）。

【示例】　本例演示了如何使用 DataView 对象的相关方法，对文件数据进行截取和检测，演示效果如图 21.10 所示。

```
<!doctype html>
<html>
<head>
<meta charset="utf-8">
<script>
window.onload = function(){
   var result=document.getElementById("result");
   var file=document.getElementById("file");
   if (typeof FileReader == 'undefined' ){
      result.innerHTML = "<h1>当前浏览器不支持 FileReader 对象</h1>";
      file.setAttribute('disabled', 'disabled' );
   }
}
function file_onchange(){
   var file=document.getElementById("file").files[0];
   if(!/image\/\w+/.test(file.type)){
```

```
        alert("请选择一个图像文件！");
        return;
    }
    var slice=file.slice(0,4);
    var reader = new FileReader();
    reader.readAsArrayBuffer(slice);
    var type;
    reader.onload = function(e){
        var buffer=this.result;
        var view=new DataView(buffer);
        var magic=view.getInt32(0,false);
        if(magic<0)
            magic = magic + 0x100000000;
        magic=magic.toString(16).toUpperCase();
        if(magic.indexOf('FFD8FF') >=0)
            type="jpg 文件";
        if(magic.indexOf('89504E47') >=0)
            type="png 文件";
        if(magic.indexOf('47494638') >=0)
            type="gif 文件";
        if(magic.indexOf('49492A00') >=0)
            type="tif 文件";
        if(magic.indexOf('424D') >=0)
            type="bmp 文件";
        document.getElementById("result").innerHTML ='文件类型为：'+type;
    }
}
</script>
</head>
<body>
<input type="file" id="file" onchange="file_onchange()" /><br/>
<output id="result"></output>
</body>
</html>
```

图 21.10　判断选取文件的类型

【设计分析】

（1）在上面示例中，先在页面中设计一个文件控件。

（2）当用户在浏览器中选取一个图像文件后，JavaScript 先检测文件类型，当发现是图像文件后，再使用 file 对象的 slice()方法将该文件中前 4 个字节的内容复制到一个 Blob 对象中，代码如下。

```
var file=document.getElementById("file").files[0];
if(!/image\/\w+/.test(file.type)){
    alert("请选择一个图像文件！");
```

```
        return;
}
var slice=file.slice(0,4);
```

（3）新建 FileReader 对象，使用该对象的 readAsArrayBuffer()方法将 Blob 对象中的数据读取为一个 ArrayBuffer 对象，代码如下。

```
var reader = new FileReader();
reader.readAsArrayBuffer(slice);
```

（4）读取 ArrayBuffer 对象后，使用 DataView 对象读取该 ArrayBuffer 缓存区中位于开头位置的一个 32 位整数，代码如下。

```
reader.onload = function(e){
    var buffer=this.result;
    var view=new DataView(buffer);
    var magic=view.getInt32(0,false);
```

（5）最后根据该整数值判断用户选取的文件类型，并将文件类型显示在页面上，代码如下。

```
if(magic<0)
    magic = magic + 0x100000000;
magic=magic.toString(16).toUpperCase();
if(magic.indexOf('FFD8FF') >=0)
    type="jpg 文件";
if(magic.indexOf('89504E47') >=0)
    type="png 文件";
if(magic.indexOf('47494638') >=0)
    type="gif 文件";
if(magic.indexOf('49492A00') >=0)
    type="tif 文件";
if(magic.indexOf('424D') >=0)
    type="bmp 文件";
document.getElementById("result").innerHTML ='文件类型为：'+type;
```

21.5　使用 FileSystem

HTML5 新增 FileSystem API，使用该 API 可以将数据保存到用户磁盘的文件系统中，实现 Web 数据的永久保存。HTML5 文件系统具有如下特性：

- HTML5 支持跨域通信，但是每个域的文件系统只能被该域专用，不能被其他域访问。
- 文件系统中存储的数据是永久的，不能被浏览器随意删除，但是存储在临时文件系统中的数据可以被浏览器自行删除。
- 当 Web 应用连续发出多次对文件系统的操作请求时，每一个请求都将得到响应，同时第一个请求中所保存的数据可以被之后的请求立即得到。

目前，只有 Chrome 10+版本浏览器支持 FileSystem API。

扫一扫，看视频

21.5.1　访问文件系统

FileSystem API 包括两部分内容：一部分内容为除后台线程之外的任何场合使用的异步 API，另一部分内容为后台线程中专用的同步 API。本章仅介绍异步 API 内容。

使用 window 对象的 requestFileSystem()方法可以请求访问受到浏览器沙箱保护的本地文件系统，用法如下：

```
window.requestFileSystem = window.requestFileSystem || window.webkitRequestFile
System;
window.requestFileSystem(type, size, successCallback, opt_ errorCallback) ;
```
参数说明如下。
- type：设置请求访问的文件系统使用的文件存储空间的类型，取值包括 window.TEMPORARY 和 window.PERSISTENT。当值为 window.TEMPORARY 时，表示请求临时的存储空间，存储在临时存储空间中的数据可以被浏览器自行删除；当值为 window. PERSISTENT 时，表示请求永久存储空间，存储在该空间的数据不能被浏览器在用户不知情的情况下将其清除，只能通过用户或应用程序来清除，请求永久存储空间需要用户为应用程序指定一定的磁盘配额。
- size：设置请求的文件系统使用的文件存储空间的大小，尺寸为 byte。
- successCallback：设置请求成功时执行的回调函数，该回调函数的参数为一个 FileSystem 对象，表示请求访问的文件系统对象。
- opt_errorCallback：可选参数，设置请求失败时执行的回调函数，该回调函数的参数为一个 FileError 对象，其中存放了请求失败时的各种信息。

FileError 对象包含一个 code 属性，其属性值为 FileSystem API 中预定义的常量值，说明如下。
- FileError.QUOTA_EXCEEDED_ERR：文件系统所使用的存储空间的尺寸超过磁盘配额控制中指定的空间尺寸。
- FileError.NOT_FOUND_ERR：未找到文件或目录。
- FileError.SECURITY_ERR：操作不当引起安全性错误。
- FileError.INVALID_MODIFICATION_ERR：对文件或目录所指定的操作（如文件复制、删除、目录复制、目录删除等处理）不能被执行。
- FileError.INVALID_STATE_ERR：指定的状态无效。
- FileError. ABORT_ERR：当前操作被终止。
- FileError. NOT_READABLE_ERR：指定的目录或文件不可读。
- FileError. ENCODING_ERR：文字编码错误。
- FileError.TYPE_MISMATCH_ERR：用户企图访问目录或文件，但是用户访问的目录事实上是一个文件或用户访问的文件事实上是一个目录。
- FileError. PATH_EXISTS_ERR：用户指定的路径中不存在需要访问的目录或文件。

【示例】 本例演示如何在 Web 应用中使用 FileSystem API。

```
<!doctype html>
<html>
<head>
<meta charset="utf-8">
<script>
window.requestFileSystem = window.requestFileSystem || window.webkitRequestFile
System;
var fs = null;
if(window.requestFileSystem){
    window.requestFileSystem(window.TEMPORARY, 1024*1024,
    function(filesystem) {
        fs = filesystem;
    }, errorHandler);
}
function errorHandler(e) {
    switch (e.code) {
```

```
            case FileError.QUOTA_EXCEEDED_ERR:
                console.log('文件系统所使用的存储空间的尺寸超过磁盘限额控制中指定的空间尺寸');
                break;
            case FileError.NOT_FOUND_ERR:
                console.log('未找到文件或目录');
                break;
            case FileError.SECURITY_ERR:
                console.log( '操作不当引起安全性错误');
                break;
            case FileError.INVALID_MODIFICATION_ERR:
                console.log('对文件或目录所指定的操作不能被执行');
                break;
            case FileError.INVALID_STATE_ERR:
                console.log('指定的状态无效');
        };
    }
</script>
</head>
<body>
</html>
```

在上面代码中,先判断浏览器是否支持 FileSystem API,如果支持则调用 window.requestFileSystem() 请求访问本地文件系统,如果请求失败则在控制台显示对应的错误信息。

21.5.2 申请配额

扫一扫,看视频

当在磁盘中保存数据时,首先需要申请一定的磁盘配额。在 Chrome 浏览器中,可以通过 window.webkitStorageInfo.requestQuota()方法向用户计算机申请磁盘配额。用法如下:

```
window.webkitStorageInfo.requestQuota(PERSISTENT, 1024*1024,
    //申请磁盘配额成功时执行的回调函数
    function(grantedBytes){
        window.requestFilesystem(PERSISTENT, grantedBytes, onInitFs, errorHandler);
    },
    //申请磁盘配额失败时执行的回调函数
    errorHandler);
)
```

该方法包含 4 个参数,说明如下。

第 1 个参数:为 TEMPORARY 或 PERSISTENT。为 TEMPORARY 时,表示为临时数据申请磁盘配额;为 PERSISTENT 时,表示为永久数据申请磁盘配额。

当在用户计算机中保存临时数据,如果其他磁盘空间尺寸不足时,可能会删除应用程序所用磁盘配额中的数据。在磁盘配额中保存数据后,当浏览器被关闭或关闭计算机电源时,这些数据不会丢失。

第 2 个参数:为整数值,表示申请的磁盘空间尺寸,单位为 byte。上面代码将参数值设为 1024*1024,表示向用户计算机申请 1GB 的磁盘空间。

第 3 个参数:为一个函数,表示申请磁盘配额成功时执行的回调函数。在回调函数中可以使用一个参数,参数值为申请成功的磁盘空间尺寸,单位为 byte。

第 4 个参数:为一个函数,表示申请磁盘配额失败时执行的回调函数,该回调函数使用一个参数,参数值为一个 FileError 对象,其中存放申请磁盘配额失败时的各种错误信息。

提示,当 Web 应用首次申请磁盘配额成功后,将立即获得该磁盘配额中指定的磁盘空间,下次使用该磁盘空间时不需要再次申请。

【示例 1】 本例演示如何申请磁盘配额。首先在页面中设计一个文本框,当用户在文本框控件中输入需要申请的磁盘空间尺寸后,JavaScript 向用户申请磁盘配额,申请磁盘配额成功后在页面中显示申请的磁盘空间尺寸。

```
<!doctype html>
<html>
<head>
<meta charset="utf-8">
<script>
function getQuota(){                              //申请磁盘配额
    var size = document.getElementById("capacity").value;
    window.webkitStorageInfo.requestQuota(PERSISTENT,size,
    function(grantedBytes){                       //申请磁盘配额成功时执行的回调函数
        var text="申请磁盘配额成功<br>磁盘配额尺寸:"
        var strBytes,intBytes;
        if(grantedBytes>=1024*1024*1024){
            intBytes=Math.floor(grantedBytes/(1024*1024*1024));
            text+=intBytes+"GB ";
            grantedBytes=grantedBytes%(1024*1024*1024);
        }
        if(grantedBytes>=1024*1024){
            intBytes=Math.floor(grantedBytes/(1024*1024));
            text+=intBytes+"MB ";
            grantedBytes=grantedBytes%(1024*1024);
        }
        if(grantedBytes>=1024){
            intBytes=Math.floor(grantedBytes/1024);
            text+=intBytes+"KB ";
            grantedBytes=grantedBytes%1024;
        }
        text+=grantedBytes+"Bytes";
        document.getElementById("result").innerHTML = text;
    },
    errorHandler);                                //申请磁盘配额失败时执行的回调函数
}
function errorHandler(e) {
    switch (e.code) {
        case FileError.QUOTA_EXCEEDED_ERR:
            console.log('文件系统所使用的存储空间的尺寸超过磁盘限额控制中指定的空间尺寸');
            break;
        case FileError.NOT_FOUND_ERR:
            console.log('未找到文件或目录');
            break;
        case FileError.SECURITY_ERR:
            console.log( '操作不当引起安全性错误');
            break;
        case FileError.INVALID_MODIFICATION_ERR:
            console.log('对文件或目录所指定的操作不能被执行');
            break;
        case FileError.INVALID_STATE_ERR:
            console.log('指定的状态无效');
    };
```

```
}
</script>
</head>
<body>
<form>
    <input type="text" id="capacity" value="1024">
    <input type="button" value="申请磁盘配额" onclick="getQuota()">
</form>
<output id="result" ></output>
</body>
</html>
```

在 Chrome 浏览器中浏览页面,然后在文本框控件中输入 30000,单击"申请磁盘配额"按钮,则 JavaScript 会自动计算出当前磁盘配额空间的大小,如图 21.11 所示。

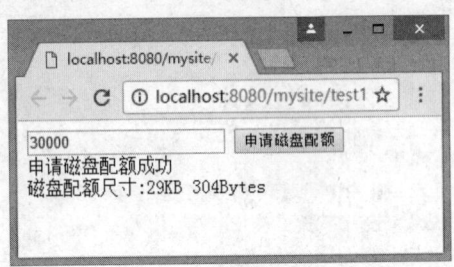

图 21.11　申请磁盘配额

成功申请磁盘配额之后,可以使用 window.webkitStorageInfo.queryUsageAndQuota()方法查询申请的磁盘配额信息,用法如下:

```
window.webkitStorageInfo.queryUsageAndQuota(PERSISTENT,
    //获取磁盘配额信息成功时执行的回调函数
    function(usage,quota) {
        //代码
    },
    //获取磁盘配额信息失败时执行的回调函数
    errorHandler
);
```

该方法包含 3 个参数,说明如下。

第 1 个参数:可选 TEMPORARY 或 PERSISTENT 常量值。为 TEMPORARY 时,表示查询保存临时数据用的磁盘配额信息;为 PERSISTENT 时,表示查询保存永久数据用的磁盘配额信息。

第 2 个参数:函数,表示查询磁盘配额信息成功时执行的回调函数。在回调函数中可以使用两个参数,其中第 1 个参数为磁盘配额中已用磁盘空间尺寸,第 2 个参数表示磁盘配额所指定的全部磁盘空间尺寸,单位为 byte。

第 3 个参数:函数,表示查询磁盘配额信息失败时执行的回调函数。回调函数的参数为一个 FileError 对象,其中存放了查询磁盘配额信息失败时的各种错误信息。

【示例 2】　下面看一个查询磁盘配额信息的代码示例。设计在页面中显示一个"查询磁盘配额信息"按钮,当用户单击该按钮时,将查询用户申请的磁盘配额信息。查询成功时将磁盘配额中用户已占用磁盘空间尺寸和磁盘配额的总空间尺寸显示在页面中,演示效果如图 21.12 所示。

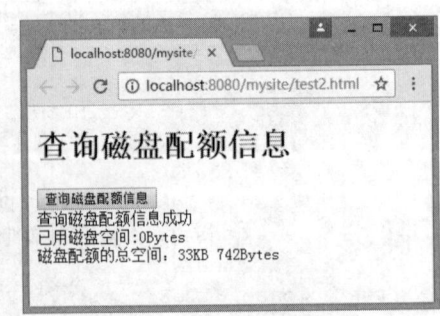

图 21.12　查询磁盘配额信息

```html
<!doctype html>
<html>
<head>
<meta charset="utf-8">
<script>
function queryQuota(){                              //查询磁盘配额信息
    window.webkitStorageInfo.queryUsageAndQuota(PERSISTENT,
    function(usage,quota){                          //查询磁盘配额信息成功时执行的回调函数
        var text="查询磁盘配额信息成功<br>已用磁盘空间:"
        var strBytes,intBytes;
        if(usage>=1024*1024*1024){
            intBytes=Math.floor(usage/(1024*1024*1024));
            text+=intBytes+"GB ";
            usage=usage%(1024*1024*1024);
        }
        if(usage>=1024*1024){
            intBytes=Math.floor(usage/1024*1024);
            text+=intBytes+"MB ";
            usage=usage%1024*1024;
        }
        if(usage>=1024){
            intBytes=Math.floor(usage/1024);
            text+=intBytes+"KB ";
            usage=usage%1024;
        }
        text+=usage+"Bytes";
        text+="<br>磁盘配额的总空间: ";
        if(quota>=1024*1024*1024){
            intBytes=Math.floor(quota/(1024*1024*1024));
            text+=intBytes+"GB ";
            quota=quota%(1024*1024*1024);
        }
        if(quota>=1024*1024){
            intBytes=Math.floor(quota/(1024*1024));
            text+=intBytes+"MB ";
            quota=quota%(1024*1024);
        }
        if(quota>=1024){
            intBytes=Math.floor(quota/1024);
            text+=intBytes+"KB ";
            quota=quota%1024;
        }
        text+=quota+"Bytes";
        document.getElementById("result").innerHTML = text;
    },
    errorHandler);                                  //申请磁盘配额失败时执行的回调函数
}
```

```
function errorHandler(e) {
    switch (e.code) {
        case FileError.QUOTA_EXCEEDED_ERR:
            console.log('文件系统所使用的存储空间的尺寸超过磁盘限额控制中指定的空间尺寸');
            break;
        case FileError.NOT_FOUND_ERR:
            console.log('未找到文件或目录');
            break;
        case FileError.SECURITY_ERR:
            console.log( '操作不当引起安全性错误');
            break;
        case FileError.INVALID_MODIFICATION_ERR:
            console.log('对文件或目录所指定的操作不能被执行');
            break;
        case FileError.INVALID_STATE_ERR:
            console.log('指定的状态无效');
    };
}
</script>
</head>
<body>
<h1>查询磁盘配额信息</h1>
<input type="button" value="查询磁盘配额信息" onclick="queryQuota()">
<output id="result" ></output>
</body>
</html>
```

21.5.3 创建文件

扫一扫，看视频

创建文件的操作思路：当用户调用 requestFileSystem() 方法请求访问本地文件系统时，如果请求成功，则执行一个回调函数，这个回调函数中包含一个参数，它指向可以获取的文件系统对象，该文件系统对象包含一个 root 属性，属性值为一个 DirectoryEntry 对象，表示文件系统的根目录对象。在请求成功时执行的回调函数中，可以通过文件系统的根目录对象的 getFile() 方法在根目录中创建文件。

getFile() 方法包含 4 个参数，简单说明如下。

第 1 个参数：为字符串值，表示需要创建或获取的文件名。

第 2 个参数：为一个自定义对象。当创建文件时，必须将该对象的 create 属性值设为 true；当获取文件时，必须将该对象的 create 属性值设为 false；当创建文件时，如果该文件已存在，则覆盖该文件；如果该文件已存在，且被使用排他方式打开，则抛出错误。

第 3 个参数：为一个函数，代表获取文件或创建文件成功时执行的回调函数，在回调函数中可以使用一个参数，参数值为一个 FileEntry 对象，表示成功创建或获取的文件。

第 4 个参数：为一个函数，代表获取文件或创建文件失败时执行的回调函数，参数值为一个 FileError 对象，其中存放了获取文件或创建文件失败时的各种错误信息。

FileEntry 对象表示受到沙箱保护的文件系统中每一个文件。该对象包含如下属性。

- isFile：区分对象是否为文件。属性值为 true，表示对象为文件；属性值为 false 表示对象为目录。
- isDirectory：区分对象是否为目录。属性值为 true，表示对象为目录；属性值为 false，表示对象为文件。

- name:表示该文件的文件名,包括文件的扩展名。
- fullPath:表示该文件的完整路径。
- filesystem:表示该文件所在的文件系统对象。

另外,FileEntry 对象包括 remove()(删除)、moveTo()(移动)、copyTo()(复制)等方法。

【示例】 本例演示了创建文件的基本方法。在页面中设计两个文本框和一个"创建文件"按钮,其中一个文本框控件用于输入文件名,另一个文本框控件用于输入文件大小,单位为 byte,用户输入文件名及文件大小后,单击"创建文件"按钮,JavaScript 会在文件系统中的根目录下创建文件,并将创建的文件信息显示在页面中,如图 21.13 所示。

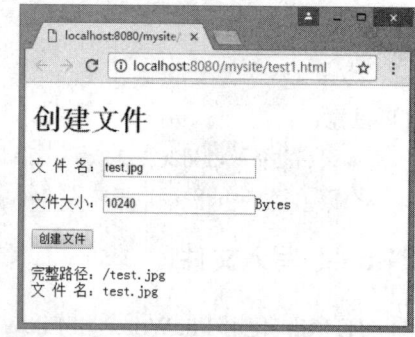

图 21.13 创建文件

```
<!doctype html>
<html>
<head>
<meta charset="utf-8">
<script>
function createFile(){                      //创建文件
    var size = document.getElementById("FileSize").value;
    window.webkitRequestFileSystem( PERSISTENT, size,
        function(fs){                       //请求文件系统成功时所执行的回调函数
            var filename = document.getElementById("FileName").value;
            fs.root.getFile(                //创建文件
                filename,
                { create: true },
                function(fileEntry){        //创建文件成功时所执行的回调函数
                    var text = "完整路径:"+fileEntry.fullPath+"<br>";
                    text += "文 件 名:"+fileEntry.name+"<br>";
                    document.getElementById("result").innerHTML = text;
                },
                errorHandler                //创建文件失败时所执行的回调函数
            );
        },
        errorHandler                        //请求文件系统失败时所执行的回调函数
    );
}
function errorHandler(e) {
    //省略代码
}
</script>
</head>
<body>
<h1>创建文件</h1>
文 件 名:<input type="text" id="FileName" value="test.txt"><br/><br/>
文件大小:<input type="text" id="FileSize" value="1024"/>Bytes<br/><br/>
<input type="button" value="创建文件" onclick="createFile()"><br/><br/>
```

```
<output id="result" ></output>
</body>
</html>
```

> **注意：**
> 如果启动系统，初次测试本例，在测试之前，应先运行 21.5.1 节示例代码，以便请求访问受浏览器沙箱保护的本地文件系统，然后再运行 21.5.2 节示例 1 代码，以便申请磁盘配额。

21.5.4 写入文件

HTML5 使用 FileWriter 和 FileWriterSync 对象执行文件写入操作，其中 FileWriterSync 对象用于在后台线程中进行文件的写操作，FileWriter 对象用于除后台线程之外的任何场合进行写操作。

在 FileSystem API 中，当使用 DirectoryEntry 对象的 getFile()方法成功获取一个文件对象之后，可以在获取文件对象成功时所执行的回调函数中，利用文件对象的 createWriter()方法创建 FileWriter 对象。

createWriter()方法包含两个参数，分别为创建 FileWriter 对象成功时执行的回调函数和失败时执行的回调函数。在创建 FileWriter 对象成功时执行的回调函数中，包含一个参数，它表示 FileWriter 对象。

使用 FileWrier 对象的 write()方法在获取到的文件中写入二进制数据，用法如下。

```
fileWriter.write(data);
```

参数 data 为一个 Blob 对象，表示要写入的二进制数据。

使用 FileWrier 对象的 writeend 和 error 事件可以进行监听，在事件回调函数中可以使用一个对象，它表示被触发的事件对象。

【示例】 以示例为基础，对 createFile()函数进行修改，当用户单击"创建文件"按钮时，首先创建一个文件，在创建文件成功时执行的回调函数中创建一个 Blob 对象，并在其中写入'Hello, World'文字，当写文件操作成功时在页面中显示"写文件操作结束"文字，当写文件操作失败时在页面中显示"写文件操作失败"文字，如图 21.14 所示。

图 21.14　写入文件

```
<!doctype html>
<html>
<head>
<meta charset="utf-8">
<script>
function createFile(){                          //写入文件操作
    var size = document.getElementById("FileSize").value;
    window.webkitRequestFileSystem( PERSISTENT, size,
        function(fs){                           //请求文件系统成功时所执行的回调函数
            var filename = document.getElementById("FileName").value;
            fs.root.getFile(filename,           //创建文件
                {create: true},
                function(fileEntry) {
                    fileEntry.createWriter(function(fileWriter) {
                        fileWriter.onwriteend = function(e) {
                            document.getElementById("result").innerHTML ='写文件操作结束';
```

```
                };
                fileWriter.onerror = function(e) {
                    document.getElementById("result").innerHTML='写文件操作失败：';
                };
                var blob = new Blob(['Hello, World']);
                fileWriter.write(blob);
            }, errorHandler);
        }, errorHandler);
    },
    errorHandler                                //请求文件系统失败时所执行的回调函数
    );
}
function errorHandler(e) {
    //省略代码
}
</script>
</head>
<body>
<h1>创建文件</h1>
文 件 名：<input type="text" id="FileName" value="test.txt"><br/><br/>
文件大小：<input type="text" id="FileSize" value="1024"/>Bytes<br/><br/>
<input type="button" value="创建文件" onclick="createFile()"><br/>
<output id="result" ></output>
</body>
</html>
```

> **注意：**
> 如果启动系统，初次测试本例，在测试之前，应先运行 21.5.1 节示例代码，以便请求访问受浏览器沙箱保护的本地文件系统，然后再运行 21.5.2 节示例 1 代码，以便申请磁盘配额。

21.5.5 添加数据

扫一扫，看视频

向文件添加数据与创建文件并写入数据操作类似，区别在于在获取文件之后，首先需要使用 FileWriter 对象的 seek()方法将文件读写位置设置到文件底部，用法如下。

```
fileWriter.seek(fileWriter.length);
```

参数值为长整型数值。当值为正值时，表示文件读写位置与文件开头处之间的距离，单位为 byte（字节数）；当值为负值时，表示文件读写位置与文件结尾处之间的距离。

【示例】 本例演示如何向指定文件添加数据。在页面中设计一个用于输入文件名的文本框和一个"添加数据"按钮，当用户在文件名文本框中输入文件名后，单击"添加数据"按钮，将在该文件中添加"新数据"文字，追加成功后在页面中显示"添加数据成功"提示信息，演示效果如图 21.15 所示。

图 21.15 添加数据

```html
<!doctype html>
<html>
<head>
<meta charset="utf-8">
<script>
function addData(){                              //向文件中添加数据
    window.webkitRequestFileSystem( PERSISTENT, 1024,
        function(fs){                            //请求文件系统成功时所执行的回调函数
            var filename = document.getElementById("fileName").value;
            fs.root.getFile(filename,            //创建文件
                {create:false},
                function(fileEntry) {
                    fileEntry.createWriter(function(fileWriter) {
                        fileWriter.onwriteend = function(e) {
                            document.getElementById("result").innerHTML ='添加数据成功';
                        };
                        fileWriter.onerror = function(e) {
                            document.getElementById("result").innerHTML='添加数据失败：';
                        };
                        fileWriter.seek(fileWriter.length);
                        var blob = new Blob(['新数据']);
                        fileWriter.write(blob);
                    }, errorHandler);
                }, errorHandler);
        },
        errorHandler                             //请求文件系统失败时所执行的回调函数
    );
}
function errorHandler(e) {
    switch (e.code) {
        case FileError.QUOTA_EXCEEDED_ERR:
            console.log('文件系统所使用的存储空间的尺寸超过磁盘限额控制中指定的空间尺寸');
            break;
        case FileError.NOT_FOUND_ERR:
            console.log('未找到文件或目录');
            break;
        case FileError.SECURITY_ERR:
            console.log( '操作不当引起安全性错误');
            break;
        case FileError.INVALID_MODIFICATION_ERR:
            console.log('对文件或目录所指定的操作不能被执行');
            break;
        case FileError.INVALID_STATE_ERR:
            console.log('指定的状态无效');
    };
}
</script>
</head>
<body>
<h1>添加数据</h1>
文件名: <input type="text" id="fileName" value="test.txt"><br/><br/>
<input type="button" value="添加数据" onclick="addData()"><br/>
<output id="result" ></output>
</body>
</html>
```

> **注意：**
> 如果启动系统，初次测试本例，在测试之前，应先运行 21.5.1 节示例代码，以便请求访问受浏览器沙箱保护的本地文件系统，然后再运行 21.5.2 节示例 1 代码，以便申请磁盘配额。

21.5.6 读取文件

在 FileSystem API 中，使用 FileReader 对象可以读取文件，详细介绍可以参考 21.3 节内容。

在文件对象（FileEntry）的 file()方法中包含两个参数，分别表示获取文件成功和失败时执行的回调函数，在获取文件成功时执行的回调函数中，可以使用一个参数，代表成功获取的文件。

【示例】 本例设计一个用于输入文件名的文本框和一个"读取文件"按钮，当用户在文件名文本框中输入文件名后，单击"读取文件"按钮，将读取该文件中的内容，并将这些内容显示在页面上的 textarea 元素中，演示效果如图 21.16 所示。

图 21.16 读取并显示文件内容

```
<!doctype html>
<html>
<head>
<meta charset="utf-8">
<script>
function readFile(){                            //读取文件
    window.webkitRequestFileSystem( PERSISTENT, 1024,
        function(fs){                           //请求文件系统成功时所执行的回调函数
            var filename = document.getElementById("FileName").value;
            fs.root.getFile(filename,           //获取文件对象
                {create:false},
                function(fileEntry) {           //获取文件对象成功时所执行的回调函数
                    fileEntry.file(             //获取文件
                        function(file) {        //获取文件成功时所执行的回调函数
                            var reader = new FileReader();
                            reader.onloadend = function(e) {
                                var txtArea = document.createElement('textarea');
                                txtArea.value = this.result;
                                document.body.appendChild(txtArea);
                            };
                            reader.readAsText(file);
                        },
                        errorHandler            //获取文件失败时所执行的回调函数
                    );
                },
                errorHandler);                  //获取文件对象失败时所执行的回调函数
        },
        errorHandler                            //请求文件系统失败时所执行的回调函数
    );
}
function errorHandler(e) {
    //省略代码
}
</script>
```

```
</head>
<body>
<h1>读取文件</h1>
文件名：<input type="text" id="FileName" value="test.txt"><br/> <br/>
<input type="button" value="读取文件" onclick="readFile()"> <br/>
<output id="result" ></output>
</body>
</html>
```

> **注意：**
>
> 如果启动系统，初次测试本例，在测试之前，应先运行 21.5.1 节示例代码，以便请求访问受浏览器沙箱保护的本地文件系统，然后再运行 21.5.2 节示例 1 代码，以便申请磁盘配额。

21.5.7 复制文件

在 FileSystem API 中，可以先使用 file 对象引用磁盘文件，然后将其写入文件系统中，用法如下：
`fileWriter.write(file);`

参数 file 表示用户磁盘上的一个文件对象，也可以为一个 Blob 对象，表示需要写入的二进制数据。在 HTML5 中，file 对象继承 Blob 对象，所以在 write 方法中可以使用 file 对象作为参数，表示使用某个文件中的原始数据进行写文件操作。

【示例】 本例将用户磁盘上的文件复制到受浏览器沙箱保护的文件系统中。先在页面上设计一个文件控件，当用户选取磁盘上的多个文件后，将用户选取的文件复制到受浏览器沙箱保护的文件系统中，复制成功后，在页面中显示所有被复制的文件名，演示效果如图 21.17 所示。

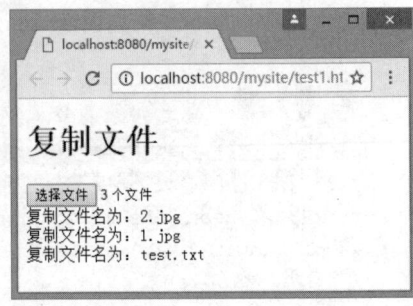

图 21.17 复制文件内容

```
<!doctype html>
<html>
<head>
<meta charset="utf-8">
<script>
function myfile_onchange(){                    //复制文件
    var files=document.getElementById("myfile").files;
    window.webkitRequestFileSystem( PERSISTENT, 1024,
        function(fs){                          //请求文件系统成功时所执行的回调函数
            for(var i = 0, file; file = files[i]; ++i){
                (function(f) {
                    fs.root.getFile(file.name, {create: true}, function(fileEntry) {
                        fileEntry.createWriter(function(fileWriter) {
                            fileWriter.onwriteend = function(e) {
                                document.getElementById("result").innerHTML+='复制文件名为：'+f.name+'<br/>';
                            };
                            fileWriter.onerror = errorHandler
                            fileWriter.write(f);
                        }, errorHandler);
                    }, errorHandler);
                })(file);
            }
        },
        errorHandler                           //请求文件系统失败时所执行的回调函数
```

```
            );
        }
        function errorHandler(e) {
            //省略代码
        }
        </script>
    </head>
    <body>
        <h1>复制文件</h1>
        <input type="file" id="myfile" onchange="myfile_onchange()" multiple /><br>
        <output id="result" ></output>
    </body>
</html>
```

注意:
如果启动系统,初次测试本例,在测试之前,应先运行 21.5.1 节示例代码,以便请求访问受浏览器沙箱保护的本地文件系统,然后再运行 21.5.2 节示例 1 代码,以便申请磁盘配额。

21.5.8 删除文件

在 FileSystem API 中,使用 FileEntry 对象的 remove()方法可以删除该文件。remove()方法包含两个参数,分别为删除文件成功和失败时执行的回调函数。

【示例】 本例演示了如何删除指定名称的文件。在页面中设计一个文本框和一个"删除文件"按钮,用户输入文件名后,单击"删除文件"按钮,在文件系统中将删除该文件,删除成功后在页面中显示该文件被删除的提示信息,演示效果 21.18 所示。

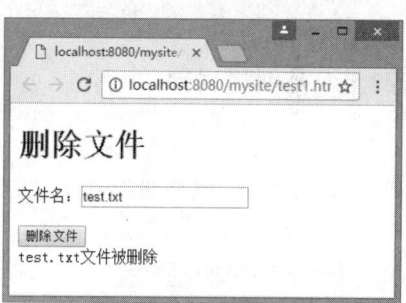

图 21.18 删除文件

```
<!doctype html>
<html>
<head>
<meta charset="utf-8">
<script>
function deleteFile(){                          //删除文件
    window.webkitRequestFileSystem( PERSISTENT, 1024,
        function(fs){                           //请求文件系统成功时所执行的回调函数
            var filename = document.getElementById("fileName").value;
            fs.root.getFile(                    //获取文件
                filename,
                { create: false },
                function(fileEntry){            //获取文件成功时所执行的回调函数
                    fileEntry.remove(
                        function() {            //删除文件成功时所执行的回调函数
                            document.getElementById("result").innerHTML
=fileEntry.name+'文件被删除';
                        },
                        errorHandler            //删除文件失败时所执行的回调函数
                    );
                },
                errorHandler                    //获取文件失败时所执行的回调函数
            );
        },
        errorHandler                            //请求文件系统失败时所执行的回调函数
```

```
        );
    }
    function errorHandler(e) {
        //省略代码
    }
</script>
</head>
<body>
<h1>删除文件</h1>
文件名：<input type="text" id="fileName" value="test.txt"><br/><br/>
<input type="button" value="删除文件" onclick="deleteFile()"><br/>
<output id="result" ></output>
</body>
</html>
```

扫一扫，看视频

注意：
如果启动系统，初次测试本例，在测试之前，应先运行 21.5.1 节示例代码，以便请求访问受浏览器沙箱保护的本地文件系统，然后再运行 21.5.2 节示例 1 代码，以便申请磁盘配额。

21.5.9 创建目录

在 FileSystem API 中，DirectoryEntry 对象表示一个目录，该对象包括如下属性。
- isFile：区分对象是否为文件。属性值为 true，表示对象为文件；属性值为 false，表示对象为目录。
- isDirectory：区分对象是否为目录。属性值为 true，表示对象为目录；属性值为 false，表示对象为文件。
- name：表示该目录的目录名。
- fullPath：表示该目录的完整路径。
- filesystem：表示该目录所在的文件系统对象。

DirectoryEntry 对象还包括一些可以创建、复制或删除目录的方法。

使用 DirectoryEntry 对象的 getDirectory()方法可以在一个目录中创建或获取子目录，该方法包含 4 个参数，简单说明如下。

第 1 个参数：为一个字符串，表示需要创建或获取的子目录名。

第 2 个参数：为一个自定义对象。当创建目录时，必须将该对象的 create 属性值设定为 true；当获取目录时，必须将该对象的 create 属性值设定为 false。

第 3 个参数：为一个函数，表示获取子目录或创建子目录成功时执行的回调函数，在回调函数中可以使用一个参数，参数为一个 DirectoryEntry 对象，代表创建或获取成功的子目录。

第 4 个参数：为一个函数，表示获取子目录或创建子目录失败时执行的回调函数，参数值为一个 FileError 对象，其中存放了获取子目录或创建子目录失败时的各种错误信息。

【示例 1】 本例演示了如何创建一个子目录。首先在页面中设计文本框，用于输入目录名称，同时添加一个"创建目录"按钮。输入目录名后，单击"创建目录"按钮，将在根目录下创建子目录，并将创建的目录信息显示在页面中，演示效果如图 21.19 所示。

图 21.19　创建目录

```
<!doctype html>
<html>
<head>
<meta charset="utf-8">
<script>
function createDirectory(){                    //创建目录
    window.webkitRequestFileSystem(
        PERSISTENT,
        1024,
        function(fs){                          //请求目录系统成功时所执行的回调函数
            var directoryName = document.getElementById("directoryName").value;
            fs.root.getDirectory(              //创建目录
                directoryName,
                { create: true },
                function(dirEntry){            //创建目录成功时所执行的回调函数
                    var text = "目录路径: "+dirEntry.fullPath+"<br>";
                    text += "目 录 名: "+dirEntry.name+"<br>";
                    document.getElementById("result").innerHTML = text;
                },
                errorHandler                   //创建目录失败时所执行的回调函数
            );
        },
        errorHandler                           //请求文件系统失败时所执行的回调函数
    );
}
function errorHandler(e) {
    //省略代码
}
</script>
</head>
<body>
<h1>创建目录</h1>
目录名: <input type="text" id="directoryName" value="test"><br/><br/>
<input type="button" value="创建目录" onclick="createDirectory()"><br/>
<output id="result" ></output>
</body>
</html>
```

在创建树形目录时,如果文件系统中不存在一个目录,直接创建该目录下的子目录时,将会抛出错误。但是有时应用程序中会有执行某个操作后先创建子目录,然后创建该目录下的子目录的处理。

【示例 2】 本例演示如何使用递归法按正确的顺序创建子目录。在页面中显示一个"创建目录"按钮,单击该按钮后将在文件系统根目录下创建'one/two/three'这种三级目录。创建的同时在页面中按创建顺序显示被创建的每一个子目录,演示效果如图 21.20 所示。

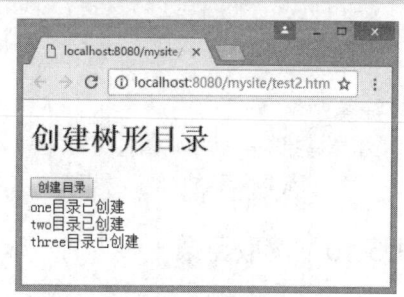

图 21.20 创建树形结构目录

```
<!doctype html>
<html>
```

```
<head>
<meta charset="utf-8">
<script>
var path = 'one/two/three';
function createDirectory(rootDirEntry, folders){//创建目录
   window.webkitRequestFileSystem(
       PERSISTENT,
       1024,
       function(fs){                                    //请求文件系统成功时所执行的回调函数
           createDir(fs.root, path.split('/'));   //使用递归函数创建每一级子目录
       },
       errorHandler                                //请求文件系统失败时所执行的回调函数
   );
}
function createDir(rootDirEntry, folders){        //创建目录时使用的递归函数
   if (folders[0] == '.' || folders[0] == '') {//将"/foo/./bar"之类的目录名中的
'./'或'/'文字剔除
       folders = folders.slice(1);
   }
   rootDirEntry.getDirectory(folders[0], {create: true},
       function(dirEntry) {                         //创建目录成功时所执行的回调函数
           if (folders.length) {
               document.getElementById("result").innerHTML += dirEntry.name+"目录已
创建<br/>";
               createDir(dirEntry, folders.slice(1));//调用递归函数创建该目录下的子目录
           }
       },
       errorHandler                                //创建目录失败时所执行的回调函数
   );
}
function errorHandler(e) {
   //省略代码
}
</script>
</head>
<body>
<h1>创建树形目录</h1>
<input type="button" value="创建目录" onclick="createDirectory()"><br/>
<output id="result" ></output>
</body>
</html>
```

扫一扫,看视频

注意:

如果启动系统,初次测试本节示例,在测试之前,应先运行 21.5.1 节示例代码,以便请求访问受浏览器沙箱保护的本地文件系统,然后再运行 21.5.2 节示例 1 代码,以便申请磁盘配额。

21.5.10 读取目录

在 FileSystem API 中,读取目录的操作步骤:

(1)需要使用 DirectoryEntry 对象的 createReader()方法创建 DirectoryReader 对象,用法如下。
`var dirReader=fs.root.createReader();`

该方法不包含任何参数，返回值为创建的 DirectoryEntry 对象。

（2）在创建 DirectoryEntry 对象之后，使用该对象的 readEntries()方法读取目录。该方法包含两个参数，简单说明如下：

- 第 1 个参数为读取目录成功时执行的回调函数。回调函数包含一个参数，代表被读取的该目录中目录及文件的集合。
- 第 2 个参数为读取目录失败时执行的回调函数。

（3）在异步 FileSystem API 中，不能保证一次就能读取出该目录中的所有目录及文件，应该多次使用 readEntries()方法，一直到回调函数的参数集合的长度为 0 为止，表示不再读出目录或文件。

【示例】 本例演示了如何读取目录。在页面中设计一个"读取目录"按钮，单击该按钮将读取文件系统根目录中的所有目录和文件，并将其显示在页面上，演示效果如图 21.21 所示。

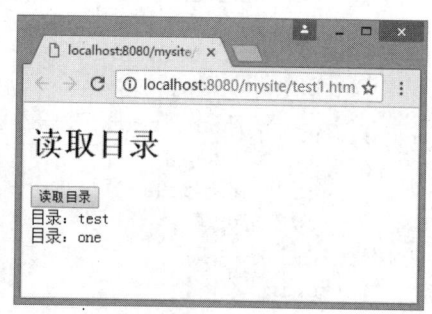

图 21.21　读取目录

```
<!doctype html>
<html>
<head>
<meta charset="utf-8">
<script>
function readDirectory(){                           //读取目录
    window.webkitRequestFileSystem( PERSISTENT, 1024,
        function(fs){                               //请求文件系统成功时所执行的回调函数
            var dirReader = fs.root.createReader();
            var entries = [];
            var readEntries = function() {          //多次调用 reader.readEntries 直到不再读出目录或文件
                dirReader.readEntries (
                    function(results) {             //读取目录成功时执行的回调函数
                        if (!results.length) {
                            listResults(entries.sort());
                        }
                        else {
                            entries = entries.concat(toArray(results));
                            readEntries();
                        }
                    },
                    errorHandler                    //读取目录失败时执行的回调函数
                );
            };
            readEntries();                          //开始读取目录
        },
        errorHandler                                //请求文件系统失败时所执行的回调函数
    );
}
function listResults(entries) {
    var type;
    entries.forEach(function(entry, i) {
```

```
            if(entry.isFile)
                type="文件："+entry.name;
            else
                type="目录："+entry.name;
            document.getElementById("result").innerHTML+=type+"<br/>";
        });
}
function toArray(list) {
    return Array.prototype.slice.call(list || [], 0);
}
function errorHandler(e) {
    //省略代码
}
</script>
</head>
<body>
<h1>读取目录</h1>
<input type="button" value="读取目录" onclick="readDirectory()"><br/>
<output id="result" ></output>
</body>
</html>
```

21.5.11 删除目录

扫一扫，看视频

在 FileSystem API 中，使用 DirectoryEntry 对象的 remove()方法可以删除该目录。该方法包含两个参数，分别为删除目录成功时执行的回调函数和删除目录失败时执行的回调函数。当删除目录时，如果该目录中含有文件或子目录，则将抛出错误。

【示例】 本例演示了如何删除文件系统中某个目录。在页面中设计一个文本框控件和一个"删除目录"按钮，当在文本框中输入目录名后，单击"删除目录"按钮，将在文件系统中删除该目录，删除成功后在页面中显示提示信息，演示效果如图 21.22 所示。

图 21.22 删除目录

```
<!doctype html>
<html>
<head>
<meta charset="utf-8">
<script>
function deleteDirectory(){                      //删除目录
    window.webkitRequestFileSystem(
        PERSISTENT,
        1024,
        function(fs){                            //请求文件系统成功时所执行的回调函数
            var directoryName = document.getElementById("directoyName").value;
            fs.root.getDirectory(                //获取目录
                directoryName,
                { create: false },
                function(dirEntry){              //获取目录成功时所执行的回调函数
                    dirEntry.removeRecursively(
                        function() {             //删除目录成功时所执行的回调函数
```

```
                    document.getElementById("result").innerHTML
=dirEntry.name+'目录被删除';
                },
                errorHandler           //删除目录失败时所执行的回调函数
            );
        },
        errorHandler                   //获取目录失败时所执行的回调函数
    );
    },
    errorHandler                       //请求文件系统失败时所执行的回调函数
    );
}
function errorHandler(e) {
    //省略代码
}
</script>
</head>
<body>
<h1>删除目录</h1>
目录名：<input type="text" id="directoyName" value="test"><br/><br/>
<input type="button" value="删除目录" onclick="deleteDirectory()"><br/>
<output id="result" ></output>
</body>
</html>
```

> **提示：**
> 当目录中含有子目录或文件时，要将该目录包括其中的子目录及文件一并删除时，可以使用 DirectoryEntry 对象的 removeRecursively()方法删除该目录。该方法包含参数及其说明与 remove()方法相同，这两个方法的不同之处仅在于 remove()方法只能删除空目录，而 removeRecursively()方法可以连该目录下的所有子目录及文件一并删除。

21.5.12 复制目录

扫一扫，看视频

在 FileSystem API 中，使用 FileEntry 对象或 DirectoryEntry 对象的 copyTo()方法可以将一个目录中的文件或子目录复制到另一个目录中。该方法包含如下 4 个参数。

第 1 个参数：为一个 DirectoryEntry 对象，指定将文件或目录复制到哪个目标目录中。

第 2 个参数：可选参数，为一个字符串值，用于指定复制后的文件名或目录名。

第 3 个参数：可选参数，为一个函数，代表复制成功后执行的回调函数。

第 4 个参数：可选参数，为一个函数，代表复制失败后执行的回调函数。

【示例】 本例使用 FileSystem API 复制文件系统中文件。页面包含 3 个文本框控件和一个"复制文件"按钮，其中一个文本框控件用于用户输入复制源目录，一个文本框控件用于用户输入复制的目标目录，一个文本框控件用于输入被复制的文件名，用户输入复制源目录、复制目标目录与被复制的文件名并单击"复制文件"按钮后，将被复制的文件从复制源目录复制到目标目录中，复制成功后在页面中显示提示信息，如图 21.23 所示。

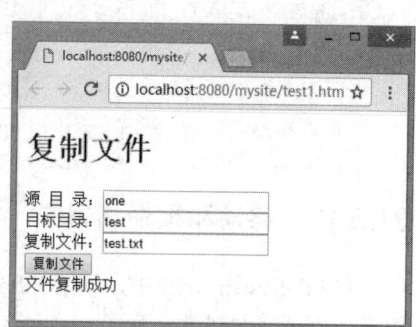

图 21.23　复制目录中文件

```
<!doctype html>
<html>
<head>
<meta charset="utf-8">
<script>
function copyFile(){                                    //复制文件
    var src=document.getElementById("src").value;
    var dest=document.getElementById("dest").value;
    var fileName=document.getElementById("fileName").value;
    window.requestFileSystem(window.PERSISTENT, 1024*1024, function(fs) {
        copy(fs.root, src+'/'+fileName, dest+'/');
    }, errorHandler);
}
function copy(cwd, src, dest) {
    cwd.getFile(src, {create:false},
    function(fileEntry) {                               //获取被复制文件成功时执行的回调函数
        cwd.getDirectory(dest, {create:false},
        function(dirEntry) {                            //获取复制目标目录成功时执行的回调函数
            fileEntry.copyTo(dirEntry,fileEntry.name,
            function() {                                //复制文件操作成功时执行的回调函数
                document.getElementById("result").innerHTML ='文件复制成功';
            },
            errorHandler                                //复制文件操作失败时执行的回调函数
            );
        },
        errorHandler);                                  //获取复制目标目录失败时执行的回调函数
    }, errorHandler);                                   //获取被复制文件失败时执行的回调函数
}
function errorHandler(e) {
    //省略代码
}
</script>
</head>
<body>
<h1>复制文件</h1>
源 目 录：<input type="text" id="src"><br/>
目标目录：<input type="text" id="dest"><br/>
复制文件：<input type="text" id="fileName"><br/>
<input type="button" value="复制文件" onclick="copyFile()">
<output id="result" ></output>
</body>
</html>
```

21.5.13 移动和重命名目录

在 FileSystem API 中，使用 FileEntry 对象或 DirectoryEntry 对象的 moveTo()方法将一个目录中的文件或子目录复制到另一个目录中。该方法所使用的参数及其说明与 copyTo()方法完全相同。

两个方法的不同之处仅在于使用 copyTo()方法时，将把指定文件或目录从复制源目录复制到目标目录中，复制后复制源目录中该文件或目录依然存在，而使用 moveTo 方法时，将把指定文件或目录从移动源目录移动到目标目录中，移动后移动源目录中该文件或目录被删除。

提示，用户可以在 21.5.12 节示例的基础上，把 copyTo()方法换为 moveTo()方法进行测试练习。

【示例】 本例演示了如何实现文件的重命名操作。先在页面中设计 3 个文本框和一个"文件重命名"按钮，当在 3 个文本框中分别输入文件所属目录、文件名与新的文件名，单击"文件重命名"按钮后，将该文件名修改为新的文件名，修改成功后在页面上显示提示信息，如图 21.24 所示。

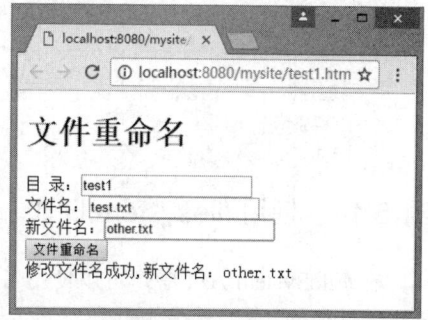

图 21.24 重命名文件

```
<!doctype html>
<html>
<head>
<meta charset="utf-8">
<script>
window.requestFileSystem = window.requestFileSystem || window.webkitRequestFileSystem;
function renameFile(){                          //文件重命名
    var folder=document.getElementById("folder").value;
    var oldFileName=document.getElementById("oldFileName").value;
    var newFileName=document.getElementById("newFileName").value;
    window.requestFileSystem(window.PERSISTENT, 1024*1024, function(fs) {
        rename(fs.root, folder+'/'+oldFileName,newFileName,folder+'/');
    }, errorHandler);
}
function rename(cwd,oldFileName,newFileName,folder) {
    cwd.getFile(oldFileName, {create:false},
    function(fileEntry) {                       //获取文件成功时执行的回调函数
        cwd.getDirectory(folder, {create:false},
        function(folder) {                      //获取文件目录成功时执行的回调函数
            fileEntry.moveTo(folder,newFileName,
                function() {                    //文件重命名操作成功时执行的回调函数
                    document.getElementById("result").innerHTML ='修改文件名成功,新文件名: '+newFileName;
                },
                errorHandler                    //文件重命名操作失败时执行的回调函数
            );
        },
        errorHandler);                          //获取目录失败时执行的回调函数
    }, errorHandler);                           //获取文件失败时执行的回调函数
}
function errorHandler(e) {
    //省略代码
}
</script>
</head>
<body>
<h1>文件重命名</h1>
```

```
目 录：<input type="text" id="folder"><br/>
文件名：<input type="text" id="oldFileName"><br/>
新文件名：<input type="text" id="newFileName"><br/>
<input type="button" value="文件重命名" onclick="renameFile()"><br/>
<output id="result" ></output>
</body>
</html>
```

21.5.14 使用 filesystem:URL

在 FileSystem API 中，可以使用带有"filesystem:"前缀的 URL，这种 URL 通常用在页面上元素的 href 属性值或 src 属性值中。

用户可以通过 window 对象的 resolveLocalFileSystemURL()方法根据一个带有"filesystem:"前缀的 URL 获取 FileEntry 对象。该方法包含 3 个参数，简单说明如下。

第 1 个参数：为一个带有"filesystem:"前缀的 URL。

第 2 个参数：为一个函数，表示获取文件对象成功时执行的回调函数，该函数使用一个参数，表示获取到的文件对象。

第 3 个参数：为一个函数，表示获取文件对象失败时执行的回调函数，该回调函数使用一个参数，参数值为一个 FileError 对象，其中存放获取文件对象失败时的各种错误信息。

【示例】 本例演示了"filesystem:"前缀的 URL 和 resolveLocalFileSystemURL()方法基本应用。在页面中显示一个文本框、一个"创建图片"按钮与一个"显示文件名"按钮，当输入图片文件名后，单击"创建图片"按钮，页面中显示该图片，单击"显示文件名"按钮，页面中显示该图片文件的文件名，演示效果如图 21.25 所示。

```
<!doctype html>
<html>
<head>
<meta charset="utf-8">
<script>
window.requestFileSystem = window.requestFileSystem || window.webkitRequestFileSystem;
var fileSystemURL;
function createImg(){                      //创建图片
    window.webkitRequestFileSystem(
        PERSISTENT,
        1024,
        function(fs){                      //请求文件系统成功时所执行的回调函数
            var filename =document.getElementById("fileName").value;
            fs.root.getFile(filename,      //获取文件对象
                {create:false},
                function(fileEntry) {      //获取文件成功时所执行的回调函数
                    var img = document.createElement('img');
                    fileSystemURL=fileEntry.toURL();
                    img.src = fileSystemURL;
                    document.getElementById("form1").appendChild(img);
                    document.getElementById("btnGetFile").disabled=false;
                },
                errorHandler);            //获取文件失败时所执行的回调函数
```

```
            },
            errorHandler                          //请求文件系统失败时所执行的回调函数
        );
    }
    function getFile(){
        window.resolveLocalFileSystemURL = window.resolveLocalFileSystemURL ||window.
webkitResolveLocalFileSystemURL;
        window.resolveLocalFileSystemURL(fileSystemURL,
            function(fileEntry) {                 //获取文件对象成功时执行的回调函数
                document.getElementById("result").innerHTML=" 文 件 名 为 :"+fileEntry.
name;
            },
            errorHandler                          //获取文件对象失败时执行的回调函数
        );
    }
    function errorHandler(e) {
        //省略代码
    }
</script>
</head>
<body>
<h1>使用filesystem前缀的URL</h1>
<form id="form1">
<input type="text" id="fileName">
<input type="button" id="btnCreateImg" value="创建图片" onclick="createImg()">
<input type="button" id="btnGetFile" value="显示文件名" onclick="getFile()"
disabled><br/>
</form>
<output id="result" ></output>
</body>
</html>
```

图 21.25　显示文件

📢 **注意:**

在测试本节示例之前，应先运行 21.5.7 节示例代码，在文件系统中复制一个文件。

21.6 实战案例

扫一扫，看视频

本例设计在页面中显示 1 个文件控件、3 个按钮。当页面打开时显示文件系统根目录下的所有文件与目录，通过文件控件可以将磁盘上一些文件复制到文件系统的根目录下，复制完成之后用户可以通过单击"保存"按钮来重新显示文件系统根目录下的所有文件与目录，单击"清空"按钮可以删除文件系统根目录下的所有文件与目录，示例演示效果如图 21.26 所示。

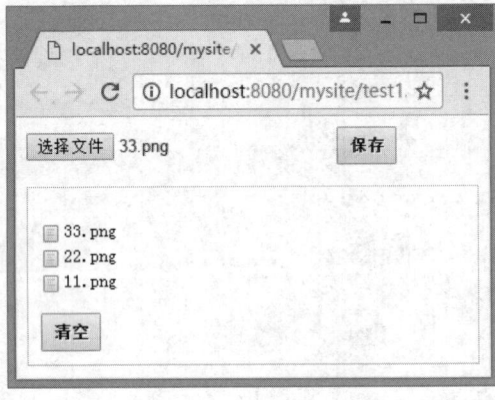

图 21.26 操作文件系统

整个示例源代码如下：

```
<!doctype html>
<html>
<head>
<meta charset="utf-8">
<script>
var fs;//文件系统对象
var fileList;//页面中用于显示文件系统根目录下所有文件与目录的ul元素
window.requestFileSystem = window.requestFileSystem || window.webkitRequestFileSystem;
window.requestFileSystem(window.PERSISTENT, 1024*1024,
    //请求文件系统成功时所执行的回调函数
    function(filesystem) {
       fileList=document.getElementById("fileList");
       fs = filesystem;
       document.getElementById("myfile").disabled=false;
       document.getElementById("btnreadRoot").disabled=false;
       document.getElementById("btndeleteFile").disabled=false;
       //读取根目录
       readRoot();
    },
    //请求文件系统失败时所执行的回调函数
    errorHandler
);
//读取根目录
function readRoot(){
    document.getElementById("result").innerHTML="";
    for(var i=fileList.childNodes.length;i>0;i--){
```

```
            var el=fileList.childNodes[i-1];
            fileList.removeChild(el);
        }
        var dirReader = fs.root.createReader();
        var entries = [];
        var readEntries = function() {
            //读取目录
            dirReader.readEntries (
                //读取目录成功时执行的回调函数
                function(results) {
                    if (!results.length) {
                        var fragment = document.createDocumentFragment();
                        for (var i = 0, entry; entry = entries[i]; ++i) {
                            var img = entry.isDirectory ? '<img src="icon-folder.gif">' : '<img src="icon-file.gif">';
                            var li = document.createElement('li');
                            li.innerHTML = [img, '<span>', entry.name, '</span>'].join('');
                            fragment.appendChild(li);
                        }
                        fileList.appendChild(fragment);
                    }
                    else {
                        entries = entries.concat(toArray(results));
                        readEntries();
                    }
                },
                //读取目录失败时执行的回调函数
                errorHandler
            );
        };
        readEntries(); // 开始读取根目录
}
function toArray(list) {
  return Array.prototype.slice.call(list || [], 0);
}
function myfile_onchange(){
    var files=document.getElementById("myfile").files;
    for(var i = 0, file; file = files[i]; ++i){
        (function(f) {
            fs.root.getFile(file.name, {create: true}, function(fileEntry) {
                fileEntry.createWriter(function(fileWriter) {
                    fileWriter.onwriteend = function(e) {
                        document.getElementById("result").innerHTML+='复制文件名为：'+f.name+'<br/>';
                    };
                    fileWriter.onerror = errorHandler
                    fileWriter.write(f);
                }, errorHandler);
            }, errorHandler);
        })(file);
    }
```

```javascript
}
function deleteAllContents(){
    var dirReader = fs.root.createReader();
    var entries = [];
    var deleteEntries = function() {
        //读取目录
        dirReader.readEntries (
            //读取目录成功时执行的回调函数
            function(results) {
                if (!results.length) {
                    for (var i = entries.length-1, entry; entry = entries[i];i--) {
                        if (entry.isDirectory) {
                            entry.removeRecursively(function() {}, errorHandler);
                        }
                        else {
                            entry.remove(function() {}, errorHandler);
                        }
                    }
                    for(var i=fileList.childNodes.length;i>0;i--){
                        var el=fileList.childNodes[i-1];
                        fileList.removeChild(el);
                    }
                }
                else {
                    entries = entries.concat(toArray(results));
                    deleteEntries();
                }
            },
            //读取目录失败时执行的回调函数
            errorHandler
        );
    };
    deleteEntries(); // 开始删除根目录中内容
}
function errorHandler(e) {
    switch (e.code) {
        case FileError.QUOTA_EXCEEDED_ERR:
            console.log('文件系统所使用的存储空间的尺寸超过磁盘限额控制中指定的空间尺寸');
            break;
        case FileError.NOT_FOUND_ERR:
            console.log('未找到文件或目录');
            break;
        case FileError.SECURITY_ERR:
            console.log( '操作不当引起安全性错误');
            break;
        case FileError.INVALID_MODIFICATION_ERR:
            console.log('对文件或目录所指定的操作不能被执行');
            break;
        case FileError.INVALID_STATE_ERR:
            console.log('指定的状态无效');
    };
}
```

```
</script>
</head>
<body>
<input type="file" id="myfile" multiple disabled onchange="myfile_onchange()"/>
<button id="btnreadRoot"  disabled onclick="readRoot()">保存</button><br/><br/>
<div>
    <ul id="fileList"></ul>
    <button  id="btndeleteFile"    disabled   onclick="deleteAllContents()">清空</button>
</div>
<output id="result" ></output>
</body>
</html>
```

第 22 章　使用 History

HTML5 新增了一个 History API，该 API 允许用户通过 JavaScript 管理浏览器的历史记录，实现无刷新更改浏览器地址栏的链接地址，配合 History + Ajax 可以设计不需要刷新页面的跳转。

【学习重点】
- 能够操作历史记录。
- 正确使用 History API。
- 使用 Ajax+History API 设计无刷新页面。

22.1　History API 基础

在 HTML5 之前，用户可以通过 JavaScript 实现浏览器历史记录的前后导航。在 HTML5 中，新增了如下历史记录的控制功能：
- 允许用户在浏览器历史记录中添加项目。
- 在不刷新页面的前提下，允许显式改变浏览器地址栏中的 URL 地址。
- 新添了一个当激活的历史记录发生改变时触发的事件，如前进或后退浏览页面。

通过这些新增功能和事件，可以实现在不刷新页面的前提下，动态改变浏览器地址栏中的 URL 地址，动态修改页面所显示的资源。

22.1.1　History API 处理方式

URL 是 Universal Resource Locator 的首字母缩写，中文表示为统一资源定位符，俗称网页地址，用于定位浏览器中显示的网页资源。可以在页面上或 Email 中显示一个 URL 地址链接，也可以将某个 URL 地址标记为一个书签，当用户单击某个 URL 地址链接时，浏览器将定位到某个网页资源。

在 HTML5 之前，使用 JavaScript 实现在浏览器地址栏中切换 URL 地址，都会触发一个页面刷新的过程，这个过程将耗费大量时间和资源。在很多情况下，这种刷新是没有必要的，导致重复加载。

HTML5 的 History API 允许在不刷新页面的前提下，通过 JavaScript 方式更新页面内容。History API 执行过程如下。

（1）通过 Ajax 向服务器端请求页面需要更新的信息。
（2）使用 JavaScript 加载并显示更新的页面信息。
（3）通过 History API 在不刷新页面的前提下，更新浏览器地址栏中的 URL 地址。

在整个处理过程中，页面信息得到更新，浏览器的地址栏也发生了变化，但是页面并没有被刷新。实际上，History API 的诞生，主要任务就是为了解决 Ajax 技术与浏览器历史记录之间存在的冲突。

提示：

完善 Ajax 与 History API 融合，需要注意两个问题：
- 将 Ajax 请求的地址嵌入到<a>标记的 href 属性中。
- 确保在 JavaScript 的 click 事件处理程序中返回 true，这样当用户使用中键单击或命令单击时不会导致程序被意外覆盖。

22.1.2 浏览器兼容和扩展

History API 最主要的功能是不重新加载页面，之前用户只能通过改变 window.location 的值来修改当前页面的 URL，不过这会导致整个页面被重新加载。

目前，IE 10+、Firefox 4+、Chrome 8+、Safari 5+、Opera 11+等主流版本浏览器支持 HTML5 中的 History API。

如果只修改 URL 中的 hash，则不会导致页面被刷新。使用传统的 hashbang 方法可以改变页面的 URL，但不刷新页面。Twitter 网站就使用这种方法，不过这种方法广受诟病，毕竟 hash 在 location 中并不被作为一个真正的资源来对待。2012 年 Twitter 抛弃了 hashbang 方法，推出 pushstate()方法，随后各浏览器支持了这个规范。

如果想大范围地使用 History API 技术，可以考虑使用一些专有的工具，如 pjax（https://github.com/defunkt/jquery-pjax），它是一个 jQuery 插件，使用它可以大大提高用户同时使用 Ajax 和 pushState()方法进行开发的速度，不过它只支持那些使用 History API 接口的现代浏览器。

> 注意：
> 对于不支持 History API 接口的浏览器，可以使用 history.js 进行兼容，它使用旧的 URL hash 的方式来实现同样的功能。下载地址 https://github.com/browserstate/history.js/。

22.1.3 操作历史记录

window 对象通过 history 对象提供对浏览器历史记录的访问能力，允许用户在历史记录中自由前进和后退，而在 HTML5 中，还可以操纵历史记录中的数据。

1. 在历史记录中后退

实现方法如下：
```
window.history.back();1
```
这行代码等效于在浏览器的工具栏上单击"返回"按钮。

2. 在历史记录中前进

实现方法如下：
```
window.history.forward();1
```
这行代码等效于在浏览器中单击"前进"按钮。

3. 移动到指定的历史记录点

可以使用 go()方法从当前会话的历史记录中加载页面。当前页面位置索引值为 0，上一页就是-1，下一页为 1，依此类推。
```
window.history.go(-1);                    //相当于调用 back()
window.history.go(1);                     //相当于调用 forward()
```

4. length 属性

使用 length 属性可以了解历史记录栈中一共有多少页：
```
var numberOfEntries = window.history.length;
```

5. 添加和修改历史记录条目

HTML5 新增 history.pushState()和 history.replaceState()方法，允许用户逐条添加和修改历史记录条目。

使用 history.pushState()方法可以改变 referrer 的值，而在调用该方法后创建的 XMLHttpRequest 对象会在 HTTP 请求头中使用这个值。referrer 的值则是创建 XMLHttpRequest 对象时所处的窗口的 URL。

【示例】 假设 http://mysite.com/foo.html 页面将执行下面 JavaScript 代码：
```
var stateObj = { foo: "bar" };
history.pushState(stateObj, "page 2", "bar.html");
```
这时浏览器的地址栏将显示 http:// mysite.com/bar.html，但不会加载 bar.html 页面，也不会检查 bar.html 是否存在。

如果现在用户导航到 http://mysite.com/ 页面，然后单击后退按钮，此时地址栏将会显示 http://mysite.com/bar.html，并且页面会触发 popstate 事件，该事件中的状态对象会包含 stateObj 的一个拷贝。

如果再次单击后退按钮，URL 将返回 http://mysite.com/foo.html，文档将触发另一个 popstate 事件，这次的状态对象为 null，回退同样不会改变文档内容。

6. pushState()方法

pushState()方法包含 3 个参数，简单说明如下：

第 1 个参数：状态对象。

状态对象是一个 JavaScript 对象直接量，与调用 pushState()方法创建的新历史记录条目相关联。无论何时用户导航到新创建的状态，popstate 事件都会被触发，并且事件对象的 state 属性都包含历史记录条目的状态对象的拷贝。

第 2 个参数：标题。可以传入一个简短的标题，标明将要进入的状态。

FireFox 浏览器目前忽略该参数，考虑到未来可能会对该方法进行修改，传一个空字符串会比较安全。

第 3 个参数：可选参数，新的历史记录条目的地址。

浏览器不会在调用 pushState()方法后加载该地址，不指定的话则为文档当前 URL。

◀》 提示：

调用 pushState()方法，类似于设置 window.location='#foo'，它们都会在当前文档内创建和激活新的历史记录条目。但 pushState()有自己的优势：

▶ 新的 URL 可以是任意的同源 URL，与此相反，使用 window.location 方法时，只有仅修改 hash 才能保证停留在相同的 document 中。

▶ 根据个人需要决定是否修改 URL。相反，设置 window.location='#foo'，只有在当前 hash 值不是 foo 时才创建一条新历史记录。

▶ 可以在新的历史记录条目中添加抽象数据。如果使用基于 hash 的方法，只能把相关数据转码成一个很短的字符串。

注意，pushState()方法永远不会触发 hashchange 事件。

7. replaceState()方法

history.replaceState()与 history.pushState()用法相同，都包含 3 个相同的参数。

两者的不同之处在于：

pushState()是在 history 栈中添加一个新的条目，replaceState()是替换当前的记录值。例如，history 栈中有两个栈块，一个标记为 1，另一个标记为 2，现在有第 3 个栈块，标记为 3。当执行 pushState()时，栈块 3 将被添加到栈中，栈就有 3 个栈块了。而当执行 replaceState()时，将使用栈块 3 替换当前激活的栈块 2，history 的记录条数不变。也就是说，pushState()会让 history 的数量加 1。

◀》 提示：

为了响应用户的某些操作，需要更新当前历史记录条目的状态对象或 URL 时，使用 replaceState()方法会特别合适。

8. popstate 事件

每当激活的历史记录发生变化时，都会触发 popstate 事件。如果被激活的历史记录条目是由 pushState()

创建，或者是被 replaceState() 方法替换的，popstate 事件的状态属性将包含历史记录的状态对象的一个拷贝。

📢 注意：

当浏览会话历史记录时，不管是单击浏览器工具栏中前进或者后退按钮，还是使用 JavaScript 的 history.go() 和 history.back() 方法，popstate 事件都会被触发。

9. 读取历史状态

在页面加载时，可能会包含一个非空的状态对象。这种情况是会发生的，例如，如果页面中使用 pushState() 或 replaceState() 方法设置了一个状态对象，然后重启浏览器。当页面重新加载时，页面会触发 onload 事件，但不会触发 popstate 事件。但是，如果读取 history.state 属性，会得到一个与 popstate 事件触发时一样的状态对象。

可以直接读取当前历史记录条目的状态，而不需要等待 popstate 事件：

```
var currentState = history.state;
```

22.2 实战案例

一般 History API 与 Ajax 结合使用才有价值，应用中主要掌握 3 个技术要点：（1）使用 Ajax 实现网页内容的更新；（2）使用 History API 实现浏览器历史记录的更新；（3）使用 History API 实时跟踪浏览器的导航响应，实现当浏览器的历史记录发生变化时，页面内容也应随之更新。

📢 注意：

测试本章示例，用户需要搭建一个 Web 服务器，以 http://host/ 的形式去访问才能生效。如果在本地测试，以 file:// 的方式在浏览器打开，就会出现如下的问题：
Uncaught SecurityError: A history state object with URL 'file:///C:/xxx/xxx/xxx/xxx.html' cannot be created in a document with origin 'null'.

因为使用 pushState() 方法修改的 URL 与当前页面的 URL 必须是同源的，而 file:// 形式打开的页面是没有 origin 的，所以会报该错误。

扫一扫，看视频

22.2.1 设计无刷新页面导航

本例设计一个无刷新页面导航，在首页（index.html）包含一个导航列表，当用户单击不同的列表项目时，首页（index.html）的内容容器（<div id="content">）会自动更新内容，正确显示对应目标页面的 HTML 内容，同时浏览器地址栏正确显示目标页面的 URL，但是首页并没有被刷新，而不是仅显示目标页面。演示效果如图 22.1 所示。

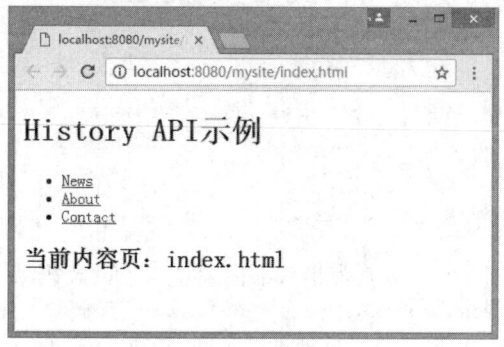
显示 index.html 页面

显示 news.html 页面

图 22.1　应用 History API

在浏览器工具栏中单击"后退"按钮,浏览器能够正确显示上一次单击的链接地址,虽然页面并没有被刷新,同时地址栏中正确显示上一次浏览页面的 URL,如图 22.2 所示。如果没有 History API 支持,使用 Ajax 实现异步请求时,工具栏中的"后退"按钮是无效的。

但是,如果在工具栏中单击"刷新"按钮,则页面将根据地址栏的 URL 信息,重新刷新页面,将显示独立的目标页面,效果如图 22.3 所示。

图 22.2　正确后退和前进历史记录

图 22.3　重新刷新页面显示效果

此时,如果再单击工具栏中的"后退"和"前进"按钮,会发现导航功能失效,页面总是显示目标页面,如图 22.4 所示。这说明使用 History API 控制导航与浏览器导航功能存在差异,一个是 JavaScript 脚本控制,一个是系统自动控制。

图 22.4　刷新页面之后工具栏导航失效

【操作步骤】

(1) 设计首页(index.html)。新建文档,保存为 index.html,构建一个简单的 HTML 导航结构。

```
<h1>History API 示例</h1>
<ul id="menu">
    <li><a href="news.html">News</a></li>
    <li><a href="about.html">About</a></li>
    <li><a href="contact.html">Contact</a></li>
</ul>
<div id="content">
    <h2>当前内容页:index.html</h2>
</div>
```

(2) 为了简化代码,本例使用 jQuery 作为辅助操作,因此在文档头部位置导入 jQuery 框架。

```
<script src="jquery/jquery-1.11.0.js" type="text/javascript"></script>
```

(3) 定义异步请求函数。该函数根据参数 url 值,异步加载目标地址的页面内容,并把它置入首页内容容器中(<div id="content">)中,同时根据第 2 个参数 addEntry 的值执行额外操作。如果第 2 个参数值为 true,则使用 history.pushState()方法把目标地址推入到浏览器历史记录堆栈中。

```
function getContent(url, addEntry) {
    $.get(url)                                    //异步请求
    .done(function( data ) {
        $('#content').html(data);                 //动态加载目标页面
        if(addEntry == true) {
            history.pushState(null, null, url);   //把目标地址推入到浏览器历史记录堆栈中
        }
    });
}
```

（4）在页面初始化事件处理函数中，为每个导航链接绑定 click 事件，在 click 事件处理函数中调用 getContent()函数，同时阻止页面的刷新操作。

```
$(function(){
    $('#menu a').on('click', function(e){
        e.preventDefault();                       //阻止页面刷新操作
        var href = $(this).attr('href');
        getContent(href, true);                   //执行页面内容更新操作
        $('#menu a').removeClass('active');
        $(this).addClass('active');
    });
});
```

（5）注册 popstate 事件，跟踪浏览器历史记录的变化，如果发生变化，则调用 getContent()函数更新页面内容，但是不再把目标地址添加到历史记录堆栈中。

```
window.addEventListener("popstate", function(e) {
    getContent(location.pathname, false);
});
```

（6）设计其他页面。

① about.html

```
<!doctype html>
<html>
<head>
<meta charset="utf-8">
</head>
<body>
<h2>当前内容页：about.html</h2>
</body>
</html>
```

② contact.html

```
<!doctype html>
<html>
<head>
<meta charset="utf-8">
</head>
<body>
<h2>当前内容页：contact.html</h2>
</body>
</html>
```

③ news.html

```
<!doctype html>
<html>
<head>
```

```
<meta charset="utf-8">
</head>
<body>
<h2>当前内容页：news.html</h2>
</body>
</html>
```

22.2.2 设计主题宣传网站

扫一扫，看视频

本节示例是一个简单的主题宣传网站，希望通过网站找到中国古代四大发明的技术。当用户选择一个图片时，在下方将显示该技术对应的文字描述，同时高亮显示该图片，提示被选中状态。当在浏览器工具栏中单击"后退"按钮时，页面应该切换到上一个被选中的图片状态，同时图片下方的文字也要一并切换；当单击"前进"按钮时执行类似的响应操作，演示效果如图 22.5 所示。

网站首页默认效果

显示火药技术视图效果

图 22.5　设计主题宣传网站

第 22 章 使用 History

这样当单击一个图片,然后将被更改的 URL 分享出去时,共享用户可以通过这个 URL 访问对应的网页。这会带来一些更好的用户体验,并保证了 URL 和页面内容的一致性,从而减少了 Ajax 传统应用中 URL 与显示内容不一致的问题。这对于依赖 URL 的应用来说是一个障碍,会因此带给用户一些困惑。

【操作步骤】

(1)新建网站首页(index.html)结构。本示例的 HTML 代码非常简单:<div class="gallery">中包含了所有的链接,每个链接里有一个图片,在下面放置一个空的<div class="content">容器,用来存放当图片被单击时显示的图片介绍文字。

```
<div class="page-wrap">
    <div class="gallery">
        <a href="/zhaozhishu.php">
            <img src="images/zhaozhishu.png" alt="造纸术" class="zhaozhishu" data-name="zhaozhishu"/> </a>
        <a href="/huoyao.php">
            <img src="images/huoyao.png" alt="火药" class="huoyao" data-name="huoyao"/></a>
        <a href="/yinshuashu.php">
            <img src="images/yinshuashu.png" alt="印刷术" class="yinshuashu" data-name="yinshuashu"/> </a>
        <a href="/zhinanzhen.php">
            <img src="images/zhinanzhen.png" alt="指南针" class="zhinanzhen" data-name="zhinanzhen"></a>
    </div>
    <p class="selected">中国四大发明</p>
    <p class="highlight"></p>
    <div class="content"></div>
</div>
```

提示:

在设计结构时,要考虑页面的可访问性和优雅降级:如果没有 JavaScript,该页面仍然可以正常工作,单击图片可以跳转到对应的页面,然后单击后退按钮也可以回到之前的页面,效果如图 22.6 所示。

图 22.6 无 JavaScript 状态下显示火药技术页面效果

（2）新建 JavaScript 文件，保存为 images/app.js，然后在页面中导入该脚本文件。
```
<script src="images/app.js"></script>
```
（3）在脚本文件中添加 JavaScript 代码。为<div class="gallery">容器中的每一个<a>添加一个 click 事件处理程序。
```javascript
var container = document.querySelector('.gallery');
container.addEventListener('click', function(e) {
   if (e.target != e.currentTarget) {
      e.preventDefault();
      // 其他代码
   }
   e.stopPropagation();
}, false);
```
（4）在 if 语句中，获取被选中图片的 data-name 属性值，然后将'.php'添加到后面拼成一个要访问的页面地址，并将其作为第 3 个参数传递给 pushState 方法。当然，此处也可以直接使用<a>的 href 属性值。
```javascript
var data = e.target.getAttribute('data-name'),
url = data + ".php";
history.pushState(null, null, url);
// 此处更改当前的 classes 样式
// 然后使用 data 变量的值更新
// 并通过 Ajax 请求.content 元素的内容
// 最后再更新当前文档的 title
```
注意，在真实的示例应用中可能会在 Ajax 请求成功之后才会去修改 URL。

（5）上面代码将真实代码中的内容都替换成注释了，以便读者可以只关注 pushState()方法的使用。现在单击图片，URL 和 Ajax 请求的内容会被自动更新，但是当单击浏览器工具栏中的"后退"按钮时，并不会回退到之前选中的图片。这里还需要在用户单击"后退"和"前进"按钮时，使用另外一个 Ajax 请求来更新内容，并再一次使用 pushState()方法来更新页面的 URL。这里使用 pushState()方法中的第一个参数（状态对象）来保存状态信息。
```javascript
history.pushState(data, null, url);
```
（6）把上面代码中的 data 参数传递给 popstate 事件处理程序。当浏览器的"后退"和"前进"按钮被单击时，会触发 popstate 事件。
```javascript
window.addEventListener('popstate', function(e) {
   // e.state 表示上一个被单击的图片的 data-attribute
});
```
（7）通过 data 参数可以传递一些有价值的信息，在本示例中将之前选中的图片作为参数传递给 requestContent()方法，在该方法中使用 jQuery 的 load()方法进行一次 Ajax 请求。
```javascript
function requestContent(file){
    $('.content').load(file + ' .content');
}
```
（8）解决了核心技术问题，下面完善 popstate 事件处理程序。
```javascript
window.addEventListener('popstate', function(e){
   var character = e.state;
   if (character == null) {
      removeCurrentClass();
      textWrapper.innerHTML = " ";
      content.innerHTML = " ";
      document.title = defaultTitle;
```

```
        } else {
            updateText(character);
            requestContent(character + ".php");
            addCurrentClass(character);
            document.title = "Ghostbuster | " + character;
        }
})
```

（9）完善 index.html 首页内容，该页面除了 HTML 结构，还包含样式表文件：images/style.css、images/style1.css，其中 images/style1.css 导入之后，先隐藏显示，这样能够实现动态显示效果。

```
<link rel="stylesheet" href="images/style1.css" style="display:none !important;">
```

脚本文件 images/app.js，完整代码请参考资源包示例。

（10）设计请求页面，本网站包含 4 个请求页面：zhaozhishu.php、huoyao.php、yinshuashu.php、zhinanzhen.php，虽然都是 php 页面，但是都以静态 HTML 代码设计，如果读者没有 PHP 服务器，可以把它们全部改为.html 静态页面，同时需要在 index.html 页面中修改<a>中的 href 属性值，另外还需要修改 JavaScript 脚本中的下面代码句中".php"：

```
var data = e.target.getAttribute('data-name'),
    url = data + ".php";
```

（11）4 个请求页面的结构相同，内容略有变化，以 zhaozhishu.php 文档为例，其 HTML 结构如下所示，其他页面结构就不再展开，请参考资源包示例。

```
<div id="demo-top-bar">
    <div id="demo-bar-inside">
        <h2 id="demo-bar-badge"> <a href="/">中国四大发明</a> </h2>
        <div id="demo-bar-buttons"> </div>
    </div>
</div>
<div class="page-wrap">
    <div class="gallery"> <img src="images/zhaozhishu.png" alt="造纸术" class="zhaozhishu"/> </div>
    <h1>造纸术</h1>
    <div class="content">
        <p>造纸术是中国四大发明之一，纸是中国古代劳动人民长期经验的积累和智慧的结晶，人类文明史上的一项杰出的发明创造。中国是世界上最早养蚕织丝的国家。中国古代劳动人民以上等蚕抽丝织绸，剩下的恶茧、病茧等则用漂絮法制取丝绵。漂絮完毕，篾席上会遗留一些残絮。当漂絮的次数多了，篾席上的残絮便积成一层纤维薄片，经晾干之后剥离下来，可用于书写。这种漂絮的副产物数量不多，在古书上称它为赫蹏或方絮。这表明了中国古代造纸术的起源同丝絮有着渊源关系。</p>
        <small><a href="http://baike.baidu.com/">来源：百度百科</a></small> </div>
</div>
```

上面示例简单通过 jQuery 来动态加载内容，用户可以在 pushState()方法中通过状态对象参数传递一些更复杂的信息。

22.2.3 设计图片画廊

扫一扫，看视频

本例设计一个简单的图片画廊，它使用 History API 作为接口，展示了一个图片预览模式：一个具有相关性的图片无刷新访问。在支持的浏览器中浏览，点击下一张图片画廊的链接将在更新照片和更新URL 地址，没有引发全页面刷新。在不支持的浏览器，或者当用户禁用了脚本时，导航链接只是作为普通链接，会打开一个新的页面，整页刷新。整个示例演示效果如图 22.7 所示。

上一张

下一张

图 22.7　无刷新图片画廊演示效果

【操作步骤】

（1）创建网页文档。本例图片画廊包含系列 HTML 文档，这些文档结构相同，确保在关闭脚本的情况下，能否顺畅访问。包含文件：adagio.html、angie.html、brandy.html、casey.html、fer.html、pepper.html、willie.html。这些文件都可以独立运行，在网站中属于平级关系，通过图片画廊的链接可以相互访问。

（2）设计文档结构。上述文件包含相同的 HTML 结构，主结构如下：

```
<div id="header-container">
    <header class="wrapper">
        <h1 id="title">图片画廊</h1>
        <nav>
```

```
            <ul>
                <li><a href="#">首页</a></li>
                <li><a href="#">导航</a></li>
                <li><a href="#">关于</a></li>
            </ul>
        </nav>
    </header>
</div>
<div id="main" class="wrapper">
    <article>
        <header>
            <h2>狗狗的照片集</h2>
        </header>
        <aside id="gallery">
            <p class="photonav"><a id="photonext" href="pepper.html">下一张 ></a> <a id="photoprev" href="brandy.html">&lt; 上一张</a></p>
            <figure id="photo"><img id="photoimg" src="gallery/1989-willie-500.jpg" alt="Willie" width="500" height="375">
                <figcaption>Willie, 1989</figcaption>
            </figure>
        </aside>
    </article>
</div>
<div style="clear:both;"></div>
<div id="footer-container">
    <footer class="wrapper">
        <h3>网站版权信息</h3>
    </footer>
</div>
```

在上面代码中，与本例相关的代码位于<aside id="gallery">包含框中，它由一个<p>标签包含的导航链接、一个<figure>标签包含的图片，以及一个<figcaption>标签包含的图片说明文字组成。

其他几个文件的结构相同，但是位于<aside id="gallery">包含框中的信息不同，具体可以参考资源包示例。

（3）根据图片画廊的相关文档结构和内容，在 gallery 文件夹中映射一组异步请求的文档片段，对应文件名称为 adagio.html、angie.html、brandy.html、casey.html、fer.html、pepper.html、willie.html。

这些文件不能够独立运行，它仅作为 Ajax 异步请求的文档片段进行加载。

（4）设计文档片段的 HTML 代码结构。这些文档片段文件实际上是图片画廊系列文件中<aside id="gallery">包含的 HTML 字符串提取。例如，gallery/adagio.html 文档代码如下所示。

```
<p class="photonav"><a id="photonext" href="angie.html">下一张 ></a> <a id="photoprev" href="pepper.html">&lt; 上一张</a></p>
<figure id="photo"><img id="photoimg" src="gallery/1995-adagio-500.jpg" alt="Adagio" width="500" height="375">
    <figcaption>Adagio, 1995</figcaption>
</figure>
```

（5）完成整个图片画廊文档结构设计，下面重点介绍 JavaScript 脚本部分，新建 JavaScript 文件，保存为 gallery.js。CSS 样式表部分请参考资源包示例中 history.css。

（6）为图片画廊的超链接绑定 click 事件处理程序。在处理函数中，先执行 Ajax 异步切换图片显示，如果成功，则调用 history.pushState()方法，在浏览器历史记录中添加一条浏览记录，同时阻止超链接默认的跳转行为。

```
function addClicker(link) {
    link.addEventListener("click", function(e) {
        if (swapPhoto(link.href)) {
            history.pushState(null, null, link.href);
            e.preventDefault();
        }
    }, true);
}
function setupHistoryClicks() {
    addClicker(document.getElementById("photonext"));
    addClicker(document.getElementById("photoprev"));
}
```

（7）设计异步切换图片画廊显示。根据超链接的 href 属性值，使用 Ajax 打开 gallery 目录下对应的目标文件，如果打开成功，则把请求的文档片段写入<aside id="gallery">容器中，同时调用上一步定义的 setupHistoryClicks()函数，为新页面超链接绑定 click 事件处理程序。

```
function swapPhoto(href) {
    var req = new XMLHttpRequest();
    req.open("GET",
        "gallery/" +
        href.split("/").pop(),
        false);
    req.send(null);
    if (req.status == 200) {
        document.getElementById("gallery").innerHTML = req.responseText;
        setupHistoryClicks();
        return true;
    }
    return false;
}
```

（8）在页面初始化事件处理函数中，对页面加载的导航链接绑定 click 事件处理程序，同时注册 popstate 事件，监听浏览器历史记录的更新状态，如果发生变化，则调用 swapPhoto()函数把图片画廊切换到对应的页面。

```
window.onload = function() {
    if (!supports_history_api()) { return; }
    setupHistoryClicks();
    window.setTimeout(function() {
        window.addEventListener("popstate", function(e) {
            swapPhoto(location.pathname);
        }, false);
    }, 1);
}
```

22.2.4　设计历史恢复

扫一扫，看视频

本例利用 History API 的状态对象，实时记录用户的每一次操作，把每一次操作信息传递给浏览器的历史记录保存起来，这样当用户单击浏览器的"后退"按钮时，会逐步恢复前面的操作状态，从而实现历史恢复功能。

在示例页面中显示一个 canvas 元素，用户可以在该 canvas 元素中随意使用鼠标绘画，当用户单击一次或连续单击浏览器的后退按钮时，可以撤销当前绘制的最后一笔或多笔，当用户单击一次或连续单击浏览器的前进按钮时，可以重绘当前书写或绘制的最后一笔或多笔，演示效果如图22.8所示。

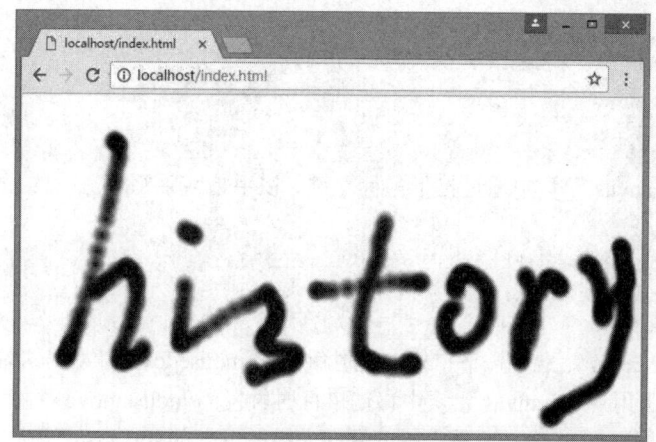

绘制文字

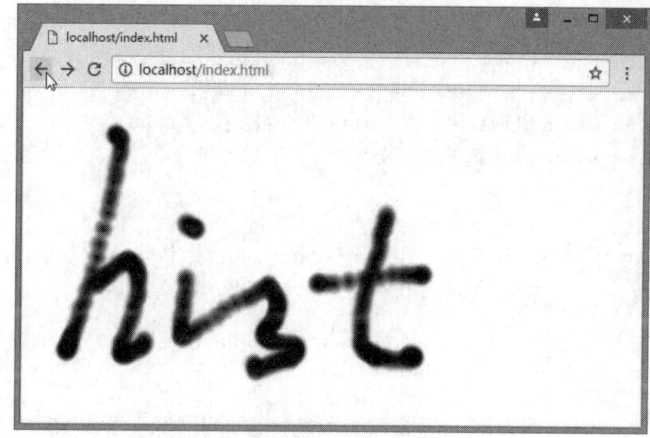

恢复前面的绘制

图22.8 设计历史恢复效果

【操作步骤】

（1）设计文档结构。本例利用canvas元素把页面设计为一块画板，image元素用于在页面中加载一个黑色小圆点，当用户在canvas元素中按下并连续拖动鼠标左键时，根据鼠标拖动轨迹连续绘制该黑色小圆点，这样处理之后会在浏览器中显示用户绘画时所产生的每一笔。

```
<canvas id="canvas"></canvas>
<image id="image" src="brush.png" style="display:none;"/>
```

（2）设计CSS样式，定义canvas元素满屏显示。

```
#canvas {
    position: absolute;
    top: 0; left: 0;
    width: 100%; height: 100%;
    margin: 0; display: block;
}
```

（3）添加JavaScript脚本。首先，定义引用image元素的image全局变量、引用canvas元素的全局变量、引用 canvas 元素的上下文对象的 context 全局变量，以及用于控制是否继续进行绘制操作的布尔型全局变量 isDrawing，当 isDrawing 的值为 true 时表示用户已按下鼠标左键，可以继续绘制，当该值为 false 时表示用户已松开鼠标左键，停止绘制。

```
var image = document.getElementById("image");
var canvas = document.getElementById("canvas");
var context = canvas.getContext("2d");
var isDrawing =false;
```

（4）屏蔽用户在 canvas 元素中通过按下鼠标左键、以手指或手写笔触发的 pointerdown 事件，它属于一种 touch 事件。

```
canvas.addEventListener("pointerdown", function(e){
    e.preventManipulation(
)}, false);
```

（5）监听用户在 canvas 元素中按下鼠标左键时触发的 mousedown 事件，并将事件处理函数指定为 startDrawing()函数；监听用户在 canvas 元素中移动鼠标时触发的 mousemove 事件，并将事件处理函数指定为 draw()函数；监听用户在 canvas 元素中松开鼠标左键时触发的 mouseup 事件，并将事件处理函数指定为 stopDrawing()函数；监听用户单击浏览器的后退按钮或前进按钮时触发的 popstate 事件，并将事件处理函数指定为 loadState()函数。

```
canvas.addEventListener("mousedown",startDrawing, false);
canvas.addEventListener("mousemove", draw,false);
canvas.addEventListener("mouseup", stopDrawing, false);
window.addEventListener("popstate",function(e){
    loadState(e.state);
});
```

（6）在 startDrawing()函数中，定义当用户在 canvas 元素中按下鼠标左键时将全局布尔型变量 isDrawing 的变量值设为 true，表示用户开始书写文字或绘制图画。

```
function startDrawing() {
    isDrawing = true;
}
```

（7）在 draw()函数中，定义当用户在 canvas 元素中移动鼠标左键时，先判断全局布尔型变量 isDrawing 的变量值是否为 true，如果为 true，表示用户已经按下鼠标左键，则在鼠标左键所在位置使用 image 元素绘制黑色小圆点。

```
function draw(event) {
    if(isDrawing) {
        var sx = canvas.width / canvas.offsetWidth;
        var sy = canvas.height / canvas.offsetHeight;
        var x = sx * event.clientX - image.naturalWidth / 2;
        var y = sy * event.clientY - image.naturalHeight / 2;
        context.drawImage(image, x, y);
    }
}
```

（8）在 stopDrawing()函数中，先定义当用户在 canvas 元素中松开鼠标左键时，将全局布尔型变量 isDrawing 的变量值设为 false，表示用户已经停止书写文字或绘制图画，然后当用户在 canvas 元素中不按下鼠标左键，而直接移动鼠标时，不执行绘制操作。

```
function stopDrawing() {
    isDrawing = false;
}
```

（9）使用 History API 的 pushState()方法将当前所绘图像保存在浏览器的历史记录中。

```
function stopDrawing() {
   isDrawing = false;
   var state = context.getImageData(0, 0, canvas.width, canvas.height);
   history.pushState(state,null);
}
```
在本例中,将 pushState()方法的第 1 个参数值设置为一个 CanvasPixelArray 对象,在该对象中保存了由 canvas 元素中的所有像素所构成的数组。

(10)在 loadState()函数中定义当用户单击浏览器的后退按钮或前进按钮时,首先清除 canvas 元素中的图像,然后读取触发 popstate 事件的事件对象的 state 属性值,该属性值即为执行 pushState()方法时所使用的第一个参数值,其中保存了在向浏览器历史记录中添加记录时同步保存的对象,在本例中为一个保存了由 canvas 元素中的所有像素构成的数组的 CanvasPixelArray 对象。

最后,调用 canvas 元素的上下文对象的 putImageData()方法在 canvas 元素中输出保存在 CanvasPixelArray 对象中的所有像素,即将每一个历史记录中所保存的图像绘制在 canvas 元素中。

```
function loadState(state) {
  context.clearRect(0, 0, canvas.width,canvas.height);
  if(state){
     context.putImageData(state, 0, 0);
  }
}
```

(11)当用户在 canvas 元素中绘制多笔之后,重新在浏览器的地址栏中输入页面地址,然后重新绘制第一笔,之后再单击浏览器的"后退"按钮时,canvas 元素中并不显示空白图像,而是直接显示输入页面地址之前的绘制图像,这样看起来浏览器中的历史记录并不连贯,因为 canvas 元素中缺少了一幅空白图像。为此,设计在页面打开时就将 canvas 元素中的空白图像保存在历史记录中。

```
var state = context.getImageData(0, 0, canvas.width, canvas.height);
history.pushState(state,null);
```

第 23 章 实 战 案 例

本章结合多个实战案例，帮助读者上机进行 JavaScript 实战训练，为日后的开发实习积累经验。
【学习重点】
- 使用 JavaScript 开发 Web 应用程序。
- 使用 HTML5+JavaScript 开发 Web 游戏。

扫一扫，看视频

23.1 设计折叠面板

本节案例将设计一个可折叠的面板，效果如图 23.1 所示。折叠面板默认显示为展开效果，当使用鼠标单击标题栏时，则折叠面板以动画形式逐步收起内容框，再次单击标题栏，内容框又会以动画形式缓慢展开。

展开效果　　　　　　　　　　　　　　　　动画演示收起

图 23.1　可折叠面板演示效果

　　这是一个简单的 DOM 界面应用效果，如果不考虑代码封装和优化，可以直接为标题栏绑定鼠标单击事件，然后在事件处理函数中通过条件语句设计内容框的显示或隐藏，动画设计部分可以参考本书相关章节。
　　本节案例的目的不仅仅要完成这个折叠动画的任务，而是通过这个案例为大家展示闭包在 Web 开发中的具体应用，同时提供一种更具通用的应用模式，解决 UI 动画设计的基本套路。案例借助闭包，把动画设计与管理封装在一个匿名函数内，并让匿名函数自执行，从而形成一个独立的、封闭的上下文环境，在该函数内声明一个全局类型函数 animateManage()，并为该类型函数扩展大量原型方法，以便实现动画的高效管理。

1. 设计闭包体

本例模式模仿 jQuery 结构。定义一个自执行匿名函数，并把全局对象 window 传入函数，然后在函数体内通过 window.animateManage 定义一个全局函数，并为该构造函数 animateManage()定义原型对象。

```
(function (window, document, undefined) {
    window.animateManage = function( optios ) { }
    animateManage.prototype = {};
})(window, document)
```

实际上，上述写法完全可以转换为：

```
var animateManage = function( optios ) {}
animateManage.prototype = {};
(function (window, document, undefined) {})(window, document)
```

但是，本例写法能够实现在 animateManage()构造函数或其原型对象中访问外部匿名函数的私有变量。由于函数 animateManage()内部没有引用外部匿名函数的私有变量：

```
window.animateManage = function( optios ) {
    this.context = optios;//当前对象 }
```

且使用 new 运算符调用它，创建实例化对象：

```
new animateManage({});
```

因此，外部匿名函数暂时还不是一个闭包体，调用完毕后自动被销毁。但是，animateManage()的原型对象包含很多方法，这些方法内部与外部匿名函数的私有变量保持联系。作为全局作用域上的对象，这些原型对象就构成了对外部匿名函数的引用，确保外部匿名函数被调用后，依然存在，从而形成一个持久存在的闭包体。

2. 设计动画管理类

animateManage()是一个动画管理的类型函数，参数 optios 表示一个参数对象，可以设置如下属性：

- context：被操作的元素上下文。
- effect：动画效果的算法函数。
- time：效果的持续时间。
- starCss：元素的起始偏移量。
- css：元素的结束值偏移量。

animateManage()包含多个原型方法，具体说明和完整代码如下：

```
(function (window, document, undefined) {
    var _aniQueue = [],                              //动画队列
        _baseUID = 0,                                //元素的 UID 基础值
        _aniUpdateTimer = 13,                        //动画更新的时间
        _aniID = -1 ,                                //检测的进程 ID
        isTicking = false;                           //检测状态
    window.animateManage = function( optios ) {
        this.context = optios;                       //当前对象
    }
    animateManage.prototype = {
        init : function( ){ this.start(this.context);},  //初始化方法
        stop : function(_e){                             //停止动画
            clearInterval(_aniID);
            isTicking = false;
        },
        start : function(optios){                        //开始动画
            if(optios) this.pushQueue(optios);           //填充队列属性
```

```javascript
        if(isTicking || _aniQueue.length === 0) return false;
        this.tick();
        return true;
    },
    tick : function(){                                    //动画检测
        var self = this; isTicking = true;
        _aniID = setInterval(function(){
            if(_aniQueue.length === 0) {self.stop();}
            else{
                var i = 0, _aniLen = _aniQueue.length;
                for(; i < _aniLen ; i++){
                    _aniQueue[i] && self.go(_aniQueue[i], i);
                }
            }
        }, _aniUpdateTimer)
    },
    go : function(_options, i){                           //执行具体的动画业务
        var n = this.now(),
            st = _options.startTime,
            ting = _options.time,
            e = _options.context,
            t = st + ting,
            name = _options.name,
            tPos = _options.value,
            sPos = _options.startValue,
            effect = _options.effect,
            scale = 1;
        if(n >= t){//如果当前的时间 > 开始时间+结束时间则停止当前动画
            _aniQueue[i] = null;
            this.delQueue();
        }else{
            tPos = this.aniEffect({
                e:e, ting :ting , n :n , st :st , sPos:sPos, tPos:tPos
            },effect)
        }
        e.style[name] = name == "zIndex" ? tPos : tPos + "px";
        this.goCallBack(_options.callback, _options.uid);//是否执行回调函数
    },
    aniEffect : function(_options, effect){               //动画效果,用户可以扩展动画算法
        effect = effect || "linear";
        var _effect ={
            "linear":function(__options){                 //线性运动
                var scale = (__options.n - __options.st)/__options.ting,
                    tPos = __options.sPos + (__options.tPos - __options.sPos)*scale;
                return tPos;
            }
        }
        return _effect[effect](_options);
    },
```

```javascript
        goCallBack : function(callback, u){              //回调
            var i = 0,_aniLen = _aniQueue.length,isCallback = true;
            for(; i < _aniLen ; i++){
                if(_aniQueue[i].uid == u){isCallback = false;}
            }
            if(isCallback){callback && callback();}
        },
        pushQueue : function(options){                   //压入执行动画队列
            var con = options.context,
                t = options.time || 1000,
                callback = options.callback,
                effect = options.effect,
                starCss = options.starCss,
                c = options.css, name = "",
                u = this.setUID(con);
            for(name in c){
                _aniQueue.push({
                    "context" : con,
                    "time" : t,
                    "name" : name,
                    "value":parseInt(c[name], 10),
                    "startValue":parseInt((starCss[name] || 0)),
                    "effect":effect,
                    "uid" : u,
                    "callback":callback,
                    "startTime" : this.now()
                })
            }
        },
        delQueue : function(){                           //删除动画队列中指定的动画
            var i = 0, l = _aniQueue.length;             //寻找到指定动画队列,将其删除
            for(; i < l; i++ ){
                if(_aniQueue[i] === null) _aniQueue.splice(i, 1);
            }},
        now : function(){                                //获取现在时间
            return new Date().getTime();},
        getUID : function(_e){                           //获取元素的UID
            return _e.getAttribute("aniUID");},
        setUID : function(_e, _v){                       //设置元素的UID
            var u = this.getUID(_e);
            if(u) return u;                              //如果存在UID则直接返回
            u = _v || _baseUID++;                        //生成UID
            _e.setAttribute("aniUID", u);
            return u;}
    };
})(window, document)
```

3. 应用动画管理类型

设计好动画管理的工具类型,就可以在具体案例中应用了。在本节示例中,为标题栏标签<dt id="header">绑定鼠标单击事件,在事件处理函数中,实例化 animateManage()类型,并传入参数对象,然后调用 init()方法,开始执行动画。完整代码可以参考本节实例源代码。

```
new animateManage({                    //滑动展开广告
   "context" : e,                      //被操作的元素
   "effect":"linear",                  //定义线性动画
   "time": 1000,                       //持续时间
   "starCss":{"height":300},           //元素的起始值偏移量
   "css" :{"height":0}                 //元素的结束值偏移量
}).init();
```

扫一扫,看视频

23.2 设计计算器

本节设计一个简单的计算器,该计算器能够进行加、减、乘、除四则运算,以及连续运算、求余运算。如果发生被除数为零的错误,会给出错误提示。演示效果如图 23.2 所示。

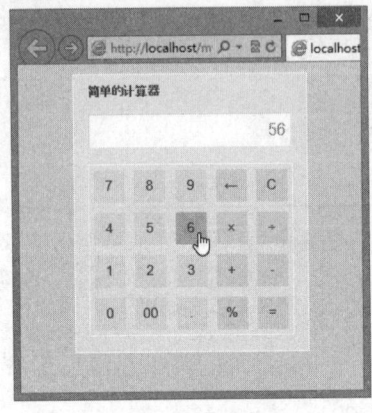

图 23.2 简单计算器

【知识拓展】

在 JavaScript 中,把所有复杂的数学公式与运算都封装在 Math 对象中。该对象不需要实例化,在全局作用域中可以直接调用。

【示例1】 求 6 除以 5 的整数值,则可以使用如下方法来实现:

```
var n = Math.round( 6 / 5 );           // 调用 Math 对象的 round()方法
alert( n );                            // 返回1
```

Math 对象包含多个数学常量,用来表示特定数学值,它们在数学计算中比较实用,如表 23.1 所示。

表 23.1 Math 对象常量

数学常量	说明
E	常量 e,自然对数的底数。例如,alert(Math.E);,返回 2.718281828459045
LN10	10 的自然对数。例如,alert(Math.LN10);,返回 2.302585092994046
LN2	2 的自然对数。例如,alert(Math.LN2);,返回 0.6931471805599453
LOG10E	以 10 为底的 E 的对数。例如,alert(Math.LOG10E);,返回 0.4342944819032518
LOG2E	以 2 为底的 E 的对数。例如,alert(Math.LOG2E);,返回 1.4426950408889633
PI	π 的值。例如,alert(Math.PI);,返回 3.141592653589793
SQRT1_2	2 的平方根除以 1。例如,alert(Math.SQRT1_2);,返回 0.7071067811865476
SQRT2	2 的平方根。例如,alert(Math.SQRT2);,返回 1.4142135623730951

从用途上分析，Math 对象方法可以分为两类：专业计算方法（如表 23.2 所示）和数学常规方法（如表 23.3 所示）。

表 23.2　Math 对象专业方法

数学函数方法	说　明
sin()	计算正弦值。例如，alert(Math.sin(1));，返回 0.8414709848078965
cos()	计算余弦值。例如，alert(Math.cos(1));，返回 0.5403023058681398
tan()	计算正切值。例如，alert(Math.tan(1));，返回 1.5574077246549023
atan()	计算反正切值。例如，alert(Math.atan(1));，返回 0.7853981633974483
asin()	计算反正弦值。例如，alert(Math.asin(1));，返回 1.5707963267948965
acos()	计算反余弦值。例如，alert(Math.acos(1));，返回 0
atan2()	计算从 X 轴到一个点的角度。例如，alert(Math.atan2(50,50));，返回 0.7853981633974483 注意，是从 X 轴正向逆时针旋转到点（x,y）时经过的角度
log()	计算一个数的自然对数。例如，alert(Math.log(1));，返回 0
exp()	计算 ex。例如，alert(Math.exp(1));，返回 2.718281828459045
pow(x,y)	x 的 y 次幂，即 xy。例如，alert(Math.pow(3,4));，返回 81，等于 3*3*3*3
sqrt()	计算平方根。例如，alert(Math.sqrt(4));，返回 2

表 23.3　Math 对象常规方法

数学常规方法	说　明
abs()	计算绝对值。例如，alert(Math.abs(-20));，返回数值 20
round()	舍入到最接近的整数。例如，alert(Math.ceil(5.123));，返回 5；而 alert(Math.round(-5.123));，返回-5 注意，返回值是一个与参数最接近的整数
ceil()	对一个数上舍入。例如，alert(Math.ceil(5.123));，返回 6；而 alert(Math.ceil(-5.123));，返回-5 注意，返回值是一个大于等于参数值，并且与它最接近的整数
floor()	对一个数下舍入。例如，alert(Math.floor(5.123));，返回 5；而 alert(Math.floor(-5.123));，返回-6 注意，返回值是一个小于等于参数值，并且与它最接近的整数
max()	返回最大的参数。例如，alert(Math.max(2,34,5,42));，返回 42
min()	返回最小的参数。例如，alert(Math.min(2,34,5,42));，返回 2
random()	返回一个 0.0~1.0 之间的一个伪随机数。例如，alert(Math.random());，返回 0.4449011053739194（每次都不相同）

专业计算方法都是一些数学函数，如三角函数、指数对数计算、根幂计算等。在数学常规方法中，包括数值取值（如取整、取正）、随机数和数值比较。

【示例 2】　本例使用 random()方法生成 1~10 之间的随机数（包括 1 和 10）。

random()方法能够生成一个在 0~1 之间的随机数，不包括 0 和 1。如果希望获取指定范围的随机数，可以使用如下公式：

```
number = Math.random()*total + first
```

其中 total 表示随机数的范围，而 first 表示可能最小的随机数。例如，生成 10 个从 1~10 之间的随机数，可以设计：

```
for( var i = 0; i < 10; i ++ ){
    // 生成1~10之间的随机数（包括1和10），其中10表示随机数的范围，1表示随机数的起始值
    var n = Math.random() * 10 + 1;
    document.write( n + "<br />" );            // 输出随机数
```

}

如果生成整数随机数,可以使用 floor() 进行取整,但不可以使用 ceil()、round() 方法,因为它们会向上取值,导致超出指定范围。

```
for( var i = 0; i < 10; i ++ ){
    var n = Math.floor(Math.random() * 10 + 1);
    document.write( n + "<br />" );
}
```

如果希望生成 10 个在 10~20 之间的随机整数,不包括 10 和 20,则可以使用如下代码:

```
for( var i = 0; i < 10; i ++ ){
    var n = Math.floor(Math.random() * 9 + 11);
    document.write( n + "<br />" );
}
```

其中数值 9 表示 10~20 之间的范围,而 11 表示随机数的可能最小值。

【操作步骤】

(1)新建文档,保存为 index.html,在页面设计计算器的页面结构,代码如下:

```html
<div id="calculator">
    <div id="calcu-head">
        <h6>简单的计算器</h6>
    </div>
    <form name="calculator" action="" method="get">
        <div id="calcu-screen">
            <!--配置显示窗口,使用 onfocus="this.blur();"避免键盘输入-->
            <input type="text" name="numScreen" class="screen" value="0" onFocus="this.blur();">
        </div>
        <div id="calcu-btn">
            <ul>
                <!--配置按键-->
                <li onClick="command(7)">7</li>
                <li onClick="command(8)">8</li>
                <li onClick="command(9)">9</li>
                <li class="tool" onClick="del()">←</li>
                <li class="tool" onClick="clearscreen()">C</li>
                <li onClick="command(4)">4</li>
                <li onClick="command(5)">5</li>
                <li onClick="command(6)">6</li>
                <li class="tool" onClick="times()">×</li>
                <li class="tool" onClick="divide()">÷</li>
                <li onClick="command(1)">1</li>
                <li onClick="command(2)">2</li>
                <li onClick="command(3)">3</li>
                <li class="tool" onClick="plus()">+</li>
                <li class="tool" onClick="minus()">-</li>
                <li onClick="command(0)">0</li>
                <li onClick="dzero()">00</li>
                <li onClick="dot()">.</li>
                <li class="tool" onClick="persent()">%</li>
                <li class="tool" onClick="equal()">=</li>
            </ul>
        </div>
```

```
    </form>
</div>
```

（2）使用 CSS 设计计算器的界面效果，详细样式代码就不再显示，读者可以参阅资源包示例代码，效果如图 23.3 所示。

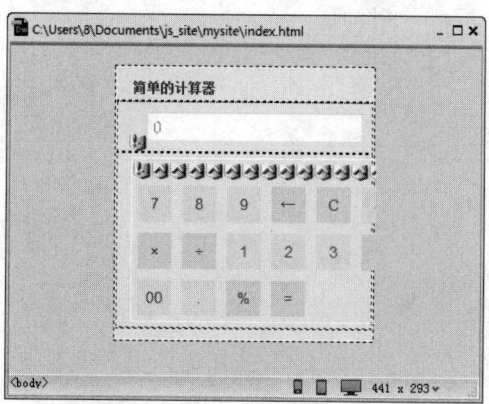

图 23.3　设计界面结构效果

（3）在页面头部位置插入<script type="text/javascript">，然后定义 6 个初始变量。

```
var num = 0, result = 0, numshow = "0";
var operate = 0;//判断输入状态的标志
var calcul = 0;//判断计算状态的标志
var quit = 0;//防止重复按键的标
```

（4）定义运算按键的响应函数，设计当单击运算按键时准备执行的动作。最后，需要把这些函数分别绑定到对应按键的标签上。

```
function del() {//退格
    var str = String(document.calculator.numScreen.value);
    str = (str != "0") ? str : "";
    str = str.substr(0, str.length - 1);
    str = (str != "") ? str : "0";
    document.calculator.numScreen.value = str;
}
function clearscreen() {//清除数据
    num = 0;
    result = 0;
    numshow = "0";
    document.calculator.numScreen.value = "0";
}
function plus() {//加法
    calculate();                        //调用计算函数
    operate = 1;                        //更改输入状态
    calcul = 1;                         //更改计算状态为加
}
function minus() {//减法
    calculate();
    operate = 1;
    calcul = 2;
}
function times() {//乘法
    calculate();
```

```
    operate = 1;
    calcul = 3;
}
function divide() {//除法
    calculate();
    operate = 1;
    calcul = 4;
}
function persent() {//求余
    calculate();
    operate = 1;
    calcul = 5;
}
function equal() {     //等于
    calculate();
    operate = 1;
    num = 0;
    result = 0;
    numshow = "0";
}
```

（5）在数字按键标签上绑定一个命令函数 command(num)，该函数将根据按键显示的值，把该值复制到文本框中进行显示，并做好计算准备。

```
function command(num) {
    var str = String(document.calculator.numScreen.value);  //获得当前显示数据
    //如果当前值不是"0"，且状态为0，则返回当前值，否则返回空值；
    str = (str != "0") ? ((operate == 0) ? str : "") : "";
    str = str + String(num);                                //给当前值追加字符
    document.calculator.numScreen.value = str;              //刷新显示
    operate = 0;                                            //重置输入状态
    quit = 0;                                               //重置防止重复按键的标志
}
```

（6）设计计算函数，该函数将检测设置条件，以及计算类型，执行计算操作。

```
function calculate() {
    numshow = Number(document.calculator.numScreen.value);
    if (num != 0 && quit != 1) {//判断前一个运算数是否为零以及防重复按键的状态
        switch(calcul) {                        //判断要输入状态
        case 1:
            result = num + numshow;
            break;
        //计算"+"
        case 2:
            result = num - numshow;
            break;
        //计算"-"
        case 3:
            result = num * numshow;
            break;
        case 4:
            if (numshow != 0) {
                result = num / numshow;
            } else {
```

```
                document.getElementById("note").innerHTML = "被除数不能为零！";
                setTimeout(clearnote, 4000);
            }
            break;
        case 5:
            result = num % numshow;
            break;
    }
    quit = 1;                                        //避免重复按键
} else {
    result = numshow;
}
numshow = String(result);
document.calculator.numScreen.value = numshow;
num = result;                                        //存储当前值
}
```

23.3 设计万年历

扫一扫，看视频

本例设计一个既可以查看公历，又可以查看农历的万年历，并且在日期的下面显示了公历与农历的各个节日及农历的节气，运行结果如图 23.4 所示。

图 23.4 万年历演示效果

本例主要利用 Date 对象来获取指定日期的相关信息，并用 Lunar 对象将指定日期转换成相应的农历日期。Date 对象是一个有关日期和时间的对象。

【知识拓展】

在 JavaScript 中，Date 对象负责获取和设置时间。在其他语言中，时间是一种数据类型，但是 JavaScript 仅把时间作为一种特殊格式的字符串来表示，并通过 Date 对象进行管理。在特殊环境中，时间也可以转换为数值，如时间比较、时间运算。

创建时间对象的方法有 4 种。

【示例 1】　获取本地系统的当前时间。

```
var now = new Date();
alert(now);// 返回当前时间对象，如"Wed Apr 29 15 :37: 55 UTC +0800 2017 "
```

【示例 2】　通过多选参数创建指定的时间对象。此时，构造函数 Date()的参数格式如下：

```
new Date(year, month, day, hours, minutes, seconds, ms)
```
除了前两个参数（年和月）外，其他所有参数都是可选的。其中月数参数从 0 开始，如 0 表示第 1 个月，11 表示第 12 个月。
```
var d1 = new Date(2017,4,1);
alert(d1);                              // 返回时间对象，如"Fri May 1 00: 00:00 UTC+ 0800 2017"
var d2 = new Date(2017,4,1,5,30,30);
alert(d2);                              // 返回时间对象，如"Fri May 1 00: 00:00 UTC+ 0800 2017"
```
所有声明的日期和时间使用的都是本地时间，而不是 UTC 时间。

【示例 3】 通过时间格式字符串创建指定的时间对象。此时，月份是从 1 开始，而不是从 0 开始。代码如下：
```
var d1 = new Date("2017/4/1 5:30:30");
alert(d1);                              //返回时间对象，如"Wed Apr 1 05 :30: 30 UTC +0800 2017"
```

【示例 4】 通过传递一个毫秒数创建指定的时间对象。这个毫秒数是距离 1970 年 1 月 1 日午夜(GMT 时间)的毫秒数，代码如下：
```
var d1 = new Date(1000000000000);
alert(d1);                              //返回时间对象，如"Sun Sep 9 09 :46 :40 UTC +0800 2001"
```
创建 Date 对象之后，就可以调用该对象的各种方法操作时间了。Date 对象的方法包括两大类：

- 一类方法是设置时间，如设置时间对象的小时字段 setHours()，设置时间对象的月份字段 setMonth()等。
- 另一类方法是获取时间对象的各个字段值，如获取时间对象的小时字段 getHours()，获取时间对象的月份字段 getMonth()等。

【示例 5】 下面代码使用时间对象的 getDay()获取当前时间属于周几。
```
d = new Date( );                        // 获取当前日期和时间
alert(d.toLocaleDateString());          // 显示日期
alert(d.toLocaleTimeString());          // 显示时间
alert(d.getDay());                      // 获取一周中的第几天
```

【示例 6】 利用 Date 对象还可以判断两个时间的时差。下面示例可以计算一个循环体空转 100 万次所花费的毫秒数。
```
var d1 = new Date();
var i = 0;
while(true){
    i ++ ;
    if(i > 1000000)
        break;
}
var d2 = new Date();
alert(d2 - d1);                         // 返回循环体运行的时间
```

【操作步骤】

（1）新建文档，保存为 index.html，在页面中插入一个表单<form>标签，在其中嵌套一个表格。定义表格 7 列，2 行，其中第 1 行为合并单元格，第 2 行为标题行，手动输入一周简称。代码如下所示。
```
<form name=CLD>
    <table>
        <tr class="header">
```

```
            <td colSpan=7> </td>
        </tr>
        <tr>
            <th>日</td>
            <th>一</th>
            <th>二</th>
            <th>三</th>
            <th>四</th>
            <th>五</th>
            <th>六</th>
        </tr>
    </table>
</form>
```

(2) 使用 JavaScript 代码在 Menu 组件中动态添加下拉菜单(年)。

```
<td colSpan=7>公历<select name=SY onchange=changeCld()>
<script type="text/javascript">
for(i=1900;i<2050;i++) document.write('<option>'+i);
</script>
</select>年
```

(3) 使用 JavaScript 代码在 Menu 组件中动态添加下拉菜单(月)。

```
<select name=SM onchange=changeCld()>
<script type="text/javascript">
for(i=1;i<13;i++) document.write('<option>'+i);
</script>
</select>月 <font id=GZ></font></td>
```

(4) 使用 JavaScript 代码在表格中添加 6 行 7 列的单元格，代码如下。

```
<script type="text/javascript">
    var gNum;
    for(i=0;i<6;i++) {
        document.write('<tr>');
        for(j=0;j<7;j++) {
            gNum = i*7+j;
            document.write('<td id="GD' + gNum +'"><font id="SD' + gNum +'" ');
            if(j == 0) document.write(' color=red');
            if(j == 6) document.write(' color=blue');
            document.write('></font><br><font id="LD' + gNum + '" ></font></td>');
        }
        document.write('</tr>');
    }
</script>
```

(5) 下面介绍如何编写用于实现公历日历与农历日历的 JavaScript 代码。在头部位置插入<script type="text/javascript">标签。

(6) 使用数组记录日历中的相关信息。

```
var solarMonth=new Array(31,28,31,30,31,30,31,31,30,31,30,31);
var Animals=new Array("鼠","牛","虎","兔","龙","蛇","马","羊","猴","鸡","狗","猪");
var solarTerm = new Array("小寒","大寒","立春","雨水","惊蛰","春分","清明","谷雨","立夏","小满","芒种","夏至","小暑","大暑","立秋","处暑","白露","秋分","寒露","霜降","立冬","小雪","大雪","冬至");
var sTermInfo = new Array(0,21208,42467,63836,85337,107014,128867,150921,173149,195551,218072,240693,263343,285989,308563,331033,353350,375494,397447,419210,44
```

```
0795,462224,483532,504758);
var nStr1 = new Array('日','一','二','三','四','五','六','七','八','九','十');
var nStr2 = new Array('初','十','廿','卅');
```

（7）使用数组保存公历的节日。

```
//公历节日
var sFtv = new Array(
"0101 元旦",
"0214 情人节",
"0308 妇女节",
"0312 植树节",
"0315 消费者权益日",
"0401 愚人节",
"0501 劳动节",
"0504 青年节",
"0512 护士节",
"0601 儿童节",
"0701 建党节",
"0801 建军节",
"0910 教师节",
"0928 孔子诞辰",
"1001 国庆节",
"1006 老人节",
"1024 联合国日",
"1224 平安夜",
"1225 圣诞节")
```

（8）使用数组保存农历的节日。

```
var lFtv = new Array(
"0101 春节",
"0115 元宵节",
"0505 端午节",
"0707 七夕情人节",
"0715 中元节",
"0815 中秋节",
"0909 重阳节",
"1208 腊八节",
"1224 小年")
```

（9）自定义函数 lYearDays(y)，用于返回农历 y 年的总天数。

```
function lYearDays(y) {
    var i, sum = 348;
    for(i=0x8000; i>0x8; i>>=1)sum+=(lunarInfo[y-1900]&i)?1:0;
    return(sum+leapDays(y));
}
```

（10）自定义函数 leapDays(y)，用于返回农历 y 年闰月的天数。

```
function leapDays(y) {
    if(leapMonth(y))  return((lunarInfo[y-1900] & 0x10000)? 30: 29);
    else return(0);
}
```

（11）自定义函数 leapMonth(y)，用于判断 y 年的农历中哪个月是闰月，不是闰月返回 0。

```
function leapMonth(y){
    return(lunarInfo[y-1900]&0xf);
```

}
```

（12）自定义函数 monthDays(y,m)，用于返回农历 y 年 m 月的总天数。

```
function monthDays(y,m){
   return((lunarInfo[y-1900]&(0x10000>>m))?30:29);
}
```

（13）自定义函数 Dianaday()，用于计算出当前月第一天的农历日期和当前农历日期下一个月农历的第一天日期。

```
function Dianaday(objDate) {
   var i, leap=0, temp=0;
   var baseDate = new Date(1900,0,31);
   var offset   = (objDate - baseDate)/86400000;
   this.dayCyl = offset+40;
   this.monCyl = 14;
   for(i=1900; i<2050 && offset>0; i++) {
      temp = lYearDays(i)
      offset -= temp;
      this.monCyl += 12;
   }
   if(offset<0) {
      offset += temp;
      i--;
      this.monCyl -= 12;
   }
   this.year = i;
   this.yearCyl=i-1864;
   leap = leapMonth(i);  //闰哪个月
   this.isLeap = false;
   for(i=1; i<13 && offset>0; i++) {
      if(leap>0 && i==(leap+1) && this.isLeap==false){  //闰月
         --i; this.isLeap = true; temp = leapDays(this.year);}
      else{
         temp = monthDays(this.year, i);}
      if(this.isLeap==true && i==(leap+1)) this.isLeap = false;//解除闰月
      offset -= temp;
      if(this.isLeap == false) this.monCyl++;
   }
   if(offset==0 && leap>0 && i==leap+1)
      if(this.isLeap){ this.isLeap = false;}
      else{this.isLeap=true;--i;--this.monCyl;}
   if(offset<0){offset+=temp;--i;--this.monCyl;}
   this.month=i;
   this.day=offset+1;
}
```

（14）自定义函数 solarDays(y,m)，用于返回公历 y 年 m+1 月的天数。

```
function solarDays(y,m){
   if(m==1)
      return(((y%4==0)&&(y%100!=0)||(y%400==0))?29:28);
   else
      return(solarMonth[m]);
}
```
```

（15）自定义函数 calElement()用于记录公历和农历某天的日期。

```
function calElement(sYear,sMonth,sDay,week,lYear,lMonth,lDay,isLeap) {
    this.isToday = false;
    //公历
    this.sYear = sYear;
    this.sMonth = sMonth;
    this.sDay = sDay;
    this.week = week;
    //农历
    this.lYear = lYear;
    this.lMonth = lMonth;
    this.lDay = lDay;
    this.isLeap = isLeap;
    //节日记录
    this.lunarFestival = '';  //农历节日
    this.solarFestival = '';  //公历节日
    this.solarTerms = '';     //节气
}
```

（16）自定义函数 sTerm(y,n)用于返回某年的第 n 个节气为几日(从小寒算起)。

```
function sTerm(y,n) {
    var offDate = new Date((31556925974.7*(y-1900)+sTermInfo[n]*60000)+Date.UTC(1900,0,6,2,5));
    return(offDate.getUTCDate())
}
```

（17）自定义函数 calendar(y,m)用于保存 y 年 m+1 月的相关信息。

```
var fat=mat=9;
var eve=0;
function calendar(y,m) {
    fat=mat=0;
    var sDObj,lDObj,lY,lM,lD=1,lL,lX=0,tmp1,tmp2;
    var lDPOS = new Array(3);
    var n = 0;
    var firstLM = 0;
    sDObj = new Date(y,m,1);                    //当月第一天的日期
    this.length = solarDays(y,m);               //公历当月天数
    this.firstWeek = sDObj.getDay();            //公历当月1日星期几
    if ((m+1)==5){fat=sDObj.getDay()}
    if ((m+1)==6){mat=sDObj.getDay()}
    for(var i=0;i<this.length;i++) {
        if(lD>lX) {
            sDObj = new Date(y,m,i+1);          //当月第一天的日期
            lDObj = new Dianaday(sDObj);        //农历
            lY = lDObj.year;                    //农历年
            lM = lDObj.month;                   //农历月
            lD = lDObj.day;                     //农历日
            lL = lDObj.isLeap;                  //农历是否闰月
            lX = lL? leapDays(lY): monthDays(lY,lM); //农历当月最後一天
            if (lM==12){eve=lX}
            if(n==0) firstLM = lM;
            lDPOS[n++] = i-lD+1;
        }
        this[i] = new calElement(y,m+1,i+1,nStr1[(i+this.firstWeek)%7],lY,lM,lD++, lL);
```

```
        if((i+this.firstWeek)%7==0){
            this[i].color = 'red';    //周日颜色
        }
    }
    //节气
    tmp1=sTerm(y,m*2)-1;
    tmp2=sTerm(y,m*2+1)-1;
    this[tmp1].solarTerms = solarTerm[m*2];
    this[tmp2].solarTerms = solarTerm[m*2+1];
    if((this.firstWeek+12)%7==5)  //黑色星期五
        this[12].solarFestival += '黑色星期五';
    if(y==tY && m==tM) this[tD-1].isToday = true;      //今日
}
```

(18) 自定义函数 cDay(d)，用中文显示农历的日期。
```
function cDay(d){
    var s;
    switch (d) {
        case 10:
            s = '初十'; break;
        case 20:
            s = '二十'; break;
            break;
        case 30:
            s = '三十'; break;
            break;
        default :
            s = nStr2[Math.floor(d/10)];
            s += nStr1[d%10];
    }
    return(s);
}
```

(19) 自定义函数 drawCld(SY,SM)，在表格中显示公历和农历的日期以及相关节日。
```
var cld;
function drawCld(SY,SM) {
    var TF=true;
    var p1=p2="";
    var i,sD,s,size;
    cld = new calendar(SY,SM);
    GZ.innerHTML = '                        【'+Animals[(SY-4)%12]+'】';       //生肖
    for(i=0;i<42;i++) {
        sObj=eval('SD'+ i);
        lObj=eval('LD'+ i);
        sObj.className = '';
        sD = i - cld.firstWeek;
        if(sD>-1 && sD<cld.length) {  //日期内
            sObj.innerHTML = sD+1;
            if(cld[sD].isToday){ sObj.style.color = '#9900FF';}  //今日颜色
            else{sObj.style.color = '';}
            if(cld[sD].lDay==1){  //显示农历月
                lObj.innerHTML = '<b>'+(cld[sD].isLeap?'闰':'') + cld[sD].lMonth + '月' + (monthDays(cld[sD].lYear,cld[sD].lMonth)==29?'小':'大')+'</b>';
```

```
        else{lObj.innerHTML = cDay(cld[sD].lDay);}      //显示农历日
    var Slfw=Ssfw=null;
    s=cld[sD].solarFestival;
    for (var ipp=0;ipp<lFtv.length;ipp++){       //农历节日
        if (parseInt(lFtv[ipp].substr(0,2))==(cld[sD].lMonth)){
            if (parseInt(lFtv[ipp].substr(2,4))==(cld[sD].lDay)){
                lObj.innerHTML=lFtv[ipp].substr(5);
                Slfw=lFtv[ipp].substr(5);
            }
        }
        if (12==(cld[sD].lMonth)){       //判断是否为除夕
            if (eve==(cld[sD].lDay)){lObj.innerHTML="除夕";Slfw="除夕";}
        }
    }
    for (var ipp=0;ipp<sFtv.length;ipp++){       //公历节日
        if (parseInt(sFtv[ipp].substr(0,2))==(SM+1)){
            if (parseInt(sFtv[ipp].substr(2,4))==(sD+1)){
                lObj.innerHTML=sFtv[ipp].substr(5);
                Ssfw=sFtv[ipp].substr(5);
            }
        }
    }
    if ((SM+1)==5){      //母亲节
        if (fat==0){
            if ((sD+1)==7){Ssfw="母亲节";lObj.innerHTML="母亲节"}
        }
        else if (fat<9){
            if ((sD+1)==((7-fat)+8)){Ssfw="母亲节";lObj.innerHTML="母亲节"}
        }
    }
    if ((SM+1)==6){      //父亲节
        if (mat==0){
            if ((sD+1)==14){Ssfw="父亲节";lObj.innerHTML="父亲节"}
        }
        else if (mat<9){
            if ((sD+1)==((7-mat)+15)){Ssfw="父亲节";lObj.innerHTML="父亲节"}
        }
    }
     if (s.length<=0){      //设置节气的颜色
        s=cld[sD].solarTerms;
        if(s.length>0)  s = s.fontcolor('limegreen');
     }
     if(s.length>0) {lObj.innerHTML=s;Slfw=s;}      //节气
     if ((Slfw!=null)&&(Ssfw!=null)){
        lObj.innerHTML=Slfw+"/"+Ssfw;
     }
    }
    else {  //非日期
        sObj.innerHTML = '';
        lObj.innerHTML = '';
    }
  }
}
```

（20）自定义函数 changeCld()，在下拉列表中选择年或月时，调用自定义函数 drawCld()显示公历和农历的相关信息。

```
function changeCld() {
    var y,m;
    y=CLD.SY.selectedIndex+1900;
    m=CLD.SM.selectedIndex;
    drawCld(y,m);
}
```

（21）自定义函数 initial()，打开网页时，在下拉列表中显示当前年月，并调用自定义函数 drawCld()，显示公历和农历的相关信息。

```
function initial() {
    CLD.SY.selectedIndex=tY-1900;
    CLD.SM.selectedIndex=tM;
    drawCld(tY,tM);
}
```

（22）在页面初始化完成事件 onload 中调用自定义函数 initial()。

```
window.onload =function(){
    initial();
}
```

23.4 设计俄罗斯方块

俄罗斯方块是一款单机休闲小游戏。在俄罗斯方块的游戏界面中，有一组正在下落的方块，方块通常有 4 个，组合成各种不同的形状，游戏玩家需要控制正在下落的方块的移动，将这组方块摆放到合适的位置。只要下面某一行全部充满方块，没有空缺，那么这行就可以消除，上面的所有方块会整体掉下来。

俄罗斯方块的游戏界面比较简单，游戏的实现逻辑也不太复杂，非常适合作为 JavaScript 初学者作为进阶训练项目。本例采用 HTML5 的 canvas 来绘制游戏界面，用 Local Storage 来记录游戏状态。游戏演示效果如图 23.5 所示。

图 23.5　俄罗斯方块游戏演示效果

扫一扫，看视频

23.4.1 设计游戏界面

俄罗斯方块的游戏界面分为两个区域：速度、积分显示区；主游戏界面区。

【操作步骤】

（1）新建网页文档，保存为 index.html。

（2）使用<div>包含框定义一个提示信息框，作为速度、积分显示区，该区域包含 3 个<span>标签，用于显示当前速度、当前积分、最高积分。代码如下所示：

```html
<div style="width:336px;"> 
    <div style="float:left;">速度:<span id="curSpeedEle"></span> 当前积分:<span id="curScoreEle"></span></div>
    <div style="float:right;">最高积分:<span id="maxScoreEle"></span></div>
</div>
```

（3）游戏主界面通过 HTML5 的 canvas 进行绘制，由 JavaScript 动态生成。在网页头部区域插入<script type="text/javascript">标签。

（4）为了让程序可以动态地改变界面大小，canvas 的大小是由程序动态计算得到的，下面是动态计算、生成画布的 JavaScript 脚本。

```javascript
var createCanvas = function(rows , cols , cellWidth, cellHeight){
    tetris_canvas = document.createElement("canvas");
    // 设置 canvas 组件的高度、宽度
    tetris_canvas.width = cols * cellWidth;
    tetris_canvas.height = rows * cellHeight;
    // 设置 canvas 组件的边框
    tetris_canvas.style.border = "1px solid black";
    // 获取 canvas 上的绘图 API
    tetris_ctx = tetris_canvas.getContext('2d');
    // 开始创建路径
    tetris_ctx.beginPath();
    // 绘制横向网络对应的路径
    for (var i = 1 ; i < TETRIS_ROWS ; i++)    {
        tetris_ctx.moveTo(0 , i * CELL_SIZE);
        tetris_ctx.lineTo(TETRIS_COLS * CELL_SIZE , i * CELL_SIZE);
    }
    // 绘制竖向网络对应的路径
    for (var i = 1 ; i < TETRIS_COLS ; i++)    {
        tetris_ctx.moveTo(i * CELL_SIZE , 0);
        tetris_ctx.lineTo(i * CELL_SIZE , TETRIS_ROWS * CELL_SIZE);
    }
    tetris_ctx.closePath();
    // 设置笔触颜色
    tetris_ctx.strokeStyle = "#aaa";
    // 设置线条粗细
    tetris_ctx.lineWidth = 0.3;
    // 绘制线条
    tetris_ctx.stroke();
}
```

上面代码动态创建了一个 canvas 组件，该组件的高度、宽度是由程序动态计算得到，同时使用路径绘制了横向、竖向的线条，用于表示俄罗斯方块游戏界面上的网格。

23.4.2 设计游戏模型

俄罗斯方块的游戏界面是一个 N×M 的网格，每个网格上显示一张图片，这个网格用一个二维数组来定义，而每个网格上所显示的色块，对于底层的数学模型来说，不同的色块对应于不同的数值即可。本例直接使用一个二维数组来保存游戏的状态数据，不过由于 JavaScript 是动态语言，因此使用二维数组时依然是一维数组。

扫一扫，看视频

【操作步骤】

（1）俄罗斯方块的游戏界面上还有一组正在下落的方块。这组正在下落的方块通常有 4 个，这 4 个方块的位置随时在改变，因此采用一个长度为 4 的数组来记录这 4 个方块的位置：

```javascript
// 定义初始化正在下掉的方块
var initBlock = function(){
    var rand = Math.floor(Math.random() * blockArr.length);
    // 随机生成正在下掉的方块
    currentFall = [
        {x: blockArr[rand][0].x , y: blockArr[rand][0].y
            , color: blockArr[rand][0].color},
        {x: blockArr[rand][1].x , y: blockArr[rand][1].y
            , color: blockArr[rand][1].color},
        {x: blockArr[rand][2].x , y: blockArr[rand][2].y
            , color: blockArr[rand][2].color},
        {x: blockArr[rand][3].x , y: blockArr[rand][3].y
            , color: blockArr[rand][3].color}
    ];
};
```

在上面数组中，每个数组元素都是一个对象，对象包括 x、y、color 三个属性，分别代表了该方块所在的位置、颜色值。

（2）为了初始化游戏状态，创建一个二维数组，这个二维数组记录了游戏界面上每个位置的方块值（不同的值代表不同的颜色）。具体代码如下所示：

```javascript
// 该数组用于记录底下已经固定下来的方块。
var tetris_status = [];
for (var i = 0; i < TETRIS_ROWS ; i++ ){
    tetris_status[i] = [];
    for (var j = 0; j < TETRIS_COLS ; j++ ) {
        tetris_status[i][j] = NO_BLOCK;
    }
}
```

上面代码创建了一个二维数组，并将这个二维数组的每个数组元素都赋值为 NO_BLOCK（也就是 0），这代表该游戏界面上还没有方块。

（3）为了能随机生成各种向下掉的方块组合（4 个方块组成一组），预先把各种组合定义出来，然后每次需要开始掉落新的方块组时，随机取出一组即可。下面是随机获取掉落的方块组的代码。

```javascript
// 定义几种可能出现的方块组合
var blockArr = [
    // 代表第 1 种可能出现的方块组合: z
    [
        {x: TETRIS_COLS / 2 - 1 , y:0 , color:1},
        {x: TETRIS_COLS / 2 , y:0 ,color:1},
        {x: TETRIS_COLS / 2 , y:1 ,color:1},
        {x: TETRIS_COLS / 2 + 1 , y:1 , color:1}
```

```javascript
    ],
    // 代表第 2 种可能出现的方块组合：反 Z
    [
        {x: TETRIS_COLS / 2 + 1 , y:0 , color:2},
        {x: TETRIS_COLS / 2 , y:0 , color:2},
        {x: TETRIS_COLS / 2 , y:1 , color:2},
        {x: TETRIS_COLS / 2 - 1 , y:1 , color:2}
    ],
    // 代表第 3 种可能出现的方块组合： 田
    [
        {x: TETRIS_COLS / 2 - 1 , y:0 , color:3},
        {x: TETRIS_COLS / 2 , y:0 , color:3},
        {x: TETRIS_COLS / 2 - 1 , y:1 , color:3},
        {x: TETRIS_COLS / 2 , y:1 , color:3}
    ],
    // 代表第 4 种可能出现的方块组合：L
    [
        {x: TETRIS_COLS / 2 - 1 , y:0 , color:4},
        {x: TETRIS_COLS / 2 - 1, y:1 , color:4},
        {x: TETRIS_COLS / 2 - 1 , y:2 , color:4},
        {x: TETRIS_COLS / 2 , y:2 , color:4}
    ],
    // 代表第 5 种可能出现的方块组合：J
    [
        {x: TETRIS_COLS / 2 , y:0 , color:5},
        {x: TETRIS_COLS / 2 , y:1, color:5},
        {x: TETRIS_COLS / 2 , y:2, color:5},
        {x: TETRIS_COLS / 2 - 1, y:2, color:5}
    ],
    // 代表第 6 种可能出现的方块组合 ：条
    [
        {x: TETRIS_COLS / 2 , y:0 , color:6},
        {x: TETRIS_COLS / 2 , y:1 , color:6},
        {x: TETRIS_COLS / 2 , y:2 , color:6},
        {x: TETRIS_COLS / 2 , y:3 , color:6}
    ],
    // 代表第 7 种可能出现的方块组合 ：⊥
    [
        {x: TETRIS_COLS / 2 , y:0 , color:7},
        {x: TETRIS_COLS / 2 - 1, y:1 , color:7},
        {x: TETRIS_COLS / 2 , y:1 , color:7},
        {x: TETRIS_COLS / 2 + 1, y:1 , color:7}
    ]
];
// 定义初始化正在下掉的方块
var initBlock = function()
{
    var rand = Math.floor(Math.random() * blockArr.length);
    // 随机生成正在下掉的方块
    currentFall = [
        {x: blockArr[rand][0].x , y: blockArr[rand][0].y
```

```
            , color: blockArr[rand][0].color},
        {x: blockArr[rand][1].x , y: blockArr[rand][1].y
            , color: blockArr[rand][1].color},
        {x: blockArr[rand][2].x , y: blockArr[rand][2].y
            , color: blockArr[rand][2].color},
        {x: blockArr[rand][3].x , y: blockArr[rand][3].y
            , color: blockArr[rand][3].color}
    ];
};
```

上面代码先定义了一个数组,这个数组定义了所有可能出现的方块组合,这里一共定义了 7 种组合。由于程序随机从上面数组中取出可能出现的方块组合,因此在游戏中完全可能出现上面 7 种掉落的方块组合。

23.4.3 实现游戏功能

定义了游戏状态模型之后,接下来处理方块组合的掉落,在掉落过程中还需要处理方块组合左移、右移、旋转等动画。

【操作步骤】

(1) 处理方块掉落。

让方块组合掉落,只需把每个方块的 y 属性增加 1 即可,但在处理方块组合掉落之前,需要判断方块组合是否可以掉落。如果出现如下两种情况,方块组合则不能掉落。

- 如果方块组合中任意一个方块已经到了最底部。
- 如果方块组合中任意一个方块的下面已有方块。

如果方块组合可以掉落,需要把方块组合原来所在位置的颜色清除,再把方块组合中每个方块的 y 属性增加 1,最后把当前方块所在位置涂上相应的颜色。

当每次方块掉落之后,还需要逐行扫描每一行,判断是否某一行的方块已满,当方块已满时将该行方块消除,并增加积分。

下面 moveDown()函数定义了方块掉落的实现方法:

```
// 控制方块向下掉。
var moveDown = function(){
    // 定义能否下掉的旗标
    var canDown = true;       //①
    // 遍历每个方块,判断是否能向下掉
    for (var i = 0 ; i < currentFall.length ; i++) {
        // 判断是否已经到"最底下"
        if(currentFall[i].y >= TETRIS_ROWS - 1) {
            canDown = false;
            break;
        }
        // 判断下一格是否"有方块",如果下一格有方块,不能向下掉
        if(tetris_status[currentFall[i].y + 1][currentFall[i].x] != NO_BLOCK) {
            canDown = false;
            break;
        }
    }
    // 如果能向下"掉"
    if(canDown) {
        // 将下移前的每个方块的背景色涂成白色
```

```javascript
       for (var i = 0 ; i < currentFall.length ; i++) {
           var cur = currentFall[i];
           // 设置填充颜色
           tetris_ctx.fillStyle = 'white';
           // 绘制矩形
           tetris_ctx.fillRect(cur.x * CELL_SIZE + 1
               , cur.y * CELL_SIZE + 1 , CELL_SIZE - 2 , CELL_SIZE - 2);
       }
       // 遍历每个方块，控制每个方块的y坐标加1。
       // 也就是控制方块都下掉一格
       for (var i = 0 ; i < currentFall.length ; i++) {
           var cur = currentFall[i];
           cur.y ++;
       }
       // 将下移后的每个方块的背景色涂成该方块的颜色值
       for (var i = 0 ; i < currentFall.length ; i++){
           var cur = currentFall[i];
           // 设置填充颜色
           tetris_ctx.fillStyle = colors[cur.color];
           // 绘制矩形
           tetris_ctx.fillRect(cur.x * CELL_SIZE + 1
               , cur.y * CELL_SIZE + 1 , CELL_SIZE - 2 , CELL_SIZE - 2);
       }
   } else{ // 不能向下掉
       // 遍历每个方块，把每个方块的值记录到tetris_status数组中
       for (var i = 0 ; i < currentFall.length ; i++){
           var cur = currentFall[i];
           // 如果有方块已经到最上面了，表明输了
           if(cur.y < 2) {
               // 清空Local Storage中的当前积分值、游戏状态、当前速度
               localStorage.removeItem("curScore");
               localStorage.removeItem("tetris_status");
               localStorage.removeItem("curSpeed");
               if(confirm("您已经输了！是否参数排名？")){
                   // 读取Local Storage里的maxScore记录
                   maxScore = localStorage.getItem("maxScore");
                   maxScore = maxScore == null ? 0 : maxScore ;
                   // 如果当前积分大于localStorage中记录的最高积分
                   if(curScore >= maxScore) {
                       // 记录最高积分
                       localStorage.setItem("maxScore" , curScore);
                   }
               }
               // 游戏结束
               isPlaying = false;
               // 清除计时器
               clearInterval(curTimer);
               return;
           }
           // 把每个方块当前所在位置赋为当前方块的颜色值
           tetris_status[cur.y][cur.x] = cur.color;
```

```
        }
        // 判断是否有"可消除"的行
        lineFull();
        // 使用Local Storage 记录俄罗斯方块的游戏状态
        localStorage.setItem("tetris_status" , JSON.stringify(tetris_status));
        // 开始一组新的方块。
        initBlock();
    }
}
```

上面代码先定义了一个 canDown 变量，该变量用于标识方块组合是否能掉落。如果方块组合的任一方块已经到了最底下，或者方块组合的任一方块下方已有方块，将 canDown 变量值设为 false。

当方块组合能掉落时，则先清除该方块组合所在位置的背景色，然后控制方块组合向下掉落，最后把掉落一格后的方块组合所在位置的背景涂上相应的颜色。

当方块组合不能向下掉落时，则执行如下几个任务：

- 如果某个方块已经到了最上面，则表明游戏已经结束，玩家输了。当游戏结束的时候，需要再执行如下几个任务。
  - 清空 Local Storage 中的当前游戏积分、当前游戏速度、当前游戏状态。
  - 使用 confirm 对话框提示用户。
  - 将 isPlaying 变量设为 false。
  - 清除计时器，该计时器控制方块组合不断地向下掉落。
- 判断是否有可消除的行。
- 使用 Local Storage 记录当前俄罗斯方块的游戏状态。
- 调用 initBlock()方法开始一组新的方块。

上面代码采用了 Local Storage 记录当前俄罗斯方块的游戏状态，就是把记录游戏状态的二维数组转换为字符串后写入 Local Storage，这样就可保证游戏状态不会丢失，下次打开浏览器时还可以接着上次的游戏状态继续。

initBlock()函数用来判断是否有可消除的行，如果发现某一行的方块已满，则程序处理积分增加，并且该行上面的所有行整体下移一行。下面是 lineFull()函数的详细代码：

```
// 判断是否有一行已满
var lineFull = function(){
    // 依次遍历每一行
    for (var i = 0; i < TETRIS_ROWS ; i++ ) {
        var flag = true;
        // 遍历当前行的每个单元格
        for (var j = 0 ; j < TETRIS_COLS ; j++ ) {
            if(tetris_status[i][j] == NO_BLOCK) {
                flag = false;
                break;
            }
        }
        // 如果当前行已全部有方块了
        if(flag) {
            // 将当前积分增加100
            curScoreEle.innerHTML = curScore+= 100;
            // 记录当前积分
            localStorage.setItem("curScore" , curScore);
            // 如果当前积分达到升级极限。
```

```
            if( curScore >= curSpeed * curSpeed * 500) {
                curSpeedEle.innerHTML = curSpeed += 1;
                // 使用 Local Storage 记录 curSpeed。
                localStorage.setItem("curSpeed" , curSpeed);
                clearInterval(curTimer);
                curTimer = setInterval("moveDown();" , 500 / curSpeed);
            }
            // 把当前行的所有方块下移一行。
            for (var k = i ; k > 0 ; k--){
                for (var l = 0; l < TETRIS_COLS ; l++ ) {
                    tetris_status[k][l] =tetris_status[k-1][l];
                }
            }
            // 消除方块后，重新绘制一遍方块
            drawBlock();        //②
        }
    }
}
```

当某行的所有位置都有方块之后，需要增加 curScore 游戏积分。除此之外，如果游戏积分已经达到了升级界限，将增加游戏速度，并清空原有的计时器，根据现有的游戏速度启用新的游戏计时器。

当游戏消除了指定某一行的所有方块之后，需要调用 drawBlock()函数绘制 tetris_status 数组中的所有方块。drawBlock()函数代码如下。

```
// 绘制俄罗斯方块的状态
var drawBlock = function(){
    for (var i = 0; i < TETRIS_ROWS ; i++ ){
        for (var j = 0; j < TETRIS_COLS ; j++ ) {
            // 有方块的地方绘制颜色
            if(tetris_status[i][j] != NO_BLOCK) {
                // 设置填充颜色
                tetris_ctx.fillStyle = colors[tetris_status[i][j]];
                // 绘制矩形
                tetris_ctx.fillRect(j * CELL_SIZE + 1
                    , i * CELL_SIZE + 1, CELL_SIZE - 2 , CELL_SIZE - 2);
            } else{                              // 没有方块的地方绘制白色
                // 设置填充颜色
                tetris_ctx.fillStyle = 'white';
                // 绘制矩形
                tetris_ctx.fillRect(j * CELL_SIZE + 1
                    , i * CELL_SIZE + 1 , CELL_SIZE - 2 , CELL_SIZE - 2);
            }
        }
    }
}
```

上面的 drawBlock()函数负责把俄罗斯方块的数据模型转换成可视化的方块图。

(2) 处理方块左移。

先给键盘事件绑定事件监听器，当用户按下不同按键时，调用不同的方法进行处理。下面是为按键事件绑定监听器的代码。

```
// 为窗口的按键事件绑定事件监听器
window.onkeydown = function(evt) {
```

```
switch(evt.keyCode){
    // 按下了"向下"箭头
    case 40:
        if(!isPlaying)
            return;
        moveDown();
        break;
    // 按下了"向左"箭头
    case 37:
        if(!isPlaying)
            return;
        moveLeft();
        break;
    // 按下了"向右"箭头
    case 39:
        if(!isPlaying)
            return;
        moveRight();
        break;
    // 按下了"向上"箭头
    case 38:
        if(!isPlaying)
            return;
        rotate();
        break;
}
```

在上面代码中,当按下向左箭头时,如果还处于游戏中,则调用moveLeft()函数处理方块组合左移;相反按下向右箭头时,如果还处于游戏中,则调用moveRight()函数处理方块组合右移;当按下向上箭头时,如果还处于游戏中,则调用rotate()函数处理方块组合旋转。

方块组合左移实现比较简单,只要将方块组合里所有方块的 x 属性减 1 即可。但在左移之前先要判断是否可以左移。如果方块组合已经到了最左边,或者方块组合的左边已有方块,那么方块组合就不能左移。详细代码如下:

```
// 定义左移方块的函数
var moveLeft = function(){
    // 定义能否左移的旗标
    var canLeft = true;
    for (var i = 0 ; i < currentFall.length ; i++){
        // 如果已经到了最左边,不能左移
        if(currentFall[i].x <= 0){
            canLeft = false;
            break;
        }
        // 或左边的位置已有方块,不能左移
        if (tetris_status[currentFall[i].y][currentFall[i].x - 1] != NO_BLOCK) {
            canLeft = false;
            break;
        }
    }
    // 如果能左移
```

```
        if(canLeft) {
            // 将左移前的每个方块的背景色涂成白色
            for (var i = 0 ; i < currentFall.length ; i++){
                var cur = currentFall[i];
                // 设置填充颜色
                tetris_ctx.fillStyle = 'white';
                // 绘制矩形
                tetris_ctx.fillRect(cur.x * CELL_SIZE +1
                    , cur.y * CELL_SIZE + 1 , CELL_SIZE - 2, CELL_SIZE - 2);
            }
            // 左移所有正在下掉的方块
            for (var i = 0 ; i < currentFall.length ; i++){
                var cur = currentFall[i];
                cur.x --;
            }
            // 将左移后的每个方块的背景色涂成方块对应的颜色
            for (var i = 0 ; i < currentFall.length ; i++) {
                var cur = currentFall[i];
                // 设置填充颜色
                tetris_ctx.fillStyle = colors[cur.color];
                // 绘制矩形
                tetris_ctx.fillRect(cur.x * CELL_SIZE + 1
                    , cur.y * CELL_SIZE + 1, CELL_SIZE - 2 , CELL_SIZE - 2);
            }
        }
    }
```

（3）处理方块右移。

与方块组合左移的思路基本相似，都是先判断方块组合能否右移，如果可以右移，则将方块移动之前位置的背景色清空，将每个方块的 x 属性加 1，再将移动后的方块所在位置的背景涂上相应的颜色即可。详细代码如下：

```
// 定义右移方块的函数
var moveRight = function()
{
    // 定义能否右移的旗标
    var canRight = true;
    for (var i = 0 ; i < currentFall.length ; i++) {
        // 如果已到了最右边，不能右移
        if(currentFall[i].x >= TETRIS_COLS - 1) {
            canRight = false;
            break;
        }
        // 如果右边的位置已有方块，不能右移
        if (tetris_status[currentFall[i].y][currentFall[i].x + 1] != NO_BLOCK) {
            canRight = false;
            break;
        }
    }
    // 如果能右移
    if(canRight) {
        // 将右移前的每个方块的背景色涂成白色
```

```
            for (var i = 0 ; i < currentFall.length ; i++) {
                var cur = currentFall[i];
                // 设置填充颜色
                tetris_ctx.fillStyle = 'white';
                // 绘制矩形
                tetris_ctx.fillRect(cur.x * CELL_SIZE + 1
                    , cur.y * CELL_SIZE + 1 , CELL_SIZE - 2 , CELL_SIZE - 2);
            }
            // 右移所有正在下掉的方块
            for (var i = 0 ; i < currentFall.length ; i++){
                var cur = currentFall[i];
                cur.x ++;
            }
            // 将右移后的每个方块的背景色涂成各方块对应的颜色
            for (var i = 0 ; i < currentFall.length ; i++) {
                var cur = currentFall[i];
                // 设置填充颜色
                tetris_ctx.fillStyle = colors[cur.color];
                // 绘制矩形
                tetris_ctx.fillRect(cur.x * CELL_SIZE + 1
                    , cur.y * CELL_SIZE + 1 , CELL_SIZE - 2, CELL_SIZE -2);
            }
        }
}
```

（4）处理方块旋转。

处理方块旋转是最复杂的，因为需要动态地计算方块旋转后的坐标。当然，在对方块组进行旋转之前，同样需要先判断是否可以旋转方块，只有当方块可以旋转时才去进行旋转。下面是控制方块组合逆时针旋转的代码：

```
// 定义旋转方块的函数
var rotate = function()
{
    // 定义记录能否旋转的旗标
    var canRotate = true;
    for (var i = 0 ; i < currentFall.length ; i++) {
        var preX = currentFall[i].x;
        var preY = currentFall[i].y;
        // 始终以第3个方块作为旋转的中心,
        // i == 2时，说明是旋转的中心
        if(i != 2){
            // 计算方块旋转后的x、y坐标
            var afterRotateX = currentFall[2].x + preY - currentFall[2].y;
            var afterRotateY = currentFall[2].y + currentFall[2].x - preX;
            // 如果旋转后所在位置已有方块，表明不能旋转
            if(tetris_status[afterRotateY][afterRotateX + 1] != NO_BLOCK) {
                canRotate = false;
                break;
            }
            // 如果旋转后的坐标已经超出了最左边边界
            if(afterRotateX < 0 || tetris_status[afterRotateY - 1][afterRotateX] !=
```

```
NO_BLOCK) {
                moveRight();
                afterRotateX = currentFall[2].x + preY - currentFall[2].y;
                afterRotateY = currentFall[2].y + currentFall[2].x - preX;
                break;
            }
            if(afterRotateX < 0 || tetris_status[afterRotateY-1][afterRotateX] !=
NO_BLOCK) {
                moveRight();
                break;
            }
            // 如果旋转后的坐标已经超出了最右边边界
            if(afterRotateX >= TETRIS_COLS - 1 ||
                tetris_status[afterRotateY][afterRotateX+1] != NO_BLOCK) {
                moveLeft();
                afterRotateX = currentFall[2].x + preY - currentFall[2].y;
                afterRotateY = currentFall[2].y + currentFall[2].x - preX;
                break;
            }
            if(afterRotateX >= TETRIS_COLS - 1 ||
                tetris_status[afterRotateY][afterRotateX+1] != NO_BLOCK) {
                moveLeft();
                break;
            }
        }
    }
    // 如果能旋转
    if(canRotate) {
        // 将旋转移前的每个方块的背景色涂成白色
        for (var i = 0 ; i < currentFall.length ; i++) {
            var cur = currentFall[i];
            // 设置填充颜色
            tetris_ctx.fillStyle = 'white';
            // 绘制矩形
            tetris_ctx.fillRect(cur.x * CELL_SIZE + 1
                , cur.y * CELL_SIZE + 1 , CELL_SIZE - 2, CELL_SIZE - 2);
        }
        for (var i = 0 ; i < currentFall.length ; i++) {
            var preX = currentFall[i].x;
            var preY = currentFall[i].y;
            // 始终以第3个方块作为旋转的中心,
            // i == 2 时,说明是旋转的中心
            if(i != 2) {
                currentFall[i].x = currentFall[2].x +
                    preY - currentFall[2].y;
                currentFall[i].y = currentFall[2].y +
                    currentFall[2].x - preX;
            }
        }
```

```
        // 将旋转后的每个方块的背景色涂成各方块对应的颜色
        for (var i = 0 ; i < currentFall.length ; i++){
            var cur = currentFall[i];
            // 设置填充颜色
            tetris_ctx.fillStyle = colors[cur.color];
            // 绘制矩形
            tetris_ctx.fillRect(cur.x * CELL_SIZE + 1
                , cur.y * CELL_SIZE + 1 , CELL_SIZE - 2, CELL_SIZE - 2);
        }
    }
}
```

（5）初始化游戏状态。

在游戏过程中，使用了 Local Storage 保存游戏状态，包括游戏的当前积分、游戏速度、已有方块的状态等。为了正常使用 Local Storage 所记录的游戏状态，可以在页面初始化后通过 Local Storage 读取这些数据，并把这些数据显示出来，具体代码如下：

```
// 当页面加载完成时，执行该函数里的代码。
window.onload = function(){
    // 创建 canvas 组件
    createCanvas(TETRIS_ROWS , TETRIS_COLS , CELL_SIZE , CELL_SIZE);
    document.body.appendChild(tetris_canvas);
    curScoreEle = document.getElementById("curScoreEle");
    curSpeedEle = document.getElementById("curSpeedEle");
    maxScoreEle = document.getElementById("maxScoreEle");
    // 读取 Local Storage 里的 tetris_status 记录
    var tmpStatus = localStorage.getItem("tetris_status");
    tetris_status = tmpStatus == null ? tetris_status : JSON.parse(tmpStatus);
    // 把方块状态绘制出来
    drawBlock();
    // 读取 Local Storage 里的 curScore 记录
    curScore = localStorage.getItem("curScore");
    curScore = curScore == null ? 0 : parseInt(curScore);
    curScoreEle.innerHTML = curScore;
    // 读取 Local Storage 里的 maxScore 记录
    maxScore = localStorage.getItem("maxScore");
    maxScore = maxScore == null ? 0 : parseInt(maxScore);
    maxScoreEle.innerHTML = maxScore;
    // 读取 Local Storage 里的 curSpeed 记录
    curSpeed = localStorage.getItem("curSpeed");
    curSpeed = curSpeed == null ? 1 : parseInt(curSpeed);
    curSpeedEle.innerHTML = curSpeed;
    // 初始化正在下掉的方块
    initBlock();
    // 控制每隔固定时间执行一次向下"掉"
    curTimer = setInterval("moveDown();" , 500 / curSpeed);
}
```

上面代码在游戏开始时需要完成如下事情。

- 调用 createCanvas 创建 canvas 组件。
- 读取 Local Storage 记录的已有方块的状态。

- 读取 Local Storage 记录的当前积分数据。
- 读取 Local Storage 记录的当前速度数据。
- 读取 Local Storage 记录的最高积分数据。
- 初始化正在掉落的方块。
- 启动计时器，控制方块掉落。

📖 **小结：**

在学习本例时，读者需要熟悉本游戏的玩法，然后能够理解界面设计的思路和实现途径。同时应该熟练掌握使用 JavaScript 操控 canvas 和 Local Storage 技术的能力。